JN269768

環境電磁ノイズ
ハンドブック
EMCハンドブック

仁田周一

上　芳夫

佐藤由郎

杉浦　行

瀬戸信二

藤原　修

編集

朝倉書店

編 集 委 員

仁 田 周 一 　東京農工大学工学部機械システム工学科・教授
　　　（委員長）

上 　 芳 夫 　電気通信大学電気通信学部情報通信工学科・教授

佐 藤 由 郎 　㈱トーキン・イ・エム・シ・エンジニアリング・
　　　　　　　代表取締役社長

杉 浦 　 行 　郵政省通信総合研究所・総合研究官

瀬 戸 信 二 　三菱電機㈱通信機製作所通信プラント建設部・部長

藤 原 　 修 　名古屋工業大学工学部電気情報工学科・教授

は じ め に

電磁ノイズを扱うEMC(環境電磁工学)の研究は,無線通信が実用化された1920年代にその嚆矢をみることができ,AMラジオの普及に伴う受信障害の解決が主たるテーマであった.1933年にCISPR(国際無線障害特別委員会:International Special Committee on Radio Interference)がIEC(国際電気標準化会議:International Electro-technical Commission)の下部組織として設立され,電気ノイズの問題が広く認識され系統的に検討されるようになった.CISPRは,その名の示すように,当初は無線通信の受信障害の解決を検討の対象としていたが,現在では,コンピュータ,あらゆる家電機器,工業用・科学用・医療用機器などすべての電気・電子機器を対象としており,そこから出るノイズの許容値と測定法を設定・各国へ勧告するとともに到来ノイズに対する機器の耐性(イミュニティ)の試験法と定量化をはかっている.

一方,わが国においても1925年3月22日のラジオ放送の開始とともに受信障害の問題が取り上げられている.1926年2月24日〜3月4日の東京朝日新聞には「ラジオ聴取の妨害とその防止法」が掲載されている.おそらく,この記事が,EMCに関するわが国での文献第1号であろう.1933年には,CISPR発足の数カ月後,わが国にラジオ放送受信障害委員会が郵政省の主導で発足している.

その後,電磁ノイズの抑制と耐性向上技術は,試行錯誤を繰り返しながらもステップバイステップで進歩してきたが,わが国でこの分野が学問・技術として認知され,研究報告をベースに活発な議論が始まった動機は,1977年4月,諸先輩の御尽力により,電子情報通信学会・電気学会に環境電磁工学研究会(初代委員長 佐藤利三郎教授,当時東北大学教授)の設立であろう.

現在,毎月研究会がもたれ,年間約100件の研究成果が報告され活発な討論が行われている.また,1984年には,わが国で第1回のEMC国際シンポ

ジウムが開催され，その後，5年ごとに開催され，毎回世界20数カ国から約500人の参加者があり，200件余の研究成果が報告されている．さらに電子情報通信学会の総合大会とソサイエティ大会におけるEMC関連の発表件数は回を追うごとに増加しており，1998年3月の総合大会では80件近くの発表があった．

　国際的にも，アメリカ，イタリアで毎年，スイス，ポーランド，インドで隔年ごと，中国で5年ごとに等々，多くのEMC国際シンポジウムが各地で開催されている．

　本来，EMCは機器やシステムの機能の裏側にある技術であるが，規格・規制，特に1996年に欧州連合により発効されたCEマークの取得の義務付けは，この技術を表に出し，EMC技術の発展への貢献はきわめて大きい．

　このようにEMCは，電気・電子技術者のみならず，建築・機械技術者や化学関係者等の技術分野にとどまらず，電磁波の生体への影響に関しては医療関係者の関心をも呼ぶ分野になり，その対象となる範囲はますます広がっており，研究も活発化し，着実に進歩している．

　一方，この技術は，"設計"という観点に立つと，まだまだ，いわゆる"テクノロジー"のレベルには到達しておらず未成熟である．

　しかし，環境電磁工学研究会発足以来，20年余を経過した今日，現在までの研究・技術開発の成果および今後の課題を整理しておくことが，ぜひ必要であると考え，朝倉書店のお力添えを得てハンドブックを発行することになった．

　このハンドブックが，ノイズ対策に日々，頭を悩ましておられる技術者の座右の書として，また今後の研究の指針としてお役に立てば，編集委員としてこれ以上の幸せはない．

　　1999年5月

編集委員長
仁田周一

執筆者

(執筆順)

仁田　周一	東京農工大学
德丸　　仁	慶應義塾大学
長澤　庸二	鹿児島大学
池田　哲夫	名古屋工業大学
澤谷　邦男	東北大学
森永　規彦	大阪大学
宮本　伸一	大阪大学
河崎善一郎	大阪大学
井上　　浩	秋田大学
二宮　　保	九州大学
庄山　正仁	九州大学
越後　　宏	東北学院大学
上　　芳夫	電気通信大学
前花　芳夫	(株)アルファテック
小林　邦勝	山形大学
佐藤　正治	日本電信電話(株)
西方　敦博	東京工業大学
橋本　　修	青山学院大学
桑原　伸夫	日本電信電話(株)
島田　　寛	東北大学
渡部　誠二	TDK(株)
重田　政雄	TDK(株)
坂本　幸夫	(株)村田製作所
本田　幸雄	(株)福井村田製作所
佐藤　由郎	(株)トーキン・イ・エム・シ・エンジニアリング
矢ヶ崎昭彦	(株)電研精機研究所
勝野　超史	(株)トーキン
海老根一英	松下電子部品(株)
服部　光男	日本電信電話(株)
畠山　賢一	姫路工業大学
岩崎　厚夫	住友スリーエム(株)
芳賀　　昭	東北学院大学
橋本　康雄	TDK(株)
沼口　敏一	住友スリーエム(株)
和田　修己	岡山大学
遠矢　弘和	日本電気(株)
佐藤　憲一	(株)エヌ・アイ・イー
松永　茂樹	(株)ユニレックス
斉藤　亮治	オリジン電気(株)
早福　敏明	モレックス・ジャパン(株)
中山　法也	山洋電気(株)
山崎　博久	山洋電気(株)
平田　源二	(株)電研精機研究所
硴井　有三	富士通(株)

執 筆 者

瀬戸信二	三菱電機(株)
戸田幸生	(株)リケン
篠塚 隆	(株)環境電磁技術研究所
森田哲三	大成建設(株)
内藤 紘	(有)内藤メディカル研究所
酒井忠雄	日本航空(株)
大西一範	日本放送協会
高田潤一	東京工業大学
櫻井秋久	日本アイ・ビー・エム(株)
松井則夫	(株)アプライド・シミュレーション・テクノロジ
高橋丈博	拓殖大学
渋谷 昇	拓殖大学
杉浦 行	郵政省通信総合研究所
山中幸雄	郵政省通信総合研究所
岩﨑俊雄	電気通信大学
雨宮不二雄	日本電信電話(株)
岡村万春夫	(財)日本品質保証機構
藤原 修	名古屋工業大学
上野照剛	東京大学
清水孝一	北海道大学
山浦逸雄	信州大学
伊坂勝生	徳島大学
林 則行	九州大学
上村佳嗣	宇都宮大学
野島俊雄	NTT移動通信網(株)
多氣昌生	東京都立大学
王 建青	名古屋工業大学

目　　　次

環境電磁工学(EMC)とは ··(仁田周一)··· 1

1. **基 礎 理 論** ··· 3
   1.1 電 磁 気 学 ··(德丸 仁)··· 3
   　　1.1.1 電磁界の基本法則 ··· 3
   　　1.1.2 定常状態の電磁界と電磁界結合 ·· 4
   　　1.1.3 平面波の界 ·· 6
   　　1.1.4 微小電流源，磁流源の界 ·· 8
   　　1.1.5 過渡電磁界 ·· 10
   　　1.1.6 静電界と電界結合 ··· 10
   　　1.1.7 定常電流の界，準定常電磁界と磁界結合 ····························· 11
   　　1.1.8 TEM伝送波 ··· 13
   1.2 電 気 回 路 ··(長澤庸二)··· 14
   　　1.2.1 2端子対行列 ··· 14
   　　1.2.2 散乱行列(S行列，Sパラメータ) ······································· 15
   　　1.2.3 分布定数理論 ·· 16
   　　1.2.4 スミス図表 ·· 20
   1.3 電 子 回 路 ··(池田哲夫)··· 24
   　　1.3.1 電子回路とノイズ ··· 24
   　　1.3.2 電子回路 ··· 24
   　　1.3.3 電子回路部品 ·· 26
   　　1.3.4 能動素子とEMC ··· 31
   　　1.3.5 回路図に示されない回路 ·· 32
   1.4 アンテナ理論 ···(澤谷邦男)··· 37
   　　1.4.1 波動方程式 ·· 37
   　　1.4.2 電磁波の放射 ·· 38
   　　1.4.3 アンテナ定数 ·· 40
   　　1.4.4 基本的なアンテナ素子 ··· 43
   　　1.4.5 アンテナの解析法 ··· 44
   1.5 雑 音 理 論 ···(森永規彦・宮本伸一)··· 48
   　　1.5.1 確率と統計 ·· 48

目　次

- 1.5.2 ランダム過程 …………………………………………………………… 52
- 1.5.3 狭帯域ガウス雑音 ………………………………………………………… 55
- 1.5.4 熱雑音 ……………………………………………………………………… 56
- 1.5.5 雑音指数と雑音温度 ……………………………………………………… 56

2. ノイズの発生，伝搬・結合 …………………………………………………… 59
- 2.1 ノイズの発生 …………………………………………………………………… 59
  - 2.1.1 放電ノイズ ………………………………………………………………… 59
    - a． 空　電 …………………………………………………（河崎善一郎）… 59
    - b． コロナ …………………………………………………（河崎善一郎）… 63
    - c． 火花，アーク，接点ノイズ …………………………（井上　浩）… 68
  - 2.1.2 スイッチングノイズ ……………………（二宮　保・庄山正仁）… 73
  - 2.1.3 非線形ノイズ ……………………………………………（越後　宏）… 88
  - 2.1.4 その他 ……………………………………………………（越後　宏）… 93
- 2.2 ノイズの伝搬・結合 ……………………………………………（上　芳夫）… 99
  - 2.2.1 容量性(電界)結合 ………………………………………………………… 99
  - 2.2.2 誘導性(磁界)結合 ………………………………………………………… 100
  - 2.2.3 電磁波結合 ………………………………………………………………… 102
  - 2.2.4 クロストーク ……………………………………………………………… 104
  - 2.2.5 共通インピーダンス結合 ………………………………………………… 110
  - 2.2.6 コモンモード結合 ………………………………………………………… 111

3. ノイズ対策技術の基礎 …………………………………………………………… 113
- 3.1 線　路 ……………………………………………………………（前花芳夫）… 113
  - 3.1.1 線路の特性インピーダンス ……………………………………………… 115
  - 3.1.2 信号の反射 ………………………………………………………………… 116
  - 3.1.3 伝送ケーブル ……………………………………………………………… 117
  - 3.1.4 プリント基板の線路 ……………………………………………………… 119
- 3.2 フィルタ …………………………………………………………（小林邦勝）… 120
  - 3.2.1 影像パラメータフィルタ ………………………………………………… 121
  - 3.2.2 動作パラメータフィルタ ………………………………………………… 125
  - 3.2.3 分布定数フィルタ ………………………………………………………… 129
- 3.3 グラウンディング ………………………………………………（佐藤正治）… 131
  - 3.3.1 接地の種類 ………………………………………………………………… 131
  - 3.3.2 接地インピーダンス ……………………………………………………… 133
  - 3.3.3 装置の接地システム ……………………………………………………… 134
- 3.4 シールド …………………………………………………………（西方敦博）… 137
  - 3.4.1 シールド効果の定義 ……………………………………………………… 137

3.4.2	シールドの機構	138
3.4.3	無限平板シールドとダイポール波源のモデル	144

3.5 吸　　　収 ……………………………………………………（橋本　修）…147
　3.5.1　エネルギーの吸収と吸収材料 …………………………………………147
　3.5.2　電波吸収体の基礎 ………………………………………………………149
　3.5.3　各種吸収体 ………………………………………………………………154
3.6 アイソレーションと信号変換 ………………………………（桑原伸夫）…162
　3.6.1　アイソレーショントランス ……………………………………………163
　3.6.2　光変換技術 ………………………………………………………………163
　3.6.3　信号伝送技術 ……………………………………………………………165
3.7 金 属 磁 性 ……………………………………………………（島田　寛）…169
　3.7.1　グラニュラー高電気抵抗膜 ……………………………………………170
　3.7.2　金属磁性粉-ポリマー複合体 ……………………………………………171

4. ノイズ対策部品　173
4.1 伝導性対策部品 …………………………………………………………………173
　4.1.1　インダクタ ………………………………（渡部誠二・重田政雄）…173
　4.1.2　コンデンサ ………………………………（坂本幸夫・本田幸雄）…190
　4.1.3　ノイズフィルタ ……………………………………（佐藤由郎）…220
　4.1.4　トランス …………………………………………………………………227
　　　a.　電磁式トランス ……………………………………（矢ヶ崎昭彦）…227
　　　b.　圧電式トランス ……………………………………（勝野超史）…232
　4.1.5　サージアブソーバ …………………………………（海老根一英）…234
　4.1.6　光部品とその応用例―光ファイバ伝送を使用した
　　　　　電磁界センサ ………………………………………（服部光男）…243
4.2 電磁波対策部品 …………………………………………………………………250
　4.2.1　シールド材料 ………………………………………（畠山賢一）…250
　4.2.2　シールド部品 ………………………………………（岩崎厚夫）…253
　4.2.3　アクティブシールド ………………………………（芳賀　昭）…264
　4.2.4　電波吸収体(ノイズ対策として) …………………（橋本康雄）…266
4.3 静電気障害とその対策―生産ラインにおける― ……（沼口敏一）…272
　4.3.1　静電気障害 ………………………………………………………………273
　4.3.2　静電気対策の具体的な実施例 …………………………………………277
　4.3.3　人体の静電気対策(ルールⅠ 導体の静電気対策) …………………280
　4.3.4　絶縁体の静電気対策 ……………………………………………………285
　4.3.5　静電気に敏感な製品(ESDS デバイス)の包装材料 …………………288
　4.3.6　機能確認(ルールⅢ 試験測定機器) …………………………………290
　4.3.7　静電気対策標準化マニュアルの作成 …………………………………291

- 4.3.8 フィールドサービスおよび関連外注先の静電気対策 ……………… 291
- 4.3.9 静電気対策の取組み …………………………………………………… 291
- 4.3.10 まとめ …………………………………………………………………… 292
- 4.3.11 静電気対策における抵抗率の定義 …………………………………… 293

5. ノイズ対策技術の応用 …………………………………………………………… 295
- 5.1 IC(集積回路)の選択と使い方 …………………………………(和田修己)… 295
  - 5.1.1 電圧ノイズと電磁波ノイズ …………………………………………… 296
  - 5.1.2 IC の特性と電磁雑音 …………………………………………………… 297
  - 5.1.3 特性のばらつきとノイズ ……………………………………………… 298
  - 5.1.4 IC のパッケージとノイズ ……………………………………………… 298
  - 5.1.5 IC 選択時の留意点 ……………………………………………………… 298
  - 5.1.6 IC 使用時の留意点(回路設計時の) …………………………………… 299
- 5.2 プリント基板におけるノイズ対策 ……………………………………………… 300
  - 5.2.1 ディジタル基板 …………………………………………(遠矢弘和)… 300
  - 5.2.2 高周波アナログ基板 ……………………………………(佐藤憲一)… 307
  - 5.2.3 プリント基板の放射低減対策 …………………………(松永茂樹)… 311
- 5.3 電源におけるノイズ対策 ………………………………………………………… 324
  - 5.3.1 大容量スイッチング電源の高周波のノイズ対策 ……(斉藤亮治)… 324
  - 5.3.2 小電力スイッチング電源 ………………………………(早福敏明)… 330
  - 5.3.3 UPS における対策 ……………………………(中山法也・山崎博久)… 338
  - 5.3.4 交流電源上のノイズ対策 ……………………(矢ヶ崎昭彦・平田源二)… 342
- 5.4 実装,配線におけるノイズ対策 ………………………………(碓井有三)… 346
  - 5.4.1 反射ノイズ ……………………………………………………………… 346
  - 5.4.2 クロストークノイズ …………………………………………………… 355
  - 5.4.3 その他のノイズ ………………………………………………………… 360
  - 5.4.4 ノイズに対して考慮しておくこと …………………………………… 363
  - 5.4.5 バス接続された伝送形態 ……………………………………………… 365
- 5.5 ノイズ対策の考え方と進め方 …………………………………(瀬戸信二)… 371
  - 5.5.1 測定器・道具などの準備 ……………………………………………… 371
  - 5.5.2 対策の手順 ……………………………………………………………… 373

6. 設 置 環 境 …………………………………………………………………………… 377
- 6.1 電 磁 環 境 ………………………………………………………………………… 377
  - 6.1.1 電力線電力設備(商用電源を含む) ……………………(戸田幸生)… 377
  - 6.1.2 電気鉄道 …………………………………………………(戸田幸生)… 380
  - 6.1.3 通信・放送設備 …………………………………………(篠塚　隆)… 385
  - 6.1.4 その他の電磁環境 ………………………………………(篠塚　隆)… 389

6.2 電磁環境対策……………………………………………………………………391
　6.2.1 建築物—開口部のシールド対策—………………(森田哲三)…391
　6.2.2 医療機関……………………………………………(内藤　紘)…405
　6.2.3 航空機(旅客機)……………………………………(酒井忠雄)…409
6.3 都市におけるテレビ受信障害対策………………………(大西一範)…414
　6.3.1 建造物によるテレビ受信障害……………………………………414
　6.3.2 建造物による受信障害範囲の推定………………………………415
　6.3.3 建造物による受信障害の改善方法………………………………416
6.4 テンペスト…………………………………………………(瀬戸信二)…418
　6.4.1 テンペストとは……………………………………………………418
　6.4.2 テンペストの概念…………………………………………………419
　6.4.3 テンペスト脅威の構成……………………………………………420
　6.4.4 テンペスト脅威の見積り…………………………………………420

7. ノイズ対策シミュレーション技術……………………………………423
7.1 電磁界シミュレーション技術の基礎……………………(高田潤一)…423
　7.1.1 基礎方程式…………………………………………………………423
　7.1.2 シミュレーション手法の分類……………………………………424
　7.1.3 モーメント法………………………………………………………426
　7.1.4 有限要素法…………………………………………………………428
　7.1.5 時間領域差分法……………………………………………………431
7.2 電磁界シミュレータによるモデリング…………………(櫻井秋久)…436
　7.2.1 モーメント法を用いたEMIシミュレーション…………………437
　7.2.2 電磁界シミュレータによるモデリングの例……………………439
7.3 放射ノイズのシミュレーション…………………………(松井則夫)…442
　7.3.1 放射ノイズ解析モデル……………………………………………442
　7.3.2 非線形デバイスモデル……………………………………………443
　7.3.3 放射ノイズシミュレーションシステム…………………………443
　7.3.4 解析例………………………………………………………………444
7.4 エキスパートシステム……………………………………(高橋丈博)…446
　7.4.1 ルールの表現と適用方法…………………………………………447
　7.4.2 ルールを利用したモデル化・現象理解システム………………447
　7.4.3 エキスパートシステムの利点……………………………………449
7.5 ノイズシミュレーションとEMC設計…………………(渋谷　昇)…450
　7.5.1 EMC設計……………………………………………………………450
　7.5.2 EMCにおけるCAD設計……………………………………………451
　7.5.3 伝送線路シミュレーションと放射ノイズシミュレーション…451
　7.5.4 ノイズ対策を考慮したデザインツール…………………………452

　　　　　7.5.5　今後の方向 ……………………………………………………………… 453
8. 測定・試験・規格 …………………………………………………………………… 455
　8.1　EMC に関する測定・試験 ………………………………………（杉浦　行）… 455
　　8.1.1　EMC に関する測定 …………………………………………………… 455
　　8.1.2　システム内 EMC とシステム間 EMC に関する測定 ……………… 456
　　8.1.3　EMC 関連の法令 ……………………………………………………… 457
　　8.1.4　EMC 規格の審議団体 ………………………………………………… 457
　8.2　測　定　器 ……………………………………………………（山中幸雄）… 458
　　8.2.1　妨害波測定器 …………………………………………………………… 459
　　8.2.2　電圧波形測定 …………………………………………………………… 463
　　8.2.3　スペクトル測定 ………………………………………………………… 465
　　8.2.4　雑音統計量測定 ………………………………………………………… 467
　8.3　測定用プローブ ………………………………………………（岩﨑　俊）… 472
　　8.3.1　電圧測定 ………………………………………………………………… 473
　　8.3.2　電流・電力測定 ………………………………………………………… 475
　　8.3.3　電磁界測定 ……………………………………………………………… 477
　8.4　統　計　処　理 ………………………………………………（杉浦　行）… 480
　　8.4.1　非心 t 分布による抜取り試験 ……………………………………… 481
　　8.4.2　二項分布による抜取り試験 …………………………………………… 482
　8.5　イミュニティ試験機器 …………………………………（雨宮不二雄）… 483
　　8.5.1　静電気放電試験器 ……………………………………………………… 484
　　8.5.2　サージ試験器 …………………………………………………………… 485
　　8.5.3　ファーストトランジェント試験器 …………………………………… 488
　　8.5.4　伝導連続波に対するイミュニティ試験器 …………………………… 489
　　8.5.5　電力周波数磁界試験機 ………………………………………………… 490
　　8.5.6　パルス性および減衰振動性磁界試験器 ……………………………… 491
　8.6　測　定　設　備 ………………………………………………（桑原伸夫）… 493
　　8.6.1　オープンサイト ………………………………………………………… 494
　　8.6.2　電波無反射室 …………………………………………………………… 497
　　8.6.3　シールドルーム ………………………………………………………… 498
　　8.6.4　TEM セル ……………………………………………………………… 499
　　8.6.5　反射箱 …………………………………………………………………… 502
　　8.6.6　ラージループアンテナ ………………………………………………… 503
　8.7　材料特性測定 …………………………………………………（西方敦博）… 504
　　8.7.1　伝送線路法による誘電率・透磁率の測定 …………………………… 504
　　8.7.2　導電率の測定 …………………………………………………………… 509
　　8.7.3　シールド特性測定 ……………………………………………………… 510

　　　　　　　　　　　　目　　　次　　　　　　　　　　　　xi

　　　8.7.4　電波反射・吸収特性測定 …………………………………………… 514
　8.8　測定・試験規格 ……………………………………………（岡村万春夫）… 515
　　　8.8.1　測定・試験規格の構成 …………………………………………… 515
　　　8.8.2　EMC 規格で対象とする電磁現象 ………………………………… 517
　　　8.8.3　CISPR の妨害波許容値の決定方法 ……………………………… 520
　　　8.8.4　IEC のイミュニティ許容値の決定方法 …………………………… 521
　　　8.8.5　妨害波の測定規格 ………………………………………………… 523
　　　8.8.6　妨害波の許容値および参照項目 …………………………………… 529
　　　8.8.7　イミュニティの試験規格 ………………………………………… 530

9. 生体電磁環境 ……………………………………………………………… 531
　9.1　電磁界と生体 ………………………………………………（藤原　修）… 531
　　　9.1.1　電磁界の定義と単位 ……………………………………………… 531
　　　9.1.2　電磁波の諸元とバイオエフェクト ………………………………… 532
　　　9.1.3　電波の発熱作用とバイオエフェクトの尺度 ……………………… 533
　　　9.1.4　電波の医療応用 …………………………………………………… 536
　9.2　直流磁界の生体影響 ………………………………………（上野照剛）… 537
　　　9.2.1　界特性，作用機序と効果 ………………………………………… 537
　　　9.2.2　生体影響 …………………………………………………………… 542
　9.3　直流電界・低周波電界の生体影響 ………………………（清水孝一）… 547
　　　9.3.1　直流電界と生体 …………………………………………………… 547
　　　9.3.2　低周波電界と生体 ………………………………………………… 548
　　　9.3.3　環境中の直流・低周波電界 ……………………………………… 549
　　　9.3.4　生体近傍および内部の電磁界 …………………………………… 550
　　　9.3.5　直流電界の生体影響 ……………………………………………… 552
　　　9.3.6　低周波電界の生体影響 …………………………………………… 554
　9.4　高周波電磁界の生体影響 …………………………………（山浦逸雄）… 559
　　　9.4.1　界特性と生体影響 ………………………………………………… 559
　　　9.4.2　作用機序と効果 …………………………………………………… 561
　9.5　電磁界の測定評価 ………………………………………………………… 564
　　　9.5.1　低周波電磁界の測定法と評価 ……………（伊坂勝生・林　則行）… 564
　　　9.5.2　高周波電磁界の測定法と評価 ……………………（上村佳嗣）… 567
　　　9.5.3　SAR の測定法と評価 ……………………………（野島俊雄）… 573
　9.6　電磁界の生体安全性 ………………………………………（多氣昌生）… 576
　　　9.6.1　防護指針の考え方 ………………………………………………… 576
　　　9.6.2　防護指針の構成 …………………………………………………… 578
　　　9.6.3　各国の防護指針 …………………………………………………… 579
　　　9.6.4　各防護指針の比較 ………………………………………………… 581

9.6.5　ICNIRPの防護指針……………………………………………584
9.7　電磁界の生体防護………………………………………………………588
　9.7.1　完全導体によるSAR低減………………………（徳丸　仁）…588
　9.7.2　損失誘導体によるSAR低減……………………（橋本　修）…591
　9.7.3　磁性材料によるSAR低減………………………（王　建青）…596

索　　　引……………………………………………………………………599

環境電磁工学(EMC)とは

　EMC は electromagnetic compatibility の略で，あえて日本語に訳せば"電磁環境における両立性"となり，広く電気的ノイズを扱う学問，技術分野を表す言葉として使われ，わが国では"環境電磁工学"と呼ばれている．
　われわれが生活する空間には，雷放電のような自然現象を源とする電磁界と，電子機器や自動車のプラグなどの人工システムから発生する人工電磁界が存在し，このような電磁界の存在する環境を電磁環境と呼んでいる．
　電線に電流が流れれば，その周囲に磁界ができ，電位差があれば空間に電界が生ずる．これが時間的に変化すれば電磁界が発生し，これが他の回路に誘導すればその回路動作に妨害を与える．したがって，すべての電気・電子機器がその内部で電気量を扱っている以上，大小の差こそあれ，その機器の目的とする性能・機能とは関係のない不要なエネルギー，すなわちノイズを外部に放出していることになる．
　一方，IC などの半導体部品の高集積化は，高速に，しかも小さいエネルギーで動作する回路を実現させており，このことが外部の不要なエネルギー(ノイズ)に敏感に応答し，誤動作や破壊が発生しやすい回路をつくりだしている．高速に動作する回路は，意図しない高周波エネルギーを外部に放出し，外部からの不要な高周波エネルギーに敏感に応答する．
　以上述べたことから，電磁環境における両立性とは，個々の人工システムが他に妨害を与えるような電磁エネルギーを放出することもなく(EMI の規制：electromagnetic interference：電磁干渉)，同時に電磁環境から妨害を受けることもなく(immunity：ノイズに対する耐性，この反対語として susceptibility：ノイズに対する感受性)，本来そのシステムの目的とする機能を十分に発揮できること，すなわち"ノイズを出さない"，"ノイズの影響を受けない"という二つの事項を両立させなければならないところから生まれてきた要求のことを EMC といっている．
　なお，自然現象を源とするノイズ電磁界は人為的制御，すなわち抑制がむずかしく，これが EMC の基本的限界を与えるものと考えられており，ノイズの影響を受ける側での耐性向上が重要となる．
　近年，電子機器の発展・普及，特に急峻な立上り/立下り時間と短い繰り返し周期をもつパルス信号を扱うディジタル回路が社会のあらゆる分野に進出するにつれて，

その設置環境も多様化し，電磁環境的にも悪い場所に設置されることが多くなってきた．たとえば，ノイズによる計算機やロボットの誤動作や故障，身近な例では航空機内での電子機器の使用制限にみられるように，ノイズが社会に混乱を起こしたり，人命に危険を及ぼす可能性もでている．

電子機器関連に従事する技術者の多くは，まず自分の設計・調整する装置を初期の目標どおりに動作させるため，ノイズに関心をもち，耐ノイズ性向上の対策を講ずることからEMCに取り組み始め，次に外部へノイズを出さないための施策の検討を始め，また，機器のノイズにとどまらず，電磁環境の生体への影響や電磁エネルギーの医療への積極的活用を含んだEMCの問題を多くの研究者・技術者が研究対象として扱っている．

EMCは製品やシステムの設計者が意図しない裏側にある事象を対象にする技術であることが特徴であり，見すごされがちな分野であった．

しかし今後は，あらゆる電気製品の設計者が最初の段階から考慮しなければならない事項になっている．

〔仁田周一〕

1. 基 礎 理 論

1.1 電 磁 気 学

1.1.1 電磁界の基本法則

電磁界(electromagnetic field)は，電磁界の源の電流 J，電荷 ρ が不可分であることを示す連続の式(equation of continuity)

$$\nabla \cdot J + \partial \rho / \partial t = 0 \tag{1.1.1}$$

そして，電磁現象を表す物理量の電界 E，磁界 H，電束密度 D，磁束密度 B の関係を表すマクスウェル(Maxwell)の界方程式

$$\begin{aligned}
\nabla \times H &= J + \partial D / \partial t &\quad &(\text{アンペア(Ampere)の法則}) \\
\nabla \times E &= -\partial B / \partial t &\quad &(\text{ファラデー(Faraday)の法則}) \\
\nabla \cdot D &= \rho &\quad &(\text{ガウス(Gauss)の法則}) \\
\nabla \cdot B &= 0 &\quad &(\text{ガウスの法則})
\end{aligned} \tag{1.1.2}$$

さらに，電磁現象と電磁媒質の誘電率 ε，透磁率 μ，導電率 σ などの関係を示す構成関係式(constituent relations)

$$\begin{aligned}
D &= \varepsilon E \\
B &= \mu H \\
J &= \sigma E + J_0 &\quad &(\text{オーム(Ohm)の法則})
\end{aligned} \tag{1.1.3}$$

から求められる．ここで，J_0 は，界を発生させる源の印加電流であり，真空中を流れる電子流，導体表面を流れる表面電流などを想定している．ε，μ，σ は場所の関数となることもある(異方性の媒質では，それらはテンソル量になり，またキラル媒質では，左辺の電束密度，磁束密度がともに電界と磁界の関数となる．さらに，媒質定数が非線形性を示すものもある)．

電磁現象の源は電流と電荷であり，電荷からは電気力線が沸きだす(ガウスの法則)．一方，電流と電束密度の時間変化(変位電流)は，そのまわりに磁界を発生させ(アンペアの法則)，そして磁束密度の時間変化から，そのまわりに電界が発生する(ファラデーの法則)(図1.1.1)．これらの現象が同時に繰り返され，その結果，界が電磁波動として伝播する．この電磁波動の本質は，マクスウェルによるアンペアの法

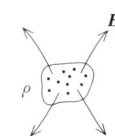 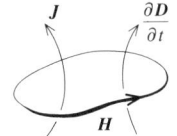 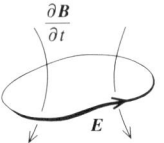

(a) ガウスの法則　　(b) アンペアの法則　　(c) ファラデーの法則

図 1.1.1　電磁界の基本法則

則への変位電流 $\partial D/\partial t$ の導入で明らかにされた．

　界方程式には双対性(duality)と呼ばれる対称性がある．たとえば，波源の存在しない領域において，$E \to H$，$H \to -E$，$\varepsilon \to \mu$，$\mu \to \varepsilon$ と置き換えても界方程式の形は変わらない．

　界方程式は電界，磁界の連立偏微分方程式であり，電界(あるいは磁界)のみの波動方程式に直して解を求める．均質媒質における電界の波動方程式は次式で与えられる．

$$\nabla^2 E - (\partial/\partial t)^2 E = \mu(\partial/\partial t)J + \varepsilon^{-1}\nabla\rho \qquad (1.1.4)$$

その解は，源の電流，電荷と，着目領域を囲む境界面での境界条件から決定される．

　境界条件は，境界面から着目領域への内法線を n で与えるとき，境界面が完全導体面であれば，

$$\begin{aligned}
&n \times E = 0 &&\text{(電界の接線成分がゼロ)}\\
&n \cdot E = \rho_S/\varepsilon &&\text{(電束密度の法線成分は表面電荷密度に等しい)}\\
&n \times H = J_S &&\text{(磁界の接線成分は表面電流密度 }J_S\text{ に等しい)}\\
&n \cdot H = 0 &&\text{(磁界の法線成分がゼロ)}
\end{aligned} \qquad (1.1.5)$$

が成り立ち，二つの媒質Ⅰ，Ⅱの境界面においては，電界，磁界の境界面接線の成分が境界をはさみ連続となる．

　マクスウェル方程式の界表現としては，ハイゲンス(Huygens)の原理を利用した積分表現式が知られている．

　電磁界には，電磁エネルギーを空間に伝える働きがあり，単位時間に単位面積を通過する電磁エネルギーの流れはポインティング(Poynting)ベクトル $S = E \times H$ で与えられる．

1.1.2　定常状態の電磁界と電磁界結合

　時間項が $\exp(j\omega t)$ で正弦波的に変動する複素量の電磁界を定常状態(stationary state)の界と呼ぶ(回路理論と同じように，この表現の実数部が界の実表現を与える)．このとき，時間項を除いた界の方程式は，構成関係式も含めて実効値表現で次のように簡単化される．

$$\begin{aligned}
\nabla \times H &= J_0 + j\omega(\varepsilon - j\sigma/\omega)E \\
&= J_0 + j\omega\varepsilon E \\
\nabla \times E &= -j\omega\mu H
\end{aligned} \qquad (1.1.6)$$

$$\nabla \cdot (\varepsilon \boldsymbol{E}) = \rho$$
$$\nabla \cdot (\mu \boldsymbol{H}) = 0$$

そして,均質媒質における電界の波動方程式は

$$\nabla^2 \boldsymbol{E} + \omega^2 \varepsilon\mu \boldsymbol{E} = j\omega\mu \boldsymbol{J} + \nabla \rho/\varepsilon \tag{1.1.7}$$

と書ける.

定常状態の電磁界においては,導電性媒質を複素誘電率 ε の媒質として取り扱う.また,損失誘電媒質,損失磁性媒質についても,それぞれ複素誘電率,複素透磁率を考える.

二つの電流源 $\boldsymbol{J}_A, \boldsymbol{J}_B$ から生じる二つの電磁界 $\{\boldsymbol{E}_A, \boldsymbol{H}_A\}$, $\{\boldsymbol{E}_B, \boldsymbol{H}_B\}$ において,次の相反定理(reciprocity theorem)が成り立つ.

$$\nabla \cdot (\boldsymbol{E}_A \times \boldsymbol{H}_B - \boldsymbol{E}_B \times \boldsymbol{H}_A) = \boldsymbol{J}_A \cdot \boldsymbol{E}_B - \boldsymbol{J}_B \cdot \boldsymbol{E}_A \tag{1.1.8}$$

この相反定理は,電磁界の解法や,アンテナ系の送受信特性を導くときに使われる.

定常状態の界における電磁エネルギーの移動に関して,複素ポインティングベクトル

$$\boldsymbol{S} = \boldsymbol{E} \times \boldsymbol{H}^* \quad (\text{* は複素共役}) \tag{1.1.9}$$

が定義され,磁気的蓄積エネルギー密度 $w_H = \mu \boldsymbol{H} \cdot \boldsymbol{H}^*/2$,電気的蓄積エネルギー密度 $w_E = \varepsilon \boldsymbol{E} \cdot \boldsymbol{E}^*/2$,消費電力密度 $w_L = \sigma \boldsymbol{E} \cdot \boldsymbol{E}^*$ との間に次の微分関係式がある.

$$\nabla \cdot \boldsymbol{S} + j2\omega(w_H - w_E) + w_L = -\boldsymbol{E} \cdot \boldsymbol{J}_0^* \tag{1.1.10}$$

この関係式を着目空間で体積積分したものが,複素ポインティング定理(complex Poynting theorem)である.この定理を図 1.1.2 の無限遠を含む自由空間領域で考えると,領域 1 で発生する電磁界の電力 VI^* が,領域 2 に結合する受信電力 $V_r I_r^*$,損失媒質 3 に吸収される消費電力 W_L,そして無限遠に到達する放射電力 W_R,さらに空間に蓄えられる蓄積電力差 $(W_H - W_E)$ に変換されること,すなわち,

$$VI^* = V_r I_r^* + W_L + W_R + j2\omega(W_H - W_E) \tag{1.1.11}$$

が示される(図 1.1.2 では,簡単のため,誘電損,磁性損を描いていない).

アンテナを含む空間回路系においては,空間を伝わる電磁界のために電磁界結合を生じる.定常状態のアンテナを含む空間回路系の N 個の端子について,n 番目の端子に生じる電圧 V_n と,m 番目の端子に流れる電流 I_m の間には,インピーダンス行列で与えられる次の関係式がある.

$$[V_n] = [z_{nm}][I_m] \tag{1.1.12}$$

ここで,z_{nn} は自己インピーダンス,z_{nm} は相互インピーダンスと呼ばれる.この行列要素は,アンテナを含む回路系の形状から決まり,複素ポインティング定理,相反定理を使って計算される.

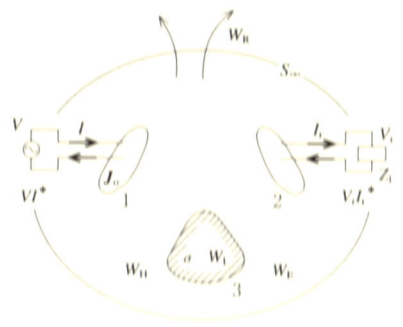

図 1.1.2 ポインティング定理

1.1.3 平面波の界

電磁界の波動現象を端的に表すものに平面波(plane wave)がある．定常状態の電磁波動で，界の等位相面が平面になるのが平面波で，そのなかで，等方，均質媒質において，等位相面上で，電界，磁界が一定となる一様平面波が基本的である．自由空間中で，円筒波や球面波も無限遠に伝搬したとき，この一様平面波で近似される．

無損失の，等方均質媒質で，時間とともに等位相面が z 軸の正方向に進行する一様平面波では，電界 E，磁界 H，そして波の進行方向の z 軸は互いに直交関係にあり，複素表現で次のように表される(時間を止めた実表現の一例を図 1.1.3 に示す)．

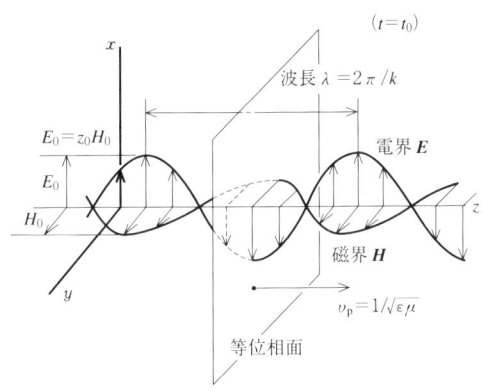

図 1.1.3　x 軸方向に電界をもつ直線偏波の平面波界

$$E = E_0 \exp(-jkz) \tag{1.1.13}$$
$$H = H_0 \exp(-jkz) = z_0^{-1} z \times E_0 \exp(-jkz)$$

ここで，$z_0 = \sqrt{\mu/\varepsilon}\,(=120\pi：真空中)$ は特性インピーダンス(intrinsic impedance)，$k = \omega\sqrt{\mu\varepsilon}$ は波数(wave number)である．

この波は，波長 $\lambda = 2\pi/k$ の周期で空間的に同じ状態を繰り返し，時間 t を変化させると，等位相面は z の正方向に $v_p = 1/\sqrt{\varepsilon\mu}\,(=3\times10^8\,\mathrm{m/s}：真空中)$ の位相速度で移動する．さらに顕著な特徴として，電界と磁界の大きさに比例関係がある．

そして，単位面積あたりの電磁エネルギー移動を表す複素ポインティングベクトルは，電界，磁界の蓄積電力密度が位相速度で移動する物理像として

$$S = zv_p[\varepsilon E \cdot E^*/2 + \mu H \cdot H^*/2] = zE \cdot E^*/z_0 \tag{1.1.14}$$

で与えられ，電磁エネルギーの進む方向と等位相面法線の方向は一致する．

平面波は電界ベクトル E の幾何学的性質を利用した偏波(polarization)の概念[8]で分類される．図1.1.3に示す例のように，電界が一方向の成分しかないもの(図中では x 軸方向)を直線偏波と呼ぶ．実用上は，直線偏波で，電界が地球大地に垂直となるものを垂直偏波，水平になるものを水平偏波と呼ぶ．一般的には，実時間表現の電界ベクトル E の先端の軌跡が，時間変化とともに，直線，円，楕円を描くことに着

目し，それぞれの状態を，直線偏波，円偏波，楕円偏波と分類する．直線偏波では，$E_0 \times E_0^* = 0$ が成り立ち，円偏波では，$E_0 \cdot E_0 = 0$ となる．

媒質に導電性(損失)があるとき，特性インピーダンスと波数はともに複素数となり，波数は，位相定数(phase constant)β と減衰定数(attenuation constant)α で表される．

$$k = \beta - j\alpha$$
$$\beta = \omega\sqrt{\varepsilon\mu}[\{1+(\sigma/\omega\varepsilon)^2\}/2+1]^{1/2} \quad (1.1.15)$$
$$\alpha = \omega\sqrt{\varepsilon\mu}[\{1+(\sigma/\omega\varepsilon)^2\}/2-1]^{1/2}$$

位相定数，減衰定数は，

$(\sigma/\omega\varepsilon) \ll 1$ が成り立ち，媒質が誘電体に近いとき，

$$\alpha = (\sigma/2)\sqrt{\mu/\varepsilon} \quad (1.1.16)$$
$$\beta = \omega\sqrt{\varepsilon\mu}\{1+(\sigma/\omega\varepsilon)^2/8\}$$

$(\sigma/\omega\varepsilon) \gg 1$ が成り立ち，媒質が金属に近いとき，

$$\alpha = \beta = \sqrt{\omega\mu\sigma/2} \quad (1.1.17)$$

で近似的に表される．

損失媒質では減衰定数のため，波は減衰しながら伝搬する．金属中で，界が$1/e$になる伝搬距離 $\delta = 1/\alpha$ を表皮の厚さ(skin depth)という．

電磁波動は，媒質定数が異なる二つの媒質の境界面で反射・屈折の現象を生じる．一様平面波の場合，第1媒質と第2媒質の定数を，それぞれ $(\varepsilon_1, \mu_1, \sigma_1=0)$ と $(\varepsilon_2, \mu_2, \sigma_2)$ で与えるとき，その入射角 i と反射角 r が等しく，入射角 i と透過角 t の間には屈折率 n で表されるスネル(Snell)の法則が成り立つ(図1.1.4参照)．

$$i = r$$
$$\sin i/\sin t = n = k_2/k_1 \quad (1.1.18)$$
$$= \sqrt{\{(\mu_2\varepsilon_2)/(\mu_1\varepsilon_1)\}(1-j\sigma_2/\omega)}$$

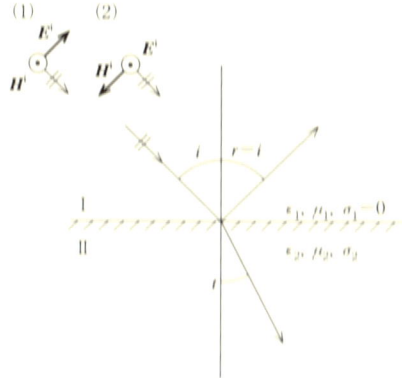

図 1.1.4 スネルの法則

電界振幅のフレネル (Fresnel) の反射係数 (reflection coefficient) R, 透過係数 (transmission coefficient) T については, 入射波の偏波の状態で異なり, 直線偏波で,

(1) 電界が入射面にあるとき (入射磁界が境界面に平行)

$$R_1 = \frac{\mu_1 n^2 \cos i - \mu_2 \sqrt{n^2 - \sin^2 i}}{\mu_1 n^2 \cos i + \mu_2 \sqrt{n^2 - \sin^2 i}} \qquad (1.1.19)$$

$$T_1 = \frac{2\mu_2 n \cos i}{\mu_1 n^2 \cos i + \mu_2 \sqrt{n^2 - \sin^2 i}} \qquad (1.1.20)$$

(2) 電界が入射面に垂直なとき (入射電界が境界面に平行)

$$R_2 = \frac{\mu_2 \cos i - \mu_1 \sqrt{n^2 - \sin^2 i}}{\mu_2 \cos i + \mu_1 \sqrt{n^2 - \sin^2 i}} \qquad (1.1.21)$$

$$T_2 = \frac{2\mu_2 \cos i}{\mu_2 \cos i + \mu_1 \sqrt{n^2 - \sin^2 i}} \qquad (1.1.22)$$

で与えられる.

ここで, $\mu_1 = \mu_2$, $\sigma_1 = \sigma_2 = 0$ の媒質では, $\tan i_B = n$ が成り立つとき, 反射係数 R_1 がゼロとなり, 全透過現象が起きる. この角度 i_B をブリュースタ (Brewster) 角と呼ぶ. また, 屈折率 n が実数で 1 より小さいとき, $\sin i \geqq n$ の範囲の入射角において全反射現象が生じる. そこで $\sin i_c = n$ の成り立つ角度 i_c を臨界角と呼ぶ. 反射係数の一例を図 1.1.5 に示す.

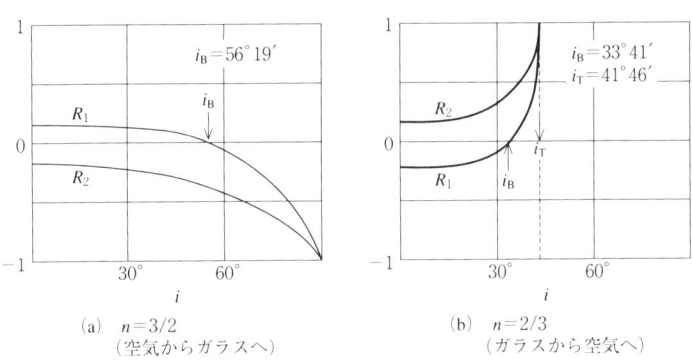

図 1.1.5 電界反射係数

1.1.4 微小電流源, 磁流源の界

定常状態の界で, 図 1.1.6(a) に示す z 方向の微小区間 l に一様電流 I の流れる微小電流源から生ずる球面電磁波の界は微小電気ダイポール (electric dipole) の界と呼ばれる. この界は, 電磁放射 (electromagnetic radiation), すなわち無限遠に電磁エネルギーを伝える最も簡単な界として知られている. 均質媒質における微小ダイポールの界は, 波源を原点に置くとき極座標で次のように与えられる.

1.1 電磁気学

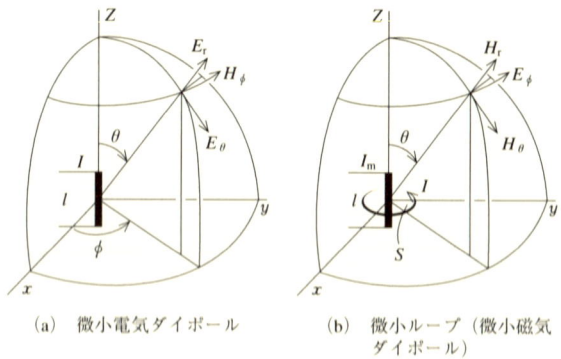

(a) 微小電気ダイポール　　(b) 微小ループ（微小磁気ダイポール）

図 1.1.6　微小電流源と磁流源

$$E_r = (Il/j2\pi\omega\varepsilon)(1/r^3+jk/r^2)\exp(-jkr)\cos\theta$$
$$E_\theta = (Il/j4\pi\omega\varepsilon)(1/r^3+jk/r^2-k^2/r)\exp(-jkr)\sin\theta \quad (1.1.23)$$
$$H_\phi = (Il/4\pi)(1/r^2+jk/r)\exp(-jkr)\sin\theta$$

この界では，z 方向の波源電流のまわりにアンペールの法則に従って ϕ 成分の磁界が発生し，その磁界に直交し，ファラデーの法則に従って，巻きくるむように r 成分，θ 成分の電界が発生する．

微小電気ダイポールの界は，波源から十分遠方の領域(far-field)($kr \gg 1$)では，E_θ，H_ϕ 成分の $1/r$ の項のみとなり，放射界と呼ばれ，平面波的な性質を示す．一方，波源に十分近い領域($kr \ll 1$)では，$1/r^3$ の電界項が卓越し，静電界的な性質を示し，準静電界と呼ばれる．そして，磁界の $1/r^2$ の項は定常電流界のビオ-サバールの公式に対応し，誘導電磁界と呼ばれている．

図1.1.6(b)に示す微小ループ電流 I のループ電流源は，ループ面積を S とすると，$I_m=j\omega\mu IS/l$ の磁気ダイポール(magnetic dipole)と等価であり，その界は微小磁気ダイポールの界と呼ばれ，双対性の関係から界は次のように与えられる．

$$H_r = (I_m l/j2\pi\omega\varepsilon)(1/r^3+jk/r^2)\exp(-jkr)\cos\theta$$
$$H_\theta = (I_m l/j4\pi\omega\varepsilon)(1/r^3+jk/r^2-k^2/r)\exp(-jkr)\sin\theta \quad (1.1.24)$$
$$E_\phi = -(I_m l/4\pi)(1/r^2+jk/r)\exp(-jkr)\sin\theta$$

微小電流源(微小電気ダイポール)，微小ループ電流源(微小磁気ダイポール)から無限遠への電波放射の方向性(放射指向性)は，図1.1.7に示すように，z 軸に軸対称な，中心に隙間のないドーナツ形状(断面は円を二つ並べた8の字形)となる．そのときの放射電力は，複素ポインティングベクトルを観測角の全立体角 4π で積分して，それぞれ次式で与えられる．

$$P = \sqrt{\mu/\varepsilon}(kIl)^2/6\pi$$
$$P_m = \sqrt{\varepsilon/\mu}(kI_m l)^2/6\pi \quad (1.1.25)$$

微小電流源の界，微小磁流源の界では，無限遠方の領域を除き，平面波界に示されるような電界と磁界の比例関係はない．すなわち，電界，磁界の両方を調べなけれ

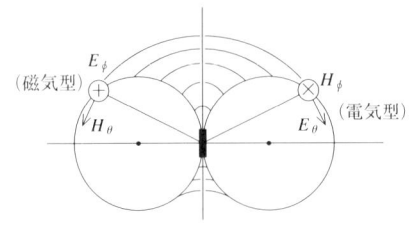

図 1.1.7 微小波源の指向性

ば，その界の性質を明らかにすることはできない．

　一般の電磁界の波源の近くでは，電界，または磁界のどちらかが卓越して存在する．電界(または磁界)が卓越して存在する場合の典型例が微小電流源の界(または微小磁流源の界)である．実用問題として考えるとき，電界(または磁界)が強く観測される場所の近くには，それを発生される電流源(または磁流源，ループ電流源)，あるいはそれらに対応する等価波源があると考えてさしつかえない．

1.1.5 過渡電磁界

　正弦波的に時間変化しない，定常状態でない界は，過渡電磁界と呼ばれる．過渡界の典型例に静電気放電の界がある．

　この種の過渡界を解析的に取り扱うためには，まず，その界をフーリエ変換して定常状態の界に分解し，その解を求め，それをフーリエ逆変換して過渡界を合成する操作を行う[9]．この種の典型的な計算法に SEM 法がある．しかし，界を単に計算するだけであれば数値計算手法で十分で，最近では，マクスウェル方程式の直接シミュレーションを行う FDTD 法(7.1 節参照)がよく用いられている．

　過渡界では，物理表現が定常状態におけるものよりも複雑になるだけでなく，定常状態で得られた物理概念がそのまま過渡界に利用できないことが多い．そのため，過渡界のための物理指標，指数などを新しく定義する必要に迫られることがある．この点に特に注意が必要である．

1.1.6 静電界と電界結合

　時間変動のない静電界(electrostatic field)は，電界，電束密度のみの界で，真空中に存在する電荷，あるいは導体上に存在する表面電荷を源として発生する(実用上は，電磁界の時間変動が十分小さく，電界が卓越して存在する界の近似(準静的近似)として利用することが多い)．この界の方程式は構成関係式を含め，次のように与えられる．

$$\nabla \times \boldsymbol{E} = 0$$
$$\nabla \cdot (\varepsilon \boldsymbol{E}) = \rho \quad (1.1.26)$$

　静電界では，電気力線(電界の流線)を描き，界を理解する．電界の線積分は，その始点と終点のみで決まる場所関数の電位(静電ポテンシャル) Φ で与えられる．電界は導体の内部には存在しないため，電位は導体表面，内部で一定値となる．電位 Φ を与えると，均質媒質中の界は次式で表される．

$$E = -\nabla \Phi$$
$$\nabla^2 \Phi = -\rho/\varepsilon \tag{1.1.27}$$

導体に，外部から電荷 Q を与えると，その導体に電位 Φ が生じる．このとき，$C = Q/\Phi$ をその導体の静電容量と呼ぶ．

二つの導体 1，2 に，$+Q$，$-Q$ の電荷を与え，それぞれの導体の電位が Φ_1，Φ_2 になるとき，$C = Q/(\Phi_1 - \Phi_2)$ を 2 導体間の静電容量と呼ぶ．静電容量は，静電界の界形状で異なる値を示し，それは導体の形，大きさ，それらの配置に依存する．

電界(印加電界)中に導体を置くと，その表面電位を一定の値にすべく，静電誘導(electrostatic induction)で導体表面に表面電荷 $\rho_s (= \varepsilon E_n)$ が発生，分布する．

図 1.1.8(a) に示す N 個の導体系において，それぞれの導体に電荷 Q_n を与え，それぞれの導体の電位が Φ_n となるとき，重ね合わせの原理から

$$[\Phi_n] = [P_{nm}][Q_m] \tag{1.1.28}$$

が成り立つ．ここで P_{nm} は電位係数である．この逆の関係として，

$$[Q_n] = [q_{nm}][\Phi_m] \tag{1.1.29}$$

を得る．ここで $q_{nn} (>0)$ を容量係数，$q_{nm} (<0) (n \neq m)$ を静電誘導係数と呼ぶ．静電誘導係数には $q_{nm} = q_{mn}$ の相反関係がある．

図 1.1.8(a) に示すように，等しい電位の 2 導体の間には電気力線が結ばれず，それらの間に電界による結合は生じない．電位の異なる 2 導体の間には電気力線が存在し，電界(静電)結合(electric field coupling, electrostatic coupling)が生じる．

図 1.1.8(b) に示すように，導体 1 を導体 2 が完全に覆い，その電位を一定に保つとき，導体 2 の外側の電界の影響が導体 1 に及ばないことを，静電誘導係数から示すことができる．導体 2 の内部と外部を静電的に分離したこの状態を静電遮へい(electrostatic shielding) と呼ぶ．

1.1.7 定常電流の界，準定常電磁界と磁界結合

時間変動のない定常電流(stationary electric current)の界は，磁束密度の界で，真空中に存在する電荷の流れ，あるいは，導体中やその表面に流れる電流から発生す

(a) 導体系   (b) 静電遮へい

図 1.1.8 導体計と静電遮へい

る．定常電流の界では，磁界の流線を磁力線として描き，界を理解する．界方程式は構成関係式を含めて次のように与えられる．

$$\nabla \times \boldsymbol{H} = \boldsymbol{J}$$
$$\nabla \cdot (\mu \boldsymbol{H}) = 0 \qquad (1.1.30)$$

この界は透磁率が一定の媒質においては，ベクトルポテンシャル $\boldsymbol{A}$ を使って次式で与えられる．

$$\boldsymbol{H} = \mu^{-1} \nabla \times \boldsymbol{A}$$
$$\nabla \times \nabla \times \boldsymbol{A} = \mu \boldsymbol{J} \qquad (1.1.31)$$

この解の磁界 $\boldsymbol{H}$ を簡単に表す表現にビオ-サバール(Biot-Savart)の公式がある．

電流 I の流れる閉回路 C には磁界が発生する．その閉回路 C を鎖交する磁束 Φ と電流 I の関係には $\Phi/I=L$ の関係があり，L を自己インダクタンスと呼ぶ．二つの閉回路 C_1，C_2 があり，1に流れる電流 I_1 でつくられる磁束で閉回路 C_2 に鎖交する磁束を Φ_{21} とするとき，$\Phi_{21}/I_1=M$ を相互インダクタンスと呼ぶ．相互インダクタンスを求めるノイマン(Neumann)の公式がある．インダクタンスは，閉回路の形状で決まる．正しくいえば，電流の流れる閉回路系に生じる磁界の形状で決まる．

実用上の閉回路 C には幅や大きさがあり，そこを電流 I が分布して流れる．そこで，閉回路 C の外部領域に発生する磁束と，閉回路 C の内部領域に発生する磁束とを分離して，インダクタンスを外部インダクタンスと内部インダクタンスに分けて取り扱う．

図1.1.9に示すように，N 個の閉回路 C_n に電流 I_n が流れているとき，n 番目の回路に鎖交する磁束 Φ_n はインダクタンス行列 $[L_{nm}]$ を介して次の関係式がある．

$$[\Phi_n] = [L_{nm}][I_m] \qquad (1.1.32)$$

閉回路 n 以外に流れる電流をゼロとしたときの閉回路電流と磁束の関係を与える L_{nn} (>0)が自己インダクタンス，m の閉回路のみに電流 I_m を流したとき，n の閉回路に生じる磁束 Φ_n との比 L_{nm} が相互インダクタンスである．

定常電流の界に時間変動を導入した準定常状態の界(quasi-stationary field)では，電磁誘導(electromagnetic induction)を認めてファラデーの法則

$$\nabla \times \boldsymbol{E} = -\partial \boldsymbol{B}/\partial t \qquad (1.1.33)$$

を追加するが，アンペアの法則では，変位電流を無視できる緩やかな時間変動を想定し，定常電流の界のアンペアの法則の形を保つと仮定する．

この準定常状態の界においては，電磁誘導の作用で，N 個の閉回路系 C_n に電圧 e_n が発生する．その量は

$$[e_n] = -[L_{nm}][\partial I_m/\partial t] \qquad (1.1.34)$$

で与えられる．すなわち，閉回路 C_n，C_m の間に，鎖交磁束がなく，$L_{nm}=0$ ならば，電磁誘

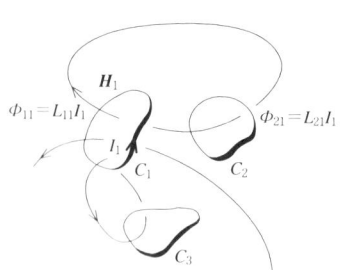

図1.1.9 電流の流れる閉回路系

導に関係した磁界の結合は生じない．一方，閉回路 C_n, C_m の間に鎖交磁束があり，$L_{nm} \neq 0$ ならば，閉回路 C_n, C_m の間に磁界(誘導)結合(magnetic-field coupling, induction coupling)が発生する．

1.1.8 TEM 伝送波

電磁波動で，進行方向(たとえば z 軸)の直交面内(x-y 面内)で，界形状を保存して伝わる波が伝送波である．特に，進行方向に界成分をもたない伝送波を TEM (transverse electromagnetic) 伝送波と呼ぶ．TEM 伝送波は平面波である．

定常状態の無損失，均質媒質において，波源の存在しない状態での TEM 伝送波の界方程式は次式で与えられる．

$$\begin{aligned}
\nabla \times \boldsymbol{H}_t &= j\omega\varepsilon \boldsymbol{E}_t \\
\nabla \times \boldsymbol{E}_t &= -j\omega\mu \boldsymbol{H}_t \\
\nabla \cdot \boldsymbol{E}_t &= 0 \\
\nabla \cdot \boldsymbol{H}_t &= 0
\end{aligned} \quad (1.1.35)$$

この界方程式を，波の進行方向 z 軸で，$\nabla = z(\partial/\partial z) + \nabla_t$ と表し，z 成分とその他の成分に分解，整理すると，伝送線路方程式形式の界表現が得られる．電界の次元は (V/m)，磁界の次元は (A/m) なので，電界が電圧に，磁界が電流に対応している．

$$\begin{aligned}
(\partial/\partial z)\boldsymbol{E}_t &= j\omega\mu z \times \boldsymbol{H}_t \\
(\partial/\partial z)\boldsymbol{H}_t &= -j\omega\varepsilon z \times \boldsymbol{E}_t \\
\nabla_t \times \boldsymbol{E}_t &= 0 \\
\nabla_t \times \boldsymbol{H}_t &= 0
\end{aligned} \quad (1.1.36)$$

この方程式の解として，z の正方向に進む界は，

$$\begin{aligned}
\boldsymbol{E}_t &= -\nabla_t \Phi(x,y)\exp(-jkz) \\
\boldsymbol{H}_t &= \sqrt{\varepsilon/\mu}\, z \times \boldsymbol{E}_t = \nabla_t \Psi(x,y)\exp(-jkz) \\
\nabla_t^2 \Phi &= 0, \quad \nabla_t^2 \Psi = 0
\end{aligned} \quad (1.1.37)$$

のように与えられる．この電界，磁界は x-y 面内で静電界的に振る舞うため，線路電位 V と線路電流 I を定義できる．図 1.1.10 に断面を示す完全導体平板上に置かれた完全導体 TEM 線路では，

図 1.1.10 完全導体上の TEM 伝送路

$$\begin{aligned}
V &= \int_G \boldsymbol{E}_t \cdot d\boldsymbol{l} = \Phi_C \\
I &= \int_C \boldsymbol{H}_t \cdot d\boldsymbol{l} \\
&= \varepsilon \int_C \boldsymbol{E}_t \cdot \boldsymbol{n}\, dl = j\omega Q = j\omega CV
\end{aligned} \quad (1.1.38)$$

と表せる．ここで，Q, C は線路の単位長あたりの全電荷と線間容量である．

線路上の電位と電流は，そこに伝送される電磁界の形状に依存して決まり，電位 V と電流 I は，単に電磁界の導体上での境界条件にすぎない．この線路に伝送される電力は，伝送路断面における界のポインティングベクトルの面積分から求められ，その結果が，境界条件としての電位，電流の表現で VI^* と書けるにすぎない．伝送の本質は，導体上の電位，電流にあるのではなく，伝送波の界分布にあることに注意されたい．

（徳丸　仁）

1.2　電 気 回 路

1.2.1　2端子対行列

一般に二つの端子対をもつ回路の表示方法として，端子電圧および端子電流に着目した2端子対行列の表現が用いられる．この場合の特徴は，おのおのの端子対より回路に流れ込む電流の方向を基準方向として採用する．

(1) インピーダンス行列表示（Z 行列表示）

$$\begin{bmatrix} V_1 \\ V_2 \end{bmatrix} = \begin{bmatrix} Z_{11} & Z_{12} \\ Z_{21} & Z_{22} \end{bmatrix} \begin{bmatrix} I_1 \\ I_2 \end{bmatrix}, \quad [Z] = \begin{bmatrix} Z_{11} & Z_{12} \\ Z_{21} & Z_{22} \end{bmatrix} \quad (1.2.1)$$

(2) アドミタンス行列表示（Y 行列表示）

$$\begin{bmatrix} I_1 \\ I_2 \end{bmatrix} = \begin{bmatrix} Y_{11} & Y_{12} \\ Y_{21} & Y_{22} \end{bmatrix} \begin{bmatrix} V_1 \\ V_2 \end{bmatrix}, \quad [Y] = \begin{bmatrix} Y_{11} & Y_{12} \\ Y_{21} & Y_{22} \end{bmatrix} \quad (1.2.2)$$

(3) ハイブリッド行列表示

$$\begin{bmatrix} I_1 \\ V_2 \end{bmatrix} = \begin{bmatrix} G_{11} & G_{12} \\ G_{21} & G_{22} \end{bmatrix} \begin{bmatrix} V_1 \\ I_2 \end{bmatrix}, \quad [G] = \begin{bmatrix} G_{11} & G_{12} \\ G_{21} & G_{22} \end{bmatrix}$$

$$\begin{bmatrix} V_1 \\ I_2 \end{bmatrix} = \begin{bmatrix} H_{11} & H_{12} \\ H_{21} & H_{22} \end{bmatrix} \begin{bmatrix} I_1 \\ V_2 \end{bmatrix}, \quad [H] = \begin{bmatrix} H_{11} & H_{12} \\ H_{21} & H_{22} \end{bmatrix} \quad (1.2.3)$$

(4) 縦続行列表示（F 行列表示）

$$\begin{bmatrix} V_1 \\ I_1 \end{bmatrix} = \begin{bmatrix} A & B \\ C & D \end{bmatrix} \begin{bmatrix} V_2 \\ -I_2 \end{bmatrix}, \quad [F] = \begin{bmatrix} A & B \\ C & D \end{bmatrix} \quad (1.2.4)$$

これらの行列表示のなかで縦続行列表示（F 行列表示）は，その名前のとおり回路を縦続接続することを念頭においているため，端子対2の電流方向が基準方向に対して負符号（−）がつく．これは（$-I_2$）がそのまま縦続接続される回路の入力電流となり，回路解析を行うときに都合のよい電流方向となる．

以上で示した回路表示においておのおのの行列要素は，端子対に境界条件を与えることにより実測が可能である．Z 行列表示を例に示すと以下のとおりである．

$$Z_{11} = \left[\frac{V_1}{I_1} \right]_{I_2=0} \quad (1.2.5)$$

（端子対2を開放し，端子対1より入力インピーダンスを測定）

図 1.2.1　2端子対回路と電圧，電流の基準方向

1.2 電気回路

$$Z_{22} = \left[\frac{V_2}{I_2}\right]_{I_1=0} \tag{1.2.6}$$

(端子対 1 を開放し，端子対 2 より入力インピーダンスを測定)

$$Z_{12} = \left[\frac{V_1}{I_2}\right]_{I_1=0}, \quad Z_{21} = \left[\frac{V_2}{I_1}\right]_{I_2=0} \tag{1.2.7}$$

(端子対 2(あるいは 1)より電流を供給，端子対 1(あるいは 2)を開放状態に保ち発生する電圧を測定し，その比をとる．)

Y 行列の各要素について考えると，端子対を短絡して入力アドミタンスを測定，あるいは一つの端子対より電圧を供給し，他方の端子対を短絡状態に保ちながら電流を測定することが必要となる．

その他の行列表示においても行列要素を実験的に求めることを考えると，端子対に対して"開放"あるいは"短絡"という境界条件を与えることが必要となる．低周波領域においては開放・短絡という境界条件は比較的容易に実現が可能であるが，高周波領域では開放・短絡が非常に困難となる．

1.2.2 散乱行列(S 行列，S パラメータ)

S パラメータは，伝送回路の入出力端子対をシステムの特性インピーダンスで終端することにより定義され，"開放"，"短絡"の境界条件を必要としない．図 1.2.2 は一般の 2 端子対回路にシステムの特性インピーダンス Z_0 を有する電源および負荷 Z_0 が接続された状態を示す．図 1.2.2 の点線で囲まれた部分は伝送回路内における信号の流れを模擬的に示したもので，2 端子対回路の端子対などとは直接の関係はない．また，S_{ii} は，波の伝搬していく割合を示すパラメータである．

一般の伝送回路においては入出力インピーダンスがシステムの特性インピーダンスとは完全な整合がとれていない．したがって電源側，負荷側におのおのの反射波が存在する．電源側へ反射してくる波 E_{r1}，負荷側へ伝搬する波 E_{r2} は次のように表記できる．

$$\begin{aligned} E_{r1} &= S_{11}E_{i1} + S_{12}E_{i2} \\ E_{r2} &= S_{21}E_{i1} + S_{22}E_{i2} \end{aligned} \tag{1.2.8}$$

この式は端子対の全電圧を関係づけるのではなく，進行波電圧，反射波電圧の関係を与えている．ここで両辺をシステムの特性インピーダンス Z_0 の平方根で除し，

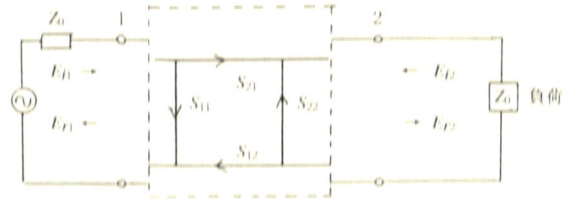

図 1.2.2 2 端子対回路網における波(情報)の流れ

$$a_1 = \frac{E_{i1}}{\sqrt{Z_0}}, \qquad a_2 = \frac{E_{i2}}{\sqrt{Z_0}}$$
$$b_1 = \frac{E_{r1}}{\sqrt{Z_0}}, \qquad b_2 = \frac{E_{r2}}{\sqrt{Z_0}} \tag{1.2.9}$$

と変数を変換すると次のようにまとめられる．

$$b_1 = S_{11}a_1 + S_{12}a_2$$
$$b_2 = S_{21}a_1 + S_{22}a_2$$
$$\therefore \begin{bmatrix} b_1 \\ b_2 \end{bmatrix} = \begin{bmatrix} S_{11} & S_{12} \\ S_{21} & S_{22} \end{bmatrix} \begin{bmatrix} a_1 \\ a_2 \end{bmatrix} \tag{1.2.10}$$

変数変換された a_1, a_2, b_1, b_2 はその 2 乗をとると電力の次元を有する．したがって S パラメータは電力に関連する量を進行波，反射波として結びつけている．

伝送回路の出力ポートをシステムの特性インピーダンス Z_0 で終端すると（端子対 2 で整合がとれているものと考え），反射波は 0 となる．すなわち $a_2 = 0$ である．

$$b_1 = S_{11}a_1, \qquad b_2 = S_{21}a_1$$
$$\therefore S_{11} = \frac{b_1}{a_1}, \qquad S_{21} = \frac{b_2}{a_1} \tag{1.2.11}$$

同様にポート 1 を特性インピーダンスで終端することにより，ポート 1 における反射波が 0 となり，$a_1 = 0$ である．

$$\therefore S_{12} = \frac{b_1}{a_2}, \qquad S_{22} = \frac{b_2}{a_2} \tag{1.2.12}$$

実際の計測にあたっては完全な整合がとれないことが多い．したがって精度のよい方向性結合器を併用し入射波と反射波を分離して測定することが必要となる．

1.2.3 分布定数理論

電気回路を分布定数論的に扱う基準は明確に定められているわけではないが，扱う素子(伝送線路も含む)の幾何学的な大きさを，対象としている周波数の波長と比較することにより，集中定理理論，分布定数理論の使い分けをすることが必要である．

a. 分布定数線路

大地上に 1 本の導線が敷設され，それに電流が流れると次のようなことが発生する．
 (1) 導線には長さが存在する　　インダクタの発生(L[H])
 (2) 大地との間に結合がある　　キャパシタの発生(C[F])
 (3) 導線には固有抵抗がある　　抵抗の発生(R[Ω])
 (4) 媒質を介して電流が流れる　コンダクタンスの発生(G[S])

おのおのの分布量の示すインピーダンス要素あるいはアドミタンス要素は

　$L : j\omega L/m$, 　$C : j\omega C/m$, 　$R : R/m$, 　$G : G/m$ 　(ω：角周波数)

で示される．L および C の示すインピーダンスおよびアドミタンス要素は周波数(角周波数)に比例するため，高い周波数領域では無視できない値となる．

大地上の伝送線路において単位長あたり $L[H/m]$，$C[F/m]$，$R[\Omega/m]$ および $G[S/m]$ の分布素子が存在するものとすれば，Δx の区間では ΔxL，ΔxC，ΔxR および ΔxG の値をもつ．したがって，伝送線路はこのような Δx の区間が無限につながった形と考えることができる．ここで，1区間に対して，

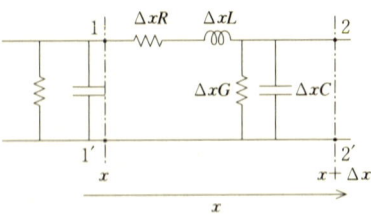

図 1.2.3 伝送線路を微視的に眺めた状態

11' の端子電圧　　　　　$v(x, t)$
11' より流れ込む電流　　$i(x, t)$
22' の端子電圧　　　　　$v(x+\Delta x, t)$
22' より流出する電流　　$i(x+\Delta x, t)$

とおき，キルヒホフの法則を適用する．

$$v(x,t) - v(x+\Delta x, t) = \Delta x Ri(x,t) + \Delta xL \frac{\partial i(x,t)}{\partial t}$$
$$i(x,t) - i(x+\Delta x, t) = \Delta x Gv(x+\Delta x, t) + \Delta xC \frac{\partial v(x+\Delta x, t)}{\partial t}$$

$$\therefore \quad -\frac{v(x+\Delta x, t) - v(x,t)}{\Delta x} = Ri(x,t) + L\frac{\partial i(x,t)}{\partial t}$$
$$-\frac{i(x+\Delta x, t) - i(x,t)}{\Delta x} = Gv(x+\Delta x, t) + C\frac{\partial v(x+\Delta x, t)}{\partial t} \quad (1.2.13)$$

ここで，$\Delta x \to 0$ の極限を考えれば，差分表示が微分で表現できる．したがって，

$$-\frac{\partial v(x,t)}{\partial x} = Ri(x,t) + L\frac{\partial i(x,t)}{\partial t}$$
$$-\frac{\partial i(x,t)}{\partial x} = Gv(x,t) + C\frac{\partial v(x,t)}{\partial t} \quad (1.2.14)$$

となる．

印加電源を正弦波と仮定すると $v(x,t) = V(x)e^{j\omega t}$，$i(x,t) = I(x)e^{j\omega t}$ とフェザー表示できるので，この関係を前式へ代入し整理することで次式を得る．

$$-\frac{dV(x)}{dx} = RI(x) + j\omega LI(x) = ZI(x)$$
$$-\frac{dI(x)}{dx} = GV(x) + j\omega CV(x) = YV(x) \quad (1.2.15)$$

ただし，$Z = R + j\omega L$，$Y = G + j\omega C$

ここで前式の片方を x で再度微分し，他方へ代入することで次式を得る．

$$\frac{d^2V(x)}{dx^2} = ZYV(x)$$
$$\frac{d^2I(x)}{dx^2} = ZYI(x) \quad (1.2.16)$$

ここで,
$$ZY = (R+j\omega L)(G+j\omega C) = \gamma^2 \quad (1.2.17)$$
とおき,γ を伝搬定数と呼ぶ.この 2 階微分方程式を解くと,
$$\begin{aligned}V(x) &= ae^{-\gamma x}+be^{\gamma x} \\ I(x) &= \frac{\gamma}{Z_0}\{ae^{-\gamma x}-be^{\gamma x}\} = \sqrt{\frac{G+j\omega C}{R+j\omega L}}\{ae^{-\gamma x}-be^{\gamma x}\}\end{aligned} \quad (1.2.18)$$
ここで,
$$Z_0 = \sqrt{\frac{R+j\omega L}{G+j\omega C}} \quad (1.2.19)$$
とおき,Z_0 を特性インピーダンスと呼ぶ.

γ^2 は複素数であるが,虚数部は必ず正である.したがって,γ^2 はガウス平面上では,第 1 または第 2 象限に現れる複素数である.したがって,$\sqrt{\gamma^2}$ の一つは必ず第 1 象限の複素数として現れる.γ としては実数部が正であるものを考え,第 1 象限に現れる値を採用する.ここで,

$$\begin{aligned}&\gamma = \alpha+j\beta, \qquad \alpha:減衰定数,\beta:位相定数 \\ &e^{-\gamma x} = e^{-(\alpha+j\beta)x} = e^{-\alpha x}e^{-j\beta x} \\ &e^{-\alpha x} \quad 振幅を表現している. \\ &\alpha>0 であるから,x\to大 で,e^{-\alpha x}\to小 となる.\end{aligned} \quad (1.2.20)$$

物理的に考えて距離が大きくなると振幅が減少する.すなわち,x の正方向へ進む波を表現している.

$e^{-j\beta x}$ 　位相回転を表現している.

$\beta>0$ であるから,$x\to$大 で,位相 $\beta x \to$大 となる.
すなわち,$e^{-j\beta x}$ は位相が遅れていくことを示している.
$$e^{\gamma x} = e^{(\alpha+j\beta)x} = e^{\alpha x}e^{j\beta x} \quad (1.2.21)$$
この式は伝送線路上を逆向きに電源方向へ進む(x 軸上負の方向へ進む)波を示す.この波は伝送線路の途中で反射してくる波,負荷で反射してくる波などに相当する.反射波は反射点で振幅が一番大きく,x が小さくなれば $e^{\alpha x}$ は小さくなり,振幅が減少することに対応する.$e^{j\beta x}$ についても x が小さくなれば βx が小さくなり,位相が遅れていくことを示している.

以上のことを,伝送線路上を負荷方向へ進む"進行波"と,電源方向へ進む"反射波"という考え方をとり,次式で表示する.

$$V(x) = ae^{-\gamma x}+be^{\gamma x} = V_i+V_r, \qquad I(x) = \frac{1}{Z_0}\{ae^{-\gamma x}-be^{\gamma x}\} = I_i-I_r \quad (1.2.22)$$

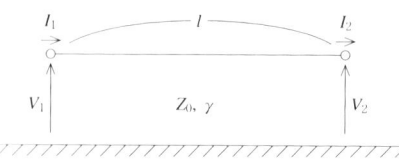

図 1.2.4 長さ l の伝送線路

a, b は未知定数である．境界条件を設定することで決定される．$x=0$ における電圧，電流を $V(0)=V_1$, $I(0)=I_1$ とおき，$x=l$ における電圧 V_2, 電流 I_2 を用いてこれらを表現すると次式のとおりである．

$$V_1 = V_2 \cosh \gamma l + I_2 Z_0 \sinh \gamma l$$

$$I_1 = \frac{V_2}{Z_0} \sinh \gamma l + I_2 \cosh \gamma l \tag{1.2.23}$$

$$\begin{bmatrix} V_1 \\ I_1 \end{bmatrix} = [F] \begin{bmatrix} V_2 \\ I_2 \end{bmatrix}, \quad [F] = \begin{bmatrix} \cosh \gamma l & Z_0 \sinh \gamma l \\ \dfrac{1}{Z_0} \sinh \gamma l & \cosh \gamma l \end{bmatrix}$$

b. 波としての性質

正弦波を考え，印加電圧，電流を，

$$v(x,t) = V(x)e^{j\omega t}, \quad i(x,t) = I(x)e^{j\omega t} \tag{1.2.24}$$

と仮定した．電圧波，電流波としての基本解へ上記の関係を代入する．

$$v(x,t) = \{ae^{-\gamma x} + be^{\gamma x}\}e^{j\omega t} \tag{1.2.25}$$

$\gamma = \alpha + j\beta$ の関係を用いて，

$$v(x,t) = ae^{-\alpha x + j(\omega t - \beta x)} + be^{\alpha x + j(\omega t + \beta x)} \tag{1.2.26}$$

同様に考えて，

$$i(x,t) = \frac{1}{Z_0}\{ae^{-\alpha x + j(\omega t - \beta x)} - be^{\alpha x + j(\omega t + \beta x)}\} \tag{1.2.27}$$

これらの式で，$e^{j(\omega t - \beta x)}$，$e^{j(\omega t + \beta x)}$ は伝搬する波も正弦波であることを示している．

ここで，$\omega t - \beta x$ が一定値 βx_0 をとるとすれば，

$$\therefore \quad x = \frac{\omega}{\beta}t - x_0 \tag{1.2.28}$$

上式を満足する x と t の組合せで波は形を変えないことになる．すなわち，波が，$v_l = x/\beta$ という速度で x の正方向へ進んでいる．この v_l を位相速度という．

正弦波の周波数を f, 波長を λ とおくと，

$$f\lambda = v_l = \frac{\omega}{\beta} = \frac{2\pi f}{\beta} \quad \therefore \quad \lambda = \frac{2\pi}{\beta} \quad \text{または} \quad \beta = \frac{2\pi}{\lambda} \tag{1.2.29}$$

となる（大地上の伝送線路などでは位相速度と群速度は等しい）．

c. 反射係数と定在波

基本解 $V(x) = ae^{-\gamma x} + be^{\gamma x}$ \hfill (1.2.30)

において

$ae^{-\gamma x}$：進行波，$be^{\gamma x}$：反射波

であり，任意点 x ではそれぞれの方向へ進む波の和で与えられている．x におけるそれぞれの方向へ進む波の比 Γ_i は，

$$\Gamma_i = \frac{be^{\gamma x}}{ae^{-\gamma x}} = \frac{b}{a}e^{2\gamma x} \tag{1.2.31}$$

と与えられる．上式で定義される Γ_i を電圧反射係数（点 x より負荷方向をながめた

ときの反射係数)と呼ぶ．$x=0$ における反射係数 Γ_0 は次式で与えられる．

$$\Gamma_0 = \frac{b}{a} \qquad (1.2.32)$$

ここで，線路の分布素子の中で $R=0$，$G=0$ とおいた理想状態の無損失線路を考える．このとき，伝搬定数 γ は次式で与えられる．

$$\gamma = j\omega\sqrt{LC} = j\beta \qquad (1.2.33)$$

これらの関係を基本解へ代入する．

$$V(x) = ae^{-j\beta x}\{1+\Gamma_0 e^{j2\beta x}\} \qquad (1.2.34)$$

ここで，Γ_0 を絶対値と位相で表示し，$|V(x)|^2$ を求めると次式で与えられる（ϕ は Γ_0 の位相角）．

$$|V(x)|^2 = |a|^2\{1+|\Gamma_0|^2+2|\Gamma_0|\cos(2\beta x+\phi)\} \qquad (1.2.35)$$

上式は場所 x に関し周期関数となる．その周期は cosine 関数の周期と一致する．伝送線路上の周期を求めると，

$$2\beta x = 2\pi, \quad \therefore \quad x = \frac{\pi}{\beta} = \frac{\lambda}{2} \qquad (1.2.36)$$

すなわち，電圧波の2乗は，波長 λ の正弦波に対し，$\lambda/2$ の周期関数となる．

$|V(x)|$ は次式で与えられる．

$$|V(x)| = |a|\sqrt{1+|\Gamma_0|^2+2|\Gamma_0|\cos(2\beta x+\phi)} \qquad (1.2.37)$$

$|V(x)|$ の最大値 $|V|_{\max}$ は，$\cos(2\beta x+\phi)=1$ を満たす点 $x_{\max}$ において現れる．

$$\therefore \quad x_{\max} = \frac{2n\pi-\phi}{2\beta} = \frac{n}{2}\lambda - \frac{\phi\lambda}{4\pi} \qquad (1.2.38)$$

一方，$|V(x)|$ の最小値は，$\cos(2\beta x+\phi)=-1$ を満たす点 $x_{\min}$ で現れる．

$$\therefore \quad x_{\min} = \frac{(2n+1)\pi-\phi}{2\beta} = \frac{(2n+1)}{4}\lambda - \frac{\phi\lambda}{4\pi} \qquad (1.2.39)$$

一方，$|V|_{\max}$ と $|V|_{\min}$ の間隔は $\lambda/4$ である．

$$|x_{\max}-x_{\min}| = \frac{1}{4}\lambda + \frac{n}{2}\lambda \qquad (1.2.40)$$

次に，$|V|_{\max}$ と $|V|_{\min}$ の比を ρ とおくと，

$$\rho = \frac{|V|_{\max}}{|V|_{\min}} = \frac{1+|\Gamma_0|}{1-|\Gamma_0|} \geq 1 \qquad (1.2.41)$$

と与えられる．ρ を電圧定在波比（VSWR：voltage standing wave ratio）と呼ぶ．電流 $I(x)$ についても同様に考えることができる．

1.2.4 スミス図表

インピーダンスを直角座標系で表示すると $Z=R+jX$ であり，受動回路で考えれば，R，X の範囲は（$0 \leq R \leq \infty$，$-\infty \leq X \leq \infty$）である．したがって，任意のインピーダンスを表示するためには半無限平面が必要となる．一方，インピーダンスを特性インピーダンス Z_0 のシステムで測定したとき，反射係数 Γ は次式で与えられる．すな

わち，

$$\Gamma = \frac{z_L - 1}{z_L + 1} = \frac{Z_L - Z_0}{Z_L + Z_0} \qquad (1.2.42)$$

となり，$|\Gamma|$ の存在領域は，$|\Gamma| \leq 1$ となる．したがって，特性インピーダンス Z_0 が既知のシステムにおいては，インピーダンス Z_L を測定することは，反射係数 Γ を測定することと等価である．Z_L と Γ の両者の対応を複素平面上で考えると，次のように関連づけることができる(図 1.2.5)．

すなわち，$Z_L = R + jX$ で表示される全空間が，Γ 平面では半径 1 の単位円内に収まる．Z_L は一般に複素数であるから Γ も複素数である．

$$\therefore \quad \Gamma = |\Gamma|e^{j\theta}, \quad \theta = \angle\Gamma, \quad |\Gamma| \leq 1 \qquad (1.2.43)$$
$$-180° \leq \theta \leq 180° \quad (0° \leq \theta \leq 360°)$$

単位円の内側に同心円を描けば，これは $|\Gamma|$ が一定の軌跡を示す．一方，$\angle\Gamma$ が一定の曲線は，中心を通る直線(直径)となる．

Z 平面と Γ 平面の詳細な対応関係を検討する．まず，インピーダンス Z をシステムの特性インピーダンスにより正規化する．また，反射係数については直角座標で表示する．

$$\frac{Z}{Z_0} = z = r + jx, \quad \Gamma = \Gamma_r + j\Gamma_i \qquad (1.2.44)$$

一方，

$$\Gamma = \frac{Z - Z_0}{Z + Z_0} = \frac{z - 1}{z + 1} \quad \therefore \quad z = \frac{1 + \Gamma}{1 - \Gamma} \qquad (1.2.45)$$

であるから

$$r + jx = \frac{1 - \Gamma_r^2 - \Gamma_i^2}{(1 - \Gamma_r)^2 + \Gamma_i^2} + j \frac{2\Gamma_i}{(1 - \Gamma_r)^2 + \Gamma_i^2} \qquad (1.2.46)$$

$$r = \frac{1 - \Gamma_r^2 - \Gamma_i^2}{(1 - \Gamma_r)^2 + \Gamma_i^2}, \quad x = \frac{2\Gamma_i}{(1 - \Gamma_r)^2 + \Gamma_i^2} \qquad (1.2.47)$$

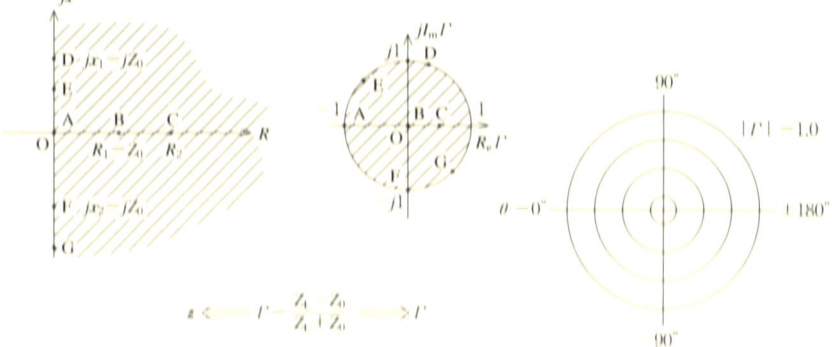

図 1.2.5 インピーダンス平面(Z 平面)と反射係数平面(Γ 平面)の対応

図 1.2.6 $|\Gamma|$ が一定の軌跡

なる関係を得る．r と Γ_r, Γ_i の関係および x と Γ_r, Γ_i の関係を求める．

$$\left(\Gamma_r - \frac{r}{1+r}\right)^2 + \Gamma_i^2 = \left(\frac{1}{r+1}\right)^2, \qquad (\Gamma_r-1)^2 + \left(\Gamma_i - \frac{1}{x}\right)^2 = \frac{1}{x^2} \quad (1.2.48)$$

これらの関係式はいずれも円の式であり，前者は r が一定の場合を，後者は x が一定の場合を示している．以上をまとめると表 1.2.1 のとおりである．

表 1.2.1 スミス図表作図対応表

	中　心	半　径
正規化インピーダンス r 一定の円	$\Gamma_r = \dfrac{r}{1+r}$, $\Gamma_i = 0$	$\dfrac{1}{1+r}$
正規化インピーダンス x 一定の円	$\Gamma_r = 1$, $\Gamma_i = \dfrac{1}{x}$	$\dfrac{1}{x}$

―――：r が一定の軌跡
------：x が一定の軌跡

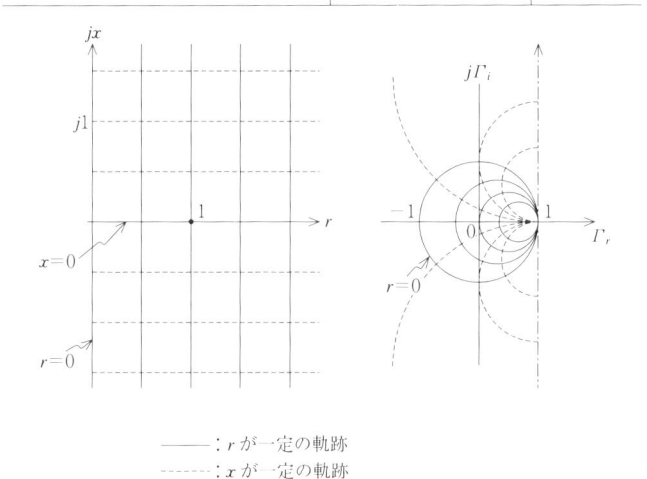

図 1.2.7 スミス図表作成の基礎

Z 平面と Γ 平面の対応においては，Z 平面においてインピーダンスの定義される平面が，右半平面 ($R \geq 0$，∴　$r \geq 0$) に限定されるから，Γ 平面は単位円内に限定される．すなわち，Γ 平面において x が一定の軌跡は，単位円内に含まれる円弧だけが意味をもつ．ここで，円周上に目盛ってある数値は正規化インピーダンスのリアクタンス部 x の値である．直径上に目盛られている数値は，抵抗成分 r の値である．

基本的にはこの図面ですべての受動インピーダンスの値は表示できることになる．さらに，図面を使いやすくするために，外周に波数 (k) 目盛などを付加したものがスミス図表である．ここで波数は次のように定義される．

$$k = (伝送線路の電気長)/(測定周波数に対する真空中の波長) \quad (1.2.49)$$

また，次のように定義することもできる．

$$k = (伝送線路の物理長)/(測定周波数に対する媒質内での波長) \quad (1.2.50)$$

（長澤庸二）

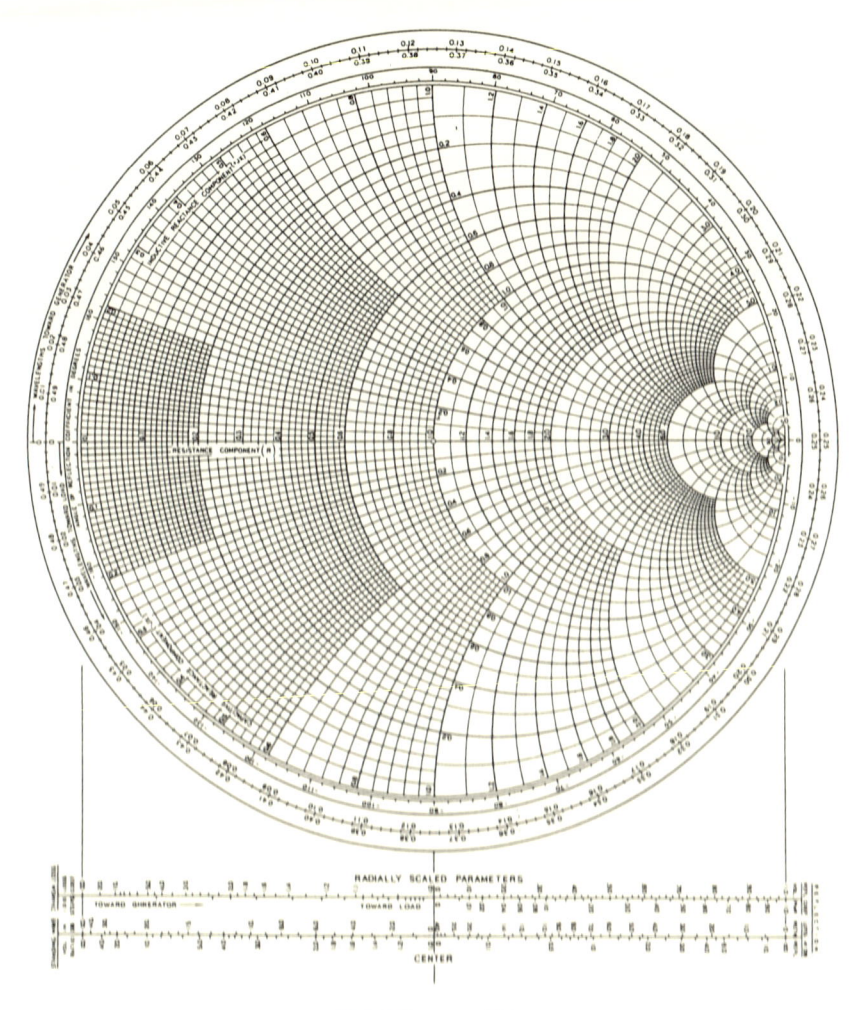

図 1.2.8 スミス図表

1.3 電子回路

1.3.1 電子回路とノイズ

電子機器があらゆる分野で用いられるようになった最大の要因として，真空管からトランジスタ，IC，LSI，VLSIと素子が安価で高密度化されたことが考えられる．今後，半導体はますます小形化，高密度化，高機能化，高速化，低消費電力化，低価格化が進み，高度で高速なデータの処理と膨大なデータの蓄積を可能にすると思われる．このような素子の発展に伴い，電源電圧は真空管時代の200～500 Vから，トランジスタの5～50 Vを経て，ICの±15 V，±5 Vそして+1.5～3 Vの時代になろうとしている．扱う信号のレベルも微弱な信号の扱いを可能としているが，同時に半導体のノイズ耐性を低下させている．さらに，従来は要求される周波数帯域で必要とする機能を満足させれば，電子機器としては十分であったが，不必要な信号あるいは考慮していない帯域の信号つまりノイズをも扱わなければならなくなり，電子機器に要求されている周波数帯域外の特性，要求されていない機能の挙動をも考慮する必要が生じている．

このようにして，システムが大型化するにつれて，システムの高信頼性が要求されるようになったが，上記の理由により，システムを正常に動作させるためには，電子機器の耐ノイズ性を高めると同時に不要な電磁波を放射させないシステムの構築が重要になる．

本節では，上記の観点を考慮しつつ，電子回路の基礎について記述する．

1.3.2 電子回路

a．線形増幅回路

トランジスタ増幅回路の基本的な回路は，図1.3.1(a)に示すものであるが，これは同図(b)の等価回路として表され，その電圧利得 A_v，入力インピーダンス Z_{in} は式(1.3.1)で表される．しかし，図1.3.1(b)で表される条件はトランジスタが規定されている電流増幅率 h_{fe} をもち，かつ不要な端子間の浮遊容量を考慮しなくてよい β 遮断周波数 f_β より低い周波数での動作である．また，回路に用いられる受動素子(抵抗，インダクタンス，キャパシタンス)が定められた動作をすることを前提としている．

バイアス回路の抵抗を無視すれば，

$$A_v = h_{fe}R_L/\{1+h_{oe}R_L\}R_i \qquad (1.3.1)$$
$$Z_{in} = h_{ie} - h_{re}h_{fe}/\{h_{oe}+1/R_L\}$$

となる．実際の増幅回路では，主として演算増幅器(オペアンプ)が用いられ，最近では50 MHz程度までの高周波の増幅に安定して用いられている．演算増幅器の特徴は，① 入力インピーダンスが十分に大きい，② 出力インピーダンスが小さい，③ 増幅度が非常に大きい，である．図1.3.2は帰還を掛けた演算増幅器を用いた回路

(a) 増幅回路

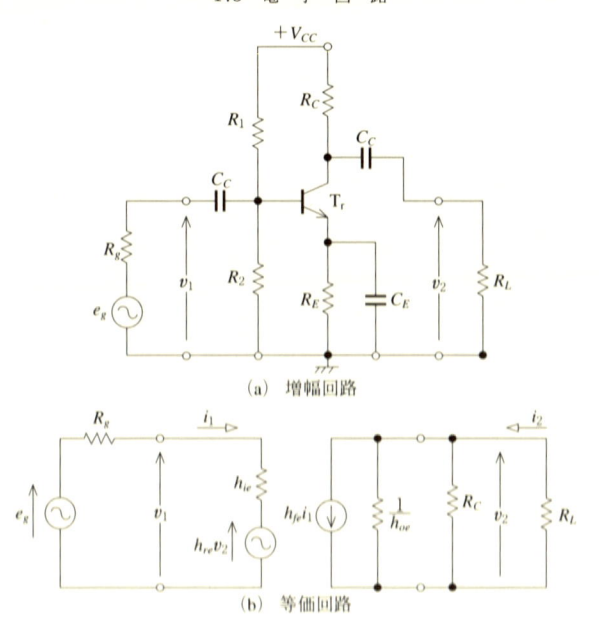

(b) 等価回路

図 1.3.1 トランジスタ線形増幅回路

で，反転増幅が行われ，その電圧利得は

$$A_v = -R_F/R_S \tag{1.3.2}$$

である．演算増幅器を用いる場合の注意は，トランジション周波数 f_T より十分に低い周波数で用いることであるが，ノイズのように予測できない周波数の入力があった場合，および非常に大きな振幅の入力があった場合には，回路の非線形性などにより，予期せぬ出力が発生することがある．

b. スイッチング回路

　トランジスタが線形（と近似できる範囲）で動作していれば，波形ひずみの問題を無視すれば，信号の振幅に関係なく小信号の概念で論ずることができる．しかし，信号の振幅が非常に大きくトランジスタの非線形性が出力に現れる場合は，小信号解析では扱えない．非線形特性を利用する回路としては，高調波の発生，二つの信号の和・差の発生，信号の検波，整流などがある．極端な非線形性を利用する回路がスイッチング動作である．図 1.3.3 の回路は，エミッタ接地増幅回路と同じ回路構成をしているが，トランジスタの動作点が異なり，ベースに加える電流によって，コレクタ電流を高速で断続することを目的としている．入力電圧が $V_{in}=V_L=0$ の場合は，ベース電流は図 1.3.4(a) の A 点で与えられ，I_{B1} はほとんど 0 である．また，$V_{in}=V_H$ の場合は，同図 B 点で与えられる．その結果，コレクタ電流は，図 1.3.4(b) の Q_0，Q_1 点で与えられることになり，出力電圧は，$V_{out}|_{V_L}=V_{CC}$，$V_{out}|_{V_H}=V_{sat}\fallingdotseq0$ となる．

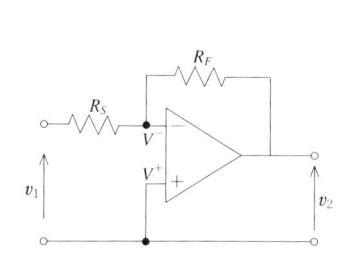

図 1.3.2 反転増幅回路

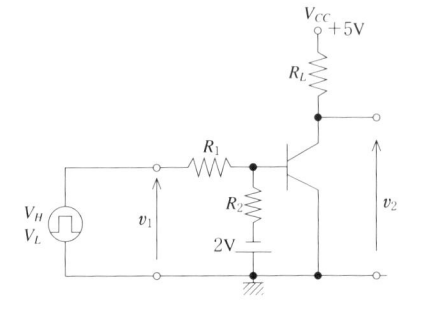

図 1.3.3 スイッチング回路

パルス入力波形に対して，出力波形は有限の時間の立上り時間，立下り時間をもつ．これは，トランジスタの高周波特性ならびに回路の LCR によって決定される．ディジタル回路の応答速度，あるいは回路の効率などを問題にする場合は，この時間は短いほど望ましいが，EMC の問題を論ずる場合には，必要最小限の速度とすることが，他の機器に与える影響を最も小さくすることになる．

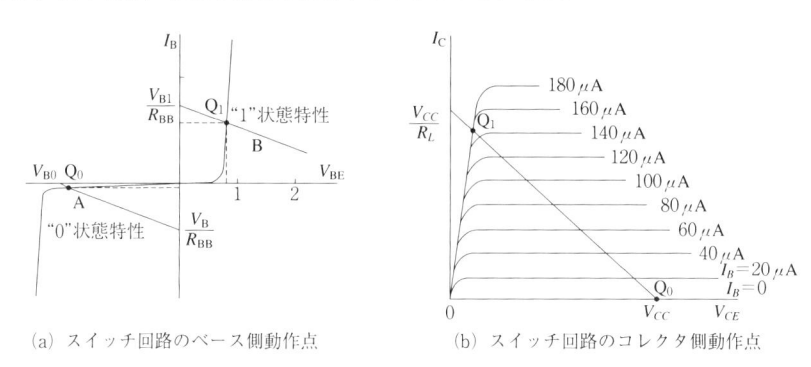

(a) スイッチ回路のベース側動作点

(b) スイッチ回路のコレクタ側動作点

図 1.3.4 スイッチング動作

1.3.3 電子回路部品
a. 抵抗器

抵抗器としては，よく用いられている炭素被膜抵抗器($1/8$〜$1/2$ W)，堅牢で超小型なソリッド(炭素体)抵抗器($1/16$〜1W)，高価ではあるが精度の高い金属被膜抵抗器($1/8$〜$1/2$ W)，中程度の電力用の金属酸化膜抵抗器($1/2$〜3 W)，低周波で精密用の巻線抵抗器，大電力用のセメント抵抗器(2〜10 W)，超小型でプリント基板への実装用のチップ抵抗器，複数の抵抗器をまとめた複合部品で部品点数の削減，省力化の目的で用いられる抵抗ネットワークなどが用途，精度，消費電力，周波数特性，価格などの点から選択され用いられている．

1.3 電子回路

固定抵抗器の定格表示方法の一つに，カラーコード表示がある．色の構成ははじめの2色が抵抗の数値で3色目が乗数，4色目が許容差を示している．特に精度の高い抵抗が要求される場合には，抵抗の数値を3桁で示している．また，抵抗値の許容差を考慮して，決められている公称抵抗値はEシリーズとして，表1.3.2のように定められている．

表 1.3.1 抵抗のカラーコード表示（JIS C 0801）

色 名	第1色帯 第1数字	第2色帯 第2数字	第3色帯 乗数	第4色帯 公称抵抗値許容差	
黒	0	0	10^0	—	
茶色	1	1	10^1	±1%	E96 標準値
赤	2	2	10^2	±2%	E48 標準値
だいだい色	3	3	10^3	—	
黄色	4	4	10^4	—	
緑	5	5	10^5	±0.5%*	E192 標準値
青	6	6	10^6	—	
紫	7	7	10^7	—	
灰色	8	8	10^8	—	
白	9	9	10^9	—	
金色	—	—	10^{-1}	±5%	E24 標準値
銀色	—	—	10^{-2}	±10%	E12 標準値
				±20%	E6 標準値

*特に必要がある場合に限り適用する．

表 1.3.2 抵抗の許容差別の公称値（Eシリーズ）（JIS C 6406）

	公称抵抗値	許容差	分割
E6 標準値	1.0, 1.5, 2.2, 3.3, 4.7, 6.8	±20%	$\sqrt[6]{10}$
E12 標準値	1.0, 1.2, 1.5, 1.8, 2.2, 2.7, 3.3, 3.9, 4.7, 5.6, 6.8, 8.2	±10%	$\sqrt[12]{10}$
E24 標準値	1.0, 1.1, 1.2, 1.3, 1.5, 1.6, 1.8, 2.0, 2.2, 2.4, 2.7, 3.0, 3.3, 3.6, 3.9, 4.3, 4.7, 5.1, 5.6, 6.2, 6.8, 7.5, 8.2, 9.1	±5%	$\sqrt[24]{10}$

たとえば抵抗値としては，E12標準値を用いれば，100Ω, 12kΩ, 150kΩなどとなる．

図 1.3.5 抵抗器の等価回路

EMCの問題で抵抗器使用時に注意することは，信号帯域外の特性と耐電圧特性などである．抵抗器の広い帯域の等価回路は図1.3.5のようになる．

抵抗の値が小さい場合は，高周波数ではインダクタンスの寄りが大きくなり，イン

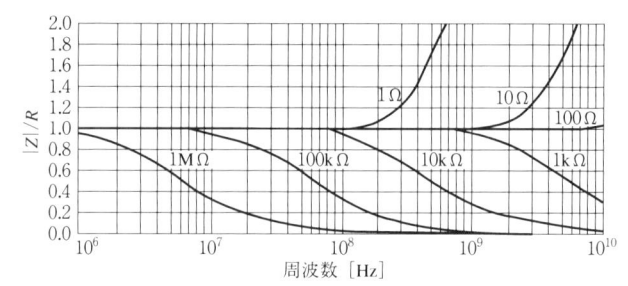

角板形チップ固定抵抗器（定格電力 1/10 W）　　R：直流抵抗値
(a) 周波数に対する変化（ローム㈱提供）

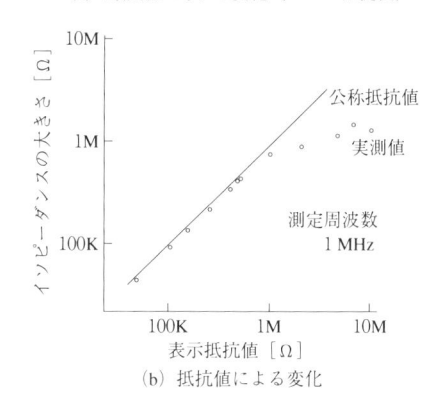

(b) 抵抗値による変化

図 1.3.6　抵抗の周波数特性の例

ピーダンスの大きさが大きくなる傾向にある．また，抵抗の値が大きい場合には，並列のキャパシタンスの影響が大きくなり，インピーダンスの大きさが小さくなる傾向にある．このように，純粋に抵抗として扱えなくなる周波数は，抵抗の種類，抵抗の物理的な大きさ，抵抗値などによって異なる．

b. コンデンサ

コンデンサはアナログ回路，ディジタル回路を問わずすべての電子回路で用いられる．特に EMC 対策部品としても重要であり，その特徴については特に習熟しておく必要がある．

コンデンサの種類としては，大容量で電源の平滑回路に主として用いられているアルミ電解コンデンサ（$0.1\,\mu\text{F} \sim 0.1\,\text{F}$ 程度）は周波数特性がよくなく，誘電体損失が大きいなどの欠点をもっているが，最近はスイッチング電源に使用されることから，100 kHz 程度まで用いられる．また，タンタル電解コンデンサは，アルミニウムに比べて，周波数特性，漏えい電流特性がよいので，ノイズ対策部品としてよく用いられる．

1.3 電 子 回 路

セラミックコンデンサ(10 pF～10 μF 程度)は酸化チタン，チタン酸バリウムなどの焼結体が用いられ，温度特性などを制御することができる．このコンデンサは積層化が進み，高密度実装用のチップコンデンサとして非常に多く用いられている．

フィルムコンデンサ(10 pF～1μF 程度)は用いられる誘電体によって，ポリエステル，ポリプロピレン，ポリスチレン，ポリカーボネイトなどがあり，絶縁抵抗が大きく，周波数特性がよいものでは1GHz 程度まで用いることができる．メタライズドフィルムコンデンサ(～1～10 μF)はフィルム面に金属を蒸着させるので大きな容量が得られる．また，小さな容量で，高周波特性のよいコンデンサとして，マイカコンデンサ，ガラスコンデンサ(1～10000 pH 程度)がある．

また，特に大容量のコンデンサとしては，電気二重層コンデンサ(0.1 F～10 F 程度)があるが，利用できる周波数範囲は 10 Hz 程度までである．

コンデンサの特性は，その種類，性能，用途別に定められており(JIS C 5101)，利用にあたっては注意が必要である．定格電圧は，表 1.3.3 のように記されており，これを超えて用いてはならない(例：1A：10 V である．また，コンデンサの容量は 3 桁の数値で表され，最初の 2 桁が有効数字で，最後の 1 桁が有効数字に続く 0 の数を表している．pF か μF かは適宜判断する(電解コンデンサでは μ であり，セラミックやフィルムでは p となる)．また，小数点は R で表す(例：152：1500 pF (または 1500 μF))．

コンデンサの等価回路は図 1.3.7 のように表せる．

特にコンデンサの等価絶縁抵抗は電極間の絶縁不良，誘電体の分極などに起因し，コンデンサの種類，容量などによって異なり，周波数特性の劣化の直接的な原因とな

表 1.3.3 コンデンサの定格電圧 (JIS C 5101)

英大文字記号 数字記号	A	B	C	D	E	F	G	H	J	K
0	1.0	1.25	1.6	2.0	2.5	3.15	4.0	5.0	6.3	8.0
1	10	12.5	16	20	25	31.5	40	50	63	80
2	100	125	160	200	250	315	400	500	630	800

定格電圧を表す記号は 1 数字と 1 英大文字を組み合わせて表し，表のとおりとする．

表 1.3.4 コンデンサの許容差 (JIS C 5101)

記号	B	C	D	F	G	J	K	M	N
許容差 [%]	±0.1	±0.25	±0.5	±1	±2	±5	±10	±20	±30

記号	P	Q	T	U	V	W	X	Y	Z
許容差 [%]	+100 0	+30 -10	+50 -10	+75 -10	+20 -10	+100 -10	+40 -20	+150 -10	+80 -20

表 1.3.5 10pF 以下のコンデンサの許容値 (JIS C 5101)

記号	B	C	D	F	G
許容差 [pF]	±0.1	±0.25	±0.5	±1	±2

1. 基 礎 理 論

る．さらに高周波になると，リード線のインダクタンスが問題となり，等価的にコイルとして動作する．特にノイズ対策部品として用いる場合には，容量の温度特性，周波数特性，許容電圧特性などに注意を払う必要がある．

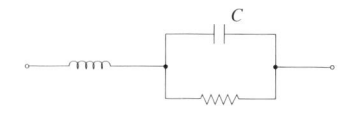

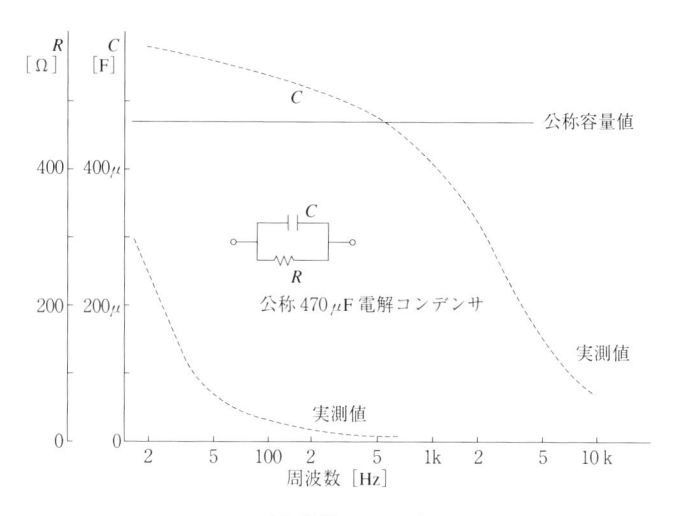

図 1.3.7 コンデンサの等価回路

(a) 電解コンデンサ

公称 470 μF 電解コンデンサ

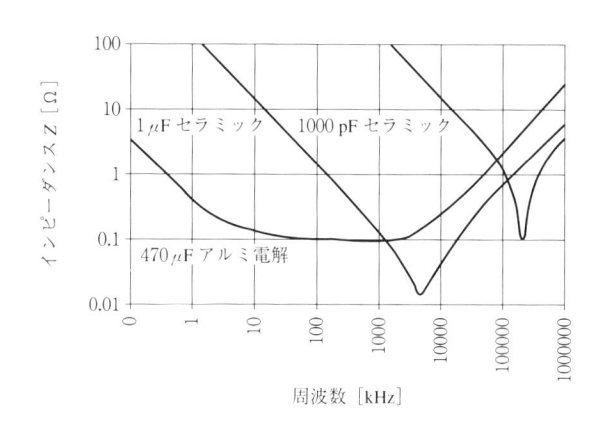

(b) 各種コンデンサ（㈱福井村田製作所提供）

図 1.3.8 コンデンサの周波数特性の例

c. インダクタ

インダクタは基本的には導線を巻いただけであるが，形状，空心，磁心ありなどによって多くの用途がある．磁心を用いればインダクタンスが大きくなるが，磁心の周波数特性によって利用できる周波数範囲が限定される．インダクタの等価回路は図 1.3.9 に示すようになり，高い周波数では巻線間の容量が素子の主成分となる．損失は，巻線抵抗，磁心の損失(鉄損(ヒステリシス損，渦電流損)，フェライトの μ'' による損失など)がある．

図 1.3.9 インダクタンスの等価回路

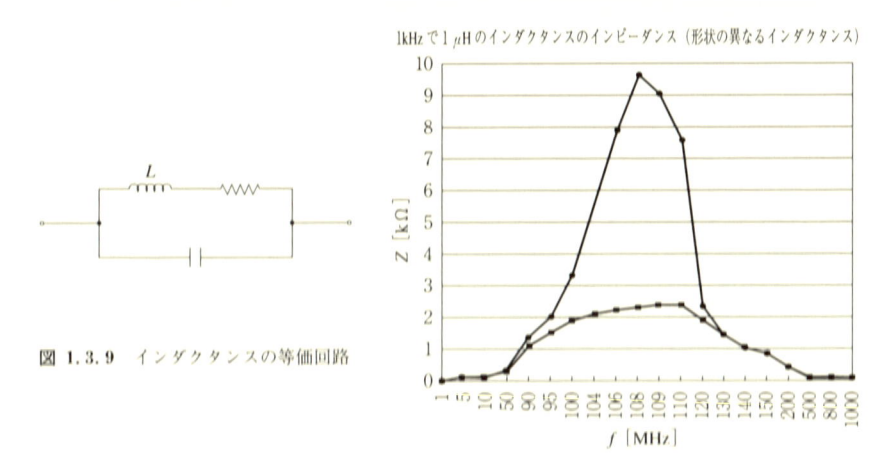

図 1.3.10 インダクタンスの周波数特性の例(ミツミ電機(株)提供)

ノイズ対策部品としては，フェライトビーズを用いたノイズ防止インダクタ，ラインフィルタ，信号線コモンモードフィルタなどがある．いわゆるインダクタと異なって，フェライトの μ'' が積極的に利用されている．

1.3.4 能動素子と EMC
a. 能動素子の選択

増幅回路素子(オペアンプ，トランジスタ)の選定にあたって，まず注意することは，必要とする信号以外には利得をもたない素子を考えることである．増幅回路では，特に意図しない限り，増幅可能な帯域内の信号も雑音も差別なしに増幅する．したがって，増幅器の帯域は必要最小限の帯域をもつ素子を選択することである．さらに積極的に低域通過あるいは帯域通過フィルタを用いて，増幅回路の帯域を極限まで狭くする必要がある．

必要な帯域以外で利得があると，浮遊容量などにより，正帰還がかかり，発振の原因となる．増幅回路が発振すると他の入力信号はまったく受けつけなくなる．

理想的なオペアンプは，十分に大きい利得帯域幅積，無限大の入力インピーダン

ス，低出力インピーダンス，オフセットが存在しないこと，無限大の同相信号除去比をもつことなどであるが，実際に完全な特性をもつ素子は存在しないので，利用したい回路に最適な素子を選ぶことである．その場合にノイズの防止を優先するか，あるいは，利得特性，位相特性，同相信号除去比，入力インピーダンスなどを優先事項とするかは，回路の目的によって決定される．

b. 能動素子の非線形性

能動素子は非線形性を有するが，一般的には微小信号を扱うことにより，線形近似して解析される．非線形性によって発生した高調波や検波(整流)信号は，通常扱う信号の帯域外に現れるので，必要な信号の伝送だけを論ずる場合にはほとんど問題はない．しかし，EMCの問題は信号として利用しない帯域の"信号"も問題となり，十分に考慮する必要がある．帯域外にある大きな雑音によって発生した高調波やひずみ波が帯域の中に入る問題は，雑音源の探索に非常に時間がかかる．非線形素子を使用しないで信号処理を行うことは不可能であり，素子の特性を十分に理解して使用する必要がある．

非線形性 f による信号の変換は，多項式近似により次のように表される．

$$i(v) = f(v) = g_0 + g_1 v + g_2 v^2 + g_3 v^3 + g_4 v^4 + \cdots\cdots \quad (1.3.3)$$

ここで，入力信号が $v(t) = V_m \sin(\omega t)$ で表されれば，電流の成分は，

$$\begin{aligned} i(t) = & I_0 + I_1 \sin(\omega t + \theta_1) + I_2 \sin(2\omega t + \theta_2) \\ & + I_3 \sin(3\omega t + \theta_3) + I_4 \sin(4\omega t + \theta_4) + \cdots\cdots \end{aligned} \quad (1.3.4)$$

となり，多くの高調波が発生する．

素子の非線形性によって雑音が発生するために，その除去には困難が伴う場合が多い．単に，周波数を分離するためのフィルタ技術だけでは不十分なことが多く，他の技術と組み合わせて用いなければならない．

1.3.5 回路図に示されない回路

a. 共通電位としてのアース

電子回路の図の中で，非常に簡単に記述されているアースであるが，アースには大きく分けて三つの意味がある．一つは電源電流の帰路としての動作である．他の一つは信号の帰路である．信号の帰路としてのアースが，さらに二つに分けて考えることができる．一つはまさに信号の帰路であって，高周波の信号にあっては，信号帰路の長さが位相差を生じないように短く配線する必要がある．アースのほかの意味は，信号に対して回路の電位を一定とするものである．この意味で EMC において，アースは重要な意味をもっている．

個々の素子のアース側の電位を一定とすることは，アース側の接続線を極力短くして，同一の点で接続(1点接地)することを意味している．しかし，素子の物理的な大きさなどにより，不可能な場合が多い．静電容量的な意味で電位を一定にすることは，いわゆるアース(地球に接続)であり，非常に大きな静電容量をもつために，わずかな電位の変化では，電位が変動しないようにするものである．その意味から回路基

板の中で，アースとしてできるだけ大きな面積をもたせるための方策がいわゆる基板の裏全面のアースとなる（基板全面のアースには，回路のシールドの意味も含まれる）．あるいは，別の表現をすれば，アースのインピーダンスを下げることによって，素子間のアースに対する電位差をできるだけ小さくするものである．

しかし，アースの面積が大きくなることは，アースの寸法が大きくなることであり，アース面一周の長さが信号または電源電流の中に含まれる最高周波数の半波長程度になれば，アース面が平面アンテナとして動作する可能性がある．このような理由

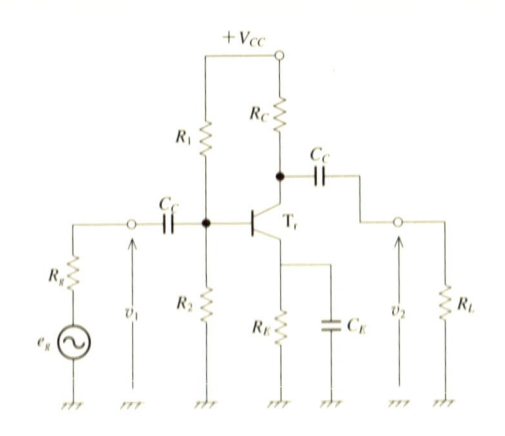

図 1.3.11 電子回路のアース

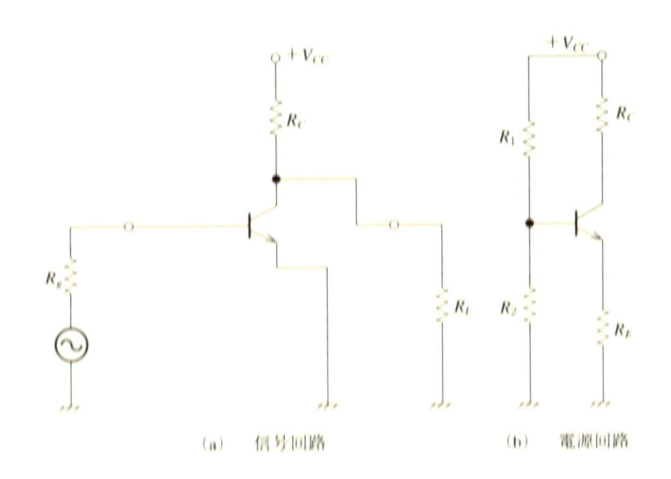

(a) 信号回路　　(b) 電源回路

図 1.3.12 信号回路のアースと電源電流の帰路としてのアース

から単に大きな面積をもつアース面をつくることには問題がある．これは，実際の長さが波長程度に長く引きまわされたアースに対してもいえることである．

b. 信号の帰路としてのアース

信号の帰路としてのアースは，十分に短いことが必要である．プリント回路の周辺部をアースとした場合には，帰路伝搬による遅延が生じ，アナログ回路では不必要な位相の回転となり，ディジタル回路では遅延時間の問題が生ずるおそれがある．いずれにしても，信号の流れる配線と同程度あるいはそれ以下の長さで信号の帰路を形成する必要がある．

しかし，不用意にアースをループ接続すると，信号に含まれている周波数によっては，ループアンテナとなって，不要放射の原因となる．これはまた，外来雑音の受信アンテナとしても動作することになる．

c. 電源電流の帰路としてのアースの問題

電源電流の帰路としてのアースは，まず流れる電流に対して十分に抵抗を小さくする必要がある．特に，信号回路と共用している場合には，抵抗による電位差がそのまま，信号回路の電位差となる．さらに大電流の場合には，まわりの回路の発熱の放熱効果に対しても注意を払う必要がある場合がある．

EMC としての問題は，ディジタル回路に流れる電源電流が直流ではなく，信号に応じて変化することである．この場合にアース線が浮遊インダクタンス L をもてば，その端子には Ldi/dt なるパルス状の電圧を発生し，他の素子へ影響を与えることになる．よって，直流が印加されている電源電流の帰線としてのアースでもインピーダンスには注意を払う必要がある．

また，電源の＋側の配線も高周波(信号)に対してはアースとなる．電源(バッテリ)あるいは平滑コンデンサ，バイパスコンデンサは信号に対して十分にインピーダンスが低いので，アースに接続されているように動作する．よって，アース回路がとれない部分でのアースとしては，コンデンサを通して接続した電源線がアースとして動作する．

d. 配　　線

回路図は素子とその素子を接続する配線で描かれているが，基本的にはこの線の長さはゼロとして設計されている．しかし，アース上の配線は，単位長さあたり次のようなインダクタンス L およびキャパシタンス C をもっている．

円形断面をもつ線路では，

$$L = 0.2\cosh^{-1}(D/a) \quad [\mu\text{H/m}] \tag{1.3.5}$$

$$C = 55.6\varepsilon_{\text{eff}}/\cosh^{-1}(D/a) \quad [\text{pF/m}] \tag{1.3.6}$$

である．ストリップ線路では，

$$L = 0.5\,\mu_0\,K(k)/(k') \quad [\text{H/m}] \tag{1.3.7}$$

$$C = 2\varepsilon_0\,\varepsilon_{\text{eff}}K(k')/K(k) \quad [\text{F/m}] \tag{1.3.8}$$

となる．ここで，$K(k)$ は第1種の完全楕円積分であり，k は線路構造 a/D の関数として与えられる．計算結果を図 1.3.14 に示す．ε_r は導体を支えている誘電体の等価

1.3 電子回路

比誘電率であって，媒質の誘電率があまり大きくなければ，近似的に次式で与えられる．

$$\varepsilon_{\text{eff}} = (\varepsilon_r + 1)/2 \tag{1.3.9}$$

インピーダンスが100Ω以下では，

$$\varepsilon_{\text{eff}} = \varepsilon_r - 2.5(\varepsilon_r - 1)a/D \tag{1.3.10}$$

と近似できる．

インピーダンスが非常に低い場合，また，誘電率が非常に大きい場合には，$\varepsilon_{\text{eff}} = \varepsilon_r$と近似できる．しかし，インピーダンスが高い場合，誘電率が大きい場合には等価誘電率はストリップ線路の形状，周波数などの関数となり，ε_rの複雑な関数として表現される．

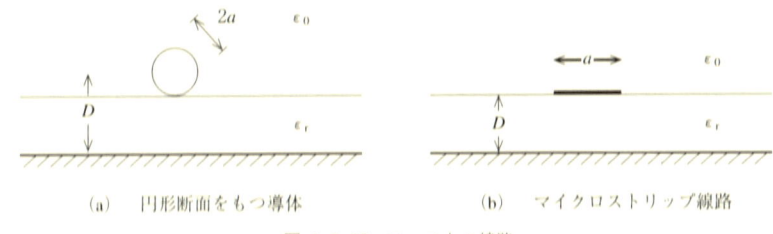

(a) 円形断面をもつ導体　　　(b) マイクロストリップ線路

図 1.3.13　アース上の線路

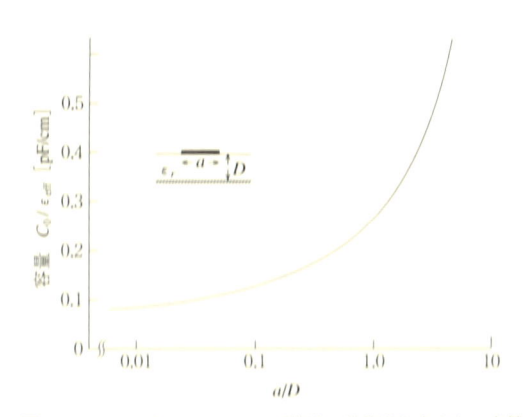

図 1.3.14　マイクロストリップ線路の単位長さあたりの容量

この容量およびインダクタンスは，線路の構造によって変化するが，おおよそ1 nH/cm，1 pF/cm程度と考えておけば，オーダー的には問題がない．

これらのインダクタンスまたは容量が回路素子に直列または並列に入ると，回路の高周波の応答に大きな影響を与える．

次に配線が使用波長に比べて無視できない長さ（おおよそ波長の1/20程度，精度が必要ない場合で1/10波長程度を限度と考えておけばよい）となる場合は，線路の

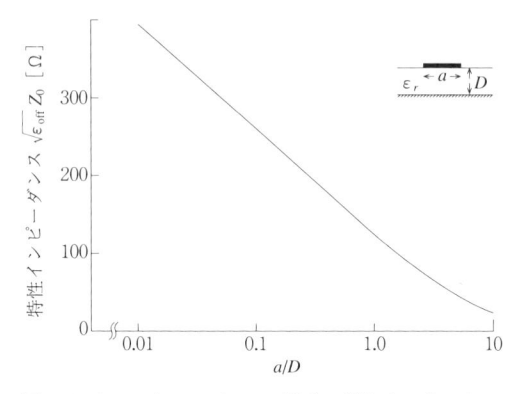

図 1.3.15 マイクロストリップ線路の特性インピーダンス

特性インピーダンスを考慮する必要がある．特性インピーダンスは，上記で求めた L と C より，$Z_0 = \sqrt{L/C}$ で与えられる．前段の回路の出力インピーダンスと後段の回路の入力インピーダンスが整合していると同時に，それを接続する線路の特性インピーダンスも合わせる必要がある．インピーダンスが異なる場合には，整合回路を考慮しなければならない．

e. 配線の接近とシールド

基板の大きさが有限で，高密度実装が行われるために，配線の間隔はますます狭くなる傾向にある．2本の線が近接して平行に配置された場合には，線路間の結合容量および相互インダクタンスによって，信号の漏えいが生ずる．結合容量による漏えい量は近似的に（図 1.3.16 参照）

$$V_{\mathrm{NC}} = j\omega C_{12} R V_{\mathrm{s}} \tag{1.3.11}$$

で表される．C_{12} は結合容量で，R は線路の終端抵抗である．この結果，信号に含まれる高い周波数成分ほど大きな漏えいとなる．この量を低減させるためには，線路間隔を広くすることであるが，これは現実的な解決方法ではない．不十分ではあるが線路間の隔離を行うのには，線路の間にさらに1本の配線を行い，この線をアースすることである．シールド線を用いれば（プリント基板では不可能に近い）より完全な隔離を行うことができる．

相互インダンタンスによる漏えい量は，近似的に

$$V_{\mathrm{NM}} = j\omega M_{12} I_{\mathrm{s}} \tag{1.3.12}$$

で表される．M_{12} は二つの回路のつくる相互インダクタンスであって，回路の面積に比例する．この量を低減させるためには，線路とアース面でつくる面積を小さくすることであり，具体的には，線路を短くすることとプリント基板を薄くすることである．シールド線を用いることができる場合には，シールドのアースに注意して用いるべきである．これらの対策は，外部から混入する電磁波ノイズに対しても有効である．

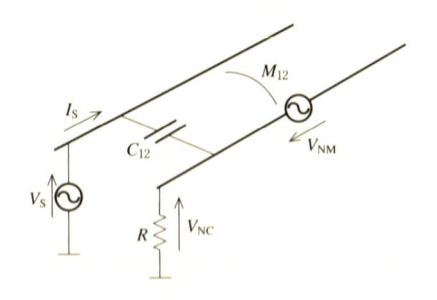

図 1.3.16 回路の結合

f. 配線からの電磁波の放射

　回路は，本来電磁波を閉じ込めて，その内部で信号を処理(増幅，減衰，発信，検波，反転など)を行うものであるが，現実の問題として，回路基板からの電磁波は放射され，また，外部電磁界を受信する．その原因は，アンテナとしての効率は非常に悪いが，アンテナとして動作する部分をもつことである．アンテナとしての効率をよくすることは，線路の長さとして考えた場合には，使用(あるいは含まれている)周波数の波長の1/4 あるいはそれに近いことである．あるいは，面で考えれば，その周囲長さが1/2 波長と同程度ということである．次に，線路が幾何学的に不均一な場合である．具体的には線路の曲り，アース面の不連続などである．また，線路を流れる電流の帰路が完全なるペアを構成しないことも，重要な因子となる．たとえば，帰路電流の流れる場所が特定できないような回路構成となることである．アース面上の電流が平衡回路(横電流回路，EMC ではノーマルモードということが多い)を構成しないで，不平衡回路(縦電流回路，EMC ではコモンモードということが多い)を構成すると，放射成分が増加する．

　回路から電磁波を放射させないためには，上記のような原因をつくらないことであるが，種々の回路構成の結果，最終的な放射電磁界に対しては，まず基板ごとのシールド，そして回路全体のシールド，システムとしてのシールドなどを考慮する必要がある．

〔池田哲夫〕

1.4 アンテナ理論

1.4.1 波動方程式

　1.1.1項で与えられるマクスウェルの界方程式において，時間に対する変化が正弦波状の $\exp(j\omega t)$ で与えられ，媒質が等方性，均質，線形のとき，電界 E と磁界 H はそれぞれ

$$\nabla \times \nabla \times E - k^2 E = -j\omega\mu J_0 - \nabla \times J_{m0}$$
$$\nabla \times \nabla \times H - k^2 H = \nabla \times J_0 - j\omega\varepsilon J_{m0} \qquad (1.4.1)$$

の波動方程式を満たす．ここで k は
$$k = \omega\sqrt{\varepsilon\mu} = 2\pi/\lambda$$
で与えられる波数であり，λ は波長である．また，J_{m0} は磁流源の磁流密度である．式(1.4.1)の左辺と右辺には $\nabla\times$，$\nabla\times\nabla\times$ の微分演算が含まれているために，これらの方程式を直接解くことは困難である．これらを簡単に解くことができるのは，電流源 J_0 および磁流源 J_{m0} が存在しない場合(伝搬問題)に限られ，波源(アンテナ)が存在するときは，ポテンシャル関数の導入などが必要となる[1]．

a. 波源がない場合(伝搬問題)

電磁波の伝搬を扱う場合は，電流源 J_0 および磁流源 J_{m0} が存在しない空間を考えるので，マクスウェルの界方程式より
$$\nabla\cdot E = 0, \qquad \nabla\cdot H = 0 \qquad (1.4.2)$$
が成立する．ベクトル公式
$$\nabla\times\nabla\times E = \nabla\nabla\cdot E - \nabla^2 E \qquad (1.4.3)$$
と式(1.4.2)を組み合わせることにより，式(1.4.1)の波動方程式は簡略化されて
$$\nabla^2 E + k^2 E = 0, \qquad \nabla^2 H + k^2 H = 0 \qquad (1.4.4)$$
となる．この方程式からたとえば1.1.3項に述べられている平面波の表示式が導かれる．

b. 波源がある場合(アンテナ問題)

電流源 J_0 あるいは磁流源 J_{m0} からの放射を扱う場合(アンテナ問題や散乱問題)では，式(1.4.2)が成立しないので，式(1.4.4)のような簡単な波動方程式とはならない．この場合，ベクトルポテンシャル A，A_m，あるいはヘルツベクトル Π，Π_m を導入する必要がある．式の導出の過程を省略し，結果のみを示すと，Π，Π_m と E，H の関係は，
$$E = \nabla\nabla\cdot\Pi + k^2\Pi - j\omega\mu\nabla\times\Pi_m, \qquad H = j\omega\varepsilon\nabla\times\Pi + \nabla\nabla\cdot\Pi_m + k^2\Pi_m \qquad (1.4.5)$$
で与えられ，Π，Π_m が満たす波動方程式は
$$\nabla^2\Pi + k^2\Pi = \frac{jJ_0}{\omega\varepsilon}, \qquad \nabla^2\Pi_m + k^2\Pi_m = \frac{jJ_{m0}}{\omega\mu} \qquad (1.4.6)$$
となる[1]．このようにヘルツベクトル Π，Π_m を導入すると，式(1.4.1)に含まれる $\nabla\times$，$\nabla\times\nabla\times$ の微分演算子を含まない波動方程式となる．このため，三つのスカラ波動方程式を解けばよいことになる．また，Π，Π_m が求められれば，式(1.4.5)の微分演算だけで電磁界を求めることができる．

1.4.2 電磁波の放射

電流源 J_0 あるいは磁流源 J_{m0} が存在すると電波が放射される．散乱体のない自由空間では，式(1.4.6)の解は

1.4 アンテナ理論

$$\boldsymbol{\Pi}(\boldsymbol{r}) = \frac{-j}{4\pi\omega\varepsilon} \iiint \boldsymbol{J}_0(\boldsymbol{r}') \frac{e^{-j\omega|\boldsymbol{r}-\boldsymbol{r}'|}}{|\boldsymbol{r}-\boldsymbol{r}'|} d\boldsymbol{r}'$$
$$\boldsymbol{\Pi}_\mathrm{m}(\boldsymbol{r}) = \frac{-j}{4\pi\omega\mu} \iiint \boldsymbol{J}_{\mathrm{m}0}(\boldsymbol{r}') \frac{e^{-j\omega|\boldsymbol{r}-\boldsymbol{r}'|}}{|\boldsymbol{r}-\boldsymbol{r}'|} d\boldsymbol{r}'$$
(1.4.7)

で与えられるので，電流源 $\boldsymbol{J}_0$ あるいは磁流源 $\boldsymbol{J}_{\mathrm{m}0}$ が与えられた場合，図 1.4.1 に示すように，これらの波源を含む空間 V で積分することにより，ヘルツベクトル $\boldsymbol{\Pi}$，$\boldsymbol{\Pi}_\mathrm{m}$ が求められ，これを式(1.4.5)に代入して電磁界が求められる．なお，式(1.4.7)では体積積分の形で与えているが，電磁流源が面状の場合は面積分，線状の場合は線積分となる．

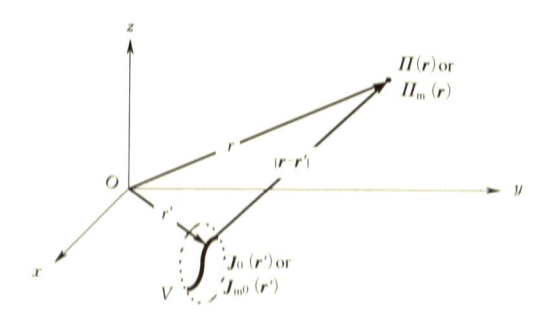

図 1.4.1 ヘルツベクトルと座標系
$\boldsymbol{r}=(x, y, z)$：観測点の座標，$\boldsymbol{r}'=(x', y', z')$：波源の座標，$|\boldsymbol{r}-\boldsymbol{r}'|$：観測点と波源の距離

a. 微小ダイポール(点波源)からの放射

電流源として 1.1.4 項目で述べられている微小電気ダイポールを考える．電気ダイポールの長さが無限に小さいとすると，点電流源とみなすことができ，その電流密度 $\boldsymbol{J}_0$ は

$$\boldsymbol{J}_0(\boldsymbol{r}') = Il\delta(\boldsymbol{r}')\hat{z} = Il\delta(x')\delta(y')\delta(z')\hat{z}$$
(1.4.8)

で与えられる．ここで，$\hat{z}$ は z 方向の単位ベクトルであり，$\delta(\cdot)$ はディラックのデルタ関数である．式(1.4.8)を式(1.4.7)に代入すると，

$$\boldsymbol{\Pi}(\boldsymbol{r}) = \frac{-jIl}{4\pi\omega\varepsilon} \frac{e^{-jk|\boldsymbol{r}|}}{|\boldsymbol{r}|} \hat{z}$$
(1.4.9)

が得られ，式(1.4.5)の微分演算を行うことにより，1.1.4項，式(1.1.23)が求められる．

同様に

$$\boldsymbol{J}_{\mathrm{m}0}(\boldsymbol{r}') = I_\mathrm{m}\delta(\boldsymbol{r}')\hat{z} = I_\mathrm{m}\delta(x')\delta(y')\delta(z')\hat{z}$$
(1.4.10)

で与えられる点磁流源 $\boldsymbol{J}_{\mathrm{m}0}$(微小磁気ダイポール)から生じるヘルツベクトルは

$$\boldsymbol{\Pi}_\mathrm{m}(\boldsymbol{r}) = \frac{-jI_\mathrm{m}l}{4\pi\omega\mu} \frac{e^{-jk|\boldsymbol{r}|}}{|\boldsymbol{r}|} \hat{z}$$
(1.4.11)

で与えられ，これより 1.1.4 項，式(1.1.24)が求められる．

b. 直線状ダイポールアンテナからの放射

一般のアンテナの電流密度 $\boldsymbol{J}_0$ や磁流密度 $\boldsymbol{J}_{m0}$ は未知であり，アンテナの解析や設計を行う場合は，未知の電磁流源をまず求める必要がある．しかしながら，アンテナの寸法が波長に比べて小さい場合には，近似的な電流密度 $\boldsymbol{J}_0$ や磁流密度 $\boldsymbol{J}_{m0}$ を用いることができる．

図 1.4.2 に示す直線状ダイポールアンテナの場合，軸方向の電流密度 $\boldsymbol{J}_0$ は，先端開放の線路と同じと考えて

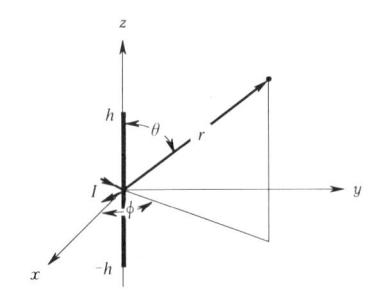

図 1.4.2 直線状ダイポールアンテナ

$$\boldsymbol{J}_0(\boldsymbol{r}') = I(z')\delta(x')\delta(y')\hat{z}, \qquad I(z') = I_0 \frac{\sin k(h-|z'|)}{\sin kh} \quad (1.4.12)$$

と近似できる．ここで，$I_0/\sin kh$ は給電点 $(z'=0)$ の電流である．この電流分布を式 (1.4.7)，(1.4.5)に代入して電磁界を求めると，

$$E_z = -j30\frac{I_0}{\sin kh}\left(\frac{e^{-jkr_1}}{r_1}+\frac{e^{-jkr_2}}{r_2}-2\cos kh\frac{e^{-jkr_0}}{r_0}\right)$$

$$E_\rho = -j30\frac{I_0}{\sin kh}\frac{1}{\rho}\left(\frac{(z-h)e^{-jkr_1}}{r_1}+\frac{(z+h)e^{-jkr_2}}{r_2}-2\cos kh\frac{ze^{-jkr_0}}{r_0}\right)$$
(1.4.13)
$$H_\phi = j\frac{I_0}{4\pi}\frac{1}{\rho}(e^{-jkr_1}+e^{-jkr_2}-2\cos kh\,e^{-jkr_0})$$

が得られる[2]．また，遠方界は

$$E_\theta = j\frac{I_0}{\sin kh}\frac{e^{-jkr}}{r}\frac{\cos(kh\cos\theta)-\cos kh}{\sin\theta}, \qquad H_\phi = \frac{E_\theta}{120\pi}$$
(1.4.14)

となる[1,2]．

以上のようにして，直線状ダイポールアンテナの近似的な電流からの放射界が得られたが，電流分布を式(1.4.12)のように近似しているために，適用できるアンテナ長には限界がある．特に近傍界は誤差を含んでおり，これを用いて入力インピーダンスを求めると，全長 $2h$ が 0.15 波長以上では近似精度が低下する．

1.4.3 アンテナ定数

a. 入力インピーダンス

アンテナの入力インピーダンス $Z_{in}=R_{in}+jX_{in}[\Omega]$，または入力アドミタンス $Y_{in}=G_{in}+jB_{in}[S]$ は給電系とのインピーダンス整合という見地から，実用上重要である．

1.4 アンテナ理論

入力インピーダンスやアドミタンスでは整合の程度を直観的に把握しにくいので，実際には

$$\rho = \frac{1-|\Gamma|}{1+|\Gamma|}, \quad \Gamma = \frac{Z_{in}-Z_0}{Z_{in}+Z_0} = -\frac{Y_{in}-1/Z_0}{Y_{in}+1/Z_0} \quad (1.4.15)$$

で与えられるVSWRで評価される場合が多い[1,3]．ここで，Z_0 は給電線路の特性インピーダンス(＝送受信装置の入出力インピーダンス)である．

b. 指 向 性

指向性(パターン)は，不要な方向への放射(または不要な方向からの受信)を極力抑圧し，所望の方向への放射(または所望の方向からの受信)を大きくするのが望ましい．

指向性を評価する際には，図1.4.3に示す半値幅(指向性が鋭い場合にはビーム幅という場合もある)，サイドローブ(副ローブ)レベル(主放射レベルとサイドローブのレベル比)や前後比(主放射レベルと後方±60°の最大放射レベルとの比，FB比，F/B)が用いられる[1,3]．

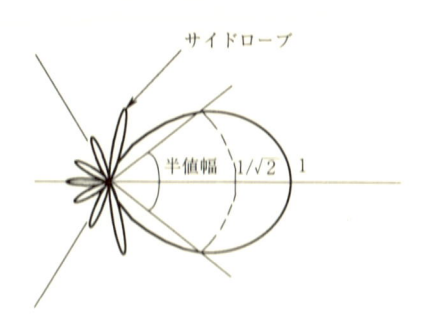

図 1.4.3 電界指向性

c. 利 得

アンテナの利得とは，必要な方向にいかに強い電力を放射(受信)するかを表す量であり，指向性利得 G_d，アンテナ利得 G_{ant} および動作利得 G_{act} の3種類がある．また，利得の基準として半波長ダイポールアンテナの利得を基準とする場合(相対利得，デシベル表示の場合は単位として dB_h または dB_d を用いる)と仮想的な無指向性アンテナの利得を用いる場合(絶対利得，デシベル表示の場合は dB_i を用いる)の2種類がある．したがって，利得の定義としては合計6種類となる[1,3]．

指向性利得は指向性の鋭さを表しており，無指向性アンテナを基準とした場合は，

$$G_d(\theta, \phi) = \frac{4\pi r^2 [(\theta, \phi) 方向の放射電力密度]}{[全方向に放射された電力]} \quad (1.4.16)$$

で定義される．この式の分母は放射電力を半径 r の面上で積分することにより求められることから，放射電力すなわち放射指向性が求められれば指向性利得を計算することができる．

アンテナ利得 G_{ant} はアンテナ上で何らかの損失があるとき，その損失を考慮するために定義された利得である．アンテナの給電点から入力した電力を W_{in}，アンテナで消費される電力を W_{loss}，アンテナから放射される電力を W_{rad} としたとき，アンテナ利得 G_{ant} は

$$G_{ant} = G_d \frac{W_{rad}}{W_{in}} = G_d \left(1 - \frac{W_{loss}}{W_{in}}\right) \quad (1.4.17)$$

で定義される.

動作利得 G_act はアンテナの入力インピーダンスと給電系のインピーダンスの不整合を考慮するために定義された利得であり,式(1.4.15)で定義された反射係数 Γ を用いて G_act を記述すると

$$G_\text{act} = G_\text{ant}(1-|\Gamma|^2) \qquad (1.4.18)$$

となる.

式(1.4.16)〜(1.4.18)で定義された指向性利得 G_d,アンテナ利得 G_ant および動作利得 G_act は無指向性アンテナを基準とした絶対利得であるが,半波長ダイポールアンテナを基準とした相対利得は,半波長ダイポールアンテナの利得が $G_\text{d}=1.64$ (2.15dBi)であることから,絶対利得の値を 1.64 で割れば求められる.

d. フリスの伝達公式と実効開口

送信電力を W_t,送信アンテナと受信アンテナの動作利得をそれぞれ G_t, G_r,送信点と受信点の距離を d,波長を λ としたとき,受信電力 W_r はフリスの伝達公式より,

$$W_\text{r} = \left(\frac{\lambda}{4\pi d}\right)^2 G_\text{t} G_\text{r} W_\text{t} \qquad (1.4.19)$$

で与えられる.この式を

$$W_\text{r} = \frac{W_\text{t}}{4\pi d^2} G_\text{t} \frac{\lambda^2}{4\pi} G_\text{r} \qquad (1.4.20)$$

と変形すると,右辺のうち $W_\text{t}/(4\pi d^2)$ は送信アンテナが無指向性の場合の受信点における電力密度を表し,これに G_t を掛けた値は送信アンテナの利得が G_t であるために,受信点における電力密度が G_t 倍となることを表している.したがって,残りの $\lambda^2 G_\text{r}/(4\pi)$ は,受信アンテナが電力を受信する面積を表すことになる.この面積は実効開口面積と呼ばれており,

$$A_\text{e} = \frac{\lambda^2}{4\pi} G_\text{r} \qquad (1.4.21)$$

で与えられる[1,3].

e. 実効長

図 1.4.4 のように,受信アンテナの給電点端子を開放としたときに,端子に発生する電圧の大きさは,

$$V_0 = \frac{1}{I_0} \iiint \boldsymbol{E} \cdot \boldsymbol{J}_0 dr \qquad (1.4.22)$$

で与えられる.ここで,$\boldsymbol{E}$ は受信点における電界,$\boldsymbol{J}_0$ は受信アンテナを送信アンテナとして用いた場合の電流密度,I_0 は給電点電流を表している.式(1.4.22)を

$$V_0 = \boldsymbol{E} \cdot \boldsymbol{l}_\text{e} \qquad (1.4.23)$$

と表したとき,$\boldsymbol{l}_\text{e}$ をベクトル実効長と呼ぶ[1,3].

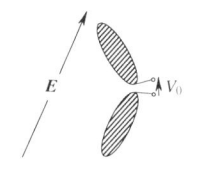

図 1.4.4 入射電界と受信アンテナの開放電圧

EMI 測定の分野では，ベクトル実効長の大きさ $|l_e|$ はアンテナ係数と呼ばれている[4]．また，アンテナ係数を複素数として定義する複素アンテナ係数が提案されている[5]．

1.4.4 基本的なアンテナ素子
a. 直線状ダイポールアンテナ
図1.4.5に示す直線状ダイポールアンテナからの遠方放射界は式(1.4.14)で与えられる．また，$2h=\lambda/2$ のときの利得を求めると，$G_d=1.64$ となる．

$h<\lambda/8$ 程度の短いアンテナの場合は，入力インピーダンスは

$$Z_{in} = 20(kh)^2 - j120\frac{\ln(2l/a)}{kh} \quad (1.4.24)$$

で近似でき，また利得は $G_d=1.5(1.76\text{dB}_i)$ である．h が $\lambda/8$ よりも大きくなったときの入力インピーダンスの値を図1.4.10に示す．

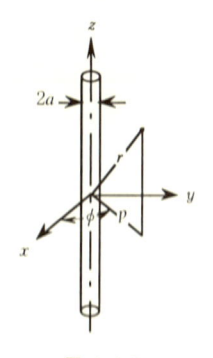

図 1.4.5 半径 a の直線状ダイポールアンテナ

b. ループアンテナ
図1.4.6に示す円形ループアンテナの半径 b が波長に比べて十分に小さい微小ループアンテナの放射界は，1.1.4項，式(1.1.24)より求めることができる．ただし，式(1.1.24)は近似的にループ電流を等価的な磁流に置き換えているために，観測点がループ導体にきわめて近い場合は式(1.1.24)は成り立たない．指向性はループ面内で無指向性となり，利得は微小ダイポールと同じの $G_d=1.5(1.76 \text{ dB}_i)$ である．また，入力インピーダンスは

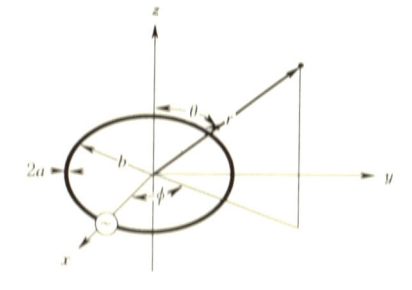

$$Z_{in} = 20\pi^2(kb)^4 + j120\left(\ln\frac{8b}{a}-2\right)kb \quad (1.4.25)$$

図 1.4.6 円形ループアンテナ

で与えられる．

微小ループアンテナは短波帯以下の周波数における受信用として，磁性体に複数巻かれたものが広く用いられている．また，人体などの誘電体近傍で用いる場合にダイポールアンテナに比べて有利となることから，ページャ（ポケットベル）に1巻きの微小ループアンテナが用いられている[6]．

ループの半径が大きくなっていくと，指向性は大きく変化し，$kb=1$（1波長ループアンテナ）では図1.4.13に示すように双方向性を示す．また，入力インピーダンスは図1.4.12のようになる．

c. スロットアンテナ

スロットアンテナは，等価定理によりスロット部を導体でふさぎ，導体面上に

$$J_{m0} = E_a \times n \tag{1.4.26}$$

で与えられる面磁流のアンテナが置かれているものとみることができる．ここで，E_a は図 1.4.7(a)に示すようにスロット部の電界，n は導体表面の外向き法線の単位ベクトルである．スロットアンテナの入力インピーダンスはブッカーの関係式[1,3]より，

$$Z_{in}^{\ s} = \frac{(60\pi)^2}{Z_{in}^{\ d}} \tag{1.4.27}$$

で与えられる．ただし，$Z_{in}^{\ s}$ はスロットアンテナの入力インピーダンス，$Z_{in}^{\ d}$ は全長が $2h$ で半径が $a=w/4$ のダイポールアンテナの入力インピーダンスである．なお，上式の入力インピーダンスは図 1.4.7(a)の両面放射のスロットアンテナのインピーダンスを表しているが，実際には図 1.4.7(b)のようにキャビティを取り付けて片面放射とするのが普通である[3]．この場合は式(1.4.27)のインピーダンスを 2 倍し，キャビティのインピーダンスを並列に接続した等価回路により入力インピーダンスを求める必要がある[3]．

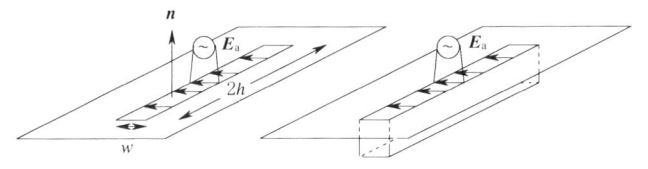

(a) 両面放射スロットアンテナ　　(b) 片面放射スロットアンテナ

図 1.4.7　スロットアンテナ

1.4.5　アンテナの解析法

a. 起 電 力

線状アンテナの近似的な解析法として起電力がある．まず，図 1.4.5 に示す直線状ダイポールアンテナを例として，起電力法により自己インピーダンス(この場合は入力インピーダンスに等しい)を求めると，

$$Z_{self} = -\frac{1}{|I_0|^2}\int_{-h}^{h}E_z(\rho=a, \phi, z)I^*(z)dz \tag{1.4.28}$$

で与えられる．ここで，E_z は電流がアンテナの中心軸を流れているときに生じる電界の z 成分であり，式(1.4.13)で与えられる．この自己インピーダンスは，正弦積分関数および余弦積分関数を用いて計算することができるので，比較的容易にインピーダンスを求めることができる[7]．

起電力法は，2 素子あるいは複数の直線状ダイポールアンテナの場合や，ループアンテナのように非直線状の線状アンテナの場合にも適用できる．すなわち，アンテナ

上の電流分布を仮定し，それによって生じる電界にアンテナ電流をかけてアンテナ表面で積分し，これを給電点電流の絶対値で2回割ることにより自己インピーダンスや相互インピーダンスを求めることができる．もし，仮定された電流分布が精度のよい分布であれば，厳密に近い自己・相互インピーダンスを求めることも可能である．しかしながら，アンテナ上の電流分布を与えることは困難であり，たとえば直線状ダイポールアンテナの場合には式(1.4.12)のように近似せざるをえない．したがって，たとえば1波長ダイポールアンテナの場合には給電点電流 I_0 がゼロとなって入力インピーダンスが無限大となり，物理的に矛盾を生じる．式(1.4.12)が成り立つ範囲は $2h$ が0.3から0.4波長程度以下であり，これ以上の長さのアンテナを扱う場合には，別の方法を用いる必要がある．

b. モーメント法

上述のように，起電力法はアンテナの全長が0.3波長程度以下の場合には有効であるが，これ以上の長さの場合は，アンテナ電流を既知とすることはできず，これを未知として扱う必要がある．

電流分布を未知とした解析として，Hallen や King の積分方程式による方法，変分法などが用いられてきたが[8]，最近ではモーメント法がよく用いられる[9〜11]．特に Richmond のモーメント法[11]と呼ばれる方法は，比較的容易にかつ精度よく解析できる方法であり，広く用いられている．

Richmond のモーメント法では，図1.4.8に示すように，線状導体をV字形のダイ

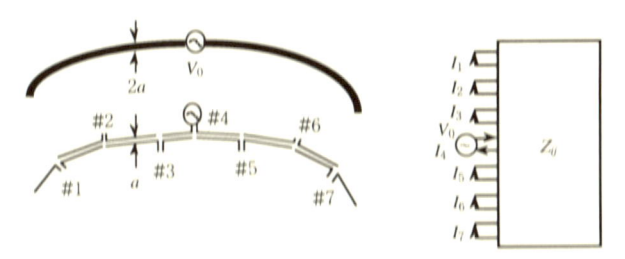

図 1.4.8 線状アンテナのセグメントへの分割

ポールセグメントに分割する．次にこのセグメント上の電流分布を

$$f_i(x) = \begin{cases} \dfrac{\sin k(h_1+\xi_1)}{\sin kh_1}, & -h_1 < \xi_1 < 0 \\ \dfrac{\sin k(h_2-\xi_2)}{\sin kh_2}, & 0 < \xi_2 < h_2 \end{cases} \quad (1.4.29)$$

の正弦状関数とおく．ここで，ξ_1, ξ_2 は図1.4.9に示すようにセグメント上の座標である．アンテナ導体表面における積分方程式にガラーキン法を適用することにより

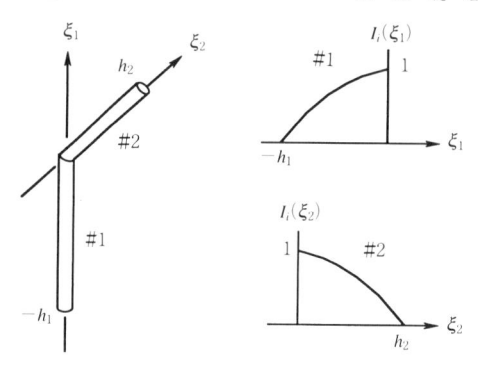

図 1.4.9 V形ダイポールセグメントとセグメント上の電流分布

$$V_i = \sum_{j=1}^{N} Z_{ij} I_j \qquad (1.4.30)$$

の連立方程式が得られる．ここで，N はセグメントの数，V_i は i 番目のセグメントの給電点に印加される電圧であり，図 1.4.8 の等価回路に示すように，給電されていないセグメントでは $V_i=0$ とする．また，Z_{ij} は i 番目と j 番目のセグメント間の相互インピーダンスであり，式 (1.4.28) で与えられる起電力と同様に求める（ただし，式 (1.4.28) で

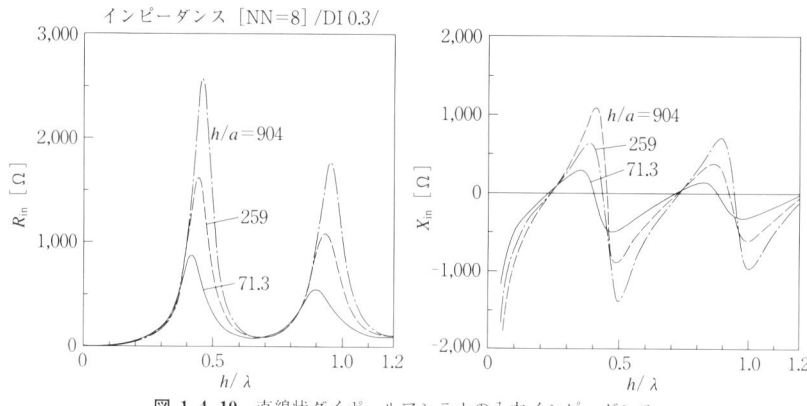

図 1.4.10 直線状ダイポールアンテナの入力インピーダンス

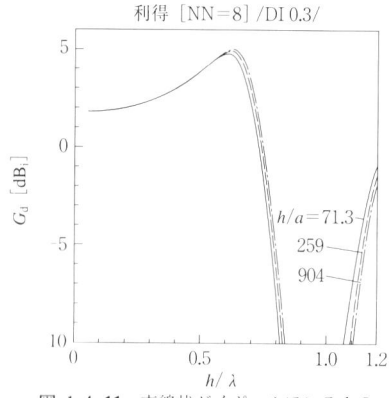

図 1.4.11 直線状ダイポールアンテナの指向性利得

は電流の複素共役としているが，この場合，複素共役とはしない）．I_j は j 番目のセグメントの給電点における電流であり，連立方程式を解くことにより数値的に求めることができ，この値と式 (1.4.29) の分布からアンテナ全体の電流分布を求めることができる．これにより，入力インピーダンスや放射電磁界など，すべてのアンテナ特性を計算することができる．

モーメント法を用いた計算例として，図 1.4.5 の直線状ダイポールアンテナの入力インピーダンスと指向性利得の計算結果を

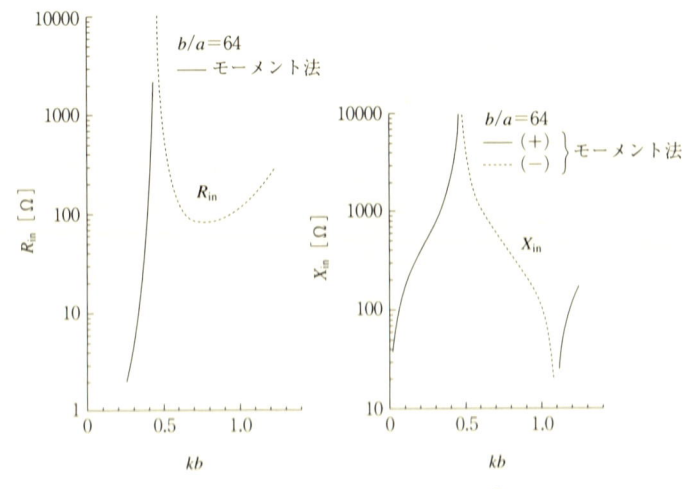

図 1.4.12 円形ループアンテナの入力インピーダンス

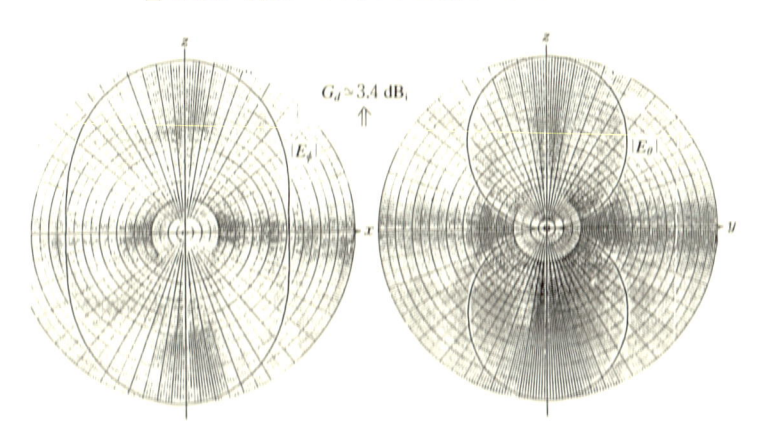

図 1.4.13 1波長ループアンテナの指向性

それぞれ図 1.4.10 および図 1.4.11 に示す．また，図 1.4.6 の円形ループアンテナの入力インピーダンス，および $kb=1$（1波長ループアンテナ）のときの指向性をそれぞれ図 1.4.12 および 1.4.13 に示す．

〔澤谷 邦男〕

文　献

1) たとえば，安達 三郎：電磁波工学（電子通信学会編），コロナ社，1983.
2) Stratton, J. A. : Electromagnetic Theory, McGraw Hill, 1941.

3) 電子通信学会編：アンテナ工学ハンドブック，オーム社，1980.
4) Sugiura, A. et al. : EMI Dipole antenna factors, *IEICE Trans. Commun.*, **E78-B**(2), 134-139, 1995.
5) Ishigami, S. et al.: Measurement of fast transient field in the vicinity of short gap discharge, *IEICE Trans. Commun.*, **E78-B**(2), 199-206, 1995.
6) 進士昌明：小形・薄形アンテナと無線通信システム，電子情報通信学会論文誌，**J71-B**(11), 1998-1205, 1988.
7) 虫明康人，安達三郎：基礎電波工学，共立出版，1970.
8) Collin, R. E. and Zucker, F. J. ed.: Antenna Theory, McGraw-Hill, 1969.
9) Harrington, R. F. : Field Computation by Moment Methods, Macmillian, 1968.
10) Mittra, R. ed.: Computer Techniques for Electromagnetics, Pergamon, 1973.
11) Richmond, J. A. and Greary, N. H. : Mutual impedence of nonplanar-skew sinusoidal dipoles, *IEEE Trans. Antennas Propagat.*, **AP-23**(3), 412-414, 1975.

1.5 雑音理論

電気回路において雑音は不可避的に発生するものであり，その影響を無視することができない．雑音は，任意の時刻においてその発生を予測することはできないランダムなものであることから，その性質は統計的に扱われる必要がある．本節では，まず，雑音解析に必要となる基礎的な確率統計論の概要を述べ，その理論に基づいて雑音の電力密度スペクトルならびに相関の定義を示す．また，無線通信システムにおいて扱われる雑音である狭帯域雑音，ならびに，抵抗体などにおいて発生する熱雑音について述べるとともに，雑音の評価尺度として用いられる雑音指数および雑音温度について示す．

1.5.1 確率と統計
a. 確率変数と確率密度関数・確率分布関数

サイコロを何回か繰り返し振る実験では，サイコロを振る(試行)ごとに1から6までの目が不規則に現れる．ここで，L 回の試行において，1から6までの各目が現れる回数を $n_i (i=1, 2, \cdots, 6)$ とすると，各目が現れる相対頻度は $n_i/L (i=1, 2, \cdots, 6)$ と表され，試行回数が十分に大きな場合は $n_i/L = 1/6 (i=1, 2, \cdots, 6)$ となる．

以上に示したサイコロの目のように，試行ごとに不規則に変化する値をとる量のことを確率変数あるいはランダム変数と呼ぶ．また，確率変数 X のとりうる値からなる集合 $(x_1, x_2, \cdots, x_N)$ を考え，これらにその値が生じる確率 $p_1, p_2, \cdots, p_N$ を割り振ったものを確率集合あるいはアンサンブルと呼ぶ．このように規定された確率集合の下では，$\sum_{n=1}^{N} p_n = 1$ であり，また確率変数 X の平均値 m は次式のように与えられる．

$$m = <x> = \sum_{n=1}^{N} x_n p_n \qquad (1.5.1)$$

ただし，$< \ >$ は集合平均を表す．X に関する原点ならびに平均値まわりの k 次モーメントは，それぞれ以下のように表される．

1.5 雑音理論

$$<x^k> = \sum_{n=1}^{N} x_n^k P_n, \qquad <(x-<x>)^k> = \sum_{n=1}^{N} (x_n-<x>)^k p_n \quad (1.5.2)$$

ここで，原点まわりの1次モーメントは平均値に等しく，また，平均値まわりの2次モーメント σ^2 は分散と呼ばれ，次式で与えられる．

$$\sigma^2 = <(x-<x>)^2> = <x^2>-<x>^2 = <x^2>-m^2 \quad (1.5.3)$$

なお，分散の正の平方根 $\sigma=\sqrt{<x^2>-m^2}$ は標準偏差と呼ばれる．

上記のサイコロの目のように，とりうる値が離散的である確率変数を離散的確率変数と呼ぶ．一方，電子回路において観測される雑音のように，とりうる値が連続的となる確率変数を連続的確率変数と呼ぶ．

いま，電子回路において雑音波形 $x(t)$ が観測されたとする（図1.5.1）．ここで，

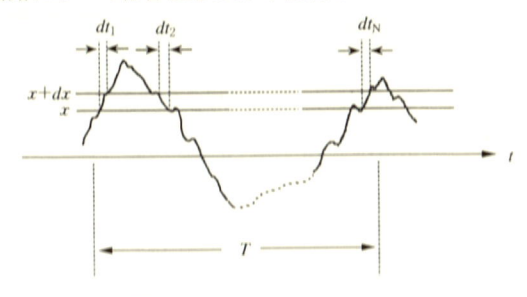

図 1.5.1 雑音波形の例

十分に長い観測時間 T において，$x(t)$ がある微小区間 $(x, x+dx)$ の間の値をとる確率 $p(x)dx$ は，$x(t)$ がある微小区間 $(x, x+dx)$ の間の値をとる時間率として，以下のように定義される．

$$p(x)dx = \lim_{T\to\infty} (dt_1+dt_2+\cdots+dt_N)/T \quad (1.5.4)$$

ただし，$dt_1, dt_2, \cdots, dt_N$ は，観測時間 T において，$x(t)$ がある微小区間 $(x, x+dx)$ の間の値をとる時間幅である．上式において，$p(x)$ は確率密度関数（probability density function），また $p(x)dx$ は確率素分と呼ばれ，確率素分を全範囲について集めれば，離散的な場合と同様に次式が成立する．

$$\int_{-\infty}^{\infty} p(x)dx = 1 \quad (1.5.5)$$

確率密度関数のアンサンブル的な定義を行うため，図1.5.2に示すような N 個の不規則な時間波形 $x_1(t)$，$x_2(t)$，$\cdots$，$x_N(t)$ を考える．これらの波形は，N 個の同種のトランジスタにおいて観測される雑音のように同様の不規則現象を表すものとする．任意の時刻 t_a において，$n(x)$ 個の時間関数が微小区間 $(x, x+dx)$ の間の値をとったとすると，確率密度関数 $p(x)$ は次式のように定義される．

$$p(x)dx = \lim_{N\to\infty} n(x)/N \quad (1.5.6)$$

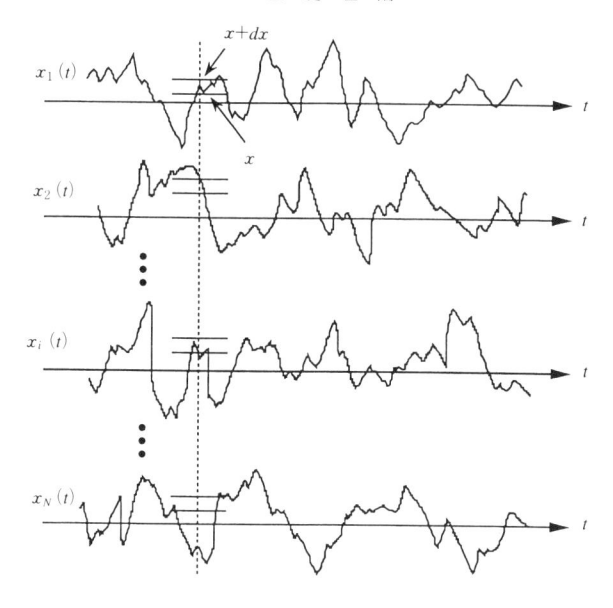

図 1.5.2 ランダム現象の集合

以上のように定義される確率密度関数 $p(x)$ を用いて，連続的確率変数の平均値，原点および平均値まわりのモーメント，分散は，それぞれ以下のように与えられる．

$$m = <x> = \int_{-\infty}^{\infty} x p(x) dx \qquad (1.5.7)$$

$$<x^k> = \int_{-\infty}^{\infty} x^k p(x) dx \qquad (1.5.8)$$

$$<(x-<x>)^k> = \int_{-\infty}^{\infty} (x-m)^k p(x) dx \qquad (1.5.9)$$

$$\sigma^2 = <x^2> - <x>^2 = \int_{-\infty}^{\infty} x^2 p(x) dx - \left[\int_{-\infty}^{\infty} x p(x) dx\right]^2 \qquad (1.5.10)$$

さらに，離散的確率変数 $x_1, x_2, \cdots, x_N$ の確率を $p_1, p_2, \cdots, p_N$ とすると，その確率密度関数はデルタ関数を用いて

$$p(x) = \sum_{i=1}^{N} p_i \delta(x-x_i) \qquad (1.5.11)$$

として与えられ，これにより，離散的確率変数の場合も連続的確率変数に含めて統一した議論が可能となる．

次に，確率変数 X が x_1 と x_2 の間に存在する確率は，確率密度関数を用いて次式のように与えられる．

$$\text{Prob}(x_1 < x < x_2) = \int_{x_1}^{x_2} p(x) dx \qquad (1.5.12)$$

また，確率変数 X が $-\infty$ からあるレベル x までの間に存在する確率を $P(x)$ とすると，

$$P(x) = \int_{-\infty}^{x} p(x)dx \tag{1.5.13}$$

として与えられ，$P(x)$ のことを確率分布関数(probability distribution function)と呼ぶ．上式から明らかなように，確率分布関数を微分したものが確率密度関数となる．

b. 結合確率密度関数

二つの確率変数を X, Y として，X が区間 $(x, x+dx)$ 内の値をとり，かつ，Y が区間 $(y, y+dy)$ 内の値をとる確率を $p(x, y)dxdy$ としたとき，$p(x, y)$ を X と Y の結合確率密度関数(joint probability density function)と呼ぶ．この結合確率密度関数については以下の関係式が成立する．

$$\int_{-\infty}^{\infty}\int_{-\infty}^{\infty} p(x,y)dxdy = 1, \quad \int_{-\infty}^{\infty} p(x,y)dy = p(x), \quad \int_{-\infty}^{\infty} p(x,y)dx = p(y) \tag{1.5.14}$$

X, Y に関する平均値のまわりの2次のモーメント μ_{xy} は共分散(covariance)と呼ばれ次式のように表される．

$$\mu_{xy} = \int_{-\infty}^{\infty}\int_{-\infty}^{\infty} (x-<x>)(y-<y>)p(x,y)dxdy \tag{1.5.15}$$

また，共分散を X および Y の標準偏差 σ_x, σ_y で正規化した $\rho_{xy}=\mu_{xy}/\sigma_x\sigma_y$ は相関係数(correlation coefficient)と呼ばれ，$\rho_{xy}=\rho_{yx}$ および $|\rho_{xy}|\leq 1$ が成立する．また，$x=y$ の場合に $\rho_{xy}=1$(完全相関)となり，$x=-y$ の場合に $\rho_{xy}=-1$(完全負相関)となる．

c. 条件付確率密度関数と統計的独立

確率変数 X がある値をとる場合の確率変数 Y の条件付確率密度関数(conditional probability density function) $p(y|x)$，および，確率変数 Y がある値をとる場合の確率変数 X の条件付確率密度関数 $p(x|y)$ は以下のように与えられる．

$$p(y|x) = \frac{p(x,y)}{p(x)}, \quad p(x|y) = \frac{p(x,y)}{p(y)} \tag{1.5.16}$$

また，上式より，$p(y|x)p(x)=p(x|y)p(y)$ が成立し，これをベイズの確率法則(Bayes' rule)と呼ぶ．

ここで，もし確率変数 X, Y について，

$$p(y|x) = p(y), \quad p(x|y) = p(x), \quad p(x,y) = p(x)p(y) \tag{1.5.17}$$

が成立した場合，X と Y は統計的独立(statistical independence)であるという．X と Y が統計的独立な場合，その共分散は0であり，統計的独立なランダム変数は無相関となる．

d. ガウス分布

確率密度関数が次式に示すガウス分布(Gaussian distribution)に従う確率変数をガウスランダム変数と呼ぶ．

$$p(x) = \frac{1}{\sqrt{2\pi\sigma^2}} \exp\left[-\frac{(x-m)^2}{2\sigma^2}\right] \tag{1.5.18}$$

ただし，m は平均値を表し，σ^2 は分散である．ガウスランダム変数の確率分布関数 $P(x)$ は次式のように与えられる．

$$P(x) = \int_{-\infty}^{x} p(x)dx = \frac{1}{2}\left[1 + erf\left(\frac{x-m}{\sqrt{2}\,\sigma}\right)\right] = 1 - \frac{1}{2}erfc\left(\frac{x-m}{\sqrt{2}\,\sigma}\right) \quad (1.5.19)$$

ここで，$erf(\cdot)$ および $erfc(\cdot)$ は，それぞれ誤差関数(error function)および誤差補関数(complementary error function)と呼ばれるもので，次式のように定義される．

$$erf(x) = \frac{2}{\sqrt{\pi}}\int_0^x \exp(-t^2)dt, \quad erfc(x) = 1 - erf(x) = \frac{2}{\sqrt{\pi}}\int_x^\infty \exp(-t^2)dt \quad (1.5.20)$$

複数の統計的独立なガウスランダム変数を考えた場合，それらの和もまたガウスランダム変数となり，その平均値および分散はそれぞれの変数の平均値の和および分散の和に一致する．また，統計的独立なガウスランダム変数を線形変換したものもまたガウスランダム変数となる．

さらに，有限の平均値 $m_1, m_2, \cdots, m_N$ および分散 $\sigma_1^2, \sigma_2^2, \cdots, \sigma_N^2$ を有する統計的独立な N 個の確率変数 $x_1, x_2, \cdots, x_N$ の和の確率密度関数は，N が増すに従って，平均値 $m_1 + m_2 + \cdots + m_N$ および分散 $\sigma_1^2 + \sigma_2^2 + \cdots + \sigma_N^2$ を有するガウス分布に収束する．これは中央極限定理(central limit theorem)と呼ばれ，確率変数の和の分布は確率変数の数が多くなるに従いガウス分布に近づくことを示したもので，雑音理論においてガウス分布が重要な役割を果たす理由の一つである．

1.5.2 ランダム過程
a. ランダム過程

上述の確率変数に時間の概念を導入し，時間的に不規則な現象からなる確率集合のことを確率過程あるいはランダム過程(random process)と呼ぶ．一般に，われわれが観測する時間的連続なランダム現象 $x(t)$ は，ある確率集合を構成する多数の要素関数の中から選択された一つの不規則時間関数であり，この $x(t)$ をランダム過程の標本関数と呼ぶ．標本関数 $x(t)$ の有する種々の統計的性質は，$x(t)$ が属するランダム過程のもつ統計的性質によって決定される．たとえば，N 個の要素関数 $x_i(t)$ ($i=1, 2, \cdots, N$)からなるランダム過程を考え，任意の時刻 t_1 において，$n_1(x_1)$ 個の要素関数が区間 $(x_1, x_1+\Delta x)$ の値をとるとすると，$x(t)$ がある区間 $(x_1, x_1+\Delta x)$ に存在する確率 Prob$(x_1 < x(t) < x_1+\Delta x ; t_1)$ は，さきと同様な考えにより，

$$\text{Prob}(x_1 < x(t) < x_1 + \Delta x ; t_1) = n_1(x)/N \quad (1.5.21)$$

で与えられ，$N \to \infty$，$\Delta x \to dx$ とすることにより，次式のように確率密度関数 $p(x_1, t_1)$ が定義される．

$$\lim_{\substack{N \to \infty \\ \Delta x \to dx}} \text{Prob}(x_1 < x(t) < x_1 + \Delta x ; t_1) = p(x_1, t_1)dx \quad (1.5.22)$$

また，$x(t)$ が時刻 t_1 で区間 $(x_1, x_1+\Delta x)$ に存在し，かつ時刻 t_2 で区間 $(x_2, x_2+\Delta x)$ に存在する 2 次元結合確率は，

$$\text{Prob}(x_1 < x(t) < x_1 + \Delta x\,;\,t_1,\,x_2 < x(t) < x_2 + \Delta x\,;\,t_2) = n_{12}(x_1, x_2)/N \quad (1.5.23)$$

で与えられる。ただし，$n_{12}(x_1, x_2)$ は時刻 t_1 で区間 $(x_1, x_1+\Delta x)$ の値をとり，かつ，時刻 t_2 で区間 $(x_2, x_2+\Delta x)$ の値をとる要素関数の数である。上式において，$N\to\infty$，$\Delta x \to dx_1, dx_2$ とすることによって，

$$\lim_{\substack{N\to\infty \\ \Delta x \to dx_1, dx_2}} \text{Prob}(x_1 < x(t) < x_1+\Delta x\,;\,t_1,\,x_2 < x(t) < x_2 + \Delta x\,;\,t_2) = p(x_1, t_1\,;\,x_2, t_2) dx_1 dx_2 \quad (1.5.24)$$

として2次元結合確率密度関数 $p(x_1, t_1\,;\,x_2, t_2)$ を定義できる。同様にして，n 次元結合確率密度関数 $p(x_1, t_1\,;\,x_2, t_2\,;\,\cdots\,;\,x_n, t_n)$ が定義される。

b. 定常過程とエルゴード過程

確率集合の統計的性質が時間推移によって変化しないランダム過程を定常過程 (stationary process) と呼ぶ。すなわち，定常過程においては，任意の時間推移 t' に対し，

$$p(x_1, t_1\,;\,x_2, t_2\,;\,\cdots\,;\,x_n, t_n) = p(x_1, t_1+t'\,;\,x_2, t_2+t'\,;\,\cdots\,;\,x_n, t_n+t') \quad (1.2.25)$$

が成立し，確率集合の統計的性質は時間の絶対値には無関係で時間差のみに依存する。上式の定義は，より厳密な意味での定常性であり，この場合を狭義定常 (narrow-sense stationary) もしくは強定常と呼ぶ。一方，上式が成立する保証はないまでも，ランダム過程の平均値および次項で示す自己相関関数が，時間の絶対値には無関係で時間差のみの関数で与えられる場合を広義定常 (wide-sense stationary) もしくは弱定常と呼ぶ。また，時間平均と集合平均が等しくなるランダム過程のことをエルゴード過程 (ergodic process) と呼ぶ。エルゴード過程においては，時刻とは無関係な値となる集合平均に時間平均が一致することから，エルゴード過程は定常過程となる。なお，1.5.1項a の連続確率変数に関する説明で用いた式 (1.5.6) は，厳密にはエルゴード過程のもとで成立する。

c. ランダム信号の電力密度スペクトルと自己相関関数

ここでは，電気回路における雑音などのランダム信号に対する自己相関関数 (autocorrelation function) ならびに電力密度スペクトル (power density spectrum) について示す。ランダム信号は，無限に続く非周期関数であるとともに，確率的にしか扱うことができないため，確定信号の場合の取り扱いとは物理的意味ならびに解析法が大きく異なる。

ランダム信号として，定常ランダム過程からの標本関数を考え，これを $x(t)$ とする。$x(t)$ の区間 $(-T/2, T/2)$ の部分のみを抽出し，それ以外の区間における値をゼロとした信号波形を考え，これを $x_T(t)$ として表す。この $x_T(t)$ に対して，パーセバルの定理を適用すると，

$$\int_{-\infty}^{\infty} |F_{x_T}(f)|^2 df = \int_{-\infty}^{\infty} x_T^2(t) dt = \int_{-T/2}^{T/2} x_T^2(t) dt = E(T) \quad (1.5.26)$$

となる。ここで，$F_{x_T}(f)$ は $x_T(t)$ の振幅スペクトル，$E(T)$ は時間区間 T 内でのエネルギーを表す。したがって，$|F_{x_T}(f)|^2$ は区間 $(f, f+df)$ に含まれるエネルギー密度を

表すものである.

次に, $T\to\infty$ とすると, エネルギーは無限に大きくなり発散するため, 以下のような平均電力的な取り扱いを導入する.

$$P(T) = E(T)/T = \frac{1}{T}\int_{-T/2}^{T/2} x_T^2(t)dt = \frac{1}{T}\int_{-\infty}^{\infty} |F_{x_T}(f)|^2 df \quad (1.5.27)$$

ただし, $P(T)$ は区間 T 内の平均電力である. 上式では, $|F_{x_T}(f)|^2 df/T$ は区間 $(f, f+df)$ に含まれる平均電力, $|F_{x_T}(f)|^2/T$ は平均電力の周波数スペクトル密度と解釈できる. 上式において, $T\to\infty$ とすると, $x_T(t)$ は $x(t)$ に近づき,

$$S'_x(f) = \lim_{T\to\infty}\frac{|F_{x_T}(f)|^2}{T} \quad (1.5.28)$$

として表すことができ, これが定常ランダム過程の標本関数 $x(t)$ の電力密度スペクトルとなる. さらに, 上式はある一つの標本関数に関して表したものであるので, ランダム過程全体にわたる集合平均をとることにより, ランダム信号に関する電力密度スペクトルは以下のように定義できる.

$$S_x(f) = \lim_{T\to\infty}\frac{<|F_{x_T}(f)|^2>}{T} \quad (1.5.29)$$

ただし, $<|F_{x_T}(f)|^2>$ は各標本関数の振幅スペクトルの2乗にその標本関数の生起確率を掛けて平均することを意味している.

一方, ランダム信号 $x(t)$ に対する自己相関数は, $R_x(t_1, t_2) = <x(t_1)x(t_2)>$ として定義される. ここで$x(t)$ に属するランダム過程が定常過程であるとすると, $\tau = t_2 - t_1$ として, $R_x(t_1, t_2) = <x(t_1)x(t_2)> = <x(t)x(t+\tau)> = R_x(\tau)$ となる.

次に, 定常ランダム過程における自己相関関数と電力密度スペクトルの関係について示す. 式(1.5.29)において, $T\to\infty$ とする以前の電力密度スペクトルに相当する量を, 改めて以下のように $S_{x_T}(f)$ とする.

$$S_{x_T}(f) = <|F_{x_T}(f)|^2>/T = <F_{x_T}(f)F_{x_T}^*(f)>T \quad (1.5.30)$$

ここで,

$$F_{x_T}(f) = \int_{-\infty}^{\infty} x_T(t)e^{-j2\pi ft}dt = \int_{-T/2}^{T/2} x_T(t)e^{-j2\pi ft}dt \quad (1.5.31)$$

の関係を用いると,

$$S_{x_T}(f) = \frac{1}{T}\int_{-T/2}^{T/2}\int_{-T/2}^{T/2} <x(t_1)x(t_2)>e^{-j2\pi f(t_1-t_2)}dt_1 dt_2 \quad (1.5.32)$$

となる. 上式において, $<x(t_1)x(t_2)>$ は $x(t)$ の自己相関関数であって, $x(t)$ の属するランダム過程が定常過程であること, および, 自己相関関数が偶関数であることから, $T\to\infty$ の場合, $\tau = t_2 - t_1$ とすると,

$$S_x(f) = \lim_{T\to\infty} S_{x_T}(f) = \int_{-\infty}^{\infty} R_x(\tau)e^{-j2\pi f\tau}d\tau = \int_0^{\infty} R_x(\tau)\cos 2\pi f\tau d\tau \quad (1.5.33)$$

となり, 自己相関関数のフーリエ変換が電力密度スペクトルとなる. また, 逆に, 電力密度スペクトルの逆フーリエ変換は自己相関関数となり, 電力密度スペクトルと自

己相関関数はフーリエ変換対の関係にある．これをウィーナ-ヒンチン（Wiener-Khintchine）の定理という．

d．白色雑音

　電子回路などにおいて発生する雑音の代表的なものとして，広い周波数帯域にわたって一様なベクトルを有する白色雑音（white noise）が知られている．1 Hz あたりの電力密度スペクトルを N_0 とすると，理想化された白色雑音の電力密度スペクトルおよび自己相関関数は，

$$S(f) = \frac{N_0}{2} \quad |f| < \infty, \qquad R(\tau) = \int_{-\infty}^{\infty} \frac{N_0}{2} e^{j2\pi f \tau} df = \frac{N_0}{2} \delta(\tau) \qquad (1.5.34)$$

として与えられる．自己相関関数がデルタ関数となることから明らかなように，理想化された白色雑音の場合，時間的にわずかに離れた2点間での相関はゼロとなる．また，理想化された白色雑音の平均電力は無限大となるが，実際には，観測帯域内での電力密度スペクトルが一定であれば，白色雑音とみなして取り扱えばよい．$|f| \leq B$ に帯域制限された低域での白色雑音の場合，電力密度スペクトルおよび自己相関関数は以下のように与えられる．

$$S(f) = \frac{N_0}{2} \quad |f| \leq B, \qquad R(\tau) = \int_{-B}^{B} \frac{N_0}{2} e^{j2\pi f \tau} df = N_0 B \left(\frac{\sin 2\pi B\tau}{2\pi B\tau} \right) \qquad (1.5.35)$$

1.5.3　狭帯域ガウス雑音

　情報信号の帯域幅は有限の範囲に限られているため，変調された波形のスペクトルは搬送波を中心とした狭い周波数帯に集中する．一般に，通信路において発生する雑音のうち，信号帯域外に発生する雑音は受信機での帯域通過フィルタによって除去されることから，受信機において観測される雑音は，ある中心周波数 f_c のまわりに分布したものとなる．ここで，雑音の実効帯域幅を f_N としたときに，$f_N \ll f_c$ が成り立つ場合は狭帯域雑音（narrow-band noise）と呼ぶ．また，この狭帯域雑音を表すランダム過程の標本関数がガウス分布に従うものを狭帯域ガウス雑音（narrow-band Gaussian noise）と呼ぶ．

　狭帯域雑音を $n(t)$ とすると，$n(t)$ は，その包絡線 $R(t)$ および位相 $\phi(t)$ により，

$$n(t) = R(t)\cos[2\pi f_c t + \phi(t)] = x(t)\cos 2\pi f_c t - y(t)\sin 2\pi f_c t \qquad (1.5.36)$$

として表される．ただし，$x(t)$ および $y(t)$ は，それぞれ，同相成分および直交成分であり，

$$R(t) = \sqrt{x^2(t) + y^2(t)}, \qquad \phi(t) = \tan^{-1} \frac{y(t)}{x(t)} \qquad (1.5.37)$$

狭帯域ガウス雑音の場合，その包絡線 R および位相 ϕ の結合確率密度関数は，雑音電力を $<n(t)^2> = \sigma^2$ とすると，次式のように与えられる．

$$p(R, \phi) = \frac{R}{2\pi\sigma^2} \exp\left(-\frac{R^2}{2\sigma^2} \right) \qquad (1.5.38)$$

包絡線の確率密度関数は，上式を位相 ϕ の全区間で積分を行うことにより，

$$p(R) = \int_{-\pi}^{\pi} p(R, \phi)\,d\phi = \frac{R}{\sigma^2}\exp\left(-\frac{R^2}{\sigma^2}\right) \qquad 0 \leq R \leq \infty \qquad (1.5.39)$$

のように得られ，この分布をレイリー分布(Rayleigh distribution)と呼ぶ．また，位相の確率密度関数は，包絡線 R の全区間で積分を行うことにより，次式に示すような一様分布となる．

$$p(\phi) = \int_0^{\infty} p(R, \phi)\,dR = \frac{1}{2\pi} \qquad -\pi \leq \phi \leq \pi \qquad (1.5.40)$$

また，正弦波を $A\cos(2\pi f_c t + \phi_0)$，狭帯域ガウス雑音を $n(t)$ とすると，それらの合成波 $A\cos(2\pi f_c t + \phi_0) + n(t)$ の包絡線 $R(t)$ の確定密度関数は次式のように与えられる．

$$p(R) = \frac{R}{\sigma^2}\exp\left(-\frac{R^2 + A^2}{\sigma^2}\right)I_0\left(\frac{AR}{\sigma^2}\right) \qquad 0 \leq R \leq \infty \qquad (1.5.41)$$

ただし，$I_0(\cdot)$ は第1種0次の変形ベッセル関数である．式(1.5.41)で表される分布は仲上-ライス分布(Nakagami-Rice distribution)と呼ばれ，この分布は，信号が存在しない($A=0$)の場合はレイリー分布に一致し，逆に，信号が雑音に比べて十分に大きな($A \gg \sigma$)の場合は平均値 A のガウス分布に近づく．

1.5.4 熱雑音

抵抗やトランジスタなどの回路素子において発生する雑音の代表的なものとして，熱雑音があげられる．たとえば，抵抗体中の自由電子は，熱的なじょう乱により不規則な運動をし，その結果，抵抗の両端子間には常にある電圧(雑音)が発生している．このような熱的なじょう乱により，抵抗体において発生する雑音電圧の2乗平均値は次式のように与えられる．

$$\overline{v^2} = 4kTBR \qquad (1.5.42)$$

ただし，k はボルツマン定数($=1.38\times 10^{-23}$ J/K)，T は絶対温度，B は観測帯域幅，R は抵抗値である．ここで，開放電圧が v である抵抗 R の能動2端子回路の有能電力が $v^2/4R$ であることを用いると，絶対温度 T である抵抗 R の熱雑音電力 P_n は，$P_n = kTB$ として与えられ，これはナイキスト(Nyquist)により熱力学的な理論により証明されている．このような雑音を熱雑音(thermal noise)，もしくは，実験的に式(1.5.42)を示したジョンソンの名前にちなみジョンソン雑音(Johnson noise)とも呼ばれている．

1.5.5 雑音指数と雑音温度

線形回路網の入力端での信号電力および雑音電力を S_i，N_i とする．回路網において，電力利得 G の増幅がなされたとすると，出力端での信号電力 S_o は，$S_o = SG_i$ として与えられる．また，回路網が雑音をまったく発生しない理想的なものである場合は，出力端での雑音電力 N_o も $N_o = GN_i$ として表されるが，回路網内部において雑音 N_o' (ただし出力端換算)が発生するとすれば，$N_o = GN_i + N_o'$ となる．したがって，

出力端での SN 比，S_o/N_o は次式のように表される．

$$\frac{S_o}{N_o} = \frac{GS_i}{GN_i+N_o'} \qquad (1.5.43)$$

雑音指数(noise figure)は，入力端での SN 比と出力端での SN 比を用いて，

$$F = \frac{S_i/N_i}{S_o/N_o} \qquad (1.5.44)$$

として与えられ，式(1.5.44)および $N_i = kTB$ を利用すると，

$$F = \frac{GkTB+N_o'}{GkTB} \qquad (1.5.45)$$

としても表される．理想回路網においては，$N_o'=0$，$N_o=GN_i$ となるため $F=1$ となり，一般的な実システムにおいては $N_o > GN_i$ となるため $F>1$ となる．また，対数をとり，dB 値にて雑音指数を表示することが多い．

雑音指数と類似した評価尺度として，雑音温度(noise temperature)がある．これは，先に述べた，絶対温度 T である抵抗 R から発生する熱雑音の電力が $P_n = kTB$ として与えられることに準じ，等価的な温度により雑音を評価するものであり，たとえば温度 T の抵抗に対する等価雑音温度 T_e は，$T_e = P_n/kB$ として表される．

図 1.5.3 に示す雑音指数 F の回路網の入力に温度 T_n の熱雑音源が接続されているものとすると，回路網出力端での雑音電力は $FGkT_nB$ となり，回路網内部から発生した雑音電力は $FGkT_nB - GkT_nB = (F-1)GkT_nB$ となる．ここで，回路網を等価的に雑音温度 T_e の抵抗として動作するものとみなすと，回路網から発生する雑音電力は GkT_eB となるため，

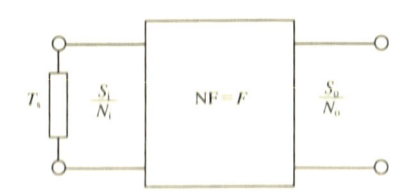

図 1.5.3 抵抗が接続された 4 端子回路網

$$GkT_eB = (F-1)GkT_nB, \quad T_e = (F-1)T_n, \quad F = 1 + T_e/T_n \qquad (1.5.46)$$

という関係式が成立する．なお理想的な回路網では雑音温度は $T_e = 0$ である．

（森永規彦・宮本伸一）

文　献

1) Stein, S. and Jones, J. J., 関　英男監訳：現代の通信回線理論，森北出版，1970.
2) Peebles, Jr. P. Z., 平野信夫訳：確率論序説，東京電機大学出版局，1981.
3) Van Der Ziel, A., 平野信夫訳：雑音源・特性・測定，東京電機大学出版局，1973.
4) Connor, F. R., 広田　修訳：ノイズ入門，電子通信工学シリーズ 6（関口利男，辻井重男監訳），森北出版，1985.
5) 大越孝敬：基礎電子回路（第 2 版），オーム社，1980.

2. ノイズの発生，伝搬・結合

2.1 ノイズの発生

2.1.1 放電ノイズ
a. 空　　電

　空電の定義は，狭義では"雷放電"に伴って放射される電磁波を意味し，広義では自然界に存在する電磁波全般を表す。したがって後者は，太陽雑音，宇宙雑音，さらに近年その注目を集めている地震に伴う電磁雑音なども含むことになるが，ここでは主として前者，狭義の立場から議論を進める。

　空電のスペクトル，いいかえると雷放電により放射される電磁波のスペクトルは，おおよそ5kHzにその極大値をもち，VHF/UHF波帯にまで広がっている。図2.1.1は，雷放電に伴う電界変化波形から求めたフーリエスペクトルである[1]。ここ

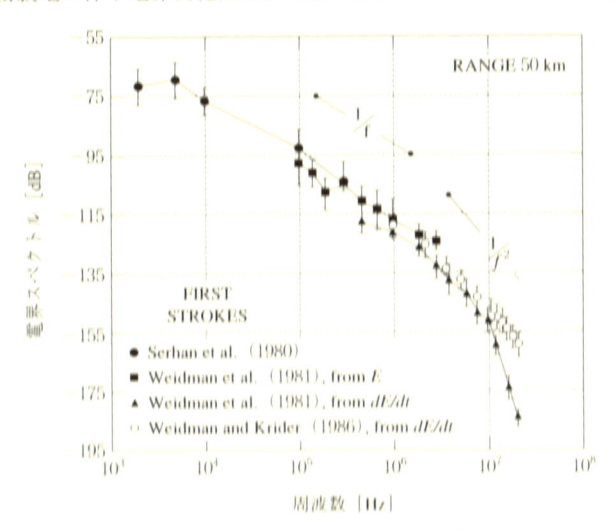

図 2.1.1　空電のフーリエスペクトル[1]

で注意しておきたいのは，物理学や工学で通常用いられる"電場"あるいは"電界"という術語に代わって本章で用いる"電界変化"という表現である．通常，大気電気学(雷放電物理)の立場では，落雷により中和される電荷の極性および量が興味の対象であるため，容量性アンテナをセンサーとして用いることが多く[2]，"落雷で中和する電荷の移動に伴う電界強度の変化"という意味で，"電界変化"という術語を用いることが多い．したがってスペクトルという観点からは，"電界変化"は，直流成分以上のすべての周波数成分を含む表現となっている．それゆえ空電は，当然無線通信やラジオ・テレビ放送に妨害を与えることになり，従来は通信妨害対策という観点から雷放電の研究がなされていた．たとえば，受信中のラジオにガリ・ガリという不快音が入ったり，テレビ画面がちらついたりするのは，どこかで雷嵐が発生している証拠で，空電が原因していることになる．

　図 2.1.1 は，5 kHz 以上 10 MHz 以下の周波数領域において，空電のフーリエスペクトルが周波数に逆比例し，それ以上では周波数の 2 乗に逆比例していることを示している．実際 10 ns(ナノ秒)程度の立上り時間を有する落雷に伴う電界変化が多く記録されていることから，この観測結果に基づいて推定されている空電のスペクトルは，理論的にもフーリエ解析の教えと一致する結果となっている[3]．したがって，前述のように"空電"は，直流成分以上すべての成分の電磁波を含んでいることは事実であるが，スペクトル強度の観点から，現実的に通信妨害を議論する限りにおいて，VLF 波帯から HF 波帯，たかだか VHF 波帯までを考慮すれば十分と考えてよい．

　一方，放電の開始時や，帰還雷撃と呼ばれる落雷の直後数十 ms(ミリ秒)程度の雲内における放電進展時には，さらに高調波である VHF/UHF 波(あるいは SHF 波)の放射のあることも知られており，雷放電進展の測位に，この周波数帯を利用するシステムが実用化されている[4]．図 2.1.2 に示すフーリエスペクトルは，最近の VHF/UHF 波帯の観測結果に基づいて求められた結果であり，近年のエレクトロニクス，とりわけ超小型化された LSI の実用化と関連し，EMP 障害という点で，この周

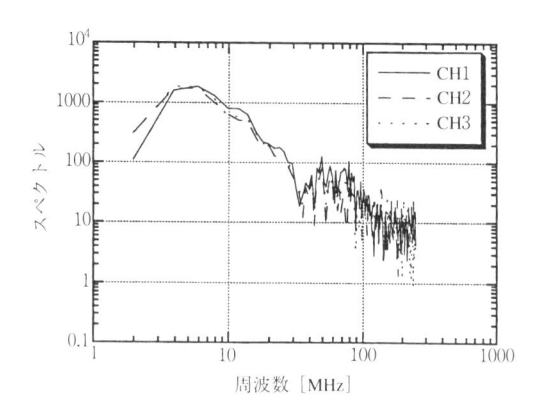

図 2.1.2　VHF 放射波のフーリエスペクトル

波数帯の"空電"が新たな問題を提起しつつあるが，ここでは図2.1.2を示すにとどめる．

無線通信の揺籃期には主としてLF帯以下の長波を用いており，前述のように空電はその帯域に極大値をもっているため，これによる妨害は本質的な問題であった．加えて熱帯地方は頻繁に雷嵐の活動があり，南北半球間の通信においては，空電が最大の雑音源であり，関心かつ研究の対象であった時期もある．しかしながらその後の電離層の発見，通信衛星の実用化，エレクトロニクスの進歩，各種通信技術の確立などにより，遠距離通信に用いる周波数は次第に高くなり，HF波帯が主であった時代を経て，現在ではSHF波帯へと移行している．すなわち今日では，従来の意味で，通信妨害における空電の占める影響が低くなってきていると考えられている．

雷発生頻度分布を地球規模で知ろうとする企ては，1978年2月に打ち上げられた電離層観測衛星ISS-b(うめ2号)に搭載された4周波数(2.5 MHz，5 MHz，10 MHz，25 MHz)の空電受信機による観測がわが国最初のものである．この衛星は地球を周回しデータを収集，その結果月別雷発生頻度の世界分布図が作成されている[5]．一方，近年になって地球温暖化問題の観点から，再び地球規模での発雷分布が関連研究者の興味の対象となり，1995年にはOTD(Optical Transient Detector)衛星がアメリカ航空宇宙局(NASA)により，1997年にはNASAと宇宙開発事業団(NASDA)の共同でTRMM(Tropical Rainfall Measuring Mission)衛星が打ち上げられ，光学観測による発雷分布の測定が継続して行われている．また衛星によるVHF波帯電波観測では，雷放電に起因するTrans Ionospheric Pulse Pair(TIPP)と呼ばれる新現象が発見されるなど[6]，空電に関する研究は，科学という観点から依然として活発である．

地表と電離層は，VLF波帯電磁波の伝搬に対しては導波管として機能することが知られている[7]．さらにこの空間はELF波帯電磁波に対しては，空洞共振器として機能し，シューマン(Schumann)共振と呼ばれる現象が現れる．すなわち地球規模的観点からみれば，雷放電が1秒間におおよそ100回あることが知られており，この雷放電がシューマン共振の波源となっている．図2.1.3が理論的に求められるシューマン共振TM_0モードの電界・磁界成分のうち，低次から4番目のモードまでを示している[8]．現実的には共振の特性が，D層やE層の低域電離層や大地の電気的特性に依存し，さらには電離層高度が昼夜により異なるため，シューマン共振モードは，図2.1.3に示すように完全な対称系となっていない．したがってシューマン共振現象が発見された当時は，ロケット観測では観測が困難な低域電離層の電気特性を継続的にモニターする目的で観測されていた．

これに対しVLF波帯電磁波は，global positioning satellite(GPS)[9]が実用化する以前には，主として電波航法に用いられていたため，VLF波帯空電伝搬特性の研究が，地形，海岸線，電離層下部の不連続部等々による，透過，反射および散乱の問題として活発に行われていた[10]．また電離層を通過し，磁気圏を磁力線に沿って南北半球間を伝搬するVLF波帯電磁波は，ホイッスラー空電として知られている．そし

Electric

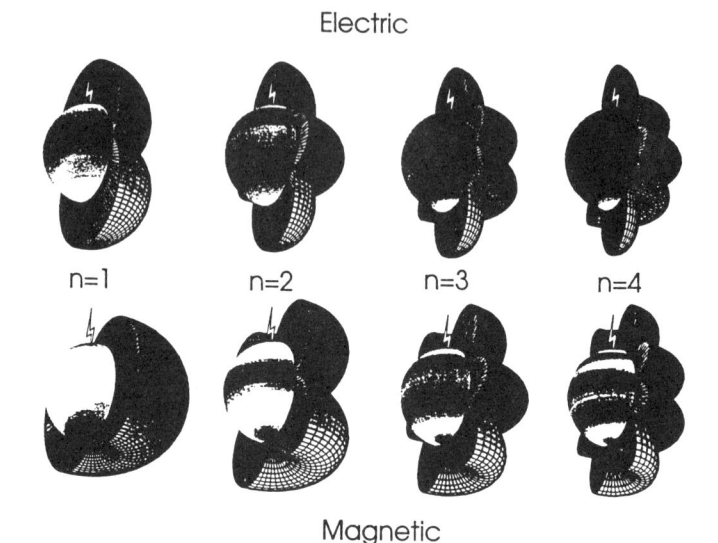

n=1　　n=2　　n=3　　n=4

Magnetic

図 2.1.3　シューマン共振のモード[8]

てプラズマの分散性により，周波数の高い成分ほど速く伝搬して反対半球に到達することから，ホイッスラーの分散を測定することが，経路上の磁気圏プラズマの密度を測定することと等価であるため，そのモニターに用いられていたこともある．

ここまでの議論からもわかるように，歴史的に"空電"は，主として雷撃電流と呼ばれ，落雷の電流からの放射の主成分であり，HF 波帯以下の周波数帯で興味がもたれ研究されてきた．そこで本節の最後として，空電の波源である落雷の数学的モデルを記述し，落雷に伴う電磁界変化の理論式を以下に示す．

$$\boldsymbol{E}(r, \phi, 0, t) = \frac{1}{2\pi\varepsilon_0} \Big[\int_{H_B}^{H_T} \frac{2z'^2 - r^2}{R^5} \int_0^t i(z', \tau - R/c) d\tau dz'$$
$$+ \int_{H_B}^{H_T} \frac{2z'^2 - r^2}{cR^4} i(z', t - R/c) dz' \quad (2.1.1)$$
$$- \int_{H_B}^{H_T} \frac{r^2}{c^2 R^3} \frac{\partial i(z', t - R/c)}{\partial t} dz' \Big] a_z$$

$$\boldsymbol{B}(r, \phi, 0, t) = \frac{\mu_0}{2\pi} \Big[\int_{H_B}^{H_T} \frac{r}{R^3} i(z', t - R/c) dz'$$
$$+ \int_{H_B}^{H_T} \frac{r}{cR^2} \frac{\partial i(z', t - R/c)}{\partial t} dz' \Big] a_\phi \quad (2.1.2)$$

落雷，正確には帰還雷撃の数学的モデルとしては，大地が完全導体で，かつ雷放電路が大地に垂直であり，その雷放電路を雷撃電流 $i(z, t)$ が伝搬する"伝送線路モデル"がよく知られており，これに伴って放射される電界（$\boldsymbol{E}$），磁束密度（$\boldsymbol{B}$）の諸量が

2.1 ノイズの発生

前式で与えられることが知られている．ここに座標系は図2.1.4に示すものとする．

電界 E の3成分は第1項から順に，静電界，誘導電界および放射電界成分と呼ばれ，磁束密度 B の2成分は誘導磁界および放射磁界の各成分である．このように呼称される理由は，理論的にはそれぞれの成分が，距離の3乗，2乗および1乗に逆比例することによっていることに加え，実際の観測結果でも同様の振る舞いをすることにもよっている．図2.1.5がいろいろな雷撃点で観測された電界 E および磁束密度 B

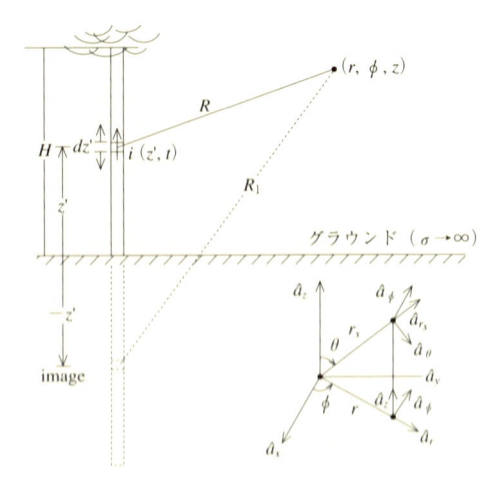

図 2.1.4 雷放電路座標系

の結果[11]であるが，この結果も先に述べた各成分の呼称を肯定する観測結果である．写真などでみる限りにおいて，複雑に折れ曲がってとても大地に垂直ではありえない放電路からの電磁放射が，実際には大地に垂直な放電路モデルで記述でき，かつ観測結果も，そのモデルを肯定するという事実は，自然の不可思議さを改めて認識させる結果である．

上記の帰還雷撃を引き起こすに足る雷雲の大地に対する電位差は，多くの観測の結果を総合して，$2.3\sim3.5\times10^8$ V 程度であるとされている．したがって，通常夏季雷の場合，放電路長いいかえれば雷雲内の電荷中心位置と大地間の距離が，$5\sim7$ km 程度であることを考慮すると，雷雲内の電界強度は，電位/放電路長で概算して 10^5 V/m 以下となり，後述のコロナ開始電界強度よりずい分と低い値となっている．このことから，雷放電の放電開始機構が，関連研究者間で一番興味ある対象となっているが，現在のところ完全に理解されているわけではない．一方，雲放電を引き起こす電位差として，$0.5\sim3\times10^8$ V が代表値となっている．なお雷放電の落雷と雲放電の比率は，おおよそ1対10と信じられているが，現在までのところ雲放電に対するモデルおよび理論的取り扱いがほとんどないことを記述して，本項の結びとする．

b. コロナ

前項の空電は，電極間距離が数 km に及ぶ超長大ギャップである．雷雲と大地を線路とする放電により放射される電磁波を対象としていたのに対し，本項のコロナは数 mm あるいはそれ以下のいわゆる部分放電，局部絶縁破壊による電磁放射を対象としている．そこでまずコロナ放電の概略を以下明らかとする．

放電ギャップのつくる電界が，平行平板電極のそれのように一様な場合には，非持続放電である暗流の状態から，直接ギャップ間が導通状態である全路破壊・火花放電（フラッシュオーバ）に移行する．しかしながら，たとえば棒-平板ギャップによりつ

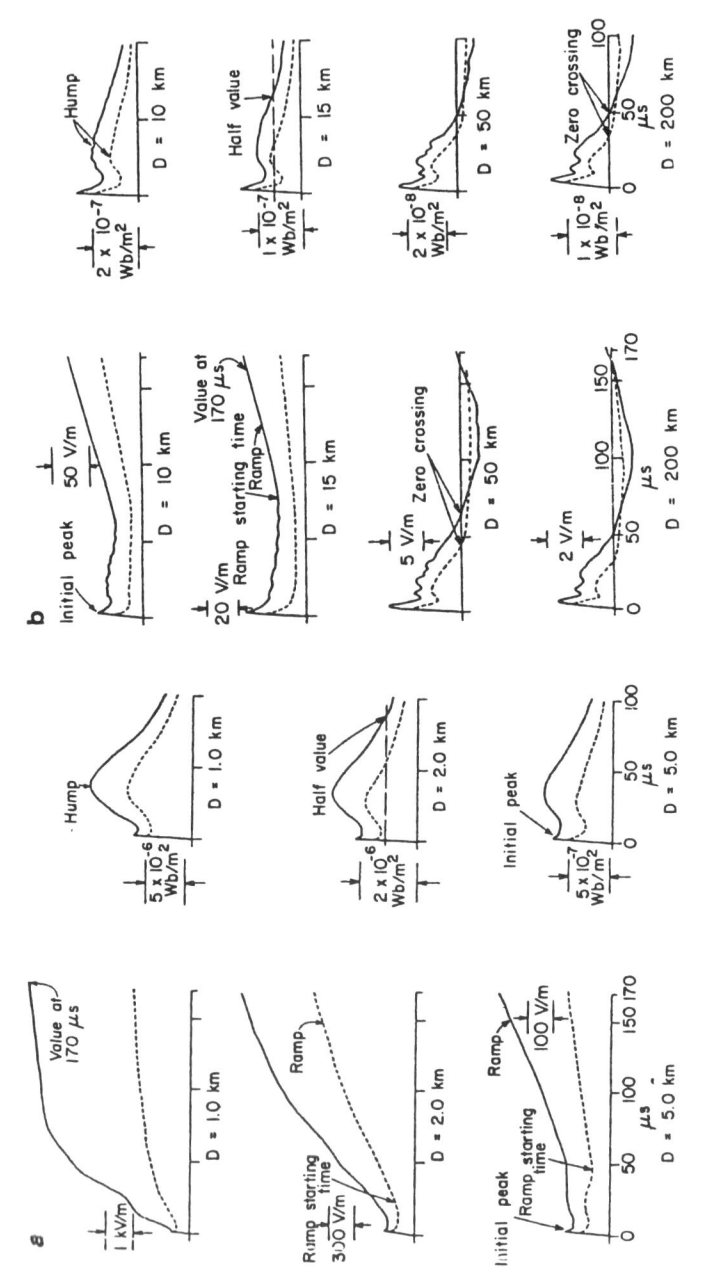

図 2.1.5 電界変化波形とその距離特性[1]

くられるような不平等電界の場合には，持続放電に移行しても，電界強度の高い部分のみが絶縁破壊されて光を発する局部破壊の状態が存在し，これをコロナ放電(corona discharge)というが，定性的には以下のように説明することができる．

図 2.1.6 に示す棒-平板電極間に電圧を印加すると，電界が均一とはならず，棒電極先端に電界の集中することが知られている．印加電圧が十分に高い場合には，棒電極先端の局所的高電界のため α 作用と呼ばれる現象が活発となるのに対し，平板電極付近では電界が小さく α 作用が発生しない．ここに α 作用とは，電界で加速される初期電子が，気体分子に衝突することにより，新たに衝突電離を行い，その結果自由電子の総数が指数関数的に増加する現象を意味している．ここで棒電極付近の電界が，"コロナ開始電界(負コロナの代表値として，3×10^6 V/m が知られている"よりも高い場合には，棒電極付近に発光を伴う局部放電を発生，その結果，μA(マイクロアンペア)程度の電流が流れることになる．このように不平等電界下で，電極付近という限られた領域に持続放電する現象がコロナ放電である．なお電極間の電位差が十分大きい場合には，コロナ放電がやがて全路破壊・火花放電に至ることは先に述べたとおりである．ここに十分大きいとは，たとえば図 2.1.7 に示す針-平板電極に対する火花電圧の実験結果からもわかるように，ギャップ間隔の関数となっている．なお同図から，極性による効果も理解できるが，本稿の主題でないためこれ以上は立ち入らないものとする．

コロナ放電は図 2.1.7 の火花放電同様極性効果が存在する．すなわち棒-平板電極において，棒電極が正の場合が正コロナであり図 2.1.6(a)～(c)に，負の場合が負コ

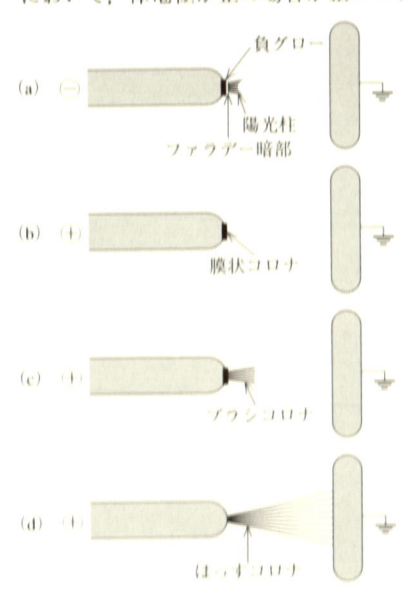

図 2.1.6 コロナ放電の概観図

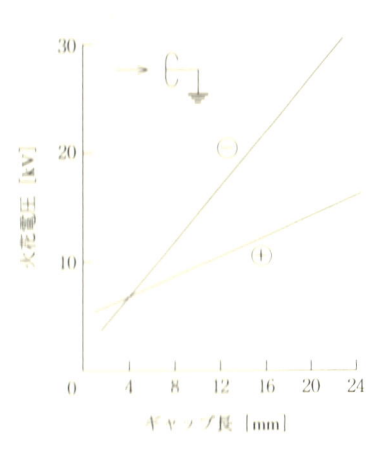

図 2.1.7 針-平板ギャップの火花放電電圧の極性効果

ロナであり図 2.1.6(d) にそれぞれ概観されている．正負両コロナにおいて最も本質的と考えられる相違は，正コロナは進展しやすく，電極形状や電圧に依存して陰極まで到達することがあるのに対し，負コロナはあまり進展せず，負極付近に安定して発生する点である．現象論的には正コロナの場合には電圧の増加に依存して，図 2.1.6 に示すようにグローコロナ，ブラシコロナ，ストリーマコロナと，その形態を遷移させるのに対し，負コロナの場合には，電圧の増加に伴いコロナパルス周波数が増加するが，たかだかブラシコロナへの遷移ののち全路破壊に至ることとなる．この理由として，棒電極付近の正イオンによる電界緩和効果，正負コロナ進展における電子(負)収束および電子発散両効果の相違等々が議論されているが，現在のところ定量的な解

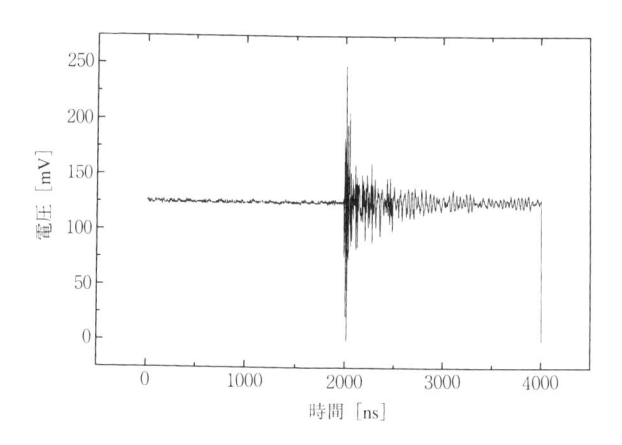

図 2.1.8 コロナ放電により放射される VHF 波形

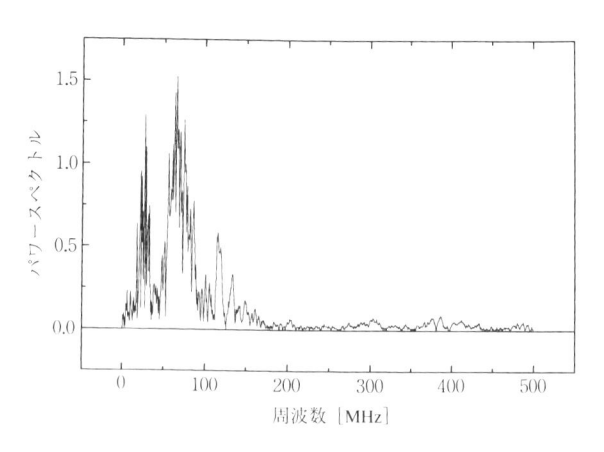

図 2.1.9 図 2.1.8 の波形に対するフーリエスペクトル

釈がなされてはおらず，今後の課題となっている．なお正コロナのストリーマコロナは，ほっすコロナとも呼ばれ，電極間が放電路で結ばれている点で一見全路破壊である火花放電と類似しているが，電流値そのものが微小である点で，物理的には火花放電とはなっていない点を強調しておく．

ここまでの説明では，実験室レベルで直流電圧印加のもとで発生する，理想化されたコロナ放電について明らかにしてきたが，雷雲下の高構造物先端，送電線や配電線の碍子，架空送電線を伝搬する雷サージ波，各種電力機器の絶縁不良部等々，現実的にはコロナ放電の発生には種々の要因が考えられている．このほか歴史的によく知られたコロナ放電として，航空機や帆船マスト先端のセントエルモの火がある[12]．しかしながらこれまでの議論から明らかなように，コロナ放電は空間的および電流値という観点で微小な放電であり，したがってEMCという観点からは，ごく近傍に放送や通信各系統が存在する場合を除いて，現時点で致命的な悪影響を及ぼすとは考えられていない．たとえば，AMラジオ受信機に連続的な"ジジジ…"といった耳障りな雑音が入る場合には，付近の電柱や樹木先端でコロナ放電の起こっている場合が多い．明瞭度という点でむしろ雨中の放電線コロナは，50または60Hzに同期して増減を繰り返し可聴音を伴うため，環境問題の対象となっていると考えてよい．たとえば図2.1.8が，電気機器故障の予兆現象として測定されたコロナ放電に伴って放射される単発パルス電磁波の電界成分である．図2.1.8からもわかるように，コロナ放電に伴う電磁波の継続時間は，数十ns秒から百数十ns秒で，したがって図2.1.9に示すそのフーリエスペクトルは，図2.1.2に示した雷放電進展に伴って放射される電磁波のスペクトルと類似している．いずれも放電の開始に起因して放射されているので，物理的には当然と考えうることではあるが，自然と人工が類似した現象を示すのは興味深い．

（河崎善一郎）

文　献

1) Uman, M. A. : The Lightning Discharge, Academic Press, 1987.
2) Krehiel, P. R. : An analysis of the charge structure of lightning discharge to ground, *J. Geophys. Res.*, 84, 2432-2456, 1979.
3) Papoulis, A. : The Fourier Integral and Its Applications, McGraw Hill, 1962.
4) Richard, P. and Auffray, G. : VHF-UHF interferomtric measurement applications of lightning discharge mapping, *Radio Sci.*, 20, 171-192, 1985.
5) Kotaki, M. and Katoh, C. : The global distribution of thunderstorm activity observed by the Ionosphere Sounding Satellite (ISS-b), *J. Atmos. Terres. Phys.*, 45, 833-847, 1983.
6) Holden, D. N. et al. : Satellite observation of transionospheric pulse pairs, *Geophy. Res. Lett.*, 22, 889-892, 1995.
7) Volland, H. : Handbook of Atmospheric Electrodynamics, CRC Press, pp. 297-310, 1995.
8) Volland, H. : Handbook of Atmospheric Electrodynamics, CRC Press, p. 288, 1995.
9) Hofmann-Wellenhof, B. et al. : GPS Theory and Practice, Springer Verlag, Wien, 1992.
10) Cooray, V. and Lundquist, S. : Effects of propagation on the rise times and the initial peaks of radiation fields from return strokes, *Radio Sci.*, 18, 409-415, 1984.

11) Lin,Y.T. *et al.*：Characterization of lightning return stroke electric and magnetic fields from simultaneous two-station mesurements, *J. Geophys. Res.*, 84, 6307-6314, 1979.
12) Wescott, E.M. *et al.*：The optical spectrum of aircraft St. Elmo's fire, *Geophy. Res. Lett.*, 23, 3687-3690, 1996.

c. 火花，アーク，接点ノイズ[1~10]

i) 電気接点現象　電気接点は電流を断続する機能をもつ機器としては，簡単な原理であるのでよく使われ，またその種類も非常に多い．放電によって生じる雑音の分類は，それほど単純化できないが，これまでの長い間の研究から相当な部分が明らかになってきているので[2,7]，雑音の源である放電現象の大要をつかんでおくことが望ましい．二つの導体の間に電圧をかけた場合の放電の形態は簡単化すると，① 固定電極間の放電現象，② 開閉する接点間の放電現象，の二つに分けて考えることができる．

1) 火花・アーク放電のモード：　空気中に置かれた固定電極間に電圧をかけた場合に生じる現象は，スパークギャップなどともいわれ，古くから研究されている．この場合は空間の絶縁破壊現象と考えてよい．これは，電極間の距離と電圧によって，タウンゼント放電領域，グロー放電領域，アーク放電領域に分けられる．固定された電極間の距離と電極間電圧の関係を示したものが図 2.1.10 である[2~4]．

電極間に高い電圧を加えると電極間に存在する自由電子の電離によって絶縁破壊を起こし，パッシェンの法則に適合した電極間電圧で放電する．放電したあとにも電流の担い手となる自由電子の生成が維持されると，グロー放電に達し，絶縁破壊電圧よりも低い電極間電圧で放電を維持する．放電中の電流が十分に大きくなると，アーク放電に移行する．アーク放電を簡単に説明すると，気体が主成分となるガスアーク（ガス相）と，電極金属がアークの維持に寄与する蒸気アーク（金属相）が考えられている．前者は，高電圧エネルギーにより気体が電離して定常アークを生じる．後者は，カソード側の電極の金属の温度が上昇し，電極の温度が電極材料金属の蒸発が起こる

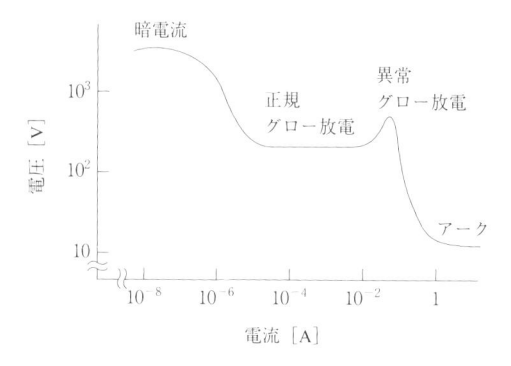

図 2.1.10　持続放電の維持電圧特性

まで高くなると,アーク放電領域に達し,電極間の電圧が低いまま放電を維持する.このときの電極間電圧は電極の材料によって決まる.

また,10μm 以下の微小ギャップ間放電は,必ずしも図 2.1.10 と同じ傾向を示さないことが計測されている[7].このような放電開始時のノイズは,鋭い立上りをもつ電流の変化を原因として発生する.

2) **開離する接点のもつ現象**[1,2,7,8]: 開離および閉成を繰り返すいわゆる開閉電気接点スイッチの接触した部分では以下に示すような現象が起こっていると考えられている.図 2.1.11 に従って,開離の順序に従い簡単に説明する.

① 対向した二つの電極がしっかりと接しているときには,電極間には外部回路で決められている電流 I が流れている.接触部分の微小な抵抗 R_c には,接触抵抗の損

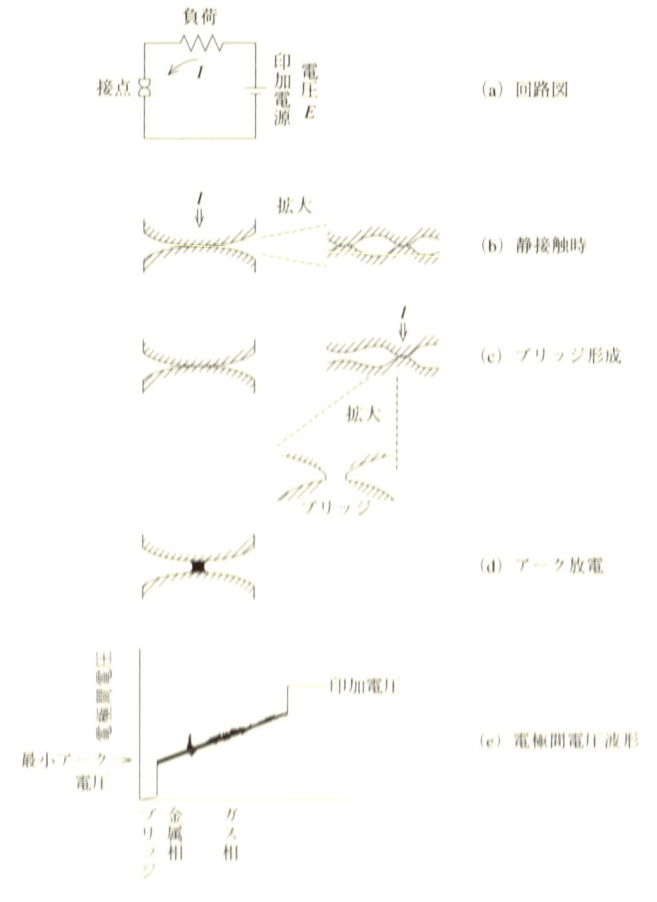

図 2.1.11 開離する接点の接触部の説明図

失 $R_c I^2$ によって発熱している.

② 電極が開離し始めると,電流の集中が起こるのでその部分での発熱が大きくなる.発熱が電極材料の軟化温度より高くなると,電極の金属はやわらかくなる.電極間の開離が進むにつれて,ますます電流の集中が起こる.電極表面で,電流が集中している電極表面の接触部分では,金属電極が溶け始める.この部分はブリッジと呼ばれ,ブリッジ部分の温度($T_θ$)とそこに生じる電圧(U)との関係は,ウィーデマン-フランツ(Wiedemann-Franz)の熱伝導に関する法則を利用して,$T_θ=3200\,U$ と近似できることが知られている[1].この熱が,定常アーク放電を維持する源と考えられている.

③ 電極間が数十 $μm$ 程度まで離れると,電流は軟化温度以上に達した電極のブリッジ部分の一点に集中してしまう.ブリッジでは電流が集中するので,電極材料が蒸発して電離する温度まで高温になる.電極の高温部分は金属蒸気となり,電離金属は電極間隙を流れる電流の担い手になる.すなわち,初期アークの発生である.接点間に加えられた電圧と電流がアーク放電を維持できる条件に達しているときには,安定した定常アーク放電が維持される.このときの最小アーク電圧と最小アーク電流の例を表 2.1.1 に示す[7].

表 2.1.1 代表的金属の最小アーク電圧と最小アーク電流[8]

電極材料	最小アーク電圧 [V]	最小アーク電流 [A]
W	10～16	0.7～1.75
Fe	8～15	0.3～0.73
Pd	14～16	0.4～0.6
Pt	13.5～17.5	0.67～1.1
Cu	8.5～13	0.43～1.15
Ag	8.0～13	0.4～0.9
Au	9.5～15	0.38～0.42
C	15.5～20	0.01～0.03

閉成時電流か印加した電圧が最小アーク値を満たしていない場合には,放電は維持されないので,開離時の電流変化は一段のステップ的な波形になり,これがノイズ源になる.

④ 電極間のアーク電圧またはアーク電流が材料によって決まる最小値を超えているときには,電極間隔が約 100 $μm$ 以上に離れると,定常アーク放電に移行する.電極があまり離れていないとき,電極間には金属蒸気が充満している.このときを,金属相アーク(metalic phase arc)と呼んでいる.もっと電極が離れると,周囲の気体分子がアーク層に混入してくる.このとき以降を,ガス相アークと呼んでいる.金属相からガス相へアークが移行するときにノイズの極大が観測される.定常アークは,大きな雑音を発生しにくいが,電極間距離が数百 $μm$ 以上になって,放電を維持できない電圧または電流に回路の電流が達するまで継続する.ノイズとしては比較的小さ

いが継続時間の長いノイズを発生する．

⑤　開離する接点では定常アーク放電に達しない条件でも，回路内にインダクタンスやキャパシタンスが存在すると，開離した瞬間に接点回路に接点にかけられた電圧よりも大きい過渡電圧が発生することがある．図 2.1.12 のような電気的等価回路の過渡現象として，回路内に鋸歯状の間欠アーク電圧を発生する．これは，シャワリングアークと呼ばれる．シャワリングアークの発生する条件は図 2.1.13 のように考え

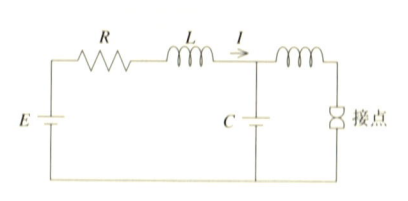

図 2.1.12　LC をもつ接点回路の等価表示[2)]

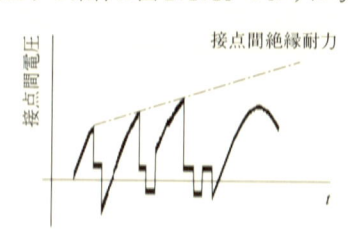

図 2.1.13　シャワリングアークの模式図[2)]

られている．過渡現象で生じる電極間電圧が，電極間の絶縁破壊電圧を超えると放電を生じる．電極間距離が広まると，間欠的な放電は終了する．

シャワリングは，回路の開離時に生じる回路の振動現象であり，雑音の主要な発生源になる．シャワリングは，回路の電気的振動であるので，振幅の大きい回路共振周波数を発生し，大きなノイズ源である[11〜13)]．

3) **閉成する接点の現象：**　閉成する接点では，固定電極や開離する電極間の現象が交互に起こるので，少し複雑になる．閉じるときは，電圧がかかったまま二つの電極間の間隙が狭くなる．空隙間にかけられた電界は，電極が近づくに従い増加する．電極間隔の電界が空間の絶縁破壊電界を超えた瞬間に放電するが，その直後に接点は接触する．通常，開閉接点の駆動機構はバネ系になっているので，一度ぶつかったのち，二つの電極は機械的に振動を起こす場合がほとんどである．これを，バウンスと呼んでいる．バウンスした電極の動きは，開閉動作を繰り返すことに対応する．振動が停止するまでこの開閉動作を繰り返すことになる．

電気接点の性能やアーク放電に関係のある要因を表 2.1.2 に示した．要因が多いので，現在でも多くのデータの蓄積が望まれている．

表 2.1.2　接点のアーク現象に影響を及ぼす因子

使用条件	開放時電圧，閉成時電流，負荷インピーダンス，(R, L, C)，動作頻度，発熱
材料・構造	材料成分，めっき，形状，開閉動作速度，接触力
環境条件	雰囲気ガス成分，雰囲気ガス気圧，湿度，温度

また，交流電圧の開離では，電極の動きと印加電圧の交番変化があるので，より複雑な様相を呈する．

ii) 放電からのノイズ　放電からのノイズを研究するには，被ノイズ側の特性と，ノイズの観測の方法についてよく考えねばならない．

1) 放電からのノイズの伝搬経路[3]：　放電からのノイズは，① 伝導性のノイズ，② 近傍に放射する誘導（磁界）ノイズ，③ 遠方電界ノイズ，の三つのノイズの伝搬が観測される．

2) 計測方法[2,9]：　ノイズの計測方法によっても，ノイズ計測結果が異なるので，注意が必要である．

伝導性ノイズには，① 接点間の電圧波形の計測，② 接点を含む回路に流れる電流に重畳するノイズの計測がある．

近傍放射ノイズは，近傍磁界ノイズであるから，電流ノイズに対応すると考えられている．これには，① 電流プローブ，② 微小ループ，③ 近傍磁界センサなどが使用される．

遠方電界ノイズ計測は，① 3m法，② ダイポールアンテナ，などが使用される．

ノイズ波形の解析は，① スペクトルアナライザの利用，② スペクトルアナライザの中間周波数の解析，③ オシロスコープによる放電とノイズ波形の波形との対応の観測，などが行われる．

3) ノイズに影響するパラメータと観測例[10]：　表2.1.2に示したように，多くの要素が放電の形態を左右するので，種々のパラメータを変えてノイズの観測を行う必要がある．

また，接点の放電現象は，1回ごとに同じ波形が得られない，いわゆる確率現象であるので，ノイズも統計的な処理と特性の表現が必要である．そこで，波形の振幅確率分布関数（amplitude probability distribution：ADP）または密度関数の計測が行われる．もちろん，ノイズは放電している間だけ観測できる[14]．

線路内に，放電源が存在すると，伝送線路内では特別な性質のノイズ源となると考えられる．伝送線路内に発生する鋭い立上りの電流変化についての研究も行われている[10,15,16]．

基板上に置かれた接点からのノイズは，平行に走る線路上にノイズを誘導し，近傍の素子に影響を与えるので，そのような観点からも実験的な検討が行われている[10]．

〔井　上　　　浩〕

文　献

1) Holm, R.：Electric Contacts, Springer-Verlag, 1967.
2) 高木　相：電気接点のアーク放電現象，コロナ社，1995.
3) たとえば，鳳誠三郎ほか：電離気体論，電気学会，1969.
4) 赤尾保男：環境電磁工学の基礎，電子情報通信学会，1991.
5) Ott, H.W.：実践ノイズ抵減技法（出口博一監訳），ジャテック社，1990.

6) Paul, C.R.：EMC 概論(佐藤利三郎監修)，ミマツデータシステム，1996.
7) Sawa, K. and Chen, Z.：Arc discharge at electrical contacts, *IEICE Trans. Commun.*, **E79-B** (4), 439-446, 1996.
8) 佐藤充典：電気接点—材料と特性—，日刊工業新聞社，1984.
9) 電気学会電磁波雑音のタイムドメイン計測技術調査専門委員会編：電磁波雑音のタイムドメイン計測技術，コロナ社，1995.
10) 東北大学電気通信研究所：放電と EMC，第 31 回通研シンポジウム論文集，1994.
11) Uchimura, K. *et al.*：Experimental investigation of the discharge types in silver, gold, palladium and tungsten contacts with various parallel capasitances, Int. Conf. on Electrical Contacts, Electromechanical Components and Thier Applications, pp. 177-184, 1992.
12) Aida, T. *et al.*：Frequency spectrum of the noise of silver based contacts in breaking and their change by laod inductance, Int. Conf. on Electrical Contacts, Electromechanical Components and Thier Applications, pp. 429-436, 1992.
13) 内村圭一：スイッチ開閉時の放電対策，*EMC*, No. 116, 51-57, 1997.
14) 井上 浩，高木 相：銀接点開離時アークの 1 MHz の誘導雑音の統計的測定と複合雑音発生器 (CNG) の提案，信学論，**J68-B-12**, 1506-1512, 1985.
15) Minegishi, S. *et al.*：Frequency spectra of the arc current due to openning electric contacts in air, *IEEE Trans. EMC*, **EMC-31**(4), 342-345, 1989.
16) Minegishi, S. *et al.*：Current transient process caused by interrupting current on a transmission line, Proc. Intn'l Symposium on EMC/Sendai, **17P102**, 1994.

2.1.2 スイッチングノイズ

パワーエレクトロニクス機器やディジタル電子機器において、トランジスタやダイオードなどの半導体素子がスイッチ素子として広く用いられているが、それらのオン状態とオフ状態が短時間で切り替わる際に急峻な電流・電圧変化を生じ、寄生的なインダクタや容量成分とあいまってノイズを発生する。これをスイッチングノイズと呼ぶ。しかも、その状態変化が高速になればなるほど、スイッチングノイズは増大し、高周波成分を多く含むようになる。いったんこのようなスイッチングノイズが発生すると、その機器の近傍だけでなく遠方へまでも導線や空間を伝って伝搬し、他の機器に障害を与えかねない。また、その機器自身がスイッチングノイズによって誤動作し、機器の信頼性を低下させる可能性もある。

スイッチングノイズの発生源は多種多様であるが、本項ではスイッチング電源におけるノイズ発生を主として取り上げ、その対策例を示す。また最後には、最近特に注目されている電源高周波の問題について、ノイズ発生と対策例について述べる。

a. スイッチング電源におけるノイズと電子機器の信頼性

スイッチング電源においては半導体スイッチで大電流の切り替えを行うため、電流の急峻な変化に伴って電圧・電流サージおよび種々のノイズが発生する。スイッチング電源におけるサージおよびノイズの発生と伝搬に関して考えられる要因と、それらが電子機器の信頼性に及ぼす影響を列挙すると次のようになる[1,2]。(1) サージ電圧がスイッチングトランジスタなどコンバータ自体の素子を損傷する、(2) 出力端に発生するノイズが信号レベルの低い信号処理装置に影響を与える、(3) スイッチングノイズが電源ラインを逆流して他の機器に影響を与える、(4) 電源ラインからノイズが

侵入する，⑤ 電源回路の負荷側で発生したノイズが電源ラインへ逆流する，⑥ 放射ノイズとして無線機器などに障害を与える，⑦ 他の機器から放射ノイズが侵入する，などが考えられる．しかも，ノイズには通常のノーマルモードノイズのほかにコモンモードノイズもあり，きわめて複雑な様相を呈している．以下に，スイッチング電源のノイズ発生の各種要因について，その概要を述べる[3)]．

b. 電圧サージと出力ノイズ[2,4,5)]

スイッチング電源において，スイッチのターンオフ時にスイッチ両端に過大な振動電圧が現れるが，これを電圧サージと呼んでいる．ここでは図 2.1.14 に示す 2 巻線

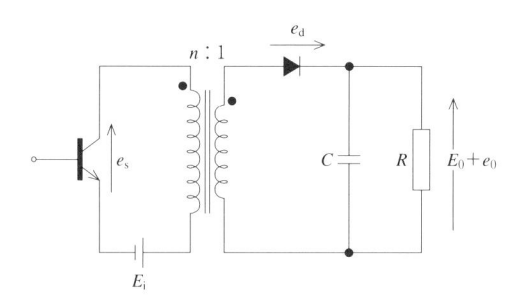

図 2.1.14 2 巻線リアクトルを用いた昇降圧型コンバータ

リアクトルを用いた昇降圧型 DC-DC コンバータを例にとり，トランジスタ端子に発生する電圧サージ e_s とこれに伴い出力に発生するノイズ電圧 e_o の定式化を述べる．

トランジスタスイッチのターンオフ時の高周波等価回路を，(a) トランジスタとダイオードがともにオフの状態，(b) トランジスタがオフのとき e_s が上昇し，ダイオードに順バイアスが印加されてオンになった状態，の二つに分けて図 2.1.15 に示す．ここで，オフ状態の半導体スイッチは空乏層容量と漏れ抵抗の並列回路で表し，2 巻線リアクトルには漏れインダクタンスおよび 1 次巻線端子間の浮遊容量を導入し，さらに，平滑コンデンサは高周波領域ではインダクタンスとして動作するとしている．また，低電圧出力用コンバータの場合を考え，$n \gg 1$ とし，2 次巻線の浮遊容量，巻線間容量を無視している．

これらの等価回路からトランジスタ端子電圧 e_s および出力ノイズ電圧 e_o に関する 2 次の微分方程式が得られる．これを解くことにより，e_s および e_o は

$$\omega_p \cong 1/\sqrt{(l_W + n^2 l_c)(C_c + C_s)} \tag{2.1.3}$$

という角周波数の振動電圧となることが解析的に導かれ，抵抗分による減衰を無視して，それらのピーク値を求めると，

$$e_{\text{Speak}} \cong I_L(0)\sqrt{(l_W + n^2 l_c)/(C_c + C_s)} + E_i + vE_g \tag{2.1.4}$$

$$e_{\text{opeak}} \cong nl_c I_L(0)/\sqrt{(l_W + n^2 l_c)(C_c + C_s)} \tag{2.1.5}$$

となる．ただし，$I_L(0)$ はトランジスタがオフになる直前のリアクトル電流である．以上の解析の結果，式(2.1.4)から，2 巻線リアクトルの漏れインダクタンスにより

2.1 ノイズの発生

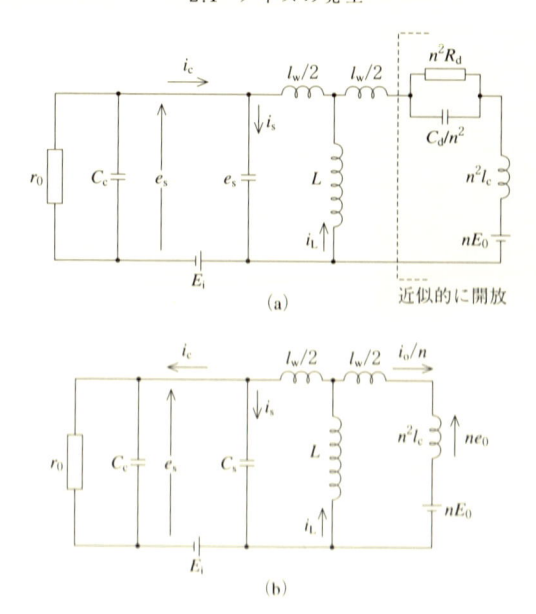

(a) [図：高周波等価回路 (a)、ラベル i_c, $l_w/2$, $l_w/2$, n^2R_d, C_d/n^2, n^2l_c, nE_0, r_0, C_c, e_s, e_s, L, i_L, i_s, E_i、近似的に開放]

(b) [図：高周波等価回路 (b)、ラベル i_c, $l_w/2$, $l_w/2$, i_o/n, n^2l_c, ne_0, nE_0, r_0, C_c, e_s, C_s, L, i_L, i_s, E_i]

図 2.1.15 電圧サージに対する高周波等価回路
l_w：リアクトルの漏れインダクタンス，l_c：平滑コンデンサの寄生インダクタンス(ESL)，L：リアクトルの励磁インダクタンス，C_c：トランジスタの空乏層容量，C_s：1 次巻線の浮遊容量，C_d：ダイオードの空乏層容量，r_a：トランジスタの漏れ抵抗，R_l：ダイオードの漏れ抵抗

トランジスタ端子に大きなサージ電圧が発生し，トランジスタを破壊に導くことが理解できる．また，式(2.1.5)から，この漏れインダクタンスが逆に出力ノイズ電圧を減少させるように働くことがわかる．さらに，平滑コンデンサの寄生インダクタンス(ESL)が出力ノイズ発生の主要因であること，$I_L(0)$ が出力電流に直接比例するため出力電流が増加するとサージ電圧，出力ノイズ電圧ともに著しく増大することなどがわかる．入力電圧 $E_i = 15$ V，出力電圧 $E_o = 2$ V，巻線比 $n = 5$ とした場合のサージ電圧および出力ノイズ電圧の実験波形の例を図 2.1.16 に示す．

以上述べた電圧サージを軽減し，トランジスタを保護するためには，トランジスタの両端にスナバ回路を付加すればよい．最も簡単なスナバ回路として図 2.1.17 に示す抵抗とコンデンサの直列回路が考えられるが，この抵抗とコンデンサの値の決定に際しても，前述の寄生要素を考慮した高周波等価回路を用いることができる．その結果，トランジスタスイッチ両端のサージ電圧を $e_a(t)$ とすると，そのラプラス変換 $e_a^*(s)$ は次式で表される．

$$e_a^*(s) \simeq (E_i + nE_0)/s + N(s)/D(s) \tag{2.1.6}$$

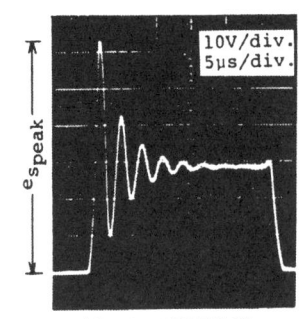

(a) サージ電圧波形

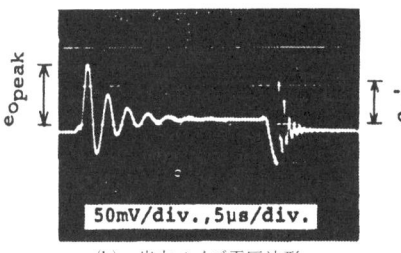

(b) 出力ノイズ電圧波形

図 2.1.16 実験波形の一例

ただし，
$$N(s) = sRC\{I_L(0) - i_{RC}(t_o)\} + I_L(0) \tag{2.1.7}$$
$$D(s) = s^3RC(C_c + C_s) + s^2(C + C_c + C_s) + sRC/(l_W + n^2l_c) + 1/(l_W + n^2l_c) \tag{2.1.8}$$

式(2.1.6)～(2.1.8)をもとに，サージ電圧 e_s が振動波形にならないための条件を求め，RC スナバの有効範囲を示すと図 2.1.18 のようになる．ここで，破線はサージ電圧を定常値 $E_i + nE_o$ の10%以内に抑制する R, C の実験値を示している．

このほか，電圧サージを抑制する方法として，損失素子である抵抗を用いず，インダクタとコンデンサおよびダイオードを組み合わせた無損失スナバ回路が検討されている．図 2.1.19 に昇降圧型コンバータに付加された例を示す．この回路ではターンオフ時のサージのエネルギーをコンデンサ

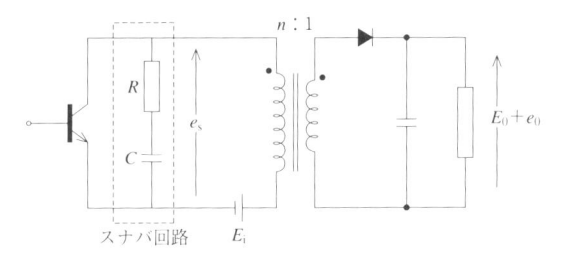

図 2.1.17 RC スナバを挿入した昇降圧型コンバータ

C で吸収し，次のターンオン時にインダクタ L に移し替え，さらに D_2 を通して入力に回生する．その結果，電圧サージを抑制し，しかも電力損失もきわめて少ないスナバ回路が得られる．ただし，コンデンサ容量の選び方により，四つのモードが存在し[6]，しかもコンバータの基本特性にも影響が現れるため，設計に際してはこれらの検討を要する．

c. 電流サージと出力ノイズ[2]

図 2.1.14 の回路でトランジスタスイッチのターンオン時にトランジスタに振動電流が流れることから，このときに発生するサージを電流サージと呼んでいる．この電流サージ発生時には図 2.1.20 に示すように出力側のダイオードに大きなサージ電圧 e_d が現れ，ダイオード破壊の原因となる．また，これと同時に出力端にもノイズ電

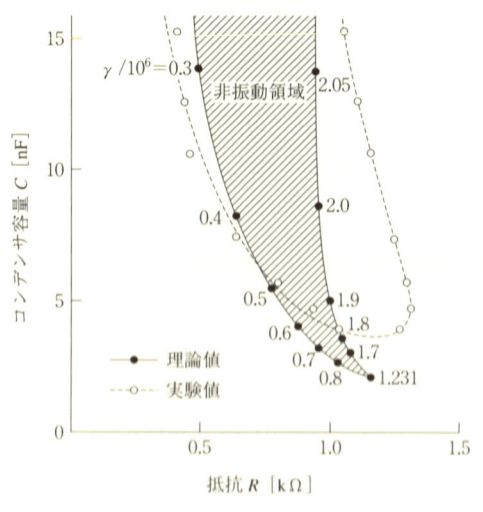

2.1 ノイズの発生

図 2.1.18 *RC* スナバの有効範囲

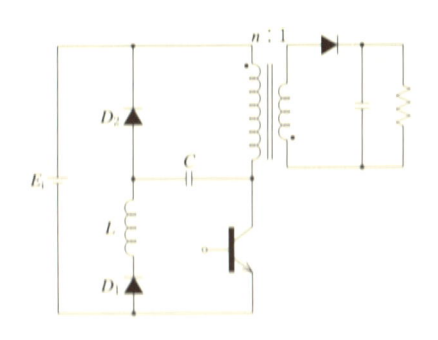

$C_c + C_s = 260 \text{ pF}$, $l_w + n^2 l_c = 864 \mu\text{H}$

図 2.1.19 無損失スナバを付加した昇降圧型コンバータ

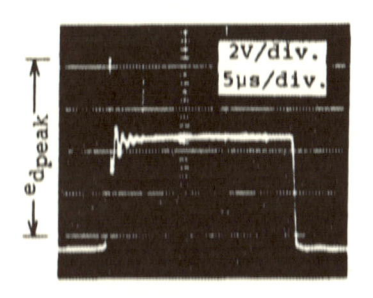

図 2.1.20 ダイオード両端のサージ電圧波形

圧 e_o' が生じる(図 2.1.16(b)参照).

電流サージに対しても電圧サージの場合と同様に高周波等価回路を用いて解析することができ、ダイオード両端のサージ電圧および出力ノイズ電圧の振動角波数 ω_c、ピーク値 e_{dpeak}, e_{opeak}' がそれぞれ次式で表される.

$$\omega_c \cong 1/\sqrt{(l_w + n^2 l_c) C_d / n^2} \tag{2.1.9}$$

$$e_{dpeak} \cong \sqrt{[(l_w + n^2 l_c)/n^2 C_d] I_d(0)^2 + (E_1/n + E_o)^2} + E_1/n + E_o \tag{2.1.10}$$

$$e_{opeak}' \cong |n^2 l_c/(l_w + n^2 l_c)| \sqrt{[(l_w + n^2 l_c)/n^2 C_d] I_d(0)^2 + (E_1/n + E_o)^2} \tag{2.1.11}$$

ただし，$I_d(0)$ はダイオードの逆方向電流の最大値を表し，ダイオード自体の特性のみならず，入出力電圧および漏れインダクタンスなどにも依存する量である．

式(2.1.10)，(2.1.11)からわかるように，ダイオード両端のサージ電圧および出力ノイズはダイオード空乏層容量 C_d が大きいほど減少する．この特性はダイオードの逆方向回復が緩やかであることと等価であり，ソフトリカバリー特性と呼ばれている．また，平滑コンデンサの寄生インダクタンスは電圧サージの場合と同様，電流サージに対してもサージ電圧と出力ノイズを増大するように作用するため，平滑コンデンサの取り扱いには十分な配慮が必要である．

以上述べた電流サージに対しても，それを抑制し，ダイオードを保護するためには，RC スナバを付加すればよい．しかし，電流サージの主原因がダイオードの逆電流であることを考えると，この逆電流を阻止する方がより効果的な方法であり，その手段として可飽和磁心の利用が考えられている[7]．図 2.1.21 は時比率制御素子として磁気増幅器(mag amp)を用いる場合を示しており，上述の電流サージを抑えることができる．この回路はインバータの矩形波出力を磁気増幅器で時比率制御するもので，電圧反転に伴ってダイオード D_1 に流れる電流サージは図 2.1.22 に示すように磁心のリセット時の高インダクタンスにより阻止される．また，磁心の飽和時には，その飽和インダクタンスがダイオード D_2 の逆電流を抑制するように働くが，その働きが不十分な場合には，ダイオード D_2 に直列に小さな可飽和磁心 SC を挿入するこ

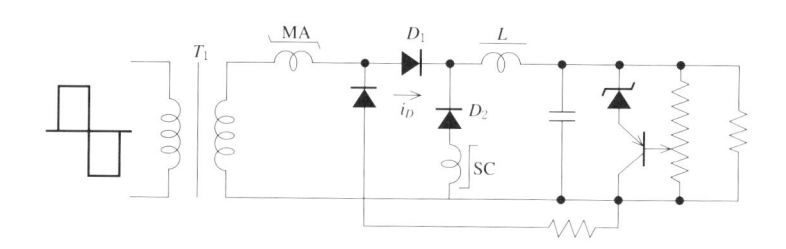

図 2.1.21　磁気増幅器を用いたコンバータ

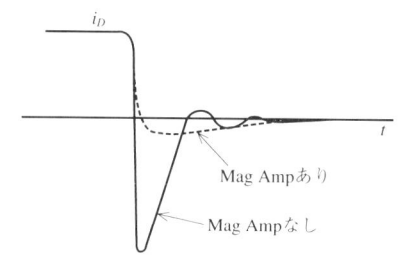

図 2.1.22　磁気増幅器の電流サージ抑制効果

とにより電流サージを抑制できる．

d. ソフトスイッチングによるノイズ低減[8]

　最近，無損失スナバを発展させたものとして，ソフトスイッチング方式の共振型コンバータが提案されている．これは従来のハードスイッチング方式のコンバータにLC共振回路を付加してスイッチの電流または電圧を正弦波状にし，電流または電圧がゼロの状態でターンオン・オフを行うものである．これにより，電圧サージと電流サージの両方が抑制できるとともに，スイッチング損失の低減も可能となり，小型軽量化のための高周波スイッチングにも有効である．その一例として，1個のスイッチで共振電流または電圧の半周期のみを用いてソフトスイッチングを行う準共振型コンバータ回路を図2.1.23に示す．

　しかし，図2.1.24に示すようにスイッチ素子のピーク電流や電圧が過大となるため，スイッチの導通損が増加して効率低下をきたすなどの新たな問題点が存在する．この欠点を解決する手段として，スイッチング時の短期間においてのみ共振現象を利用した新しいソフトスイッチング方式のコンバータが提案され，注目されている．

e. コモンモードノイズ[9]

　電圧サージや電流サージに起因する出力ノイズは正負2本のラインを対象にした，いわゆるノーマルモードノイズと呼ばれるものである．これに対し，正負のラインを同相で流れ，接地路を通して閉回路を構成するノイズ電流があり，これをコモンモー

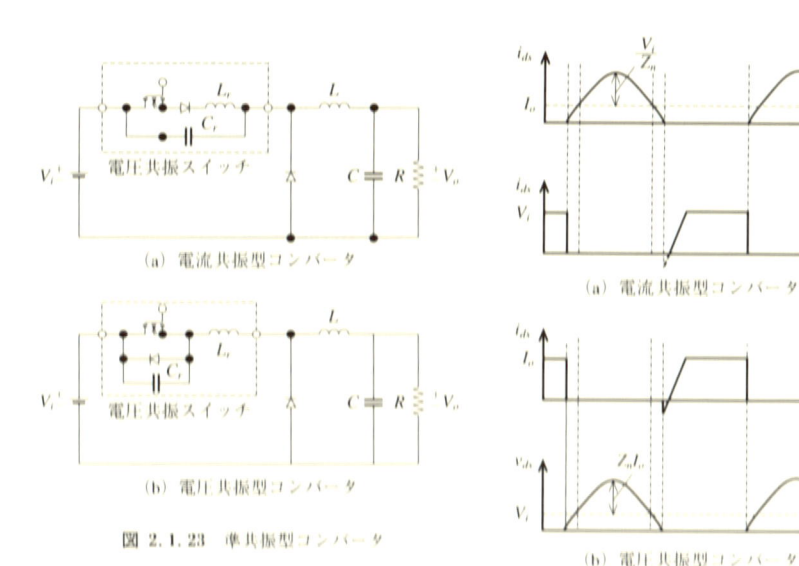

図 2.1.23　準共振型コンバータ
(a) 電流共振型コンバータ
(b) 電圧共振型コンバータ

図 2.1.24　準共振型コンバータのスイッチ電流・電圧波形
(a) 電流共振型コンバータ
(b) 電圧共振型コンバータ

V_i：入力電圧，V_o：出力電圧，I_o：出力電流，$Z_n = \sqrt{L_r/C_r}$：特性インピーダンス

ドノイズと呼んでいる．このノイズはコンバータ回路単体の試験では観測されなくても，実際に電子機器筐体内に実装された場合に発生し，接地の方法により，ノイズ発生の様相が変わるなど複雑な問題を含んでいる．

図 2.1.25 に示すように 2 巻線リアクトルをもつ昇降圧型コンバータの入出力間に接地路が存在する場合には，スイッチのターンオン・ターンオフ時にコモンモードノイズ電流が流れ，それに起因して出力端子にノイズ電圧が発生する．図 2.1.26 のリアクトル巻線比が 1 の場合の実験波形に示されるように，特にトランジスタスイッチのターンオン時に大きなコモンモードノイズが発生する．このコモンモードノイズの発生については，図 2.1.27 の高周波等価回路を用いて検討することができる．この等価回路には前項で考慮した寄生要素のほかに，コモンモードノイズ発生に重要な影響をもつリアクトル巻線間の浮遊容量 C_W，出力リード線の寄生インダクタンス l_p，接地路の寄生インダクタンス l_g を導入している．ここで，平滑コンデンサの寄生インダクタンス l_c が十分小さいとして接地路を流れるコモンモードノイズ $i_G(t)$ のラプラス変換 $i_G^*(s)$ を求めると，

$$i_G^*(s) = i_{c_1}^*(s) + i_{c_2}^*(s) \cong \frac{sI_d(0) + (E_i + E_o)/l_W}{(l_p + l_g)(C_W + 2C_d)D(s)} \qquad (2.1.12)$$

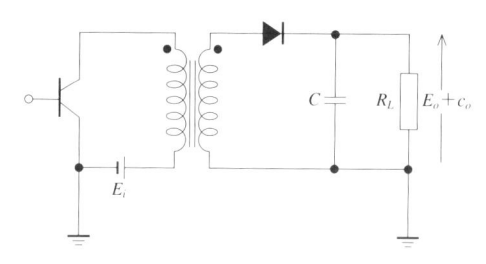

図 2.1.25 接地路のある昇降圧型コンバータ

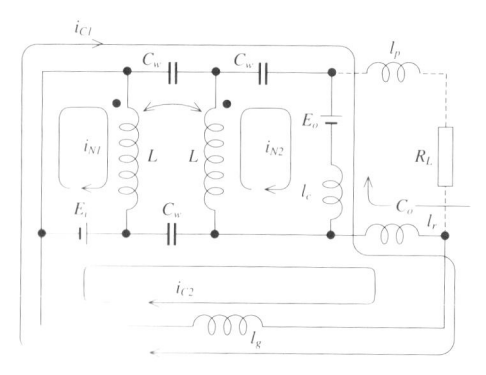

図 2.1.27 コモンモードノイズに対する高周波等価回路

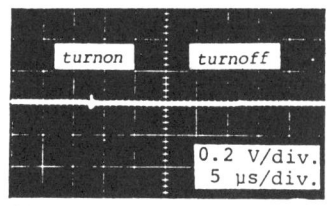

(a) 接地路がない場合（ノーマルモードノイズ）

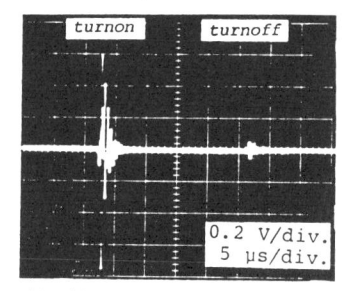

(b) 接地路がある場合（コモンモードノイズ）

図 2.1.26 出力ノイズ電圧波形

ただし

$$D(s) = s^4 + s^2\left[\frac{2}{l_\text{w}(C_\text{w}+2C_\text{d})} + \frac{C_\text{w}+C_\text{d}}{(l_\text{p}+l_\text{g})(C_\text{w}+2C_\text{d})C_\text{w}}\right] + \frac{1}{(l_\text{p}+l_\text{g})(C_\text{w}+2C_\text{d})l_\text{w}C_\text{w}}$$
(2.1.13)

で表される．したがって，このノイズ電流 i_G と出力リード線の寄生インダクタンス l_p に起因して出力端子に現れる出力ノイズ電圧は $e_\text{o}(t) = l_\text{p}(di_\text{G}/dt)$ として解析的に求めることができる．このコモンモードノイズは式(2.1.12)，(2.1.13)で示すように4次式で表されるため，二つの周波数成分をもつことがわかる．このことは図2.1.28の実験結果にも現れている．

このようなコモンモードノイズを除去する方法として，コモンモードチョークを平滑コンデンサと負荷の間に挿入する方法が考えられるが，図2.1.29に実験結果を示すように，非常に効果的である．これはコモンモードチョークの下側の巻線を流れるノイズ電流によるノイズ電圧を上側の巻線に生じる誘起電圧が負荷端子からみて打ち消すように働くからである．ここで，コモンモードチョークの磁心として，スーパーマロイとフェライトを用いたが，渦電流等価抵抗の大きいフェライト磁心の方が，よ

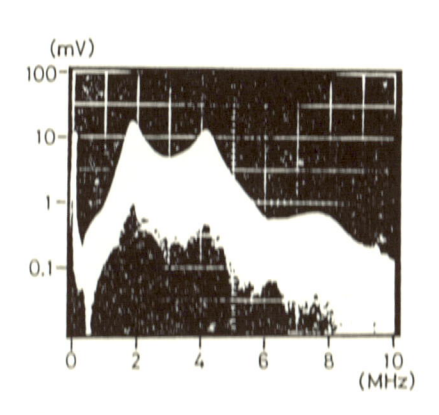

図 2.1.28 出力ノイズ電圧の周波数スペクトル

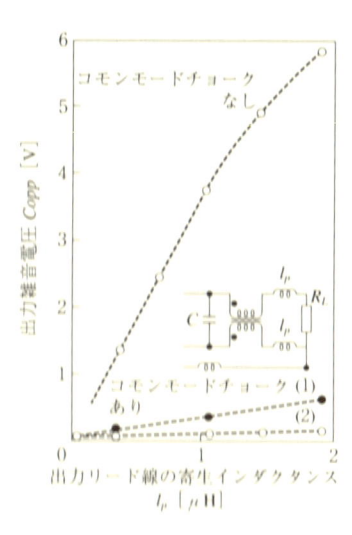

図 2.1.29 コモンモードチョーク (CMC)のノイズ抑制効果
CMC(1)：スーパーマロイ磁心，2525H2525 (東北金属)，19×15×5×0.25 mm，巻線巻回数各17ターン，インダクタンス 2 mH (1 kHz，10 mA)
CMC(2)：フェライト環状磁心，H5A3427 (TDK)，31×19×8 mm，巻線巻回数各20ターン，インダクタンス 1 mH (1 kHz，10 mA)

り大きなノイズ抑制効果をもつことがわかる.

f. 入力側侵入ノイズの伝搬特性[10]

周囲の機器で発生したサージが電源ラインに逆流した場合,共通の電源ラインを通して外来ノイズとして入力側に侵入してくる.このような入力側侵入ノイズを阻止するために,通常,電源回路の入力側にノイズフィルタが挿入されるが,電源回路自体のノイズの伝搬特性を検討しておくことはノイズフィルタの有効な使い方につながることになる.ここでは,図2.1.30に示すように,2巻線リアクトルをもつ昇降圧型コンバータの直流入力電圧に高周波ノイズが重畳された場合のノイズ伝搬特性を検討する.

このコンバータの場合,トランジスタとダイオードはオン・オフが逆位相であるため,理想スイッチであれば出力端にはノイズが伝達されないはずであるが,数百kHz以上の高周波ノイズに対しては前項で述べた種々の寄生要素のため,相当量のノイズが出力に現れる.このような入力ノイズの伝搬特性に対しても,寄生要素からなる高周波等価回路を用いて解析的に検討することができる.その際,リアクトル巻線の端子間浮遊容量,巻線間浮遊容量を図2.1.31(a)のように表すと,2巻線リアクトルの高周波等価回路として図2.1.31(b)が得られる.ここで,l_Wは漏れインダクタンス,r_1, r_2は巻線の損失抵抗,r_eはリアクトル磁心の渦電流等価抵抗を表し,励磁インダクタンスは十分大きいとして無視している.この等価回路に前項で述べたトランジスタ,ダイオード,および平滑コンデンサの寄生要素を付け加えると,入力側侵入ノイズに対する昇降圧型コンバータの高周波等価回路は図2.1.32のようになる.ただし

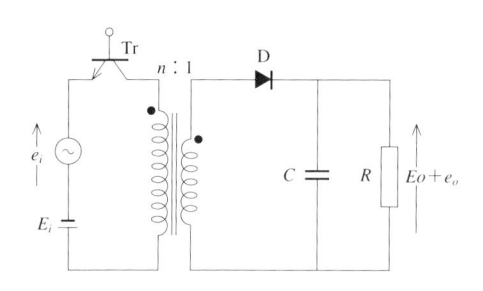

図2.1.30 入力電圧にノイズが重畳された昇降圧型コンバータ

$$C_{Weq} = C_W/n \qquad (2.1.14)$$
$$C_{Seq} = C_{S1} + (1-1/n)C_W \qquad (2.1.15)$$

とし,さらに,

$$|1/j\omega\{C_{S2}/n^2 + (1-n)C_W/n^2\}| \gg |j\omega n^2 l_c + 1/j\omega(C_d/n^2)| \qquad (2.1.16)$$

として巻線の2次側等価浮遊容量を無視している.

図2.1.32の等価回路は図2.1.33のノイズ伝搬特性に示すようにいくつかの共振点をもつが,それらの共振周波数は$l_W \gg n^2 l_c$の場合,近似的に次式で表される.

(a) Trがオンの状態

$$f_{s1} \cong 1/2\pi\sqrt{l_W(C_{Weq} + C_d/n^2)} \qquad (2.1.17)$$
$$f_p \cong 1/2\pi\sqrt{l_W C_{Weq}} \qquad (2.1.18)$$

(b) Trがオフの状態

2.1 ノイズの発生

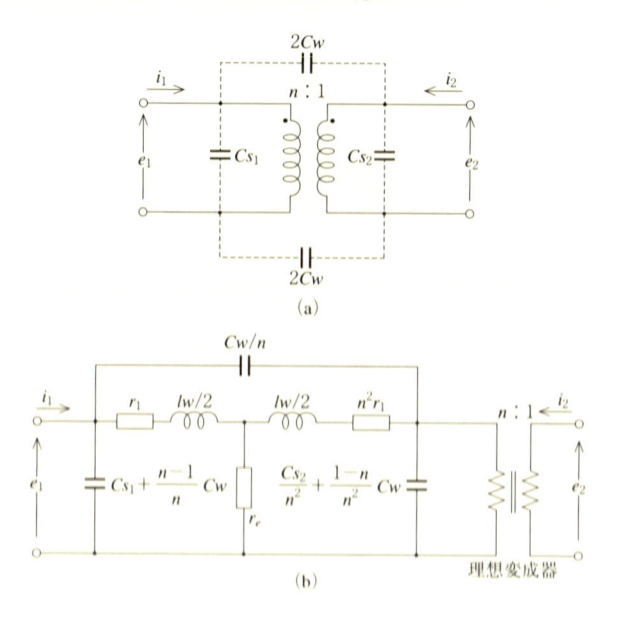

図 2.1.31 2巻線リアクトルの高周波等価回路

$$f_{s1}' \cong 1/2\pi\sqrt{l_w(C_c + C_{Seq} + C_{Weq})} \quad (2.1.19)$$

$$f_p' \cong 1/2\pi\sqrt{l_w C_{Weq}} \quad (2.1.20)$$

この計算結果に対する実験結果を図2.1.34に示しているが、両者は比較的よく一致しており、等価回路の妥当性が認められる.

g. 負荷側侵入ノイズ(クロスノイズ)の伝搬特性[1]

スイッチング電源の小型軽量化のために、1台のコンバータで複数個の直流出力を得ることを要求される場合が多く、通常、リアクトルまたは変圧器の磁気結合を用いてクロスレギュレーションにより多出力の安定化が図られている. ところが、このような多出力

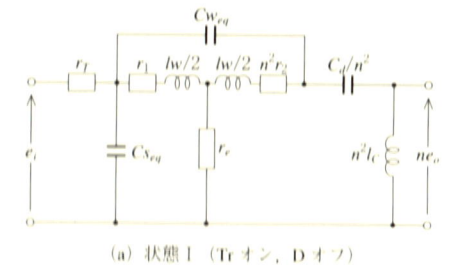

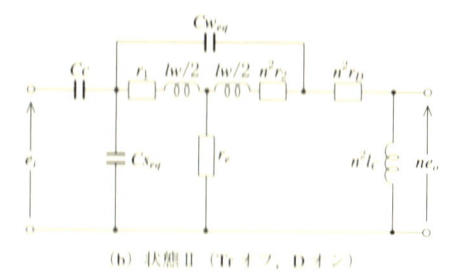

図 2.1.32 入力側侵入ノイズに対する高周波等価回路

図 2.1.33 入力側侵入ノイズの伝搬
特性(計算結果)
巻線,250：50, $l_W=350\,\mu H$, $l_c=0.5\,\mu H$, $C_c=100$ pF, $C_d=700$ pF, $C_{Seq}=200$ pF, $C_{Weq}=7$ pF, $r_e=3\,k\Omega$, $r_T=r_D=5\,\Omega$, $r_1=1\,\Omega$, $r_2=0.2\,\Omega$

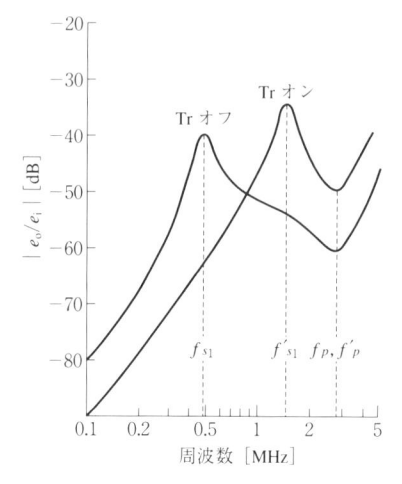

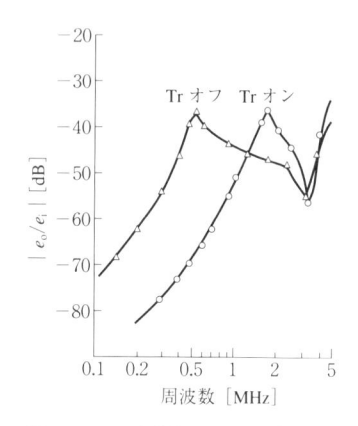

図 2.1.34 入力側侵入ノイズの伝搬
特性(実験結果)

DC-DC コンバータにおいては，図 2.1.35 に示すように一つの負荷で発生したノイズがリアクトルまたは変圧器の結合を通して他の負荷に影響を及ぼすことがあり，これをクロスノイズと呼ぶ．

図 2.1.36 に示す 2 出力昇降圧型コンバータにおけるクロスノイズ伝搬特性を図 2.1.37 に示す．その結果，トランジスタがオフのときにはダイオードがオンとなりリアクトル巻線結合の影響がそのまま現れ，大きなクロスノイズが生じることがわかる．このクロスノイズ伝搬特性についても，前項と同様，図 2.1.38 に示す高周波等

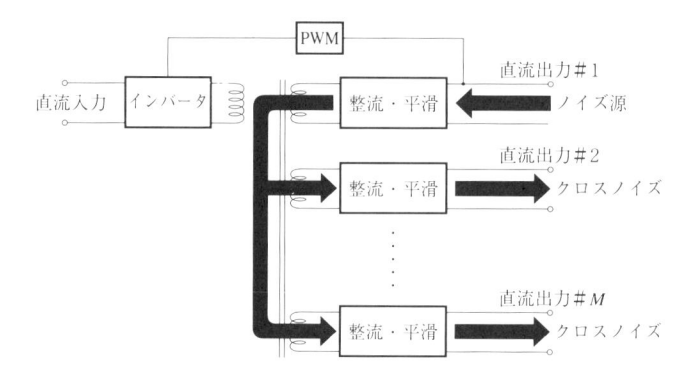

図 2.1.35 クロスノイズの伝搬

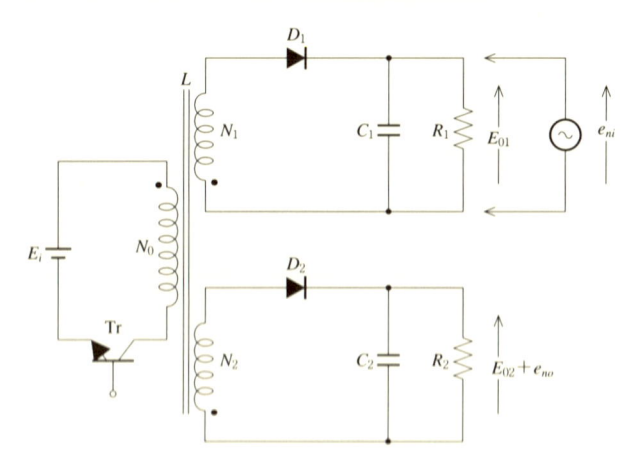

図 2.1.36 2出力昇降圧型コンバータ
$N_0 = N_1 = N_2 = 136$, $E_i = E_{01} = E_{02} = 12$ V
$C_1 = C_2 = 1000 \mu$F, $R_1 = R_2 = 100 \Omega$

価回路を用いて解析することができ，図2.1.39の伝搬特性が得られる．ここでは，簡単のためにリアクトルの三つの巻線の巻数が等しく，トライファイラ巻きにした場合について考察している．この場合，漏れインダクタンスが小さいため巻線抵抗の影響が強くなり，解析に際しては巻線抵抗に表皮効果を導入し，周波数の平方根に比例して抵抗が増大するとしている[12]．

h. 電源高調波の発生と対策[13]

ダイオードなど非線形スイッチング素子のオン状態とオフ状態が切り替わることに起因して生じる高調波成分をスイッチングノイズと呼ぶことにすれば，最近特に注目されている電源高調波もその一つとみなすことができる．

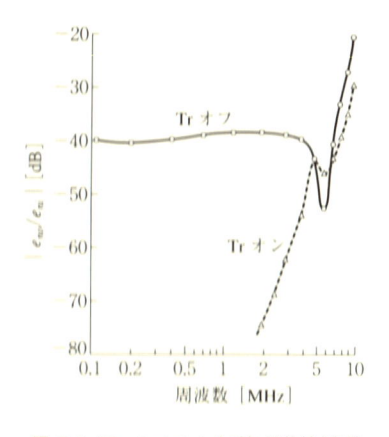

図 2.1.37 クロスノイズ伝搬特性（実験結果）

従来，商用交流から電力の供給を受けて動作する電子機器の多くは，回路の簡単化のため，図2.1.40に示すように商用交流入力電圧をコンデンサ入力型の整流回路で直接整流して直流電圧を得ていた．そのため，入力電流波形がピーク状になり，50 Hzまたは60 Hzの基本波成分に加えて高調波成分を発生させ，商用電力系統を汚染する結果となっていた．商用電力系統に多くの高調波が流れると，不特定多数の対象

(a) Tr オフ　　　　　　　　　　　　　　(b) Tr オン

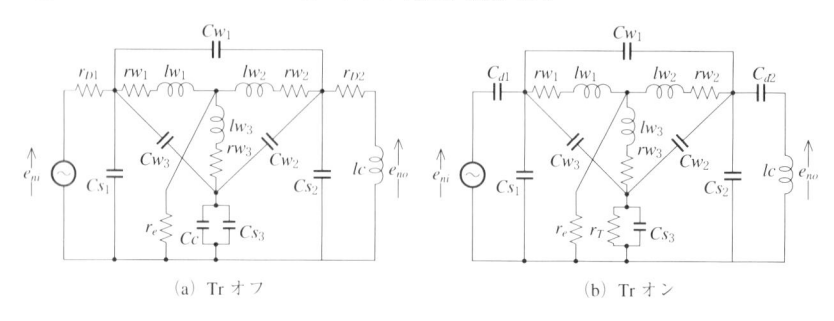

図 2.1.38　クロスノイズに対する高周波等価回路
$l_{W1\sim3}=1.7\,\mu\mathrm{H}$, $C_{W1\sim3}=150\,\mathrm{pF}$, $C_{s1\sim3}=30\,\mathrm{pF}$
$r_{W1\sim3}=3.16\sqrt{f[\mathrm{MHz}]}\,\Omega$, $l_\mathrm{C}=0.05\,\mu\mathrm{H}$
$C_{d1\sim2}=C_\mathrm{T}=100\,\mathrm{pF}$, $r_\mathrm{e}=1\,\mathrm{k}\Omega$, $r_{D1\sim2}=r_\mathrm{T}=0.1\,\Omega$

図 2.1.39　クロスノイズ伝搬特性
（実験結果）

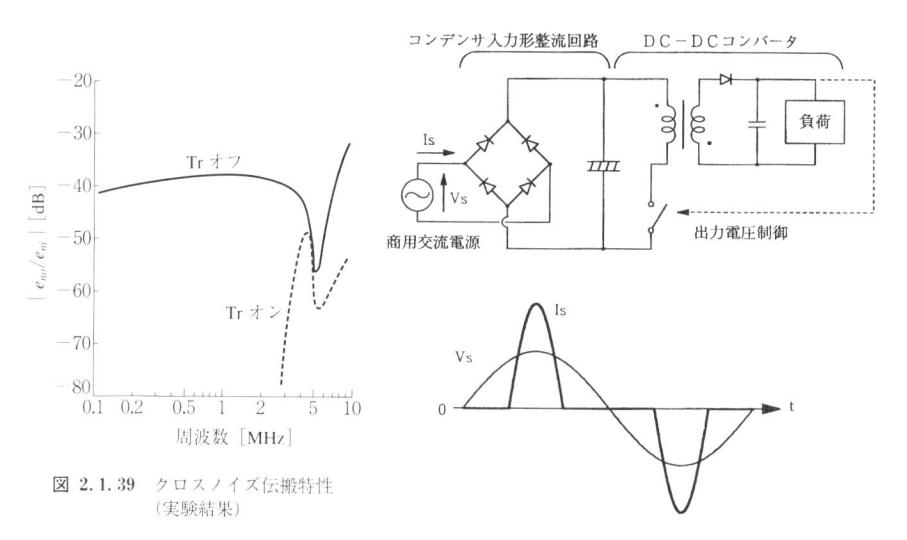

図 2.1.40　コンデンサ入力型整流回路による高調波電流の発生

に対して悪影響を与える危険性があるため，これは一種の環境問題と考えられる．具体的な障害事例としては，電力系統補償用リアクトルやコンデンサの過熱・焼損，誘導機などの過熱・効率低下，電子情報関連機器の誤動作・過熱，制御機器の異常などがあり，枚挙にいとまがない．

近年，この問題に対し，国内外で相次いで高調波規制またはガイドラインが敷かれ，これを受けて数多くの対策回路が提案がされている．なお，このような高調波規

制は個別の機器または高圧需要家の入力電流に対してなされているが，入力電流の高調波を抑え，基本波のみ（すなわち正弦波）に近づけることは，実際には実効値力率を改善することと同義であるため，高調波対策回路のことを力率改善（PFC：power factor correction）回路と呼ぶことも多い．

具体的な高調波対策回路は規制の種類や対策回路の効率，コスト，体積，重量などを考慮して決められる．個別の機器を対象に高調波が規制される家電・汎用機器における対策例を図2.1.41に示す．この図では整流回路直後の平滑コンデンサが省かれ

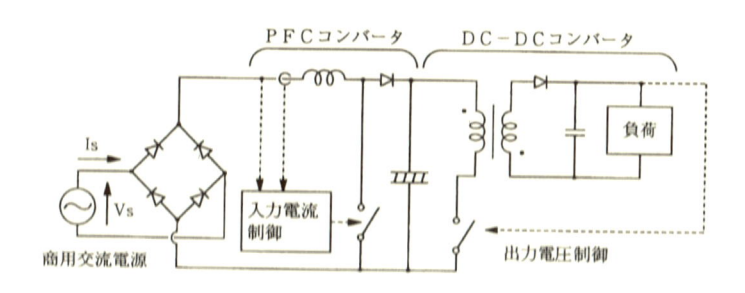

図 2.1.41　力率改善コンバータによる対策例

ており，正弦波交流電圧を全波整流した電圧が直接PFCコンバータに入力される．PFCコンバータの入力電流はその入力電圧に比例するように高周波でスイッチング制御されるため，商用交流側からは等価的に抵抗負荷とみなすことが可能となり，力率が改善されるとともに高調波電流が抑制される．しかし，PFCコンバータの出力電圧には商用周波数の2倍のリップル電圧がかなり多く含まれているため，これを除去するために通常の用途では後段のDC-DCコンバータが必要となる．最近，回路の簡単化のため，PFCコンバータとDC-DCコンバータを集約した1段構成のコンバータ回路の研究・開発が特にさかんである．

なお，ここで述べた電源高調波の対策回路はスイッチング電源を応用したものであるため，高周波スイッチングに伴うノイズの発生が危惧される．したがって，実用化に際しては前述したスナバ回路やソフトスイッチング方式によるスイッチングノイズの低減技術を併用する必要がある．

〔二宮　保・庄山正仁〕

文　　献

1) 原田耕介：エレクトロニクス, **24**(13), 1153-1160, 1979.
2) Harada, K. and Ninomiya, T.：*IEEE Trans.*, **AES-14**(1), 178-184, 1978.
3) 日本工業技術センター編：スイッチングレギュレータ・マニュアル, pp. 503-516, 1980.
4) Harada, K. *et al.*：*IEEE Trans.*, **AES-15**(2), 209-218, 1979.
5) 原田耕介, 二宮　保：電子通信学会論文誌, **62-C**(12), 795-802, 1979.
6) Domb, M. *et al.*：IEEE PESC'82 Record, pp. 445-454, 1982.
7) Hiramatsu, R. *et al.*：IEEE INTELEC'79, pp. 282-288, 1979.
8) 二宮　保：電気学会誌, **118**(3), 165-168, 1998.
9) Ninomiya, T. and Harada, K.：*IEEE Trans.*, **AES-16**(2), 130-137, 1980.
10) Harada, K. *et al.*：*IEEE Trans.*, **AES-15**(2), 260-266, 1979.
11) Ninomiya, T. *et al.*：IEEE PESC'80 Record, pp. 48-56, 1980.
12) Ninomiya, T. *et al.*：*IEEE Trans.*, **AES-17**(2), 181-189, 1981.
13) アクティブフィルタ機能を有する高性能電力変換システム調査専門委員会編：アクティブフィルタ機能を有する電力変換回路とシステム, 電気学会技術報告, No. 643, 55-82, 1997.

2.1.3　非線形ノイズ
a.　非線形による不要波の発生[1]

純粋な正弦波が非線形特性を通ると波形がひずむ．ひずんだ結果として，基本周波数の整数倍の波すなわち高調波(harmonics)が発生する．トランジスタやダイオードなどは，非線形特性を本質的にもつので，厳密には高調波の発生が避けられない．ただその程度が問題とされる．

一般に非線形の特性を次式で表現すると(ダイオードにかかる電圧を e, 流れる電流を i と想定している)(図2.1.42),

$$i = a_0 + a_1 \cdot e + a_2 \cdot e^2 + a_3 \cdot e^3 + \cdots \cdots \quad (2.1.21)$$

印加正弦波を，$e = E_m \cos(2\pi ft)$ とすると

$$i = I_0 + I_1 \cos(2\pi ft) + I_2 \cos(4\pi ft) + I_3 \cos(6\pi ft) + \cdots \cdots \quad (2.1.22)$$

ここで，

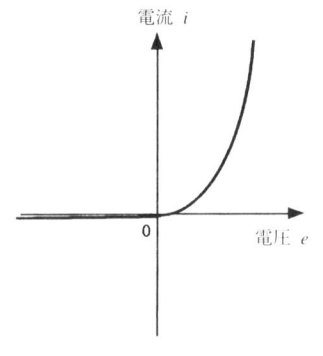

図 2.1.42　ダイオード特性

$$I_0 = \left\{a_0 + a_2 \cdot \frac{1}{2}E_m^2 + a_4 \cdot \frac{3}{8}E_m^4\right\}$$

$$I_1 = \left\{a_1 E_m + a_3 \cdot \frac{3}{4}E_m^3 + a_5 \cdot \frac{20}{16}E_m^5\right\}$$

$$I_2 = \left\{a_2 E_m^2 + a_4 \cdot \frac{1}{2}E_m^4\right\} \quad (2.1.23)$$

$$I_3 = \left\{a_3 \cdot \frac{1}{4}E_m^3 + a_5 \cdot \frac{5}{16}E_m^5\right\}$$

$$I_4 = \left\{a_4 \cdot \frac{1}{8}E_m^4 + \cdots\cdots\right\}$$

は，非線形により発生した成分である(図 2.1.43).

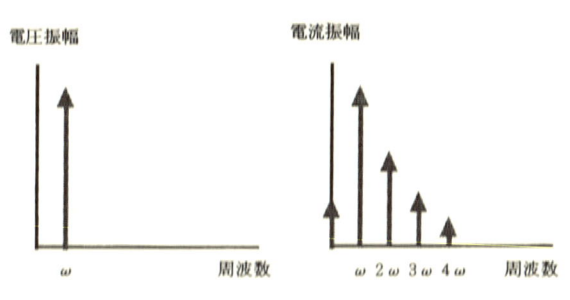

図 2.1.43 高調波の発生

このようにして発生した高調波は，不要電磁波として他の機器への妨害源となることが多い．

高調波ひずみ(harmonic distortion)を総合的に評価するとき，全高調波ひずみ(THD)が用いられる．これは，次式で与えられる．

$$\mathrm{THD}[\%] = 100 \times \frac{\sqrt{(A_2)^2 + (A_3)^2 + (A_4)^2 + \cdots\cdots + (A_n)^2}}{\sqrt{(A_1)^2}} \quad (2.1.24)$$

ここで，A_1 は基本波の振幅[Vrms]，A_2 は 2 次高調波の振幅[Vrms]，A_3 は 3 次高調波の振幅[Vrms]，A_n は n 次高調波の振幅[Vrms]である．

b. 混変調

機器の非線形特性によって不要信号の変調波が希望信号に乗り移ることを混変調(cross modulation)という．たとえば，無変調波 e_1 と振幅変調波 e_2 の和を入力 e とする．すなわち，

$$\left.\begin{array}{l} e = e_1 + e_2 \\ e_1 = E_1 \cos(2\pi f_1 t) \\ e_2 = E_2 \{1 + m_2 \cos(pt)\}\cos(2\pi f_2 t) \end{array}\right\} \quad (2.1.25)$$

これを上述の非線形に入力したとき，f_1 に同調した受信機には，

$$i = a_1 E_1 \{1 + 3a_3/a_1 m_2 E_2^2 \cos(pt)\} \cos(2\pi f_1 t) \tag{2.1.26}$$

が入力されたと等価となる．結局，変調度 $3a_3/a_1 m_2 E_2^2$ の振幅変調波が入力されたこととなり，希望波が影響を受ける(図 2.1.44)．

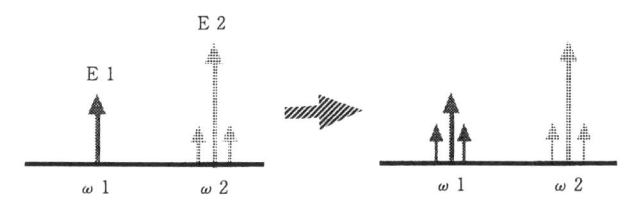

図 2.1.44 混変調波の発生

混変調の程度を示すには混変調指数 K_c が用いられる．

$$K_c = 3a_3 m_2 E_2^2 /(a_1 m_1) \tag{2.1.27}$$

ここで，m_1 は希望信号の変調度である．

上記のことから，不要信号レベル E_2 の2乗に比例する．

c. 相互変調積

相互変調積(intermodulation product：または相互変調ひずみ intermodulation distortion IMD ともいう)は，2個以上の信号とそれらの高調波との相互作用によって生じ，次数によって現れ方が異なる．各次数は，それぞれの発生過程により

$$f_{\text{out}} = \pm n_1 f_1 \pm n_2 f_2 \pm \cdots \pm n_i f_i \pm \cdots \pm n_N f_N \tag{2.1.28}$$

ここで，n_i は整数，f_i は i 番目の基本波である．

相互変調積の次数は，n_i の和として与えられる．

特に影響の大きいものは，2次と3次であり，2次の場合は，帯域の広い機器に対して，サイドバンドの発生した形の問題となる．狭帯域機器には，3次相互変調積が問題となりやすい．近接した周波数 f_1 と f_2 の間で，混変調積 $2f_1-f_2$, $2f_2-f_1$ が生じると，ちょうど基本周波数だけ離れたところに不要波が現れ，これも帯域の中に入るので，受信機ではビート周波数が再生され，問題となる(図 2.1.45)．

d. インターセプトの概念

基本波が非線形特性を通過したとき，上述のように2次ひずみ，3次ひずみなどの高次ひずみが生じる．一般に入力が増大するほどひずみ発生はひどくなる．ひずみ発生の程度を示す指標としてインターセプト点(intercept point)という概念がある．2次ひずみ，3次ひずみはそれぞれ入力レベルの2乗，3乗に比例するので，入力電力([dB]表示)対出力電力[dB]をグラフに表示すると図 2.1.46 のようになる．基本波はある入力電力で飽和を示すが，これを仮想的に直線で延ばし，2次ひずみ，3次ひずみの増大直線との交点を求める．この交点をそれぞれ2次，3次のインターセプト点という．2次ひずみ，3次ひずみが少なくなるほど，インターセプト点は高いレベルとなる(図 2.1.46)．

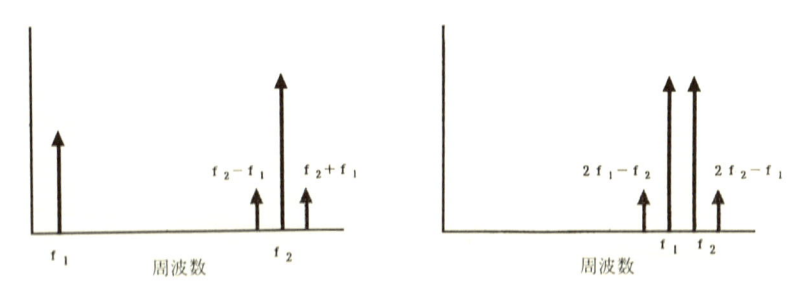

図 2.1.45 相互変調積

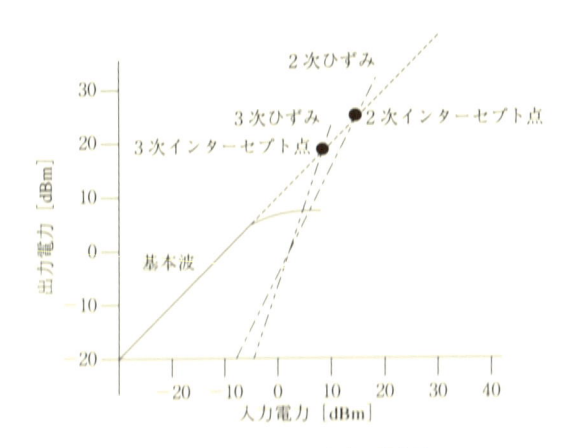

図 2.1.46 インターセプト点の概念図

e. **非線形素子によるノイズの振幅確率特性の変化**[2]

ノイズ波形は，その振幅がランダムなため確率的に把握される．最もよく知られたものにガウス雑音がある．これは振幅の確率密度がガウス分布 (Gaussian distribution) に従うノイズである．抵抗体から発生するいわゆる熱雑音 (thermal noise) がその一例である．平均値=0 とすると

$$f(x) = 1/(\sqrt{2\pi}\sigma)\exp(-x^2/2\sigma^2) \qquad (2.1.29)$$

で与えられる(図 2.1.47)．

このノイズが非線形特性をもつ電子回路などを通過すると，その確率分布も変形される．たとえば，ダイオード検波回路にガウスノイズが印加されたとき，出力では次のように変形される(図 2.1.48)．

 i) **全波折線検波特性をもつ検波回路** このときは，振幅の絶対値が出力されるので，

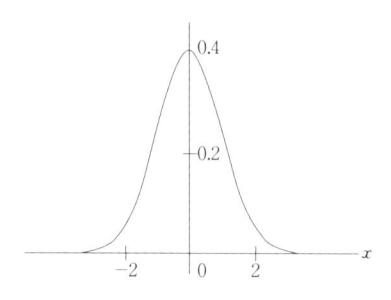

図 2.1.47 ガウス雑音の振幅確率密度分布

$$f(x) = (1/\sigma)(\sqrt{2/\pi})\exp(-x^2/2)$$
ただし，$0<x<\infty$
(2.1.30)

このとき平均値は $M=\sigma(\sqrt{2/\pi})$ となり，ノイズの平均電力の平方根 σ に比例した直流出力が出力される．

ii) 2乗検波特性を有する回路
$$f(x) = 1/(\sigma\sqrt{2\pi x})\exp(-x/2\sigma^2)$$
ただし，$0<x<\infty$
(2.1.31)

このとき平均値は $M=\sigma^2$ となり，ノイズの平均電力に対応した直流出力が発生する．

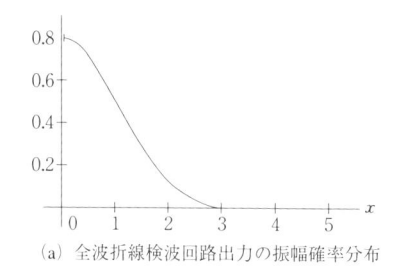

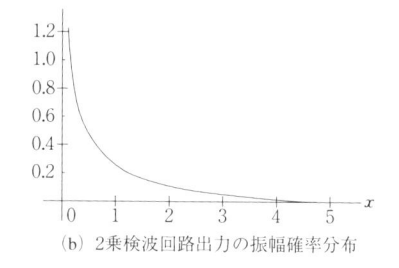

(a) 全波折線検波回路出力の振幅確率分布

(b) 2乗検波回路出力の振幅確率分布

図 2.1.48 ガウス雑音が非線形特性を通過したときの振幅確率密度分布

f. 弛緩発振[3]

強電界において放電の発生することがよくある．これが不要電磁波の発生源となり，通信システムに影響を与える場合もある．放電の電圧電流の関係は非線形であり，適当なエネルギー素子と組み合わされたとき，発振が生じる．放電部を放電管で示し，その周囲の浮遊容量を C とし，これに抵抗 R を通じ高圧が印加される回路は鋸歯状波の発生器として知られている．放電開始電圧と放電維持最小電圧の間で充電，放電が繰り返され，間欠的な電流が流れ，広いスペクトルを有する電磁波が発生しうる(図2.1.49)．

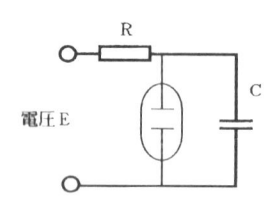

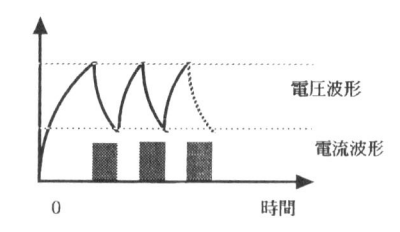

図 2.1.49 放電に伴う不要波発生

2.1.4 そ の 他
a. 放送通信波

放送は種々の周波数バンドで行われている．また航法支援のために従来より，長波，極長波が用いられている(表2.1.3)．

表 2.1.3

超長波(VLF：3 kHz〜30 kHz)	無線航法
長波(LF：30 kHz〜300 kHz)	無線航法
中波(MF：300 kHz〜3 MHz)	AM ラジオ放送
短波(HF：3 MHz〜30 MHz)	短波放送，国際放送
超短波(VHF：30 MHz〜300 MHz)	FM ラジオ放送，テレビジョン放送
極超短波(UHF：300 MHz〜3 GHz)	テレビジョン放送
マイクロ波(SHF)	衛星放送，CS 放送

これら電波の伝搬は，電離層や地面の特性変化，気象天候など自然現象の影響を受ける．中波帯より低い周波数では，送受信アンテナ垂直で地上にある場合，伝搬する主な成分は地表波であるとして，基本的な伝搬特性がCCIR(現 ITU-R)によって与えられている．一例として，海上での伝搬特性を図2.1.50に示す[4]．

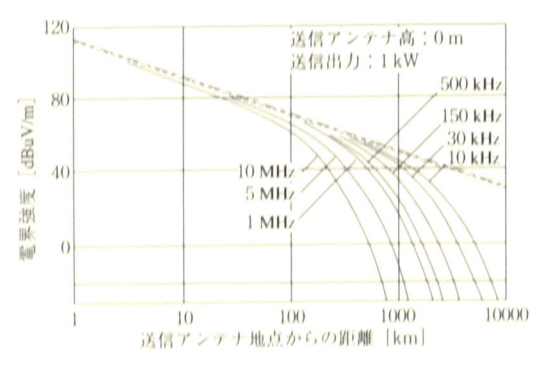

図 2.1.50 地表波の伝搬特性

周波数の高い方は直線的な伝搬となり，ビル影や不要反射が問題にされている．また VHF 帯の低い周波数では，季節的(春から夏)に電離層の異変(スポラディック E 層の発生)により混信が生じることがある[5]．

放送波と通信線に関する EMC については文献を参照されたい[6]．

b. 電子レンジ(ISM)

ISM 機器とは，工業用，科学分析用および医療用高周波利用設備(industrial scientific medical equipment)のことで，次のように定義されている[7]．

"工業用，科学用，医療用，家庭用または類似の目的のために，無線周波エネルギーを発生し，および/または局部的に利用するように設計された設備または機器"

動作時には強電磁界が用いられるため，無線局やほかの電気電子機器への影響を極力少なくするよう，特定の周波数を使うべく配慮されている．これを ISM バンドと呼んでいる．国際電気通信連合(ITU)で指定した ISM バンドがある(表 2.1.4)．

表 2.1.4 ISM バンド

中心周波数[MHz]	周波数帯[MHz]	最大放射許容値
6.780	6.765〜6.795	検 討 中
13.560	13.553〜13.567	制限なし
27.120	26.957〜27.283	制限なし
40.680	40.66〜40.70	制限なし
433.920	433.05〜434.79	(第 1 地区のみ) 検討中
915.920	902〜928	(第 2 地区のみ) 無制限
2450	2400〜2500	制限なし
5800	5725〜5875	制限なし
24125	24000〜24250	制限なし
61250	61000〜61500	検 討 中
122500	122000〜123000	検 討 中
245000	244000〜246000	検 討 中

ISM 機器の例を表 2.1.5 に示す[5]．これらの機器は，電磁妨害波の規格に関連しては，電磁エネルギーの利用目的と形態により二つのグループとそれぞれ二つのクラスに分けられている．"グループ 1 は，設備自身の内部機能のために必要な伝導性無線周波エネルギーを意図的に発生し利用するもの，グループ 2 は，材料の処理のために電磁波放射の形で意図的に無線周波エネルギーを発生し利用するもの"，としている．なお後者には放電加工機も含めている．おのおのグループに属する設備・機器

表 2.1.5 ISM 機器の例[5]

工業用熱加工機	高周波ウエルダ
	高周波誘導溶接機
	高周波焼入れ機
	インダクションヒータ
科学用加工機	高周波誘導炉
	高周波熱処理装置
医療用機器	高周波温熱治療機
	電気メス
	超音波治療機
	超音波診断機
家庭用機器	電子レンジ
	電磁調理器
	高周波脱毛器
	搬送式インターホン

はA，Bの二つのクラスに分けられている．おおまかにいうと，クラスBの設備とは，住宅環境において利用するのに適し，かつ住宅用低電圧配電線に直接接続され使用される設備であり，クラスAは，クラスB以外のものである．正確な分類法は規格書を参照されたい．

電子レンジは，ISMバンドの電磁波エネルギーを利用した最も身近な機器である．マグネトロンを用いて，商用電源のエネルギーから，ISMバンド(2.45 GHz±0.05GHz)の電磁波エネルギーを発生し，閉じられた金属容器内の食物を印加し，これを加熱する．

匡体からの電磁エネルギーの漏えいがないよう十分な対策工夫がなされているが，金属容器に開けられた通気口や，開閉扉の接合部などからごくわずかの放射がある．1～3GHz帯の通信が利用されるようになってきたこと，基本波の第5高調波が衛星放送受信周波数に近いことなどから，不要放射が詳しく調査されている[8]．

マグネトロンは，電源周波数に同期してマイクロ波を間欠発振する．電源回路方式により，トランス型とインバータ型があり，発振の様子もスプリアスも異なる．図2.1.51に帯域内での波形と1.9 GHzでの波形を，また図2.1.52には，基本波のスペクトルを，図2.1.53には1.9 GHzでのスプリアスのスペクトルを示す．間欠的に発振を起こすたびに，周波数およびスプリアスが時間とともに変化することが指摘されている．

c. 電力設備（新幹線）

電力設備としては，発電所，送電線，変電所，交直変換，新幹線（電車）などがあげられる．周波数は直流または商用周波数で低いが，扱う電力が大きいので，EMC的な配慮がなされている．高圧送電線のコロナ放電による雑音は，送電線の構成法を工

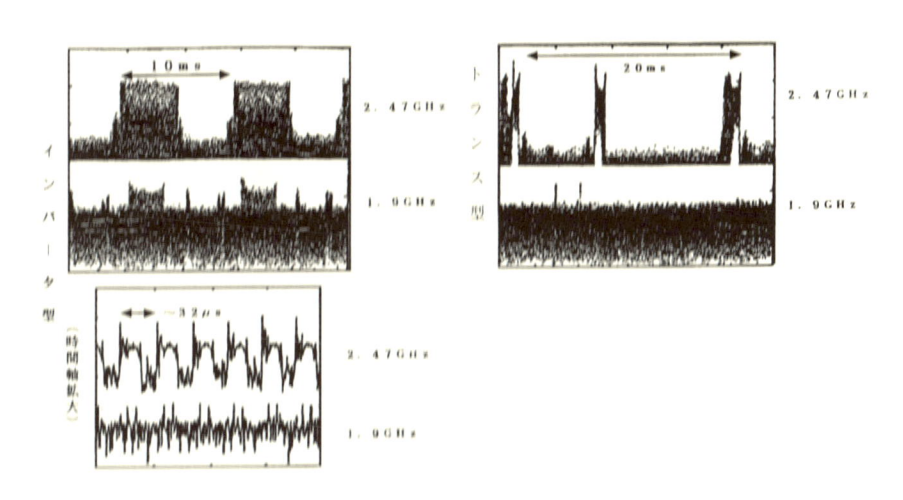

図 2.1.51　電子レンジから放射される雑音の時間波形例（文献 8 の好意による）

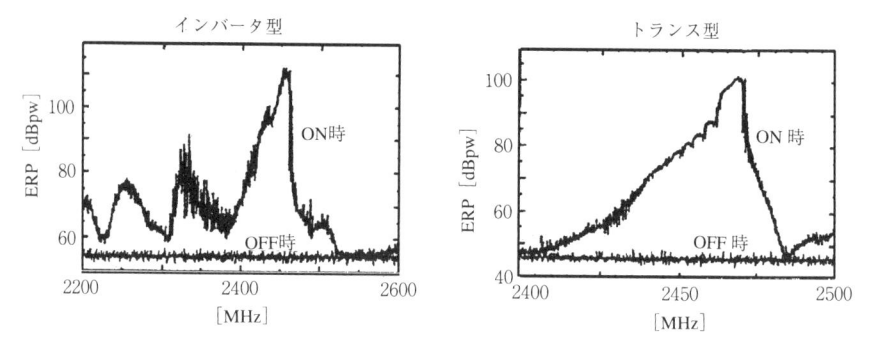

図 2.1.52 電子レンジから放射される雑音のスペクトル例
RBW：1MHz，1Min. Max Hold にて測定（文献 8 の好意による）

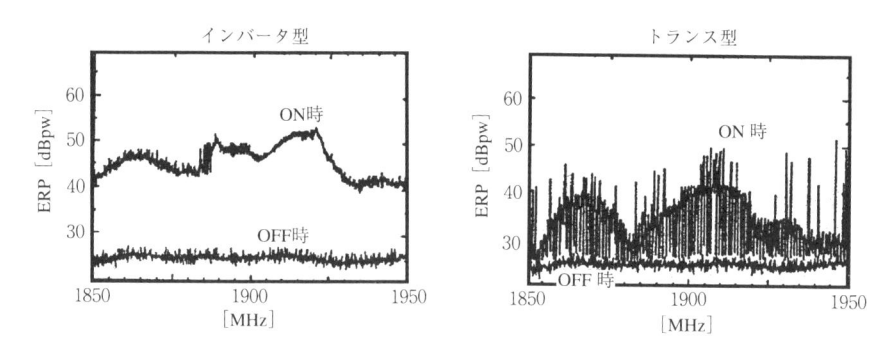

図 2.1.53 電子レンジから放射される雑音のスペクトル（1.9GHz 近傍）
（文献 8 の好意による）

夫し複数本にするなど，コロナの発生を抑制している．汚損碍子における沿面放電や付属金具などの接触不良によるギャップ放電を原因とする雑音も，障害検知器の開発により早期の対策がとられるようになった[9,10]．

新幹線雑音については，詳細な測定がなされている[11]．

ここでは，仲井らの東海道新幹線からの VHF 帯（50 MHZ と 100 MHz）のノイズの測定例を示す．

ダイポールアンテナ（垂直と水平），プリセレクタ，プリアンプ，スペクトラムアナライザに，新たに開発した APD，CRD 測定装置を接続し，2 秒間サンプルを 15 分にわたり測定している．測定帯域幅は 30 kHz（−3 dB）であり，測定場所は軌道より約 40 m 離れた地点である．

結果を図 2.1.54 と図 2.1.55 に示す．図 2.1.54 は，"こだま"（下り）からのノイ

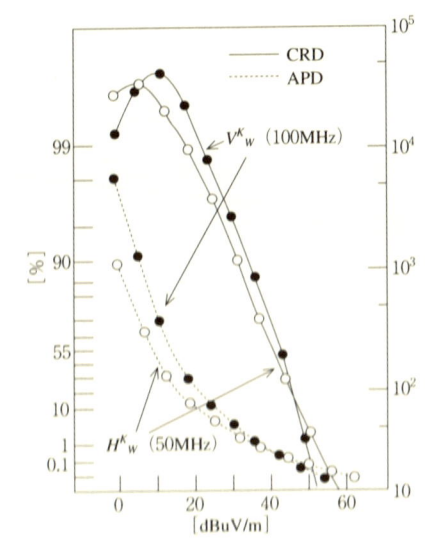

図 2.1.54 こだま(下り)からの雑音電界強度の一例(文献 11 の好意による)

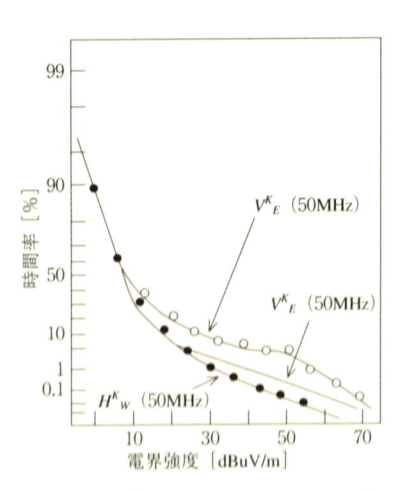

図 2.1.55 ひかり,こだま(上り)こだま(下り)の雑音の APD(文献 11 の好意による)

ズであり,H,V はそれぞれ水平,垂直偏波を示し,( )中の数字は周波数を示している.横軸は,電界強度[dBμV/m]を示し,左側の縦軸は包絡線が横軸の値を超える時間率を,右の縦軸は 1 秒間あたりの交差回数を示している.また図 2.1.55 は"ひかり"(下り)と"こだま"の(上り)(下り)についての結果である.

d. 地磁気[12]

地球の磁気は,モーメント 6.1×10^{15} Wb·m の磁気双極子で概略を示すことができるといわれている.この双極子は自転軸に対し,11.5 度傾いている.磁気赤道における磁束密度は約 3×10^{-5} T である.

地表面での磁束密度の様子を図 2.1.56 と図 2.1.57 に示す.地磁気は地球上の生物にとり最も基本となる環境要素の一つである.

太陽活動の変化により地磁気の分布が乱れる.いわゆる磁気嵐である.同時に電離層も変化を受けるため,短波帯の長距離通信に影響がでる.

また,人工的な大電流が地中に流れるとこの地磁気が乱される.たとえば,電車の走行時には,数 km 離れたところでもその変化が検知できるといわれている.地震発生時には,地電流に変化が起こり,したがって,地磁気にも変化が生じるともいわれている.最近地磁気の高周波雑音成分の観測も始められている. (越後 宏)

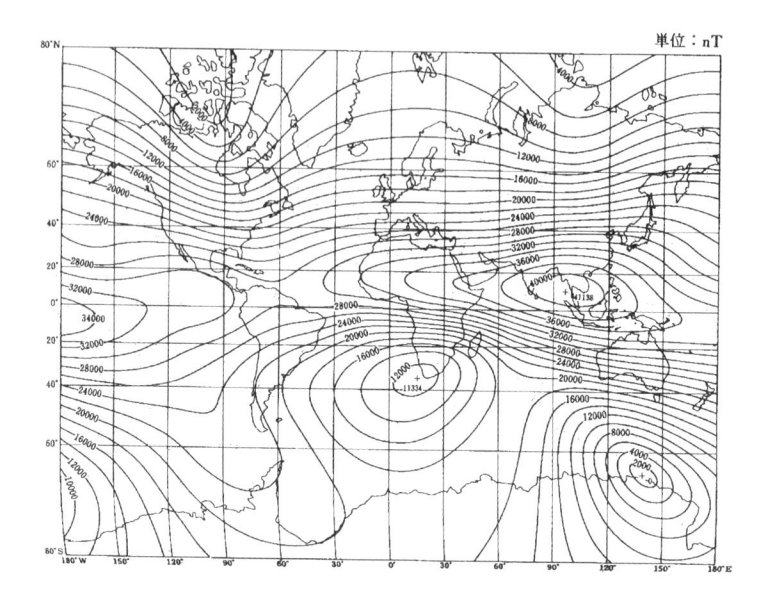

図 2.1.56 地磁気の水平分力 (IGRF, 1980)[12]

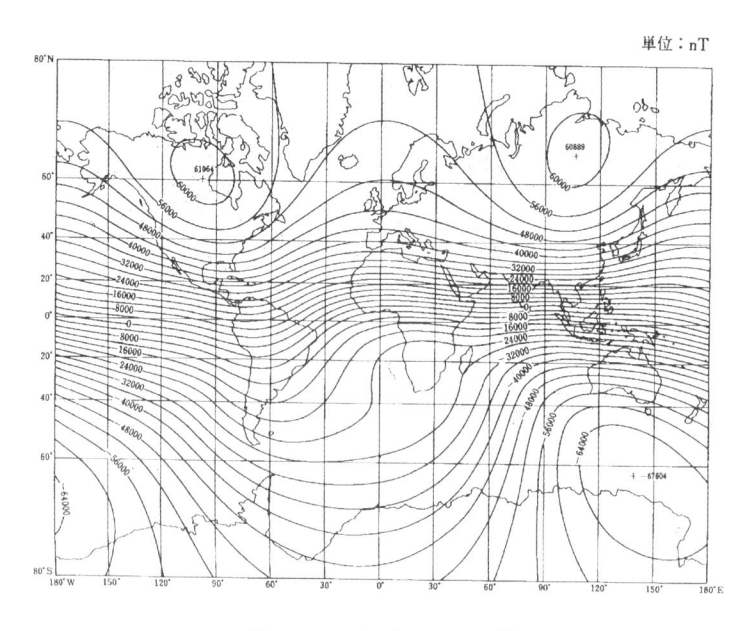

図 2.1.57 地磁気の鉛直分力[12]

文　献

1) ウイッテ, R.A., 小畑耕郎監訳：スペクトラム/ネットワーク・アナライザ, トッパン, pp. 129-140, 1993.
2) アンブロディ, A., 高木　相ほか訳：電子ノイズ, 啓学出版, pp. 189-192, 1988.
3) 岡部昭三：過渡現象, 学献社, p. 23, 1979.
4) 池上文夫：応用電波工学, コロナ社, pp. 28-35, 1985.
5) 長谷川　伸ほか：電磁波障害, 産業図書, p. 31, 144, 1991.
6) 服部光男ほか：垂直偏波の電磁波により通信線に発生する誘導縦電圧, 信学論, **J70-B**(10), 1237-1244, 1987.
7) 岡村万春夫：ISM装置からの放射制限, *EMC*, No. 54, 28-49, 1992.
8) 山中幸雄, 篠塚　隆；電子レンジ妨害波の統計パラメータの測定, 電子情報通信学会, 環境電磁工学技術報告, **EMC J94-29**, 25-32, 1994.
9) 赤尾保男：環境電磁工学の基礎(電子情報通信学会編), コロナ社, 1991.
10) 楊心偉ら：架空二線から成る送配電系統を伝搬する過渡電圧の一測定法, 電気学会論文誌, **J113-B**(8), 898-904, 1993.
11) Nakai, T. : On impulsive noise from shinkansen, *IEEE, Trans. EMC*, **EMC-25**(4), 396-404, 1983.
12) 丸善：理科年表, 丸善, 1997.

2.2　ノイズの伝搬・結合

2.2.1　容量性(電界)結合

多導体系のモデルとして最も基本的な図2.2.1に示す3導体系を取り上げる. #

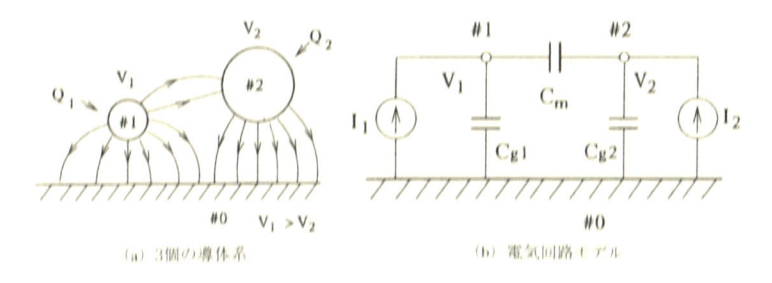

(a) 3個の導体系　　　　(b) 電気回路モデル

図 2.2.1　電界による結合現象

0の導体を零電位の基準(reference)導体として, #1と#2の導体にそれぞれ電荷 Q_1 と Q_2 を与えたところ, #0からの電位が $V_1, V_2 (V_1 > V_2)$ であったとする. このとき電界の状況は, #1の導体から出た電気力線の一部は直接#0の導体に入り込み一部は#2の導体に入る. #2の導体から出る電気力線はすべて#0の導体に入り込

む.
　このモデルの電荷と電位との関係は，次のように表される.
$$\left.\begin{array}{l}Q_1 = c_{11}V_1 + c_{12}V_2 \\ Q_2 = c_{21}V_1 + c_{22}V_2\end{array}\right\} \quad (2.2.1)$$
ここで，c_{ii} は容量係数，$c_{ij}(i \neq j)$ は誘導係数と呼ばれており，物理的構造によって決定される係数である．$c_{ij} < 0$ であり，$c_{ij} = c_{ji}$ が成立する．式(2.2.1)を変形すると
$$\begin{aligned}Q_1 &= (c_{11} + c_{12})V_1 - c_{12}(V_1 - V_2) \\ &\equiv C_{g1}V_1 + C_m(V_1 - V_2)\end{aligned} \quad (2.2.2)$$
$$\begin{aligned}Q_2 &= -c_{21}(V_2 - V_1) + (c_{21} + c_{22})V_2 \\ &\equiv C_m(V_2 - V_1) + C_{g2}V_2\end{aligned} \quad (2.2.3)$$
となる．ここで，C_{gi} は #i 導体が基準導体間につくる自己容量，$C_m = -c_{12} = -c_{21}$ は #1 と #2 の導体間にできる相互容量である.
　電流は電荷の時間的変化分として定義されるので，時間変化する電荷を与えたとすれば，導体には時間的に変化する電流が流れ込んでいるときの関係式が求められる．変数を小文字で表現して，
$$\left.\begin{array}{l}\dfrac{dq_1(t)}{dt} = C_{g1}\dfrac{d}{dt}v_1(t) + C_m\dfrac{d}{dt}\{v_1(t) - v_2(t)\} = i_1(t) \\ \dfrac{dq_2(t)}{dt} = C_m\dfrac{d}{dt}\{v_2(t) - v_1(t)\} + + C_{g2}\dfrac{d}{dt}v_2(t) = i_2(t)\end{array}\right\} \quad (2.2.4)$$
である．時間変化が正弦波的であれば複素記号法を用いて，
$$\left.\begin{array}{l}j\omega(C_{g1} + C_m)V_1 - j\omega C_m V_2 = I_1 \\ -j\omega C_m V_1 + j\omega(C_{g2} + C_m)V_2 = I_2\end{array}\right\} \quad (2.2.5)$$
となる．これはキルヒホッフ(Kirchhoff)の電流則，すなわち節点方程式を表しており，その等価回路は図2.2.1(b)に示すとおりである．式(2.2.4)は $v_1(t) \neq v_2(t)$ であるかぎり互いに影響を及ぼし合っていることを示している．すなわち，"近接導体間に電位差があると互いに妨害電流が流れること" を示している．この電位差は，電磁気学的には高電位側から低電位側に電気力線が存在することであり，電界に起因する現象であるとみなすことができる．したがって，この現象は電磁気学的には電界結合(electric field coupling)であり，回路学的には導体間に存在する容量に起因するとみなすことができるので，容量結合(capacitive coupling)または C 結合という．電界結合は電界すなわち電圧が印加されることによって電流が誘導される現象であり，電流源として作用し，その内部インピーダンスは高いことを意味する.

2.2.2 誘導性(磁界)結合

　閉じた回路 S(closed circuit, loop)に外部から時間的に変化する磁束密度 $\boldsymbol{B}(t)$ が到来していると，磁界変化を妨げようとする方向に逆起電力 $v(t)$ が発生する．この現象はファラデー(Faraday)の電磁誘導則と呼ばれるものであり，$\varPhi(t)$ を鎖交磁束として

2.2 ノイズの伝搬・結合

$$v(t) = -\frac{\partial}{\partial t}\Phi(t) = -\frac{d}{dt}\int_S \boldsymbol{B}\cdot\boldsymbol{n}dS \tag{2.2.6}$$

で与えられる．このような機構で発生する妨害現象を磁界結合(magnetic field coupling)という(図2.2.2(a))．

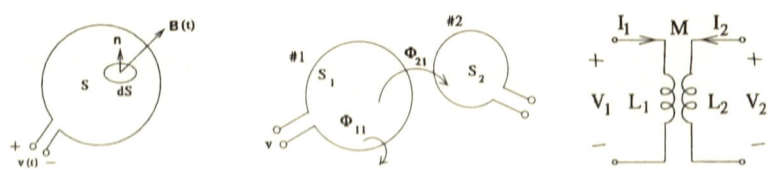

(a) ファラデーの電磁誘導則　(b) 近接するループ間の誘導結合　(c) 相互誘導の等価回路

図 2.2.2　磁界による結合現象

図2.2.2(b)に示すように，二つの近接するループモデルでは #1 のループに時間変化する電流 i_1 を流すと磁束密度 $\boldsymbol{B}_1$ が発生し，その磁束は #1 のループと鎖交する成分 Φ_{11} と #2 のループと鎖交する成分 Φ_{21} とになる．

$$\Phi_{11} = \int_{S_1}\boldsymbol{B}_1\cdot\boldsymbol{n}\,dS, \qquad \Phi_{21} = \int_{S_2}\boldsymbol{B}_1\cdot\boldsymbol{n}\,dS \tag{2.2.7}$$

同様に，#2 のループに電流 i_2 を流したときにもそれぞれを鎖交する磁束は，

$$\Phi_{12} = \int_{S_1}\boldsymbol{B}_2\cdot\boldsymbol{n}\,dS, \qquad \Phi_{22} = \int_{S_2}\boldsymbol{B}_2\cdot\boldsymbol{n}\,dS \tag{2.2.8}$$

となる．Φ_{11} と i_1 の関係は自己インダクタンス L_{11} を用いて，Φ_{21} と i_1 との関係は相互インダクタンス L_{21} を用いて次のように定義される．

$$\Phi_{11} = L_{11}i_1, \qquad \Phi_{21} = L_{21}i_1 \tag{2.2.9}$$

したがって，コイルの端子電圧 v_1, v_2 は重ね合わせの理を使って次のようになる．

$$\left. \begin{array}{l} v_1 = \dfrac{d\Phi_{11}}{dt} + \dfrac{d\Phi_{12}}{dt} = L_{11}\dfrac{di_1}{dt} + L_{12}\dfrac{di_2}{dt} \\[2mm] v_2 = \dfrac{d\Phi_{21}}{dt} + \dfrac{d\Phi_{22}}{dt} = L_{21}\dfrac{di_1}{dt} + L_{22}\dfrac{di_2}{dt} \end{array} \right\} \tag{2.2.10}$$

このように近接している回路に時間変化する電流が流れて，時間変化する磁界が生じているとファラデーの誘導則で説明される妨害が発生することになる．正弦波的な変化の場合は複素記号法で表現すれば，

$$\left. \begin{array}{l} V_1 = j\omega L_{11}I_1 + j\omega L_{12}I_2 \\ V_2 = j\omega L_{21}I_1 + j\omega L_{22}I_2 \end{array} \right\} \tag{2.2.11}$$

となり，これはよく知られている相互誘導回路の式となる．したがって磁界結合は回路的には"誘導性結合(inductive coupling)"，"L または M 結合"と呼ばれることになる．磁界結合は時間変化する磁界が他の回路と鎖交することによってその回路に電圧を誘起することであるので，電圧源として作用し，その等価内部インピーダンスは

低いことになる.

2.2.3　電磁波結合[1~3]

　伝送線路に外部から電磁波が到来して伝送線路に誘導電流を流す現象は，電磁波と伝送線路との結合現象と呼ばれており，電磁波論と伝送線路論との両領域にまたがる問題である．これは，電子機器のイミュニティ（immunity：妨害排除能力）に関する基本的な問題でもある．

　図2.2.3に示すような完全グラウンド面から高さ $y=h$ の位置に無損失の細い線路が架設されている系を取り上げる．これに外部から電磁波が到来しているとき，伝送線路には電流が誘導される．高さ h が到来する電磁波の波長 λ に比較して非常に小さいとき，この誘導電流はTEMモードとみなすことが可能である．このとき，伝送線路近傍の電磁界（E, B）は外部電磁界（E^e, $B^e = \mu_0 \cdot H^e$）とTEMの誘導電流とがつくる電磁界（E^{TEM}, B^{TEM}）との和として近似できる．

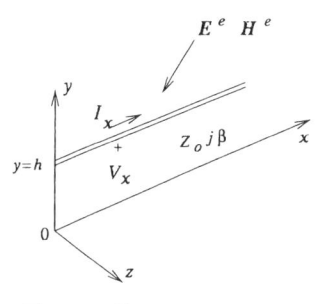

図 2.2.3　外部電磁波にさらされた伝送線路

　このとき線路電圧に関する微分方程式は，

$$-\frac{d}{dx}V_x = j\omega L I_x - j\omega \int_0^h B_z^e dy \quad (2.2.12)$$

となる．右辺第2項はファラデーの誘導則を意味している成分であり，磁界結合による分布電圧源となる．

　電流に関する微分方程式は，$\mu_0 \varepsilon_0 = LC$ の関係式を用いて

$$-\frac{d}{dx}I_x = j\omega C V_x + j\omega C \int_0^h E_y^e dy \quad (2.2.13)$$

である．この右辺第2項は電界結合であり分布電流源として働く．

　式(2.2.12)と式(2.2.13)との組が外部電磁波が伝送線路に到来しているときの電信方程式（変形電信方程式）となる．この式は，外部電磁界が分布電源として働くので，通常の電信方程式にそれらを意味する強制項が付加された非同次形の微分方程式となっている．

　線路電圧・電流の表現は，$Z_0 = \sqrt{L/C}$ を特性インピーダンス，$\beta = \omega/v = \omega\sqrt{LC}$ を位相定数とし，伝送線路の逆縦続行列を

$$F(x) = \begin{bmatrix} \cos\beta x & -jZ_0 \sin\beta x \\ -j\frac{1}{Z_0}\sin\beta x & \cos\beta x \end{bmatrix} \quad (2.2.14)$$

とすれば，次のように表される[3,4]．

$$\begin{bmatrix} V_x \\ I_x \end{bmatrix} = F(x) \begin{bmatrix} V_0 \\ I_0 \end{bmatrix} + \int_0^x F(x-x')f(x')dx' \quad (2.2.15)$$

2.2 ノイズの伝搬・結合

長さ l の伝送線路が $x=0$ で R_0, $x=l$ で R_l の負荷で終端されているとき，式 (2.2.15) に端子条件を与えると，R_0 に誘導される電流 I_0 は次のようになる．

$$I_0 = \frac{-1}{\Delta}\left\{\int_0^h E_y^e(l, y)dy - \left(\cos\beta l + j\frac{R_l}{Z_0}\sin\beta l\right)\int_0^h E_y^e(0, y)dy \right.$$
$$\left. - \int_0^l \left(\cos\beta x' + j\frac{R_l}{Z_0}\sin\beta x'\right)E_x^e(x', h)dx'\right\} \quad (2.2.16)$$

$$\Delta = (R_0+R_l)\cos\beta l + j(Z_0+R_0R_l/Z_0)\sin\beta l \quad (2.2.17)$$

式 (2.2.16) の第 1 項と第 2 項は，線路の両端子での高さ方向の電界成分による寄与項であり，第 3 項は線路方向の電界成分による寄与項を表している．

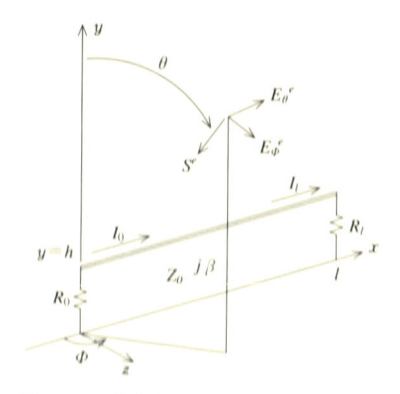

図 2.2.4 電磁波と伝送線路との結合モデル

外部電磁波のモデルとして図 2.2.4 に示した振幅 E_0 の平面波を考えると，入射面と平行な電界をもつ平行偏波の TM 波 $E^e(E_\theta^e)$ のとき，外部電界の x および y 成分は，

$$E_x^e = j2E_0\cos\phi\cos\theta\sin(\beta y\cos\theta)\exp(-j\beta x\cos\phi\sin\theta) \quad (2.2.18)$$
$$E_y^e = -2E_0\sin\theta\cos(\beta y\cos\theta)\exp(-j\beta x\cos\phi\sin\theta) \quad (2.2.19)$$

であるので，このときの誘導電流 I_0 を E_θ で規格化した正規化誘導電流は，

$$\frac{I_0}{E_\theta} = \frac{2\sin(\beta h\cos\theta)}{\Delta\beta\cos\theta(1-\cos^2\phi\sin^2\theta)}\left|\left(\sin^2\phi\sin\theta + \frac{R_l}{Z_0}\cos^2\theta\cos\phi\right)\right.$$
$$\cdot(\cos(\beta l\cos\phi\sin\theta) - j\sin(\beta l\cos\phi\sin\theta) - \cos(\beta l))$$
$$\left. - j\left(\cos^2\theta\cos\phi + \frac{R_l}{Z_0}\sin^2\phi\sin\theta\right)\sin(\beta l)\right| \quad (2.2.20)$$

となる．TE 波 (直交偏波) $E^e(E_\phi^e)$ のときは，

$$E_x^e = j2E_0\sin\phi\sin(\beta y\cos\theta)\exp(-j\beta x\cos\phi\sin\theta) \quad (2.2.21)$$
$$E_y^e = 0 \quad (2.2.22)$$

であり,正規化誘導電流は

$$\frac{I_0}{E_0} = \frac{2\sin\phi\sin(\beta h\cos\theta\sin\theta)}{\varDelta\beta(1-\cos^2\phi\sin^2\theta)}\left[\left(\frac{R_l}{Z_0}-\cos\phi\sin\theta\right)\right.$$
$$\cdot\{\cos(\beta l\cos\phi\sin\theta)+j\sin(\beta l\cos\phi\sin\theta)-\cos(\beta l)\}$$
$$\left.+j\left(\frac{R_1}{Z_0}\cos\theta\sin\theta-1\right)\sin(\beta l)\right] \quad (2.2.23)$$

となる.

2.2.4 クロストーク

多導体線路が存在すると,導体間には電磁気学的な結合,すなわち,線間に電位差が存在すると高電位側から低電位側に向かう方向の電界による容量性(電界)結合が生じており,また線路を流れる電流があると,これによる磁界がお互いにそれぞれの回路を鎖交することによる誘導性(磁界)結合が発生していることになる.

a. 低周波近似

図 2.2.5(a)に示すように線路 #1 の一端に電源を接続し,他端を開放にした場合

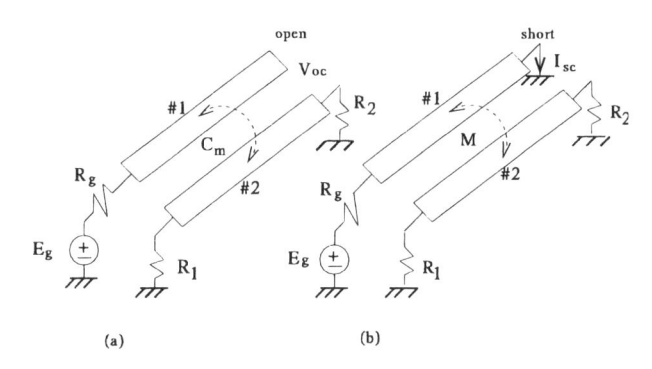

図 2.2.5 低周波近似における開放線路による妨害と,短絡線路による妨害

を取り上げる.妨害を受ける線路 #2 は両端が抵抗 R_1, R_2 で終端されているとする.線路長が電気的に短い,すなわち低周波領域での結合問題では,片端開放ということは電流はほとんど流れずに開放電圧 V_{oc} で線路 #1 の電圧を近似できることになる.したがってこの電圧,すなわち電界による容量性(電界)結合で線路 #2 には妨害電流が誘導されることになる.#2 の線路に着目した容量性結合だけによる等価回路は図 2.2.6(a)のようになる.

また,図 2.2.5(b)に示すように #1 の他端を短絡にすれば,この短絡電流 I_{sc} だけで線路 #1 の電流が近似できることになる.このため誘導性(磁界)結合が発生していることになる.このときの #2 に着目した等価回路は図 2.2.6(b)となる.

等価回路図 2.2.5(a)において抵抗端子の電圧は,

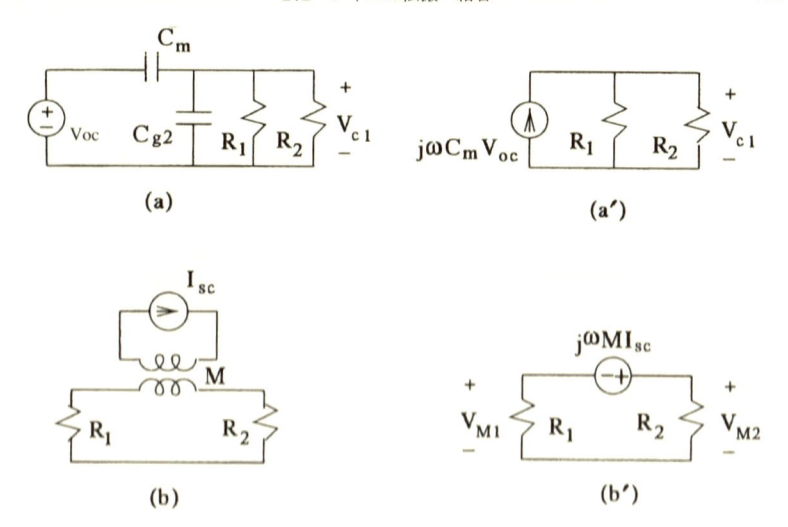

図 2.2.6 C 結合と M 結合の等価回路

$$V_{C1} = \frac{j\omega C_m V_{oc}}{j\omega(C_m+C_{g2})+1/R_1+1/R_2}$$

$$\approx \frac{j\omega C_m V_{oc}}{j\omega C_{g2}+1/R_1+1/R_2} \approx \frac{j\omega C_m V_{oc}}{1/R_1+1/R_2} \qquad (2.2.24)$$

この最後の式から近似等価回路として図 2.2.6(a′) となる．すなわち容量性(電界)結合は電流源として等価表現できている．

等価回路図 2.2.6(b) においては短絡電流 I_{sc} を電流源とする回路が相互インダクタンス M で結合しているので，この効果は $j\omega M I_{sc}$ の電圧源として表現できる．このとき R_1 と R_2 の端子電圧は容量性結合の場合と異なり，それぞれ

$$V_{M1} = \frac{R_1}{R_1+R_2} j\omega M I_{sc}, \quad V_{M2} = \frac{R_2}{R_1+R_2} j\omega M I_{sc} \qquad (2.2.25)$$

となる．ここで，線路の自己インダクタンス成分は無視している．

一般には，誘導性結合と容量性結合とは同時に存在する．このとき R_1, R_2 端子に現れる電圧は，それぞれ $V_{C1}+V_{M1}$, $V_{C1}+V_{M2}$ であり異なる大きさを示す．このように近くに存在している線路から結合現象によって妨害を受ける現象を"漏話，クロストーク (crosstalk)" という．この現象は，妨害を受ける線路側の両端子では一般に異なるレベルの妨害を受けることになり，妨害する方の電流側に近い妨害を受ける側の端子に現れる漏話現象を "近端クロストーク (near end crosstalk)"，遠い方を"遠端クロストーク (far end crosstalk)" という．

b. 結合 2 本線路

線路が長くなった場合は分布定数論的な取り扱いが必要となる．グラウンド面上に

平行で近接した2本の線路系があるときを例にあげる．断面(線路高や線径など)が波長に比べて非常に小さいとき，この線路系を伝搬する電磁界はTEMモードであると近似できる．図2.2.7に示すこのような線路系を結合2本線路という．回路基板の平行なパターン線路はこのモデルである．この線路に成立する線路電圧と電流とに関する方程式は，単独線路の電信方程式と同じ形式で書ける[5]．

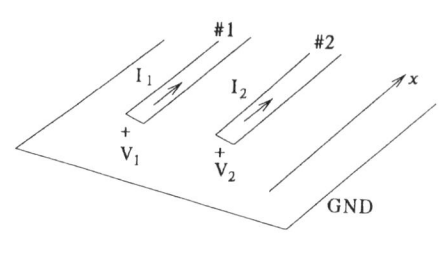

図 2.2.7 結合2本線路

$$\frac{d}{dx}\boldsymbol{V} = j\omega \boldsymbol{LI} \tag{2.2.26}$$

$$-\frac{d}{dx}\boldsymbol{I} = j\omega \boldsymbol{cV} \tag{2.2.27}$$

ここで

$$\boldsymbol{V} = \begin{bmatrix} V_1 \\ V_2 \end{bmatrix}, \quad \boldsymbol{I} = \begin{bmatrix} V_1 \\ V_2 \end{bmatrix} \tag{2.2.28}$$

$$\boldsymbol{L} = \begin{bmatrix} L_{11} & L_{12} \\ L_{21} & L_{22} \end{bmatrix}, \quad \boldsymbol{c} = \begin{bmatrix} c_{11} & c_{12} \\ c_{21} & c_{22} \end{bmatrix} = \begin{bmatrix} C_{g1}+C_m & -C_m \\ -C_m & C_{g2}+C_m \end{bmatrix} \tag{2.2.29}$$

である．$\boldsymbol{L}$ はインダクタンスマトリックスであり，$M=L_{12}=L_{21}$ は相互インダクタンスである．線路#1と#2に流れる電流に因る磁界が互いの回路を鎖交して誘導性(磁界)結合を引き起こすことを示している．$\boldsymbol{c}$ は容量係数，誘導係数を表し，$C_m=-c_{12}=-c_{21}$ は相互キャパシタンスであり，線路間の電位差によって容量(電界)結合が発生する項を意味している．この結果としてクロストークが発生する．

式(2.2.26)と式(2.2.27)の組で与えられた結合2本線路の電圧と電流に関するマトリックス形式の電信方程式は，状態変数法の手法を用いると解くことができるが，ここでは結合2本線路に存在するモードに分解した解析法を示す[6]．

結合2本線路を励振すると図2.2.8に示すような独立な二つのモード，平衡モード(balanced mode)あるいは奇(odd)モードと不平衡モード(unbalanced mode)あるいは偶(even)モードが存在する．平衡モードとは逆相の線路電流が流れるモードであり，不平衡モードでは同相で電流が流れるモードである．ここでは平衡モードに添え字 b を，不平衡モードに添え字 u を与えて表現すると，

平衡モードでは，

$$V_1-V_2 = V_b, \quad I_1 = -I_2 = I_b \tag{2.2.30}$$

の関係があり，不平衡モードでは，

2.2 ノイズの伝搬・結合

$$V_1 = V_2 = V_u, \qquad I_1 + I_2 = I_u \qquad (2.2.31)$$

の関係が成立する．以上のような平衡・不平衡モードの電圧・電流に関する微分方程式をまとめると次のようになる．

$$\left. \begin{array}{l} -\dfrac{d}{dx}V_i = j\omega L_i I_i \\ \\ -\dfrac{d}{dx}I_i = j\omega C_i V_i \end{array} \right\} (i = b, u) \qquad (2.2.32)$$

ここで，平衡・不平衡モードのパラメータは次のように定義される．

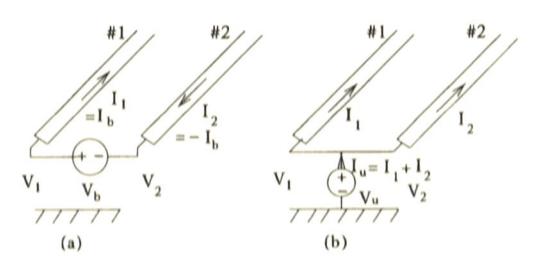

図 2.2.8 平衡モードと不平衡モード

$$\left. \begin{array}{l} L_b = L_{11} + L_{22} - L_{12} - L_{21} \\ \\ C_b = \dfrac{c_{11}c_{22} - c_{12}c_{21}}{c_{11} + c_{22} + c_{12} + c_{21}} = \dfrac{C_{g1}C_{g2}}{C_{g1} + C_{g2}} + C_m \end{array} \right\} \qquad (2.2.33)$$

$$\left. \begin{array}{l} L_u = \dfrac{L_{11}L_{22} - L_{12}L_{21}}{L_{11} + L_{22} - L_{12} - L_{21}} \\ \\ C_u = c_{11} + c_{22} + c_{12} + c_{21} = C_{g1} + C_{g2} \end{array} \right\} \qquad (2.2.34)$$

式 (2.2.32) の解は単独線路の場合とまったく同じ形式で表現できる．長さ l のときには次のようになる．

$$\begin{vmatrix} V_i(0) \\ I_i(0) \end{vmatrix} = \begin{vmatrix} \cos \beta_i l & jZ_0 \sin \beta_i l \\ j\dfrac{1}{Z_i}\sin \beta_i l & \cos \beta_i l \end{vmatrix} \begin{vmatrix} V_i(l) \\ I_i(l) \end{vmatrix} \qquad (2.2.35)$$

ここで各モード $(i = b, u)$ での特性インピーダンス $Z_i = \sqrt{L_i/C_i}$ と位相定数 $\beta_i = \sqrt{L_i C_i}$ を用いて，線路端子の電圧・電流の表現に書き直すと，始端側の電圧 V_1, V_2 と電流 I_1, I_2 と終端側の電圧 V_3, V_4 と電流 I_3, I_4 として 4 ポート回路網方程式が次のようになる．

$$\begin{vmatrix} V_1 \\ V_2 \\ I_1 \\ I_2 \end{vmatrix} = \begin{vmatrix} |A_{ij}| & |B_{ij}| \\ |C_{ij}| & |D_{ij}| \end{vmatrix} \begin{vmatrix} V_3 \\ V_4 \\ I_3 \\ I_4 \end{vmatrix} \qquad (2.2.36)$$

各小マトリックス (2 行 2 列) の要素は次で与えられる．

$$[A_{ij}] = [D_{ij}] = \frac{1}{2}\begin{bmatrix} \cos\beta_u l + \cos\beta_b l & \cos\beta_u l - \cos\beta_b l \\ \cos\beta_u l - \cos\beta_b l & \cos\beta_u l + \cos\beta_b l \end{bmatrix}$$

$$[B_{ij}] = j\frac{1}{2}\begin{bmatrix} 2Z_u\sin\beta_u l + \frac{Z_b}{2}\sin\beta_b l & 2Z_u\sin\beta_u l - \frac{Z_b}{2}\sin\beta_b l \\ 2Z_u\sin\beta_u l - \frac{Z_0}{2}\sin\beta_b l & 2Z_u\sin\beta_u l + \frac{Z_b}{2}\sin\beta_b l \end{bmatrix} \quad (2.2.37)$$

$$[C_{ij}] = j\frac{1}{2}\begin{bmatrix} \frac{1}{2Z_u}\sin\beta_u l + \frac{1}{Z_b/2}\sin\beta_b l & \frac{1}{2Z_u}\sin\beta_u l - \frac{1}{Z_b/2}\sin\beta_b l \\ \frac{1}{2Z_u}\sin\beta_u l - \frac{1}{Z_b/2}\sin\beta_b l & \frac{1}{2Z_u}\sin\beta_u l + \frac{1}{Z_b/2}\sin\beta_b l \end{bmatrix}$$

図 2.2.9 のように #1 の線路が開放電圧 V_g, 内部抵抗 R_g の電源で励振されているとき, #2 の線路への結合（クロストーク）は端子条件を与えることによって次のように求められる. 近端クロストーク V_2 は,

$$V_2 = \frac{V_g}{\Delta}\{(A_{21}+B_{21}/R_3)(C_{22}+D_{22}/R_4)-(A_{22}+B_{22}/R_4)(C_{21}+D_{21}/R_3)\} \quad (2.2.38)$$

遠端クロストーク V_4 は,

$$V_4 = -\frac{V_g}{\Delta}\{(C_{21}+D_{21}/R_3)+(A_{21}+B_{21}/R_3)/R_2\} \quad (2.2.39)$$

ここで

$$\Delta = \{A_{11}+B_{11}/R_3+R_g(C_{11}+D_{11}/R_3)\}\{(A_{22}+B_{22}/R_4)/R_2+(C_{22}+D_{22}/R_4)\}$$
$$-\{A_{12}+B_{12}/R_3+R_g(C_{12}+D_{12}/R_4)\}\{(A_{21}+B_{21}/R_3)/R_2+(C_{21}+D_{21}/R_3)\} \quad (2.2.40)$$

ネットワークアナライザを用いて測定される散乱行列要素表示でクロストークを評価するには, 着目する i 端子（近端を $i=2$, 遠端を $i=4$) と 1 端子間との関係を縦続行列表示を用いた逆動作伝送関数から

$$S_{i1} = \frac{2}{\{\sqrt{R_i/R_g}A+B/\sqrt{R_gR_i}+\sqrt{R_gR_i}C+\sqrt{R_g/R_i}D\}} \quad (2.2.41)$$

となる. ここで, 近端クロストークのときは縦続行列の要素 A, B, C, D は

$$A = \{(R_3A_{11}+B_{11})(R_4C_{22}+D_{22})-(R_3C_{21}+D_{21})(R_4A_{12}+B_{12})\}/\Delta \quad (2.2.42)$$
$$B = \{(R_3A_{11}+B_{11})(R_4C_{22}+B_{22})-(R_3A_{21}+B_{21})(R_4A_{12}+B_{12})\}/\Delta \quad (2.2.43)$$
$$C = \{(R_3C_{11}+D_{11})(R_4C_{22}+D_{22})-(R_3C_{21}+D_{21})(R_4C_{12}+D_{12})\}/\Delta \quad (2.2.44)$$
$$D = \{(R_3C_{11}+D_{11})(R_4A_{22}+B_{22})-(R_3A_{21}+B_{21})(R_4C_{12}+D_{12})\}/\Delta \quad (2.2.45)$$

であり, Δ は

$$\Delta = (R_3A_{21}+B_{21})(R_4C_{22}+D_{22})-(R_3C_{21}+D_{21})(R_4A_{22}+B_{22}) \quad (2.2.46)$$

となる. 遠端クロストークのときは,

$$A = A_{12}-(R_2C_{22}+A_{22})(R_3A_{11}+B_{11})/\Delta \quad (2.2.47)$$
$$B = B_{12}-(R_2D_{22}+B_{22})(R_3A_{11}+B_{11})/\Delta \quad (2.2.48)$$
$$C = C_{12}-(R_2C_{22}+A_{22})(R_3C_{11}+D_{11})/\Delta \quad (2.2.49)$$

$$D = D_{12} - (R_2 D_{22} + B_{22})(R_3 C_{11} + D_{11})/\Delta \qquad (2.2.50)$$
$$\Delta = (R_2(R_3 C_{21} + D_{21}) + (R_3 A_{21} + B_{21}) \qquad (2.2.51)$$

である.

マイクロストリップ線路型のプリントパターンにおいては,平衡・不平衡モードの位相定数は異なる.不平衡モードの実効誘電率の方が大きいので $v_b > v_u$ であるので, $\beta_b < \beta_u$ となる.このときの周波数特性例として v_b/v_u が 1.05 と 1.10 の場合についての計算例を図 2.2.10 に示す. $|S_{21}|$ は近端クロストークを, $|S_{41}|$ は遠端クロストー

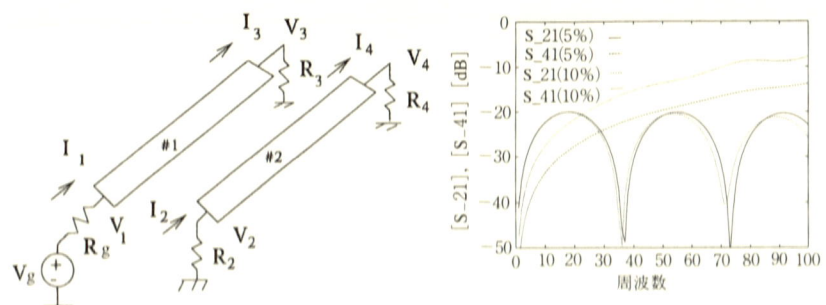

図 2.2.9 励振された結合 2 本線路

図 2.2.10 伝搬速度が異なるときの周波数領域伝送特性

クを表す.近端クロストークは速度差に関係なくほとんど変化しないが,遠端クロストークは高域周波数になると近端クロストークに比べて大きくなるが,速度差が大きくなるとこの傾向は一段と顕著になる.このことは,パルスの立上り時間が早くなると高い周波数成分を含むので,遠端クロストークが大きくなる可能性の高いことを意味している.

電源抵抗とすべての負荷抵抗 R_i が等しく R であるとき,電源電圧を $v_g(t)$ とすれば,時間領域での近端クロストーク $v_2(t)$ と遠端クロストーク $v_4(t)$ はそれぞれ次のようになる[7,8].

$$v_2(t) = \left\{ \frac{B_u - B_b}{2(B_u + 1)(B_b + 1)} v_g(t) + \frac{B_b(B_b - 1)}{(B_b + 1)^3} v_g(t - 2\tau_b) \right.$$
$$\left. - \frac{B_u(B_u - 1)}{(B_u + 1)^3} v_g(t - 2\tau_u) \cdots \right\} \qquad (2.2.52)$$

$$v_4(t) = \left\{ \frac{1}{A_u + 2} v_g(t - \tau_u) - \frac{1}{A_b + 2} v_g(t - \tau_b) + \frac{A_u - 2}{(A_u + 2)^2} v_g(t - 3\tau_u) \right.$$
$$\left. - \frac{A_b - 2}{(A_b + 2)^2} v_g(t - 3\tau_b) \cdots \right\} \qquad (2.2.53)$$

ここで,

$$B_u = \frac{2Z_u}{R}, \qquad B_b = \frac{Z_b/2}{R} \qquad (2.2.54)$$

とすれば,

$$A_u = B_u + \frac{1}{B_u}, \qquad A_b = B_b + \frac{1}{B_b} \qquad (2.2.55)$$

であり，$\tau_u = l/v_u$, $\tau_b = l/v_b$ は各モードでの伝搬時間である．

図 2.2.11 は，マイクロストリップ線路を仮定し，電源電圧がステップ関数で与えられたときの計算例である．この例から両モードの伝搬時間差によって遠端クロストーク波形に大きなスパイク状の妨害が発生することが理解できる．実際には両モードの伝搬時間差がパルスの立上り時間に近づいてくると遠端クロストークが大きくなってくる．

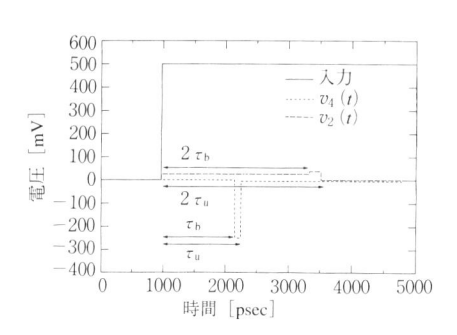

図 2.2.11 ステップ電圧入力時のクロストーク波形

2.2.5 共通インピーダンス結合

複数の回路が互いに一部の回路を共有するとき，すなわち共通のインピーダンスが存在するとき，一つの回路が動作して共通インピーダンスに電流が流れ，他の回路では電圧変動として妨害を受ける現象がある．これを共通インピーダンス結合という．最もよくみかけるモデルは，電源配線回路やグラウンド回路である．図 2.2.12 はグラウンド回路の例である．A 点を基準として節点 1, 2, …, n で各回路が接続されており，基準点から節点 1 までのインピーダンスを Z_1，節点 1 から節点 2 までは Z_2 等々とすると，A 点を基準にした各節点の電圧は

$$V_1 = Z_1(I_1 + I_2 + \cdots + I_n) \qquad (2.2.56)$$
$$V_2 = V_1 + Z_2(I_2 + \cdots + I_n) \qquad (2.2.57)$$
$$V_n = V_1 + V_2 + \cdots + V_{n-1} + Z_n I_n \qquad (2.2.58)$$

となり，各回路から流れるグラウンド電流によって各節点電圧は変動することになる．このような直列グラウンド配線は，並列形にすれば共通インピーダンス結合はなくなるが，広いスペースが必要となる．特にグラウンド電位に対して感度の高い回路でないかぎり並列グラウンド回路は使われない．上述のモデルでの共通インピーダン

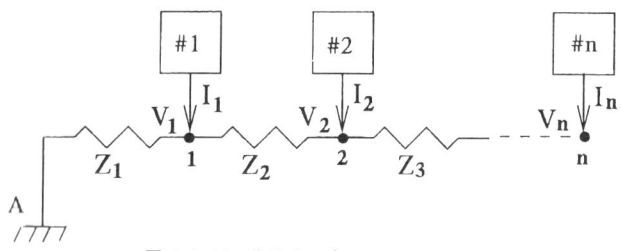

図 2.2.12 共通インピーダンスのモデル

スは配線がもっているインピーダンスであり，抵抗成分よりインダクタンス成分が大きな役割を演じる．例として，図 2.2.13 に示すディジタル回路でゲート回路 #1 が論理状態を変化させるときを考える．このゲート回路は信号線とグラウンド線間の容量や浮遊容量(これらを C と表現する)を介してグラウンド電流 i_g を流す．すなわち，ゲート電圧を $v(t)$ で表現すると，

$$i_g(t) = C\frac{dv(t)}{dt} \qquad (2.2.59)$$

ゲート回路 #2 が接続されているグラウンドと基準点間にインダクタンス L_g が存在すれば，その接続点の電位 $v_g(t)$ は共通インピーダンス $Z=j\omega L_g$ による結合によって

$$v_g(t) = L\frac{di_g(t)}{dt} \qquad (2.2.60)$$

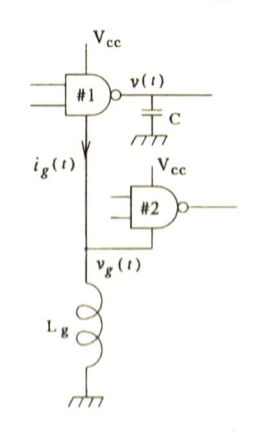

図 2.2.13 共通インピーダンス結合モデル例

で与えられる変動を受けることになる．この変動は急峻な立上り/立下りをもつ論理波形ほど大きい妨害源となり，インダクタンス成分を小さくするグラウンド配線の必要性を示している．以上のことは，電源配線回路においても同様なことがいえる．論理素子の出力構成がトーテムポール形であるとき，論理の状態が L から H に変化するとき，電源回路からグラウンド回路に向かって急峻な電流パルスが流れる．したがって，電源配線を共通にしている回路では，共通インピーダンス結合による電源電圧の変動となって妨害波が発生する．このような場合においてもインダクタンス成分が大きな役割を果たすことになる．この急峻な電流パルスは高い領域までの周波数成分をもつので，論理素子の近くで電源・グラウンド間にデカップリングキャパシタを挿入している．

このような電源配線回路とグラウンド配線回路に表れる共通インピーダンス結合は電源線とグラウンド線間を低インダクタンス化することを要求している．これを分布定数回路論的に考えると，容量性の特性インピーダンスを有する線路系を構成すればよいことである．この意味から電源とグラウンドを層構成とする多層プリント回路板は共通インピーダンス結合を低く抑える意味から有効である．

2.2.6 コモンモード結合

外部から時間変化する磁界が信号線路系とグラウンド系とで構成される閉回路(ループ)を鎖交すると，ファラデーの電磁誘導則に従って，この閉回路を一巡する電流が誘導される．この誘導電流は図 2.2.14 に示す回路モデルからわかるよう

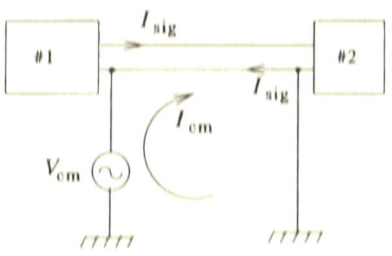

図 2.2.14 コモンモード結合モデル

にコモンモード電流である．電子機器内部でこのような妨害源となる可能性の高い素子は，電源トランスからの漏れ磁界である．

コモンモード結合を低減させる手法としては，① ファラデーシールドを有するトランスを使用したり，② 信号線路系をオプティカルファイバにしたり，③ 完全な平衡型回路網を構成したり，④ 信号線にコモンモードチョークを付けるなどが用いられる． (上　芳夫)

文　献

1) Taylor, C.D. et al. : The response of a terminated two-wire transmission line excited by a nonumiform electromagnetic field. *IEEE Trans. Antennas. Propagat.*, **AP-13**(6), 987-989, 1967.
2) Paul, C.R. : Frequency response of multi-conductor transmission lines illuminated by an electromagnetic field, *IEEE Trnas. Electromagn. Compat.*, **EMC-18**(4), 183-190, 1979.
3) Kami, Y. and Sato, R. : Circuit-concept approach to externally excited transmission lines, *IEEE Trans. Electromagn. Compat.*, **EMC-27**(4), 177-183, 1985.
4) Paul, C.R. : Analysis of Multiconductor Transmission line, John Willy & Sons, Chapt. 7, 1994.
5) Paul, C.R. : Analysis of Multiconductor Transmission line, John Willy & Sons, Chapt. 4, 1994.
6) 佐藤利三郎：伝送回路，コロナ社，第8章，1963.
7) 上　芳夫，鬼形俊雄：プリントパターン間のステップ応答，信学技報，EMCJ 92-4.
8) 上　芳夫：プリントパターン間のステップ応答(II)，信学技報，EMCJ 92-23.

3. ノイズ対策技術の基礎

　本章では、ノイズ対策技術の基礎として、ノイズの発生源であるとともにノイズの受信回路でもある線路の特性、主として線路上を伝搬するノイズである伝導性ノイズ低減のために用いられるフィルタ、回路や機器の動作基準電位を与え、最も基本的なノイズ低減技術である接地（グラウンディング）、主として空間伝搬ノイズを低減する遮へいシールド、電磁波の反射防止のための吸収、ノイズの伝搬経路を切断することによりノイズ低減技術および吸収材として用いられることが期待される金属磁性材料の特性について解説する。

3.1 線　　　路

　本節では線路の基本的特性と、その特性とノイズ発生/低減との関係について解説する。

　電子装置には情報（電気信号として）を伝達するためや電力を給電するためなどの配線が多数存在する。これらの配線には、プリント基板に実装された電子部品を接続するためのプリント配線、プリント基板と他のプリント基板を接続したり電子機器と他の電子機器を接続するためのケーブルによる配線などがある。今日のように、電子回路の動作周波数が高速化し、配線長が信号周波数の波長に比べて無視できなくなると、これらの配線は単なる導線ではなく、分布定数回路としての線路（伝送線路）として取り扱い、その特性を明らかにして設計しなければならない。

　一般に、信号線長を l [m] とすると、式(3.1.1)の関係が成り立つとき、信号線は分布定数回路として取り扱う必要がある。

$$l \ll \lambda/4 \quad \text{集中定数回路としての扱い} \\ l \gg \lambda/4 \quad \text{分布定数回路としての扱い} \tag{3.1.1}$$

ただし、λ：信号の波長（$\lambda = C_0/f$, c_0：光速度（3×10^8 m/sec）, f：信号の周波数 [Hz]）である。

　いま、ディジタル回路で扱うパルス波形を図3.1.1のように定義すると、信号の周波数領域 f_h は式(3.1.2)のように、立上り時間 t_r との関係で表される。立上り時間と周波数領域、波長（$\lambda_h = 3\times10^8/f_h$）の計算例を表3.1.1に示す[1,2]。

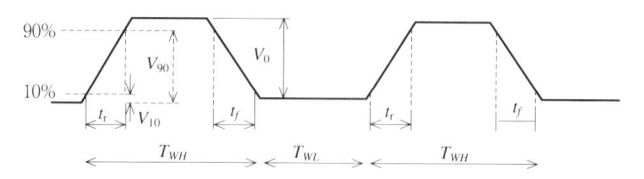

t_r:立上り時間,V_0:振幅,t_f:立下り時間,T_{WH}:ハイレベル時のパルス幅,T_{WL}:ローレベル時のパルス幅

図 3.1.1 ディジタル回路で扱うパルス波形

表 3.1.1 パルスの立上り時間と周波数領域

立上り時間 t_r[ns]	1	3	5	10	20
周波数領域 f_h[MHz]	350	117	70	35	17.7
波長 λ_n[m]	0.86	2.56	4.29	8.57	16.95

$$f_h \fallingdotseq \frac{0.35}{t_r} \tag{3.1.2}$$

本節では,線路の基本的な特性である特性インピーダンス,伝搬遅延時間および信号の反射について説明し,さらに具体的な伝送線路の特性について説明する.

一般に,線路とは2本以上の近接した平行導体系であり,互いに干渉しあい,それぞれの線にノイズを誘起したりノイズを放射したりする.2本の導体による線路の代表的なものを図 3.1.2 に示す[3]).

(a) 2線線路　　(b) グラウンドプレーン上に平行に置かれた線路　　(c) 同軸ケーブル

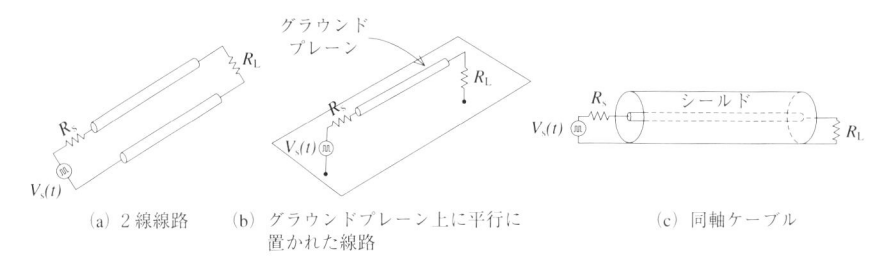

図 3.1.2 均質媒質内に置かれた導線を用いた線路の例

(1) 2本の平行導線による2線線路(図 3.1.2(a))
　2本の平行導線による線路で,解放電圧 $V_s(t)$ と内部抵抗 R_s からなる電圧源が負荷抵抗 R_L にこの線路を通して接続される.

(2) 無限大のグラウンドプレーンの上に平行に置かれた導線による線路(図 3.1.2(b))　導線の両端はグラウンドプレーンに終端されており,グラウンドプレーンは導線の信号の帰路として働く.

(3) 同軸ケーブル(図 3.1.2(c))
　全体を円筒状のシールドがシールドの軸上に配置された内部導線を囲っている.
　一方,プリント基板における配線パターンとしての線路の代表的なものを図 3.1.3

に示す.

① マイクロストリップ線路(図3.1.3(a))

片面に信号パターンがあり，反対面にグラウンドまたは電源プレーンを配置する．この構成は内層にグラウンドまたは電源プレーンをもつ多層基板において実現される．

② ストリップ線路(図3.1.3(b))

信号パターンがグラウンドまたは電源プレーンに挟まれている配置．一般に，この構成は6層以上の多層基板により実現される．

(a) マイクロストリップ線路

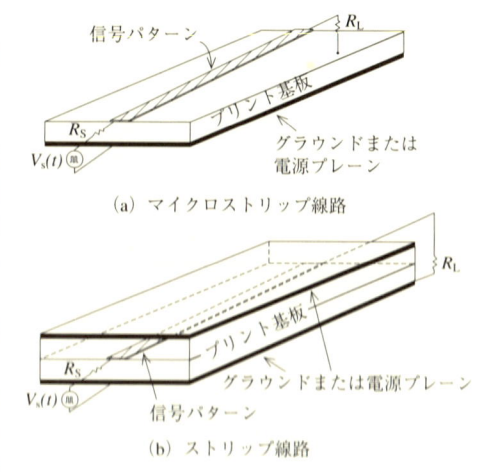

(b) ストリップ線路

図 3.1.3 プリント基板における線路の例

3.1.1 線路の特性インピーダンス[1,4]

一様な線路は図3.1.4のように集中定数回路で近似した微小部分が無数に接続さ

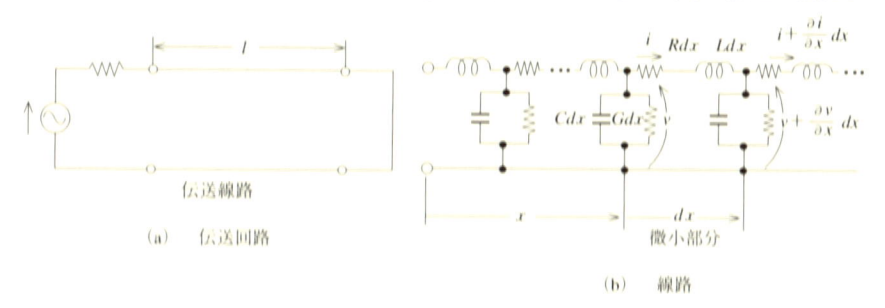

(a) 伝送回路

(b) 線路

図 3.1.4 線路のモデル

R, L：それぞれ単位長さあたりの抵抗とインダクタンス．
G, C：それぞれ単位長さあたりの2線間の漏えいコンダクタンスと容量

れたものとしてモデル化される．いま，$R=0, G=0$ のような無損失線路においては，式(3.1.3)に示すような位相定数 β と特性インピーダンス Z_0 が定義される．

$$\beta = \omega\sqrt{LC}, \quad Z_0 = \sqrt{\frac{L}{C}} \qquad (3.1.3)$$

ここで，ω は角周波数である．

位相定数 β の線路を伝搬する角周波数 ω の信号の伝搬速度 u_p は，$u_p = \omega/\beta$ であ

り，単位長さあたりの信号の伝搬遅延時間 τ_D は式(3.1.4)で表される．

$$\tau_D = 1/u_p = \sqrt{LC} = \sqrt{\mu\varepsilon} \qquad (3.1.4)$$

ここで，μ, ε はそれぞれ線路の導体間の媒質の透磁率，誘電率である．

特性インピーダンス Z_0 および伝搬遅延時間 τ_D は，単位長さあたりの2線間の容量 C とインダクタンス L の値によって定まり，形状の異なる2線線路，同軸ケーブルやマイクロストリップ線路などでも成立する．これらの形状の違いは単位長さあたりの L と C の値として含まれる．

特性インピーダンス Z_0 は，時間に関して可変な電圧と電流の比であり，線路が無限に続く場合に示されるインピーダンスである．また，有限長の線路を Z_0 で終端(Z_0 の負荷を接続)すると線路上の各点の電圧・電流の関係は，線路が無限長の場合とまったく同様になり，有限長線路を無限長線路と等価にする．

3.1.2 信 号 の 反 射[1)]

特性インピーダンス Z_0，長さ l の線路によりパルス信号を伝送する場合の等価回路を図 3.1.5 に示す．同図で，出力インピーダンス Z_S の信号源が，特性インピーダンス Z_0 の線路を駆動すると，A点での信号の振幅 V_A は式(3.1.5)で与えられる．

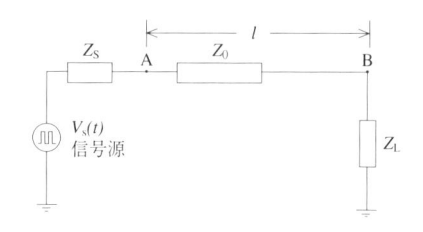

$$V_A = v_S \frac{Z_0}{Z_S + Z_0} \qquad (3.1.5)$$

図 3.1.5 有限長線路の等価回路

ここで，v_S は信号 $V_s(t)$ の振幅である．

Z_S：信号源の出力インピーダンス，Z_0：線路の特性インピーダンス，Z_L：負荷インピーダンス

V_A が時間 $T_d = l \cdot \tau_D$ を経過したのち，B点に到達し，そこで式(3.1.6)に示される受信端反射係数 ρ_1 と V_A の積 $\rho_1 V_A$ の反射が生じ，$V_A(1+\rho_1)$ の振幅が形成される．

次に，反射波がB点からA点に伝搬し，そこで式(3.1.7)に示される送信端反射係数 ρ_2 と $\rho_1 V_A$ の積 $\rho_2 \rho_1 V_A$ の反射が生ずる．

$$\rho_1 = \frac{Z_L - Z_0}{Z_L + Z_0} \qquad 受信端(負荷端)反射係数<1 \qquad (3.1.6)$$

$$\rho_2 = \frac{Z_S - Z_0}{Z_S + Z_0} \qquad 送信端反射係数<1 \qquad (3.1.7)$$

以下，$(2n+1)T_d$ 時間後(ただし，$n=0,1,\cdots$)に受信端Bで，$2nT_d$ 時間後(ただし，$n=1,2,\cdots$)に送信端Aで反射が発生する．反射に伴うA点，B点のそれぞれの波形の例を図 3.1.6 に示す．反射波の大きさは，図 3.1.7 に示す格子線図により求めることができる．たとえば，$t=3T_d$ 後のB点での電圧 V_B は式(3.1.8)で与えられる．

$$V_B = v_S(1 + \rho_1 + \rho_1 \cdot \rho_2 + \rho_1^2 \cdot \rho_2) \qquad (3.1.8)$$

以上のように，線路は正しく整合終端をして使用しないと，信号自身の反射が発生

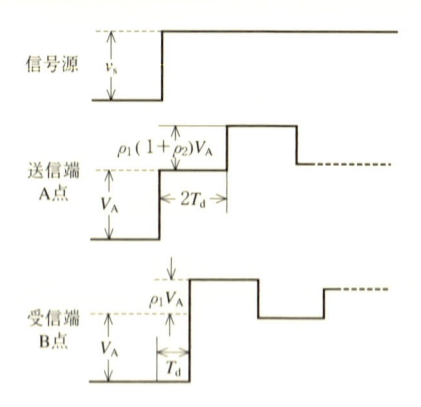

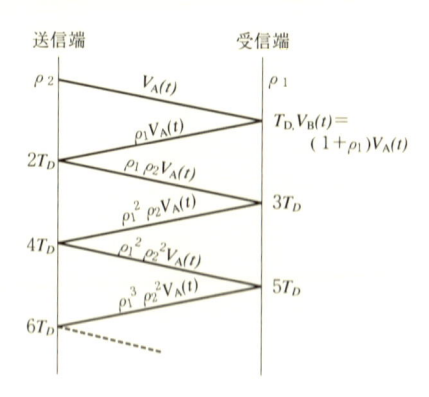

図 3.1.6 送信端および受信端での反射の発生例

図 3.1.7 格子線図

しパルス波形をひずませ，また，多芯ケーブル内やプリント基板内では信号線相互間の干渉で発生したクロストークノイズが反射を繰り返し，パルス波形を乱し，回路を誤動作させる．

3.1.3 伝送ケーブル[1,5]

一般に，伝送ケーブルは，プリント基板や電子機器と外部の機器(プリント基板も含む)との情報の伝送に使用される線路で，線路長が長く，線路の本数が多く，対より線(ツイステッドペア)やリボンケーブルのような多芯ケーブルが使用される．また，通信用の線路としては，同軸ケーブルや数対の対より線などが使用される．

図3.1.8にグラウンドプレーン上に平行に置かれた線路の断面と，その特性インピーダンス Z_0 を示す．

図3.1.9に同軸ケーブルの断面と，その特性インピーダンス Z_0 を示す．同軸ケーブルは一様な特性インピーダンスを有し，損失も小さいので，直流から数百 MHz 程度までの周波数帯域で用いられている[6]．同軸ケーブルの特性インピーダンスは，Z_0 =50，75，125 Ω のものが市販されている．

図3.1.10は2本の線をより合わせた対より線で，誘導結合によるノイズを低減する効果がある．図3.1.10(a)に示すように，矢印で示す磁束による誘導ノイズが矢

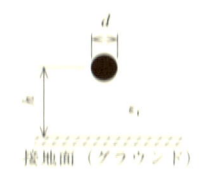

$$Z_0 = \frac{60}{\sqrt{\varepsilon_r}} \ln\left(\frac{4h}{d}\right)$$

ただし，ε_r：媒質の比誘電率
h：導線の中心とグラウンド間の距離
d：導線の外径

図 3.1.8 グラウンドプレーン上に平行に置かれた線路の特性

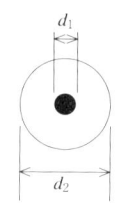

$$Z_0 = \frac{60}{\sqrt{\varepsilon_r}} \ln \frac{d_2}{d_1}$$

ただし,ε_r:媒質への比誘電率
d_1:内芯の外径
d_2:外被の外径

図 3.1.9 同軸ケーブルの特性

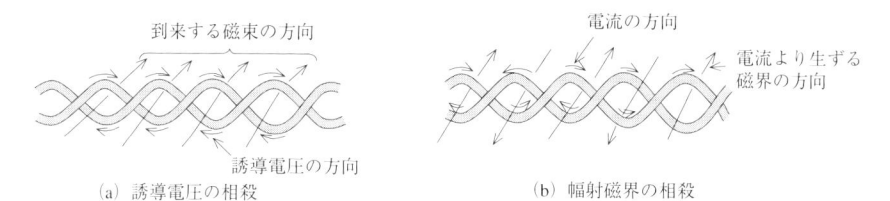

(a) 誘導電圧の相殺   (b) 輻射磁界の相殺

図 3.1.10 対より線のノイズ低減の概念

印こ の方向に誘起され,隣接した区間で互いに打ち消し合う.また,同図(b)に示すように,線に流れる電流により生じる磁束は,隣接した区間で互いに打ち消し合って外部へ磁束を出さない[1,7].

対より線の容量結合によるノイズ低減効果は,対より線の一方を接地(非平衡)して使用する場合はノイズ低減効果は期待できない.しかし,非接地で使用したり,接地に対して平衡負荷で使用することにより,ノイズ低減効果を有する[3,8].図 3.1.11 に対より線の断面と,その特性インピーダンス Z_0 を示す.対より線は特性インピーダンスが比較的安定で多芯化しやすいため,電子機器間の大容量の情報伝送用として対より多芯ケーブルとして使用されることが多い.特性インピーダンスは,$Z_0 = 90 \sim 120\,\Omega$ のものが使用されることが多い.また,シールドされた対より線は直流から 10 MHz 程度まで一定のインピーダンスをもつが,それ以上の周波数になると,インピーダンスが変動し,共振点を示す.しかし,最近は 100 MHz 以上の信号伝送に使用される例がある[6].

$$Z_0 = \frac{120}{\sqrt{\varepsilon_e}} \ln \frac{B + \sqrt{B^2 - k_1^2 d^2}}{K_1 d}$$

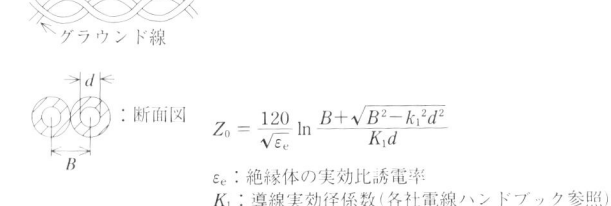

ε_e:絶縁体の実効比誘電率
K_1:導線実効径係数(各社電線ハンドブック参照)

図 3.1.11 対より線の特性

3.1.4 プリント基板の線路[6,9]

現在,電子回路は,ほとんどといっていいほど,プリント基板に電子部品を実装しプリント配線により相互配線されて実現されている.論理信号が高速になると,信号線の伝搬遅延による信号の反射により信号波形にひずみが発生し,誤った論理レベルを伝える.

線路の往復の伝搬遅延時間が,信号の立上り時間に比べて小さいときは,発生した反射は立上り時間でマスクされる.しかし,往復の伝搬遅延時間が立上り時間と同程度になると,反射によるリンギングを引き起こしながら線路上を往復する.このような条件において反射を抑え正しい論理レベルを伝送するためには,安定した特性インピーダンスを有する伝送線路を用い,正しく終端して使用することが必要になる.

伝搬遅延時間を光速の 60% とすると,終端なしで許容される最大線路長 L[cm] は,往復の伝搬遅延時間が立上り時間 t_r[ns] に等しいときであり,式(3.1.9)で与えられる.

$$L_{max} = 9t_r \quad (マイクロストリップ線路)$$
$$L_{max} = 7t_r \quad (ストリップ線路) \tag{3.1.9}$$

線路を特性インピーダンスで終端するためには,信号線のインピーダンスを制御しなければならない.プリント基板においては,特性インピーダンスが安定で,制御しやすいマイクロストリップ線路やストリップ線路を使用するのが一般的である.図3.1.12 に多層プリント基板の層構造と線路の例を示す.

図3.1.13 にマイクロストリップ線路の断面と,その特性インピーダンス Z_0 およ

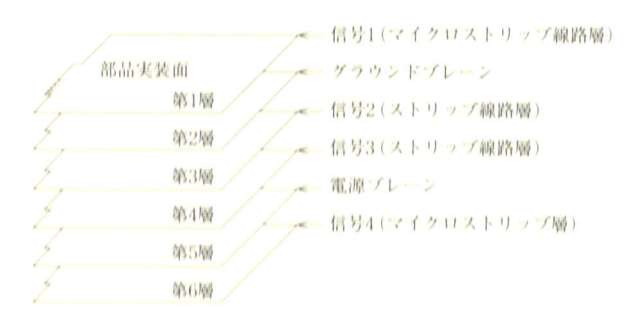

図 3.1.12 多層プリント基板の層構造と線路の例

$$Z_0 = \frac{87}{\sqrt{\varepsilon_r + 1.41}} \ln\left(\frac{5.98h}{0.8w + t}\right)$$
$$t_d = 1.017\sqrt{0.475\varepsilon_r + 0.67}$$

ただし,ε_r:プリント基板の比誘電率

図 3.1.13 マイクロストリップ線路の特性

び伝搬遅延時間 τ_d を示す.

図 3.1.14 にストリップ線路の断面と，その特性インピーダンス Z_0 および伝搬遅延時間 τ_d を示す.

$$Z_0 = \frac{60}{\sqrt{\varepsilon_r}} \ln\left(\frac{4b}{0.67\pi\omega(0.8+t/w)}\right)$$

$$\tau_d = 1.017\sqrt{\varepsilon_r}$$

ただし，ε_r：プリント基板の比誘電率

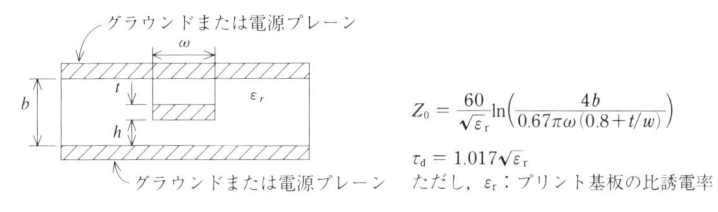

図 3.1.14 ストリップ線路の特性

マイクロストリップ線路とストリップ線路の特性をまとめると以下のようになる.
① 特性インピーダンスは，$Z_0 = 50 \sim 130\ \Omega$ で使用されることが多い[1].
② グラウンド(電源)プレーンはその上面と下面においてシールド効果をもち，100 MHz において約 50 dB のノイズ低減効果が期待できる[7].
③ ストリップ線路は線路の上下面にグラウンド(電源)プレーンをもつため，ノイズの放射に対してマイクロストリップ線路より良好である.
④ ストリップ線路は，上下面にグラウンド(電源)プレーンをもつため，線間の容量がマイクロストリップ線路より大きく，信号の立上りを遅らせる．また，伝搬遅延時間も大きいため，高速信号(立上り弛緩が 1 ns 程度)の伝送や等長配線などではこれらを考慮する必要がある．

（前花芳夫）

文　献

1) 仁田周一：電子機器のノイズ対策法，オーム社，pp. 5-12, 72-79, 1986.
2) 関　康雄ほか：ノイズ対策最新技術，総合技術出版，pp. 198-201, 1986.
3) Paul, C. R.：Introduction to Electromagnetic Compatibility, A Wiley-Interscience, pp. 120-122, 615-619, 1992.
4) 小澤孝夫：電気回路Ⅱ，昭晃堂，pp. 252-254, 1997.
5) 小西良弘：マイクロ波回路の基礎とその応用，総合電子出版，p. 16, 1995.
6) Ott, H. W.：Noise Reduction Techniques in Electronic Systems, A Wiley-Interscience, pp. 61-62, 308-310, 1976.
7) 仁田周一，前花芳夫：電子機器の内部雑音とその対策，電学誌，**104-10**, 883-890, 1984.
8) 前花芳夫ほか：対撚線の容量結合ノイズ逓減効果，電学論 **B**, 115(12), 1515-1522, 1995.
9) Montrose, M. I., 出口博一, 田上雅照訳：プリント回路の EMC 設計，オーム社，pp. 19-29, 81-101, 1997.

3.2　フィルタ

電源や信号線路から必要な周波数範囲の電流・電圧を取り出して，なるべく損失なく負荷に伝送し，他の周波数範囲の電流・電圧はなるべく減衰を与えて伝送しないよ

うにする回路網がフィルタである．すなわち，周波数によって信号の選別を行う回路である．フィルタが通す周波数範囲を通過域(pass band)，減衰を与えて通さない周波数範囲を減衰域(attenuation band)，あるいは阻止域(stop band)といい，通過域と減衰域の境界になる周波数を遮断周波数(cut-off frequency)という．

フィルタは通過域と減衰域の配置から，① 低域(通過)フィルタ(low-pass filter)，② 高域(通過)フィルタ(high-pass filter)，③ 帯域(通過)フィルタ(band-pass filter)，④ 帯域消去フィルタ(band elimination filter)の4種類に分類することができる．本節では，フィルタの設計基礎理論について解説する．なお，EMIフィルタ(ノイズフィルタ)については4.1.3項を参照のこと．

3.2.1 影像パラメータフィルタ

影像インピーダンスが整合している場合には，それらの回路を縦続接続した回路の伝送特性を求めることは容易であり，この理論に基づいたものが影像パラメータフィルタである．図3.2.1に示すように，影像パラメータ Z_{01}, Z_{02}, θ をもつ回路に Z_{01} なる内部インピーダンスをもつ電源と Z_{02} なるインピーダンスの負荷を接続すれば，影像伝送量は

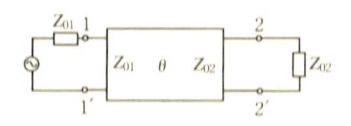

図 3.2.1 電源と負荷を接続した2端子対回路

$$\theta = \alpha + j\beta = \coth^{-1}\sqrt{Y_{11}Z_{11}} = \coth^{-1}\sqrt{Y_{22}Z_{22}} \qquad (3.2.1)$$

で与えられる．ここで，α は影像減衰量であり，β は影像位相量である．また，Y_{11} と Y_{22} は，おのおの 1-1′ 端と 2-2′ 端の短絡アドミタンスであり，Z_{11} と Z_{22} は，おのおの 1-1′ 端と 2-2′ 端の開放インピーダンスである．また，影像インピーダンス Z_{01} と Z_{02} は

$$Z_{01} = \sqrt{\frac{Z_{11}}{Y_{11}}}, \quad Z_{02} = \sqrt{\frac{Z_{22}}{Y_{22}}} \qquad (3.2.2)$$

と表される．

リアクタンス回路網の場合，Y_{11}, Y_{22}, Z_{11}, Z_{22} などはすべて純虚数となる．したがって，周波数に対するこれらの値により，影像減衰量がゼロとなる通過域と，影像減衰量が正の値をとる減衰域がおのおの得られる．

(1) Z_{01} と Z_{02} がともに正の実数のとき

$$\begin{aligned}\alpha &= 0 \\ j\beta &= \coth^{-1}\sqrt{Y_{11}Z_{11}}\end{aligned} \qquad (3.2.3)$$

となり，この領域は通過域に相当する．

(2) Z_{01} と Z_{02} がともに純虚数で

(i) Z_{01} と Z_{02} が同符号のとき

$$\alpha = \coth^{-1}\sqrt{Y_{11}Z_{11}} \qquad (3.2.4)$$

$$\beta = n\pi$$

(ii) Z_{01} と Z_{02} が異符号のとき

$$\alpha = \tanh^{-1}\sqrt{Y_{11}Z_{11}}$$
$$\beta = (2n+1)^{\pi/2} \tag{3.2.5}$$

となり，これらの領域はいずれも減衰域に相当する．

a. 定K型フィルタ

図 3.2.2 の L 型回路において

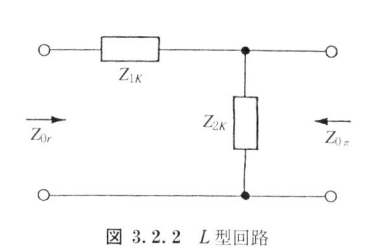

$$Z_{1K}Z_{2K} = R^2 \tag{3.2.6}$$

の関係があるとき，これを定K型フィルタという（R は周波数に無関係な定数）．

Z_{1K} がインダクタンス L_1 の場合は，複素角周波数 (complex angular frequency) を s とすれば

$$Z_{1K} = sL_1 \tag{3.2.7}$$

図 3.2.2　L 型回路

となり，式(3.2.6)の関係から，Z_{2K} は

$$Z_{2K} = \frac{R^2}{Z_{1K}} = \frac{R^2}{sL_1} = \frac{1}{sC_2} \tag{3.2.8}$$

となる．ただし，

$$R = \sqrt{\frac{L_1}{C_2}} \tag{3.2.9}$$

である．

この回路の影像パラメータは，$s=j\omega$ とおくと

$$Z_{0T} = \sqrt{\frac{Z_{11}}{Y_{11}}} = R\sqrt{1-w^2L_1C_2}$$
$$Z_{0\pi} = \sqrt{\frac{Z_{22}}{Y_{22}}} = \frac{R}{\sqrt{1-w^2L_1C_2}} \tag{3.2.10}$$
$$\coth\theta = \sqrt{1-\frac{1}{w^2L_1C_2}}$$

となる．この式において

$$w_0 = \frac{1}{\sqrt{L_1C_2}} \tag{3.2.11}$$

とおくと，$w<w_0$ であれば Z_{0T}, $Z_{0\pi}$ は実数で $\coth\theta$ は純虚数になり，フィルタの通過域に相当する．逆に，$w>w_0$ であれば Z_{0T}, $Z_{0\pi}$ は純虚数で $\coth\theta$ は実数になり，フィルタの減衰域に相当する．したがって，この回路は低域フィルタになり，w_0 が遮断周波数である．また，R を公称インピーダンス(nominal impedance)という．

ここで，インピーダンスと周波数を公称インピーダンス R と遮断周波数 w_0 で正規化して

3.2 フィルタ

$$z_{0T} = \frac{Z_{0T}}{R}, \quad z_{0\pi} = \frac{Z_{0\pi}}{R}, \quad \Omega = \frac{w}{w_0} \qquad (3.2.12)$$

とおくと

$$z_{0T} = \sqrt{1-\Omega^2}, \quad z_{0\pi} = \frac{1}{\sqrt{1-\Omega^2}}$$
$$\coth\theta = \sqrt{1-\frac{1}{\Omega^2}} \qquad (3.2.13)$$

が得られる．これは定 K 型低域フィルタの正規化された特性であり，$|\Omega|<1$ が通過域，$|\Omega|=1$ が遮断周波数，$|\Omega|>1$ が減衰域に対応する．図 3.2.3 に定 K 型低域フィ

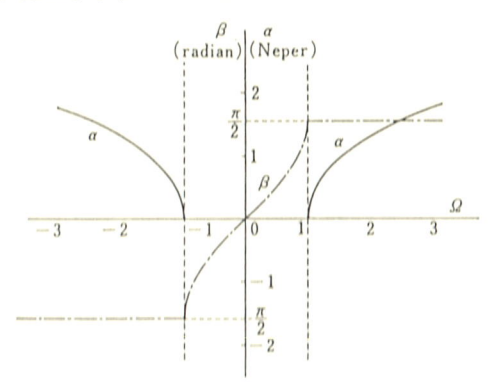

図 3.2.3 定 K 型低域フィルタの影像伝送量

ルタの影像伝送量を示す．正規化された基本低域フィルタを用いて，① 低域フィルタ，② 高域フィルタ，③ 帯域通過フィルタ，④ 帯域消去フィルタの各素子値を求めることができる．

b. 誘導 M 型フィルタ

定 K 型低域フィルタの減衰量は周波数とともに単調に増大していくため，遮断周波数付近での減衰量は小さく，これを改善するために考えだされた回路が誘導 M 型フィルタである．

図 3.2.2 の回路において，

$$Z'_{1K} = mZ_{1K}$$
$$Z'_{2K} = \frac{1-m^2}{m}Z_{1K} + \frac{1}{m}Z_{2K} \qquad (3.2.14)$$

なる変換を行えば，

$$Z'_{11} = \frac{1}{m}Z_{11}$$
$$Y'_{11} = \frac{1}{m}Y_{11} \qquad (3.2.15)$$

となり，影像パラメータは

$$Z'_{0T} = \sqrt{\frac{Z'_{11}}{Y'_{11}}} = Z_{0T}$$

$$Z'_{0\pi} = \sqrt{\frac{Z'_{22}}{Y'_{22}}} = \left\{1+(1-m^2)\frac{Z_{1K}}{Z_{2K}}\right\}Z_{0\pi} \quad (3.2.16)$$

$$\coth\theta_m = \sqrt{\frac{1}{m}Z_{11}\frac{1}{m}Y_{11}} = \frac{1}{m}\coth\theta$$

となる．この変換は，

$$Z_{11} \to \frac{1}{m}Z_{11}$$

$$Y_{11} \to \frac{1}{m}Y_{11} \quad (3.2.17)$$

としたものであり，直列誘導 M 型変換と呼ばれる．一方，

$$Z_{22} \to \frac{1}{m}Z_{22}$$

$$Y_{22} \to \frac{1}{m}Y_{22} \quad (3.2.18)$$

としたものが並列誘導 M 型変換であり，このときの影像パラメータは

$$Z'_{0T} = \frac{Z_{0T}}{1+(1-m^2)\dfrac{Z_{1K}}{Z_{2K}}}$$

$$Z'_{0\pi} = Z_{0\pi} \quad (3.2.19)$$

$$\coth\theta_m = \frac{1}{m}\coth\theta$$

となる．誘導 M 型変換による基本低域フィルタの伝送量は

$$\left.\begin{array}{l} 0\leq\Omega\leq 1 \text{ のとき} \\[4pt] \quad \alpha=0, \quad \beta=\sin^{-1}\dfrac{m\Omega}{\sqrt{1-(1-m^2)\Omega^2}} \\[8pt] 1\leq\Omega\leq\dfrac{1}{\sqrt{1-m^2}} \text{ のとき} \\[4pt] \quad \alpha=\coth^{-1}\dfrac{m\Omega}{\sqrt{1-(1-m^2)\Omega^2}}, \quad \beta=\dfrac{\pi}{2} \\[8pt] \dfrac{1}{\sqrt{1-m^2}}\leq\Omega<\infty \text{ のとき} \\[4pt] \quad \alpha=\sinh^{-1}\dfrac{m\Omega}{\sqrt{(1-m^2)\Omega^2-1}}, \quad \beta=\pi \end{array}\right\} \quad (3.2.20)$$

となる．$m(0<m<1)$ の変化による影像インピーダンスの変化をみると，$m=0.6$ 付

近で最も広く入力インピーダンスが整合するため，$m=0.6$ の誘導 M 型フィルタを用いると通過域において整合が比較的広くとれる．

3.2.2 動作パラメータフィルタ

理想フィルタ (ideal filter) は通過域の減衰量がゼロで，減衰域の減衰量が ∞ となる特性をもつが，有限個の素子でこのような特性のフィルタを実現することはできない．一般には，図 3.2.4 に示すように，通過域の減衰量が最大減衰量 $\alpha_{\max}$ 以下，減衰域の減衰量が最小減衰量 $\alpha_{\min}$ 以上におさまればよく，通過域と減衰域の間に立上り特性としてある帯域をおく．このような要求特性を満足する近似特性として，① 平坦特性 (ワグナー (Wagner) 特性，バターワース (Butterworth) 特性)，② 波状特性 (チェビシェフ (Tchebycheff) 特性) などがあり，両者を組み合わせて使用することもある．

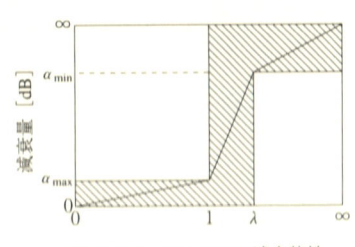

図 3.2.4 フィルタの減衰特性

動作伝送係数を $S(s)$，特性関数を $K(s)$ とするとき，両者の間には

$$S(s)S(-s) = 1 + K(s)K(-s) \tag{3.2.21}$$

の関係があり，これらの値から基準低域フィルタの素子値を決定することができる．

a. 平坦特性 (ワグナー特性)

はじめに，平坦特性となる動作伝送係数 $S(s)$ の求め方を示す．仕様を

通過域における最大減衰量 $\alpha_{\max}$ [dB]
減衰域における最小減衰量 $\alpha_{\min}$ [dB]
通過域より減衰域への立上り特性 λ

とするとき，フィルタに必要な段数 n は

$$n = \left\lceil \frac{1}{2} \cdot \frac{\log_{10} \dfrac{10^{\alpha_{\min}/10} - 1}{10^{\alpha_{\max}/10} - 1}}{\log_{10} \lambda} \right\rceil \tag{3.2.22}$$

で与えられる．ただし，記号 $\lceil x \rceil$ は x 以上の最小の整数を意味する．動作伝送係数は

$n =$ 奇数のとき

$$S(s) = H_n \left(s + \frac{n+1}{2} v_n \right) \prod_{i=1}^{\frac{n-1}{2}} (s^2 + 2v_i s + v_i^2 + \mu_i^2)$$

$n =$ 偶数のとき

$$S(s) = H_n \prod_{i=1}^{\frac{n}{2}} (s^2 + 2v_i s + v_i^2 + \mu_i^2)$$

で与えられ，特性関数は

$$v_i = a_0 \sin\frac{2i-1}{n}\cdot\frac{\pi}{2}, \qquad \mu_i = a_0 \cos\frac{2i-1}{n}\cdot\frac{\pi}{2}$$
$$H_n = \sqrt{10^{\alpha_{\max}/10}-1}, \qquad a_0 = \left(\frac{1}{H_n}\right)^{1/n} \tag{3.2.23}$$

で与えられ，特性関数は

$$K(s) = H_n s^n \tag{3.2.24}$$

で与えられる．また，動作減衰量は

$$\alpha = 10\log_{10} S(j\omega)S(-j\omega) \quad [\text{dB}] \tag{3.2.25}$$

で与えられ，動作位相量は

$$\beta = \tan^{-1}\frac{S_0(jw)}{S_e(jw)} \quad [\text{rad}] \tag{3.2.26}$$

で与えられる．ただし，$S_e(jw)$, $S_0(jw)$ は $S(jw)$ の偶関数部，奇関数部である．

b. 通過域波状，減衰域平坦特性（チェビシェフ-ワグナー特性）

仕様を平坦特性の場合と同じにするとき，フィルタに必要な段数 n は

$$n = \left\lceil \frac{\cosh^{-1}\sqrt{\dfrac{10^{\alpha_{\min}/10}-1}{10^{\alpha_{\max}/10}-1}}}{\coth^{-1}\lambda} \right\rceil \tag{3.2.27}$$

で与えられる．動作伝送係数は

$$\begin{aligned}
&n=\text{奇数のとき}\\
&S(s) = H_n(s+a_0)\prod_{i=1}^{\frac{n-1}{2}}(s^2+2a_i s+\rho_i^2)\\
&H_n = \frac{1}{a_0\prod_{i=1}^{\frac{n-1}{2}}\rho_i^2}, \qquad a_0 = \sinh\left(\frac{1}{n}\sinh^{-1}\frac{1}{\sqrt{10^{\alpha_{\min}/10}-1}}\right)\\
&a_i = a_0\cos\frac{2i}{n}\cdot\frac{\pi}{2}, \qquad \rho_i^2 = a_0^2+\sin^2\frac{2i}{n}\cdot\frac{\pi}{2}\\
&n=\text{偶数のとき}\\
&S(s) = H_n\prod_{i=1}^{\frac{n}{2}}(s^2+2a_i s+\rho_i^2)\\
&H_n = \frac{1}{\prod_{i=1}^{\frac{n}{2}}\rho_i^2}, \quad a_0 \text{は奇数のときと同じ}\\
&a_i = a_0\cos\frac{2i-1}{n}\cdot\frac{\pi}{2}, \qquad \rho_i^2 = a_0^2+\sin^2\frac{2i-1}{n}\cdot\frac{\pi}{2}
\end{aligned} \tag{3.2.28}$$

で与えられ，特性関数は

$n=$奇数のとき
$$K(s) = H_n \prod_{i=1}^{\frac{n-1}{2}} (s^2+\mu_i^2), \quad \mu_i = \sin\frac{2i}{n}\cdot\frac{\pi}{2}$$
$n=$偶数のとき
$$K(s) = H_n \prod_{i=1}^{\frac{n}{2}} (s^2+\mu_i^2), \quad \mu_i = \sin\frac{2i-1}{n}\cdot\frac{\pi}{2}$$
(3.2.29)

で与えられる．ただし，段数 n が偶数の場合には，周波数がゼロで α_{max} の減衰量をもつことになるため，R-R回路においてリアクタンス回路網では実現することができず，周波数変換をする必要がある．一般には，段数を1段増やして n を奇数にして設計することが多い．

c. 通過域平坦，減衰域波状特性（ワグナー－チェビシェフ特性）

仕様を平坦特性の場合と同じにするとき，フィルタに必要な段数 n は式(3.2.27)で与えられる．

動作伝送係数は
$n=$奇数のとき
$$S(s) = H_n(s+a_0) \prod_{i=1}^{\frac{n-1}{2}} \frac{(s+v_i)^2+\mu_i^2}{1+\rho_i^2 s^2}$$

$$H_n = \sqrt{10^{\alpha_{min}/10}-1}\,\cosh(n\cosh^{-1}\lambda)$$

$$a_0 = \frac{\lambda}{\sinh\left(\frac{1}{n}\sinh^{-1}H_n\right)}$$

$$\rho_i = \frac{1}{\lambda}\cos\frac{2i-1}{n}\cdot\frac{\pi}{2}$$

$$v_i = \lambda\frac{\cos\frac{2i-1}{n}\cdot\frac{\pi}{2}\sinh\left(\frac{1}{n}\sinh^{-1}H_n\right)}{\Delta}$$

$$\mu_i = \lambda\frac{\cos\frac{2i-1}{n}\cdot\frac{\pi}{2}\cosh\left(\frac{1}{n}\sinh^{-1}H_n\right)}{\Delta}$$

$$\Delta = \cos^2\left(\frac{2i-1}{n}\cdot\frac{\pi}{2}\right) + \sinh^2\left(\frac{1}{n}\sinh^{-1}H_n\right)$$
(3.2.30)

で与えられ，特性関数は
$n=$奇数のとき
$$K(s) = H_n s^n \prod_{i=1}^{\frac{n-1}{2}} \frac{1}{1+\rho_i^2 s^2}$$
(3.2.31)

で与えられる．この場合にも，段数 n が偶数の場合には，周波数 ∞ で α_{min} の有限の減衰量をもつことになるため，これを避けるために周波数変換をする必要がある．一般には，段数を1段増やして奇数段で設計することが多い．

d. 波状特性（チェビシェフ特性）

この特性は，影像パラメータフィルタの誘導 M 型フィルタの特性に相当するものである．図3.2.5に設計で用いる基準化周波数 Ω' と減衰特性の概形を示す．つま

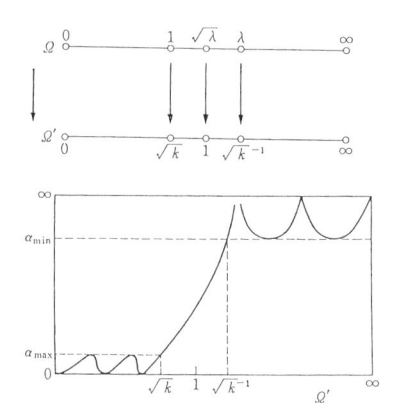

図 3.2.5 基準化周波数と減衰特性

り，この波状特性の場合には，$0 \sim \sqrt{k}$ が通過域，$1/\sqrt{k} \sim \infty$ が減衰域であり，仕様を平坦特性の場合と同じにするとき，フィルタに必要な段数 n は

$$\left.\begin{aligned}
n &= \left[\frac{K(h_1)K(h_2')}{K(h_1')K(h_2)}\right] \\
K(h) &= \int_0^1 \frac{dx}{\sqrt{(1-x^2)(1-h^2x^2)}} \quad : 第1種完全楕円積分 \\
h_1 &= k = \frac{1}{\lambda}, \qquad h_1' = \sqrt{1-h_1^2} \\
h_2 &= \sqrt{\frac{10^{\alpha_{max}/10}-1}{10^{\alpha_{min}/10}-1}}, \qquad h_2' = \sqrt{1-h^2}
\end{aligned}\right\} \quad (3.2.32)$$

で与えられる．

n が奇数の場合の動作伝送係数と特性関数は

$n=$ 奇数のとき

$$S(s) = H_n(s+a_0) \prod_{i=1}^{\frac{n-1}{2}} \frac{(s+v_i)^2+\mu_i^2}{\zeta_i^2(s^2+\rho_i^2)}$$

$$K(s) = H_n s \prod_{i=1}^{\frac{n-1}{2}} \frac{s^2+\zeta_i^2}{\zeta_i^2(s^2+\rho_i^2)}$$

$$H_n^2 = \sqrt{\left(10^{\alpha_{min}/10}-1\right)\left(10^{\alpha_{max}/10}-1\right)}$$

$$a_0 = \sqrt{k}\,\frac{sn(\varepsilon_0 K', k')}{\sqrt{1 - sn^2(\varepsilon_0 K', k')}}$$

$$\zeta_i = \frac{1}{\rho_i}\sqrt{k}\,sn\left(\frac{2i}{n}K, k\right)$$

$$v_i = \frac{\sqrt{(\rho_i + \rho_i^{-1})^2 - (\sqrt{k} + \sqrt{k^{-1}})^2}}{\Delta}$$

$$\mu_i = \frac{\sqrt{(a_0 - a_0^{-1})^2 - (\sqrt{k} + \sqrt{k^{-1}})^2}}{\Delta}$$

$$\Delta = a_0\zeta_i + (a_0\zeta_i)^{-1}$$

$$sn(\varepsilon_0 K'', h_2') = 10^{-\alpha_{\max}/20}, \qquad \varepsilon_0 K' = \frac{\varepsilon_0 K'' K(h_1)}{n K(h_2)}$$

(3.2.33)

で与えられる．n が偶数の場合には，周波数 0 で $\alpha_{\max}$ の有限の減衰量，周波数 ∞ でも $\alpha_{\min}$ の有限の減衰量をもつことになるため，これを避けるために周波数変換を行う必要がある．これら各特性の基準化低減フィルタを用いて，① 低域フィルタ，② 高域フィルタ，③ 帯域通過フィルタ，④ 帯域消去フィルタの各素子値を求めることができる．

3.2.3 分布定数フィルタ

高い周波数範囲においては，R, L, C などの素子が一点に集中して存在しているとみなして扱うことができなくなるため，集中定数フィルタを構成することが困難になり，平行線路や同軸線路などの分布定数素子で構成される分布定数フィルタが使用される．分布定数素子は無限個の微小集中素子から構成されているので，分布定数フィルタの諸特性は周波数の有限実係数多項式では表すことができず，一般に，三角関数や双曲線関数などの超越関数で与えられる．分布定数回路に特有な素子として，図 3.2.6 に示す単位素子 (unit element) がある．これは，長さ l, 特性インピーダンス Z_0, 伝搬定数 γ の無損失線路を二端子対回路として使用するものであり，その縦続行列（F 行列）はリチャーズの変数 (Richards' variable) $p = j\tan\beta l$ を用いて

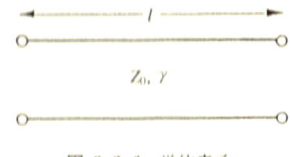

図 3.2.6 単位素子

$$[F] = \frac{1}{\sqrt{1-p^2}}\begin{vmatrix} 1 & Z_0 p \\ \dfrac{p}{Z_0} & 1 \end{vmatrix} \qquad (3.2.34)$$

で与えられる．

a. 棒状回路

分布定数フィルタの最も簡単な回路であり，単位素子だけで構成される回路である．n 個の単位素子が縦続接続された回路の F 行列は

$$[F] = \frac{1}{(\sqrt{1-p^2})^n} \begin{bmatrix} u_1(p) & pv_1(p) \\ pv_2(p) & u_2(p) \end{bmatrix} \quad (3.2.35)$$

となり，可逆回路であることから，

$$u_1(p)u_2(p) - p^2 v_1(p)v_2(p) = (1-p^2)^n \quad (3.2.36)$$

となる．この回路の動作伝送係数 $S(p)$ は

$$S(p) = \frac{(\sqrt{R_2/R_1}\,u_1(p) + \sqrt{R_1/R_2}\,u_2(p)) + p(v_1(p)/\sqrt{R_1 R_2} + \sqrt{R_1 R_2}\,v_2(p))}{2(\sqrt{1-p^2})^n} \quad (3.2.37)$$

で与えられる．ここで，R_1 は電源の内部抵抗であり，R_2 は負荷抵抗である．棒状回路の動作伝送係数 $S(p)$ の極は $p=\pm 1$ だけにあり，分母・分子の次数が等しいから $p=\infty$ には極がない．一方，$S(p)$ の零点は p 平面の虚軸を含まない左半平面にのみあり，実軸に対称に配置される．

b. 樹枝状回路

棒状回路の途中に単位素子をいくつか並列につけた回路を樹枝状回路という．樹枝状回路のすべての枝が終端で開放されているとき開放枝回路という．開放枝回路は直流を通すから低域フィルタとなる．開放枝回路の F 行列は

$$[F] = \frac{1}{(\sqrt{1-p^2})^n f(p)} \begin{bmatrix} u_1(p) & pv_1(p) \\ pv_2(p) & u_2(p) \end{bmatrix} \quad (3.2.38)$$

となり，$u(p)$, $v(p)$ はすべて偶多項式で

$$u_1(0) = u_2(0) = f(0) \quad (3.2.39)$$

の関係がある．また，

$$u_1(p)u_2(p) - p^2 v_1(p)v_2(p) = (1-p^2)^n f^2(p) \quad (3.2.40)$$

が成立し，$f(p)=0$ の根は先端開放素子の入力アドミタンス $Y_i(p)$ の極と一致する．これより，アドミタンス行列（Y 行列）を求めると

$$\left. \begin{array}{c} Y_{11} = \dfrac{u_2(p)}{pv_1(p)}, \qquad Y_{22} = \dfrac{u_1(p)}{pv_1(p)} \\ Y_{12} = \dfrac{-\sqrt{u_1(p)u_2(p) - p^2 v_1(p)v_2(p)}}{pv_1(p)} \end{array} \right\} \quad (3.2.41)$$

となる．

分布定数回路の動作伝送係数 $S(p)$ は集中定数回路の動作伝送係数 $S(s)$ から求めることができ，その周波数変換は

$$s = \frac{p}{\sqrt{1-p^2}} G \quad (3.2.42)$$

で与えられる．ここで，定数 G は

$$G^2 = \frac{1}{\sin\dfrac{\pi f_1}{2f_0} \sin\dfrac{\pi f_2}{2f_0}} \quad (3.2.43)$$

であり，f_1，f_2，f_0 はおのおの，分布定数回路の遮断周波数，減衰域となる端周波数，繰り返し周波数である． (小 林 邦 勝)

文　　献

1) Ryder, D. : Networks Lines and Fields, Prentice-Hall, pp. 138-194, 1949.
2) 瀧　保夫：伝送回路，共立出版，pp. 167-226, 1960.
3) 佐藤利三郎：伝送回路，コロナ社，pp. 281-420, 1963.
4) Geffe, R. : Simplified Modern Filter Design, Jhon F. Rlder, pp. 1-54, 1963.
5) 佐藤利三郎，池田哲夫：精解演習 伝送回路論，廣川書店，pp. 167-272, 1967.
6) 渡部　和：伝送回路網の理論と設計，オーム社，pp. 137-190, 1968.
7) 神谷六郎，辻　史郎：基礎伝送回路，コロナ社，pp. 121-162, 1973.
8) 横川泉二：電気・電子学生のための伝送工学，丸善，pp. 96-132, 1984.
9) 羽鳥孝三：基礎電気回路(2)，コロナ社，pp. 125-161, 1985.

3.3　グラウンディング

3.3.1　接地の種類

接地のことを英語圏ではアース(earth)，米語圏ではグラウンディング(grounding)といい，日本では一般にアースという[1]．表 3.3.1 に示すように接地は

表 3.3.1　設置の種類

種別		用途	接地抵抗値
1. 保護接地	(1) A 種接地	特高および高圧機器	10 Ω 以下
	(2) B 種接地	低圧電路の中性点	[150 V/1 線地絡電流] Ω 以下 (1〜2 秒以下で遮断の場合 300 V, 1 秒以下で遮断の場合 600 V)
	(3) C 種接地	300 V 以上の低圧機器	10 Ω 以下 (0.5 秒以下で電路遮断の場合 500 Ω 以下)
	(4) D 種接地	300 V 以下の低圧機器	100 Ω 以下 (0.5 秒以下で電路遮断の場合 500 Ω 以下)
	(5) 避雷針用接地	20 m 以上建造物	10 Ω 以下 (鉄骨)
	(6) 避雷器用接地	高圧電路の避雷器	10 Ω 以下
2. 機能接地	(1) 給電用接地	海底通信ケーブル	回路方式に依存
	(2) 大地帰路接地	大地帰路信号方式	
	(3) 放送所アンテナ用	放送波の放射	
	(4) 電位付与接地	電子回路	
	(5) シールド接地	遮へいケーブル	

用途によってさまざまな種類があるが，人体を守るための保護接地と，電子回路の電位を安定させたり，大地帰路回路として利用する場合などの機能接地に分類できる．

a. 保護接地

保護接地は強電界から人体を保護するもので，その代表的なものは通産省省令「電気設備に関する技術基準」(以下電技)第 10 条，11 条および「技術基準の解釈」第

19条に定められたA種~D種接地である[2]．このうち，低圧電路と呼ばれる一般家庭用の交流100 V，200 V電源で関連するのは，B種およびD種接地である．

B種接地は変圧器において低圧電路の1線を大地に接地するもので，系統接地と呼ばれ，トランスの故障などによって高圧電路から低圧電路に過電圧が侵入した場合でも，低圧電路の電位が異常に上昇するのを防止するために設ける．接地抵抗値は，高圧電路を1秒以内に遮断できる場合で低圧電路の電位が600 V以下，また1~2秒以内であれば300 V，その他では150 V以下となるように定められている．このB種接地により低圧電路の電位は抑制できるが，一方，漏電している機器に人体などが接触すると大地を通るループ回路が構成されるため，場合によっては危険な電流が人体に流れる可能性がある．このため，接地端子のある機器に対してはD種接地を施すことが義務づけられており，また，微弱な漏電電流でも電路を遮断する漏電遮断器が用いられることが多い．

D種接地は，感電事故などから人体を保護するために機器の金属フレーム(FG)などを大地に接続するもので，300 V以下の機器に適用され，抵抗値は100 Ω以下と規定されている．地絡などの事故発生時に0.5秒以内に電路を遮断できる場合は，接地抵抗値は500 Ω以下でもよく，また，DC 300 V以下またはAC 150 V以下の機器を乾燥した場所に設置する場合や，二重絶縁構造の機器は接地を義務づけていない．

このような配電路の接地と機器の接地に関しては，図3.3.1に示すように，国際的にさまざまな組み合せが採用されている．電路の接地と機器の接地を別々に設ける日本の接地方式はTT方式と呼ばれ，一方，電路とともに保安用接地を敷設する方式はTN方式と呼ばれる．欧米ではTN方式が多く用いられている．なお，機器の安全性に関する国際的な規定としては国際電気標準化会議(IEC)の規定があり，人体の危険電圧をDC 60 V，AC 42.4 Vとして，情報処理装置を含めて機器の接地や絶縁に対する電気的条件を定めている[3]．

このほか，保安用接地としては，電力避雷器の接地や避雷針用接地があり，それぞれの接地基準や配線方法，接地抵抗値などが電技やJIS[4]などに規定されている．

b. 機能接地

保護接地は事故などの異常時にのみ接地線に電流が流れるが，機能接地は大地を電気回路の一部として利用したり，回路を安定に動作させるための接地であり，主に弱電系に用いられ，常時，電流が流れる場合がある．また，接地抵抗値に関する法律的規定は特になく，おのおのの回路方式の電気的条件に基づいた抵抗値になっている．

大地を回路として利用する例としては，海底ケーブルの直流給電，通信方式の大地帰路信号方式，放送所の接地などがあげられる．直流給電接地や大地帰路信号方式の接地は常時電流を流すため，地中に埋設した接地電極の電食を考慮する必要がある．

回路の安定動作としては，通信装置などの電子回路の5 Vや12 V，21 V，48 V系の直流給電線の＋側導体の接地，信号ケーブルのシールド接地などがあげられる．これらの電子回路の接地の一部はシグナルグラウンド(SG)と呼ばれ，他の電子回路

(a) TN-S方式

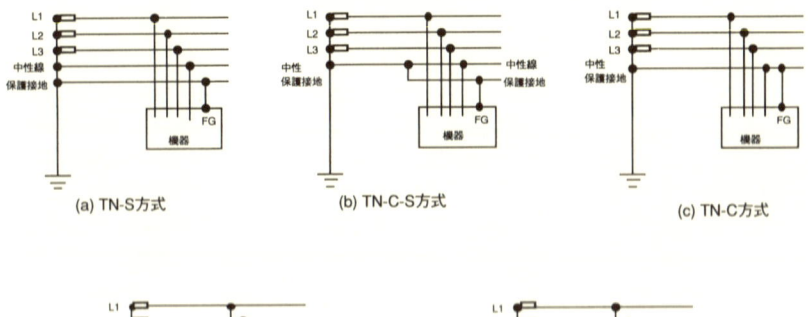

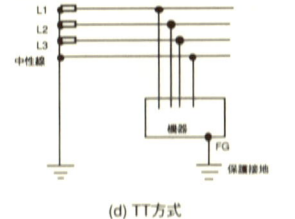

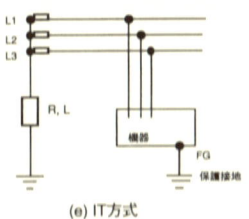

(b) TN-C-S方式

(c) TN-C方式

(d) TT方式

(e) IT方式

第1文字	T	電路を1ヶ所のみ接地
	I	電路が非接地
第2文字	T	電路とは別に機器を接地
	N	電路の保護設置に機器の接地を接続
第3文字	S	電路の中性線とは別に保護接地線がある
	C	電路の中性線が保護接地を兼用

図 3.3.1 配電路の接地と機器の保護接地の組合せ

の接地や機器のフレームグラウンド(FG)とは別に接地端子を設けている場合がある[5]．なお，機器フレームグラウンドは，保護接地と機能接地の両方を兼用している場合が多い．

3.3.2 接地インピーダンス

大地は完全導体ではないため，大地に埋設した電極に電流が流れるとその地点の電位が上昇する．上昇した大地の電位と電流の比を接地抵抗といい，図3.3.2のような棒状電極を大地に埋設したときの接地抵抗値 R は，式(3.3.1)で与えられる[6]．

$$R = \frac{\rho}{2\pi l_1}\left(\ln\frac{4l_1}{r}-1\right) \quad [\Omega] \tag{3.3.1}$$

ここで，ρ は大地抵抗率[$\Omega\cdot$m]，l_1 は接地電極の長さ[m]，r は接地電極半径[m]である．接地抵抗を小さくするには，接地抵抗低減材を電極周辺に埋設して等価的に r を大きくしたり，ボーリングなどによって接地電極の埋設深度を深くする，複数の電極を埋設するなどの工法がとられる．

図 3.3.2 のように接地線を接続した機器の電位 V は，電流 I とともに，接地抵抗値と接地線のインピーダンスによる影響を受ける．通常の低圧機器では接地線の長さが数十 m 以下であり，また接地抵抗値も数十 Ω で接地されるので，商用電源のような数十 Hz の周波数では接地抵抗値による電位上昇が支配的である．しかし，雷サージ電流やノイズのような数十 kHz 以上の高周波になると接地線のインピーダンスを無視できず，接地線が長い場合は接地線のインピーダンスが電位上昇の支配要因となる．

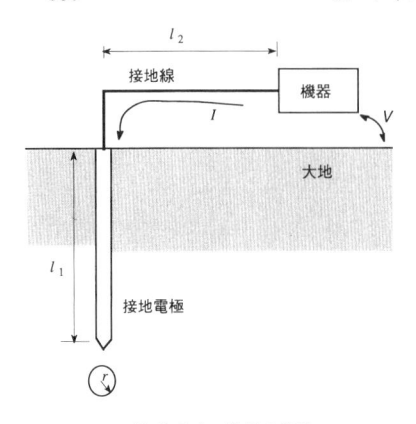

図 3.3.2　機器の接地

3.3.3　装置の接地システム
a.　接地の分離，統合
表 3.3.1 に示したように，目的，用途によってさまざまな接地があり，一つの機器に数種類の接地が設けられることがある．また，同じ種類の接地であっても，機器が離れていれば別々に埋設されることがある．さらに，ビルの鉄骨や鉄筋のようにその一部が大地に埋設されている導体も，接地電極と同様の働きをする．このため機器を柱や床，壁に固定しているボルトが接地箇所になることがある．大地が完全導体ではなく，接地に流れる電流もそれぞれ異なるため，接地を分離すると電位差が発生し，一方，相互に接続すると不要な電流が流れることになる．したがって，どのように接地システムを構成するかということは，機器の設計や設備建設，保守運用において非常に重要な課題である．

図 3.3.1 の TT 配電系のように，日本国内では接地を経由する不要な電流の回り込みを避けるため，用途の異なる接地は別々に設けるという考え方がベースになっている．たとえば通信センタの場合も，図 3.3.3 に示すように，配電系の電力避雷器用接地が別々に設けられている．しかし，このように各種の接地が分離していると，変圧器や整流器，交換機などが雷サージなどの過電圧によって故障しやすいなどの問題が発生し，ディジタル交換機などの導入に伴って，接地を 1 種類に統合した接地システムが導入される方向にある[7]．また，宅内の通信機器においても，電源線と通信線側に避雷器を接地し，その接地を相互に接続するバイパスアレスタ法が用いられている[8]．

欧米においては，図 3.3.1 の TN-S のように配電線に沿わせて保護接地を配線し，その 1 種類の接地に各種用途の接地を接続するシステムを採用している国が多い．

b.　回路の多点接地，一点接地
回路をプリント基板のグラウンド面や機器のフレームに接続する場合の接地は，主

3.3 グラウンディング

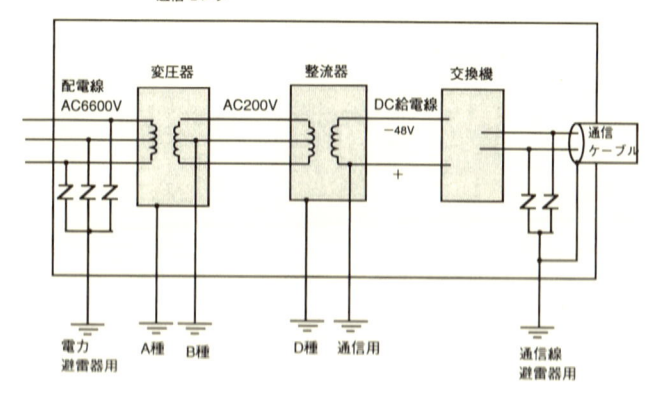

図 3.3.3 通信センタの接地構成例

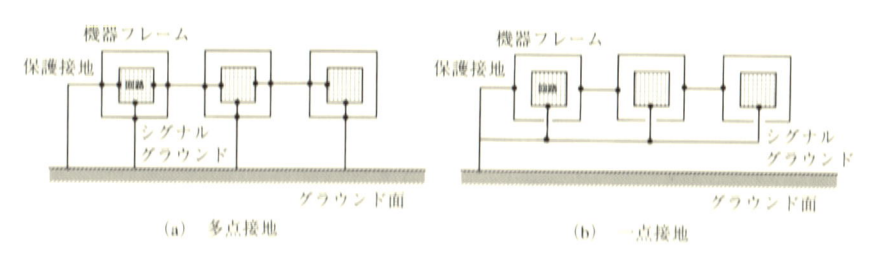

図 3.3.4 回路の多点接地，一点接地の構成例

に機能接地に属する場合が多い．このような機能接地の場合も，用途ごとに接地を分離したり，離れた位置の機器を相互に接続すると，接地の電位差や迷走電流の問題が発生する．このため，接地の基本的な構成方法として，図3.3.4に示すように，電位差発生防止を重視した多点接地と，不要電流の流入防止に重点をおいた一点接地の2種類の方法が用いられている[9]．

多点接地は，複数の機器のフレームや回路の接地をマルチに，しかもできるだけ低インピーダンスで接続し，電位差が発生しないようにする接地システムである．伝送，無線機器などの高周波機器に用いられている．銅板などを接地体に用いても，完全導体でないため，離れた場所や高周波では，接地点の間のインピーダンスによって電位差が発生するのを避けられない場合がある．

一点接地は，その機器または回路を1カ所でのみ接地し，他の部分は絶縁しておくことで，不要な電流を機器や回路に侵入させないことをねらいとしている．数MHzまでの低周波機器やマイクロプロセッサを用いる回路で採用されている．ビル

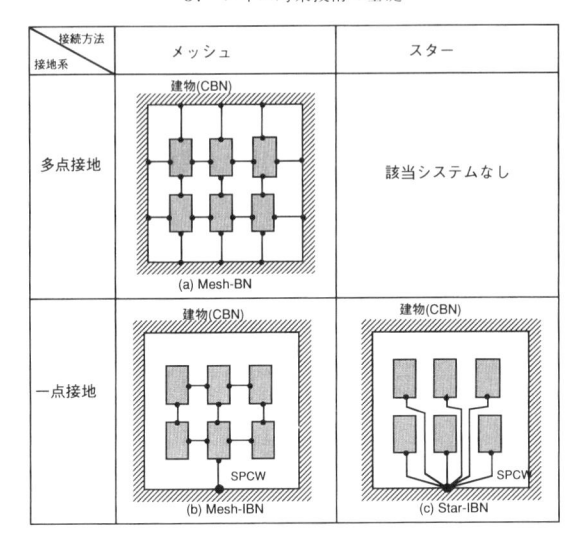

	メッシュ	スター
多点接地	(a) Mesh-BN 建物(CBN)	該当システムなし
一点接地	(b) Mesh-IBN 建物(CBN) SPCW	(c) Star-IBN 建物(CBN) SPCW

図 3.3.5 ITUにおける一点接地と多点接地の分類
CBN：common bonding network, IBN：isolated bonding network,
SPCW：single point connection window

内のすべての機器や回路を一つの一点接地で構成するのは困難であり，部分的に一点接地を構成せざるをえない．このため，異なる接地系の機器や回路との間に電位差が発生する場合がある．

なお，国際電気通信連合(ITU)では，多点接地と一点接地を組み合わせた接地システムについて，図3.3.5に示すような分類を示している[10]．

以上のような多点接地と一点接地の考え方は，プリント基板のグラウンドなどの小さな規模から各種ユニットを一つのフレーム内に収容する場合，ビル内に機器を据え付ける場合などの大規模なものまで，さまざまなケースにおいて採用されている．

（佐藤正治）

文　　献

1) 川瀬太郎，高橋健彦：図解 接地技術入門，オーム社，1991．
2) 資源エネルギー庁公益事業部編：水力，火力，電気設備の技術基準の解釈(平成9年度版)，文一総合出版，1997．
3) IEC 950/Amendment 3：Safety of Information Technology Equipment, Including Electrical Business Equipment, 1995．
4) JIS-A 4201：建物等の避雷設備．
5) 佐藤正治：通信装置用機械室のグランディング技術，ミマツデータシステム電磁環境工学情報 EMC，No. 49, 68-78, 1992．
6) Sunde, E. D.：Earth Conduction Effects in Transmission System, Dover Publications, 1968．

7) 濃沼健夫ほか：センタビル用の新しい接地構成の概要，NTT R & D, 39(8), 1141-1146, 1990.
8) 羽鳥光俊：ローカル給電された宅内通信機器の雷防護に関する研究調査，電気通信普及財団助成研究調査報告書，No.2, 1988.
9) Denny, W. : Grounding for the Control of EMI, Don Whitfe Consultante, 1983.
10) ITU Recommendation K. 27 : Bonding Configuration and Earthing Inside a Telecommunication Building, 1991.

3.4 シールド

電磁波の空間伝搬経路を遮ることにより電磁環境を制御するシールド技術は，EMC対策技術の中で最も重要なものの一つである．

シールドの目的は，特定の領域に外部からの不要な電磁波の侵入を防ぐこと，またはその逆に，領域外への電磁波ノイズの漏えいを防止することである．この二つの側面は，電磁気学の相反定理によって，同時に達成される性質のものであることが示される．たとえば，電子機器からの放射電磁波ノイズをシールドによって抑えれば，同時に外部からの電磁波が機器内部に侵入しにくくなる．したがって，どちらか一方向のシールドについて議論すれば，双方向を議論したのと等価になる．

本節では，まず，シールドの評価尺度に用いられるシールド効果の定義を述べ，次に，シールドの働く機構を分類し，定性的に説明する．さらに，近接界に対する平板シールドの厳密な計算法と，それに基づく計算結果を紹介する．

3.4.1 シールド効果の定義

シールドがどれほどの効果を有するのかを数値で表すために，一般に，シールド効果（SE : shielding effectiveness または shielding efficiency）が用いられる．SEは，基本的には入射波の透過減衰量として定義される．SEの定義に基づいて，各種測定法が提案され実際に用いられている[1]．

図3.4.1のように，ある観測点において，シールドを施す前の電磁界を(E_0, H_0)とする．次に，シールドを施して入射波の進路を遮ったときの同じ点における電磁界を

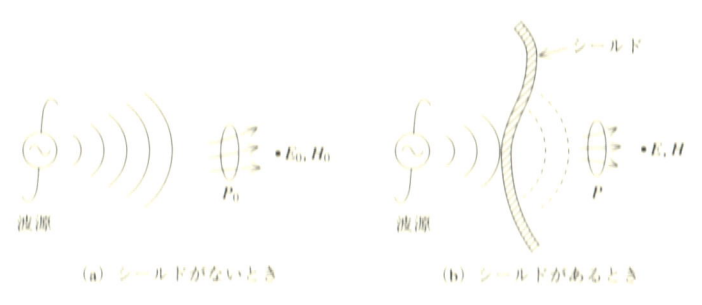

(a) シールドがないとき　　(b) シールドがあるとき

図3.4.1　シールドによる電磁界の変化

(E, H) とし,これが,もとの電磁界の定数倍 (TE_0, TH_0) で表されるならば,SE は式(3.4.1)で与えられる.

$$\mathrm{SE} = -20\log_{10}|T| \quad [\mathrm{dB}], \qquad T:透過係数 \qquad (3.4.1)$$

これは電界,磁界がその分布の形を変えずに同一の比率で一様に減衰を受ける場合である.たとえば,無限平板シールドに平面波が入射する場合や,同軸管または導波管に隙間なく装荷されたシールド材試験片に特定のモードの進行波が入射する場合,あるいは,線波源から放射される円筒波が,波源を中心軸とする円筒形シールド材に入射する場合などがこれにあたる.このとき,以下の電界,磁界,電力による SE の定義

$$\mathrm{SE}_E = -20\log_{10}\left|\frac{E}{E_0}\right| \quad [\mathrm{dB}] \qquad (3.4.2)$$

$$\mathrm{SE}_H = -20\log_{10}\left|\frac{H}{H_0}\right| \quad [\mathrm{dB}] \qquad (3.4.3)$$

$$\mathrm{SE}_P = -10\log_{10}\frac{P}{P_0} \quad [\mathrm{dB}] \qquad (3.4.4)$$

はいずれも式(3.4.1)の定義と等価になる.ただし,P_0,P はそれぞれ,シールドを施す前と施した後における,空間内の特定の面を通過する電力である.しかし,式(3.4.2)～(3.4.4)の SE が等しくなるのは,一定の条件を満たす特殊な場合に限られており,一般にはすべて異なる値をとる.

また,式(3.4.2)～(3.4.4)のうちのいずれか一つの SE に限定した場合においても,波源の種類や観測点の位置,測定系や測定器具の構造などが変われば,SE の値は一般に異なってくる.このように,SE は測定条件に大きく依存する量であり,シールド材に固有のパラメータではないことに注意する必要がある.

3.4.2 シールドの機構

以下に,シールドの機構の分類と,それらの定性的な説明を述べる.

a. 電界シールド

静電界または準静電界は,金属や導電性材料で囲むことで容易にシールドされる.これは,印加電界を打ち消すような電荷分布がシールドの表面に現れるためである.図 3.4.2(a)に示すように,導体 0 の影響が二つの導体 1,2 に及ばないようシールドを施す場合の等価回路は,同図の容量性結合で表される.シールドつまり導体 s で徐々に導体 1,2 を包囲していくと,C_{s1},C_{s2},C_s および C_{s0} が増加する一方で,C_{10},C_{20},C_1,C_2 はゼロに近づく.したがって,シールドで完全に包囲したときの極限は $V_1 = V_s$,$V_2 = V_s$ となり,電位差 $V_1 - V_2$ はゼロになるが,電位そのものは $V_s = V_0 \cdot C_{s0}/(C_{s0} + C_s)$ でありゼロにならない.つまり,シールド内部の 2 点間の電位差を小さくできるが,それぞれの点の電位は変動する.電位そのものをゼロにしたい場合にはシールドを接地する.

b. 周波数が高くなるにつれ,シールド表面に現れた電荷の移動によりシールド

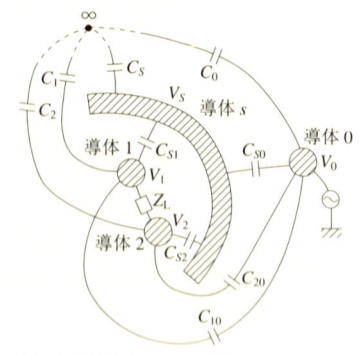

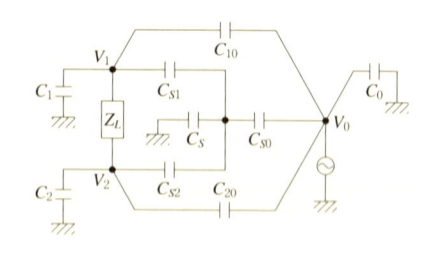

(a) 容量性結合による電界シールドモデル　　　　　(b) 等価回路

図 3.4.2 静電界シールドのモデルと等価回路

上の電流が増加する．したがって，シールドの面抵抗が高いほど，電圧降下が大きくなる結果，高周波側で電界シールド効果が低下する．この様子を等価回路で定性的に表すと，図3.4.3となる．ここで，Z はシールド筐体をアンテナと見立てたときのアンテナインピーダンスであり，低周波域では容量性である．外部電界 E が加わると，アンテナ実効長 h_e と E との積に等しい起電力が生じる．その結果，アンテナ電流がシールドの面抵抗 R_s に流れ，電圧降下によってシールドの内側表面に電界が生じる．つまり，シールドの内側の電界は R_s の両端電圧に対応する．また，この等価回路では考慮していないが，高周波数になると表皮効果によりシールドの外側表面に電流が集中する結果，シールド効果は再び上昇に転じる．

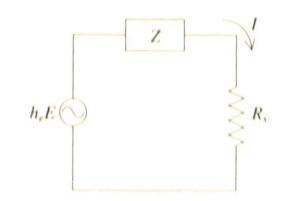

図 3.4.3 変動電界に対するシールドの等価回路

b. 磁気シールド

静磁界あるいは低周波磁界をシールドするためには，磁性体や超伝導体のおおいが必要である．ここで，磁性体と超伝導体ではシールドの機構が異なる．

磁性体は自由空間に比べて磁力線を通しやすいために（透磁率が高いため），もともと自由空間を通過していた磁力線をその近傍に置かれた磁性体が引き込み，磁力線のバイパスを提供する．その結果，問題とする領域への磁界の侵入が希薄になる，というのが磁性体による磁気シールドの機構である．たとえば，半径 R，厚さ t で比透磁率 μ_r の球殻による一様磁界のシールド効果は近似的に

$$\mathrm{SE}_H \approx 20\log_{10}\left(1 + \frac{2\mu_r t}{3R}\right) \quad [\mathrm{dB}] \tag{3.4.5}$$

で与えられる[2]．

磁性体シールドで，高透磁率材料を用いても比透磁率はたかだか 10^6 オーダーであ

り，磁気飽和の問題もあり，1層のみでは高いシールド効果は期待できない．そこで，高度なシールドが要求される場合には多層シールドを用いる．その場合，磁界の強い側には飽和磁束密度の高い材料を用い，磁界の弱い側には透磁率の高い材料を用いる．また，高度な静磁界シールドを行う場合には，強磁性体の残留磁化の影響を避けるため，設置状態で交流磁界による消磁を施す．シールド層自体に交流電流を流すことによっても消磁が可能である[3]．

一方，超伝導体にはマイスナー効果と呼ばれる磁界を排斥する性質があり，磁力線は超伝導体内部に入り込むことができない．したがって，もともと超伝導体が置かれる前の空間を通過していた磁力線は超伝導体に阻止され，その外側を迂回する結果，超伝導体で囲まれた領域への磁界の侵入が抑えられる．

超伝導シールドは，強磁界あるいはきわめて微弱な磁界を問題とする場合の高度な磁気シールドに用いられる[4〜6]．超伝導は本来低温での現象であったが，酸化物高温超伝導体の登場により，大がかりな冷却装置を用いなくても液体窒素冷却のみで，容易に超伝導磁気シールドを利用できるようになった．超伝導シールドには通常，第2種超伝導体が用いられ，したがって，印加磁界がある臨界値を超えると磁束が徐々に超伝導体に侵入する．その場合，侵入した磁束(磁束量子)が超伝導体内を動き回るのを止める効果(ピン止め効果)の高い材料が望ましい．

図3.4.4に，印加磁界の磁力線(a)が，(b)磁性体シールド，(c)超伝導シールドに

(a) 印加磁界(磁力線)　(b) 磁性体シールド　(c) 超伝導シールド

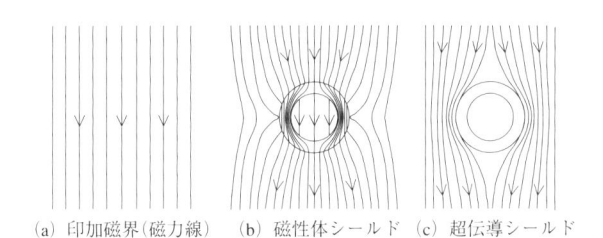

図 3.4.4　磁気シールド材料と磁界の様子

よってそれぞれシールドされる様子を概念的に示す．

c. 誘導電流によるシールド

低周波磁界に対し，非磁性金属はシールドとしてほとんど機能しないが，周波数が高くなるにつれて(たとえばkHz以上で)，磁界シールド効果が現れる．これは，ファラデーの電磁誘導の法則に従い，磁界の変化を弱める方向に誘導電流が生じるためである．

外部磁界の時間変動による起電力を V，シールドケースのインダクタンスおよび抵抗を L, R とすれば，シールドに流れる電流は定性的には図3.4.5の等価回路より求められる．ここで，もしも $R=0$ ならば，磁束が時間的に変化しなくなるような，

完全なシールド電流が生じるが，実際には R が 0 でない有限の値をもつため，低周波において電流が頭打ちになる．その結果，磁気シールド効果は低周波においてゼロに近づく．

図 3.4.5 の等価回路表現は，図 3.4.3 とあわせて，有限の大きさをもつシールド筐体の特性を定性的に理解するうえで有用である[7]．

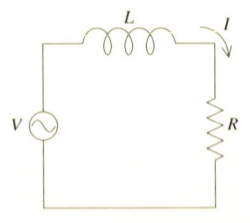

図 3.4.5 誘導電流による磁界シールドの等価回路

d. 反射と吸収によるシールド

シールドの大きさに比べて波長が短くなるような高周波領域においては，シールドの機構をシールド媒質境界での反射および媒質中での吸収で説明することができる．この機構の説明には伝送線路モデルが用いられる．同モデルでは，自由空間内に置かれた厚さ d のシールドを，伝送線路上に挿入された長さ d の異種伝送線路区間で表す．

いま，無限平板シールドの表面に対して垂直に平面波 (遠方界) が入射する場合を考える．このときのシールド効果 SE は，8.7.2 項で説明する伝送線路モデルにおける透過係数 T から導くことができる．その結果はいわゆるシェルクノフ (Schelkunoff) の式と呼ばれ，次のように表される．

$$\mathrm{SE} = -20\log_{10}|T| = A + R + B \quad [\mathrm{dB}] \quad (3.4.6)$$

$$A = 8.686\,\mathrm{Re}(\gamma)d \quad [\mathrm{dB}] \quad (3.4.7)$$

$$R = 20\log_{10}\left|\frac{(1+K)^2}{4K}\right| \quad [\mathrm{dB}] \quad (3.4.8)$$

$$B = 20\log_{10}\left|1 - \frac{(1-K)^2}{(1+K)^2}e^{-2\gamma d}\right| \quad [\mathrm{dB}] \quad (3.4.9)$$

ここで，A, R, B をそれぞれ，吸収損，反射損，多重反射項と呼ぶ．$K(=Z_s/Z_0)$ は，シールド材の固有インピーダンス Z_s と自由空間の固有インピーダンス Z_0 との比，γ ($=j\omega\sqrt{\varepsilon_0\varepsilon_r\mu_0\mu_r}$) はシールド材中における伝搬定数である．

自由空間の固有インピーダンス Z_0 の代わりに，波源のつくる電磁界の波動インピーダンス Z_w を用いることで，シェルクノフの式を波源の近接界のシールド問題に適用することができる．たとえば，電気ダイポールまたは磁気ダイポールを波源とする場合，波源から r 離れたシールドの位置における波動インピーダンス (横断面内電磁界の比) Z_w は，$r \ll \lambda$ のもとで

$$Z_w = \begin{cases} \dfrac{1}{j\omega C}, & C = \varepsilon_0 r \quad (\text{電気ダイポール}) \\ j\omega L, & L = \mu_0 r \quad (\text{磁気ダイポール}) \end{cases} \quad (3.4.10)$$

となる．この場合，波面とシールドの形状とが一致する問題，すなわち，点波源からの球面波に球殻シールドを施す問題や，線波源から生じる円筒波に円筒シールドを施す問題などにおいては，正確に適用される[8]．

一方，シールドの形状と波面とが一致しない場合でも，一般に，シェルクノフの式が利用されている．しかし，その場合は近似的な扱いとなるので妥当性に注意する必要がある．たとえば，無限平板シールドとループ電流のモデルに対しては，仮想的にシールドの位置を変更するなど，一定の仮定を設ければ適用可能であることが示されている[9]．しかし，そのような適用が常に妥当とは限らない．一方，無限平板シールドに関していえば，電磁界を平面波に分解することで正確に議論できる．無限平板の厳密な扱いについては 3.4.3 項で述べる．

e. 形状によるシールド

高いシールド効果を得るためには，特定の領域を切れ目のないシールド材によって完全に包囲することが理想である．しかし，現実には，電気的入出力，放熱，可視性，操作性などの要請から，開口を完全になくすことはむずかしい．そこで，シールドの形状や開口によるシールド特性を考えてみる．

まず，金属板上の孔(開口)について考える．孔からの電磁波の漏えい電力は，照射電磁波の電力密度と孔の実効面積との積で与えられる．ここで孔の実効面積とは，おおまかにいえば，孔の幾何学的な面積に，波長 λ と孔の最大寸法 D との比で決まる係数を掛けたものである．この係数は高周波領域($\lambda \ll D$)ではほぼ 1 となるが，低周波領域($\lambda \gg D$)では 1 よりはるかに小さくなる．その結果，$D/\lambda \gtrsim 1$ ならば電磁波は開口を容易に透過するが，$D/\lambda \ll 1$ ならば電磁波はほとんど透過しない．$D/\lambda \ll 1$ なる小孔からの漏えいの定性的な説明は，印加電界・磁界 E_i，H_i によって孔が電気分極・磁気分極を起こし，その結果生じる電気・磁気ダイポール p_e，p_m が透過波を放射するというものである．ここで，$D/\lambda \ll 1$ の場合，孔の電気・磁気分極率は D^3 に比例する．その結果，一つの孔を透過する電力は D^6 に比例する．これらの過程は，円形孔の場合，式(3.4.11)，(3.4.12)で表される．

$$p_e = \varepsilon_0 \alpha_e E_i, \quad \alpha_e = \frac{1}{12} D^3 e^{-4.810 t/D} \qquad (3.4.11)$$

$$p_m = \mu_0 \alpha_m H_i, \quad \alpha_m = -\frac{1}{6} D^3 e^{-3.682 t/D} \qquad (3.4.12)$$

ここで，E_i，p_e のベクトルとしての方向は金属板に垂直であり，H_i，p_m は金属板に平行である．また，t は金属板の厚さであり，t を含む指数関数のファクタが表すように，金属板が厚くなると電磁波は孔を透過しにくくなる．これは，孔を短い導波管と考えれば，通常，その導波管は問題とする波長に比べ細いので，非伝搬となっている．したがって，入射波により励振される導波管モード(非伝搬)が厚さの距離だけ進んだ際の減衰項 $e^{-\alpha t}$(α：減衰定数，t：シールドの厚さ)が付け加わることになる．

次に，シールドケースの形状について考える．シールドケースを導波管の 1 区間とみなせるならば，そのサイズによって遮断周波数が決まり，それ以下の周波数では電磁波が伝搬できなくなるため，電磁界が距離に対して指数関数的に減衰し，シールド効果を生じる．たとえば，微弱な脳磁場の測定のために，被験者の頭部にかぶせる超伝導磁気シールドが開発されている[10]．これは，片側に開口をもつ内半径 a の円

筒シールドである．開口面上に環境からの低周波磁界が印加されると，管軸に垂直な磁界は TE_{11} モード(遮断波長 $\lambda_c = 3.41\,a$)，管軸に平行な磁界は TE_{01} モード($\lambda_c = 1.64\,a$)をそれぞれ主に励振する．ここで，非伝搬モードの管軸方向に対する減衰定数 α は

$$\alpha = \frac{2\pi}{\lambda_c}\sqrt{1-\left(\frac{\lambda_c}{\lambda_0}\right)^2} \quad (3.4.13)$$

で与えられる．低周波領域($\lambda_0 \gg \lambda_c$)では上式の根号の値はほぼ1に等しくなる．結果として，開口からシールドの奥へ管軸に沿って a だけ遠ざかる際の磁界の減衰量[dB/radius]は，シールドに欠陥がなければ，管軸に垂直な印加磁界に対しては16 dB/radius，管軸に平行な印加磁界に対しては33 dB/radius となる．印加磁界の方向が任意ならば，侵入する磁界の減衰特性として，減衰の遅い方(前者)が優勢となる．

f．ケーブルのシールド

ケーブルを介する電磁気的結合の機構には主として以下のものがあげられる．
① ケーブルの信号線への容量性結合
② ケーブルの電流の往路と帰路が囲む面を通る磁束の時間変化による誘導性結合
③ ケーブルに誘起された電流と，ケーブルの導線の電気抵抗から生じる電圧降下による結合(コネクタの接触抵抗によるものを含む)
④ 機器のシールドを通過するケーブルによる，機器の内外の電磁気的結合

平衡信号の形式を用いれば上記の③は同相成分抑圧により改善される．その際に平衡2線ではなくツイステッドペアケーブルを用いれば①と②の結合を低減できるが，さらに①～④のすべてに効果のあるシールドケーブルの使用が基本となる．一方，不平衡信号の伝送には，シールドケーブル(同軸ケーブルを含む)の使用は不可欠といえる．コネクタのアースの役割は，ケーブルをシールドするために必要なシールド電流を供給することであると解釈できる．コネクタのアースの接触抵抗が大きいと，シールド電流によって生じる電圧降下が信号に混入することになる．シールド層をもたないフラットケーブルの場合は，信号線とグラウンド線を交互にすることでシールド性能をもたせる．

ケーブルが機器のシールドに設けた小孔を電気的接触なしに通過して機器の内外を連絡する場合には，本来，波長に比べて小さいために電磁波がほとんど通過しないはずの孔を，電磁波が容易に通過するようになる(上記④)．これは，孔とケーブルとが多導体系を構成し，多導体系は TEM 伝送が可能な結果，単独の孔にみられた遮断特性が消失するためである．対策にはコモンモード電流抑制用のフェライトコアが用いられる．

無線機器相互を結ぶケーブルなどをシールドする方法としては，電線鎧装や電線管の利用がある．鎧装には鋼またはアルミニウム製が用いられている．電線鎧装の目的は，ケーブルの機械的保護から，ケーブルのシールドに移行している．また，電線管はケーブルのシールドのために用い，鋼，アルミニウム，銅または銅張り鋼などを使用する．鋼は低周波磁界に対するシールドとして有効である[1]．

3.4.3 無限平板シールドとダイポール波源のモデル

シールド材を評価する際のシールドの基本型は平板であり、それに加える電磁波が遠方界(平面波相当)であるか、近接界(電界波、磁界波)であるかによって、また、観測点の定め方によって、SE の値は異なったものとなる。したがって、シールド材評価法の理論的基礎を与えるためには、各種条件における SE を正確に計算できる理論式が必要である。ところが、シェルクノフの式から求められる近接界 SE は平板シールドについては近似であるため、基礎とするには不十分である。そこで、無限平板シールドのかたわらにダイポール波源を仮定した図 3.4.6 のモデルにおいて、その厳密な電磁界の積分表示式が求められた[12]。あらゆる波源は電気・磁気ダイポールの分布として表現できることから、波源は任意方向の電気または磁気ダイポールとしている。

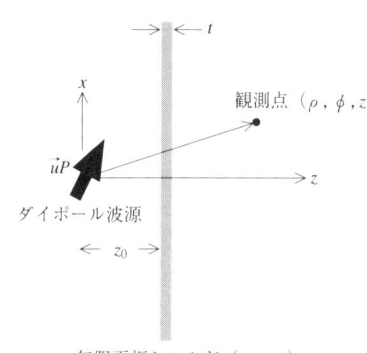

円筒座標系 (ρ, ϕ, z) を用い、原点上に単位ベクトル $\vec{u}$ の方向をもつ電気ダイポール $\vec{u}P$ を置く。また、$z_0 \geq z \geq z_0 + t$ に厚さ t の無限平板シールドを仮定する。このとき、$z > z_0 + t$ なる任意の観測点 (ρ, ϕ, z) における電界・磁界は式(3.4.14)となり、z_0 の値によらない。

図 3.4.6 無限平板シールドとダイポール波源のモデル

$$\begin{Bmatrix} E_\rho/E_0 \\ E_\phi/E_0 \\ E_z/E_0 \\ H_\rho/H_0 \\ H_\phi/H_0 \\ H_z/H_0 \end{Bmatrix} = \int_0^\infty T_{\mathrm{TE}}(\xi) \begin{Bmatrix} u_\rho \dfrac{J_1(\xi\bar\rho)}{\zeta\bar\rho} \\ u_\phi \dfrac{\xi J_1'(\xi\bar\rho)}{\zeta} \\ 0 \\ j u_\phi \xi J_1'(\xi\bar\rho) \\ -j u_\rho \dfrac{J_1(\xi\bar\rho)}{\bar\rho} \\ -j u_\phi \dfrac{\xi^2 J_1(\xi\bar\rho)}{\zeta} \end{Bmatrix} e^{-\zeta z} d\xi$$

$$+ \int_0^\infty T_{\mathrm{TM}}(\xi) \begin{Bmatrix} -u_\rho \xi \zeta J_1'(\xi\bar\rho) + u_z \xi^2 J_1(\xi\bar\rho) \\ -u_\phi \dfrac{\zeta J_1(\xi\bar\rho)}{\bar\rho} \\ u_\rho \xi^2 J_1(\xi\bar\rho) + u_z \dfrac{\xi^3 J_0(\xi\bar\rho)}{\zeta} \\ j u_\phi \dfrac{J_1(\xi\bar\rho)}{\bar\rho} \\ -j u_\rho \xi J_1'(\xi\bar\rho) + j u_z \dfrac{\xi^2 J_1(\xi\bar\rho)}{\zeta} \\ 0 \end{Bmatrix} e^{-\zeta z} d\xi \quad (3.4.14)$$

ただし，$E_0=k_0{}^3P/4\pi\varepsilon_0$，$H_0=E_0/\eta_0$，$\tilde{\rho}=k_0\rho$，$\tilde{z}=k_0z$，$\zeta=\sqrt{\xi^2-1}$ である．ここで，η_0 は自由空間の固有インピーダンスである．また，波源が磁気ダイポール $\vec{u}M$ のときは

$$\begin{pmatrix} H_\rho/H_0 \\ H_\phi/H_0 \\ H_z/H_0 \\ E_\rho/E_0 \\ E_\phi/E_0 \\ E_z/E_0 \end{pmatrix} = \int_0^\infty T_{\mathrm{TM}}(\xi) \begin{Bmatrix} u_\rho \dfrac{J_1(\xi\tilde{\rho})}{\zeta\tilde{\rho}} \\ u_\phi \dfrac{\xi J_1'(\xi\tilde{\rho})}{\zeta} \\ 0 \\ -ju_\phi \xi J_1'(\xi\tilde{\rho}) \\ ju_\rho \dfrac{J_1(\xi\tilde{\rho})}{\tilde{\rho}} \\ ju_\phi \xi^2 \dfrac{J_1(\xi\tilde{\rho})}{\zeta} \end{Bmatrix} e^{-\zeta\tilde{z}} d\xi$$

$$+ \int_0^\infty T_{\mathrm{TE}}(\xi) \begin{Bmatrix} -u_\rho \xi\zeta J_1'(\xi\tilde{\rho}) + u_z \xi^2 J_1(\xi\tilde{\rho}) \\ -u_\phi \dfrac{\zeta J_1(\xi\tilde{\rho})}{\tilde{\rho}} \\ u_\rho \xi^2 J_1(\xi\tilde{\rho}) + u_z \dfrac{\xi^3 J_0(\xi\tilde{\rho})}{\zeta} \\ -ju_\phi \dfrac{J_1(\xi\tilde{\rho})}{\tilde{\rho}} \\ ju_\rho \xi J_1'(\xi\tilde{\rho}) - ju_z \dfrac{\xi^2 J_1(\xi\tilde{\rho})}{\zeta} \\ 0 \end{Bmatrix} e^{-\zeta\tilde{z}} d\xi \quad (3.4.15)$$

ただし，$H_0=k_0{}^3M/4\pi\mu_0$，$E_0=\eta_0 H_0$ である．

以上の式は，ダイポールのつくる電磁界を平面波の重ね合わせで表し，個々の平面波がシールドによって受ける振幅と位相の変化を考慮して導出された．ここで，$T_{\mathrm{TE}}(\xi)$，$T_{\mathrm{TM}}(\xi)$ は平面波の複素透過係数であり，式(3.4.16)，(3.4.17)で与えられる．

$$T_{\mathrm{TE}}(\xi) = \dfrac{e^{(\zeta-\zeta_m)\tilde{l}}}{1-\dfrac{(\mu_r\zeta-\zeta_m)^2}{4\mu_r\zeta\zeta_m}(e^{-2\zeta_m\tilde{l}}-1)} \quad (3.4.16)$$

$$T_{\mathrm{TM}}(\xi) = \dfrac{e^{(\zeta-\zeta_m)\tilde{l}}}{1-\dfrac{(\varepsilon_r\zeta-\zeta_m)^2}{4\varepsilon_r\zeta\zeta_m}(e^{-2\zeta_m\tilde{l}}-1)} \quad (3.4.17)$$

ただし，$\zeta_m=\sqrt{\xi^2-\varepsilon_r\mu_r}$，$\tilde{l}=k_0l$ である．同式の数値積分計算により，シールド効果の計算を行った．

図3.4.7は，厚さ1mmのアルミニウム板の電界シールド効果 SE_E を周波数の関数として示している．波源は xy 面に平行な電気ダイポール P_t，xy 面に垂直な電気ダイポール P_1，または xy 面に平行な磁気ダイポール M_t とし，観測点は z 軸上の点 $z=1$ cm, 10 cm, 100 cm と変えている．点線は垂直入射平面波に対する SE を示している．これらはすべて同一のシールド材が示す電界シールド効果であるが，設定条件によってまったく異なった値となる．

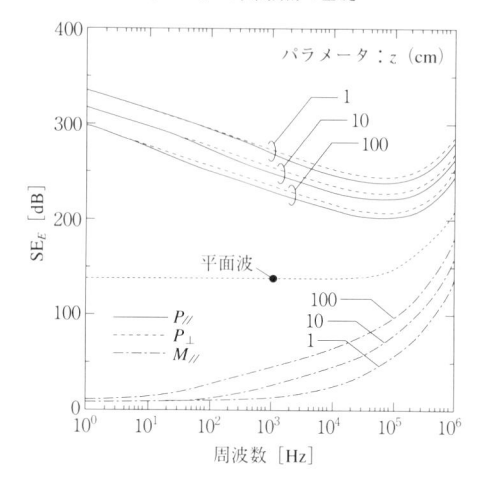

図 3.4.7 1mm アルミニウム板の SE_E

　図 3.4.8 は，x 方向の磁気ダイポールと 1mm 厚アルミニウムシールドを仮定したときの，xz，yz 平面上の各観測点での電界シールド効果 SE_E を等値線で表している．周波数は 100 kHz とした．観測点によっては SE_E の値が大幅に変化することがわかる．

　以上より，シールド効果 SE は設定条件に強く依存する量であることがわかる．し

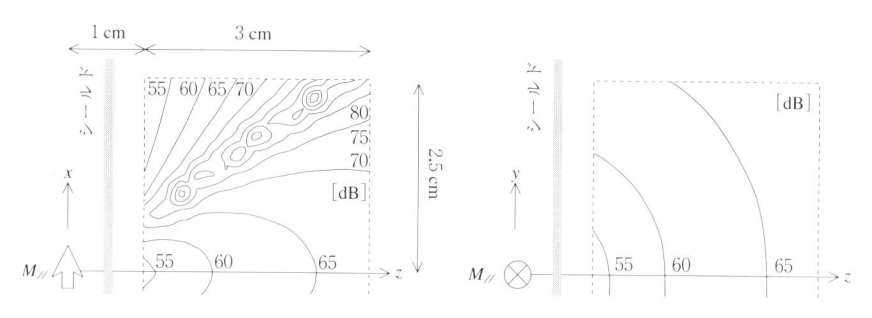

図 3.4.8 $M_{//}$ に対する 1mm アルミニウム板の SE_E 分布

たがって，シールド材をシールド効果で評価する際には，測定法・測定条件を明示する必要があり，比較は同じ条件下で行わなければならない．また，ダイポール近接界の波動インピーダンスが平板シールドを透過することによって大きく変化することが知られている[13]．この事実は，シェルクノフの式を近接界に適用する際の仮定とは相いれない．

〔西 方 敦 博〕

文　献

1) ノイズ対策最新技術編集委員会編：ノイズ対策最新技術，総合技術出版，pp. 31-32, 1986
2) Thomas, A. K.：Magnetic shield enclosure design in the DC and VLF region, *IEEE Trans.*, **EMC-10**, 142-152, 1968
3) 太田安貞ほか：ループギャップ共振器を用いた超小型水素メーザの開発，電子情報通信学会論文誌 C-I, **J 74-C-I**(6), 222-230, 1991
4) Nishijima, S. *et al.*：Magnetic shielding network with superconducting wires, *IEEE Trans. Magn.*, **23**(2), 611-614, 1987
5) 高原秀房ほか：生体磁気計測用酸化物超伝導磁気シールドの研究開発，応用物理，**59**(8), 1057-1064, 1990
6) 伊藤峯雄：高温超伝導体の磁気シールドへの応用，応用物理，**60**(5), 478-481, 1991
7) Bridges, J. E.：An update on the circuit approach to calculate shielding effectiveness, *IEEE Trans.* **EMC-30**(3), 1988
8) Schelkunoff, S. A.：Electromagnetic Waves, Van Nostrand, pp. 303-312, 1943
9) Moser, J. R.：Low-frequency shielding of a circular loop electromagnetic field source, *IEEE Trans.*, **EMC-9**(1), 1967
10) Hoshino, K. *et. al.*：Large vessels of high Tc Bi-Pb-Sr-Ca-Cu-O superconductor for magnetic shield, *Jpn. J. Appl. Phys.*, **29**(8), L 1435-L 1438, 1990
11) 荒木庸夫：電磁妨害と防止対策，東京電機大学出版局，pp. 146-147, 1977
12) Nishikata, A. and Sugiura, A.：Analysis for electromagnetic leakage through a plane shield with an arbitrarily oriented dipole source, *IEEE Trans. Electromagn. Compat.*, **34**(3), 284-291, 1992
13) 西方敦博ほか：無限平板シールドによる電磁波源の変換作用，信学論，**J 79-B-II**(5), 291-298, 1996

3.5　吸　　　収

　本節では，電波の吸収について，まず吸収の原理と材料について説明し，次にこれらを用いた各種電波吸収体の概要について説明し，さらに各種の電波吸収体の設計法について解説する．

3.5.1　エネルギーの吸収と吸収材料

a．エネルギーの吸収

　平面波が自由空間を伝搬する場合にはほとんど減衰しないが，図3.5.1に示すように誘電損失体や磁性損失体のような媒質を伝搬する場合には，その材料の電気的特性により大きく減衰する．すなわち，損失媒質においては，誘電率および透磁率が $\varepsilon = \varepsilon' - j\varepsilon''$ および $\mu = \mu' - j\mu''$ と複素数になり，また導電率 (σ) が有限な値をとることから，マクスウェルの方程式から導出される平面波解において，伝搬定数 $\gamma = \beta - j\alpha$

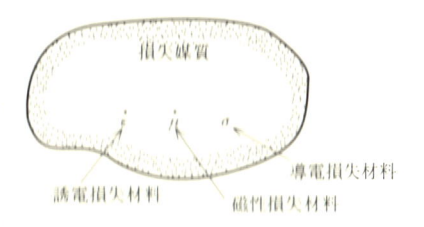

図3.5.1　損失媒質

は複素数となる．そして，電磁波の減衰には，この伝搬定数中に含まれる減衰定数 α が大きく影響する．一般に解析的に α を求めようとすると複雑になるが，一例として $\dot{\varepsilon}$ と $\dot{\mu}$ が実数および σ がゼロの場合には，α はゼロになり，電磁波は減衰することはないが，$\dot{\varepsilon}=\varepsilon'-j\varepsilon''$，$\mu$（実数）および $\sigma=0$ の場合には，α は式(3.5.1)のようになり，ε'' が存在することにより電磁波は減衰することになる．

$$\alpha = \sqrt{\frac{\omega^2 \varepsilon' \mu}{2}} \left\{ \sqrt{1+\left(\frac{\varepsilon''}{\varepsilon'}\right)^2} -1 \right\}^{1/2} \tag{3.5.1}$$

以上一例について述べたが，電磁波は損失媒質中において ε''，μ'' および σ の効果により減衰し，そのエネルギーは熱に変換される．そしてこの観点から電波の吸収は，電磁波の減衰（吸収）が以下に示すどの要因に大きく起因するかにより3種類に分類できる．なおこの場合，単位面積あたりの電波吸収エネルギー $P[\mathrm{W/m^2}]$ は電界および磁界を $\boldsymbol{E}$ および $\boldsymbol{H}$ とした場合，次のように表される．

① 誘電損失：ε'' に起因するもの　　$P=\dfrac{1}{2}\omega\varepsilon''|\boldsymbol{E}|^2$

② 磁性損失：μ'' に起因するもの　　$P=\dfrac{1}{2}\omega\mu''|\boldsymbol{H}|^2$

③ 導電損：σ に起因するもの　　$P=\dfrac{1}{2}\sigma|\boldsymbol{E}|^2$

ただし，高周波においては，式(3.5.2)に示すように ε'' と σ を分けて論じられなくなることから，どちらの損失が支配的であるかにより，導電損失材料か誘電損失材料かを分類している．

$$\begin{aligned}(\beta-j\alpha)^2 &= \omega^2 \varepsilon' \mu - j\omega^2\mu\left(\varepsilon''+\frac{\sigma}{\omega}\right) \\ &= \omega^2\varepsilon'\mu - j\omega^2\mu\varepsilon''_t \end{aligned} \tag{3.5.2}$$

ここで，

$$\varepsilon''_t = \varepsilon'' + \frac{\sigma}{\omega}$$

b. 吸収材料

吸収材料として使用される材料は多種にわたっているが，ここでは前述した吸収機構から，次のように三つに分類して説明する．

ⅰ) 導電損失材料　　抵抗体に電流を流すと流れる電流により熱が発生する．これと同じように，導電率 σ の有限な媒質の電界が印加されると導電電流が流れ，電磁波のエネルギーは熱に変換される．この材料では，先に示した式(3.5.2)の関係が成り立ち，高周波領域においてもきわめて ε'' が小さい誘電損失材料と表現してもよい．

このような導電損失材料には，導電性繊維を布状に織り上げた布や酸化インジウムすずを蒸着した誘電体シートなどがある．また，これらは抵抗皮膜と呼ばれ，その電気的特性は，厚さの無視できる正方形状の抵抗として，面抵抗値($\Omega\square$)で表される．なお，これら面抵抗値の測定法には四端子法などがある．

ii） **誘電損失材料**　高周波領域では，媒質の複素誘電率の虚部は，式(3.5.2)に示したようにε''とσから表され，周波数が高くなるほど，これらを分けて論じることができなくなることから，加えた電界により生じる誘電分散による吸収と導電電流による吸収を合わせて表現する．そしてこのような吸収材料としては，カーボン粒子を混入したゴムシート，グラファイト含有発泡ポリスチロール，カーボン含有発泡ウレタンなどがある．ここで，特にグラファイト含有発泡ポリスチロールについては，グラファイト含有量や周波数の変化に対する複素比誘電率の実験式が示されており，電波暗室(3.5.3項(b)参照)用の広帯域性を有する多層構成吸収体に用いられている．

iii） **磁性損失材料**　誘電損失材料は，加えた電界により電波を吸収するのに対し，磁性損失材料においては，加えた磁界により吸収される．この種の材料としてフェライトは，最も代表的なものである．すなわち，フェライトの複素比透磁率の実部μ_r'と虚部μ_r''の周波数特性を観察すると図3.5.2のようになる．ここで注目すべきは，特に図中のC領域であり，この領域での虚部は，周波数が高くなるにつれて減少するため，後述する設計理論に照らし合わせると，整合する周波数帯が広くなる，いわゆる広帯域性を有することになる．また，この周波数帯は，数十MHzから数百MHz帯に存在していることから，テレビゴースト対策や電波暗室用の吸収材料として利用されている．さらに，マイクロ波帯で使用されるフェライトには，フェライト粉末をゴムのような非磁性体に分散させた複合フェライトがあり，レーダ偽像防止用吸収体として薄型の1層電波吸収体に利用されている．

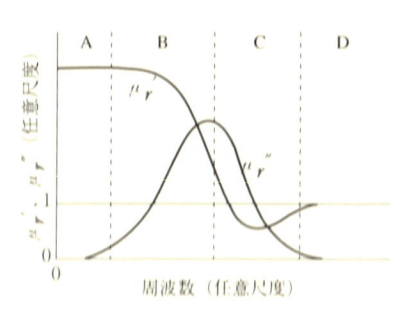

図 3.5.2　一般的なフェライトの複素比透磁率

3.5.2　電波吸収体の基礎
a. 種　　類
　このような吸収材料を用いて構成される電波吸収体は，各分野でさかんに利用され，種々のものが存在する．そしてこのような電波吸収体は，以下に示すようにその使用目的に応じていろいろな形状，構成をしているが，大きく分類すると特に野外で用いる薄型電波吸収体，電波暗室内で用いるピラミッドやウェッジ形状などの多層電波吸収体，さらに簡易的に使用される塗料型電波吸収体などに分けられ，さまざまなものが実用化されている．表3.5.1は電波吸収体について，その用途の具体例や種類について分類したものである．以下，この表の各種電波吸収体について簡単に説明する．

表 3.5.1 電波吸収体の応用と種類

応用範囲	電波吸収体の種類
レーダ偽像防止用電波吸収体	・ゴムフェライト系電波吸収体 ・ゴムカーボン系電波吸収体 ・抵抗繊維系電波吸収体 ・金属繊維，フェライト多層型電波吸収体 ・FRP系電波吸収体
無線障害防止対策用電波吸収体	・フェライト系電波吸収体 ・抵抗繊維系電波吸収体 ・抵抗皮膜系ミリ波電波吸収体
電波暗室用電波吸収体	・フェライトカーボン系多層型電波吸収体 ・カーボン系ピラミッド型電波吸収体 ・フェライト抵抗フィルム多層床材電波吸収体

ⅰ) **無線障害防止対策用**　近年，高層建築物によるテレビゴーストの問題は社会的問題になってきている．この対策として，アンテナの指向性を改善したり，テレビ受像機内で消去する方法，あるいはSHF帯による再放送などがあるが，決定的なものがないのが現状である．これらの方法に対して，建造物の壁面に電波吸収体を貼って反射波を小さくする方法は，障害を起こしている原因を直接なくすという意味で優れた対策法であり，すでに各方面で実用化されている．

ⅱ) **レーダ偽像防止対策用**　レーダ偽像としては，特に船舶のマストからや橋梁からの反射による問題があげられる．この一例として，最近大型橋梁が海上に架けられるようになり，これによる船舶用レーダ(9.4 GHz)の電波反射に起因するレーダ偽像の問題が生じている．この現象は，橋からの反射電波のために船のないところに偽像が現れたり，位相関係によっては船の像が見えにくくなるもので，場合によっては事故の原因になる．

ⅲ) **電波暗室用**　電波暗室は部屋の内壁面に電波吸収体を貼った部屋で，内部で発生した電波は壁面で吸収されて反射波が生じないので，電波的にみれば無限空間と等価となる．したがって，従来から各種の電波実験を行う部屋として建設されてきた．そしてさらに，最近の電磁環境問題のために，機器からの雑音評価試験のための電波暗室やミリ波帯における研究開発にあわせて，ミリ波帯まで使用可能な電波暗室が建設されている．

ⅳ) **ミリ波帯用**　最近，レーダや通信機などの使用周波数もミリ波帯の高い領域に移行しつつあり，それに伴いミリ波帯における電波吸収体の必要性も高まってきている．このような背景において，ミリ波電波吸収体の研究もさかんに行われ，35 GHz帯や60 GHz帯，94 GHz帯におけるゴムシート系吸収体や抵抗皮膜型電波吸収体の研究が行われている．一例としてオフィスや工場などの室内におけるミリ波を用いた無線LANにおいては，ミリ波電波吸収体を天井や床の壁面さらにガラス窓に装着し，電波がこれから多重反射することを防ぎ，情報伝達の誤り率を少なくする工夫がされている．

以上のように電波吸収体は各方面において多く使われているが，ここで電波吸収体の要求性能として，現在進められているものも含めて列挙すると次のようである．
① 薄形，軽量，耐熱性
② 耐環境性能
③ 広帯域，広角度性能
④ 偏波性能
⑤ ミリ波対応

b. 実現のためのプロセス

電波吸収体は，一般に図3.5.3に示すように大きく四つのプロセスを経て実現される．すなわち，まず，各種材料の電気的特性（複素誘電率，複素透磁率，面抵抗値など）を測定し，使用材料を選択する．次にその材料を用いて電波吸収体が実現可能かどうかについて理論的に検討する．そしてもしその材料を用いて理論的に電波吸収体が実現できるとした場合，具体的に厚みなどを設計し，その諸元に基づいて製造する．最後に，製造した電波吸収体の吸収特性を測定し，理論値と比較検討するなどして特性を評価する．このように，電波吸収体が実現されるまでには，各種の測定法や計算機を駆使したシミュレーションを行わなければならず，いろいろの技術課題が含まれている．とりわけ高損失材料の高精度な複素誘電率や複素透磁率の測定には，種々の誤差が含まれる場合が多く，この測定結果に含まれる誤差がのちのちまで製作した電波吸収体の特性に影響する．なお，電波吸収体の特性は"吸収量"を用いて表すが，この"吸収量"は完全反射体である金属板からの反射レベルに対して，幾何学的に同面積の電波吸収体からの反射レベルがどの程度低下するかによって定義される．図3.5.4はその様子を示したものである．また測定において，その測定系でどの程度の吸収量を評価できるかの目安として，試料がまったく存在しない場合の反射レベル（支持台などからの反射レベル）と金属板のレベル差を用い，これをその測定系の測定可能範囲と呼ぶ．

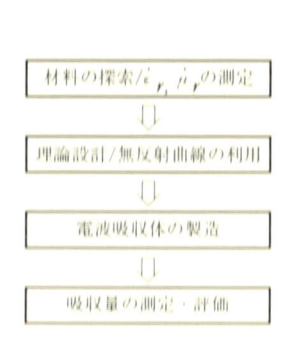

図 3.5.3 電波吸収体の実現プロセス

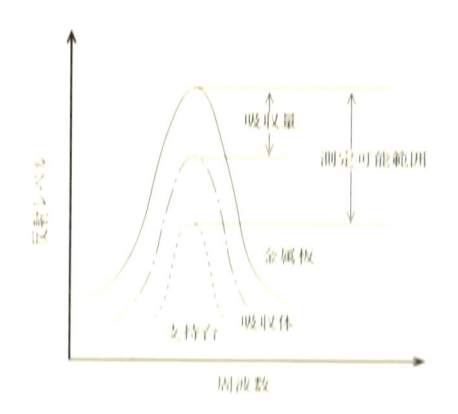

図 3.5.4 吸収量と測定可能範囲

c. 設 計 法

自由空間を伝搬する電磁波が図 3.5.5(a) に示した 1 層型の電波吸収体に垂直入射

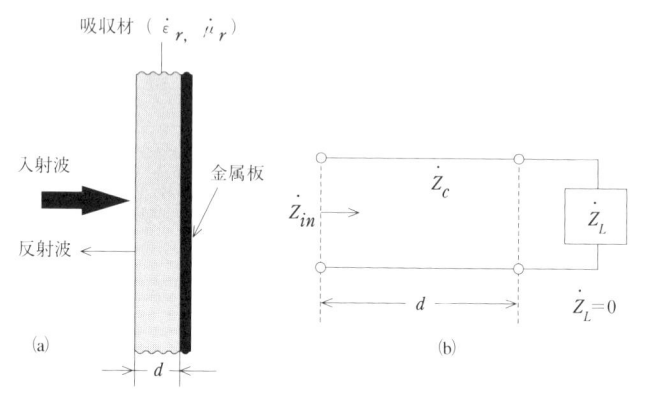

図 3.5.5 1 層型電波吸収帯の構成と等価回路

する場合を考える．この電波吸収体を分布定数線路に置き換えると図 3.5.5(b) のようになり，このように，受端に $\dot{Z}_L$ の負荷を接続した特性インピーダンス $\dot{Z}_c$ の分布定数線路において，受端から距離 d の位置にある点から受端側を見込んだインピーダンス $\dot{Z}_{in}$ は伝搬定数を $\dot{\gamma}_c$ とすれば，

$$\dot{Z}_{in} = \dot{Z}_c \frac{\dot{Z}_L + \dot{Z}_c \tanh \dot{\gamma}_c d}{\dot{Z}_c + \dot{Z}_L \tanh \dot{\gamma}_c d} \tag{3.5.3}$$

となる．

ここで，電波吸収体の特性インピーダンス $\dot{Z}_c$ および伝搬定数 $\dot{\gamma}_c$ は次のように表すことができる．

$$\dot{Z}_c = Z_0 \sqrt{\frac{\dot{\mu}_r}{\dot{\varepsilon}_r}} \tag{3.5.4}$$

$$\dot{\gamma}_c = j \frac{2\pi}{\lambda} \sqrt{\dot{\varepsilon}_r \dot{\mu}_r} \tag{3.5.5}$$

さらに，図 3.5.5 の解析モデルにおいては，$\dot{Z}_L$ は金属板の特性インピーダンスであるから $\dot{Z}_L = 0$ となる．これより，式 (3.5.4) および式 (3.5.5) をこの条件のもとに式 (3.5.3) に代入すると，最終的に式 (3.5.3) は式 (3.5.6) のように書き換えられる．

$$\dot{Z}_{in} = Z_0 \sqrt{\frac{\dot{\mu}_r}{\dot{\varepsilon}_r}} \tanh\left(j \frac{2\pi d}{\lambda} \sqrt{\dot{\varepsilon}_r \dot{\mu}_r}\right) \tag{3.5.6}$$

ここで一例として，電波吸収体を誘電材料を用いて製作するとすれば，$\dot{\mu}_r \approx 1$ であるから式 (3.5.6) はさらに書き換えられて，

$$\dot{Z}_{in} = Z_0 \sqrt{\frac{1}{\dot{\varepsilon}_r}} \tanh\left(j \frac{2\pi d}{\lambda} \sqrt{\dot{\varepsilon}_r}\right) \tag{3.5.7}$$

となる．また，吸収体表面において無反射(すなわち，反射係数 $\dot{\Gamma} = 0$)になる条件は，

3.5 吸収

$$\dot{\Gamma} = \frac{\dot{Z}_{\text{in}} - Z_0}{\dot{Z}_{\text{in}} + Z_0} = 0 \tag{3.5.8}$$

より，$\dot{Z}_{\text{in}} = Z_0$ であるから，式(3.5.7)を代入して，

$$1 = \frac{1}{\sqrt{\dot{\varepsilon}_r}} \tanh\left(j\frac{2\pi d}{\lambda}\sqrt{\dot{\varepsilon}_r}\right) \tag{3.5.9}$$

となり，これを無反射条件式と呼ぶ．

さらにこのような垂直入射の場合と同様な考え方で，TE波，TM波の斜入射に対する無反射条件式もそれぞれTE波とTM波に対する電波インピーダンスと伝搬定数を用いて，式(3.5.10)，(3.5.11)のように求めることができる．

・TE波の場合

$$1 = \frac{\cos\theta}{\sqrt{\dot{\varepsilon}_r - \sin^2\theta}} \tanh\left(j\frac{2\pi d}{\lambda}\sqrt{\dot{\varepsilon}_r - \sin^2\theta}\right) \tag{3.5.10}$$

・TM波の場合

$$1 = \frac{\sqrt{\dot{\varepsilon}_r - \sin^2\theta}}{\dot{\varepsilon}_r \cos\theta} \tanh\left(j\frac{2\pi d}{\lambda}\sqrt{\dot{\varepsilon}_r - \sin^2\theta}\right) \tag{3.5.11}$$

以上の式(3.5.9)～式(3.5.11)において，波長λで規格化した吸収体の厚みd/λをパラメータとして複素誘電率の実部ε_r'と虚部ε_r''の解を求め，この値を複素平面($\varepsilon_r' - \varepsilon_r''$平面)上に描く．この曲線は通常，無反射曲線と呼ばれ，この曲線を用いて簡単に垂直入射や斜入射用の電波吸収体が設計できる．図3.5.6に以上説明した無反射曲線の一例を斜入射の場合も含めて示す．なお，ここでは誘電材料に着目して話を進めたが，磁性材料($\dot{\mu} \neq 1$)の場合についても式(3.5.7)を式(3.5.8)に代入して得られる式を解くことにより，無反射曲線を導出できる．

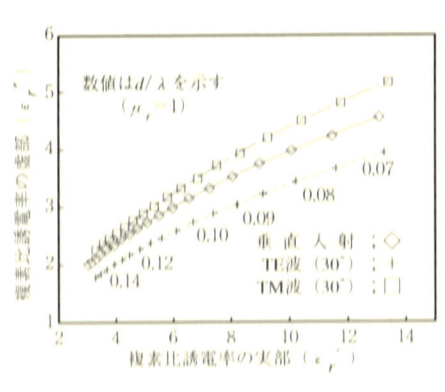

このようにして，理論的に求めた無反射曲線を用いて，実際に電波吸収体の設計例を示してみる．すなわち，図3.5.7に示すように着目している誘電材料の複素比誘電率がA, B, C点のように変化する場合，B点のように無反射曲線とほぼ交差する点において電波吸収体が実現できる．ここで，具体的に設計の手順をまとめてみると次のようになる．

図 3.5.6 無反射曲線の例

(1) 損失材料の含有量を変化(複素誘電率を変化)させ，材料を製作する．
(2) 設計周波数において，材料の複素比誘電率を測定し，その測定値を無反射曲線上にプロットする．
(3) 最も無反射曲線に近いd/λの値を選択する(B点)．

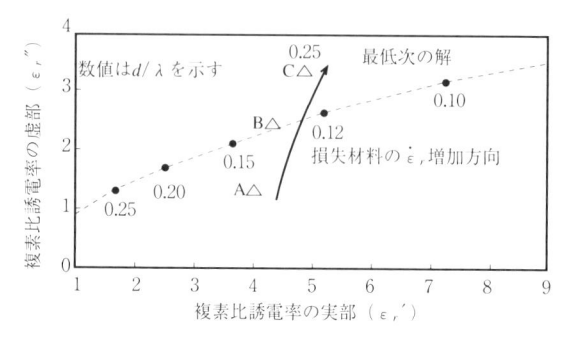

図 3.5.7 電波吸収体の設計と無反射曲線

④ 設計周波数における波長 λ を求める.
⑤ 先に選択した d/λ と波長 λ から,電波吸収体の厚み d を決定する.そして,この材料を用いて決定した厚みをもとに測定試料を製作する.

またここで改めて反射係数 $\dot{\varGamma}$ に着目してみる.式(3.5.8)~式(3.5.11)から知られるように,反射係数は斜入射の場合も含めて考えると,偏波(TE 波,TM 波),入射角度 θ,周波数 f,材料の複素比誘電率 $\dot{\varepsilon}_r$,厚み d の関数で表されるので,簡略化して整合条件を式(3.5.12)のように表現することもできる.

$$\dot{\varGamma}(\theta, f, \dot{\varepsilon}_r, d, \mathrm{TE}, \mathrm{TM}) = 0 \qquad (3.5.12)$$

このように反射係数は,各種のパラメータを用いて表されるが,電波吸収体の設計時においては,その使用目的に応じて,周波数や入射角度さらに偏波を選択し,設計し,それぞれの使用目的を満足する吸収特性が得られるように設計する.

3.5.3 各種吸収体
a. 2層型吸収体

図 3.5.8 に示したように表面層(2 層目)と吸収層(1 層目)を有する吸収体を 2 層型

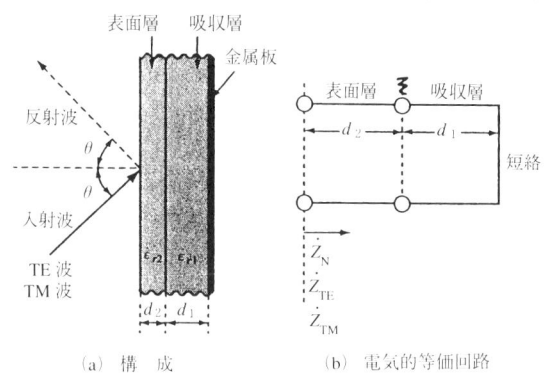

図 3.5.8 2層型電波吸収体の構成と等価回路

3.5 吸　　　収

電波吸収体と呼ぶ．このような吸収体の理論設計についても，伝送線理論を用いて行うことができ，まず最初に1層目(吸収層)から金属板の方向を見込んだ入力インピーダンスを計算し，これを負荷インピーダンス $\dot{Z}_L$ として2層目(表面層)前面からみた入力インピーダンスを計算できる．以下，このようにして計算できる表面層前面からみた入力インピーダンスを用いて，垂直入射および斜入射の場合に分けたときの具体的な反射係数を表3.5.2に示す．

以上，2層構造について示したように，垂直入射や斜入射に対して表面からみたインピーダンス $\dot{Z}_N$, $\dot{Z}_{TE}$ および $\dot{Z}_{TM}$ は表3.5.2の示すように種々の変数によって変化する．そのため設計時においては，どの変数に着目するかにより各種特性を有する電波吸収体を設計できる．図3.5.9はその特性の概要を示したものであり，大きく(a)

表 3.5.2 2層電波吸収体の反射係数

入射分類	入力インピーダンス	反射係数
垂直入射	$\dot{Z}_N = \dfrac{Z_0}{\sqrt{\dot{\varepsilon}_{r2}}} \cdot \dfrac{\sqrt{\dot{\varepsilon}_{r2}} \cdot X + \sqrt{\dot{\varepsilon}_{r1}} \cdot Y}{\sqrt{\dot{\varepsilon}_{r1}} + \sqrt{\dot{\varepsilon}_{r2}} \cdot XY}$ ここで, $X = \tanh\left(j2\pi\sqrt{\dot{\varepsilon}_{r1}}\dfrac{d_1}{\lambda}\right)$ $Y = \tanh\left(j2\pi\sqrt{\dot{\varepsilon}_{r2}}\dfrac{d_2}{\lambda}\right)$	$\dot{\Gamma}_N = \dfrac{\dot{Z}_N - Z_0}{\dot{Z}_N + Z_0}$
TE波	$\dot{Z}_{TE} = \dfrac{Z_0}{\sqrt{\dot{\varepsilon}_{r2} - \sin^2\theta}} \dfrac{X/\sqrt{\dot{\varepsilon}_{r1} - \sin^2\theta} + Y/\sqrt{\dot{\varepsilon}_{r2} - \sin^2\theta}}{1/\sqrt{\dot{\varepsilon}_{r1} - \sin^2\theta} + XY/\sqrt{\dot{\varepsilon}_{r2} - \sin^2\theta}}$ ここで, $X = \tanh\left(j2\pi\sqrt{\dot{\varepsilon}_{r1} - \sin^2\theta}\dfrac{d_1}{\lambda}\right)$ $Y = \tanh\left(j2\pi\sqrt{\dot{\varepsilon}_{r2} - \sin^2\theta}\dfrac{d_2}{\lambda}\right)$	$\dot{\Gamma}_{TE} = \dfrac{\dot{Z}_{TE} - Z_0/\cos\theta}{\dot{Z}_{TE} + Z_0/\cos\theta}$
TM波	$\dot{Z}_{TM} = \dfrac{Z_0\sqrt{\dot{\varepsilon}_{r2} - \sin^2\theta}}{\dot{\varepsilon}_{r2}} \dfrac{X\sqrt{\dot{\varepsilon}_{r1} - \sin^2\theta}/\dot{\varepsilon}_{r1} + Y\sqrt{\dot{\varepsilon}_{r2} - \sin^2\theta}/\dot{\varepsilon}_{r2}}{\sqrt{\dot{\varepsilon}_{r2} - \sin^2\theta}/\dot{\varepsilon}_{r2} + XY\sqrt{\dot{\varepsilon}_{r1} - \sin^2\theta}/\dot{\varepsilon}_{r1}}$ ここで, $X = \tanh\left(j2\pi\sqrt{\dot{\varepsilon}_{r1} - \sin^2\theta}\dfrac{d_1}{\lambda}\right)$ $Y = \tanh\left(j2\pi\sqrt{\dot{\varepsilon}_{r2} - \sin^2\theta}\dfrac{d_2}{\lambda}\right)$	$\dot{\Gamma}_{TM} = \dfrac{\dot{Z}_{TM} - Z_0\cos\theta}{\dot{Z}_{TM} + Z_0\cos\theta}$

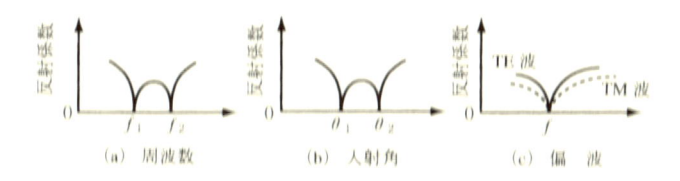

図 3.5.9　2層構成電波吸収体の設計
(a) 周波数に着目した場合，(b) 入射角度に着目した場合，
(c) 偏波に着目した場合

周波数，(b) 入射角度および(c) 偏波に着目した場合に大別している．すなわち，周波数に着目した場合には広帯域特性，入射角度に着目した場合には広角度特性，および偏波に着目した場合には両偏波特性に優れた電波吸収体が実現できることになる．

一例として，もし $\theta=0°$（垂直入射）において，二つの周波数 f_1 と f_2 で $\dot{\Gamma}_N=0$（反射係数が0）となるようにした場合，満たさなければならない条件は，

$$\dot{Z}_N(\varepsilon_{r1}, \varepsilon_{r2}, d_1, d_2, f_1) = Z_0 \qquad (3.5.13)$$
$$\dot{Z}_N(\varepsilon_{r1}, \varepsilon_{r2}, d_1, d_2, f_2) = Z_0 \qquad (3.5.14)$$

であり，この条件を用いて垂直入射において広帯域特性を有する電波吸収体の最適設計が可能となる．すなわち，式(3.5.13)および式(3.5.14)を用いて電波吸収体を設計する場合，f_1 と f_2 は既知であるから未知数は各層の複素比誘電率の実部と虚部および厚みの六つとなる．

一方，式(3.5.13)と式(3.5.14)は複素連立一次方程式であるから，実際には四つの方程式が得られる．そこで，たとえば厚み d_1 と d_2 を与えてやれば，未知数の数と方程式の数はともに四つとなり，その厚みに対する表面層と吸収層の複素比誘電率（ε_{r1} および ε_{r2}）が決定できることになる．

b．多層電波吸収体

広帯域特性を有する電波吸収体を実現するためには，多層構成にする必要がある．すなわち，多層構成にすることにより，吸収体の表面近くには，その材料定数が空気に近い材料を選択し，内部に入るにつれて電波吸収の大きな材料とする．このことにより，周波数が多少変化しても，電波は材料内に透過し，その後，徐々に減衰することになる．このような観点から，多層構成においては，吸収体を構成する材料だけでなく，吸収体の形状も重要な設計要素となる．図3.5.10は，その外観から分類した多層電波吸収体を示している．この図に示すように平板型の場合を除いて，ウェッジやピラミッド構造を設け，表面付近での吸収材の面積を少なくすることにより，同じ材料で構成しても，等価的に誘電率を小さくし，空気に近い誘電率が達成するように工夫されている．一例としてここでは，平板型多層電波吸収体とウェッジ型多層電波吸収体について簡単に説明する．すなわち，図3.5.11のような構成において，グラ

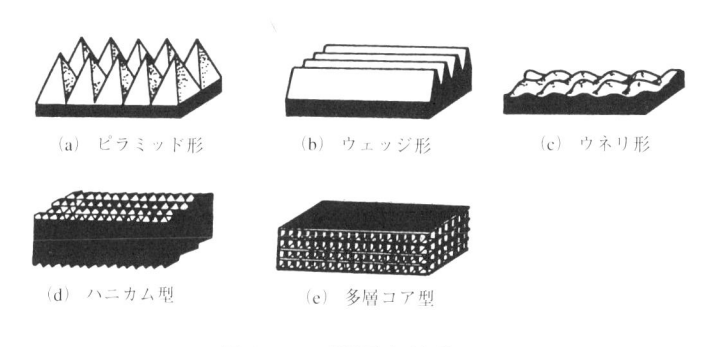

(a) ピラミッド形 　　(b) ウェッジ形 　　(c) ウネリ形

(d) ハニカム型 　　(e) 多層コア型

図 3.5.10　多層電波吸収体の形状

ファイト含有発泡ポリスチロールを用いて, ポイント整合法により平板型多層電波吸収体を設計する. この材料は, 発泡ポリスチロール粒にグラファイトをコーティングし, 発泡させて製作したものであり, この単位体積あたりのグラファイト量 $G[g/l]$ を変化させることにより, 周波数 $f[GHz]$ に対してその複素比誘電率を式(3.5.15)のように変化させることができる.

$$\dot{\gamma} = \beta_0\{0.03\ Gf^{-0.4} + j(1 + 0.039\ Gf^{-0.4})\}$$
(3.5.15)

さらにこの伝搬定数 $\dot{\gamma}$ と複素比誘電率 $\dot{\varepsilon}_r$ には, $\dot{\gamma} = j\beta_0\sqrt{\dot{\varepsilon}_r}\ (\beta_0 = 2\pi/\lambda_0)$ の関係があるので, これより, 複素比誘電率の実部および虚部を求めることが

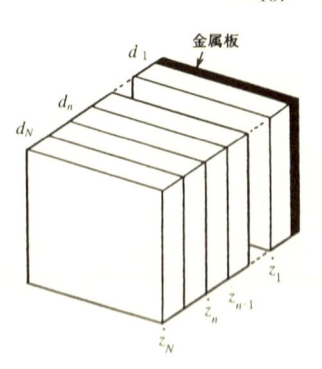

図 3.5.11 平板型多層電波吸収体の構成

できる. そしてこの実験式と多層構成の電波吸収体の解析法として一般的なポイント整合法を用いて, 平板型多層電波吸収体を設計する.

すなわち, 反射係数 $\dot{\Gamma}$ を計算するために必要な入力インピーダンスは, 式(3.5.16), (3.5.17)のような漸化式を用いた複雑な式で与えられるので, ポイント整合法を用いて各層の厚み d_n とグラファイト量 G_n を満たすようにこれらの未知数を求めるのは容易ではない.

$$\dot{Z}_1 = \dot{Z}_{c1} \tanh(\dot{\gamma}_1 d_1)$$
(3.5.16)

$$\dot{Z}_n = \dot{Z}_{cn} \frac{\dot{Z}_{n-1} + \dot{Z}_{cn} \tanh(\dot{\gamma}_n d_n)}{\dot{Z}_{cn} + \dot{Z}_{n-1} \tanh(\dot{\gamma}_n d_n)}, \quad (n = 2, 3, \cdots, N)$$
(3.5.17)

そこで, ここではコンピュータを用いて強引に計算することにし, d_n と G_n についてのニュートン法を用いる. ただし, この計算では層数を増加させると未知数が多くなるため初期値の与え方がむずかしく, その与え方が適切でないと解は収束しない.

図3.5.12は, その計算結果の一例を示したものである. この場合の計算結果は, 層数を6および反射係数の絶対値の極大値(整合点と整合点の間の極大値)が VSWR = 1.1 と選択した場合であり, 設計諸元どおり広帯域特性を有する電波吸収体が実

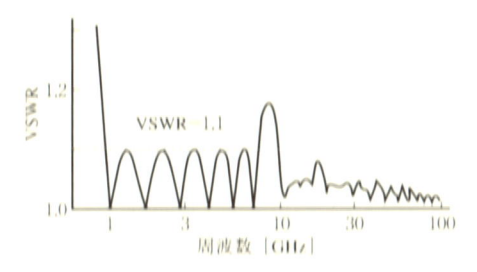

図 3.5.12 設計結果の一例(6層の場合)

現されている.

以上，平板型多層電波吸収体について述べたが，広帯域な電波吸収特性を得るために，図 3.5.13 に示すウェッジ構造の電波吸収体も用いられる．このような構成においては，吸収体前面から奥にいくにつれて徐々に吸収体の空間に占める体積比率が増加することから，その等価的な複素比誘電率 $\dot{\varepsilon}_{re}$ をどのように表現するかが重要となる．そのためこのような解析には，一般的に使用されている平面多層近似として一様近似と伝搬モード近似が使用される．すなわち，図 3.5.13 に示すウェッジ構造を近似的に図 3.5.14 で示すような pa 部分だけに誘電体がある周期構造と考える．この

図 3.5.13 ウェッジ構造電波吸収体

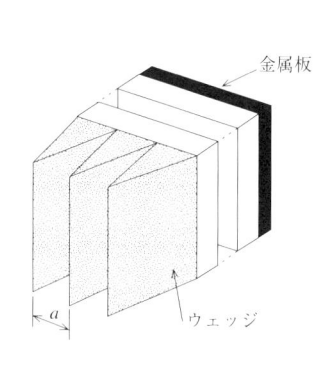

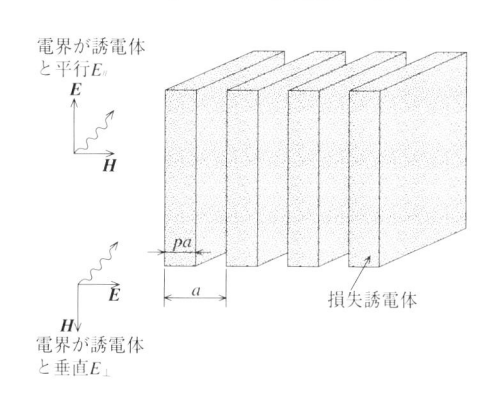

図 3.5.14 誘電体列に入射する電界の方向

ような周期構造を考えると周期構造に対して電界方向が平行な場合と垂直な場合について，その空間に占める損失誘電体の体積比を考慮した等価複素比誘電率 ε_{re} が一様近似と伝搬モード近似として，式(3.5.18)～(3.5.21)で与えられる．

・一様近似($\lambda \geq 30$ cm)

$$\dot{\varepsilon}_{re} = p\dot{\varepsilon}_r + (1-p) \quad (\text{平行な場合}) \tag{3.5.18}$$

$$\frac{1}{\dot{\varepsilon}_{re}} = \frac{p}{\dot{\varepsilon}_r} + (1-p) \quad (\text{垂直な場合}) \tag{3.5.19}$$

・伝搬モード近似($\lambda \leq 30$ cm)

$$\sqrt{\dot{\varepsilon}_r - \dot{\varepsilon}_{re}} \tan\left\{\frac{\pi}{\lambda} pa\sqrt{\dot{\varepsilon}_r - \dot{\varepsilon}_{re}}\right\} = \sqrt{1 - \dot{\varepsilon}_{re}} \tanh\left\{\frac{\pi}{\lambda}(1-p)a\sqrt{1-\dot{\varepsilon}_{re}}\right\} \quad (\text{平行な場合}) \tag{3.5.20}$$

$$\sqrt{\dot{\varepsilon}_r - \dot{\varepsilon}_{re}} \tan\left\{\frac{\pi}{\lambda} pa\sqrt{\dot{\varepsilon}_r - \dot{\varepsilon}_{re}}\right\} = \dot{\varepsilon}_r\sqrt{1 - \dot{\varepsilon}_{re}} \tanh\left\{\frac{\pi}{\lambda}(1-p)a\sqrt{1-\dot{\varepsilon}_{re}}\right\} \quad (\text{垂直な場合}) \tag{3.5.21}$$

このように平板多層近似で計算可能な $\dot{\varepsilon}_{re}$ を用いて，図 3.5.13 に示したウェッジ構造の電波吸収体の反射係数を求めるには，まずこれらの式の p を 0～1 の範囲で変

3.5 吸　　　収

化させた多層構造を考え，各層の等価誘電率 ε_{re} を計算する．そして，これらを用いて，伝搬インピーダンスと伝搬定数を計算し，さらにこの値を式 (3.5.16) および式 (3.5.17) に代入することによって反射係数を求める．

たとえば，図 3.5.15 は前面にウェッジ構造をもつ多層型電波吸収体の反射係数の計算結果を示している．この図からわかるように，式 (3.5.18)，式 (3.5.19) で示される一様近似式によるものは，周波数が低い場合によい近似であるが，設計周波数が GHz 帯 ($\lambda > 30$ cm) になると，反射係数は式 (3.5.20)，式 (3.5.21) で示される伝搬モード近似と周波数によっては 20 dB も異なることがわかる．

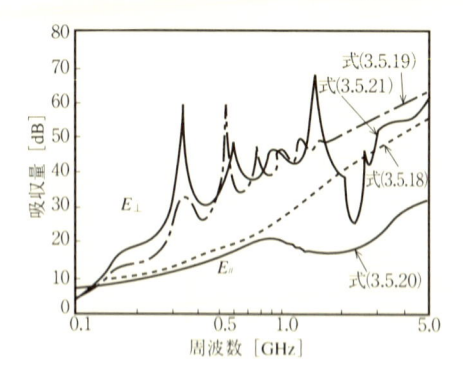

図 3.5.15　ウェッジ構造電波吸収体の周波数特性

c. ミリ波電波吸収体

一般に電波吸収体は図 3.5.4 に示すプロセスを経て実現される．このようなプロセスにおいて，ミリ波電波吸収体を実現する場合には，大きく次のような技術課題が考えられるが，以下順を追って各課題について説明する．

(1) ミリ波帯における高損失材料の複素誘電率，複素透磁率の正確な測定
(2) 製作時における吸収体の厚みの正確なコントロール
(3) ミリ波帯における吸収量の正確な測定

まず，(1)に示した複素誘電率，複素透磁率の測定について述べる．一般に X ($8 \sim 12$ GHz) 帯および Ku 帯 ($12 \sim 18$ GHz) の測定においては，後述する導波管法や共振器法を用いている．しかし，ミリ波帯では，これらに使用する導波管や共振器の寸法がきわめて小さくなり，たとえば V 帯 ($50 \sim 70$ GHz) で使用する導波管 WR-19 は，寸法が 4.775 mm × 2.388 mm である．このため，その中に充てんする試料に高い加工精度が要求され，導波管壁面と試料の間にわずかな隙間が存在しても，その測定結果に大きな誤差が含まれる問題がある．

次に(2)について説明すると，ミリ波帯においては，電波の波長が非常に短いため，設計される吸収体の厚みもきわめて薄く，一般に 1 mm 以下となる．そのため，わずかな厚みの変化でも，吸収量に大きな影響を与えることが理論的にも確認でき，製造時における高精度な厚みのコントロールが要求されることになる．さらに(3)に示した吸収量の測定については，ミリ波帯における各種のデバイスや測定装置が非常に高価であったり，また発振器の出力や受信器の感度に大きな制約を受ける場合が多い．そこで，なるべく簡単な構成で精度のよい測定法を採用する必要がある．

そこで，ここでは各種のミリ波帯用電波吸収体の中から，現在最も特性が優れていると思われる抵抗皮膜型電波吸収体について図 3.5.16 を用いてその製造法の概略を

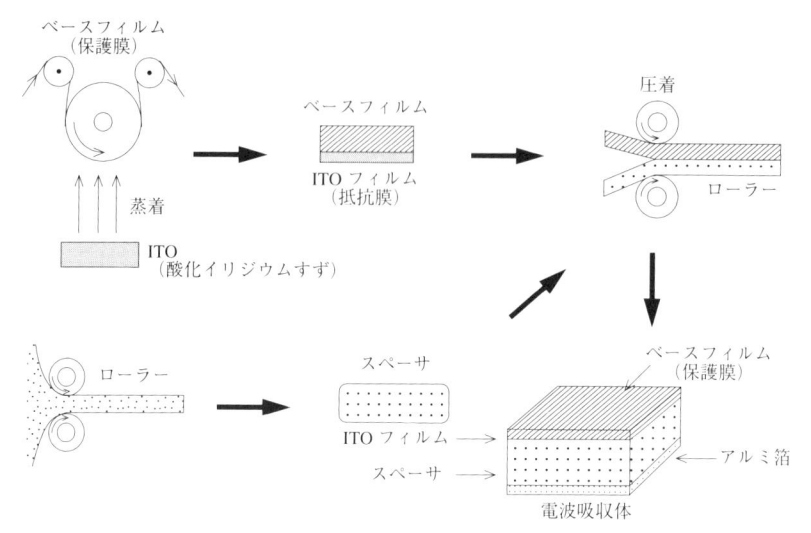

図 3.5.16 抵抗皮膜型電波吸収体の製造工程

簡単に説明する.
(1) 保護膜(PET：ポリエチレンテレフタレート)の下層に面抵抗値がほぼ自由空間の特性インピーダンス(377 $\Omega\square$)を有する厚さ数百Åの導電性フィルムITO(酸化インジウムすず)蒸着膜を形成する.
(2) 一方の工程において，この抵抗皮膜と裏打ちアルミ箔の間をほぼ$\lambda/4$に保持するスペーサ(PC：ポリカーボネート)を製作する.
(3) これら保護膜とスペーサを圧着し，かつアルミ箔を裏面に裏打ちすることにより電波吸収体を製作する.

このようにして製作された試料の構成および諸元は図3.5.17および表3.5.3に示

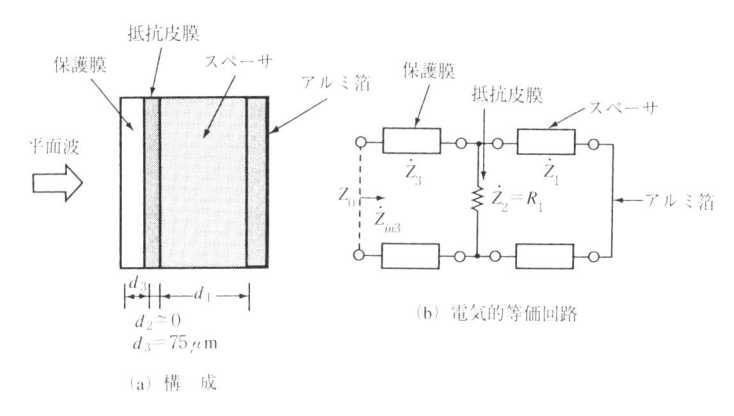

$d_2 \approx 0$
$d_3 = 75 \mu m$

(a) 構 成

(b) 電気的等価回路

図 3.5.17 抵抗皮膜型電波吸収体の構成

3.5 吸収

表 3.5.3 測定試料の構成

	$\dot{\varepsilon}_r$ of PC	$\dot{\varepsilon}_r$ of PET	$R_s[\Omega]$	$d_1[\mu m]$
設定値	3.0	3.9	368	870
測定値			386	810

すとおりであり，この場合の d_1（スペーサの厚み）と R_1（抵抗膜の面抵抗値）は伝送線理論より解析的に求められる．以上の諸元を用いて製造した電波吸収体の吸収量について，その測定結果を図 3.5.18 に示す．この結果，設計値を用いた吸収量の理論値と測定値を比較すると，最大吸収量が得られる周波数が 3 GHz 程度ずれているものの，周波数 49 GHz において，最大 36 dB の吸収量が得られている．また，46～53 GHz にわたって吸収量が 20 dB を超えており，これまでのミリ波電波吸収体と比較して，吸収特性の優れたものとなっている．

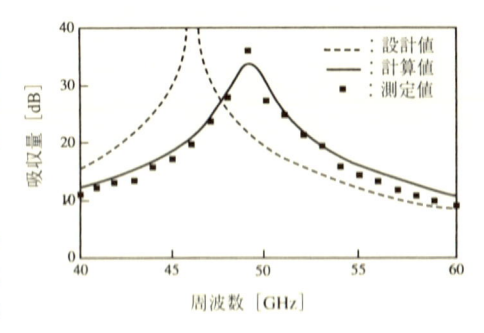

図 3.5.18 抵抗皮膜型電波吸収体の周波数特性

（橋本　修）

文　献

1) 日野　健：最近の電波吸収体，色材，58(3), 149-157, 1985.
2) 清水康敬：電波吸収体，信学誌，68(5), 546-548, 1985.
3) 内藤喜之：電波吸収体，オーム社，1987.
4) 清水康敬ほか：電磁波の吸収と遮断，日経技術図書，1989.
5) 清水康敬，杉浦　行：電磁妨害波の基本と対策，電子通信学会論文誌，コロナ社，1995.
6) 橋本　修：電波吸収体入門，森北出版，1997.
7) 清水康敬ほか：ゴムカーボンシートによるレーダー電波障害対策用吸収体，信学論 B, J 68-B (8), 928-934, 1995.
8) 橋本康雄ほか：厚膜塗料による電波吸収体の実用的検討，信学論 B-II, J 73-B-II (4), 214-223, 1990.
9) 橋本　修，原　義弘：炭化ケイ素繊維 FRP の電波吸収特性について，信学論 B-II, J 73-B-II, (9), 480-482, 1990.
10) 橋本　修，宗　哲：炭素粒子混入エポキシ変性ウレタンゴムシートの複素誘電率に対する実験式とその電波吸収体への応用，信学論 B-II, J 74-B-II (10), 563-565, 1991.
11) 橋本　修ほか：炭素粒子混入エポキシ変性ウレタンゴムシートを用いたマイクロ波帯用電波吸収体の設計チャートとその実用性，信学論 B-II, J 76-B-II (4), 311-313, 1993.
12) 橋本　修，原　義弘：2層構造炭化ケイ素繊維 FRP の電波吸収特性，信学論 B-II, J 74-B-II (7), 421-423, 1991.
13) 清水康敬ほか：TE, TM 両偏波用 2層型電波吸収体の設計チャート，信学論 B-II, J 77-B-II (5), 268-271, 1994.

14) 橋本　修, 辻村彰宏：炭素粒子混入エポキシ変性ウレタンゴムを用いた広帯域2層型マイクロ波帯用電波吸収体の理論的検討, 信学論B-Ⅱ, **J 77-B-Ⅱ** (8), 47-49, 1994.
15) 清水康敬, 末武国弘：誘電性損失材料による実用的広帯域電波吸収壁, 信学論B, **53-B** (3), 143-150, 1970.
16) 清水康敬ほか：誘電体層及び誘性体層を組み合わせた電波吸収壁, 信学論B, **53-B** (7), 381-388, 1970.
17) 清水康敬：ポイント周波数整合法による多層電波吸収体の設計, 信学論B, **62-B** (4), 428-434, 1979.
18) 清水康敬：一部に誘電率が挿入された場合の等価誘電率, 信学技報, **MW 70-21**, 1990.
19) 青柳貴洋, 清水康敬：斜入射ポイント整合による多層型電波吸収体の設計, 信学論B-Ⅱ, **J 77-B-Ⅱ** (7), 414-421, 1994.
20) 青柳貴洋ほか：伝搬モード近似によるウェッジ形電波吸収体の周期長を考慮した特性解析, 信学論B-Ⅱ, **J 77-B-Ⅱ** (12), 813-820, 1994.
21) 橋本　修：炭化ケイ素繊維FRPを用いた50 GHz帯電波吸収体, 信学論B-Ⅱ, **J 76-B-Ⅱ** (8), 725-727, 1993.
22) Hashimoto, O. et al.：Design and manufacturing of resistive-sheet type wave absorber at 60 GHz frequency band, *IEICE Trans. Electron*, **E 78-B** (2), 246-252, 1995.
23) 橋本康雄ほか：V帯における広角度特性を有する抵抗皮膜型ミリ波電波吸収体に関する検討, 信学論B-Ⅱ, **J 78-B-Ⅱ**, 787-790, 1995.
24) 橋本　修, 川崎繁男：新しい電波工学, 培風館, 1998.

3.6 アイソレーションと信号変換

ノイズ対策としての信号変換技術は基本的にはノイズ源とその影響を受ける側をアイソレーションすることにある．図3.6.1(a)に示すようにノイズが金属性のケーブルとグラウンドで構成される経路を介して電子機器に進入する場合，この電磁ノイズ

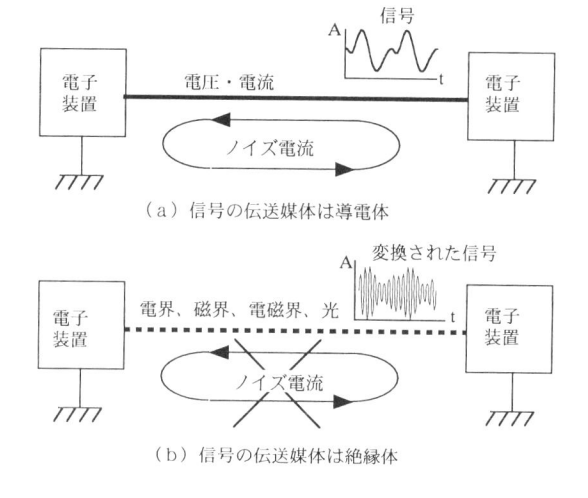

(a) 信号の伝送媒体は導電体

(b) 信号の伝送媒体は絶縁体

図 3.6.1　ノイズ対策技術としての信号変換技術の意味

の流れるループを図 3.6.1(b) に示すようにどこかで切ってしまえば，ノイズ電流は流れなくなり，対策となる．

アイソレーションの方法の基本は，図 3.6.1 に示すように，ベースバンドの信号を問題となる電磁ノイズと伝搬媒体が異なる磁界，電界，電磁界や光に変換して伝送し，一種のフィルタリングにより電磁ノイズを除去するものである．いったん磁界に変換するアイソレーショントランスや光に変換するホトカプラなどが一般的にはよく使用される．本節ではこれらの技術について述べる．

一方，ある情報を遠くに品質よく伝送するためにさまざまな技術が開発されてきている．これらの技術はまだノイズ対策として一般的ではないが，高度に発達した技術であり，ここで述べる信号変換の基礎技術として将来ノイズ対策として有効となる可能性がある．本節ではこれらの技術の概略についても述べる．

3.6.1 アイソレーショントランス

アイソレーショントランスは古くから使用されているアイソレーションの方法である．基本的には，図 3.6.2 に示すように，信号を磁界の強さの変化に変換し，磁気

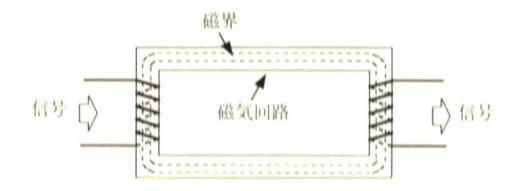

図 3.6.2 アイソレーショントランスの原理

回路中を伝搬させてアイソレーションを行うものである．磁気回路に鉄を使用することから，コイルと磁気回路の間に浮遊容量が存在し，その磁気回路の構造，材質および巻線の方法などによりアイソレーションの性能に差がでる．一般的に効率がよいものほどアイソレーションの性能は悪くなり，アイソレーションをよくしようとすると効率が悪くなったり形が大きくなったりする．絶縁トランスと呼ばれているもので 1 MHz 程度まで，特殊な磁気回路を使用したものでは 100 MHz 以上まで数十 dB のアイソレーション特性をもっているものがある[1]．

図 3.6.3 にコモンモードチョークコイルと比べたアイソレーショントランスの特性の一例を示す．図に示すように，このアイソレーショントランスは周波数が低くなるほど絶縁性能がよくなる傾向にあり，低周波数での対策に有効である．

3.6.2 光変換技術

光変換技術は電気信号をいったん光波に変換して伝送し，それを電気信号に再変換することによりアイソレーションを行うものである．一般的に電磁ノイズと変換して伝送する信号の周波数が離れているほどアイソレーションはよくなるので，一種の電磁

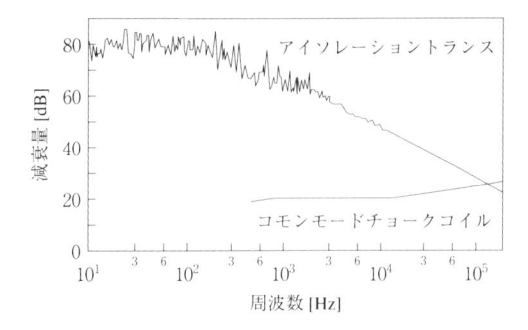

図 3.6.3 アイソレーショントランスのコモンモード減衰特性の測定例

波ではあるが，電磁ノイズの周波数とはかけ離れた周波数を用いる光変換は究極のアイソレーション技術といえる．

ここではよく使用される技術として，ホトカプラと光伝送技術について述べる．

a. ホトカプラ

光信号を伝搬させる媒体として有名なものは光ファイバと空間であるが，ホトカプラは空間を伝搬させるものである．基本的な構造は図 3.6.4 に示すように発光素子と受光素子が対になって一つのパッケージの中に配置されており，光の伝搬距離は 1 cm 以下である．発光素子には一般的には発光ダイオードが使用され，受光素子には

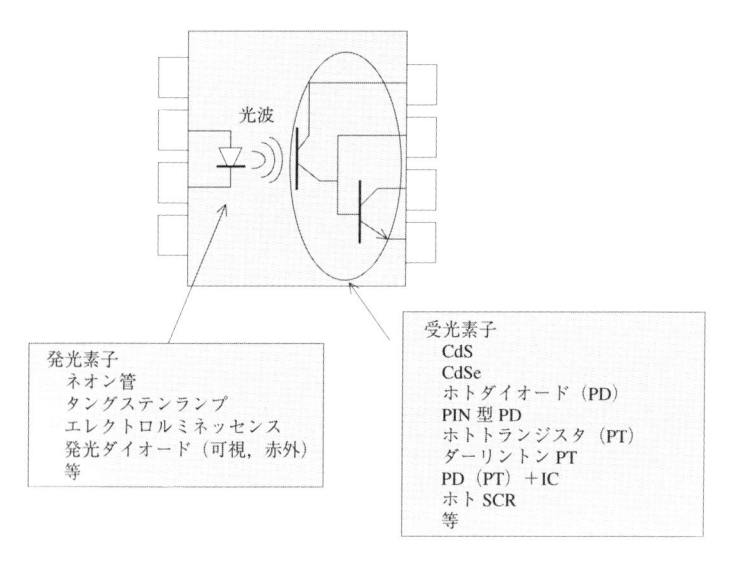

発光素子
 ネオン管
 タングステンランプ
 エレクトロルミネッセンス
 発光ダイオード（可視，赤外）
 等

受光素子
 CdS
 CdSe
 ホトダイオード（PD）
 PIN 型 PD
 ホトトランジスタ（PT）
 ダーリントン PT
 PD（PT）+IC
 ホト SCR
 等

図 3.6.4 ホトカプラの構造例

ホトダイオードやホトトランジスタが使用されるが，用途に応じて図3.6.4に示すようにさまざまなものが使用される．使用周波数帯域は一般的には数十MHz程度までであり，DCレベルも伝送できるものがある[2]．

使用する際に注意しなければならないことは，同一パッケージ内に発光素子と受光素子が配置されているため，入力側と出力側で数十pF程度の容量があるので，電磁ノイズの周波数が高くなるとアイソレーション効果が小さくなることと，電源は共有する場合が多いので電源まわりのアイソレーションをきちんとしないと効果がないことである．

b. 光伝送技術

電気信号をいったん光波に変換し，それを光ファイバを用いて伝送し電気信号に再変換することによりアイソレーションが実現できる．電気信号の伝送周波数帯域や伝送距離は光ファイバの種類や電気-光の変換器の種類に依存する．図3.6.5に代表的

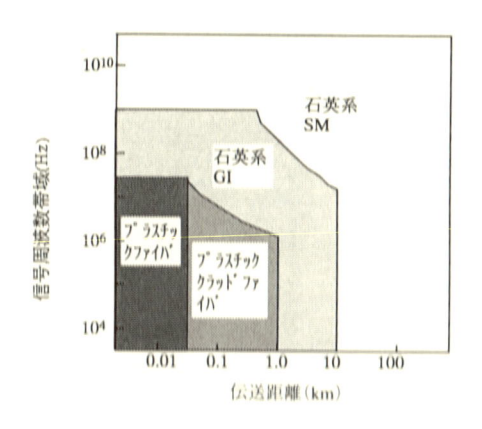

図 3.6.5 光ファイバの適用範囲

な光ケーブルの伝送距離を示す[3]．経済性の面からは，伝送距離が数十mで数MHz程度の周波数帯域ではプラスチックファイバがよく使用され，数km，数GHzの周波数帯域ではシングルモードファイバがよく使用される．

一般に光伝送技術は万能であると考えられがちであるが，電気-光変換器，光-電気変換器の部分は微弱な信号を扱うので十分なノイズ対策が必要である．

このような光伝送技術を用いた対策は一般的に高価であり，雷サージの測定[4]やシールド効果の評価[5]などの計測の分野で主に使用されている．

3.6.3 信号伝送技術

通信はある情報を遠くに送るものであり，効率や品質を改善するための試みが行われてきた．品質の中には，情報をいかにひずみなく送るかも含まれており，アイソタ

ル化，符号化，拡散化といった技術が行われてきている．これらの技術は非常に高度に発達しており，その内容は個々の専門書にゆだねる以外にないが，ここではその一部であるディジタル化，符号化，拡散化についてその概要を述べる．

a. ディジタル化

20年程前の信号伝送の多くはアナログ信号を用いて行われていた．有線を用いたアナログ信号の伝送方式の例を図3.6.6(a)に示す．図に示すように，アナログ伝送方式では中継増幅を行っているので，中継されるごとにノイズも一緒に増幅されてしまい，遠くに伝送するほどノイズが多くなるといった欠点があった．また，アナログ信号の場合，信号上に重畳されたノイズは周波数が同じであれば除去が困難である問題点もあった．

このような背景から，有線通信についてはディジタル化が進んでいる．ディジタル伝送方式の場合，図3.6.6(b)に示すように，ディジタル信号を新たに再生しなおすため，いくら遠くに伝送しても受信信号にノイズが重畳されない利点がある．ただ，ディジタル伝送方式の場合，情報圧縮技術などを用いない場合，アナログ方式に比べて広い周波数帯域が必要であること，再生中継を行うため，中継器の構造が複雑であること，インパルス性のノイズの影響を受けやすいことなどの問題点があったが，符号誤り制御技術，光ファイバの実用化やLSI技術の進歩により，これらの問題点は克服され，現在，日本の基幹通信網はほとんどの部分がディジタル化されている[6]．また，最近では劣化が少ないとの理由からCD(compact disc)，DVD(digital video

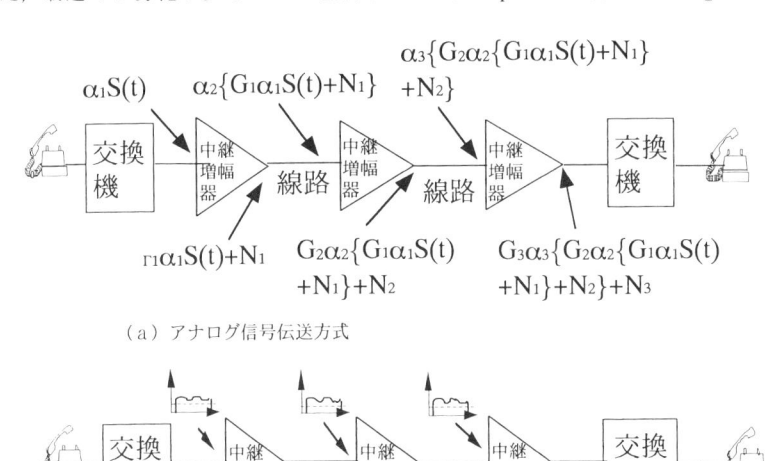

(a) アナログ信号伝送方式

(b) ディジタル信号伝送方式

図 3.6.6 アナログ信号とディジタル信号のノイズに対する感受性の違い

disc)などオーディオやビデオなどの世界までディジタル化が進んでいる．
　ディジタル化は，そのための電子回路などはディジタル信号を使用するので，電磁ノイズのエミッションの原因となる．しかし，電気信号をひずみなく遠くに送ることができる，光波での伝送に適している，などの利点があり，今後も信号変換技術として使用されてゆくものと考えられる．

b. 符　号　化

　ディジタル信号を用いた伝送はひずみなく信号を送ることができるが，インパルス性の電磁ノイズなどの原因により符号誤りを生じることがある．しかし，符号誤りは，そのままでは受信者の側からは認識できないので，なんらかの方法でそれが誤っているかどうかを受信側で判定する必要がある．特にコンピュータ通信など誤りの許されない場合もあり，さまざま技術が開発されている[7]．
　この技術は大きく分けると，図3.6.7に示すように，帰還方式と無帰還方式に分類される．帰還方式は，受信した信号が誤っていることの情報のみを送信側に送る判定帰還方式と，送信側で受信側から返されてきた送信情報を比較する情報帰還方式に分類される．判定帰還方式や無帰還方式は誤り訂正符号を用いた訂正が行われる．誤り訂正方式にはさまざまな方法があるが，一般的には送信側で誤り訂正用の情報を含めて受信側に送り，受信側でその情報により判定する．有名なものには符号に冗長度をもたせる方法やパリティチェック符号を用いる方法がある．

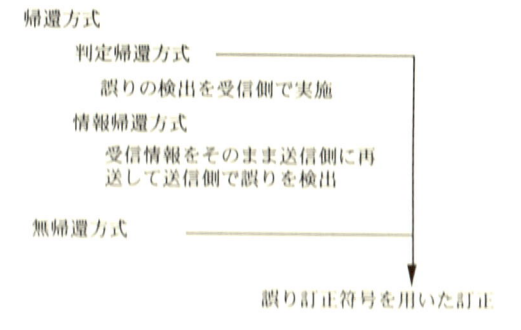

```
帰還方式
　　判定帰還方式 ────────┐
　　　誤りの検出を受信側で実施
　　情報帰還方式
　　　受信情報をそのまま送信側に再
　　　送して送信側で誤りを検出
無帰還方式 ──────────────┤
                          ↓
                  誤り訂正符号を用いた訂正
```

図 3.6.7　符号誤り制御方式

　現在，インターネットで広く使用されている，TCP/IP (transmission control protocol/internet protocol) 方式では判定帰還方式が使われている．

c. 拡　散　化

　現在の電磁環境下ではさまざまな電磁ノイズがある．これらの電磁ノイズは大きく分けると，コンピュータのクロック信号のような周期性パルスに起因する狭帯域ノイズとスイッチング電源で使用される非周期性パルスに起因する広帯域ノイズに分類される．

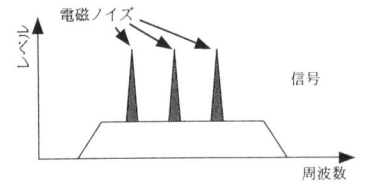

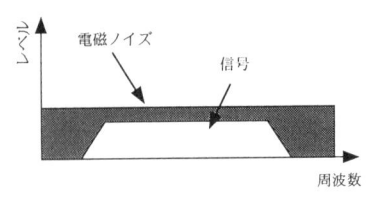

(a) 伝送帯域内に狭帯域電磁ノイズがある場合　　(b) 伝送帯域全体に広帯域電磁ノイズがある場合

図 3.6.8　スペクトルに拡散された信号と電磁ノイズの関係

　無線通信は空間を共有して通信を行うことからさまざまな電磁ノイズにさらされており，その中で品質のよい通信を行うためにさまざまな研究が行われてきている[8]．現在広く世の中で使用されている携帯電話機やPHSはこれらの研究の成果であり，これらで使用されている技術は電気信号を変換して品質よく伝送する技術として有効である．ここでは，最近2.45 GHz帯無線LAN方式に使用され[9]着目されているスペクトル拡散方式について述べる．

　信号を送ろうとする周波数帯域に図3.6.8(a)に示すように狭帯域ノイズが存在する場合，そのノイズの存在する周波数帯域以上に情報を拡散して送れば，ノイズに影響を受けていない周波数成分に含まれる情報は受信側に届くので，受信された成分から送信された信号を再生すれば送信信号を再生できる．このようにスペクトル拡散方式は，送ろうとする情報を与えられた周波数帯域に拡散させることからスペクトル拡散方式と呼ばれ，電磁ノイズより小さいレベルの信号でも通信ができるためノイズ対策として注目された．スペクトル拡散方式は情報を与えられた周波数内をランダムに移動させる周波数ホッピング方式と与えられた周波数内で同時に複数の周波数の電波を送信する直接拡散方式がある．しかし，図3.6.8(b)に示すように広帯域ノイズがその帯域内全体で発生している場合は，ノイズレベルが大きいと信号の伝送はできなくなるので，ノイズの性質を調べたうえで使用する必要がある．

　スペクトル拡散方式は狭帯域ノイズに強いほかにも秘話性に優れるなどの利点があり[10]，これからの信号伝送方式として広がってゆくものと思われる．

〔桑原伸夫〕

文　　献

1) 関ほか：ノイズ対策最新技術，総合技術出版，p. 118, 1986.
2) 実用電子回路ハンドブック，CQ出版社，p. 395, 1983.
3) 古河電気工業㈱編：光システム設計マニュアル，電気書院，1986.
4) Kuwabara, N. et al.: Probability occurrence of estimated lightning surge current at lightning rod before and after installing dissipation array system (DAS), IEEE International Symposium on EMC, Denver, 1998.

5) 徳田正満監修:電磁界計測への光応用, ミマツデータシステム, 1996.
6) 岩橋栄治:伝送工学概論, 東海大学出版会, 1994.
7) 笠原芳郎:情報理論と通信方式, 共立出版, 1972.
8) 奥村善久, 進士昌明監修:移動通信の基礎, 電子情報通信学会, 1992.
9) 無線 LAN システムの構成技術と事例, ミマツデータシステム, 1997.
10) 横山光雄:スペクトル拡散通信システム, 科学技術出版社, 1988.

3.7 金 属 磁 性

金属磁性体(ferromagnetic metal)[1,2]は, きわめて多種の磁気特性を示し, またその特性が制御しやすい点で広い応用分野があるが, 今後のノイズ対策用材料としては高い導電率が問題となり, そのままでは使えない. しかし, 電波吸収材としてはその高い透磁率は魅力的であり, これを生かした材料開発によって実用されている材料もある. ここでは, 金属磁性材料の基礎的な高周波特性を述べたのち, その特性を生かした方法について簡単に述べる.

まず, 厚さ d, 抵抗率 ρ, 直流の比透磁率 $\mu_{dc}=I_s/(\mu_0 H_k)$, (I_s:飽和磁化, H_k:一軸異方性磁界強度)の平板状の磁性体を考えると, 高周波磁界中では渦電流(eddy current)によって μ', μ'' ともに低下し, 周波数 $f(=\omega/2\pi)$ における μ_f は式(3.7.1)のようになる[1].

$$\mu_f = \mu_{dc} \tanh(pd/2)/(pd/2) \qquad (3.7.1)$$
$$p = (j\omega\mu_{dc}/\rho)^{1/2}$$

また, 上記の H_k を小さくすると高い透磁率が得られるが, 同時に磁気共鳴(ferromagnetic resonance)が起こる周波数 f_r が低下する. f_r は,

$$f_r = \gamma H_k/(2\pi), \qquad \gamma:\text{ジャイロ磁気係数} \qquad (3.7.2)$$

となるので[2],

$$\mu_{dc}\cdot f_r = \gamma I_s/(2\pi) \qquad (3.7.3)$$

の関係になる. これがスヌーク(Snöek)の限界であり, フェライトのようなバルク状の絶縁体では明確に現れてしまう.

このような問題を克服するためには, 次のような対策が有効である. すなわち, 上記の平板の厚さ d を非常に薄くして薄膜形状にすると, 渦電流による透磁率の低下がなくなると同時に, 薄膜面に垂直方向の反磁界が強くなり, $\mu_{dc}\cdot f_r$ は式(3.7.4)のように修正される.

$$\mu_{dc}\cdot f_r = (1/2\pi)H_k^{1/2}I_s^{3/2} \qquad (3.7.4)$$

この関係では, I_s が大きい方がよい. 幸いにして金属磁性体はフェライトに比べて薄膜化が容易であり, 2〜3倍の I_s をもっている. 図3.7.1(a), (b), (c)は, 厚さ 5 μm の薄膜状磁性体(magnetic thin films)について, 比透磁率 $\mu_{dc}=I_s/(\mu_0 H_k)$ と抵抗率 ρ を変えたときの計算結果である. (a)では, μ_{dc} は非常に高いが, 渦電流, 磁気共鳴による低下が著しく, (b)では, f_r が上昇しているが, 渦電流が無視できず, 5 μm の薄膜状にしても金属の導電率が問題となることを示している. (c)では, さら

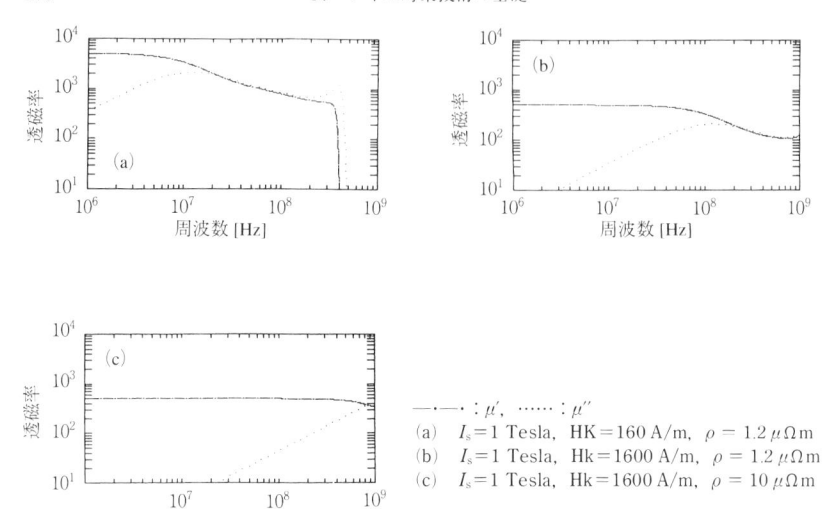

図 3.7.1　比透磁率の計算

—・—：μ'，……：μ''
(a)　$I_s=1$ Tesla, HK=160 A/m, $\rho=1.2\,\mu\Omega$m
(b)　$I_s=1$ Tesla, Hk=1600 A/m, $\rho=1.2\,\mu\Omega$m
(c)　$I_s=1$ Tesla, Hk=1600 A/m, $\rho=10\,\mu\Omega$m

に ρ を高く仮定した場合で,渦電流の改善に効果があることがわかる.

このような考察から,金属磁性体は薄膜状にすることにより,古典的なスヌークの限界(Snöek's limit)を越えた特性が得られ,H_k を制御して望ましい f_r を得ることができるが,渦電流の問題は残ることがわかる.そこで,ノイズ対策用金属磁性体の開発は図 3.7.1(c)のような高い抵抗率をもつ材料を目指すことになる.以下には現在までに開発されている材料について特徴,課題を述べる.

3.7.1　グラニュラー高電気抵抗膜(granular high resistivity film)

Fe,Co などの金属磁性体と酸化物 M–O(M：Si, Al, Mg, その他)を混合した薄膜をつくると,M–O を結晶粒界とした金属磁性体の微粒子構造が析出し,高い電気抵抗が得られる[3].実際,図 3.7.1(c)に近い特性も得られ,磁気特性に関しては非常に優れた特性といえるが,課題としては,生産性が低い,抵抗率の上限が約 10^2 $\mu\Omega$m,などがある.生産性については,この材料はスパッタ法と呼ばれる薄膜作成法で開発されているが,通常の装置では数十 nm/分くらいの形成速度である.これに対して,蒸着法が使えると,数千 nm/分程度まで可能となるので,蒸着法による材料開発も進められている[4].また,抵抗率の改善については,絶縁物層を挿入した積層構造も考えられている.

3.7.2 金属磁性粉-ポリマー複合体 (metallic magnetic powder-polymer composite)

金属磁性粉＋ポリマーの複合体では，生産性も高く非常に高い ρ が得られるので，多くの金属磁性体について試みられている．しかし，従来のこの種の材料は，金属粉末のサイズが数 μm～数十 μm であり，渦電流が抑え切れないこと，また粉末形状（たとえば球状の磁性体）では反磁界によって透磁率が著しく低下する，などの問題があり，数 MHz 以上では十分な特性が得られなかった．しかし，最近開発された金属磁性粉＋ポリマーの複合体では，この欠点に配慮がなされている[5]．これについて以下に述べる．

金属磁性体の粉末を薄膜状にすれば，先に述べたように渦電流の低下とともに，形状による望ましい反磁界の制御が可能となり，f_r を上昇させることができるので，粉末を 2～3 μm の厚さの偏平体にした複合体が有効である．実際にノイズ対策用材料として実用が始まっている偏平状磁性体の例ではセンダスト (Sendust) 付近の組成 (Fe-Al (6 wt%)-Si (10 wt%)) が用いられている．図 3.7.2 にその特性を示す[6]．f_r は 500 MHz 付近にあり，薄膜状金属の利点がでている．この材料では，20 MHz 付近にももう一つの共鳴点があって，広い範囲で μ'' が高くなっている．これらの材料は，高透磁率薄膜の特性と単純に比較すると，いまだ透磁率が 1～2 桁低い状態にあるので，今後の進展によっては，金属磁性体の利点をさらに引き出した複合材料が期待できる．

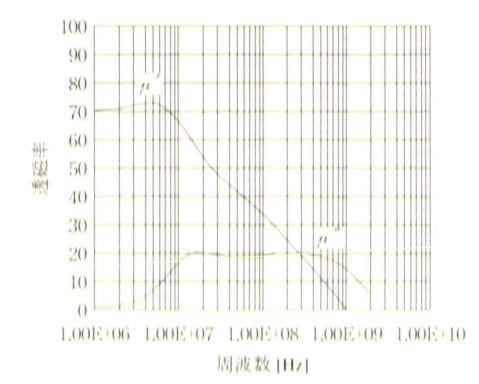

図 3.7.2 偏平状センダスト-ポリマー複合体の比透磁率

（島田　寛）

文　献

1) Bozorth, R. M. : Ferromagnetism, IEEE Press, p. 769, 1951.
2) 太田恵造：磁気工学の基礎 II，共立全書，共立出版，p. 339, 1979.
3) 島田　寛，北上　修：日本応用磁気学会誌，20, 960, 1996.
4) 武野幸雄，島田　寛：日本応用磁気学会誌，21, 1997.
5) 佐藤光晴ほか：日本応用磁気学会誌，20, 421, 1996.
6) 吉田英吉ほか：日本学術振興会アモルファス・ナノ材料 第 147 委員会第 57 回研究会資料，p. 5, 1997.

4. ノイズ対策部品

4.1 伝導性対策部品

4.1.1 インダクタ

　インダクタをノイズ対策部品として応用する使い方は，共振回路やインピーダンスマッチング応用とは異なり，そのインピーダンスが高周波になるにつれて増加し，負荷に直列に接続したときにあたかもローパスフィルタのごとく振る舞う性質を応用したものである．しかも，周波数が高くなるにつれ，そのインピーダンスは磁性体の磁気損失の増大によりリアクタンス成分よりもレジスタンス成分が大きくなる．この磁気損失により高周波ノイズは，電気エネルギーから熱エネルギーに変換され，多重反射などの問題を起こさないという利点もある．これらのインダクタ用の磁性材料として，フェライトが最も多く応用されている．磁性体に高い飽和磁束密度が求められる用途，SHF帯などの高周波ノイズ対策用として金属磁性材料が活用されている．

a. フェライトコアを用いるインダクタ

　ⅰ）インダクタに用いられるフェライト材料　　表4.1.1にノイズ対策用インダクタに用いられる主なフェライト材質を示した．初透磁率の高いMn-Zn系材質は，後述する電源用のコモンモードチョークなどに応用されている．固有抵抗の高いNi-Zn系材質は，ボビンを使わず直接コアに巻線する小型のインダクタ，UHF帯低域側まで高いインピーダンスを維持する性質を応用したインダクタ，さらにはフェラ

表 4.1.1　ノイズ対策用インダクタに用いられる代表的なフェライト材質

材質系	No.	比初透磁率	飽和磁束密度 [mT]	自然共鳴周波数 [MHz]	キュリー温度 [℃]	固有抵抗 [Ω·m]
Mn-Zn スピネル系	1	7500	410	0.75	130	0.2
	2	10000	400	0.55	120	0.15
Ni-Zn スピネル系	3	1500	280	3.7	100	10^5
	4	800	390	7.0	180	10^5
	5	230	350	22	200	10^4
	6	50	350	112	300	10^5
Ba-Co 六方晶系	7	20	—	500	—	10^5
	8	10	—	1000	—	10^5

キュリー温度を除いた特性値は常温の値．

イトコアに直接ターミナルを設ける SMD 型インダクタなど広く応用されている.六方晶系は,スネークの限界を越えた周波数特性を応用して UHF 高域側のノイズ対策に応用されている.

ⅱ) **ノイズ対策に用いるインダクタ**

1) **フェライトビーズ**: ディジタル信号を用いた電子機器はノイズ問題を発生させた対策の初期から,現在まで多用されているのがフェライトビーズである[1].フェライトビーズは丸棒の軸方向に貫通孔を有するフェライトコアに,導線を通した簡単な構造のインダクタである.導線とフェライトコアの絶縁を確保するために,フェライト材質は,電気抵抗の高い Ni-Zn フェライトを用いるのが一般的である.このインダクタの寸法を図 4.1.1 のように表すと,インピーダンスは磁束がすべてフェ

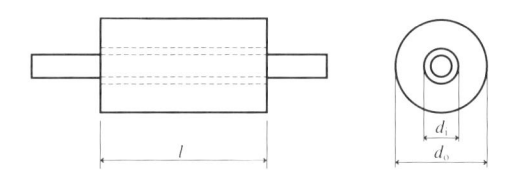

図 4.1.1 フェライトビーズの模式図
フェライトの透磁率 $\mu = \mu' - j\mu''$

ライトコアの中を通るとして,式(4.1.1)で表すことができる.

$$Z = j(\mu' - j\mu'')fl \cdot \ln(d_o/d_i)$$
$$= j\mu' fl \cdot \ln(d_o/d_i) + \mu'' fl \cdot \ln(d_o/d_i)$$
$$= j\omega L_s + R_s \qquad (4.1.1)$$

内径が小さく外径が大きいほど,長さが長いほど高いインピーダンスを示す.また,図 4.1.2 に示すように,材質により複素透磁率の周波数依存性が異なるので透過する周波数領域と阻止すべき周波数領域の要求に応じてフェライト材質を選ぶ.図

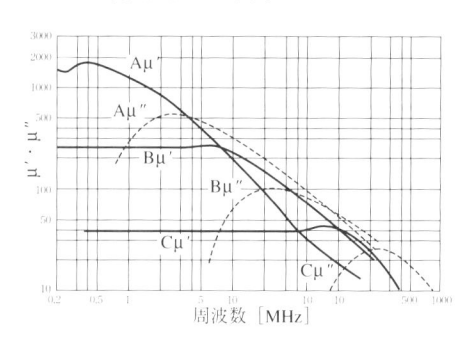

図 4.1.2 ノイズ対策用インダクタの材料定数の周波数特性(材質 A,B,C)
$\mu = \mu' - j\mu''$

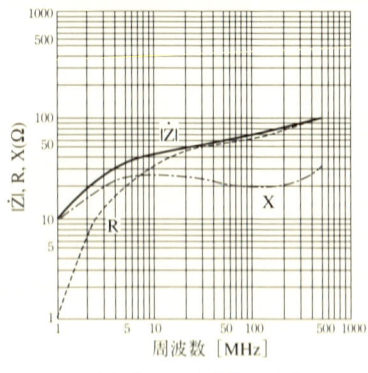

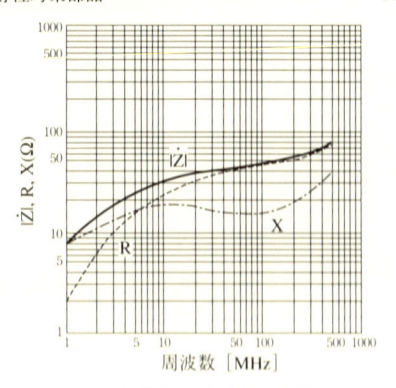

(a) d_o=3.5mm, d_i=0.8mm, l=5mm

(b) d_o=3.5mm, d_i=1.3mm, l=5mm

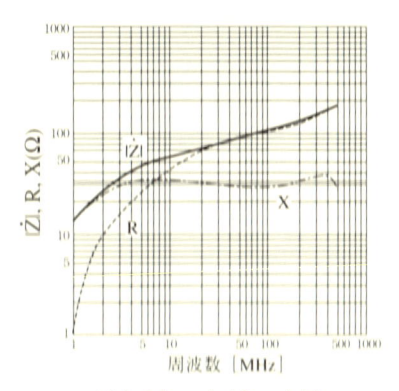

(c) d_o=3.5mm, d_i=1.3mm, l=10mm

図 4.1.3 フェライトビーズのインピーダンス実例
（材質は $\mu_0 = 1500$ の Ni-Zn 系フェライト）

4.1.3(a), (b), (c)は実用化されているインダクタのインピーダンス周波数特性を示し，図4.1.4はその実物写真を示した．テレビ受像機，CRTディスプレイなど，スペースに余裕があり価格優先の機器には，この種のインダクタが多用されている．

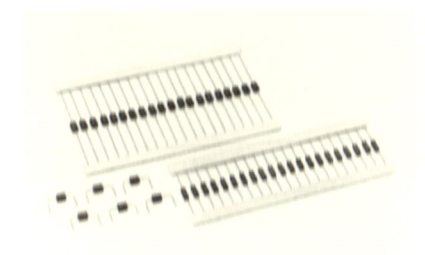

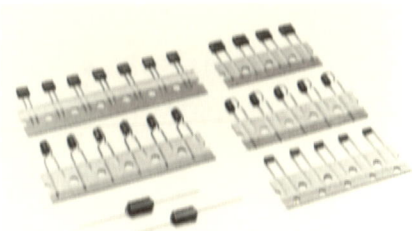

図 4.1.4 フェライトビーズの実例写真

2) **コモンモードチョーク**: 閉磁路のフェライトコアに，図 4.1.5 のような 2 本の導線を巻く．それに流れる電流の方向で発生する磁束が，互いに打ち消し合うように巻いたインダクタをコモンモードチョークという．ノーマルモードの信号，電源電流に対するノーマルモードインピーダンス Z_n は図 4.1.5 の (b) の場合であり，式 (4.1.2)，(4.1.3) で表される．

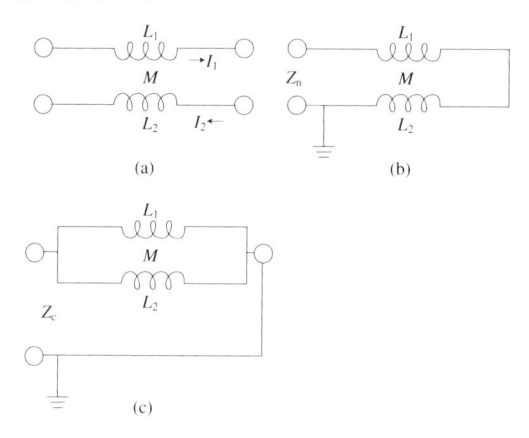

図 4.1.5
$L_1 = L_2 = L, \ M = k\sqrt{L_1 L_2} = kL$

$$Z_n = j2\omega L(1-k) \tag{4.1.2}$$

k；L_1 と L_2 の結合係数

$$k=1 \text{ のとき} \quad Z_n = 0, \qquad k=0 \text{ のとき} \quad Z_n = j2\omega L \tag{4.1.3}$$

一方，コモンモードノイズに対するコモンモードインピーダンス Z_c は，図 4.1.5 の (c) の場合であり，式 (4.1.4)，(4.1.5) で表される．

$$Z_c = j\omega(1+k)L/2 \tag{4.1.4}$$

$$k=1 \text{ のとき} \quad Z_c = j\omega L, \qquad k=0 \text{ のとき} \quad Z_c = j\omega L/2 \tag{4.1.5}$$

したがって，信号や電源電流に影響を与えずコモンモードノイズを抑止するには，結合係数 k が高くなる閉磁路設計，高透磁率材料を選ぶことが設計のポイントである．電子機器の電源回路はスイッチング化されており，そのスイッチングノイズ対策は，コモンモードチョークが多用されている．磁性材料は高透磁率 Mn-Zn 系フェライトが選ばれ，コア形状はトロイダル型，U 字型，日の字型などが用いられる．図 4.1.6 にその実例写真を示した．図 4.1.7 には代表的なコモンモードチョークの寸法とインピーダンスデータを示した．注意すべき点は以下の通りである．

(1) 磁性体の形状，二つの巻線の磁性体上の相対的位置関係，磁性体の透磁率などにより結合係数が変化する．

(2) 磁性体の透磁率は，周波数特性をもつため結合係数も周波数特性をもつ．イン

4.1 伝導性対策部品

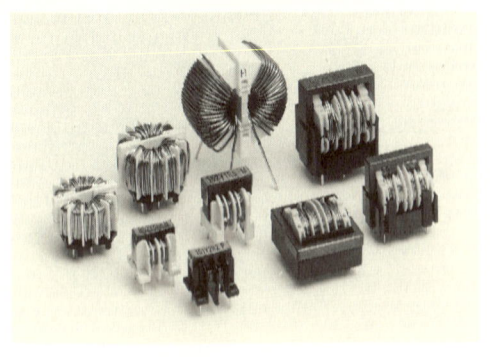

図 4.1.6 電源回路用コモンモードチョークの実例写真

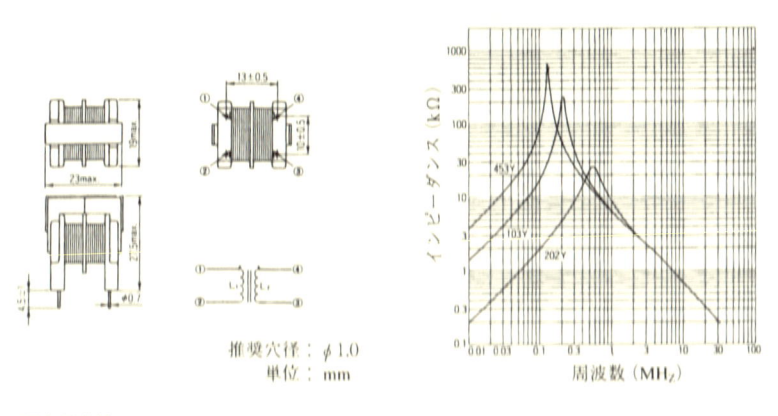

推奨穴径：φ1.0
単位：mm

電気的特性

品名	インダクタンス [mH]	L1-L2 インダクタンス差 [μH]	直流抵抗 [Ω]$_{max}$	定格電流 [A$_{ac}$]	重量 [g]typ.
453 Y	45	900	2.3	0.5	17.5
103 Y	10	200	0.5	1.0	17.5
202 Y	2.0	50	0.15	2.0	17.5

図 4.1.7 電源回路用コモンモードチョークのインピーダンス特性

ダクタの設計値は，目的に応じて磁性体の材質，形状および巻線条件で決まる．
数十 MHz から数百 MHz の放射ノイズ対策にもこのタイプのインダクタが用いられる．パソコンなどの情報処理装置機器は，主機と周辺機器がインタフェースケーブルで結ばれる．ケーブルはアンテナ的に働き，放射ノイズを発生する．これを抑止するために，図 4.1.8 の(c)のようなフェライトコアを装着する方法が一般化している[2]．図 4.1.8 の(a)，(b)にその効果例を示した．フェライトコアの形状としてはシ

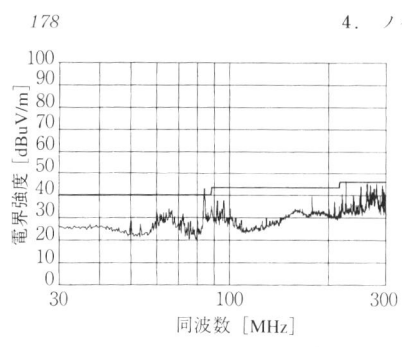

(a) 対策をしない場合 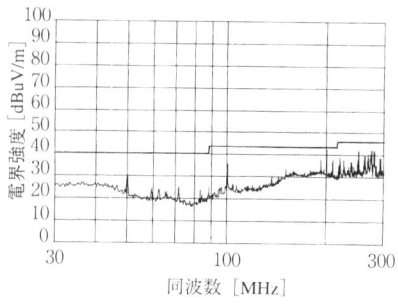   (b) クランプインダクタで対策した場合

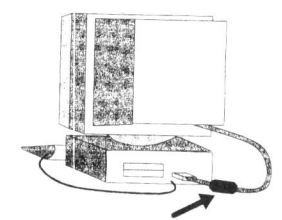

(c) クランプインダクタ装着の模式図

図 4.1.8　クランプインダクタの効果例

リンダ型のものが多用されている．ケーブルへの装着を容易にするためにシリンダ型コアを二つ割りにし，プラスチックケースで装着したクランプインダクタが重宝がられている．その実例を図 4.1.9 に示した．コモンモードチョークにノーマルモードノイズ抑止効果を兼ね備えたインダクタも工夫されている[3,4]．図 4.1.10(a) は結合係数を $k=0.99$ とし，コモンモードチョークとして設計したときのインピーダンス特性である．コモンモードのインピーダンスに比べて，ノーマルモードのインピーダンスは 2 桁近く小さくなる．それに対し，同図 (b) は結合係数を $k=0.97$ とした場合で，コモンモードとノーマルモードのインピーダンスの違いを 1 桁程度にできる．この例では 200 MHz 以上では，ノーマルモードインピーダンスが高くなっており，両モードのノイズ抑止に効果がある．

iii) 固定インダクタの応用　　汎用固定インダクタは，ノイズ対策の視点で設計されていない．広い範囲にわたるイ

図 4.1.9　プラスチックケースを装着したクランプインダクタの実例写真

(a) コモンモードチョーク
 k=0.99

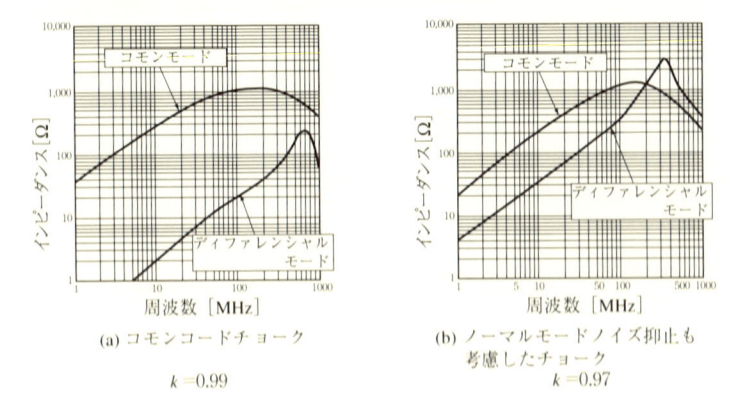

(b) ノーマルモードノイズ抑止も
考慮したチョーク
 k=0.97

図 4.1.10 ノーマルモードノイズ抑止効果を兼ね備えたコモンモードチョーク

ンダクタンス仕様，多様な周波数特性，そして各種定格電流に対応した標準品が容易に入手できる．磁性材料を用いた固定インダクタは，一般的に周波数が高くなるに従い，そのインピーダンスも高くなる．磁気損失の増加により抵抗性インピーダンスになる点は，ノイズ対策用インダクタと同じ挙動を示すので，しばしばノイズ対策に適用される．汎用固定インダクタは，ラジアルリード型とアキシャルリード型の2種類に大別される．この分化はインダクタとしての性能要求からではなく，歴史的に2種類の回路基板インサータに対応するところが大きい．ラジアルリード型は，インダクタ本体部両端から同方向へ平行に両端子リード線が引き出されているタイプである．アキシャルリード型は，インダクタ本体部両端から本体と同軸状に反対方向に両端子リード線が引き出されている．

1) **ラジアルリード型固定インダクタ**： このタイプは，ボビン型をした形状の Ni Zn 系フェライトコアにウレタン絶縁被覆銅線を巻き，端末をはんだめっきリード線に接続し，全体をエポキシ系樹脂などで絶縁保護処理したものである．インダクタンス値が大きく定格電流も大きくなるタイプは絶縁被覆に熱収縮チューブを用いる．インダクタンス値が大きく自己共振周波数を高めに設定する場合，巻線したボビン型コイルをシリンダ型コアに挿入し閉磁路構成することで，実効透磁率を高くすることができる．図 4.1.11 にラジアルリード型インダクタの実例写真を示した．図 4.1.12 はこのタイプのインダクタの実例で，インダクタンス値と自己共振周波数の関係をプロットしたものである．インダクタンスの増加とともに自己共振周波数が低下する．信号と抑止したいノイズの周波数関係から，適切なインダクタンス値を選ばなければならない．

2) **アキシャルリード型固定インダクタ**： このタイプはボビン型 Ni Zn 系フェライトコアにウレタン被覆銅線を巻き，コアのつば部に接着したボビン軸と，同軸方向に伸びるリード線に巻線端末をからげ接続し，巻線部と接続部をエポキシ系樹脂な

図 4.1.11 ラジアルリード型インダクタの実例写真

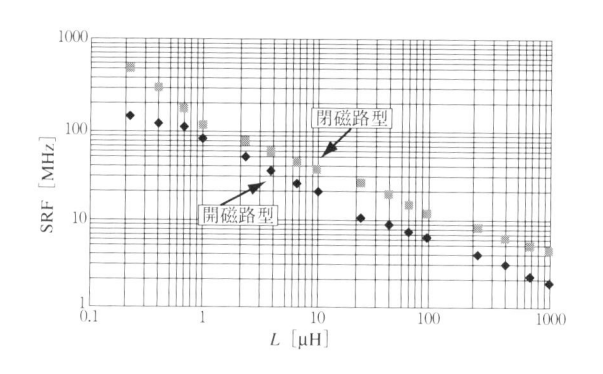

図 4.1.12 インダクタンス値と自己共振周波数の関係

どで絶縁保護した構造になっている．図 4.1.13 にその実例写真を示した．電気的特性は基本的にはラジアルリード型と類似している．

iv) SMD 型インダクタ　電子部品の表面実装化の勢いは目覚ましいものがあり，ノイズ対策部品といえども，SMD 化が進んでいる．ポータブル電子機器は，ほとんどが SMD 部品で構成されている．SMD 型インダクタの製造工法は巻線型，メアンダーライン型，積層型，薄膜型など小型薄型へと進化している．

1) 巻線型 SMD インダクタ: 構造はボビン型フェライトコアに巻線を施し，ターミナルを形成するリードフレームはんだめっき銅箔に巻線端末を接続し，ターミナル部を残して全体をチップ状にモールドしたものである．図 4.1.14 にこのタイプのインダクタの実例写真を示した．現在実用化されている最小形状は 2520 型（長さ：2.5 mm, 幅：2 mm）で 100 μH まである．小型形状で高いインダクタンスを目的とし，巻線したボビン型フェライトコアを形状が直方状のチップ型コアに内包さ

4.1 伝導性対策部品

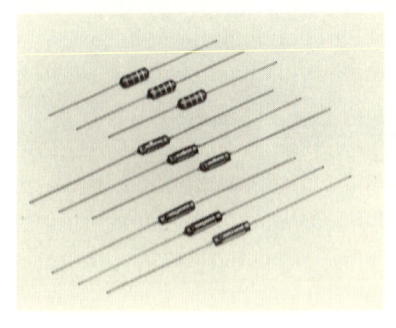

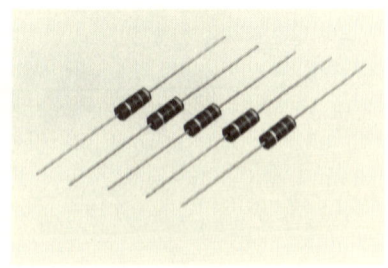

図 4.1.13 アキシャルリード型固定インダクタの実例写真

図 4.1.14 巻線型 SMD インダクタの実例写真 (1目盛；1 mm)

せ，閉磁路を構成したものが3225型で1000 μHまで実用化された．これと類似した構造で，絶縁された複数本の巻線をバイファーラに巻線し，端末を互いに絶縁してターミナルに接続したSMD型コモンモードチョークで3225形状，インピーダンス1000 Ω(100 MHzにおいて)も実現化されている[5]．その実例写真を図4.1.15に示した．

2) メアンダーライン型SMDインダクタ： このタイプは，ノイズ対策を主目的として実用化された初期のSMD型インダクタである[6]．後述する積層型SMDインダクタに比べて，定格電流を高く設定できる特徴から，電源回路などに採用されている．構造は，図4.1.16(a)に示すように，フェライトチップに複数個の導体を通すための貫通孔を設け，それらと垂直な面上に貫通孔の導体をメアンダーライン状に接続する導体を形成し，メアンダーラインの両端をチップの端面ターミナルに接続している．そのインピーダンス特性を図4.1.16(b)に示した．

3) 積層型SMDインダクタ： このタイプは，厚膜のフェライトグリーンシート

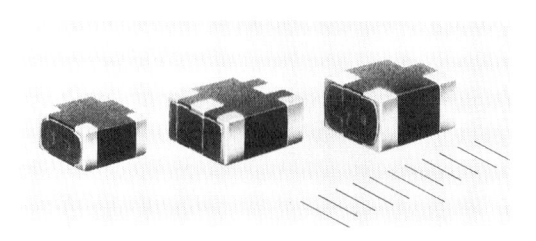

図 4.1.15 SMD コモンモードチョークの実例写真(1目盛;1 mm)

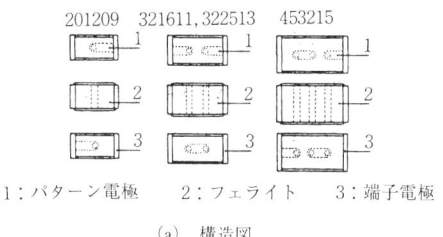

201209　321611, 322513　453215

1:パターン電極　2:フェライト　3:端子電極

(a) 構造図

(b) インピーダンス特性

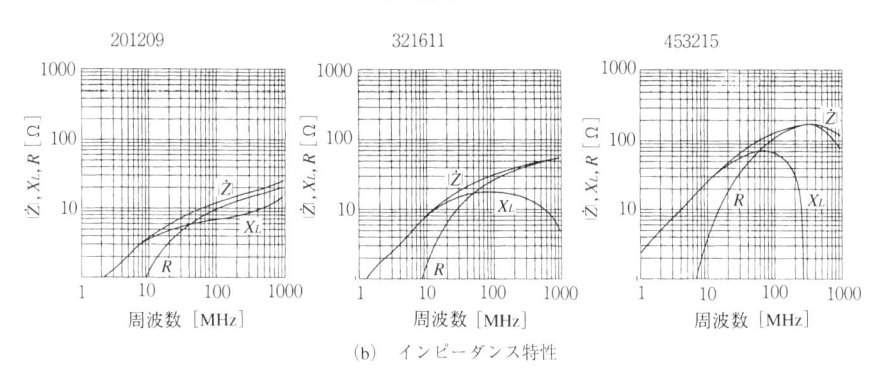

図 4.1.16 メアンダーライン型 SMD インダクタ

上に,導電性ペーストインクでコイルを印刷し,このグリーンシートを積み重ね各層の印刷コイルを直列に接続する.接続されたコイル全体の両端をターミナルに接続したのち,導体とフェライトを同時焼成してモノリシックチップにつくりあげたものである.この工法上,IC プロセスと類似しており,小型で,高いインピーダンス素子を大量生産することができる.フェライトの厚膜形成プロセスは,印刷法とドクターブレードシート成膜法,あるいは両者の組合せが採用されている.図 4.1.17 に積層型 SMD インダクタの構造模式図を示した.(a) は単品モデルで,大きさは 1608 型が主流である.今後は 1005 型に進むべきであろう[7].図 4.1.18 は内部断面の実物写真を示した.インピーダンス値は,100 MHz 値で数十から数千・Ω のものが目的に

4.1 伝導性対策部品

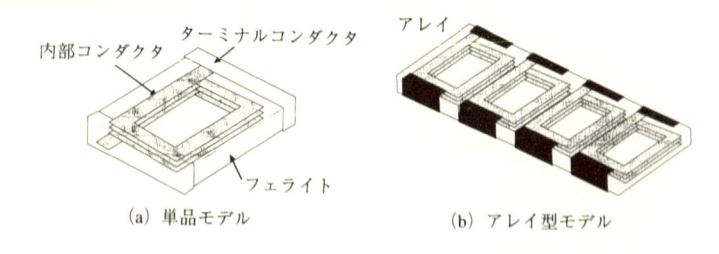

(a) 単品モデル (b) アレイ型モデル

図 4.1.17 積層型 SMD インダクタ構造模式図

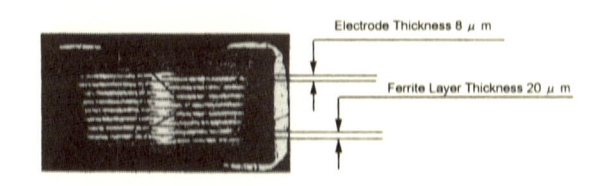

図 4.1.18 積層型 SMD インダクタ構造写真（1005型）

応じて選ばれている．図4.1.19は1608型のインピーダンス周波数特性例を示した．信号周波数と，排除したいノイズ周波数の関係に応じて，図4.1.19(a), (b)のようにインピーダンスの周波数特性をコントロールするため，フェライト材質を変える．図4.1.17(b)にアレイ型の模型図を示したが，データバスラインに複数個並べて装荷する場合など，たとえば1608型4個を3216型の4ラインアレイにすると，実装面積が独立タイプと比べ約1/2にセーブすることができる．さらには，積層の何層かを誘電体とし，キャパシタを形成し，LC組合せのSMDノイズフィルタも実用化されている．

iv) **UHF高域側ノイズ対策用インダクタ**　薄膜インダクタがGHz帯ノイズ対策に検討され始めた．i)項で述べた六方晶フェライトのGHz帯ノイズ対策用インダクタが実用化されている．図4.1.20に示すように，六方晶フェライトはGHz帯においてスピネルフェライトに比較して，高いμ''すなわち磁気損失を発生するので，この領域のノイズ対策として有効である．4532型，3225型のメアンダーライン型SMDインダクタが実用化されている．

b. **金属インダクタ**

i) **金属磁性材コア採用インダクタを用いたノイズ対策**　ノイズ対策に使われるフィルタは，回路網的な見地からすると二端子対回路網であり，特別な場合を除きローパスフィルタ構成になっている．電源および信号ラインを伝導するノイズは図4.1.21に示すようにコモンモードおよびディファレンシャルモードをとることが知られている．コモンモードノイズは，コモンモードチョークコイル(CMC)およびラ

(a-1) A材600Ω

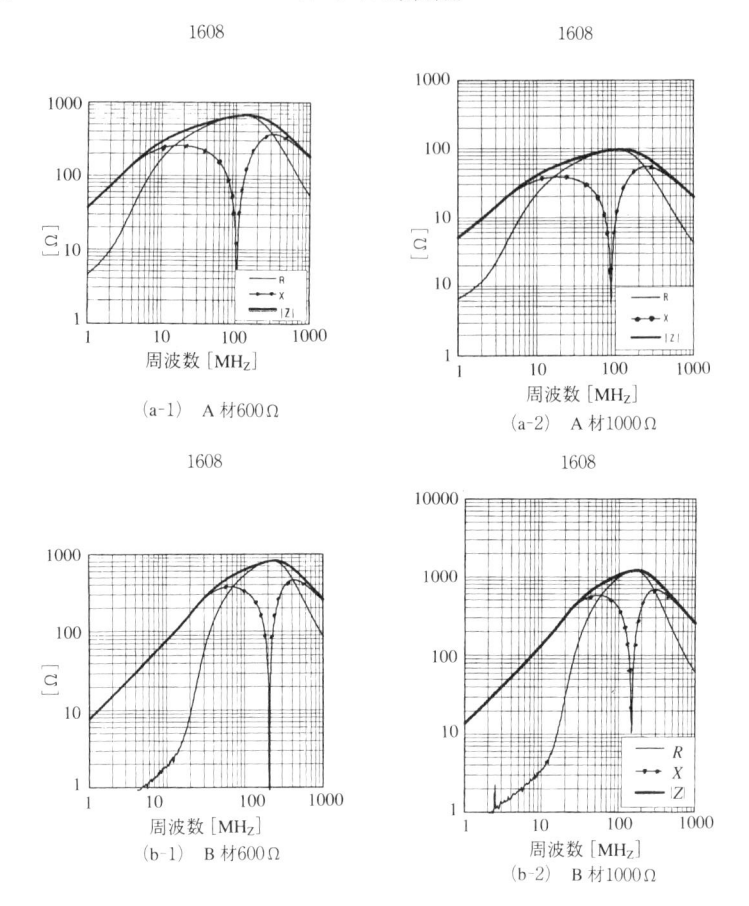

(a-2) A材1000Ω

(b-1) B材600Ω

(b-2) B材1000Ω

図 4.1.19 積層型SMDインダクタのインピーダンス

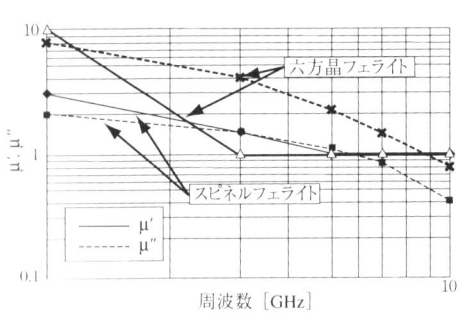

図 4.1.20 六方晶フェライトのGHz帯磁気特性

インバイパスコンデンサよりなるローパスフィルタにより対策し，ディファレンシャルモードノイズは，ラインチョーク（ノーマルモードチョークコイル：NMC）およびコンデンサよりなるローパスフィルタにより対策する方法が一般にとられている．

ローパスフィルタに使用されるチョークコイルを構成する磁性材料には，フェライト（金属酸化物）と金属がある．CMCには，a項のi），a項のii）で述べ

4.1 伝導性対策部品

(a) コモンモード (b) ディファレンシャルモード

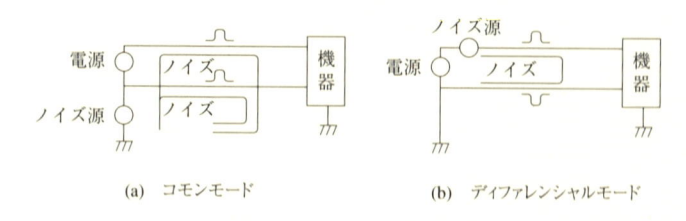

図 4.1.21　ノイズの伝導モード

たように主として透磁率の高い $\mu=4500\sim10000$ の Mn-Zn フェライトコアが用いられている．電源ラインに高電圧($\sim 1\,\mathrm{kV}$)が重畳される場合は，磁気飽和しにくいアモルファスコアが用いられる．NMC としては，飽和磁束密度が大きく大電流に対して磁気飽和しにくい鉄系ダストコアが用いられている．

近年電子機器の多くはスイッチング電源を使用している．現状のスイッチング電源は，高調波電流による電力設備の異常発熱，火災，周辺機器の誤動作などを起こす可能性が高い．高調波電流の抑制に関する国際標準規格は，IEC 1000-3-2(現在 IEC 61000-3-2)として 1994 年に発効されている．高調波対策は，アクティブフィルタ方式，チョークインプット方式が主として用いられている．インダクタの磁性材料は，アモルファスコア，ダストコア，フェライトコアが用いられている．

ⅱ) ノイズ除去に使用される磁性材料　CMC，NMC に使用される磁性材料は，フェライトコア，ダストコア，アモルファスコアがある．一般的な回路を図4.1.22に示す．インダクタに用いるフェライトコア形状は，トロイダル型，UU/EE 型が用いられている．ダストコアは，トロイダル型，E 型が使用されている．アモルファスコアは，トロイダル型がほとんどである．

表 4.1.2 に各種材質の特性比較を示す．主な特性を比較すると，飽和磁束密度の大きい順から，

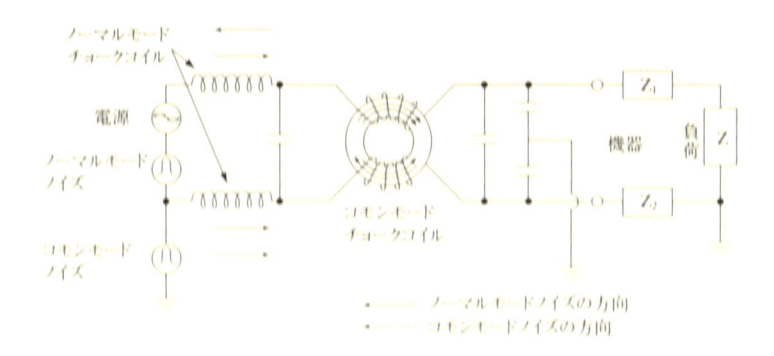

図 4.1.22　ノーマルモードノイズとコモンモードノイズ

表 4.1.2 磁性材料の材質特性比較(代表値)

素材グループ (組成系)	飽和磁束密度 B_{ms} [T]	初透磁率 μi_{ac} [1 kHz]	角形比 B_r/B_{ms} [%]	コアロス P_c [kW/m^3] 100kHz, 0.1T	キュリー温度 T_c [℃]	密度 [kg/m^3]
Fe基アモルファス合金 (Fe-M-B-Si)	1.5	4500	10~95*	200	410	7.2
Co基アモルファス合金 (Co-M-B-Si)	0.6	50000	60~95*	100	230	7.8
金属圧粉コア/AK 20 (Fe-Si-Al)	1.1	100	—	800	500	—
パーマロイ (Fe-Ni-Mo)	0.7	30000	85	800	400	8.6
フェライト PC 40	0.51	2300	19	80	>215	4.9
フェライト H5C2	0.40	10000	23	200	>120	4.8
無方向性ケイ素鋼板 (25μm厚)	1.56	1000	—	1500	750	7.2

M：金属元素, ＊：熱処理方法により大幅に異なる．

ケイ素鋼板＞アモルファス＞圧粉コア＞フェライト
コアロスの小さい順から，
　　　フェライト＜圧粉コア＜アモルファス＜ケイ素鋼板
となっている．金属軟磁性材料は，フェライトと比較しキュリー温度が高いので，自動車用や屋外計器などの温度条件のきびしい機器に適している．

1) **NMCとしての使用例**：　NMCは，一般に直流電流または50/60 Hzの交流電流が重畳された状態で使用されるため，コイルに使用されている磁性材料が飽和しないことが重要である．したがって，飽和磁束密度の大きい鉄系アモルファスコア，鉄系ダストコアが有利である．NMCの設計にあたって，各コア形状および各コア材質に応じ，最適な透磁率の値が存在する．温度上昇が許される範囲で，ハンドリングパワー LI^2(インダクタンス×重畳電流の2乗)が最大になるような透磁率を選定すると，最小形状のコイルが設計できる．アモルファスコアは，透磁率を250前後で設計し，ダストコアは，透磁率を100程度で設計する．

各ラインに直接に挿入されるNMCは，電流性のノイズを抑止する機能が高い．

応用例としてカーオーディオのノイズ防止コイルの使用例を紹介する．回路図を図4.1.23に示す．カーオーディオでは，CD，MD，カーナビゲーション，スピーカーの6チャンネル化などの高機能化が進み，大電流対応部品が必要になる．高音質の要求に加えて，バッテリのオルタネータノイズ(発電機のラインノイズ)を防止し，漏えい磁束を発生しない磁性部品が要求される．ケイ素鋼板のEIコイルも使用されるが，この材料は，エアギャップからの漏えい磁束が磁気ヘッドへの飛び込みノイズを発生させ，周波数特性がよくないためラジオノイズがとれないなどの問題がある．最近では漏えい磁束が少なく，周波数特性の良好なトロイド型アモルファスチョークへの移行が進んでいる．アモルファスとケイ素鋼板を用いたチョークコイルの漏えい磁

4.1 伝導性対策部品

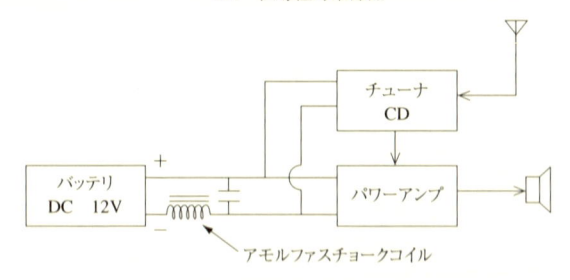

図 4.1.23 カーオーディオのノイズ防止用チョークコイル

束の比較を図 4.1.24 に示す．アモルファスコアの漏えい磁束がほとんどないことがわかる．

2) **CMC としての使用例**：　図 4.1.22 に示した機器のラインインピーダンス Z_1, Z_2 は一般に異なる．コモンモードノイズの Z_1, Z_2 による電圧降下の差分が機器の出力端子にノイズとなって現れる．コモンモードノイズを防止するためには図 4.1.22 の Z_1, Z_2 に比較しインピーダンスが十分に大きい CMC を挿入する．電源からの供給電流は CMC の二つの巻線が互いに磁束を打ち消し合いインダクタンスとして機能しないものの，コモンモードノイズに対しては，同相に電流が流れるため，大きなインダクタンスとして機能する．磁性材料としては，透磁率の大きいフェライトコアかアモルファスコアが使用される．

電源ラインでは，1 kV 以上の高電圧パルスのコモンモードノイズが発生し，コンピュータ機器の誤動作を引き起こすことがある．パルス電圧とチョークコイル特性と

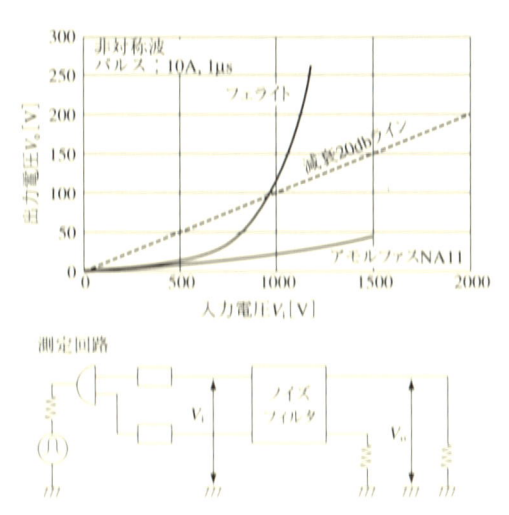

図 4.1.24　ノイズフィルタの高電圧パルス減衰特性

の関係は次のようになる．
$$V = N \cdot \Delta B \cdot A_e / \tau \qquad (4.1.6)$$
ここで，V：パルス電圧，N：コイル巻数，ΔB：コアの磁束密度$(B_s - B_r)$，A_e：コア断面積，τ：パルス幅である．

したがって，コア形状，コイル巻数が同じならば，コアが飽和しないように飽和磁束密度B_sが大きく，残留磁束密度B_rが小さいコア材料を選択する必要がある．図4.1.25に同一形状のフェライトコアとアモルファスコアをノイズフィルタに組み込

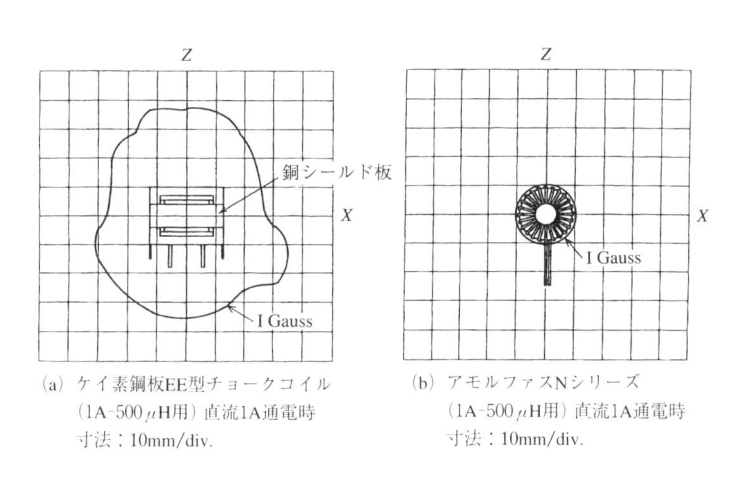

(a) ケイ素鋼板EE型チョークコイル
 (1A-500μH用) 直流1A通電時
 寸法：10mm/div.

(b) アモルファスNシリーズ
 (1A-500μH用) 直流1A通電時
 寸法：10mm/div.

図 4.1.25　ノイズフィルタの高電圧パルス減衰特性

んだ場合のパルス減衰特性を比較した．鉄系アモルファスコアは，ΔBが大きいため1.5 kVの高電圧パルスノイズに対して20 dB以上の減衰特性を示す．

iii) **高調波対策に使用されるインダクタ**　スイッチング電源における高調波電流抑制技術は，力率改善そのものであり，力率改善する回路技術は種々研究開発されている．大きく分類すると
① チョークインプット方式
② アクティブインバータ方式

の2方式である．それぞれにインダクタが使用されている．

チョークインプット方式には，主としてケイ素鋼板製チョークコイルが用いられている．アクティブインバータ方式には，フェライトと金属磁性が用いられている．金属磁性材料は，飽和磁束密度が大きいという特徴があり，200 W以上の電力，200 kHz以下の駆動周波数を目安として用いられ，これ以外の条件ではフェライトを用いるのが通常である．金属磁性材料としては，高周波での損失が比較的小さい鉄系アモルファスコアとFe-Si-Al合金ダストコアが用いられる．

このチョークコイルは電流制御の方式，スイッチング周波数，電源出力容量により必要インダクタンス値が決定される．インダクタンスは大きいほど好ましい．チョークコイル用の磁性材料の選択基準は，一般的な平滑チョークコイルと同様に考えてよい．

c. 磁性材料を用いないインダクタ

ⅰ) 薄膜型 SMD インダクタ　　近年，薄型のニーズが高まっている．薄膜型 SMD インダクタも実用化されている．図 4.1.26 にその実例写真を示した．2012，1608 型で厚さが 0.58 mm まで薄型化されている．図 4.1.26 は，低誘電率のセラミックウェハ表面に銅を主体とした低抵抗スパイラル状薄膜導体と低誘電率耐熱樹脂コート膜を交互に積層することで，分布容量の低減を図り，自己共振周波数を数 GHz まで高め，高周波抵抗を低く抑えた GHz 帯に使用できるインダクタである．図 4.1.27 にそのインピーダンスの周波数特性を示した．導体の上下に金属磁性薄膜を

図 4.1.26　薄膜インダクタの実例写真（2012，1608 型）

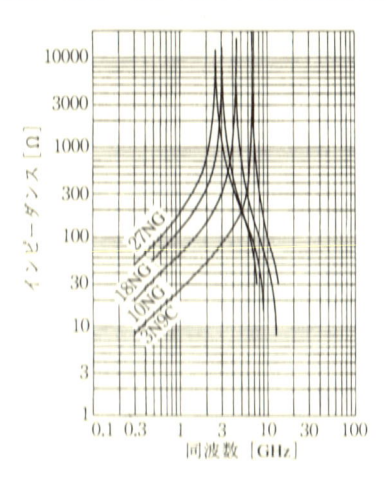

図 4.1.27　薄膜型 SMD インダクタ 1608 のインピーダンス

形成することで，インダクタンスを高くし，その磁気損失を GHz 帯のノイズサプレスに応用する研究なども進んでいる[8]．

〔渡部誠二・重田政雄〕

文　献

1) 宮崎誠一：最新ノイズ対策実用マニュアル，新技術開発センター，p 339，1996
2) 佐藤由郎：スイッチング電源の EMI 対策，電子技術，p 105，1989
3) 木下幸治ほか：透磁率の周波数特性を応用した SMD 対応ノーマルモードおよびコモンモードノイズ兼用チョークコイルの開発，東北大学エレクトニクス研究会，p 494，1993

4) 長田尊行ほか：デュアルモードチョークコイル SS 10 DV の開発, *Tokin Technical Review*, 23, 113, 1996.
5) 片山　博：フェライトチップコモンモード EMI フィルタ, 電子技術, p. 47, 1996.
6) 渡部誠二ほか：フェライトを応用した EMC チップ, 電子情報通信学会, **EMCJ 88-44**, 15, 1988.
7) 鷲尾英彦ほか：ノイズ対策ビーズとその効果, EMC, No.11, 77, 1997.
8) 神戸六郎ほか：MCM 基板の高付加価値化, 電子材料, No. 9, 72, 1995.

4.1.2 コンデンサ

a. コンデンサの原理・構造・動作

一般にコンデンサとは，"二つの導体によって囲まれた空間に電荷および電界を閉じ込めてできるだけ外に逃げないよう工夫した装置"[1]，すなわち，電荷を一時的に蓄積するための装置と定義づけられている．

コンデンサ(condenser)の最初の形態をもったものは 1745 年にドイツで発明されたライデン(Leyden)ビンであるといわれ，その呼び名は 1782 年にイタリアの物理学者 Volta が名づけたとされている．日本では蓄電器とも呼ばれるが，国際的にはキャパシタ(capacitor)の呼び方が一般的である．

ところで，一般に導体に電荷が加えられるとその電位は上昇するが，いま二つの導体でつくられたコンデンサで各導体に同じ大きさで符号が逆の $\pm q$ なる電荷を与えたとき，その導体間には電位差が発生し，その値を V とすると，このコンデンサの静電容量値 C は，

$$C = \frac{q}{V} \tag{4.1.7}$$

で定義される．

このときの静電容量値 C の単位はファラッド(Farad)と定められ，[F]で表す．すなわち 1 クーロン[C]の電荷を与えた場合，電極の両端に 1 [V]の電圧が発生するとき，そのコンデンサの静電容量値は 1 [F]となる．ちなみに Farad とは英国の物理化学者である Farady の名からとって名づけられたものである．

一般には[F]という単位は大きすぎて実用的でないことから，その 100 万分の 1 を表すマイクロファラッド[μF]，あるいはさらにその 100 万分の 1 のピコファラッド[pF]を単位として呼ぶ場合が多い．すなわち，

$$1 \text{ pF} = 10^{-6} \mu\text{F} = 10^{-12} \text{ F}$$
$$1 \mu\text{F} = 10^{6} \text{ pF} = 10^{-6} \text{ F}$$

の関係になる．

一方，コンデンサの静電容量値は，その構造寸法などから計算によって求めることができる．最も単純な例として図 4.1.28 に示すように，同じ面積 S をもった平行

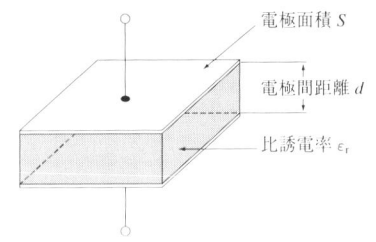

図 4.1.28 コンデンサの構造

平板電極が，距離 d を隔てて向かい合っているとき，そのコンデンサの静電容量値 C は，

$$C = \varepsilon_0 \frac{\varepsilon_r S}{d} \tag{4.1.8}$$

で表すことができる．ここで，ε_0 は真空の誘電率($=8.855\times10^{-12}$ F/m)を表し，ε_r は平行電極間にはさまれた絶縁物(誘電体)の種類によって決定される定数で，比誘電率と呼ぶ．代表的な誘電体材料の ε_r を表 4.1.3 に示す．

表 4.1.3　代表的な誘電体材料の誘電特性[2～5]

コンデンサの種類	誘電体種類	比誘電率 ε_r 20℃，1 kHz	誘電正接 20℃，1 kHz	体積固有抵抗 [Ω m]	絶縁耐力 [ACKV/mm]
有機フィルム	ポリエステル(PET)	3.0～3.3	0.003	>10^{17}	120～280
	ポリプロピレン(PP)	2.1～2.2	0.0002	>10^{17}	200～400
	ポリフェニレンサルファイド(PPS)	3	0.0006	>10^{17}	170
	ポリスチレン(PS)	2.3～2.7	0.0004	>10^{16}	15～75
セラミック	TiO_2	60～120	0.0025	>10^{16}	10～20
	$MgTiO_3$	10～30	0.001	>10^{16}	10～20
	$SrTiO_3$	170～430	0.0005	>10^{15}	10～20
	$BaTiO_3$	500～20000	0.008	>10^{15}	10～20
アルミ電解	化成 Al_2O_3	8～10			15 Å/V
タンタル電解	化成 Ta_2O_5	23～27			16 Å/V
マイカ	$KAl_2(OH)_2AlSi_3O_{10}$	6～8	0.0005	>10^{16}	20～150

式(4.1.8)からわかるように，静電容量値 C は使用する誘電体の比誘電率 ε_r および電極面積 S に比例し，電極間距離(すなわち誘電体の厚み) d に反比例する関係にある．
　コンデンサの設計においては大まかにはこれらの要素を次のように使い分けている．
　1) 比誘電率 ε_r：誘電体固有の性質を生かして，取得容量域，温度安定性，周波数安定性などのコンデンサとしての必要特性から誘電体材料を決定する．たとえばフィルムコンデンサのポリエステルコンデンサやPPSコンデンサ，またセラミックコンデンサでは温度補償用コンデンサや高誘電率系コンデンサなどがその例である．
　2) 誘電体厚み d：コンデンサの定格電圧や耐電圧の設計，個別の静電容量値の設計などで活用．
　3) 電極面積 S：個別の静電容量値の設計などに活用．
　ところで，コンデンサ $C[F]$ に周波数 $f[Hz]$ で実効電圧 $V[V_{rms}]$ の正弦波電圧が印加された場合は，そのコンデンサには電荷の充放電が繰り返されて電流が流れる．このときのコンデンサのインピーダンス Z および実効電流 $I[A_{rms}]$ は式(4.1.9)，(4.1.10)で表される．

$$Z = -j\frac{1}{2\pi fC} \qquad (4.1.9)$$

$$I = \frac{V}{Z} = j2\pi fCV \qquad (4.1.10)$$

ここで，j は複素関数の虚数部を表し，$j=\sqrt{-1}$ である．

式 (4.1.10) で示すように，このとき流れる電流の位相角は，電圧に対してちょうど 90° 進んだ形となり，図 4.1.29 のような関係になる．またこの場合，実効電力の損失は発生しない．

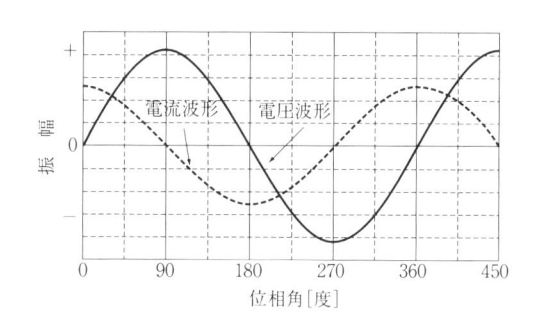

図 4.1.29 コンデンサに流れる電圧と電流の位相角

b. コンデンサの性能

これまでは理想的なコンデンサについて述べてきたが，現実には，使用する誘電体材料の ε_r に温度，電圧依存性があるとか，誘電体損失，絶縁抵抗，破壊電圧，または電極材料の抵抗値，インダクタンス，さらにはコンデンサの構造などが影響して，理想とは異なったいろいろな特徴が生まれてくる．これらをコンデンサの性能または特性といい，代表的なものについて以下に説明する．

① 定格電圧，耐電圧　　定常的に印加できる最大電圧を定格電圧といい，コンデンサの破壊電圧や絶縁抵抗，および信頼性などの評価結果をもとに総合的に決められる．瞬時的であれば印加可能な電圧として耐電圧がある．コンデンサの種類によって異なるが，耐電圧は一般に定格電圧の 1.2～3 倍の範囲で設定されている．

② 誘電体損失 (DF：dissipation factor または $\tan\delta$)　　コンデンサに電界が印加されると，誘電体を構成する原子または分子はその電界に引かれてわずかに変位するがこれを分極という．

いま，交流電界がコンデンサに印加されるとこの分極は電界の変動に合わせて変位し，この変位には多少ながらエネルギーが消費される．これを誘電体損失という．また，このとき電極に流れ込む電流と電極の抵抗によるオーム損としてのエネルギー消費も加わり，これらの総エネルギー損失がコンデンサの損失として生じてくる．この損失分は等価回路的に，図 4.1.30 (b) のように抵抗成分 R で表すことができ，これ

を等価直列抵抗(ESR：equivarent series resistance)と呼ぶ.

したがって，この R は，
$$R = r + r_d \quad (4.1.11)$$
を示すことになる．ここで，

r：電極抵抗成分

r_d：誘電体の誘電体損失成分

この抵抗成分 R と静電容量 C によって得られるリアクタンス成分の絶対値の比を DF または $\tan\delta$ といい，式(4.1.12)で示す．それを100倍してパーセント[％]で表すこともある．

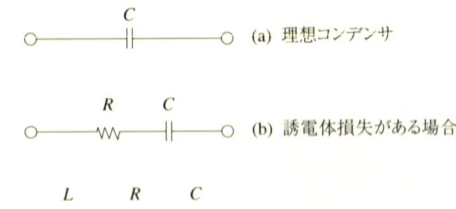

図 4.1.30 コンデンサの等価回路

(a) 理想コンデンサ

(b) 誘電体損失がある場合

(c) 高周波でインダクタンスも無視できない場合

$$\mathrm{DF} = \tan\delta = \frac{R}{X} = 2\pi f CR \quad (4.1.12)$$

また，この逆数をコンデンサのよさを表す指数として Q と呼び，式(4.1.12)の関係になる．

$$Q = \frac{1}{\mathrm{DF}} = \frac{1}{\tan\delta} \quad (4.1.13)$$

したがって，DF は小さい方が，または Q は大きい方が理想コンデンサに近いといえる．

③ 漏れ電流，絶縁抵抗(insulation resistance：IR)　コンデンサに使用される誘電体は，理想的には完全な絶縁体であり，したがって直流電圧を印加した場合に流れる電流はコンデンサへの充電電流のみであるが，現実には誘電体の不純物などによる不完全性に伴う漏れ電流や誘電体表面を伝わって表面電流が流れる．さらには誘電体の分極作用に影響される誘電吸収電流なども加わる．この誘電吸収電流は厄介な電流で，いつまでもだらだらと流れ続ける性質をもっている．

いま，図4.1.31(a)に示す回路で電圧を印加したときの，コンデンサ C_x に流れる電流 i の測定例を図4.1.31(b)に示すが，時間とともに変化しているのがわかる．

同図で，時間0.01～0.1秒までの領域で急激に電流が減少している部分がコンデンサへの充電電流が流れている領域で，それ以降直線的に減少している部分が誘電吸収による電流領域である．コンデンサの絶縁性の不十分によって流れるいわゆる真の漏れ電流はこの測定時間の領域ではまだ現れてきていない．

これら電流の変化を式で表すと，式(4.1.14)のように表すことができる．

$$i = i_0 \exp(-t/CR) + i_1 + i_2(t) \quad (4.1.14)$$

すなわち，この式の第1項はコンデンサへの充電電流を示しており，指数関数的に減少する．

第2項は真の漏れ電流や表面電流を表し，一定値である．

第3項が誘電吸収電流で時間の関数である．この誘電吸収電流はこれまでいろいろな実験式が提案されているが[4]，代表的なものを式(4.1.15)～式(4.1.19)に示す．

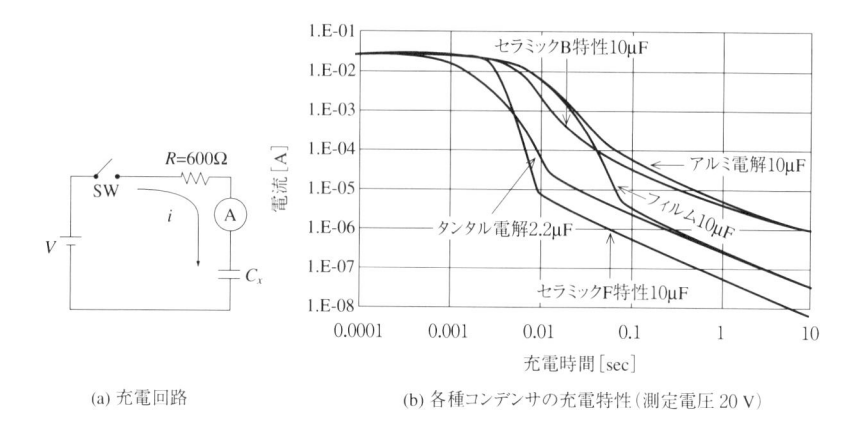

(a) 充電回路　　　　　　(b) 各種コンデンサの充電特性（測定電圧 20 V）

図 4.1.31　コンデンサへの充電回路と各種コンデンサの充電特性

$$i_2(t) = at^{-m} \tag{4.1.15}$$
$$i_2(t) = a\exp^{(-bt^m)} \tag{4.1.16}$$
$$i_2(t) = a/(1+bt) \tag{4.1.17}$$
$$i_2(t) = a/(b+t)+c \tag{4.1.18}$$
$$i_2(t) = a\exp^{(-bt)}+c \tag{4.1.19}$$

ここで a, b, c, m は定数である．

これらの電流を分離して測定するのは現実には困難で，したがって一般にコンデンサの漏れ電流を規定する場合は電圧印加 1 分経過後とか 2 分経過後の値で規定する．

漏れ電流の比較的大きいアルミ電解コンデンサやタンタル電解コンデンサなどは漏れ電流値で規定する場合が多いが，漏れ電流の小さいセラミックコンデンサやフィルムコンデンサなどは測定時の電圧をこの漏れ電流値で割った絶縁抵抗（IR）値で呼ぶ場合が多い．

④　温度特性　コンデンサの静電容量や tan δ または IR の温度による変化率を示した特性で，当然変化率は小さい方が使いやすいが，温度補償型セラミックコンデンサのように容量の変化率を故意に直線的に変化させることを特徴としたコンデンサもある．静電容量の温度特性の代表的な例を図 4.1.32 に示す．

ほとんどのコンデンサの変化率は±20％以内に安定しているが，セラミックコンデンサの一部では最大－70％近くまで変化するものもある．

⑤　周波数特性　コンデンサの静電容量値や tan δ，またはインピーダンスや ESR などの周波数による変化を表す特性である．

移動通信機器や高性能パソコンのディジタル信号などに代表されるように，コンデンサが使用される周波数環境はますます高周波になってきている．一方，コンデンサには②の項目で示したような損失抵抗成分（ESR）のほかに電極やリード線などによ

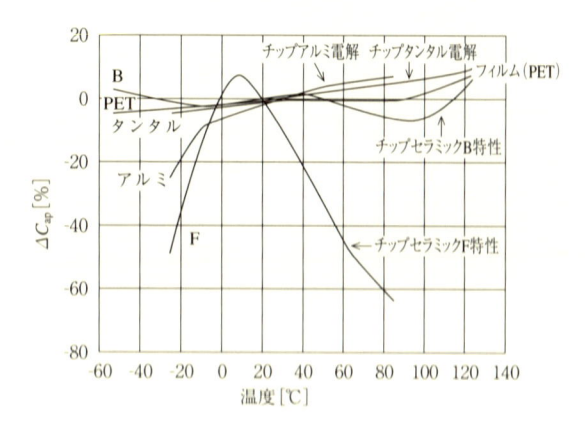

図 4.1.32 各種コンデンサの静電容量-温度特性

って発生する残留インダクタンス成分(ESL)が含まれており,高周波になるとこのような成分の影響が無視できなくなる.高周波領域におけるコンデンサの等価回路例を図 4.1.30 (c) に示すが,この場合コンデンサには ESL との直列共振が起こり,式 (4.1.20) で決定される自己共振周波数をもつことになる.この自己共振周波数以上の領域ではコンデンサはもはやコンデンサというよりインダクタとしての機能が主となることになる.

$$f = \frac{1}{2\pi\sqrt{LC}} \qquad (4.1.20)$$

一方,ESR はそれが大きいと十分なインピーダンスの低減がはかられず,また大電流が流れる用途ではこの抵抗による損失が大きくなり,コンデンサが発熱を起こして,場合によってはコンデンサの劣化を促す要因になりかねない.

代表的なコンデンサのインピーダンス(Z)および ESR の周波数特性を図 4.1.33 に示す.

同図で,電極の一部に抵抗値の比較的高いイオン導電性の材料や半導体を使用している電解コンデンサは ESR が大きいため 10 kHz 前後でインピーダンスがフラットになってきているのに対し,抵抗値の低い金属電極を使用しているセラミックコンデンサやフィルムコンデンサはそれ以上の周波数でも理想コンデンサに近い傾向で減少しているのがわかる.また,リード付きのフィルムコンデンサに比べ SMD (表面実装部品) タイプのチップセラミックコンデンサは,リード線がない分残留インダクタンス成分は相対的に小さくなっており,自己共振周波数が高くなっている.チップタイプは余分なインダクタンスが小さく,より高周波用途に向いたコンデンサということができる.

(6) その他の特性 その他の電気的特性として,破壊電圧特性やリップル負荷特

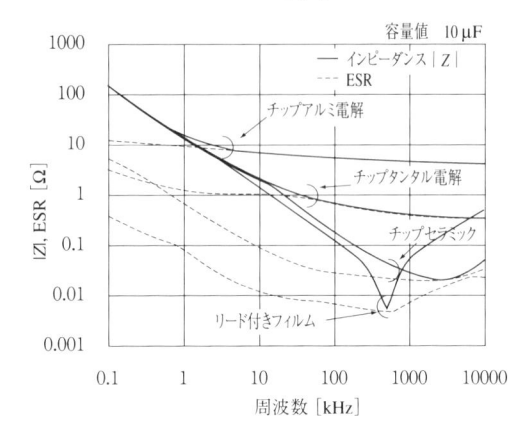

図 4.1.33 各種コンデンサの周波数対インピーダンス $|Z|$, および ESR 特性

性,DC バイアス特性,高温負荷特性,耐湿負荷特性などがある.
 また,近年コンデンサは急速に SMD 化が進みチップタイプが増えてきていることから,基板へのはんだ付け時の熱や,はんだ付け後の端子固着力,基板ブレーク時の基板曲げなどの熱的・機械的ストレスの影響を受けやすくなってきており,これらの性能も重要である.
 実際にコンデンサを使用するにあたっては,こうした性能の詳細についてメーカに確認して選定することが必要である.

文　　献

1) 電子通信学会編:電子通信ハンドブック,オーム社,p.71,1979.
2) コンデンサ最新技術と材料'86年版編集委員会編:コンデンサ最新技術と材料'86年版,Electronics Technology Series, 総合技術出版, No.6, 191, 1985.
3) 沢村幹雄ほか:電子技術,特別増大号,フィルムコンデンサ,106,1991.
4) 小野　勇:コンデンサ活用マニュアル,東京電機大学出版局,p.169,1976.
5) 城坂俊吉,早川　茂:エレクトロニクス材料,電気書院,p.61,1975.
6) 鈴木良蔵:蓄電器,修教社書院,p.231,1940.

c. コンデンサの種類と特徴

一般にコンデンサは,フィルムを誘電体として使用しているフィルムコンデンサや,セラミックを誘電体として使用しているセラミックコンデンサなど,それに使用されている誘電体の種類で呼ばれている.

4.1 伝導性対策部品

電子機器用として使われている固定コンデンサを種類別に分類すると，図 4.1.34 のように多様な種類がある．

一方，図 4.1.35 は世界のコンデンサの消費動向を示したものであるが，近年の電子機器の小型化，多機能化と合わせてコンデンサの使用数量は年々増加し，1996 年には全世界において 3600 億(個/年)に達しているのがわかる．主だった種類としてはセラミック，アルミ電解，フィルム，タンタル電解の 4 種類があり，この 4 種類でコンデンサ総数の 99％以上を占めている．なかでもセラミックコンデンサは急増してきており，1996 年度の構成では全体の 70％以上に達している．

図 4.1.36 はチップ化の推移である．先にも述べた機器の小型化は，電子部品の小型化にも拍車をかけ，受動部品においても抵抗のチップ化と合わせて，コンデンサのチップ化が急速に進んでいる．最近では特にセラミック，タンタル電解の両コンデンサに至っては各コンデンサ全体の 80％近くがチップに切り換わってきている．

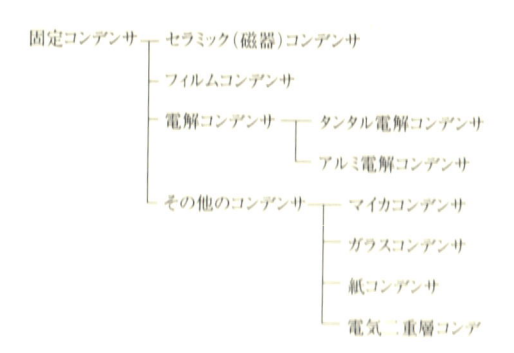

図 4.1.34 電子機器用固定コンデンサの種類

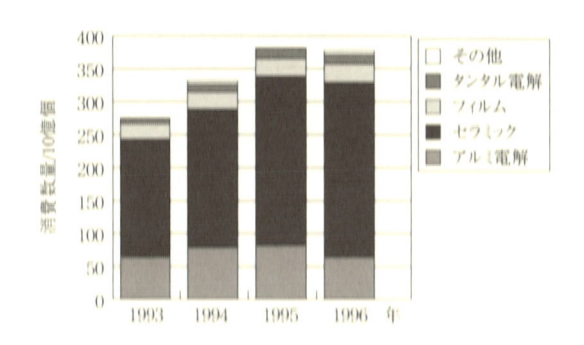

図 4.1.35 世界のコンデンサ消費動向(WCTS)

4. ノイズ対策部品

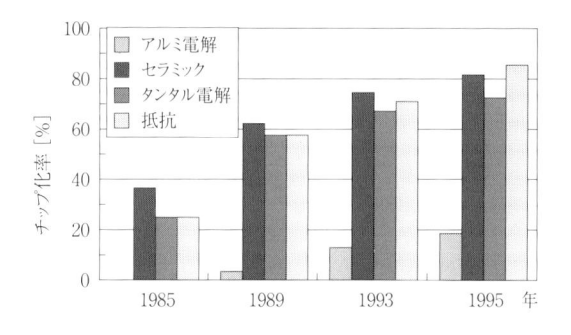

図 4.1.36 コンデンサチップ化の推移

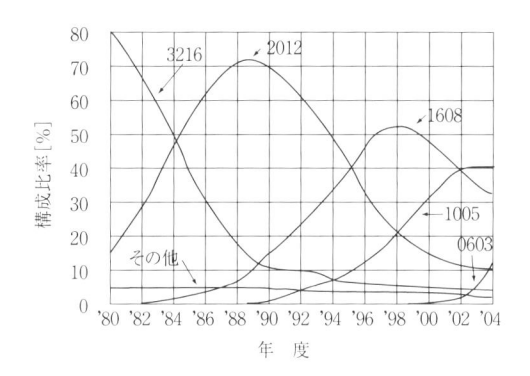

図 4.1.37 セラミックコンデンサのサイズ変遷

図 4.1.37 は最も小型化進展のはやいチップ積層セラミックコンデンサのサイズ変遷を示したグラフである.

3216 (3.2 mm×1.6 mm) タイプから始まったチップの寸法は 80 年代後半から 90 年代前半には，2012 (2.0 mm×1.25 mm) タイプにシフトし，その後 1608 (1.6 mm×0.8 mm) タイプから 1005 (1.0 mm×0.5 mm) タイプへと急速に小型化が進んできていることがわかる．さらに 2000 年以降にはより小型の 0603 (0.6 mm×0.3 mm) タイプが台頭し始めてくると予想されている.

図 4.1.38 には各コンデンサの取得容量範囲を示している．アルミ電解コンデンサは高容量域を得意とする一方，セラミックコンデンサは微小容量から中高容量域まで幅広い容量域をカバーしていることがわかる.

その他，マイカコンデンサやガラスコンデンサ，電気二重層コンデンサといった種類があり，それぞれ特化した市場が形成されている．これら多くの種類のコンデンサの中からどれを使うかは，使用する用途に合わせて最適なものを選ぶ必要がある.

以下は使用量の多い代表的な 4 種類のコンデンサについて，それぞれその特徴を

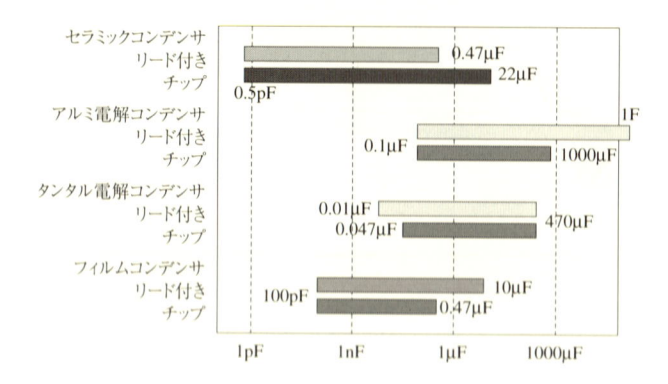

図 4.1.38 各種コンデンサの取得容量範囲

述べる．

i) **セラミック（磁器）コンデンサ**　セラミックコンデンサの外観を図 4.1.39 に，積層チップタイプと単板ラジアルリードタイプの構造図を図 4.1.40 に示す．構造的には上記 2 種類のほか，積層ラジアルリードタイプ，円筒アキシャルリードタイプ，メルフタイプや特殊用途として貫通タイプ，高圧向けのねじ端子付き単板などがあるが，近年特に積層チップタイプの伸長が著しいのは，先にも述べたとおりである．

図 4.1.20 からわかるように，積層チップコンデンサは数 μm ～数十 μm の薄い誘電体を多層積み重ねることで，広い電極面積を形成することが可能となり，小型でしかも大容量が得られるようになった．同じ体積の単板コンデンサもしくは円筒コンデ

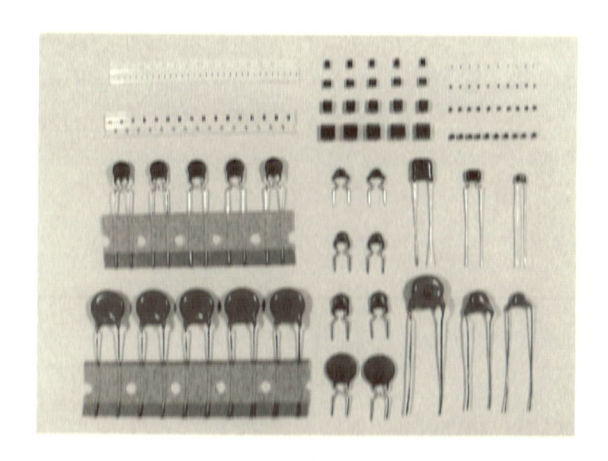

図 4.1.39　セラミックコンデンサの外観

(a) 積層チップ　　　(b) 単板リード付き

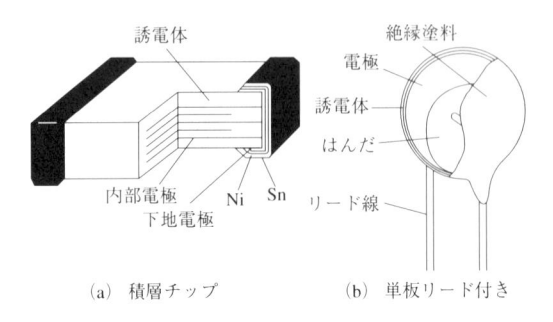

図 4.1.40　セラミックコンデンサの構造

ンサに比べると，取得容量は数百倍以上の大きな値を得ることができる．また，小型と合わせてリードレスであることから，リード付きタイプに比べると ESL が小さいため自己共振周波数が高く，より高周波に適したコンデンサということができる．

また，セットの加工ラインではロボットによる部品の自動装着が一般化し，図 4.1.39 にあるように部品の供給形態はコンデンサのみならずあらゆる部品でテーピング化が進んでいる．

一方特性的にみると，表 4.1.4 のように使用される誘電体材料の種類によって種類Ⅰ,Ⅱ,Ⅲの三つに分類され，その特徴はそれぞれで大きく異なる．

表 4.1.4　セラミック(磁器)コンデンサの分類

分類	誘電体種類 (比誘電率 ε_r)	特徴
種類Ⅰ	酸化チタン系 (5〜300)	容量の温度変化が直線的で，種類が多く温度補償用コンデンサとして最適である．また，損失が小さく高周波にも適する．
種類Ⅱ	チタン酸バリウム系 (200〜20000)	小型で大容量が得られる．積層構造にすることで数十 μF 以上の大容量が取れる．
種類Ⅲ	半導体セラミック (20000〜200000)	半導体セラミックの粒界層または表面層を誘電体として使用する．単板としては小型であるが耐圧が低い．積層タイプは現時点では商品化されていない．

1) 種類Ⅰ：　温度補償用タイプ，酸化チタン系の常誘電性セラミックを誘電体としている．そのため ε_r は数十〜百数十とセラミックコンデンサの中では小さく，積層構造にしても取得容量値は数万 pF 以下でさほど大きくないが，静電容量の電圧や経時的安定性に優れ，また誘電体損失も小さいことから精度の要求される時定数回路や共振回路，高周波回路での用途に適している．

またセラミック原料の調合時に，添加物の種類や添加量を調整することで ε_r の対温度変化率を -4700 から $+100$ ppm/℃の範囲で直線的な任意変化率に設定すること

が可能である．これはたとえば適切な温度変化率に設定したコンデンサをチューナや VCO などの共振回路に使用して他の部品の温度変化をキャンセルすることで，発振周波数や共振周波数の温度安定性を改善することができる．

温度補償用コンデンサの代表的な温度特性と容量変化率の関係を図 4.1.41 に示す．

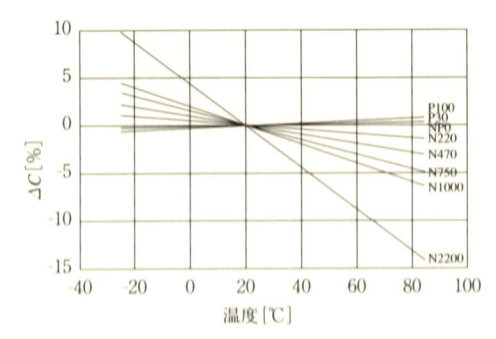

図 4.1.41 種類Ⅰ 各種温度補償用コンデンサの温度特性

2) **種類Ⅱ**: チタン酸バリウム系または鉛系複合ペロブスカイト系[1]などの強誘電性セラミックを使用している．ε_r は数百〜数万と非常に大きく，したがって大きな静電容量を得ることができる．今日では，積層構造にすることにより数十 μF 以上の大容量の商品が実用化されてきている．

反面，図 4.1.42，4.1.43 に示すように，材料によってはその容量値の環境温度や印加電圧による変化が大きく，高精度を要する回路には注意を要するが，小型大容量のメリットと優れた高周波特性を生かして，ノイズ吸収回路やカップリング回路，デカップリング回路，バイパス回路など幅広い用途で多数使用されている．

また一般に，積層セラミックコンデンサでは内部電極材料として高価なパラジウム金属 Pd が使用されているが，積層数が多くなってくるとそのコストが無視できなくなってくる．今後ますます拡大していくと予想される大容量域はその影響が多大となることから，電極材料をニッケルや銅などの卑金属材料に置き換える動きが活発となってきている[1,2]．

3) **種類Ⅲ**: 半導体セラミックを使用したコンデンサで，小型高容量を目的に商品化されたものである．半導体セラミックの粒界または表面のみを選択的に絶縁化し誘電体として利用することで実質誘電体厚みを非常に薄く形成することが可能となり，種類Ⅱの単板コンデンサに比べて約 10 倍以上の大きな容量を得ることができる．しかしながら，現時点では残念ながら積層構造の商品が実用化されておらず，積層コンデンサほど小型にはなっていない．

半導体セラミックコンデンサの分類を図 4.1.44 に示す．

ⅱ) **フィルムコンデンサ** 代表的なフィルムコンデンサの外観を図 4.1.45 に

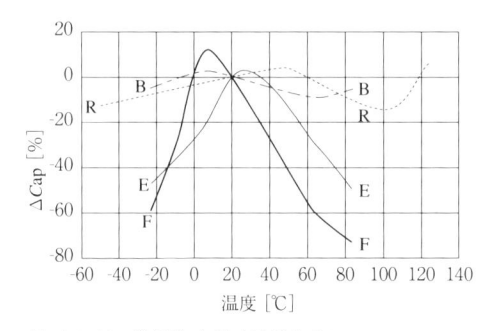

図 4.1.42 種類Ⅱ 各種高誘電率系セラミックコンデンサの温度特性

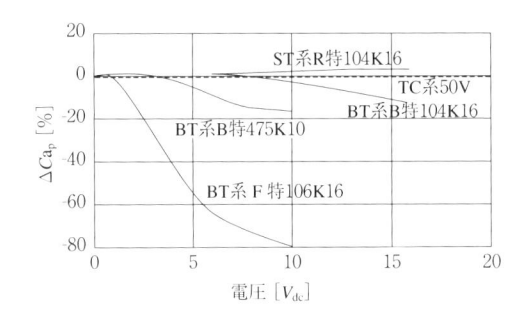

図 4.1.43 セラミックコンデンサのDCバイアス特性

示す．

コンデンサの中ではマイカコンデンサとともに最も古いコンデンサの一つである紙コンデンサの構造を原型として，紙より誘電特性の優れたプラスチックフィルムを誘電体として使用したコンデンサである．

表 4.1.5 は使用する誘電体によって分類したもので，フィルムの種類別の特性を図 4.1.46 に示す．

使用している誘電体としてはポリエチレンテレフタレート（PET）やポリプロピレン（PP）などの1〜5 μm の薄いプラスチックフィルムが使われている．

これらはいずれも常誘電体であり，ε_r は 2〜4 と小さく，温度や電圧に対する安定性は非常によいが，それぞれに誘電体損失や破壊電圧などの特徴があり，それらを生かして用途に合わせた使い分けがなされている．最近では耐熱性の優れたポリフェニレンサルファイド（PPS）フィルムを用いたコンデンサ[3,4]がでてきており，これを使って SMD タイプのコンデンサ[5]なども商品化されてきている．

誘電特性が安定していることから，カップリングや時定数回路に使いやすく，その他幅広い用途で使われている．

4.1 伝導性対策部品

種類		構造	等価回路	主としたセラミック原料	主な特徴
表面層型	堰層容量型	電極／半導体セラミック／堰層		$BaTiO_3$	n型の半導体セラミック表面にCu_2O, ガラスなどで形成されたP型の半導体との間に形成した接合容量を利用したコンデンサ。接合層は1μm前後と予想され、単板としては非常に大きな容量が得られる反面、絶縁抵抗、破壊電圧は他の半導体コンデンサと比べると相対的に低い。
	還元再酸化型	再酸化層／電極／半導体セラミック		$BaTiO_3$	酸化雰囲気で焼成ずみのセラミックを,強制還元雰囲気で熱処理することで半導体化した後,再び酸化雰囲気で熱処理し,セラミックの表面のみを薄く酸化して絶縁層に戻し,この絶縁層を誘電体として利用したコンデンサ。絶縁層は10μm前後で、堰層容量型に比べると容量は低いが、破壊電圧が高く、高耐圧が得られる。
	粒界層型	粒界層／結晶粒子／電極／半導体セラミック		$SrTiO_3$	セラミック原料の調合時に,Ce,Laなどの希土類をわずか添加して還元焼成することにより得られた半導体セラミック表面に,Cu,Biなどの金属酸化物を塗布した後焼成することで,この金属酸化物が粒界に拡散反応して,結晶粒界を選択的に絶縁化する。この絶縁層を利用したコンデンサ。結晶粒径は30～100μmと大きいが、その表面に形成された小さなコンデンサがマトリックス状に接合され,一つの大きな容量をもったコンデンサとなる。常誘電体系の$SrTiO_3$セラミックを使用していることから、DFが小さく、またDCバイアス特性なども優れているなどの特徴がある。

図 4.1.44 半導体セラミックコンデンサの種類

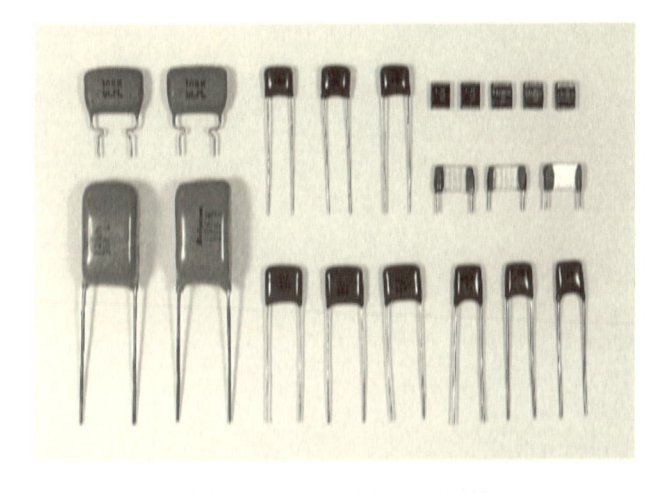

図 4.1.45 フィルムコンデンサの外観

表 4.1.5 フィルムコンデンサの誘電体による分類

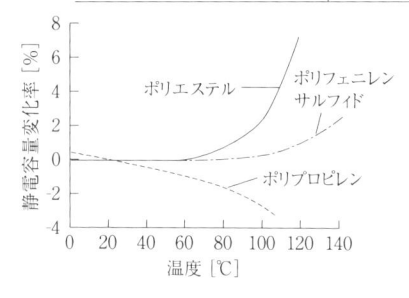

誘電体材料による フィルムコンデンサ種類	誘電率	特　徴
ポリエステルコンデンサ （マイラーコンデンサ）	3.2	誘電率が大きいため，フィルムコンデンサの中では小型化が可能．最も代表的なフィルムコンデンサである．
ポリスチレンコンデンサ	2.5	温度による静電容量の変化が少ない．Qが高くひずみが少ない．
ポリカーボネートコンデンサ	3.0	誘電率が比較的大きいため，小型化可能．
ポリプロピレンコンデンサ	2.1	優れた低誘電体損失，絶縁抵抗，絶縁破壊電圧などの特徴があり発熱が心配される回路に使用される．
ポリフェニレンサルファイドコンデンサ	3.0	他のフィルムに比べ耐熱性に優れていることから，その特徴を生かして，チップタイプのコンデンサも商品化されている．

(a) フィルムコンデンサの静電容量の温度特性

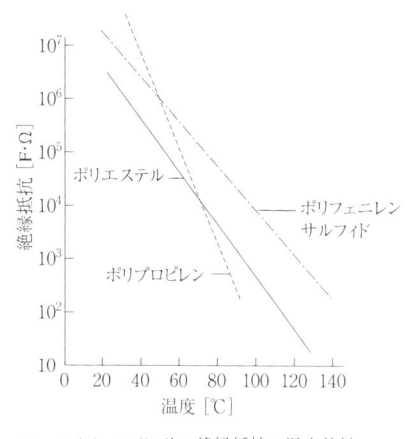

(b) フィルムコンデンサの絶縁抵抗の温度特性

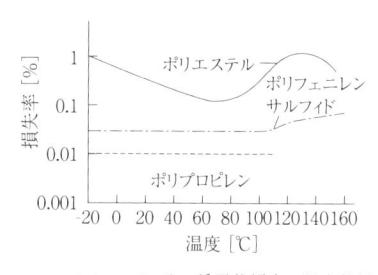

(c) フィルムコンデンサの誘電体損失の温度特性（at 1kHz）

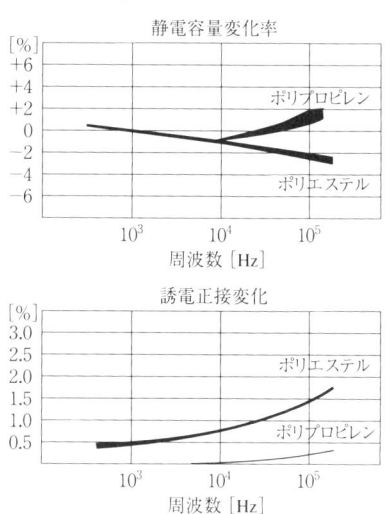

(d) 周波数特性

図 4.1.46　フィルムコンデンサの特性[3]

4.1 伝導性対策部品

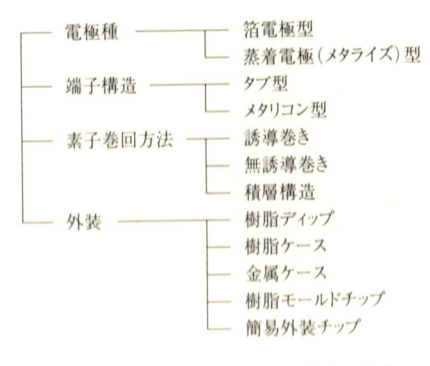

```
┬ 電極種 ──────┬ 箔電極型
│              └ 蒸着電極(メタライズ)型
├ 端子構造 ────┬ タブ型
│              └ メタリコン型
├ 素子巻回方法 ┬ 誘導巻き
│              ├ 無誘導巻き
│              └ 積層構造
└ 外装 ────────┬ 樹脂ディップ
               ├ 樹脂ケース
               ├ 金属ケース
               ├ 樹脂モールドチップ
               └ 簡易外装チップ
```

図 4.1.47 フィルムコンデンサの構造による分類

図4.1.47は構造による分類である.電極の形成方法としてはフィルムにアルミニウムやすずの箔を重ね合わせた箔型と蒸着膜をフィルムに直接形成したメタライズ型があり,メタライズ型はまたこれらを同時に巻き取る巻回型と,交互に積み重ねてゆく積層型がある.

メタライズ型は箔型に比べると電極厚みが薄く形成できることから小型にできる.また自己回復作用(self healing)があり,交流回路向けなど中高圧用途に多く商品化されている.

端子の接続法には,フィルムを巻き取る途中にリード線を挿入するタブ構造型と,巻き取り後,または積層後の誘電体フィルムの両端に電極を露出させそれに端子を溶接またはメタリコン形成させて取り付ける方法があるが,後者は電極のインダクタンスを軽減でき高周波特性が改善される.

形状は大きく分けてSMDタイプのチップとリード付きに分かれるが,SMDタイプは一部商品化されているもののセラミックコンデンサなどに比べてサイズが大きくなることや耐熱性が低いことから,まだ大量には使用されていない.図4.1.48にチップタイプと箔型リード付きコンデンサの構造図を示す.

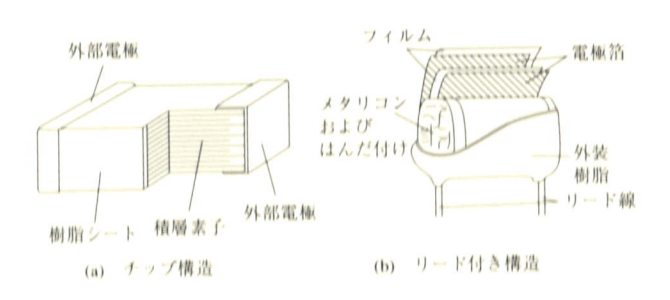

図 4.1.48 フィルムコンデンサの構造

(a) チップ構造 / (b) リード付き構造

(iii) **アルミ電解コンデンサ**　外観を図4.1.49に示す.高純度のアルミ箔を化成液中で陽極酸化し,その表面に形成される薄い酸化皮膜(Al_2O_3)を誘電体とし,電解液を含浸させたセパレータ紙を介してもう一方のアルミ箔を対向させることでコンデンサを形成させている(図4.1.50).

アルミ箔は表面積を稼ぐためその表面をエッチング処理にて細かな凹凸を設けているが,このエッチング技術がアルミ電解コンデンサの小型化を決定する重要な技術の一つである.

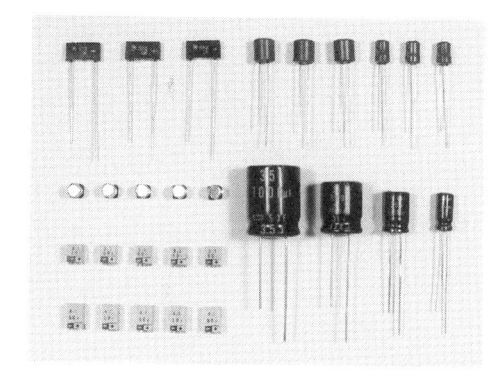

図 4.1.49 アルミ電解コンデンサの外観

(a) 原理図
(b) リード付き構造

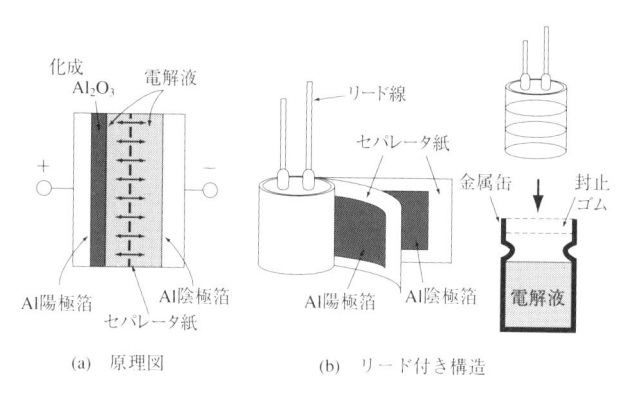

図 4.1.50 アルミ電解コンデンサの構造

　また，一般のアルミ電解コンデンサは電荷の媒体として，有機酸塩系電解液を使用するため，封止部からの液漏れの危険性やドライアップによる性能の低下などがある．これらを改善するために，電解液や封止部の改善がはかられてきているが，基本的に寿命のあるコンデンサといえる．また，酸化膜形成は電解酸化によっているため極性が発生し，コンデンサ使用にあたっては酸化時の電界と同一電界方向で使用しなければ漏れ電流などの劣化が生ずる．
　さらに，使用する電解液は金属などに比べると電導度が低く ESR が大きくなるため，数百 kHz 以上の高周波ではインピーダンスが下がらなくなってくる傾向があり，アルミ電解コンデンサが使用される領域は一般には数百 kHz 以下の低周波領域に限られることに注意が必要である．
　このような電解液を用いることによる問題点を解決するための改善取り組みが積極的に行われており，近年電解液にかわって，電導度の高い TCNQ 錯塩を融解含浸さ

せた有機半導体アルミ電解コンデンサ[6]や，さらに電導度の高いポリピロール高分子皮膜を電解質とした機能性高分子アルミ電解コンデンサ[7]などが注目を浴びてきている．これらはいずれも固体電解質であるためドライアップの心配はなく，また電解液に比べて電導度が高いためESRが低く抑えられ，大幅に特性改善がはかられてきている．

図4.1.51，図4.1.52[8]はそのうちの一つである，有機半導体アルミ電解コンデンサの構造断面図および一般の電解コンデンサと比較したときの周波数特性の例である．

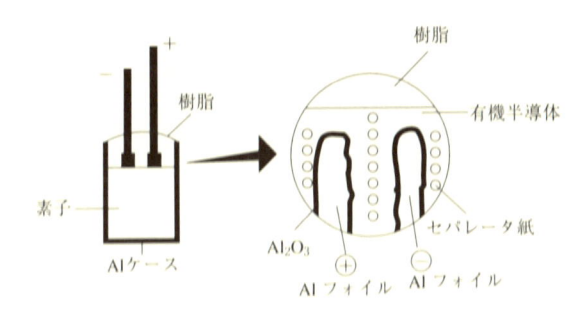

図4.1.51 有機半導体コンデンサの構造[8]

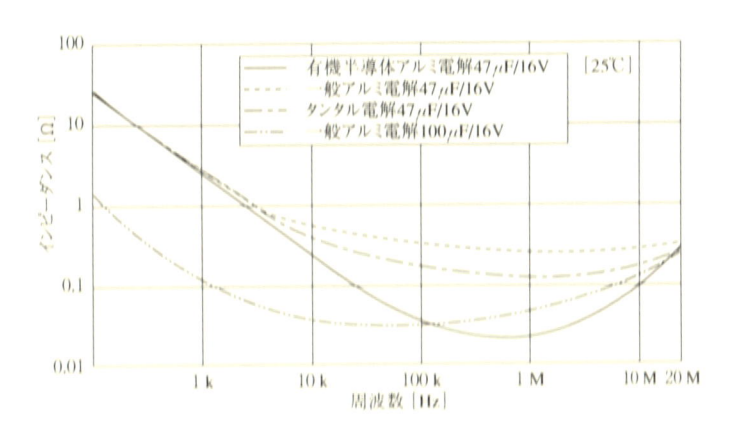

図4.1.52 有機半導体アルミ電解コンデンサと他の電解コンデンサの周波数特性比較[8]

アルミ電解コンデンサのチップ化は現在まだ全体の30%程度と低いが，今後はさらに拡大していくものと予想される．

iv) タンタル電解コンデンサ 原理，構造図を図4.1.53に示す．ミクロンオーダのタンタル金属パウダを圧搾成形して焼結させた非常にポーラスなタンタル

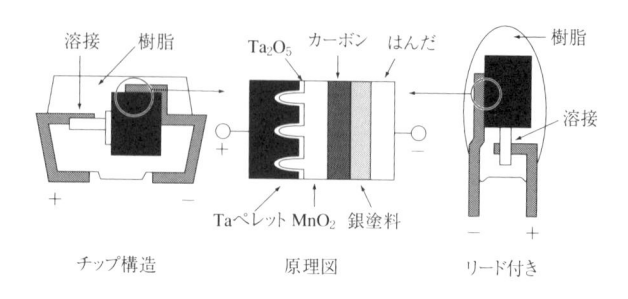

図 4.1.53 タンタル電解コンデンサの構造

レット表面を電解酸化により酸化しそれにより形成された Ta_2O_5 の薄膜を誘電体として利用したコンデンサである．アルミ電解コンデンサ同様タンタルコンデンサも極性を有している．

正極には，パウダの圧搾成形時，中央に挿入するタンタルワイヤを用いるが，負極はポーラスなタンタルパウダー表面に有効に作用できるよう $MnSO_4$ の水溶液に浸漬乾燥を繰り返して MnO_2 の半導体膜を形成させ，さらにその上にカーボングラファイト膜，銀電極膜を形成後この銀電極にリード線をはんだなどにより取り付けている．

電解質に用いる MnO_2 は半導体膜のため，アルミ電解コンデンサのようないわゆるドライアップによる寿命はないが，半導体膜自体の電導度が金属に比べると小さいためコンデンサのESR値はやはりアルミ電解コンデンサについで大きい．そのためこの MnO_2 にかわって電気電導性の高い材料に置き換えようとする動きはアルミ電解コンデンサ同様積極的に行われており，ポリピロール高分子皮膜を応用したコンデンサが現在実用化されてきている．

図 4.1.54 に各種電解質の電導率の比較を，また図 4.1.55 に周波数特性の比較を示す[9]が，同図に示されるごとく周波数特性の改善がみられている．

外観を図 4.1.56 に示す．チップタイプとリード付きタイプがあるが，現在は全体の 80％以上がチップタイプとなっており，セラミックコンデンサとともに最もチップ化の進んだコンデンサの一つである．

タンタルの金属ワイヤまたは箔を電解酸化させて電解液と一緒に金属ケースに封止したいわゆる湿式型のコンデンサも一部にはあるが，特殊な用途に使われているのみである．

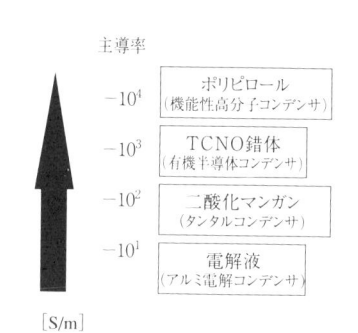

図 4.1.54 各種電解質の電導率比較[9]

4.1 伝導性対策部品

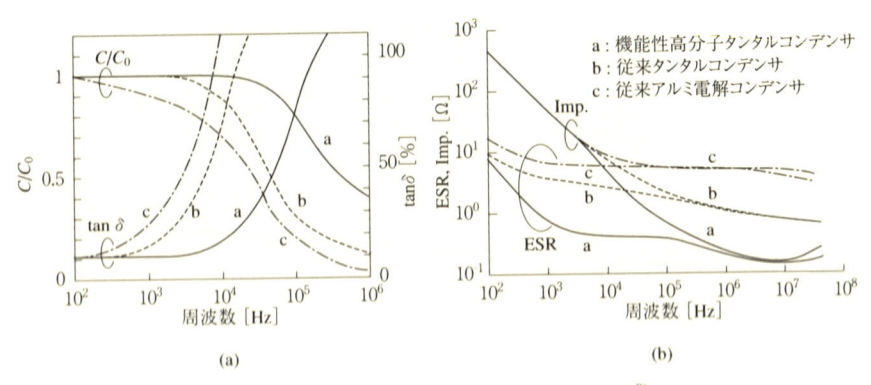

図 4.1.55 各種電解コンデンサ周波数特性比較[9]

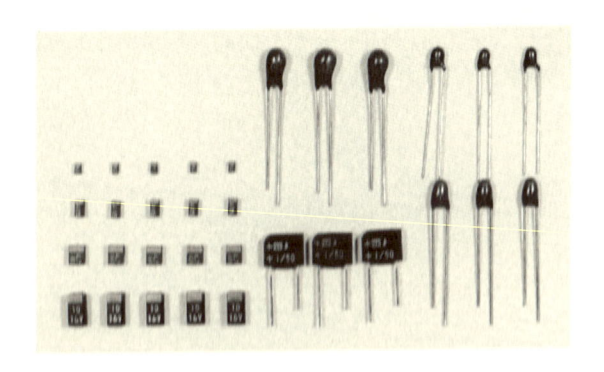

図 4.1.56 タンタル電解コンデンサの外観

文　献

1) 坂部行雄：化学工学, 54(7), 485-489, 1990.
2) Sakabe, Y. et al.: Dielectric Materials for Base Metal Maltilayer Ceramic Capacitors, pp. 103-115, Advances in Ceramics., 19, Maltilayer Cermic Devices, American Ceramic Society, 1987.
3) 沢村幹雄, 牧野利男：電子技術, 特別増大号, 105-112, 1991.
4) 清水幸男：KEC 情報, No. 140, 32-36, 1991.
5) 寺田輝久：Electronic packaging technology, 6(10), 50-51, 1990.
6) 江崎　忠, 月川伸一：DENKI KAGAKU, 58(9), 794-800, 1990.
7) 工藤康夫ほか：信学論 C-II, J73-C-II, 172-178, 1990.
8) 末永和浩, 本田信浩：KEC 情報, No. 159, 39-46, 1996.
9) 青木義彦：KEC 情報, No. 159, 47-54, 1996.

d. ノイズ対策部品としてのコンデンサの活用法と活用時の留意点

i) 静電容量とノイズ除去効果

コンデンサの静電容量を大きくすると，図4.1.57に示すように"インサーションロス-周波数特性"の傾斜は変わらず，全周波数にわたりノイズ除去効果が向上する．逆に，静電容量が小さくなると全周波数にわたりノイズ除去効果が小さくなる．

このため，低い周波数からノイズ除去効果を向上させる必要がある場合には，静電容量の大きいものを選べばよい．

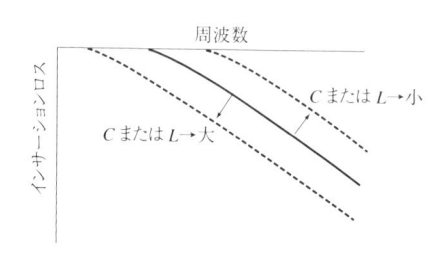

図 4.1.57　コンデンサの容量値を変えたときのノイズ除去効果

ただし，静電容量を大きくすると，有効信号とノイズの周波数が接近して，有効信号を減衰させてしまうおそれがある．このようななかで，ノイズ除去効果を向上させる必要のある場合には，インダクタと組み合わせたL型やT型やπ型などの多素子のフィルタを選択する必要がある．

L型やπ型やT型にし，コンデンサやインダクタの素子の多いフィルタに変えていくとインサーションロス-周波数特性の傾きが大きくなり，ノイズ除去効果が向上する．

図4.1.58に理想的なコンデンサとインダクタを組み合わせたとき，インサーションロス(ノイズ減衰量)-周波数特性の傾斜がどのように変化するかについて示す．

単純にノイズ除去効果を向上させたいときにはコンデンサの静電容量の大きいものを選ぶか，またはL型，T型，π型などの多素子のフィルタに変えるというどちらの方法も使える．

ii) コンデンサの残留インダクタンス(ESL)によるノイズ除去効果の劣化

1) 残留インダクタンスの影響：　コンデンサのインピーダンス Z_c は

$$Z_c = \frac{1}{2\pi fc} \tag{4.1.21}$$

ただし，c：静電容量

で表され，図4.1.59に示すように，理想的なコンデンサであればライン間あるいはラインとグラウンド間に接続することにより，周波数が高くなればなるほど大きなインサーションロスを得ることができるはずである．

しかし，通常のコンデンサは図4.1.60に等価回路と特性を示すように，回路に接続するためのリード線やコンデンサの電極などにより，コンデンサと直列に残留インダクタンスが発生し，コンデンサのリアクタンス X_c と残留インダクタンスのリアクタンス分 X_L の絶対値が等しい周波数 f_0 に共振点が現れ，共振点を超えると急激にインサーションロスが小さくなる．

4.1 伝導性対策部品

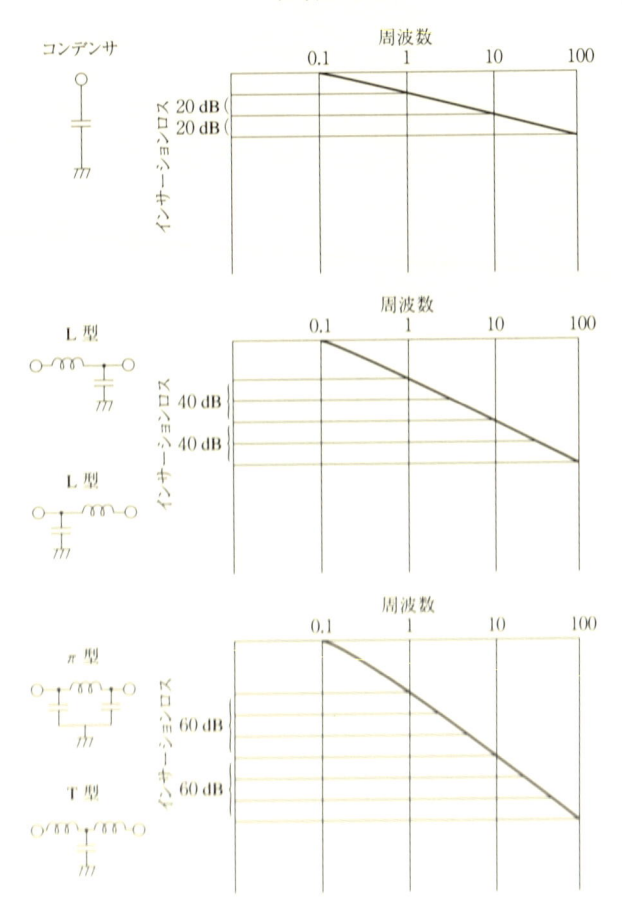

図 4.1.58 理想的なコンデンサとインダクタを組み合わせたときのインサーション-周波数特性の傾斜

表 4.1.6 ノイズ対策部品の選び方

条件	選び方
単純にノイズ除去効果を向上させたい場合	定数の大きいものにするかまたはL型,T型,π型などの多素子のフィルタを選ぶ.
低い周波数のノイズ除去効果を向上させたい場合	静電容量を大きくする.
有効信号と、ノイズ周波数が接近していて、フィルタにより有効信号を減衰させるおそれのある条件下でノイズ除去効果を向上させたい場合	インダクタと組み合わせ、L型,T型,π型など多素子のフィルタにする.

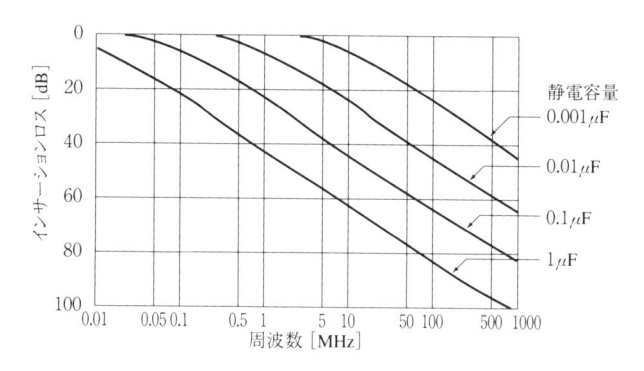

図 4.1.59 理想コンデンサのインサーション特性

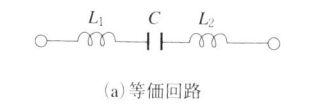

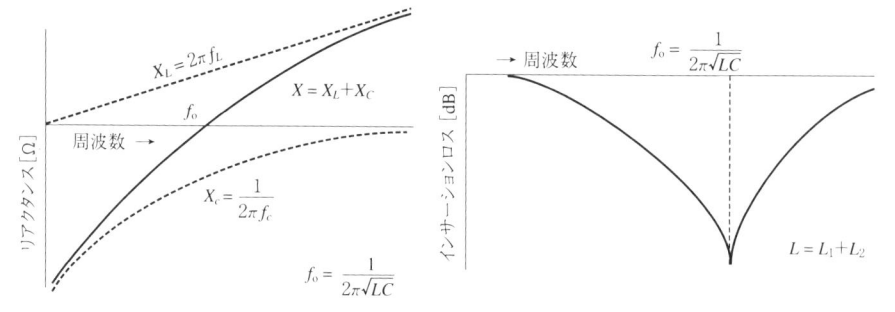

図 4.1.60 通常のコンデンサの等価回路と特性

(a) 等価回路

(b) リアクタンス特性

(c) 二端子コンデンサのインサーションロス特性

このように通常のコンデンサのインピーダンス(リアクタンス)特性は

$$|Z_c| = |2\pi fL - (1/2\pi fC)| \qquad (4.1.22)$$

になる．L はコンデンサ全体の残留インダクタンス L_1+L_2 であり，コンデンサの電極構造やリード線の長さなどにより決まり，表 4.1.7 に示すように，5〜150 nH 程度に分布している．

2) コンデンサの種類と除去できるノイズ周波数：　コンデンサは構造により残留インダクタンスの大きさが異なり，残留インダクタンスの大きさで除去できるノイズ周波数帯が決まる．このため対策したいノイズの周波数帯で使い分ける必要がある．

通常の二端子のセラミックコンデンサやプラスチックコンデンサでは高周波ノイズが除去できない．これは残留インダクタンスの影響によるものである．

4.1 伝導性対策部品

表 4.1.7 代表的なコンデンサの残留インダクタンス値

コンデンサの種類		残留インダクタンス
セラミック積層リードタイプ	(0.01 μF)	5 nH
セラミック積層リードタイプ	(1 μF)	6 nH
セラミック単板リードタイプ	(0.0022 μF)	4.5 nH
マイラ	(0.03 μF)	9 nH
マイカ	(0.01 μF)	52 nH
スチロール	(0.001 μF)	12 nH
スチロール	(0.01 μF)	100 nH
ソリッドタンタル	(16 μF)	5 nH
アルミ電解(高周波用)	(470 μF)	13 nH
アルミ電解	(470 μF)	130 nH

図 4.1.61 に示すように数十 MHz までのノイズは，普通の二端子コンデンサで除去できるが，自動車ラジオやディジタル機器のノイズなどのように，数百 MHz までのノイズを除去する必要のある場合には三端子コンデンサが使用される．

また，TV チューナや自動車電話などのように，500 MHz を超えるノイズが問題に

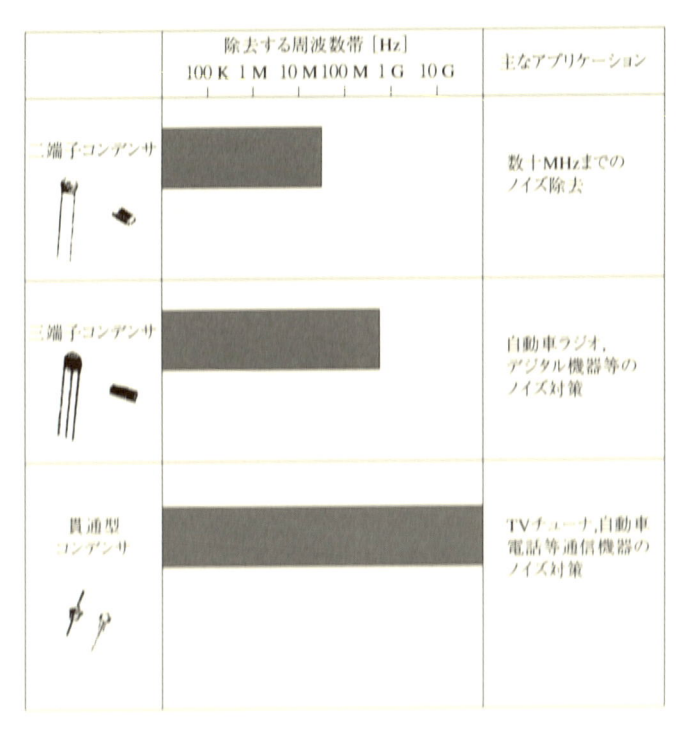

図 4.1.61 除去したいノイズ周波数帯とコンデンサの種類

なる機器には貫通型コンデンサが使われる．

三端子コンデンサとは，図4.1.62に示すようにコンデンサのホット側の端子を入力端と出力側の2本にすることによりホット側で生じる残留インダクタンス L_{s1} をなくし，さらにこの L_1, L_2 を積極的にチョークとしてフィルタ素子に利用して，ノイズ除去効果を改善したものである．

また，貫通型コンデンサとは図4.1.63に示すような貫通構造にすることにより，三端子構造にすると同時にグラウンド電極側の残留インダクタンスもほぼゼロにしたものである．

このため，貫通型コンデンサは，理想的なコンデンサに近いインサーションロス特性を得ることができ，数百MHz以上のノイズをとるのには欠かすことのできないノイズ対策部品である．

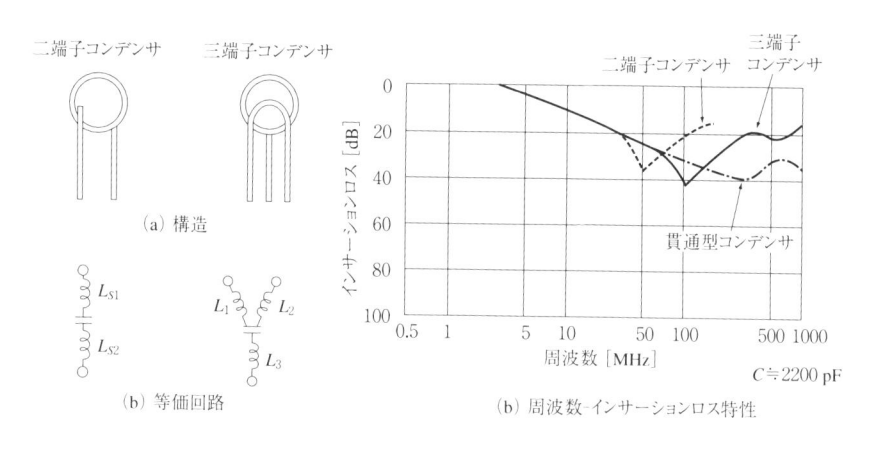

図 4.1.62 各種コンデンサの等価回路と特性

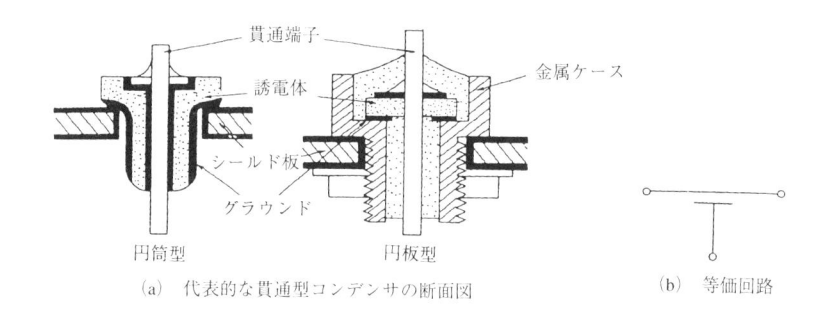

図 4.1.63 貫通型コンデンサの構造と等価回路

iii） **コンデンサの自己共振点とノイズ除去効果**　ディジタル機器から出るような数十 MHz～数百 MHz の高域のノイズを除去するには，三端子構造のコンデンサや貫通構造のコンデンサを使う必要があると前項で述べた．自己共振点を高くするだけであれば，特殊なコンデンサでなくても静電容量の小さなものを使えば自己共振点は高くなる．この項では，静電容量を小さくして共振点を高くした場合と，高域のノイズをとるためにつくられた自己共振点の高いコンデンサとの違いについて説明をする．

1) **コンデンサの容量を小さくしても高域のインサーションロス特性は改善されない：**　コンデンサをノイズフィルタとして使用する場合，図 4.1.64(a) に示すように静電容量を小さくすれば自己共振点 f_0 は確かに高域に移動する．しかし高域のインサーションロス特性は改善されていない．そのうえ，低域のインサーションロス（ノイズ除去効果）は低下している．

自己共振点より高い周波数におけるインサーションロス特性は，コンデンサの静電容量とは無関係に残留インダクタンスの大きさで決まるのである．

そのため，高域のインサーションロス特性を改善するには，図 4.1.64(b) に示すような残留インダクタンスを小さくすることにより，自己共振点を高くした特殊なコンデンサ（フィルタ）を選ぶ必要がある．

iv） **コンデンサの並列接続共振現象によるノイズ除去効果の劣化**　広域のノイズ周波数をカバーするために，異種のコンデンサを安易に並列接続をすると共振現象が起こり，共振点の付近ではノイズ除去効果が劣化することがあるので注意する必要がある．本項ではなぜ共振現象が起こるのか，どのように改善すればよいのかについて述べる．

1) **共振現象の現れる理由：**　通常のコンデンサにはリード線や電極に小さな残留インダクタンスが発生し，等価回路は図 4.1.64 に示すようなコンデンサ C とインダクタ $L(L=L_1+L_2)$ との直列回路になっている．

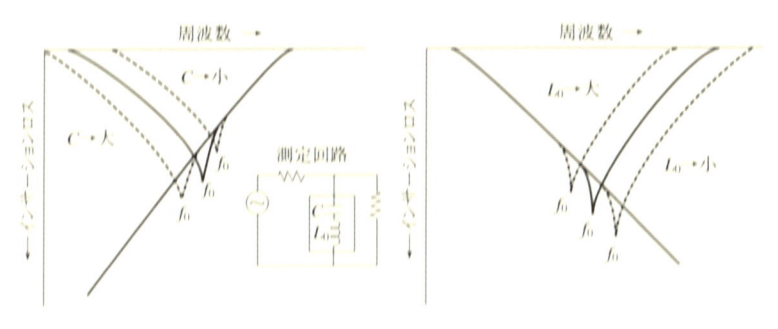

(a) 静電容量 (C) によるインサーションロス特性の変化

(b) 残留インダクタンス (L_0) によるインサーションロス特性の変化

図 4.1.64　コンデンサの自己共振点とノイズ除去効果

コンデンサのリアクタンスとインダクタのリアクタンスの絶対値が等しくなる周波数で自己共振が現れる.

$$f_0 = 1/2\pi\sqrt{LC} \tag{4.1.23}$$

図 4.1.65(b)の実線は, 残留インダクタンスをもつ通常のコンデンサのリアクタンス特性である. この図からもわかるように共振点 f_0 より低い周波数では, マイナ

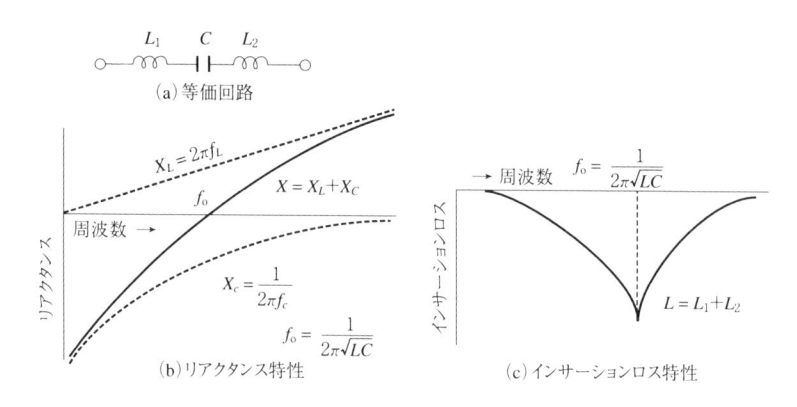

図 4.1.65 コンデンサの等価回路と特性

スのリアクンス, すなわちコンデンサとして働くが, 共振点 f_0 より高周波側ではプラスのリアクタンス, すなわち誘導性のコイルとして働く.

図 4.1.66 のように, 自己共振点の周波数が異なる二つのコンデンサを並列に接続する場合を考える. 二つのコンデンサの自己共振周波数間, すなわち図 4.1.66 のゾーン II における等価回路は, 容量性素子と誘導性素子の並列回路となり, 並列共振

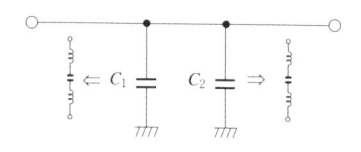

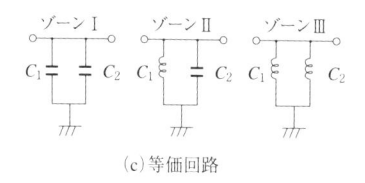

図 4.1.66 共振現象の発生原理

4.1 伝導性対策部品

現象が現れ，図4.1.67に示すように共振点の付近ではノイズ除去効果が大きく劣化してしまうことになる．

このような現象はフィルムコンデンサやセラミックコンデンサなどのようにQが高いコンデンサを使用したときに顕著に現れる．

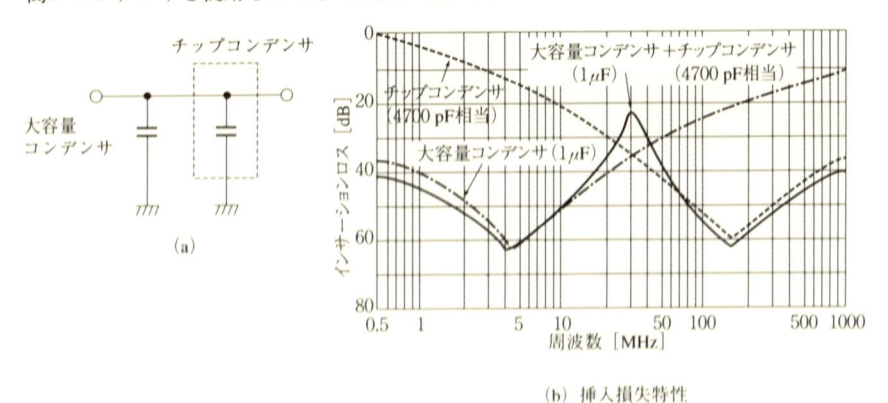

(a) チップコンデンサ／大容量コンデンサ

(b) 挿入損失特性

図 4.1.67 コンデンサ並列接続による共振

2) 共振によるノイズ除去劣化の防止策：こうしたコンデンサ同士の共振現象を防止するにはコンデンサとコンデンサの間にフェライトビーズインダクタを挿入するのが効果的である．

図4.1.68に高周波ノイズを除去するための小容量コンデンサとフェライトビーズインダクタの代わりに，フェライトビーズインダクタが直列に組み込まれているT回路のチップチューブタイプのEMIフィルタを用いることにより，こうした現象を防止した例を示す．

v) コンデンサの直列等価抵抗（ESR）とノイズ除去効果　音声回路や中波放送回路のノイズ対策に用いられるようなコンデンサは，低い周波数のノイズも除去する必要があるため，大きな静電容量の得られるアルミ電解コンデンサや，タンタルコンデンサなどが通常使われる．

このアルミ電解コンデンサやタンタルコンデンサは，構造上直列等価抵抗（図4.1.69 参照）が大きい．

コンデンサの静電容量をいくら大きくしても，直列等価抵抗以下にインピーダンスを下げることはできない．

そのため，ライン間にアルミ電解コンデンサやタンタルコンデンサなど直接等価抵抗の大きなコンデンサのインサーションロス特性を測定すると，図4.1.70に示すように20〜30 dB（到達限界減衰量）でフラットな特性になり，30 dB程度以上のインサーションロスは得られない．

図4.1.70 でラインインピーダンスが50 Ωのときの特性であるが，図4.1.71

(a) チップコンデンサ

(b) チップチューブEMIフィルタの場合

(c) 大容量コンデンサと併用した場合の挿入損失特性

図 4.1.68 コンデンサ並列接続による共振現象の対応

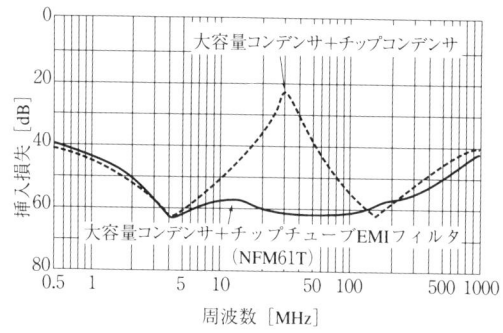

図 4.1.69 アルミ電界コンデンサの等価回路
C：静電容量，R：直列等価抵抗，L：残留インダクタンス

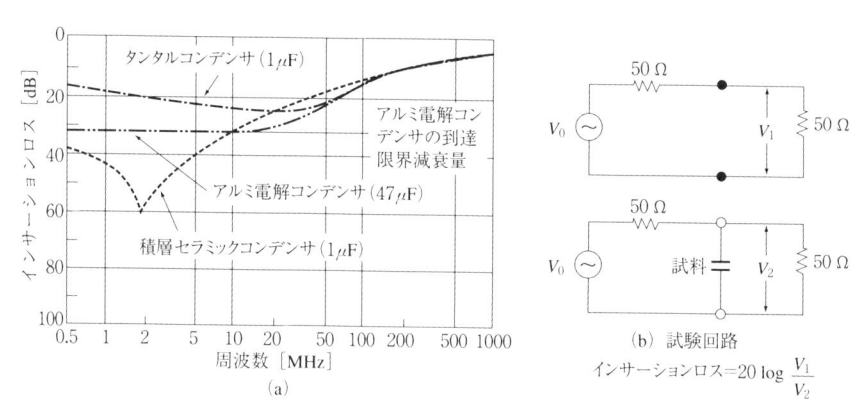

(b) 試験回路

インサーションロス＝$20 \log \dfrac{V_1}{V_2}$

図 4.1.70 各種コンデンサのインサーションロス

に示すように到達限界減衰量はラインインピーダンスによって変わる．

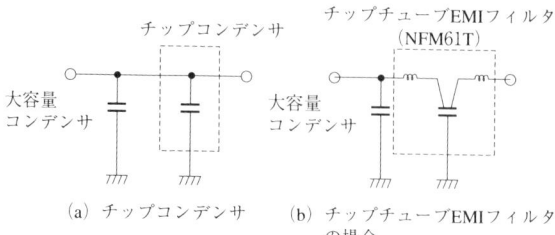

　自動車用電子機器の電源回路では，ソースインピーダンスがきわめて低いため，これらのノイズ対策に直列等価抵抗の大きいコンデンサなどを用いると，インサーショ

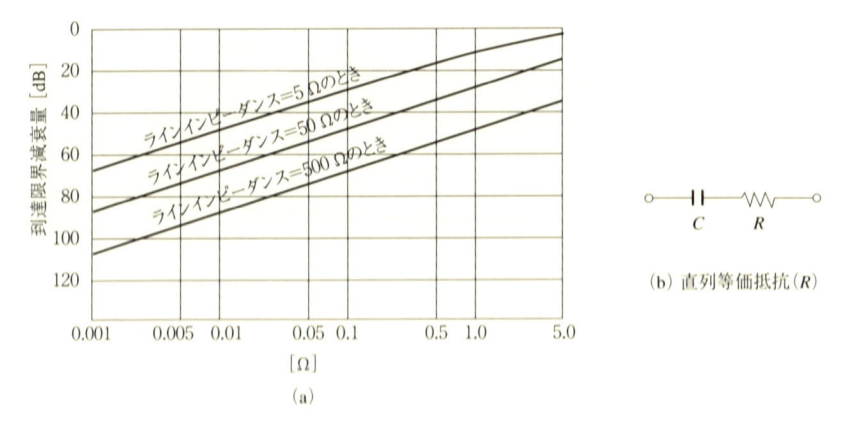

図 4.1.71 直接等価抵抗 R と到達限界減衰量

ンロス特性の到達限界減衰量は図 4.1.70 に示したものより小さくなる.

自動車用電子機器の電源回路にアルミ電解コンデンサのような直列等価抵抗の比較的大きなコンデンサだけで対策しようとすると十分なノイズ除去効果が得られないことがある.

自動車には多くのノイズ発生源があり，なかにはリレーのソレノイドコイルのノイズやイグニッション系ノイズのように 200～300 V に達するような大きな電圧のノイズが発生している.

ソースインピーダンスの低い回路では，直列等価抵抗の大きいアルミ電解コンデンサを用いると十分なノイズ除去効果を得ることができない.

このような現象を改善するためには，ラインインピーダンスをいったん高くする必要があり，コンデンサの前に 2～3 mH チョークコイルを入れる方法がとられる.

図 4.1.72 に自動車のオーディオ装置の電源ラインでよく用いられるノイズ対策回

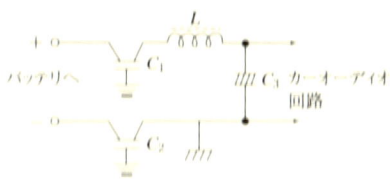

シンボルまたは素子コード	シンボルの意味または素子名
⏚	シャーシグラウンド
⏛	サーキットグラウンド
C_1, C_2	高域を受けもつ三端子コンデンサ
C_3	低域を受けもつアルミ電解コンデンサ
L	2～3 mH のチョークコイル

図 4.1.72 カーオーディオ電源のノイズ対策例

路例を示す．

カーオーディオ装置などでは，数十Hz～数十kHzの音声周波数，1MHz付近のAMラジオなど低い周波数の対策のほかに，100MHz付近のFMラジオ周波数など高い周波数のノイズ対策も必要があり，三端子コンデンサの併用が効果的である．

〔坂本幸夫・本田幸雄〕

文　　献

1) 坂本幸夫，山本秀俊：現場のノイズ対策 Q & A，日刊工業新聞社，p. 50, 52, 59, 62, 105, 1993.

4.1.3 ノイズフィルタ

ノイズフィルタはローパスフィルタを構成する．電源に用いるフィルタは交流電源周波数を通過させ，それより高い周波数の阻止機能をもつ．信号用は，伝送信号以外の信号を阻止すればよい．妨害波の発生原因となる伝送信号は，パルス信号が多く電源フィルタ同様ローパスフィルタ特性となる．

ノイズフィルタは，通信線路に使用されるフィルタと異なる点が多い．電源に使用する場合，電源電圧のような高い電圧中で動作させること，通過電力が電子機器の電力でありきわめて大きいこと，グラウンド線に大きな電流を流せないこと等々の制約がある．

多くの電子機器が接続される電源線路や，電子回路内で発生する妨害波源のソースインピーダンスの計測はむずかしい．フィルタ設計で大切なことは，入出力インピーダンスを知ることである．この値が未知であることが，ノイズフィルタ設計をむずかしいものにしている．フィルタ評価に使用する50Ω系減衰特性は，品質評価基準として使用されるが，実装状態の性能を示すものではない．

a. ノイズフィルタの基本回路構成

ノイズフィルタはLC素子の組合せによってさまざまな回路を構成できる．基本構成は図4.1.73に示した[1]．伝導妨害波の測定は，妨害波の伝搬経路である線対大地間に発生する電圧であり，コモンモードと呼ばれる．ノイズフィルタの構成要素は，コモンモードチョークコイルと，線対グラウンド間に実装されたYコンと呼ばれる

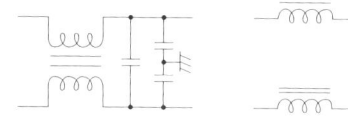

(a) コモンモードチョーク1段　　(b) ディファレンシャルモードチョーク併用　　(c) コモンモードチョーク2段

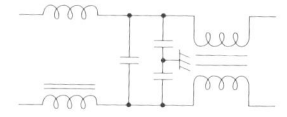

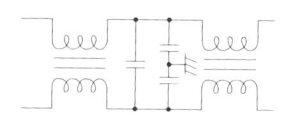

図 4.1.73　フィルタ基本構成

コンデンサ，線間に使用されるXコンと呼ばれるコンデンサで構成される．

図(a)はコモンモードチョークコイルとYコンおよびXコンのコンデンサから成り立っている．図(b)はディファレンシャルモードチョークコイルを追加実装した構成になっている．500 kHz以下の低周波数では，ノーマルモード成分の抑制効果が期待できる．大電流のコモンモードチョークの製作が困難な場合のノイズフィルタとして使用される．

図(c)は，入出力対称の構成である．上記2点は非対称であり，入出力インピーダンスによっては，フィルタ効果に差異がでる．この現象を避けるため，コモンモードチョークコイルを対称に構成したものである．このような構成ならば，非対称の欠点が回避できる．

フィルタに使用するチョークコイルは，前述したようにコモンモードチョークコイル[2]とディファレンシャルモードチョークコイルの2種類がある．動作原理の違いにより使用する磁性材料が異なる．コモンモードチョークコイルにはフェライト磁性，ディファレンシャルモードチョークコイルには金属ダスト磁性を使用する．図

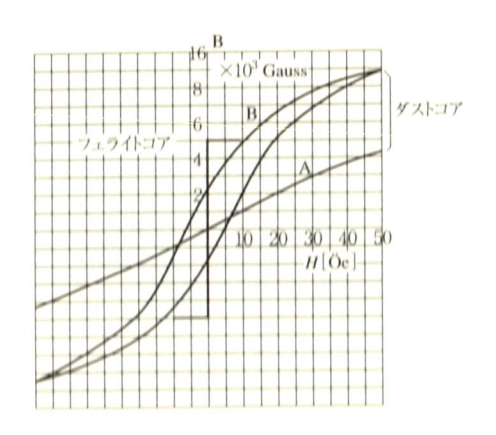

図 4.1.74 フェライトとダストコアの特徴比較

4.1.74は両者の特性の違いを示した[3]．フェライト磁性は低損失であり，初透磁率の周波数領域が広い．飽和磁束密度は金属磁性に比較して小さい．

ディファレンシャルモードチョークコイルに適用される金属磁性は，フェライト磁性と比較し，高い直流透磁率と大きな飽和磁束密度をもつ．材料の比抵抗が小さいため，低い周波数でも渦電流が発生して透磁率を低下させる．この防止には，磁性材料を粉末にし成形したダスト磁性体(ダストコア)にする．この方法により渦電流を減らすことができ，高い周波数領域にまで透磁率が維持できる．バルクのもつ高い透磁率は，粉末にすることで反磁界が発生し，この影響を受け実効的な透磁率は大きく低下する．

ディファレンシャルモードチョークコイルに使用するダストコアは，フェライト磁性と比較し，磁気損失が大きい．これを利用し回路の電気的振動を抑制することができる．サイリスタの位相制御時に発生する電流の減衰振動波は，サイリスタを誤動作させる．この防止には磁気損失の大きい磁性材料を使用し振動を抑制する．高い周波数においては，フェライトがこの役割をする．フェライトの磁気共鳴領域では，大きな磁気損失をもつ．回路の共振はこの損失で抑制できる．

フィルタに使用するコンデンサは，2種類の仕様で使用される．Xコンは，線対線間に実装されるため大きい電源電圧が加わる．このような実装場所のコンデンサは素子破壊による発火の危険性であり，高い信頼度が要求される．破壊現象に対してオープンモードになり，自己復帰機能をもつフィルムコンデンサが使用されている．

Yコンは線対アース間に実装されるためリーク電流が発生する．大きな静電容量を使用することはできない．セラミックコンデンサは，フィルムコンデンサと異なりCV積（容量と耐電圧の積）が数百倍大きい．実装効率を考えるとセラミックコンデンサはきわめて有用である．一般にコンデンサの耐電圧は材料の厚みで決まる．容量は厚みに逆比例し，低容量の場合には材料の厚みを厚くできるので信頼度は上がる．セラミックコンデンサの破壊モードはショートモードであるが，十分な耐圧を補償することで使用可能にしている．

図 4.1.75 は入出力インピーダンスの大きさとノイズフィルタの構成関係を示した[4]．フィルタの入出力に接続されるインピーダンスは電源線側や電子機器側に存在する．このインピーダンスは一般的には正確にわからない．電源線インピーダンスを安定化させるために国際標準は規格化した疑似電源回路網で $50\,\Omega$ を使用している．機器側インピーダンスは不明である．今日のノイズフィルタは，疑似電源回路網のインピーダンス特性に合わせて設計されるが，基本設計は経験則が優先する．$50\,\Omega$ で

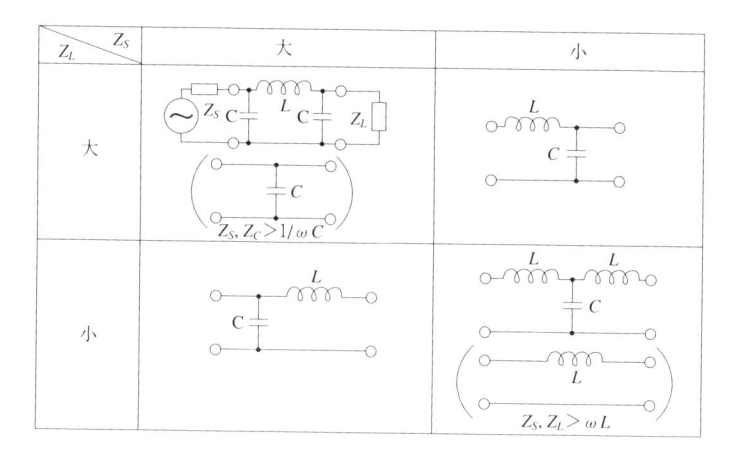

図 4.1.75 入出力インピーダンスの大きさとフィルタ構成

設計されるため,フィールドにおいては異なった電圧の放射が予測される.

フィルタを使用した効果例を図 4.1.76 に示した.フィルタは入出力対称ではない回路構成が多い.入出力のインピーダンスの違いによって,フィルタ効果の異なることがしばしば発生する.コンデンサの挿入位置で異なった効果が得られる[5].

b. ノイズフィルタの使用上の制約

ディファレンシャルモードチョークコイルは,巻線に流れる電源電流の大きさが磁束の大きさに影響するため,磁気飽和問題が生じる.飽和磁束密度の大きい金属磁性材料が使用される.コモンモードチョークコイルの巻線に流れる電源電流は,磁束の大きさに影響しないため磁気飽和の問題は発生しない.巻線に流れるアンバランスな電流にのみ左右される.フェライトのような低い飽和磁束密度の磁性材料が使用される.

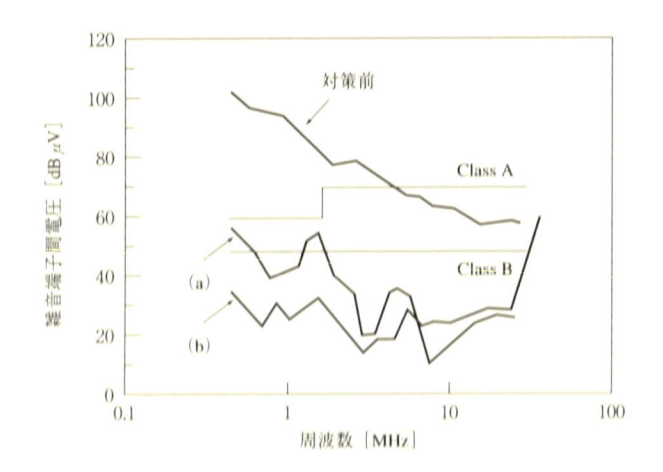

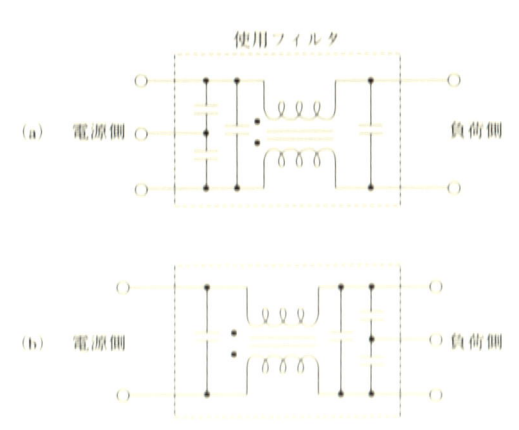

図 4.1.76 フィルタの妨害波対策効果例

コモンモードチョークコイルの磁性形状は，数Aの電源電流においては自動組立てが可能であるIE型，ロ型，日の字型と呼ばれる磁性材料を使用する．大電流では巻線線径が太くなり，手巻き加工となる．このような場合，実装密度を高くできるリング形状（トロイダルコア）が使用される．どのような形状になるにしても，電源の1次側に使用する部品は，安全設計に配慮しなければならない．

コイルに適用される安全上の配慮は，巻線間の信頼性であり，3 mm以上の物理的距離が必要になる．図4.1.77に示すような巻線形態になる．トロイダルコアを用いたチョークコイルの漏えい磁束は小さいが，巻線電流が増加すると漏えい磁束は増加し部分的に磁束が集中する．フェライト磁性といえども磁束の集中による局部発熱で破壊に至ることがある．

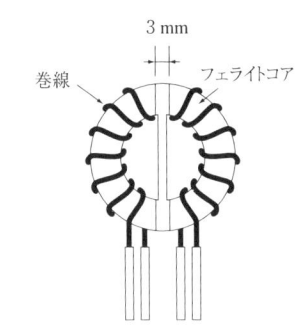

図 4.1.77 コモンモードチョークの巻線間距離

c. フィルタの入出力の分離

フィルタの誤りやすい設置方法は，入出力回路の分離ができていないことである．もともと電気的に分離することがフィルタの役割であるから，電源ラインといえども十分に分離することが要求される．

図4.1.78は分離状態から，入出力を束線したときの減衰特性の変化を示した．分離が不完全であるとフィルタ特性が大きく損われる[5]．これはフィルタの回路構成から容易に考察できる．フィルタの基本構成要素はコモンモードチョークコイルであり，入出力間分離は，このコイルのインピーダンスの大きさで決まる．入力と出力間にわずかな浮遊容量が加わるとインダクタンスと並列になる．もともとチョークコイルの巻線には，並列に分布容量が存在しており，周波数特性を制限している．この容量にさらに加算されることで，インダクタンスの周波数特性の上限領域はいっそう制限されてしまう．入出力間の不完全な分離は，フィルタにとっては致命的となる．

d. グラウンド線の接地問題

フィルタの誤りのもう一つはグラウンド系の問題である．グラウンドは基準電位となるポイントに接続しなければならない．図4.1.79のようにさまざまなノイズ源があり，ノイズ源に応じただけの基準電位がある．すべてのノイズ源は共通の基準電位をもたねばならない．それを正確に測定することはできないが，各ノイズ源のグラウンド間では電位差が生じる．複数のノイズ源を防止するノイズフィルタのグラウンド点を選択することはむずかしい．

電子機器の筐体は金属でつくることが多い．金属筐体がノイズの基準電位となりグラウンド点とすることができる．箱型ケースのフィルタでは，箱自体が金属の場合そのまま金属筐体に直接接続する．樹脂型ケースのフィルタの場合には，グラウンド端

4.1 伝導性対策部品

(a) 入出力を重ねて束線

(b) インダクタと並列にコンデンサが加わってしまう

(c)

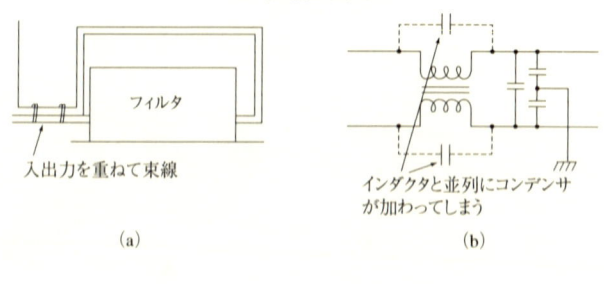

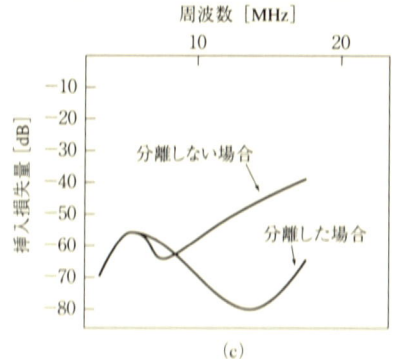

図 4.1.78 フィルタの入出力線の束線と分離の違い

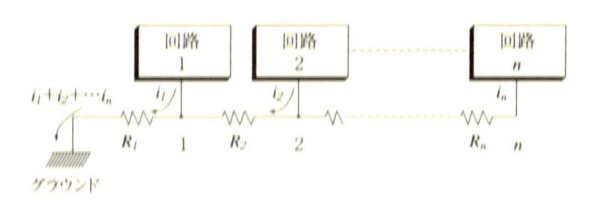

図 4.1.79 各回路は独立した基準電位をもつ

子が使用される。このグラウンド端子と金属筐体の接地が問題になる。箱型は直接接地できたが、このようなタイプはリード線によって接地端子から筐体に接続される。リード線のもつインピーダンスがフィルタ特性に影響を与えるので注意する必要がある。

フィルタの入出力を物理的に分離し、グラウンド端子が直接筐体に接続される構造のフィルタにはインレットタイプと呼ばれるフィルタがある。図4.1.80はこのタイプの外観を示した。この種のフィルタを使用すれば、電子機器の筐体が遮へい効果をもつこと、電気的な分離が理想的に実現できる特色がある。電子機器はこのようなフィルタの使用できる構造にすることが望ましい。

e. リーク電流の制限

電源フィルタにはリーク電流問題がある．電子機器にはさまざまなデバイスからリーク電流が発生する．特に電源フィルタはコモンモードノイズを防止するために線対グラウンド間にコンデンサを実装することからリーク電流が流れる．フィルタにおけるリーク電流は 1 mA 以下と制限されている．使用する電源電圧から，容易に使用可能な容量を計算することができる．

図 4.1.80 インレットフィルタ

f. 特性試験方法

ノイズフィルタは，耐電圧，漏えい電流，発熱などの基本特性試験のほか，フィルタ性能を現す信号減衰量を表示しなければならない．この減衰量は静特性を基本とする．IEC/CISPR では，パブリケーション 17 において，フィルタの妨害抑制特性の

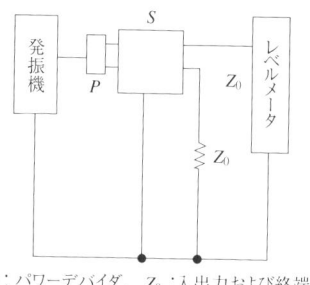

P：パワーデバイダ，Z_0：入出力および終端インピーダンス，S：供試フィルタ

(a) MIL-220A の測定法

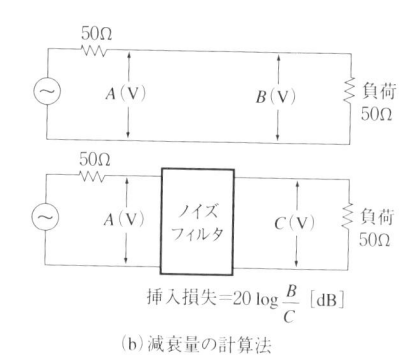

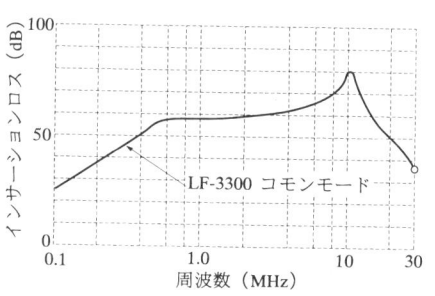

挿入損失 $=20\log\dfrac{B}{C}$ [dB]

(b) 減衰量の計算法

(c) フィルタの評価例

図 4.1.81 フィルタの評価方法

測定法を規定している．しかし一般には，MIL標準であるMIL-STD-220Aが使用されている[6]．図4.1.81に評価方法を示した．信号発性器の信号をデバイダで分け，フィルタの入力とする．出力は一方をレベルメータに，他方はZ_0で終端する．入出力インピーダンスは50Ωとすることが一般的である．等価的には同図(b)となる．評価例を同図(c)に示した．

（佐 藤 由 郎）

文　　献

1) 日経エレクトロニクス，解決せまられる雑音妨害，No. 417, 1987.
2) Herring, T. H. : The common mode choke, International symposium on EMC IEEE, 1970.
3) 佐藤由郎：情報処理装置のノイズ対策，SHM会誌，13(4)，1997.
4) 仁田周一：電子機器のノイズ対策法，オーム社，1986.
5) 佐藤由郎，堀田幸雄：EMI対策Q & A 20例，電子技術，25(10), 1983.
6) MIL-STD-220 A, Filter insertion loss measurements, standardization division, Aermd Forces Supply Support Center, TEMPOX.

4.1.4　トランス

a．電磁式トランス

ⅰ）トランスによる分離・絶縁　ノイズによる障害は，発生源とノイズを受信する被害側およびこれらの間の伝搬経路の三つがあって発生する．

ノイズ障害の防止は，上記の三つに対して発生源でのノイズ抑制，被害側での受信抑制または受信をした場合のノイズ耐力の向上，伝搬経路の遮断のうちの一つ，二つあるいはすべてを行うことによって達成される．本項では，ノイズ伝搬経路に，図4.1.82に示すようなトランスを用いて1次－2次間をアイソレートすることによって，ノイズを遮断する装置を紹介し，その用途について説明する．

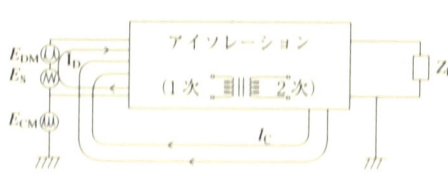

図4.1.82　分離・絶縁によるノイズ伝搬経路の遮断

E_{CM}：コモンモードノイズ電圧，I_C：コモンモードノイズ電流
E_{DM}：ディファレンシャルモードノイズ電圧
I_D：ディファレンシャルモードノイズ電流
E_S：信号あるいは電源，Z_L：負荷

図4.1.82においてアイソレーション装置の第1の役目としては，コモンモードノイズ電圧E_{CM}により流れる電流I_Cの経路を切断し，E_{CM}による伝導性ノイズを負荷にあたえないこと，第2の役目としてはディファレンシャルモードノイズ電圧E_{DM}を周波数弁別によって負荷Z_Lに伝達しない，すなわちディファレンシャルモードノイズ電流I_Dを抑制することである．ただし，信号あるいは電源E_Sは負荷Z_Lに忠実に供給しなければならない．したがって，E_{DM}に対しては周波数弁別によって抑制する方法が用いられる．なお，I_Cを切断することによって，放射ノイズ

も抑制される．

ⅱ）**アイソレーション素子とその利点**　ノイズを分離・切断する役割を担うのがアイソレーション素子であり，分離間の結合エネルギーの形態としては，信号系に光と例えば圧電素子のような機械振動が，電力系に磁気と機械振動が使用されることが一般的である．後者の磁気結合が本節のアイソレーショントランスである．その利点を記すと次のようになる[1〜3]．

① 発生源と被害側の線路が分離されることから，伝導性ノイズが抑制される．
② 負荷・電源ライン等との相互干渉が少なく，したがって全体として特性の変化に及ぼす影響が少なく，対策の効果が確実に向上する．
③ 簡易でかつ高い減衰効果が期待できる．

ⅲ）**アイソレーショントランスの分類**　アイソレーショントランスは，すべて1次と2次間が絶縁処理されたノイズ防止用トランスである．ただし，アイソレーショントランスという呼称は包括的な言葉として定義した．表4.1.8に示すように，その機能と構造は3種類に分類できる[4]．3種類の違いはノイズ抑制の程度の相違のみではなく，それぞれの構造の違いに対応して，伝搬形態，周波数領域によって選択できる．

個々の動作原理を説明する．表4.1.8 ⓑのシールドトランスについて，ディファレンシャルモードで1次コイルを流れる電流は，それによって発生する磁束がシールド板の表面を回周する（平行）方向に発生するため磁束に影響を与えず2次コイルに鎖交し，誘導される．コモンモードで2次コイルに向う電界と磁界は，シールド板に遮られる方向（垂直）に進むので，抑制されると考えられている．しかしコモンモードノイズにおいても周波数が高くなるほど容易に2次側に移行する．その理由の一つは，コイル内部の構造がきわめて微視的に見て均一には作れないことによる．たとえ合成対地分布容量をバランスさせても内部の不均一は避けられない．そのため，両端子から侵入したノイズは線間・層間・大地間の分布容量と漏れインダクタンスとの複雑な組合せの中を通過し，異なった伝搬をしながら逆方向に進行する結果，それぞれの線間と大地間に位相のずれと大きさ・周波数の変化を生じる．そのため，両線のノイズ成分が相殺できなくなり，ディファレンシャルモードや負荷回路でコモンモードに変換されて2次側に発生する．もう一つは接続される電線路の対地インピーダンスの不平衡・不確定に起因する両線間の対地ノイズの非対称性である[5]．磁束に対する対策（ディファレンシャルモードノイズを誘導しない）を欠くトランスはこれを防止できない．上記の欠点を解決したのが表4.1.8 ⓒのノイズカットトランスである[6]．

ⅳ）**3種類のトランスの性能に応じた用途**　表4.1.8の3種類のトランスの各性能に応じた用途は下記のとおりである．

ⓐ　絶縁トランス：　電力周波数（一般に3 kHz以下）の混触防止や感電防止用．
ⓑ　シールドトランス：　比較的低い周波数帯域（100 kHz程度まで）のコモンモードノイズの防止用および周辺へのノイズ放射の防止用．

4.1 伝導性対策部品

表 4.1.8 アイソレーショントランスの分類

用語として統一して制定されていないので、最も多く使われている書き言葉とする。

アイソレーショントランス（分離変圧器 isolation transformer）は電気的に考え方を表すものとしても使われるる包括的な用語称

名称	構造の区別	作用の区別	防止できるノイズの区別					
			コモンモード			ディファレンシャルモード		
			高調波	低帯域ノイズ	高帯域ノイズ	高調波	低帯域ノイズ	高帯域ノイズ
①絶縁トランス 絶縁変圧器 insulating transformer トランスが実用されだした最初からのもの	1次コイルと2次コイルの間が絶縁されていて、1次側のコモンモード電圧・電流が2次側に直接伝導することを防いでいる	・1次・2次間の伝導が少ない	○	△	×	×	×	×
②シールドトランス 遮へい変圧器 electrostatic shielded transformer 古くからあるアプリオス（不要輻射）防止の目的で、通信機器に使われてきたもの	絶縁トランスの構造に加えて、コイル内側やトランスが外側に静電遮へい板を設計して、1次側の電圧変動に合まれる高周波（ノイズ）が分布容量による結合を介しして2次側や電圧の変化に伝搬することを防いでいる	・1次・2次間の伝導が少ない ・1次・2次間の容量結合が小さい	○	○	△	×	×	×
③ノイズカットトランス 雷害波遮断変圧器 noise cutout transformer ノイズ防止用に開発されたトランス	絶縁トランスの構造に加えて、コイルやトランスの外周に多重の包覆電磁遮へい回路を設け、さらにコイルの配置とコアの材質と形状を高周波（ノイズ）の磁束がコイル相互に鎖交しないように作って、容量結合および誘導結合によるノイズの伝播を防いでいる	・1次・2次間の伝導が少ない ・1次・2次間の容量結合が少ない ・1次の高周波の誘導結合が少ない	○	○	○	×	○	○

○ノイズを防止する、△ノイズをわずかに防止する、×ノイズを防止できない

© ノイズカットトランス： 高調波を除く GHz 帯に至るまでのディファレンシャルモードノイズとコモンモードノイズの防止用.

v) ノイズカットトランスの構造と機能　表 4.1.8 の © のノイズカットトランスの備えるべき構造の特徴は次のとおりである.

① 1次と2次のコイルを通常のトランスに反して密接させず引き離し, コイル内の空心と周辺の空間を通る磁束が両コイル間で互いに鎖交しにくい位置に配置すること.
② 各コイルと端子やリード線などのすべての導電部を遮へい体で隙間なくおおい, ノイズの伝搬方向に対して遮へい体を多重に設け, 接地導体や相手機器のグラウンドなどに個別で任意に接続できること.
③ 鉄心の実効透磁率が伝搬信号(この場合 50/60 Hz)の周波数領域では高く, それより高い周波数になるに従い急速に低下する材質・形状であること.

補足すると②の遮へい体は三重が基本である. それは接続相手である電源側・装着物・負荷側の各グラウンド間で電位差が生じるためである. 性能評価時, 三重

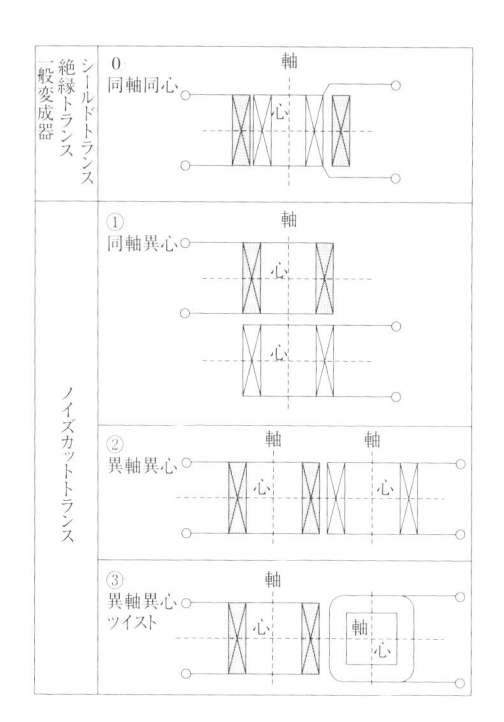

図 4.1.83　変成器一般とノイズカットトランスのコイル配置の分類

図 4.1.84　異軸異心ツイスト型(図 4.1.83 の③)のノイズカットトランスのコイルと磁心の例

の遮へい体を計測器のグラウンド端子に接続すると，一重遮へいでも三重遮へいでも同じ減衰率が表示されるので注意が必要である．三重の遮へい体を設けることによる効果は，実用時，グラウンドをとる点の違いによって顕著に現れる．

vi） ノイズカットトランスの種類　1次コイルに流れる電流によって発生した磁束は低周波領域において高い実効透磁率により多く磁心を通過し，漏えい磁束の発生は少ない．ノイズに相当する高い周波数の成分ほど実効透磁率の低下により，磁心を通過する磁束が少なくなり，周辺の空間や絶縁物中を自由に拡がって通り，2次コイルに鎖交する．これを防止するために前記 v)項の①のコイル配置が重要になり，

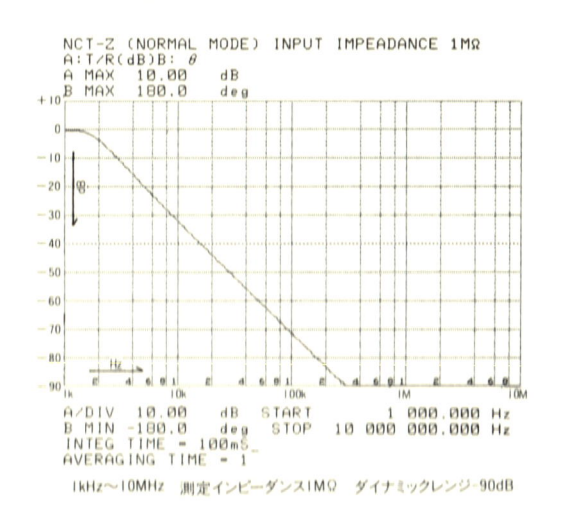

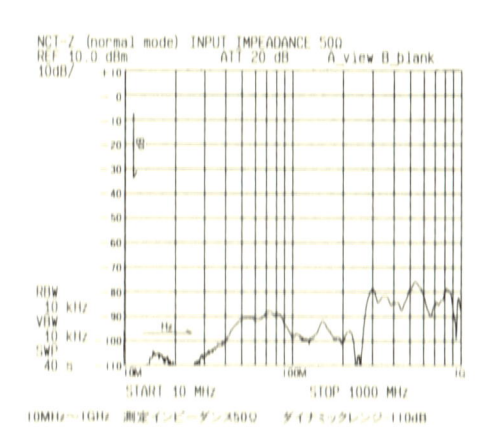

図 4.1.85　異軸異心ツイスト型(図 4.1.83 の③)のノイズカットトランスの特性例(ディファレンシャルモード)

ノイズカットトランスにはこの配置に基づいた3種類の基本型がある[7]．その位置関係の分類を図4.1.83に示す．おのおのに適した用途は次のとおりである．

① 図4.1.83①はノイズ防止効果の最も優れているトランスである．図4.1.84にその構造の一例と，図4.1.85にその特性を示す．ただし加工度が高くコスト高になる欠点をもつ．

② 図4.1.83②は上記トランスよりノイズ防止効果は低い．同図①に比べて効率はわずかな低下ですむが，電圧変動率が数％増加する．

③ 図4.1.83③は流通量の多い安価な資材が使用でき，加工度も低く，低コストの普及型である．しかしノイズフィルタなどのノイズ防止部品と比較すれば，高い減衰率をもつ．同図①に比べて効率・電圧変動率とも1～2％の低下ですむ．

vii) その他　一般トランスと比べコスト高になる理由は，高価な特殊材料を使う比率が高く，全体をシールド構造にする必要があることによる．それにより大型トランスでは絶縁と冷却がむずかしくなる．現在1VAから1MVAまで実用に供されている．

〈矢ヶ崎昭彦〉

文　　献

1) 矢ヶ崎昭彦：電磁ノイズの防止とアイソレート技術，静電気学会誌，18(3)，1994．
2) 矢ヶ崎昭彦：アイソレーショントランスによるノイズ対策，電子機器ノイズ防止の基礎と実際，電子情報通信学会環境電磁工学研究専門委員会ワークショップ資料，1993．
3) 矢ヶ崎昭彦：アイソレーション素子と使用法，88 EMC・ノイズ対策技術シンポジウムテキスト，日本能率協会，1988．
4) 矢ヶ崎昭彦：電子機器のノイズ対策とノイズカットトランス，東京電機大学大学院特別講義テキスト，1986．
5) 矢ヶ崎昭彦：電源ラインよりのノイズ防止技術，静電気学会誌，13(1)，1989．
6) 矢ヶ崎昭彦：アイソレーショントランス，電磁波障害対策実務総覧V章，編集委員会編，工業資料センター，1995．
7) 矢ヶ崎昭彦：障害波遮断変成器のコイル配置に基づいた各種構造と特性，電気学会論文誌，117 A-12, 1997．

b.　圧電式トランス

圧電トランスは圧電現象を利用し，電気エネルギーを入力部でいったん機械エネルギーに変換し，出力部において再度電気エネルギーに変換する際に，入出力部のインピーダンスの違いを利用して変圧作用を行うものである．1956年のRosenの報告が基本となり[1,2]，テレビのフライバックトランスとして検討されたが，機械振動が介在するため応力による破壊など，信頼性の点で採用されなかった．その後，材料，構造および駆動回路などさまざまな点で改良され，特に液晶ディスプレイの薄型，高効率化の要求に応える小型電源として注目されている．図4.1.86は昇圧用圧電トランスの代表であるRosenタイプであるが，これを例に原理と構造を簡単に説明する．図4.1.87は圧電トランスを一般的に表現する集中定数型等価回路であるが，等価回路上の文字はそれぞれ以下のとおりである．

4.1 伝導性対策部品

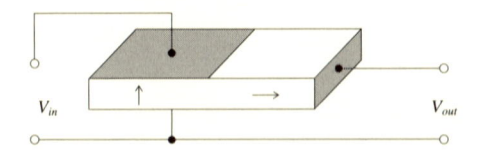

図 4.1.86 昇圧用圧電トランスの代表例 Rosen タイプ

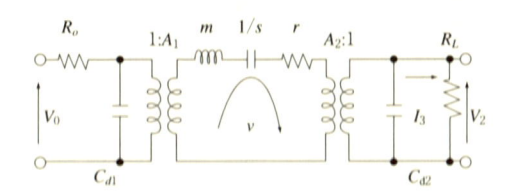

図 4.1.87 圧電トランスの等価回路表現

R_0：電源インピーダンス，
I_3：出力電流，
A_1, A_2：入力，出力側変成比，
s：コンプライアンス，
v：機械振動速度，

V_0, V_2：入力，出力電圧
C_{d1}, C_{d2}：入力，出力側制動容量
m：等価質量
r：機械抵抗
R_L：負荷インピーダンス

図4.1.86の圧電トランスの左半分である入力側は，矢印のとおり厚さ方向に分極処理(直流電圧を印加して圧電性をもたせる前処理．圧電セラミックスの場合，分極方向に対して振動方向が平行な圧電縦効果，垂直な横効果，およびすべりの3種類の励振モードがある)されており，入力電圧 V_0 が印加されると圧電横効果によって圧電トランスは長さ方向に励振される．一方，右半分の出力部は長さ方向に分極されており，圧電縦効果によって入力部とは反対に電圧 V_2 が出力される．図4.1.78 でいえば，V_0 は入力側変成比 A_1 によって機械振動系の励振に変換されて v という速度の機械振動を生じ，出力段において変成比 A_2 によって再度出力電圧 V_2 に変換される．この圧電トランスの特長を電磁トランスと比較して表現すると，以下のように特徴づけることができる．

(1) 薄型，小型： インバータ用トランスなどでは形が板状であるから，3 W クラスの素子で 1 mm 少々と薄いものが可能である．さらに機械振動エネルギーは電磁エネルギーよりも通常1桁密度が高く，電磁トランスよりも小型化が可能である．

(2) 高効率： 電磁式インバータでは薄型化，高昇圧比実現のためコアの形状や，細線による多数巻線などパワーロスが多く，60～70％程度の効率にとどまっていたが，圧電式インバータにおいては90％近い効率が可能であり，低消費電力

化がはかられる.
③ 不燃性, 低電磁ノイズ: 機械振動を利用するから, 圧電トランス自体からの漏えい磁束はなく, 輻射ノイズは大幅に低減される. ただ容量性の素子であるから入出力間の結合容量が大きく, コモンモード成分に対しては, 十分な分離効果を得ることができない. これに対しては別途工夫が必要となる. また発煙や発火という点に関しては絶縁材(誘電材)を用いている原理上, 基本的に不燃性である.

電源の小型化, 高効率化は今後の電子機器の重要課題であり, 上記の理由から圧電トランスはその可能性を十分に秘めている. 昇圧用インバータ電源のみならず, 最近ではDC-DCコンバータやACアダプタへの展開も考えられており[3,4], 今後電源のかなりの用途, 分野に対し圧電トランス電源による置き換えが進んでゆくものと考えられる.

(勝野超史)

文　献

1) Rosen, C. A. : Ceramic transformer and filters., Proc. 1956 Electronic Comp. Symp., 205-211, 1956.
2) Rosen, C. A. : Electromechanical Transducer, US Patent 2, 830, 247, 1958.
3) 財津俊行ほか: 2 MHz 電力用圧電トランスコンバータ, 信学技報, **PE 92-12**, 1992.
4) 浜村　直, 財津俊行: 圧電トランスを用いたACDCコンバータ, NEC技報, **51**(4), 92-97, 1998.

4.1.5　サージアブソーバ

従来, サージアブソーバは機器の絶縁を異常電圧から保護するために用いられてきた. 機器の半導体化ならびに異常電圧の高周波化に伴い, 保護する対象は, 単なる絶縁物から半導体ならびにそのシステムへと拡がっている. またその適用は, 単に機器の信頼性向上だけでなく, 機器の保守費用の低減, 機器の経済設計の実現に大きく貢献している. 最適なサージアブソーバの選定とその適用は, 機器の設計上重要な項目を占めるようになっている.

サージアブソーバに必要とされる主要な機能は, ① 定常回路電圧と異常電圧とを見分け, 異常電圧に対してのみ動作する, ② 異常電圧を抑制したときの残留電圧(制限電圧)が被保護機器の耐電圧, 誤動作電圧よりも低い, ③ 異常電圧抑制後, 動作を停止し, 次の異常電圧の印加に備える特性をもつ, ④ 繰り返しの異常電圧の印加にも十分耐えうる, ⑤ 使用環境条件に対して十分な信頼性を有するなどがあげられる.

現在, 電子機器の保護に用いられているサージアブソーバは, ギャップ式, 半導体式, その他(コンデンサ利用のCRスナバなど)の3種類に大別できる. 以下に前者二つの方式の主な種類, 用途, 特徴ならびに使用上の注意事項などについて述べる.

a. ギャップ式

　ギャップ式サージアブソーバは，大気中，真空，特殊ガス中などに所定のギャップを設け，ある一定電圧(放電開始電圧)以上でギャップに火花放電を生じさせ，異常電圧を抑制しようとするものである．種類としては，カーボンアレスタ(炭素避雷器)，ガスアレスタ(ガス入り避雷管)および放電管などがある．

　炭素避雷器(カーボンアレスタ)[1]は，大気中放電ギャップを用いるもので，炭素ブロックでつくった放電電極を薄いプラスチックフィルムの絶縁スペーサを介して対向配置した構造をもつ．所定の放電開始電圧は，これを満足するような放電間隔を設定している．炭素避雷器(カーボンアレスタ)は，構造が簡単で比較的安価のため，主として電話加入者用保安器や電話局の交換機保護用に使用されている．

　ガスアレスタ(ガス入り避雷管)[1]は，低圧の不活性ガスをガラス，セラミックなどで封入した中に電極を挿入したものである．大気中の放電ギャップを用いるものに比較して，電極間隔を広くすることができ，放電による短絡が発生しにくくなる利点がある．このタイプは通信機器をはじめとする電子機器の保護用に広く使用されている．

　ギャップ式は，規定された電圧が印加されてもただちに放電を開始せず，放電までにわずかながら時間を要する．これは一般に火花放電遅れと呼ばれる．図4.1.88[2]はこの様子を示している．なお，ギャップ式の放電開始電圧の規定は一般に，DC電圧，AC電圧あるいは放電までの時間 $t=0.5\,\mu s$ (規格上は $1.0\,\mu s$ 以下)[2]における電圧を規定していることが多い．また，パルス電圧は立上り峻度 dV/dt により電圧上昇特性が決まり，これを V-t 特性という．ギャップ式は，もとの状態に復帰する電圧が低いため，回路電圧で放電を生じ，回路としての短絡状態を引き起こす．これを続流という．

　特長としては，

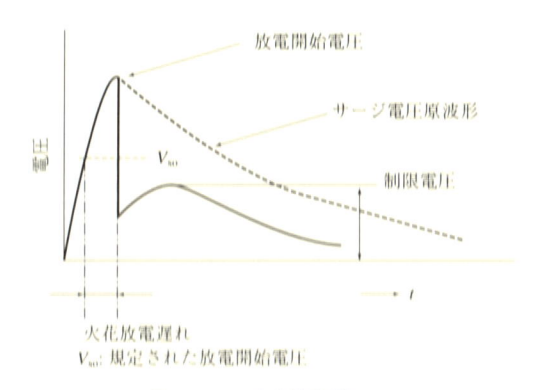

図 4.1.88　火花放電遅れ
V_{so}: 規定された放電開始電圧

① 小型形状で大きなサージ電流を処理できる
② 電極間の静電容量が小さく，高周波回路での挿入損失が小さい
③ 定常回路電圧による漏れ電流がほとんどない．この特長から，電子機器の高周波回路，信号回路などの異常電圧からの保護に広く使用されている．

使用上で注意すべき点をまとめると，
① 応答性能が悪い（放電遅れがある）
② 放電開始電圧のばらつきが大きい
③ 放電開始電圧が周囲の影響を受けやすい（温度，湿度，光，気圧など）
④ DC，AC，インパルス電圧での放電開始電圧が異なる
⑤ 続流を発生する場合がある
⑥ 火花放電がノイズ源となる

などがあげられる．

b. 半導体式

ある電圧以上で抵抗が急に小さくなる素子（電圧依存性非直線抵抗素子）がある．このような特性をもつ素子がシリコンサージアブソーバ，バリスタなどの半導体式サージアブソーバと呼ばれている．電圧特性は，電流（通常 DC 1 mA が使用される場合が多い）を印加したときのバリスタ電圧あるいはブレークダウン電圧（降伏電圧）として規定する．半導体式は，ギャップ式の致命的な欠点である放電遅れや，続流の問題がなく，半導体素子を使用した電子機器の対策に適している．

実際の適用時には制限電圧特性，サージ耐量特性（処理できるサージ電流の大きさ）および大きさなどを十分に検討し，適切な素子を選択しなければならない．

シリコンサージアブソーバは，シリコンのバルク内に形成されるpn接合の鋭い非直線抵抗特性を利用したものである．pn接合の順方向特性を利用するダイオードバリスタ，逆方向特性を利用するツェナーダイオード，アバランシェダイオードなどがある．さらにシリコン4層または5層構造のサイリスタ型がある．図4.1.89はシリコンサージアブソーバの電圧-電流特性の一例を示す．

特長としては，
① 非直線特性がよく，漏れ電流が小さいため，定常時の回路電圧に対してわずかな余裕度でブレークダウン電圧を設定できる
② 急峻波応答性能がよい（放電遅れやオーバシュート現象がない）
③ 放電現象を利用していないのでノイズ源にならない
④ 制限電圧特性がセラミックバリスタと比較してよい

などがあり，特に通信回線などの信号入出力回路の異常電圧からの保護に広く使用されている．

使用上で注意すべき点をまとめると，
① 単結晶構造なので，サージ耐量（サージ電流の処理能力）が小さい．特に逆方向特性を利用するツェナーダイオードは，接合面に制限電圧とサージ電流の積であるエネルギーが加わるので，あまり大きな電流は処理できない

4.1 伝導性対策部品

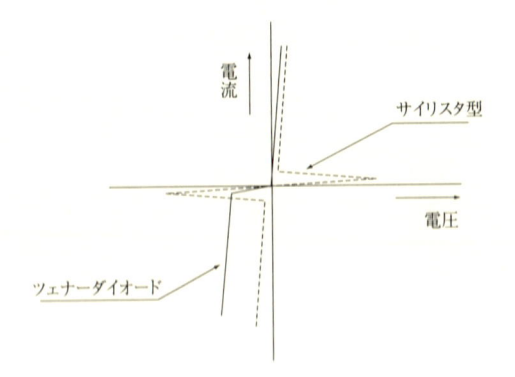

図 4.1.89 シリコンサージアブソーバの電圧-電流特性例

② 繰り返しサージ寿命が短い
③ ダイオードバリスタ,ツェナーダイオードおよびアバランシェダイオードは,極性をもち両極性用には2個の突き合わせが必要
④ サージ耐量の大きいものは,形状が大きく高価である

などがあげられる.

セラミックバリスタは酸化亜鉛(ZnO)系,チタン酸ストロンチウム($SrTiO_3$)系が一般的である.

酸化亜鉛(ZnO)系バリスタ[2]は,主原料の ZnO に数種の添加物を加え粉砕・混合,造粒および成形の後,1100～1400℃で焼成し,銀ペーストなどで焼き付け電極を形成し素子を作成する.小型形状では,電極上にリード線をはんだ付けし,樹脂塗料を施す.大型形状は,大電流に適用されるためビス止めできる端子を電極にはんだ付けし,樹脂モールドする.最近では SMD タイプやよりいっそう小型なチップ積層タイプもある.

図4.1.90は酸化亜鉛(ZnO)系バリスタの代表的な電圧-電流特性を示す.一般に高い非直線性をもつバリスタの電圧-電流特性は対数目盛りが用いられる.非直線性の電圧-電流特性を $I=(V/C)^\alpha$ で示すと,バリスタ動作領域で,この式が成立する条件は約 $\alpha=30\sim50$ である.図における低 α 領域,きわめて低い電流領域の電圧-電流特性は直線抵抗の性質をもつ.この領域は温度依存性が大きく,比抵抗は電流の減少とともに $10^{12\sim13}\Omega\cdot cm$ に近づき,絶縁物としての特性を示す.最大定格の高電流時には,ほぼ短絡に近い低抵抗になり,特性はバリスタ動作特性から離れ,酸化亜鉛(ZnO)粒子の比抵抗 $1\sim10\Omega\cdot cm$ の特性に近くなる.非直線指数 α も低下する.

酸化亜鉛(ZnO)系バリスタの特長としては
① 急峻波応答性能がよい(ただし,オーバシュート現象はある)
② 放電現象を利用していないのでノイズ源にならない
③ シリコンサージアブソーバと比較しサージ耐量が大きく,繰り返しサージ寿命

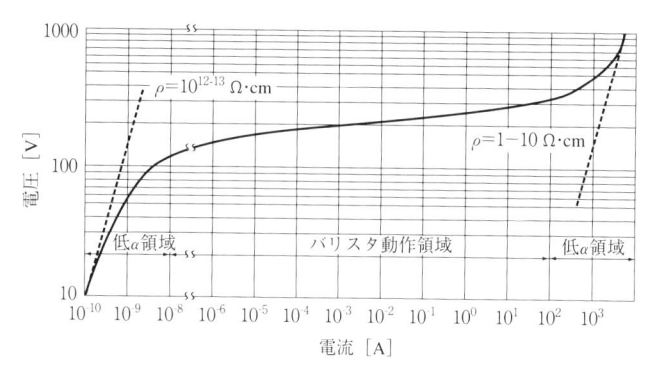

図 4.1.90 酸化亜鉛(ZnO)系バリスタの電圧-電流特性(代表例)

が長い
④ 電源回路から信号回路まで適用範囲が広い

特に，電子機器の電源回路などの異常電圧からの保護に広く使用されている．

図 4.1.91 に静電気放電(ESD)耐量の比較例を示す．直接放電を 100 回繰り返したあとの発生故障率は，コンデンサやツェナーダイオードに比較し極端に低い．酸化亜鉛系バリスタは高い電圧を繰り返し印加しても十分に耐えうる能力を示している．

図 4.1.92 は，酸化亜鉛系バリスタとギャップ式アブソーバへ同一のインパルス波を印加したとき，素子周辺に発生するノイズ測定例を示す．それぞれの試料には 0.2 mS，1 kV(単発パルスを 10 回印加)を印加した．放射ノイズは 1 m 離れたところで測定した．ギャップ式は，放電ノイズの発生により広い周波数帯域でノイズが発生している．ギャップ式はこのような放電ノイズを考慮する必要がある．

静電気放電(ESD)などの急峻な立ち上りを有する異常電圧に酸化亜鉛(ZnO)系バ

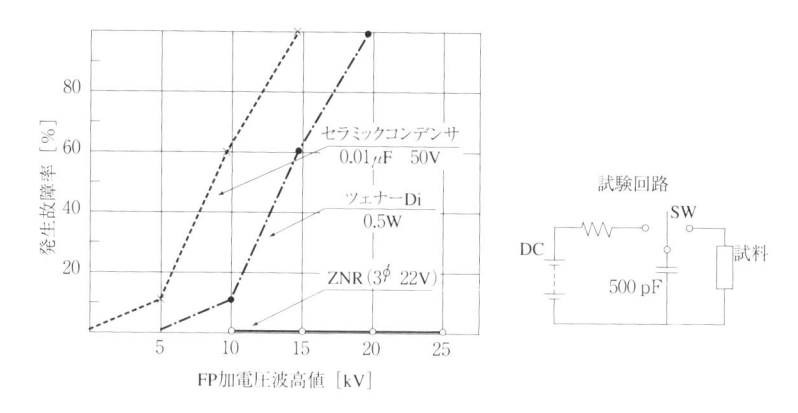

図 4.1.91 静電気放電(ESD)耐量の比較

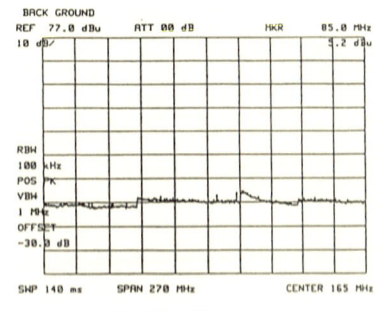

(a) 測定バックグラウンド

(b) ZnO系バリスタ（バリスタ電圧360V）

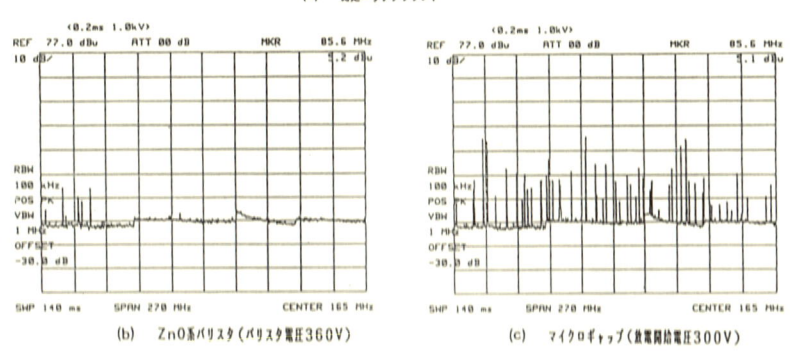

(c) マイクロギャップ（放電開始電圧300V）

図 4.1.92 急峻波パルス印加時の放射ノイズの比較

リスタを使用する場合，以下の注意が必要である．この素子はオーバシュート現象を発生する．ギャップ式の V-t 特性より小さいものの，数 ns の立上り異常電圧に対しては，制限電圧が数十％も上昇することがある．

チタン酸ストロンチウム（$SrTiO_3$）系バリスタは，チタン酸ストロンチウム（$SrTiO_3$）を主成分に微量の添加物を加え粉砕・混合，造粒し粉末化する．これを成形したのち，還元雰囲気中で 1100～1400℃ で焼成し半導体化する．800～900℃ の空気中で酸化処理を行い，電極を形成するリード線処理や樹脂塗装を施した製品やリング状の素子に分割電極を設けたリングバリスタや積層タイプなどがある．前述した酸化亜鉛（ZnO）系バリスタの特長に加えて，

① 急峻な異常電圧に対してオーバシュートが発生しない
② 固有静電容量が大きく，ノイズ対策に効果がある
③ 電圧の立上り（dV/dt）を抑制できる

面実装対応のチップ型積層バリスタの概要を説明する．この製品の構造を図 4.1.93 に示す．この材料の見かけ誘電率は酸化亜鉛（ZnO）系に比較して 10 倍以上高い．等価回路で考えれば，低圧バリスタ＋高静電容量コンデンサとみることができる．

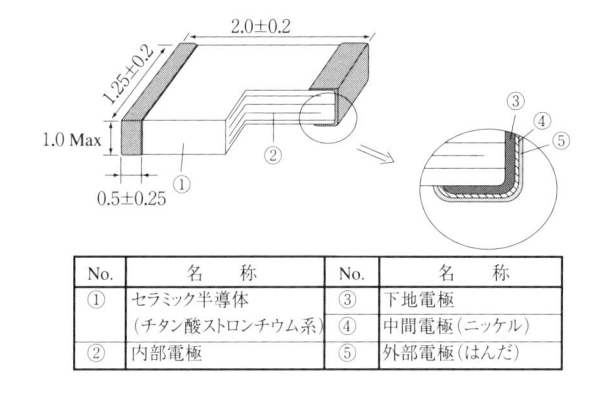

No.	名　称	No.	名　称
①	セラミック半導体 (チタン酸ストロンチウム系)	③	下地電極
		④	中間電極(ニッケル)
②	内部電極	⑤	外部電極(はんだ)

図 4.1.93 チップ型積層バリスタ(チタン酸ストロンチウム系)

　図4.1.94は急峻波パルス電圧を印加したときの電圧抑制波形を示す．立上りのオーバシュート現象がなく，また固有静電容量によりdV/dtを抑制している．当然バリスタ特性で電圧も抑制している．バリスタおよびコンデンサの電圧抑制波形を比較のため示す．酸化亜鉛(ZnO)系バリスタは，波頭部にオーバシュート現象がみられる．コンデンサの場合は，正常時でも電圧抑制効果はなく，印加電圧がほとんど残留している．試料によっては，沿面放電を発生する場合もある．
　チップ型積層バリスタのもつコンデンサ特性は，通常の使用状態では，同一の静電容量をもつセラミックコンデンサと同等である．しかも，静電容量の温度特性は積層チップコンデンサと同等以上のB特性(X7R)で−25℃〜＋85℃の温度範囲で静電容量変化率は±10％以内である．インピーダンス特性もほぼ同等の特性を示す．
　使用上注意すべき点をまとめると，次のようになる．
① シリコンサージアブソーバに比べ非直線特性が劣り，漏れ電流特性も劣る．定常時の回路電圧に対して使用できるバリスタ電圧が高めになる．
② ギャップ式では放電が起これば，残留電圧(制限電圧)はアーク電圧となり，非常に低くできるが，バリスタの場合流れる電流によって決まる電圧が残るので，電子機器に使用する場合，破壊電圧，誤動作電圧と制限電圧との関係に十分な注意が必要である．

c. サージアブソーバの適用方法および適用例
　サージアブソーバによる電子機器の保護を考える場合，要求される性能と各種サージアブソーバの特性を念頭において，最適部品の選択が必要である．機器内部における対策部品の取り付け位置は重要である．機器内部に侵入あるいは発生する電圧は迅速に吸収，制限しなければならない．機器内部に導入されると同時に素子を取り付けることが重要である．回路部に取り付ける場合でも，端子部に近づけることが重要である．

4.1 伝導性対策部品

印加電圧原波形 (500 V 1 μS)

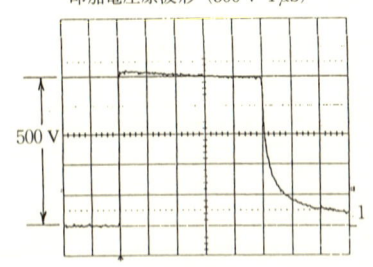

500 V

Ver. : 100 V/div.
Hor. : 0.2 μs/div.

(a) 印加電圧原波形 (500 V 1 μs)

抑制電圧波形

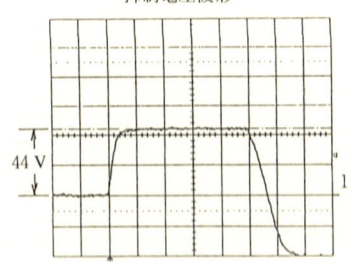

44 V

Ver. : 20 V/div.
Hor. : 0.2 μs/div.

(b) チップ型積層バリスタ (V 0.1 mA : 15 V C 1 kHz : 22,000 pF)

抑制電圧波形

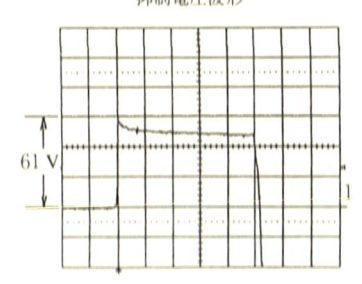

61 V

Ver. : 20 V/div.
Hor. : 0.2 μs/div.

(c) ZnO系バリスタ (V 0.1 mA : 17.5 V)

抑制電圧波形(正常時)

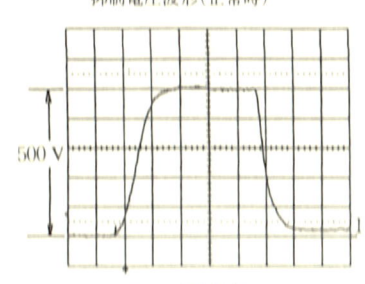

500 V

Ver. : 100 V/div.
Hor. : 0.2 μs/div.

抑制電圧波形(沿面放電を発生した例)

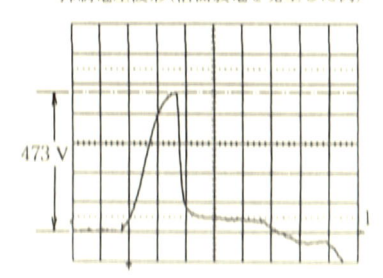

473 V

Ver. : 100 V/div.
Hor. : 0.2 μs/div.

(d) セラミックコンデンサ (C 1 KHz : 22,000 pF/50 V 品)

図 4.1.94 急峻パルス電圧抑制特性

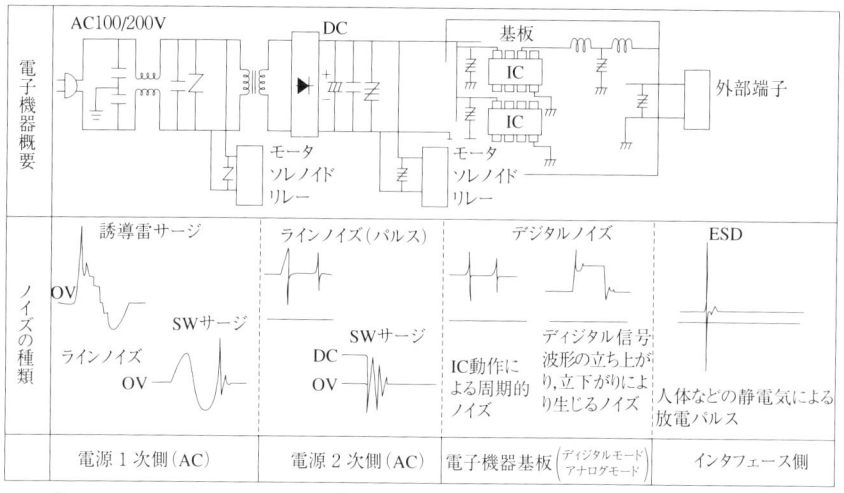

図 4.1.95 電子機器での適用事例(概念図)

　保護対象になる半導体素子周辺に取り付ける場合には，異常電圧による放電電流が回路内に発生することによる2次障害(ノイズの誘起)を十分考慮する．図4.1.95に電子機器での適用事例(概念図)を示す．部位により対象となる異常電圧の種類が異なるので，最適なサージアブソーバを選択する必要がある．サージアブソーバ自身が故障したときの対策を考慮しなければならない．特殊な機能を付加していないサージアブソーバや一部のギャップ式を除けば，故障モードは短絡であり，故障時にはサージアブソーバに回路電圧による故障電流が流れることを考慮した回路および機器設計を行う．

(海老根一英)

文　　献

1) 福富秀雄ほか：雷防護技術ガイドブック，NTT アドバンステクノロジー，p. 58, 1986.
2) ZNR を用いたサージ対策マニュアル，松下電子部品，p. 26, 1980.
3) 海老根一英：*EMC*, No. 117, 77-84, 1998.
4) 海老根一英：'97 EMC・ノイズ対策技術シンポジウム，4(3), 1-15, 1997.
5) 海老根一英：'95 EMC・ノイズ対策技術シンポジウム，6(2), 1-12, 1995.

4.1.6 光部品とその応用例—光ファイバ伝送を使用した電磁界センサ—
a. 概　　要

　光ファイバを使用した信号伝送では，周囲の電磁波の影響を受けないことと，光ファイバが周囲の電磁界をじょう乱しないことから，EMCの分野においては，電磁界の測定に応用されている[1〜5]．従来のアンテナは，測定器との間を同軸ケーブルによって接続しており，周囲の電磁界を乱したり，同軸ケーブルが直接電磁波を受信して測定に影響を与えるという問題がある．この問題を解決するため，電磁界の検出器と測定器を同軸ケーブルのかわりに光ファイバケーブルで接続する方法が開発されている．ここでは，光部品を応用した電界センサおよび磁界センサと，電磁界の測定系に使用される発光素子，受光素子，偏光子，光変調器など光部品について説明する．

b. 電磁界センサの構成
　i) 電界センサ　　光技術を応用した電界センサを分類すると，
　① アンテナエレメントで受けた電界をアンテナ部の電子回路で増幅，E/O変換して測定器に伝送するもの[1〜3]
　② アンテナから離れた場所のレーザ光源から光ファイバを通して伝送された光を，アンテナエレメントで受けた電界で変調し，測定器に光信号を伝送するもの[2,3]
　③ アンテナエレメントで受けた電界を検波し，電界強度を直流レベルに変換して測定器に送るもの[4]

に分類できる．
　①の例を図4.1.96に示す．図4.1.96は受信用球状ダイポールアンテナの構成

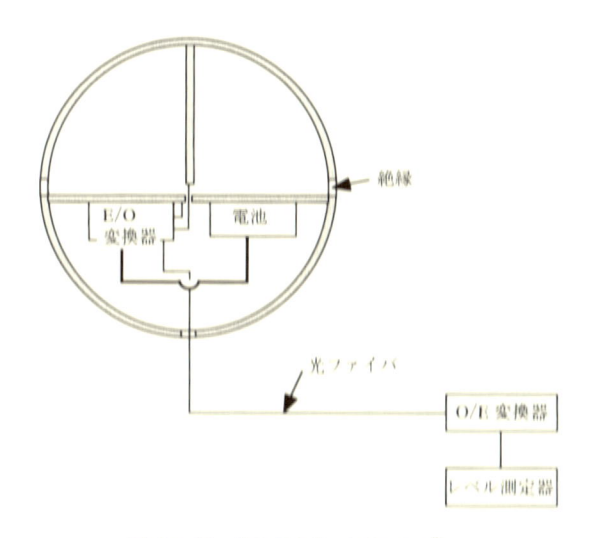

図 4.1.96　球状ダイポールアンテナ[1]

例[1]である．球状のアンテナエレメント間に現れた電気信号を，レーザダイオードなどで構成される E/O 変換器を用いて光信号に変え，光ファイバを用いて O/E 変換器に伝送し，そこで電気信号に復調するものである．このタイプの電界センサは，E/O 変換器の駆動のためのバッテリを必要とするため，動作時間が限られるという欠点はあるが，感度や安定性が次に述べる光変調器を用いたものより優れている．

②の例を図 4.1.97 に示す[3]．図 4.1.97 でレーザ光源からの光は光ファイバを通り，光変調器に入射する．このとき，アンテナエレメントに電界が印加されると，エレメント間に電圧が発生し，その電圧により光変調器が動作し，内部を通る光に強度変調が加えられる．この強度変調の度合いは印加電圧に比例するため，それを光検出器で O/E 変換することによって電界強度を測定できる．

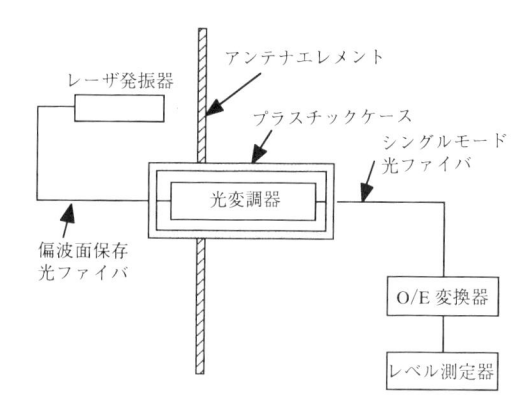

図 4.1.97 電界センサの構成[8]

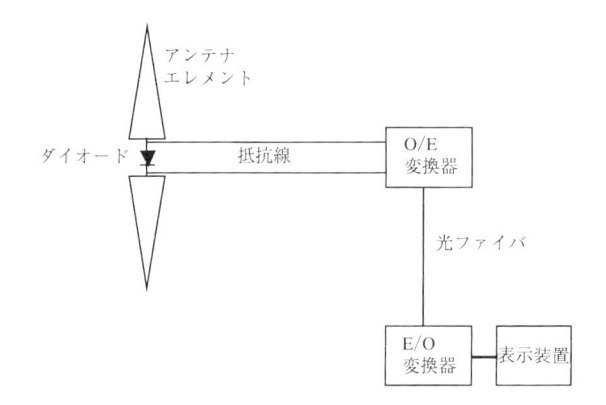

図 4.1.98 ダイオード検波型電界センサの構成[8]

このタイプの電界センサは，広い周波数帯域で感度が一定で，電界の瞬時値が測定可能なため，インパルス性の電磁パルスの波形を測定できる特長がある．また，アンテナ部に電気回路がないので，周囲の電界のじょう乱をきわめて小さくできるという特長がある．

③の例を図4.1.98に示す[5]．図のように，電界中のエレメント間に発生した電圧をダイオードで検波し，電界の実効値に比例した直流電圧に変換する．この直流電圧はA/D変換器でディジタル信号に変換し，これを光信号として表示ユニットに送る．このタイプの電界センサは，応答速度が遅い，電磁波の実効値のみで周波数などが測定できないという欠点はあるが，小型で安定なセンサが実現できるという特長がある．

ii） **磁界センサ**　磁界検出用のセンサとしては，ループアンテナなどで磁界を検出し，ループアンテナの出力電圧を光変調器に印加して，レーザ発振器からのレーザ光を直接変調するものや，ファラデー効果を用いたものが検討されている[4〜6]．

図4.1.99に直接変調タイプの磁界センサの例を示す[4]．図のように，ループアンテナ内部に変調素子，電源などを内蔵しており，ループの端子に現れる電圧でレーザダイオードを動作させるため，2 GHz程度までの磁界の検出が可能である．

一方，ファラデー（磁気光学）効果を用いた磁界センサは，強磁界の測定において使用されている[6]．

iii） **電磁界エネルギーセンサ**　電磁界のエネルギーを検出するセンサとしては，電磁波を抵抗体に吸収させて，その温度上昇を測定するものがある[7]．構造例を図4.1.100に示す．このセンサは，温度上昇により発光するリン光物質を光ファイバの先端につけた光温度センサを利用している．この光温度センサの先端に抵抗体をつけ，この抵抗体に電磁波が吸収されることによる温度上昇を測定することにより，電磁界のエネルギーを測定する．このセンサの測定範囲は1〜40 GHzの範囲で，感度もよくないが，微小な領域の電磁界エネルギーを検出できるため，医療目的などへ

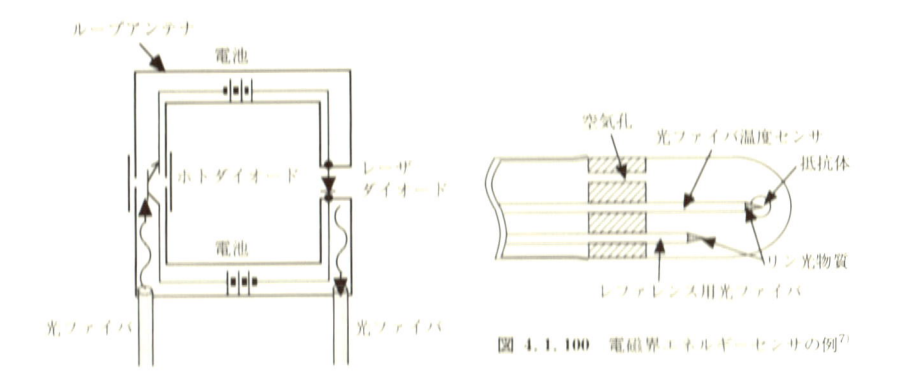

図 4.1.99　磁界センサの例[4]

図 4.1.100　電磁界エネルギーセンサの例[7]

表 4.1.9 主なレーザの種類と特徴

種 類	He-Ne レーザ	CO_2 レーザ	YAG レーザ	セミコンダクタレーザ
主な発振波長 [μm]	0.6238 1.15	10.6	1.064	0.8 μm 帯 1.5 μm 帯
出 力	0.1～50 mW	1 W～15 kW	1～600 W	<40 mW
特 長	・安定した連続出力 ・取り扱い容易 ・小電力で動作 ・長寿命,安価	・大出力 ・高効率 ・パルス発振可	・連続発振もパルス発振も可 ・平均出力大	・小型,安価 ・高効率,長寿命 ・電流による直接変調可

の応用が期待されている.

そのほかにも,抵抗体に吸収させた温度分布をサーモグラフィで測定する方法などが使用されている.

c. 構成光部品

光技術を応用したセンサなどを構成する光部品には以下に示すものがある[9～11].

i) 発光素子 発光素子にはコヒーレントな光波を発生するレーザとインコヒーレントな光波を発生させる発光ダイオードがある.

レーザ光は,時間的・空間的なコヒーレンスが高いため,可干渉性,指向性,集光性などがあり,さまざまな光計測へ応用されている.主なレーザの種類とその波長,特長を表 4.1.9 に示す.このうち半導体レーザは,小型,軽量,低価格であり,取扱いも容易で,光ファイバ技術との整合性がよい.

1) 半導体レーザ 半導体レーザ(laser diode：LD)の基本的な構造を図 4.1.101 に示す.レーザ発振を得るため図のようなダブルヘテロ結合となってい

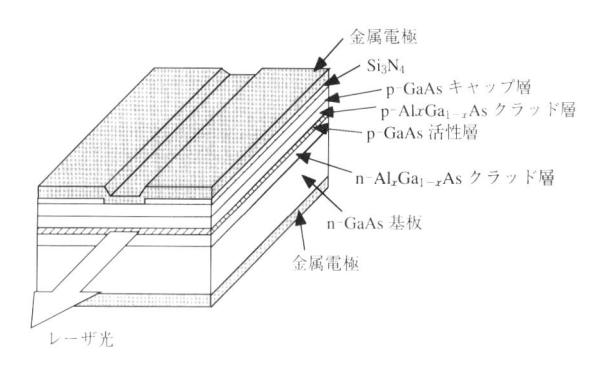

図 4.1.101 ダブルヘテロ接合型半導体レーザの構造例[9]

る[9].このダブルヘテロ接合により,伝導帯と価電子帯との間に反転分布を発生させ,効率よくレーザ発光が行われる.半導体レーザには GaAs-AlGaAS 系化合物半導体や InP-InGaAsP 系化合物半導体といった化合物半導体が用いられる.

2) 発光ダイオード 発光ダイオード(light emitting diode：LED)は pn 接合に

注入された電子とホールが再結合するときに発生する自然放射光を利用した半導体発光素子である[14]. 光の取り出し方により面発光型と端面発光型に分類できる. いずれのものも, キャリアと光の閉じ込めをよくするためダブルヘテロ接合構造をしている. 主に 0.7〜0.9 mm に中心波長をもつ GaAs 系 LED と, 1.1〜1.6 mm の InP 系 LED がある.

LED は発振しきい値がなく, 電流-光出力の直線性がよい, 信頼性が高いといった特長をもつが, 空間的コヒーレンスが悪いため光ファイバとの結合損失が大きいなどの欠点がある.

ⅱ) 受光素子　現在, 光計測に用いられる受光素子には多くの半導体素子が用いられるようになっている. 図 4.1.102 にその代表例であるアバランシェフォトダ

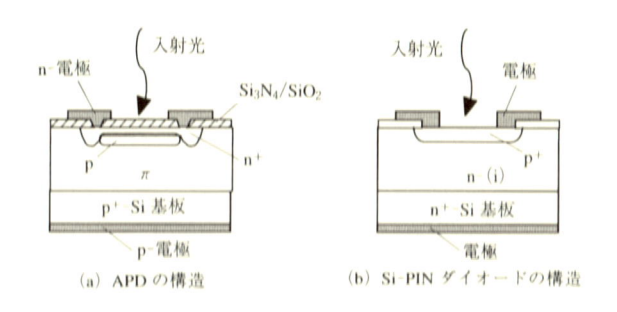

図 4.1.102 受光素子の構造例[9]

イオード (avalanche photodiode ; APD) および PIN ダイオードの構造を示す[9]. 図のような半導体でつくられた受光素子は, 小型で, 高感度, 信頼性も高いことから光検出用の素子として多く用いられている.

d. 光変調器

ⅰ) 電気光学効果　電界が印加されることにより, 屈折率が変化する光学結晶を電気光学結晶 (electro-optical crystal) という. 電気光学結晶に電界を印加することによる屈折率変化には, 電界に比例するポッケルス効果 (Pockels effect) と, 電界の 2 乗に比例するカー効果 (Karr effect) とがある. 前者は, 光の変調やスイッチングに利用される. 一方, カー効果を光変調素子として用いる例はまれである. 両者を通常, 電気光学効果 (electro-optical effect) という.

ⅱ) 結晶型光変調器　結晶型光変調器 (bulk crystal optical modulator) の構成の一例として, z cut $LiNbO_3$ 結晶を用いた例を図 4.1.103 に示す. 図のように, 変調器は, 偏光子, 検光子, 光学結晶からなる. 図に示すように, 光は偏光子により, 光学軸 (z 軸) に対し 45°傾いた直線偏波で結晶に入射させる. 結晶に入射した光は z 軸方向の偏波成分 E_z と y 軸方向の偏波成分 E_y に分解して考えることができる. このとき, 各偏波成分は以下の式で与えられる[12].

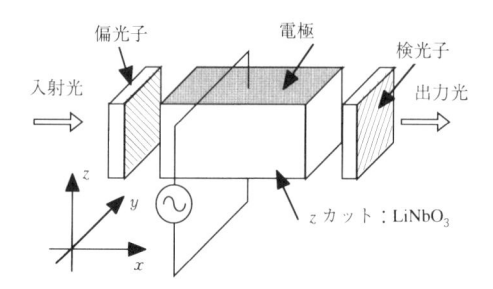

図 4.1.103 結晶型光変調器[8]

$$E_y = \frac{E_0}{\sqrt{2}}\cos(\omega t - \theta_y) \tag{4.1.24}$$

$$E_z = \frac{E_0}{\sqrt{2}}\cos(\omega t - \theta_z) \tag{4.1.25}$$

ここで，2成分の位相差 $\Delta\theta$ は以下の式で与えられる．

$$\Delta\theta = \theta_y - \theta_z$$
$$= k_0(n_o - n_e) + \frac{1}{2}k_0 n_o^3 r_c \frac{V}{d}l \tag{4.1.26}$$

ここで，n_o, n_e は印加電界のないときの常光および異常光に対する屈折率，V は結晶に印加される電圧，d は結晶に取り付けた電極間の離隔，l は結晶の長さ，k_0 は波数，r_c は電気光学定数から求められる定数である．

次に結晶からでる光を，結晶の光学軸に対し135°傾いた検光子に通すと検光子を通った光の平均出力は以下の式で与えられる．

$$I_{\text{out}} = \frac{E_0^2}{2}\left\{1 - \cos\left(\theta_0 + \pi\frac{V}{V_\pi}\right)\right\} \tag{4.1.27}$$

この V_π は，光の位相差を $\pi/2$ だけ変化させるのに必要な電圧であるため，半波長電圧(half-wavelength voltage)と呼ばれる．また θ_0 は光変調器の動作点を決める値であり，オプティカルバイアス角(optical bias angle)と呼ぶ．θ_0 を $\pi/2$ に調整すると，式(4.1.27)は以下のように表される．

$$I = \frac{E_0^2}{2}\left\{1 + \sin\left(\pi\frac{V}{V_\pi}\right)\right\} \tag{4.1.28}$$

さらに，$V_\pi \gg V$ であるならば，印加電圧に比例した変調光出力が得られる．

iii) 導波路型光変調器 図4.1.104に光学結晶基板上に光導波路(optical wave guide)が形成された光変調器の例を示す．図は光強度変調器の構成例である[8,9]．

導波路に入射した光は，Y分岐において二つの導波路に分岐される．このとき，各導波路内を通る光は以下の式で与えられる．

$$E_1 = \frac{E_{in}}{2}\cos(\omega t + \varphi) \quad (4.1.29)$$

$$E_2 = \frac{E_{in}}{2}\cos(\omega t + \theta) \quad (4.1.30)$$

ここで，E_{in} は入射光の電界強度，φ，θ はそれぞれの導波路での位相遅れである．これらの二つの導波路でそれぞれ位相遅れが生じた光が導波路の出口で合成されて，光ファイバを通して検出器に導かれる．

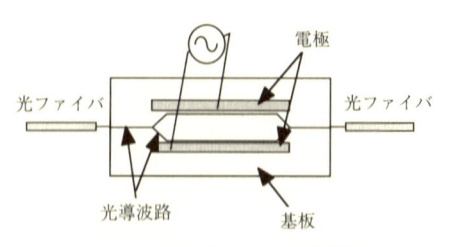

図 4.1.104 導波路型光変調器[8]

電極に電圧 V_m が印加されると導波路の内部に電界が発生し，各導波路の屈折率を変化させ，それぞれの導波路での位相遅れに差を生じさせる．電圧が印加されたときの光の平均出力は以下の式のようになる．

$$P = \frac{E_{in}^2}{2}\left\{1 + \cos\left(\pi\frac{V_m}{V_\pi} + \theta_0\right)\right\} \quad (4.1.31)$$

ここで，θ_0 は光変調器の動作点を決める値であり，オプティカルバイアス角 (optical bias angle) と呼ぶ．θ_0 を $\pi/2$ に調整すると，結晶型光変調器と同様に，$V_\pi \gg V_m$ の範囲で印加電圧に比例した光出力を得られる．

iv) 偏光子 (検光子) 任意の偏光状態をもつ自然光や円偏光，楕円偏光から，直線偏光を選択して取りだす素子を偏光子 (polarizer) と呼ぶ．また，偏光子に直線偏光の光を通すと，直線偏光の偏光方向を検出できるので検光子 (analyzer) と呼ぶ場合もある．

偏光子には，① 結晶の複屈折，② 等方な透明媒体のブリュースター角における反射または透過光を利用して得られるものに分類される．　　　　　　　　　　　（服 部 光 男）

文　献

1) 村川　雄ほか：受信用球状ダイポールアンテナの特性，信学技報，**EMCJ 87-86**, 1991.
2) 戸叩祐一：光電界センサの高感度化，信学技報，**EMCJ 94-26**, 1994.
3) Kuwabara, N. and Kobayashi, R. : Development of electric field sensor using Mach Zehnder interferometer, 11 th International Zurich Symposium on EMC, 1995
4) Phelan, Jr. R. J. et al : A sensitive, high frequency, electromagnetic field probe using a semiconductor laser in a small loop antenna, **SPIE 566**, Fiber optic and laser sensors III, pp. 300-306, 1988.
5) Berger, H. S : Considerations in the Design of a Broadband E field Sensing System, IEEE International Symposium on EMC, Seattle, pp. 383-389, 1988.
6) Day, G. W. and Rose, A. H : Faraday Effect Sensor: The state of the art, **SPIE 985**, Fiber optic and Laser sensors VI, pp. 138-150, 1988.
7) Randa, J : Thermo Optic Designs for Electromagnetic Field Probes for Microwaves and Millimetre Waves, IEEE Trans. on EMC, 33, 3, 1991
8) 徳田正満監修：電磁界計測への光応用，リアライズ社，1995.

9) 布下正宏,久間和生：光ファイバセンサ《基礎と応用》,情報調査会,1985.
10) (財)光産業技術振興協会監修：光部品・製品活用辞典,オプトロニクス社,1986.
11) 応用物理学会光学懇話会編：光集積回路,朝倉書店,1998.
12) 大越孝敬：光ファイバセンサ,オーム社,pp. 101-124,1986.

4.2 電磁波対策部品

4.2.1 シールド材料

シールドは材料の観点から,① 直流〜数十 kHz の磁界の遮へいか,② 直流からミリ波にわたる電界の遮へい,および平面波の遮へいか,に分けられる.① では磁性材料が用いられ,② は導電性材料が用いられる.以下に,これらに分けて各材料について説明する.

a. 直流〜数十 kHz の磁界の遮へい

図 4.2.1 に示すように,磁界は透磁率(μ_r)の大きい部分に集中するので,磁性材で囲んだ領域内の磁界は小さくなる.これが,静磁界(直流)から数十 kHz での磁界の遮へいである.シールド効果はいかに磁性材内に磁界を集中させるかによっている.そのためできる限り μ_r の大きい磁性材料を使わなければならないが,次の点はいずれも μ_r を小さくする要因であるので材料を選択するときは注意が必要である[1].

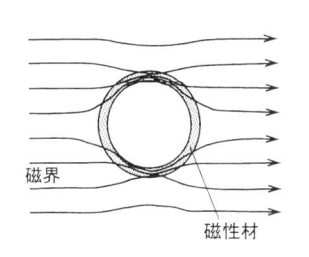

図 4.2.1 磁性材による磁界の遮へい

1) **飽和磁束密度**(B_s): 磁界が強くなって磁束密度が飽和に近づくと μ_r は急激に小さくなる.大電流で発生する磁界をシールドする場合はできるかぎり B_s の大きい材料を用いる.

2) **μ_r の方向性**: 材料によってはある方向に磁界を掛けると μ_r が大きく,その方向をそれると急激に μ_r が小さくなるような方向性をもつ.方向性のある材料の方が一般に μ_r が高いので,シールドする磁界の方向が定まっている場合はこのような材料を用いる利点がある.しかし磁界分布が定まらない場合は注意が必要で,方向性のある材料を互い違いに層状化するなどの工夫が必要である.

3) **μ_r の周波数特性**: μ_r が大きい材料は,数百 Hz あたりから急激に μ_r が小さくなる.製品カタログ値の μ_r を示す周波数を確認することが必要である[2].

4) **加工による影響**: 実際のシールド材として使うには形を整えたり,固定したりする必要があり,このような加工の過程で生じる材料的なひずみにより μ_r が低下する.磁性材料は酸化物系と金属系に分けられる.酸化物系は導電率が低いので,主に高周波での各種デバイス材料に使用されているが,シールド材としては導電率が低いことの利点はなく,むしろ導電率は大きい方がよい.金属系磁性材について代表的と思われる材料の特性を述べる.

5) **電磁鋼鈑**： ケイ素鋼鈑という呼び方で知られており，B_s, μ_r とも大きい．ケイ素添加量で B_s, μ_r を調整することができる．μ_r に方向性があるものとないものとがある．方向性がある材料の μ_r は 80000 近くに達する．シールドする磁界が磁化容易軸と一致することが必要である．

6) **電磁軟鉄板**： 純鉄系の磁性材料で，μ_r はおよそ 10^4 あたりである．B_s が大きいので強い磁界のシールドに適している．μ_r の方向性はない．

7) **パーマロイ合金**： B_s は低いが μ_r は大きいので，比較的弱い磁界のシールドに適している．焼鈍や冷却工程などのために大面積板の製造はむずかしい．また，シールド材として施工したあとにも焼鈍してひずみを取るなどの処置が必要である．

8) **アモルファス合金**： B_s がかなり大きい．薄帯やフレークの形で使用されることが多い．磁界中の焼鈍を行うと μ_r が大きくなるが，もろくなるために通常は焼鈍をせずに使われる．

実際のシールドでは，磁気特性の異なった磁性材を多層にしたり，導電材との併用が行われている．

b. 直流からミリ波にわたる電界の遮へい，および平面波の遮へい

導電性のよい金属が代表的なシールド材であるが，コスト，成形性などの点から各種の導電性材料がシールド材として使用されている．シールド特性は導電率と厚みだけでは定まらないことに注意しなければならない．

図 4.2.2 のように電磁波の伝搬をシールド材でさえぎる場合を考えよう．電磁波発生源の近傍にシールド材を置く場合は，発生源がループアンテナのように磁界を発生するのか，またはダイポールアンテナのように電界を発生するのかによってシールド材に入射する電磁波の性質が異なる．したがって，シールド効果も発生源の種類や発生源からの距離によって異なる値をもつ．シールド効果は大きく分けると，

① 発生源から十分遠方に置いたシールド材のシールド効果
② 磁界発生源近傍でのシールド効果
③ 電界発生源近傍でのシールド効果

がある．ここで"十分遠方"とか"近傍"という言葉が指す距離的な目安は，おおよそのところ波長を基準にしたもので，波長よりも十分長い距離，あるいは波長よりも十分短い距離と考えればよく，物理的な距離は同じであっても周波数によって遠方になったり近傍になったりする．

以上述べたように，一つ一つの試料に対して少なくても 3 種類のシールド効果の値がある．ある試料について，遠方，磁界発生源近傍，電界発生源近傍でのシールド効果を S_{far}, S_{mag}, S_{ele} とすると，おおよそのところ $S_{mag} < S_{far} < S_{ele}$ の傾向がある．各シールド効果の差は大きく，たとえば S_{ele} が数十 dB 以上あっても，S_{mag} は数 dB 以下のことがありうる．これは銅やアルミなどの金属板は静電界のシールドは非常に大きいが，一方，静磁界シールドにはほとんど効果がないことからも直感的に理解できよう．実際に磁界発生源近傍，電界発生源近傍でめっきプラスチックのシールド効果を測定した例を図 4.2.3 に示す．

図 4.2.2　電磁波の伝搬の遮へい

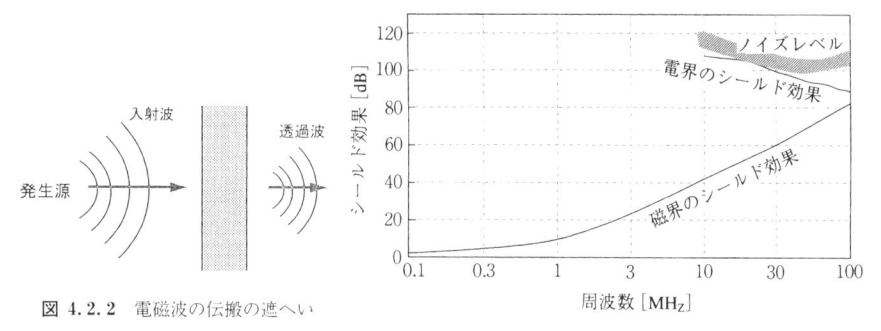

図 4.2.3　シールド材料の評価例（銅 1.5 μm とニッケル 0.25 μm の層をプラスチックに両面めっき）

実際の応用を考えた場合，数 MHz 以下では波長が 100 m 以上になるのでほとんどは近傍での使用であろう．それで発生源の種類によって各材料のシールド効果が異なる．導電性のよい材料を用いれば，通常 S_{ele} は十分な特性が得られる．S_{mag} は低周波になるほど小さくなり，前に述べた磁性材による磁界の遮へい方法をとらなければならない．

一方，ミリ波においては近傍領域は発生源から数 mm 以内に限られるので，ほとんどは遠方領域での使用であろう．ミリ波では遠方でのシールド効果のみに注目してよいと思われる．

この二つの周波数領域の中間では，使用状況に応じて導電率（または抵抗率）や厚みからシールド効果を判断しなければならない．

以下に金属以外のいくつかの導電性材料を紹介する．

1）**導電性プラスチック**：　導電性プラスチックと称されている材料には，プラスチック材表面に導電性物質を付加した材料と，プラスチック材料内に導電性物質を複合した材料とがある．前者の導電材としては金薄膜イオンプレーティング，各種金属粉末のスパッタリングなどで形成される．後者の導電材としては，金属箔，金属繊維が使用される．また，薄いプラスチックや紙などと金属箔とのラミネートはフレキシブルであり，導電性フィルムと呼ばれて商品化されている．シールド特性とともに，成形性，加工性，耐久性などが重要視される．体積抵抗は $10^{0} \sim 10^{-2}$ Ω·m 程度が得られている．

2）**導電性塗料**：　ニッケル，銅，銀などの粉末を樹脂に混ぜて塗料状にしたものである．金属表面が酸化されないようにし，導電性を長期に保つ工夫がなされている．塗装膜厚は数十 μm で，塗料乾燥後の体積固有抵抗は $10^{0} \sim 10^{-2}$ Ω·m である．

3）**透明ガラス**：　透視性と電磁波シールドを兼ね揃えることは，窓ガラスなど建築では用途が多い．金属網，あるいは金属をめっきしたプラスチック網を透明なガラスやプラスチックで挟んだものから，最近では金属酸化物繊維を分散した塗料をガ

ラスに塗布したものが開発されている.

4) 導電布： 金属細線,金属めっき繊維,炭素繊維などを用いて導電性のよい布にする.用途は電磁シールド特性をもつ衣服,カーテンなどである.

(畠山賢一)

文　献

1) 岡崎靖雄：強磁性材料のシールド特性,電気学会誌,116(4),208-212,1996.
2) 岡部幸平,清野和男：磁気シールドルーム,電気学会マグネティックス研究会資料,MAG-87-27,25-34,1987.

4.2.2　シールド部品
a.　金属箔テープ

金属箔を筐体へ固定する方法には機械的な固定や接着剤を用いて筐体に貼り付けていく方法が考えられる.一方,作業性を向上させるために粘着加工を行ったものが簡易に使用され,金属箔テープと呼ばれている.

その大きなメリットは,電子部品から筐体まで必要な箇所に,電子機器などの開発段階から最終段階のステップまで,即効的にEMI/RFIのシールド,静電シールド,静電放電用,あるいは補修用として,幅広い用途への利用が可能な点である.

各種の金属箔のシールド効果を図4.2.4に示す.

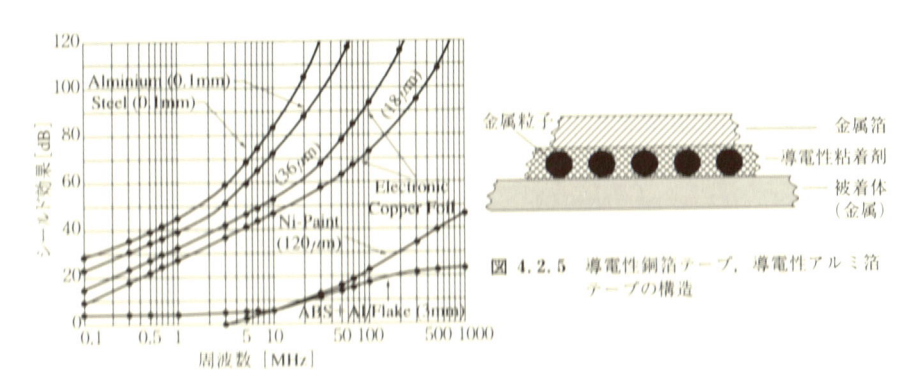

図4.2.4　金属箔・導電性塗料・導電性プラスチックのシールド効果

図4.2.5　導電性銅箔テープ,導電性アルミ箔テープの構造

i) 金属箔＋導電性粘着剤タイプ　　導電性銅箔テープ,導電性アルミ箔テープは金属箔に導電性感圧型粘着剤を塗布したタイプで,金属被着体に貼った場合,粘着剤中に分散された金属粒子が導体として,金属箔と被着体間の導通を可能にし,接地などを容易に行うことができる(図4.2.5).導電性銅箔テープの導電性粘着剤は圧力

を付加せずに被着体に貼っただけでも，$10^{-1}\,\Omega/\text{in}^2$ 程度の導電性を示し，0.35 kg/cm^2 の圧力を付加すると $10^{-2}\,\Omega/\text{in}^2$ 程度の導電性を示す．金属粒子を用いず，カーボン系の導電性粘着剤を用いたテープもあるが抵抗値はかなり高く，接地のインピーダンスを低くしなければならない用途には適していない．

ⅱ) エンボス加工金属箔＋非導電性粘着剤タイプ 導電性銅箔エンボステープ，および導電性アルミ箔エンボステープはエンボス加工した金属箔に非導電性感圧粘着剤が塗布されたタイプで，エンボスの凸部が粘弾性的特徴のある粘着剤層を押し破り，被着体と直接接触する．このために，より大きな接触面積が確保でき，さらに安定した導電性を得ることができる（図4.2.6）．導電性銅箔エンボステープは圧力を付加せずに金属被着体に接着した場合で，$10^{-2}\,\Omega/\text{in}^2$ 程度の導電性を示し，0.35 kg/m^2 の圧力を付加した場合，$10^{-3}\,\Omega/\text{in}^2$ 程度の導電性を示す．導電性金属箔エンボステープは一般的な平滑金属箔に導電性粘着剤を塗布したタイプのテープに比較して，優れた導電性を得ることができる．

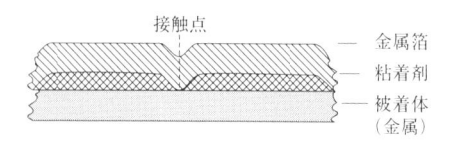

図4.2.6 導電性銅箔エンボステープ，導電性アルミ箔エンボステープの構造

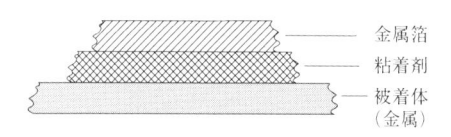

図4.2.7 銅箔テープ，ニッケル箔テープ，鉄箔テープの構造

ⅲ) 金属箔＋非導電性粘着剤タイプ
各種フラット金属箔に非導電性粘着剤

表 4.2.1(a) 導電性金属箔テープの基本特性

テープ No.	バッキング	厚さ [mm]	接着力 [g/25 mm]	引張強度 [kg/25 mm]	接触抵抗 テープの厚さ方向 [Ω/cm^2]
#1245	銅箔エンボス	0.110	1080	13.6	0.0065
#1267	アルミ箔エンボス	0.119	990	8.2	0.065
#1181	銅箔	0.090	840	11.2	0.032
#1170	アルミ箔	0.098	770	7.4	0.095
試験方法		ASTM-D-1000			MIL-Std-202 F Method 307

(b) フラット金属箔テープの基本特性

テープ No.	バッキング	厚さ [mm]	接着力 [g/25 mm]	フラッキング特性（3 M 法）
#2194	銅箔	0.08	1150	異常なし
NI-20	ニッケル箔	0.07	1000	異常なし
FE-20	鉄箔	0.08	2000	異常なし

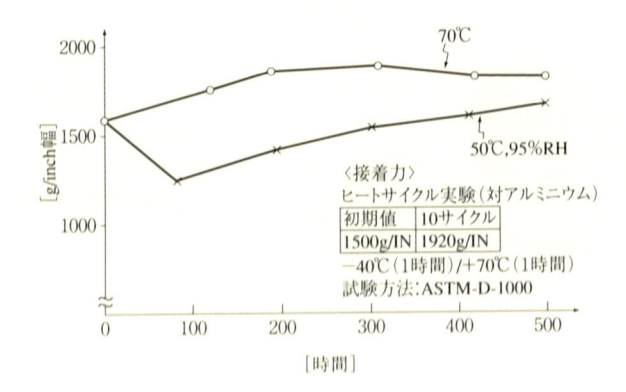

図 4.2.8 導電性銅箔エンボステープの接着力(対アルミニウム)

を塗布したタイプで，被着体とは導通しない(図 4.2.7 参照)．銅箔テープ，ニッケル箔テープ，鉄箔テープなどがある．基本的な特性を表 4.2.1(a)，(b)に示し，導電性銅箔エンボステープの接着力と抵抗の経時変化を図 4.2.8，図 4.2.9 に示す．金

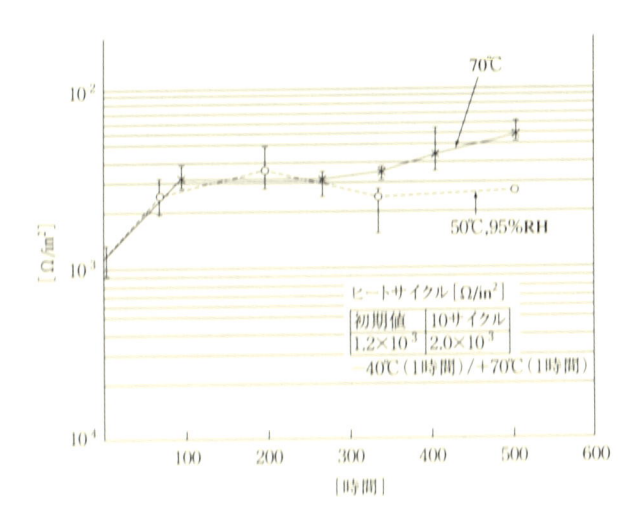

図 4.2.9 導電性銅箔エンボステープの接触抵抗

属箔テープは使い方が簡単なので，隙間をシールドする場合に用いられる．図 4.2.10 のようなスリットを開けたアルミ板を用いて隙間を想定する．テープでスリットをおおった場合のシールド効果を図 4.2.11 に示す．銅箔テープ(#2194)，導電性銅箔テープ(#1181)，導電性銅箔エンボステープ(#1245)の順にシールド効果は

高くなっている.

試験に用いたテープはともに同じ厚さの銅箔を用いているので,シールド効果の差はエンボスの有無による導電性,粘着剤の導電性によるものと考えられる.同様の実験を図4.2.12のような銅板を用いて,KEC法にて測定して比較した結果,図4.2.11と同じ傾向が得られた.その結果を図4.2.13に示す.隙間をシールドする場合,エンボス加工銅箔を用いた#1245はフラット金属箔テープよりかなり高いシールド効果が得られる.

iv) その他(フィルムラミネート金属箔+導電性粘着剤) この種のテープとしてフィルムラミネートアルミ箔テープがある.ポリエステルフィルムをアルミ箔導電性テープの片面にラミネートした構造(図4.2.14)をもっているため,高密度回路など活電部が近接した部分のグラウンド処理,インピーダンス調整およびシールド処理が可能である.基本特性を表4.2.2に示す.金属箔テープはプラスチック筐体へ貼り付ける用途もあるが,グラウンドをとったり,隙間をふさぐといった特殊用途も多い.使用例を図4.2.15〜図4.2.23と表4.2.3に示す.

b. 金属箔ラミネート

回路設計や配線パターンの変更により,シールド対策を行う場合,設計上,局所的にシールド材料がどうしても必要になってくる場合がある.

金属ラミネート材は導電性塗料や導電性樹脂と比べて非常に高いシールド効果をもっているので,VTR,パソコンなどの電子機器の局所的シールドに使用される.

金属箔としては数十μmから数百μmの厚さの鉄,アルミニウム,銅などが考えられ,絶縁フィルムとしてはPVC(塩ビ)やPET(ポリエステル)などが使用されている.これらの部品にはシールディングシート(表4.2.4)とシールディングプレート(表

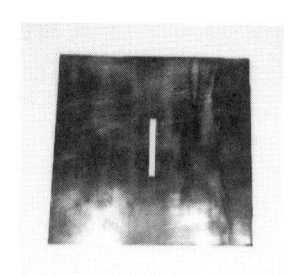

図4.2.10 アルミスリット治具

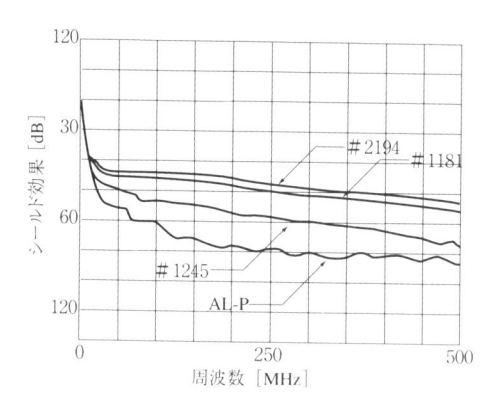

図4.2.11 スコッチテープのシールド効果

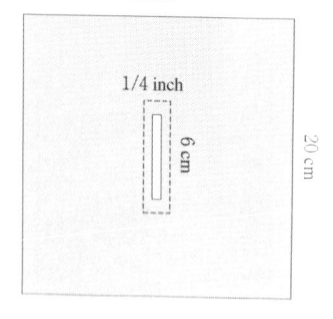

図4.2.12 厚さ1mmの銅板

4.2 電磁波対策部品

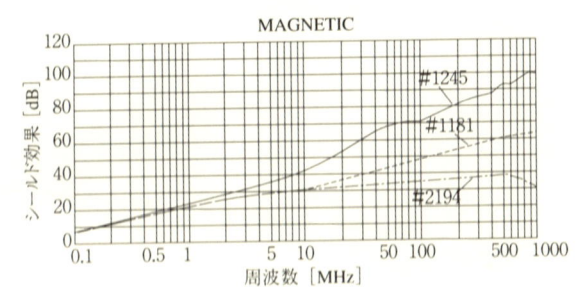

図 4.2.13 スコッチテープのシールド効果(KEC 法)

4.2.5)などがある.この金属箔ラミネート材に要求されている特性を下記にまとめる.
① シールド効果が高いこと.
② 価格が安く,加工性がよいこと.
③ フィルムを一部分だけはがして

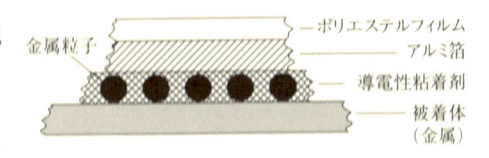

図 4.2.14 フィルムラミネートアルミ箔テープ

表 4.2.2 フィルムラミネートアルミ箔テープの基本特性

基材	ポリエステルフィルム/アルミ箔
粘着剤	導電性粘着剤
厚さ[mm]	0.06
接着力[g/25 mm]	1,000
抵抗値[m Ω/(25 mm)^2]	10(住友スリーエム法による)
絶縁破壊電圧[kV]	3.5

図 4.2.15 LCD パネルの光漏部

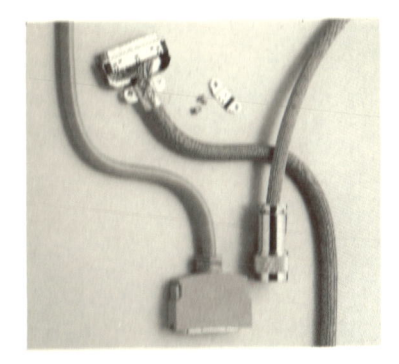

図 4.2.16 I/O ケーブルコネクタの端末シールド

4. ノイズ対策部品

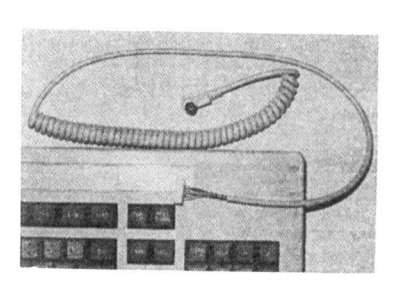

図 4.2.17 I/O ケーブルの端末シールド

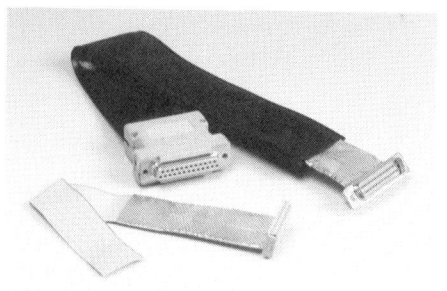

図 4.2.18 フラットケーブルのシールド
目的：放射ノイズの防止，特長：必要に応じてシールド処理が可能．

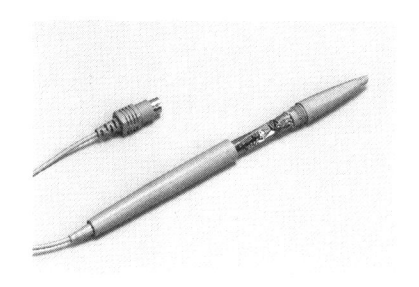

図 4.2.19 入力ペンの回路保護
目的：静電シールド，特長：可撓性がよい．金属箔のため細部の箇所に巻き付けが可能．

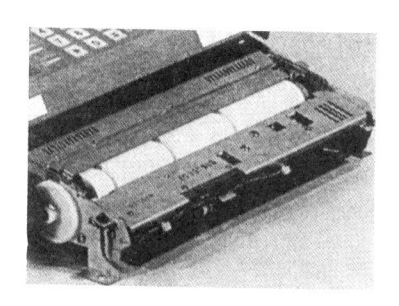

図 4.2.20 ファクシミリの配線固定

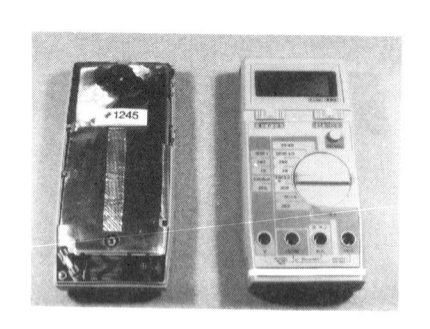

図 4.2.21 ノスタのシールドシート接続

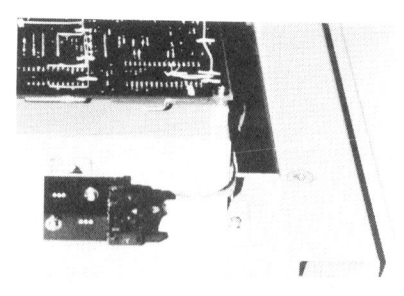

図 4.2.22 筐体接合部のワッシャー使用

4.2 電磁波対策部品　259

使用する場合があったり，局部的に折り曲げて使用する場合があるため，物理特性に優れていること．
④　絶縁フィルムと金属箔の密着性がよいこと．
⑤　絶縁フィルムの電気的絶縁性が高く，突起物に対して耐衝撃性があること．できれば，フィルムは UL 規格に合格している難燃グレードが望ましい．

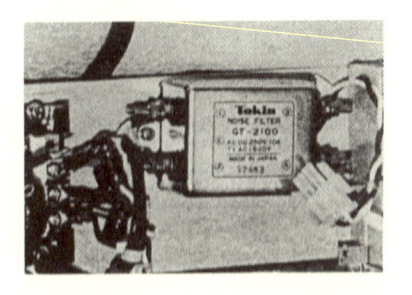

図 4.2.23　ノイズフィルタの金属部の接地
目的：接地インピーダンスを下げるため，特長：確実な接地（グラウンディング）．

期待できるノイズ対策の効果を下記にまとめる．

表 4.2.3　シールド材料の各種使用例

図	使用目的
4.2.15	LCD パネルの光源部のノイズ防止
4.2.16	ケーブル線の端末シールド
4.2.17	ケーブル線の端末シールド
4.2.18	フラットケーブルのシールド
4.2.19	入力ペンの回路保護
4.2.20	ファクシミリの配線シールド
4.2.21	シールド板の隙間処理
4.2.22	ねじ部のインピーダンスを下げるため
4.2.23	ノイズフィルタの接地を確実にするため

① 人体から発生する ESD (electro static discharge) を防止するために，人体をグラウンディングすることにより誤動作を防止する．
② 金属箔・金属板を基板間に挿入することにより，基板間の相互干渉の防止を行う．
③ 基板のグラウンドプレーンとして多点接地により，アースインピーダンスを下げる効果がある．

使用例を図 4.2.25～図 4.2.29 に示し，その説明を表 4.2.6 に示す．図 4.2.24 に示すシールディングプレート（表 4.2.5 参照）は従来のシールド材では行えない複雑な 3 次元加工が可能であり，複合材料としての UL 規格 94V-0 にも合格している．
また，図 4.2.27，図 4.2.29 に示すシールディングシートは非常にフレキシブルで加工性に富み，パンクチャー抵抗も高いのでプリント基板間に挿入可能である．

c．ガスケット
ガスケット材は各種電子機器のハウジングの隙間からの電磁波の漏れを防ぐ用途に用いられる．製品の形状を表 4.2.7 にまとめる．国内規制が段階的にきびしくなるので，わずかな隙間は許されなくなる．そのような場合，ガスケット材が使用される割合は高くなると考えられるので，今後市場拡大が見込まれる．

表 4.2.4 シールド用複合材料 ①

項目＼製品名	シールディングシート	シールディングシート
構　成	難燃性エポキシ含浸フィルム (0.10 mm) / 粘着剤 / アルミ箔 (0.05 mm)	難燃性エポキシ含浸フィルム (0.10 mm) / アルミ箔 / 難燃性エポキシ含浸フィルム
全厚 [mm]	0.20	0.35
特　性	難燃性エポキシ含浸フィルム 剥離性：900 g/25 mm ラミネートの 絶縁性：7.5 kV (片面)	同　左
用　途	OA 機器筐体内 プリント板間の電磁シールドおよび絶縁	同　左

シールディングシート：UL-認定品 (FILE No.E59505)
シールディングシート：UL-認定品 (FILE No.E101370)

表 4.2.5 シールド用複合材料 ②

項目＼製品名	シールディングプレート	シールディングプレート
構　成	硬質塩ビフィルム (0.10 mm) / 接着剤 / アルミプレート (0.27 mm)	硬質塩ビフィルム / 接着剤 / アルミプレート (0.27 mm)
全厚 [mm]	0.39	0.51
特　性	表面フィルムの 剥離性：5 kg/25 mm ラミネートの 絶縁性：11.7 kV (片面)	同　左
用　途	OA 機器筐体内 プリント板間の電磁シールドおよび絶縁	同　左

シールディングシート：UL-認定品 (FILE No.E59505)
シールディングシート：UL-認定品 (FILE No.E101370)

4.2 電磁波対策部品

図 4.2.24 カラープリント内シールド板の加工性
目的：放射ノイズ防止，特長：金属ラミネート材で複雑な3次元加工が可能．

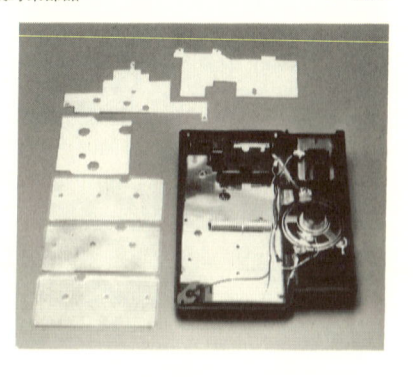

図 4.2.25 金属箔フィルムラミネートシートの筐体固定

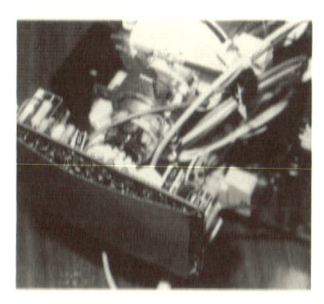

図 4.2.26 電子銃後部のシールド

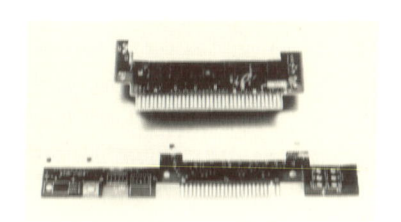

図 4.2.27 基板間のシールド
目的：放射ノイズ防止，特長：各種サイズに対応可能，フレキシビリティ部に優れている（UL合格）．

図 4.2.28 ワープロ内部のシールド
目的：放射ノイズの防止，特長：複雑な3次元加工が可能，導電性テープ併用によりさらに効果的．

図 4.2.29 基板全体を包み込んだ金属箔フィルムラミネートシート

4. ノイズ対策部品

表 4.2.6 シールディングシートおよびプレートの使用例

図	金属の種類	絶縁材料の種類	シールド箇所
4.2.26	アルミニウム	難燃性塩ビフィルム	カラープリンタ筐体の内面，部分的にビス止め（概略寸法 500 mm×400 mm）
4.2.27	鉄	ポリエステルフィルム	VTRカバー（プラスチック）の内面，部分的に両面テープにて取り付ける
4.2.28	鉄	塩ビフィルム	TVブラウン管付属基板の外側に取り付ける
4.2.29	アルミニウム	難燃性エポキシフィルム	基板間に挿入される
4.2.30	アルミニウム	難燃性塩ビフィルム	ワープロ筐体の内面に取り付ける
4.2.31	アルミニウム	難燃性エポキシフィルム	基板全体を包囲する

表 4.2.7 各種ガスケットの形態

ガスケットのタイプ	形 状	材 質
ワイヤメッシュガスケット (knited-wire mesh gaskets)		芯材にはネオプレンゴムやシリコンゴムなどを用いている．メッシュ材料としてはMonel，アルミニウム，めっき銅線などがある．
ワイヤ埋め込み型ガスケット (oriented immersed-wire gaskets)		Monelやアルミ線をエラストマー中に埋め込んでいる
導電性エラストマーガスケット (conductive plastics and elastomer gaskets)		シリコンゴムやプラスチックの中に銀粒子などを分散させている
スプリングフィンガーストリップガスケット (spring-finger strip gaskets)		ベリリウム銅を用いている

ガスケット材の問題点と今後の開発テーマを下記に示す．

問 題 点	開 発 テ ー マ
1) 隙間部分に固定しにくい	1) 確実な設置方法の確立
2) 多種多様な形状が必要	2) いろいろな形状に対応できる加工性が必要
3) シールド効果の確認方法がむずかしい	3) 評価方法の確立

実施例を図 4.2.30，図 4.2.31 に示す．

d. スティックフィンガーとスパイラルフィンガー

ドア部分のシールドはその部分が常に開閉されるという性格上，ドア開閉部の摩耗性，ひずみ，破損などの問題を生じやすい．このような問題を生ずるとその部分から

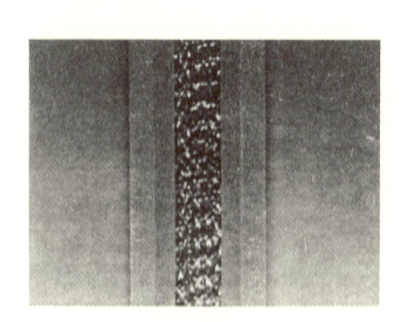

図 4.2.30 接合部に埋め込まれたシールドガスケット

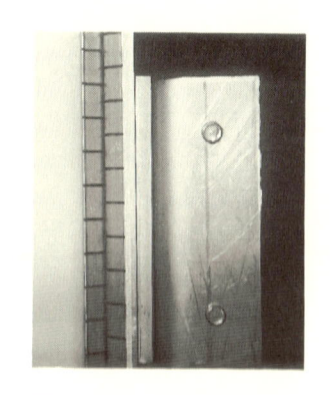

図 4.2.31 シールドルームのドア部分のスプリングフィンガーガスケット

電磁波の漏れを生ずるため，最も配慮を要する場所である．このような問題に対する配慮として，次のようないくつかの方法がドアの可動側と固定壁側の接触部分に関して行われている．

(1) スティックフィンガー法
(2) スパイラルフィンガー法
(3) ガスケット法
(4) 永久磁石法

特にベリリウム銅製のスティックフィンガー(図4.2.32)は接触部でばね弾性をもたせるように設計されている．この方法はシールドルームに使用されている実績も非常に多いが高価である．ただし，スティックフィンガーの場合でも，使用時に機械的ストレスを受けた場合，破損を生じやすい．また，コンタクトの表面には酸化膜，油膜を形成し，シールド効果の低下をきたしやすいので定期的に保守点検が望ましい．このような配慮により 10 dB の劣化を防ぐことが可能になる．

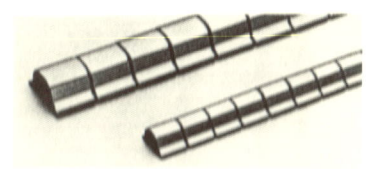

図 4.2.32 スティックフィンガー

c．金属ハニカム

シールドルームは基本的に換気孔，窓などの開放部分が多ければ多いほど，シールド効果は低下するが，室内に作業者が立ち入って試験を行う都合上，換気孔の設置は照明と並んで不可欠な設備となる．この部

図 4.2.33 ハニカム

分は，現在，ほとんど金属ハニカム(図4.2.33)が使用されているが，ハニカムの形状，取り付け時の方向性などもシールド効果に影響を及ぼす. 〔岩崎厚夫〕

文　献

1) 原田昭男，田中健二ほか：シールド材料と手法，情報調査会，1989.
2) 斎藤雄二郎：電磁波の吸収と遮蔽，日経技術図書，pp. 704-705, 1989.
3) ノイズ対策最新技術編集委員会編：ノイズ対策最新技術，総合技術出版.
4) 山口裕顕，雫田治夫：シールド効果測定技術資料，住友スリーエム，1986.
5) 斎藤雄二郎：金属箔を応用した導電性テープ，コンバーテック加工技術研究会，1985.
6) 平沢雄二ほか：金属粒子技術資料，住友スリーエム，1985.
7) 斎藤雄二郎：両面導電性テープ技術資料，住友スリーエム，1986.
8) 電磁波シールドの基礎，シーエムシー，ジスク，1984.

4.2.3　アクティブシールド

磁気シールドは歴史的に非常に古いが，現時点では，EMC技術の一つとしてさらに重要性が増している．すなわち，近年電子工業の著しい発達により，電気・電子機器の種類，数量が著しく増加し，地球上の電磁エネルギーはますます増加の傾向にあり，その周波数帯域も広範囲にわたっている．電気・電子機器からの電磁界の発生の抑制と，外部からの不要な電磁妨害に対するイミュニティを向上する技術として，さらに生体，特に人体を保護するため磁気シールドは重要な技術として位置付けられる[1]．

磁界に対するシールドは以下の四つの方法により可能である．第1番目は，シールドしたい空間を円筒あるいは中空球状の強磁性体で囲む方法である．第2番目は，反磁性体により空間を囲む方法で，完全反磁性を示す超伝導体によるマイスナー効果を利用するもので理想的には完全にシールドすることは可能である．第3番目は，変動磁界に対する電磁誘導により，導体中に流れる渦電流による磁気シールド方法である．第4番目は，アクティブシールドであり，これまでの三つの方法は強磁性体や導体を空間に適切に配置することにより受動的にシールドを行うのに対し，シールドしたい領域の周囲に配置されたコイルに流れる電流によってつくられる磁界で外部磁界を打ち消す方法であり，本項の主題である．

アクティブシールドでは，主磁束をつくるコイルのような磁界発生源のほかに，シールドしたい領域の周囲に配置された別のコイル(キャンセルコイル)を設け，それに能動的に電流を流すことによって磁気シールドを行うもので，主として以下の三つの分野において利用されている．

a.　超電導応用機器のアクティブシールド

超電導技術の実用システムへの適用がなされつつあり，広い空間にわたり漏れ磁界の影響を与えるので人体および電子機器の保護のため磁気シールドは不可欠である．たとえば，超電導磁気浮上列車の車両には推進案内用上コイルと支持用車上コイルが

積載され，いずれも数百 kA の超磁力をもつ超電導コイルである．電界および磁界に関する環境基準に対する人々の関心が高まり，各方面でさかんに議論されており，客室内や駅のホームでの磁界レベルを安全な磁気環境に保つことが要求され，それゆえ磁気シールドによる対策がなされる[2]．従来，磁気浮上列車では簡便で有効な強磁性体による磁気シールドを用いているが，高磁界中では飽和磁束密度に上限があるため，磁気シールド板が厚くなり，重量が増加するなどの問題がある．一方，キャンセルコイルとして超電導体を用いた磁気シールドは，高温超伝導体が発見されて以来，基礎的ではあるが実験および解析による検討が行われ，タイル状や層状に並べた場合の特性が報告され実用化を目指している[3]．

超電導応用機器のアクティブシールドの2番目の例として，MRI超電導コイルのシールドがあげられる．MRIの性能をあげるため高磁界化が進められており，2T級のものもでてきており，病院内の広い空間に漏れ磁界を生ずるので磁気シールドが必要である．強磁性体による磁気シールドは磁性材料の飽和や重量増大などの問題があり，アクティブシールドが併用されるようになってきた[4]．

第3番目の例として超伝導コイルによるエネルギー貯蔵装置のシールドがあげられる．超電導エネルギー貯蔵装置は他の貯蔵装置に比較して非常に効率がよく，各方面で研究されている．しかし，超伝導コイルを用いるため，多大な漏れ磁界を発生し，生活環境に与える強磁界の影響が懸念される．そのため，キャンセル用超伝導シールドコイルを設置し，漏れ磁界を低減することが提案されている[5,6]．

b. シールドルームのアクティブシールド

生体磁気，特に脳から発生するきわめて微弱な磁界を計測するのにSQUID磁束計が用いられるが，精度よく計測するためには，地磁気や，電車の電流によるランダムに変動する磁界や，エレベータや自動車の鉄製の物体の移動による変動磁界，および配電線からの漏れ磁界などの外部磁気ノイズをシールドする必要がある．この目的のため，磁気シールドルームが必要であり，直流磁界のシールドにはパーマロイが用いられ，数Hz以上の磁界シールドには渦電流によるシールド効果を利用するアルミニウムなどの導体を併用する．環境磁気ノイズは一般に$1/f$ゆらぎ特性を有しており，低周波数になるほどその大きさは増大する．しかし渦電流によるシールド効果を利用する導体のシールド効果は低周波数ほど小さい．しかも，脳や心臓からの磁気信号は0.1 Hzから10 Hzの周波数帯に存在するため，これらの周波数帯のシールド効果を向上させるため，キャンセルコイルを設け，磁気ノイズに同期した反抗磁界を発生させるアクティブシールドを組み合わせる[7-9]．

c. その他のアクティブシールドの応用

カラーCRTは，近年画面の大型化，高解像度化が進み，これに伴い地磁気などの環境磁界の影響で画面の色ずれ現象が問題となるが，これを抑制するため強磁性体を用いた磁気シールドとアクティブシールドを併用し，色ずれの問題を解決している[10]．

(芳賀　昭)

文　献

1) 大崎博之：磁界の漏れ・妨害を防ぐ用件,電気学会誌, **116**(4), 203-207, 1996.
2) 大熊　繁ほか：浮上式鉄道における強磁界しゃへい,電気学会論文誌B, **100**(12), 15-22, 1980.
3) 笹川　卓：磁気浮上鉄道の磁気シールド方法の一設計手法,電気学会リニアドライブ研究会資料, **LD-94-107**, 39-49, 1995.
4) Shiyama, A. I. *et al.*: Magnetic shielding for MRI superconducting magnets, *IEEE Trans. on Magnetics*, **27**(2), 1692-1695, 1991.
5) 小山健一ほか：超電導コイルによるエネルギ貯蔵,電気学会誌, **100**(6), 525-529, 1981.
6) 金丸保典ほか：超電導エネルギ貯蔵装置の磁界シールドの計算,電気学会環境電磁工学研究会資料, **EMCJ 86-92**, 39-44, 1986.
7) Brake, H. J. M. ter Brake *et al.*: Improvement of the performance of a μ-metal megnetically shielded room by means of active compensation, *Meas. Sci. Technol.*, **2**, 596-601, 1991.
8) 藤原耕二ほか：アクティブ磁気シールド法に関する基礎的検討,第58回応用物理学会学術講演会, **3p-x-10**, 1997.
9) 笹田一郎ほか：磁気シールド開口端侵入磁界の能動補償,日本応用磁気学会誌, **19**(2), 645-648, 1995.
10) 利安雅之ほか：超大形37形カラーテレビジョン受像機の開発,テレビジョン学会技術報告, **ED-913**, 39-44, 1985.

4.2.4　電波吸収体(ノイズ対策として)
a. ノイズ対策としての電波吸収体

電子機器の高速動作処理化,筐体の小型軽量化に伴う回路の高集積・高密度化が急速に進んでおり,CPUのクロック周波数の高周波化により発生するスプリアスを含めたノイズ周波数は,ますます高くなってきている.また,高周波ノイズは,その波長が短くなるほど放射しやすくなる.これらの放射ノイズ対策として,電磁シールドは電磁波を封じ込めたり反射させることにより,電磁波妨害の存在する部分と妨害を受けて障害を引き起こす部分とを,電磁気的に遮断する点で非常に有効である.ただし,十分な電磁シールドが行いにくい場合に電波漏えいの問題が発生することや,完全なシールドを施したとしても外部にノイズが漏れない反面,回路内部にノイズエネルギーが充満し,部品同士の電磁干渉が避けられない.また,回路の線路長に対して伝送信号やそのスプリアス成分の波長が無視できなくなる高周波領域では,シールドケース内における共振ないし線路による共振現象や回路および線路の接合箇所において,インピーダンスの不整合が生じ不要輻射が発生する[1].

このような高周波放射ノイズによる電波漏えい,回路内電磁干渉,共振現象,および不要輻射を抑えるには,高周波損失の大きい電波吸収体を配置してノイズエネルギーを吸収するのが有効な手段となる.

電波吸収体には,磁気損失を有するフェライト系および金属系の磁性材料と,誘電損失を有するカーボン系複合材料および抵抗損失材料がある[1].カーボン系複合材料および抵抗損失材料は,誘電損失,抵抗損失が大きく,軽いという特徴を有するが,

十分な吸収特性を得るために厚さを厚くする必要がある．
　ここでは，高周波領域において薄型で有効な吸収特性をもつフェライト系電波吸収体と金属系電波吸収体について述べる．

b．電波吸収体の種類と特徴

ⅰ）磁性材料の種類と電気磁気特性　　磁性体の代表的なものとして，フェライト，カーボニル鉄および軟磁性金属がある．

　フェライト　　Ni-Zn系，Mn-Zn系，Mn-Mg-Zn系などのフェライト粉末を，ゴム，プラスチックに混合して用いられている．フェライト粉末の粒径(数μm～十数μm)，フェライト粉末と非磁性体との混合比およびフェライト化学組成によって，その電気磁気特性が制御される．抵抗値が高い特徴を有しており，VHF・UHF帯で大きな磁気損失特性が得られる．また，抵抗値が高く磁気損失が大きいため，その磁束収束効果により間隙がある部分でも，有効な漏えい電波抑制効果をもつ[3]．

　カーボニル鉄　　カーボニル法により製作された純鉄のほぼ球形粉末(数μmから十数μm)を，ゴム，プラスチックに混合して古くから回路素子などを含め広く用いられている．粒径と非磁性体との混合比によって，電磁気特性が制御される．数GHz以上のマイクロ波領域で，大きな磁気損失特性が得られる．抵抗値はフェライトと比べ若干低い．

　軟磁性金属　　磁性体としてFe-Si系，Fe-Si-Al系，Fe-Ni系などの軟磁性合金を偏平な粉体にして，ゴム・プラスチックに混合して用いられる．低周波領域はフェライト，高周波領域はカーボニル鉄に対し，準マイクロ波帯での高周波領域を含む広帯域に大きな磁気損失特性と優れた透磁率特性が得られる[4]．大きな異方性と高い抵抗値を得るために，適した延伸・偏平化することが可能で，酸化被膜を形成でき，圧力に対しての変化が少ない負の磁歪定数を有しているので，複合材料にした場合にも優れた特性を有することができる．粉末の厚さを表皮深さのオーダとし，大きなアスペクト比の偏平粉体を用いて，加工方法により配向・配列の工夫がなされている[6]．

　以上，3種類の複素透磁率($\mu = \mu' - j\mu''$)の周波数特性例を図4.2.34に示す．また，表4.2.8に3種類の誘電率・抵抗値を示す．

　ノイズ対策を必要とする状況により"反射を小さくし，かつ減衰をもたせる"場合，"少々反射があっても減衰をできるだけ多くする"場合や"減衰は少なくとも反射を防ぐ"場合などの使用方法がある．一般に，μ''が大きく(磁気損失効果が高い)ある程度大きい誘電率をもつものは大きな減衰量が得られるが，非常に大きな誘電率をもつものは反射が大きくなる．また，誘電率が小さいものは反射をきわめて小さくすることができる．

ⅱ）物理特性　　フェライト，カーボニル鉄および軟磁性金属ともに磁性粉体をゴム，プラスチックなどのマトリックスに混合分散して，プレス成形・押出成形・インジェクション成形・カレンダロール成形により加工してシート状・ブロック状など種々の形状につくられる．マトリックスおよび加工法を選択することにより，0.2mm程度から数mm程度のシート状で柔軟なものから硬いものまで，また温度条件

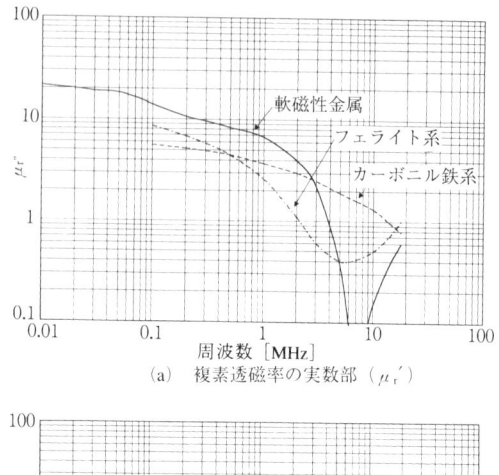

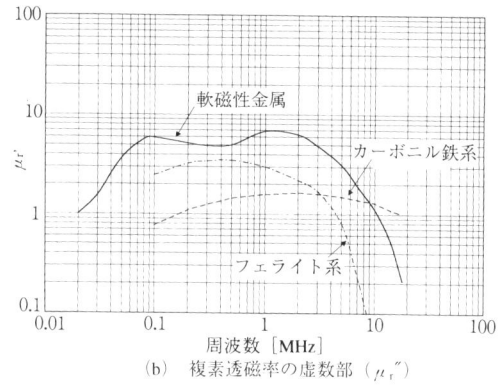

図 4.2.34 フェライト・カーボニル鉄・軟磁性金属の複素透磁率($\mu_r = \mu_r' - j\mu_r''$)の周波数特性例

表 4.2.8 フェライト，カーボニル鉄・軟磁性金属の誘電率・抵抗値の例

	フェライト系 電波吸収体	カーボニル鉄系 電波吸収体	軟磁性金属 電波吸収体
ε_r'	5~20	10~50	100~200
抵抗値[$\Omega\cdot$cm]	10^6~10^9	10^6	10^6

も常温から250℃程度の高温までのものがある．

c. 電波吸収体のノイズ対策基本特性

対象となる電子機器が，パソコンや携帯電話機などの小型機器の場合，特にノイズ放射源に対して，その波長よりも十分に短く近い距離に電波吸収体を配置することになり，近傍界における作用効果となる．近傍界における作用効果は複雑であり，周波数と周囲電磁界の状況に応じてノイズ抑制に適した材料定数(複素透磁率/複素誘電率

および抵抗値)を選定する必要がある．ただし，放射ノイズの抑制に用いるためには，基本的に空間とのインピーダンス不整合をできるだけ抑える必要がある．ノイズ対策としての基本特性を電波漏えい防止効果，共振抑制効果および回路内電磁干渉防止，不要輻射抑制について述べる．

ⅰ) 電波漏えい防止効果 シールドケースの隙間がある場合や，開閉する必要がある部分の隙間の一部に，電波吸収体を装着することにより電波漏えいを防止することができる．フェライト電波吸収体を隙間の一部に装着したときの間隙率に対する透過減衰量の特性を図4.2.35に示す．間隙率50%程度でも約10 dBの透過減衰量が得られている[7,8]．

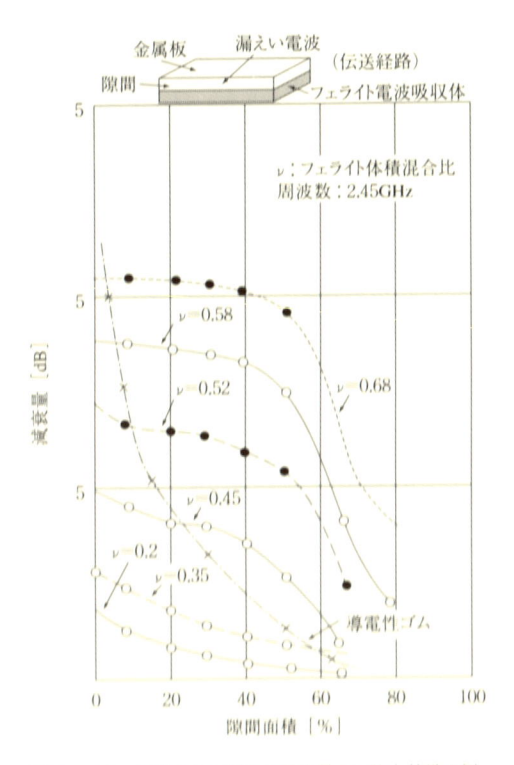

図 4.2.35 隙間がある場合の電波漏えい防止効果の例

ⅱ) 共振抑制効果 金属ケースの壁面に電波吸収体を一部ないし，全面貼り付けることにより，共振のQを大幅に減少させて共振抑制ができる．約7 cm×7 cm×3 cmの金属ケースにおいて約3 GHzで共振している状態に，フェライト電波吸収体3 mm厚さを壁面に貼り付けて25 dB程度の減衰による共振抑制した特性を図4.2.36に示す．

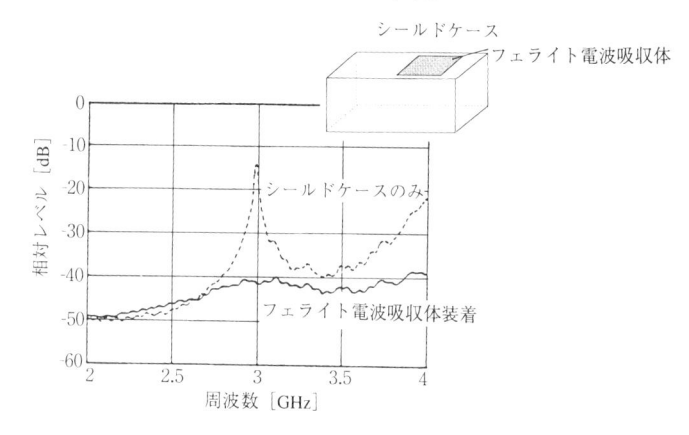

図 4.2.36 共振抑制効果の例

iii） 回路内電磁干渉防止　　RF 回路部分のシールドを施したケースの中の一部に電波吸収体を施し，その電波吸収効果により電磁干渉防止が可能である．誤動作・発振現象・カップリングなどを抑制する．そのノイズの状態のモデル図を図 4.2.37 に示す．

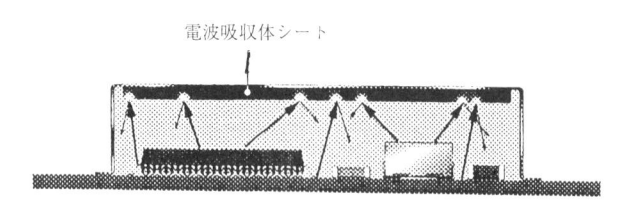

図 4.2.37　回路内電磁干渉防止のモデル図

d. 応用例

プリンター機器の ROM ボードをシールドケースで囲っている状態で，EN 55022 の Class B を満足していない．シールドケース内壁面の一部に軟磁性金属電波吸収体シートを貼り付け，約 5 から 10 dB の改善効果が得られ，規格内にノイズを収めた例を図 4.2.38 に示す．

その他，信号ケーブルからの放射ノイズ抑制として，軟磁性金属電波吸収体のシート状をケーブルに約 5 cm 程度巻き付け，5 から 10 dB の改善がなされている[10]．また，放射ノイズを受けた金属面に高周波電流が流れ，再放射源となっている状態の金属面の一部にフェライト電波吸収体シート状を貼り，再放射の抑制により 3〜5 dB 改善した例がある．

（橋本康雄）

4.2 電磁波対策部品

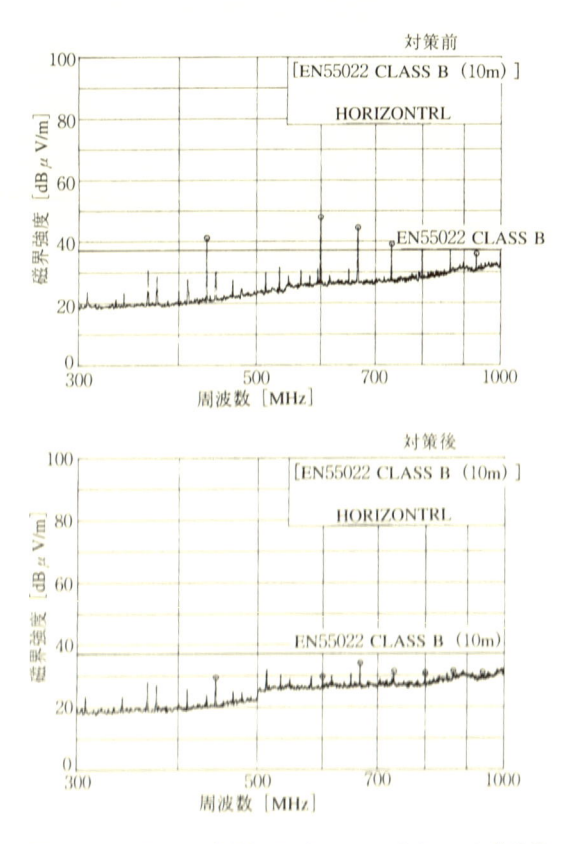

図 4.2.38 プリンタ ROM ボードのシールドケースに軟磁性金属電波吸収体シートを貼りつける前後の電界強度特性例

文　献

1) 清水康敬, 杉浦 行ほか編：電磁波の遮蔽と吸収, 日経技術図書, 1989.
2) 清水康敬, 杉浦 行編著：電磁妨害波の基本と対策, 電子情報通信学会, 1997.
3) 橋本康雄：電磁波吸収材料, 日本てい六協会誌, 57(4), 1984.
4) 佐藤, 吉田ほか：扁平状センダスト・ポリマー複合体の透磁率と電波吸収特性, 日本応用磁気学会誌, 20, 421-424, 1996.
5) Campbell, G. and Wood, F. J. : Soft Magnetic Materials for Telecommunications, Pergamon Press, 268-277, 1953.
6) Hubbard, W. M. : *IRE Trans. Component Parts*, March, 2-6, 1957.
7) 石野, 市原：樹脂フェライト, セラミックス, 14(3), 202-209, 1979.

8) 清水,西方ほか:間隙からの電波漏洩防止における電波吸収体の効果,電子情報通信学会, **MW 83-54**, 39-49, 1983.
9) Hashimoto, Y. Narumiya, Y. and Ishino, K.: Investgation on the lossy electro-magnetic shielding materials by ferrite and resistive materials, IEEE, EMC '84, TOKYO, 17PD3, 513～517, 1984.
10) 柳谷,森:磁性箔付加ケーブルの伝送損失に関する検討,信学技報, **EMC J 97-40**, 41-46, 1997.

4.3 静電気障害とその対策――生産ラインにおける――

近年電気・電子工業界において,電磁波ノイズ対策と静電気対策がさまざまな分野でとりざたされてくるようになってきた.従来,静電気問題を取り扱う際には半導体など(衛星通信用のガリウム・ヒ素デバイス,HDDのMRヘッド,LCDのTFTなど)の静電気に敏感なデバイスが,静電気による過電圧で破壊されたとか,静電気放電による過電流で破壊された,などという問題が中心となって定義されてきたが,近年ESD(electro statics discharge)という用語が頻繁に使用されるようになってきた.これは,米国のESD associationというボランティア団体が米国ANSIの認定を受け,静電気関連規格を発表するようになり,そのために協会の名称であったESOやESDなどの表現が一般化されたためである.ESOとは,electro-statics overstressの略語で,過電圧に相当すると考えてもよい.図4.3.1はMOS型半導体のESDによる破壊痕をFIBにて撮影したものである.

ESDは静電気放電の意味で,物体にたまった静電気電荷がある限界を超えて,放電する条件が揃ったときに発生する放電現象であり,この静電気放電がさまざまな障害や災害を引き起こす原因になっている.静電気放電によって発生する電磁波ノイズも静電気障害を引き起こすEMI障害ということができる.図4.3.2の半導体デバイスの不良解析を参照してもわかるように,静電気が原因となっている不良発生率をみてもいかに静電気が原因となっている不良が多いか判断でき,静電気障害による被害損失額の大きさを改めて認識することができる.どこの半導体製造メーカやセットメーカでも,同様のトラブルが発生している.

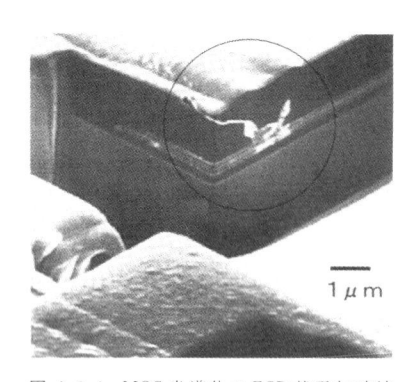

図 4.3.1 MOS 半導体の ESD 静電気破壊
(モトローラ社提供)

その中でも,本書が取り扱っている放電による電磁波ノイズが原因となって発生する電磁波障害がある.この遠因をつくっている静電気放電現象(ESD)がノイズ発生

4.3 静電気障害とその対策

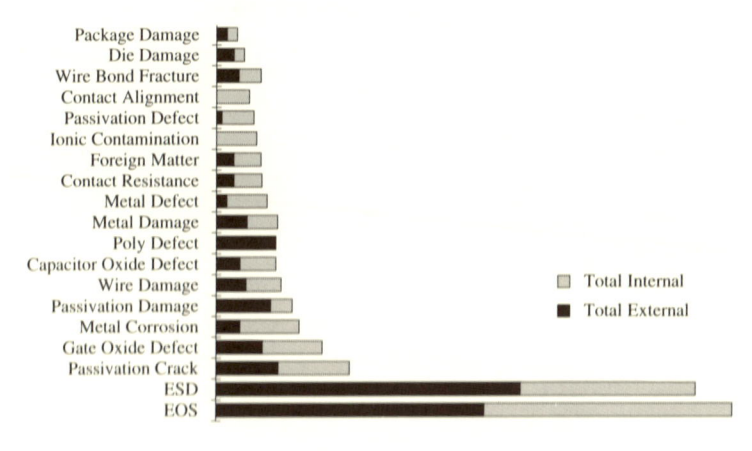

図4.3.2 半導体の不良解析(モトローラ社提供)

の原因になっていることを記述した多くの文献をみることができる．本節では電磁波ノイズ問題から少し離れて，電気・電子工業界における静電気障害の対策について説明する．なおここで述べる電気・電子工業界の静電気対策は，一般工業界の静電気対策とは対策に対する基本的な考えが若干異なることをお断りしておく．

4.3.1 静電気障害

現在半導体の開発が多岐にわたり集積度の向上が行われていることはいうまでもない．また，HDDに使用される静電気に非常に敏感なMRヘッドチップ(3 nJ程度で破壊する)や，LCDなど半導体の製造方法の改良や実装技術の向上により静電気に敏感なデバイスも多く製造され使用されている．これらの静電気に敏感なデバイスを使用してさまざまな電子製品が製造されている．そのあらゆる製造工程で静電気による障害が発生していることも事実である．また，静電気による放電現象で電磁波ノイズが発生し，各種製造装置が誤動作する事故も報告されている．

静電気障害の例として，
① 半導体デバイス(IC)の製造工程では前工程(ウェハレベルでの製造工程)
② 後工程(ウェハからおのおののチップへの切りだし，リードフレームへのダイボンディングおよびワイアボンディング，レジンによる封止，チップ検査工程)
③ 製品になった半導体デバイス(IC)をさまざまな製品に使用するために半導体デバイスをPCB，PCに実装して，さまざまな電気・電子製品に組み立てる製造工程．

これらの各製造工程で発生する静電気障害があり，それらが製品(ICデバイス)の静電気破壊や特性の劣化を招く原因となっている．ときにはその原因がEOS障害の場合もある．

a. ESDSデバイスを取り扱う作業エリアでの静電気障害

ESDSとはelectro-statics sensitive devicesの略で静電気に敏感な半導体デバイスのことである．ESDSデバイスの静電気敏感性(静電気敏感性は，ICについてはMIL.-STD-883D方法3017で，ディスクリートについてはMIL.-STD-750方法1020の試験回路に対する静電気敏感性)は，年々低くなっている．デバイスの集積度が上がると，静電気耐性は下がる．技術の進歩でデバイス内部に，RC回路などを設け静電気耐性を上げているが，それでも数百V以下で破壊するデバイスが多い．これらESDSデバイスを作業者がハンドリングすることにより，デバイスの破壊や特性の劣化が生じる事象がある．これをヒューマンボディモデル(HBM)と呼んでいる．作業者に何も静電気対策をしないで，人体の帯電電位をみてみると，床の上で足ぶみをしたり，椅子に腰掛けたり，腰掛けたまま足を机の足のせ台に置くと，人体帯電電位が上昇する(図4.3.3参照)．これは人体の動作の違いにより，静電容量が変化して，人体の帯電電位も変化していることを表している(表4.3.1参照)．静電気の公式 $Q=C\times V$ でこれを表せる．

前述のとおり静電気に敏感なデバイスは，数百V以下で破壊もしくは特性の劣化

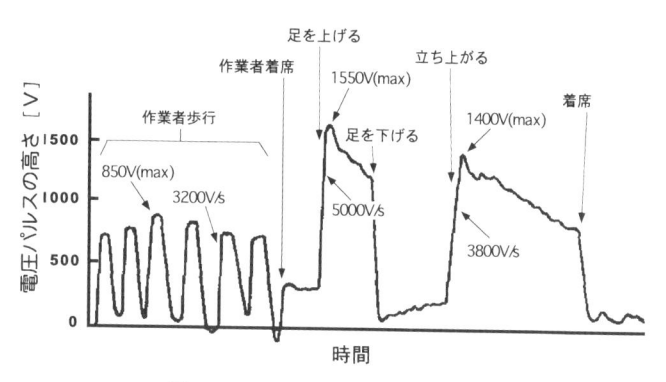

図4.3.3 人間の動作と発生電圧パルス

表4.3.1 作業現場における人体の容量の変化

動作の種類	初期容量	動作後の容量	変化量[%]
座った作業者が片足を床面から離す	192 pF	163 pF	15%減少
座った作業者が両足を上げ，フットレストへ置く	192 pF	129 pF	33%減少
座った作業者が座ったまま前にかがむ(背もたれ付き椅子)	192 pF	184 pF	4%減少
立っている作業者が片足を上げる	192 pF	141 pF	16%減少
座っている作業者が立ち上がる	192 pF	167 pF	13%減少

4.3 静電気障害とその対策

が生じると仮定すれば，作業者に何の静電気対策もしない場合は，人体はESDSデバイスを破壊するのに十分な帯電電位をもつことがわかる（図4.3.3参照）．さらに静電容量の変化で人体の電荷がデバイスのような小さな静電容量のものに移行したときには，デバイス上では静電容量の変化により，$V=Q/C$ より帯電電位が高くなる（表4.3.1参照）．HBMのほかに，ESDSデバイスが破壊もしくは特性が劣化する原因として考えられているのが，マシンモデルである．これはデバイスを製造，検査，試験する機械，組み込む機械の静電気帯電で発生する破壊モデルである．デバイス自身が帯電して破壊する，チャージデバイスモデル（CDM）もある．このほかにもさまざまな原因によりデバイス破壊や特性の劣化が発生している．

b. 半導体の静電気破壊と特性の劣化と自己回復

図4.3.2や図4.3.4を見てもわかるように，半導体を製造する工程と半導体を購入してPCB組立てや，電気・電子製品組立て工程でも多くの静電気による半導体の不良が発見される．これらの不良ICは製品組立て工程（会社）から半導体製造工程（会社）へ返品され，原因調査が行われるが，返品された各種ICの50%程度は静電気が原因とみなされる破壊である．また，破壊には至っていないものの，静電気による特性の劣化が起きているものが20〜30%程度含まれている．これは"再現せず"という分類で取り扱われている（図4.3.4）．返品した工程（会社）では半導体デバイスが正規の動作をせずに，不良品と判断して返品を行ったが，ある程度の時間が過ぎ，半導体の特性の劣化した部位が自己回復してしまい，不良故障解析では良品と判断されてしまう場合がある．しかし，この半導体を"良品"とするのは危険で，特性の劣化を起こしていることが十分考えられる．このように，半導体の静電気による障害は，半導体の破壊と，特性の劣化という大きく分けて二つの障害があることが知られている．

先に述べた特性の劣化とは，半導体デバイス（IC）が完全に破壊されている状態ではなく，若干特性が劣化している程度で，詳細に評価試験を行わなければ判定できない状態の製品である．図4.3.5は，半導体に500Vの静電気放電を与えて半導体をいじめたあとで特性を評価した結果で，正常品と静電気放電を行ったデバイスとの比較を示している．

図4.3.5に示すように半導体が完全に破壊されているのではなく，特性が劣化していて，その状態もときにより自己回復してしまう不良の状態"再現せず"もある．この自己回復した半導体は，すでに製品として初期の状態よりも異なってしまっている．このように静電気障害を受けた半導体デバイスは，特性が劣化していて，自己回復をしている場合もあり，ほんのわずかなストレスで機能しなくなってしまい初期トラブルとなって現れる．このような製品を市場に出荷しないためにも十分な静電気対策を実施して特性の劣化や，破壊された半導体デバイスを製造しない方策が必要になる．信頼性を向上し，安心して使用できる製品を製造することが重要である．静電気障害によりデバイスの特性劣化が生じ，何回かの静電気放電によって特性の劣化が破壊になってしまうこともある（図4.3.6）．

276   4．ノイズ対策部品

(a) バイポーラディジタルIC市場故障分類

- オーバストレス（EOS/ESD）: 51
- 再現せず: 20
- ボンディング不良: 12
- メタライズ不良: 7
- チップ不良: 7
- その他: 3

[%]

(b) MOSメモリ市場故障分類

- オーバストレス（EOS/ESD）: 32.1
- 再現せず: 12.6
- 組立工程起因: 12.6
- ウエハ工程起因: 21.2
- テストエスケープ: 7.8
- その他・不明: 15.8

[%]

(c) MOS LSI市場故障分類

- オーバストレス（EOS/ESD）: 30
- 再現せず: 45
- 組立工程起因: 7.5
- ウエハ工程起因: 5
- その他・不明: 12.5

[%]

(d) マイクロコンピュータ市場故障分類

- オーバストレス（EOS/ESD）: 40
- 再現せず: 27.3
- テストエスケープ: 14.2
- その他・不明: 18.5

[%]

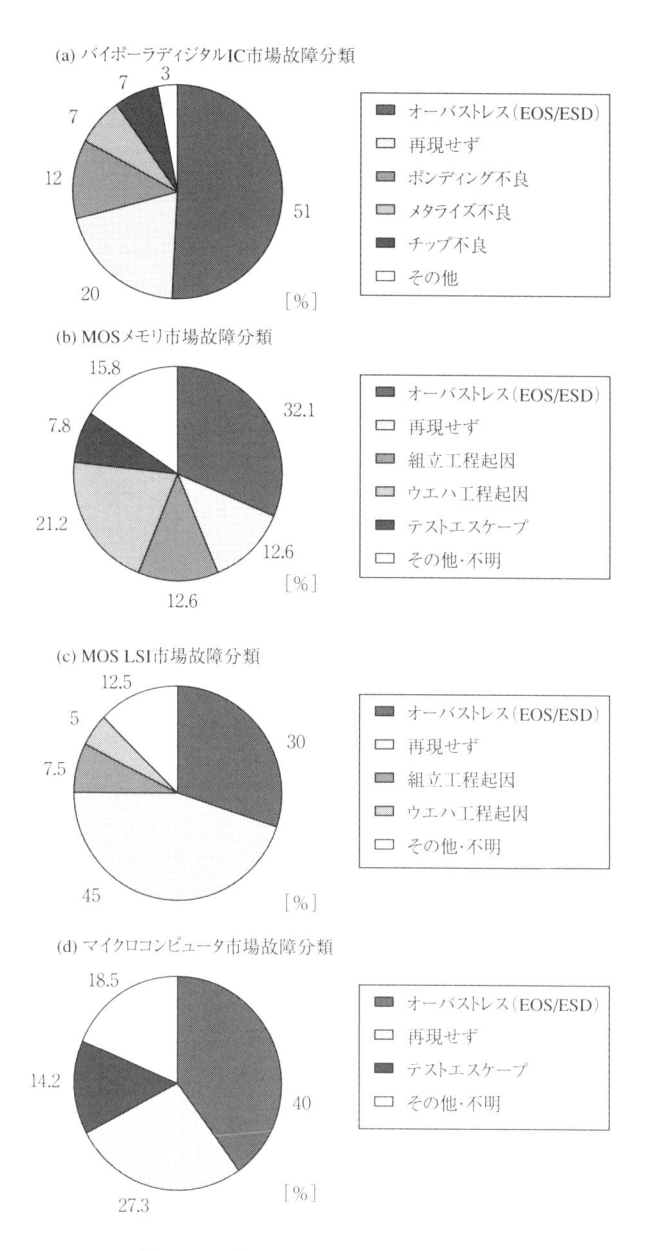

図 4.3.4　各種デバイスの市場での故障分類

4.3 静電気障害とその対策

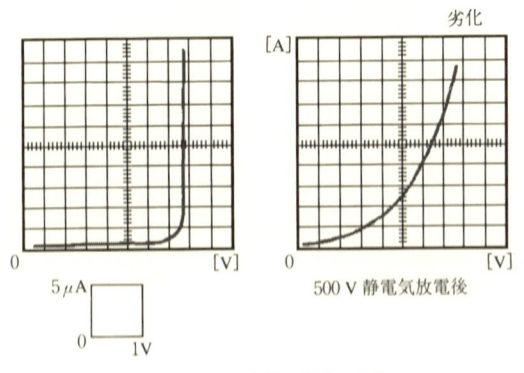

図 4.3.5 半導体の特性の劣化

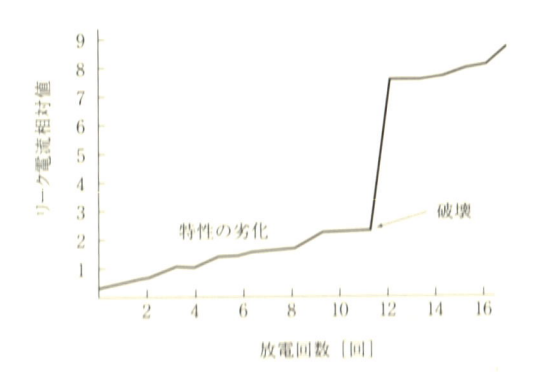

図 4.3.6 劣化の繰り返しと破壊(米国 3M 社提供)
耐圧 1050 V のデバイスに 950 V を繰り返し印加.

4.3.2 静電気対策の具体的な実施例
a. 効果的な静電気対策の四つの基本ルール

現在の半導体を取り扱う電気・電子産業では,静電気対策製品はなくてはならないのが現状である.電気・電子産業向けの静電気対策の基本的な考え方として,静電気対策の四つの基本ルールを提案している.

〈静電気対策の四つの基本ルール〉
 ルール I　静電気に敏感な電子部品は,静電気対策された作業エリアで取り扱う.
 ルール II　静電気に敏感な電子部品は,静電シールドパッケージングに収納して輸送・保管する.
 ルール III　すべての静電気対策製品は,その機能が良好であることを点検・記録して使用する.

ルールⅣ　協力工場，フィールドサービス部門も含め，全社的に同様の静電気対策を実施する．

最近は作業の標準化(ISO9000などの)に伴い，静電気対策を行ううえで新たに点検記録の項目をルール3の項目として提案した．静電気対策製品が初期の機能を維持しながら使用されているかどうかを確認し，その結果を記録して使用する，という新しい基本ルールを盛り込み，製造工程での静電気対策のシステムを運用，維持管理する方法を含めて提案する．

ⅰ）　ルールⅠ

「静電気に敏感な電子部品は，静電気対策された作業エリアで取り扱う」

この環境をつくりだすための製品をここで紹介する．作業環境での静電気対策の基本は，作業者と作業環境であり，人体の静電気対策が中心になる．人体を接地するためのリストストラップ，静電気ディシペイティブシューズ，静電気ディシペイティブ床マット，静電気ディシペイティブテーブルマットとイオナイズドエアブロアによる作業台の静電気対策を総称してルールⅠの作業環境の静電気対策とする．

ⅱ）　ルールⅡ

「静電気に敏感な電子部品は，静電シールドパッケージングに収納して輸送・保管する」

静電気対策された作業環境で，ていねいに取り扱って製造した製品を輸送・保管する際には，静電気シールド能力のある静電気シールドバッグなどで製品を包装し，保管する必要がある．静電気に敏感な半導体などの包装には，静電気シールド能力と製品の静電気耐性(静電気敏感性)電位と比較して，どの程度まで保護する必要があるかを決定する．シールドバッグの選択を，EIA541やESD11.31などの評価試験方法で，静電気シールド能力を確認して選択することが重要である．最近，静電気に敏感な製品を帯電防止袋に包装して，2次包装材料もエアキャップや発泡スチロールなどをクッション材として使用する包装形態がよく目につくが，これでは静電気対策としては不十分である．静電気に敏感な製品は静電気シールド能力の優れた静電気シールドバッグで包装することで，2次包装材料の材質の摩擦帯電電位の制限はなくなる．これは，シールドバッグ特性でシールド性能が優れているものは，外部に発生する電荷を無視して包装材料の設計ができ，さらにバッグ内部の静電気に敏感な製品を保護することができる．

ⅲ）　ルールⅢ

「すべての静電気対策製品は，その機能が良好であることを点検・記録して使用する」

ルールⅠとルールⅡで使用する，静電気対策製品の性能と機能を評価・確認試験を行って使用し，その結果を記録して使用する．この考え方は最近ISO9000の受審を受ける会社が，静電気対策を含めた作業の標準化のために用いている．静電気対策製品を製造工程で使用する場合に，静電気対策製品が正しく機能していなければ静電気による障害の危険を防止することができず，信頼性の高い製品を製造することがで

きない．これらの経験から，最近では静電気対策製品が正しく機能しているか否かを確認しながら使用する製造会社が増加している．さらに，それらの試験判定結果を記録して標準化の一環として試験やチェック記録を保管している．これらの記録の中には，静電気対策製品のトレーサビリティも含まれている．静電気対策製品のトレーサビリティは，電子製品の製造行程にとって非常に重要な製品の信頼性をつくりだす重要な意味もあり，静電気対策製品購入時のチェックポイントにする必要がある．また，静電気対策製品を作業者に与えただけでは，静電気対策は完成したわけではない．これは静電気対策を実施するうえで一番むずかしいことで，静電気対策製品は購入しただけでは問題解決にはならない．すべての静電気対策製品を使用する作業者が静電気障害に対して問題意識をもち，静電気対策の必要性を認識して，静電気対策製品を使用してはじめて静電気対策の一歩が作業エリアで始まる．このように静電気対策の必要性を作業者に認識させることが静電気対策で最も重要であり，全社員に対する静電気対策教育を行う必要性がでてくる．社員の静電気に対する取り組み方についての啓蒙活動も重要な静電気対策の一環である．

iv）ルール IV

「協力工場，フィールドサービス部門も含め，全社的に同様の静電気対策を実施する」

いままでに説明したルール I から III までを製品製造に関係する関連会社，協力会社，子会社，さらには製品を修理するメンテナンス部門やフィールドサービスも含めて静電気対策を実施することで，総合的な一貫した静電気対策が完成し，信頼性の高い電気・電子製品を製造することができる．以上の静電気対策の四つの基本ルールを提唱する．

b. おのおののルールの考え方に沿った製品群

i）ルール I

リストストラップ
ワークステーションモニタシステム
スタティックディシペイティブテーブルマット
スタティックディシペイティブテーブルハードボード
スタティックディシペイティブフロアマット
接地システム
イオナイズドエアブロア
作業台静電気対策キット

ii）ルール II

透明静電シールドバッグ
英文警告マーク
導電性ポリエチレンフォーム（IC用）
導電性容器類（トートボックス，パーツボックス，蓋付丸形容器，ヒンジ式コンテナ）

iii) ルール III
静電気センサ/テスタ
フロアリングテスタ
ワークステーションモニタ
シューズテスタ
リストストラップテスタ
イオナイザテスタ
チャージプレートアナライザ

iv) ルール IV
フィールドサービスキット
フィールドサービス用ワークステーションモニタ
HD タイプクリップ
フィールドサービス導電コンテナ
シングルデバイスキャリア

おのおのの製品のルール III の考え方に従った静電気対策製品の機能を点検確認する試験方法と点検インターバルについては,機能確認(試験測定機器)表 4.3.5 で紹介する.

表 4.3.2 に静電気対策製品の点検確認管理値の一例を参考として示す.

表 4.3.2 静電気対策製品の点検確認

	最 大	最 小
リストストラップ	10 MΩ	1 MΩ
靴	100 MΩ	0.1 MΩ
床,テーブル,台車,棚	100 MΩ	1 MΩ

この管理基準などは電子工業界向けの参考であり,必ずしもすべての企業に適合するとは限らない.

4.3.3 人体の静電気対策(ルール I 導体の静電気対策)

人体(作業者)帯電によるデバイス破壊について(HBM),人体の静電気対策を考えてみる.

人体(導電体)の約 70% は水分で構成されているので導体と考えることができる.人体の静電気対策は基本的には,接地をかける(施す)ことにより,人体の静電気帯電電位を制御することである.作業者(人体)の静電気対策で現在一般的に使用されている対策品は次のようなものがある.

a. リストストラップ

人体をリストバンドと接地コードにより接地極へ接続する人体の接地システム(図 4.3.7).リストストラップについては,表 4.3.4 をみてもわかるように,10 MΩ 以下で人体を接地することにより,人体帯電電位を 6 V 以内に抑えることができる.人

4.3 静電気障害とその対策

体の静電気対策として，リストストラップを使用したときの人体の接地間漏えい抵抗値は，電気・電子工業界では 1 MΩ 以上 10 MΩ 以下で使用しているのが一般的である（下限値の 1 MΩ はリストストラップの接地コードにあらかじめ 1 MΩ の抵抗が挿入されている）．これに対応するようにリストストラップの機能を確認するための試験器，リストストラップテスタもあり，750 kΩ 以上 10 MΩ 以下で判定する．1 MΩ と 750 kΩ の値については，下限値の設定であるが目的は同じで大差はない．この，あらかじめ挿入されている抵抗値の目的は二つある．

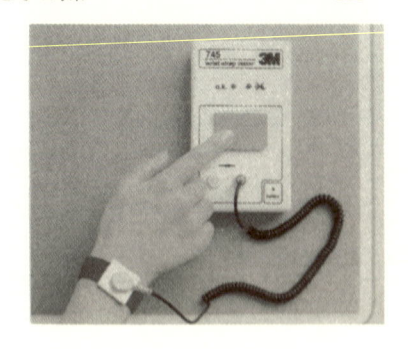

図 4.3.7 リストストラップとリストストラップテスタ

i) **目的 1**　リストストラップを使用した作業者が誤って商用電源の充電部に触れた場合に，人体安全電流制限抵抗がない場合は，作業者は感電の強いショックを受ける．この危険な状況を取り除くために，誤って触れた電源からの感電を防止する人体安全電流制限抵抗が接地コードのリストバンド接続部に挿入されている．この対策については，米国 MIL.HDBK263 の 7.3 章に，作業者の感電の保護について下記のような記述がある（表 4.3.3 参照）．

表 4.3.3　MIL-STD-454 要求事項 1

交流電流値(60 Hz) [mA]	直流電流値 [mA]	人体への影響
0〜1	0〜4	感知できるレベル
1〜4	4〜15	驚くレベル
4〜21	15〜80	反射動作を起こすレベル
21〜40	80〜160	筋肉が硬直するレベル
40〜100	160〜300	呼吸困難を起こすレベル
100	300	死亡するレベル

「人体への感電の危険性を減少させるために，ESD 保護された区域の建設および接地された作業台での作業時には『MIL-STD-454 の要求事項 1』の安全要求事項を遵守しなければならない」と規定されている．

ii) **目的 2**　人体からの電荷減衰時間の制御である．帯電した ESDS アイテムを作業者が取り上げたときに，人体の接地間漏えい抵抗値が 0 Ω で接地されていた場合には，デバイスの帯電電荷が急激に減衰し，デバイスに大きな電流となって破壊や特性の劣化を引き起こす．これを防止するために，リストストラップの接地コードに 1 MΩ ないし 750 kΩ の電流制限抵抗が挿入されて減衰時間を制御する．これらの考え方は電気・電子工業における静電気対策に広くとり入れられている．

表 4.3.4 では作業者がリストストラップを使用したときの作業者の人体に発生す

る最大電圧と作業者の接地抵抗との関係を示している．この結果からも，表4.3.2のリストストラップの接地間漏えい抵抗値の管理値を1 MΩ以上,10 MΩ以下で使用することが望ましい．

b. ワークステーションモニタ

表 4.3.4 人体に発生するピーク電圧と接地抵抗

接地抵抗	ピーク電圧
0.27 MΩ	2 V 以下
1 MΩ	2 V 以下
10 MΩ	6 V
100 MΩ	85 V
∞	?

最近ではHDDのMRヘッドの製造工程で非常に簡単に静電気で破壊が生じるために，人体を含めた作業エリアの静電気対策を常に監視するワークステーションモニタが製造工程で活発にとり入れられている(図4.3.8)．ワークステーションモニタは，リストストラップを使用する作業者がリストストラップの着用を忘れたり，接地コードが断線していたりした場合にも作業者に異常を知らせる機能がある．さらにリストストラップの接地間漏えい抵抗値が，電流制限抵抗で1 MΩ以上,10 MΩ以下になっていても，作業者の手(皮膚)などが接地された機械の金属部分などに触れながら作業をすると，人体の接地間漏えい抵抗値が0 Ωに近づき，静電気帯電したESDSデバイスを破壊してしまうことが発生する．このような状態をワークステーションモニタは作業者に接地間漏えい抵抗値の異常を表示して危険を知らせる．さらに作業台の静電気対策テーブルマットの接地間漏えい抵抗値も監視も行い，接地抵抗値が一定範囲を超えた場合には，異常を知らせる機能がある．このワークステーションモニタに使用するリストストラップは，接地間漏えい抵抗を正確に測定するために2極，2線式のリストストラップを使用する．1極1線式のリストストラップを使用したリストストラップモニタでは，正確な接地間漏えい抵抗が測定できず，モニタが機能しないこともあるので，選択には十分な注意が必要になる．

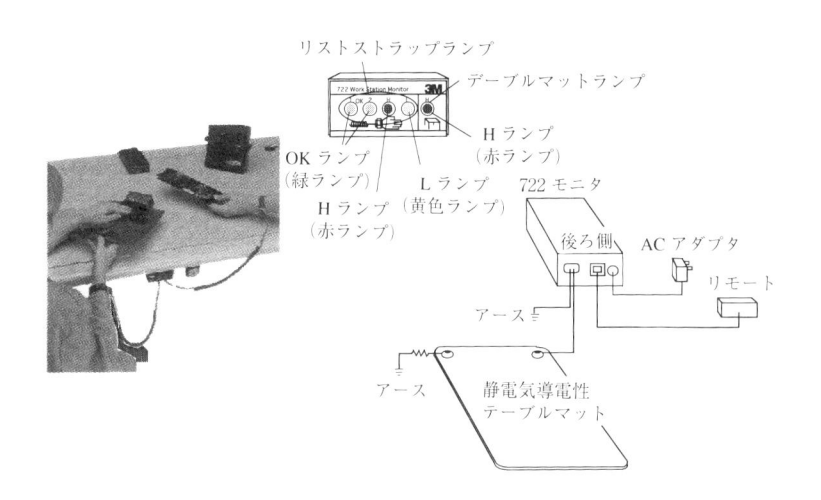

図 4.3.8 ワークステーションモニタ

c. 静電気対策用靴（スタティックディシペイティブシューズ）

　静電気対策用靴は，人体の静電気対策でリストストラップが使用できないときに着用して，人体の帯電電位を靴底から漏えいさせるための靴である．靴だけが対策されていても，床や靴下も考慮しないと適切な静電気対策はできない．静電気対策の信頼性を考慮して，リストストラップと静電気対策靴を同時に使用する対策が必要である．どちらか片方の対策が機能しなくても残りの片方の対策で人体帯電電位を制御できるようにすることが静電気対策をするうえで必要不可欠である．静電気対策靴の試験方法として図 4.3.9 に示す IEC. TC47-1330 の試験方法がある．人体と靴下，静電気対策靴を含んだ接地間漏えい抵抗値を測定して作業者と静電気対策靴を管理することが必要である．

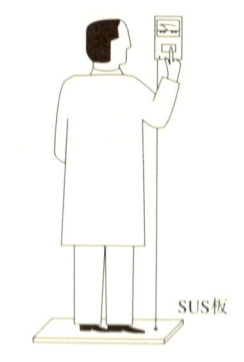

図 4.3.9　人体を含めた接地間漏えい抵抗測定法〔IEC. TC 47 (Secretariat) 1330 より引用〕

d. 静電気対策用床（フロアリング）

　人体の帯電電位を静電気対策靴と静電気対策用床のシステムで接地して，帯電電荷を漏えいさせるための床材料．せっかく使用した静電気対策靴でも，床が静電気対策されていなければ，人体の帯電電位を靴底から漏えいさせる行先がない．靴と床の静電気対策はセットで考慮する必要がある．一般的に静電気対策の床マットについては静電気拡散性（スタティックディシペイティブ）な材料で製品がつくられていて，マット自身が静電気摩擦帯電を起こしにくく，帯電した静電気電位を緩やかに減衰させる特性がある．スタティックディシペイティブの定義は 4.3.11 項の図 4.3.18 を参照のこと．

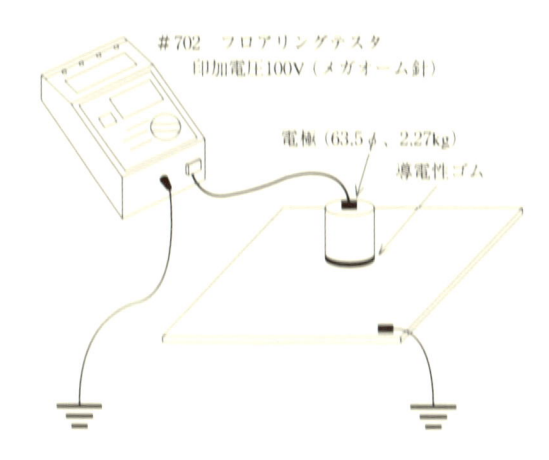

図 4.3.10　接地間抵抗値測定方法〔ESD Association S 7.1 より引用〕

静電気対策用床材(フロアリング)のつくり方や，構造，表面性により，接地間漏えい抵抗値だけでは人体帯電電位の挙動が特定できないことがあるので，静電気対策用床材と静電気対策用靴の選択された組合せでの人体帯電電位を確認してから作業エリアに導入することを推奨する．これらの静電気対策床材や次の項目で説明する静電気対策作業テーブルマットの性能評価方法としてマットの接地間漏えい抵抗値の測定方法がある(図 4.3.10 参照)．この試験方法は米国 ESD 協会で規格化され，その後 IEC の規格に採用されて国際的に認められている試験方法である．

静電気対策床材の今後の試験方法と国際規格について

先に述べたように，現在の静電気対策床材の試験方法や IEC などの国際規格では，床材の表面抵抗値や体積抵抗値，床材の接地間漏えい抵抗値などを測定する試験方法や規格があるだけである．これでは抵抗値が床材の評価をする尺度になってしまい，実際には抵抗値と床材の人体帯電特性は正確な相関関係がない．静電気対策の床材を使用する目的は，一言で言うならば床の上で作業する作業者の人体帯電電位を低く抑えることである．現状のように，床材だけの接地間漏えい抵抗値では床材の帯電電位の特性は類推できない．現在米国の ESD 協会ではこのような問題点を解決するために新しい試験規格を開発中である．それは ESD 協会の WG 54.1 で床材，人体，靴，靴下を含めたトータルのシステムとしての接地間漏えい抵抗値，WG 54.2 では床材，人体，靴，靴下を含めたトータルのシステムとしての人体帯電電位を測定する試験方法が検討され，ドラフトスタンダードもでき上がっている．さらに，これらの試験方法は静電気の国際規格である IEC. TC-101 でも現在検討されている．今後静電気対策床材の性能評価は，抵抗値ばかりでなく，床材の上で作業する人体の帯電電位を評価する試験方法が採用されるようになり，実質的な静電気対策が容易に判断できるようになる．

静電気対策用床材(フロアリング)の接地間漏えい抵抗のつくり方や，構造，表面性により接地間漏えい抵抗値だけでは，人体帯電電位の挙動が特定できないこともあるので，静電気対策用床材と静電気対策用靴の相性，さらに選択される組み合せでの人体帯電電位を確認してから作業エリアに導入することを推奨する．靴と床の静電気対策はシステムで考慮することが大切であり，何よりも大切なことはチャージアナライザを使用して人体帯電電位を測定して，床材・静電気対策靴を導入することが必要である．

e. 静電気対策作業テーブルマット(ワークサーフェース)

静電気対策用テーブルマットは，テーブル面上に静電荷を存在させないというだけでなく，テーブル面上に置かれた各種のスタティックディシペイティブ容器から静電気電荷を接地に漏えいすることができる．たとえば，電子部品を入れたスタティックディシペイティブ容器や静電気シールドバッグを作業者が作業テーブルへ運んできたとき，それらの容器やバッグは，作業者と同じ静電気レベルになっている危険性がある．もし作業者が運んできた容器およびバッグから静電気を漏えいさせるフロアマットが敷設されていない場合は，テーブルマットにより容器やバッグの輸送中に帯電し

た静電荷を漏えいさせる必要がある．
　このほかに静電気対策作業衣，静電気対策用手袋，静電気対策椅子なども必要に応じて使用して，作業エリアの静電気対策を充実させる．

4.3.4 絶縁体の静電気対策
　作業エリアにあるさまざまな絶縁物は，できるだけ持ち込まない対策をすることが静電気対策の第一歩であるが，やむをえない場合には作業エリアで使用する絶縁物体の静電気帯電を防止したり，除去するための静電気対策が必要になる．

a． イオナイズドエアブロア（イオナイザ）
　絶縁物に帯電した静電気は接地するだけでは除去することができない．絶縁物の静電気対策には，電荷の中和による除電方法がある．その除電する方法にイオナイズドエアブロアを使用する静電気対策があり，この除電方法は，高電圧のコロナ放電を利用してプラスとマイナスのイオンを発生させて，発生したイオンを帯電物体へあてて帯電した電荷を中和する方法で，絶縁物体の静電気帯電を除電する．

b． イオナイズドエアブロアの種類
　イオナイズドエアブロアは，イオンの生成方式に電気式，放射線式，軟X線式，紫外線式などがある．さらに電気式には自己放電式と電圧印加式の二つの方式がある．電圧印加式イオナイズドエアブロアは，一般的に3種類あり広く用いられている．ここでは高電圧印可式イオナイザについて説明する．

　i） AC方式イオナイズドエアブロア
単一の電極を装備し，この電極に商用周

図 4.3.11　イオナイズドエアブロア

波数50/60 Hzの高電圧を印加して，交流電圧の切り替わりにより，正・負のイオンを交互に発生させる方式のイオナイザ．単一電極を使用しているために，電極の汚れの違いによるイオンバランスの狂いが少ないメリットがある．

　ii） DC方式イオナイズドエアブロア　正極用と負極用の独立した電極を装備して，おのおのの電極に正と負の直流高電圧を定常的に印加して，常に正もしくは負のイオンを発生させる方式のイオナイザで，AC方式に比べ除電能力が高いというメリットがある．

　iii） パルスDC方式イオナイズドエアブロア　正極用と負極用の独立した電極を装備して，おのおのの電極に正と負の直流高電圧を設定された時間および電圧を印加し，正・負のイオンをパルス状に発生させる方式のイオナイザである．

c． イオナイズドエアブロアの性能評価方法
　イオナイズドエアブロアの試験方法は，米国ESD協会で異なるタイプのイオナイ

ザを性能評価することを目的として制定した規格がある．チャージプレートモニタを用いて2種類の試験を行う．この規格はIECの規格にも採用されている規格である．

ⅰ） **チャージプレートアナライザによる卓上型イオナイズドエアブロアの帯電電圧，減衰時間測定試験**　　第1の試験では，除電電圧減衰時間の試験では，チャージプレートを±1000V以上に帯電させ，イオナイザで中和除電してチャージプレート電圧を±1000Vから100Vまで減衰させるのに要する時間を測定する（90％ディケイタイム）．測定位置は，イオナイザの前の12カ所の測定ポイントにチャージプレートアナライザを設置し測定する（図4.3.12参照）．試験は，通常±1000Vから100Vの間で繰り返される．また，プレートの帯電電圧の極性を変えて＋－の極性の違いによる減衰時間の差を計測する．極性の違いによる減衰時間の差が大きいときは，プラス極性とマイナス極性のイオンバランスがよくないことも判断できる．

ⅱ） **イオナイズドエアブロアのイオンバランス（オフセット電圧）測定試験**

第2の試験では，はじめにチャージプレートを接地して電圧を0Vにし，次にイオナイザの前の12カ所の測定ポイントにチャージプレートアナライザを設置する．イオナイザによりチャージプレートにイオンが吹き付けられ，このときの1〜5分後のプレート電圧を観察する．この電圧をオフセット電圧と呼び，この電圧の大小と＋－の差がイオナイザのイオンバランスの評価尺度となる．つまり，同濃度のイオンをつくりだす能力である．優れたイオナイザは，オフセット電圧は小さく＋－の差も小さい．これらの試験結果は，チャージプレートがイオナイザにより逆帯電していく様子をチャージプレートアナライザの電位計により測定することができる．以上の試験結果は，チャージプレートアナライザとイオナイザの位置関係により変わる．以下

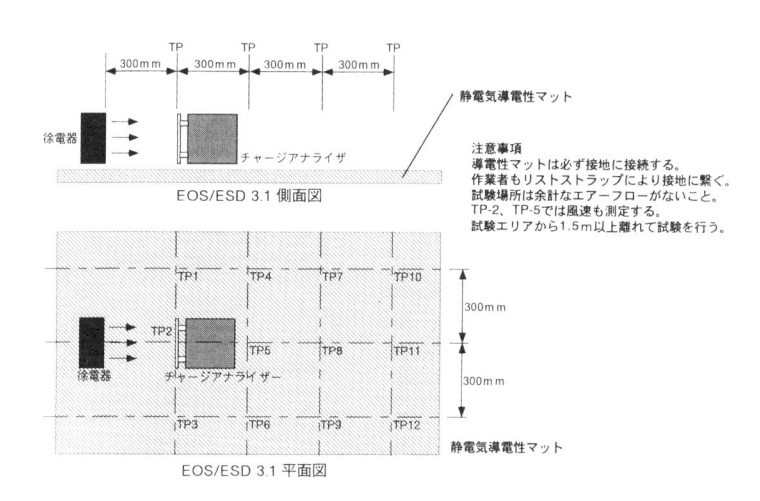

図 4.3.12　卓上型除電機の性能評価試験方法（EOS/ESD STD. 3.1 1991に準ずる）
〔ESD Association ESD S-3.1 より引用〕

4.3 静電気障害とその対策

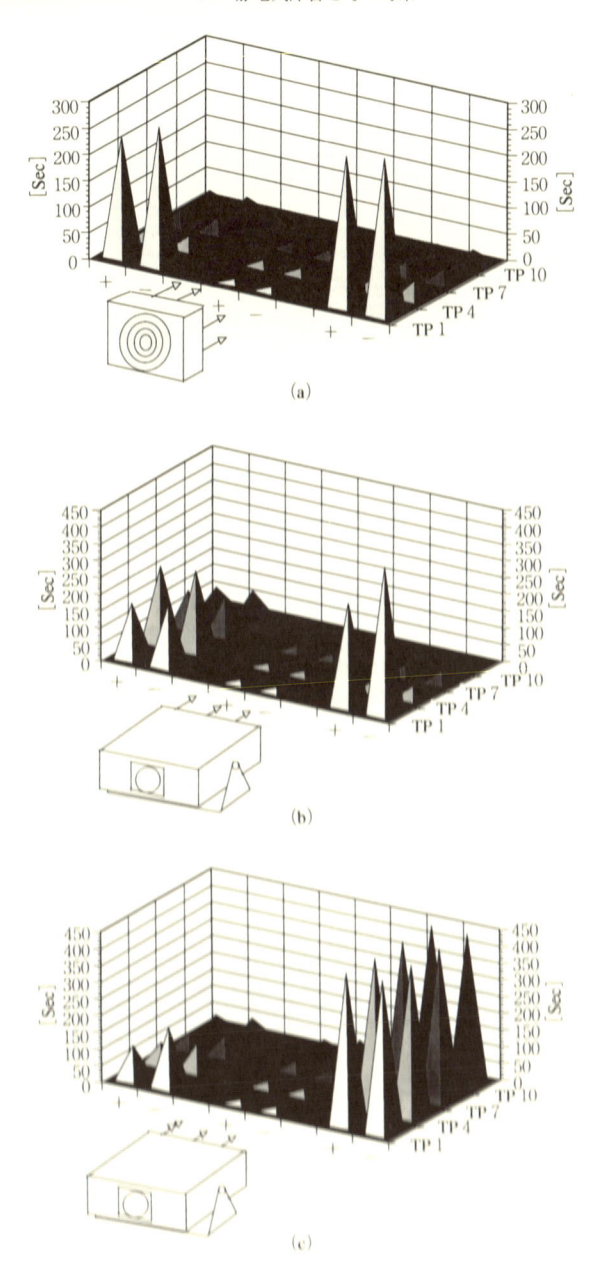

図 4.3.13 イオナイズドエアブロア 3 種類の試験結果

に試験方法の詳細を述べる．
iii） 試験方法詳細
1) 試験は，エアフローに障害となるもののない作業面で実施する．試験を行う作業面は，ディシペイティブ（静電気拡散性）で，また適切に接地されていること．
2) 試験作業者もリストストラップを着用して適切に接地されていること．試験作業者は試験を行うエリアから 1.5 m 以上離れてエアフローを妨げない．
3) 1000 V の初期電圧から 100 V の最終電圧への除電時間は，ポラリティ（＋－）を変えて双方で測定する．
4) ヒータ付きのイオナイザは，ヒータをオフにして試験する．エアフィルタ付きのイオナイザはフィルタ付きで試験する．風量調整可能なイオナイザは風量を最大に設定して測定する．また，このときの風速も測定して試験結果に記録する．
5) デスクトップイオナイザは図 4.3.12 を参照して設置する．風速は TP-2 と TP-5 で測定する．帯電電圧減衰時間測定，オフセット電圧測定は，図 4.3.12 の TP-1 から TP-12 の位置で測定し記録する．
6) オフセット電圧測定を行うとき，測定値を安定させるために 1 分以上最大 5 分程度の必要に応じた時間をおいてから測定する．

現在，日本の静電気対策の業界においても，ESD 協会の規格が採用され始めて，さまざまなイオナイザのカタログなどで評価結果をみることができるようになった．さらに，ESD の規格は IEC，CECC の規格にも採用されている．国際的に，評価試験方法が統一されることは，使用者および製造者の立場からみても同じ尺度で評価できることは，非常に好ましいことである．

図 4.3.13 の試験結果をみてもわかるように，イオナイズドエアブロアの除電能力と除電エリアに大きな違いがみられる．このような試験を，静電気対策担当者が実際に評価して導入することが非常に大切である．製品カタログだけではわからない性能が確認できる．

4.3.5 静電気に敏感な製品（ESDS デバイス）の包装材料

細心の注意を払って製造している電気・電子部品や製品を，輸送や保管時に静電気による障害から保護することが，製造中・製造後の静電気対策である．

a. 静電気シールドバッグ（ルール 2 輸送・包装材料）

静電気に敏感なデバイスやこれらの

図 4.3.14 静電気シールドバッグ

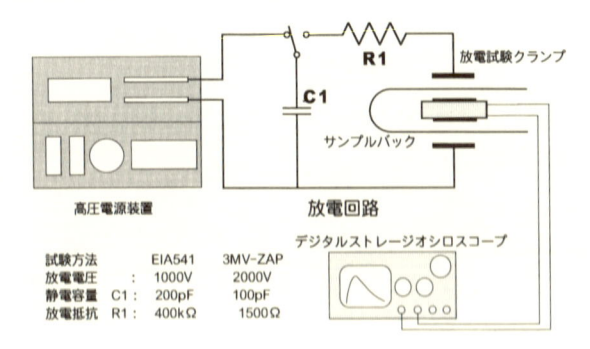

4.3 静電気障害とその対策

試験方法	EIA541	3MV-ZAP
放電電圧 :	1000V	2000V
静電容量 C1 :	200pF	100pF
放電抵抗 R1 :	400kΩ	1500Ω

図 4.3.15 静電気シールドバッグの試験方法と試験条件(EIA 541
3 M V-ZAP シールディングバッグ試験方法)
〔EIA 541 より引用,3 M 社 V-ZAP 法より引用〕

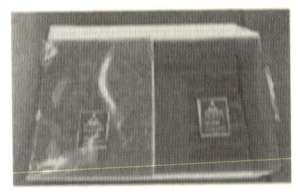

サンプル 右側 F
       左側 M

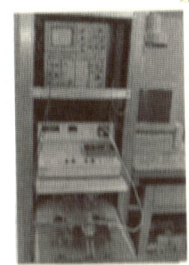

EIA 541 試験機器
および バックランプ

試験結果： F
         130 V
         2 ms 以上
添付写真参照 2

試験結果： M
         2 V 以下
         200 ns 以内
添付写真参照 1

＊ MIL．B 81705 C の規格では EIA 541 の試験方法でシールドバックの
  定義，タイプⅢでは試験結果電圧を 30 V 以下と定めてある。

図 4.3.16 シールドバッグの試験機器(静電気シールドバッグ V-ZAP 試験 EIA 541 Appendix E)

デバイスを使用した製品を静電気障害から保護する包装をするために，静電気シールドバッグを使用して製品を静電気から保護する(図4.3.14)．静電気シールドバッグと帯電防止バッグとは区別をして使用する必要がある．現在まちがった選択で使用されているケースがある．おのおののバッグの定義や規定については MIL．B81705C に詳細が規定され，試験方法が明記されていて，静電気から ESDS デバイス製品を

EIA 541 Appendix E 試験条件（1000 V, 200 pF, 400 kΩ）

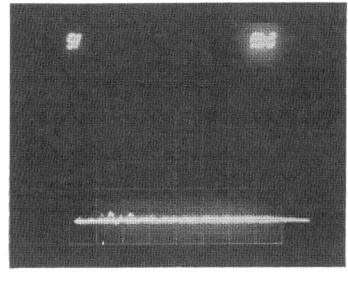

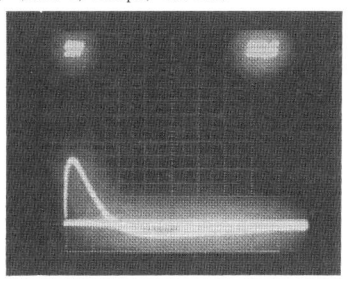

M 静電気シールドバック
観測電圧： 3 V 程度

オシロスコープ設定
電圧：2 V / DIV
時間：50 ns / DIV

F 静電気シールドバック
観測電圧：135 V 程度

オシロスコープ設定
電圧：50 V / DIV
時間：200 μs / DIV

図 4.3.17 シールドバッグ試験結果(EIA 541 試験方法による静電気シールドバックの試験結果)

守るためのバッグを導入する際のガイドラインとなるので，現在使用中のバッグや今後，静電気シールドバッグの使用を検討する場合は，この MIL.B81705C を参考にして静電気シールドバッグを選択することを推奨する．図 4.3.15 に静電気シールドバッグの試験方法と試験条件を示す．図 4.3.16 シールドバッグの試験機器と図 4.3.17 シールドバッグ試験結果(EIA 541)の試験機器と試験結果を参考までに掲載する．

4.3.6 機能確認(ルールⅢ　試験測定機器)

上記対策の機能確認．人体の静電気対策としてリストストラップ，静電気対策靴，静電気対策床を使用していても，長期間の使用により汚れや接地コードの断線，厚手の靴下の着用，誤った靴の使用など，予測のつかないことをおのおののテスタなどを使用して毎日確認して作業することを義務づけることが静電気対策を実施するうえで大切である．現在市販されている静電気対策製品の機能確認試験機には，次のような機器がある．

表 4.3.5 静電気対策製品の点検確認

静電気対策製品	点検頻度	管理値	試験機器	参照試験方法
リストストラップ	毎日	1～10 MΩ	リストストラップテスタ	IEC. TC 47.1330
静電気対策靴	毎日	1～100 MΩ	シューズテスタ	IEC. TC 47.1330
フロアリング	年4回	1～100 MΩ	フロアリングテスタ	IEC. TC 47.1330
テーブルマット	年4回	1～100 MΩ	フロアリングテスタ	IEC. TC 47.1330
イオナイザ	年4回	10 秒以内	イオナイザテスタ	IEC. TC 47.1330

静電気対策製品機能確認機器

静電気対策製品	試験機器名称
リストストラップ	リストストラップテスタ
静電気対策シューズ	シューズテスタ
静電気対策作業台マット	フロアリングテスタ
静電気対策床マット	
イオナイズドエアブロア	イオナイザテスタ
	チャージプレートアナライザ
静電気帯電電位測定器	静電気フィールドセンサ

次にこれらの測定機器を使用して静電気対策製品の機能を確認するインターバルと規格値の参考リストを記載する(表4.3.5参照)．このリストには静電気対策製品に合った機能確認をする試験方法の規格も考慮してある．

4.3.7 静電気対策標準化マニュアルの作成

静電気対策を実施し充実させるうえでまずはじめに作成しなければならないものが，静電気対策標準化マニュアルである．静電気対策する目的や，どの部門にどの程度の静電気対策を，どのような静電気対策製品を使用して対策するか，対策する目標値は，規格値は，機能確認インターバルは，だれが測定確認するか，社員の静電気対策教育プログラムは，等々の必要事項を細かく規定し，静電気対策を実施して常に適切な静電気対策が施行・運用できるような体制とプログラムづくりが必要である．まず手はじめは，シンプルな静電気対策管理基準を作成し必要に応じて追加・改定する方法が好ましい．オーバースペックな静電気対策は必要ではない．静電気対策が必要なESDSデバイスや製品には，十分な静電気対策を実施して，静電気耐性の高いものにはそれなりの静電気対策で十分である．これらの標準化の中には，静電気対策の必要性を社員に教育する静電気対策教育プログラムを考慮することも静電気対策の基本として必要である．作業者が静電気対策がなぜ必要かが理解できれば，静電気対策製品を十分に使いこなすことができ，信頼性の向上につながる．

4.3.8 フィールドサービスおよび関連外注先の静電気対策

これまでの静電気対策の考え方や対応を，自社内だけでなく，関連企業や外注加工依頼先や子会社，さらには親会社までも含めたトータルシステムとしての静電気対策として構築する必要がある．また，製品が市場で故障した際に現場で修理する場合にも，静電気対策フィールドサービスキットを使用して，補修部品などを静電気障害の危険から守る工夫が必要である．もちろん，協力会社，関連会社に対する静電気対策教育プログラムも必要である．

4.3.9 静電気対策の取組み

静電気対策を社内に徹底させるためには，まず第1に静電気対策室を開設し，

ESDコーディネータを任命する必要がある．従来は生産技術部や品質保証部の者が静電気対策を担当していたが，現在のように静電気障害が多岐にわたっている状況を考えると，製品の製造に関係するさまざまな部門からESDコーディネータを任命することが大切である．たとえば，各製造部門からや，製造技術，資材購買，品質保証部，生産技術部などからのメンバで構成する必要がある．それぞれの立場や利害の異なるメンバにより構成されることで，静電気対策の必要性や，信頼性，経済性を含めてそれぞれのメンバで検討することができ，さらにこの対策を実施して使用・運用する製造部門内の静電気対策に対する理解と意識高揚や静電気対策の啓蒙活動の一助にもなる．これは，筆者が数多くの半導体や，液晶，MRヘッドの製造工程の現場診断を行ってきたなかで，各会社が同じ問題を抱えて静電気対策を実施している現状をみて推奨する方法である．次のような実例もある．静電気対策の担当をしていた者が，2～3年すると担当替えなどで新たな担当者が任命され，静電気対策のことは手につかず，自分の主業務である生産技術や品質保証の担当業務に精をだす．そのうちに製品が静電気により破壊や特性の劣化の不具合が発生する．新任の担当者は，静電気対策の担当も業務としているので対策する必要性が生じ，これが担当者が静電気対策の勉強を始めるきっかけとなる．対策を実施する責任者の静電気対策知識レベルとスキルが一向に向上しない原因である．さらに各担当者により静電気対策に対する考え方が同一社内でもまちまちで，静電気対策する方法論だけでなく，購入する静電気対策製品の価格だけに目を奪われて，信頼性や耐久性は検討されずに購入される結果となっていることも事実である．このような失敗と経験をもとに静電気対策をしっかりした組織づくりと明確な目標と静電気対策マニュアルをつくり，ESDコーディネータチームにより確実に運用，維持管理することが大切である．

4.3.10 まとめ

電気・電子工業界での静電気対策の基本は，静電気を発生させないことが一番はじめにできる対策である．さらに，静電気を発生しやすいもの(部品，製品，工具など)を，静電気に敏感なESDSデバイスなどをハンドリングする作業エリアに持ち込まないことも大切な静電気対策である．

静電気対策を実施するうえで，静電気対策製品を購入する際には，必ずそれらの公的な規格や試験方法で試験した試験結果を入手して，製品購入の判断材料にすることが必要である．静電気対策で安い，便利，簡単な静電気対策は電気・電子工業界では機能しないことがあるので，何がどの程度必要かを明確にして購入する必要がある．

一つの製品を例にとれば，ワイヤレスのリストストラップは，一般工業用途や帯電電位が高い場合で数kV程度まで下げる効果はあるが，電気・電子工業用途で半導体の静電気耐性レベル程度まで人体帯電電位を下げることはできない．また，仮にある程度まで下がったとしても，次の動作により人体の帯電電位は上昇してデバイスを破壊する電位を超えてしまう．このように静電気対策製品を購入する際は，ESDコーディネータにより，どこに使用するかによって試験方法や試験結果を実際に確認して

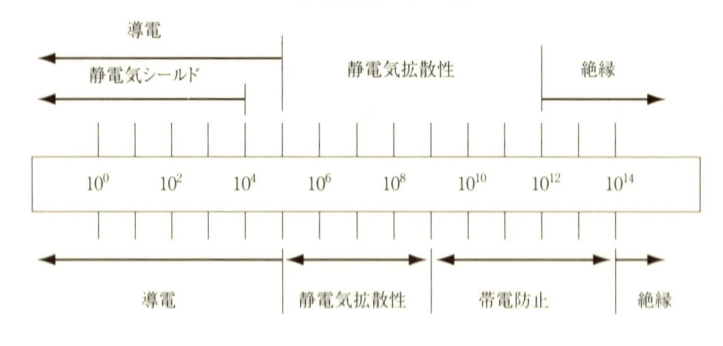

図 4.3.18 静電気対策における抵抗率の定義〔EIA 541 より引用, MIL 263 HDBK より引用〕

選択する必要がある.

このように，さまざまな静電気対策製品が市販されているなかで，これらを評価する試験方法が規格化されて一般的になりつつある環境は，非常に好ましいことである．現在日本の JIS 規格には，静電気に関連する規格や試験方法は非常に少ない．電気関連の国際規格である IEC で新たに TC-101「静電気」の委員会が 1995 年のダーバン会議で発足し，日本がこの委員会に審議委員として活動しており，このようななかで静電気対策の規格などが国際的に統一されることは好ましいことである．同じ尺度でものが評価できることは，静電気対策製品使用者の利益を守ることとなる．静電気対策製品を提供する側としては使用者に納得のゆく，信頼性の高い製品を提供することが必要になる．使用者側も規格や試験方法を入手して静電気対策製品の正しい使用方法や，試験方法を含めた機能や性能について理解を深める必要がある．

4.3.11 静電気対策における抵抗率の定義

静電気対策するための参考までに米国の EIA と MIL 規格で定義している抵抗率について図 4.3.18 に記載した．

(沼口 敏一)

文　献

1) (財)日本電子部品信頼性センター：静電気(ESD)用語集(第2版)，RCJS 0901A, 1996.
2) 沼口敏一，殿谷保雄：人体の静電気対策，靴と人体(靴上と試験方法)，RCJ 第5回 EOS/ESD シンポジウム予稿集，(財)日本電子部品信頼性センター，pp. 91-96.
3) 藤田明雄ほか：人体の静電気対策　その2　床材と靴システム評価，RCJ 第6回 EOS/ESD シンポジウム予稿集，(財)日本電子部品信頼性センター，pp. 45-52.
4) リストストラップとリストストラップの信頼性耐久試験について，ESD, St-1, MIL-W 87893.
5) 米国 ESD 協会：ESD ハンドブック，ESD Association.

Ionization ANSI/EOS/ESD-S3.1, 1991.
Resistive characterization of materials worksurfaces materials ANSI/ESD-S4.1, 1994.
Resistive characterization of materials floor materials ANSI/ESD-S7.1, 1994.
Control of Static Charge on Personnel in an Electronics Working Area EOS/ESD Symposium Proceedings EOS-19, pp. 163-169, 1197.
Control of Static Charge on Personnel Inpact of Socks on Resistance to Ground Through Footwear EOS/ESD Symposium Proceedings EOS-18, pp. 333-338, 1996.
6) 二沢正行ほか：MIL 規格静電気管理, ミマツデーターシステム, MIL.S.1686B, MIL.HDBK.263A, MIL.B-81705C, MIL.773, MIL.W-87893.
7) Requirements for Handling Electrostatics-Discharge-Sensitive (ESDS) Devices EIA., 625.
8) Packaging Standard for Electronic Products (Electronics Industry Association) EIA., 541.
9) IEC. TC47−1330, TC101−1340, 4−1.
10) 沼口敏一, 田中健二：卓上型除電気の評価及び評価方法, 静電気学会誌, **17**(6), 397-403, 1993
11) 沼口敏一：電気・電子工業における静電気対策製品, 静電気学会誌, **20**(5), 287-293, 1996.
12) 米国モトローラ社：プロダクトアナリシスジャーナル, Qr. 1995.
13) Swenson, D.E.：リストストラップの必要な理由とその試験方法, 米国3M社.
14) Huntsman, Jr. J. R.：静電気シールドバッグの試験方法 V-ZAP テスト, 米国3M社.
15) 日本電子機械工業会：ESDS デバイスの取り扱いに対する流通業者への要求事項.

5. ノイズ対策技術の応用

　電子機器，電気機器のノイズ対策技術というものは，基本原理としては電磁気や交流理論などにおいて述べられている事項である．

　しかしながら，一般には次のような理由(事情)のために，基本原理を適用しているつもりがその効果を発揮するに至るまで手こずることが多い．

　すなわち，

　(1)　環境電磁工学(EMC)としての定量的設計のためには，問題部位のモデル化が必要であるが，もともとEMCという要素はモデル化しにくい要素である．なぜなら，EMCトラブルというものは"ハードウェアのバグ"であり，多くの場合これは"設計忘れ(気がつかなかった事項)"であることに起因している．

　(2)　定量化しても個々のノイズ発生要素についての見積りが，10～20dB程度の不確かさとなることがあり，努力の程度ほどには成果が上がらないことが多い．

　(3)　各種マニュアル(参考書)についても，定量的設計手法を示したものが少ない(定量化しにくいことが根本原因である)．これは機器の設計における主要性能というものは，正面から設計課題として消化できる事項であるに対して，EMCという問題はそれぞれの機器にとってケースバイケースであることが多いためである．

　(4)　対策にあたってはノイズ発生部位，伝搬経路などの特定に経験を要することが多い．また，相当な経験者でもかなりの対策時間を要することがある．

　(5)　電磁気などの基本的原理を理解していても，コンデンサ，コイル，フィルタなどが，回路図のシンボル記号のように理想的には動作してくれないことがあり，経験的要素の習得が必要である．

　以下の"対策技術の応用"は，各種機器分野における応用例を述べるが，基本原理を踏まえてのその普遍的な意味を理解いただけるものと思う．

5.1　IC(集積回路)の選択と使い方

　ここではディジタルICに限定して，その選択時に考慮すべき点と回路実装上の留意点について述べる．ただし，ノイズおよび電磁特性を考えるとき，ディジタル回路は高速アナログ回路として扱うことになるので，ここで述べるICパッケージや実装

上の問題はアナログICにも共通のものである.

5.1.1 電圧ノイズと電磁波ノイズ

ディジタル回路で問題になるノイズは,誤動作に関係する電圧ノイズとEMIに関係する電磁波ノイズの2種類に分類される.しかしその原因は共通のものであり,両者は密接に関係している.

まず,ICが原因で起こる電圧ノイズとして考慮すべきものに,グラウンド電位の変動がある.これはグラウンドバウンス(ground bounce)とも呼ばれ,スイッチング時の電流がデバイスのパッケージや基板のグラウンド配線などの共通インダクタンスを流れることによる電圧降下が原因で起きる[1].たとえば図5.1.1に示すように,ICのグラウンドピンのインダクタンスをLとすると,これを流れるスイッチング電流$i(t)$による電位差は,$L(di/dt)$となる.したがって,バスラインドライバやメモリICなど複数の出力信号をもつデバイスにおいて,複数の信号が同時にスイッチングするとデバイスのグラウンド電位自体が変動し,静止しているべき信号の出力電圧がこれに伴い変動して回路の誤動作の原因となる(同時スイッチングノイズ).同様のことが電源配線や信号配線のインダクタンスにより起こる.

すなわちグラウンドバウンスなどの電圧ノイズを小さくするには,① Lを小さく

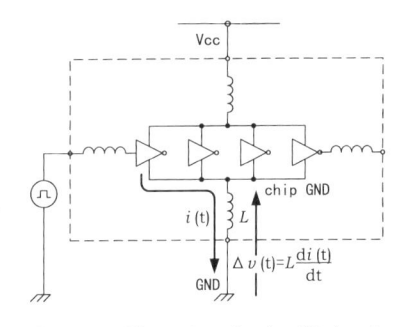

図 5.1.1 ICパッケージのインダクタンスによるグラウンドバウンス

するか,② di/dtを小さくするかのいずれかが必要である.①は,特に電源およびグラウンドの配線に関して重要である.そのためには,ただ単に表面実装パッケージを採用するのみでなく,グラウンドピンの割付にも注意し,バイパスコンデンサの配置や基板上配線も含めてトータルの配線インダクタンスを小さくする必要がある.②は言い換えると"できるだけ動作速度の遅いデバイスを採用する"ということである.これは,無用に高速なスペックのICの採用を避けるというだけではなく,データシート上は同一スペックでも半導体メーカにより(あるいはロットによっても)かなり動作速度にばらつきがあるので,ノイズの観点からのICの選定と品質管理が必要であることを意味する(5.1.3項参照).

グラウンド電位の変動は,誤動作につながるのみでなく,電磁波ノイズを増大させる.理想的なグラウンドが実現されている場合には信号の伝送は"ディファレンシャルモード"とみなすことができるが,理想的でない帰路(リターン)電流による"コモンモード"の発生はいわゆる"コモンモード放射"を引き起こす.さらに,前述のようにグラウンド電位がゼロでない場合には,これにつながれた"グラウンド系"全体

の電位が変動して，これがアンテナとなって電磁波が放射される．たとえば装置や基板に接続されたケーブルがシールドをもつ場合でも，シールド自身の電位がゼロでないのでケーブルに流れる"コモンモード電流"は無視できず，大きな放射源となる．

したがって，極力"電圧ノイズ"の小さいデバイスを選択すると同時に，その電圧ノイズをなるべく小さな領域に閉じこめるような電源およびグラウンド系実装を行うことにより，電磁波ノイズも低減できる．

5.1.2 IC の特性と電磁雑音

前項で述べたように，デバイスのスイッチング特性 di/dt は電圧ノイズに密接に関係する．さらに，電流からの電磁波の放射を考えると，その強度は di/dt に比例する．

IC の信号出力の電圧波形を考える．回路動作のタイミングの観点からいうと，信号の立上り時間 t_r と立下り時間 t_f が短い高速な IC が望ましい．一方，ノイズ特性を考えると，高速な IC は dv/dt あるいは di/dt が大きいので，電圧ノイズ・電磁波ノイズともに大きい．すなわち，IC 動作速度のワーストケースを考慮するときは表5.1.1 のようになる．通常 t_r と t_f は等しいとは限らないが，そのうち速い方がノイズの大きさを決定し，遅い方が回路の動作速度を制限する．

表 5.1.1 IC 動作速度と回路動作およびノイズ

IC スイッチング時間 (t_r, t_f)	大（低速）	小（高速）
回路動作速度	NG（低速）	OK（高速）
電圧ノイズ・電磁波ノイズ	OK（ノイズ小）	NG（ノイズ大）

したがって，t_r と t_f の差が大きいものは，ノイズの観点からすると不利である．通常，バイポーラと CMOS のどちらについても $t_r > t_f$ であることが多いが，設計の最適化により両者をほぼ等しくしたものがよいといえる．図5.1.2 のモデルを用いてIC の動作速度について簡単に考えると，通常の高速ディジタル回路の入力(容量性)を駆動する際の立上り時間は出力バッファの駆動抵抗に比例する．したがって，駆動抵抗が小さく無用に電流駆動力のあるデバイスはノイズの観点からは不利である．CMOS の場合，p ch と n ch の導通抵抗がほぼ等しいものがノイズ特性と動作特性を両立するうえで望ましい．

厳密には，回路の動作速度を決めるのは伝搬遅延時間であり，ノイズは立上り・立下り時間で決ま

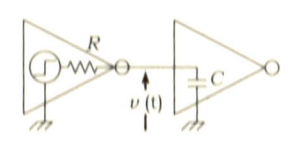

$$v(t) = E\{1-\exp(-t/CR)\}$$

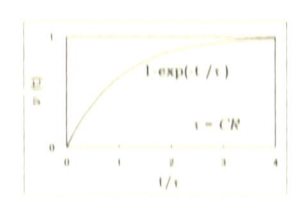

図 5.1.2 ディジタル IC の出力駆動抵抗と立上り時間のモデル

る．したがって，伝搬遅延時間は短いままで立上り・立下りのエッジ速度を小さくしたものが有効である．

5.1.3 特性のばらつきとノイズ

データシート上同一仕様でも，ノイズ特性は半導体メーカによりかなりばらついている．さらに，同一メーカ品でもロットにより動作速度はばらつく．これは，製造上のばらつきもあるが，設計変更がされている場合もある．同一ロット内でのばらつきは無視できる[2]．

回路設計上問題となるデバイスの内部伝搬遅延時間はデバイス全体の設計により決まるが，ノイズ特性を決めるのはほとんど最終出力段のバッファである．この立上り時間が不必要に高速な場合にノイズが増加する．したがって，最終段の設計変更によりノイズ特性が向上する可能性がある．

ICを使う立場からいうと，現状では伝搬遅延のデータは公開されているが出力のスイッチング時間については最大値が示されているだけで，ノイズの観点で問題になる最小値はデータシートからは知ることはできない．したがって，当面はユーザ側でばらつきも含めて測定してICの選定と品質管理を行うしかない．将来的には，電気特性の一部として公開されることが望ましい．その際には5.1.2節で述べた最悪値の扱いに注意すべきである．

5.1.4 ICのパッケージとノイズ

同一仕様のICでもパッケージの選択によりノイズ特性は大幅に異なる．特に，多ピンパッケージの場合にはパッケージ自体のインダクタンスが大きくなる場合があり，電気的特性に影響を与える．理想的にはパッケージインダクタンスが小さく無視できるものを選ぶべきである．

現実には，数十nHのインダクタンスをもつものも多い．この場合には，特にグラウンドおよび電源系のピンのインダクタンスを極力小さくするようなピンのアサインメント(割付け)を選ぶべきである．信号入出力ピンの場合にはそれに隣接してリターン(帰路)電流経路としてのグラウンドを配置すると，隣接して逆向きの電流が流れることになり，ピン間の相互インダクタンスによるキャンセル効果から実効的なインダクタンスを小さくできる[3]．さらにパッケージとして伝送線路構造を採用したものを使用すれば，数十GHzまでの信号の入出力も可能である．しかし，グラウンドおよび電源系では必ずしも隣接した逆相信号を流すことはできないので，自己インダクタンスそのものを小さくする必要がある．理想的にはパッケージ内でもグラウンドを面的に確保して低インピーダンスとし，これを配線基板のグラウンドに極力低インピーダンスで接続するのがよい．

5.1.5 IC選択時の留意点

以上に述べた観点から，低ノイズ機器設計のためのIC選択時の留意点をまとめ

る.
① 回路動作に必要な動作速度の範囲で,できる限り低速のICを選択する.特に出力バッファ段として不必要に電流駆動能力のある低インピーダンスのものは避ける.
② 同一仕様のICでも,スイッチング速度が高速側にばらつくものは避ける.立上りと立下りの速度がほぼ等しいものを選ぶ.
③ ICパッケージのインダクタンスが小さいものを選択する.その際に,基板上に実装する際のグラウンド配線およびバイパスコンデンサまでの配線のインダクタンスも考慮して,グラウンド系のインダクタンスが小さくなるものを選ぶ.
④ ICのピンのアサインメントが選択できる場合には,グラウンド系のインダクタンスが小さくなるようにする.その際,電源ピンには(複数電源の場合にはそれぞれ独立に)近接して低インダクタンスのグラウンドピンを配置する.
⑤ 特に高速の信号入出力に関しては,信号帰路としてのグラウンドを隣接させることが望ましい.さらに,パッケージ自体が伝送線路構造であることが望ましい.
⑥ 動作特性およびノイズ特性のシミュレーションができるモデルが提供されているものが望ましい.

5.1.6 IC使用時の留意点(回路設計時の)

① グラウンド系の低インピーダンス化をはかる.その際に,放射ノイズの観点からいうと,電源供給系の配線を高周波的に低インピーダンス化することは,ノイズを閉じ込めることに逆行するので必ずしも望ましくはない[4].
② 適切なバイパスコンデンサの配置を行う.その際に,ICからみたバイパスコンデンサの高周波インピーダンスを極力小さくする.
③ スイッチング特性のばらつきをある程度把握し,ワーストケースを認識した設計を行う.
④ 信号配線については,特に高速のものについてそれと対になる帰路電流経路を意識した配線とする.

〈和田修己〉

文　献

1) Senthinathan, R. and Prince, J. L. : Simultaneous switching ground noise calculation for packaged CMOS devices, *IEEE J. Solid State Circuits*, 26(11), 1724-1728, 1991.
2) 相田,宮下,古賀,佐野 : CMOS論理ICの出力抵抗のばらつきとプリント回路基板からの放射電磁雑音,電気学会論文誌C, 115-C(4), 551-557, 1995.
3) 大塚 : システム設計から見たMCMとシングルチップパッケージの比較[I], [II], (社)プリント回路学会誌「サーキットテクノロジ」, 9(6), 443-449, 1994 ; 同, 9(7), 512-521, 1994.
4) 福本,中山,中村,難波,相田,古賀 : ディジタル基板の電源グラウンドプレーン共振による放射の低減手法,信学技報, EMCJ98-37, 49-55, 1998.

5.2 プリント基板におけるノイズ対策

5.2.1 ディジタル基板
a. ディジタル技術とEMC問題

電気電子製品のディジタル化への動きが急速に進んでいる．

ディジタル回路を構成するすべてのトランジスタはオンオフを繰り返すスイッチとして動作している．したがって回路動作は非常に安定しているが，オンオフ時に非常に早い電流変化が生じるためディジタル回路がアンテナになるような構造になっていると，このアンテナを通して大きなレベルの電磁波を放射する．このようなディジタル回路や機器の近くにアナログ回路や無線受信機があると，これらに妨害を与えることがある[1]．

一方，ディジタル技術の発展を支える柱の一つであるLSI技術においては，いっそうの高速化，高集積化を可能とするための一つとして電源の低電圧化への取り組みが進んでいて，次第に論理1と論理0との間の電位差や論理1と論理0の相対的時間が小さくなり，結果的にアナログに近いものとなりつつある．ディジタル回路がアナログ回路に近づくと，これまでの電磁妨害問題だけでなく，動作時における各種ノイズや環境条件への耐力についても考慮する必要がでてきている．

現在のディジタル回路は，クロック周波数に同期して動作するいわゆる同期回路が構成の大部分を占めている．クロック周波数が数百MHz以上になるとその高調波は1GHzを超えるため，マイクロ波領域の高周波回路に匹敵する回路であるとの認識が必要になる．このような高いクロック周波数での動作は当面LSIであるマイクロプロセッサの内部にあると考えられるが，一段と性能を向上させるためには，近い将来プリント基板でも扱う必要がある．このような高速ディジタル回路を問題なく動作させるためには，マイクロ波領域の高周波回路で採用されている技術を取り入れることが必要となる．

マイクロ波で普通に採用されている高周波動作を可能にさせるための基本的な技術例を以下に示す．

① 扱っている信号は正弦波形
② 線路インピーダンスを整合させる
③ 回路線路接続部のインピーダンスをマッチングさせる
④ アイソレーションを考慮
⑤ 電源回路のデカップリング実施

以上のような技術を全面的にディジタル回路に採用できれば，ディジタル回路で問題となっているEMCを含む電磁干渉問題はほぼ解決する．以下，その可能性について検討してみる．まず，ディジタル回路は，矩形スイッチングを前提としており，理想とするところは完全矩形波による信号制御であるから，①の採用はむずかしい．

次に，プリント基板に搭載されているLSIにおいては，低消費電力化が優先され

ており，線路のインピーダンスは高くするという考え方が支配的である．LSIチップから信号を取り出すリード部分も同様である．しかし結果的にこの考え方が，高集積化を可能としているともいえるし，逆に高集積化のスピードが回路の高周波数化のスピードを上まわっていたために，たとえ回路のインピーダンスが高くてもクロストークやEMC問題を顕在化させなかったということもいえる．

一方，技術革新のスピードがLSIほどではなかった多層プリント基板においては，配線のインピーダンスは一般に75Ωとなるよう配慮されてはいるが，実装密度をLSIにできるだけ近づける目的で採用されている多層プリント基板化の相間配線（スルーホール，ヴィアホール）部分のインピーダンスを，75Ωとすることは困難である．さらにプリント回路ボード間の接続には各種のコネクタ，ケーブルが使用されているが，この部分も小型低価格化優先のためインピーダンス制御を行うことはむずかしい．したがって，線路におけるインピーダンスマッチングもほぼ不可能である．

つまり，回路技術的には，ディジタル回路は前記①，②，③の技術に拘束されなかったため，EMCを含む電磁干渉問題を未解決の問題として内包してきたのであり，そろそろ高速化のスピードが回路の高集積化のスピードに追いつき追い越そうという状況がみえてきた今になってこの問題が顕在化してきたものということができる．見方を変えると，前記①，②，③の技術に拘束されなかったために現在のようなディジタル技術優位の状況となったともいえるわけであって，ディジタル回路の動作がアナログ回路の動作に近づくからといって，全面的に前記①，②，③の技術を全面的に採用できないのも事実である．この事実は，ディジタル技術におけるEMCを含む電磁干渉問題を考える場合の基本というべき認識である．したがってディジタル回路の高速化を進めるためには，ディジタル回路もアナログ回路の変形の一つである以上，マイクロ波で採用されている前記のような基本的な技術を，EMC技術者が再構築することが必要である．さらに，ディジタル技術を今後発展させるためには，まったく新しい発想に基づく技術の創造も望まれるところである．このためには，ディジタル回路および周囲の電磁界状態をより精密かつ正確に計測する技術を開発することが必要である[1)-3)]．

たとえば，マイクロ波領域のRF（無線周波）回路においては線路インピーダンスの乱れ抑制が徹底して行われているため，回路の動作状態を把握するには回路電圧を観測するだけで十分であったが，高周波ディジタル回路においては線路インピーダンスが定まっていないため，回路電流も観察する必要があるということになる．回路電流に注目することにより，ディジタル回路をアナログ回路の一つとして理解することが可能になり，電磁干渉問題へのより深い取り組みを可能とすると考えられる．

b．ディジタル回路の特徴

ディジタル機器は多くの種類のディジタル回路から構成されているが，それらの回路の基本となるのはゲート回路である．ゲート回路には，TTL型，その改良形であるローパワーショットキー(LS)TTL型およびCMOS型があるが，ここでは現在多く使用されているCMOS型についてその特徴を述べる．図5.2.1は代表的な（バッ

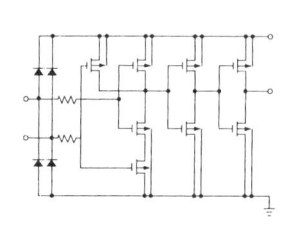

図 5.2.1 CMOS 型 NAND ゲート

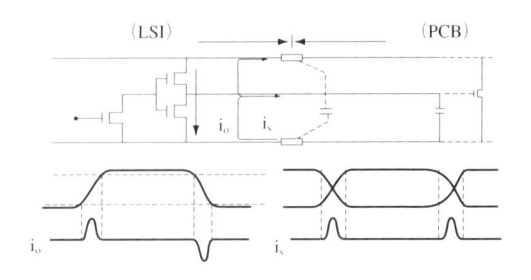

図 5.2.2 CMOS, LSI の出力電圧と過渡電流

ファ付)NAND ゲートの等価回路である.

CMOS 型の主構成素子である電界効果トランジスタ(FET)はバイポーラ型トランジスタと異なり,電圧駆動型であって回路電流は非常に小さく,バイポーラ型トランジスタのような飽和時の少数キャリア蓄積がないので,より高速のスイッチング動作が可能となる.また,トランジスタの構造はバイポーラ型に比べて簡単である.このような特徴は高集積化に有利であるため,高集積化を指向するディジタル回路は急速にCMOS 型に置き換わりつつある.

スイッチングを行っていないときの CMOS 型の回路電流は基本的には漏れ電流のみであって,TTL 型に比べると無視できるほどの微小電流である.負荷も CMOS 型である場合のそれ以外の回路電流は配線容量とゲート容量の充放電と,コンプリメンタリ回路部で電源グラウンド間にのみ存在する貫通電流である.これらの波形を図 5.2.2 に示す.シミュレーションの結果によると,$0.35\,\mu m$ 配線ルールの場合,バッファ回路の貫通電流はピーク値 3 mA,幅 0.4 ns 程度であり,繰り返し周波数は信号周波数の 2 倍である.

c. プリント配線基板での EMC 対策

i) マイクロストリップ線路　　信号線が絶縁層を介して金属面と向かい合っている構造は,マイクロストリップ線路と呼ばれ,信号線がつくる電界と磁界は基本的に図 5.2.3 のとおりである.

このような線路を,低域のシールド遮断周波数以上で使用すると信号の帰路電流はほとんどその真下の金属面(プリント配線板の場合はグラウンド面)に限定的に流れる.MHz 以上のクロック周波数で動作するディジタル機器におけるプリント配線板の伝送線路としては,マイクロストリップ線路構造の使用が望ましい.線路と反対の面に少なからず磁界が存在するという指摘[4]もあるが,この場合は信号線の帰路は平板がよりよい選択である.

図 5.2.4 は一般に使用されている 4 層プリント基板の層構成を示す断面図である.図 5.2.4

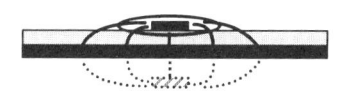

図 5.2.3 マイクロストリップ線路

において，上下の外層が信号層であるが，二つの内層は，グラウンド層と電源層であっていずれも CAD 設計の対象外となっており，一般に平板のままとなっている．グラウンド層と電源層の間は，プリント基板に一面に外付けされる多数のパスコンと，2層間に存在する比較的大きなストレイキャパシティの働きで，交流的にはほぼ同電位となるため，いずれも，信号層との間でマイクロストリップ線路を構成するための平板グラウンドプレーンとなっている．このような構造は，信号伝送という観点からは理想的な構造である．しかし，電源回路に図5.2.2のような高周波電流がある場合は，電源層をグラウンド層として使うことに問題がある．

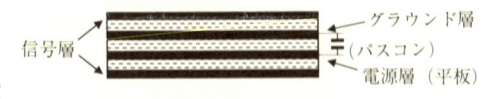

図 5.2.4 従来の4層プリント基板の断面図

ⅱ) デカップリング設計　IC/LSI 近傍の電源回路は，IC/LSI のスイッチング周波数に比べて十分高い周波数(数百 MHz 以上)応答を有し，直流バイアスが印加されている高周波回路である．一方，スイッチング電源または電池に近い電源供給側は，非常に低い周波数(数十 kHz 以下)応答を有する直流回路である．デカップリングとは，IC/LSI 間の電源配線の高周波インピーダンスを大きくするとともに，IC/LSI 側からみた高周波インピーダンスを小さくすることによって，IC/LSI の動作を安定化し，また性能を高めるための技術である．デカップリング強化のための設計は，図5.2.5のように LSI 間を電源回路に関して高周波領域で分離することである[5]．

同様に，高周波回路を正常動作させるためには回路間のアイソレーション(高周波分離)の併用が重要である．信号線路がマイクロストリップ線路となっている場合は，線路からの電磁界の漏えいが少ないため，使用するクロック周波数に応じてグルーピングし，グループ間を分離すると実装密度や価格に大きな影響を与えずに実用的な高周波分離を行うことができる．

ところで，デカップリング技術自身はすでに確立されている回路技術の一つであるが，デカップリング設計を行うためには対象である IC/LSI の高周波電流特性を知る必要がある．ところが実はこれが意外に難問題である．すなわち IC，半導体メーカのほとんどは LSI を流れる高周波電源電流を測定したり，シミュレーションしたりしたことがないため高周波電源電流に関するデータが存在しない．したがって，ディジタル回路においてデカップリング回路の有効性を確かめるには，当面個々の

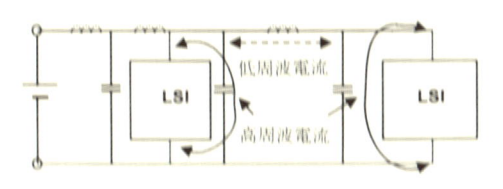

図 5.2.5 デカップリング回路

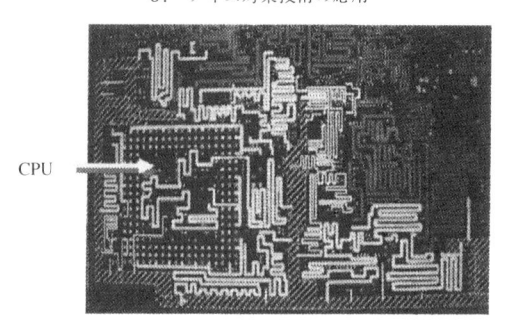

図 5.2.6 デカップリング強化試作プリント基板(電源層)

IC/LSI の消費電力や動作周波数によって暫定的に IC/LSI ごとのパスコンの値を決め，その高周波インピーダンスに比べてできるだけ大きい値のインダクタンスを使用してデカップリング回路を設計することになる．図5.2.6 は，このようにして，CMOS 型の IC/LSI を主体とする小型コンピュータを対象に，電源層をプリント配線化してデカップリング設計を施した CPU ボードの電源層の CAD 画面である[4]．図5.2.6 中の斜線部は直流側であり，直流電圧効果を小さくするための幅広の配線で，LSI の電源端子と斜線部の配線との間は高周波で高いインピーダンスとなるようミアンダ(つづら折り)配線である．この基板は図5.2.4 に示した構造の 4 層基板であるが，信号線路には手を加えないこととしたために図5.2.4 に示した構造の電源層をグラウンド層とし，さらに二つのグラウンド層の間にもう 1 層設けて，この層で図5.2.6 に示した電源回路を構成している．

このようにして電源層のみを再設計したものと，従来の CPU ボードについて，距離 10 m での電界強度測定を行った結果を表5.2.1 に示す．

表5.2.1 には従来ボードで大きな電界強度値を示したスペクトルのみを示している．

表 5.2.1 小型コンピュータの妨害波電界強度測定結果

周波数 [MHz]	電源層平板基板		電源層配線化基板		低減効果	
	垂直 [dBμV/m]	水平 [dBμV/m]	垂直 [dBμV/m]	水平 [dBμV/m]	垂直 [dB]	水平 [dB]
80	42	38	37	26	5	12
320	32	33	26	29	6	4
360	37	—	32	—	5	—
480	41	—	33	—	8	—
800	45	—	39	—	6	—
920	40	—	36	—	4	—

表5.2.2 は，インタフェース信号ケーブルのコモンモード電流を測定した結果である．測定は，電流プローブでケーブルを挟み，長さ方向に数回往復させてケーブルに流れているコモンモード電流のピーク値をスペクトラムアナライザを使用して

5.2 プリント基板におけるノイズ対策

表 5.2.2 CPU ボードに接続したケーブルのコモンモード電流

周波数 [MHz]	電源層平板基板 [dBµV]				電源層配線化基板 [dB]				配線化による低減効果 [dB]			
	RS232 C1	RS232 C2	プリンタ	KB マウス	RS232 C1	RS232 C2	プリンタ	KB マウス	RS232 C1	RS232 C2	プリンタ	KB マウス
80	33	33	37	39	30	30	25	25	3	3	12	14
320	52	47	50	48	46	43	45	42	6	4	5	6
360	41	42	42	42	41	41	31	31	0	1	11	11
480	54	54	51	54	40	41	44	44	14	13	7	10
800	43	33	44	41	45	45	39	36	−2	−12	5	5
920	49	46	45	45	45	44	39	38	4	2	6	7

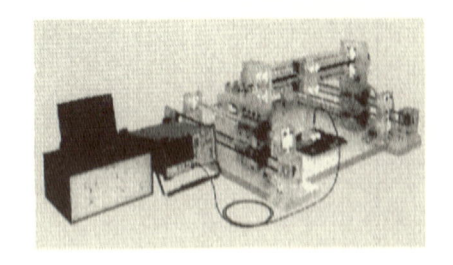

図 5.2.7 近傍磁界測定装置

行った.表5.2.2から,デカップリング強化を行った場合,すべてのケーブルで表5.2.2に示す周波数において,コモンモード電流がほとんど減少している.表5.2.2において,コモンモード電流の抑制効果が最も大きくでている周波数は 480 MHz であり,表 5.2.1 の電界強度の場合でも抑制効果が最も大きくでている周波数は 480 MHz となっている.さらにその他の周波数についても,コモンモード電流の抑制傾向と電界効果の抑制傾向との間には類似性がみられる.このことから,高性能卓上型コンピュータでの放射電界が抑制された主原因は,デカップリング強化によってコモンモード電流が抑制されたためである.

図 5.2.8 は,図 5.2.7 に示す近傍磁界測定装置で CPU ボードの近傍磁界分布を測定した結果である.色が濃いほど磁界強度が強い箇所を表す.図 5.2.8 から,基板左のCPU および大きな LSI が配置された箇所の近傍磁界が強いことがわかる.

この結果をみると,デカップリング強化基板の CPU,バスコントロール LSI といった高速大電力で動作している箇所に磁界の強いところが集中しており,この部分は従来基板に比べて若干強くなっていることがわかる.これは,デカップリング強化によりデカップリングコンデンサに効率よく IC/LSI からの高周波電流が流れ込み,高周波動作の面での改善がはかられたものとみなすことができる.また,デカップリング強化基板の方が,全体的に高周波電源電流の分散が抑制されている(薄い色の領域が多い).これは,配線化により個々のIC/LSIの電源回路が有効に高周波分離されたものと考えられる.特に,本基板の右側には外部とのインタフェースコネクタが配置されているが,この付近の高周波電源電流の減少傾向がみられることから,高周波電源電流の発散成分が,ケーブルに存在するコモンモード電流の主要構成因子の一つとなっていた可能性が高い[6,7].

(遠矢 弘和)

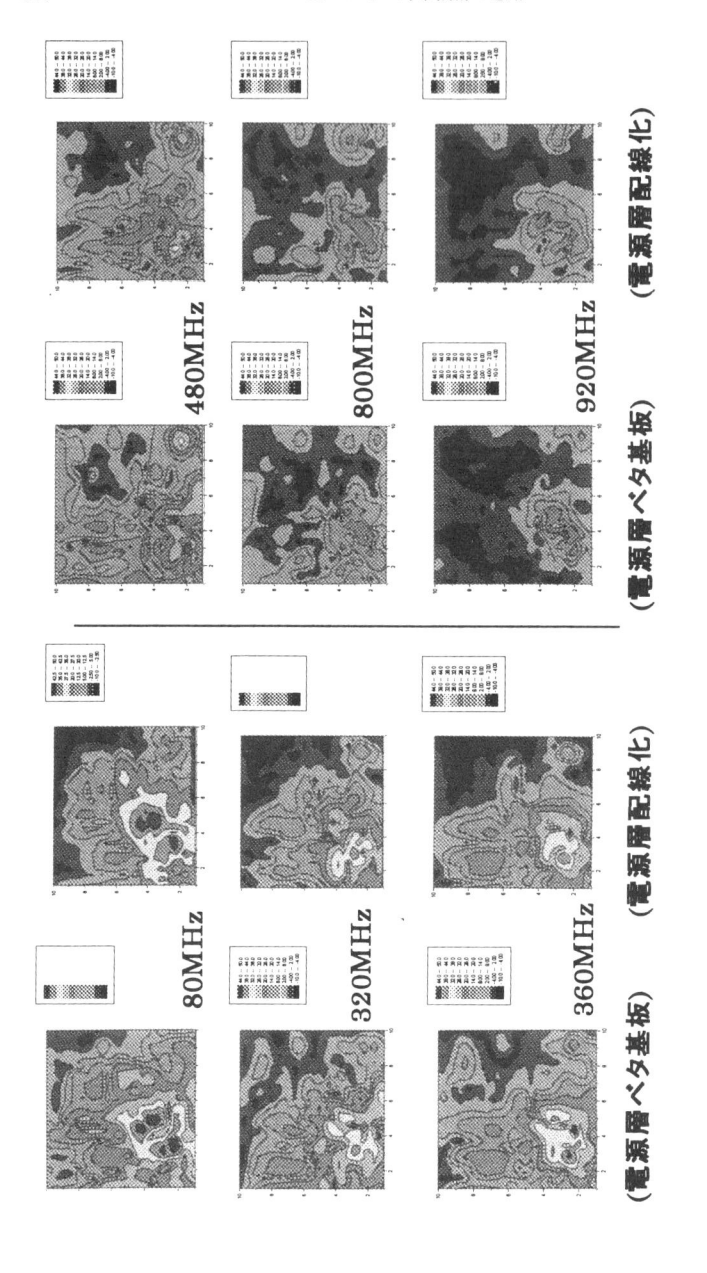

図 5.2.8 CPU ボードの近傍磁界分布

文　献

1) 玉置尚哉ほか：信学報，**97**(286), 15, 1997.
2) 遠矢弘和：信学会環境電磁工学研究専門委員会電気・電子機器の EMC ワークショップ，通信と EMC (第9回資料), p.57, 1997.
3) 遠矢弘和：電子技術, **39**(8), 2, 1997.
4) 戸花照雄，上　芳夫：信学会論文誌 EMC 計測技術論文小特集, **J79-BⅡ**, 812, 1996.
5) 遠矢弘和：JMA'96EMI・EMC ノイズ対策技術シンポジウム，グラウンドとデカップリングの関係，1996.
6) 吉田史郎，遠矢弘和：1997年度電子情報通信学会総合全国大会シンポジウム，電源層配線化による電磁放射ノイズ抑制プリント配線板, 1997.
7) 山下勝己，蓮田宏樹：日経エレクトロニクス, **11-3**(702), 137, 1997.

5.2.2　高周波アナログ基板

高周波アナログ回路用プリント基板の設計に際して考慮しなければならないことは，

① 信号の伝送
② ノイズ放射
③ 回路間の相互干渉

である．

　一般にアナログ回路の場合，信号の発生源から負荷に対して信号対雑音比 (S/N) を劣化させずに伝送することが大切である．

　放射ノイズの量は，周波数が高くなるにつれて多くなるので，高周波になればなるほど放射ノイズ対策が重要になってくる．また高周波回路とはいえアナログ回路の場合には扱う信号のダイナミックレンジが大きいので，回路間の干渉を防ぐことが回路の安定性という面から重要である．

　ここではこれらのことを考慮した高周波アナログ回路用プリント基板の設計法について述べる．ただし，ここで扱う周波数は通常のプリント基板で回路構成ができる数百 MHz 程度までの周波数帯域のアナログ回路に限定する．

a.　高周波アナログ回路用プリント基板

　先に述べた要求条件を満たすアナログ回路用プリント基板は，結論からいえば図 5.2.9 に示すようなものになる．

　図 5.2.9 には，内部の層に電源アース回路を入れた4層基板を示しているが，必要な条件は信号ラインの真下に平板状の電源あるいはアース回路が設けられる構造のものであればよく，条件さえ許せば2層のものでもよい．このような構造の基板であれば高周波用アナログ回路に使用可能である理由を以下に述べる．

b.　アナログ信号伝送用伝送路

　信号対雑音比を劣化させずに高周波アナログ信号を伝送するのに必要な条件は，信

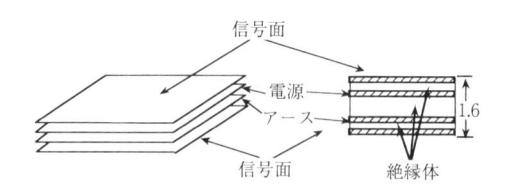

図 5.2.9 多層プリント基板の構造(4層基板)例
配線を多層にしそれぞれを絶縁体で接着してある．内部に平板状のアース・電源回路を設けてある．

号源のインピーダンス，伝送路の特性インピーダンスおよび負荷のインピーダンスのすべてが等しいことが必要である．このようにすれば信号源からの信号エネルギーが最も効率よく負荷に送られることになり，したがって伝送部分でのS/N劣化がなくなる．伝送路のインピーダンスが整合しているという条件は，S/N劣化を防ぐだけでなく信号を歪ませないためにも必要なものである．したがってS/Nがさほど問題にならない場合にもこの条件は大切になる．この条件を満たす伝送路は，すべての点で定められた特性インピーダンスをもつものであり，これをプリント基板で実現する場合には通常図5.2.10に示すようなマイクロストリップラインが用いられる．このマイクロストリップラインの特性インピーダンスは，図からもわかるように，その断面の形状から決定されるから，伝送路はその全体にわたって同一の構造になっていることが必要になる．プリント基板の片面を平板状のアース回路にしておき，もう片面に信号線を配置するようにすれば，図5.2.10に示すような構造は容易に実現できることになるから，図5.2.9に示した多層基板が高周波アナログ回路に要求される信号伝送条件を満たすことは容易に理解できる．

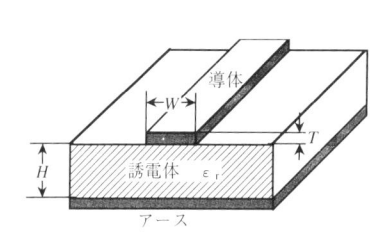

$$Z_0 = \frac{87}{\sqrt{\varepsilon_r + 1.41}} \ln\left(\frac{5.98h}{0.8W + t}\right)$$

図 5.2.10 マイクロストリップラインの構造とインピーダンス

c. 信号電流の流れ方と電磁放射

信号のリターン電流の流れ方をみるために，図5.2.11に示した模型を考える．図5.2.11は，平板状のアース回路上の信号線に近接してもう1本のアース線を張ったものである．近接して配置された線路はお互いに相互誘導作用により干渉する．図ではこの誘導を等価的な集中定数トランスで表現している．

図5.2.11の回路では，信号源 E に対し

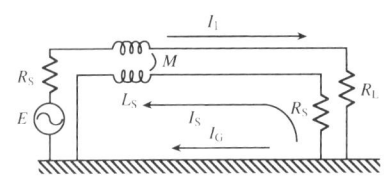

図 5.2.11 近接した線に流れるリターン電流

て戻ってくる電流のパスが2系統あり，そこに流れる電流をそれぞれ i_G, i_S とすると

$$i_1 = i_S + i_G \tag{5.2.1}$$
$$i_S = i_1\{j\omega M/(j\omega L_S + R_S)\} \tag{5.2.2}$$

ここで
 M：トランスの相互インダクタンス
 L_S：トランスの自己インダクタンス
 R_S：リターンパスの抵抗値

で与えられる．これにトランスの結合が非常に密である場合には，$M = L_S$ が仮定できるから

$$i_S = i_1\{j\omega/(\omega+\omega_C)\} \tag{5.2.3}$$

となる．ここで $\omega_C = R_S/L_S$ である．

 この式は，$M = L_S$ が成立する場合には ω_C よりもかなり高い周波数では，$i_S = i_1$ となり，低インピーダンスのアース回路が存在するにもかかわらず信号電流は，近接して配置された回路を流れることを示している．

 この現象は，図5.2.10に示した構造でも同じであり，平板状のアース回路上に配置した信号線に対するリターン電流は信号線に最も近いアース回路部分にすなわち信号線の真下の部分を流れることを意味している．非常に広い面積のアース回路が存在してもリターン電流はその部分に集中するのである．言葉を換えればこのことは，信号線とその真下のアース回路で挟まれた空間に信号エネルギーが集中することを意味している．集中の度合いは，信号線とアース回路の距離が近ければ近いほど大きくなる．

 一方電磁放射は，電流ループ断面積に比例する性質をもっているから，図5.2.10のような構造の伝送線路を使用した場合，電流ループ断面積はプリント基板の厚みに信号線の長さを乗じたものとなる．したがって，このような信号線からのノイズ放射は非常に小さくなる．図5.2.9の構造のプリント基板の場合，すべての信号配線を上記条件が満たされるようにつくることができるから，図5.2.9のような構造のものであれば，放射ノイズを減らすことが可能となる．

d. 回路間の干渉

 無線中継装置のような高周波アナログ回路であり，かつ非常にレベルの違う信号を扱うアナログ回路の場合，同一装置あるいは同一基板内の回路間の干渉が問題になることがある．

 問題になる干渉は，
  ① 信号の放射ノイズによる干渉
  ② 浮遊容量を通しての干渉
  ③ 電源アース回路を介しての干渉
などが考えられる．

 放射ノイズによる干渉は，5.2.2項cで述べたことからもわかるようにそれぞれの信号の伝送路からの放射を少なくする配線を用いることにより極小化することができ

る.

　浮遊容量を介しての干渉は，放射を介する干渉とは異なる性質をもっている．2本の線間の浮遊容量は線相互間の距離が大きくなればなるほど小さくなるという性質があるから，干渉が問題になる線どうしを離して配置するというのが第1の対策である．図5.2.12は，線間距離をとれない場合の，浮遊容量を介しての干渉に対する対策を示したものである．図では，2本の信号線間にもう1本の線を配置しこれを一点でアースに接続している．このようにすることにより，2本の信号線間に存在していた浮遊容量はアースに接続した第3の線との間に分割された形で入ることになり，ここを通って誘導する電流はアースに流れることになり，信号線間の直接誘導は軽減されることになる．このような手法は，比較的低周波で使用するオペアンプの入出力の分離などにも使用される．

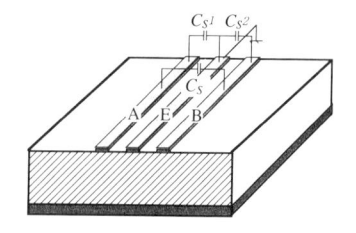

図 5.2.12 信号線間の浮遊容量による干渉を防ぐガード
ガードを入れることにより，C_Sが$C_S 1$と$C_S 2$に分割され相互の干渉が軽減される．

　このような形で，分離する必要のある配線は，その線に流れる信号のレベル差が2桁以上あるものである．2桁以上のレベル差のある信号同士は，近接して配置しないことが原則であるが，やむをえない場合には，図5.2.12のように第3の線により分離を行うことが必要になる．

　電源アース回路はすべての回路に共通に接続されることが多いので，電源アースを介しての干渉が発生しやすい．

　これを防ぐには，電源アース回路に信号成分を漏らさないようにすることがまず第1に重要になる．そのためには，使用している周波数帯域で効果のあるデカップリング回路を電源回路に入れることである．

　配線長が短くきちんとした伝送路をつくる必要がない場合でも，回路間の干渉が発生しうる．図5.2.13はよく使用される演算増幅器の例であるが，負荷抵抗を図(b)

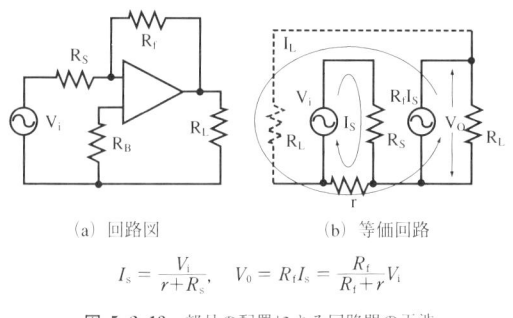

(a) 回路図　　　　(b) 等価回路

$$I_s = \frac{V_i}{r+R_s}, \quad V_0 = R_f I_s = \frac{R_f}{R_f + r} V_i$$

図 5.2.13 部品の配置による回路間の干渉

の実線で示した位置に入れるのが正しい部品配置であるが，破線の位置に入れた場合は負荷電流 i_L と入力電流 i_S が共通の微小抵抗 r を介して干渉し，発振を起こすことがある．

電流は信号源からでて信号源に戻るという性質をもっているから，信号源と負荷の配置により電流の流れるルートが制御でき，このような回路内の干渉を減らすことが可能になる．電流の流れるルートを考える場合，図5.2.13に示すように等価回路を考えることが役に立つ．

e. まとめ

高周波アナログ回路のプリント基板の設計では，まず第1に信号の伝送がきちんとできるような配線をすることが重要である．このことが結果的にノイズ放射を少なくすることになる．

このような配線を少ない制限条件の中で実現するためには，多層板を使用しその内部に平板状の電源アースを挿入する構造が非常に有利である．

また細部では，信号電流の流れるルートを考え，大電流と小電流がアース電源回路上で交差しないようにすることも重要である．

〔佐 藤 憲 一〕

5.2.3 プリント基板の放射低減対策

a. ディジタル電子機器からの放射

ディジタル電子機器からの電磁波放射原因は，LSIやICからの高速スイッチング電流が基板やコネクタやケーブルに流れることにより発生する．この電流の経路は信号電流経路とリターン電流経路に分けられ，この両者，または別の第3導体(大地など)とで形成する電流ループの形状により放射レベルは大きく変化する．放射モードは大別して二つあり，第1は，電流の往復経路が構成するループ面積に比例するループ放射がディファレンシャルモード放射である．第2は基板などの共通回路(リターン電流経路)に発生するコモンモード電流による放射がコモンモード放射である．

通常のディジタル基板(接続ケーブルを含む)でのディファレンシャルモード放射とコモンモード放射の大きさは，後者の値が圧倒的に大きく，100 MHz程度の周波数領域では前者に比べて後者が20～40 dB大きく，数GHzの領域で両者の放射レベルは接近してくる．したがって，多くの電子機器の放射ノイズ対策はコモンモード放射対策と考えてよい．ただし，コモンモード放射対策として特別の対策が存在するのではなく，結局は基板など(コネクタやケーブルを含む)の信号電流とリターン電流のループ面積を小さくし，かつ両電流の経路を対称形に設計することである．また，対称形にした両経路と，これ以外の第3導体との距離もできるだけ離し，両経路との距離を等しくすることである．すなわち，ディファレンシャルモード放射低減のための設計力[1]が基本的には機器からの放射レベルを決定する．

通常のロジックLSIなど(不平衡回路)で構成された基板では，リターン電流の経路を信号電流経路と対称形に設計することは不可能である．このため共通回路であるグラウンド導体に発生する電圧を小さくし，第3導体にコモンモード電流を流さな

い方策を採用せざるをえない．このことは，コモンモード放射の低減策である重要事項の一部を無視した方法であることから，対策設計が困難であると考えねばならない．

b. ディファレンシャルモード放射

ディファレンシャルモード放射とは，図 5.2.14 に示す回路に流れる信号電流など

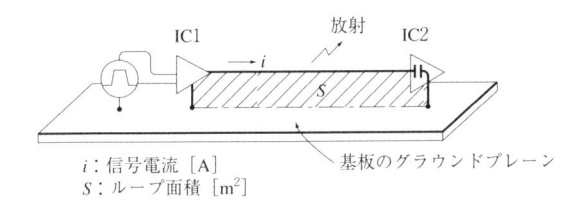

i：信号電流 [A]
S：ループ面積 [m^2]

図 5.2.14 ディファレンシャルモード放射

の電流ループによる放射であって，その放射電界強度は式(5.2.4)の値を示す．すなわち，放射電界強度は，信号電流のループ面積 S と信号電流の大きさ I と信号電流が有する周波数 f の 2 乗に比例し，放射源との距離 d に反比例する．

測定サイトでは

$$E_{\max} = 2.64 \times 10^{-14} SIf^2/d \quad [\text{V/m}] \qquad (5.2.4)$$

回路設計者は必要以上に高い高調波を発生する LSI を選定しないことが第 1 で，次に回路電流を必要最小限の値に設計することである．一方，基板設計者はループ面積を小さく(信号線の短縮と信号線を GND 線に近接)することに最大の努力を注がなければならない．

c. コモンモード放射

多くの場合 5.2.3.a 項で述べたように，コモンモード電圧は基板のグラウンド(GND)とアース(大地)間に発生する．図 5.2.15 において，基板のグラウンドにはリターン電流 I が流れることから，グラウンドにインダクタンス L_G が存在すると A～B 間に $2\pi L_\text{G} If$ の電位差 V_CM が発生し，グラウンド電位は基板の各部分で不同とな

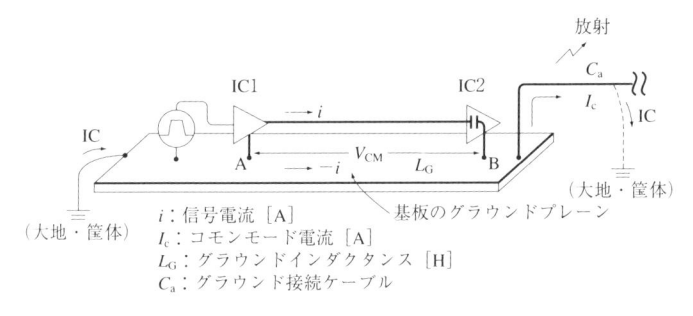

i：信号電流 [A]
I_c：コモンモード電流 [A]
L_G：グラウンドインダクタンス [H]
C_a：グラウンド接続ケーブル

図 5.2.15 コモンモード放射

5.2 プリント基板におけるノイズ対策

る．ここで，基板上のあるグラウンド位置を基準電位とした場合に，その位置以外のグラウンド位置では基準電位に対して電位差ができるから，この電位差に比例したコモンモード電流 I_C が流れる．また，このコモンモード電流は基板の長さと基板に接続したケーブル長さの和で共振(実機：1/4波長共振の例が多い)し，非常に大きいコモンモード電流が流れる．このコモンモード電流による放射をコモンモード放射といい，式(5.2.5)のとおりとなる．すなわち，放射電界強度はコモンモード電流 I_C に比例し，アンテナ長さ l (基板長＋ケーブル長)に比例し，周波数 f に比例し，放射源との距離 d に反比例する．

この式の注意として，アンテナ長さの上限は1/4波長共振の場合は $l \leq (1/4)\lambda$，半波長共振の場合は $l \leq (1/2)\lambda$ の条件を挿入することである．以上のことからコモンモード放射の模式図は図5.2.16のとおりとなる．

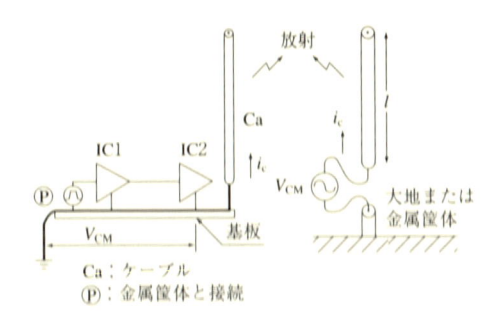

図 5.2.16 基板に接続されたケーブルはモノポールアンテナ

測定サイトでは

$$E = 4\pi \times 10^{-7} I_C f l / d \quad [\text{V/m}] \tag{5.2.5}$$

式(5.2.5)だけではコモンモード電流 I_C の算出ができない．ここで図5.2.16はモノポールアンテナを構成している．この場合，共振時の放射抵抗を約 40 Ω (正確には 36.6 Ω) と仮定してコモンモード電圧と電界強度の関係を求めると，式(5.2.6)のとおりである．一方，基板のコモンモード電圧 V_{CM} は，$2\pi L_G If$ で表されることから，基板に流れている信号電流 I と基板のグラウンドインダクタンス L_G が求まれば，基板で発生するコモンモード電圧 V_{CM} を求めることができる．

$$E = 0.6\pi V_{CM} / d \tag{5.2.6}$$

以上の二つの式からコモンモード放射を低減するには，ディファレンシャルモード放射を低減する条件に加えて L_G の低減という条件が追加される．このことから，回路設計者はディファレンシャルモード放射で述べたことと同一の課題を解決することである．一方，基板設計者はグラウンドインダクタンス L_G を小さくすることに最大の力点を置かねばならない．

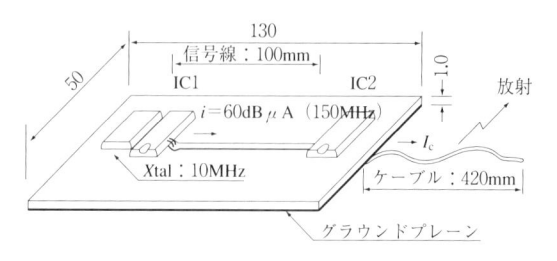

図 5.2.17 ディファレンシャルモード放射とコモンモード
　　　　　放射の実験基板

ケーブルを撤去するとディファレンシャルモード放射計算値＋数 dB 程度を示す．ケーブルを接続するとコモンモード放射計算値－5dB 程度を示す．

d. 基板のディファレンシャルモード放射とコモンモード放射のレベル差の実例

　ここで，次のような形状の基板(図 5.2.17 の回路)を想定し，基板の端のグラウンドに 420 mm のケーブルを接続した場合の 150 MHz における放射レベルを式(5.2.4)および式(5.2.6)で計算してみる．計算結果の E_d はディファレンシャルモード放射レベルを示し，E_c はコモンモード放射レベルを示す．

　　ロジック動作周波数　　　　：10 MHz
　　電界強度の測定距離　　　　：3 m
　　基板の大きさ　　　　　　　：50 mm×130 mm×1 mmt
　　線路の構成　　　　　　　　：マイクロストリップ
　　信号線の長さ　　　　　　　：100 mm
　　信号線の電流ループ面積　　：100 mm^2
　　信号線電流　　　　　　　　：60 dBμA ……150 MHz の値
　　帰路(GND)インダクタンス　：1 nH ……(L_G の値)想定値
　　CISPR class B 許容値　　　：40 dBμV/m, 47 dBμV/m
　　　　　　　　　　　　　　　　　(30～230 MHz), (230～1000 MHz)

計算結果

$$E_d = 25.9 \mathrm{dB}\mu\mathrm{V/m} \quad (150\mathrm{MHz}) \tag{5.2.7}$$
$$E_c = 57.4 \mathrm{dB}\mu\mathrm{V/m} \quad (150\ \mathrm{MHz})$$
$$\mathrm{CISPR/classB} \text{ を } 17.4\ \mathrm{dB} \text{ 超過} \tag{5.2.8}$$

　このように，コモンモード放射の値が大きい．ここで，ディファレンシャルモード放射だけの実測は不可能であるが，ケーブルを含めてこの基板の放射レベルを測定した結果，52dBμV/m を得た．ここでは L_G の値が想定値であることから，計算値と実測値は一致しない．

　過去の測定結果では，ディファレンシャルモード放射レベルは計算値〔式(5.2.4)〕に比べて実測値が2～4 dB 小さい値を示し，コモンモード放射レベルは計算値〔式(5.2.6)〕に比べて実測値が5～10 dB 小さい値を示した．この原因の細部は不明であ

るが，後者については基板のコモンモード電圧の測定(測定誤差は±5 dB 以内)が困難であること，電源グラウンド層間ではバイパスコンデンサが十分に機能していないことから両者間に逆相電圧が残っていること，およびケーブルなどは理想的なアンテナにはなりえないことから，このような結果が生じているものと想定している．

e. 基板上のインダクタンスについての注意

　基板の電気的特性で好ましくないものにインダクタンスがある．一方，近年のLSIやICは速度が速く，無負荷や抵抗負荷条件での出力電圧の立上り，立下り時間は0.5 ns 程度で，$1/\pi t_r$ が 650 MHz にも及ぶ．また，これらのものは一般的にドライブ能力も大きく，出力インピーダンスは 10 Ω 以下の品種が多い．したがって，過渡電流も大きく，その値は 0.1 A/ns にも及ぶ．

　ここで，基板の一部に幅 20 mm，長さ 50 mm の独立布線があり，これに 0.1 A/ns の過渡電流を供給した場合の布線の両端に発生する計算上の電圧は 2.2 V にもなる．ただし，実際には時定数 L/R が存在するため，布線の両端に発生する電圧は最大 1 V 程度にとどまる．

　ちなみに，幅 20 mm，長さ 50 mm の薄い銅箔の自己インダクタンスは約 22 nH で，たとえば，超高速の IC を搭載し，上記の布線をリターンとして信号線と離して布線した場合のコモンモード放射レベルはかなり大きい値となることが想像できる．

　先の基板のコモンモード放射レベルの計算例式(5.2.8)においては，EMI規制値CISPR/class B を満足できる基板の実効インダクタンス L_G は，計算結果値(5.2.8)から逆算して約 0.1 nH 以下にしなければならないことになる．この場合の信号線は 1 本で，信号周波数は 10 MHz である．

　このように，信号周波数が 10 MHz であるような低周波でも，コモンモード放射レベルは規制値を容易に超過することから，この 10 倍の周波数で動くクロック周波数 100 MHz と，多数の同時動作(最高 50 MHz)の信号があるシンクロナス DRAM を駆動する回路などの基板布線作業は大変困難になる．このような高周波信号を扱う基板では，基板の布線設計のみの対策では EMI 規制値 CISPR/class B を満足することは不可能になる．

　以下，基板のインダクタンス L について述べる．基板の布線は薄い銅箔(約 40 μm)をエッチング処理したものであるから，図 5.2.18 に示すように直方体になる．この直方体でのインダクタンス計算は式が複雑になるため，基板設計関係者が用いる計算式としては，通常は平面導体としての計算式である式(5.2.9)を用いる．この式で計算した自己インダクタンスと導体長さの関係を図 5.2.19 に示す．

$$\frac{L}{l} = \frac{\mu_0}{2\pi}\left|\ln(2u) + \frac{1}{4} + \frac{1}{3u}\right| \quad [\text{H/m}]$$

$$u = \frac{l}{w} \qquad (5.2.9)$$

ただし，l：導体長さ[m]，w：導体幅[m]．また，電流は 30 MHz 以上の高周波を想定し，表皮効果で導体内部には電流が流れないものとする．

基板の設計において重要な事項は2導体間または多導体間の相互インダクタンスの有効利用である．先にも式(5.2.9)で述べたとおり，基板の自己インダクタンスは非常に大きい値を示し，この自己インダクタンスのみで形成した基板では，規制値を満足できる電磁放射レベルにすること，および高速信号伝送は困難である．

ここで，取扱いを簡単にするため円形導体について自己インダクタンス，相互インダクタンスおよび実効インダクタンスについて考えてみる．自己インダクタンスの計算式である式(5.2.9)と式(5.2.10)の計算値の違いを記すと，幅0.2 mmの布線で，長さ20 mmと長さ100 mmにおいて，円形導体〔半径 $a=(1/2)w$ とする〕では，平面導体の計算式に比べて前者は19%，後者は15%程度小さい値が算出される．この誤差は2 dB程度で，基板共振などによる放射レベルの変化5〜10 dBに比べると問題になる値ではない．ただし，この式をバイアホールなどのごく短い線のインダクタンスに適用することは困難である．以下図5.2.20の円形導体において，高周波電流がその表皮のみに流れる場合について記述する．

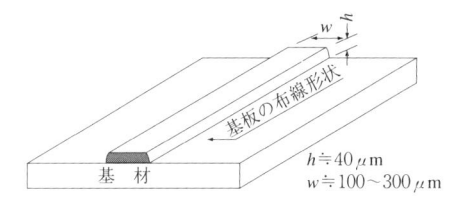

図 5.2.18　布線の概略形状

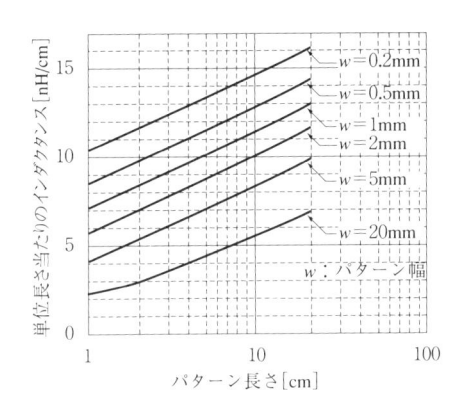

図 5.2.19　平面導体のパターン幅と自己インダクタンス

$$L_S = \mu_0 l\{\ln(2l/a)-1\}/2\pi \quad [\text{H}] \quad (5.2.10)$$
$$M = \mu_0 l\{\ln(2l/d)-1\}/2\pi \quad [\text{H}] \quad (5.2.11)$$
$$L_{\text{eff}} = L_{S1}+L_{S2}\pm 2M \quad [\text{H}] \quad (5.2.12)$$

ただし，

L_S, L_{S1}, L_{S2}：各導体の自己インダクタンス　[H]
M：各導体間の相互インダクタンス　[H]
L_{eff}：実効インダクタンス　[H]
μ_0：真空の透磁率 $=4\pi\times 10^{-7}$　[H/m]
l：導体の長さ　[m]
a：導体の半径　[m]
d：導体間の中心距離（ピッチ）　[m]

ここで，式(5.2.10)および式(5.2.11)を図5.2.21について解くと，回路に流れる電流が逆であることから次の結果が得られる．

5.2 プリント基板におけるノイズ対策

L：自己インダクタンス

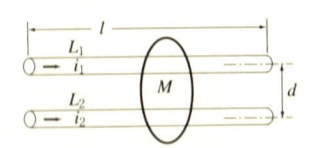

M：相互インダクタンス
ただし，$d \gg a$，a：導体直径

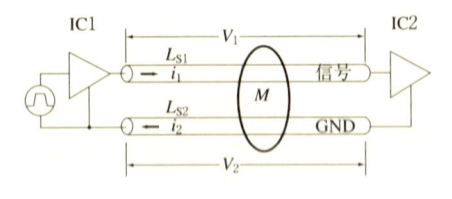

図 5.2.20 自己インダクタンスと相互インダクタンス

ここで $i_2 \fallingdotseq -i_1$ である．

図 5.2.21 基板上での相互インダクタンスの有効利用

$$V_1 = L_{S1} di_1/dt + M di_2/dt \qquad (5.2.13)$$
$$V_2 = L_{S2} di_2/dt + M di_1/dt \qquad (5.2.14)$$

いま図 5.2.21 から，$di_1/dt = -di_2/dt$ とすると

$$V_1 = (L_{S1} - M) di_1/dt \qquad (5.2.15)$$
$$V_2 = (M - L_{S2}) di_1/dt \qquad (5.2.16)$$
$$V = V_1 - V_2 = (L_{S1} + L_{S2} - 2M) di_1/dt$$
$$= L_{\text{eff}} di_1/dt \qquad (5.2.17)$$

ここで，式(5.2.17)から電流の向きが互いに逆の場合は，式(5.2.12)の符号が負であることが証明でき，実効インダクタンスは減少することがわかる．

この結果からグラウンドで発生する電圧 V_2 を最小にする条件を求めることである．すなわち，式(5.2.16)において $M \fallingdotseq L_{S2}$ を満足できる条件は式(5.2.18)といえる．また，式(5.2.18)に関する構造を図5.2.22に示し，計算結果を図5.2.23に示す．

$$L_0 = L_{\text{return}} = \mu_0 l \ln((\pi d/w_r) + 1)/2\pi \quad [\text{H}]^{2)}$$
$$(5.2.18)$$

図 5.2.22 d/W_r と帰路(GND)実効インダクタンスを求める基板の構造説明

ただし，

L_{return}：電流帰路の実効インダクタンス　　[H]
l：図 5.2.20 で構成する w_1，w_s の長さ　[m]　(両者同長)
d：図 5.2.20 で構成する w_1，w_s 間の間隙　[m]　ただし，$d \ll l$
w_r：リターン側の導体幅　　　　　　　　　[m]

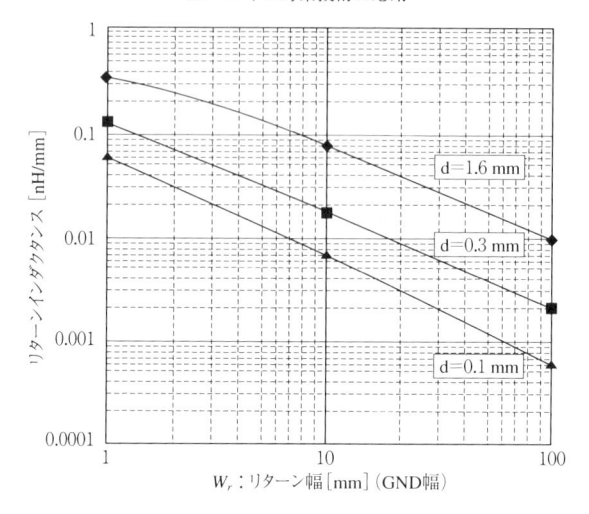

図 5.2.23 d/W_r と帰路(GND)実効インダクタンス

w_s：信号側の導体幅　　　　　　　　　　　　　[m]　ただし，$w_s \ll w_r$

以上の式を整理すると次のことがいえる．

(1) 自己インダクタンス L_S を低減するには，導体長さを短縮するのが第1であり，次に導体幅を大きくすることであるが，単に導体幅を10倍にしても L_S は約半減するにすぎない．

(2) 信号線とリターン線間の相互インダクタンス M を増加するには，両者間の間隙 d を小さくすることが第1で，信号線と M 結合がないリターンをつくってはならない．

(3) リターン線の実効インダクタンスを低減するには，信号線とリターン線の間隙 d を小さくし，かつリターン線の幅を可能な限り大きくすることである．式(5.2.18)において，たとえば，d を 0.2 mm，w_r を 100 mm，l を 100 mm とすれば，L_G を計算上 0.125 nH が得られる．この値は，前記リターン線の自己インダクタンスの約 1/100 の値である．ただし，実際の基板設計でこれを実現することは困難ではあるが，実現できないことはない．

(4) 基板内の高周波電流は，実効インダクタンスが最も小さくなる経路を流れる．したがって，高周波電流のループ面積を小さくすることが最大の効果となる．言い換えれば，信号線とリターン線の相互インダクタンスの増加が放射レベルを低減する決め手である．

以上のことから，基板やコネクタやケーブルにおいて上記を実現するために次を実行するとよい．なお，基板などの電源層は，バイパスコンデンサが十分に機能している条件では，高周波的にグラウンド線と同等である．

5.2 プリント基板におけるノイズ対策

① 基板など(コネクタやケーブルを含む)のグラウンドの強化が第1で，これを実現するために，幅広いグラウンドプレーンをつくること．片面プリント基板や両面プリント基板では幅広いグラウンドプレーンを設けることができないから，EMI性能は多層板に比べて 12dB(下記②項を含む)以上悪い．

② 信号線は可能な限り短く，かつグラウンドと接近させること．この場合に信号電流経路長とリターン電流経路長が等しく，かつ両者間の間隙が均等で小さいことである．単に信号線と接近したベタグラウンドや信号線と接近したグラウンドガード線では効果が小さく，条件によっては共振が発生し，特定の周波数領域で放射レベルが高くなることがある．

③ 1本の信号線に対するグラウンド線の幅については，式(5.2.18)によること．信号の周波数，信号線の長さ，信号線とグラウンドとの間隙，信号駆動バッファの出力インピーダンスと立上り時間，線路や受端ICのインピーダンスなどから線路に流れる電流を算出し，インダクタンスの許容値を求め，これに適合したリターン電流のグラウンド幅を決めること．

④ コネクタやケーブルはEMIやイミュニティに関して問題となる電子部品である．その原因は自己インダクタンスが大きく，信号線とリターン線間の相互インダクタンスが小さいことである．特にコネクタは信号線の周囲のグラウンドピン数がそのEMC性能を決定する．したがって，本項で述べた式をうまく活用して，少なくとも基板と同等のEMC性能を確保するのがよい．

f. 汎用ICと超高速ICの出力電圧スペクトルと出力電流スペクトル

基板に流れる信号電流の値や貫通電流の値がわからないと，基板で発生する放射レベルの算出ができない．したがって，以下信号入力周波数十MHzにおける信号電流の実測値を示す．ここではICの貫通電流は除外して考える．また，以下述べる2種類のICに短い線路と負荷を接続した場合の信号電流スペクトルのエンベロープを図5.2.24に示す．ここで，74LCX系ICの信号電流スペクトルは，ごく短い線路ではカットオフ周波数は約400 MHzになっているが，線路が長くなり定在波が発生すると，650 MHz付近でも65 dBμA程度の電流が流れる場合がある．

ここで，汎用IC(74HCZZZ，VCC=5 V)を出力バッファとし，信号線の特性インピーダンスを75Ω，信号線長を約50 mm，信号周波数を10 MHz，受端ICの入力静電容量を10 pF(2ゲート負荷相当)とした場合は，150 MHzの信号電流スペクトルは61 dBμAとなる．また150 MHz以上の周波数領域では，信号電流は -40 dB/dec．以上の減衰特性を示す．74HC系ICの無負荷出力電圧スペクトルの折れ点周波数 $1/\pi tr$ は約200 MHzであるため，これ以上の周波数領域の電流スペクトルは大きく減衰する．

一方，超高速ICである74LCXZZZ(VCC=3.3 V)の無負荷出力電圧スペクトルの折れ点周波数 $1/\pi tr$ は約600 MHzであることから，これを出力バッファとして前記と同じ路線と負荷を駆動すると，150 MHzの信号電流スペクトルは約61 dBμA，290 MHzは62 dBμAとなる．ここでは350 MHz付近に比較的高いQの共振が発生

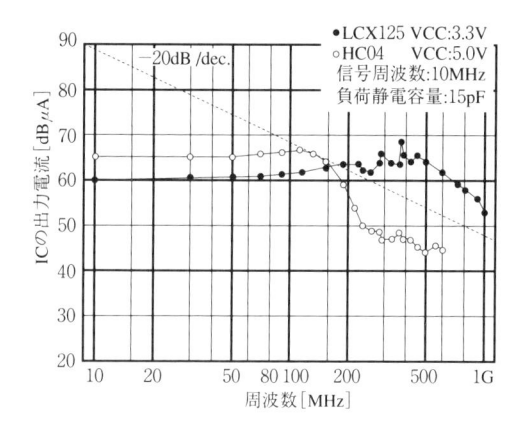

図 5.2.24 2種のICの信号電流スペクトルエンベロープ

しているため，400 MHz 以上の周波数領域では，信号電流は -40 dB/dec.以上の減衰特性を示す．また，74LCX 系の IC は出力インピーダンスが小さい(約 10 Ω)．この結果，超高速 IC である 74 LCX 系の IC を使用した信号線長が約 50 mm の基板例では，200 MHz から 400 MHz の周波数領域で共振し，非常に高い放射レベルとなる．信号線長を短縮(信号線長 20 mm)したものでは電流スペクトルは 400 MHz までほぼ一定値になり，400 MHz の放射レベルは 200 MHz の約 6 dB アップ(コモンモード放射の場合)となることが想定される．

基板共振は 200 MHz 以上の周波数領域で発生し，基板の電源層間で起こる集中定数共振や基板の寸法が関係する分布定数共振(半波長共振や一波長共振)が発生し，信号電流から算出した数倍以上の放射レベルとなる．したがって超高速 IC や超高速 LSI を採用する場合は，200 MHz 以上の周波数領域で発生する基板共振の Q を低下させる処置が不可欠となる．

g. IC や LSI に付加するバイパスコンデンサ

バイパスコンデンサの役割は，IC などで発生した過渡電流による電源端子電圧の低下を防ぐことと，IC などで発生した過渡電流を基板内や電源ケーブルなどに分散させないことである．電源端子電圧降下とバイパスコンデンサの静電容量の関係式は多くの文献に記載されている．また，以下述べる IC の電源過渡電流(以下単に"電流"という)には，貫通電流，出力静電容量などの充放電電流，信号電流とペアを形成しないリターン電流(ストリップ線路以外のもの：両面板や通常の 4 層板)がある．このうち最後にあげた電流は基板の構造や設計に起因するもので，これによる放射が大きい．

基板の電源系からの放射は，電源布線とグラウンド布線間のループ電流によるディファレンシャルモード放射と，電源布線とグラウンド布線の電流による電圧降下，す

なわち，電源系のコモンモード電圧の変動によるコモンモード放射が加算されたものである．

このことから，バイパスコンデンサはICなどの電源ピンとグラウンドピンを結ぶ線上に最短距離で設置し，かつバイパスコンデンサのインピーダンスは，数MHzから使用しているICなどの$1/\pi tr$の2倍程度の周波数領域までの間は$0.5\,\Omega$以下を実現することが望ましい．しかし，コンデンサ自体や基板の布線にインダクタンスが存在するため，実現することはかなり困難である．

図5.2.25に簡単な回路図を示すが，一般的には各ICなどに付加されているバイパスコンデンサは，そのIC専用にはならず，他のICに付加されているバイパスコンデンサにも多くの電流が流れ込む．これは後述するようにバイパスコンデンサ系のインピーダンスに比べて電源系のインピーダンスが低い（良好に設計された多層板では$2\,\Omega$以下）ことと，他のICが同時動作していないことによる．

5.2.3項eでグラウンドの実効インダクタンスは$0.1\,\mathrm{nH}$以下にしなければならないと述べたが，共通層である電源層とグラウンド層を結ぶバイパスコンデンサは単体でも大きいインダクタンスをもっている．図5.2.26に示すとおりチップコンデンサ

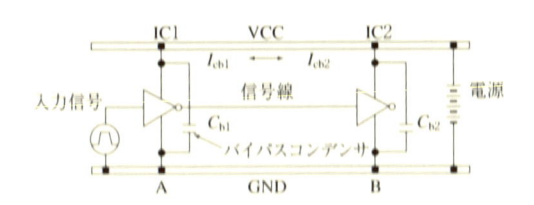

図5.2.25 バイパスコンデンサの共有

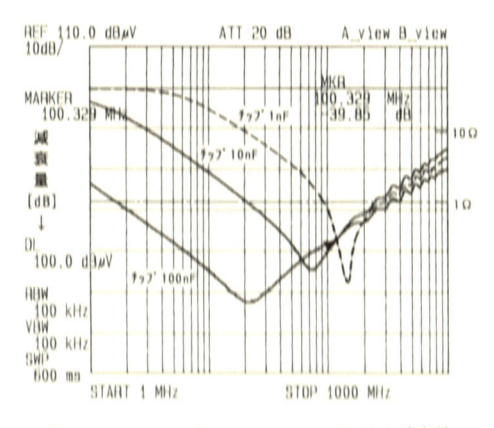

図5.2.26 チップセラミックコンデンサの減衰量

(1 nF, 10 nF, 0.1 μF)では, いずれの容量でも 0.5～0.7 nH の値を示す. 一方リード付きコンデンサ(アウターリード各 2 mm)では図 5.2.27 に示すとおり, インダクタンスの値は 3～4 nH であり, 10 MHz 以上の信号を扱う IC には不適切な部品である.

ここで, 基板の取付けパッドやスルーホールのインダクタンスは最良の設計をしても 0.7 nH は存在する. したがって, チップコンデンサを使用しても回路基板にした状態では 1.2 nH 以上のインダクタンスが存在することになる. 以上のことから, 数十 MHz 以上の信号を扱う IC には図 5.2.28 に示すバイパスコンデンサの並列接続(別のバイアホール経由)などの処置が好ましい.

汎用 IC において, 信号周波数を 10 MHz とした場合, 軽負荷時の 150 MHz 付近

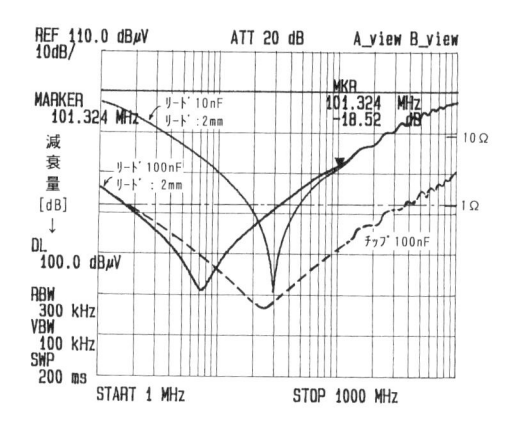

図 5.2.27 リード付セラミックコンデンサの減衰量

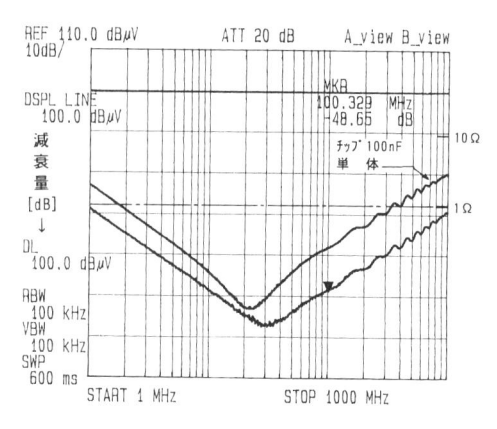

図 5.2.28 チップ 100 nF 2 個並列使用時の減衰量

の電流スペクトルは，貫通電流(出力容量の充放電電流を含む)と信号電流のいずれも約 60 dBμA である．これを単純加算(実際は数 dB の増加)し，チップバイパスコンデンサ 1 個(布線を含む)を設置した場合の電源電圧変動を求めると，その値は 68 dBμV となり，c 項で述べたコモンモード許容電圧 42 dBμV の値を 26 dB も超過することになる．この値は，IC が 1 ゲートのみ動作しているときの値であることから，バスバッファのように 8 または 16 ビット同時動作時の電源電圧変動は非常に大きい値になることが予想される．ただし，上記の計算値は IC のピン付近の電圧変動であり，この周辺には他の IC のパスコンもあることから実際の電源層の電圧変動は低下する．

　バイパスコンデンサの個数は IC 1 個あたり 1 個では必ずしも十分ではなく，放射レベルを低減するという観点では，信号周波数が 10 MHz でも計算上は，IC 1 個あたり数個以上のバイパスコンデンサ(それぞれ別のバイアホールで接続)を設置する必要がある．ただし，実際の基板では，全体で数十個のバイパスコンデンサが設置されている例もあり，各 IC がすべて同時動作ではないことから，お互いに近距離のコンデンサが電流を分担(これが電源層からの放射原因)しながら電源層とグラウンド層間の電圧を低減していると考えられる．

　このような考えは汎用 IC では通用することがあるが，超高速 IC や LSI には通用しない．すなわち，超高速 IC などの電流スペクトルは 800 MHz 付近まで伸びており，200〜800 MHz の周波数領域でバイパスコンデンサ系のインピーダンスを 0.5 Ω 以下(現状の 1 桁下)にする工夫が必要になる．当面このような特性改善や布線設計の改善はできないことから，次のような対策を複合させて目的を達成するとよい．

(1) 多層板では，電源層とグラウンド層の層間厚さを減少して層間の分布静電容量を増加させる．たとえば，ガラスエポキシ材で層間厚さを 0.2 mm とすると 10 cm² の面積で約 200 pF が得られる．前記層間分布静電容量のインピーダンスは 500 MHz において 1.6 Ω である．したがって，これ以上の周波数領域でバイパスコンデンサの特性不良が改善できる．ただし，以下の(2)項を含めて基板にノイズ電流を拡散させないという事項に違反することからノイズ電流の拡散範囲は 10 cm² 以内にとどめる必要がある．

(2) 電源層とグラウンド層間の絶縁物を高誘電率基材に変更し，上記の面積で数倍の静電容量を形成し，100 MHz 付近からバイパス効果がある基板をつくることも一策である．

(3) 数十 MHz 以上の周波数で動く超高速 IC や LSI には，バイパスコンデンサを追加する．この場合に，内層と接続するバイアホールは各コンデンサごとに設置しないと効果がない．また，コンデンサの並列は，図 5.2.18，5.2.19 に示すように同容量のコンデンサを用いるのがよく，反共振の発生する異なった容量の並列接続や 0.5 Ω 以下のインピーダンスが要求されるバイパスコンデンサに直列抵抗を挿入する筆は好ましくない(市販のチップコンデンサのインダクタンスは，狭い容量範囲ではあるが，静電容量の値と無関係にほぼ等しいと思われる)．

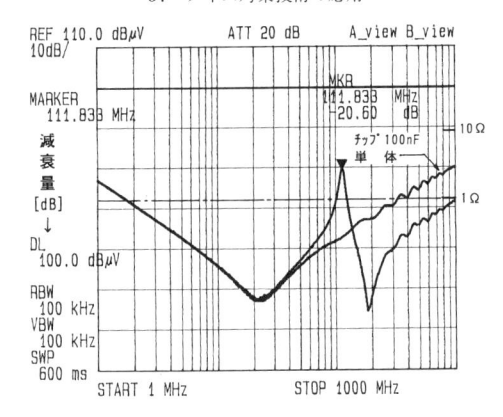

図 5.2.29 チップ 100 nF と 1 nF 並列使用時の減衰量

④ 超高速 IC や LSI の電源ピンと電源層の間にインダクタを挿入する．このインダクタの両端にはバイパスコンデンサを挿入する．また，インダクタは部品または布線[3]で構成する．この方式は IC で発生した過渡電流（信号電流は除く）を基板内に分散させないものである．すなわち，IC の電源ピン側のコンデンサで貫通電流などをバイパスさせ，インダクタで貫通電流などを阻止し，電源層側に挿入したコンデンサで信号線とペアを形成しない層のリターン電流をバイパスさせる役割を果させる．

〈松 永 茂 樹〉

文　献

1) 越地耕二：コモンモード放射とディファレンシャルモード放射，第9回 回路実装学術講演会論文集，p.173, 174, 1995.
2) Frank B. J. Leferink, Marcel J. C. M. van Doom : Inductance of Printed Circuit Board Ground Planes, IEEE Symp., pp.327-329.
3) 遠矢弘和：ノイズ/サージトラブルの最近の特徴と対策の基本，電子技術，No.8, 2-8, 1998.

5.3　電源におけるノイズ対策

5.3.1　大容量スイッチング電源の高周波のノイズ対策

スイッチング電源のノイズ対策には，高周波ノイズの発生低減と伝搬の抑止が必要であり，基本的な対策は小容量，大容量とも共通している．大容量のスイッチング電源では，主回路のスイッチング素子とダイオードの逆方向回復時のノイズ発生が大きくなり，発生源，ノイズ伝搬のインピーダンスが低くなる．しかし，小容量のスイッチング電源と比較して，低いスイッチング周波数が選択され，主回路のスイッチング

スピードも遅い．そのため，高い周波数領域のノイズは駆動回路，制御回路，補助電源から発生するノイズが問題となることも多い．大容量ではより高効率が求められるので，ノイズ対策と効率の両立が必要である．

　また，AC入力のスイッチング電源は高調波規制対応のため，高周波スイッチング技術を用いた電源高調波低減回路方式が採用されており，従来のスイッチング電源のDC/DCコンバータ部が発生する高周波ノイズ発生に加え，商用交流電源の整流回路が発生する高周波ノイズ発生がある．

　本項では，1 kW から数 kW クラスのスイッチング電源を想定し，ノイズ対策の留意点について述べる．

a. スイッチング電源のノイズ発生

　商用交流を入力とするスイッチング電源は，AC電圧をダイオードで整流し，LCのフィルタで平滑直流に変換し，DC/DCコンバータを介して出力を得る構成が採用されている．このスイッチング電源が発生するノイズは，商用交流の高調波ノイズ，変換周波数の高周波ノイズ，高域のノイズに分けることができる．

　商用交流の高調波ノイズは，主にスイッチング電源入力部の整流平滑回路で発生する．従来の整流平滑回路では発生する高調波が大きく，その対策のため整流平滑回路部に高周波スイッチング技術を採用し，商用交流に対し線形負荷となるよう制御する高調波発生抑止回路が採用されるようになった．そのため，商用交流の高調波ノイズ発生は抑制されるが，高周波ノイズの発生部分が増加している．

　変換周波数のノイズについては，周波数を設計で選択できるがスイッチングをなくすことはできないので，漏えいを低減する技術が主な対策となる．ただし，制御により変換周波数を変調して変換周波数ノイズの周波数を分散し，特定スペクトルの発生を低減することはできる．

　スイッチング電源の変換周波数より十分高い領域の高周波ノイズについては，スイッチング回路部の dv/dt，di/dt を低減し発生を抑制することができる．しかし，ハードスイッチングでは，dv/dt，di/dt の低減がスイッチング損失の増加になり，損失が許容できる範囲に制限される．

　大容量では効率向上が重視されるので，スイッチング損失を増加せずにスイッチング回路部の dv/dt，di/dt を低減する手段として，ソフトスイッチング技術が注目される．ただし，ソフトスイッチング回路を採用しても，高周波ノイズ対策を十分配慮した設計を行わないと効果が低い．

　スイッチング電源のノイズ対策は主回路方式，主回路部品(スイッチング素子，ダイオード，トランス，LCフィルタなど)，駆動回路，制御回路，実装方式が関わる回路と電磁界の総合的な問題であるが，ここでは単純化した集中回路問題として検討する．

b. di/dt，dv/dt の低減

　スイッチングの di/dt，dv/dt を低減するには，第1にスイッチング素子を必要以上に高速化動作させないことである．

次にスイッチング素子に直列接続する電流スナバ，並列接続する電圧スナバを検討する．di/dt, dv/dt の低減と高周波ノイズの関係するスイッチング電源の変換周期とスイッチング時間の比率と高周波ノイズスペクトルを図 5.3.1 に示す．

電流スナバはインダクタンスと抵抗の並列回路，電圧スナバはコンデンサと抵抗の直列回路が典型的な構成であるが，ダイオードの組合せや電流スナバと電圧スナバを一体化した種々の回路がある．しかし，通常のスナバは損失を伴う動作となる．

ノイズ対策としての di/dt, dv/dt 低減は，di/dt, dv/dt 部分に形成された寄生インダクタンスによる電圧ノイズの発生や寄生容量を介して漏えいする高周波ノイズを低減することが目的であるから，その実装状態によりスイッチング部分に形成される浮遊容量，浮遊インダクタンスに見合った di/dt, dv/dt の低減を考える．スイッチング素子と電圧スナバ回路に形成される接続インダクタンスにはスイッチング素子のターンオフによる Ldi/dt の電圧が発生し，浮遊回路と共振を起こさないよう注意を要する．

スイッチング部分は高速で電位変動するため，この部分の浮遊容量を介してコモンモードのノイズが発生する．図 5.3.2 に示すように，スイッチング素子と放熱器との容量，トランスの1次-2次間結合が問題となる部分である．回路構成によりコモ

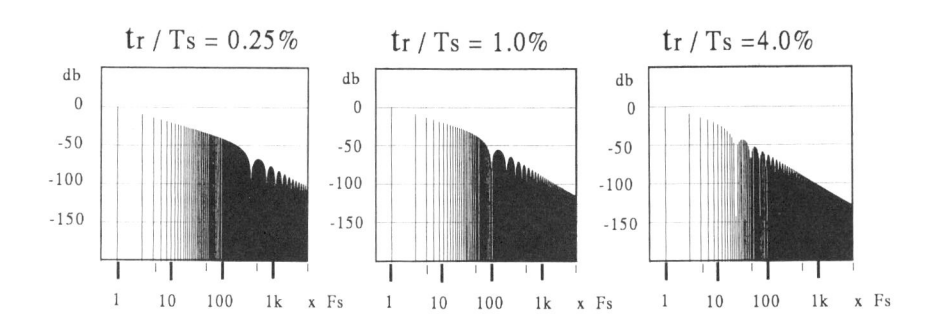

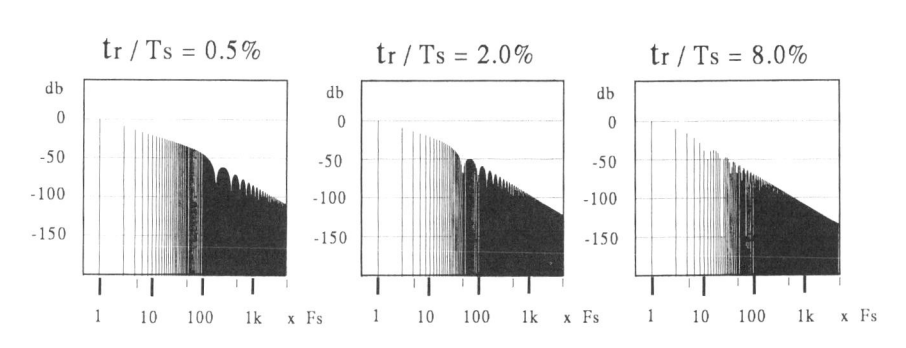

図 5.3.1　矩形波の立上り，立下り時間を変えたときのスペクトル解析

5.3 電源におけるノイズ対策

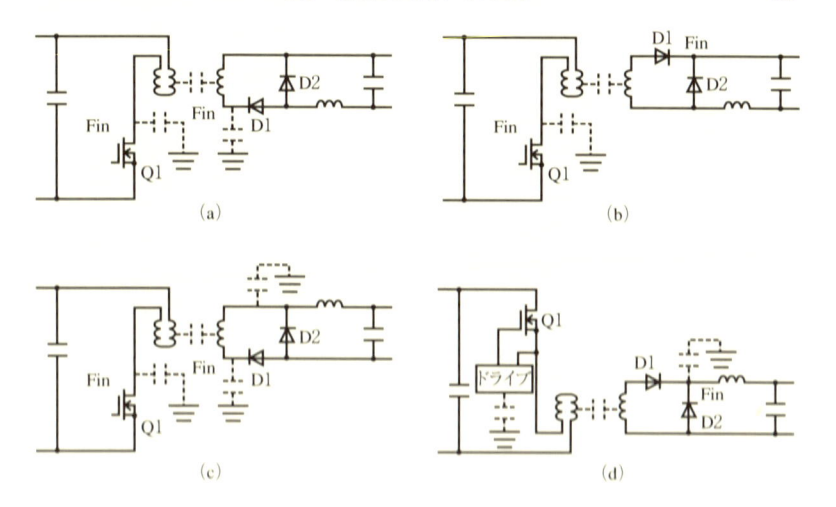

(a)　(b)　(c)　(d)

図 5.3.2 コモンモードノイズ発生部と浮遊容量

ンモードノイズ発生が異なるので，浮遊容量部分に発生が少ない回路構成を選択する．コモンモードノイズの発生が抑止できない部分については絶縁部分の浮遊容量が小さくなるよう実装する．

c. ソフトスイッチング技術

　ソフトスイッチング技術を採用したスイッチング電源は，そのスイッチングの特徴から次のように分けることができる．

　スイッチング素子のスイッチング時の di/dt を低減させたゼロ電流スイッチング(ZCS)，dv/dt を低減させたゼロ電圧スイッチング(ZVS)，di/dt と dv/dt の双方を低減させたゼロ電流ゼロ電圧スイッチング(ZCZVS)がある．ZCZVS は回路定数に対して特定の入出力条件に限定されるので，通常，準ゼロ電流・ゼロ電圧スイッチングの動作を使用し電力を制御する．

　ソフトスイッチング電源は，スイッチング素子のターンオン，ターンオフとも ZCS または ZVS で動作する回路，また一方が ZCS で他方が ZVS で動作する回路がある．

　ZCS は電流がゼロのときにオンオフすることでゼロ電流でソフトな電流変化のスイッチングとなる動作に，ZVS は電圧がゼロのときにオンオフすることでゼロ電圧でソフトな電圧変化のスイッチングとなる動作に回路と動作条件を設計し，スイッチング損失をなくすことを目的としている．di/dt，dv/dt を低減することが直接スイッチング損失とならないので，高周波ノイズ対策の手段とすることが可能である．

　しかし，効果的な高周波ノイズの低減対策とするにはノイズの観点から配慮すべきことがある．

d. ZCS のノイズ問題と対策

ZCS の回路は di/dt を低減する構成であり，dv/dt は回路的には低減されない．したがって，ZCS で高周波ノイズの有効な低減対策とするにはスイッチング部分の dv/dt が問題である．

スイッチング素子を ZCS でターンオフすると，ターンオフ時の電流がほぼゼロであるから，その半導体スイッチング素子の接合容量により dv/dt も小さくなる．したがって ZCS はターンオフ時については di/dt, dv/dt ともに低減されたスイッチングが容易に実現できる．

e. ZCS ターンオンの dv/dt

一方，ZCS のターンオンはスイッチング時に高速なターンオンをすると，dv/dt に起因するノイズ発生が増加する．ZCS はターンオン時の di/dt が低減されているため，ターンオンが遅れてもスイッチング損失はあまり増加しない．効率低下の犠牲をほとんど払うことなく，スイッチング素子のターンオンを低速化できるので，ターンオン dv/dt を十分低減して高周波電圧ノイズ発生を低減することができる．

f. ZCS 範囲外の動作

ZCS 動作範囲は ZCS 回路方式と設計条件で決まるが，過渡時や入出力条件により ZCS 動作から外れてノイズが発生し問題となる場合がある．ZCS 動作から外れると di/dt はスイッチング素子の特性に依存してくる．電流のピーク値でターンオフする動作などに入った場合は著しく dv/dt, dv/dt が増加し，通常動作に比較し，発生ノイズが非常に大きくなるので注意を要する．主回路の設計条件，過渡時の状態，制御方式を検討し，ZCS 範囲外の動作を考慮した設計が必要である．

g. ZVS のノイズ問題と対策

ZVS の回路は dv/dt を低減する構成であり，di/dt を低減する回路構成ではない．また，ZVS スイッチの両端電圧が正負両方向に変わる両波 ZVS と一方向の半波 ZVS ではノイズ発生が異なり，動作状態の dv/dt, di/dt を検討する必要がある．

h. ZVS ターンオン

スイッチ素子と並列に逆ダイオード，共振コンデンサを接続した半波 ZVS はターンオン信号を送る前にゼロ電圧となっているので，ZVS 動作範囲であれば dv/dt はもちろんのこと，di/dt も問題になることは少ない．

一方，両波 ZVS はターンオン時の dv/dt によるノイズ発生がある．両波 ZVS スイッチはスイッチ素子とダイオードの直列回路，その両端に並列接続された共振コンデンサから構成され，この構成の両端間が ZVS 動作となり，スイッチ素子は ZVS 動作とならない．

そのため，スイッチ素子とダイオードとの直列接続点の dv/dt はスイッチ素子のターンオン特性で決まる．

ターンオン前にスイッチ素子の接合容量は両波 ZVS スイッチ両端のピーク電圧まで充電されたあと，スイッチ素子の接合容量に流れる電流はダイオード逆バイアス状態でダイオード接合容量を介して流れる．通常，ダイオード接合容量はスイッチ素子

の接合容量に比較し小さいので，ターンオン時のスイッチ素子の電圧は両波 ZVS スイッチ両端のピーク電圧に近い値となる．したがって，高速にターンオンさせるスイッチ素子とダイオードとの直列接続点には大きな dv/dt が発生する．

両波 ZVS スイッチの両端電圧が逆電圧の期間中にスイッチ素子のターンオンが終了すればよいのであるから，スイッチ素子を制限期間内で低速にターンオンさせ，dv/dt を低減する．また，スイッチ素子のターンオン時に，ダイオード接合容量・共振コンデンサスイッチ素子のループが形成する寄生回路の寄生振動を抑制することができる．

i. ZVS ターンオフ

ZVS のターンオフ時の電流は大きいので，発生する di/dt の検討と，ZVS 用の共振コンデンサ，スイッチ素子の接合容量，接続インダクタンスが形成する寄生回路を検討する必要がある．

ターンオフ時の di/dt により，この寄生回路に振動が発生する．接続インダクタンスと di/dt の積で発生する電圧がゼロ電圧スイッチングとみなせる程度まで小さくし，スイッチ素子のターンオフを寄生振動周期程度まで低速化することが望ましい．

j. ZVS 範囲外の動作

過渡時や入出力条件により ZVS 動作から外れるとノイズ発生が増大する．ターンオフ時は ZVS 動作をするので，問題となるのはターンオン時である．

ZVS 用の共振コンデンサがゼロ電圧まで低下しない状態でスイッチ素子をターンオンすれば共振コンデンサの電圧をスイッチ素子が短絡して過大な電流が流れ，大きな di/dt が発生する．また，共振コンデンサとスイッチ素子を接続するインダクタンスが形成する寄生振動回路に寄生振動が発生する．

ターンオン時はスイッチ素子を低速でターンオン，動作条件が ZVS 動作範囲外となったときにスイッチ素子の駆動条件を変える，過渡時に ZVS 動作から外れない制御方式を採用するなどの対策がある．しかし，ZVS 範囲外の動作を前提に設計する必要がある．

k. 電源高調波対策

商用交流電源の整流回路が発生する高調波を低減する多くの高周波スイッチング技術を採用した方式が提案されている．ここでは，高調波低減回路と高周波のノイズ発生に共通する問題について述べる．

高調波を低減するには，直流出力電圧より交流入力電圧が低いときに交流入力から直流出力に電流を供給する必要があり，次の手法がある．

(1) 交流電圧をインダクタで短絡し磁気エネルギーとして蓄積し，出力に電流を供給する方式

(2) 交流電圧が高いときに直流平滑コンデンサに蓄積したエネルギーを利用し，交流電圧が低いときに差電圧を発生し，出力に電流を供給する方式

この主回路構成，制御，絶縁方式で種々の回路が提案されているが，構成方式で高周波ノイズの発生がかなり異なる．

l. 高調波低減回路と高周波ノイズ

スイッチングが発生する変換周波数と dv/dt, di/dt が高周波ノイズの原因となり，その対策は DC/DC コンバータの対策と基本的には共通している．

しかし，高調波低減回路のスイッチングである交流直流接続部分のノイズ発生，特にコモンモードノイズ発生に注意を要する．交流直流間にまたがる高周波スイッチング動作が起こらないよう高調波低減の昇圧チョークに発生する電圧がノーマルモードとなる回路とし，交流直流間ノイズとならない構成が望ましい．

境界モード動作の昇圧チョッパのように変換周波数が変調される回路では，スペクトルが拡散され，固定周波数動作方式のように特定スペクトルが大きくなることがない．しかし，ノイズフィルタの共振周波数に変動する変換周波数が同期するおそれがあり，共振でノイズが増大しないよう注意を要する． 〔斉藤亮治〕

5.3.2 小電力スイッチング電源

スイッチング電源は小型・軽量で高効率の電源として，軽薄短小化の進むあらゆる電気・電子機器に搭載されている．スイッチング電源の小型化に直接起因するのは，スイッチング周波数の高周波化であり，すなわち磁気素子(トランスチョークコイル)および平滑用コンデンサを小型化することを意味する．スイッチング素子を高速化すると高電圧・大電流の時間変化分 dv/dt, di/dt が増加し高周波ノイズを生じる．

また，商用交流を入力源とする AC-DC コンバータは，入力整流回路の小型化をはかるためにコンデンサインプット型が主流であり，商用電源への高調波電流ひずみを発生する原因ともなっている．

a. スイッチング電源と EMC 規制

スイッチング電源における EMC 規制は日本国内で 1985 年に情報処理装置向けに VCCI 規格が制定されてからは，汎用スイッチング電源の仕様の一つとして EMI を考えるようになってきた．近年法規制で最も注目すべきものが，1996 年 1 月 1 日より強制となった EU 域内における EMC 指令である．高調波電流は商用電源ラインの基本周波数 (50/60 Hz) に対して 2 倍，3 倍……n 倍の周波数成分を含んだ電流をいう．コンデンサインプット型整流器を使用したスイッチング電源の入力電流は正弦波状にはならず急峻なピークをもつパルス状の波形であり，これが数十次に及ぶ周波数成分をもつことが高調波電流の発生原因となっている．この悪影響として電力設備の進相コンデンサやリアクトルの異常発熱といった不具合発生が報告されている．

今後ますます厳しくなると思われる電気・電子機器の環境への適合を考慮して，現行新規開発・商品化されている標準スイッチング電源のほとんどは EN 規格に基づいた EMC レベルを実現化している．

b. スイッチング電源の EMI 対策

EMI 対策の基本としては，スイッチング素子および周辺部においてノイズ発生をいかに抑制するかと，発生してしまったノイズをいかに周囲に漏えいしないようにするかの 2 点である．前者は半導体スイッチ(トランジスタ，MOS-FET，ダイオード)

の動作を必要以上に高速化しないことやソフトスイッチング方式の採用，dV/dt，di/dt の生じる配線のループ面積を小さくすること，および巻線類(トランス，平滑チョークコイル)の静電結合・電磁結合に工夫をし，高周波ノイズをできる限り発生しにくくすることである．後者はスイッチング回路部のサージ抑制回路(**CR** スナバなど)を付加することや，ノイズフィルタの使用により発生したノイズを吸収および伝導を阻止することである．

ノイズフィルタの回路構成は図 5.3.3 に示した．L と C で構成されたローパスフィルタであり，商用周波数 (50/60 Hz) 成分は通過し，高周波ノイズ成分は阻止されることになる．L および C が理想阻止であれば，ノイズが高周波であるほど L のインピーダンスは高くなり，C のインピーダンスは低くなるために減衰効果が増していく．ところが実際の素子に

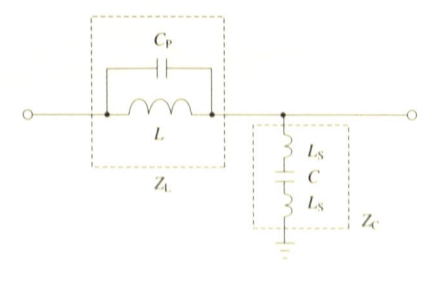

図 5.3.3 コモンモードの等価回路

は図 5.3.3 のようにコイル巻線の分布容量 C_p，コンデンサリードの寄生インダクタンス L_s が存在する．図 5.3.4 に L 素子，図 5.3.5 に C 素子のインピーダンスの周

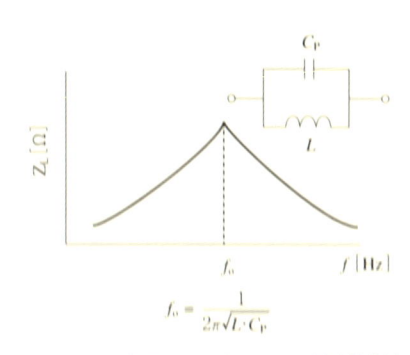

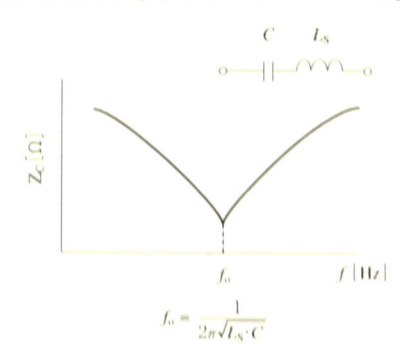

$$f_0 = \frac{1}{2\pi\sqrt{L \cdot C_\mathrm{p}}}$$

$$f_0 = \frac{1}{2\pi\sqrt{L_\mathrm{s} \cdot C}}$$

図 5.3.4 L 素子のインピーダンス-周波数特性   図 5.3.5 C 素子のインピーダンス-周波数特性

波数に対する依存性を示す．共振周波数 f_0 以降の周波数においては，L 素子であれば C_p の影響によりインピーダンスが減少し，C 素子であれば L_s の影響によりインピーダンスが増加する．共振周波数 f_0 以降は図 5.3.3 の回路構成は C_p，L_s によりハイパスフィルタの構成となり，高周波ノイズを通過させてしまう方向の働きをする．よってノイズフィルタは高周波帯域で効果的な減衰特性を得るためには，C_p および L_s を小さくすることが鍵となる．

c．スイッチング電源の高調波電流対策

高調波電流対策の方法は，スイッチング電源の出力電力によって，特性・形状・コ

ストを考慮したうえでの適切な選択が必要となる．図5.3.6は出力電力別に3タイプの方式に大別したものであり，表5.3.1に各方式の概要と特徴を示す．出力電力75W以下までがチョークインプット方式，75～150Wが一石コンバータ方式，100W以上がアクティブフィルタ方式が諸条件を考慮した場合優位性があると考えられる．

表 5.3.1 高調波電流抑制各種方式の比較

	概要	適用出力電力	メリット	デメリット
アクティブフィルタ方式	従来型コンデンサインプット方式 アクティブフィルタ方式 クラスAに対応	200 W～	AC100V～200Vの連続入力可能 力率が良い(0.90) DC/DCとの分離可能	コスト高 電源の大型化 EMIの悪化 …フィルタの強化が必要となる
一石コンバータ方式	従来型コンデンサインプット方式 一石コンバータ方式	～300 W	低コスト 小型、軽量	AC100V～200Vの連続入力対応がむずかしい EMIの悪化 …フィルタの強化が必要となる
チョークインプット方式	従来型コンデンサインプット方式 チョークインプット方式 パッシブフィルタ DC/DCコンバータ クラスDに対応	～150 W	非常にシンプル(既存の電源にコイルを追加) 低コスト EMIノイズ低減の付帯効果	AC100V～200Vの連続入力対応がむずかしい コイルが大型、重い(ケイ素鋼板を使用のため)

5.3 電源におけるノイズ対策

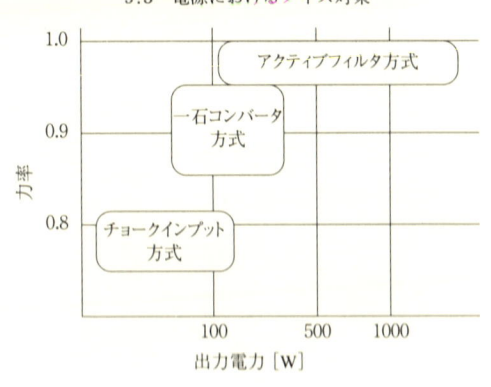

図 5.3.6 高調波電流抑制の各種方法

d. 高調波電流抑制回路付きスイッチング電源の EMC 対策効果事例

表5.3.2に出力電力100 W (5 V, 20 A)クラスのスイッチング電源のスイッチング周波数, 電源体積および内蔵ノイズフィルタ部の占有率の比較を示す. スイッチング

表 5.3.2 スイッチング電源 出力電力 100 W (5 V, 20 A) クラスの比較

スイッチング方式	プッシュプル方式	シングルエンデッド・フォワード方式	シングルエンデッド・フォワード方式
スイッチング周波数	80 kHz	140 kHz	140 kHz
高調波電流抑制回路の有無	なし	なし	あり (90 kHz)
定格入力電流	2.2 A	2.2 A	1 A
電源本体 サイズ W/H/D [mm]	63/97/200	54/97/200	50/92/188
電源本体 体 積 [cm³]	1222	1048	865
電源本体 床面積 [cm²]	126	108	94
ノイズフィルタ部 体積 [cm³]	63	63	87
ノイズフィルタ部 床面積 [cm²]	21	15	28
ノイズフィルタ部占有率(体積比較)	5%	6%	10%
対応EMI規格	FCC-A	FCC-A VCCI-A	FCC-B VCCI-B EN55022-B EN61000-3-2

周波数を80 kHzから140 kHzと高周波化したことにより電源本体は体積比にて86%小型化されているが, ノイズフィルタ部は同等の体積であるため実質ノイズフィルタ部占有率は若干増加している. ENのEMC規格を満足した高調波電流抑制回路付き電源は, スイッチング周波数の高周波化とは別の方法(面実装部品の使用やプリント基板両面実装などの技術)により体積比83%の小型化を実現している. しかしながらノイズフィルタ部は, 体積および占有率ともに大きくなっている. これはEMI規格の限度値レベルがAからB対応と厳しくなったこと, および高調波電流抑

制方法にアクティブフィルタ回路方式を採用していることにより EMI が増加しノイズフィルタ部を強化したことによる.

図 5.3.7 に高調波電流抑制回路付きスイッチング電源の外観写真を，図 5.3.8 に内蔵ノイズフィルタの回路構成を示す．VCCI，EN 規格のクラス B 限度値を満足す

図 5.3.7 高調波電流抑制回路付きスイッチング電源
(出力電力 100 W)

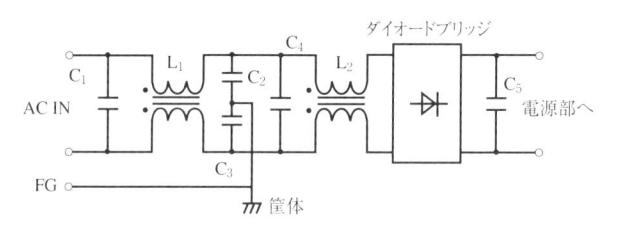

図 5.3.8 高調波電流抑制回路付きスイッチング電源の内蔵ノイズフィルタ部構成

るためには，コモンモードノイズ対策用として 2 個のコモンモードチョークコイル (L_1, L_2) とラインバイパスコンデンサ (C_2, C_3) を T 型構成し，ノーマルモードノイズ対策用としてフィルムコンデンサを AC ライン相互間に 2 個 (C_1, C_4) およびダイオードブリッジの後段に 1 個 (C_5) 使用したフィルタ構成である．

 i) コモンモードチョークコイル　コモンモードチョークコイルは一つの閉磁芯に 2 巻線が施してあり，これらの巻線は負荷電流の往復によって磁芯内に発生した磁束が互いに打ち消される構造になっているため，AC ライン電流による磁芯の磁気飽和は起こりにくい．ただし相互結合が 100 % でないために互いの巻線に鎖交しない磁束成分が漏れ磁束となる．この漏れ磁束がノーマルモードのインダクタンス成分としてノイズ抑制に効果をもつことは有益であるが，漏れ磁束が大きいとスイッチング電源の入力電流にて磁気飽和が生じ，L 素子としてまったく機能を果たさないことになる．コンデンサインプット型整流回路をもつスイッチング電源は，実効値電流に対して数倍のピーク値をもつパルス状の入力電流であるのに対して，高調波電流抑制

回路付きスイッチング電源は正弦波状の入力電流でありピーク値は実効値電流の 1.4 倍に抑えられることから，コモンモードチョークコイルの磁気飽和が前者に対しては起こりにくい．

大きなインダクタンスを確保するためにコイルの巻線数を増やすと巻線の分布容量が増加し高周波帯域の減衰効果を悪化させるため，分割巻したコモンモードチョークコイルを使用し巻線の分布容量 C_p を小さくすることにより高周波帯域の減衰効果を改善できる．

ⅱ）ラインバイパスコンデンサ（Yコンデンサ）　Yコンデンサは安全確保のために，海外安全規格を取得した高耐圧のセラミックコンデンサを用いる．ノイズ減衰の見地からは静電容量の大きいコンデンサほど効果が大きいが，それぞれのコンデンサの中点が筐体（一般に FG と呼ぶ）に接続されるためにリーク電流の問題が発生する．リーク電流は人体が金属部分に接触した場合に感電を引き起こす危険性や，漏電ブレーカなどの作動を起こす可能性があるため，電流値は安全規格により制限される．よって必然的に使用できるコンデンサの静電容量値も制限を受ける．

Yコンデンサの中点から筐体（FG）までの長さは EMI の 10〜50 MHz のレベルに大きく影響を及ぼすこと，並びに AC ラインから Y コンデンサまでの距離は中点と筐体間ほどには影響が少ないことを考慮して，プリント板上で可能な限り最短距離で筐体へ接続するレイアウトがなされる．また，FG 端子と筐体（FG）の距離が長いと，FG 端子接地で測定した場合と筐体直付け接地で測定した場合で EMI レベルに差が生じてしまうので，上記同様にできるだけ最短距離になるようにレイアウトする（図 5.3.9 参照）．

図 5.3.9　ノイズフィルタ部 Y コンデンサの配線長の留意点

ⅲ）アクロスラインコンデンサ（Xコンデンサ）　Xコンデンサは海外安全規格を取得したメタライズドポリエステルフィルムコンデンサを用いる．$0.47 \mu F$ 以上のコンデンサを使用することにより 150 kHz〜1 MHz 帯域の EMI レベル低減に効果がある．特にブリッジダイオードの出力側にフィルムコンデンサを付加することにより，アクティブフィルタのスイッチング動作（Turn OFF）によるブリッジダイオードのストレスを低減するとともに，スイッチング基本周波数の第2次，第3次高調波数の EMI レベルを低減できる．図 5.3.10 にブリッジダイオード出力側のフィルムコンデンサの有無による EMI 低減効果を示す．

5. ノイズ対策技術の応用

(フィルムコンデンサなし)

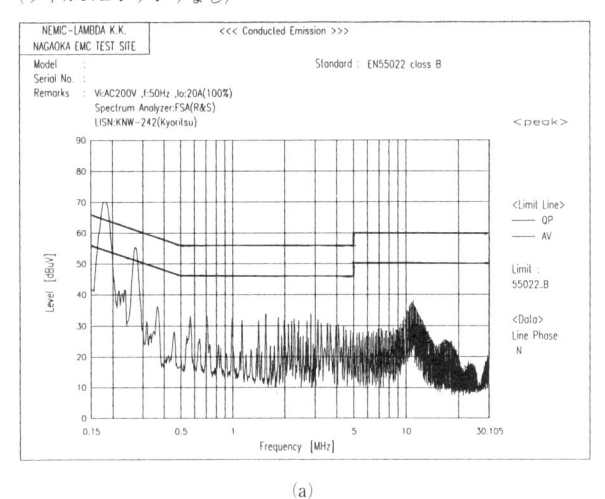

(a)

(フィルムコンデンサあり)

(b)

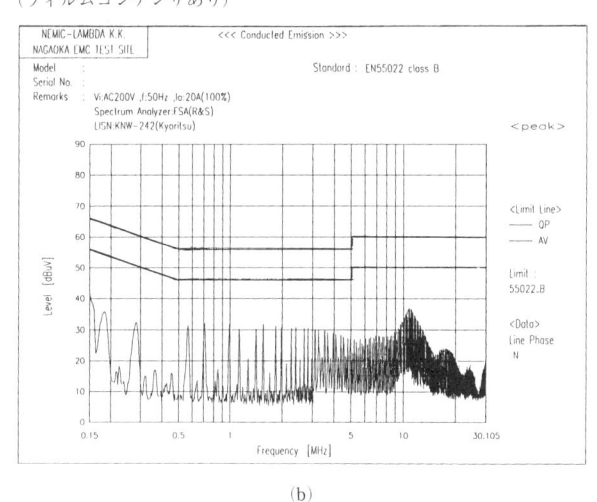

図 5.3.10 ブリッジダイオード出力側のフィルムコンデンサの効果

iv) トランス(DC-DC コンバータ部)　トランスは1次側と2次側を電気的に絶縁してエネルギーを伝達する．エネルギー伝達に関しては1次-2次間の磁気結合を高める必要があり，一方ノイズの伝達に関しては1次-2次間の静電結合を低く抑える必要がある．この両者の結合は相反する性質がありバランスを考慮することが重

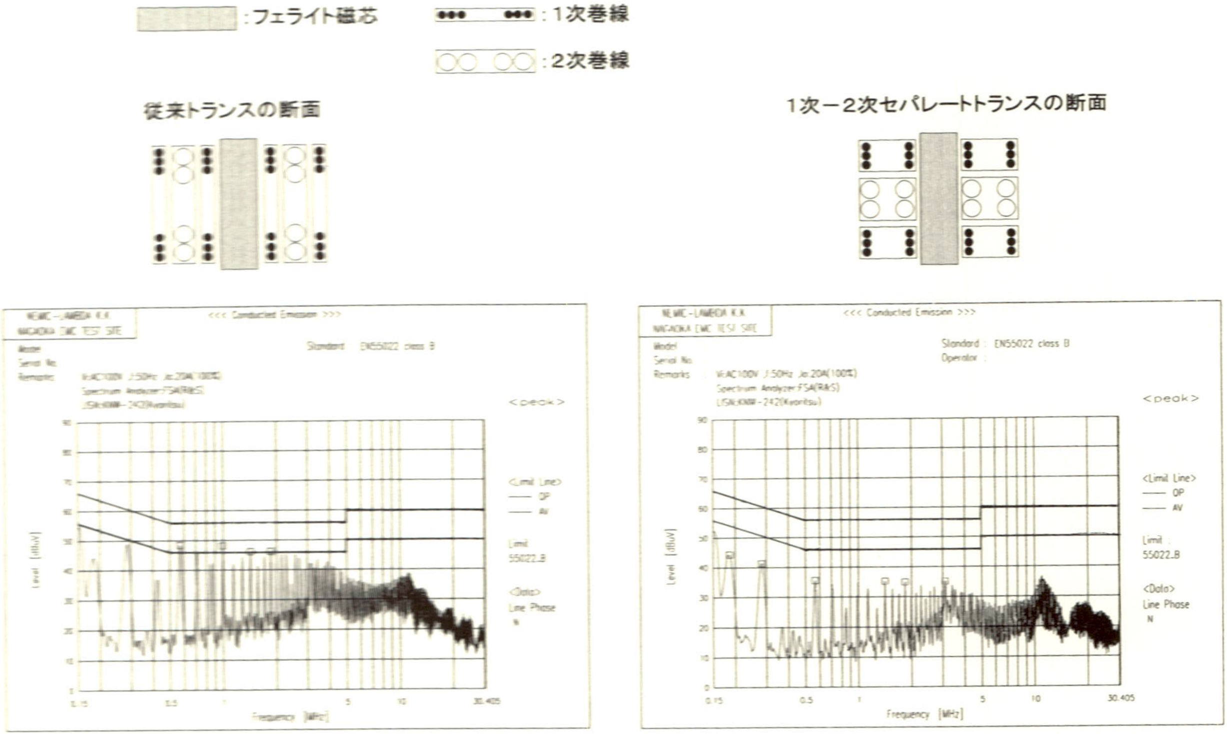

5.3 電源におけるノイズ対策　　　　　　　　　　　　　　　　　　　　　　　　　337

図 5.3.11　トランス構造による EMI への影響

要である．場合によっては1次-2次間にシールド層を入れることもあるが，コストアップになってしまう．1次巻線の上に2次巻線を巻き，さらに1次巻線を巻くといった従来のトランス構造とは異なり，1次および2次巻線を別のセクションに巻く方法(セパレート構造)によりきわめて1次-2次間の静電結合を低く抑えることができる．図5.3.11に従来型トランス構造と1次-2次セパレート型構造のEMI低減効果を示す．

EI型磁芯を使用したトランスチョークコイルは，磁芯ギャップ近傍に強磁界が発生するため回路パターンにノイズを誘導する原因となる．制御回路動作に影響を与えないように磁芯のギャップ位置はプリント板と反対側になるような構造になっている．

v) まとめと今後の課題 スイッチング電源を小型化するために各素子と回路配線が近接する構造にならざるをえない場合があるが，そのために静電結合および電磁誘導といった素子間の相互干渉を生じ結果的にEMIが増加する．またスイッチング周波数の高速化を実現するためにMOS-FETがスイッチング素子の主流となっており，従来のバイポーラトランジスタではあまり問題とならなかった5～100 MHzの周波数帯域のEMIが，高速なスイッチング動作により増加してきている傾向がある．特に10 MHz以上の周波数帯域の対策はノイズフィルタの回路構成よりも，部品配置やプリント板の回路パターン設計に依存するところが大きい．具体的にはフィルタ入出力間の遮へい特性の改善，アースパターンおよびアース線の低インピーダンス化，コモンモードチョークコイルとトランスおよび平滑チョークコイルの配置・方向による磁気結合の抑制などが対策としてあげられる．内蔵ノイズフィルタ部をシールドケース(金属製)にて遮へいし，ノイズフィルタの内外が電磁気的に分離している例もある．

(早福敏明)

文　献

1) 原田耕介監修：スイッチング電源の高調波対策，日刊工業新聞社，1997．
2) ネミック・ラムダ㈱：高調波電流抑制フィルタ，ミマツデータシステム，*EMC*, 90, 1995．
3) ネミック・ラムダ㈱：スイッチング電源用基板実装ノイズフィルタ，エレクトロニクス実装技術，3(10), 1987．

5.3.3 UPSにおける対策

コンピュータネットワークの発展に伴いデータ保護のためにUPS (uninterruptible power supply：無停電電源装置) は不可欠なものとなってきている．その役割も瞬断や電圧変動などを許さない電子機器への無停電電力の供給のみならずコンピュータとの対話機能により停電発生時には自動シャットダウンをし，またUPS自体の状態表示や制御機能，保守のための予告など多彩な機能をもち情報化社会の電力安全保障のために重要である．さらに高力率整流回路やアクティブフィルタ機能の付加により

5.3 電源におけるノイズ対策

コンピュータで発生する高調波電流を吸収することもできる．コンピュータの処理速度の向上によりデータ伝送速度が上がってくるとノイズの影響が大きくなり，データ通信に障害を与えたり，逆に UPS 内部における制御やデータ通信のための CPU が外部からのノイズや操作時に生じる静電気により誤動作を発生する事象もあるため，UPS における EMC はますます重要なものとなってきている．

a. 適用される規格

UPS は多くの場合コンピュータおよびコンピュータネットワーク構成機器と組み合わせて使用されるが，適用 EMC 規格としては，それらの関連規格が引用される．主なものは

① EMI 関連： VCCI（情報処理装置等電波障害自主規制協議会）技術基準 CISPR，VDE，FCC などの通信関係のノイズ規制規格
② イミュニティ関連： IEC-1000-4-2〜6 のイミュニティ試験関連および JEIDA-29（日本電子工業振興協会）工業用計算機設置環境基準
③ 高調波規制： IEC-1000-3-2 高調波に関する限度値．資源エネルギー庁公益事業部長通達「家電汎用品および高圧または特別高圧高調波抑制ガイドライン」

EMI 関連の規格は主として音声通信機器へのノイズ規制であるため，データ通信においてはこれらの規格を満足していても漏れ電流に含まれる高調波成分がモデムなどの通信ケーブルに影響を与える場合があり，ケーブルのシールドはもとより現場での種々の対策を含むシステム全体としての対策および評価が重要である．

b. ノイズの発生原因と分類

UPS においては不要電磁波の発生原因が数カ所存在し，発生する各部位によりその種類（周波数，波形，振幅）が異なり，それにしたがい外部への伝搬モードが異なってくる．

高い周波数成分はラジエーションモードとして電波となり，筐体や内部・外部配線，アース線がアンテナの役目となって放射され，広範囲の通信機器，特に受信系やディスプレイに影響を及ぼす．一方，比較的低い周波数成分はコンダクティブモードとして接続線を通して伝導し，近傍の電子機器に影響を及ぼす．さらに低い周波数成分は磁力線となり，ディスプレイ装置の画面ひずみや振動を発生させたり盗難防止装置のセンサに影響を与えた事例もある．

不要電磁波の主な発生部位は順変換部，逆変換部，バッテリー部などがある．

i） **順変換部** 順変換部は交流（50 Hz，60 Hz，400 Hz など）を直流に変換する部位であり，同時にバッテリーを充電する機能を含めることもあり，定電圧制御をしている．定電圧制御は従来のサイリスタ混合ブリッジ法から最近は高力率コンバータ法の採用が一般的となっており，この手法は高調波の発生を防ぐ目的を果している．コンバータ回路の方式にはさまざまなものがあるが，後段の逆変換回路との組み合わせから小型（5 kVA 以下）では倍電圧制御方式が，大型（3 相入力）ではフルブリッジ方式がよく使われる．回路の例を図 5.3.12 に示す．

このような高力率整流回路の採用により，現在常時インバータ給電方式（ON LINE

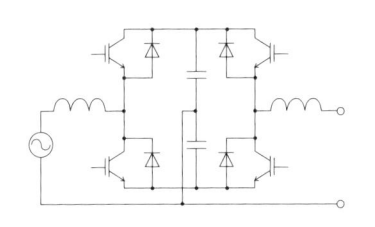

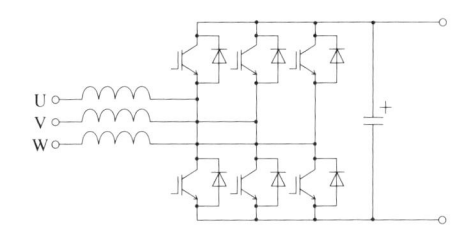

(a) 単相の場合(逆変換部も含む)   (a) 3相の場合

図 5.3.12　順変換部の回路例

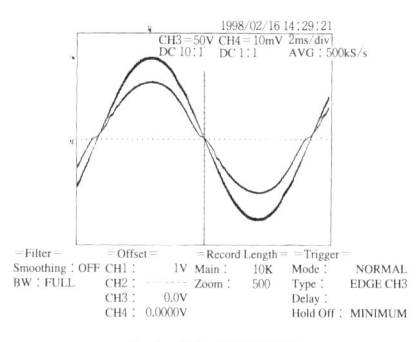

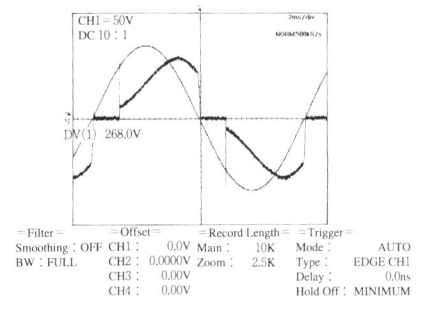

(a) 高力率整流回路   (b) サイリスタ混合ブリッジ回路

図 5.3.13　整流回路の種類による UPS の入力電流・電圧波形の例

方式)の UPS の入力電流波形はほとんど高調波を含まない正弦波形となっていて，規制値を満足している．電圧制御回路の差異による電圧・電流入力波形の例を図 5.3.13 に示す．

常時商用給電方式(OFF-LINE 方式)の UPS では，特別な処置をしない限り負荷側で発生する高調波は入力側へ帰還するので注意を要する．その予防策としてアクティブフィルタ機能を付加して負荷側で生じる高調波を吸収しているものも一部みかける．高力率コンバータは高調波の発生を防ぐ一方，スイッチング速度の向上に伴い，不要電磁波の発生原因ともなっている．

ⅱ) 逆変換部　　逆変換部は PWM (pulse width modulation)制御方式の採用が普及している．交流出力インバータの特性上，一般的には無効電力を回生するフリーホイリングダイオードが必要であるが，ダイオードの逆回復電流が原因となる高周波ノイズの発生が多い．変換部の半導体と冷却フィン間のストレーキャパシティやバス回路に挿入されている電解コンデンサと外部筐体間とのストレーキャパシティがコモンモードノイズの発生原因となり，それらに接続される配線類や筐体自身がアンテナとなり空間に不要電磁波となって放射される．

iii) **バッテリー部**　バッテリー部は順変換部と逆変換部の中間に配置されているため，両者が発生する高周波ノイズを受ける．バッテリーは構造上広い極板を有するため筐体との間でストレーキャパシティをもち，これを通してノイズが伝搬し，コモンモードノイズが発生する．

c. 対策の実例

i) 伝導性ノイズの対策　コモンモードノイズは，スイッチング部で発生したノイズ電流がストレーキャパシティを通して筐体に結合し伝導ノイズとなって入出力部へ帰還し影響を及ぼすものである．対策としてはこの電流経路のインピーダンスを高くするか，または遮断する，あるいは入出力部を通らないようにバイパスする．以下対策事例を紹介する．

① 高周波ノイズフィルタの使用
- 最近のフィルタはコア材質やコンデンサの研究が進み，減衰特性が非常によくなっている．したがってこれを活用すればノイズ発生部位などの全体を金属ケースで囲い込むことは必ずしも必要でなく，低コストとしたものもシリーズ化されている．
- 0.5 MHz 以下の帯域を減衰させるにはチョークコイルが2段になったものの採用やリングコアを別に取り付けることも有効である．
- ディファレンシャルモードノイズを減衰させることでコモンモードノイズも減衰するので，線間コンデンサを増加させることも有効である．

② バッテリー部とインバータ部が別に設置された場合，アース接続線やフリーアクセスの床を通して流れるノイズ電流が通信線に影響を与えることがあり，あるいは入力雑音端子電圧が減少しないことがある．このような場合，
- バッテリーの接続ケーブルにコモンモードチョークを挿入する
- バッテリーとインバータ筐体部を銅板のような低インピーダンスの導体で接続しノイズ電流をバイパスする

ことが効果的である．電線はインダクタンスをもつので銅板で接続するのが望ましい．

ii) 放射ノイズ対策　UPS の場合，筐体だけで完全にシールドすることはむずかしいので，内部配線から放射されるノイズを低減させなければならない．以下低減の事例を示す．

① スイッチング素子に接続する配線は極力短くし，かつ垂直方向の部分をなくすようにする．これは垂直偏波が大地反射で伝搬しやすくなることを防ぐものである．

② UPS は内部における種々の制御や外部とのデータ通信のために CPU を使用しており，プリント基板からの放射ノイズが規格値を超えることがある．この対策として，
- パターンを短縮させる
- クロック波形の立上り・立下りをコンデンサなどで鈍らせる（フーリエ領域での高周波成分除去）

・ 回路板間のインタフェースケーブルにリングコアを取り付ける

などが有効である．

③ スイッチング素子が発生する高周波ノイズはコンデンサにより大方吸収されるが，取り付け配線が長いと効果がなくなるので注意する．素子側に高周波特性のよいフィルムコンデンサを挿入するのもよい．

iii) **イミュニティ対策**　インパルスノイズ，雷サージノイズ，静電気ノイズが主対象となる．

① UPS は鉄板の筐体をもつため静電気対策としては鉄板同士をしっかり接続し，アースインピーダンスを低くすることで相当な効果がある．最近はプラスチックが使用される例があり，そのような場合は帯電防止塗装や電子回路部分のシールドが必要である．

② 静電気対策上回路の弱い部分が特定できる場合は，部分対策でインパルスノイズや雷サージの耐量を上げることができ，アレスタとの組み合わせで 20 kVA 程度まで耐力が得られた例もある．　　　　　　　　　　　　　　　　（中山法也・山崎博久）

5.3.4　交流電源上のノイズ対策

a. 電源周辺の回路条件と障害

i) **線路インピーダンスが不特定，不安定である**　回路を信号系と電源(力)系に大別したとき，信号系においてはノイズに敏感なセンサや増幅器などがあり，これらは障害を受けやすい．その反面線路インピーダンスを整合でき，専用フィルタを最も効果的に使用できるなどの可能性があり，入力の波形を規定してノイズと判別させたり不感帯を設けるなどさまざまな手段を講ずる余地もあり[1]，総じて定量的に扱える有利さがある．それに比べ電源系にはそのような手段を講ずる余地がなく，不特定多数の機器・装置類が接続されてさまざまな稼働を行い，線路インピーダンスは場所と時刻によってたえず変化する．対策を施すにあたってこの点への配慮を欠くことができない．

ii) **強大なノイズ源が含まれる**　ノイズ発生源はほとんどすべてが電源線路に接続されており，強大な，予想外のノイズが発生することが普通である．また線路インピーダンスの低い配電母線に周辺への誘導の強い大電流のノイズが流れていることが多い[2]．ノイズ障害の現場で電源回路への対策を抜きにして解決できることはほとんどない[3,4]．

b. 電源まわりのトラブルとアイソレートする利点

このような条件下で確実に障害を防止する手段としては，要所でアイソレート(分離・絶縁)することが最も有利で信頼性が高い[5]．それにより対策が過度にケースバイケースに陥ることを防止でき，事故・落雷などの突発的な障害波から系統を守ることができる．

電源回路に挿入するノイズカットトランス(4.1.4 参照)はそのための有効な手段である[6]．図 5.3.14 はその作用と効果についての実例である．これは化学製品の大量

5.3 電源におけるノイズ対策

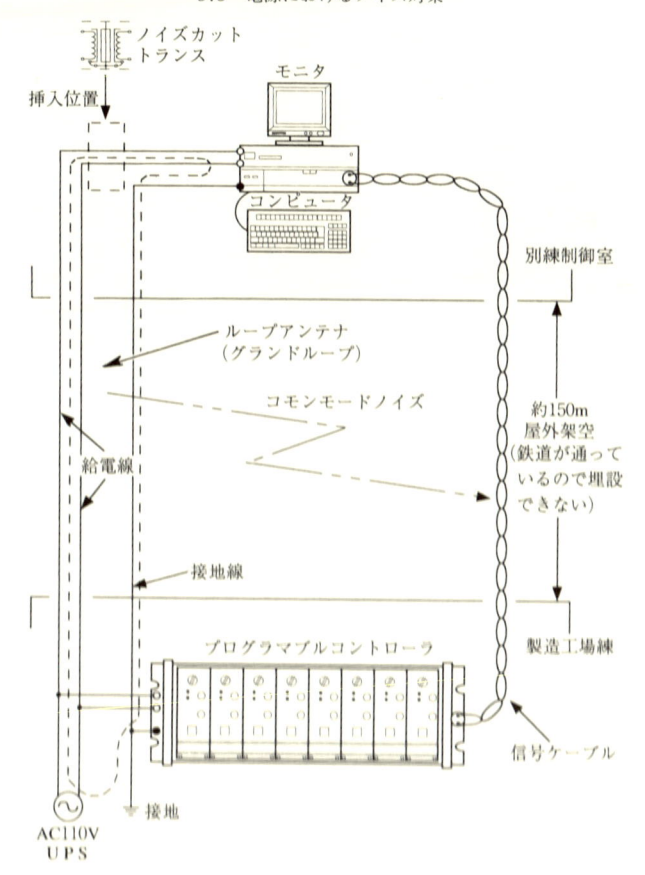

図 5.3.14 配電線側で接地ループをアイソレートした事例

生産工場の自動製造システムで発生したノイズ障害の解決事例である．工場棟に設置された最新式のプログラマブルコントローラと，約150m離れた別棟の制御室の制御用コンピュータとの間に障害が発生した．

調査の結果，システムの制御系はすべて専用の無停電電源（UPS）から給電されており，この給電線とシステム共通の接地線の間に大きなループ（グラウンドループ）が生じ，これがループアンテナを形成してコントローラの動作時にコモンモードノイズを放射し，並行して空中に張られている自動製造システムの信号ケーブル（2芯ツイストペア線）と接地線間のループにコモンモードで誘導し，障害を与えていることが判明した．

システムの動作上，個別の接地点を設けることができず，両者が1本の接地線で

結ばれていないとならなかった．したがってグラウンド側でループを切る（開路する）ことができない．そこで図 5.3.14 記載の位置にノイズカットトランスを挿入することによってアンテナとなっている接地線ループを線路側で切り，それによって障害は解決した．

c. ノイズカットトランス使用時の要点

ノイズカットトランスを使用するにあたり特に大切なことは次の 2 点である．

① ノイズカットトランスの 1 次側配線～2 次側配線間の結合を防ぐために 1 次側と 2 次側の配線を離し，かつ必要により遮へいすること．

② ノイズカットトランスの遮へい体(4.1.4.a 項参照)とグラウンドを広い面積と強い圧力で効果的に接続すること．

最も標準的な接続例を図 5.3.15 に示す．

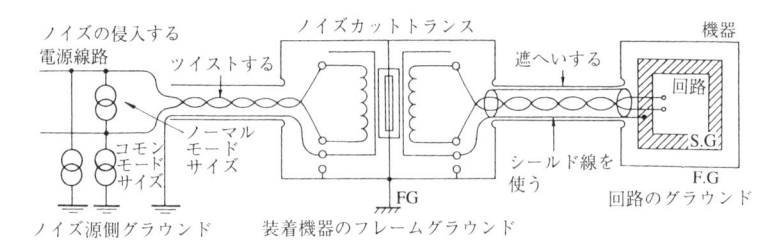

図 5.3.15　最も標準的なノイズカットトランスの使用例

d. 瞬時停電・高調波対策機能を付加したノイズカットトランス

ノイズカットトランス単独では電力周波数に近い周波数のノイズ（3 kHz 程度まで）は防止できない．瞬時停電と高調波にも同時に対処できるようにノイズカットトランスと並列共振型 AVR（自動定電圧装置）を結合した製品もある[7,8]．図 5.3.16 がその

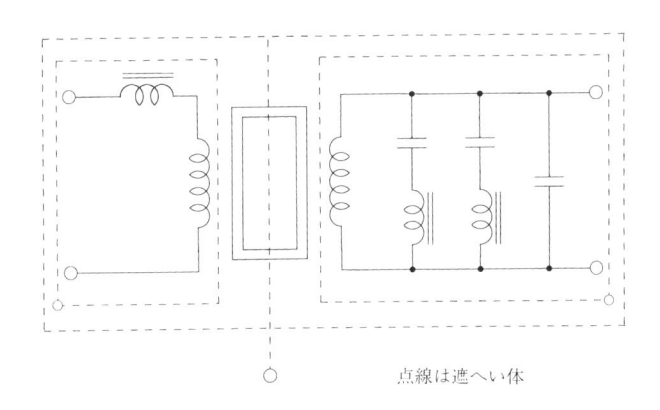

図 5.3.16　AVR 機能を付加したノイズカットトランスの等価回路

5.3 電源におけるノイズ対策

図 5.3.17 小型のノイズカットトランス例

図 5.3.18 大型のノイズカットトランス例

主回路の等価回路である。これは誘導 M 型フィルタとみることができるもので，高調波を除去し 1% 以下の波形ひずみ率と，さらには付加回路を設けることによって 0.1% の電圧安定精度を有するものもある。　　　　　　　　　　　（矢ヶ崎昭彦・平田源二）

文　　献

1) 佐藤憲一：信号ラインと端子のノイズ対策，'88 年 EMC・ノイズ対策技術シンポジウムテキスト，日本能率協会，1988．

2) 矢ヶ崎昭彦, 平田源二：電源における EMI 対策, '91 年 EMI・EMC・ノイズ対策技術シンポジウムテキスト, 日本能率協会, 1991.
3) 矢ヶ崎昭彦：電源ラインよりのノイズ防止技術, 静電気学会, 静電気学会誌, **13**, 1, 1989.
4) 平田源二：ノイズトラブル相談室, 日本情報網企画, 1986.
5) 矢ヶ崎昭彦：アイソレーショントランスによるノイズ対策, 電子機器ノイズ防止の基礎と実際, 電子情報通信学会環境電磁工学研究専門委員会ワークショップ資料, 1993.
6) 矢ヶ崎昭彦：アイソレーショントランス, ノイズ対策最新技術 第Ⅴ章対策部品-L・C・R アイソレーショントランス(同編集委員会編), 総合技術出版, 1986.
7) 矢ヶ崎昭彦：コンピュータの電源として考慮すべき点, 電気技術講座放送テキスト, S60Ⅳ, 日本電気技術者協会, 1985.
8) 矢ヶ崎昭彦：安定化電源, ノイズ対策最新技術 第Ⅶ章対策部品－電源(同編集委員会編), 総合技術出版, 1986.

5.4 実装, 配線におけるノイズ対策

5.4.1 反射ノイズ
a. 反射発生のしくみとその解法
ⅰ) 反射発生のしくみ[1]　　特性インピーダンスがそれぞれ Z_1, Z_2 の線路を接続したときを考える.

Z_1 の線路を進行してきた正の進行波の電圧, 電流 v_1, i_1 は, 接合点で図 5.4.1 に示すように, 反射波(負の進行波) v_1', i_1' と Z_2 側に透過する透過波 v_2, i_2 とに分かれる.

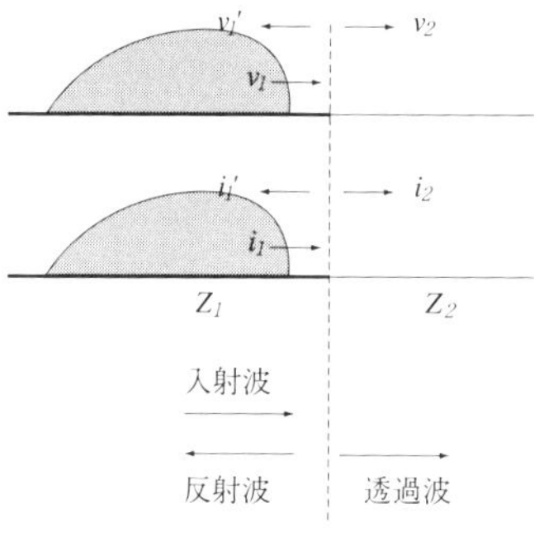

電圧および電流の連続性から,

$$v_1 + v_1' = v_2, \quad i_1 + i_1' = i_2 \tag{5.4.1}$$

電圧と電流の関係から

$$v_1 = Z_1 i_1, \quad v_2 = Z_2 i_2, \quad v_1' = -Z_1 i_1' \tag{5.4.2}$$

v_1 を既知としてこれらを解き, 反射波の入射波に対する比 v_1'/v_1 を求めると,

$$r = \frac{v_1'}{v_1} = \frac{Z_2 - Z_1}{Z_2 + Z_1} \tag{5.4.3}$$

図 5.4.1 進行波の反射と透過

を得る. この比 r を反射係数という. この係数だけが線路の不連続点で反射して信号が進んできた方向に戻る. これが反射発生のしくみである.

ⅱ) ラプラス変換による解法　　次に, 最も単純化した無損失分布定数線路について伝送波形を計算する.

分布定数線路を回路的に書き表すと図 5.4.2 のようになる. ここに L, C は単位長あたりのインダクタンスおよびキャパシタンスであり, $\Delta v, \Delta i$ は長さ方向 x の微小区

5.4 実装, 配線におけるノイズ対策

間 Δx における電圧 v, および電流 i の変化分を表す.

図 5.4.2 において,

$$-\Delta v = L\Delta x \frac{di}{dt} \quad (5.4.4)$$

$\Delta x \to 0$ とすると,

$$-\frac{\partial v}{\partial x} = L\frac{\partial i}{\partial t} \quad (5.4.5)$$

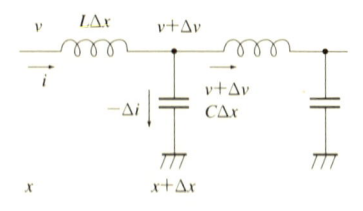

図 5.4.2 分布定数線路の基本型

同様に,

$$-\frac{\partial i}{\partial x} = C\frac{\partial v}{\partial t} \quad (5.4.6)$$

式(5.4.5)および式(5.4.6)が分布定数線路の基本式である[2,3].

回路が線形の場合にはラプラス変換によって偏微分方程式を定微分方程式にして, 簡単に解くことが可能である.

式(5.4.5), (5.4.6)をそれぞれラプラス変換して,

$$-\frac{dV}{dx} = sLI \quad (5.4.7)$$

$$-\frac{dI}{dx} = sCV \quad (5.4.8)$$

式(5.4.7)を x で微分して式(5.4.8)を代入すると,

$$\frac{d^2V}{dx^2} - s^2LCV = 0 \quad (5.4.9)$$

式(5.4.9)は,

$$V = e^{\pm s\sqrt{LC}} \quad (5.4.10)$$

の解をもつ. ここで, $u = 1/\sqrt{LC}$ とおく. u は線路上を伝わる信号の進む速度である.

式(5.4.9)の一般解は,

$$V = A_1(s)e^{-\frac{x}{u}s} + A_2(s)e^{\frac{x}{u}s} \quad (5.4.11)$$

電流については式(5.4.7)と式(5.4.11)とから,

$$I = -\frac{1}{sL}\frac{dV}{dx}$$

$$= \frac{1}{Z_0}\left\{A_1(s)e^{-\frac{x}{u}s} - A_2(s)e^{\frac{x}{u}s}\right\} \quad (5.4.12)$$

ここに, $Z_0 = \sqrt{L/C}$ であり, これを線路の特性インピーダンスという.

図5.4.3のように設定した線路条件によって境界条件を求めて式(5.4.11)および(5.4.12)に代入する.

$x = 0$ で $V = V_0 - R_1 I$ および $x = l$ で $V = R_2 I$ であるから,

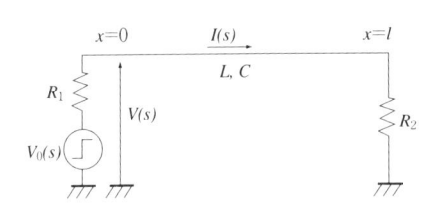

図 5.4.3 分布定数線路

$$\left(1+\frac{R_1}{Z_0}\right)A_1+\left(1-\frac{R_1}{Z_0}\right)A_2 = V_0 \quad (5.4.13)$$

$$\left(1-\frac{R_2}{Z_0}\right)A_1 e^{-\tau s}+\left(1+\frac{R_2}{Z_0}\right)A_2 e^{\tau s} = 0 \quad (5.4.14)$$

ここに, $\tau = l/u$ で, 線路を信号が伝わる時間を表す.

式(5.4.13)と式(5.4.14)の連立方程式を A_1 と A_2 について解く.

$$A_1 = \frac{Z_0}{Z_0+R_1}\sum_{n=0}^{\infty}\left(r_1 r_2 e^{-2\tau s}\right)^n V_0 \quad (5.4.15)$$

$$A_2 = \frac{r_2 Z_0}{Z_0+R_1}e^{-2\tau s}\sum_{n=0}^{\infty}\left(r_1 r_2 e^{-2\tau s}\right)^n V_0 \quad (5.4.16)$$

ここで,

$$r_1 = \frac{R_1-Z_0}{R_1+Z_0} \quad (5.4.17)$$

$$r_2 = \frac{R_2-Z_0}{R_2+Z_0} \quad (5.4.18)$$

である. これらは, それぞれ近端と遠端における反射係数である.

電圧の一般解は, 式(5.4.15), (5.4.16)を式(5.4.11)に代入することで求まる. $f(t)$ のラプラス変換を $F(s)$ とすると, $F(s)e^{-\tau s}$ のラプラス逆変換は $f(t-\tau)$ である. したがって, これらは線形の演算と時間遅れの組み合わせであり, 表計算ソフトで容易に計算できる.

1) 近端: 近端は, 式(5.4.11)において $x=0$ である.

$$V_{x=0} = \frac{Z_0}{Z_0+R_1}\times\left[1+(1+r_1)r_2\left\{e^{-2\tau s}+r_1 r_2 e^{-4\tau s}+(r_1 r_2)^2 e^{-6\tau s}\cdots\right\}\right]V_0 \quad (5.4.19)$$

$V_0 = \dfrac{v_0}{s}$ (ステップ波形)のときの電圧 $v = v(x, t)$ を式(5.4.19)のラプラス逆変換で求めると,

$$v(0,0) = \frac{Z_0}{Z_0+R_1}v_0 \quad (5.4.20)$$

$$v(0,2\tau) = \frac{Z_0}{Z_0+R_1}\left\{1+(1+r_1)r_2\right\}v_0 \quad (5.4.21)$$

$$v(0,4\tau) = \frac{Z_0}{Z_0+R_1}\left\{1+(1+r_1)r_2(1+r_1 r_2)\right\}v_0 \quad (5.4.22)$$

2) 遠端： 式(5.4.11)に $x=l$ を代入

$$V_{x=l} = \frac{Z_0}{Z_0+R_1}(1+r_2)\left\{e^{-\tau s}+r_1r_2e^{-3\tau s}+(r_1r_2)^2e^{-5\tau s}+\cdots\right\}V_0 \quad (5.4.23)$$

ラプラス逆変換して，

$$v(l, 0) = 0 \quad (5.4.24)$$

$$v(l, \tau) = \frac{Z_0}{Z_0+R_1}(1+r_2)v_0 \quad (5.4.25)$$

$$v(l, 3\tau) = \frac{Z_0}{Z_0+R_1}(1+r_2)(1+r_1r_2)v_0 \quad (5.4.26)$$

iii） 図表による解法[4,5]　　図5.4.4のように，電圧 v を横軸，電流 i を縦軸にとり，ドライバの出力特性（線形の場合は R_1 に相当），レシーバーの入力特性（同じく R_2）を描き，以下の手順で反射波形を求めることができる．なお，この方法は非線形の場合にも適当できる．

手　順　　ローからハイへの変化を示す．ハイからローも同様である．電流の向き

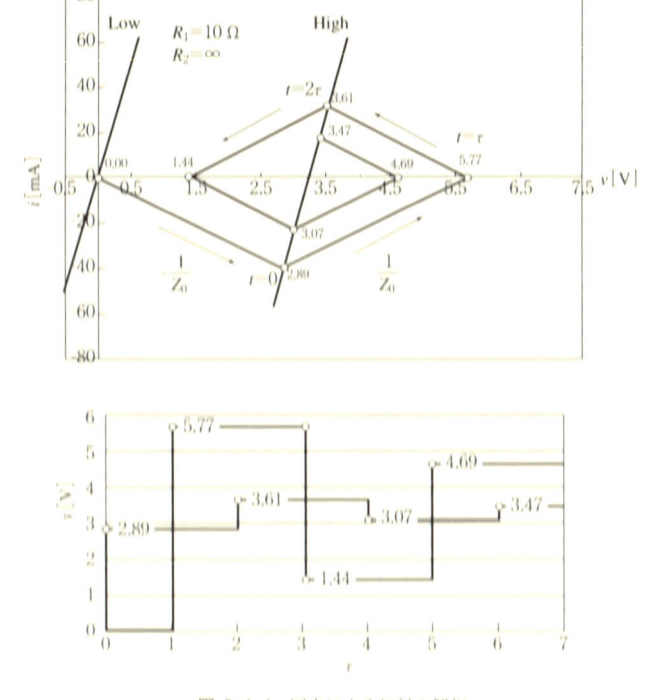

図 5.4.4　図表による反射の解析

は,ドライバに流れ込む向きをプラスにとる.方程式で解く場合とは逆なので注意のこと.
　① ドライバのローとハイの特性およびレシーバの特性を描く.

$$ロー状態 \quad i = \frac{1}{R_1}v \tag{5.4.27}$$

$$ハイ状態 \quad i = \frac{1}{R_1}(v - v_0) \tag{5.4.28}$$

いずれも直線となるが,実際のドライバの特性(非直線)をプロットしてもよい.

$$レシーバ \quad i = -\frac{1}{R_2}v \tag{5.4.29}$$

通常の CMOS の場合は,レシーバの特性は横軸に重なる($i=0$).
　② ローの安定点$(0, 0)$から$-\frac{1}{Z_0}$の傾きで直線を引き,ハイの特性との交点を求める.この点が$t=0$における状態である.
　③ $t=0$の点から$\frac{1}{Z_0}$の傾きで直線を引き,レシーバの特性と交わった点が$t=\tau$すなわち,遠端の最初の立上りの点である.τはこの線路の片道に要する時間である.
　④ $t=\tau$の点から$-\frac{1}{Z_0}$の傾きで直線を引き,ドライバのハイの特性との交点を求める.これが$t=2\tau$の点である.
　⑤ 以下同様にして,傾きの符号を毎回反転させて順次交点を求める.
　⑥ 必要とする時間までプロットを終われば,各点の電圧を別のグラフにプロットする.この場合の横軸は時間,縦軸が電圧である.

b. ドライバの駆動能力と反射

回路の高速化を考える前に,遅れが生じる原因を考える.

ⅰ) 集中負荷を駆動する場合　ドライバの出力回路と負荷との接続は,単純には図 5.4.5 のような等価回路で表され,ドライバの出力抵抗と負荷の静電容量との積による時定数によって波形がなまり,遅延が生じる.この波形のなまりは,ドライバの出力抵抗と負荷容量とにそれぞれ比例するから,駆動能力の大きい(出力抵抗が小さい)ドライバの方が負荷容量による遅延を防ぐことができる.

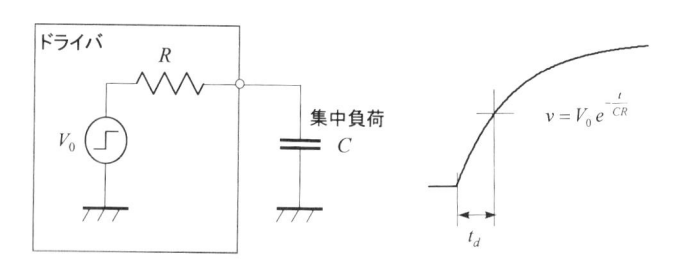

図 5.4.5　ドライバの出力の等価回路と波形のなまり

50 pF の容量負荷による遅延は，4 mA ドライバで 2.4 ns，24 mA ドライバで 0.4 ns 程度となり，集中負荷を駆動する際には駆動能力の大きいドライバのほうが高速になる．

ⅱ) **分布定数線路を駆動する場合**　分布定数線路を駆動する限りにおいては，駆動能力が小さい方が速い場合がある．駆動能力が大きいために思わぬ副作用を生じて，ノイズの問題が生じる．

以下に，最も普通に用いられる CMOS の遠端開放伝送についての数例を述べる．

1) **駆動能力が大きい悪い例**(図 5.4.6)：　近端の波形はくずれていないが，信

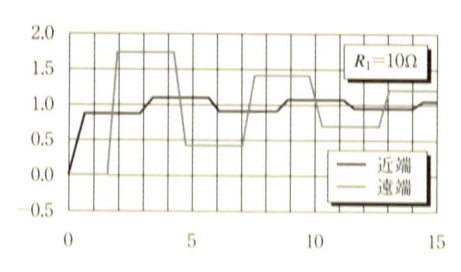

図 5.4.6　駆動能力が大きい場合

号を必要としている遠端は非常に乱れている．特別な事情がない限り通常の分布定数線路を終端なしでこのような駆動能力の大きなドライバで駆動すべきではない．
$R_1 = 10\,\Omega$ は，ドライバの出力電流が 24 mA の場合に相当する．

2) **双方向伝送に最適な例**(図 5.4.7)：　近端の最初の立上りのレベルと，遠端

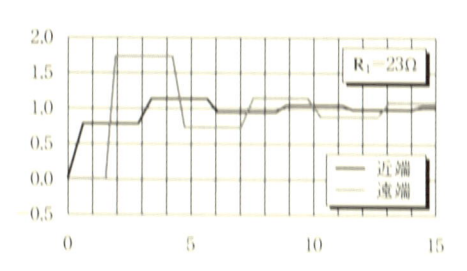

図 5.4.7　双方向伝送に最適な例

のオーバシュートによる跳ね返りのレベルとを同じに選ぶとノイズマージンが最大となる．このときのドライバの出力抵抗は，式(5.4.20)と式(5.4.26)とを等しくおくことによって求まり，線路の特性インピーダンスの 1/3 となる．線路の特性インピーダンスが 70 Ω のときには出力抵抗 23 Ω，すなわち 12 mA ドライバが相当する．

3) **1対1伝送に最適な例**(図 5.4.8)：　遠端開放の 1 対 1 伝送では，線路の特性インピーダンスと等しい場合が遠端の波形が最良である．図に示すように，近

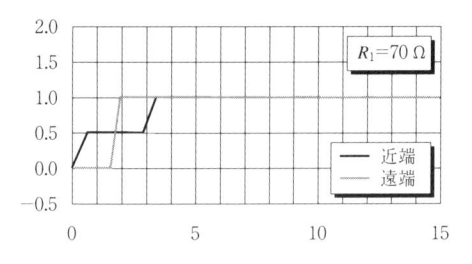

図 5.4.8 送端終端伝送

は段が大きいが,遠端は1回できれいに立ち上がり,その後の波形の乱れもない.ドライバの駆動能力に換算すると,4 mA ドライバがこれに相当する.

このように,ドライバの出力抵抗を線路のインピーダンスに整合させることを送端終端方式という.

4) ダンピング抵抗: 波形の乱れを防止するために,ドライバの出力に直列に抵抗器(ダンピング抵抗)を挿入することがよく行われる.

24 mA ドライバの出力に 39 Ω のダンピング抵抗を入れることは,ドライバの出力抵抗を,もとの 10 Ω に対して,プラス 39 Ω すなわち 49 Ω にしているわけである.このときの波形の変化は,図 5.4.6 から図 5.4.9 のように変化する.

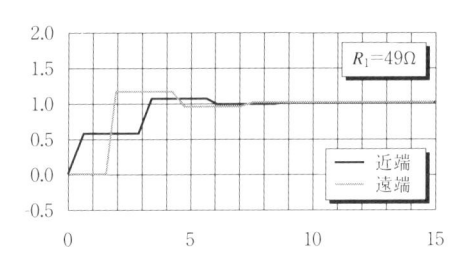

図 5.4.9 ダンピング抵抗を追加した例

このダンピング抵抗による効果は,24 mA ドライバの駆動能力を 6 mA 程度に弱めていることになる.

それならば,最初から 4 mA とか 6 mA の駆動能力の小さなドライバを使えばいいわけであるが,どうしても集中定数回路のときの習慣で,駆動能力が小さいと遅くなると思い込んでいるだけである.

5) 分布定数線路におけるドライバの選択 集中定数回路では,容量負荷による遅延を回避するために,駆動能力の大きなドライバを用いて高速化をはかることができる.分布定数回路では,ドライバの駆動能力は高速化のためではなくて,反射を回避するための考慮が必要である.1対1伝送なら 4 mA ドライバで十分であり,双

方向伝送で，近端の信号も必要な場合には，12 mA ドライバを用いればよい．

いずれにしても，通常の CMOS を分布定数回路に用いる場合には，24 mA のように大きな駆動能力が必要になることはない．

c. 反射による波形乱れを防ぐ方式

 i) 整合終端 反射による波形乱れを防ぐには，近端または遠端あるいは近端/遠端両方のインピーダンスを線路のインピーダンスに合わせる，すなわち整合終端することが最もオーソドックスな解である．

近端のインピーダンスを線路のインピーダンスに合わせる方式は，前項で送端終端方式として述べた．

この場合，近端での反射係数 $r_1 = 0$ であるから，遠端における波形 式(5.4.23)は，

$$V_{x=l} = \frac{1}{2}(1+r_2)e^{-\tau s}V_0 \qquad (5.4.30)$$

となって，単に時間遅れのみとなって反射による波形の乱れはないことがわかる．特に，遠端開放の場合，$r_2 = 1$ であるから，式(5.4.30)は，

$$V_{x=l} = e^{-\tau s}V_0 \qquad (5.4.31)$$

となって，遠端での全反射によってフル振幅が得られる．

次に，遠端を整合終端すると，遠端の反射係数 $r_2 = 0$ であるから，式(5.4.11)は，

$$V = \frac{Z_0}{Z_0 + R_1}e^{-\frac{x}{u}s}V_0 \qquad (5.4.32)$$

となって x に比例した時間遅れのみとなる．

以上から，近端か遠端かどちらかのインピーダンスを線路のインピーダンスに整合させれば，反射による遠端における波形乱れはなくなることがわかる．

両者の違いは，遠端で整合終端する方式は，線路のすべての点で波形乱れがないため，1対1伝送以外でも用いられることと，送端終端は1対1伝送に限られるが，遠端終端のように終端抵抗における電力消費が生じないので電力面で有利であることなどである．

 ii) 遠端ダイオード終端 遠端をダイオードで終端して，オーバシュートとその跳ね返りが生じるのを防ぐ方法も波形乱れ防止に有効である．

ドライバの駆動能力を最適に選んでオーバシュートを発生させないようにすべきであるが，何らかの事情でオーバシュートが発生するような場合は，最遠端に図5.4.10のようなダイオードを入れることによって回避できる．同図にクランプダイオードを用いた場合の反射の様子を図表で解析した例を示す．

オーバシュートをダイオードでクランプし，その結果，跳ね返りをなくすので，このダイオードをクランプダイオードと呼ぶ．

なお，電源側に入れる場合は，ドライバと同じ電源を入れないと，ドライバから過大な電流が流れたり，ラッチアップを引き起こしたりするので，注意しなければならない．特に，クランプダイオードを IC に内蔵する場合に注意が必要である．

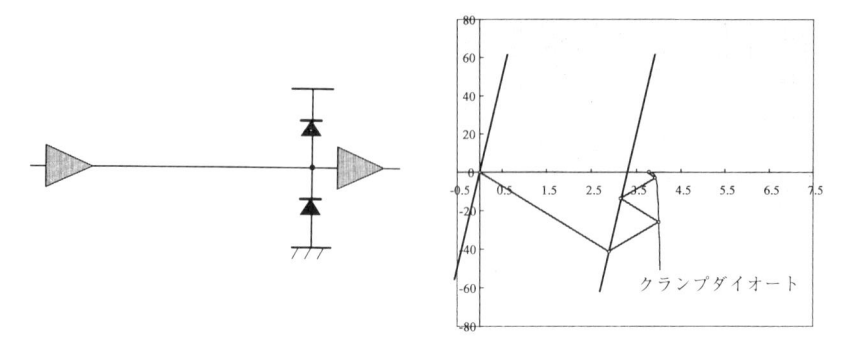

図 5.4.10 遠端ダイオード終端

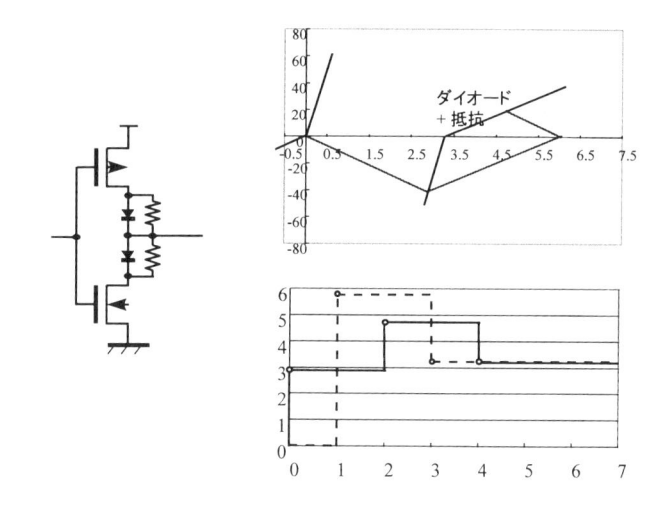

図 5.4.11 近端ダイオード終端

また，クランプダイオードは，ショットキーバリアダイオード（SBD：schottky barrier diode）のように回復時間の短いものを選ぶとよい．

iii) 近端ダイオード終端　市販のモジュールを駆動する場合などには，遠端でのダイオード終端はむずかしいが，図5.4.11に示すように近端側で終端するとオーバシュートの戻りの跳ね返りによる不具合を回避することができる．

同図の図表解に示すように，遠端でのオープン反射によるオーバシュートは発生するが，そのオーバシュートが近端で逆相反射して再度遠端で跳ね返ることを回避できる．

ダイオードと並列に接続している抵抗は線路の特性インピーダンスに整合させる.

d. 容量反射[6)]

負荷に IC を複数個接続した場合, これらは静電容量として働く.
これを反射係数でみると,

$$r_2 = \frac{1/sC - Z_0}{1/sC + Z_0} = -\frac{s - 1/CZ_0}{s + 1/CZ_0} \tag{5.4.33}$$

となり, このステップ応答 $V(s)$ は,

$$V(s) = \frac{r_2}{s} = \frac{1}{s} - \frac{2}{s + 1/CZ_0} \tag{5.4.34}$$

ラプラス逆変換して

$$v(t) = 1 - 2e^{-\frac{1}{CZ_0}t} \tag{5.4.35}$$

となる. これはステップ波形に対する逆極性での反射である. この応答と Spice による容量反射のシミュレーション結果を図 5.4.12 に示す.

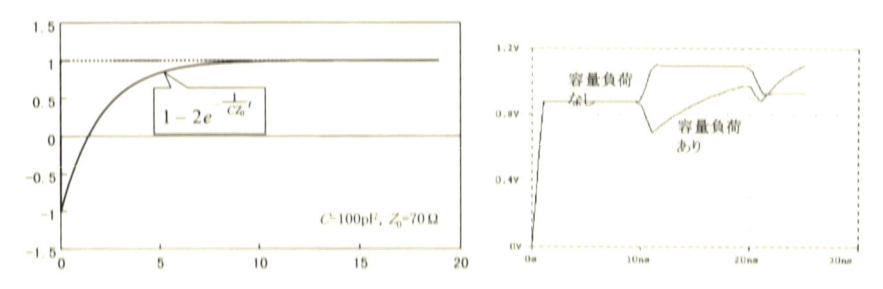

図 5.4.12 容量負荷の場合の反射係数のステップ応答と回路シミュレーション結果

5.4.2 クロストークノイズ

a. クロストーク発生のしくみ

分布定数線路を信号が伝搬するときに, その近くに別の線路があると, クロストークが発生する.

このように, 複数の線路が互いに干渉しあうものを結合分布定数線路と呼ぶ.

結合のしかたは, 図 5.4.13 に示す二つのモードがある.

一つはディファレンシャル (differential) またはオッド (odd) の伝送モードといい, 相互インダクタンス L_m により, 相互に逆方向の電流が伝搬する.

もう一つは, コモン (common) またはイーブン (even) の伝送モードといい, 相互キャパシタンス C_m による静電容量結合によって隣接の線路が同極性の電圧となる.

この二つの伝送モードは, 互いに伝搬速度も特性インピーダンスも異なるため, クロストークによって発生する波形は, 単一の線路に比べて複雑となる.

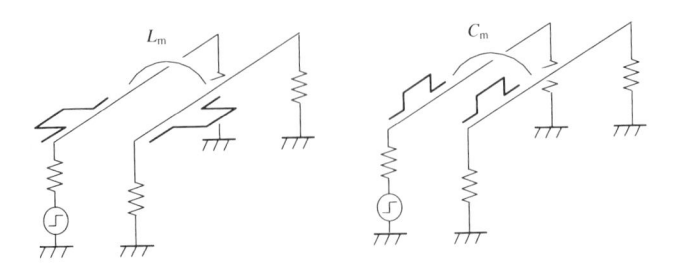

図 5.4.13 ディファレンシャルモードとコモンモード

b. 結合分布定数線路の解法

単一分布定数線路と同様に，ラプラス変換によって信号の伝搬を解く．ここでは簡単のために線路 1，線路 2 が同一特性の場合を考える．

このときに基本式は次のように表される．

$$-\frac{\partial}{\partial x}\begin{bmatrix}v_1\\v_2\end{bmatrix}=\frac{\partial}{\partial t}\begin{bmatrix}L & L_m\\L_m & L\end{bmatrix}\begin{bmatrix}i_1\\i_2\end{bmatrix} \tag{5.4.36}$$

$$-\frac{\partial}{\partial x}\begin{bmatrix}i_1\\i_2\end{bmatrix}=\frac{\partial}{\partial t}\begin{bmatrix}C & C_m\\C_m & C\end{bmatrix}\begin{bmatrix}v_1\\v_2\end{bmatrix} \tag{5.4.37}$$

単一線路と同様にラプラス変換して V だけの式にすると，

$$\frac{d^2}{dx^2}\begin{bmatrix}V_1\\V_2\end{bmatrix}-s^2\begin{bmatrix}L & L_m\\L_m & L\end{bmatrix}\begin{bmatrix}C & C_m\\C_m & C\end{bmatrix}\begin{bmatrix}V_1\\V_2\end{bmatrix}=0 \tag{5.4.38}$$

式(5.4.38)第 2 項の係数行列は，

$$\begin{bmatrix}L & L_m\\L_m & L\end{bmatrix}\begin{bmatrix}C & C_m\\C_m & C\end{bmatrix}$$
$$=\begin{bmatrix}LC+L_mC_m & LC_m+L_mC\\LC_m+L_mC & LC+L_mC_m\end{bmatrix}=\frac{1}{u^2}\begin{bmatrix}1 & \xi\\\xi & 1\end{bmatrix} \tag{5.4.39}$$

ここに，

$$\xi=\left(\frac{L_m}{L}+\frac{C_m}{C}\right)\bigg/\left(1+\frac{L_mC_m}{LC}\right) \tag{5.4.40}$$

$$u^2=\frac{1}{LC+L_mC_m} \tag{5.4.41}$$

式(5.4.38)から V_2 を消去して，

$$\frac{d^4V_1}{dx^4}-2\left(\frac{s}{u}\right)^2\frac{d^2V_1}{dx^2}+\left(\frac{s}{u}\right)^4(1-\xi^2)V_1=0 \tag{5.4.42}$$

5.4 実装,配線におけるノイズ対策

係数を D の関数で表すと,

$$\phi(D) = D^4 - 2\left(\frac{s}{u}\right)^2 D^2 + \left(\frac{s}{u}\right)^4 (1-\xi^2) \tag{5.4.43}$$

$$\phi(D) = 0 \text{ の根は,} \quad D = \pm\frac{s}{u_C}, \quad \pm\frac{s}{u_D} \tag{5.4.44}$$

ここに,

$$u_C = 1/\sqrt{(L+L_m)(C+C_m)} \tag{5.4.45}$$
$$u_D = 1/\sqrt{(L-L_m)(C-C_m)} \tag{5.4.46}$$

である.上記のサフィックスの "C" と "D" は,コモンとディファレンシャルを表し,それぞれのモードの伝搬速度を意味する.

特性インピーダンスについても,コモンとディファレンシャルが存在し,

$$Z_C = \sqrt{\frac{L+L_m}{C+C_m}} \tag{5.4.47}$$

$$Z_D = \sqrt{\frac{L-L_m}{C-C_m}} \tag{5.4.48}$$

となる.

単一の分布定数線路と同様に,電圧,電流を求めると,

$$V_1(s) = A_1(s) e^{-\frac{x}{u_C}s} + A_2(s) e^{\frac{x}{u_C}s}$$
$$+ A_3(s) e^{-\frac{x}{u_D}s} + A_4(s) e^{\frac{x}{u_D}s} \tag{5.4.49}$$

$$V_2(s) = \frac{1}{\xi} \left\{ \frac{d^2 V_1}{dx} - \left(\frac{s}{u}\right)^2 V_1 \right\}$$
$$= A_1(s) e^{-\frac{x}{u_C}s} + A_2(s) e^{\frac{x}{u_C}s} - A_3(s) e^{-\frac{x}{u_D}s} - A_4(s) e^{\frac{x}{u_D}s} \tag{5.4.50}$$

電流については次の式を得る.

$$I_1 = \frac{1}{s(L^2 - L_m^2)} \left(L \frac{dV_1}{dx} - L_m \frac{dV_2}{dx} \right) \tag{5.4.51}$$

さらに変形する.なお,$A_1(s)$ などを簡単に A_1 と表すと,

$$I_1 = \frac{A_1}{Z_C} e^{-\frac{x}{u_C}s} - \frac{A_2}{Z_C} e^{\frac{x}{u_C}s} + \frac{A_3}{Z_D} e^{-\frac{x}{u_D}s} - \frac{A_4}{Z_D} e^{\frac{x}{u_D}s} \tag{5.4.52}$$

I_2 についても同様にして,

$$I_2 = \frac{A_1}{Z_C} e^{-\frac{x}{u_C}s} - \frac{A_2}{Z_C} e^{\frac{x}{u_C}s} - \frac{A_3}{Z_D} e^{-\frac{x}{u_D}s} + \frac{A_4}{Z_D} e^{\frac{x}{u_D}s} \tag{5.4.53}$$

単一分布定数線路と同様に,図 5.4.14 により境界条件を求める.
$x=0$ で $V_1 = V_0 - R_1 I_1$, $V_2 = -R_N I_2$ であるから,

$$A_1 + A_2 + A_3 + A_4 = V_0 - R_1 I_1$$
$$= V_0 - R_1 \left(\frac{A_1}{Z_C} - \frac{A_2}{Z_C} + \frac{A_3}{Z_D} - \frac{A_4}{Z_D} \right) \tag{5.4.54}$$

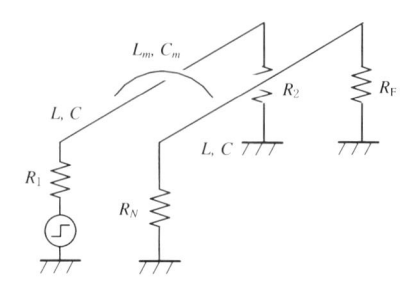

図 5.4.14 結合分布定数線路

$$A_1+A_2-A_3-A_4=-R_N I_2$$
$$=-R_N\left(\frac{A_1}{Z_C}-\frac{A_2}{Z_C}-\frac{A_3}{Z_D}+\frac{A_4}{Z_D}\right) \quad (5.4.55)$$

$x=l$ で $V_1=R_2 I_1$, $V_2=R_F I_2$ であるから,

$$A_1 e^{-\tau_C s}+A_2 e^{\tau_C s}+A_3 e^{-\tau_D s}+A_4 e^{\tau_D s}=R_2 I_1$$
$$=R_2\left(\frac{A_1}{Z_C}e^{-\tau_C s}-\frac{A_2}{Z_C}e^{\tau_C s}+\frac{A_3}{Z_D}e^{-\tau_D s}-\frac{A_4}{Z_D}e^{\tau_D s}\right) \quad (5.4.56)$$

$$A_1 e^{-\tau_C s}+A_2 e^{\tau_C s}-A_3 e^{-\tau_D s}-A_4 e^{\tau_D s}=R_F I_2$$
$$=R_F\left(\frac{A_1}{Z_C}e^{-\tau_C s}-\frac{A_2}{Z_C}e^{\tau_C s}-\frac{A_3}{Z_D}e^{-\tau_D s}+\frac{A_4}{Z_D}e^{\tau_D s}\right) \quad (5.4.57)$$

式 (5.4.54)～(5.4.57) は, A_1～A_4 についての連立方程式であり, これを解いて式 (5.4.49), (5.4.50) に代入すれば, V_1, V_2 が求まる. この V_1, V_2 をラプラス逆変換すると, 時間関数 $v_1(t)$, $v_2(t)$ が求まる.

この結果も, 前節と同様に線形の演算と時間遅れの組み合わせであり, 簡単に計算することができる.

式 (5.4.49), (5.4.50) を x の関数としてみると, たとえば, $e^{-(x/u_C)s}$ は, 時間関数 $f(t)$ に対して $f(t-x/u_C)$ の演算を施すことを意味する. x/u_C は, 距離 x を u_C の速度で進む際の時間を表すから, x 方向に進む波形である.

同様にして, x の方向とその逆方向を u_C と u_D の速度で進む信号の合成となっていることがわかる.

c. 平行線長と飽和クロストーク

実際の回路では, 図 5.4.15 に示すように, 2 本の平行する線路すなわち駆動側の線路(能動線路)とクロストークを受ける側の線路(受動線路)が逆方向に信号を伝送する場合の近端クロストークが最悪となる場合が多い. 同図にこの場合のクロストーク波形を解析した例を示す.

受動線路の遠端はゲートの出力であるから, インピーダンスは低く, 近端で生じた

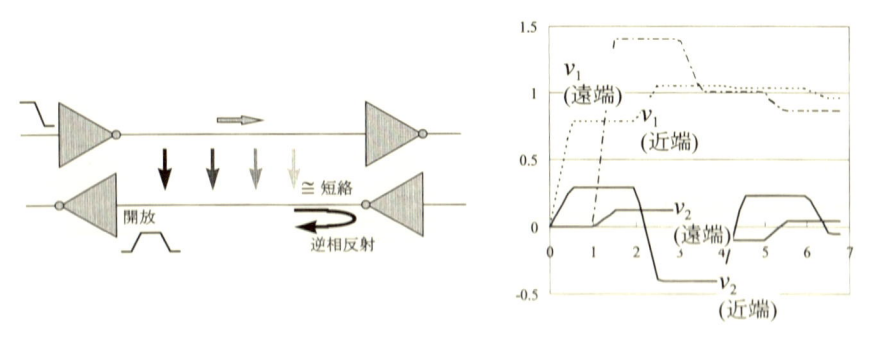

5.4 実装，配線におけるノイズ対策

図 5.4.15 CMOS の相互逆方向伝送とクロストーク

クロストークの波形が遠端で逆位相で反射して，近端に戻ってくる．したがって，近端のクロストーク波形は，線路の往復時間のパルス幅を有する台形波形となる．またその台形波形の立上り/立下りともに駆動側の波形の立上り時間に等しい．

このため，線路の往復時間が立上り時間よりも短いすなわち，線路が短い場合，台形ではなく三角波となる．

近端のクロストークの振幅はこの境界の線長以下では平行線長に比例するし，この線長以上では飽和する．この飽和したクロストーク値を飽和クロストークという．

d. ドライバの駆動能力とクロストーク

クロストークはドライバの駆動能力にも大きく依存する．

図 5.4.16 に，ドライバの駆動能力を 4 mA から 24 mA まで 4 mA きざみに変えたときの近端クロストークの変化を示す．

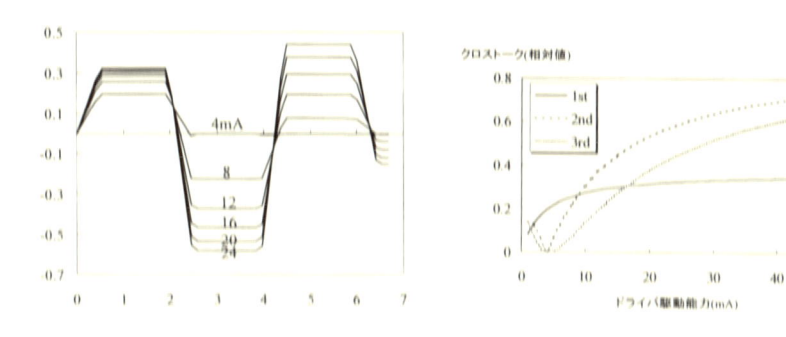

図 5.4.16 近端クロストークのドライバ駆動能力による変化

また，同図で，クロストークの最初の山，次の谷，谷の次の山の値を求めて，これらの絶対値を駆動能力に対してプロットして示した．

10 mA 前後で谷の方が大きくなるということは，正極性のクロストークを考えるときに，立下りによるクロストークの跳ね返りの方が優勢になるということである．さらに，十数 mA で最初の山よりも次の山の方が優勢になることがわかる．

以上から，クロストークの面からみても，ドライバの駆動能力は必要最小限に抑えることが望ましい．

5.4.3 その他のノイズ
a. グラウンドノイズ

信号は線路を伝わるが，その帰路は一般的にはグラウンドを経由する．グラウンドの電位はこの電流変化に対して変動し，いわゆるグラウンドノイズとなって表れる．

出力の電流変化は，ドライバの駆動能力によって異なる．

一般に，ドライバの駆動能力は，$V_{OL}=0.4$ V で規定されており，2 mA から 48 mA 程度までいろいろな駆動能力の製品が出されている．

いま，12 mA のドライバを考えると，標準値でその 1.5 倍すなわち，18 mA 程度の駆動能力がある．このドライバの等価的な出力抵抗は，

$$R_{OUT(typ)} = V_{OL(max)}/I_{OL(typ)}$$
$$= 0.4\text{V}/18\text{ mA} = 22\ \Omega \quad (5.4.58)$$

となる．

したがって，標準的なプリント配線板（$Z_0 = 70\ \Omega$），信号振幅が 5 V の場合の出力の電流変化は，

$$\Delta I = \frac{V_{OUT}}{R_{OUT}+Z_0} = \frac{5\text{ V}}{22\ \Omega+70\ \Omega} = 54\text{ mA} \quad (5.4.59)$$

となる．

出力が変化する信号本数が少ない場合は出力電流の変化による影響は少ないが，たとえば 64 本の信号が同時に変化すると，合計で，54 mA×64＝3.5 A の電流変化が生じることになる．

先に述べたように，この電流変化が帰ってくる経路はグラウンドである．グラウンドはこの電流変化に対してインダクタンスと抵抗の直列回路となってみえる．

グラウンドのインダクタンスを L_G，抵抗を R_G とすると，直列インピーダンス Z は，

$$Z = R_G + sL_G \quad (5.4.60)$$

となる．

グラウンド電流の変化分を，

$$\Delta i_G = I_0\left(1 - e^{-\frac{t}{\tau}}\right) \quad (5.4.61)$$

とすると，そのラプラス変換は，

$$\Delta I_G = I_0\left(\frac{1}{s} - \frac{1}{s+\frac{1}{\tau}}\right) = \frac{1}{\tau}\frac{1}{s\left(s+\frac{1}{\tau}\right)}I_0 \quad (5.4.62)$$

であり, 電圧変化 ΔV は,
$$\Delta V = \Delta I_G (R_G + sL_G)$$
$$= \frac{R_G I_0}{s} + \left(\frac{L_G}{\tau} - R_G\right)\frac{1}{s+\frac{1}{\tau}} \quad (5.4.63)$$

ラプラス逆変換すると,
$$\Delta v = \left\{R_G + \left(\frac{L_G}{\tau} - R_G\right)e^{-\frac{t}{\tau}}\right\} I_0 \quad (5.4.64)$$

となる.

$R_G = 10\,\mathrm{m\Omega}$, $L_G = 1\,\mathrm{nH}$, $\tau = 2\,\mathrm{ns}$ とし, $I_0 = 3.5\,\mathrm{A}$ とすると, ΔI_G, Δ_G は図 5.4.17 のようになり, ピーク値で $1.75\,\mathrm{V}$ にも達する.

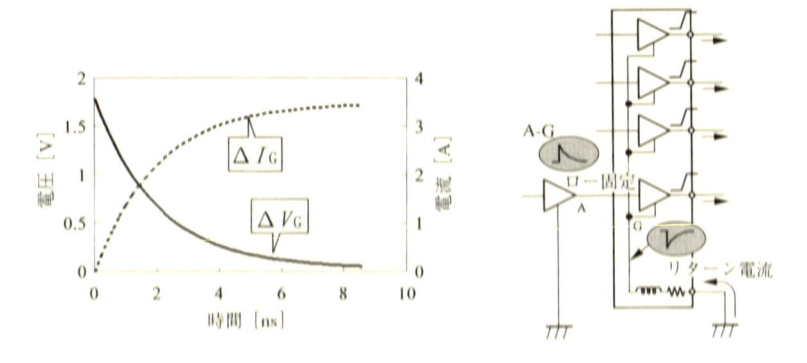

図 5.4.17 リターン電流とグラウンドノイズ

また, グラウンドノイズは, クロストークとは異なり, 駆動信号の本数に比例することが特徴で, 飽和することがない.
グラウンドノイズが発生すると, 同図に示すように, 基準になる電位が変動するので, 本来安定しているはずの信号にノイズがのったようなふるまいをする.
出力信号の変化に対応して, 逆極性のリターン電流がグラウンドに流れる. この場合, このブロック外からのロー固定の信号を受けているとすると, グラウンドがマイナスになっているため, スレッショルド電圧を超えることがある.

b. 電源ノイズ

最近の IC はほとんど CMOS であり, 定常時の電流は小さいが, 信号の過渡時に比較的大きな電流が流れる.
電源は比較的低いインピーダンスで供給されているが, ゼロではないため, 過渡電流によるノイズが発生する.
電源供給系を直流抵抗 $R_n [\Omega]$, インダクタンス $L_n [\mathrm{H}]$ の直列回路とする. 電源電

流の変化分を

$$\Delta i_s = I_0\left(1-e^{-\frac{t}{\tau}}\right) \tag{5.4.65}$$

としてグラウンドノイズと同様に計算する。

$$\Delta v_s = \left\{R_s+\left(\frac{L_s}{\tau}-R_s\right)e^{-\frac{t}{\tau}}\right\}I_0 \tag{5.4.66}$$

$R_s = 0.1\,\Omega$, $L_s = 10\,\text{nH}$, $\tau = 2\,\text{ns}$, $I_0 = 100\,\text{mA}$ のときの電流，電圧を図 5.4.18 に示す．

電源には，電源ノイズを減らすために，電源のバイパスキャパシタ（パスコン）を入れる．

パスコンは，理想の純粋なキャパシタではなくて，図 5.4.19 のように直列に，抵抗やインダクタンスを有する．このため，このパスコンが接続された電源ラインに

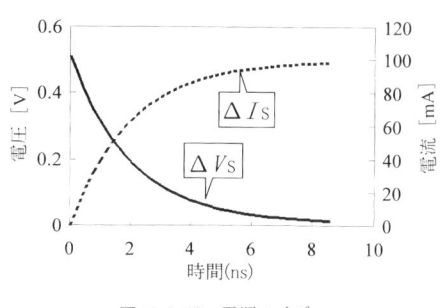

図 5.4.18 電源ノイズ

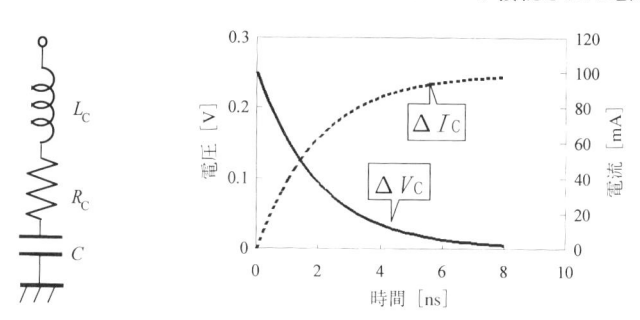

図 5.4.19 パスコンの等価回路と端子電圧

急激な電流変化が生じるとパスコンの端子電圧も変化する．

これは，同図の等価回路に電流を流したときの過渡現象を解けばよい．

電流 Δi_C を，

$$\Delta i_C = I_0\left(1-e^{-\frac{t}{\tau}}\right) \tag{5.4.67}$$

とおくと，パスコンに ΔI_C を流したときの端子電圧 V_C は，

$$\Delta V_C = \frac{R-\dfrac{\tau}{C}}{s}+\frac{1}{s^2 C}+\frac{\dfrac{L}{\tau}-R+\dfrac{\tau}{C}}{s+\dfrac{1}{\tau}} \tag{5.4.68}$$

ラプラス逆変換して，

$$\Delta v_c = R - \frac{\tau}{C} + \frac{t}{C} + \left(\frac{L}{\tau} - R + \frac{\tau}{C}\right)e^{-\frac{t}{\tau}} \qquad (5.4.69)$$

$R_c=10$ mΩ, $L_c=5$ nH, $C=1$ μF, $\tau=2$ ns, $\Delta I_0=100$ mA としたときの電流,電圧波形を同図にあわせて示す.

c. 同時スイッチングノイズ

先に述べたグラウンドノイズは,グラウンド電流に比例する.

グラウンド電流は,出力信号の変化の本数に比例するから,同時に多くの出力が変化する場合,多くのグラウンド電流が変化する.

ICとかメモリモジュールなどのように,ある独立したモジュールに対して,多くの出力を有する場合は,そのモジュールのグラウンドが変化し,相対的に入力信号に逆極性のノイズがのったことと等価になる.

このノイズによって,誤動作や遅延時間の増大を招くことがある.

d. コネクタノイズ

コネクタは,同じような性質の信号が物理的にも集中するので,主に容量結合によって,信号の変化が他の信号にクロストークとして重畳する.

また,コネクタの心数を減らしたいために,グラウンド端子を減らすと,ノイズを受ける信号からみると,グラウンドに対する結合よりも,隣接した変化する信号との結合が大きくなり,クロストークが増加する.

さらに,少ないグラウンド端子に対して,グラウンドノイズも生じる.

したがって,コネクタの端子配列を決める際には,隣接する信号がグラウンド端子でシールドされるように選択することが望ましいし,同時に変化する信号数とグラウンド端子の比率を十分に考えて決める必要がある.

一般には,信号対グラウンドは最低でも3:1程度に選ぶのが望ましい.

また,コネクタは,その構造上から,特性インピーダンスを一定に保つことがむずかしい.このため,特に波形ひずみを防ぐ必要のある信号については,極力グラウンドに隣接した端子を選択する必要がある.

5.4.4 ノイズに対して考慮しておくこと

a. ノイズによるタイミングの変化

ノイズによる影響として,スレッショルド電圧を超えるノイズによる誤動作のほかに,信号の立上りまたは立下り部にノイズが重畳して伝搬遅延時間が変化することも考慮しておく必要がある.

信号の立上り(立下り)時の変化をスルーレイト(SR : slew rate)といい,次の式で表す.

$$SR = 振幅/遷移時間 \ [V/s] \qquad (5.4.70)$$

このSRのみによる遅延 t_{DSR} は,

$$t_{DSR} = \frac{V_{th}}{SR} \qquad (5.4.71)$$

ここで，V_{th} は入力のスレッショルド電圧を表す．いま，
$$V_{th} = 0.5\,\text{V}, \qquad SR = 0.5\,\text{V/ns} \tag{5.4.72}$$
とすると，
$$t_{DSR} = \frac{0.5\,\text{V}}{0.5\,\text{V/ns}} = 1\,\text{ns} \tag{5.4.73}$$
であるが，スレッショルド電圧付近にノイズ V_n が重畳すると，みかけ上スレッショルド電圧が変化したのと同じ効果で遅延時間が変化する．その変化分 Δt_{pd} は，
$$\Delta t_{pd} = \frac{V_n}{SR} \tag{5.4.74}$$
となる．
$V_n = 0.2\,\text{V}$ とすると，
$$\Delta t_{pd} = \frac{0.2\,\text{V}}{0.5\,\text{V/ns}} = 0.4\,\text{ns} \tag{5.4.75}$$
となる．信号の立ち上がりに負および正の極性のノイズが重畳して遅延時間が増減する例を図 5.4.20 に示す．

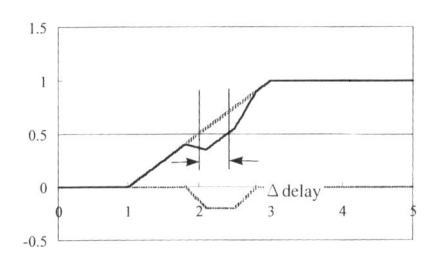

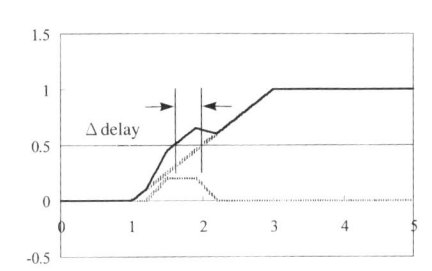

図 5.4.20 ノイズの重畳による遅延の変化

b. ドライバのトランジェント時間の影響

　ドライバのトランジェント時間は，これまで述べたクロストーク，グラウンドノイズなどに密接に関係している．
　たとえば，グラウンドノイズの大きさは，出力波形の時定数 τ に反比例しているし，クロストークも許容平行配線長は τ に比例している．容量反射も τ が小さいほど大きくなる．
　一方でトランジェント時間が小さい方が遅延を小さく抑えられるのも事実である．
　出力波形をこれまでと同様に
$$v = 1 - e^{-\frac{t}{\tau}} \tag{5.4.76}$$
とすると，スレッショルドを振幅の半分，すなわち 0.5 とすれば，立上りによる遅延時間 t_d は
$$t_d = \ln 2 \times \tau = 0.69\tau \tag{5.4.77}$$

となって τ に比例する.

したがって，遅延時間を重視する場合は，クロストークやグラウンドノイズに十分注意を払ってトランジェントのはやいドライバを選択し，逆にクロストークやグラウンドノイズを重視する場合は，遅延時間を犠牲にして，トランジェントの遅い素子を選択する.

また，線路の往復の伝搬時間よりもドライバのトランジェント時間が大きい場合は，系を集中定数と考えてよい.

c. 同時スイッチング本数とグラウンド

グラウンドノイズの項で述べたように，グラウンドノイズは，出力電流の変化量と，グラウンドのインダクタンスとに比例する.

ドライバの駆動能力を低くし，モジュールや IC の場合には，グラウンド本数を十分とることにより低減できる．また，可能ならば，同時にスイッチングするタイミングを少しずらすことも効果がある．

d. レシーバの選択

レシーバの入力回路としては，TTL, CMOS, ディファレンシャルのシングル入力の3通りがある.

TTL と CMOS はスレッショルド電圧の範囲が広く，規格上は $1～2V$ の不感帯が存在するが，ディファレンシャルタイプは，$±50\,mV$ 以下の電圧に正確にコントロールすることが可能である.

また，ディファレンシャルの他方の入力端子をリファレンス電圧として外部からコントロールできるようにすれば，スレッショルド電圧を任意に設定することも可能である.

ノイズマージンを上げるためには，このディファレンシャルタイプの入力を有するレシーバの使用が望ましい.

5.4.5 バス接続された伝送形態

a. バス接続された伝送形態の特徴

信号の伝送で最もむずかしいのがバス接続された伝送形態である.

バス伝送を電気実装面からみると，以下の特徴がある.

i) **低い特性インピーダンス**　バスは負荷が分布上に接続されているのが特徴である．したがって，線路の分布容量と負荷の分布容量とが加算されて等価的な分布容量となる.

この結果，図 5.4.21 に示すように，バスに分布的に接続される素子の入出力容量の影響によって特性インピーダンスが低下する．図では，$70\,Ω$ が $40\,Ω$ になる例をあげたが，負荷の間隔が小さい場合は，線路の特性インピーダンスの 1/5 になる例もある.

ii) **大きい線路遅延**　特性インピーダンスの変化と同時に伝搬遅延時間も増大する．また，特性インピーダンスの低下ともあわせて反射による遅延時間の増大を招

```
1対1伝送の場合                    バス接続の場合
```

$C = 100\text{pF/m}, L = 500\text{nH/m}$　　　　$C = 300\text{pF/m}, L = 500\text{nH/m}$

$Z_0 = \sqrt{L/C} = 70\ \Omega$
$t_d = \sqrt{LC} = 7\ \text{ns/m}$

10pF　10pF　10pF　10pF　10pF
5cm　　　　200pF/m

$Z_0 = \sqrt{L/C} = 40\ \Omega$　インピーダンス低下
$t_d = \sqrt{LC} = 12\ \text{ns/m}$　ディレイ増大

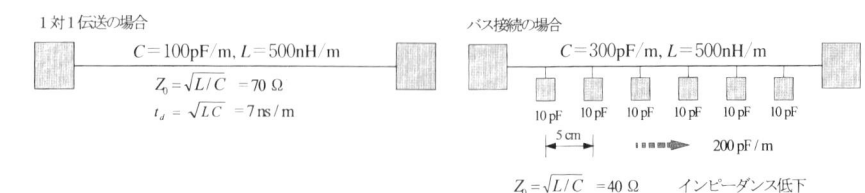

図 5.4.21　バス接続による回路定数の変化

くこともある．図 5.4.22 に示すように，最近端が遅延の最悪値をとることになる．

iii) 双方向および線路途中からの駆動　バスに接続された素子は，どこからでも駆動することがあり，どこでも信号を受けることになる．したがって，双方向は

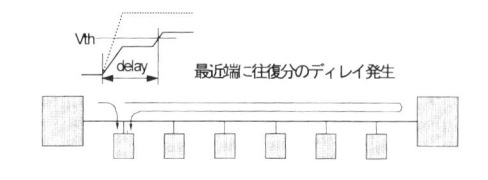

図 5.4.22　バスの反射による遅延時間増大

もちろん，線路の途中から駆動したり受けたりする．このことが，反射を考えるうえで非常に面倒になる．

iv) スタブによる反射　線路の途中に負荷があるということは，負荷の線路長はゼロではないから，バスのメインの線路に多数の短い支線が接続されているということである．この支線をスタブ(stub)と呼ぶ．スタブは，多重反射を引き起こす最大の原因である．

v) 同時に変化する信号　バスに接続される信号は，同じ性格の信号が 32 本とか 64 本，さらには，その整数倍が組になって伝送されるから，同時に変化する可能性が高い．このことは，クロストーク，グラウンドノイズなどこれまで述べたノイズがすべて起こりやすい状況にあり，一般信号に比べて注意が必要である．

b. 小振幅伝送

図 5.4.22 のように，バス伝送では線路の等価的なインピーダンス低下により信号が 1 回でスレッショルド電圧に達しないために最近端に往復分の遅延が生じると述べた．

そこで，電圧 v を振幅軸上に平行移動する形で，レベルをもちあげることを考える．

図 5.4.23 のように，遠端に終端抵抗を接続することによって波形自体が振幅の大きい方にシフトして，往復分の遅延を回避することができる．

L レベルの増加分 ΔV_{OL} は，

$$\Delta V_{\text{OL}} = \frac{R_0}{R_0 + R_{\text{TN}}} V_{\text{TN}} \quad (5.4.78)$$

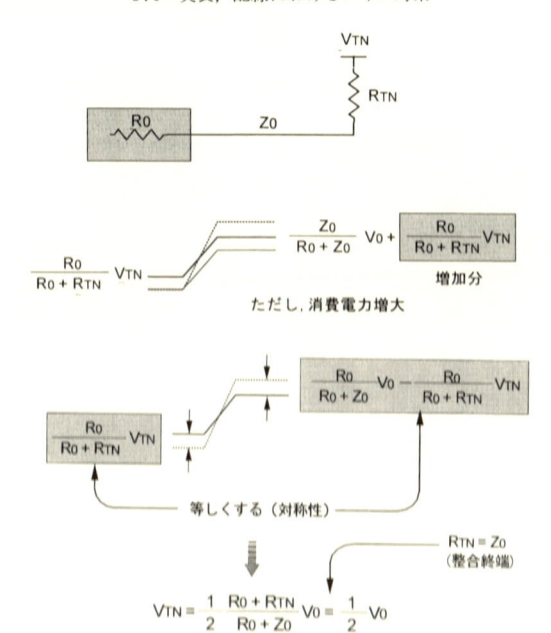

5.4 実装, 配線におけるノイズ対策

図 5.4.23 終端抵抗によるレベルのシフト

ドライバの無負荷時の振幅を V_0 とすると, ハイレベルと V_0 との差 ΔV_{OH} は,

$$\Delta V_{OH} = \frac{R_0}{R_0 + Z_0} V_0 - \frac{R_0}{R_0 + R_{TN}} V_{TN} \tag{5.4.79}$$

波形の対称性を保つために, ΔV_{OL} と ΔV_{OH} とを等しくおくと,

$$V_{TN} = \frac{1}{2} \frac{R_0 + R_{TN}}{R_0 + Z_0} V_0 \tag{5.4.80}$$

$R_{TN} = Z_0$ なら,

$$V_{TN} = V_0/2 \tag{5.4.81}$$

となる. ここでたとえば,

$$R_0 = 3 \times Z_0 \tag{5.4.82}$$

に選ぶと, 振幅は 1/4 となり低消費電力化がはかられる.
$R_0 = 0$, $V_{TN} = V_0$(従来の整合終端)では, 消費電力 P は,

$$P = \frac{1}{2} \times \frac{V_0^2}{Z_0} \tag{5.4.83}$$

小振幅では,

$$P = \frac{1}{16} \times \frac{V_0^2}{Z_0} \tag{5.4.84}$$

と 1/8 になり，整合終端の最大の欠点が克服できる．

c. 高速インタフェースの種類

小振幅インタフェースを中心に，高速インタフェースの種類をあげる．

 ⅰ） **LVTTL**（Low Voltage Transistor-Transistor Logic）　高速インタフェースというよりも通常の CMOS の信号レベルであり，従来の 5 V の TTL レベルを 3.3 V 電源に適用したものである．

 ⅱ） **T-LVTTL**（Terminated LVTTL）　LVTTL に小振幅伝送の考えを取り入れたもので，出力はトーテムポール型，終端しないと LVTTL として使える．

 ⅲ） **GTL**（Gunning Tranceiver Logic）　オープンドレイン出力で，終端は 1.2 V にプルアップする．駆動特性が非対称であり，高速化の際に波形乱れが大きい．

 ⅳ） **Rambus**[7]　Rambus 社の独自インタフェースで，オープンドレイン型であるが，ドライバを定電流領域で使用してドライバ端子の高インピーダンスを保ち，スタブ長を限界まで短縮することによって波形乱れを少なくしている．

図 5.4.24 にその基本的な伝送方式とメモリモジュールに適用した例を示す．2 バ

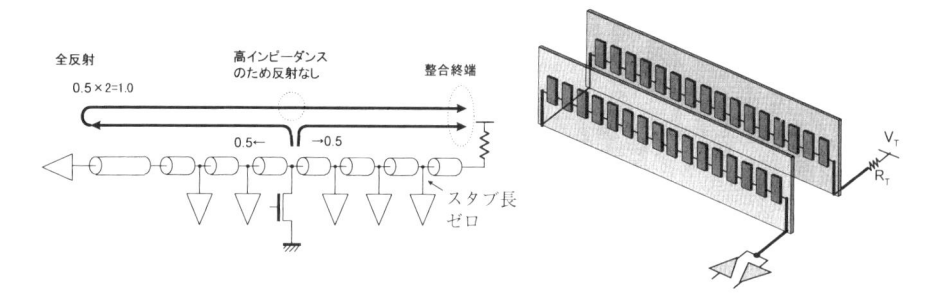

図 5.4.24　Rambus インタフェースとメモリモジュール

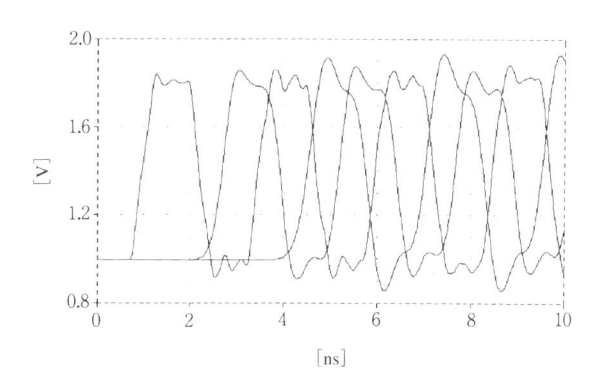

図 5.4.25　Rambus のシミュレーション例

5.4 実装，配線におけるノイズ対策

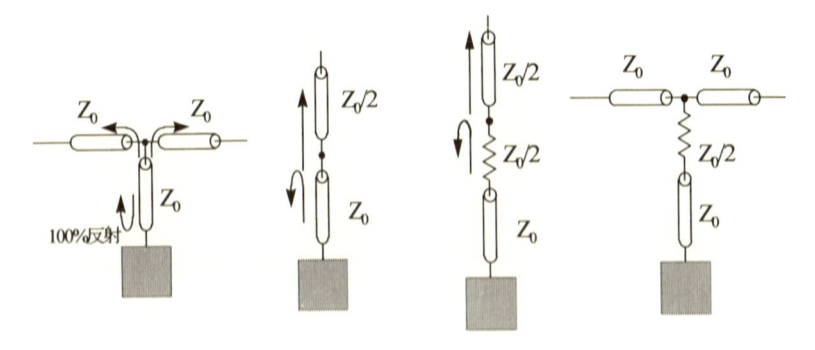

図 5.4.26 スタブにおける反射とシリーズ抵抗による回避策

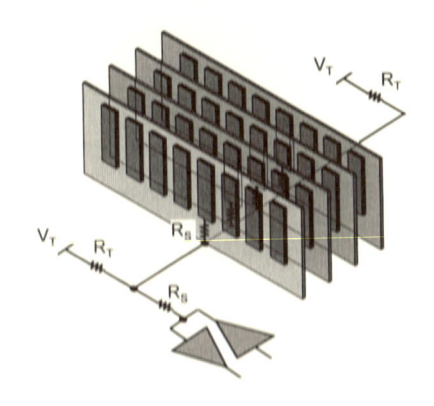

図 5.4.27 SSTL を適用したメモリモジュール

イト幅で 800 MHz すなわち，1.6 GB/s の伝送までを考慮している。

図 5.4.25 にメモリを 32 個駆動した場合のシミュレーション結果を示すが，800 MHz 伝送でも波形乱れが非常に少ないことがわかる。

v) SSTL (Stub Series Terminated Logic)[8] スタブにおける反射の影響を回避するために，T-LVTTL において，スタブ内のバスに最も近い場所にバスの特性インピーダンスの半分の直列抵抗を挿入したもの。

図 5.4.26 に示すように，スタブからでていく場合にインピーダンスマッチングがはかられて，多重反射が抑制され，伝送特性がよい。

図 5.4.27 に本インタフェースをメモリモジュールに適用した例を示す。同図では，8 バイト幅で 200 MHz すなわち，Rambus と同様に，1.6 GB/s までの伝送を考慮している。

図 5.4.28 に図 5.4.27 のメモリモジュールを駆動したときのスタブ抵抗のない場

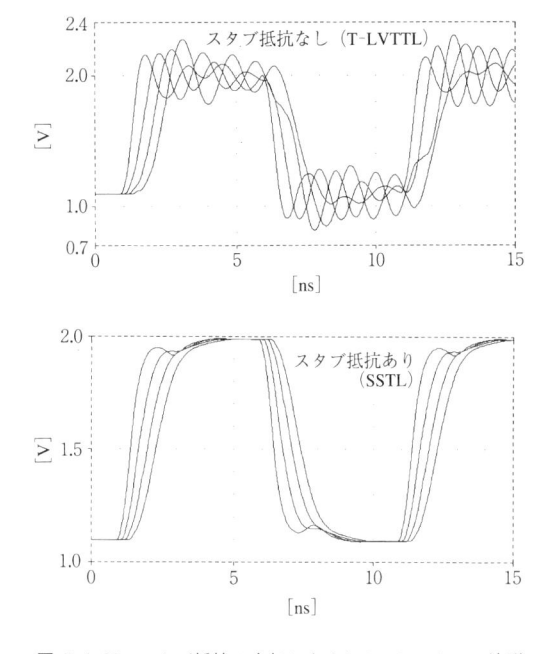

図 5.4.28 スタブ抵抗の有無によるシミュレーション波形の違い

合とスタブ抵抗を追加した場合のシミュレーション結果を示す．スタブ抵抗による効果がよく表れていることがわかる．

(碓井有三)

文　献

1) 宇野幸一：電気回路過渡現象，東京電機大学出版局，p. 180, 1956.
2) 篠田庄司：回路網入門 (2)，コロナ社，p. 118, 1996.
3) 武部　幹：回路の応答，コロナ社，p. 118, 1981.
4) Millman, T. : Pulse, Digital and Switching Waveforms (International Student Edition), McGraw-Hill(好学社), p. 97, 1965.
5) Singleton : Electornics, p. 93, 1968.
6) 文献 4, p. 105.
7) ラムバス社ホームページ(http://www.rambus.com/)
8) Taguchi : *IEICE Trans. on Electronics.*, **E77-C**(12), 1944, 1994.

5.5 ノイズ対策の考え方と進め方[1)]

EMI 対策というものは，その手順，すなわち要領の良し悪しによって，解決に要する時間にずいぶん差ができるものである．

EMI 対策がなかなかうまくいかない原因・要素はいろいろあるが，"電気磁気学分野などの知識不足" や "測定器などの装備不足" ではなく，圧倒的に多いのは "測定テクニック不足" である．

この測定テクニックというものは，多分に "勘" と "経験的能力" であるが，手法を理解し手段を工夫することによってかなり補うことができる．

ここでは，技術的高度なことではなく，かなり実務的で具体的な対策の進め方について述べる．

5.5.1 測定器・道具などの準備

能率的な作業のためには，それなりの "道具" が必要である．

a. スペクトラムアナライザ

EMC の測定には，しばしばスペクトラムアナライザ(以下 "スペアナ" という)が用いられる．スペアナには多機能の高級なものもあるが，EMI の対策の過程では測定値の絶対値や確度・精度を厳しく要求するような場面はないから，所要の周波数範囲を一掃引の中に表示できるものであれば安価なものでよい．またピックアップ手段(結合の方法を含めて)における周波数特性は必ずしもよくないので，スペアナの周波数特性を問題にする必要もない．感度についても被測定物との結合の度合いを大きくする(被測定物とピックアップ手段を接近させる)ことは可能なので，感度の多少低いものでも差し支えない．

スペアナはきわめて便利な測定器ではあるが，これが利用できない場合は，次善の策として電界強度測定器(以下 "電測計" という)を用いてもよく，特定の狭帯域周波数に限った対策のためには便利なこともある．

b. インスタントカメラまたはプロッタ

EMI 対策の過程におけるスペアナ画面上での変化(改善の状況)を目視して，これを頭で記憶しながら対策前と対策後を比較することは困難である．このため，改善の状況をカメラまたはプロッタにて記憶することが能率的である．

c. ピックアップループ

EMI の原因部位に接近して，電磁的結合でピックアップするための一種の簡易小型ループアンテナであり，簡単なものであるから自作するとよい．たとえば，細いビニール絶縁電線を直径 5～6 cm で 5 回巻き程度(寸法，巻き回数などは適当でよい)の輪形とし，この電線の両端を同軸ケーブルの芯線と外被に接続する．このピックアップループの概略を図 5.5.1 に示す．

このようなピックアップループを使用する雑音放出部位の探索については，測定器

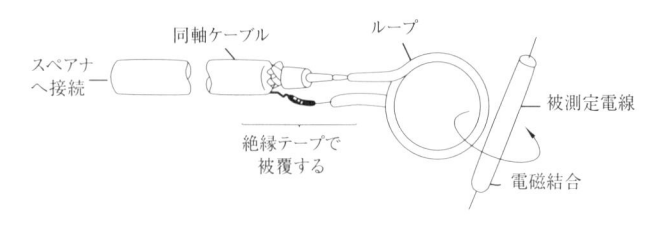

図 5.5.1　ピックアップループ(例)

製造会社などの数社で製作されている多数の微小ループを格子的面状に配置し、その上に載せたプリント基板上を面走査する器具(たとえば、Northern-Telecom 社の「EM-SCAN」)と基本的には同じ原理であるが、この器具は対象がプリント基板である場合に限って適用できるものである。ここに述べるピックアップループの場合は、安価で現場で簡単に製作でき、かつ対象とするものの形状を選ばないため実用的・現実的である。

このピックアップループは、いわば近磁界プローブにあって、この目的は放射部位に接近して探索することにある。

この探索において発見した放射部位のそれぞれの値が、数 m の距離における測定結果の電界強度値と比例的関係にあるとはいいがたいが、この方法で得られる情報に基づいて対策を進めていくことが最善である。

d.　ピックアップコンデンサ

対象とする回路に(コンデンサを介して)直接に触れることにより結合させ、EMI の存在をピックアップするものであり、前記のピックアップループのように間接的結合の場合に比べて、より確実に EMI(電圧)を測定できるという特長がある。概略を図 5.5.2 に示す。

通常、EMI としてピックアップする対象は周波数範囲が 1 MHz 以上の高周波雑音電圧であり、部位としては電源回路などのような低インピーダンス回路であることが多いから、これに使用するコンデンサは、所要の耐圧をもった 3300～10000 pF 程度

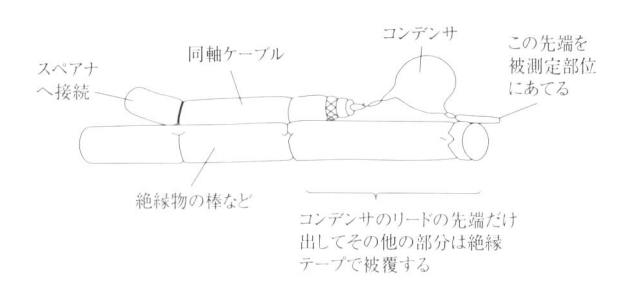

図 5.5.2　ピックアップコンデンサ(例)

のセラミックコンデンサ(またはプラスチックフィルムコンデンサ)などを使用する.

　高インピーダンス(数 kΩ 程度以上)の回路における測定の場合には，このようなピックアップコンデンサを被測定部位に接触させると，(スペアナの入力インピーダンスが 50 Ω であるから)その回路をダンピングすることになる(その回路の負荷となってしまう).

　このため，実際の回路の動作状態を維持しながら観測することができなかったり，回路が正常動作しなくなったりすることがある.このような場合には，高インピーダンスのプローブを用いるか，またはコンデンサにさらに直列抵抗を付加して観測するとよい.直列に抵抗器を接続するかわりに，回路に影響しない程度にコンデンサの静電容量を小さくすることでも同じ効果がある.これらの場合には測定すべき高周波雑音電圧の値が表示できないが，対策の過程においては高周波雑音電圧の絶対値はあまり問題にする必要がない場合が多いから，このような方法を利用することが便利である.

　また，どうしても高インピーダンスの測定手段が必要な場合には，スペアナという便利な手段ををあきらめて，感度はかなり悪くなるがオシロスコープを使用することでもよい.オシロスコープはほとんど例外なく高インピーダンスであるため，測定しながら被測定回路の動作状態を維持することができる.

　この測定においては，原則として同軸ケーブルの外被は被測定物のアース電位に接続することとするが，高周波帯での測定においてはスペアナ(または電測計)の筐体自身が大地との間にストレーキャパシティを有し，被測定対象に対して不完全ではあるが帰路を形成している.このため，正確な電圧測定を必要とする場合以外は，アースを接続しないで行うことも必ずしも間違いではない.アースの接続の有無での影響は簡単に確かめられることであるから，疑義があるようであれば自分で確かめるとよい.

5.5.2　対　策　の　手　順
a.　放射雑音源が 2 カ所で同じレベルの場合

　図 5.5.3 に示すように，2 カ所の放射雑音源から同じ大きさの電界強度値の放射を

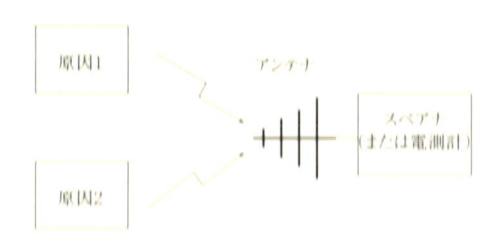

図 5.5.3　原因(放射雑音源)が 2 回の場合

受けているという測定の場を想定し，対策の過程で2カ所のうちの1カ所の対策がなされた(1カ所の原因が取り除かれた)と仮定する．すなわち放射雑音源からの放射電力が半分になったわけである．

この場合，ある測定距離に設置されたEMI測定用アンテナに接続されたスペアナ(または電測計)の観測では，受信レベルが3 dB低下することになる．

この3 dBはつい見過ごしそうな，"ただの3 dB"ではあるが，実は"意義ある3 dB"なのである．2個の原因のうちの1個を対策できたという"意義ある3dB"を見逃してしまうと，"これは原因ではなかった"と錯覚してしまうことになる．

特に放射での雑音測定のようにレベルが不安定な状況では，スペアナ(または電測計)の表示の上では，この"3 dB"は認識することが困難な場合が多いような程度の値(改善)である．

対策にあたっては，EMI対策仮定におけるこの"3 dB"の意義を十分に銘記しておかないと失敗する．

b. 放射雑音源が多数で同じレベルの場合

図5.5.4に示すように，通常のEMI対策の場では，雑音源，伝搬経路が多数であ

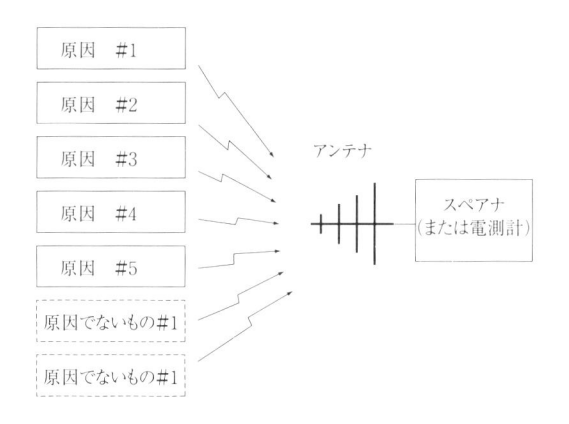

図 5.5.4 原因(放射雑音源)が多数(5個)の場合

ることが多い．

ここでは仮定として，同じレベルの放射雑音源が5カ所あるという場合を考えてみる．

通常は機器のEMI対策を実施する場合には，原因(放射雑音源)が多数であることが多い．このため前記a項で述べたように，1～2カ所の対策が奏効していても，その効果は確認できない可能性がある．図中の説明のように，"1カ所の対策ではたったの1 dBの改善""2カ所の対策では2 dBの改善"のようにしかみえないからである．

5.5 ノイズ対策の考え方と進め方

要対策箇所が何カ所あるかについては,対策が完了してみないとわからないのが普通であるから,進行を確認・認識していない場合には,数カ所の対策を実施しても顕著な効果が得られない.このため数カ所の対策を実施しながらそれが認識できず,原因部位ではなかったと思って,元に戻したりして行きつ戻りつしながら永久に解が得られないことになってしまう.

また対策の仮定においては個々の部位に対する対策の実施が,ちょうど適当な(過剰でない)対策の程度であるかどうかは決して認識できない.対策を実施する過程では,個々の対策はとりあえず過剰に実施していくことが必要であり,全体の EMI のレベルが目標のレベルに達したのちに,個々の部位に対する対策が過剰であったかどうかを,順次に調べていくということになる.したがって対策の過程では,"その対策部品が製品の中に収容できるかどうか" とか "コストが高すぎる" という考えはいったんは忘れることが必要であって,実現性とか経済性の問題については,EMI が目標のレベルに達してから考えればよいことである.

c. 放射雑音源が多数でレベルが不同の場合

もっと一般的に,放射雑音が多数で,かつレベルが不同である場合の一例として,図 5.5.5 のような場合を考えてみる.図中の破線で示す規格値を達成することが必

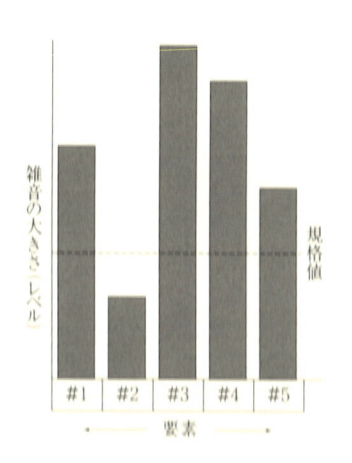

図 5.5.5 原因(放射雑音源)が多数でレベルが不同の場合

要とされる場合,#1 を規格値以下に低減したとしても,効果はまったく表れないということもある.このため "対処しつつある EMI が実はこのようなパターンになっている(に違いない)",ということを忘れずに意識していれば,対策は順次進んでいくはずである.

5.5.3 ま　と　め

① 電波伝搬(特にアンテナの性質)，高周波測定に関する常識を働かせること．
② 問題部位発見のためにはスペアナ(または電測計など)を用い，かつ適当なピックアップ手段を準備すること．これは対策の確認手段でもある．
③ 問題部位を突き止めるとともに，影響しているルート(伝搬経路)をも究明すること．
④ トラブルシューティングの結果から，原因部位(発生側の場合は，発生している部位．誤動作側なら，誤動作している回路素子)にできるだけ近いところで対策を施すこと．
⑤ 確認手段(スペアナ，カメラなど)で確認しながら，順次に対策を実施していくこと．後戻りしないこと(とりあえずは，経済性，実現性にとらわれずに効果があると思われることはすべて実施していき，かつ多少過剰気味に対策を実施していくこと)．
⑥ 改善が奏効してから，安価な対策，実現性のある方策を探すこと．

〔瀬戸信二〕

文　　献

1) 瀬戸信二：機器のEMC対策とノイズ探索，第6回信頼性シンポジウム，REAJ，1993.

6. 設 置 環 境

"EMC の場" を考えるとき，次の二つの場合がある．
① 自分自身の機器での問題（誤動作する，ノイズを発生する，イミュニティに問題がある．）
② 他の機器または設置される環境との関わり合い
（この両者をそれぞれ "Intra-EMC" と，"Inter-EMC" と呼ぶことがある．本章では後者について述べる．）

EMC の "C" は compatibility（共存性）であって，あくまで "他" との関わり合いに基づくものである．ここでいう "他" とは広義には設置環境である．いかなる機器といえども適正な設置環境において所期の性能を発揮することが必要であって，EMC 環境においても同様である．すなわち，機器設計者は，その機器が設置される環境について強い意識をもち，"電磁環境適合性（共存性）" 設計を行わなければならない．

6.1 電 磁 環 境

6.1.1 電力線電力設備（商用電源を含む）

電力線電力設備はエレクトロニクス化の進展に伴い，電力需要が増大し，より大容量化の傾向が進んでいる．そのため，架空送電線は高電圧化・大型化・高電流化している．都市部では，さらに美観上を含め地中送電も行われており，住宅地域の変電所やビル内の変電施設，配電線の高電流化が進んでいる．

一方，電磁波は電圧に影響され，磁界は電流に影響される．そのため，このような電気環境の変化に伴い，電磁波，磁界環境も大きく変化してきており，従来にない影響が発生している．

a. 電磁波環境
電力線からの電磁波は電圧が高くなることによって電線やがいしなどから部分放電が発生し，コロナ雑音が発生する．雑音の種類としては，中波のラジオに影響を与えるラジオ雑音と VHF 帯のテレビに影響を与えるテレビ雑音がある．

また，この部分放電は，正ストリーマコロナ，負グローコロナおよび火花放電の 3

378   6. 設 置 環 境

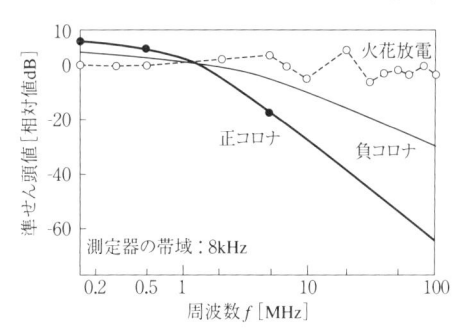

図 6.1.1 各種放電による雑音の周波数特性

種類に大別でき，その雑音の周波数特性を図 6.1.1 に示す．正ストリーマコロナによる雑音は，主に長中波帯 AM ラジオ受信に，また，火花放電による雑音は，ラジオ周波数帯からテレビ周波数帯まで影響を及ぼし，テレビの画面上の障害としてはメダカノイズが発生する[1]．

b. 磁界環境

電力線からの磁界は，電流の大きさに比例することから，従来は問題とならない程度の磁界環境であったものが，近年の大電流化により磁界強度が増大し，各種機器への磁気障害が発生している．代表的な磁気障害は CRT の画像障害で，交流磁界による画像揺れ，直流磁界による画像変色が発生する[2]．また，同様の電子線を利用した電子顕微鏡などの精密機器への磁気障害が発生する．精密機器などにおいては，機器の性能などにより磁界環境設置基準が設定されている．また，CRT，CPU，磁気ディスクなどのコンピュータ関連機器については，工業用計算機設置環境基準 [JEIDA－29－1990][3] が設定されており，CRT の環境基準は

交流磁界(peak to peak)：　2.5 A/m (30 mG) 以下
直流磁界：　　　　　　　　8 A/m (100 mG) 以下

と規定されている．ここで，地磁気(東京では約 36 A/m)は，平行磁界でほとんど機器に影響を及ぼさないのでこれを除く．

i) 単線ケーブルから発生する磁界[4]　図 6.1.2 より，長さ ds の電流素片の生じる磁界 dH[A/m]は，電流の強さ I [A]，電流素片からの距離 r[m]，および r と ds とのつくる角 θ とに関係し，それらの間に

$$dH = I\sin\theta ds/4\pi r^2 \quad (6.1.1)$$

という関係がある．そのときの dH の向きは，r，θ の大きさを固定して，ds の場所の I の向きに右ねじが進むように r ベクトルを回すときに r の先端が描く向きである．つまり dH は I および r のつくる平面に垂直である．よって式 (6.1.1) はベクトル積の表現を用いれば，

$$d\boldsymbol{H} = I d\boldsymbol{s} \times \boldsymbol{r}/4\pi^3 \quad (6.1.2)$$

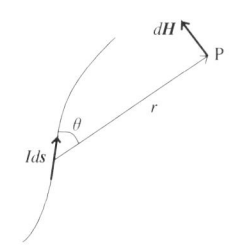

図 6.1.2 ビオ-サバールの法則

と書くことができる．この法則をビオ-サバール(Biot-Savart)の法則という．

そこで，電流 I[A] の流れている無限に長い直線導線から垂直距離 r[m] の点の磁界は，

$$H = I/2\pi r \quad (6.1.3)$$

となる．

6.1 電磁環境

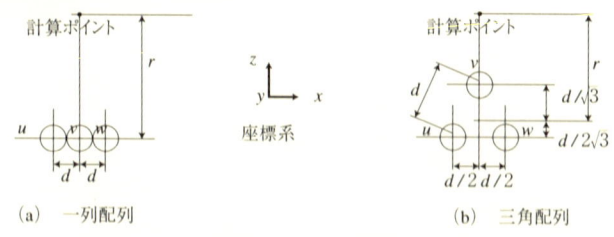

(a) 一列配列　　(b) 三角配列

図 6.1.3　計算モデル

ii) **電力線から発生する磁界**[5]　変電施設内，配電ケーブルなどの電力線 ($3\phi3w$) から発生する磁界は，図 6.1.3 のように，一列配列，三角配列などのケーブルの配列により磁界強度が異なる．各線の電流を I_U, I_V, I_W とする．

$$I_U = I\sin(\theta) \qquad (6.1.4)$$
$$I_V = I\sin(\theta+120)$$
$$I_W = I\sin(\theta-120)$$

ここに，I：電流値，θ：位相．

電力線の各線 U, V, W の電流成分 I_U, I_V, I_W によりつくられる磁界ベクトル H_U, H_V, H_W を i) 項と同様に求め，その合成ベクトルを H とすると，$r \gg d$ の条件では，

$$\text{一列配列の場合：} H = \sqrt{3}dI/2\pi r^2 \qquad (6.1.5)$$
$$\text{三角配列の場合：} H = \sqrt{3}dI/4\pi r^2 \qquad (6.1.6)$$

となり，一列配列の磁界環境は三角配列の場合の 2 倍となる．

iii) **架空送電線から発生する磁界**[6]　架空送電線は，図 6.1.4 に示すように，

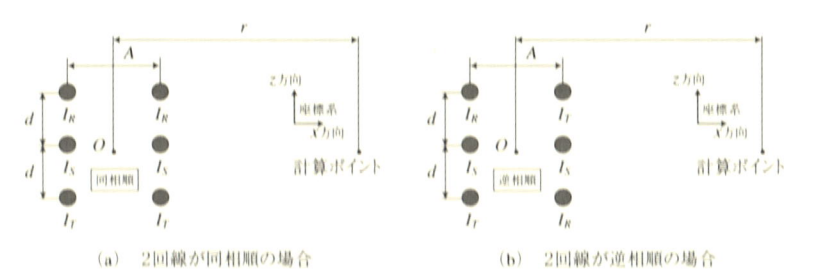

(a) 2回線が同相順の場合　　(b) 2回線が逆相順の場合

図 6.1.4　計算モデル

一般的に左右 1 回線ずつに 2 回線が平行に配置されている場合が多く，相の順番は両回線ともに上から順に RST RST となっている同相の場合と，RST TSR と逆に配列されている逆相の場合がある．どちらの場合も ii) 項と同様に求めることができ，$R^2 \gg d^2, A^2$ の条件では，

$$\text{同相の場合：} H = \sqrt{3}dI/\pi r^2 \qquad (6.1.7)$$
$$\text{逆相の場合：} H = \sqrt{3}AdI/2\pi r^3 \qquad (6.1.8)$$

となり，遠方での磁界環境は，同相より逆相の方が小さい．

図6.1.5は逆相で$A=7\,\mathrm{m}$, $d=4\,\mathrm{m}$の条件において，電力線の周囲の磁界をビオ-サバールの式より直接数値計算で求めたもの（シミュレーション）とこの簡易計算式から求めたものとの比較を示す．これより，遠方ではよく一致しており，問題となる位置は遠方においてであることから，この簡易計算式により障害の発生の有無を事前に予想することができる．

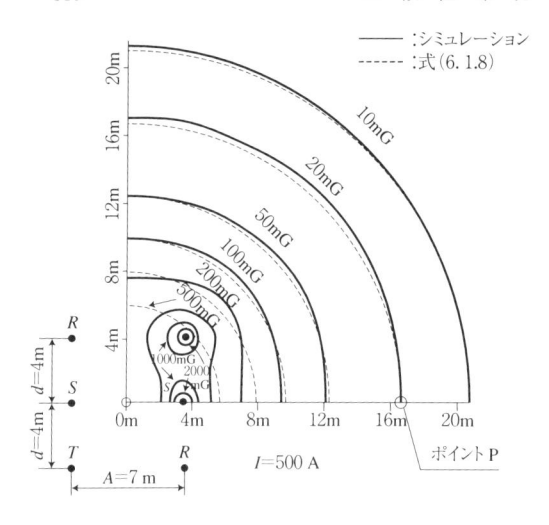

図6.1.5 シミュレーションと計算式の比較

iv） 磁気シールド対策

以上のように磁界強度は発生源からの距離に反比例することから，被障害機器を磁界の発生源から遠ざけることが必要である．しかし，一般的にはこの方法が不可能な場合が多く，磁気シールド対策を行わねばならない．そのためには，磁気シールド材として高透磁率材料を用いるが，従来のパーマロイから最近はコバルト系アモルファス合金が使用されるようになってきた．磁気シールド方法としては，① シールドボックスにより機器自体を遮へいする，② 発生源のケーブルを遮へいする，③ 発生源室を遮へいする，④ 被障害室を遮へいする，⑤ 状況に応じて以上の4種類のシールド方法を組み合わせて遮へいする，などが行われている[2]．

（戸田幸生）

文　献

1) 竹下和磨：Q&A実線ノイズ対策，エレクトロニクス4月号別冊，オーム社，p.23, 1994.
2) 戸田幸生：Q&A実線ノイズ対策，エレクトロニクス4月号別冊，オーム社，p.77, 1994.
3) (財)日本電子工業会：工業用計算機設置環境基準，**JEIDA-29-1990**, 1990.
4) 近角聡信：基礎電磁気学，培風館，p.86, 1990.
5) 石塚一男ほか：平成8年電気学会全国大会(1656)，7-162, 1996.
6) 石塚一男ほか：平成9年電気学会全国大会(1791)，7-143, 1997.

6.1.2 電 気 鉄 道

鉄道技術は，近年のパワーエレクトロニクス，マイクロエレクトロニクスの発展に伴い，高速化，高頻度運転の実現，高性能車両の誕生と，その進歩がめざましいが，鉄道車両に搭載されている各種機器から発生する電磁界も増加している．電気鉄道の種類としては，一般鉄道車両では，近郊型は直流式，郊外型は交流式が多く使用されている．また，新幹線は交流式であり，超電導磁気浮上式，常電導磁気浮上車両も使

6.1 電磁環境

表 6.1.1 電気鉄道から発生する電波雑音

種類	発生源	影響を与える対象	
		信号設備	環境
帰線電流ノイズ	レールに流れる電気車の帰線電流を発生源とし，変電所の整流に伴う高調波電流，VVVFインバータ車などから生ずる雑音電流が主原因	○	△
ホイールアーキングノイズ	車輪とレール踏面との間のアークにより発生する雑音，合成制輪子（レジンシュー）のような接触抵抗の大きいものは雑音も大	○	○
車載機器直達ノイズ	VVVFインバータやリアクトルなどの車両機器や機器間のぎ装配線から漏えいする磁束がアンテナなどと鎖交して与える雑音	○	○
パンタグラフ離線ノイズ	パンタグラフとトロリ線との離線・摺動現象に伴って生ずるアークから発生する雑音	△	○

用されている．特に，最近の鉄道車両では，VVVFインバータやSIV（静止型インバータ）などのGTOサイリスタを採用した機器や，リニアモータを採用した機器が使用されている．

a. **鉄道車両から発生する電磁界の種類**[1]

 i) **電波雑音** 電気鉄道から発生する電波雑音の種類を表6.1.1に示す．ただし，これらの種類の雑音が複合されて放射されるため，明確に区別してとらえることはむずかしいが，起動時や力行時には直達ノイズが，高速走行時にはパンタグラフ離線ノイズが比較的大きいと考えられる．

 ii) **漏えい磁界** 電気鉄道から発生する漏えい磁界としては，以下のものが考えられる．

　① 直流方式においては，電車線からレールへという直流電流の流れが周囲に大きな磁界を発生させ，それが電車走行により複雑な磁界変動を起こす一種の変動磁界．

　② 交流方式においては，電車線の幾何学的な配置により決定される商用周波数の交流磁界．

　③ VVVFインバータなどの車両機器のスイッチングや機器間のぎ装配線から発生する磁界．

　④ 直流電流を平滑化するためのリアクトルから発生する磁界．

　⑤ 交流方式においては，交流を直流に変換する際の変換器や変圧器から発生する磁界．

　⑥ リニアモータを使用する鉄道車両においては，モータの1次側と2次側で空隙が大きくなることにより発生する磁界．

このうち，①－②は周辺の磁界環境への影響が大で，③－⑥は車両内およびその周辺へ影響する．

b. **直流電気鉄道車両からの電磁界**[2,4]

直流電気鉄道車両は，近郊型の一般電気鉄道として多く使用されており，変電所か

図 6.1.6 各制御方式車両(直流)の力行時における電解強度測定例
速度：約30〜40 km/H程度，位置：線路中心から4m，アンテナの高さ：床下機器部分相当．

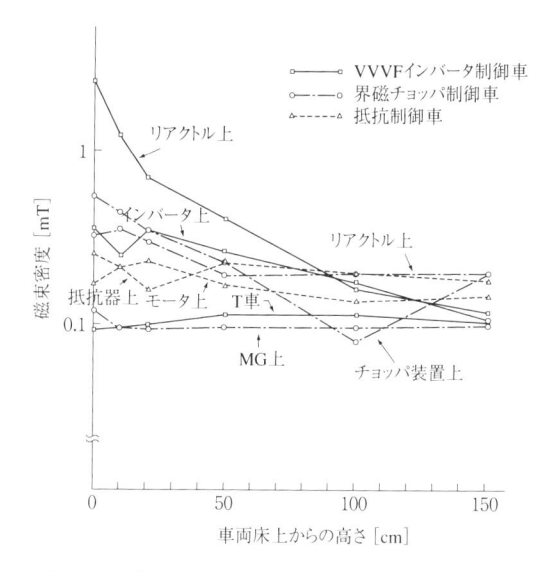

図 6.1.7 各制御方式車両(直流)の力行時における漏えい磁界測定例

らき電線を通して送電される直流1500(または750)Vをトロリ線を介して車両の集電装置(パンタグラフ)で受電し，その直流電源により，直流電動機または交流電動機(この場合は直流を車内のインバータにより三相交流に変換して使用する)を駆動して走行する．

図6.1.6および図6.1.7にVVVFインバータ制御車，界磁チョッパ制御車，抵抗制御車の各制御方式車両の力行時における電界強度と漏えい磁界測定例を示す．

i) **電界強度** 車両周辺での電界強度は，き電線通電時に比して，力行時は20〜30 dB高くなるが，各車両とも同様の周波数特性を示し，周波数が低いほど高い値を示している．この測定は線路中心から4mという近傍におけるものであるが，100 dBμV/m以下の電界強度となっている．

ii) **車両内の漏えい磁界**
車両内の漏えい磁界は，架線電流と相似の直流磁界が発生しており，VVVFインバータ制御車におけるリアクトル直上で最大となっている．また，この磁界は直流分に交流が重畳された形であるが，値そのものは小さく，その周波数成分はほぼインバータ周波数に等しい．

iii) **鉄道沿線での変動磁界** 鉄道車両は前項に示したように電流変化と相似の磁界変化が発生しており，常に起動・停止を繰り返すことが特徴である．また，特に都市部においては，一変電区間内に複数の車両が運行するため，変電所からみた負荷

6.1 電磁環境

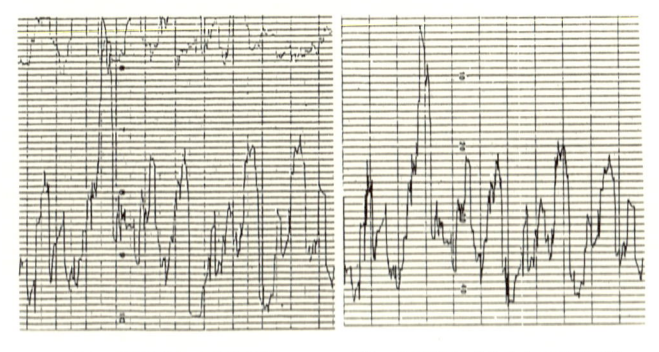

(a) 変電所内の電流変化　　(b) き電線と直角方向の磁界変化

図 6.1.8　き電線近傍での線路に直角方向の磁界変動と変電所内の電流変動状況

は著しく変動の激しい特性となる．そのため鉄道沿線では変動の激しい磁界波形となる．図 6.1.8 はき電線近傍での線路に直角方向の磁界変動と同時刻の変電所内の電流変動状況を示したもので，鉄道沿線での磁界変動も電流変化に対応していることがわかる．また，一日での最大磁界変動は，負荷変動の大きい朝夕のラッシュ時に発生し，その変動磁界のき電線からの距離減衰を図 6.1.9 に示す．これより，5m 位置でも 0.2 mT (2 G) 程度の変動磁界が発生しており，100～200 m 離れた位置においても数 nT (数 mG) の変動磁界が発生することがわかる．

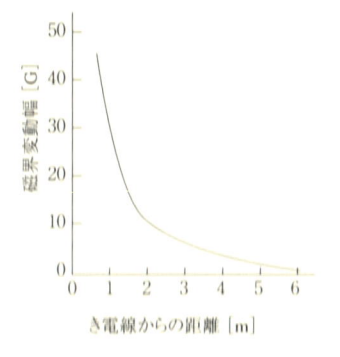

図 6.1.9　変動磁界のき電線からの距離減衰

c. 交流電気鉄道車両からの電磁界[5,6]

交流電気鉄道車両は，郊外型の一般電気鉄道として多く使用されており，変電所からき電線を通して送電される交流 (50 または 60 Hz) 20000 (または 25000) V をトロリ線を介して車両の集電装置 (パンタグラフ) で受電し，その交流電源を整流器により直流に変換することにより，直流または交流電動機を駆動して走行する．

図 6.1.10 および図 6.1.11 にサイリスタ位相制御車両の惰行時 (110～120 km/H) の電界強度測定例および車両内におい

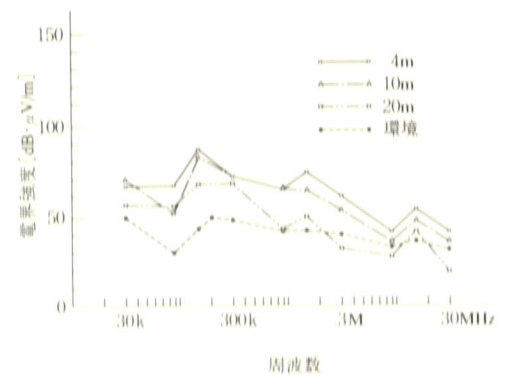

図 6.1.10　サイリスタ位相制御車両惰行時の電界強度測定例

る力行時の漏えい磁界の減衰状況を示す.

 i） **電界強度**　車両周辺での電界強度は，直流電気車両と同様，き電線通電時に比して，力行時は 20～30 dB 電界強度が高くなるが，20 m 地点では 900 kHz 以上で，ほぼ電車線通電時と同程度のレベルとなる.

 ii） **漏えい磁界**　車両内の漏えい磁界は，交流電気車においても，最大はリアクトル直上で発生しているが，直流電気車と異なり，直流磁界に交流磁界が重畳した形となる．この交流分の周波数は，変電所から架線に供給される交流電源の周波数 50 Hz が一番大きな値を示す．一方，交流を直流に変換する変圧器や整流器からの交流磁界が最大となる周波数は 100 Hz となっている．これは，直角二相という独特の交流方式をとっているため，その高調波成分が現れている．鉄道沿線での交流磁界は直近では，CRT 画面の揺れ障害を発生させるが，遠方ではほとんど問題のない程度に減衰している.

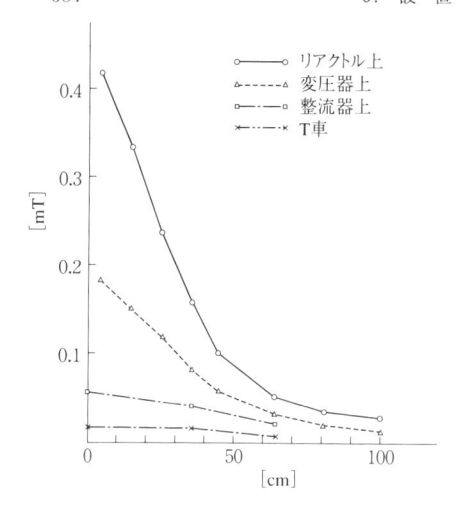

図 6.1.11　サイリスタ位相制御車両の漏えい磁界

d. 磁気シールド対策[3,4]

　直流，交流電気車両における磁界はリアクトル直上が一番高いことから，磁気遮へいすることが必要となる．遮へい材としては，鉄，アモリック G シートなどが使用されるが，軽量化の場合は G シートが使用される．また，新幹線 500 系においては，電動機の漏えい磁界から ATC 受電器への直進ノイズを防止するために，アモリックシートによる磁気遮へいと銅板による渦電流損の複合遮へいが行われている[7].

 i） **鉄道沿線での磁気シールド対策**　鉄道沿線での磁気障害の主な原因は，架線からレールへという直流電流の流れが周囲に大きな磁界を発生させ，それが電車の走行により複雑な磁界変動を起こす変動磁界である.

　鉄道の近傍では，テレビやパソコンの CRT が $100\,\mu\mathrm{T}$ (1 G) 以下の磁界の変動により画面が変色する．このような CRT の磁気障害に対しては CRT を高透磁率材料で遮へいすることが有効である[8].

　一方，電子顕微鏡や半導体製造装置などの精密機器は，より磁界の影響を受けやすく，変動磁界を数百 nT（数 mG）以下にしなければならない．このためには，機器を個々に遮へいするか，磁気シールドルーム内に機器を設置する必要がある．図 6.1.12 は鉄道から 100 m 程度離れた位置で，高透磁率材料のコバルト系アモルファス合金"アモリックシート"を用いた磁気シールドルームの内外における磁界の変動状

6.1 電磁環境

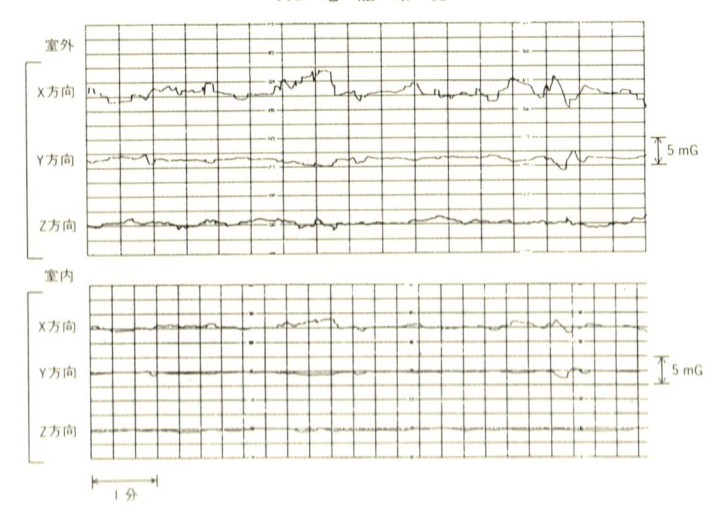

図 6.1.12 鉄道沿線における磁界シールドルーム内外での微小変動磁界状況

況を示したもので，磁界レベルは小さいが，鉄道の変電所での複雑な電流変動状況と酷似している．

(戸田幸生)

文　献

1) 水間　毅：鉄道車両と電磁波障害，電気車の科学，42(4)，1998．
2) 水間　毅ほか：鉄道車両機器から発生する電磁界に関する研究，交通安全公害研究所報告，No.13, 1991．
3) 戸田幸生ほか：鉄道から発生する電磁波の遮へいについて，電気学会，交通・電気鉄道研究会資料，**TER-92-37~55**，107，1998．
4) 戸田幸生ほか：鉄道から発生する漏洩磁界計測，電気学会，計測研究会資料，**IM-93-21**，33，1993．
5) 水間　毅，大野武一：交流磁界に対する遮へいの効果について，交通安全公害研究所研究発表会，平成5年度 第23回講演概要，1993．
6) 戸田幸生ほか：交流電気鉄道から発生する漏洩磁界計測，電気学会，計測研究会資料，**IM-94-21**，21，1994．
7) 赤塚博人：新幹線車両システムにおけるEMC対策技術，EMC，ミマツデータシステム，No.118, 75, 1998．
8) 清水義則：NHK営業総局受信技術センター，ARK Quarterly，2(2)，1989．

6.1.3　通信・放送設備

図6.1.3に東京都下の住宅地域における電磁環境測定例を示す．この図からもわかるように，一般住宅環境に到来する電波で最も強いのは，通信・放送波である．通信・放送設備からは，定常的に電波が発射されており，通信・放送波が電磁環境を形

6. 設置環境

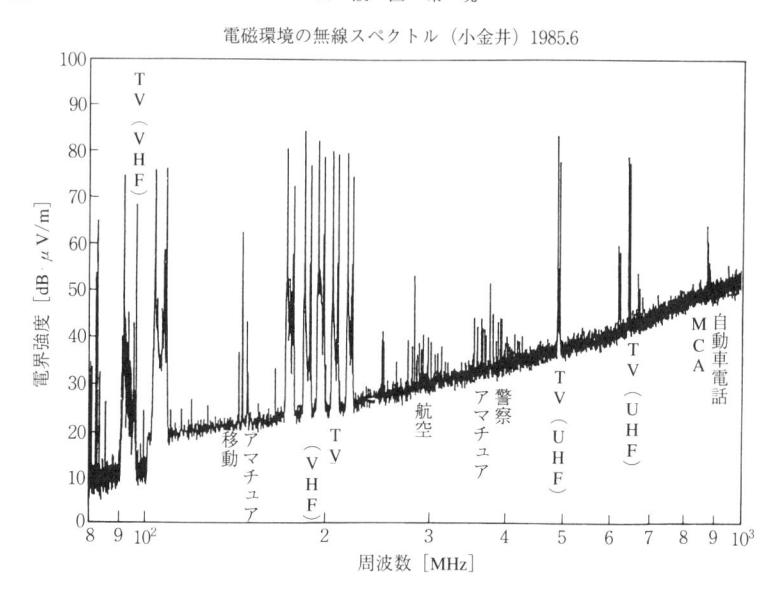

電磁環境の無線スペクトル（小金井）1985.6

図 6.1.13 放送・通信波による電磁環境の例

表 6.1.2 無線局数の推移(単位：千局)

	1991.3末	1992.3末	1993.3末	1994.3末	1995.3末	1996.3末	1997.3末
陸上移動局	2580	3497	4098	5051	7770	14192	25974
携帯・自動車電話	868	1378	1713	2131	4331	10204	20876
MCA無線	460	571	660	741	827	880	853
その他	1252	1548	1725	2179	2612	3108	4245
簡易無線局	2410	2473	2506	1641	1325	1173	1102
アマチュア局	1101	1203	1283	1326	1364	1350	1296
放送局	37	38	38	39	39	40	40
その他	339	363	368	335	336	561	799
計	6467	7574	8293	8392	10834	17316	29211

成する主な要因となっている．

表6.1.2に1991年から1997年までの無線局数の推移を示す．1997年3月末の無線局総数は，3000万局近くに達し，前年度末に対し約70%の増加となってる．このうちの約2000万局，全体の70%以上が，携帯・自動車電話で無線局増加の主原因になっている．

表6.1.3に各周波数帯の代表的な用途と空中線電力の最大レベルを示す．無線局のほとんどは，30〜3000 MHzに集中している．これは，この周波数帯が移動通信に適しており，陸上移動局などに使われているためである．これらは空中線電力が1〜10 Wの比較的小規模の無線局である．一方で1 kWを超える大電力無線局は，全国で5000局にすぎない．その主な無線局の種別は，レーダなどの無線測位局，放送

6.1 電磁環境

表 6.1.3 各周波数帯の主な無線局

周波数				(3 MHz)			(3 GHz)		
	3kHz	30kHz	300kHz	3000kHz	30MHz	300MHz	3000MHz	30GHz	300G
波長	100km	10km	1km	100m	10m	1m	10cm	1cm	1mm
名称	VLF 超長波	LF 長波	MF 中波	HF 短波		VHF 超短波	UHF 極超短波	SHF	EHF
主な無線局の業務と最大空中線電力 (kW)	無線航行 (150) [オメガ]	標準電波 (10) 無線航行 (1.2) [デッカ] 航空無線航行 (5) [NDB]	航空無線航行 [1M] 無線航行 海上移動 (2.7) 放送(500) [ラジオ放送] 標準電波(2)	放送(300) [短波放送] 海上移動 (15) アマチュア (0.5) 標準電波(2) 航空移動(5)	固定 (0.05) 陸上移動 (0.05) アマチュア (0.05) 放送(50) [FM(10) VHF-TV] 航空無線航行 (0.2[VOR, VORTAC] 航空移動(2) 海上移動 (0.05) 無線呼出し (0.25) [ポケットベル]	固定 (0.05) 移動 (0.1) [MCA, 自動車等] 放送(50) [UHF-TV] アマチュア (0.05) 簡易無線 (5W) 航空無線航行 (2M) [ARSA, ASR, DME] 無線航行 (60) [船舶用レーダ]	無線航行 (75) [船舶用レーダ] 固定(0.03) [マイクロ波中継等] 人工衛星 (13 W) 地球局(1.4) 各種レーダ (75)	簡易無線 各種レーダ	

局および(航空)無線航行局である.
特に高いレベルの電磁波を機器や人間に曝す可能性のある無線設備として,送信電力がきわめて大きい放送局がある.以下に放送局周辺の電磁環境を紹介する.

a. 中波放送局

わが国の中波放送は,526.5 kHz から 1606.5 kHz の周波数帯に分配されており,この中に 9 kHz 間隔で約 105 波割り当てられている.放送局の数は,1997年3月現在,NHK が 348 局,民放が 249 局である.これらの放送局を空中線電力別にみると,1 kW 未満が 59%,1〜100 kW が 39%,100 kW を超える放送局が 2% である.
大電力中波放送局周辺の電磁環境測定例を以下に示す[1].測定対象局には,表 6.1.4 に示すような 300 kW と 500 kW の中波放送設備が,同一構内に設置してある.アンテナは,2 局とも他の放送局でも多く用いられている頂部負荷型円管柱である.B 局の電界および磁界の距離特性を図 6.1.14(a) および (b) にそれぞれ示す.測定した地上高は 2 m である.電界は 3 軸直交ダイポールアンテナの合成出力である.磁界は 3 軸直交ループアン

表 6.1.4 調査対象中波放送局諸元

諸元		A 局	B 局
周波数 [kHz]		594	693
空中線電力 [kW]		300	500
アンテナ	垂直部高さ [m]	240	210
	円管柱直径 [m]	1.25	1.10
	頂冠部直径 [m]	12	10

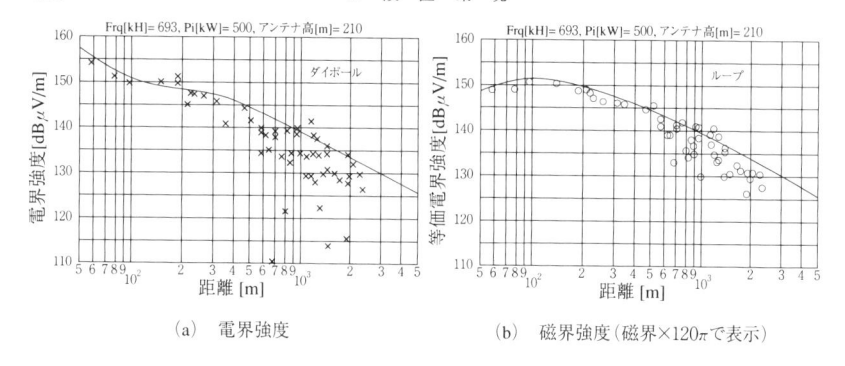

図 6.1.14 中波放送局近傍電磁界測定結果

テナによる合成出力であり，120π を掛けて等価電界強度で示してある．

b. 短波放送局

わが国の短波放送には，国内放送と国際放送がある．国内放送は国内全域をカバーし，3，6，および 9 MHz の 3 波を用いて，空中線電力 10〜50 kW で 12〜24 時間運用されている．

国際放送は，世界各地に向けて，周波数は 6，7，9，11，15，17 および 21 MHz を用いて，空中線電力 100〜300 kW で 1 日のべ 60 時間程度運用されている．

短波放送局周辺の電磁環境測定例を以下に示す[1]．測定対象は，送信電力の大きい国際放送局で，最も長時間送信している 17.81 MHz (300 kW) の放送波による電磁環境である．

使用アンテナは単一方向カーテン型(高さ 35 m，横幅 49 m)である．地上高 1.5 m における主ビーム方向で距離 10〜360 m までの電磁界強度の距離特性を図 6.1.15 (a)，(b)に示す．○印はアンテナ前面，●印はアンテナ背面の実測値である．24 m 付近で極大値 126 V/m であった．アンテナに近づくに従い，レベルが飽和している．

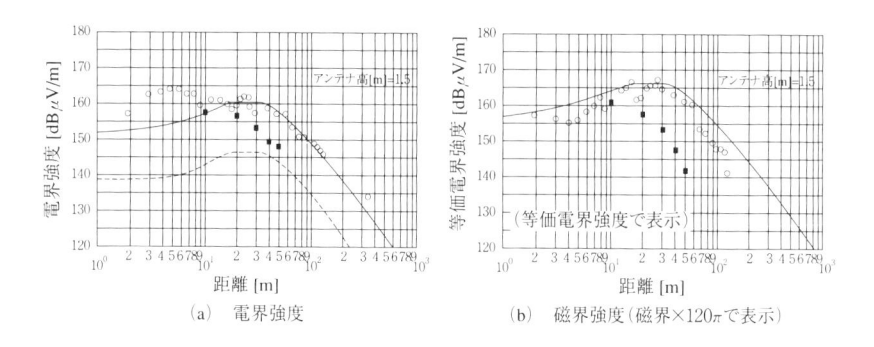

図 6.1.15 短波放送局近傍電界測定結果

これは，このような近傍界では各放射器からの電磁界が必ずしも同相にならないためである．図中の実線，破線はそれぞれアンテナ前面，背面の計算結果である．

c. FM・TV 放送局

VHF および UHF 帯のうち，比較的人口密度の高い地域において，大電力で長時間にわたって電波を出しているのは FM・TV 放送局である．1997 年 3 月末の FM・TV 放送局は表 6.1.5 のようになっている．

表 6.1.5 FM・TV 放送局数

種 別	周波数 [MHz]	間 隔 (CH数)	NHK	民 放	合 計
FM	76〜90	100 kHz (139)	516	237	753
TV(VHF)	90〜222	6 MHz (12)	879	462	1321
TV(UHF)	470〜770	6 MHz (50)	6023	7609	13632

FM 局の最大空中線電力は，10 kW，TV(VHF) は 50 kW(映像出力)である．TV (UHF) の最大空中線電力は 10 kW であるが，ほとんどは 100 W 以下の中継用放送局である．

FM・TV 放送局周辺の電磁環境測定例を以下に示す[1]．測定対象は，大都市の FM・TV 放送の電波塔周辺の電磁環境である．この塔からは，測定当時，76〜222 MHz の周波数帯の中に TV 映像・音声電波が 14 波，FM が 3 波の 17 波が放送されていた．

アンテナの放射面中心は地上高 171〜324 m であり，その形式はスーパーターンスタイル，スーパゲイン，2ダイポールなどである．実効放射電力は，TV が 250〜370 kW，FM が 38〜44 kW である．地上高 2 m の位置での全対象波の総合電力密度の測定結果を図 6.1.16 に示す．距離 80〜360 m の範囲では 2.7 V/m 程度であるが，場所によっては，5.1 V/m になるところがある．

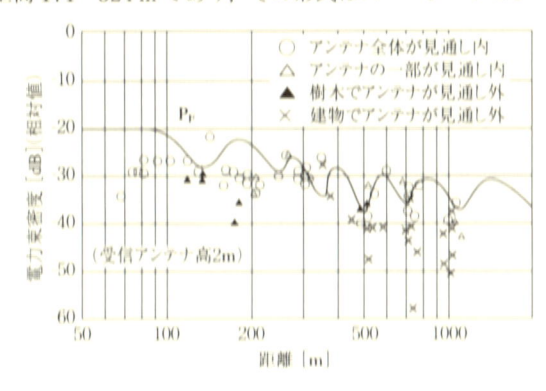

図 6.1.16 総合電力密度距離特性(測定値，地上高 1.5 m)

6.1.4 その他の電磁環境

近年，PDC や PHS などの携帯・自動車無線機が急激に増加している．これらは送

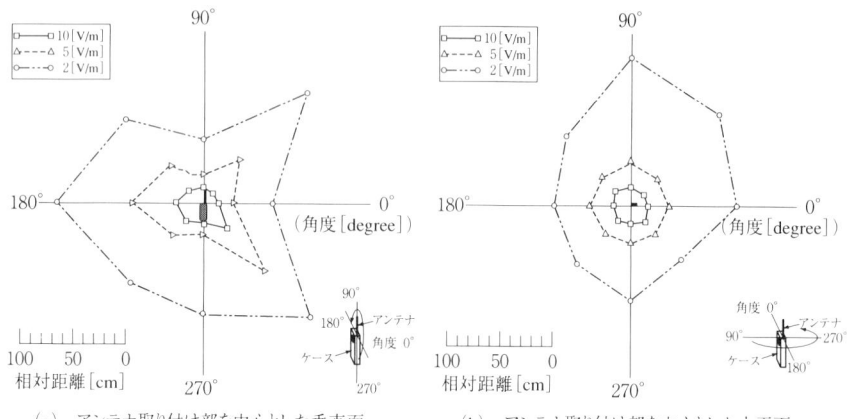

(a) アンテナ取り付け部を中心とした垂直面　　(b) アンテナ取り付け部を中心とした水平面

図 6.1.17 (a)　アナログ携帯電話(アナログ NTT 方式)電界強度分布測定例(周波数：800 MHz 帯/出力：0.6 W)

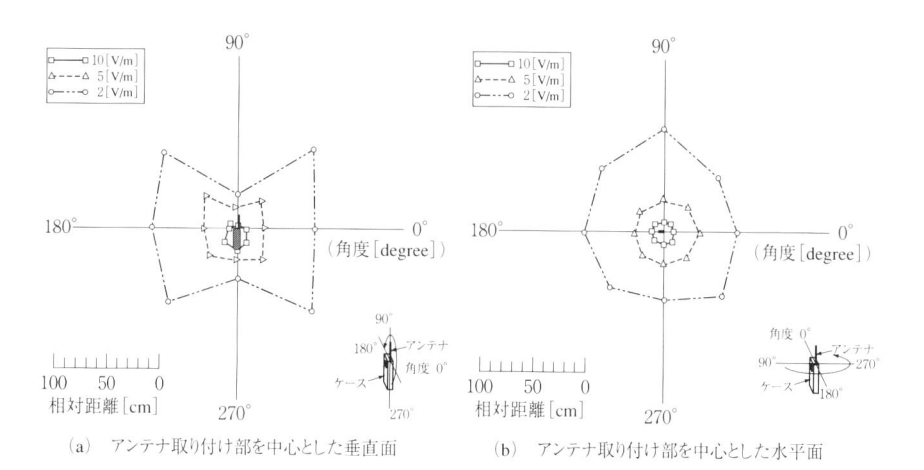

(a) アンテナ取り付け部を中心とした垂直面　　(b) アンテナ取り付け部を中心とした水平面

図 6.1.17 (b)　ディジタル携帯電話(PDC 方式)電界強度分布測定例(周波数：800 MHz 帯/出力：0.8 W)

信電力はあまり大きくないが，機器や人体のきわめて近くで利用される可能性が高く，機器や人間に対して高いレベルの電磁波に曝す可能性がある．そのため，携帯電話などによる医療機器への障害が緊急に実験・調査された．実験結果から，"携帯電話機を埋込み型心臓ペースメーカ装着部位から 22 cm 以上離すこと"などの「医療機器への影響を防止するための指針」が発表され，病院や公共交通機関内で，携帯電

話機などの利用者に対し，使用制限の協力が呼びかけられている．
　携帯電話機近傍の電磁環境測定例を以下に示す[2]．測定対象携帯電話機は，任意に抽出した 800 MHz 帯のアナログ型携帯電話機とディジタル型携帯電話機の 2 機種である．携帯電話機をそれぞれ最大出力(0.6 W および 0.8 W)とし，微小電界プローブで測定した距離特性を図 6.1.17(a)および(b)に示す．　　　　　　（篠塚　　隆）

文　　　献

1) 郵政省：電波利用施設の周辺における電磁環境に関する研究会報告，1987．
2) 不要電波問題対策協議会：携帯電話端末等の使用に関する調査報告書，1997．

6.2　電磁環境対策

6.2.1　建築物——開口部のシールド対策——

　図 6.2.1 に示すように建築分野とエレクトロニクス分野の重なり合うところで，身のまわりの電磁環境で人・建物・都市に関係するところを建築電磁環境という．
　建築電磁環境の主な制御技術と周波数との関係を図 6.2.2 に示す．建築空間構成部位(床，壁，天井など)で電磁波をシールドする技術と電磁波を吸収する技術に主に大別される．
　ここではこの建築電磁環境制御技術の中の電磁シールドで，開口のシールド性能を扱う．

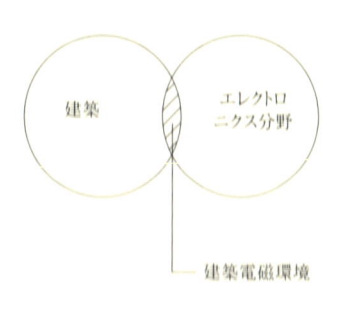

図 6.2.1　建築分野とエレクトロニクス分野

	DC	300kHz	3MHz	30MHz	1GHz	
	直流磁場					準マイクロ波
		長波	中波	短波	極超短波	マイクロ波
	静電気					(ミリ波)
電波吸収技術		⟨------TV電波障害対策------⟩				⟨レーダ対策⟩
					⟨------⟩	
					電波暗室	
電波遮へい技術	磁気シールド					
	・SQUID	⟨------電磁シールド------⟩				
	・ESD	⟨------------------⟩				

図 6.2.2　電磁環境制御技術と周波数

なお，建築電磁環境では，主に直流～数十 GHz の周波数範囲を対象としているが，ここでは 0.1 MHz～1 GHz の場合について述べる．

a. 電磁シールド空間

シールドルーム(electromagnetic shielding enclosure)とは微弱な電磁波の測定などのために外部からの電磁波を遮へいしたり，測定などのために発生する電磁波が他の無線局の運営に妨害を与えないようにする部屋である．

この部屋は壁，天井，床を金属などの良導体(シールド材)で構成し，扉や窓は電磁波が漏えい・侵入しないよう特別の構造とし，電線・信号線などの伝導ノイズ対策にはフィルタなどを使用する．

シールドルームは従来，実験・研究・計測など，特殊な用途の部屋としてつくられてきた．これに対し，コンピュータの誤動作防止，無線 LAN 対応などの新しいニーズに基づき，一般的な用途(事務室や工場など)の空間にシールドを施す需要が生じてきている[1]．

表 6.2.1 はこのような新しいニーズに基づくシールドルームの目的[2]を示したものでこのような目的をもつシールドルームをここでは"シールド空間"と呼ぶ．

表 6.2.1　シールド空間の目的

	付加価値の創造	障害の防止
受動的電磁シールド	電磁的清浄空間の作成	電磁干渉，機器の誤動作防止
能動的電磁シールド	建物内での無線有効利用	電磁波の　1) 漏えい防止 　　　　　　2) 盗聴防止

図 6.2.3 はシールド空間をもつ建物の例[3]で，室内に発生する電磁波を屋外に出さないためのものである．

図 6.2.3　シールド空間の例

b. 電磁シールド性能の定義と測定

ⅰ) 定　義　シールド性能(electromagnetic shielding effectiveness)とはシールド材やシールドルームの電磁波を遮へいする性能をいい，シールド面がない場合の電界(計測値 L_E [dBμV/m]：電界強度 E_0 [V/m])，または，磁界(計測値 L_H [dBμA/m]：磁界強度 H_0 [A/m])とシールド面がある場合の電界(計測値 V_E [dBμV/m]：電界強度 E [V/m])，または，磁界(計測値 V_H [dBμA/m]：磁界強度 H [A/m])の比，または，シールド面前面の電界(磁界)強度とシールド面後方での電界(磁界)強度の比で，次式に定義され，通常デシベル[dB]で表示される．

$$S_\mathrm{x} = -20\log(E/E_0) \ [\mathrm{dB}] \quad \text{または}$$
$$S_\mathrm{x} = -20\log(H/H_0) \ [\mathrm{dB}] \quad\quad\quad (6.2.1)$$
$$S_\mathrm{x} = L_E - V_E \ [\mathrm{dB}] \quad \text{または}$$

6.2 電磁環境対策

表 6.2.2 一般的な測定評価法

測定方法 電磁界	挿入損失法	透過損失法
近傍電界	・MIL-STD-285	
近傍磁界	・MIL法	
遠方界	・到来波法 ・本稿の測定方法	・MIL-STD-285 ・MIL法

$$S_x = \mathrm{LH} - V_H \ [\mathrm{dB}] \tag{6.2.2}$$

ⅱ) **測定方法と対象とする周波数** 建築分野で一般的に行われているシールド性能測定方法の分類とここで用いた測定法を表 6.2.2 に記す。

MIL-STD-285(MILITARY STANDARD 285)に準拠し、かつ必要に応じ任意周波数を設定する方法をここでは MIL 法と称する。

なお、実測データはすべてシールド性能測定実験室[4,5] (図 6.2.4) で得、試験体には電解銅箔 35 μm、亜鉛鉄板を使用し、偏波面は垂直偏波のみを扱った。近傍界の測定は MIL 法を用い、電界はロッドアンテナ、磁界はループアンテナを用いた。また、それぞれ 0.1, 0.2, 0.5, 1, 3, 10, 18, 30 各 MHz の周波数で測定した。遠方界は半波長ダイポールアンテナを使用し、0.1, 0.2, 0.4, 1.0 各 GHz の周波数で測定を行った。なお、遠方界の測定は実測値と理論式および測定法を対応させるため、論文[6]に基づき挿入損失法を採用し、受信アンテナの位置をシールド面から 0.55 m 離している。

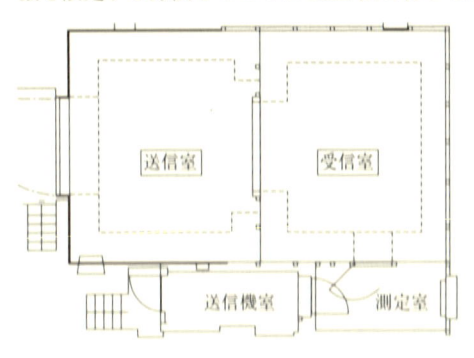

図 6.2.4 シールド性能測定実験室

c. 単一開口のシールド性能[7]

シールド空間を設計・工事監理するとシールド面にいろいろ開口が生じ、たとえば次のような問題が生じる。
(1) 壁面に取り付けるスイッチボックスや照明器具ボックスの複数の箱抜きを行いたいが穴を明けたあとの対策。
(2) 測定をするときのアンテナの設置方法。

これらの問題解決には、"開口のシールド性能予測技術"が必要である。
ここでは、測定法に対応した単一方形開口の性能予測を行う。
なお、シールド面に単純に開口を切り抜いた状態を対象とし、この開口を"平面開口"と呼ぶ。

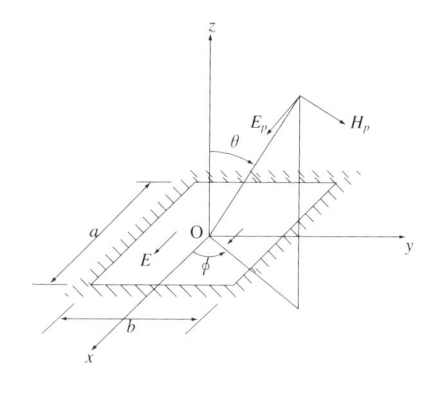

$$E_p = E\exp(-jkR) \times \left|\frac{\sin\left(\frac{\pi a}{\lambda}\sin\theta\cos\phi\right)}{\frac{\pi a}{\lambda}\sin\theta\cos\phi}\right| \times \left|\frac{\sin\left(\frac{\pi b}{\lambda}\sin\theta\sin\phi\right)}{\frac{\pi b}{\lambda}\sin\theta\sin\phi}\right| \quad (6.2.3)$$

図 6.2.5 一様分布開口面アンテナ(式(6.2.3))

i) 予測近似式 図6.2.5に示す一様分布開口面アンテナの理論式(6.2.3)[8]を用い,基準とする平面開口(以後基準開口と呼ぶ)と他の開口において,周波数,開口の大きさの違いとシールド性能の関係について述べる[9].

1) 開口の大きさの変化とシールド性能: 解析モデルを図6.2.6に示す.

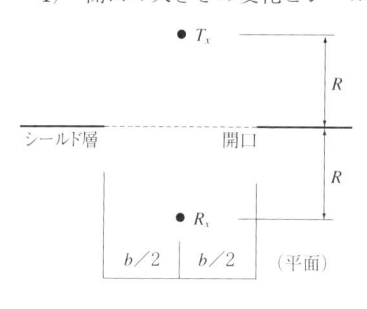

図 6.2.6 解析モデル

このモデルで開口の大きさが $a_0[\text{m}] \times b_0[\text{m}]$ (基準開口)と $a[\text{m}] \times b[\text{m}]$ (任意の大きさの開口)の2開口を想定する.

基準開口のシールド性能を $S_A[\text{dB}]$,受信電界強度を $E_A[\text{V/m}]$,任意の大きさの開口のシールド性能を $S_X[\text{dB}]$,受信電界強度を $E_X[\text{V/m}]$とする.図6.2.6では図6.2.5の角度 ϕ,θ は限りなく0°に近づく.したがって,開口中心から各アンテナ送受信点までから E_A [V/m],E_X [V/m] は公式(6.2.4)から,式(6.2.3)は式(6.2.5),(6.2.6)で表される.

$$\lim_{x\to 0}(\sin x/x) = 1 \quad (6.2.4)$$
$$E_A = (ja_0 b_0/\lambda R) E \exp(-jkR) \quad (6.2.5)$$
$$E_X = (jab/\lambda R) E \exp(-jkR) \quad (6.2.6)$$

式(6.2.5),(6.2.6)は開口面から受信アンテナまでの電界強度を示す式であり,送信アンテナから発生する電磁波の開口面での電界強度も相反則から同じとなるので,送信アンテナから発生する電磁波の電界強度は受信アンテナでは式(6.2.7),(6.2.8)

となる．したがって，シールド性能を求める測定上のリファレンス(E_0[V/m])は共通なので，異なる2開口のシールド性能の差($S_X - S_A$)は式(6.2.1)，(6.2.7)，(6.2.8)により式(6.2.9)となる．

$$E_A = \{(ja_0b_0/\lambda R)E \exp(-jkR)\}^2 \quad (6.2.7)$$
$$E_X = \{(jab/\lambda R)E \exp(-jkR)\}^2 \quad (6.2.8)$$
$$S_X - S_A = -20\log(E_X/E_0)^2 + 20\log(E_A/E_0)^2$$
$$= -40\log(a \times b) + 40\log(a_0 \times b_0) \quad (6.2.9)$$

2) 周波数の変化とシールド性能： 図6.2.6において開口の大きさが同じで周波数の異なる場合(基準周波数：f_0[GHz]，波長 λ_0[m])と任意の周波数(f_X[GHz]：波長 λ_X[m])のシールド性能について式(6.2.3)で検討する．

基準周波数のシールド性能を S_A[dB]，受信電界強度を E_A[V/m]，他の周波数のシールド性能を S_X[dB]，受信電界強度を E_X[V/m]とする．このとき式(6.2.7)，(6.2.8)と同様，送信アンテナから発生する電磁波の電界強度は受信アンテナで式(6.2.10)，(6.2.11)となる．

時間平均値は実数部で表されるので，$S_X - S_A$は式(6.2.12)で表され，シールド性能と周波数の関係を示す近似式となる．なお，これらの近似式(6.2.9)，(6.2.12)は挿入損失法を前提としている．

$$E_A = \{(jab/\lambda_0 R)E \exp(-j_0 R)\}^2 \quad (6.2.10)$$
$$E_X = \{(jab/\lambda_x R)E \exp(-jk_x R)\}^2 \quad (6.2.11)$$
$$S_X - S_A = 40\log(\lambda_x/\lambda_0)$$
$$= -40\log(f_x/\lambda_0) \quad (6.2.12)$$

ただし，遠方界，送受信アンテナとシールド面の離れは等距離である．

ii) 予測基本式　実験室で表6.2.3に示す開口のシールド性能を測定し，その

表 6.2.3　近似式との比較に用いた開口の種類

	試験体素材	開口の大きさ $a \times b$[m]			備考
近傍電界	電界銅箔 35μm	0.1×0.1	0.3×0.1	0.6×0.1	図6.2.7
		0.1×0.2	0.1×0.3		図6.2.10
近傍磁界	亜鉛鉄板厚さ1.6mm	0.1×0.1	0.3×0.1	0.5×0.1	図6.9.8
		0.1×0.3	0.1×0.5		図6.2.11
遠方界	電界銅箔 35μm	0.1×0.1	0.3×0.1	0.6×0.1	図6.2.9
		0.1×0.15	0.1×0.2	0.1×0.05	図6.2.12

データを最小2乗法で整理し，近似式の計算値と比較する．なお，基準開口は0.1m×0.1mの開口とした．

1) 周波数とシールド性能の関係： 微小ダイポールアンテナの理論式を用いた数値計算の論文[1]に近傍電界における開口の高さと横幅が波長の約1/10，平面開口の最大辺の長さが波長の約1/50以下で，10MHz以下の場合，周波数特性の要因を省略できるとあるが，再確認の意味を含めシールド性能(実測値)と周波数の関係を図6.2.7～6.2.9に示す．

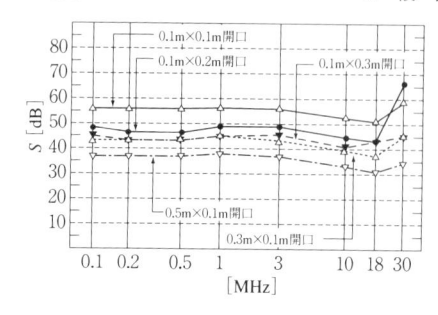

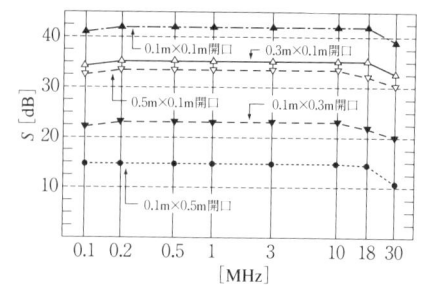

図 6.2.7 方形開口のシールド性能と周波数の関係(近傍電界)

図 6.2.8 方形開口のシールド性能と周波数の関係(近傍電界)

なお,開口のない単材のみのシールド性能は測定限界を超す高い性能[10]であるので,図 6.2.7〜6.2.9 に示すデータは開口がある場合の開口独自のみかけ上のシールド性能を示している.

(1) 近傍電界(図 6.2.7): 0.1 MHz,10 MHz,18 MHz ではシールド性能が他の周波数に対し低下し,30 MHz では高くなったが,0.1〜10 MHz はほぼ同じ値なので,0.1〜10 MHz の実測値の平均値で代表できる(以下この平均値を"実測平均値"と称す).したがって,以後実測平均値を実験データとして扱う.

(2) 近傍磁界(図 6.2.8): 30 MHz と 0.1 MHz の一部を除いたすべての周波数で平面開口のシールド性能の誤差は最大±1 dB であった.したがって,以後の検討は 0.1〜18 MHz の実測平均値を実験データとして扱う.

(3) 遠方界(図 6.2.9): 0.1 GHz;121 dB 以上,0.2 GHz;120 dB 以上,0.4 GHz;108 dB 以上,1.0 GHz;100 dB 以上.以上が電解銅箔単材のシールド性能である(図には省略)が,平面開口を設けると著しくシールド性能は低下する.図は 0.1 m×0.05 m,0.1 m×0.1 m,0.3 m×0.1 m の開口を例に周波数とシールド性能の関係を示したもので,近似式の基準周波数に 0.1 GHz の実測値を用い,計算値を実線および破線,実測値を▲印と●印,■印でプロットしたものである.

図をみると 0.4 GHz の場合を除いて実測値と近似式はほぼ一致していることがわかる.0.4 GHz が特異な値を示すのはリファレンス測定時の受信アンテナの位置が試験体取り付け枠の金属に反射する電磁波と開口を

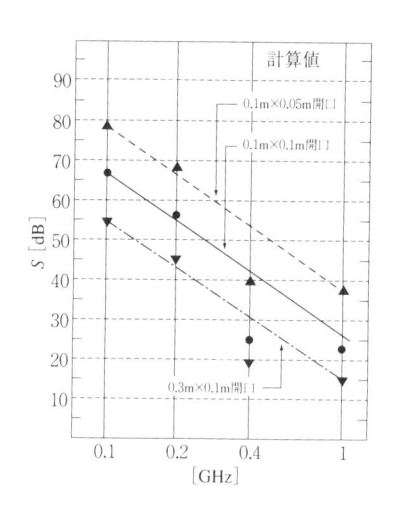

図 6.2.9 方形開口のシールド性能と周波数の関係(遠方界)

経る直接波が干渉している影響によるものと考えられる．以上のことから，遠方界での開口のシールド性能と周波数の関係が式(6.2.12)で近似できることがわかる．

2) 開口の大きさとシールド性能

(1) 近傍電界： 近似式(6.2.9)は遠方界の式であるが，近傍電界の実測値と比較を行ってみる．

基準開口(0.1 m×0.1 m)のシールド性能は 56 dB なので，式(6.2.9)は次式となる．

$$S = -40 \log(a) - 40 \log(b) - 24 \qquad (6.2.13)$$

表 6.2.3 の開口で高さが 0.1 m のグループの各実測平均値(● 印)と式(6.2.13)(実線)との比較を図 6.2.10 (A)に，横幅 b が 0.1 m で共通のグループの各実測平均

(a) 開口の横幅とシールド性能　　(b) 開口の高さとシールド性能

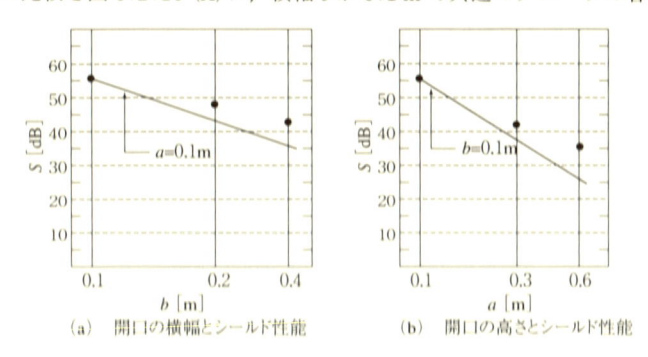

図 6.2.10　各辺の長さとシールド性能(近傍電界)

値(● 印)と式(6.2.13)との比較を図 6.2.10(b)に記す．横幅が異なる場合(図(a))と高さが異なる場合(図(b))は近似式と勾配が異なるが，辺の長さの片対数に比例していることがわかる．近似式では開口の高さと横幅のシールド性能への寄与する度合いを示す係数は -40 であるが，実測データでは次の理由で異なると考えられる．

① 式(6.2.9)は遠方界の式であり，実測データは近傍電界である．
② 実測を行ったときに用いたアンテナはロッドアンテナ(長さ 1.04 m)で，開口の高さと横幅に対しアンテナエレメントが長さおよび方向性をもっている．

したがって，近傍電界で，開口のシールド性能を実用的に予測する計算式(6.2.13)は実測データをもとにすると次式の形態となる．

$$S = A \log(a) + B \log(b) + C \qquad (6.2.14)$$

(2) 近傍磁界： 近傍磁界での開口のシールド性能にも式(6.2.9)を適用し，実測値との比較する．基準開口(0.1 m×0.1 m)の性能は 42 dB なので，式(6.2.9)に代入すると任意の大きさの開口のシールド性能は次式となる．

$$S = -40 \log(a) - 40 \log(b) - 38 \qquad (6.2.15)$$

6. 設 置 環 境

(a) 開口の横幅とシールド性能

(b) 開口の高さとシールド性能

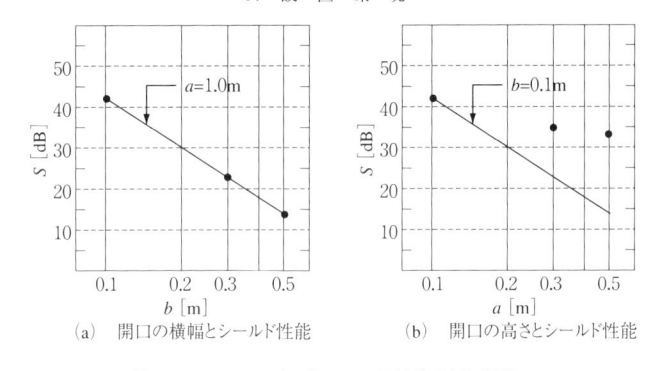

図 6.2.11 辺の長さとシールド性能(近傍磁界)

近傍磁界で,実験を行った高さ a が 0.1 m で共通のグループの各実測平均値(●印)と式(6.2.15)との比較を図 6.2.11(A)に,横幅 b が 0.1 m で共通のグループの各実測平均値(●印)と式(6.2.15)との比較を図 6.2.11(b)に記す.

近傍磁界も近傍電界と同様の理由により開口の高さと横幅の変化が性能に寄与する度合が異なることがわかる.したがって,近傍磁界での開口のシールド性能近似式(6.2.15)も実測データを基にすると式(6.2.14)の形態となる.

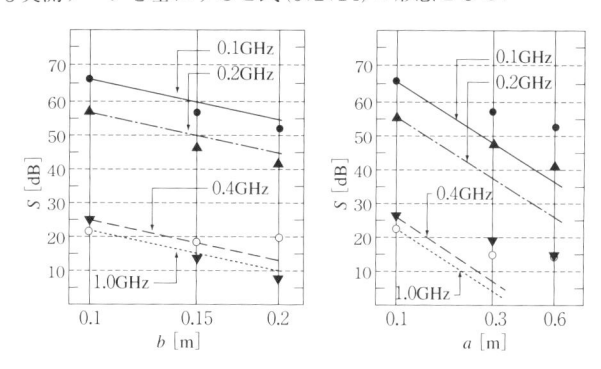

図 6.2.12 辺の長さとシールド性能(遠方界)

(3) 遠方界: 式(6.2.9)において,$a_0, b_0 = 0.1$ m の開口(S_A の実測値は 0.1 GHz:66 dB,0.2 GHz:56 dB,0.2 GHz:25 dB,1 GHz:22 dB)を基準とし,図 6.2.12(a)に $a=0.1$ m で $b=0.1$ m, 0.15 m,0.2 m の 3 開口と,図 6.2.9(b)に $b=0.1$ m で $a=0.1$ m, 0.3 m, 0.6 m の 3 開口の実測値と計算値の比較を示す.

図の実線および破線などは式(6.2.9)に上記データを代入して求めた計算結果を結んだもので,●印,▲印,▼印,○印などは実測値を示す.図から,遠方界において開口のシールド性能は,開口の大きさとシールド性能の関係を示す式(6.2.9)と周波数とシールド性能の関係を示す式(6.2.12)の合成で,シールド性能は式(6.2.14)の

形態となることがわかる.ただし,論文[6]に記された式のとおり,式(6.2.14)の係数 A, B, C は式(6.2.16)に示す周波数の片対数関数になる.

$$A, B, C = E \log(f) + F \qquad (6.2.16)$$

ここで,a:開口の高さ[m],b:開口の高さ[m],f:周波数[GHz],E, F;定数.
また,図により次のことがわかる.

① 波長の短い 1 GHz で $b > \lambda/2$ となるときのシールド性能実測値は他の周波数と比して特異な傾向を示した.これは式(6.2.9)が適用できない範囲である.

② 式(6.2.9)はシールド面と送受信アンテナの間の距離が等しいモデルであるが,実測では送信側は 3.5 m,受信側は 0.55 m で行った.このことも係数が異なる原因の一つである.

表 6.2.4 基本式(6.2.14)の各係数

	A	B	C
近傍電界	-26	-39	-8
近傍磁界	-13	-40	-12
遠方界	$2 \log(f) - 15$	$-10 \log(f) - 56$	$-53 \log(f) - 50$

表 6.2.5 表 6.2.4 に示す係数での計算式の適用範囲と誤差

	適 用 範 囲	誤 差
近傍電界	0.1 MHz ― 10 MHz 0.05 m ≦ a ≦ 0.6 m 0.1 m ≦ b ≦ 0.5 m	-3 dB ― $+2$ dB
近傍磁界	0.1 MHz ― 18 MHz 0.1 m ≦ a, b ≦ 0.5 m	-1 dB ― $+2$ dB
遠方界	0.1 GHz ― 1 GHz 0.05 m ≦ a ≦ 1.0 m 0.05 m ≦ b ≦ 0.2 m ただし 1 GHz : 0.05 m ≦ b ≦ 0.15 m	-3 dB ― $+3$ dB

3) 基本式の係数: 以上,近傍界,遠方界で開口のシールド性能を求める計算式は式(6.2.14)の形態となるので,開口のシールド性能予測基本式と呼ぶ.ここで,筆者の行った実験のデータを最小2乗法で整理し,表 6.2.4,6.2.5 に式(6.2.14)の係数一覧を記す.今後,より多くのデータを盛り込み,修正を加えればより正確な開口のシールド性能予測基本式の係数を得ることができる.

d. 複数開口の合成シールド性能[11]

i) 複数シールド性能の合成式 開口 A(シールド性能 S_A)と開口 B(シールド性能 S_B[dB])が図 6.2.13 のように並んでいる開口を例とする.

図において,開口 A から受信アンテナで受信する電界強度を E_A[dBμV/m],開口 B から受信アンテナで受信する電界強度を E_B[dBμV/m]とすると受信アンテナで受信する電界強度は $E_A + E_B$ となる.電磁シールド面のないときの受信アンテナでの受信電界強度を E_0 とするとそれぞれの開口のシールド性能 S_A, S_B は式(6.2.1)から式

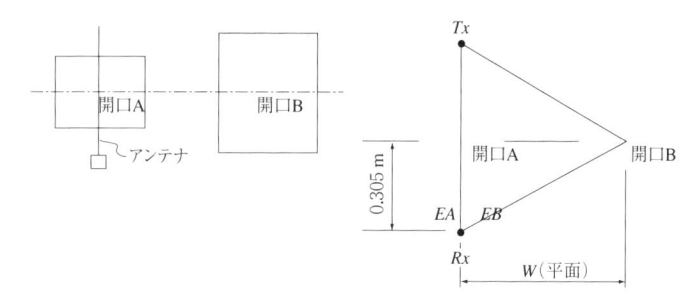

図 6.2.13 2個の開口複合シールド性能計算モデル

(6.2.17), (6.2.18)となり, 2個の開口の合成シールド性能を S_{A+B}[dB]とすると S_{A+B} は式(6.2.19)で表される.

$$E_A/E_0 = 10^{-S_A/20} \qquad (6.2.17)$$
$$E_B/E_0 = 10^{-S_B/20} \qquad (6.2.18)$$
$$S_{A+B} = -20\log(10^{-S_A/20} + 10^{-S_B/20}) \qquad (6.2.19)$$

以上, 式(6.2.19)がシールド性能のわかっている2個の開口の合成式となる. ただし, それぞれの開口のシールド性能には次節で述べるアンテナと開口中心の位置のずれによる補正を行う必要がある. 同様に n 個の開口があり, それぞれの性能を S_1, $S_2 \cdots S_n$ とすると n 個の開口の合成シールド性能 S_n は式(6.2.20)となる.

$$S_n = -20\log\left(\sum_{k=1}^{n} 10^{-S_k/20}\right) \qquad (6.2.20)$$

ⅱ) アンテナに対し任意の位置にある開口のみかけ上のシールド性能(近傍電界)
単一方形開口の中心がアンテナの中心に対し任意の位置にあるとき, 開口のみかけ

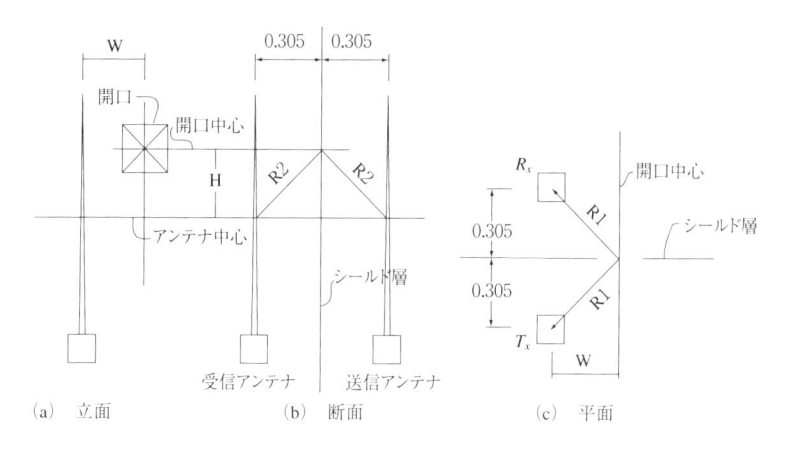

図 6.2.14 アンテナ軸に対して任意の位置にある開口のモデル

6.2 電磁環境対策

上のシールド性能がどのようになるかを求める.

アンテナ軸に対し,任意の位置にある開口のモデルを図 6.2.14 に示す.また,図 6.2.15 は実験室で実測を行ったアンテナの中心に対し開口の中心位置を示す図である.

1) **開口とアンテナ位置のずれ**(横方向[12]): 図 6.2.15 の各 Y 通りで X_0 通りの値を基準とする.このときのシールド性能を基準 (S_0) とし,他の測定点のシールド性能を S_X とする.みかけ上のシールド性能増加 ($S_X - S_0$) とアンテナ中心から開口中心までの平面距離 R_1 [m] の関係は式 (6.2.21) となる.

$$S_X - S_0 = A_1 \log(R_1) + B_1 \quad (6.2.21)$$

なお,表 6.2.6 に係数 A_1, B_1 の一覧を示す.

2) **開口とアンテナの位置ずれ**(縦方向[12]): 各 X 通りでのみかけ上のシールド性能増加 ($S_y - S_0$) とアンテナ中心から開口中心までの距離 R_2 の関係は式 (6.2.22),(6.2.23) となる.

$Y_0 \sim Y_2$ 間:$S_y - S_0 = S_X$(X_0 通りの値)
$$(6.2.22)$$

$Y_3 \sim Y_5$ 間:$S_y - S_0 = A_2 \log(R_2) \log(R_2) + B_2$
$$(6.2.23)$$

なお,表 6.2.7 に係数 A_2, B_2 の一覧を示す.

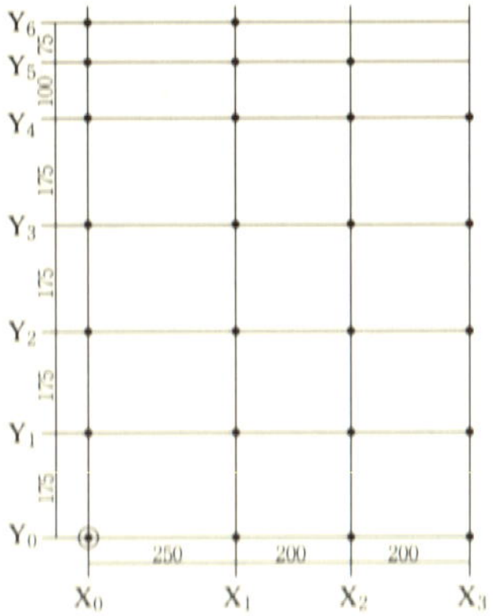

3) **合成シールド性能計算例**

(1) その 1 (2 開口;近傍電界): 0.1 m × 0.1 m の 2 開口が横に並び,一つはアンテナ中心と開口中心が一致している例を示す.図 6.2.13 の S_B は式 (6.2.21) および表 6.2.6 ($Y_0 \sim Y_2$ 通りの係数) より式 (6.2.24) となる.

$$S_B = S_A + 111 \log(0.35^2 + W^2)^{1/2} + 56 \quad (6.2.24)$$

また,0.1 m × 0.1 m の開口のシールド性能実測平均値は 56 dB であった.式 (6.2.20) から $W = 0.15, 0.35, 0.55, 0.75, 0.8$ 各 m のときの 2 開口の合成シールド性能 S_{A+B} [dB] を求め,図 6.2.16 に W [m] と S_{A+B} [dB] の関係を記す.また,実測値を ● 印で併記する.

この図をみると予測計算による計算値は実測値に対しわずかに高めとなるが,その誤差は 0 dB ~ 2 dB の範囲内で,開口間距離が大きくなればなるほど単一開口のシールド性能値に近づいている.

(2) その 2 (3 開口;近傍電界): 0.1 m × 0.1 m

図 6.2.15 アンテナ軸に対して任意の位置にある開口の測定位置

表 6.2.6 開口位置の関数一覧

	A_1	B_1
Y_0 通り ~ Y_2 通り	111	56
Y_3 通り	105	61
Y_4 通り	90	66
Y_5 通り	80	73

表 6.2.7 開口位置の係数一覧

	A_2	B_2
X_0 通り	162	42
X_1 通り	141	42
X_2 通り	128	59

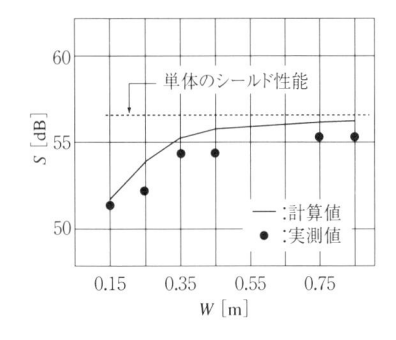

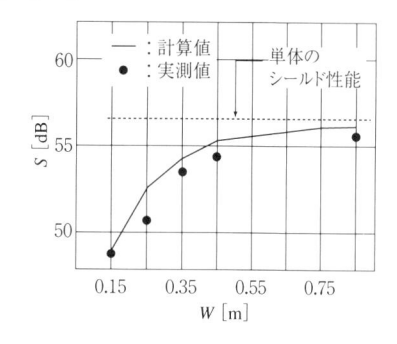

図 6.2.16 開口の複合シールド性能計算値と実測値

図 6.2.17 3開口の複合シールド性能計算値と実測値

の3開口が均等間隔で横に並び、その中心にアンテナ中心がある場合、2開口の場合と同じ W のとき3開口のシールド性能 S_3 を求め、図6.2.17に記す。

この図をみると予測計算による計算値は実測値に対しわずかに高めとなるが、その誤差は0～1 dBの範囲内である。

以上により式(6.2.20)が複合シールド性能計算式となることが確認できる。

iii) 測定計画（近傍電界） ここでは合成シールド性能計算式を使い、c節に述べたスイッチボックスの穴あけなどに対する性能予測と測定計画に関する応用例（近傍電界の場合）を述べる。

1) シールド性能に影響を及ぼさない開口の位置の検討： アンテナから遠く離れた開口はみかけ上のシールド性能が高くなり、アンテナ近くの開口の測定値に計算上影響を及ぼさなくなる。この影響を及ぼさないアンテナからの距離を定量的に把握すると測定計画を検討する計算が簡略化する。

実務的な測定誤差を考えると、0.4 dBのような四捨五入しても1 dBにならない計算値は検討するシールド性能の対象からはずしてよいと筆者は考える。この観点に立つと、図6.2.13の開口Aと開口Bの合成のシールド性能 $S_A - S_{A+B}$ [dB] が S_{A+B} ≦0.4 [dB] となる開口Bは複合開口の計算対象から省略でき、合成シールド性能 S_{A+B} は S_A で代用できる。

したがって、計算により $S_A - S_{A+B} \leq 0.3$ [dB] となる開口中心とアンテナ中心の距離を求める。このときの S_B は式(6.2.25)となる。

$$S_B \geq -20 \log\{10^{-(S_A - 0.4)/20} - 10^{-S_A/20}\} \quad (6.2.25)$$

(1) 水平方向に開口が並んでいる場合： 0.1 m×0.03 m, 0.1 m×0.15 m, 0.2 m×0.2 mの3平面開口を例にとり、式(6.2.21)、(6.2.25)を利用して水平方向に開口が並んでいる場合のシールド性能に影響を及ぼさない開口の位置を求める。なお、これらの平面開口のシールド性能計算値（S_A [dB]）は式(6.2.16)、表6.2.4により75 dB、50 dB、37 dBである。

① $0.1\,\mathrm{m} \times 0.03\,\mathrm{m}$ の場合：

$$S_B = 111 \log(R_1) + 133 \tag{6.2.26}$$

$$S_B \geq -20 \log\{10^{-(75-0.4)/20} - 10^{-75/20}\} \tag{6.2.27}$$

これより $R_1 \geq 0.57\,\mathrm{m}$ がシールド性能に影響を及ぼさない開口の位置となる．

② $0.1\,\mathrm{m} \times 0.15\,\mathrm{m}$ の場合：

$$S_B = 111 \log(R_1) + 106 \tag{6.2.28}$$

$$S_B \geq -20 \log\{10^{-(50-0.4)/20} - 10^{-50/20}\} \tag{6.2.29}$$

これより $R_1 \geq 0.54\,\mathrm{m}$ がシールド性能に影響を及ぼさない開口の位置となる．

③ $0.2\,\mathrm{m} \times 0.2\,\mathrm{m}$ の場合：

$$S_B = 111 \log(R_1) + 93 \tag{6.2.30}$$

$$S_B \geq -20 \log\{10^{-(37-0.4)/20} - 10^{-37/20}\} \tag{6.2.31}$$

これより $R_1 \geq 0.54\,\mathrm{m}$ がシールド性能に影響を及ぼさない開口の位置となる．

以上により水平方向に2開口が並んでいる場合開口中心 $W\mathrm{(m)}$ が $0.44\,\mathrm{m}$ 以上 $(R_1 \geq 0.54\,\mathrm{m})$ 離れている場合，近傍電界では単一の平面開口の計算でシールド性能を求めることができると考えられる．

(2) 垂直方向に開口が並んでいる場合： 水平方向の例と同じ3種類の平面開口を例にとり，式(6.2.22)，(6.2.27)を利用して垂直方向に開口が並んでいる場合のシールド性能に影響を及ぼさない開口の位置を求める．

① $0.1\,\mathrm{m} \times 0.03\,\mathrm{m}$ の場合：

式(6.2.23)は式(6.2.32)となる．式(6.2.29)と式(6.2.32)より $R_2 \geq 0.80\,\mathrm{m}$ がシールド性能に影響を及ぼさない開口の位置となる．

$$S_B = 162 \log(R_2) + 117 \tag{6.2.32}$$

② $0.1\,\mathrm{m} \times 0.15\,\mathrm{m}$ の場合：

式(6.2.23)は式(6.2.33)となる．式(6.2.31)と式(6.2.33)より $R_2 \geq 0.80\,\mathrm{m}$ がシールド性能に影響を及ぼさない開口の位置となる．

$$S_B = 162 \log(R_2) + 92 \tag{6.2.33}$$

③ $0.2\,\mathrm{m} \times 0.2\,\mathrm{m}$ の場合：

式(6.2.23)は式(6.2.34)となる．式(6.2.33)と式(6.2.21)より $R_2 \geq 0.80\,\mathrm{m}$ がシールド性能に影響を及ぼさない開口の位置となる．

$$S_B = 162 \log(R_2) + 79 \tag{6.2.34}$$

以上より垂直方向に2開口が並んで開口中心 $H\mathrm{[m]}$ が $0.74\,\mathrm{m}$ 以上 $(R_2 \geq 0.80\,\mathrm{m})$ 離れている場合，近傍電界では単一の開口の計算でシールド性能を求めることができると考えられる．

2) アンテナの位置，偏波面と合成シールド性能計算例： 図6.2.18に検討モデルを示す．図はシールド空間内に実際の開口より大きめであるが，スイッチボックスの箱抜きに相当する開口 $(a \times b = 0.15\,\mathrm{m} \times 0.1\,\mathrm{m})$ が水平に2個ずつ並び，さらに1m離れたところに2個，計4個の箱抜き開口がある状態をイメージしている．

このモデルで近傍電界における複数平面開口のシールド性能測定(MIL法)を行う

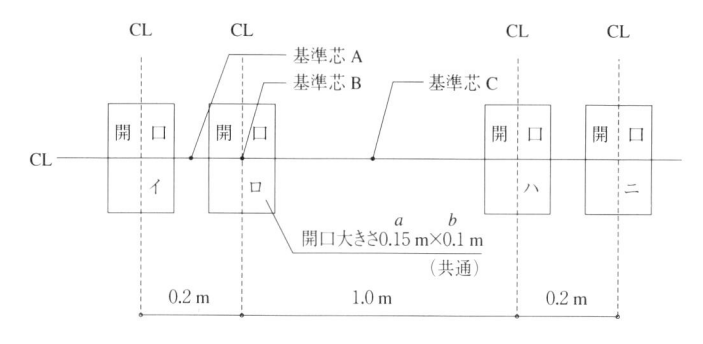

図 6.2.18 複数箱抜き開口のモデル（立面）

にあたり，どの位置に送受信アンテナの中心位置（基準芯）を設置するか，アンテナのどの向き（偏波面）にするかを計算する．計算は基準芯 A～C の 3 ケースについて垂直，水平偏波で行い，最も計算値の小さい値を図 6.2.18 の複数開口のシールド性能と評価する．

(1) 垂直偏波でのシールド性能: 開口イ，ロのグループと開口ハ，ニとは 0.48 m 以上離れているので，基準芯 A,B での開口イ，ロの複合シールド性能に対し開口ハ，ニは影響を及ぼさないので計算対象から省略する．なお，開口イ～ニそれぞれの単一シールドは式(6.2.14)と表 6.2.4 から 52 dB となる．

① 基準芯 A でのシールド性能　基準芯 A では開口イとロの関係は基準芯に対して同等であるので式(6.2.24)，表 6.2.6 より 53 dB となる．したがって，モデルの複合シールド性能($S_{イ+ロ}$)は式(6.2.20)により 6 dB 減じ $S_{イ+ロ}$=47 dB となる．

② 基準芯 B でのシールド性能　式(6.2.20)，(6.2.21)より
$$S_イ = 59 [\text{dB}] \quad \therefore \quad S_{イ+ロ} = 49 [\text{dB}]$$

③ 基準芯 C でのシールド性能
$$S_イ, S_ニ = 95 [\text{dB}], \quad S_ロ, S_ハ = 82 [\text{dB}]$$
$$\therefore \quad S_{イ+ロ+ハ+ニ} = 74 [\text{dB}]$$

(2) 水平偏波でのシールド性能: 図 6.2.18 の水平に並んでいる開口モデルが垂直に並んでいるとみなし水平偏波での検討とする．このとき，平面開口イ～ニ(0.1 m×0.15 m 開口)単体のシールド性能は 50 dB である．

また，開口イ，ロのグループと開口ハ，ニとは 0.77 m 以上離れているので，基準芯 A,B での開口イ，ロの複合シールド性能に対し開口ハ，ニは影響を及ぼさないとして計算対象から省略する．

① 基準芯 A,B でのシールド性能

基準芯 A,B では A,B 間距離が 0.2 m (R_2=0.36 m＜0.56 m) なので開口イとロのシールド性能は単一開口のシールド性能と等しく 50 dB となる．

したがって $S_{イ+ロ+ハ+ニ}$ は $S_イ$ から 6 dB 減じ 44 dB となる．

② 基準芯Cでのシールド性能

基準芯Cに対し，開口イと開口ニ，開口ロと開口ハは等価であるのでそれぞれのシールド性能は下記となる．

$$S_{イ}, S_{ニ} = 72 [\text{dB}], \quad S_{ロ}, S_{ハ} = 53 [\text{dB}]$$
$$\therefore S_{イ+ロ+ハ+ニ} = 46 [\text{dB}]$$

以上，図6.2.18のモデルにおいて近傍電界ではその合成シールド性能は44 dBと予想され，基準芯AまたはBの位置でアンテナエレメントを大地に対し水平に設置して測定する測定計画が適している．

（森田哲三）

文　献

1) 電磁環境研究小委員会編：シールド建物の実績，日本建築学会環境工学委員会電磁環境研究小委員会第1回シンポジュウム／建築電磁環境の現状と課題，pp.1-28, 30, 1993.
2) 森田哲三ほか：建築に於ける電磁環境問題，日本建築学会学術講演梗概集（北陸），p.1657, 1992.
3) 西岡　優ほか：周波数変換装置用建物の電磁シールド対策について（その1 電磁シールド対策の必要性と建物概要），日本建築学会学術講演梗概集（北陸），p.1673, 1992.
4) 森田哲三ほか：電磁シールド性能測定実験室の建設，信学技報，**EMCJ**-88-85, 37-43, 1989.
5) 森田哲三ほか：電磁シールド性能測定実験室の建設，日本建築学会学術講演梗概集（九州），p.1331, 1989.
6) 森田哲三：平面波界に於ける電磁シールド性能に関する研究—電磁シールド面に設けた開口のシールド性能に関する研究（その3）—，建築学会計画系論文集(478), pp.39-48, 1995.
7) 森田哲三：開口の電磁シールド性能予測基本式，建築学会計画系論文集，No.514, pp.57-61, 1998.
8) 電子情報通信学会編：一様分布方形開口面アンテナ，アンテナ工学ハンドブック，オーム社，p.22.
9) 森田哲三：方形開口のシールド性能予測の解析—電磁シールド面に設けた開口のシールド性能に関する研究（その2）—，建築学会計画系論文集(462), pp.69-78, 1994.
10) 森田哲三ほか：電磁シールド・工法と性能，信学技報，**EMCJ**-90-92, 43-48, 1990.
11) 森田哲三：複数開口の合成電磁シールド性能に関する研究，建築学会計画系論文集，No.514, pp.51-55, 1998.
12) 森田哲三：電磁シールド面に設けた開口のシールド性能に関する研究（その1）—単一方形開口に関する研究／実験編—，建築学会計画系論文集，No.452, pp.47-54, 1993.

6.2.2　医　療　機　関

病院では最近，非常に多くの高度な電子機器が使われている．それらには，一方において，心電計や脳波計のようなきわめて微小な生体信号を検出する計測用のME機器があり，他の機器や設備から電磁波などの雑音障害を受けやすいものから，強力な電磁エネルギーを利用した電気メスや超音波メスなども多く使われ，他の機器に影響を及ぼしやすいものがある．そのうえ，遠心器や歯科技工用のモータなども使われ，病院内部における電磁環境は決して良好ではない．

病院内で用いられる多く医療用の計測器や治療器には，このような環境で用いられる場合が多いにもかかわらず，電気的に高度な信頼性が求められている．それは，診断や治療が患者にとっての生命維持そのものにかかわる重要な安全問題であるからである．

病院内に設置されている機材で最大の雑音発生源は電気メスである．500 kHz から 10 MHz，500 W 程度の発振器が用いられ，広い周波数帯域にわたる雑音を発生する．

院内で多用されているテレメータも状況によっては，他の ME 機器へ影響を与えることになる．しかしながら，テレメータの相互の干渉については，1989 年に郵政省によって医療用テレメータが特定小電力無線局として制度化されたので，周波数割り当ての管理さえきちんと行っていれば，同一院内における混乱は避けられるようになった．しかし，最近の都市部における建物の過密な状況では，近隣に病院が存在する場合にはそれらの間での調整をも行わないと不測の事態が発生することも考えられる．

さらに，最近，急速に一般社会での利用が広まった携帯電話の発する電波が，医療機器の動作に悪い影響を与える可能性があるということは，どこの病院の入口にも注意書きが掲示され，一般の人々にも認識されるところとなった．

医療機関における電磁環境問題を考えるとき，非常に重要なことは，一般的な環境とは違うある程度の特殊性が配慮されなければならないということである．つまり，実際の現場においては，診療上の必要から，たとえば，MRI や電気メスのように強い電磁界の発生が避けられない場合があるからである．そのような場において，単に EMC 一般において求められているように，それぞれの機器が互いに妨害を与え合わないで共存できるような低レベルの電磁界しか発生を認めないと規制することは，診療上の効果がなくなってしまい，ナンセンスなことになってしまう．場合によっては，それによって得られる利益を優先して，互いに干渉し合う状況のもとでも承知のうえで使わねばならないのが医療現場なのであろう．逆にいえば，そこで起こりうる状況を十分把握しながら運用する必要があるということになる．

つまり，医療の現場では，すべての機器について，それぞれの安全で確実な動作を保証しようとして，厳しい基準を決めてしまうと，機器が大変高価なものになってしまい，予算上の観点から購入できないということが起こり，それだけのために貴重な人命が救えなくなってしまうことになってしまいかねない．そのような状況に対応する人材として，それぞれの病院の実情にあった対策をとることができるような "EMC 管理者" とも呼ぶべき人材の制度化も提案されている．

欧州各国においては，医療用機器をはじめとした，一般的な理化学機器 (industrial, scientific and medical devices：ISM) に対する妨害波の国際規格である CISPR-11 に準拠したものが医用電気機器の安全と品質保証基準として制定化されようとしている．

わが国では厚生省において，斎藤正男教授を班長として「医用電気機器の電磁波障

6.2 電磁環境対策

害に関するガイドライン作成についての研究」が，1989年から3年間，また，それを受けて，1993年からは菊池 眞教授を班長とした「医用電子機器の相互干渉防止基準の策定に関する研究」が行われてきた．

他方，郵政省においては，最近，急激にその使用が広がった携帯電話の電磁妨害対策についての実態調査や，その及ぼす影響についての解明作業が始められ，すでにそれぞれの方式や出力の違いによって影響の程度に差はあるものの，近くで用いると通話の有無にかかわらず，輸液ポンプや心臓ペースメーカーなどに影響を与えることが報告されている．このように通信情報機器の有する通信機能を損なうことなく，同時に，医用電子機器の安全性が確保できるようにすることが課題となっている．

これについては1997年に「不要電波問題対策協議会（不要協）」から「医用電気機器への伝播の影響を防止するための携帯電話端末等の使用に関する指針」として発表され，院内での使用を一律に禁止するのではなしに，場所ごとにその取り扱い法について定め，実施されるようになった．特に，医療機器のまったく使用されない整形外科病棟などではその使用を認め，患者のQOL (quality of life)を高められるような配慮がなされるようになってきている．

社会一般に用いられている基準を医療施設の内部においても，すべての機器に適用し，かつ妨害側・被妨害側機器の間で許容される電磁界強度についての線引きを行い，どのような組み合わせでも一切の問題が発生しないようにすることが最も簡単な方法である．しかしながら，それは理想論であり，今後はいろいろな電磁波利用形態がますます増大することが考えられ，そのような問題についてわれわれの社会活動に受け入れ可能な解決策を考えていく必要がある．

実際の医療現場においては，妨害側と被妨害側が錯綜して用いられる場合が多く，個々の状況に対して，すべて正しい動作を保証することは要求が過剰となり，現実的でなくなる．それゆえ，EMCの基準としては，一般的な基準と同時に，医用電子機器の組み合わせを適切に分類し，電磁界を強く放射する機器については個別の規定を設け，組み合わせて用いられる可能性のあるものについては，それぞれのカテゴリーについて妨害排除能力を規定するのが英知であるといえよう．

上記の菊池教授らによる研究班では，今日対策の急がれている医用電子機器の電磁環境についての方策をとりまとめている．以下では，その内容について少し解説を行いたい．この研究班では，ここでそのEMC適用規格として，医用電気機器のEMC国際規格として多くの国で広く採用されている「IEC 601-1-2(1993年版)」を用いている（表6.2.8参照）．

ただし，ここでは，この基準の適用の要求事項の達成が困難である，VTR，パソコンなどの，付随した情報処理機器については含めないこととしている．

それらの状況をもとに，日医機協（日本医療機器関係団体協議会）では「医用電気機器のEMC適合化基準（ガイドライン）」を制定，1997年4月より施行した．その内容は電磁妨害（CISPR11とIEC 1000-3シリーズに準拠）とイミュニティ（IEC 1000-4シリーズに準拠）それぞれに関する部分に分かれている．

表 6.2.8 IEC 601-1-2(1993年版)要求事項の概要

Ⅰ. 電磁放出（発射・放射）

要 求 項 目		要 求 レ ベ ル
無線周波		CISPR 11 に従う クラス分類：意図する使用法により製造業者が決定する 型式適合確認：1台でもよい．サブシステムの型式試験も認められる クリック雑音：20 dB 緩和 X線シールド室へ永久設置の機器：12 dB 緩和
低周波	電圧漂動および高調波ひずみ	適用しない
	磁界放出	9 kHz 以下：作業部会で検討中

Ⅱ. イミュニティ

要 求 事 項		要 求 レ ベ ル
合格基準		製品メーカが規定した意図した機能を継続するか，または，safety hazard を生じないこと
静電気放電(ESD)		接触放電：3 kV(伝導性の接触可能部分および結合板) 気中放電：8 kV(非伝導性の接触可能部分)
放射無線周波電磁界		電界強度：3 V/m(f：26 MHz－1 GHz) X線シールド室のみで使用する機器：1V/m ・その他のシールド室：シールド効果に応じて 3 V/m を減少可能
過渡	バースト	電源線 電源プラグ型機器：1 kV 永久設置型機器：2 kV 3 m 以上の相互接続線：0.5 kV
	電圧サージ	電源線 ノーマルモード：1 kV コモンモード：2 kV 信号線は試験なし
電圧 dip，瞬断および電圧変動		作業部会で検討中
伝導性無線周波電磁界		作業部会で検討中
磁界		作業部会で検討中

表 6.2.9 医用電気機器のグループ分け

グループ1の機器	機器自身の内部機能のために必要な伝導性無線周波エネルギーを意図的に発生させ使用する機器
グループ2の機器	生体の診断，治療などのために無線周波エネルギーを電磁放射の形で意図的に発生させ使用する機器
クラスAの機器	病院施設で使用する目的で設計された機器
クラスBの機器	一般家庭で使用する目的で設計された機器

電磁妨害の許容値としては，表6.2.9に示すグループ1,2およびクラス1,2の四つの組み合わせそれぞれについて，筐体，AC電源(16V以下および100A以下)の三つの場合(ポート)について，それぞれの周波数範囲に対して許容値が示されている．

イミュニティについても，静電気放電，無線周波数電磁界振幅強度，バースト，電圧サージ，伝導性無線周波電磁界，電圧 dip・瞬断・変動などの試験項目に対して仕

様を定めようとしている.

治療機器についてのガイドラインは，日本医療機器関係団体協議会から「EMI規格適合化日医協ガイドライン」を制定し，1998年6月から自主的に適合化をはかるように傘下の工業会などに要請がだされている．

電気メスに対してこのEMI規格のガイドラインは，まず無線周波妨害の許容値についてCISPR/B/WG(Reimer) 93-1, August 1993の文書に従うのが望ましいが，経過措置として今後6年以内に実現するものとして，4段階の適用ステップが示されている．

一方，電源端子妨害波電波と電磁放射妨害波電圧の許容値については，CISPR(グループ2，クラスB)の数値を適用するよう求めている．いずれにしても，それぞれの経過措置の規格に適合できた段階で，その旨を示す表示をするように求めている．また，取扱い説明書への記載も望ましいとされている．

それ以外の「生体の治療などのために電磁放射の形で意図的に無線周波エネルギーを発生し，利用する機器(グループ2，クラスA)」についての電源端子妨害波電波と電磁放射妨害波電圧の許容値もCISPR 11の当該規格に適合することが求められている．

その他，クリティカル機器(生命維持装置)に含まれるものと含まれないものを別々に，それぞれ「静電気放電(ESD)，放射電磁界，バースト，電圧サージ」の4種類についての試験内容および判定基準が示されている．

(内藤 絋)

文献

1) 菊池 眞：医用電子機器の相互干渉防止基準の策定に関する研究，研究報告書，厚生省特別研究事業，1997.
2) 医用電気機器とEMC(14回連続シリーズ)，*EMC*, No.38, 1991〜No.52, 1992.
3) 病院のEMC実態と対策，EMC(17回連続シリーズ)，*EMC*, No.18, 1989〜No.34, 1991.
4) 加納 隆：携帯電話等の使用に関する指針と今後の課題，*Clinical Engineering*, 8(11), 1997.

6.2.3 航空機(旅客機)

飛行中の空気との摩擦による静電気の発生・放電，被雷の際の雷電流による電界，客室内での静電気の発生・放電，大電力地上放送局などから放射される高いレベルの電磁波，航空機に搭載されている各種電子機器あるいは配線から放射される電磁波，また最近話題になっている乗客が持ち込む携帯電話やパソコンなどの電子機器から放射される電磁波など航空機を取り巻く電磁環境はかなり厳しい．近代の航空機はディジタル化が進み，これら電磁環境の影響が深刻に考えられている．これらの影響を防ぐために航空機側ではさまざまな対策がとられている．代表的なものについて以下に説明する．

a. 機体表面に発生する静電気

航空機が高速で飛行すると空気との摩擦により機体表面に静電気が蓄積され，ある

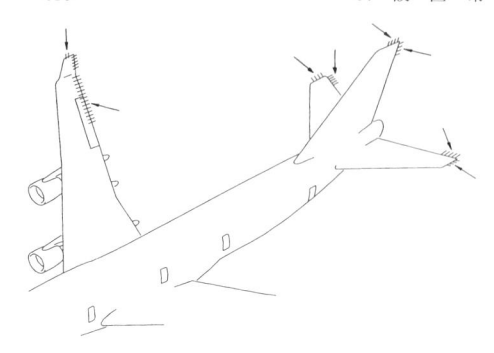

図 6.2.19 ボーイング747に取り付けられたスタティックディスチャージャー

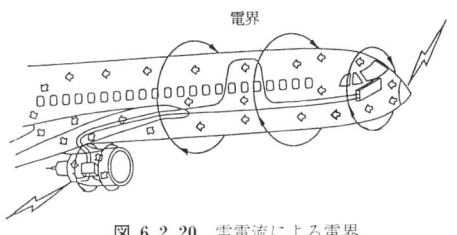

図 6.2.20 雷電流による電界

レベル以上になると空気中に放電する．放電の際，発生するノイズが航空機の無線通信装置などに悪影響を与える．このノイズを軽減させるため，機種によって多少異なるが主翼端，水平尾翼端および垂直尾翼端に総数で数十本～百数十本の，スタティックディスチャージャーが取り付けられている．スタティックディスチャージャーは20 cm～30 cm程度の棒状のもので片側は金属ベースで機体翼端に固定されている．また棒の先端には炭素系の材料が取り付けられており，ノイズの発生を抑えながら静電気を空気中に逃がすようになっている．

b．雷

航空機が落雷を受けると機体の一点から入って機体表面を電流が流れて再度空気中に放電する．このときの電流によって電界が発生するが，近くに電気配線があると影響を受けることがある．この影響を軽減するために以下のような対策が施されている．

i) 電子機器 航空機搭載機器についての各種規格があるが，電磁干渉に関する最も一般的な規格として米国航空無線技術委員会(PRCA)が発行している RTCA/DO-160 D「航空機搭載機器の環境条件及び試験手順」がある．この中に雷の影響を含めた電磁界に対する感受性の規格が記載されている．雷については，被雷した際に誘起される電圧を模擬した電圧波形を関連配線に加えてシステムが正常に作動することを確認するという試験がある．航空機に搭載される機器は少なくともこの規格を満たしている必要があるが，航空機メーカーによってはさらに厳しい規格を独自に設定していたり，航空機モデルによっては特別な要件として別途基準が設けられている場合もある．

ii) 配線のシールド 配線についてはシールドされたツイストペア線を用いるなど雷電流の影響を受けにくくするような対応がとられている．場合によってはこれら電線を束ねてさらに二重にシールドするとか，あるいは配線される空間そのものを金属で囲んで影響を最小にしている場合もある．特に胴体外部の配線については厳重なシールドが施されている．

iii) ボンディング(接地) 近代の航空機では重量軽減の目的から複合材が多用されている．このままでは電磁シールド効果がよくないため，アルミニウムのメッシ

ュ層を入れたうえで電気的接地を行っている.これにより付近の配線に対するシールド効果や被雷した際の物理的損傷の軽減をはかっている.

c. 客室内で発生する静電気

航空機が長時間飛行すると機内の湿度は10％程度まで低下することがある.このように乾燥した状態ではエアコンからの静電気放出や乗客の歩行や毛布の使用などで発生する静電気の影響が無視できない.機内のあらゆるものが帯電と放電を繰り返すことによりかなり高い周波数まで高いレベルのノイズを発生していることが観測されている.これら静電気の影響については近年になってやっと研究が始まったばかりであり,それが航空機システムにどの程度影響を与えるかは不明である.ただし,快適性の確保という面からも,床に使用しているカーペット,椅子に使用しているシートカバー,毛布などに静電気防止型の布地が使用されてきている.加湿器を取り付けて湿度を上げることは技術的には可能であるが,大量の水が必要なことや機体の腐食などの理由から一部での使用を除き採用されていない.

d. 機体外部からの電磁波

航空機の動翼やエンジンの制御は,従来のケーブルによる機械的制御からフライバイワイヤといわれるディジタル電気制御になってきている.このための電気配線は当然胴体外部にも施されることになり,機体外部からの電磁波の影響を考慮する必要がある.機体外部からの電磁波源としては地上の民間放送局,地上に設置された軍用あるいは気象用のレーダ,移動無線局,船舶局,近接して飛行する航空機の気象用レーダからの電波などがあげられる.影響を軽減するための具体的手法の多くは前述の被雷時の対策もかねているが,その他の代表的な対策は以下のとおりである.

i) **操縦室のシールド** 操縦室窓への導電性コーティングの使用や操縦室後方壁材への金属フィルムの使用などにより操縦室全体をシールドして,CRTやLCDを使用した計器やその他の操縦室内の電子機器が外部からの電磁波の影響を受けることを防いでいる.

ii) **主機器室のシールド** 機体前方客室床下に位置し,各種コンピュータなどの電子機器が収納されている主機器室全体をシールドすることにより外部からの電磁波の侵入を防いでいる.

iii) **電子機器・配線** 各電子機器の入出力部分にフィルタを取り付け,配線を通じて機器内部に高周波成分が混入することを防いでいる.さらに配線のシールドの端末処理などにも細心の注意が払われている.

iv) **超短波無線受信機のFMイミュニティ** ヨーロッパで民間FM放送局に対して98～108MHz帯が追加割当てされた.この周波数帯は航空機の計器着陸装置,電波標識や音声通信装置で使用している周波数に隣接しており,相互変調や感度抑圧などの影響が心配される.国際民間航空機構(ICAO)は影響を最小にするためにローカライザ受信機,超短波全方向式無線標識受信機および超短波通信用受信機の相互変調特性・感度抑圧特性の改善を勧告している.ローカライザ受信機,超短波全方向式無線標識受信機については1998年1月1日以降,超短波通信用受信機については

1999年1月1日以降ヨーロッパ空域を飛行する航空機は改善型の受信機の装備が義務づけられている．各機器メーカは受信機内部の回路を変更することにより改善をはかっている．

e. **航空機搭載機器あるいは配線から放射される電磁波**

航空機には非常に多くの電子機器が搭載されている．これら電子機器からの不要電磁波放射については，前述の米国航空無線技術委員会（RTCA）が発行しているRTCA/DO-160 D「航空機搭載機器の環境条件及び試験手順」に許容基準および試験手順が記載されている．特に航法装置で使用している無線周波数帯での不要放射についてはより厳しい許容基準となっている．これは，電子機器から放射された不要電磁波が機体のアンテナで受信され，航法システムに悪影響を与えるおそれがあるためである．

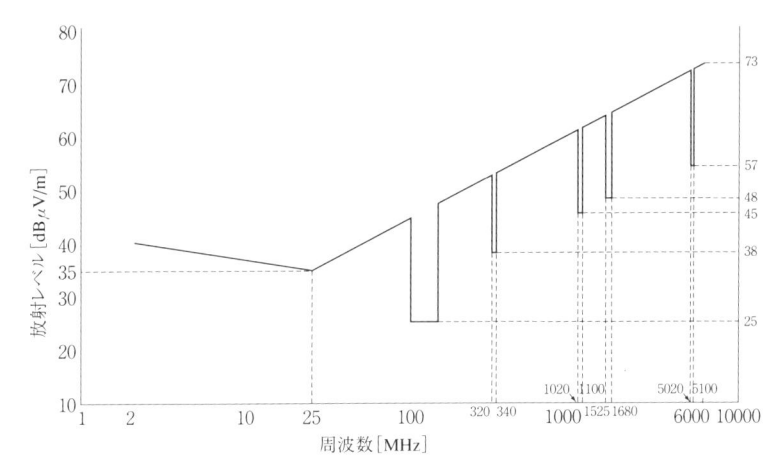

図 6.2.21　航空機搭載機器の不要放射許容基準の一例（RTCA/DO-160 D より）

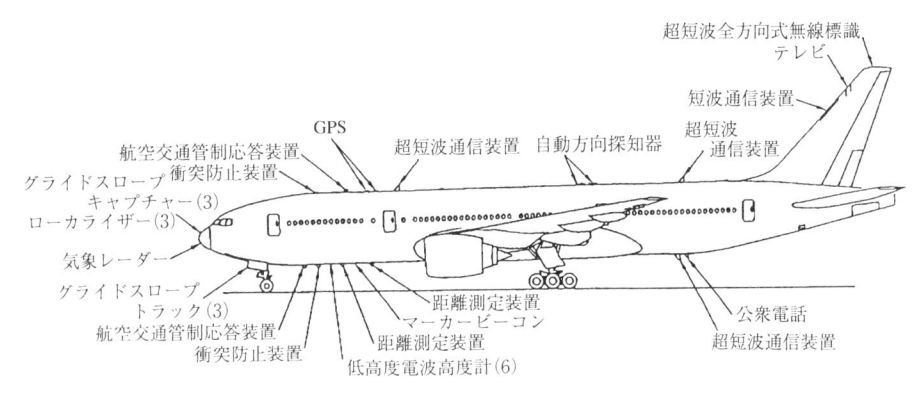

図 6.2.22　航空機に搭載されるアンテナの配置例（ボーイング777）[(　)内は個数]

航空機に搭載する電気・電子機器については150 kHz ～ 6 GHzの範囲でこの不要電磁波放射の許容基準以下であることが確認されている必要がある．アンテナからの距離など機器の取り付けられる場所によって許容基準は異なっている．

f. 携帯電子機器

1950年代に米国で，乗客が機内に持ち込んだFMラジオが機上の超短波全方向式無線標識システムに影響を与えたことが判明し，機内での使用が禁止されている．その後現在に至るまで携帯電子機器が原因と思われる不具合事例の報告が数多くなされている．最近ではラップトップコンピュータやビデオカメラなどの報告が目立ってきている．米国を中心に，携帯電子機器の航空機システムへの干渉についての研究が行われており，いくつかの研究報告書も発行されているが，航空機システムへの干渉のメカニズムは完全に解明されていない．日本でも近年研究が開始されており，メカニズムの解明が待たれる．

現在，多くの国内外航空会社では一部機器を除き離着陸時の携帯電子機器の使用を禁止しており，さらに携帯電話，ラジコン機器などの意図的に電波を放射する携帯機器やその他の一部携帯機器についてはいっさい使用禁止としている．　　　　　　（酒井忠雄）

表 6.2.10 航空機で使用している無線周波数

システム	使用周波数
自動方向探知器	190～1750 kHz
短波通信装置	2～20 MHz
マーカービーコン	75 MHz
ローカライザ	108～112 MHz
超短波全方向式無線標識	112～118 MHz
超短波通信装置	118～137 MHz
緊急無線標識	121.5 MHz/243 MHz/406 MHz
極超短波通信装置	225～400 MHz
グライドスロープ	329～335 MHz
公衆電話(国内)	800～900 MHz
距離測定装置	960～1215 MHz
航空交通管制応答装置	1030 MHz/1090 MHz
GPS	1227 MHz/1575 MHz
衛星通信装置	1530～1559 MHz
	1610～1660.5 MHz
	1980～2200 MHz
	2483.5～2500 MHz
低高度電波高度計	4300 MHz
マイクロ波着陸装置	5031～5091 MHz
気象レーダ	5400 MHz
	9375 MHz
ドップラー航法装置	8.8～13.5 GHz

文　　献

1) 篠崎厚志：航空機内の電磁環境の実態とシングルイベントの関係について，信学技報，**EMCJ 93-64**, 1993.
2) RTCA : Potential Interference to Aircraft Electronic Equipment from Devices Carried Aboard, RTCA/DO 199, 1988.
3) RTCA : Portable Electronic Devices Carried on Board Aircraft, RTCA/DO 233, 1996.
4) 航空振興財団：航空機内で使用する電子機器の電磁干渉波技術基準調査報告書，1997.
5) RTCA : Environmental Conditions and Test Procedures for Airborne Equipment, RTCA/DO 160 D, 1987.

6.3 都市におけるテレビ受信障害対策

今日，テレビ放送は報道・教養・教育・娯楽などの各分野で国民の日常生活に必要不可欠なものになっている．一方，都市化の進展に伴い，建造物によるテレビ放送の受信障害が発生している．この受信障害については，建築主に調査や対策の実施を義務づける条例・指導要綱が多くの地方公共団体で制定されており，障害原因となった建築物の建築主が改善対策を講ずることが定着している．

ここでは，建造物によるテレビ受信障害範囲の推定方法と対策について紹介する．

6.3.1 建造物によるテレビ受信障害

ビルなどの建造物が建設されると，電波到来方向からみて建造物後方では希望波が遮られ，いままでテレビの画面上に現れなかった周辺の既設ビルからの反射波による潜在ゴーストがみえてくる．また，弱電界地区ではSN比が劣化し，テレビ画面がザラザラになるスノーノイズ症状になることもある．これらを"遮へい障害"と呼んでいる．

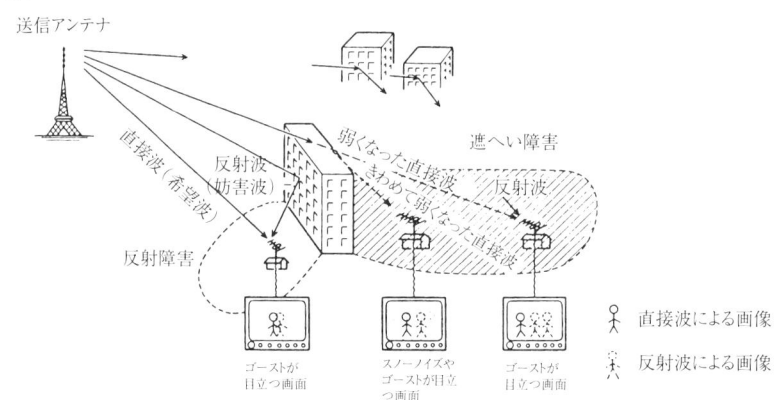

図 6.3.1 建造物によるテレビ受信障害

表 6.3.1 5段階評価の評価基準

評点	評価基準
5	妨害がわからない
4	妨害がわかるが気にならない
3	妨害が気になるがじゃまにならない
2	妨害がひどくてじゃまになる
1	受信不能

なお，評点3については，3よりやや良い画質を表す3^+，やや悪い画質を表す3^-を併用することが多い．

一方，ビルの前方では，建物の壁面に電波が反射してゴーストがテレビ画面に現れる．これは"反射障害"という．

受信画質が劣化した地域が障害範囲となるが，受信画質の評価は主に主観評価が用いられている．

a. 受信画質の主観評価

受信画質の評価は，表6.3.1に示す5段階評価によってテレビ受信画面を評価

者の視覚により主観的に評価する方法が広く採用されている．評価5と4の境界を検知限，評価4と3の境界を許容限と呼んでいる．

b. ゴースト障害の評価

建造物による受信障害は，ゴースト障害であることが最も多い．ゴースト障害の評価は，主観評価のほか，定量的に表す方法として基本評価 DU 比（PDUR：perceived DU ratio）が採用されている．PDUR[dB] は，ゴースト障害の直接的要因である DU 比（反射波に対する希望波の強度の比：desire to undesire ratio），高周波位相差，遅延時間，反射波の数の物理量からゴーストの目立ち方の違いについて重み付けを行った式(6.3.1)から一義的に求められる．

$$\text{PDUR} = -10 \log_{10} \sum_{i=1}^{n} 10^{-\frac{D/U_i + W_{\tau i} + W_{\phi i}}{10}} \quad (6.3.1)$$

ただし，n：ゴーストの本数，D/U_i：i 番目のゴーストの DU 比[dB]，$W_{\tau i}$：i 番目のゴーストの遅延時間加重値[dB]，$W_{\phi i}$：i 番目のゴーストの高周波位相加重値[dB].

6.3.2 建造物による受信障害範囲の推定

建造物による受信障害範囲を推定するには，遮へい障害の場合は，送信点と受信点間の建造物による電波の遮へい率を評価すること，反射障害の場合は，建造物からの電波の反射量を評価することが必要となる．いずれの場合も，一定の大きさを有する部分空間を通過してくる電波の電界強度を求める手法を応用している．

a. 部分空間を通過してくる電波の電界強度

ある利得をもった送信アンテナに，電力を供給したときの輻射電力を実効輻射電力といい，何もない空間（自由空間）では，実効輻射電力を P_e[W]，受信点までの距離を d[m] とすると，受信点での電界強度 E_0[V/m] は式(6.3.2)で表される．これを自由空間電界強度という．ただし，λ：電波の波長[m].

$$\dot{E}_0 = -j \frac{7\sqrt{P_e}}{d} e^{-j\frac{2\pi}{\lambda}d} \quad (6.3.2)$$

いま，同じ自由空間で送信アンテナから受信点に到来する電波は図6.3.2に示す任意の A-A' 平面を通過する．この A-A' 面内の微小面積 Δs を通過して受信点へ到来する電波の総和が式(6.3.1)で示した電界強度と等しくなり，式(6.3.3)の近似式で示される．

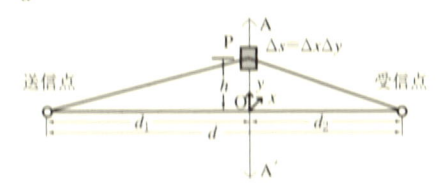

図 6.3.2 電波の伝わる経路

$$\dot{E}_0 = \left\{ \sqrt{\frac{j}{\pi}} \int_{-\infty}^{+\infty} e^{-jx^2} dx \cdot \sqrt{\frac{j}{\pi}} \int_{-\infty}^{+\infty} e^{-jy^2} dy \right\} \cdot \left[-j \frac{7\sqrt{P_e}}{d} e^{-j\frac{2\pi}{\lambda}d} \right] \quad (6.3.3)$$

ただし，$x : \sqrt{\frac{\pi(d_1+d_2)}{\lambda d_1 d_2}} \cdot h$,

$$y : \sqrt{\frac{\pi(d_1+d_2)}{\lambda d_1 d_2}} \cdot h_y$$

d_1：送信点から A-A′ 面までの距離 [m]
d_2：A-A′ 面から受信点までの距離 [m]
h_x, h_y：A-A′ 面上の中心点 O からの距離 [m]

この式(6.3.3)に示す積分は無限大までを積分区間としたフレネル積分であり，積分区間に応じた部分空間を通過する電波の合成率を表すことができ，建造物によるテレビ電波の遮へい率や，ビル壁面からの反射波強度を推定する基本となっている．

b. 遮へい障害範囲の推定

部分空間を通過してくる電波の電界強度を求めることができるフレネル積分を用いて，ビルによる電波の遮へい率(受信点での電界強度の低下率)を推定する．

実際の電波伝搬路上には大地面が存在し，大地反射波を考慮する必要があるほか，既設のビルや家屋などにより電界強度が低下(都市減衰)するので，自由空間での理論から単純にビルによる電波の遮へい率を計算することはできない．このため，遮へい障害範囲の推定においては，都市内の複雑な周囲条件である大地反射の影響と都市減衰をマクロ的にモデル化し，電波の干渉により振動する項を平均化してビルによる電波の遮へい率を求めている．最終的に，建造物建設以前の画質主観評価から決められる"障害が発生し始める希望波強度の低下量"と"ビルによる電波の遮へい率"から障害発生範囲を推定する．

c. 反射障害範囲の推定

反射障害は，建物の壁面で電波が反射し，受信者宅では希望波と反射波が合成されて受信されることで発生する．受信アンテナ出力端子における DU 比は，その地点での希望波と反射波の電界強度の比に受信アンテナの指向性を加えた値となる．

ビル壁面からの反射波強度は，壁面の大きさ，反射損失から推定される．反射障害範囲の推定においては，壁面の大きさをフレネル積分により評価し，反射損失を壁面の形状や電波の入射角度などからモデル化して求めている．

各伝搬路(送信点～受信点，送信点～ビル壁面，ビル壁面～受信点)の大地反射波の影響と都市減衰をマクロ的にモデル化し，受信点における希望波の電界強度と反射波の電界強度を求め，最終的に受信アンテナ出力端子における DU 比が一定値以下となる範囲を反射障害範囲として推定する．

6.3.3 建造物による受信障害の改善方法

建造物障害の改善方法は，表 6.3.2 に示すように建造物側の対策，受信側の対策，SHF 放送局の設置による対策の三つに分類できる．

a. 建造物側の対策

一般的に，建造物による受信障害の範囲は，遮へい，反射障害とも電波到来方向からみた建造物の投影断面積が小さくなるほど狭くなるので，建造物の向きを変更して

6.3 都市におけるテレビ受信障害対策

表 6.3.2 建造物障害の改善方法

区　　　分	対　策　方　法	
建造物側の対策	形状による対策	向き，配置，高さの変更
		壁面の凹凸化，湾曲化，傾斜化
	壁面材料による対策	壁面材料の変更
		電波吸収体の使用
受信側の対策	共同受信施設による対策	共同受信施設の設置
		既設ケーブルテレビへの加入
	ゴースト除去装置(GR チューナ)の使用	
	受信アンテナによる対策	高性能アンテナの使用
		受信アンテナの移設，調節
	隣接する放送局の受信による対策	
SHF 放送局の設置による対策		

表 6.3.3 電波吸収パネルの種類

種　　　類	構　造　な　ど
フェライト*タイル	表面外装材の内側にフェライトタイル，さらに内側に金属メッシュを配置し，コンクリートを打設した3層構造のパネル
フェライト混合モルタル	表面外装材の内側に，Mn 系および Mg 系フェライトを粉砕した骨材とセメントモルタルを混合した2種類のフェライトモルタル，さらに内側に金属メッシュを配置した4層構造のパネル
フェライトコア	構造筋の金属棒にフェライトコアを巻き付けた構造
電気抵抗メッシュを利用した $\lambda/4$ 型電波吸収パネル	面抵抗値が電波特性インピーダンスと等しいメッシュ状(すだれ状)の物体を，金属製の反射体と波長の1/4の間隔で配置した構造

*フェライトは，酸化鉄と2価の金属酸化物を混合し焼結したもので，テレビジョン周波数帯において大きな磁気損失を有する磁性材料．

障害範囲を軽減することができる．

　複数の建造物を建築する場合，電波到来方向から低層棟～高層棟の順に配置して反射障害範囲を小さくしたり，建造物ごとの障害地域を重複させるように配置するなど，配置を工夫することによって障害を軽減することができる．

　建造物は，ある一定の高さ以上になると遮へい障害に加えて反射障害が発生し，障害面積が大きく増加する場合があるので，高さを抑えることは障害の軽減に効果的である．

　また，ビル壁面を凹凸構造にすることで，反射波の位相が一様でなくなり光学方向への反射波強度を抑えることができる．また，壁面を湾曲させ電波を拡散させたり，傾斜をつけることによって電波を上方に反射させて軽減することもできる．壁面全体の反射損失は，壁面を構成する材料である PC パネル，ガラス，フレーム枠などのそれぞれの反射損失と面積比率により左右される．反射損失の大きい壁面材料を選定することにより，反射波強度を抑えることができる．金属などの薄膜をコーティングした高性能熱線反射ガラスは反射損失が小さい．面抵抗値を大きくし，損失を大きくした改良型高性能熱線反射ガラスが実用化されている．

　また，壁面からの反射波強度を弱める方法として，電波吸収パネルが実用化されて

いる．すでに実用化されている，または実用化の計画がある電波吸収パネルの種類を表 6.3.3 に示す．

b. 受信側の対策

共同受信施設による対策は，建造物によるテレビ受信障害の対策用として広く採用されている方法である．テレビ電波が良好に受信できる地点に受信アンテナを設置し，同軸ケーブルで分配する障害対策用共同受信施設を設置する方法と，近年普及しつつあるケーブルテレビを活用する方法がある．共同受信施設の設置に際しては，関係機関への申請・届出が必要である．

テレビ電波に重畳されているゴースト基準信号を検出し，電気的ゴーストを除去または軽減できるゴースト除去装置を利用して改善する方法もある．家庭用としてテレビ内蔵型と GR(ghost reduction)チューナがあるほか，共同受信施設用としてゴーストを除去した信号を再変調して高周波信号として出力するタイプがある．

c. SHF 放送局の設置

1977 年に受信障害対策用として SHF 帯(12 GHz)に 18 チャネルが割り当てられた．SHF 放送局の設置による対策は，対策範囲が広い場合や，共同受信施設の設置が困難な場合に有効であり，実用化されている．

電波障害対策用 SHF テレビ放送の概要を図 6.3.3 に示す． 　　　　（大 西 一 範）

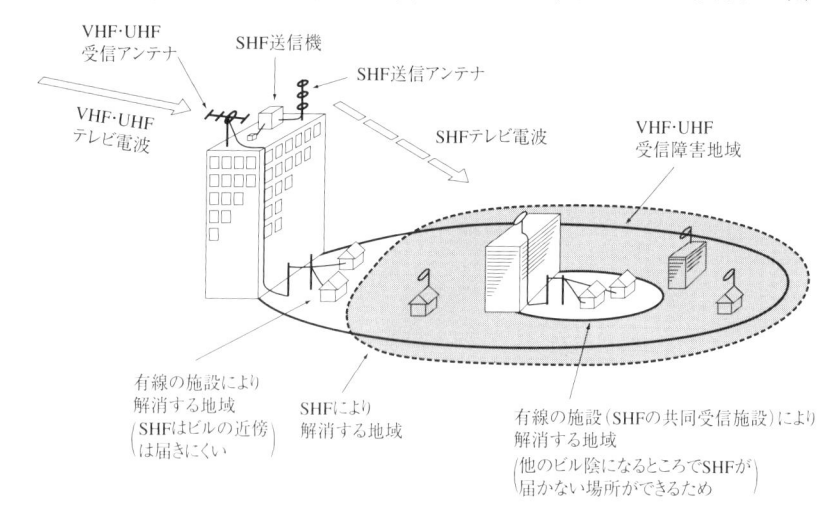

図 6.3.3　SHF テレビ放送による改善

6.4　テンペスト

6.4.1　テンペストとは

テンペスト(TEMPEST)とは，コンピュータやファクシミリなどのような ITE

(information technology equipment：情報技術装置)からの"情報が含まれている電磁的放出を抑制すること"により情報の漏えいを防止することをいう．なお，無線通信機などのように意図的な電磁的放出(電波発射)を行う機器については，使用者が"情報が盗聴されている可能性を自覚している"として，この対象からは除外している．

　高度情報化社会においては，情報の収集・分析・伝達においてコンピュータとその端末機器に依存する機会がきわめて大きいが，これらの機器が発生する電磁的放出(雑音)に含まれる情報が，盗聴者によって容易に受信・再現されることが，近年になってわが国の研究機関の研究によっても確認されている[2~6]．

　このような情報漏えいを防止する活動について欧米では"TEMPEST"と呼称されているが，これはコードネームであって略語ではない．テンペストは1970年代から米国NSA (National Security Agency)を中心として規格化が推進され，主として軍や政府機関の調達物品に対してこの対策が進められてきた．テンペストに関する情報は現在でも"秘"の指定を受けており，その内容・規格値なども一切公開されていない．

　テンペストの定義は次のとおりである．

「The control of unintentional EMR that can comprimise security of a mission」
(EMR：Electro-magnetic Radiation)
「業務の秘密保持に問題があるような非意図的な電磁的放出の抑制」[5]

6.4.2 テンペストの概念

　コンピュータなどのITEが放出するCE (conducted emission)やRE (radiated emission)などの電磁的放出については，CISPRやVCCIによる規制が行われてきた．この規制の目的はTV(テレビジョン)，ラジオなどの放送受信に対する影響の軽減である．

　このITEにおける電磁的放出は，機器が本来意図した作用とは関係なく放出されるものであるが，この電磁的放出には，"情報"が含まれており，この情報は数十mの距離において受信でき，比較的容易に再現できるといわれている．

　このように，テンペストは電磁気的放出の中に含まれる情報の流出を防止することにより脅威に対処することをいい，図6.4.1にその概念図を示す．

　この種の情報漏えいに対する防護については，実施する当事者が認識していればよいことであって，実施状況をわざわざ公表するものではない．

　欧米諸国におけるテンペスト対策の実施は，すでに1970年代から本格的に行われてきており，かなりの充足状況にある．近年，わが国においてもその重要性が認識され，各方面でも対策が進められつつある．

　情報セキュリティの重要性は，コンピュータ依存社会の到来とともにますます重要度を増している．これは軍事的同盟国の間においても，入手できる情報は利用するという国際常識からみて今後も特定分野においては継続的に実施される必要のある技

であるといえる.

6.4.3 テンペスト脅威の構成

テンペストの脅威は，ITE からの電磁的放出からの情報を受信・再現されることにある．この放出は，図 6.4.2 に示すとおり "CE" と "RE" である．

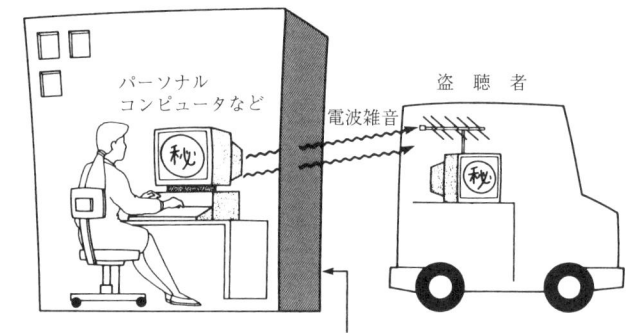

図 6.4.1 テンペスト概念図
情報機器などからの情報の漏えいを防止し図のような脅威に対処すること．

6.4.4 テンペスト脅威の見積り

a. 脅威の想定(その 1)

テンペストの脅威の見積りのためには，
① 当該 ITE
② 相手側器材
③ この①と②の間に介在する伝搬路・伝搬媒体

の三者からなる場を想定することが必要である．これらの関係を図 6.4.3 に示す．

この図は，盗聴される側と盗聴する側の関係を最も単純に表したものである．

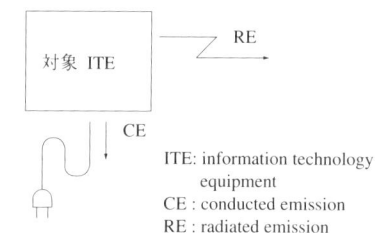

ITE: information technology equipment
CE : conducted emission
RE : radiated emission

図 6.4.2 テンペストの対象となる EMR (electromagnetic radiation)

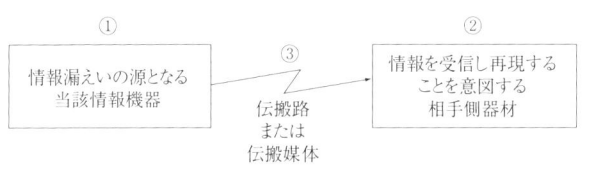

図 6.4.3 テンペスト脅威の想定(その 1)

図からわかるとおり，テンペスト対策は電磁的放出（CE と RE）を低減することであり，対策の具体的な手法は，"ITE そのものに対する電磁シールド"，および "建物に対する電磁シールド" があるほか，若干は実用性を欠くが "妨害用電磁波の放出"（ITE からの電磁的放出よりも強力な電磁波を放出し，脅威側が受信できないようにする）による方法がある．

b. 脅威の想定(その 2)

図 6.4.4 はテンペスト脅威を定量化するために，その構成要素の細部を表したものである．図において，脅威としての器材(1)は RE に対応する脅威を示すもので，脅威としての器材(1)の性能諸元，接近距離などの想定を行うことにより，当該 ITE

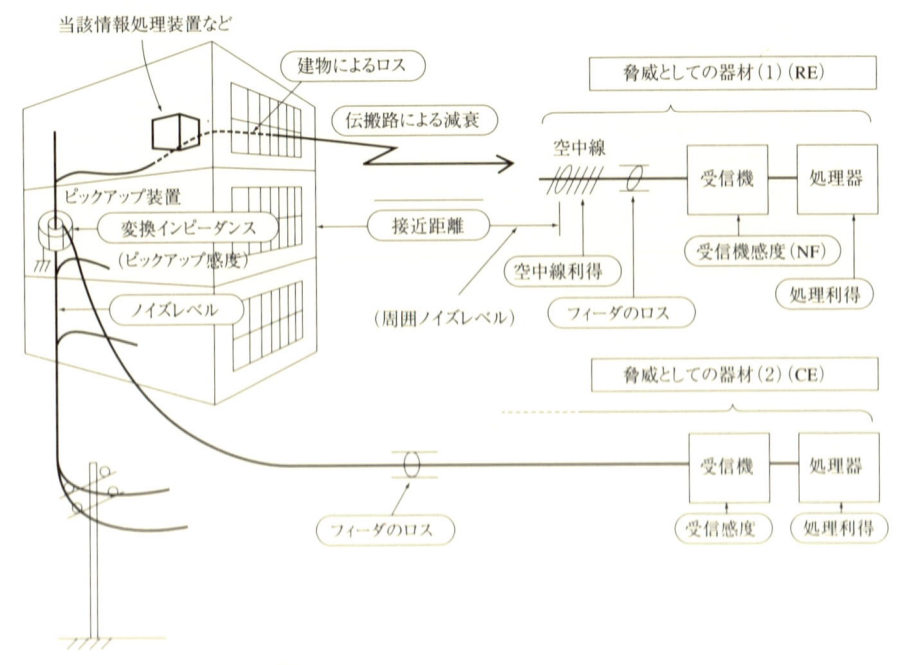

図 6.4.4 テンペスト脅威の想定（その 2）

におけるREの低減，建物などのシールド対策による防護を考えることができる．

同じく図 6.4.4 において，脅威としての器材(2)は，CE に対応する脅威を示すものであり，脅威としての器材(2)の性能諸元，フィーダのロス，ピックアップ装置の感度などの想定を実施することにより，当該 ITE の CE についての必要な限度値を決定することができる．

c. RE による距離の推定

テンペスト脅威のうち RE に対する脅威の程度を試算してみる．

ここでは，職場や家庭で使用されているパーソナルコンピュータ（パソコン）などの ITE が取り扱っている情報が，どの程度の距離において RE（すなわち電波）として盗聴可能かについて試算してみる．

ただしこの計算は，あくまで以下に示すとおりの各種の仮定のもとに試算したものである．

i） 各種の仮定 この試算においては，計算の前提となる性能諸元について次の仮定によった．

ITE が放出する RE，VCCI 第1種の限度値とする．すなわち "200 MHz にて 30 μV/m，400 MHz にて 70 μV/m (30 m 値)"

近距離の電波減衰特性（自由空間とする）：$1/(距離)^2$

アンテナの利得(対数周期アンテナとする)：2(≒6 dB)
受信機の感度(雑音指数)：2(≒3 dB)
所要帯域幅：3 MHz
所要 C/N 比：10(≒20 dB)

ⅱ) 盗聴可能距離の試算
受信機のセットノイズ：$N_m = kTBF ≒ 2.4 × 10^{-14}$[W]$≒ 1.1$[$\mu$V]
受信機の所要入力：$V_i = 1.1 × 10$[μV]
受信機(アンテナにおける)所要電界強度：$E_0 = V_i \cdot f / 11.5\sqrt{R \cdot Gh}$
  200 MHz にて $E_0 ≒ 20$[μV/m]$≒ 26$[dBμV/m]
  400 MHz にて $E_0 ≒ 40$[μV/m]$≒ 32$[dBμV/m]

盗聴可能距離：VCCI の限度値はいずれも帯域幅が 120 kHz での値であるから，これを帯域幅 3 MHz に換算すると，200 MHz：150[μV/m]，400 MHz：350[μV/m]．

盗聴可能距離は，200 MHz では約 82 m，400 MHz では約 88 m となる．これは上述の仮定に基づく最大の盗聴可能距離である．

米国などの文献においては"数 km 離れて受信できる"との記述も散見されるが，現在の市場にある ITE については，このようなことはまずありえないと考えてよい．

ⅲ) **建物などによる減衰** 電磁波が建築構造物を通過する際に減衰を生じる．この減衰量は構造物に使用される材料，当該機器が設置される建物内部での位置(外壁から内側への距離，階数など)により相違する．

鉄筋コンクリートの壁面の電磁シールド効果についての実測データが紹介されている文献もあるが，通常の鉄筋コンクリート壁(RC 壁)は，テンペスト対策としてはほとんど期待できないようである．

文献のうちの一例から推定してみると，鉄筋コンクリート壁(コンクリート厚さ：10 cm，鉄筋の格子：20 cm 間隔，打設後：3 週間)において，100 MHz で約 10～12 dB，200 MHz で約 5～7 dB，400 MHz で約 7 dB (いずれも平面波にて)の減衰であり，これを"大略 10 dB の減衰"とみると，鉄筋コンクリートの壁が存在しても 3 分の 1 の距離まで近付けば，自由空間の場合と同等の受信電界強度が得られることになる．

〔瀬戸信二〕

文　献

1) 瀬戸信二：情報処理機器等からの電磁波漏洩に対する情報保全対策，*EMC*, No. 97, 1996.
2) 朝日新聞：微弱な漏洩電波で極秘データ盗める，1988 年 11 月 24 日号．
3) 日本経済新聞：パソコン盗聴の危険，1991 年 8 月 10 日号(夕刊)．
4) 中日新聞：パソコン画面の情報盗まれる，1991 年 8 月 10 日号(夕刊)．
5) 東京新聞：そのパソコンから機密が漏れている―防衛庁が確認，1991 年 8 月 10 日号(夕刊)．
6) Shultz, J. B.：Defeating ivan with TEMPEST, Defense Electronics, p. 64, 1983.

7. ノイズ対策シミュレーション技術

 本章では EMC の基礎である電磁界解析シミュレーション技術の代表的な手法について詳細に比較検討し，次に実際のシミュレーションツールの特徴と使い方の概説を行う．

7.1 電磁界シミュレーション技術の基礎

 本節では，電磁界シミュレーション技術について概観し，基礎的な理論を紹介する．

7.1.1 基礎方程式

 媒質に分散性や異方性，非線形性がない場合の電磁界に関するマクスウェル (Maxwell) の方程式は次のように表される．

$$\nabla \times H = J + \varepsilon \frac{\partial E}{\partial t} \qquad (7.1.1)$$

$$\nabla \times E = -\mu \frac{\partial H}{\partial t} \qquad (7.1.2)$$

ここで，J は電流波源，E は電界，H は磁界，ε は誘電率，μ は透磁率である．式(7.1.1)および(7.1.2)から E または H のいずれかを消去すると次のベクトル波動方程式を得る．

$$\nabla \times \nabla \times E + \varepsilon \mu \frac{\partial^2 E}{\partial t^2} = -\mu \frac{\partial J}{\partial t} \qquad (7.1.3)$$

$$\nabla \times \nabla \times H + \varepsilon \mu \frac{\partial^2 H}{\partial t^2} = \nabla \times J \qquad (7.1.4)$$

ここで，ベクトルポテンシャル A およびスカラポテンシャル ϕ を

$$H = \frac{1}{\mu} \nabla \times A \qquad (7.1.5)$$

$$E + \frac{\partial A}{\partial t} = -\nabla \phi \qquad (7.1.6)$$

で定義し，ローレンツ条件（Lorentz condition）

$$\nabla \cdot \boldsymbol{A} = -\varepsilon\mu\frac{\partial \phi}{\partial t} \tag{7.1.7}$$

を適用すると，式(7.1.1)および(7.1.2)より $\boldsymbol{A}$ および ϕ に対して次のスカラ波動方程式を得る．

$$\nabla^2 \boldsymbol{A} - \varepsilon\mu\frac{\partial^2 \boldsymbol{A}}{\partial t^2} = -\mu \boldsymbol{J} \tag{7.1.8}$$

$$\nabla^2 \phi - \varepsilon\mu\frac{\partial^2 \phi}{\partial t^2} = -\frac{\rho}{\varepsilon} \tag{7.1.9}$$

なお，ρ は電荷密度分布であり，$\boldsymbol{J}$ との間に

$$\frac{\partial \rho}{\partial t} = -\nabla \cdot \boldsymbol{J} \tag{7.1.10}$$

の連続の式が成り立つ．

なお，波源がない（$\boldsymbol{J}=0$）ときのベクトル波動方程式(7.1.3)，(7.1.4)も式(7.1.8)と同型で，波源項のないスカラ波動方程式になる．

一方，波動方程式をそのまま扱うかわりに，調和波動，すなわち単一周波数で正弦振動する波動を考えることもできる．この場合，任意の周期波形は基本周波数に対するフーリエ級数で表現できる．

調和振動 $e^{j\omega t}$ を仮定すると，ベクトル波動方程式(7.1.3)，(7.1.4)およびスカラ波動方程式(7.1.8)，(7.1.9)は，それぞれ以下のベクトルヘルムホルツ方程式およびスカラヘルムホルツ方程式に書き換えられる．

$$\nabla \times \nabla \times \boldsymbol{E} - k^2 \boldsymbol{E} = -j\omega\mu \boldsymbol{J} \tag{7.1.11}$$

$$\nabla \times \nabla \times \boldsymbol{H} - k^2 \boldsymbol{H} = \nabla \times \boldsymbol{J} \tag{7.1.12}$$

$$\nabla^2 \boldsymbol{A} + k^2 \boldsymbol{A} = -\mu \boldsymbol{J} \tag{7.1.13}$$

$$\nabla^2 \phi + k^2 \phi = -\frac{\rho}{\varepsilon} \tag{7.1.14}$$

波動方程式やヘルムホルツ方程式は微分方程式であるので，それ単独ではなく，必ず境界条件（および波動方程式では初期条件）とともに解く必要がある．境界の形状が平面，円，四角形など，変数分離形に適した場合には，方程式を解析的に解くことが可能な場合もあるが，多くの場合には境界の形状が複雑であり解析的に解くことは事実上不可能である．一方，波動方程式を数値シミュレーションにより解く場合，原則として境界形状には依存せずに解を求めることができ，より広い問題に適用が可能である．

7.1.2 シミュレーション手法の分類

電磁界シミュレーションには多くの手法が存在し，それぞれに特徴がある．時間変化に対する取り扱いの観点からは，周波数領域法と時間領域法に大別できる．

① 周波数領域法： ヘルムホルツ方程式を調和振動に対して解く方法．時間変化を位相に置き換え，時間変数を除去できる．これまでの電磁界シミュレーションの主流
② 時間領域法： 任意の入力時間波形に対する波動方程式を時間進展に従って解く方法．波動方程式の直接離散化である時間領域差分法に代表され，計算機の高速化・大容量化に伴って急速に普及

に分類できる．
　また，数値計算における未知数の取り方の観点からは，準解析的手法，境界法，領域法に分類できる．
① 準解析的手法： 波動方程式を直接与えられた境界条件で解くのではなく，厳密解を求められる規範問題の解を近似的に適用する方法．特に，散乱体が波長に比べて大きい場合に精度がよいものを高周波近似解法と呼んでおり，境界法や領域法などの数値離散化が困難な，波長に比べて数倍以上大きな対象物を取り扱うときに用いられる．
② 境界法： 問題を境界条件に関する方程式に置き換えることで，全空間ではなく境界のみに方程式を集約する方法．領域法に比べると，未知数を少なくすることができる．開領域の計算に向いているなどの利点がある．一方，一般に係数行列が密となり記憶容量が増える，グリーン関数（モーメント法）または固有関数（一般化多極法）を用いるため多数の異なる媒質から構成されている場合の計算が複雑になる，などの欠点も指摘されている．
③ 領域法： 領域内の各点において所望の方程式を満足する波動関数を求める方法．特に閉領域の計算に向いており，グリーン関数が求められないような複雑な問題でも同じように計算ができるという利点がある．一方，欠点は領域内の各点の値を用いるために，開領域では非常に計算量が増えてしまう点で，これを補うために領域を終端する吸収境界条件が各種提案されている．
　表7.1.1には，上記分類に対応する代表的なシミュレーション手法を示す．
　以下には，代表的な数値シミュレーション手法であるモーメント法，有限要素法，時間領域差分法の基礎理論を紹介する．他のシミュレーション手法に関しては参考文献を参照されたい．

表 7.1.1　シミュレーション手法の分類と代表例

	準解析手法	境界法	領域法
周波数領域	幾何光学近似（レイトレーシング[1,2]） 物理光学近似[3] 幾何光学的回折理論[4] 弱散乱近似[5,6]	モーメント法[8] 境界要素法[7] 一般化多極法	有限差分法[10] 有限体積法 有限要素法[11,12]
時間領域	幾何光学近似	時間領域モーメント法[13]	時間領域差分法[14-16] 伝送線路行列法[17] 空間回路網法[18]

7.1.3 モーメント法

モーメント法(MoM:method of moments)[8]、あるいは境界要素法(BEM:boundary element method)[7] は、ヘルムホルツ方程式と境界条件から、境界積分方程式を導出し、これを離散化して代数方程式を得る手法の総称といえる。ここでは、スカラヘルムホルツ方程式を例にとり、計算手順を説明する。

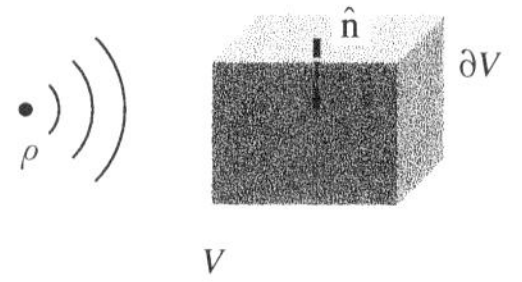

図 7.1.1 境界積分方程式を求める問題

散乱体外部に着目しているので、法線ベクトル $\hat{n}$ は散乱体内部方向を向いていることに注意。

a. 境界積分方程式

ヘルムホルツ方程式

$$\nabla^2 \phi(r) + k^2 \phi(r) = -\rho(r) \quad (7.1.15)$$

および境界条件

$$A(r)\frac{\partial \phi(r)}{\partial n} + B(r)\phi(r) = 0 \quad (r \in \partial V) \quad (7.1.16)$$

が与えられているときに、波動関数 $\phi(r)$ を求める問題を考える。なお、式(7.1.16)において、n は着目している領域 V から外向きの法線方向を表し、∂V は領域 V の境界部分を表す。

このとき、波源の座標を r' とすると、式(7.1.15)と同型のヘルムホルツ方程式

$$\nabla^2 G(r, r') + k^2 G(r, r') = -\delta(r-r') \quad (7.1.17)$$

で定義されるグリーン関数が、式(7.1.16)と同型の境界条件

$$A(r)\frac{\partial G(r, r')}{\partial n} + B(r)G(r, r') = 0 \quad (r \in \partial V) \quad (7.1.18)$$

を満足する場合には、グリーンの定理から導出される積分表現

$$\phi(r) = \int_V G(r, r')\rho(r')dV' + \oint_{\partial V} \left\{ G(r, r')\frac{\partial \phi(r')}{\partial n'} - \frac{\partial G(r, r')}{\partial n'}\phi(r') \right\} dS'$$

$$(7.1.19)$$

の第2項の面積分の被積分関数は恒等的にゼロになり、

$$\phi(r) = \int_V G(r, r')\rho(r')dV' \quad (7.1.20)$$

となるので、微分方程式の解が得られたことになる。

しかし、境界条件(7.1.18)を満足するグリーン関数が解析的に求められるのは偏微分方程式において変数分離が可能な特別な場合のみである。これが不可能な場合には、式(7.1.18)の境界条件を満足しない(たとえば自由空間の)グリーン関数 G_a を用いて波動関数の積分表現を行うと、

$$\phi(r) = \int_V G_a(r, r')\rho(r')dV' + \oint_{\partial V} \left\{ G_a(r, r')\frac{\partial \phi(r')}{\partial n'} - \frac{\partial G_a(r, r')}{\partial n'}\phi(r') \right\} dS'$$

$$(7.1.21)$$

において第2項の面積分の寄与が残る。

いま，観測点 r を ∂V 上の点 r_s に移動するため，式(7.1.21)の r を r_s に極限的に近づける．すなわち，

$$\phi(r_s) = \int_V G_a(r_s, r')\rho(r')dV' + \lim_{r \to r_s}\oint_{\partial V}\left\{G_a(r, r_s')\frac{\partial\phi(r_s')}{\partial n'} - \frac{\partial G_a(r, r_s')}{\partial n'}\phi(r_s')\right\}dS' \quad (7.1.22)$$

とする．ここで第2項の面積分は $r' \in \partial V$ に関して行われるので，第1項の積分と区別するために，積分変数 r' を r_s' と書き直した．

式(7.1.22)においては，

$\rho(r')$	既知	$\phi(r_s')$	未知
$G_a(r, r_s')$	既知		
$\dfrac{\partial G_a(r, r_s')}{\partial n'}$	既知	$\dfrac{\partial\phi(r_s')}{\partial n'}$	未知

となっている．この式は，境界上のみにおける $\phi(r_s')$ と $\partial\phi(r_s')/\partial n'$ を未知関数とする積分方程式になっているが，どちらか一方は境界条件(7.1.16)により消去可能である．いずれにしても，式(7.1.22)は境界上での波動関数に対する積分方程式となっているので，これを境界積分方程式と呼ぶ．

境界積分方程式で問題になるのは，観測点 r を境界上へ移動したとき生じる，$r = r'$ となる点でのグリーン関数の発散である．これを回避するために，極近傍では解析的に積分を行う（極限操作[7]）．

b. モーメント法

未知関数 f に対する積分方程式を簡単のために次のように表す．

$$Lf = g \quad (7.1.23)$$

ここで，L は積分を含む f に対して線形な演算子，g は既知関数を表す．

境界積分方程式(7.1.22)においては，f は境界上の波動関数 ϕ またはその法線方向微分 $\partial\phi/\partial n'$，L はグリーン関数 G またはその法線方向微分 $\partial G/\partial n'$ を掛けて境界面上で積分する演算，g は波源 ρ に関する体積分にそれぞれ対応している．

まず，未知関数 f を適当な N 個の既知関数 $f_n (n=1, 2, \cdots, N)$ の1次結合として次のように近似する．

$$f \simeq \sum_{n=1}^{N}\alpha_n f_n \quad (7.1.24)$$

の f_n を基底関数あるいは展開関数と呼ぶ．α_n は未知係数である．

式(7.1.23)に式(7.1.24)を代入すると次の近似式を得る．

$$\sum_{n=1}^{N}\alpha_n L f_n \simeq g \quad (7.1.25)$$

このように，未知関数 f に対する方程式が，未知係数 α_n を求める問題に帰着することがわかる．しかしながら，式(7.1.25)自体は依然として f の定義域 D（すなわち ∂V）上で連続的に成り立っており，代数方程式にはなっていない．

そこで，式(7.1.25)をさらに代数方程式に変形するために，適当な $M(\geq N)$ 個の既知関数 $w_m(m=1, 2, \cdots, N)$ に対する内積，すなわちモーメントをとることにする．

$$\sum_{n=1}^{N} \alpha_n <w_m, Lf_n> = <w_m, g> \quad (m=1, 2, \cdots, M) \quad (7.1.26)$$

この w_m を試験関数あるいは重み関数と呼ぶ．また，$<,>$ は二つの関数の内積で，次のように定義される．

$$<\phi, \varphi> = \int_D \phi^*(r)\varphi(r)dr \quad (7.1.27)$$

式(7.1.26)において各モーメントは定数となるので，結局，式(7.1.26)は連立1次方程式を表している．あるいは，行列形式で書けば次のようになる．

$$\begin{bmatrix} a_{11} & a_{12} & \cdots & a_{1N} \\ a_{21} & a_{22} & \cdots & a_{2N} \\ \vdots & \vdots & \vdots & \vdots \\ \vdots & \vdots & & \vdots \\ a_{M1} & a_{M2} & \cdots & a_{MN} \end{bmatrix} \begin{bmatrix} \alpha_1 \\ \alpha_2 \\ \vdots \\ \alpha_N \end{bmatrix} = \begin{bmatrix} b_1 \\ b_2 \\ \vdots \\ \vdots \\ b_M \end{bmatrix} \quad (7.1.28)$$

$$a_{mn} = <w_m, Lf_n> \quad (7.1.29)$$

$$b_m = <w_m, g> \quad (7.1.30)$$

$M=N$ ならば，式(7.1.28)は逆行列により解くことができ，$M>N$ ならば，最小二乗法により最適解を求めることができる．

実際の計算では，基底関数にはパルス関数，1次関数，区分的正弦関数などが，試験関数にはデルタ関数，1次関数，区分的正弦関数などが使用される．

7.1.4 有限要素法

有限要素法（FEM：finite element method）[11,12] は，ヘルムホルツ方程式を直接解くかわりに，系全体のエネルギーを汎関数とする変分問題に置き換え，これを離散化して解く方法として知られている．

エネルギーの散逸がある場合には汎関数が存在しないので，境界条件を含む偏微分方程式に重みつき残差法を適用して体積積分方程式を得る．これを離散化して解く場合にも有限要素法と呼ばれる．いずれの場合にも，未知関数の離散化に際して，要素と呼ばれる局所的に定義された関数を用いる点が有限要素法の特徴である．

後者は，汎関数が存在する場合には最終的に得られる方程式が前者と一致することが知られているので，ここではより一般的な後者の手法について，スカラヘルムホルツ方程式を例にとり説明する．

a. 重みつき残差法

式(7.1.15)のヘルムホルツ方程式

$$\nabla^2 \phi(r) + k^2 \phi(r) = -\rho(r) \quad (7.1.15)$$

を，境界条件

$$\phi(r) = 0 \quad (r \in \partial V_\mathrm{D}) \tag{7.1.31}$$

$$\frac{\partial \phi(r)}{\partial n} = 0 \quad (r \in \partial V_\mathrm{N} = \partial V - \partial V_\mathrm{D}) \tag{7.1.32}$$

のもとで解いて，波動関数 $\phi(r)$ を求める問題を考える．ただし，n は解析領域 V の境界 ∂V から外向きの法線方向を表す．なお，式(7.1.31)をディリクレ条件，式(7.1.32)をノイマン条件と呼ぶ．また，∂V_D，∂V_N はそれぞれディリクレ条件，ノイマン条件を満足する境界部分である．

ここで，ディリクレ条件(7.1.31)を満足する関数 $\psi(r)$ で $\phi(r)$ を近似することを考えると，式(7.1.15)および式(7.1.32)の残差は次のように定義できる．

$$R_V(r) = \nabla^2 \psi(r) + k^2 \psi(r) + \rho(r) \tag{7.1.33}$$

$$R_{\partial V_\mathrm{N}}(r) = -\frac{\partial \psi(r)}{\partial n} \tag{7.1.34}$$

この残差が領域で平均的にゼロとなるよう，ディリクレ条件(7.1.31)を満たす重み関数 $w(r)$ で重みづけ平均を行うと次の式を得る．

$$\int_V w(r) R_V(r) dV + \oint_{\partial V} w(r) R_{\partial V_\mathrm{N}}(r) dS = 0 \tag{7.1.35}$$

式(7.1.35)は，グリーンの第1定理

$$\int_V (f \nabla^2 g + \nabla f \cdot \nabla g) dV = \oint_{\partial V} f \frac{\partial g}{\partial n} dS \tag{7.1.36}$$

を用いて，次の式に変形できる．

$$\int_V (\nabla w(r) \cdot \nabla \psi(r) - k^2 w(r) \psi(r)) dV = -\int_V w(r) \rho(r) dV \tag{7.1.37}$$

式(7.1.37)は，$w(r)$ が既知関数，$\psi(r)$ が未知関数の積分方程式とみなすことができる．

b．ガラーキン法

積分方程式(7.1.37)は解析的に解けないので，離散化を行い代数方程式に帰着させる．

まず，未知関数 ψ を適当な N 個の既知関数 $f_n (n=1, 2, \cdots, N)$ の1次結合として次のように近似する．

$$\psi \simeq \sum_{n=1}^{N} \alpha_n f_n \tag{7.1.38}$$

この f_n はモーメント法と同じく基底関数あるいは展開関数と呼ぶことができる．α_n は未知係数である．

次に方程式そのものを離散化するために，w として $M(\geq N)$ 個の既知関数 $w_m (m=1, 2, \cdots, M)$ を用いることにより，次の代数方程式を得る．

$$\sum_{n=1}^{N} \alpha_n \int_V (\nabla w_m \cdot \nabla f_n - k^2 w_m f_n) dV = -\int_V w_m \rho dV \quad (m=1, 2, \cdots, M) \tag{7.1.39}$$

この w_m もモーメント法と同じく試験関数あるいは重み関数と呼ばれる。特に $w_m = f_m$ の場合をガラーキン法と呼び、次の連立1次方程式を得る。

$$\begin{bmatrix} a_{11} & a_{12} & \cdots & a_{1N} \\ a_{21} & a_{22} & \cdots & a_{2N} \\ \vdots & \vdots & & \vdots \\ \vdots & \vdots & & \vdots \\ a_{M1} & a_{M2} & \cdots & a_{MN} \end{bmatrix} \begin{bmatrix} \alpha_1 \\ \alpha_2 \\ \vdots \\ \alpha_N \end{bmatrix} = \begin{bmatrix} b_1 \\ b_2 \\ \vdots \\ \vdots \\ b_M \end{bmatrix} \quad (7.1.40)$$

$$a_{mn} = \int_V (\nabla f_m \cdot \nabla f_n - k^2 f_m f_n) dV \quad (7.1.41)$$

$$b_m = -\int_V f_m \rho dV \quad (7.1.42)$$

汎関数が存在する場合には、これをレイリー-リッツ法により離散化した場合にも式(7.1.40)と同一の方程式を得る。

c. 要　素

有限要素法の特徴は、領域を要素と呼ばれる多くの多角形・多面体に分割し、この領域のみで定義された基底関数を用いる点にある。3次元の場合には四面体要素、2次元の場合には三角形要素がよく用いられる。また、要素内の波動関数の近似には、1次式あるいは2次式を用いることが多い。

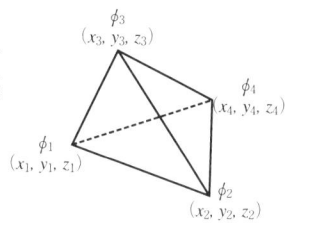

ここでは、1次の四面体要素を例に、要素内の波動関数の表現法を示す。

図 7.1.2　四面体要素

頂点での関数の値 ϕ_1, ϕ_2, ϕ_3, ϕ_4 を用いて要素内での関数値 $\phi(x, y, z)$ を1次式で表現する。すなわち、

$$a + bx + cy + dz = \phi \quad (7.1.43)$$

とする。この a, b, c, d は頂点における条件

$$\begin{bmatrix} 1 & x_1 & y_1 & z_1 \\ 1 & x_2 & y_2 & z_2 \\ 1 & x_3 & y_3 & z_3 \\ 1 & x_4 & y_4 & z_4 \end{bmatrix} \begin{bmatrix} a \\ b \\ c \\ d \end{bmatrix} = \begin{bmatrix} \phi_1 \\ \phi_2 \\ \phi_3 \\ \phi_4 \end{bmatrix} \quad (7.1.44)$$

より定められる。したがって、要素内の $\phi(x, y, z)$ は次の式で計算できる。

$$\phi(x, y, z) = [1 \ x \ y \ z] \begin{bmatrix} 1 & x_1 & y_1 & z_1 \\ 1 & x_2 & y_2 & z_2 \\ 1 & x_3 & y_3 & z_3 \\ 1 & x_4 & y_4 & z_4 \end{bmatrix}^{-1} \begin{bmatrix} \phi_1 \\ \phi_2 \\ \phi_3 \\ \phi_4 \end{bmatrix} \quad (7.1.45)$$

d. 開領域の取り扱い

有限要素法は領域法であるために、開領域における放射を取り扱うことが困難であ

ったが，無限要素[11]や吸収境界条件[19]などの使用が提案されている．

7.1.5 時間領域差分法

時間領域差分法(FDTD：finite difference time domain method)[14〜16]は，波動方程式を直接空間・時間に関して差分離散化し，時間応答を計算する手法である．

a. 差分近似

もともと差分法は，微分方程式における微分演算を微小有限区間の平均的な傾きで置換して離散化する手法である．たとえば，xにおける微係数を$x-\varDelta x$と$x+\varDelta x$における関数値で近似する中心差分近似を考える．テイラー展開により$f(x-\varDelta x)$と$f(x+\varDelta x)$は次のように表現できる．

$$f(x+\varDelta x) = f(x) + \varDelta x \frac{df}{dx} + \frac{\varDelta x^2}{2!}\frac{d^2f}{dx^2} + \frac{\varDelta x^3}{3!}\frac{d^3f}{dx^3} + \cdots \qquad (7.1.46)$$

$$f(x-\varDelta x) = f(x) - \varDelta x \frac{df}{dx} + \frac{\varDelta x^2}{2!}\frac{d^2f}{dx^2} - \frac{\varDelta x^3}{3!}\frac{d^3f}{dx^3} + \cdots \qquad (7.1.47)$$

式(7.1.46)と(7.1.47)の差をとると，次の中心差分近似式が得られる．

$$\frac{df}{dx} = \frac{f(x+\varDelta x) - f(x-\varDelta x)}{2\varDelta x} - \frac{x^2}{3!}\frac{d^3f}{dx^3} \cdots$$

$$= \frac{f(x+\varDelta x) - f(x-\varDelta x)}{2\varDelta x} + O(\varDelta x^2)$$

$$\simeq \frac{f(x+\varDelta x) - f(x-\varDelta x)}{2\varDelta x} \qquad (7.1.48)$$

中心差分による近似誤差は$\varDelta x^2$に比例するので，2次の近似精度であるという．

もしも中心差分でなく片側差分近似を用いると，近似誤差が$\varDelta x$に比例する1次の近似精度になり計算精度が劣化する．

b. イーのアルゴリズム

イー(Yee)のアルゴリズムは，マクスウェルの方程式(7.1.1)，(7.1.2)を時間および空間に関していずれも2次の精度を保つように差分離散化したものである．このために，電磁界の各成分をそれぞれ異なる格子点上に配置したイー格子(図7.1.3)と呼ばれる構造を提案し，電界と磁界を交互に計算するリープフロッグアルゴリズムを適用した．

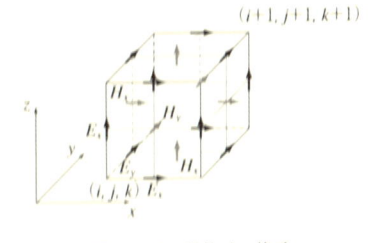

図 7.1.3　単位イー格子

マクスウェルの方程式(7.1.1)，(7.1.2)を成分表示すると以下の6式を得る．

$$\varepsilon \frac{\partial E_x}{\partial t} = \frac{\partial H_z}{\partial y} - \frac{\partial H_y}{\partial z} - J_x \qquad (7.1.49)$$

$$\varepsilon \frac{\partial E_y}{\partial t} = \frac{\partial H_x}{\partial z} - \frac{\partial H_z}{\partial x} - J_y \qquad (7.1.50)$$

$$\varepsilon \frac{\partial E_z}{\partial t} = \frac{\partial H_y}{\partial x} - \frac{\partial H_x}{\partial y} - J_z \qquad (7.1.51)$$

$$\mu \frac{\partial H_x}{\partial t} = -\frac{\partial E_z}{\partial y} + \frac{\partial E_y}{\partial z} \qquad (7.1.52)$$

$$\mu \frac{\partial H_y}{\partial t} = -\frac{\partial E_x}{\partial z} + \frac{\partial E_z}{\partial x} \qquad (7.1.53)$$

$$\mu \frac{\partial H_z}{\partial t} = -\frac{\partial E_y}{\partial x} + \frac{\partial E_x}{\partial y} \qquad (7.1.54)$$

次に差分離散化を行うが，離散化された位置および時刻の関数 $F(i\Delta x, j\Delta y, k\Delta z, n\Delta t)$ を，簡単のため $F^n(i, j, k)$ で表すことにする．

式(7.1.52)を $\left(i, j+\frac{1}{2}, k+\frac{1}{2}, n\right)$ において中心差分により離散化すると次の式を得る．

$$\mu\left(i, j+\frac{1}{2}, k+\frac{1}{2}\right) \frac{H_x^{n+\frac{1}{2}}\left(i, j+\frac{1}{2}, k+\frac{1}{2}\right) - H_x^{n-\frac{1}{2}}\left(i, j+\frac{1}{2}, k+\frac{1}{2}\right)}{\Delta t} =$$
$$-\frac{E_z^n\left(i, j+1, k+\frac{1}{2}\right) - E_z^n\left(i, j, k+\frac{1}{2}\right)}{\Delta y} + \frac{E_y^n\left(i, j+\frac{1}{2}, k+1\right) - E_y^n\left(i, j+\frac{1}{2}, k\right)}{\Delta z}$$
$$(7.1.55)$$

これを， $H_x^{n+\frac{1}{2}}\left(i, j+\frac{1}{2}, k+\frac{1}{2}\right)$ に関して整理すると，次の漸化式を得る．

$$H_x^{n+\frac{1}{2}}\left(i, j+\frac{1}{2}, k+\frac{1}{2}\right) = H_x^{n-\frac{1}{2}}\left(i, j+\frac{1}{2}, k+\frac{1}{2}\right)$$
$$+ \frac{\Delta t}{\mu\left(i, j+\frac{1}{2}, k+\frac{1}{2}\right)}$$
$$\left[-\frac{E_z^n\left(i, j+1, k+\frac{1}{2}\right) - E_z^n\left(i, j, k+\frac{1}{2}\right)}{\Delta y}\right.$$
$$\left.+ \frac{E_y^n\left(i, j+\frac{1}{2}, k+1\right) - E_y^n\left(i, j+\frac{1}{2}, k\right)}{\Delta z}\right] \qquad (7.1.56)$$

同様にして，式(7.1.53)，(7.1.54)も時刻 n において離散化できる．

次に，式(7.1.49)を $\left(i+\frac{1}{2}, j, k, n+\frac{1}{2}\right)$ において中心差分により離散化すると次の式を得る．

$$\varepsilon\left(i+\frac{1}{2}, j, k\right) \frac{E_x^{n+1}\left(i+\frac{1}{2}, j, k\right) - E_x^n\left(i+\frac{1}{2}, j, k\right)}{\Delta t} =$$

7.1 電磁界シミュレーション技術の基礎

$$\frac{H_z^{n+\frac{1}{2}}\left(i+\frac{1}{2}, j+\frac{1}{2}, k\right) - H_z^{n+\frac{1}{2}}\left(i+\frac{1}{2}, j-\frac{1}{2}, k\right)}{\Delta y}$$

$$-\frac{H_y^{n+\frac{1}{2}}\left(i+\frac{1}{2}, j, k+\frac{1}{2}\right) - H_y^{n+\frac{1}{2}}\left(i+\frac{1}{2}, j, k+\frac{1}{2}\right)}{\Delta z}$$

$$-J_x^{n+\frac{1}{2}}\left(i+\frac{1}{2}, j, k\right) \tag{7.1.57}$$

これを, $E_x^n\left(i+\frac{1}{2}, j, k\right)$ に関して整理すると，次の漸化式を得る.

$$E_x^{n+1}\left(i+\frac{1}{2}, j, k\right) = E_x^n\left(i+\frac{1}{2}, j, k\right)$$

$$+ \frac{\Delta t}{\varepsilon\left(i+\frac{1}{2}, j, k\right)}$$

$$\left[\frac{H_z^{n+\frac{1}{2}}\left(i+\frac{1}{2}, j+\frac{1}{2}, k\right) - H_z^{n+\frac{1}{2}}\left(i+\frac{1}{2}, j-\frac{1}{2}, k\right)}{\Delta y} \right.$$

$$\frac{H_y^{n+\frac{1}{2}}\left(i+\frac{1}{2}, j, k+\frac{1}{2}\right) - H_y^{n+\frac{1}{2}}\left(i+\frac{1}{2}, j, k-\frac{1}{2}\right)}{\Delta z}$$

$$\left. -J_x^{n+\frac{1}{2}}\left(i+\frac{1}{2}, j, k\right) \right] \tag{7.1.58}$$

同様にして, 式(7.1.50), (7.1.57)も時刻 $n+1/2$ において離散化できる.

式(7.1.56)…と, 式(7.1.58)…とを, 交互に時間を1/2ずつ進めながら計算する（リープフロッグアルゴリズム）ことで, 電磁界の過渡応答を計算することができる. このような計算法を一般に FDTD と呼んでいる.

c. 離散間隔と安定度の関係

解が安定するためには, 空間間隔と時間間隔の間に次の関係が成り立つ必要がある.

$$\Delta t \leq \frac{1}{c\sqrt{\frac{1}{\Delta x^2} + \frac{1}{\Delta y^2} + \frac{1}{\Delta z^2}}} \tag{7.1.59}$$

この式は, 定性的には, Δt の間に電磁波が進む距離が, 空間格子の大きさに比べて小さい必要があることを表している.

d. 開領域の取り扱い

FDTD も領域法であるために, 開領域における放射を取り扱うことが困難であったが, これを克服するためにさまざまな吸収境界条件（ABC：absorbing boundary condition)が提案されている[15]. その中でも，定式化が容易なムア (Mur) の ABC[21] と，吸収特性に優れたベレンジェ (Berenger) の PML (perfect matched layer)[22] が よく用いられている.

ここでは，ムアの ABC について説明する[21]. 例として，解析領域が $x \leq 0$ であるときの $x=0$ における境界条件を考える．波動関数 $\phi(r, t)$ に対する波源のない斉次スカラ波動方程式

$$\left(\frac{\partial^2}{\partial x^2}+\frac{\partial^2}{\partial y^2}+\frac{\partial^2}{\partial z^2}-\frac{1}{c^2}\frac{\partial^2}{\partial t^2}\right)\phi = 0 \tag{7.1.60}$$

の解である平面波は，

$$\phi(x, y, z, t) = \phi\left(t-\frac{x}{c_x}-\frac{y}{c_y}-\frac{z}{c_z}\right) \tag{7.1.61}$$

で与えられる．ただし，c_x, c_y, c_z は各成分の位相速度であり，

$$\frac{1}{c_x^2}+\frac{1}{c_y^2}+\frac{1}{c_z^2} = \frac{1}{c^2} \tag{7.1.62}$$

を満足する.

このとき，$x=0$ において解析領域の外側，すなわち x の負方向に平面波が伝搬する条件は

$$c_x = \frac{1}{\sqrt{\frac{1}{c^2}-\frac{1}{c_y^2}-\frac{1}{c_z^2}}} \leq 0 \tag{7.1.63}$$

で与えられる．これを式 (7.1.61) に代入したものは，次の一階微分方程式を満足する.

$$\left(\frac{\partial}{\partial x}-\sqrt{\frac{1}{c^2}-\frac{1}{c_y^2}-\frac{1}{c_z^2}}\frac{\partial}{\partial t}\right)\phi = 0 \quad \text{at} \quad x = 0 \tag{7.1.64}$$

式 (7.1.64) は一方向波動方程式と呼ばれており，ゾンマーフェルトの放射条件の拡張と考えることができる.

なお，境界での波の伝搬方向は一定ではないので，c_y, c_z などの値は未知であるため，式 (7.1.61) は実用的でない．しかし，式 (7.1.61) においては，

$$\frac{\partial \phi}{\partial t} = -c_x \frac{\partial \phi}{\partial x} = -c_y \frac{\partial \phi}{\partial y} = -c_z \frac{\partial \phi}{\partial z} \tag{7.1.65}$$

の関係が成り立つので，一方向波動方程式 (7.1.64) の

$$\frac{1}{c_y^2}\frac{\partial^2}{\partial t^2}, \quad \frac{1}{c_z^2}\frac{\partial^2}{\partial t^2}$$

をそれぞれ形式的に，

$$\frac{\partial^2}{\partial y^2}, \quad \frac{\partial^2}{\partial z^2}$$

に置き換えた

7.1 電磁界シミュレーション技術の基礎

$$\left(\frac{\partial}{\partial x} - \sqrt{\frac{1}{c^2}\frac{\partial^2}{\partial t^2} - \frac{\partial^2}{\partial y^2} - \frac{\partial^2}{\partial z^2}}\right)\phi = 0 \quad \text{at} \quad x=0 \tag{7.1.66}$$

を一方向波動方程式として採用すれば，境界での伝搬方向に依存しない形となる．ただし，式(7.1.66)の第2項には平方根演算が含まれているため，実際にはこれをテイラー展開して有限項で近似する．

1次近似は

$$\sqrt{\frac{1}{c^2}\frac{\partial^2}{\partial t^2} - \frac{\partial^2}{\partial y^2} - \frac{\partial^2}{\partial z^2}} \simeq \frac{1}{c}\frac{\partial}{\partial t} \tag{7.1.67}$$

となり，これに対応する

$$\left(\frac{\partial}{\partial x} - \frac{1}{c}\frac{\partial}{\partial t}\right)\phi = 0 \quad \text{at} \quad x=0 \tag{7.1.68}$$

をムアの1次の吸収境界条件と呼ぶ．

2次近似は

$$\sqrt{\frac{1}{c^2}\frac{\partial^2}{\partial t^2} - \frac{\partial^2}{\partial y^2} - \frac{\partial^2}{\partial z^2}} \simeq \frac{1}{c}\frac{\partial}{\partial t} - \frac{1}{2\frac{1}{c}\frac{\partial}{\partial t}}\left(\frac{\partial^2}{\partial y^2} + \frac{\partial^2}{\partial z^2}\right) \tag{7.1.69}$$

となり，これに対応する

$$\left(\frac{1}{c}\frac{\partial^2}{\partial x \partial t} - \frac{1}{c^2}\frac{\partial^2}{\partial t^2} + \frac{1}{2}\left(\frac{\partial^2}{\partial y^2} + \frac{\partial^2}{\partial z^2}\right)\right)\phi = 0 \quad \text{at} \quad x=0 \tag{7.1.70}$$

をムアの2次の吸収境界条件と呼ぶ．

さらにイーアルゴリズムとの整合性をとるために，式(7.1.68)，(7.1.70)を離散化する．一例として，E_z に関する1次の吸収境界条件の離散化を考える．式(7.1.68)を，$\left(\frac{1}{2}, j, k+\frac{1}{2}, n+\frac{1}{2}\right)$ において離散化すると，次の式になる．

$$E_z^{n+1}\left(0, j, k+\frac{1}{2}\right)$$
$$= E_z^n\left(1, j, k+\frac{1}{2}\right) + \frac{c\Delta t - \Delta x}{c\Delta t + \Delta x}\left(E_z^{n+1}\left(1, j, k+\frac{1}{2}\right) - E_z^n\left(0, j, k+\frac{1}{2}\right)\right) \tag{7.1.71}$$

式(7.1.71)からわかるように，内部領域を計算したあとに吸収境界条件の計算を行うことで，リープフロッグアルゴリズムを変えずに開領域の計算が行える．

（高田潤一）

文　　献

1) Ling, H. et al : IEEE Trans. Antennas & Propagat., 37(2), 194-205, 1989.
2) Seidel, S.Y. and Rappaport, T.S. : IEEE Trans. Vehecular Tech., 43(4), 879-891, 1994.
3) 山下栄吉編：電磁波問題解析の実際，第4章，電子情報通信学会，1993．
4) 山下栄吉編：電磁波問題の基礎解析法，第7章，電子情報通信学会，1987．
5) 飯島泰蔵監修：電磁界の古代解析法，第4章，電子情報通信学会，1979．
6) Chew, W.C. : Waves and Fields in Inhomogenious Media, Sec 8.10, IEEE Press, 1994.
7) Morita, N. et al : Integral Equation Methods for Electromagnetics, Chap. 4, Artech House, 1990.

8) 文献3) 第3章.
9) Hafner, C. and Bomholt, L. : The 3D Electrodynamic Wave Simulator, Part I, John Wiley & Sons, 1993.
10) クライツィグ：技術者のための高等数学＝5 数値解析, 3.4節, 培風館, 1988.
11) 小柴正則：光・波動のための有限要素法の基礎, 森北出版, 1990.
12) Jin, J. : The Finite Element Method in Electromagnetics, John Wiley & Sons, 1993.
13) Liu, T. K. and Mei, K. K. : *Radio Sci.*, 8(8), 797-804, 1973.
14) Kunz, K. and Luebbers, R. J. : The Finite Difference Time Domain Method for Electromagnetics, CRC Press, 1993.
15) Taflove, A. : Computational Electrodynamics, The Finite-Difference Time-Domain Method, Artech House, 1995.
16) 橋本 修, 阿部琢美：FDTD時間領域差分法入門, 森北出版, 1996.
17) Christopoulos, C. : The Transmission-Line Modeling Method TLM, IEEE Press, 1995.
18) 文献4) 第5章.
19) Senior T.B.A. and Volakis, J.L. : Approximate Boundary Conditions in Electromagnetics, Chap. 8, IEE, 1995.
20) Yee, K. S. : *IEEE Trans. Antennas & Propagat.*, 14(3), 302-307, 1966.
21) Mur, G. : *IEEE Trans. Electromag. Compat.*, 23(4), 377-382, 1981.
22) Berenger, J. : *J. Comput. Phys.*, 114(1), 185-200, 1994.

7.2 電磁界シミュレータによるモデリング

EMIシミュレーションとは，基本的にシミュレーション対象構造物(PCB, 筐体など)における電流分布を求める問題であり，電流分布の決定において種々の方法や手法が用いられ，それぞれに異なった特徴が与えられている．大別すると未知の電流分布の決定に構造を流れる電流を一定とし，きわめて簡単な放射計算を行う簡易解析型，伝送線路解析を基本とするシミュレータとマクスウェルの方程式とその境界条件からモーメント法などを利用して電磁解析を行う詳細解析型(数値解析型)のシミュレータがある．

伝送解析型のシミュレータでは，一般に伝送線路の分布定数パラメータを種々の方法を用いて決定し，伝送線路上での電流分布を求めている．伝送線路のある要素における分布定数はまわりの影響を3次元的に考慮して求めることができるが，決定された分布定数は線路方向に沿って与えられるのが一般的であり，2次元的なものになる．したがって，マイクロストリップ構造によってPCBをモデル化した構造などにおいてはグラウンド層を流れる電流は信号のパターン直下に局在し，電流のグラウンド層での広がりを考慮することが困難になり，たとえば，PCB基板の層厚の変化の効果[1]などは計算することはできない．また，その基本的性質からPCB構造以外のシミュレーションは困難であり，モデリング対象の拡張性に劣ると思われる．しかしながら，PCB設計用ツールとのリンクが可能なため，大規模な回路構造を比較的簡単に計算に取り込むことが可能であり，また実際の部品も考慮可能であるので，大規模な回路構造を比較的簡単に計算に取り込むことが可能であり，また実際の部品も考

7.2 電磁界シミュレータによるモデリング

慮可能であるので，基盤全体の放射を同時に見積もる必要があるときなど効果を発揮するといえる．シミュレーションにおいてモデリングにかかる作業量は無視できず，このことが伝送線路解析型ツールの大きな特長の一つといえる．

これに対して，詳細解析型は，電磁気的な仮定を用いず，したがって，重要な簡素化が計算に含まれないもの[2]であり，有限要素法(FEM)，有限差分時間領域法(FDTD)，伝送線路行列法(TLM)，境界要素法(BEM)などを用いたものがあるが，EMI 測定に必要な遠方界における放射を求めるには，境界要素法(あるいはモーメント法)を用いたものが適している[3]といわれる．

ここでは，モーメント法に基づく電磁界シミュレータを簡単に説明したあとに，PCB の中に含まれる基本的な複合問題であるマイクロストリップ構造を発展させたモデルについての電磁界シミュレータによるモデリングの例を示す．

7.2.1 モーメント法を用いた EMI シミュレーション

シミュレーション対象構造物の電流分布を決定する際に現れる積分方程式を数値計算に適したマトリックス方程式に変換する方法を広くモーメント法という名で呼ぶために境界要素法を使う電磁シミュレーションをモーメント法(method of moment：MOM)と呼ぶことが多い．したがって，"MOM を用いたシミュレーション" も一つではなく，その解析に用いられる基底関数(シミュレーションする対象を流れる電流を構成する基本的電流の形であり，級数で表される)や試験関数の形によって種々のものがある．ここでは Rubin らにより開発された電磁解析ツール[4-6]について図7.2.1 に示す簡単なモデルを用いて説明する．

図に示すように導体の片方には交流電圧源があり，他端に負荷 L が接続されている．導体の導電率は無限大とし，導体厚は 0 とする．モデルを計算要素に分割し，それぞれの要素表面での電流分布を，図 7.2.2 に示すような 2 次元のルーフトップ関数で近似し，モデル全体の電流分布を式(7.2.1)のように点 (x, y, z) において，p' 個のルーフトップ関数 $R_a(x, y, z)$ の和で表す．

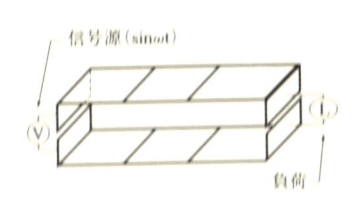

図 7.2.1 説明モデル
モデルを計算のために区分けした様子．ここでは八つに区分された例が示されている．信号源と負荷は無限小の空隙の両端に集中的に与えられる．

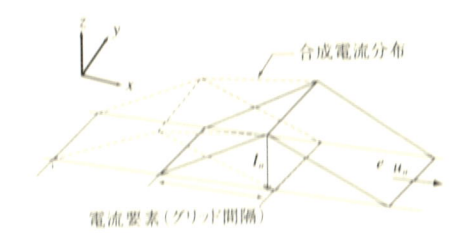

図 7.2.2 ルーフトップ関数
電流の進行方向に沿って 0 から 1 まで線形的に増加し，また 1 から 0 まで線形に減少し，進行方向に直交する方向では一定の関数．係数 I_a により任意の大きさが表される．

$$J(x, y, z) = \sum_{\alpha=1}^{\rho'} R_\alpha(x, y, z) I_\alpha e_{u_\alpha} \qquad (7.2.1)$$

ただし，e_{u_α} は電流が流れる方向の単位ベクトルである．係数 I_α は未知である．誘電体や厚みを有する導体(3次元導体)は，計算要素に分割後，表面インピーダンスをもつ6面の2次元シートに置き換えられ，その表面において2次元導体と同様にルーフトップ関数により表面電流分布を近似することにより，導体と同様な取り扱いがなされる．

次に，ある点 (x', y', z') にある電流分布が距離 r の観測点 (x, y, z) にもたらす電界 E^s をベクトルポテンシャルとスカラポテンシャルを用いて式(7.2.2)ように計算する．

$$E^s = -j\omega A - \nabla \Phi \qquad (7.2.2)$$

ただし，ω は角周波数である．

ベクトルポテンシャル A とスカラポテンシャル Φ は自由空間のグリーン関数，e^{-jkr}/r を用いて式(7.2.3)および(7.2.4)のように記述する．

$$A(x, y, z) = \frac{\mu_0}{4\pi} \iiint \frac{J(x', y', z')e^{-jkr(R)}}{r(R)} dx'dy'dz' \qquad (7.2.3)$$

$$\Phi(x, y, z) = \frac{1}{4\pi\varepsilon_0} \iiint \frac{\rho(x', y', z')e^{-jkr(R)}}{r(R)} dx'dy'dz' \qquad (7.2.4)$$

ただし，$k=2\pi/\lambda$，$r(R)=r(x-x', y-y', z-z')$ とする．

また，連続の式(7.2.5)を用いて式(7.2.4)の電荷密度 ρ を電流分布 J で表す．

$$-j\omega\rho = \nabla \cdot J \qquad (7.2.5)$$

このようにして書き換えた式を，e_β をある電流要素 β の接線方向の単位ベクトルとして，電流要素 β の表面上の接線方向の境界条件(図7.2.3を参照)，$(E^i + E^s) \cdot e_\beta = 0$ に代入すると，式(7.2.6)積分方程式が得られる(ただし，導体の抵抗や，誘電体を考慮する場合は一般にこの境界条件は成り立たない．表面電流および表面インピーダンスを境界条件の中に考慮する必要がある)．

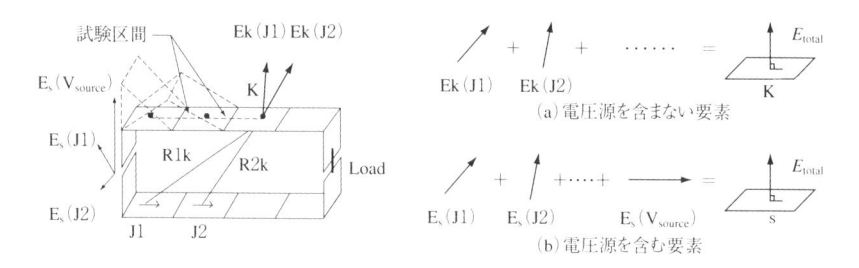

図 7.2.3 境界条件

(a) $E_k(J1)$ は電流 J1 によって要素 k につくられる電界であり，全要素により要素 k につくられる総電界の接線方向．

(b) $E_s(V_{source})$：外部の電圧源 V によって要素 S につくられる電界，電圧源のある要素での境界条件の適用(接線成分は 0)．

$$E^i(r) \cdot e_\beta =$$
$$\frac{1}{4\pi} \sum_{\alpha=1}^{p'} \left[j\omega\mu_0 \int R_\alpha(r') \frac{e^{-jkr(R)}}{r(R)} e_\alpha \cdot e_\beta dv' + \frac{1}{j\omega\varepsilon_0} \nabla \int (\nabla' \cdot R_\alpha(r') e_\alpha) \frac{e^{-jkr(R)}}{r(R)} \cdot e_\beta dv' \right]$$
(7.2.6)

ただし，$dv' = dx'dy'dz'$ である．
さらに，個々の試験区間（隣合う電流要素中心間，図7.2.3に図示した）でのみ1の値をもつパルス状の関数を試験関数として両辺に掛けて積分し，要素 β について次の連立方程式を得る．

$$V_\beta = \sum_{\alpha=1}^{p'} I_\alpha Z_{\alpha\beta}$$
(7.2.7)

ただし，
$$V_\beta = \int_{\text{Test Path}(\beta)} E^i(r) \cdot e_\beta dl$$

$$Z_{\alpha\beta} = \int_{\text{Test Path}(\beta)} F_\alpha(r) \cdot e_\beta dl$$

$$F_\alpha(r) = \frac{1}{4\pi} \left[j\omega\mu_0 \int R_\alpha(r') \frac{e^{-jkr(R)}}{r} e_\alpha dv' + \frac{1}{j\omega\varepsilon_0} \nabla \int (\nabla' \cdot R_\alpha(r') e_\alpha) \frac{e^{-jkr(R)}}{r} dv' \right]$$

この連立方程式の係数行列 $Z_{\alpha\beta}$ は，モデルの電磁気的構造の関数であり，インピーダンス行列と呼ばれ p' の次元をもつ．V_β は外部からの入射電界から求められる．インピーダンス行列と電圧ベクトルを求めたあとに，この連立方程式を数値計算手法で解き，$[I_\alpha]$ を決定し，式(7.2.2)を用いて任意の場所での電界が計算される．

以上の説明からわかるように，MOMによる電磁解析ではICなどの能動回路素子をモデルに導入することが簡単ではない．導入するためには，素子を具体的に3次元構造体としてモデリングする必要がある．その大きさが解析の中で無視できるような電圧源，抵抗，インダクタ，コンデンサなどは特別に集中定数により準備される．一般に，結果の精度は分割（計算要素）の大きさに強く依存するため（実用的には求める周波数の波長の1/10程度の大きさの要素に分割する），モデルの構造が複雑であればあるほど，またモデルが大きいほど，より多くの電流要素が必要になり，インピーダンス行列は大きくなる．さらに，対象とする周波数が高いほど，またモデルの中の誘電体の領域が広く，誘電率が高いほど細かに計算要素を分割する必要があるため，インピーダンス行列が大きくなり，計算時間が増大し，計算に必要な記憶容量も増大する．この方法は周波数領域での計算であるから，たとえば，30 MHz から 1000 MHz まであるクロックの高調波成分について結果を得るにはそれぞれの成分について同様の計算を繰り返す必要がある．

7.2.2 電磁界シミュレータによるモデリングの例

図7.2.4にノート型PC (personal computer) の解析モデル例を示す[7]．図において水平に置かれた部分がPCのシステム部であり，垂直に立てられた部分が表示部で

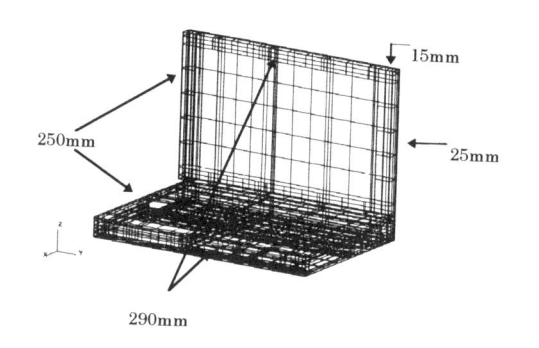

図 7.2.4 ノート型 PC の解析モデル例

図 7.2.5 はプリント配線板における高周波線路とグラウンド面をマイクロストリップ構造によりモデル化し，高周波線路の真下にスリットを入れることにより設けられたプリント配線板外部への配線用信号線のグラウンドとして用いるための quiet ground[8] の効果を実際に検証するためのモデルである[9]．結果を図 7.2.6 に示す．なお，ここでの放射の計算では通常の EMI 試験施設にあるようなグラウンドプレーンは考慮していない．

あり，大きな開口が設けられている．フロッピーディスクおよび CD-ROM 用の開口がある．またシステムの中にはフロッピーディスクおよび CD-ROM のそれぞれの筐体をモデル化した金属箱と，長さ 150 mm，幅 100 mm，線路幅 1 mm，線路高 2 mm，誘電率 1.0 のマイクロストリップ線路がシステム部の回路として入っている．このモデルで周波数 1 GHz 程度までの電界強度を正しく計算するためには約 6000 程度の電流要素 (I_a) の計算が必要となる．計算時間は通常のワークステーション (RS/6000 Model 590,1 GB RAM メモリ) を用いると，最初の 1 周波数での電界値を求めるのに約 40 分，10 個の周波数では 1 周波数当たり 9 分程度となる (部分的に前の行列の計算結果を利用するため)．このようなモデル規模 (実際には求める電流要素の数) が現実的に最大なものといえるが，並列計算等を利用して，将来的には 100 万程度の電流要素の取り扱いも可能となる．

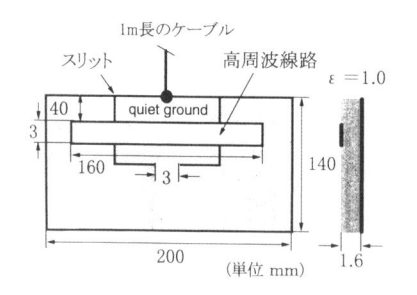

図 7.2.5 quiet ground 検証モデル
1V 振幅の正弦波を信号源としている．スリットを入れる前の高周波線路の特性インピーダンスに等しい値の負荷で終端．

放射電界強度は基板を中心とする半径 3 m の球面上の 512 点で計算した後，その最大値を示している．"SEGMENTED" と示されたものはグラウンド面にスリットを入れたものであり，スリットを入れる前の状態，"BASE" と比較される．さらに，長さ 1 m のケーブルを quiet ground につけ効果を調べている．計算結果との比較から quiet ground はこの方法では形成されず，かえって帰還電流の迂回による電界値の増加が外部への信号ケーブルの有無に関係なく生ずることがわかる．このように MOM 型シミュレータを個々の EMI 設計ルール

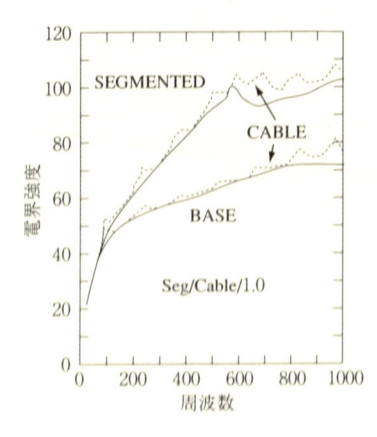

図 7.2.6 計算結果

の開発に使う用途も考えられる．

　EMIシミュレーションの結果を利用することにより確かな設計を施すことが可能になるが，設計問題をシステム全体で一度に扱うのではなく，意味がある程度に問題を細分化し補助問題として解析を行い，設計に適用する方法が現時点では一般的である．EMIシミュレーションにおけるモデリングツールは，一つの計測器として考えればわかりやすい．MOM型のツールでは，その精度とそれを与える条件は決まっているから，計測器を用いると同じように対象構造物(モデル)をどのようにすれば必要な条件で計測できるかに注力すればよい．実際の計測においてプロービングによる誤差などが生じるように，シミュレーションにおいても実際の構造物とモデルの間の相違に伴ういわゆる誤差が生じうる．ここがシミュレーションにおいて，技術力が発揮される領域となる．実際の計測では，計測の誤差，設計の誤差などを含めて実際の計測値が得られることになる．したがって，計測結果に基づきどのような誤差が含まれたのかを考慮しつつ，物理的挙動を調べることになる．シミュレーションでは，計測で与えられるような誤差は生じない．しかしながら，実際の計測値との間の差異を調べ，物理的挙動を調べる．結果について，物理的考察をするということについては両者は同じ位置づけであり，EMIシミュレーションツールを"計算機のようなもの"とするゆえんである．

〔櫻井秋久〕

文　献

1) 櫻井秋久：EMIを考慮したプリント配線設計技術，サーキットテクノロジィ(回路実装学会誌)，9(4), 239-242, 1994.
2) Porter, S.：Overview of CAE tools for EMC, Conference Proc. Euro EMC, Electromagnetic Compatibility Exhibision and Conference, pp. 31-34, 1993.
3) Sivestro, J. et al：Computing radiated EMIssions, Printed Circuit Design, 96-11042 V12 N1, pp. 14-18, 1995.
4) Rubin, B. J.：Drivergence free Basis for Representing Polarization Current in Finite Size Dielectric Regions, IEEE Trans. Antennas Propagat, AP-41, 269-277,1993.
5) Rubin, B. J. and Daijavad, S.：Radiation and Scattering from Structures Involving Finite Size Dielectric Regions, IEEE Trans. Antennas Propagat, AP-38, 1863-1873, 1990.
6) Daijavad, S. and Rubin, B. J.：Modeling Common Mode Radiation of 3D Structure, IEEE Trans. on EMC, 34(1), 1992.
7) 藤尾ほか：EMIシミュレーションが目指すもの，第11回　回路実装学会学術講演大会講演論文集, pp 63-64, 1997.
8) Paul, C., 佐藤ほか(訳)：EMC概論, マイソツデータシステム, 1996.

9) Sakurai, A. et al.：The effect of segmented metal plane in microstrip structure, Proc. 1997 IEEE Int. Symp. Electromag. Compat., Beijing, pp.380-392, 1997.

7.3 放射ノイズのシミュレーション

パーソナルコンピュータのクロック周波数はすでに450 MHzに達しており，次のターゲットは700 MHz, 1 GHzと予想されている．LCDを搭載するラップトップなどの携帯型情報機器では，高速化に合わせて多機能化・小型化・薄型化・軽量化・低電力化のため高度な実装技術が要求される．このように厳しくなる一方の要求条件に対して，設計の段階で放射ノイズをシミュレーションにより予測し，不要輻射を出さないようにすることが，開発期間の短縮や開発コストの削減のためにきわめて重要となっている．

特にMPUの低電圧化，LCDのフルカラー化，アナログ回路とディジタル回路の混載，駆動時のみの給電による電池消耗の防止などのため，電源の種類が増加したり同電位の電源パターンでも領域分割が行われるようになっている．このため，複数の電源やグラウンドパターンを同一層内に収容するスプリットパワープレーンが広く使われるようになってきた．グラウンド層や電源層はもはや完全な金属層とみなせなくなり，その結果生ずるコモンモードノイズの抑制がノイズ対策の主要な課題となっている．

本節では，配線基板の設計において重要となりつつある，不完全グラウンドを考慮した放射ノイズのシミュレーション技術の概要について述べる(詳細は参考文献を参照のこと)．

7.3.1 放射ノイズ解析モデル

電源パターンやグラウンドプレーンを完全な導体と仮定できない場合には，理想グラウンドとみなすリファレンスプレーンを十分遠方に配置し，電源層とグラウンド層もグリッドモデルで表し，信号系と電源グラウンド系を一括して解析する．伝送線路に非線形の集中定数回路を接続した回路網を時間領域で解くため汎用特性インピーダンス法(generalized method of characteristics)と呼ばれる方法がある[1,2]．

この方法で求めた電流分布に対して，微小セグメントに分割した配線の各部を微小ダイポールアンテナと考えることによって，マクスウェルの方程式を用いて，ベクトルポテンシャル，磁界，電界の順に観測点からみた電磁界を求めることができる．このとき，プリント回路基板のグラウンド面および測定サイトのフロア面からの多重反射を，グラウンド面の材料定数や配線の方向，周波数，測走点の位置や偏波を考慮して求める．このようにして，配線の各セグメントあるいはプリント回路基板全体からの放射電磁界を得ることができる[3〜7]．

7.3.2 非線形デバイスモデル

電源・グラウンドを考慮した解析では，信号系と電源・グラウンド系を考慮したデバイスモデルが必要となる．このような要請に基づき，日本電子機械工業会 (EIAJ) では，トランジスタやダイオードの外部端子からみたモデルとして，多次元の電流-電圧-容量 (I-V-C) データ，すなわち Table SPICE の形式で提供する方向で標準化を検討している[8]．従来の数式モデルによる SPICE で問題であったプロセスパラメータを開示する必要がなく，かつ必要な精度に応じたモデルの提供あるいは技術の進歩とともに変化するモデルなど柔軟性のあるモデルを提供することができる．放射ノイズシミュレータでは，EIAJ の Table SPICE とともに EIA の IBIS (I/O Buffer Information Specification)[9] に対しても対応している．

7.3.3 放射ノイズシミュレーションシステム

図 7.3.1 に放射ノイズシミュレーションの手順を示す．回路基板 CAD で，解析対

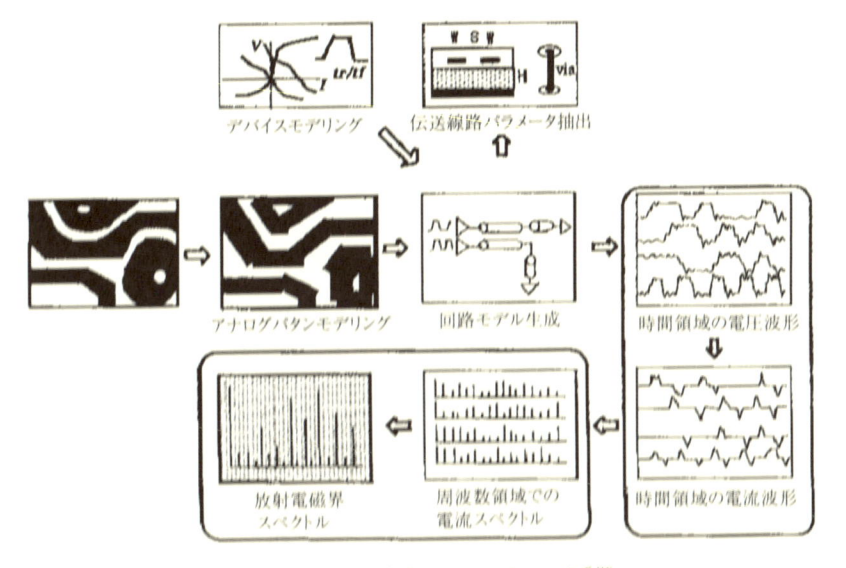

図 7.3.1 放射ノイズシミュレーションの手順

象の配線ネットに対して配線モデルの抵抗，インダクタンス，コンダクタンス，ならびに容量を，同一層および異なる層における配線間の結合も含めて数値解析によって求める[5]．ここで，不完全な電源グラウンド層を解析するため，リファレンスプレーンを十分直上に配置し，これを理想グラウンドとみなし，電源層・グラウンド層もグリッドモデルとして表す．このようにして作成された回路モデルをもとに，伝送線路シミュレータを用いて時間領域における信号と電源・グラウンドの電圧波形と電流波

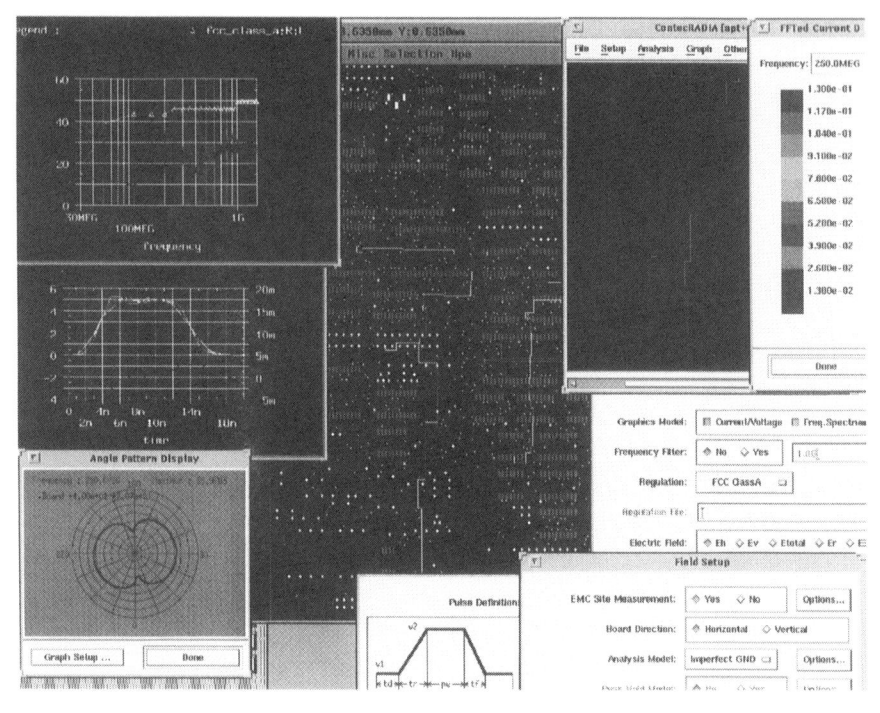

図 7.3.2 CAD と放射ノイズシミュレータのインテグレーション

形を得る．次に，得られたすべての信号配線および電源層，グラウンド層の電流波形を高速フーリエ変換(FET)を用い，周波数領域に変換する．変換された周波数領域の電流スペクトルから観測点における電磁界を求める．

図 7.3.2 に CAD とノイズシミュレータのインテグレーションの例を示す．時間領域での反射や漏話などの電圧波形・電流波形，放射電磁界の周波数スペクトルを同時に評価することができる．

7.3.4 解 析 例

図 7.3.3 に，信号配線とその下にスリットをもつ電源層とスリットがないグラウンド層の積層基板における放射ノイズの解析例を示す[5]．右下方には電池が搭載されており，送受信デバイスに給電している．図 7.3.4 および図 7.3.5 に示す解析結果から，以下の結果が得られる．

① 配線基板を回転させて放射電界を測る放射

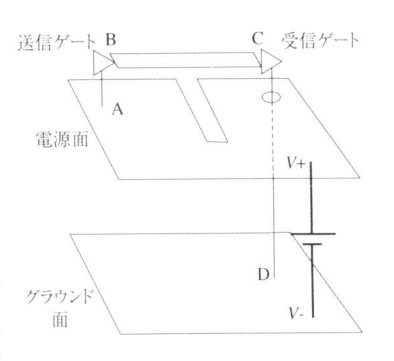

図 7.3.3 スリットのある3層配線の放射ノイズシミュレーション

7.3 放射ノイズのシミュレーション

パターンが傾いている．これは給電ポイントが送受信ゲートに対して非対象な位置にあり，電流パスに影響を与えているためである．

② スリットがないグラウンド層にも不均一な電流が流れており，これがループを形成して

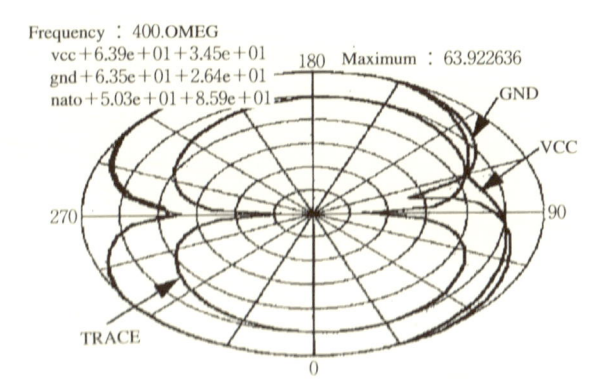

Frequency : 400.0MEG
vcc +6.39e+01+3.45e+01
gnd +6.35e+01+2.64e+01
nato +5.03e+01+8.59e+01
Maximum : 63.922636

図 7.3.4 放射パターン

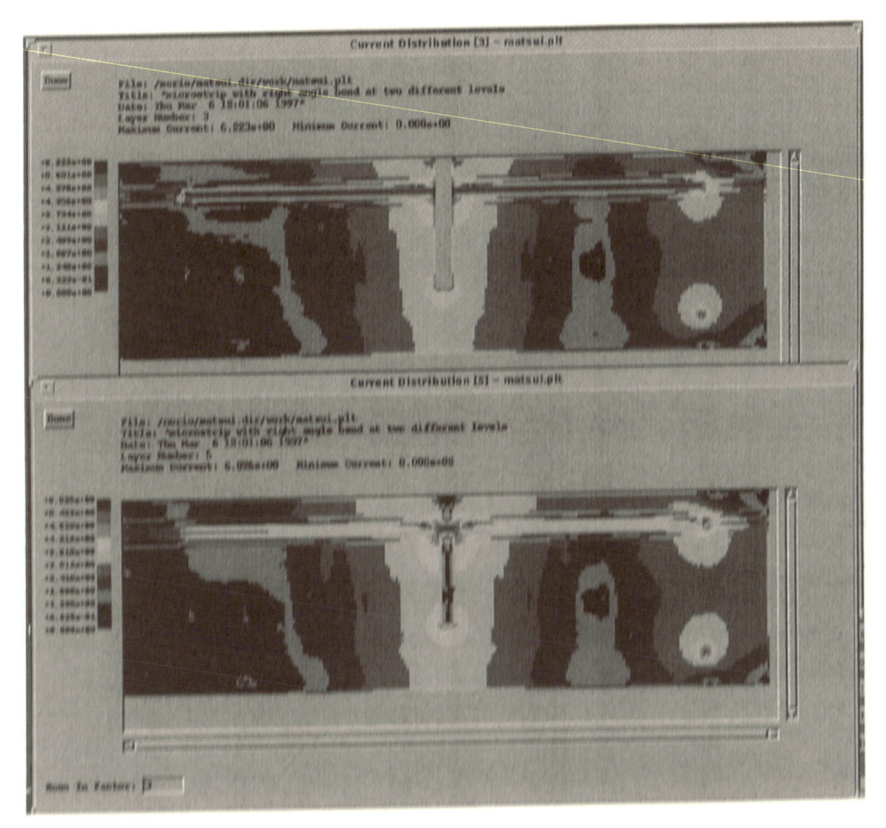

図 7.3.5 リターンパス

いる．電源層のスリットのまわりをターン電流が流れ，電源層とグラウンド層との間の結合によって，電源層での不均一電流分布がグラウンド層にも影響を与えている．

配線回路基板における放射ノイズシミュレーション技術について述べた．コモンモード放射ノイズシミュレーションがむずかしい理由の一つは，電流経路特定の比較的容易な信号パターンに比べて，信号の帰路の特定に膨大な計算を要すること，ならびにそのための情報が利用可能なデータベースの形で準備されていない点である．また，放射状の原理は単純だが実際の機器に姿を変えて潜んでいるため，その特定ならびに原因の究明や対策がむずかしい．放射ノイズ対策とは帰路電流（return current path）の制御といっても過言ではない． 　　　　　　　　　　　　　　　　　　　　（松井則夫）

文　　献

1) N'Orhanovic, et al. : Time domain simulation of uniform and nonuniform multiconductor lossy lines by the method of characteristics, IEEE MTT S, pp. 1191-1194, 1990.
2) Divekar, D. et al. : Simulation of Frequency Dependent Conductor Lossinterconnects, 46th Eletronic Components and Technology Conference, Orlando, Florida, 1996.
3) Matsui, N. and Divekar, D. : Introduction to Electromagnetic Interference and Emission, Proc. of PCB Design Conference, pp. 321-329, Santa Clara, 1995.
4) Matsui, N. and Wang, K. U. : Software simulates 10 GHz radiation noise for PC board design, Nikkei Electronics ASIA, 3(4), 66-69, 1994.
5) Matsui, N. et al. : SPICE Based Analysis of Radiation from PCBs an Related Structures, IEEE EMS Symposium, pp. 320-325, 1997.
6) RajRaghuram, et al. : Investigation of radiation from AMLCD panels using return path currents, SID36 (4), 903-906, 1997.
7) Raghuram, R. and Matsui, N. : EMC Analysis of Planar Structures Using Static Solvers, IEEE EMC Symposium, 1998.
8) EIAJ I/O Interface Model Specifications : Standard for I/O Interface Model Integrated Circuit (IMIC), Version 1.1 Draft, 1998.
9) IBIS Version 2.1 (I/O Buffer Information Specification) Ratified by the IBIS Open Forum 1994.

7.4　エキスパートシステム

多くのノイズ予測技術が開発され，実用に供されている．しかしながら，予測値をもとにノイズ対策を行うには，予測値からノイズ増減の傾向を調べたり，あるいは別の理論的・経験的知識を利用する必要がある．そこで，ノイズ発生メカニズムを解析したり，ノイズ低減を行うために，理論や経験から得られる知識を用いたエキスパートシステム[1]が利用されるようになってきている．

7.4.1 ルールの表現と適用方法

ある問題が生じたときに、計算値などによって単純に判断することはできないが、経験的に答が得られることがある。このような知識を定型化し問題解決プロセスを計算機上で実現することにより、経験的な判断をある程度自動的に行わせることができる。このような問題解決システムをエキスパートシステムと呼ぶ。

知識の表現方法としてはさまざまなものがあるが、代表的なものは

"if (原因) then (結果)"

という形の、if-then ルールあるいはプロダクションルールと呼ばれるものである。このルールを用いて、原因から結果を導きだすものを前向き推論、逆を後向き推論と呼ぶ。また、これらのルールは結論が得られるまで繰り返し適用される。たとえば、ある観測結果があり、この原因と考えられるものが数種類ルールから導きだされると、さらにそれらの原因を発生させるような原因を別のルールから推定し、原因を絞り込んでいく。プロダクションルールは、原因と結果に論理的な因果関係がなくても経験的に知られていることであればルールとして記述することができるので、ノイズの発生源の特定などのような複雑な問題には向いていると考えられる。

上述のプロダクションルールは原因と結果が100％の確からしさをもっていることを前提としているが、そこまで確信がもてない場合も多い。このような場合には各ルールに確信度を導入し

"if (原因) then (結果) (確信度)"

という形でルールを作成する。そして各ルールを適用するごとに確信度を計算して、最終的に得られる因果関係の確からしさを確率的に得ることができる。また、確からしさの判断にファジィを利用したものなどもある。

これらの応用として、このようなルールを設計のシステムに利用したルールベースシステムや、このルールの組合せから何らかの結論を得るいわゆるエキスパートシステムなどがノイズトラブルシューティングや現象理解システムなどに利用されつつある。

7.4.2 ルールを利用したモデル化・現象理解システム

非線形素子のスイッチングノイズや回路と筐体の結合など、電磁ノイズの発生や伝搬は回路図に記述されていない原因や経路によるものが多く、またその発生量や伝搬特性などは計算などにより知ることはむずかしい。これらは実験的な試行錯誤から知られることが多く、このことが電磁ノイズの理解や効果的な対策には経験的な知識が重要な部分を占める大きな理由となる。そこで、経験の少ない人でもこのようなノイズ発生・伝搬メカニズムを理解して感覚を養ったり、ノイズ障害のメカニズムを整理して対策に役立てたりする目的で、いくつかのモデル化・現象理解システムが開発されている。これらは経験的な電磁ノイズ現象やノイズ現象を判断するための手順をいくつかの細かいルールとして記述し、そのルールに基づいて装置全体の現象やノイズ対策技術そのものをモデル化するものである。

どのような問題を解決したいのかによってさまざまなモデルが考えられるが，たとえば次のようなものが実現されている．
① 電磁ノイズの電子機器内外での伝搬の様子
② 電磁ノイズの現象から事例を導き出す
③ プリント配線の反射現象に対する分類

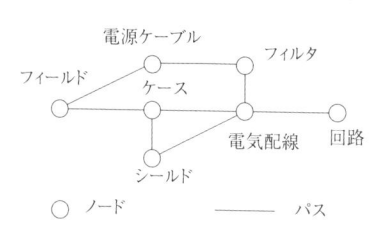

図 7.4.1 ノードとパスによる電磁結合の記述例

①では電子機器を構成する回路，電源，シャーシなどの要素をノードとし，それらの結合をパスとするグラフとして電磁結合を記述する[2]．結合の記述例を図 7.4.1 に示す．そして，各ノードにおける電磁ノイズの大きさや伝搬による影響などをルール化した知識ベースを作成する．たとえばシールドでは放射が 200 MHz 以下で 40 dB 低減するなどといったものがルールとなる．そして，エキスパートシステムの手法によって各ルールを適用していくことにより，電磁ノイズの伝搬の様子を導き出すことができる．

②は，電子機器のノイズ対策事例より電磁ノイズ障害の発生の様子と対策法をルールとして記述し，上記と同様にエキスパートシステムの手法で，現象から類似するノイズ事例を導き出すシステムである[3]．図 7.4.2 に示すように，ノイズ障害事例より発生原因を結合ルールとして分割し，またそのときの対策を記述して知識ベースを作成する．何らかの障害が生じたときにどのよう

事例：
　外来ノイズが電源ケーブルを経由して回路に誘導．
　電源フィルタで対策
結合ルール（現象）：
　外来ノイズ→電源ケーブル
　電源ケーブル→電源ユニット
　電源ユニット→回路基板
対策：
　電源フィルタ

図 7.4.2 ノイズ対策事例のルール化と対策（例）

な結合があるかを質問し，その結果類推できる事例および対策法を提示する．どのような結合を観測すればノイズ発生原因の特定につながるかを理解することができる．

③ではプリント配線が反射現象を生じやすいかどうかをルールによって判断し分類している[4]．処理の流れを図 7.4.3 に示す．システムでは判断に必要な値，ここでは反射ノイズの大きさを知るためのパラメータ（配線長，線路特性や立上り時間など）が揃っているかどうかを調べ，反射ノイズを計算する．さらに，反射ノイズがノイズマージンを超えているかどうか，超えていると判断すれば対策（たとえば直列抵抗を挿入）を提示する．設計をするうえでは反射に限らずさまざまなノイズ現象があるが[5]，これらをシミュレーションなどで解析することで有効なルールが得られる[6]．

パラメータの抽出
↓
反射量の推定
↓
配線の分類
↓
対策の提示

図 7.4.3 反射ノイズについてのプリント配線の処理の流れ

7.4.3 エキスパートシステムの利点

これらの例のように，電磁ノイズの結合の様子や判断手順を細かなルールとして記述し，このルールを組み合わせて適応することにより全体の現象を表している．現象を細かなルールとして記述することによる利点は，

① ルールをいろいろな現象で共有できる
② ルールの適用順を明記する必要がない
③ ルールが現象の理解に役立つ

などがあげられる．①についてはたとえば，反射ノイズに関する現象をルールとして記述してあれば，クロストーク現象を記述するのに基本的なルールを再度記述する必要がなく，特有の現象のみをルールとして追加すればよい．シールドやフィルタの効果が変わったときも，一つのルールの変更で全体に適用されるのでルールのメンテナンスが容易である．②の適用順については，たとえば現象を判断するときに線路の特性をインピーダンス Z_0 が必要であったときに，すでにわかっていれば Z_0 を利用し，わかっていなければ Z_0 を得るためのルールが起動されるので，利用する人の条件に依存しないシステムができる．③は副次的な効果かもしれないが，システムを作成する段階で現象や対策法をルール化していくことにより，現象そのものの発生メカニズムを明確にすることができるので現象の理解に役立ち，対策もノイズメカニズムのどの部分に対応するものかがはっきりする．

ノイズ対策技術は経験的で理解がむずかしいといわれてきたが，この経験を有効に利用し，ノイズ障害のトラブルシューティングやノイズ対策に積極的に取り込んでいくエキスパートシステムの有効性が期待されている．

〔高橋丈博〕

文　献

1) アルティ，J.L., クームス，M.J., 太原育夫訳：エキスパート・システム，啓学出版，1987．
2) Vetri, J. L. and Costache, G.I. : An electromagnetic interaction modeling advisor, *IEEE Trans. EMC*, 33(3), 241-251, 1991.
3) 高橋丈博ほか：事例を用いたノイズ理解と対策支援ツールの開発，電学論C，113(8), 591-597, 1993．
4) John, W. *et al.* : ROSER rule oriented system for analysis of reflections on printed circuit boards, Proc. Int'l Symp. on EMC (Sendai), pp. 40-43, 1994.
5) Catrysse, J. : PCB design and EMC constraint, Proc. Int'l Symp. on EMC (Zurich), pp. 171-184, 1993.
6) John, W. : Development of rules for printed circuit design under EMC constraints, Proc. Int'l Symp. on EMC (Sendai), pp. 44-47, 1994.

7.5 ノイズシミュレーションと EMC 設計

本節では，設計段階で EMC 対策を施す際に用いるシミュレーション技術を概説する．

7.5.1 EMC 設 計

最近ではノイズ対策を回路の設計・実装段階から行うのが原則である．第1の理由として，ノイズ対策にはノイズの発生を抑えること，ノイズの結合や伝搬を抑えること，ノイズを受ける機器のイミュニティ対策を施すことの三つの基本対策法があり，これらすべては有効な手段ではあるが，やはり，発生源の対策を行うことが最も効果的であるということ．第2の理由としては，回路の高速，高密度，高機能化が進み，いわゆるディジタル的な論理設計を行っただけでは回路が満足に動作しにくくなってきており，回路設計やレイアウト設計と機能評価作業とが不可分になってきたこと．第3の理由として，やはりここ数年来計算機の能力が飛躍的に向上して，電磁的・熱的・機構的な機能の評価を行えるようなシミュレータを実際の設計環境においても使えるようになったことがあげられる．

EMC 設計という用語が使われているが，これは，EMC を考慮した回路・実装設計段階で EMC 対策を施すことを指す．回路・実装設計については表 7.5.1 のような

表 7.5.1 EMC 設計のためのルールの例

項　　　目	主なルールの例
配線板まわり	・多層配線板(配線ネット数と用途に基づいた最適層数と層割り当て) ・(マイクロ)ストリップライン構造 ・イメージプレーンの確保
部 品 配 置	・アナログ・ディジタル回路の分離 ・機能別ブロック(電源, CPU, I/O 部など) ・周波数別ブロック(高, 中, 低周波領域)
配　　　線	・適切な電源・グラウンド接続形式(低周波：1点, 高周波：多点グラウンド) ・グラウンドループは最小にする． ・電源・グラウンドトレースは放射状に配線
筐 体 まわり	・できる限り多くの箇所をねじ止めする． ・FG は低インピーダンスで確実に固定． ・トレースは絶縁されていない FG から離す．

基板作成のルール，部品配置のルール，配線のルール，筐体作成のルールなどの経験的なルールが存在する[1]．このようなルールを使って設計段階で電磁ノイズ対策を施すのが EMC 設計であるといえる．一方，最近では伝送線路，放射シミュレーションなどのツールの発展とともに，EMC モデル回路を作成し，計算を行うことによりルールの見直しが行われている．シミュレーションなどで得られた "EMC の知識" を CAD により EMC 設計に生かすことができるか，すなわち，ルールを回路・実装

設計にどのように生かすかがここ数年来の大きな課題となっている[2,3]．図 7.5.1 はEMC を考慮した CAD 回路設計の概念を示したものであるが，設計ルールに基づいた設計支援ツールやシミュレーションと設計とをリアルタイムでリンクさせたツールなどが考えられている．

一方で，シミュレーションツールを使う意義も当初の"実際の回路設計や実装設計への適用"といった目的のほかに，シミュレーションによる EMC モデル計算やルール作成，あるいはノイズ現象の理解といった教育的なものもある．また，単に設計段階でのシミュレーションにとどまらず，生産工程全体にわたって"考え方"として組み込むものも開発されつつある．

7.5.2 EMC における CAD 設計
a. シグナルインテグリティ

"信号の信頼性，すなわち，回路が仕様どおりに動作するために必要となる，信号がもつべき性能"を表すものとして，シグナルインテグリティ(signal integrity)という用語が使われている[3]．シミュレータメーカがシグナルインテグリティツールの開発に力を入れ，レイアウトツールとの統合化を進めている．対象とされる物理量としては信号の遅延，信号の波形ひずみ反射，クロストーク，電源系のグラウンドバウンス(広く解釈すればイミュニティ)などがあげられる．

b. 反射とクロストーク

反射は線路や素子のインピーダンスの不整合によって発生する．これによるリンギングやオーバーシュートによって回路が誤動作を起こす可能性がでてくる．クロストークは多数の線路間の容量やインダクタンスによって電圧や電流の変化が周囲の回路に結合してゆくものである．これが回路の誤動作の原因になる．

7.5.3 伝送線路シミュレーションと放射ノイズシミュレーション
a. 伝送線路シミュレーション

先に述べたシグナルインテグリティツールが伝送線路シミュレータであり，手法としては回路網解析，すなわち集中定数回路や分布数回路の計算である．そのために回路・配線の容量やインダクタンスの値が必要である．容量・インダクタンスの計算には FEM (有限要素法) や BEM (境界要素法)，グリーン関数を使った積分方程式を解く方法 (7.1 節参照) などがある．等価集中回路網法 (PEEC) では[4]，回路を容量，インダクタンス，抵抗などの等価集中定数回路で表し，SPICE などの回路シミュレータを使って AC, DC, 過渡回路解析を行う．また，特性インピーダンスと遅延時間を与えて伝送線路解析を行う．電圧，電流の時間波形およびそれらの伝搬遅延，電圧，電流および入出力インピーダンスの周波数スペクトルなどが計算される．これによって，反射の程度，クロストークの大きさやグラウンドノイズの大きさなどを見積もることができる．

b. 放射ノイズシミュレーション

放射ノイズシミュレーションでは，モデル作成(モデラ)し，電磁的手法あるいは回路的手法により，近傍電磁界や遠方電磁界の計算(ソルバ)を行い，計算結果を処理・表示(ポストプロセッサ)している．これにより，いろいろなモデルについての放射ノイズの計算が可能となり，予測と対策に役立つ．

7.5.4 ノイズ対策を考慮したデザインツール

図7.5.1に示すように支援ツールを分類するとシミュレーションベースの設計支援ツールとルールベースエキスパートシステム設計支援システムに分けられる．ルールベース設計支援システムはいわゆるシミュレーションを使わず，表7.5.1のような経験に基づいたルールを使って定性的なチェックを行う．

シミュレーションベースの設計支援ツールには二つの方法がある[5~11]．一つはシミュレーションで得られた定量的なルールをもとにして，回路設計に役立てる設計支援ツールである．たとえば，設計支援ツールではあらかじめ使用する素子や配線長や配線間隔に対応する反射によるリンギングの値やクロストーク値を計算し，データとしてもっておく．部品配置や配線の段階で，許容ノイズ値を設定すると，それを満足するように，配置可能領域や配線可能領域を指示し，かつノイズ値を見積もって表示する支援を行う．インタラクティブ(マニュアル)あるいは自動支援システムが開発されている．図7.5.2はクロストークを考慮した支援の例で未配線ネットの許容間隔を指示，かつ配線したときのノイズ値(ペナルティ)をグラフで表示している[11]．

もう一つはレイアウト設計ツールとシミュレータを一体化して，いわゆる"コレクトバイデザイン"環境を実現したものである[12]．たとえば，レイアウト設計の実行中にバックグラウンドでリアルタイムに回路解析を実行し，ノイズマージンなどを設計の指針として出力する．伝送線路解析はそれほど計算時間を必要としないため，統

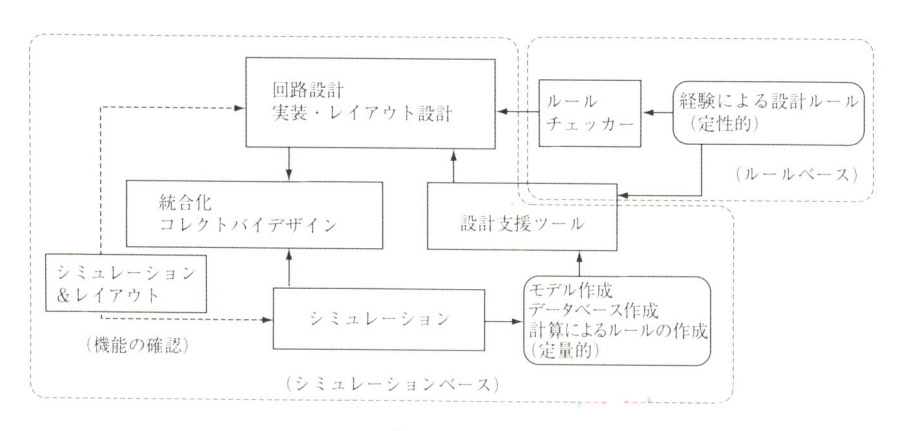

図7.5.1 EMCにおけるCAD設計

合化は容易だが，放射ノイズの計算（電磁界計算）は時間がかかるためリアルタイムの支援は今後の課題である．

7.5.5 今後の方向

EMCを考慮したCAD設計について概説したが，最も大きな問題点としてシミュレーションによりたとえば放射スペクトルが，また定量的なルールが得られても，回路・EMC技術者とレイアウト設計技術者との分業が進んでいる現状で，それをどのように設計に生かせるかという問題が残ってい

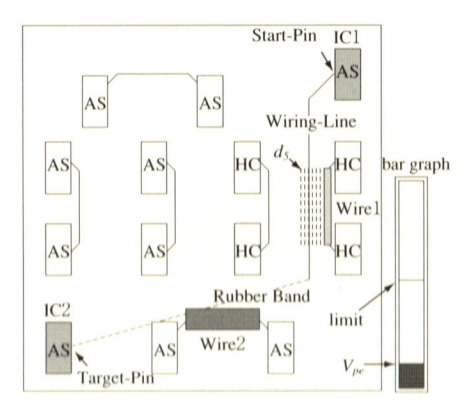

図 7.5.2 設計支援ツールの例

る．レイアウト設計者にノイズ教育してゆくのが最もよい方法であろうが，一方でレイアウト設計者に"ノイズ"を感じさせない，EMCADツールの開発が望まれる．

〔渋谷　昇〕

文　献

1) 出口博一，田上雅照訳：プリント回路のEMC設計，オーム社，1997.
2) 渋谷　昇，高橋丈博：シミュレータによる設計支援，EMC, No.91, 52-57, 1995.
3) Om, S. : Signal-integrity tools keep high-speed designs on track, Computer Design, pp. 58-68, 1995.
4) Ruehli, A. E. : Circuit oriented electromagnetic solutions in the time and frequency domain, IEICE Trans. Commun., E 80-B (11), 1594-1603, 1997.
5) John, W. et al. : Routing of Printed Circuit Boards under EMC Constraints, Proc. of EMC Symp. in Beijing, 1992.
6) Hubing, T. et al. : An Algorithm for automated printed circuit board layout and routing evaluation, Proc. of IEEE EMC Symp., pp. 318-321, 1993.
7) Tarui, Y. et al. : PCB Layout Tool including Electromagnetic Noise Consideration, Proc. of EMC Symp. in Sendai, 1994.
8) Theune, D. et al. : Robust Methods for EMC Driven Routing, IEEE Trans. CAD, 13(11), 1366-1378, 1994.
9) John, W. et al. : Electronic design under EMC Constraints, Proc. of 11th Intern. Zurich EMC Symp. 101 P1, pp. 541-548, 1995.
10) 樽井勇之ほか：プリント配線板における電磁ノイズを考慮した設計支援システムの開発―反射ノイズによる部品配置支援―，信学誌 B-II, J 80-B-II (1), 101-109, 1997.
11) 樽井勇之ほか：クロストークノイズを低減するための配線支援ツールの開発，信学誌 B-II, J 80-B-II (2), 208-218, 1997.
12) 前田真一：ディジタル回路の動向と対処法―高速回路，回路実装学会誌，No. 6, 1996.

8. 測定・試験・規格

 電磁的両立性(EMC)に関する測定として,機器などが発生する妨害波の強度に関する妨害波測定,機器の障害特性に関するイミュニティ測定,また,EMC対策用材料・部品の電気的特性に関する測定,さらに,機器などの環境に関する電磁環境測定などがある.
 特に,妨害波測定やイミュニティ測定は,各国の法令などによって,製品を市販する際に基準と合致していることを確認するための試験として義務づけられている場合が多い.その測定・試験法はIEC規格(International Electrotechnical Commission:国際電気標準会議)やCISPR規格(International Special Comittee on Radio Interference:国際無線障害特別委員会)などによって国際的に詳細に定められている.
 本章では,これらの測定・試験に用いる諸設備および測定法について記述する.さらにEMC対策用材料・部品の特性評価に関する測定法も記述する.

8.1 EMCに関する測定・試験

8.1.1 EMCに関する測定
 各種の回路・機器・システムが不要な電磁エネルギーを発生して,他の回路・機器・システムに障害を及ぼさないようにするために,この不要電磁エネルギー,すなわち電磁妨害波(electromagnetic disturbance, electromagnetic interference:EMI)の電圧・電流・電磁界強度などを測定して,妨害波抑制対策を施す必要がある.一般に,この測定を妨害波測定(electromagnetic disturbance measurement)あるいはエミッション測定(emission measurement)と呼ぶ.
 一方,回路・機器・システムは,他の回路・機器・システムから到来する電磁エネルギーによって影響を受け,故障や誤動作などの障害を生じることがある.したがって,外来のさまざまな電磁エネルギーに対する回路・機器・システムの電気的耐性を測定し,障害の発生を低減するための対策を施す必要がある.この測定をイミュニティ測定(immunity measurement)あるいはサセプタビリティ測定(susceptibility measurement)と呼ぶ.

さらに，図 8.1.1 に示すように，妨害波源の電磁エネルギーは導線や空間を伝って被害側に伝搬するため，回路・機器・システムの周囲環境に存在する電磁エネルギーの電圧・電流・電磁界強度などの諸特性を測定し，これによる障害を予測し，必

```
    妨害源              伝搬路              被害機器
妨害波抑制対策      結合阻止対策         障害低減対策
  妨害波測定        電磁環境測定        イミュニティ測定
```

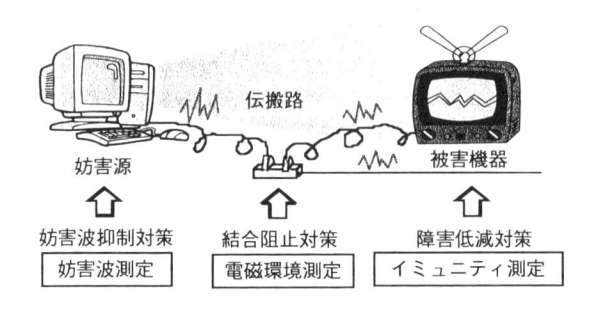

図 8.1.1 EMC に関する測定

要な結合阻止対策をとることも EMC 対策として重要である．このような測定は，電磁環境測定と呼ばれる．電磁環境の要因としては，機器・システムなどの人工物が発生する電磁エネルギーのほかに，雷放電や静電気放電などの自然現象に伴う電磁エネルギーがあり，これらも測定対象となる．

このほか，EMC に関する測定としては，フィルタの挿入損失の測定，シールド材の遮へい効果の測定，電波吸収体の反射特性の測定など，材料・デバイスに関するさまざまな電気的特性に関する測定がある．

8.1.2 システム内 EMC とシステム間 EMC に関する測定

機器などを設計・開発しているときに問題になるのが，回路間や配線間の不要な電磁的結合によって生じる機器・システム内部の EMC 問題（intra-system EMC）である．さらに，このような機器・システム内部の EMC 問題を解決しても，その製品が市販され，使用されている間にさまざまな EMC 問題が生じることが予想される．たとえば，図 8.1.2 に示すように，発生する電磁エネルギーの強い機器・システムは，周囲の他の機器・システムを破壊したり障害を及ぼすおそれがある[1]．逆に，その製品が被害を受けやすく，イミュニティが低ければ，他の機器・システムが発生する電磁エネルギーの影響を受けて，故障や誤動作を起こすかもしれない．したがって，このような機器・システムと他の機器・システム間の EMC（inter-system EMC）問題にも十分対策を施す必要がある．

このようなシステム内 EMC やシステム間 EMC の問題を解決するためには，8.1.1 項で述べたさまざまな EMC 測定が必要になる．特に，システム間 EMC に関する測定は，他の機器・システムに与える障害や自分が受ける障害の評価と対策に不可欠であるため，電磁環境の保全や製造物責任（product liability）の観点から，きわめて重要である．

8.1 EMCに関する測定・試験

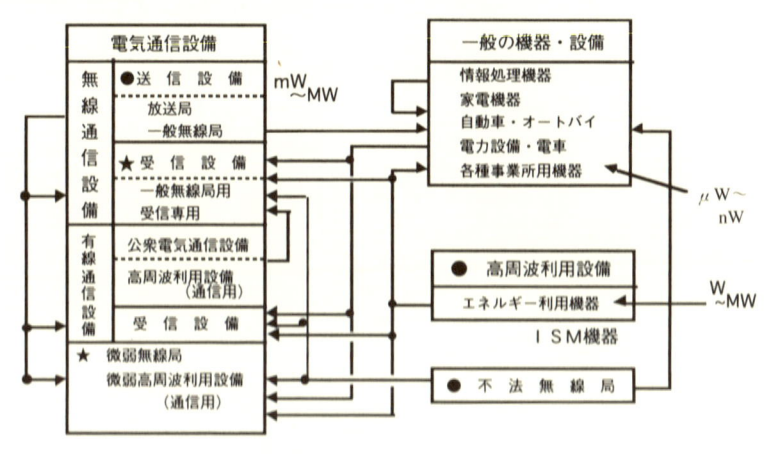

図中ラベル：
- 電気通信設備
  - 無線通信設備
    - ●送信設備
      - 放送局
      - 一般無線局
    - ★受信設備
      - 一般無線局用
      - 受信専用
  - 有線通信設備
    - 公衆電気通信設備
    - 高周波利用設備（通信用）
    - 受信設備
    - ★微弱無線局
    - 微弱高周波利用設備（通信用）
- 一般の機器・設備
  - 情報処理機器
  - 家電機器
  - 自動車・オートバイ
  - 電力設備・電車
  - 各種事業所用機器
- ●高周波利用設備
- エネルギー利用機器
- ＩＳＭ機器
- ●不法無線局

mW～MW、μW～nW、W～MW

● 発生する高周波電力が大きいもの．
  電力は大きくないが被害機器に近づきうるもの．
★ 感度が良く被害を受けやすいもの．

図 8.1.2　各種機器・システム間の EMC

8.1.3　EMC 関連の法令

システム間の EMC で特に問題になるのが，図 8.1.2 に示したように，最も影響を受けやすい通信・放送の受信障害である．このため，わが国では，電波法第 82 条および 101 条によって無線設備に対する障害の排除を規定している．また，電波法に従って，電気用品取締法，電気事業法，道路運送車両法および関連法令において，受信障害を引き起こす可能性がある各種機器設備からの妨害波の許容値 (emission limit) と測定法を定めている．なお，諸外国も同様な法令をもっている．

このように，各種機器の EMC に関する法令は，1980 年代までは，受信障害の低減を目的として，主として妨害波の許容値と測定法を規定していた．しかし，1990 年代になって，機器の小型・軽量・小電力化が進むにつれて，一般の電気・電子機器の誤動作や障害が問題になり始めたため，EU 諸国では各種機器・設備にイミュニティ限度値 (immunity limit) を課することを法令で定めている[2]．

8.1.4　EMC 規格の審議団体

各国とも，各種機器・設備が妨害波許容値やイミュニティ限度値に関する EMC 規格を満足することを法令などで義務付けたり，推奨したりしているが，国によって規格が異なると，貿易の非関税障壁となる．このため，国際貿易協定 (World Trade Agreement) などによって，各国とも，EMC 規格として国際規格を採用することが求められている．

EMCに関する国際規格の審議団体として特に重要なのが,図8.1.3の国際無線障害特別委員会(CISPR)と国際電気標準会議の第77技術委員会(IEC/TC77；Technical Committee 77)である[1]. 前者は1934年に設立された組織で, 家庭用電子・電気機

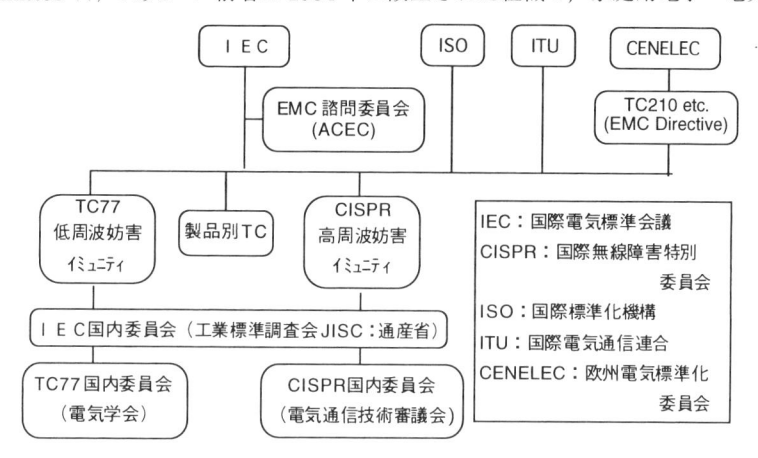

```
          ┌─────────┬──────┬──────┐
        IEC        ISO    ITU   CENELEC
          │                       │
     EMC諮問委員会              TC210 etc.
        (ACEC)              (EMC Directive)
    ┌─────┼──────┐
  TC77  製品別TC  CISPR       IEC：国際電気標準会議
  低周波妨害       高周波妨害   CISPR：国際無線障害特別
  イミュニティ    イミュニティ                    委員会
                              ISO：国際標準化機構
  IEC国内委員会(工業標準調査会JISC：通産省)  ITU：国際電気通信連合
                              CENELEC：欧州電気標準化
  TC77国内委員会  CISPR国内委員会              委員会
   (電気学会)    (電気通信技術審議会)
```

図8.1.3　EMC規格に関する審議機関

器などの各種機器・設備の妨害波許容値と測定法の規格や, 放送受信機やコンピュータなどのイミュニティ限度値と測定法の規格を審議している. 一方, 後者は主に商用交流電源系の妨害波の許容値と測定法, およびイミュニティの限度値と測定法に関する共通規格を審議している. なお, 図8.1.3には, これらの国際審議機関に関するわが国の国内審議団体も示した. なお, IECのその他の技術委員会では, さまざまな電気機器・設備などの規格を検討しており, 適用すべきEMC規定も審議している.

以下の各節では, CISPR規格などに基づいて測定装置や測定法を解説するが, 規格はしばしば変更を重ねているため, 規格に従った測定を実際に行う場合は, 最新版の規格を参照する必要がある. 　　　　　　　　　　　　　　　　（杉浦　　行）

文　　　献

1) 清水康敬, 杉浦　行編著：電磁妨害波の基本と対策, 電子情報通信学会, pp.165-168, 1995.
2) EMC Directive 89/336/EEC.

8.2　測　定　器

EMCに関する測定では, 対象とする妨害波の波形やスペクトルが複雑で多岐にわたり, 連続波を対象とした測定に比べ困難となることが多い. このため, 測定の際には, まず目的を明らかにし, 妨害波(雑音)のどのような量を測定するかを考え, 適切

な測定器を選択する必要がある．測定器としては目的に応じてさまざまなものが使用されている．たとえば，妨害波の規制に関連する測定には，CISPR 規格などに従った妨害波測定器が使用され，その特性は規格によって規定されている．また，オシロスコープやスペクトラムアナライザなどの汎用の測定器は，機器の開発・製造段階における EMC 対策のための測定などや，一般の調査研究に用いられる．さらに，妨害波の物理的性質の研究や，妨害波（ノイズあるいは雑音）によって引き起こされる通信システムへの影響を評価するためには，上記の測定器のほかに，雑音の統計量の測定器などが使用される[1]．

8.2.1 妨害波測定器

妨害波の測定では，その波形やスペクトルはまったく未知である．このため，測定用受信機は高感度で，かつ内部回路は非常に広い振幅範囲にわたって線形応答を示す必要がある．このため，入力回路に帯域制限フィルタ（プリセレクタ）を備え，妨害波の不必要な周波数成分を除去し，大振幅入力による回路の飽和を防ぐ必要がある．また，パルス雑音のような変動の激しい妨害波に対しても測定値の再現性を確保するために，測定器の過渡応答特性を詳細に規定する．このような特性の測定用受信機の代表的なものとしては，CISPR 規格の妨害波測定器（radio disturbance measuring receiver）がある[2]．

妨害波測定器は，図 8.2.1 に示すように，一種の周波数同調型高周波電圧計であ

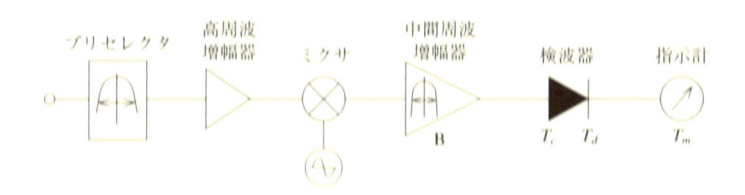

図 8.2.1 妨害波測定器の基本構成

り，測定周波数範囲は 9 kHz～1 GHz で，各種機器の基準認証にかかわる EMC 測定に広く使用される．内蔵の検波器の特性によって，せん頭値（ピーク値，peak value）型，準せん頭値（準ピーク値，quasi peak value）型，平均値（average value）型，実効値（rms value）型の 4 種に大別できる．

妨害波測定器の特性を決定する最も重要なパラメータは，中間周波回路の帯域幅 B，検波器の充電時定数 T_c，放電時定数 T_d，指示計の時定数 T_m であり，これらは"基本特性"と呼ばれる．CISPR 規格などは，この基本特性を詳細に定め，繰り返しパルス入力に対する応答など，測定器の過渡応答特性を厳密に規定している．

一般に，1 GHz 以下の妨害波の許容値は準せん頭値と平均値によって規定されている．また，1 GHz 以上の妨害波の測定法にはせん頭値を使用することが多い．以

下にこれらの測定器の応答を紹介する.
a. 準せん頭値型妨害波測定器

準せん頭値型妨害波測定器では，検波器の放電時定数が充電時定数に比べて非常に大きい．このため，図 8.2.2 のように，中間周波回路で帯域制限された妨害波のせん頭値に近い値を指示値として表示する．表 8.2.1 に，この測定器の基本特性を示

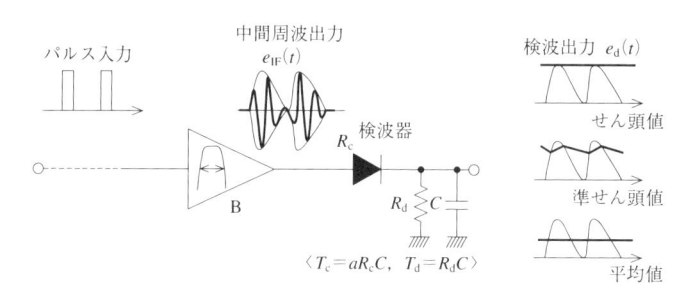

図 8.2.2 各種検波器の応答

表 8.2.1 準せん頭値型妨害波測定器の基本特性[1]

周波数帯(band)		A	B	C,D
周波数範囲		9～150 kHz	0.15～30 MHz	30～1000 MHz
帯域幅	B	200 Hz	9 kHz	120 kHz
充電時定数	T_c	45 ms	1 ms	1 ms
放電時定数	T_d	500 ms	160 ms	550 ms
機械的時定数	T_m	160 ms	160 ms	100 ms
$a = T_c/(R_c C)$		2.98	3.94	4.07
検波効率	P_{QS}	0.813	0.970	0.987

す．なお，充放電時定数の値は，妨害波による AM ラジオの受信障害と妨害波レベルの指示値がよい相関関係になるように，主観評価実験によって決められたものである．

妨害波測定器の最も重要な特性は，繰り返しパルス入力に対する応答である．以下では，その理論を紹介し，妨害波測定器に関する CISPR 規格の根拠を示す[3]．

図 8.2.2 の測定器に妨害波が加わると，中間周波増幅器の出力 $e_{IF}(t)$ は，増幅器が狭帯域であるため，

$$e_{IF}(t) = a(t)\cos(2\pi f_{IF} t + \theta_{IF}) \tag{8.2.1}$$

で表される．ここで $a(t)$ はその $e_{IF}(t)$ の包絡線，f_{IF} は中間周波数である．準せん頭値の検波器出力 $e_d(t)$ は次式を解くことによって求められる．

$$\left. \begin{array}{ll} C\dfrac{de_d(t)}{dt}+\dfrac{e_d(t)}{R_d} = \dfrac{e_{IF}(t)-e_d(t)}{R_c} & (e_{IF}(t) > e_d(t)) \\ \qquad\qquad\qquad\quad = 0 & (e_{IF}(t) \leq e_d(t)) \end{array} \right\} \tag{8.2.2}$$

ここで，検波器のダイオード特性を順抵抗 R_c の半波直線特性と仮定している．

次に検波出力 $e_d(t)$ は，時定数 T_m の臨界制動状態の指示計に加えられる．したがって，指針の振れ $\phi(t)$ は

$$T_m^2 \frac{d^2\phi(t)}{dt^2} + 2T_m \frac{d\phi(t)}{dt} + \phi(t) = e_d(t) \qquad (8.2.3)$$

で与えられる．なお，測定器は正弦波入力に対して校正されているため，指示値 M は同じ振れ ϕ を生ずる正弦波入力の実効値に等しい．

実効値 E の正弦波に対する準せん頭値検波器 (quasi-peak detector) の応答は，式 (8.2.1)，(8.2.2) に $a(t) = \sqrt{2}E$ を代入すれば求められる．すなわち，回路の増幅度を G で表すと，検波出力は，

$$V_{QS} = \sqrt{2}\,EGP_{QS} \qquad (8.2.4)$$

となる．なお，検波効率 P_{QS} の値を表 8.2.1 に示す．充電時定数 T_c は，正弦波を印加してから出力が V_{QS} の 62.3% に達するまでの時間で定義され，式 (8.2.2) から求められる．その結果も，$a = T_c/(R_c C)$ として表 8.2.1 に示す．

CISPR 規格では理想的な妨害波測定器の中間周波回路の周波数特性は，2 段の臨界結合同調回路の特性に等しいと規定している．すなわち，等価低減通過フィルタの周波数選択特性は次式で表される．

$$H_L(f) = [2\omega_0^2/\{(\omega_0 + j\omega)^2 + \omega_0^2\}]^2 \qquad (8.2.5)$$

ただし，$H_L(f) = 0.5(-6\,\text{dB})$ となる帯域幅を B で表せば $\omega_0 = \pi B/\sqrt{2}$ である．

インパルス強度 S のパルス入力に対する中間周波出力も式 (8.2.1) で表され，その包絡線は式 (8.2.5) より

$$a(t) = 4.239\,a_{\max}\exp(-\omega_0 t)(\sin\omega_0 t - \omega_0 t\cos\omega_0 t) \qquad (8.2.6)$$

となる．ただし，$a_{\max} = 2.097\,SBG$ である．周波数 N で繰り返す振幅一定のパルス入力に対する準せん頭値検波器の出力 V_{QP} は，式 (8.2.6) を式 (8.2.1)，(8.2.2)，(8.2.3) に代入して数値計算すれば求められる．その結果を，$a = (\pi T_c B)/(aT_d N)$ をパラメータとして，図 8.2.3 に検波効率

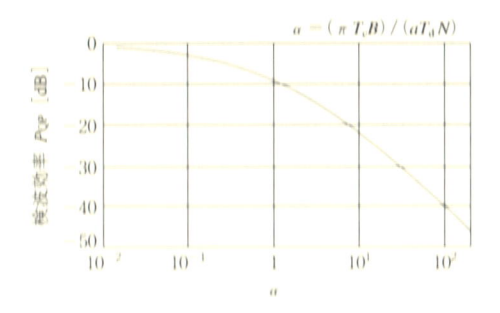

$$P_{QP} = \frac{V_{QP}}{a_{\max}} \qquad (8.2.7)$$

図 8.2.3 準せん頭値検波器の繰り返しパルス応答 (検波効率)[1]

で表す．ただし，a は表 8.2.1 の値である．この図より，繰返し周波数 N が高くなると検波効率がよくなり，検波出力 V_{QP} は中間周波出力パルスのせん頭値 $a_{\max}$ に近づくことがわかる．式(8.2.7)より，インパルス強度 S のパルス入力に対する検波出力 V_{QP} は，次式で得られる．

$$V_{QP} = a_{\max} P_{QP} = 2.097\ SBGP_{QP}$$
(8.2.8)

このパルス入力に対する測定器の指示値 M_{QP} は，検波出力 V_{QP} と等しい出力を生ずる正弦波入力の実効値 E に等しいから，式(8.2.4)より

$$M_{QP} = E = (2.097\ SBGP_{QP})/(\sqrt{2}\ GP_{QS}) = (1.483\ SBP_{QP})/P_{QS} \quad (8.2.9)$$

となる．

CISPR 規格の繰り返しパルス応答や過負荷係数(中間周波回路の直線性)の規定は，式(8.2.9)をもとにして決めたものである．

b. 平均値型妨害波測定器

平均値型妨害波測定器は，図 8.2.2 のように，妨害波入力に対する中間周波出力の包絡線波形の平均値に応答するものである．中間周波出力 $e_{IF}(t)$ の包絡線 $a(t)$ の平均値 V_A は，もし $a(t)$ が負になることがなければ，$a(t)$ の直流成分 $A(0)$ より

$$V_A \equiv (1/T)\int_{-T/2}^{T/2}|a(t)|dt = (1/T)\int_{-T/2}^{T/2}a(t)dt = A(0) \quad (8.2.10)$$

で求められる．

正弦波(実効値 E)入力時の中間周波出力の包絡線は，回路の増幅度を G とすれば，$a(t)=\sqrt{2}EG$ で一定となるから，これに対する平均値検波器(average detector)の出力は $V_{AS}=\sqrt{2}EG$ となる．

インパルス強度 S のインパルスが 1 秒間あたり N 個入力する場合の平均値出力は，式(8.2.6)および(8.2.10)より，

$$V_{AP} = NA(0) = 2NSG \quad (8.2.11)$$

となる．繰り返しパルスに対する平均値型測定器の指示値 M_{AP} は，$V_{AS}=V_{AP}$ になる正弦波入力の実効値 E に等しいから，

$$M_{AP} = \sqrt{2}NS \quad (8.2.12)$$

となる[4]．すなわち，平均値は入力パルスの頻度に比例する．

繰り返しパルス入力に対する準せん頭値型および平均値型妨害波測定器の指示値の違いは，式(8.2.9)および(8.2.12)から求められる．たとえば，インパルス強度 $S=1[V\cdot s]$ の場合，その結果は図 8.2.4 となる．この図から，パルスの頻度が低い場合は，準せん頭値に比べて平均値が非常に小さいことがわかる．また，繰り返し周波数 N が帯域幅 B より高くなると，妨害波の線スペクトル 1 本程度しか帯域幅を通過しないため，正弦波入力に対する応答と同じになり，準せん頭値および平均値は等しくなる．

c. せん頭値型妨害波測定器

せん頭値型妨害波測定器は，被測定妨害波の中間周波出力のせん頭値(ピーク値)レ

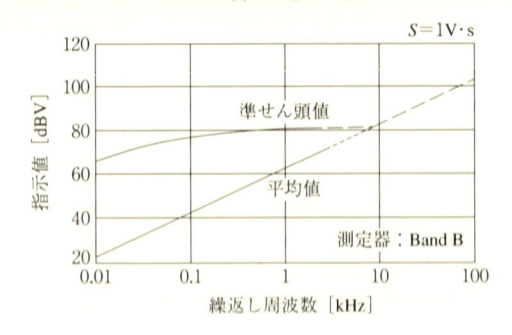

図 8.2.4 繰り返しパルス入力の準せん頭値と平均値[1]

ベルを指示計によって表示するものである．せん頭値抽出方式としてはアナログ方式とディジタル方式があり，放電時定数の非常に大きいせん頭値検波器(peak detector)を用いるか，または包絡線検波後にA/D(アナログ/ディジタル)変換し，せん頭値を抽出する．なお，妨害波測定器のほかに，スペクトラムアナライザにもせん頭値表示機能が備えられている．繰り返しパルス入力に対するせん頭値型妨害波測定器の応答は，準せん頭値型測定器と同様にして式(8.2.9)から求められる．ただし，検波効率 P_{QS} および P_{QR} を 1 とする．

8.2.2 電圧波形測定

雑音の発生原因や伝搬機構を解明したり，通信・放送への妨害や電子回路の誤動作を評価するためには，雑音のレベルのみでなく，雑音波形の情報が必要となることがある．このため，雑音電圧の波形測定器として使用されるのがオシロスコープである．CRT を利用したアナログ方式が古くから使用されているが，近年のIC技術の発展により，波形サンプリングとA/D変換を使ったディジタル方式が主流となっている．以下，ディジタルオシロスコープについて述べる．

a. ディジタルオシロスコープの構成

ディジタルオシロスコープ(digital oscilloscope)の一般的な構成は図8.2.5のようになっている．波形入力部は，アナログ入力波形を適当な振幅にする入力アンプ，その信号をある間隔でサンプリングした後ディジタル(2値)信号に変換(量子化)するA/D変換器，測定の開始を制御するトリガ，サンプリングのタイミングを決めるクロックからなる．このうち最も重要なものがA/D変換器であり，サンプリング周波数 f_s，変換ビット数 n が主な性能を決定する．

b. A/D変換器

測定可能な周波数の上限は入力アンプの帯域幅にも依存するが，主にサンプリングの方式(実時間/等価時間サンプリング)とサンプリング周波数(A/D変換の速度)によって制限される．

実時間サンプリングは，入力信号を一定の間隔で順々にサンプリングする最も基本

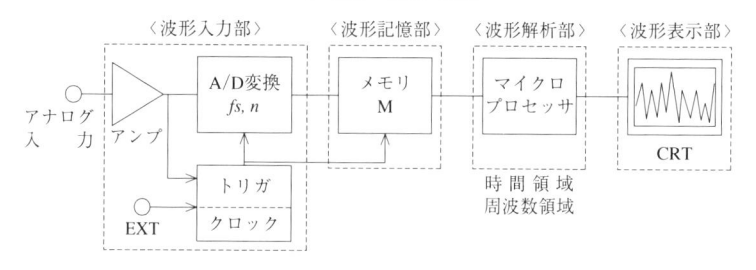

図 8.2.5 ディジタルオシロスコープの構成

的な方法であり，単発信号でも変換可能であるがナイキスト周波数(Nyquist frequency：サンプリング周波数の 1/2)以上の周波数成分は，エリアジング(aliasing：ナイキスト周波数より高い周波数成分が低周波域へ折り返される現象)が起こり正しく変換できない．実時間サンプリングの場合，サンプリング周波数を f_s とするとナイキスト周波数は $f_s/2$ であるが，実用上測定可能な周波数は直流から $f_s/(2.5～4)$ 程度である．

一方，等価時間サンプリングには，シーケンシャルサンプリングとランダムサンプリングがあるが，これはいずれも繰り返し波形の場合のみ適用可能な方法で，繰り返し波形の各周期ごとに少しずつサンプル点をずらして波形データを収集する手法である．前者はそのずらし方が規則的，後者はランダムとなっている．これらの手法では，等価的にサンプリング周波数よりも高い周波数まで変換可能であるが，周期性のある波形のみ測定可能であり，不規則現象や単発現象については適用できないことに注意する必要がある．

サンプリングされたデータのビット数により測定値の振幅分解能(精度)が決定される．いまビット数を n とすると，測定値の振幅分解能 Q は

$$Q = 縦軸のフルスケールレンジ/2^n \qquad (8.2.13)$$

で与えられる．また A/D 変換につきものの量子化雑音もビット数が多いほど小さくなり，S/N も向上するため確度よい測定ができる．

一般にビット数とサンプリング周波数とは相反する関係にあり，サンプリング周波数(変換速度)の高いものはビット数(分解能)が低くなる．

c. 波形記憶部

ディジタル量に変換された波形データは内部メモリに記録されるが，一度に解析可能あるいは表示可能な時間 T_s[s] は内部メモリの大きさに依存し，メモリ容量が M [words あるいは data]，サンプリング周波数が f_s[sample/s] のとき

$$T_s = M/f_s \qquad (8.2.14)$$

で与えられる．たとえば，10 Msample/s の場合，メモリ容量 64 kwords では約 6.4 ms の記録が可能となる．

d. 波形解析機能
代表的な波形パラメータの解析項目に以下のものがある．
① パルスパラメータの測定(波高値，幅，周期，立上り/立下り時間など)
② 実効値・平均値などの計算
③ 波形相互の演算・アベレージング
④ 確率密度関数，確率分布関数などの統計量の測定

e. 測定器の影響と使用上の注意
　妨害波波形をディジタルオシロスコープで観測すると，入力回路や増幅回路の周波数応答特性によって入力信号のスペクトルが帯域制限されるため，表示される波形はもとの波形と異なることが多い．また，A/D 変換器によるサンプリング，量子化によっても波形ひずみを生ずる．その他，測定器の内部雑音による誤差，非線形特性による波形ひずみなども問題になる．具体的には以下の点に注意する必要がある．
① 観測する波形の性質により，サンプリング周波数とサンプリングの種類を決める．等価時間サンプリングを使うときはその周期性を十分確認する必要がある．
② A/D 変換に必要な電圧は数 V 必要であるが，広帯域で NF のよいアンプは実現困難のため，一般の妨害波測定器に比べると感度は悪く，現状では mV オーダーの入力レベルが必要である．また S/N のよい測定を行うには，入力信号の最大値がフルスケールとほぼ等しくなるようなレンジに設定する．
③ 電子回路の誤動作の原因にグリッチ(glitch：ごくまれにしか発生しない，非常に幅の狭いパルス)がある．ディジタル方式では，このグリッチのような波形がサンプル間にくると，見逃す可能性があるので注意を要する(実時間サンプル方式では，サンプル間のピーク値を保持するなどの対策がとられているものもある)．
④ 目的の波形を確実に捕らえるため，トリガ点以前/以後の観測ができるプリ/ポストトリガなどの，トリガ方式の選択を正しく行う．

　なお，サンプリングが高速な測定器としては実時間サンプリングで 8 Gsample/s (8 bit)，メモリ 32 kword，帯域幅 1.5 GHz，入力 2 ch のものが市販されている．また，広帯域なものとしては帯域幅 50 GHz (等価時間サンプリング)，4 kword のものがある．また，メモリが大容量のものではメモリ 16 Mword，サンプリング速度 8 Gsample/s (8 bit)，帯域幅 1.0 GHz，入力 1 ch のものがある[5]．

8.2.3 スペクトル測定
　電気信号のスペクトルを表示する測定器として，スペクトラムアナライザ (spectrum analyzer) が広く用いられている．また，時間波形を A/D 変換し，FFT アルゴリズムにより周波数領域に変換しスペクトルを求める FFT アナライザ (FFT analyzer) もある．

a. スペクトラムアナライザ
　スペクトラムアナライザの基本構造は，図 8.2.6 に示すとおり，妨害波測定器と

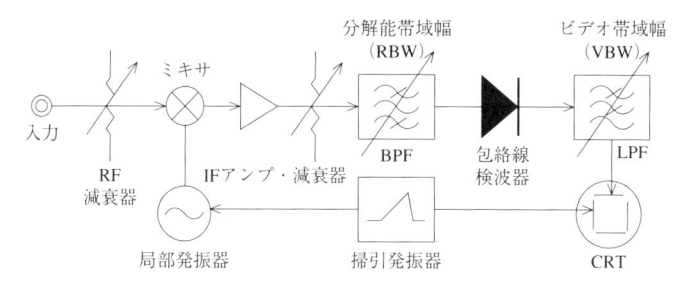

図 8.2.6 スペクトラムアナライザの基本構成

同じ周波数同調型の高周波電圧計である．すなわち，中間周波回路で帯域制限された被測定信号の包絡線波形の振幅を表示する測定器である．一般には，包絡線振幅のせん頭値を各受信周波数に対し表示する．したがって，表示されるスペクトル振幅は，分解能帯域幅などの中間周波回路の周波数特性に大きく依存する．スペクトラムアナライザが正しいスペクトルを表示するのは正弦波入力の場合のみであり，パルス入力などの場合は近似的なスペクトルしか表示されない．周期的波形に関しては，線スペクトルの間隔より分解能帯域幅を十分狭くすれば，正しくスペクトルを得ることができる．

スペクトラムアナライザの表示は電力の単位で表されることが多いが，この値は正弦波入力に関するものであって，一般的な入力信号の電力を表しているものではない．すなわち，被測定信号の電力を求める場合は，表示スペクトルの時間的変化も考慮する必要がある．

b. スペクトラムアナライザによる妨害波測定

スペクトラムアナライザは 1 GHz 以上の妨害波測定に用いる測定器の標準になっている．また広帯域微弱電波機器やスプリアスの測定にも用いられている．しかし，通常のスペクトラムアナライザは，以下の点で妨害波測定器と異なる．

① 非常に広い周波数範囲を掃引しながら受信するため，入力回路に帯域制限フィルタ（プリセレクタ）がない．
② 中間周波回路の特性はガウスフィルタに近く，その帯域幅（分解能帯域幅）は広範囲に可変
③ 包絡線検波器を使用
④ 対数圧縮回路を用いて，広い振幅範囲を一度に表示できる．

このような特徴から，通常のスペクトラムアナライザは，1 GHz 以下の CISPR 規格などの妨害波測定には適さない．このため，入力回路にプリセレクタを付け，直線性のよい回路を用い，準せん頭値や平均値検波器を付加したスペクトラムアナライザが市販されている．

スペクトラムアナライザではランダム性雑音やパルス性雑音に対する応答については明確に規定されていない．このため，機種によってその応答が異なることがある．

すなわち主にパルス特性を決定するのは IF 部の BPF の特性で，この振幅特性は分解能帯域幅(Resolution BW，以下 RBW)で与えられる．しかし，市販されているスペクトラムアナライザの RBW の定義は，−3 dB 帯域幅によるものと −6 dB 帯域幅によるものの2種類があり，統一されていない．このため CISPR では，再現性のよいパルス測定のために，インパルス帯域幅 B_{imp} で RBW を規定することを検討している(たとえば，1 GHz 以上の妨害波測定では，$B_{\text{imp}}=1$ MHz±10％)．

c. FFT アナライザ

ディジタル型スペクトラムアナライザの中には，前述の掃引型スペクトラムアナライザとは原理的に異なり，入力信号時間波形(あるいは IF 信号波形)を A/D 変換し，内蔵コンピュータによって有限離散フーリエ変換を高速に行うものがある．すなわち，FFT(fast Fourier transform；高速フーリエ変換)アルゴリズムを用いて高速にスペクトルを求めるもので，FFT アナライザ，リアルタイムスペクトラムアナライザなどと呼ばれることもある．

このタイプのスペクトル測定器には，以下のような特徴がある．
① 単発，過渡現象の周波数解析が可能
② 分解能の高い解析や超低周波の分析ができる
③ 多チャンネルの同時解析ができる
④ 解析できる周波数帯域幅は一般に 10 MHz(ベースバンド)，5 MHz(IF)程度

この場合，ディジタルオシロスコープと同様に，サンプリングや A/D 変換に伴う諸問題に十分注意を払う必要がある．

8.2.4 雑音統計量測定

a. 妨害波と統計量

妨害波は本質的に非定常なものが多く，その性質を表すには何らかの統計的取り扱いが必要となる．前項で述べた妨害波測定器では，せん頭値，準せん頭値，平均値，実効値などの単一のパラメータで表される統計量を測定しているともいえる．すなわち，せん頭値 e_{max}，平均値 e_{ave}，実効値 e_{rms} は $e(t)$ に関して次式で定義される統計量である．

$$\left. \begin{array}{l} e_{\text{max}} = |e(t)|_{\text{max}} \\[6pt] e_{\text{ave}} = \dfrac{1}{T}\displaystyle\int_0^T e(t)\,dt \\[6pt] e_{\text{rms}} = \sqrt{\dfrac{1}{T}\displaystyle\int_0^T e(t)^2\,dt} \end{array} \right\} \qquad (8.2.15)$$

ここで，T は観測時間，$e(t)$ は測定器によって帯域制限された妨害波の波形を表す(図 8.2.7)．ただし，高周波の妨害波測定では $e(t)$ のかわりに測定器の中間周波出力信号の包絡線波形 $a(t)$ について，上記の量や確率分布を定義することが一般的である．

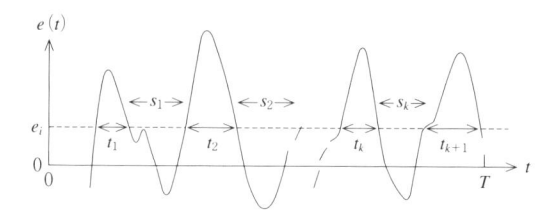

図 8.2.7 妨害波の波形と統計量

b. 振幅確率分布と交差率分布

空電雑音[6]などの自然雑音や自動車雑音[7]などの人工雑音が通信システムに与える影響を評価するために，次式で定義される振幅確率分布（APD：amplitude probability distribution）や交差率分布（CRD：crossing rate distribution）などの統計分布を測定することがある．

振幅確率分布

$$P(e_i) = P(e(t) > e_i) \equiv \sum_k t_k(e_i)/T \quad (k=1, 2, \cdots, n(e_i)) \quad (8.2.16)$$

交差率分布

$$N(e_i) = n(e_i)/T \quad (8.2.17)$$

ここで，式(8.2.16)は妨害波が特定のレベル e_i を超えている時間率を表し，式(8.2.17)は振幅がレベル e_i を単位時間あたり超える回数を表す．なお，交差率分布は，雑音振幅分布（NAD：noise amplitude distribution）や平均交差率分布（ACR：average crossing rate distribution）とも呼ばれる．

振幅確率分布 $P(e)$ から，雑音の確率密度関数 $p(e)$ が求められ，これを用いて前述の平均値 e_{ave}，実効値 e_{rms} を次式のように計算することができる．

$$\left. \begin{array}{l} p(e) = -\dfrac{d}{de}P(e) \\[6pt] e_{\text{ave}} = \displaystyle\int e \cdot p(e)\,de \\[6pt] e_{\text{rms}} = \sqrt{\displaystyle\int e^2 \cdot p(e)\,de} \end{array} \right\} \quad (8.2.18)$$

c. パルス幅分布とパルス間隔分布

振幅 e_i におけるパルス間隔 $s(e_i)$ やパルス幅 $t(e_i)$ の確率分布も重要で，パルス間隔分布（PSD：pulse spacing distribution）やパルス幅分布（PDD：pulse duration distribution）は次式で定義される．

パルス間隔分布

$$N(s_p\,;\,e_i) = \frac{n[s_p \leq s(e_i) < s_{p+1}]}{T} \quad (8.2.19)$$

パルス幅分布

$$N(t_\mathrm{p}\,;\,e_\mathrm{l}) = \frac{n[t_\mathrm{p} \leq t(e_\mathrm{l}) < t_{\mathrm{p}+1}]}{T} \quad (8.2.20)$$

d. 統計分布の測定器と測定例

　統計分布の測定器としては，時系列データを記録媒体に保存しておき，後で統計分布を計算するソフトウェア方式と，専用の測定器を用いるハードウェア方式がある．前者は，時系列データがあるので任意の統計分布が計算できるが，逆に処理に時間がかかること，記録媒体の関係で帯域幅が狭い（あるいは測定時間が短い）などの欠点がある．逆に，後者は，リアルタイムで分布が測定できること，広帯域・長時間の測定が可能であるなどのメリットがある．後者の方式の構成例を図8.2.8に，主な性能

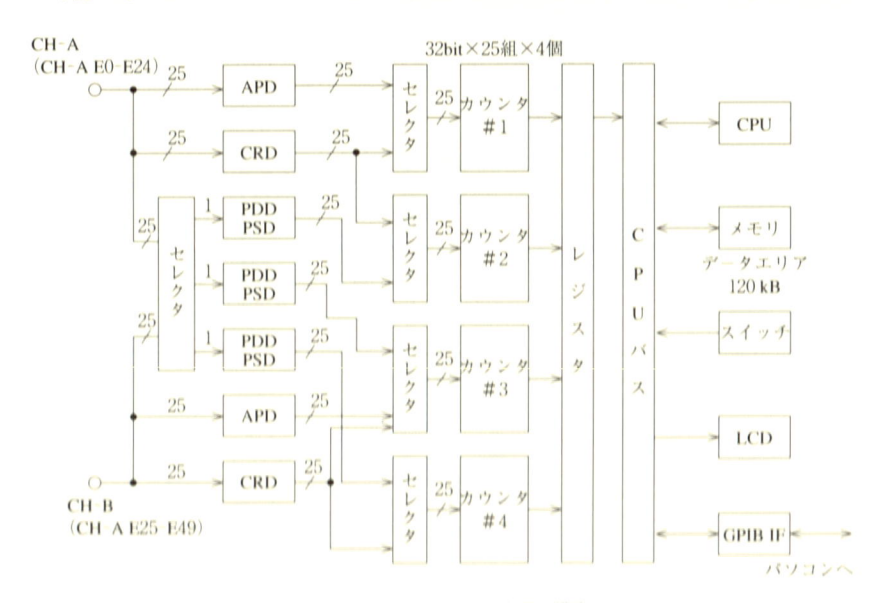

図 8.2.8　雑音統計分布測定器の構成例

を表8.2.2に示す[7,8]．この場合のAPDの測定は，図8.2.9で示すようにコンパレータを必要なレベル数だけ並べ，入力雑音が基準レベルを超えたときに発生するパルスをカウントすることにより求める．このほか，コンパレータを使用せず，A/D変換の出力より直接APDを求める方法もある[9]．

　電子レンジから漏えいする1.9 GHzの電磁妨害波の振幅確率分布の測定例を図8.2.10に示す[10]．縦軸は雑音包絡線が横軸のレベル（等価的な実効放射電力で表示）を超える確率である．振幅確率分布とディジタル通信システムのBER（ビット誤り率）の劣化とは相関関係があり，雑音包絡線の振幅確率分布からBERを推定することもできる．このため，CISPRなどの標準化機関でも将来の妨害波測定用機器として振幅確率分布測定器の仕様を検討することになった[11]．図8.2.11に交差率分布の

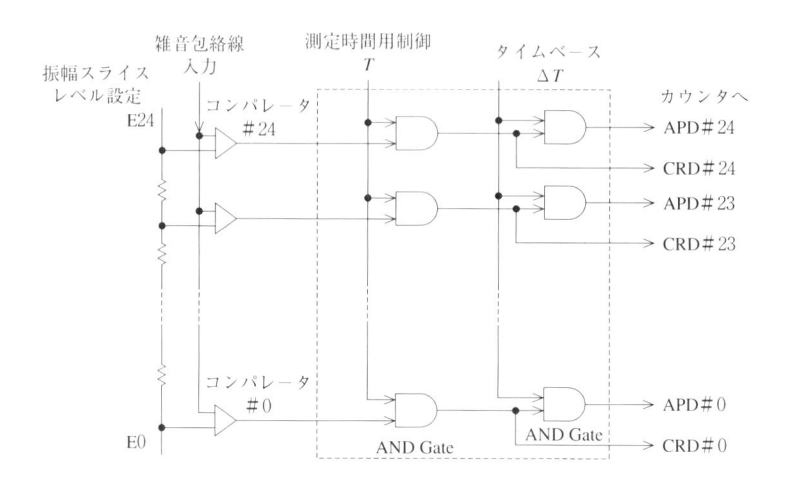

図 8.2.9 APD/CRD 測定用パルス発生部

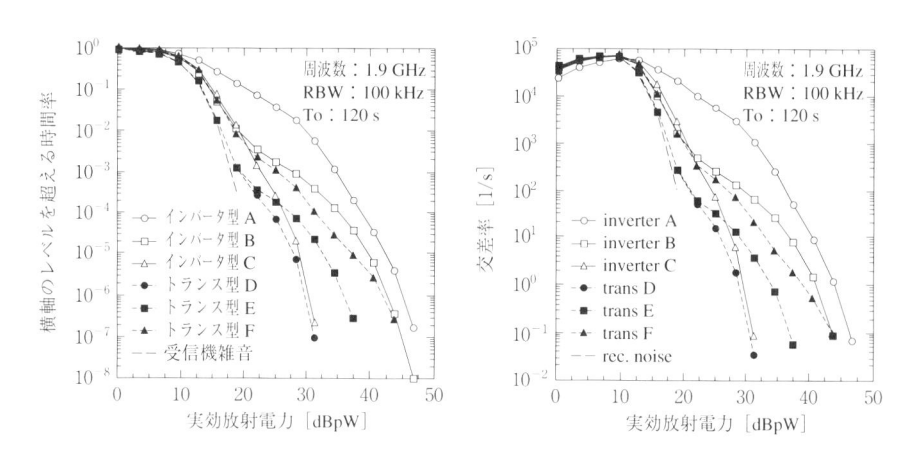

図 8.2.10 電子レンジ妨害波の APD 測定例

図 8.2.11 電子レンジ妨害波の CRD 測定例

8.2 測定器

表 8.2.2 統計分布測定装置の性能例

入力数，入力レベル	2 ch，±2.55 V
雑音包絡線帯域幅	DC～10 MHz（−3 dB）
タイムベース Δt	20 ns，0.1 μs，1 μs，1 ms，EXT
測定可能時間	10 ms～99 s
カウンタ	4（32 bits×25）
測定可能分布	APD，CRD，PDD，PSD
振幅スライスレベル（コンパレータ数）	50 Ek（$k = 0$～49）
時間スライスレベル（測定分解能）	25 T_j（$j = 0$～24） LIN：$T_j = j \times N \times \Delta t$（$N = 1$～99） EXP：$T_j = 0.1 \times 2^j$ μs
メモリ容量	120 kB（240 data）
インタフェース	GP-IB

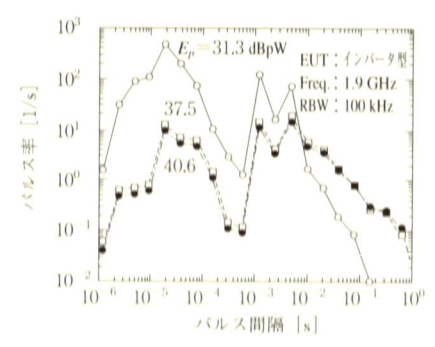

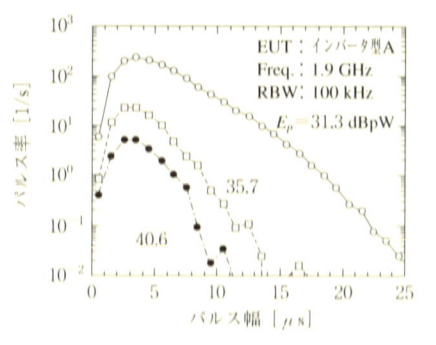

図 8.2.12 電子レンジ妨害波の PSD 測定例

図 8.2.13 電子レンジ妨害波の PDD 測定例

測定結果を示す．雑音がパルス性で重ならない場合は，横軸のレベルを超えるパルスの個数に対応する．図 8.2.12，8.2.13 にそれぞれパルス間隔分布，パルス幅分布を示す．これらの時間軸での分布も，雑音が通信に与える影響を推定するうえで重要である．

（山中幸雄）

文　献

1) 清水康敬，杉浦 行編：電磁妨害波の基本と対策，電子情報通信学会，pp. 124-139，1995．
2) CISPR 16-1, Specification for radio disturbance and immunity measuring apparatus and methods Part 1：Radio disturbance and immunity measuring apparatus, 1993．
3) 杉浦 行ほか：包絡線　準尖頭値検波方式妨害波測定器の応答，信学論（B），J 168-B（2），274-281，1985．
4) 小口哲雄ほか：平均値型妨害波測定器の特性，電波研究所季報，30(156)，211-222，1984．
5) 日本ヒューレット・パッカード，レクロイ・ジャパン，ソニー・テクトロニクス等カタログ．
6) 石田 亭：大気雑音強度の統計的研究，電波研究所季報，8(38)，381-455，1982．
7) Yamanaka, Y. and Sugiura, A.：Automotive radio noise in lower frequency microwave bands

(1-3 GHz) measured in an urban area, *IEICE Trans. Commun.*, **E 80-B**(5), 1997.
8) 山中幸雄ほか：インパルス性雑音の APD 特性を用いた PHS の BER 推定，1997 年電子情報通信学会総合大会，**B-4-58**, 379, 1997.
9) 内野政治ほか：高分解能 APD 測定回路の一実現方法，信学技報，**CAS 96-110**, 73-80, 1997.
10) 山中幸雄，篠塚　隆：電子レンジ妨害波の統計パラメータの測定，信学技報，**EMCJ94-29**, 25-32, 1994.
11) CISPR/A/212/NP, Amendment to CISPR 16-1 Clause 6.2：Spectrum analyzers for the frequency range 1 GHz to 18 GHz-New Annex XX：amplitude probability distribution (APD) measuring equipment.

8.3　測定用プローブ

電磁ノイズは，図8.3.1に示すように，伝送線路を伝わる伝導性ノイズと，空間に放射される放射ノイズに分けられる．EMI/EMC に関する計測・評価においては，伝導性ノイズに対して電圧，電流，電力が，放射性ノイズに対して電界，磁界，電力密度が主として基本的な測定対象となる．

測定用プローブとは，図8.3.2のように各種電子計測器と測定対象（被測定量）とのインターフェースの役割をするものである．たとえば，空間を伝搬する電磁ノイズを測定するためには，オシロスコープやスペクトラムアナライザなどの計測器と電磁波とを結ぶインタフェースとしてのアンテナが必要となる．この場合には，アンテナが電磁波の測定用プローブである．一般に，測定用プローブは空間を電磁波として伝搬する放射性ノイズ (radiated disturbance) ばかりでなく，同軸線路や平行2線線路など金属の導線を伝わる伝導性ノイズ (conducted disturbance) に対しても必要となる．その理由は，線路に直接，計

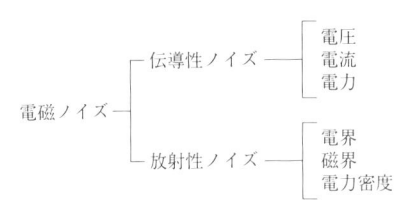

図 8.3.1　電磁ノイズと基本的な測定量

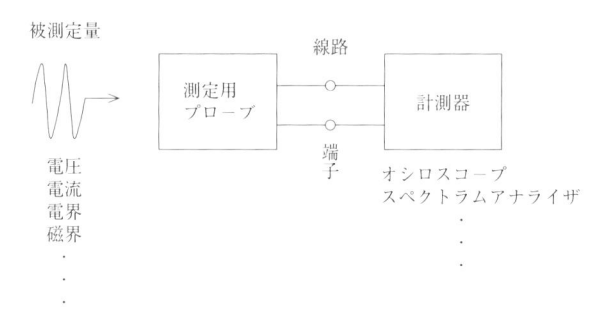

図 8.3.2　測定用プローブの役割

8.3.1 電圧測定
a. 擬似電源回路網

電子機器からその電源線を伝わって外部に漏れてくる伝導性ノイズに関するEMI規格は9 kHz～30 MHzの周波数領域を対象としている．電源線における伝導性ノイズは電源線妨害波と呼ばれている．その電圧を測定しようとする場合，以下の二つが問題となる．

① 電子機器に電力を供給する外部電源の特性が変化すると，伝導性ノイズの大きさが異なってくる．
② 電源線には，供試機器以外から発生したノイズがのっている可能性がある．

これらの外部条件の影響をできるだけ軽減して，試験対象となる電子機器（供試機器）から発生する電源線妨害波の電圧（電源端子妨害波電圧：mains terminal disturbance voltage）を測定する目的で使用される測定用プローブが擬似電源回路網 artificial mains network (AMN) である．擬似電源回路網は，インピーダンス安定化回路網 (line impedance stabilization network : LISN) と呼ばれることもある．その回路の一般的な構成を図8.3.3(a)に示す．このような回路によって，測定対象とする周波数範囲内において，供試機器から電源線側をみたインピーダンスがなるべく一定となるようにすると同時に，外部から電源線を伝わって到来する別の伝導性ノイズを阻止し，測定値に影響を与えないようにする．

実際の回路定数は，各規格によって，また供試機器の種類によって若干異なる．情報処理装置等電波障害自主規制協議会（Voluntary Control Council for Interference by Information Technology Equipment：VCCI）では周波数範囲150 kHz～30 MHzを対象とし，CISPR 16-1（1993）およびANSI C63.4（1992）で規定されている回路網かあるいはDIN/VDE 0876で規定されている回路網のどちらかを使用することが決められている．CISPR/ANSIの回路を図8.3.3(b)に示す¹⁾．測定端子にはCISPR規格によって決められた過渡応答特性をもつ入力インピーダンス50Ωの妨害波測定器を接続

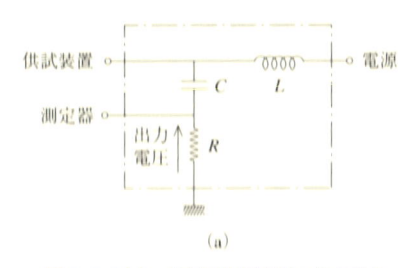

図 8.3.3(a) 擬似電源回路網の基本構成

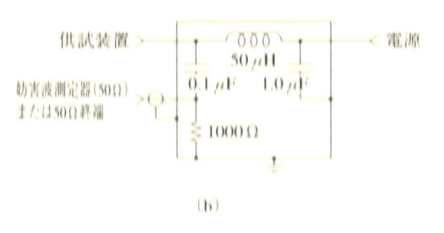

図 8.3.3(b) CISPR/ANSI 規格の擬似電源回路網

する．擬似電源回路網の特性としては，供試機器から擬似電源回路網をみたインピーダンスが規定されている．CISPR/ANSI の回路網では，抵抗 50 Ω とインダクタンス 50 μH の並列等価回路とみなすことができ，CISPR 規格では，インピーダンスの許容差は規定の特性から±20％以内とされている．

実際の測定において，擬似電源回路は 2 本の電源線それぞれに対して適用される．一方の電源線の測定を行うとき，もう一方の回路の測定端子は 50 Ω の負荷抵抗で終端しておく．電源線は一般にシールドされていない平行 2 線線路であるから，高周波では電位の基準となる金属大地面（グラウンドプレーン）がどこにあるかによっても測定結果が異なってくる．このため，金属大地面，供試機器，擬似電源回路網などの配置は各規格によって詳しく規定されている．通常，電源端子妨害電圧の測定は，放送電波など周囲環境ノイズの影響を避けるため，シールドルーム内において行われる．

b．擬似通信回路網

通信機器においては，電源線だけではなく，通信端子に現れるコモンモードの伝導性ノイズ（通信線妨害波）が問題となる．ここで，通信端子とは，公衆電気通信網，ISDN（integrated service digital network），LAN（local area network），または類似のネットワークの信号用の入出力端子（ポート）を意味している．CISPR では，通信線に対しては，電源端子妨害波の場合と異なり，電圧と電流の両方の許容値を規定しているが，電圧測定と電流測定の両方が要求されているのではなく，それらのうちどちらかでよい．通信端子妨害波の測定においても，電源端子妨害波の場合の問題点 (1)，(2)と同様のことを考慮しなければならない．このために用いられる測定用プローブが擬似通信回路網（impedance stabilization network：ISN）である．回路構成の基本的な考え方は擬似電源回路網と同様である．実際の通信端子妨害波の測定は，供試機器と，通信相手を模擬した補助装置（associated equipment：AE）または負荷との間に擬似通信回路網を置き，それらを通信ケーブルで接続する．

擬似通信回路網の実際の回路は，通信ケーブルが平衡一対線，平衡多対線，シールド付き，シールドなし，など多種類のものがあるため，それぞれによって異なった回路網が決められているが，基本的には，以下のような条件を満たす必要がある[2]．

① コモンモードインピーダンスの大きさは，150 kHz～30 MHz の周波数範囲において，150 Ω±20 Ω，その位相角は±20 度以内であること．

② 補助装置からの妨害波を阻止し，擬似通信回路網の測定端子に現れる妨害波は，許容値の 10 dB 以下となること．

③ 大地を基準とした平衡度は，擬似通信回路網によって影響を受けないこと．

④ 擬似通信回路網の存在によって生ずる信号の減衰や劣化が，供試機器の動作に影響を与えないこと．

⑤ 擬似通信回路網に電圧測定端子がある場合，その電圧分配係数は 9.5 dB±<1.0 dB であること．

最も簡単な例として，シールドなし平衡一対通信ケーブル用の擬似通信回路網の例

を図 8.3.4 に示す．

妨害波電流を測定する場合には，8.3.2 項の電流・電力測定において述べる電流プローブを用い，擬似通信回路網から 10 cm の位置にクランプする．擬似通信回路網のコモンモードインピーダンスは 150 Ω であるから，電圧許容値と電流許容値の間に 20 log(150) = 44 dB の変換係数が設定されている．

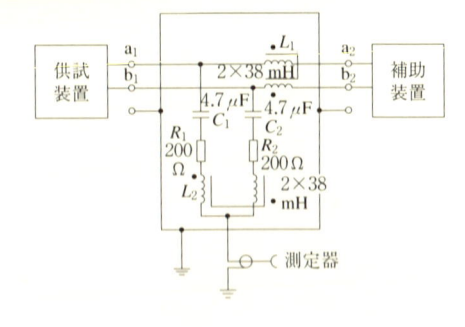

図 8.3.4　シールドなし平衡一対ケーブル用の擬似通信回路網

c. 電圧プローブ

シールドルーム内に運び込めないような大型の供試機器や，すでに使用場所に設置されている工業用高周波利用設備などに対する電源端子妨害波電圧の測定は，図 8.3.5 に示すような電圧プローブ (voltage probe) が用いられる[3]．測定端子には，通常，入力インピーダンス 50 Ω の妨害波測定器あるいは，スペクトラムアナライザが接続される．この電圧プローブでは，外部電源線側のインピーダンスが一定とはならず，また電源線を伝わって外部から到来する別の伝導性ノイズが測定値に影響を与える可能性があるため，時刻を変えて複数回の測定を行う必要がある．

電源端子妨害波電圧の測定に限定しない汎用の電圧測定用プローブとしては，オシロスコープ用として各種のプローブが計測器メーカから市販されている．原理的には，抵抗とコンデンサで構成されたパッシブ(受動)プローブと FET (電界効果トランジスタ) を用いたアクティブ(能動)プローブに分けられ，パッシブプローブはさらに，入力インピーダンスが数百 Ω 以下の低インピーダンスプローブと，MΩ オーダーの高インピーダンスプローブに分けられる[4]．高インピーダンスパッシブプローブの使用可能最高周波数は数十 MHz が限度であるが，低インピーダンスパッシブプローブとアクティブプローブは GHz 領域まで使用することができる．

図 8.3.5　電源線における妨害波電圧測定用電圧プローブ

8.3.2 電流・電力測定

a. 電流プローブ

電源端子妨害波電圧の測定において，擬似電源回路網が使用できない場合，電圧プ

ローブのほかに電流プローブ(current probe)が用いられる．具体的には，電圧プローブと同様，大型の供試機器や，使用場所に設置ずみの装置などが対象となり，米国軍用の MIL 規格に電流プローブを用いた電源端子妨害波電圧の測定法が規定されている．また，8.3.1 項 b ですでに述べたように，擬似通信回路網を用いた通信線妨害波の測定でも使用される．

図 8.3.6 に電流プローブの基本的な構成を示す[5]．電流の周辺の磁束をフェライト

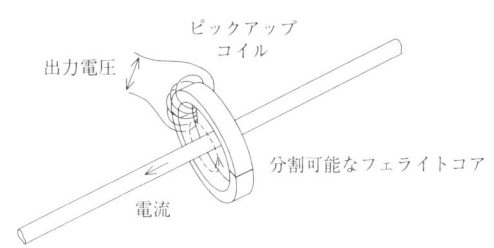

図 8.3.6 電流プローブの基本的構成

などの高透磁率をもつリング状のコアに集中させ，このコアにピックアップコイルを巻いて，出力電圧を得る．実際には，測定すべき線路への着脱を容易にするために，コアを 2 分割して開閉できるようなクランプオン構造を採用したものが多い．原理的には，磁界プローブであるが，特性を適切に校正することによって正確な電流測定を行うことができる．電流プローブの基本的な特性としては，$50\,\Omega$ 負荷に対する出力電圧と被測定電流値との比で定義される伝達インピーダンス(transfer impedance)があり，$1\,\Omega$ を基準とした $dB(\Omega)$ で表示されることが多い．この値を校正しておけば，$dB(\mu V)$ で表示された出力電圧から伝達インピーダンスを引くことにより，$dB(\mu A)$ の電流値が得られる．挿入インピーダンスは電流プローブの特性の一つであり，その値は小さいほどよい．市販されている電流プローブは，周波数範囲 $10\,kHz \sim 1\,GHz$ をいくつかの帯域に分けて使用周波数帯としたもので，伝達インピーダンスの値は $0 \sim 10\,dB(\Omega)$ 程度，挿入インピーダンスは $1\,\Omega$ 以下のものが一般的である．

電源線妨害波や通信線妨害波の測定に限定しない汎用の電流測定用プローブも，オシロスコープ用として各種のプローブが計測器メーカから市販されている．原理的には，図 8.3.6 に示した電流プローブと同様の構成・原理である．

b. 吸収クランプ

供試機器が比較的小型な家電製品のとき，空間に放射する $30\,MHz$ 以上の電磁波の放射源は，家電製品から数 m 以内の範囲の電源線であることが経験的に知られている．したがって，供試機器から電源線に漏えいする妨害波の電力を測定できれば，放射妨害波の電力を見積もることができる．このような目的で，図 8.3.7 に示すような吸収クランプ(absorbing clamp)が使用される[6]．この吸収クランプは，原理的には電流プローブであり，C にある 3 個のフェライトリングとピックアップコイルに

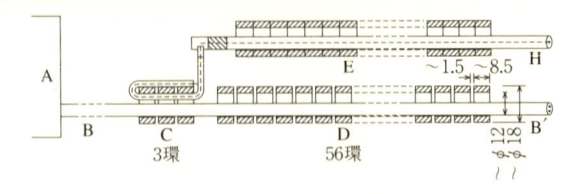

図 8.3.7 電源線からの放射ノイズ電力測定のための吸収クランプの断面図(寸法:mm)
A:EUT, B:電源ケーブル, C:電流プローブ, D:吸収用フェライトリング, E:表面電流阻止用フェライトリング, H:同軸ケーブル

より,妨害波の電流を測定する.その原理は 8.3.2 項 a ですでに説明した電流プローブと同じである.D にある 56 個のフェライトリングは,電源線を伝わる妨害波を吸収するための負荷であり,E にある 60 個のフェライトリングは,妨害波が電流プローブの同軸ケーブルの外導体を伝わって漏えいするのを防ぐためのものである.実際の測定では,吸収クランプを移動させて最大電流の位置におけるプローブの出力電圧を測定し,測定系のインピーダンスが 50 Ω であるとして電力に換算する.

8.3.3 電磁界測定

電磁界測定用のプローブとしてはアンテナが用いられる.EMI/EMC の分野において用いられるアンテナは多種にわたり,それらすべてを説明することはできない.ここでは,プローブとしてのアンテナに重点を置き,電界測定用のダイポール系のアンテナ,磁界測定用のループ系のアンテナ,および電力密度測定用のホーン系のアンテナについて説明する.以下では,電界および電力密度測定用のアンテナを一括して述べ,磁界測定用のループアンテナの項には,近磁界プローブおよび磁界分布測定システムを含める.

a. 電界および電力密度測定用アンテナ

電界測定用ダイポールアンテナ (dipole antenna) の代表的な構造を図 8.3.8 に示す.このようなダイポール系アンテナの最少の構成要素は,アンテナエレメントとフィーダである.フィーダはアンテナエレメントと計測器を結ぶ伝送線路であるが,一般に同軸ケーブルなどの不平衡線路が使用される.一方,アンテナエレメントは平衡回路であるから,それらを接続するために平衡-不平衡変換器 (balance to unbalance transformer;バラン,balun) が必要となる.バランは図に例示したようなトランス型のものでは,フィーダとアンテナエレメントのインピーダンス整合をとるためにも機能させることができる.バランの構造は,トランスを用いたものだけではなく,いわゆるバズーカ型やシュペルトップ型など多くの種類がある.

通信用として一般に用いられる半波長共振ダイポールアンテナ (half wave tuned dipole antenna) は,厳密には電界測定用のプローブではない.近傍界のように,電

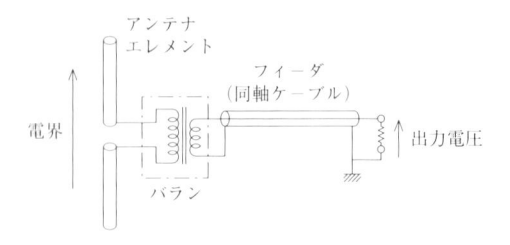

図 8.3.8 電界測定用ダイポールアンテナの代表的な構造

界の波形(時間変化)と磁界の波形が異なる場合に電界波形を測定しようとすれば，エレメントの長さが波長に比べて十分短い"微小ダイポールアンテナ"を使用しなければならない．近傍界の測定においては，電界の強度だけでなく，電界の方向も測定対象となる．このようなベクトル的な電界測定用としては，3個の微小ダイポールを X, Y, Z の3軸方向にそれぞれ配置したプローブも開発・市販されている．

　自由空間において，電磁界が平面波とみなせるような遠方界においては，電界強度と磁界強度の比は一定の値(波動インピーダンス 377 Ω)となり，また電界波形と磁界波形は同じ形になる．したがって，電界あるいは磁界のどちらかを測定すればもう一方は計算によって求めることができる．このような場合には，電界測定用のアンテナとして半波長ダイポールアンテナ，半波長共振ダイポールアンテナ，さらには図 8.3.9 に示すような，対数周期ダイポールアレイアンテナ (log-periodic dipole array antenna：LPDA) やバイコニカルアンテナ (biconical antenna) などの広帯域アンテナを用いることができ，EMI 試験用として広く用いられている[7]．また LPDA とバイコニカルアンテナを組み合わせたいわゆるバイログアンテナも用いられる．これらはいずれも直線偏波のアンテナであるが，米国の MIL の放射ノイズ測定規格では，ログスパイラルコニカルアンテナなどの円偏波のアンテナも規定されている．

　電界測定用としてのアンテナの特性

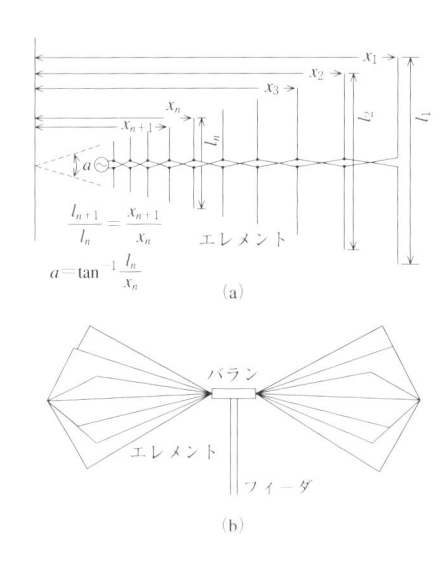

$$\frac{l_{n+1}}{l_n} = \frac{x_{n+1}}{x_n}$$

$$a = \tan^{-1}\frac{l_n}{x_n}$$

図 8.3.9　EMC 計測用の広帯域アンテナ
(a)　対数周期ダイポールアレイアンテナ
(b)　バイコニカルアンテナ

として最も重要なものは，アンテナファクタ（アンテナ係数とも呼ばれる：antenna factor）である．アンテナファクタはアンテナに入射する平面波の電界強度とアンテナの出力端子に接続された負荷の両端に生ずる電圧振幅の比で定義されている．したがって，負荷の両端の電圧振幅を測定すれば，その値にアンテナファクタを掛けることで平面波の電界強度が得られる．

マイクロ波領域の電磁界のパラメータとしては，電界強度，磁界強度のほかに電力密度がある．電力密度は平面波波面が運ぶ単位面積あたりの電力であり，電磁波の人体に対する安全基準などにおいて用いられる．電力密度は主として 1 GHz 以上のマイクロ領域において測定されるが，電力密度の測定において最も重要な周波数帯は，電子レンジに用いられる 2.45 GHz 帯である．アンテナとしては，一般に導波管用のホーンアンテナ（horn antenna）が使用され，特に広帯域な測定を必要とする場合は，ダブルリッジドガイドホーンアンテナと呼ばれる特殊なホーンアンテナが使われる．電力密度測定におけるホーンアンテナの特性としては，利得が最も重要なパラメータである．受信ホーンアンテナの利得が校正されていれば，負荷に供給された電力の測定によって入射平面波の電力密度を計算することができる．

b. 磁界測定用アンテナおよび近磁界プローブ

磁界測定用のプローブとしてはループ系のアンテナが用いられるが，すでに述べたように，遠方界においては電界あるいは磁界のどちらかを測定すれば十分であり，電界測定用のダイポール系のアンテナが使用されることが多い．しかし，30 MHz 以下の周波数領域では，半波長ダイポールアンテナは寸法が大きくなりすぎて使用できず，微小ダイポールアンテナは感度が悪いために，ループ系の磁界測定用のアンテナが有用となる．実際，低い周波数領域では，電子回路系への電磁界の結合は磁界によるメカニズムが支配的である．このような目的のループアンテナは多数回巻くことによって，比較的小さな形状でも，十分な感度を得ることができる．

近磁界プローブは，EMI 試験・評価の分野では主として，プリント基板上に構成された電子回路近傍あるいはシールド筐体の周辺の磁界や，電子機器間を結ぶケーブル近傍の磁界を測定するために使用される．これらの磁界が正確に測定できれば，EMI 対策に有用なデータとなるほか，放射される電磁波がある程度推定できる．対象となる周波数領域は，30 MHz 以下だけでなく，通常ダイポール系のアンテナが用いられる 30 MHz から 1 GHz の EMI 規制の領域も含まれる．近磁界プローブでは，後者の高い周波数領域においても，感度が低い1回巻の微小ループアンテナが採用される．これは次のような二つの理由による．一つは，ループアンテナもその寸法が波長に比べて十分小さくない場合には，磁界だけでなく，電界とも結合するためであり，近傍磁界の測定には不都合となること，もう一つは，高い空間分解能を確保するためである．

1回巻の微小ループアンテナは，入力インピーダンスが非常に低いことから，通常のトランス型のバランではなく，図 8.3.10 に示すようなシールドループ構造が採用されることが一般的である[4]．この構造は電界結合による出力を低減する効果も

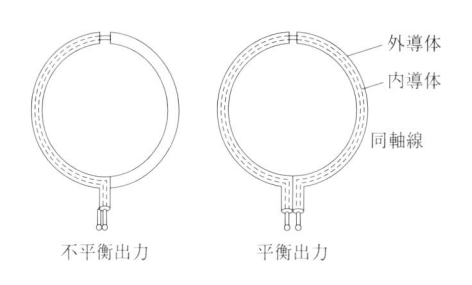

図 8.3.10 シールデッドループアンテナ

ある.このほかに電界結合を減らすためには,二つのループを組み合わせる構造なども開発されている[9]).

プリント基板近傍の磁界測定など磁界分布の測定では,一定の平面内を機械的に走査させると測定時間がかかりすぎ実用的ではない.このため,多数の微小ループアンテナを2次元の格子状に配列したアンテナアレイをスイッチングして短時間に平面的な磁界分布を測定する装置が開発・市販されている.たとえば,カナダのノーザンテレコム社が開発し,EMSCAN と名づけられたシステムでは,総数 1280 個(32 個×40 個)のループアンテナを 7.6 mm 間隔で配列し,305 mm×244 mm の領域の磁界分布を約1分 30 秒で表示できる.測定可能周波数範囲は,10 MHz〜1.5 GHz である.

〔岩﨑　俊〕

文　献

1) 情報処理装置等電波障害自主規制協議会:VCCI 技術基準,電源端子妨害電圧測定,1997.
2) 雨宮不二雄:電磁波雑音のタイムドメイン計測技術,コロナ社,p. 198, 1991.
3) 赤尾保男:環境電磁工学の基礎,電子情報通信学会,p. 284, 1991.
4) 大森俊一ほか:高周波・マイクロ波測定,コロナ社,p. 165, 1992.
5) Morgan, D. : A Handbook for EMC—testing and measurement, IEEE Electrical Measurement Series 8, Peter Peregrinus, 1994.
6) 佐藤由郎:電磁波雑音のタイムドメイン計測技術,コロナ社,p. 208, 1991.
7) 横島一郎:電磁波の吸収と遮蔽,日経技術図書,p. 428, 1989.
8) Dyson, J. D. : Measurement of near fields of antennas and scatterers, *IEEE Trans. Antennas. Propagat.*, **AP-21**(4), 446-460, 1973.
9) 横河ヒューレット・パッカード社:EMI トラブルシュートにおける効果的利用とその特長—11940A 近磁界プローブ—,セミナ・テキスト EMI-3J.

8.4　統　計　処　理

電気・電子機器に対する EMC 試験は,その機器の開発・製造,出荷の各段階で行われる.このうち,製品の開発段階における試験や,型式認定などの基準認証のための試験では,通常,1個の製品について EMC 試験を行う.これに対して,製造・出荷段階の試験では,多数の製品の中から,ある個数の製品を抜き取って試験を行い,その結果を統計的に処理して,製品全体やロットごとの特性,特に EMC 規格に対する適合性を判断する場合が多い.また,市場抜取り試験においても,複数個の製品を市場から抽出し,これに対して試験を行って,EMC 規格との適合性を判定すること

が多い．

　量産品の場合，たとえ同一ロットであっても，個々の製品の電磁妨害波やイミュニティのレベルにばらつきがある．したがって，すべての製品が妨害波許容値などの基準値を満足することを保証するには，全数試験を行うしかない．しかし，全数試験は困難であるため，通常は，抜取り試験を行って，そのロット全体の合否を判定する．この場合，合格ロットの中に不良品がある程度混入するのを許すことになる．たとえば，CISPR規格の試験では，許容値を超える妨害波レベルの不良品が20％もあるロット（良品率80％）は，80％の確率で不合格にする[1]．このような抜取り試験の統計的手法には，以下に述べるように，非心t分布による計量的な方法と，二項分布による計数的な方法がある[1,2]．

8.4.1　非心 t 分布による抜取り試験

　製品の妨害波レベルが正規分布に従うならば，その分布は母平均値 μ と母分散 σ^2 で一義的に決まる．たとえば，母平均と母分散が次式を満足するロットは，許容値 L を超える不良品率が20％以下である．

$$L > \mu + 0.84\sigma \qquad (8.4.1)$$

ここで，係数 0.84 は正規分布表から求めた上側確率20％の値である．しかし，母平均や母分散を実際に知ることは不可能であるから，そのかわりに，抜き取った n 個の製品の妨害波レベルの測定値 x_i から次式の標本平均 m と不偏分散 s^2 を計算する．

$$m = \sum_{i=1}^{n} x_i/n \qquad (8.4.2)$$

$$s^2 = \sum_{i=1}^{n} (x_i - m)^2/(n-1)$$

そして，式(8.4.1)のかわりに，次式を満足すれば，そのロットは合格と判定する．

$$L > m + k \cdot s \qquad (8.4.3)$$

ここで，係数 k は以下のようにして定める．

　たとえば，抜取り試験で不良品率20％のロット（$L = \mu + 0.84\sigma$）が合格するのが20％（すなわち不合格確率80％）にするには，次式の条件付き確率を満足するように係数 k を選べばよい．

$$P_r(m + ks \geq L \mid L = \mu + 0.84\sigma) = 0.8 \qquad (8.4.4)$$

この式を変形すると，

$$P_r(m + ks \geq L \mid L = \mu + 0.84\sigma)$$

$$= P_r\left(\frac{m - \mu}{\sigma/\sqrt{n}} - \frac{L - \mu}{\sigma/\sqrt{n}} \geq -\frac{k \cdot s}{\sigma/\sqrt{n}} \mid L = \mu + 0.84\sigma\right)$$

$$= P_r\left(\frac{(m - \mu)/(\sigma/\sqrt{n}) + 0.84\sqrt{n}}{s/\sigma} \leq \sqrt{n} \cdot k \mid L = \mu + 0.84\sigma\right)$$

$$= 0.8 \qquad (8.4.5)$$

ところで,確率変数 ν が平均値 δ, 標準偏差 1 の正規分布 $N(\delta, 1^2)$ に,また χ^2 が自由度 η の χ^2 分布に従うとき,確率変数

$$t = \nu/\sqrt{\chi^2/\eta} \qquad (8.4.6)$$

は,自由度 η,偏位 δ の非心 t 分布(noncentral t distribution)$t'(\eta;\delta)$ に従う[3]. 式 (8.4.5)の第3式で分子の $(m-\mu)/(\sigma/\sqrt{n})$ は正規分布 $N(0, 1^2)$ に従い,$(n-1)(s/\sigma)^2$ は自由度 $(n-1)$ の χ^2 分布に従うから,第3式の不等号の左辺は自由度 $(n-1)$,偏位 $0.84\sqrt{n}$ の非心 t 分布に従う.したがって,次式が得られる.

$$P_r\{t'(n-1;0.84\sqrt{n}) \leq \sqrt{n} \cdot k\} = 0.8 \qquad (8.4.7)$$

この式より,式(8.4.3)によって判定する抜取り試験のサンプル数 n と係数 k の関係を計算によって求めることができる.その結果の例を表 8.4.1(a)に示す[1].

これまではサンプル数 n の抜取り試験で,不良品率20%のロットが合格する確率(消費者危険)が20%,すなわち,良品率80%のロットが確率80%で不合格になるように,判定式(8.4.3)のサンプル数 n と係数 k の関係を求めてきた.一方,不良品率 p のロットにこの抜取り試験を適用した場合,不合格になる確率は以下のようにして求めることができる.すなわち,式(8.4.5)に含まれる正規分布の上側確率20%の係数 0.84 のかわりに,上側確率 $100p\%$ の係数 k_p を式(8.4.5)に代入して,第3式の確率の値を非心 t 分布を使って計算すればよい.その結果を図 8.4.1(a)に例示する[1].ただし,図では,不良品率 p のロットが合格する確率を示した.

実際の抜取り試験では,ロットから無作為に n 個のサンプルを抜き取って妨害波レベルを測定し,その結果から式(8.4.2)の標本平均 m と不偏分散 s^2 を計算する.その後,n に対応する係数 k の値を表 8.4.1(a)より求めて,式(8.4.3)により許容値 L に対するロットの合否を判定する.

表 8.4.1 抜取り試験(80%/80%)のパラメータ
(a) 非心 t 分布による抜取り試験

n	4	5	6	7	8	9	10	11	12
k	1.67	1.51	1.42	1.35	1.30	1.27	1.24	1.21	1.19

(b) 二項分布による抜取り試験

n	7	14	20	26	32	38
c	0	1	2	3	4	5

8.4.2 二項分布による抜取り試験

前項では,個々のサンプルの妨害波レベルを測定し,このデータからロットの妨害波レベルの分布を推定し,これを用いてロットの合否判定を行った(計量検査).これと異なり,個々のサンプルが許容値を満たすか否かのみを調べて,ロットの合否の判定を行うことができる(計数検査).

不良品率 p のロットから n 個のサンプルを抜き取ったとき,x 個の不良品が見つか

る確率は，二項分布より次式で与えられる．

$$\binom{n}{x}p^x(1-p)^{n-x} \qquad (8.4.8)$$

不良品が c 個以下ならば合格と判定する場合，ロットが合格になる確率は

$$P_r(x\leq c|p) = \sum_{x=0}^{c}\binom{n}{x}p^x(1-p)^{n-x} = \alpha \qquad (8.4.9)$$

となる．したがって，不良品率20％のロットが確率80％で不合格になるための抜取り試験のサンプル数 n と不良品の許容数 c の関係は，上式に $p=0.2$, $\alpha=0.2$ を代入すれば求めることができる．その結果を表8.4.1(b)に示す[1]．

サンプル数 n，不良品許容数 c の抜取り試験で，不良品率 p のロットが合格する確率は，式(8.4.9)の第2式の確率の値を計算すればよい．その結果を図8.4.1(b)に例示する[1]．

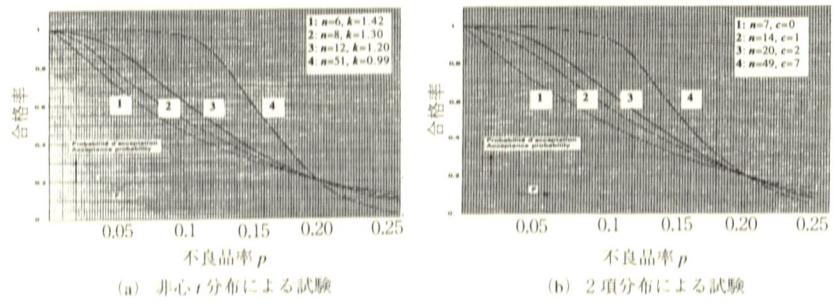

(a) 非心 t 分布による試験　　(b) 2項分布による試験

図 8.4.1　抜取り試験の検出力

実際の試験では，ロットから無作為に n 個のサンプルを抜き取り，その妨害波レベルを測定して許容値を満足しない不良品の個数 j を求める．この j が表8.4.1(b)の n に対する c 以下であれば，ロットを合格とする．　　　　　　（杉浦　行）

文　献

1) CISPR 16 (1987) : CISPR Specification for Radio Interference Measuring Apparatus and Measuring Methods.
2) 清水康敬，杉浦　行編著：電磁妨害波の基本と対策，電子情報通信学会，pp.180-182, 1995.
3) 北川敏男：推測統計学I，岩波書店，p.89, 1958.

8.5　イミュニティ試験機器

本節ではイミュニティ試験に用いられる，主要な電流・電圧や電磁界の印加装置について述べる．

8.5.1 静電気放電試験器

静電気に帯電した金属物体や人体からの放電を模擬するイミュニティ試験で，コンデンサ方式のものと羽根方式の2種類がある．

a. コンデンサ方式試験器

直流の高電圧電源でコンデンサを充電し，充電された電荷を導体や供試機器に放電させる方式である．図8.5.1にIEC規格[1]に採用されている，コンデンサ式静電気

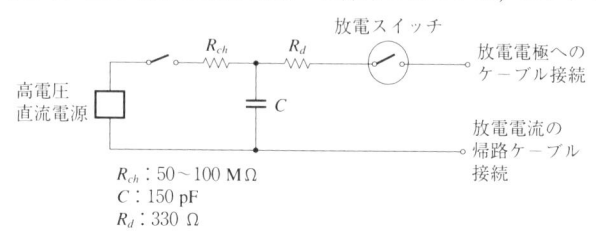

R_{ch} : 50〜100 MΩ
C : 150 pF
R_d : 330 Ω

図 8.5.1 コンデンサ方式静電気放電発生器の回路
(IEC 61000-4-2)

放電試験器の回路を示す．IEC規格では当初，放電スイッチを設けず放電電極を供試機器などに接近させて放電させる方式を採用していたが，試験結果の再現性を得るのが困難であるなどの理由により，図8.5.2に示す放電電極を用いてこれを供試機器などに接触させた後，放電スイッチでコンデンサの電荷を放電する方式に改められている．なお，接触放電が適切でない場合には図8.5.2(a)に示す気中放電用の電極を使用する．また，コンデンサ式電気放電試験器の出力電流波形を図8.5.3に，その特性値を表8.5.1に示す．

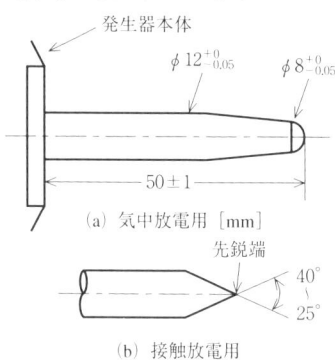

図 8.5.2 静電気放電試験用の放電電極(IEC 61000-4-2)

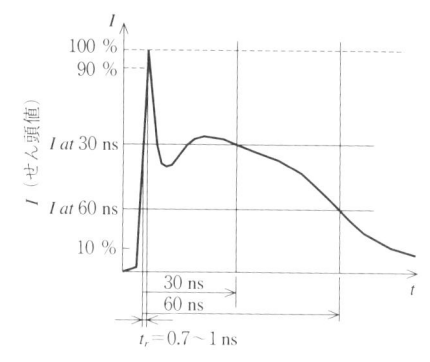

図 8.5.3 コンデンサ方式静電気放電試験器の出力電流波形

b. 羽根方式試験器

図8.5.4に示すように，2枚の交差した金属板(羽根)のもつ静電容量に電荷を充電する方式で，放電の印加繰り返し周期が電源周波数周期と早いため，コンデンサ式に

8.5 イミュニティ試験機器

表 8.5.1 コンデンサ方式静電気放電試験器の出力電流波形の特性値(IEC 61000-4-2)

厳しさの レベル	表示電圧 [kV]	放電電流の最初の ピーク値 [A](±10%)	放電スイッチによ る立上り時間 [ns]	30 ns における 電流値 [A](±30%)	60 ns における 電流値 [A](±30%)
1	2	7.5	0.7~1	4	2
2	4	15	0.7~1	8	4
3	6	22.5	0.7~1	12	6
4	8	30	0.7~1	16	8

比べ供試機器などにとっては厳しい試験になるといわれている.

8.5.2 サージ試験器

雷放電などによって電源線，通信線や信号線に誘導されるサージ電圧，電流を模擬するイミュニティ試験器である．

a. サージ発生器

IECの規格[2]では負荷のインピーダンスが高い場合は $1.2/50\,\mu\mathrm{s}$ の電圧サージを，低い場合は $8/20\,\mu\mathrm{s}$ の電流サージを印加する回路として，図 8.5.5 に示す回路が採用されている．同図に示

図 8.5.4 羽根方式静電気放電発生器の回路

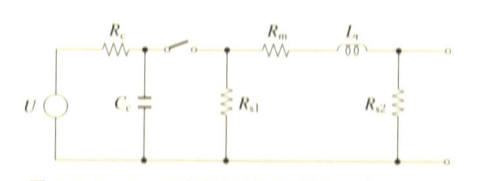

図 8.5.5 サージ試験波形発生回路($1.2/50\,\mu\mathrm{s}$，$8/20\,\mu\mathrm{s}$ 用)(IEC 61000-4-5)
U: 高電圧源，R_s: パルス幅成形抵抗，R_c: 充電抵抗，R_m: インピーダンス整合抵抗，C_c: エネルギー蓄積用コンデンサ，L_r: 立上り時間成形インダクタ

す回路はコンビネーション波形発生回路と呼ばれており，本回路で発生するサージ電圧・電流波形を図 8.5.6 に示す．また，図 8.5.7 はITU-T (旧 CCITT) の勧告[3]に基づきIECの規格[2]に採用されている通信線用のサージ発生回路とその波形で，同図に示す発生回路は $10/700\,\mu\mathrm{s}$ のサージを発生する．

b. サージの結合/減結合回路

結合/減結合回路(coupling decoupling circuit)は，供試機器にサージ電圧あるいは電流を印加する場合，供試機器の電源供給側や供試機器の対向装置にはサージ電圧あるいは電流が回り込まないようにするものである．図 8.5.8 に交流および直流電源線へサージを印加する場合の結合/減結合回路を示す．また，図 8.5.9，図 8.5.10 にそれぞれ平衡通信線用(ライン-ライン間)，平衡通信線用(ライン-グラウンド間)の結合/減結合回路を示す．平衡通信線用の結合/減結合回路の場合，供試機器の通常動作を維持した状態でサージ試験を行うため，図 8.5.10 に示すように結合素子にはガスチューブアレスタを採用している．

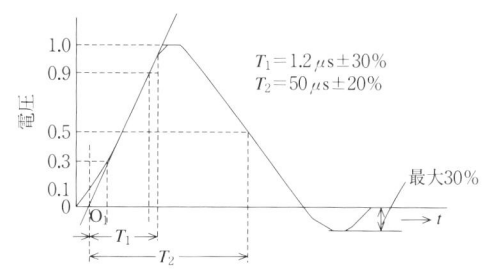

(a) 高インピーダンス負荷用電圧波形（1.2/50 μs）

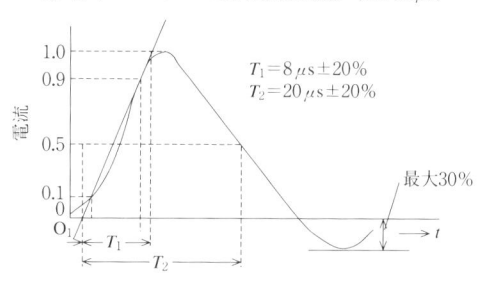

$T_1 = 1.2\,\mu\text{s} \pm 30\%$
$T_2 = 50\,\mu\text{s} \pm 20\%$
最大30%

(b) 低インピーダンス負荷用電流波形（8/20 μs）

$T_1 = 8\,\mu\text{s} \pm 20\%$
$T_2 = 20\,\mu\text{s} \pm 20\%$
最大30%

図 8.5.6 サージ試験波形発生回路（1.2/50 μs，8/20 μs 用）（IEC 61000-4-5）

(a) 10/700 μs 電圧サージ波形発生回路

$R_{m1} = 15\,\Omega$　$R_{m2} = 25\,\Omega$
$C_c = 20\,\mu\text{F}$　$R_s = 50\,\Omega$　$C_r = 0.2\,\mu\text{F}$ または $2\,\mu\text{F}$

U：高電圧源
R_c：充電抵抗
C_c：エネルギー蓄積用コンデンサ
R_s：パルス幅成形抵抗
R_m：インピーダンス整合抵抗
C_r：立上り時間成形コンデンサ

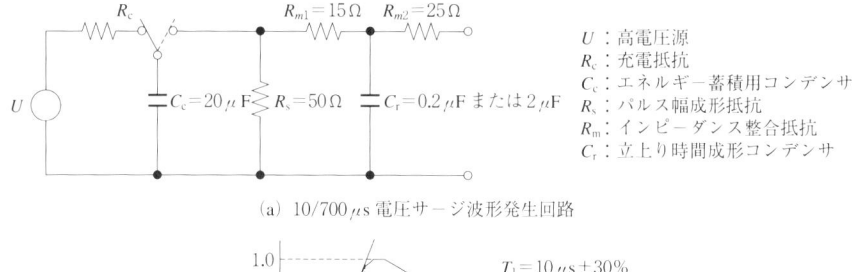

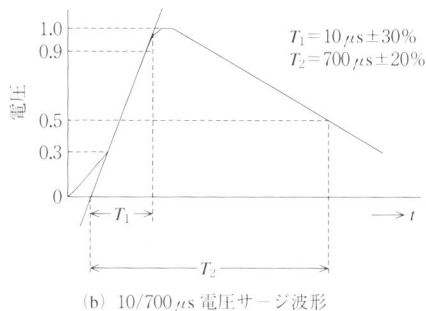

(b) 10/700 μs 電圧サージ波形

$T_1 = 10\,\mu\text{s} \pm 30\%$
$T_2 = 700\,\mu\text{s} \pm 20\%$

図 8.5.7 通信線用のサージ発生回路（10/700 μs）とその波形
（IEC 61000-4-5）および ITU-T Rec. K.17）

8.5 イミュニティ試験機器

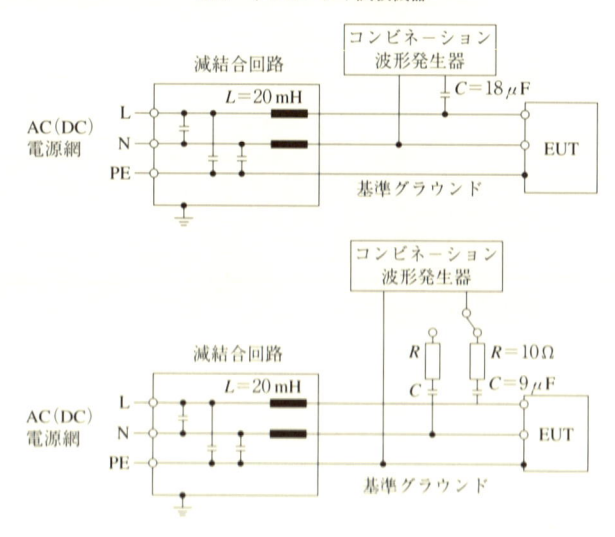

図 8.5.8 交流および直流電源線へサージを印加する場合の結合/減結合回路(IEC 61000-4-5)

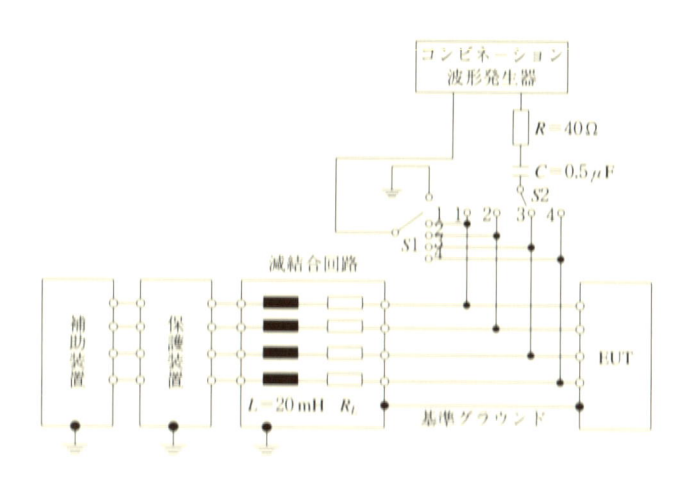

図 8.5.9 不平衡通信線へサージを印加する場合(ライン-ラインの間)の結合/減結合回路(IEC 61000-4-5)

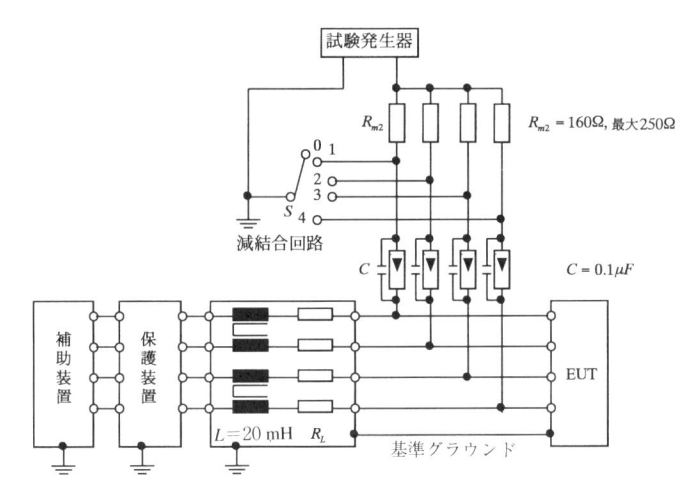

図 8.5.10 平衡通信線へサージを印加する場合(ライン-グラウンド間)の結合/減結合回路(IEC 61000-4-5)

8.5.3 ファーストトランジェント試験器

電気・電子機器の誘導性負荷の継続やリレー接点のチャタリングなどに起因して発生する過渡的なパルスノイズを模擬する試験器である.

a. ファーストトランジェント/バースト発生器

図 8.5.11 に，IEC 規格[4] が採用しているファーストトランジェント/バースト発生器の回路を示す．同発生器の 50Ω 負荷でのパルス波形を図 8.5.12 に，バースト波形ならびに出力電圧とパルス繰り返し周波数の関係をそれぞれ図 8.5.13，表 8.5.2 に示す.

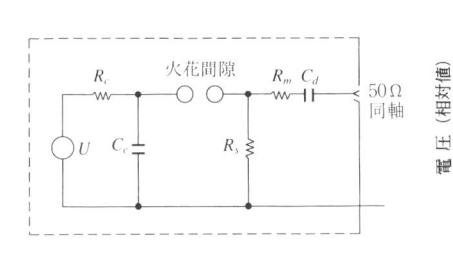

図 8.5.11 ファーストトランジェント/バースト発生器の回路(IEC 61000-4-4)
U：高電圧源，R_s：インパルス幅成形抵抗，R_c：充電抵抗，R_m：インピーダンス整合抵抗，C_c：エネルギー蓄積用コンデンサ，C_d：直流阻止コンデンサ

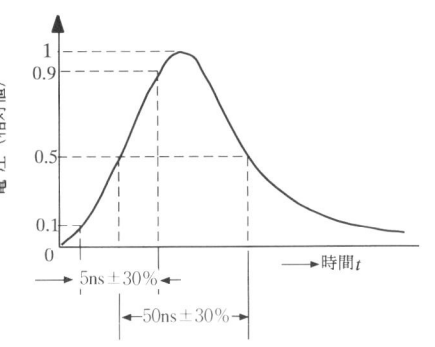

図 8.5.12 50Ω 負荷でのファーストトランジェント/バースト発生器のパルス波形(IEC 61000-4-4)

8.5 イミュニティ試験機器

表 8.5.2 出力電圧とパルス繰り返し周波数の関係(IEC 61000-4-4)

出力電圧ピーク値 [kV]	繰り返し周波数 [kHz](±20%)
0.125	5
0.25	5
0.5	5
1.0	5
2.0	5
2.0	2.5

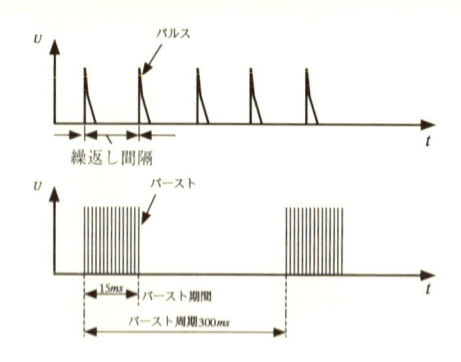

図 8.5.13 ファーストトランジェント/バースト発生器のバースト波形(IEC 61000-4-4)

b. ファーストトランジェント/バーストの結合/減結合回路

交流・直流の電源線に対する結合/減結合回路を図8.5.14に，電気回路的な接続を行うことなくファーストトランジェント/バースト波形を印加できる容量性結合クランプを図8.5.15に示す．

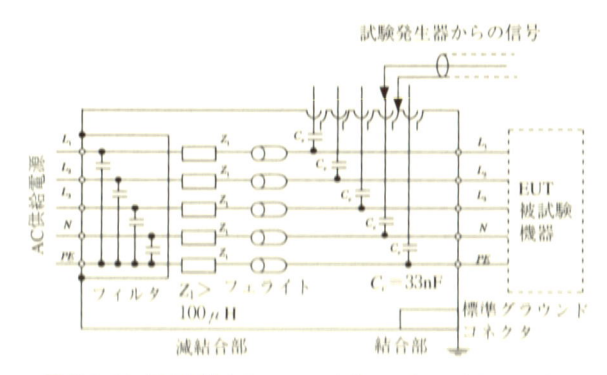

図 8.5.14 電源に対するファーストトランジェント/バーストの結合/減結合回路(IEC 61000-4-4)

8.5.4 伝導連続波に対するイミュニティ試験器

電源線や通信線がアンテナの作用をして機器に混入する電磁妨害波を，信号発生器で模擬して供試機器の電源線や通信線に印加する試験器である．

IEC規格[5]が採用している交流・直流の電源線に対する結合/減結合回路を図8.5.16に示す．図8.5.16に示す結合/減結合回路は，電源線が単線，2線，3線のいずれの場合にも適用できるもので，わが国のように電源線が2線の場合は同図のN, L端子に電源線を接続する．単線，2線，3線のそれぞれの場合で結合回路の抵抗とコンデンサの定数が異なる点に注意が必要である．一方，通信線の場合は電源線

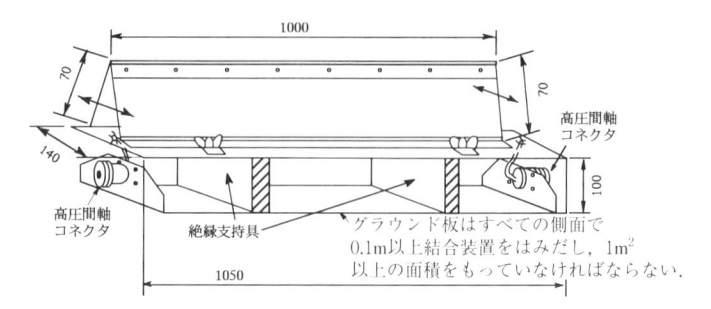

図 8.5.15 容量性結合クランプ(IEC 61000-4-4)
結合部とすべての他の導電構造物との距離は被試験ケーブルとグラウンド板を除いて 0.5m 以上なければならない.

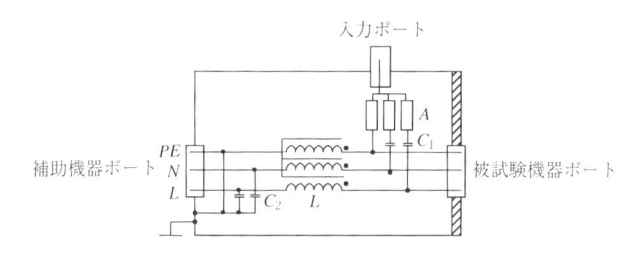

図 8.5.16 電源線に対する伝導連続波イミュニティ試験用の結合/減結合回路(IEC 61000-4-6)
CDN-M3. C_1(typ) = 10 nF. C_2(typ) = 47 nF. A = 300 Ω,
 $L \geq 280\ \mu$H at 150 kHz.
CDN-M2. C_1(typ) = 10 nF. C_2(typ) = 47 nF. A = 200 Ω,
 $L \geq 280\ \mu$H at 150 kHz.
CDN-M1. C_1(typ) = 22 nF. C_2(typ) = 47 nF. A = 300 Ω,
 $L \geq 280\ \mu$H at 150 kHz.

と異なり,線の種類が平衡/不平衡,シールド有/無,一対/多対とさまざまなものがある.基本的には各タイプの通信線用の結合/減結合回路が必要であるが,通信線に対する伝導連続波イミュニティ試験では,供試機器と対向通信機器との間で送受する信号伝送に影響を与えずに電磁妨害波を印加できることが必須であり,現時点では一部の通信線に対する結合/減結合回路が明確となっているのみである.図 8.5.17 に通信線用の例として,平衡 2 線用と平衡 4 線用の結合/減結合回路を示す.

8.5.5　電力周波数磁界試験機

電力周波数の磁界に供試機器が曝された状態を模擬するもので,交流磁界を発生する誘導コイルと,誘導コイルに試験電流を印加する試験電流発生器とで構成される.

a. 誘導コイル

IEC 規格[6]が採用している卓上型供試機器の試験を行うための標準的な誘導コイ

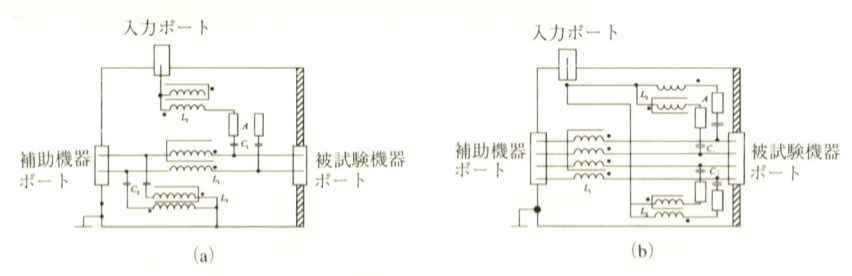

図 8.5.17 通信線に対する伝導連続波イミュニティ試験用の結合/減結合回路(IEC 61000-4-6)
(a) $C_1 = 10\text{nF}$, $C_2 = 47\text{nF}$, $A = 200\Omega$, $L_1 \geq 280\mu\text{H} at$ 150kHz, $L_2 = L_3 = 6\text{mH}$ (when C_2 and L_3 are not used. $L_1 \geq 30\text{mH}$
(b) $C(typ) = 5.6\text{nF}$, $A = 400\Omega$, $L_1 \geq 280\mu\text{H} at$ 150kHz, $L_2 = 6\text{mH}$

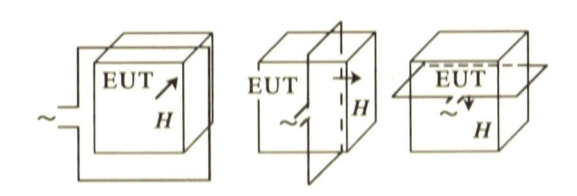

図 8.5.18 卓上型供試験器に対する電力周波数磁界試験用の標準的な誘導コイル(IEC 61000-4-8)

ルを図8.5.18に示す.このコイルは一辺が1mの正方形(または直径が1mの円)に変形したもので,この標準方形コイルがつくる試験空間は 0.6m×0.6m×0.5m(高さ)である.また,床置型供試機器の試験を行うための誘導コイルの例を図8.5.19に示す.床置型供試機器の場合は,誘導コイルは供試機器を被うことができるものが必要であり,コイルの寸法は供試機器の外壁とコイル導体との最小距離が,コイル辺長の20%以上となるように設定する.このコイルがつくる試験空間は,(一方の辺の60%)×(他方の辺の60%)×(短い方の辺の50%=奥行)である.

b. 試験電流発生器

図8.5.20に電力周波数磁界試験用の試験電流発生器の回路を示す.出力電流の波形は正弦波である.

8.5.6 パルス性および減衰振動性磁界試験器

パルス性磁界は,ヒューズや保護リレーなどの保護装置が作動しないような短い時間に発生する磁界を,また,減衰振動性磁界は,中電圧,高電圧変電所で電圧の切り替えによって発生する磁界を発生するものである.

a. 誘導コイル

磁界を印加する誘導コイルは,電力周波数磁界試験の場合と同様である.

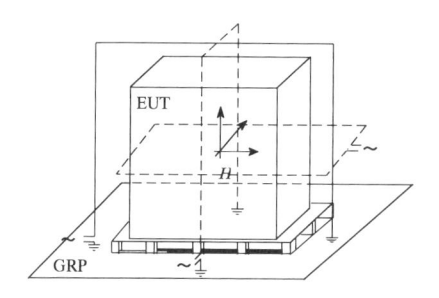

図 8.5.19 床置型供試験器に対する電力周波数磁界試験用の標準的な誘導コイル (IEC 61000-4-8)

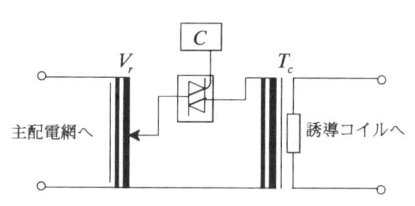

図 8.5.20 電力周波数磁界の試験電流発生回路 (IEC 61000-4-8)
V_r：電圧レギュレータ，C：制御回路，T_c：変流器

b. パルス性磁界の試験電流発生器

IEC 規格[7]が採用しているパルス性磁界の試験電流発生回路を図 8.5.21 に，同回路の出力電流波形は図 8.5.22 に示すように，立上り時間が 6.4 μs，継続時間が 16 μs となっている．

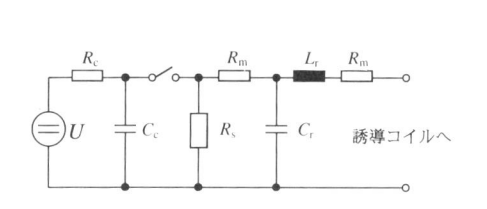

図 8.5.21 パルス性磁界の試験電流発生回路 (IEC 61000-4-9)
L_r：立上り時間形成インダクタ，R_s：パルス幅整合抵抗

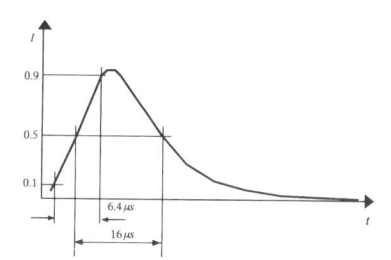

図 8.5.22 パルス性磁界の試験電流発生回路の出力電流波形 (IEC 61000-4-9)

c. 減衰振動性磁界の試験電流発生器

IEC 規格[8]が採用している減衰振動性磁界の試験電流発生回路を図 8.5.23 に，同回路の出力電流波形を図 8.2.24 に示す．発振周波数は 100 kHz と 10 MHz（±10 %）の 2 種類で，繰り返し率は 100 kHz の場合は少なくとも 1 秒間に 40 回過渡波，10 MHz の場合は少なくとも 1 秒間に 400 回の過渡波を発生する仕様となっている．

(雨宮不二雄)

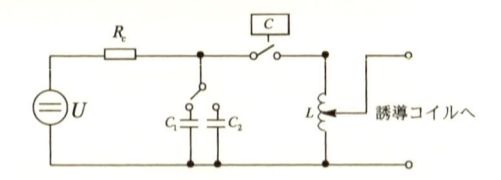

図 8.5.23 減衰振動性磁界の試験電流発生回路（IEC 61000-4-10）

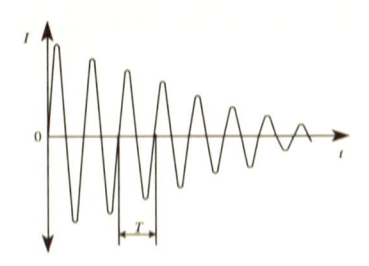

図 8.5.24 減衰振動性磁界の試験電流
発生回路の出力電流波形
（IEC 61000-4-10）
$T=1/\mu s$（1MHz）と $10\mu s$（0.1MHz）

文　献

1) IEC 61000-4-2 : Electrostatic discharge immunity test.
2) IEC 61000-4-5 : Surge immunity test.
3) ITU-T Recommendation K.17 : Tests on power fed repeaters using solid state devices in order to check the arrangements for protection from external interferences.
4) IEC 61000-4-4 : Electrical fast transient burst/immunity test.
5) IEC 61000-4-6 : Immunity to conducted disturbances, induced by radio frequency fields.
6) IEC 61000-4-8 : Power frequency magnetic field immunity test.
7) IEC 61000-4-9 : Pulse magnetic field immunity test.
8) IEC 61000-4-10 : Damped oscillatory magnetic field immunity test.

8.6　測　定　設　備

　EMC測定および試験に使用する測定設備は国際電気標準会議（IEC）のCISPRやTC 77委員会などの国際標準化会議で種々の議論がされている。これらの設備を分類すると大まかには図8.6.1に示すようになる。電磁環境試験に関する項目としては、電子装置から放射される電磁波のレベルを試験するエミッション試験と電子装置に人工的に妨害波を印加して、どの程度のレベルまで正常に動作するかを試験するイミュニティ試験の二つに分類される。

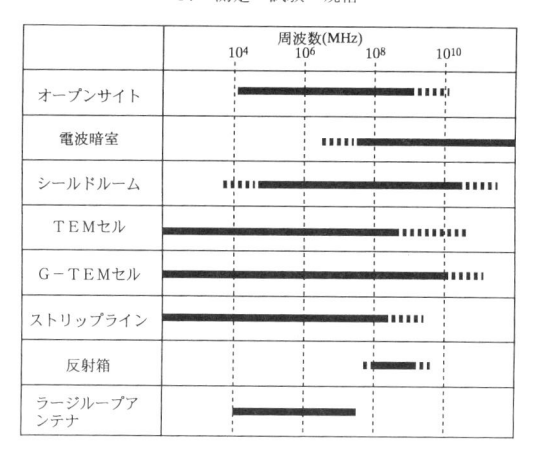

設備	周波数(MHz) 10^4　10^6　10^8　10^{10}
オープンサイト	
電波暗室	
シールドルーム	
TEMセル	
G-TEMセル	
ストリップライン	
反射箱	
ラージループアンテナ	

図 8.6.1　EMC 測定設備とその適用周波数帯域

エミッション試験については電子装置から直接空間に放射される電磁波と電源線や通信線を介して放射される電磁波の試験に分類され，前者の試験には，基本的な試験設備としてはオープンサイト[1]が指定され，その代替え試験設備として，全天候型オープンサイト[2]や電波半無反射室[3]がある．一方，後者の試験には，オープンサイトや電波暗室も使用されるが，主にシールドルームが使用される．

イミュニティ試験については，試験設備の面からはエミッションと同様に直接空間を介して電子装置に進入する電磁妨害波，電源線や通信線などのケーブルを介して進入する電磁妨害波，静電気やサージなどのパルス性の電磁妨害波，電源線変動などに対するものに大きく分類される．空間を介して進入する電磁妨害波に対する試験には電波暗室や TEM セルが使用され，規格によっては，シールドルームが使用されることもある．伝導性やパルス性の電磁妨害波については，主にシールドルームが使用される．

ここでは，これら電子装置の電磁環境試験に使用する設備について述べる．

8.6.1　オープンサイト
a.　オープンサイト

オープンサイト (open site) は図 8.6.2 に示すように周囲に反射物のない半無限空間である．わかりやすくいえば，学校の校庭のような場所を模擬している．このオープンサイトの一点に供試装置を置き，たとえば 10 m といった一定距離離れた位置で電界強度を受信アンテナを用いて測定する．この場合，受信アンテナに到来する供試装置から放射される電磁波は直接波と地面に反射した電磁波の2種類あるので，これらが干渉を起こし，受信アンテナの高さにより電磁界の強度が変化する．そのため，一般的には受信アンテナの高さを変化させる．たとえば，CISPR 22 では 1 m〜

8.6 測定設備

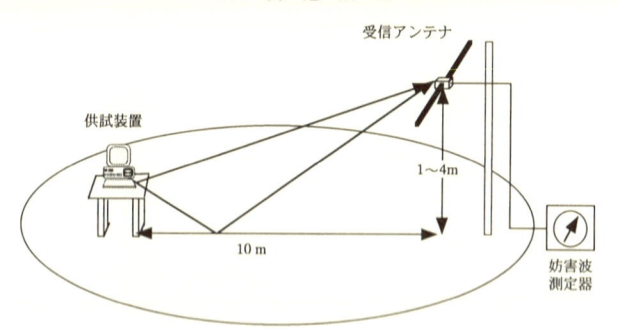

図 8.6.2 オープンサイトの基本構造

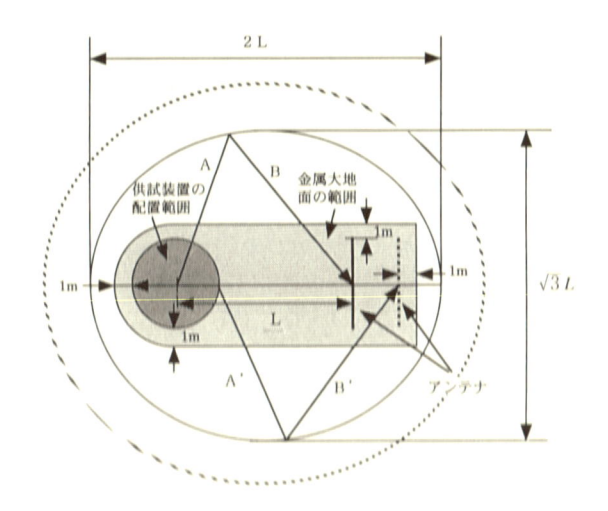

図 8.6.3 オープンサイトのグラウンドプレーンの寸法，反射物のない範囲
$A + B \geq 2L$, $A' + B' \geq 2L$

4mまで変化させ，その最大値を測定している．

実際には周囲に反射物のない空間を模擬することは困難であり，CISPR 22[1]では図8.6.3に示すように，被測定装置の位置と測定用アンテナの位置を焦点とする直径2L，短径$\sqrt{3}L$楕円の範囲内に反射物がないことを要求している．ここではLは供試装置とアンテナとの距離である．これは供試装置から放射された電磁波が直接アンテナに到達するのに対して周囲反射物で反射した電磁波の伝搬距離が2倍，すなわち，

$$A + B \geq 2L \tag{8.6.1}$$

の関係にある位置に反射物がないことを意味している.

供試装置もアンテナもオープンサイトに対して，その大きさが無視できる範囲であればそれでよいのであるが，実際には，供試装置の大きさはさまざまであり，中にはその大きさが 5 m を超えるようなものまである．したがって，このような場合は，供試装置などの大きさを考慮して，反射物のない範囲を図 8.6.3 に示すように大きめにとる．すなわち

$$A'+B' \geqq 2L \qquad (8.6.2)$$

も満足することが望ましい．CISPR 22[1] では，3 m の測定距離の測定用オープンサイトに対しては反射物のない範囲を供試装置の仮想の外周線から 3 m 以上と規定している．

オープンサイトの大地面は再現性をよくするために金属が使用される．金属大地面の大きさは CISPR では供試装置やアンテナの端から 1 m と規定されている[1]．これも，図 8.6.3 に示すように，供試装置が大きくなると受信アンテナの位置が変わったり，受信アンテナの大きさも同調ダイポールを使用した場合は 30 MHz で約 5 m となるので，測定可能な供試装置の大きさや使用するアンテナの大きさを考慮して決める必要がある．また，金属大地面の大きさは，後で述べるサイト減衰量の測定を考慮した場合，オープンサイトの構造によっては，さらに広い金属大地面が必要であることが指摘されている[5]．

実際に使用するオープンサイトがどの程度半無限空間を模擬しているかを示す指標としてサイト減衰量 (site attenuation) がある．これは供試装置のかわりに送信アンテナを置き，送信アンテナと受信アンテナ間の電波の減衰量を測定し，それを理想的なオープンサイトで得られた結果と比較するものである．理想的なオープンサイトの結果としては，半無限空間におけるサイト減衰量の理論値が使用される[6]．

従来サイト減衰量は使用するアンテナをダイポールアンテナに限定して測定していたが，最近 CISPR などではバイコニカルアンテナなどの広帯域アンテナでも測定を行えるようにするために，アンテナファクタを用いてアンテナ位置での電界強度に換算して行う方法が使用されている[1]．

オープンサイトの主な使用周波数帯域は供試装置から放射される電磁波の測定に使用される 30 MHz から 1 GHz であり，サイト減衰量の規定値もこの周波数帯で規定されている．

b. 全天候型オープンサイト

オープンサイトは理想的な半無限空間に近いものであるが，雨や温度などの天候の影響を受けやすい問題点がある．そこで，被測定装置の部分は FRP などの電波に対して比較的透明な材料を用いて覆い，その中に空調を施した全天候型のオープンサイトが一般的に使用されている．しかしながら，FRP といえども周波数によっては影響が出る場合があるので，サイト減衰量などで十分なチェックが必要である．全天候サイトの例を図 8.6.4 に示す．図に示すようにアンテナと供試装置の両方を覆ったものと供試装置の部分を覆ったものがある．

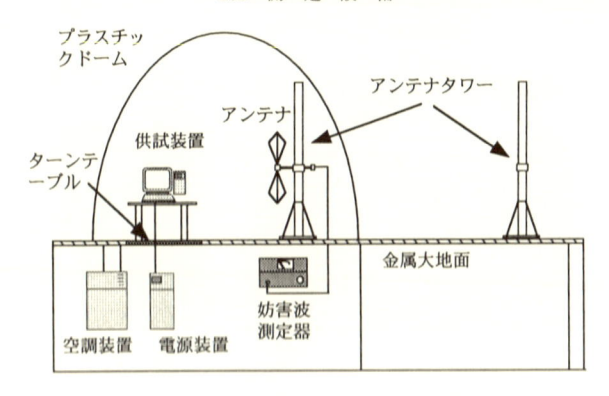

図 8.6.4 全天候型オープンサイトの構造例

　オープンサイトは比較的費用が安く，特性のよいものができる利点があるが，TV電波などの外来の電波の影響を避けるため，都市から離れた山間部に設置する必要がある．それでも，日本国内では，外来電波の影響を受けない場所は皆無に近く，最近はイミュニティ試験との併用も含めて電波無反射室が多く使用されるようになってきている．

8.6.2 電波無反射室
　電波無反射室は電波暗室や電波無響室（anechoic chamber, absorber lined chamber）とも呼ばれ，部屋の周囲に電波吸収体を配置して，到来する電波をすべて吸収させ，電波に対する無響空間を実現しているものである．構造により，床の部分を金属にして半無限空間を模擬した半無反射室（semi-anechoic chamber）と床にも吸収体を配置した全無反射室（full anechoic chamber）がある．前者はオープンサイトのかわりとして電子装置のエミッションレベルの測定に使用されている．後者は，オープンサイトを模擬していないため，EMC測定ではアンテナの評価などで使用されたにすぎなかったが，電子装置やアンテナから放射される電磁波が床の反射の影響を受けないため，最近はイミュニティ試験や1 GHzを超える高い周波数でのEMC測定に応用が期待されている．
　情報技術装置などから放射される電磁波の測定は30 MHzから1 GHzである．しかし，吸収体の種類によりその特性は大きく異なり，くさび形の電波吸収体を用いたものは10 GHz以上でも十分な吸収性能をもっている．

a. 電波半無反射室
　電波無反射室の床面を金属にして半無限空間を模擬したものが電波半無反射室と呼ばれ，オープンサイトの代替えサイトとして使用される．半無反射室の構造を図8.6.5に示す．
　エミッション試験に使用する電波半無反射室はシールドルームの内壁に電波吸収体

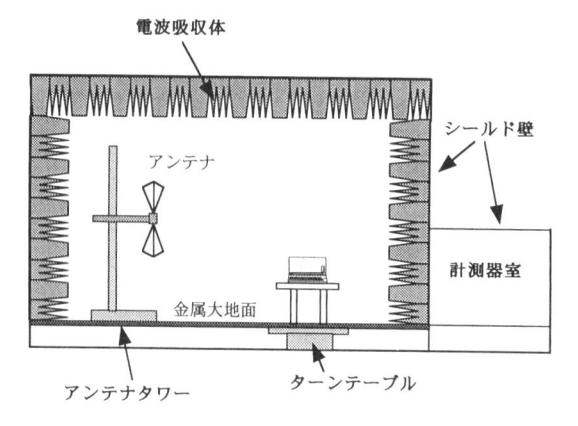

図 8.6.5 電波半無反射室の構造例

を配置したもので，電源線や空間を介して外部から到来する電磁ノイズを除くことができるので，供試装置から発生する電磁ノイズのみを測定できる．そのため，測定に影響のある電波が多く利用されている都市部での測定によく使用される．

電波半無反射室は供試装置から 3 m 離れた距離でのエミッション測定用のものが最初に実用化された．その後電波吸収体や設計法の開発が進み，10 m 離れた距離でのエミッション測定用の電波無反射室も実用化されている[3]．

また，床面の一部に電波吸収体を敷くことにより，イミュニティ試験にも使用されている．

b. 電波全無反射室

全無反射室は床面にも電波吸収体を敷いたもので自由空間を模擬している．そのため，人工衛星のアンテナなど自由空間にあるアンテナの測定に広く使用されている．

EMC 測定には，従来は基準となるオープンサイトとの相関性が明確でないため，使用されることはなかった．しかし，電子機器のエミッションやイミュニティ試験の周波数範囲の拡大で CISPR などが議論されるようになり，床面に電波吸収体などを配置した金属大地面の反射波の影響のない全無反射室が注目されている．

8.6.3 シールドルーム

シールドルーム(shielded room)は周囲を金属壁で覆い，電源線などの内部と出入りするケーブルにはフィルタを挿入することにより，部屋の内外を電磁的に遮断し，外来のノイズが室内に侵入しないように，また室内で発生したノイズが外に出ないようにした部屋である．シールドルームの構造を図 8.6.6 に示す．シールドルームには図に示すように，金属のパネルを互いに金属のベルトで押さえたプレハブ構造のものや金属板をはんだづけや溶接により接続したものがある．外部からノイズが侵入しないように，電源線や火災報知機などの信号線にはフィルタが挿入されており，シー

8.6 測定設備

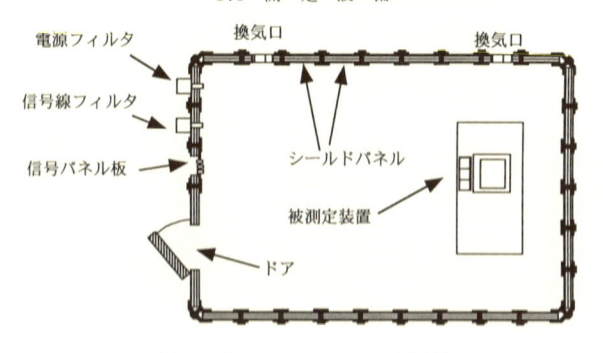

図 8.6.6 シールドルームの構造例

ルドルーム内に置かれた擬似電源回路網やアンテナと外部に置かれた妨害波測定器を同軸ケーブルで結ぶための信号パネル板が取り付けられている．換気口には，高い周波数でもシールド特性が落ちないようにハニカム状の網を用いたものがある．ドアにも開閉ができてシールド特性を落とさないためのさまざまな工夫がされている．しかしながら，金属壁やフィルタについても，数 kHz 以下の低い周波数では高周波電流が壁面に流れた場合，表皮効果により反対側の壁にも電流が現れてしまうので，そのシールド材料や構造について十分な注意が必要である．一方周波数が高くなり数十 GHz 以上となると，少しの隙間があっても電磁波は漏れてしまうので，その構造に対しても十分な注意が必要である．

シールドルームは，その内側に電波吸収体を貼付して電波無反射室に用いたり，そのままで伝導性妨害波の測定に使用している．伝導性妨害波の測定周波数は，規格にもよるが 10 kHz 程度から 100 MHz 程度までであり，この周波数帯域では比較的簡単にシールドルームが実現できる．

8.6.4 TEMセル

同軸ケーブルに信号を流すと，外導体に流れる電流と内導体に流れる電流の向きが逆になり，それにより信号の伝搬方向に電界成分も磁界成分もない伝送モードが発生する．このモードを TEM モード (transverse electromagnetic mode) と呼んでいる．伝送路が整合終端されていれば，伝搬方向に電磁界分布が変化しない電界強度および磁界強度が一定な空間を実現できる．TEM セルは TEM モードの波を用いたイミュニティ試験用の設備であり，TEM 波によって発生する電磁界の中に供試装置を設置することにより試験を行う．また，TEM 波の電磁界分布は直流から変化しないので，直流から伝送路に TEM モード以外の伝送モードが発生するまでの非常に広い周波数範囲で試験が可能となる特徴がある．

現在，よく使用されているのは，同軸型の構造をもつ，いわゆる TEM セルとその改良型である GTEM セル，平衡型の構造をもつストリップラインが有名である．以下

これらの概要について述べる.

a. TEM セル

TEM セルは図 8.6.6 に示すように同軸ケーブルの外導体を矩形にし,内導体を平板にし両端を絞ってそこに同軸のコネクタを取り付けたもので,NBS(National Bureau of Standards)(現 NIST:National Institute of Standard and Technology)で標準となる均一な電磁界を発生させる装置として開発された[6]. 内部導体と外部導体の形状を調整することにより,特性インピーダンスを変化させることができるが,50 Ω にするのが一般的である.内部の電磁界分布は矩形の同軸型をしているため均一とはならず,試験できる供試装置の範囲は電極間隔の 1/3 程度までである.また,一種のシールドルームとなっているので,電源線や信号線にはフィルタが必要である.

TEM セル内に発生する電界強度 E と入力電力 P の関係は

$$E = \sqrt{R \cdot P}/h \qquad (8.6.3)$$

と表される.ここで R は TEM セルの特性インピーダンス,h は外部導体と内部導体の電極間隔である. R と h は TEM の構造により決まり,また,P は,高次モードが発生する周波数までは内部の信号の伝搬損失もほとんどないので,終端のかわりに減衰器とパワーメータを用いれば非常に正確に測定できるので,正確な電界界が発生できる.構造も簡単であるため,小型の電界センサの校正にも利用できる.一方,欠点は周波数帯域が狭いことで,電極間隔が 35 cm のもので,DC～150 MHz 程度である.電波吸収体を挿入することにより周波数帯域を広げたものもあるが,これは通過電力と電界強度の関係が明らかにされていないので,電界センサ校正に利用するときには注意が必要である.

TEM セルは自動車部品や TV 受信機などのイミュニティ試験に使用されているが[2,4],SAE(Society of Automotive Engineers)で IC(integrated circuit)のエミッション試験にも適用されるようになっている[7].

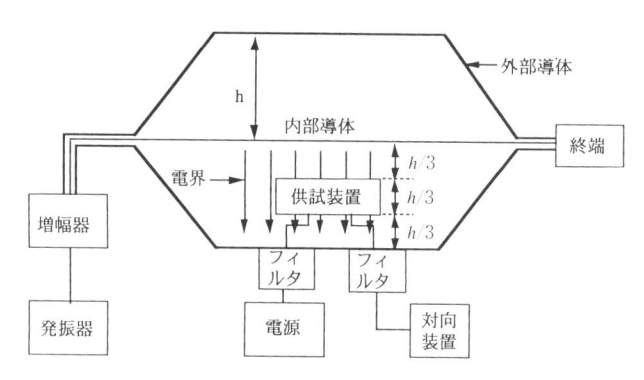

図 8.6.7 TEM セルの構造とイミュニティ試験方法

b. GTEM セル

GTEM セルは，図 8.6.8 に示すように，TEM セルのテーパの部分を用いその一方の端に抵抗終端と電波吸収体を設けたもので，ABB(Aera Brown Boveri)により開発された[6]．

特徴は終端方向に伝搬する TEM モードの電磁波を抵抗終端と電波吸収体により吸収してしまい反射波がないことと，伝送路上に境界条件の大きく変化するところがないので高次モードが発生しにくいことである．このため，広い周波数帯域で TEM セルとして使用できる[4]．しかし，抵抗型の終端と電波吸収体との整合の問題や内部は一端を除いて金属壁であるので，内部に大きな反射体が入った場合，どのような現象が生じるのかまだよくわかっていないなどさらに検討する必要がある．

図 8.6.8 に発生する電界強度の周波数特性の測定例を示す．この測定は電極間隔が 1.4 m の位置の電極間の中心を基準として前後左右計 5 点の電界強度を測定し，その平均，最大値，最小値を示したものである．理論値は式(8.6.3)を用いて求めた

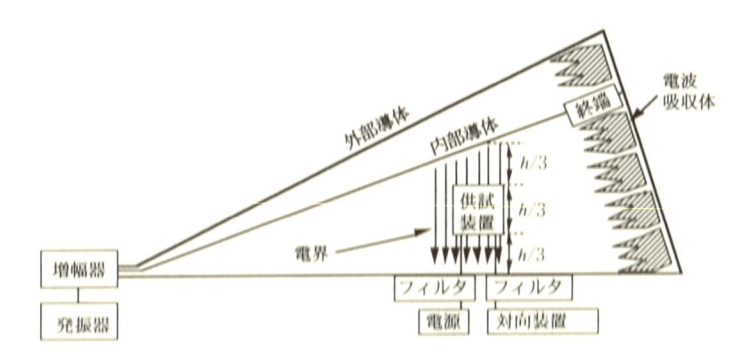

図 8.6.8 GTEM セルの構造とイミュニティ試験法

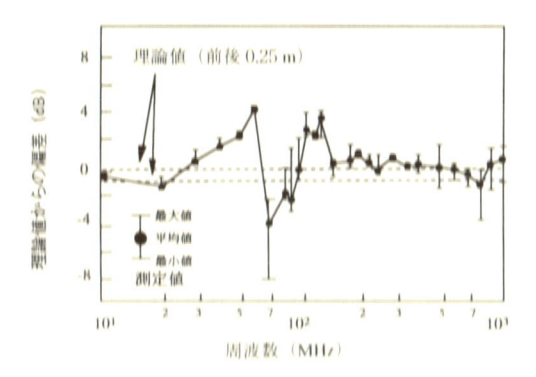

図 8.6.9 GTEM セル内の電界強度の測定例

値である．100 MHz 付近で理論値よりのずれが大きいのは，この部分で抵抗型の終端での吸収と電波吸収体での吸収との移行点であるからと思われる．図より，全体として，理論値に近い電界強度が発生していることがわかる．

GTEM セルは周波数帯域が広いことと，TEM セルに比べて小型であるので，イミュニティ試験[4]だけでなくエミッション試験にもオープンサイトのかわりとして使用されている．

c. ストリップライン

ストリップライン(strip line)[2]は，図 8.6.10 に示すように平行な 2 枚の金属板の

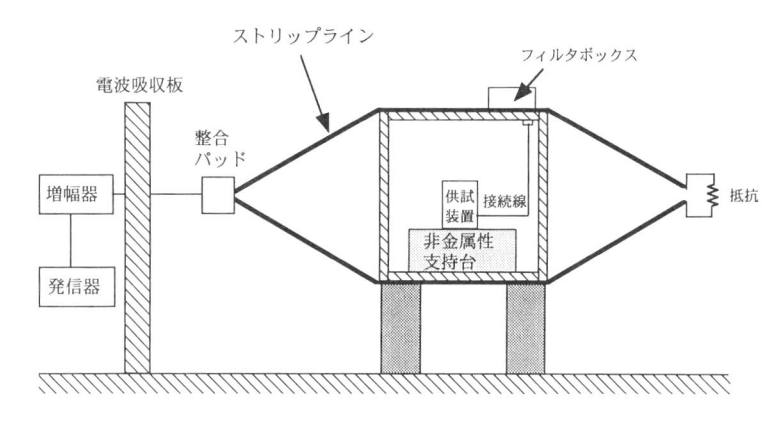

図 8.6.10　ストリップラインの構造例

間に試験用の信号を伝送させ，電磁界を発生させる装置である．TEM セル同様に周波数が高くなると高次モードが発生するので周波数帯域は制限され，一般的には 150 kHz～150 MHz 程度で使用される．試験用の電子機器などを設置しやすい利点はあるが，横壁面がないので電波が外に漏れるため，シールドルーム内に設置しなければならない．シールドルーム内に設置した場合周囲の壁からの反射の影響を避けるため電波吸収体を置く必要があるなどの問題がある．

d. そ の 他

これらの TEM セルやストリップラインの変形として，ワイヤーロンビックアンテナ[8]や長導線アンテナ[6]などさまざまな TEM 波を用いた試験設備が発表されている．

8.6.5　反　射　箱

シールドルームのような電磁波を反射する金属板で構成された部屋内で電磁波を伝搬させるとその電磁波は壁で多重に反射して，場所によって電界強度は著しく変化する．反射箱(reverberation chamber)は図 8.6.11 に示すようにシールドルームの中に金属性の回転翼（スターラ）などを配置して中の反射条件を変化させ，電磁界分布を

8.6 測定設備

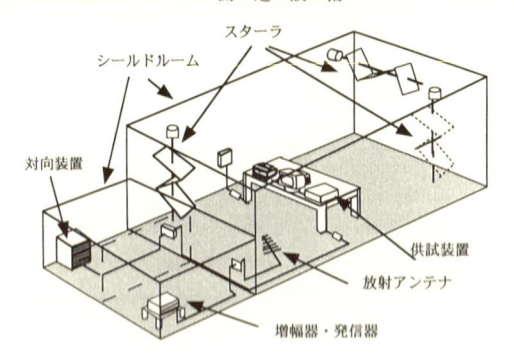

図 8.6.11 反射箱の構造例

図 8.6.12 ラージループアンテナ

激しく変化させ平均的には一様な電磁界分布を得るようにした部屋である[6]。反射箱の寸法は測定に用いる最低周波数の波長より十分長くする必要があり，主にマイクロ波帯で動作する機器からの放射電力の測定に使用される．

なお，移動端末機器の放射電力の測定やイミュニティ測定用として日本やIECで標準化が進められている[9]．

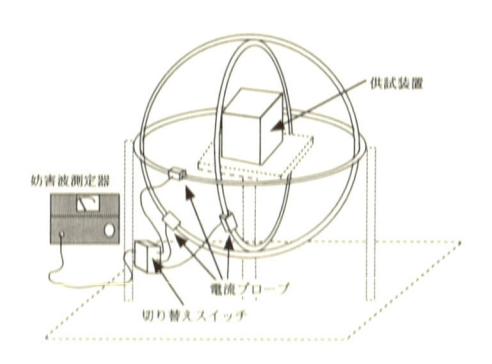

8.6.6 ラージループアンテナ

ラージループアンテナ(large loop antenna)は図8.6.12に示すように直径2mの円形ループアンテナを3個互いに直交させて配置し，その中心に被測定装置を置いたものである[6,10]．各ループアンテナの材料には同軸ケーブルを用い，180度ごとに，その外導体と内導体を100Ωの抵抗を用いて接続している．供試装置より発生する妨害波磁界によりループを構成する同軸ケーブル内導体に流れる高周波電流を電流プローブで測定することにより妨害波レベルを測定する．校正係数の測定には，専用のループアンテナを使用する．

現在，電磁調理器や高周波蛍光灯からの 30 MHz 以下の周波数帯における妨害波の標準的な測定法として定められている． (桑 原 伸 夫)

文　献

1) CISPR 22, Information Technology equipment, Radio disturbance characteristics, Limits and method of measurement, 3 rd ed., 1997.
2) ノイズ対策最新技術，総合技術出版，p. 351, 1986.
3) Miura, T. et al. : Design of indoor test site for 10 m test v range, IEEE International Symposium on EMC, **8p 1-A**, 8, 1989.
4) IEC/SC 77 B/153/CD "Draft of IEC 61000-4-20：Electromagnetic Compatibility (EMC) part 4：Testing and measurement techniques, Section 20：TEM cells. Basic EMC Publication, 1995.
5) 佐藤由郎ほか：オープンサイトにおけるメタルグランドプレーンの寸法について，信学技報，**EMCJ 87-57**, 1987.
6) 赤尾保男：環境電磁工学の基礎，電子情報通信学会，p. 269, 1991.
7) Engel, A. : Model of IC emissions into a TEM cell, IEEE International Symposium on EMC, pp. 197-202, 1997.
8) 秋山佳春ほか：大型通信装置イミュニティ試験用2-ワイヤーロンビックアンテナの電界分布特性，1991年電子情報通信学会秋季大会，B-174, 1991.
9) CISPR 16-1, Specification for radio disturbance and immunity measuring apparatus and method, Part 1：Radio disturbance and immunity measuring apparatus, 1993.
10) CISPR 16-1 Amendment 1, Specification for radio disturbance and immunity measuring apparatus and method, Part 1：Radio disturbance and immunity measuring apparatus, 1997.

8.7　材料特性測定

ここでは，EMC 材料，特に電波吸収材や電磁シールド材の材料特性測定法として，伝送線路法による複素比誘電率・複素比透磁率の測定，導電率や面抵抗の測定について説明する．また，電磁シールド材のシールド効果の測定，シールドケーブルのシールド特性測定，電波吸収材の電波吸収特性の測定などについて述べる．

8.7.1　伝送線路法による誘電率・透磁率の測定

電波吸収材やシールド材は電磁波伝搬を抑えることを目的とするため，損失材料が用いられることが多く，それらの線形な領域での電気・磁気特性を把握するためには，周波数の関数としての複素比誘電率 $\varepsilon_r(=\varepsilon'_r-j\varepsilon''_r)$ および複素比透磁率 $\mu_r(=\mu'_r-j\mu''_r)$ を知る必要がある．ここでの表記は時間依存で $\exp(j\omega t)$ と仮定している．このような損失材料の測定には，周波数掃引が可能で汎用性の高い伝送線路法が適しており，ここで少し詳しく説明する．

一方，低損失材料の $\tan\delta$ を正確に求めたい場合には伝送線路法は適さないので，共振器法を用いる[1]．

a. 試料を充てんした伝送線路区間

 導波管や同軸管(エアーライン)などの伝送線路の内側に誘電体や磁性体を充てんすると，その部分の特性インピーダンスおよび伝搬定数が変化する．伝送線路法は，この変化を利用して材料定数を測定する方法である．図8.7.1のように，ε_r および μ_r をもつ試料を充てんした線路の特性インピーダンスと伝搬定数をそれぞれ Z, γ とし，試料を充てんする前の特性インピーダンスおよび伝搬定数をそれぞれ Z_0, γ_0 とすると，次の関係がある．

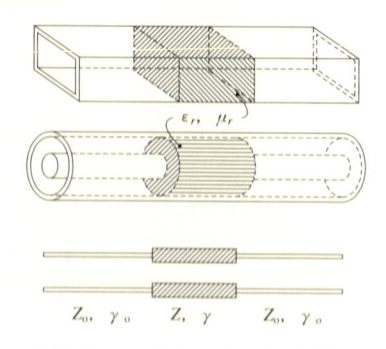

図 8.7.1 試料を充てんした伝送線路

$$\frac{Z}{Z_0} \equiv K = \begin{cases} \dfrac{\mu_r\sqrt{1-\tau^2}}{\sqrt{\varepsilon_r\mu_r-\tau^2}}, & \text{TE モード} \\[2mm] \dfrac{\sqrt{\varepsilon_r\mu_r-\tau^2}}{\varepsilon_r\sqrt{1-\tau^2}}, & \text{TM モード} \end{cases} \quad (8.7.1)$$

$$\gamma_0 = j\frac{2\pi}{\lambda_g}, \qquad \gamma = j\frac{2\pi\sqrt{\varepsilon_r\mu_r-\tau^2}}{\lambda_g\sqrt{1-\tau^2}} \quad (8.7.2)$$

$$\lambda_g = \frac{\lambda_0}{\sqrt{1-\tau^2}}, \qquad \lambda_0 = \frac{c}{f} \quad (8.7.3)$$

$$\tau = \sqrt{1-\left(\frac{\lambda_0}{\lambda_g}\right)^2} = \frac{f_c}{f} \quad (8.7.4)$$

ただし，λ_g：管内波長，λ_0：自由空間波長，j：虚数単位，c：光速，f：測定周波数，f_c：伝送線路の遮断周波数である．遮断特性をもたない同軸管などの TEM モードでは $f_c=0$ であり，式(8.7.4)より $\tau=0$ となる．

 一方，長さ d にわたって試料が充てんされた区間を，その両側の端面を基準面とする2開口素子とみなせば，その伝送・反射特性を 2×2 の散乱行列 S で表すことができる．S の要素 S_{ij} は次式でうえられる．

$$S_{11} = S_{22} = R = -\frac{(1-K^2)(1-p^2)}{(1+K)^2-(1-K)^2p^2}$$

$$S_{12} = S_{21} = T = \frac{4Kp}{(1+K)^2-(1-K)^2p^2} \quad (8.7.5)$$

ただし，$p = e^{-\gamma d}$ とおいた．

 以下で述べる諸測定法はいずれも，ε_r および μ_r の情報を担っている S_{ij} パラメータあるいはその関数である量を測定し，ε_r, μ_r を逆算する方法であるということができる．

b. 短　絡　法

図 8.7.2 のように試料背面を短絡して ε_r を測定する方法である．ただし，試料は非磁性体 ($\mu_r=1$) とする．このとき，厚さ d の試料前面から試料側を見込んだ正規化入力インピーダンス Z_{in}/Z_0 は次式で表される．

$$\frac{Z_{in}}{Z_0} = K \tanh \gamma d \qquad (8.7.6)$$

式 (8.7.6) の左辺は，定在波測定器またはインピーダンスアナライザ，ネットワークアナライザを用いて測定できる．試料前面での複素反射係数 $\varGamma$ が求まる場合は，次式により正規化インピーダンスに変換する．

$$\frac{Z_{in}}{Z_0} = \frac{1+\varGamma}{1-\varGamma} \qquad (8.7.7)$$

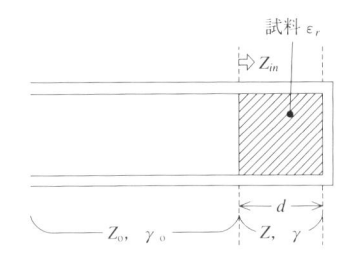

図 8.7.2　短絡法

式 (8.7.6) の左辺がわかれば，同右辺は K および γ を通じて ε_r の関数になっているので，同式を未知数 ε_r について解けばよいことになる．特に TE または TEM モードの場合，次式を解くことにより ε_r が求められる．

$$\left\{\frac{2\pi d\sqrt{\varepsilon_r - \tau^2}}{\lambda_g\sqrt{1-\tau^2}}\right\}^{-1} \tan\left\{\frac{2\pi d\sqrt{\varepsilon_r - \tau^2}}{\lambda_g\sqrt{1-\tau^2}}\right\} = -j\frac{\lambda_g}{2\pi d}\left(\frac{Z_{in}}{Z_0}\right) \qquad (8.7.8)$$

ε_r の求め方は以下のようにする．まず，式 (8.7.8) の右辺の値 (測定により得られる) を v とおく．次に，方程式

$$u^{-1} \tan u = v \qquad (8.7.9)$$

の複素解 u を複素平面の右半面から求める．式 (8.7.9) は超越方程式のため，解が無数に存在するので，それらを系統立てて順に求める必要がある．図 8.7.3 は，複素 u 平面上で，$u^{-1} \tan u$ の絶対値および偏角を等値線表示したものである．同図より，あらゆる u はすべて $u_n = (n+1/2)\pi$ にある極のいずれかと $\angle v = \text{const.}$ の線で結ばれている．したがって，与えられた v に対して解 u を求めるためには，まず，u_n を囲む小さい円周上で，$\angle(u^{-1} \tan u)$ が $\angle v$ と等しくなるような初期値 u を求め，次に，$\angle(u^{-1} \tan u) = \text{const.}$ の線に沿って u を動かし，$|u^{-1} \tan u| = |v|$ となる点 u を求めればよい．このようにして，$n=0, 1, 2 \cdots$ に対応して求めた u から次式により ε_r を求める．

$$\varepsilon_r = \tau^2 + (1-\tau^2)\left(\frac{\lambda_g u}{2\pi d}\right)^2 \qquad (8.7.10)$$

以上の手順により順番に得られる ε_r の中から妥当な解を一つ選ぶ必要がある．この場合，試料の厚さ d がその内部波長に比べて厚いほど ε_r の解が互いに接近してくるため，真値の特定がむずかしくなる．そこで，ε_r のおよその値がわかる場合は，式 (8.7.8) の左辺における { } の絶対値が1よりもやや小さくなるように d を設定するとよい．また，まったく未知の試料については，厚さの異なる試料を測定し，そ

(a) $|U^{-1}\tan U| = $ const.

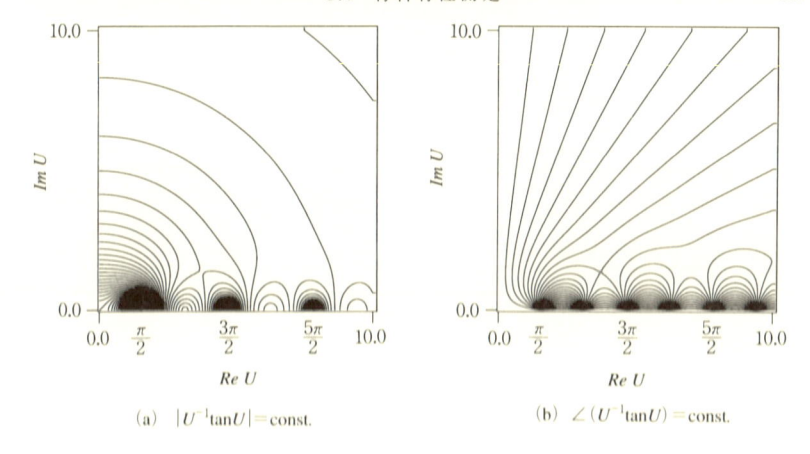

(b) $\angle(U^{-1}\tan U) = $ const.

図 8.7.3　$U^{-1}\tan U$ の絶対値と位相

れらに共通の ε_r を見いだせばよい．

　一方，試料を薄くすれば，短絡法は μ_r の測定に用いることができる．これは，短絡板表面では磁界の腹，電界の節になっていることから，μ_r のみに感度を有するためである．式(8.7.6)は $|\gamma d| \ll 1$ のとき近似的に

$$\frac{Z_{in}}{Z_0} \approx K\gamma d \tag{8.7.11}$$

となる．この右辺は，TE または TEM モードの場合，$j2\pi\mu_r d/\lambda_0$ となる．これを μ_r について解けばよい．

c. 開放法

　短絡法では試料の背面を電気的に短絡したのに対し，試料背面と短絡板との距離を $\lambda_0/4$ 離せば，試料背面は電気的に開放となる．このとき，試料前面から試料側を見込んだ正規化入力インピーダンス(Z_{in}/Z_0)は次式で表される．

$$\frac{Z_{in}}{Z_0} = K \coth \gamma d \tag{8.7.12}$$

この場合，ε_r を求める手順は，解くべき超越方程式が次式となること以外，短絡法と同様である．

$$u^{-1}\cot u = v \tag{8.7.13}$$

与えられた v に対して，方程式(8.7.13)の解 u は無数に存在するが，短絡法の場合と同様，順番に求めることができる．結果として，複数の ε_r の候補が得られる．

d. 開放・短絡法

　開放法，短絡法での正規化入力インピーダンス測定値(それぞれ，$(Z_{in}^{(o)}/Z_0)$，$(Z_{in}^{(s)}/Z_0)$ とおく)から，試料の ε_r と μ_r を同時に求める方法である．

　式(8.7.6)，(8.7.12)の積および商を求めると次式を得る．

$$\left(\frac{Z_{in}{}^{(s)}}{Z_0}\right)\left(\frac{Z_{in}{}^{(o)}}{Z_0}\right) = K^2 = \begin{cases} \dfrac{\mu_r^2(1-\tau^2)}{\varepsilon_r\mu_r-\tau^2}, & \text{TE モード} \\[6pt] \dfrac{\varepsilon_r\mu_r-\tau^2}{\mu_r^2(1-\tau^2)}, & \text{TM モード} \end{cases} \quad (8.7.14)$$

$$\left(\frac{Z_{in}{}^{(s)}}{Z_0}\right) \Big/ \left(\frac{Z_{in}{}^{(o)}}{Z_0}\right) = (\tanh \gamma d)^2 = \left(\tanh \frac{j2\pi d\sqrt{\varepsilon_r\mu_r-\tau^2}}{\lambda_g\sqrt{1-\tau^2}}\right)^2 \quad (8.7.15)$$

式(8.7.14),(8.7.15)の連立方程式を ε_r, μ_r について解く手順を以下に示す.まず,次式により K を求める.

$$K \equiv \left(\frac{Z}{Z_0}\right) = \pm\sqrt{\left(\frac{Z_{in}{}^{(o)}}{Z_0}\right)\left(\frac{Z_{in}{}^{(s)}}{Z_0}\right)}, \qquad \text{Re } K \geq 0 \quad (8.7.16)$$

ここで,根号の符号は K の実部が負にならない側を選択する.次に,γ を次式により求める.

$$\gamma = \frac{1}{2d}\left(\log\frac{1+\alpha}{1-\alpha} + 2n\pi j\right), \quad n \text{ は整数}, \text{ Re}\gamma \geq 0 \quad (8.7.17)$$

$$\alpha = \pm\sqrt{\left(\frac{Z_{in}{}^{(s)}}{Z_0}\right)\left(\frac{Z_{in}{}^{(o)}}{Z_0}\right)} \quad (8.7.18)$$

式(8.7.18)の符号は,式(8.7.17)の γ の実部が負にならない方を選択する.ただし,低損失材料では測定誤差の影響で選択を誤らないよう注意を要する.また,自然対数を表す log は複素領域で多価関数になるため,式(8.7.17)の γ に整数 n の任意性が生じる.しかし,γ の虚部が負になることがまれであることから,n のとりうる範囲は半分に制限される.

K および γ がわかれば,次式から ε_r, μ_r が求まる.

・TE モードの場合

$$\varepsilon_r = \frac{2\pi j}{K\gamma\lambda_g}\left\{\tau^2 - (1-\tau^2)\left(\frac{\gamma\lambda_g}{2\pi}\right)^2\right\}, \qquad \mu_r = \frac{K\gamma\lambda_g}{2\pi j} \quad (8.7.19)$$

・TM モードの場合

$$\mu_r = \frac{2\pi jK}{\gamma\lambda_g}\left\{\tau^2 - (1-\tau^2)\left(\frac{\gamma\lambda_g}{2\pi}\right)^2\right\}, \qquad \varepsilon_r = \frac{\gamma\lambda_g}{2\pi jK} \quad (8.7.20)$$

式(8.7.17)に含まれる整数 n の任意性のため,ε_r と μ_r の対は一意には定まらない.しかし,この場合も適切な解を選ぶために,短絡法で述べた方法を用いればよい.

以上は,試料の背面を短絡または開放状態に設定した場合であるが,必ずしもそのように設定しなくても測定は可能である.すなわち,K および γ を決定するのに十分な,独立な2回の測定を行えばよい.たとえば,試料の背面を終端する複素反射係数を Γ_b,Γ_b' と2通りに設定したときに,試料を前面からみたときの複素反射係数がそれぞれ Γ_f,Γ_f' であったとすると,K および γ は次式から求められる.

$$K = \pm\sqrt{\frac{\Delta_f(1+\Gamma_b\Gamma_b') - \Delta_b(1+\Gamma_f\Gamma_f') - 2C}{\Delta_f(1+\Gamma_b\Gamma_b') - \Delta_b(1+\Gamma_f\Gamma_f') + 2C}}, \qquad \text{Re } K \geq 0 \quad (8.7.21)$$

$$\gamma = \frac{1}{2d}\{\log p^{-2} + 2n\pi j\}, \qquad n\text{ は整数} \tag{8.7.22}$$

$$p^{-2} = \frac{4\Delta_b \Delta_f (\Gamma_b' \Gamma_f - 1)(\Gamma_b \Gamma_f' - 1)}{[\Delta_b\{1-K-\Gamma_f\Gamma_f'(1+K)\} + \Delta_f\{1+K-\Gamma_b\Gamma_b'(1-K)\} + 2CK]^2} \tag{8.7.23}$$

ここで，$\Gamma_b - \Gamma_b' = \Delta_b$，$\Gamma_f - \Gamma_f' = \Delta_f$，$\Gamma_b\Gamma_f' - \Gamma_b'\Gamma_f = C$ とおいた．したがって，式(8.7.19)または(8.7.20)から ε_r, μ_r が得られる．

e. Sパラメータ法

試料充てん部分の2開口Sパラメータすなわち式(8.7.5)の R, T を測定すれば，K と γ を逆に求めることができる：

$$K = \pm \frac{\sqrt{(1-R^2+T^2)^2 - 4T^2}}{(1-R)^2 - T^2}, \qquad \text{Re } K \geq 0$$

$$p = \frac{(1-R^2+T^2) - \{(1-R)^2 - T^2\}K}{2T}$$

$$\gamma = -\frac{1}{d}(\log p + 2n\pi j), \qquad n\text{ は整数} \tag{8.7.24}$$

したがって，式(8.7.19)または(8.7.20)により ε_r, μ_r が得られる．この方法は，伝送・反射特性測定を行うネットワークアナライザを用いて容易に行える．

f. 同軸電極による非破壊測定法

試料の平らな表面に，同軸のフランジ付き開放端を接触させ，その複素反射係数(あるいはインピーダンス)より材料定数を非破壊で測定する方法が提案されており[2]，市販の測定システムでも使用されている[3]．この方法は，線路内に一様に試料を充てんする上述の方法とは一線を画すものであるが，測定方法は共通するのでここで取り上げた．

図8.7.4に示すように，試料に接触した同軸端における複素反射係数 Γ は，基本的には試料の ε_r の関数になっている．

$$\Gamma = f(\varepsilon_r) \tag{8.7.25}$$

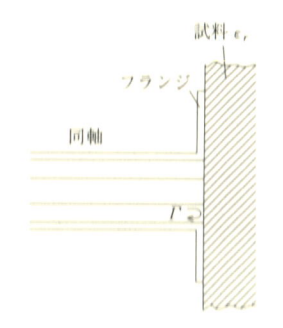

図8.7.4 試料に接触したフランジ付同軸開放端

左辺の値がわかれば，これを複素領域で解くことにより，ε_r が得られる．

また，同様の方法により，背面を金属箔で短絡した薄い電波吸収体シートの非破壊測定に用いる方法や[4]，対向する二つの同軸電極でシート状試料を挟み，Sパラメータの測定から ε_r を測定する方法[5]が検討されている．

8.7.2 導電率の測定

EMC対策において導電性材料の果たす役割は大きく，シールド材や電波吸収材，帯電防止用など，各種用途に用いられる．シールド材には高い導電性が要求され[6]，

電波吸収材には導電率の正確な制御が要求される[7]．導電性プラスチック，導電性ゴム，導電性塗料などの導電率は，金属と絶縁体の間にある．そのような材料に有効な測定法は 1994 年に JIS K 7194 として制定された．同法に基づく測定器が市販されている．

JIS K 7194 では，4 探針法を用いて，電極の接触抵抗の影響を避けながら導電率(抵抗率)の測定を行う．測定試料と電極の配置の関係を図 8.7.5 に示す．電極 1 と 2 に定電流源から一定電流 I を印加し，電極 3 と 4 の間の電位差 V を測定する．このとき，試料の厚さ t が十分に厚く，半無限媒質とみなせるならば，試料の抵抗率 $\rho[\Omega m]$ は

$$\rho = 2\pi a \frac{V}{I} \quad (8.7.26)$$

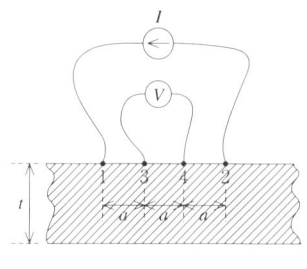

図 8.7.5　4 探針法の試料と電極

で与えられる．導電率 $\sigma[S/m]$ は ρ の逆数である．

一方，t が有限の(無限大とみなせない)ときは，上式の代わりに，補正係数 F を含む次式を用いる[8]．

$$\rho = F(t/a) \frac{tV}{I} \quad (8.7.27)$$

試料の厚さ t が十分小さく，面抵抗 $R_s(\Omega)$ の値で評価したいときは，関係式は

$$R_s = \lim_{t \to 0} \frac{\rho}{t} = F(0) \frac{V}{I} \approx 4.5114 \frac{V}{I} \quad (8.7.28)$$

となる．

なお，絶縁体中に導電性材料を分散させた複合材料では，直流における導電率が高周波まで一定と考えることはできない．そのような材料の高周波特性を規定するためには，周波数の関数としての導電率を考えるよりもむしろ，各周波数における複素誘電率で規定するべきである．

8.7.3　シールド特性測定

シールド特性の測定法として，ここでは，シールド室のシールド効果測定法である MIL-STD-285 法，それをシールド材測定に応用した MIL-STD-285 準拠法，シールド材の小試料片による各種測定法，さらに，ケーブルのシールド特性測定法について述べる．

a.　MIL-STD-285 法[9]

図 8.7.6 に，シールドルームの標準的な評価法としての，MIL-STD-285 の測定法の概略を示す．同方法は，基本的には，送信アンテナを一定の信号源で駆動しながら，送受アンテナ間にシールド壁が存在するときとしないときの受信電圧の比を測定し，そのデシベル値をシールド効果とする．測定には，低周波領域では電界波(ロッ

8.7 材料特性測定

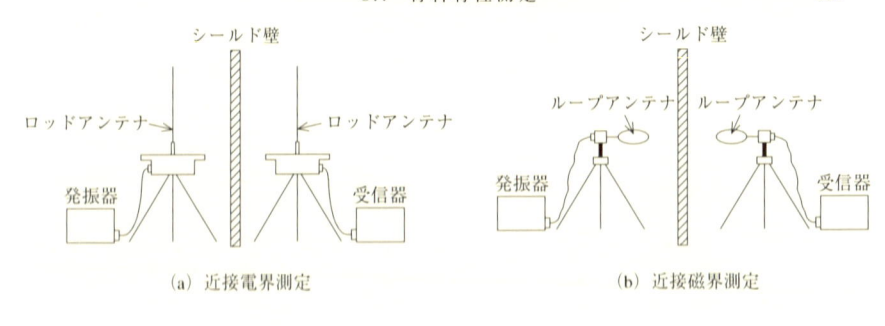

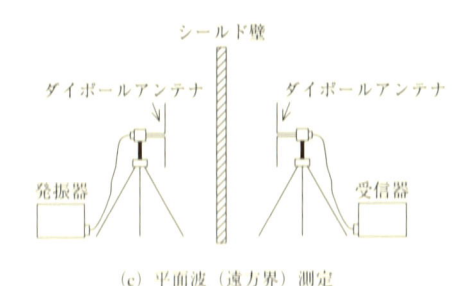

(a) 近接電界測定

(b) 近接磁界測定

(c) 平面波（遠方界）測定

図 8.7.6 MIL-STD-285 法

ドアンテナの近接界）または磁界波（ループアンテナの近接界）を用い，高周波領域では平面波（同調ダイポールアンテナの遠方界）を用いるよう規定されている．周波数は，電界波については 200 kHz，1 MHz，18 MHz，磁界波については 150 kHz～200 kHz の範囲，平面波では 400 MHz を推奨している．

電界測定では，長さ 104.14 cm のロッドアンテナ（送信アンテナは擬似大地面付）を，送受が互いに平行かつシールド壁と平行にし，壁面からアンテナまでの距離を 30.48 cm として測定し，100 dB 以上のシールド効果が要求される．

磁界測定では，直径 30.48 cm のループアンテナ（No.6 AWG 銅線 1 回巻）の中心軸を，送受が互いに平行かつシールド壁と平行にし，中心軸とシールド壁表面との距離を 45.72 cm として測定し，70 dB 以上のシールド効果が要求される．

平面波測定では，同調ダイポールアンテナを送受に用い，送信アンテナはシールドルームの外側に，シールド壁から 182.88 cm 以上かつ 2 波長以上離して設置・固定する．受信アンテナは，基準レベルの測定においては，シールド壁に設けた N 型コネクタを通してシールドルームの外（送信アンテナのある側）に設置し，壁面との距離を 5.08 cm から 30.32 cm まで変化させ，かつアンテナの方向も変化させたときの，受信電圧の最大値を基準レベルとする．次にシールド後のレベルは，シールド室の内側の任意の位置および方向に設置したアンテナ（ただし，シールド壁から 5.08 cm 以上離す）により受信される最大のレベルとする．そして，その値が基準レベルから何

デシベル低下したかをシールド効果とする．100 dB 以上のシールド効果が要求される．

通常，シールド壁面を直接透過する電磁界は問題ない程度に小さい．むしろ，シールドルームの性能は，シールド壁の接続部などからの漏えいによって制限される．したがって，シールドルームの測定においては，コーナーの接続部，ドアの接触部，端子板や電源引き込み部分，換気口などに注意を払う必要がある．

b. MIL-STD-285 準拠法

シールドルームの壁面に設けた開口部を用いてシールド材試験片の評価を行う方法であり，MIL-STD-285 に準拠した電界波，磁界波，平面波に対する測定を行う．ただし，基準レベルは壁面を取り除いて測定するのではなく，開口部のある壁面を挟んで，送受信アンテナを置いたときの受信レベルとする．したがって，開口部を試験片で塞いだことによる受信レベルの低下をデシベル値で表したものが，試料のシールド効果となる．

ただし，本方法による測定値は，開口部の大きさや構造に影響されるものであることに注意する必要がある[10]．

c. シールド材評価器と小試料片による測定法

小さな試料片を用い，手軽な大きさの測定装置でシールド材の評価を行うために，各種方法が提案・使用されている[11]．その中でも代表的な測定法を図 8.7.7 に示し，その特徴を以下に記す．

・ 同軸法　基本的には垂直入射平面波と等価であり，理論的にシンプルである．測定器には中心導体と外部導体が連続のものと不連続のものとがある[12]．

導体が連続のものはシールド試料片と内外導体との接触不良によりシールド効果

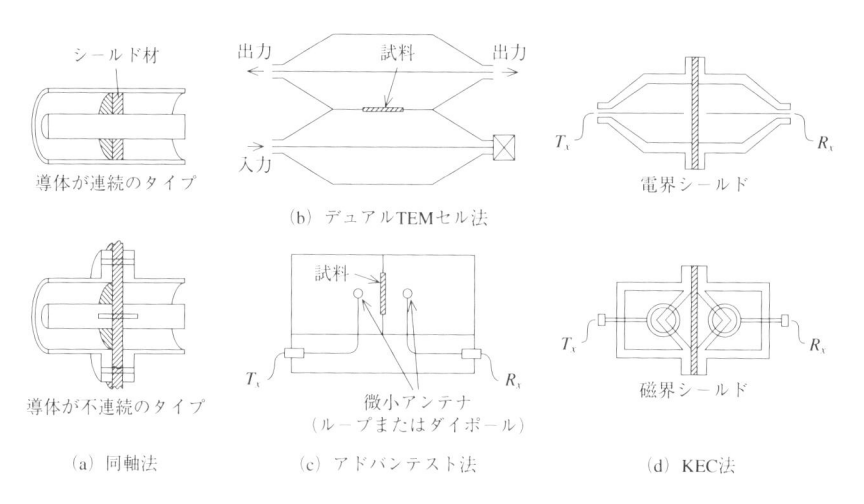

図 8.7.7　シールド小試料片による各種測定器
(a) 同軸法　(b) デュアルTEMセル法　(c) アドバンテスト法　(d) KEC法

が大幅に低下するので注意を要する．通常，垂直入射平面波に対するシールド効果は高い値を示すので，金属箔など導電性の高い材料では測定可能範囲を超えることが多い．

- **デュアル TEM セル法**　二つの TEM セルを壁面の開口部で結合させ，その開口部を用いてシールド材のシールド効果を測定する．MIL-STD-285 準拠法の場合と同様，開口部を用いているので，測定値が開口部の大きさや形状に影響される．
- **アドバンテスト法(近傍界用)**　シールド材試料によってシールド箱を二分し，試料の両側に設置する小型アンテナを交換することで，電界波，磁界波に対する測定を行う．MIL-STD-285 法における近接界測定のミニチュア版といえる．
- **KEC 法**　電界シールド効果の測定には，TEM セルを横断面で切断した形の測定器でシールド材を挟む．中心導体は試料に接触しない．磁界シールド効果の測定には，コーナーリフレクタとループアンテナを組み合わせた独特の測定器でシールド材を挟み，同様に測定を行う．

以上で述べた以外にも，シールド材評価法は各種存在する．それらの測定法の多くが抱える問題点として，① 測定法が異なれば得られるシールド効果の測定値が異なり，相互比較ができないこと，② 電気定数が既知であるシールド材のシールド効果が理論的に予測できないこと，などがあることを指摘しておく．

d.　ケーブルのシールド特性測定法

同軸ケーブルのシールド特性測定法として，伝達インピーダンス法[13]とアブソービングクランプ法[14]が広く用いられる．

伝達インピーダンス法は，図 8.7.8 に示すように，同軸ケーブルの外側にさらに同軸線路を形成し，内外同軸間の結合量の測定により，同軸ケーブルのシールド層の評価を行う．結果は $Z_T [\Omega/m]$ で表される．

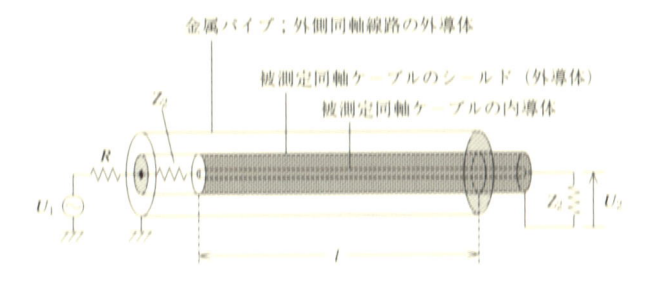

図 8.7.8　伝達インピーダンス法によるケーブルシールドの評価
外部同軸線路の特性インピーダンス：Z_1，同内部波長：λ_1，被測定同軸ケーブルの特性インピーダンス：Z_0，同内部波長：λ_0

8.7.4 電波反射・吸収特性測定[15]

電波吸収体は,入射波に比して反射波がいかに小さいか,すなわち反射減衰量がいかに大きいか,によって評価される.電波吸収体の性能が高いほど反射波が小さくなる.したがって,電波吸収体の吸収特性測定法に求められる機能の一つは,微弱な反射波を,吸収体以外からの反射波から分離する能力である.一方,電波吸収特性を平面波で評価する必要があるが,その際の電波吸収体の大きさをいかに小さく抑えられるかが,2番目に求められる機能であるといえる.

a. 反射電力法[16]

送信アンテナから電波吸収体に電波を照射し,鏡面反射方向で受信アンテナにより受信される電力を測定する.また,電波吸収体をそれと同じ大きさの金属板に取り替えたときの受信電力を基準として,電力反射係数が求められる.主に,マイクロ波からミリ波の領域で用いられる方法であり,電波吸収体にはビーム幅をカバーする大きさが必要である.欠点としては,垂直入射相当の測定で送受アンテナが接近し,アンテナ間結合が増加する.また,周囲からの反射波が誤差となるので,必要に応じて電波吸収体を配置する.

これらの不要な結合は,最近ではネットワークアナライザのタイムドメイン機能を用いてある程度除去することが可能である.これはタイムドメイン法と呼ばれる.

b. ショートパルス法[17]

アンテナおよび試料の設置は反射電力法と同様であるが,レーダの距離分解能を用いて不要な反射波を除去する方法である.これは,上記タイムドメイン法と異なり,CWパルスを発射し,実時間でゲートをかけることにより必要な反射波を抽出する.

c. 空間定在波法[18]

電磁波を照射した電波吸収体の前面の空間に立つ定在波を,受信アンテナでプロービングすることにより,電波吸収体表面での反射係数を推定する方法である.測定場の床(地面)や壁面からの反射波によって定在波の形が複雑になった場合にも適用する方法が検討されている.

d. 電界ベクトル回転法[19]

受信電圧の振幅と位相を測定可能な装置を用い,電波吸収体または金属板をわずかに動かしながら測定を行う.いま知りたい反射波の位相のみが回転することにより,その反射波振幅を半径として,複素平面上で円弧を描く.その結果,反射波振幅を知ることができるという方法である.

e. 大型導波管法[20]

導波管の中では自由空間における平面波斜入射測定と等価な測定ができることを利用するものである.図8.7.9に示すように,長辺がa

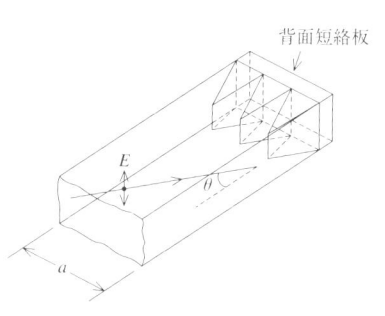

図 8.7.9 大型導波管法

である方形断面をもつ大型導波管に，面内に周期性をもつ電波吸収体を整数周期分挿入すれば，鏡像の効果により無限周期分の電波吸収体に，入射角 $\theta=\sin^{-1}(\lambda_0/2a)$ で平面波が TE 斜入射する場合と等価になる．ただし，入射角や偏波の選択が自由でないこと，遮断周波数以下では測定ができないため，測定周波数を下げるためには，より大型の導波管が必要になること，などが欠点である．　　　　　　　　　　　（西方敦博）

文　献

1) たとえば，大河内正陽，牧本利夫：マイクロ波測定，オーム社，pp. 111-118, 1959.
2) 小笠原直幸ほか：UHF における誘電体の非破壊測定法，信学会マイクロ波伝送研資，1962.
3) 日本ヒューレット・パッカード(株)：電子計測器総合カタログ，p. 339, 1997.
4) 西方敦博，清水康敬：損失性シートに接触した同軸端の反射特性解析および非破壊測定への利用，信学論，**170-C**(9), 1311-1318, 1987.
5) Jarvis, J. B. and Janezic, M. D.：Analysis of a two-port flanged coaxial holder for shielding effectiveness and dielectric measurements of thin films and thin materials, *IEEE Trans. EMC*, 38(1), 67-70, 1996.
6) 編集委員会編：電磁波の吸収と遮蔽，日経技術図書，p. 256, 1989.
7) Takizawa, K. *et al.*：The transparent wave absorber using resistive film for V-band frequency, *IEICE Trans. Commun*, **E 00-A**(6), 1-8, 1998.
8) Yamashita M.：*Jpn. J. Appl. Phys.* 25, 563, 1986.
9) MIL-STD-285, Attenuation measurements for enclosures, electromagnetic shielding, for electronic test purposes, method of, 1956.
10) Kiener, S. and Nishikata, A.：Analysis of finite aperture effect in the midified MIL-STD-285 shielding material's test method, Proc. IMTC/94, Hamamatsu, 10-12, 1994.
11) ノイズ対策最新技術編集委員会編：ノイズ対策最新技術，総合技術出版，pp. 31-32, 1986.
12) ASTM-E 57 and ASTM D 4935 standard for measuring the shielding effectiveness in the field, 1995 Annual Book of ASTM Standards, 10-02, 1995.
13) IEC Publ. 96-1, Radio Frequency Cables.
14) IEC Publ. 96-1, Amendment No. 1.
15) 清水康敬ほか：電磁妨害波の基本と対策，電子情報通信学会，pp. 110-118, 1995.
16) 清水康敬ほか：ゴムカーボンシートによるレーダ電波障害対策用吸収体，信学論(B), **J 68-B**, 928-934, 1985.
17) 橋本　修：ショートパルスを用いた電波吸収体特性の測定法，信学技報，**EMCJ 82-51**, 1982.
18) 小野光弘ほか：斜入射空間定在波直接測定法，信学技報，**EMCJ 77-96**, 35-42, 1977.
19) 上野真一ほか：三層の電波吸収体の評価，信学技報，**EMCJ 78-10**, 9, 1978.
20) 編集委員会編：電磁波の吸収と遮蔽，日経技術図書，pp. 541-543, 1989.

8.8　測定・試験規格

8.8.1　測定・試験規格の構成

　測定・試験規格は，対象とする製品の動作および特性に熟知した専門家により作成されなければならない．しかし，このために規格を作成する専門家の独自の判断によりそれぞれが違った測定・試験方法に基づく規格が作成されるおそれがある．このような問題を排除するために，国際無線障害特別委員会（CISPR）では，基本規格を定

め，対象となる製品の規格を作成する製品委員会に"基本規格"を参照しながら製品規格を作成するよう要求している．

さらに，これらの製品規格のいずれに対応するかが不明確な製品が存在することを想定して"共通規格"をも作成している．これにより無線周波妨害波を発生するすべての電子・電気製品がEMC規格の枠組みの中で対応を迫られることになる．このような基本概念は欧州連合が閣僚理事会EMC指令(89/336/EEC)を施行するにあたって，関連業界から"あらゆる電子・電気製品に適用すべき規格"の存在を求められたことから考え出されたものである．したがって，最近ではEMC規格を三つに分類し，それらを"基本EMC規格(basic standards)"，"共通EMC規格(generic standards)"および"製品EMC規格(product standards)"と呼んでいる．

a. 基本EMC規格[1~3]

これらの規格は，EMCの対象となるあらゆる製品および製品委員会が対象とする製品に要求されるEMCを達成するために必要な一般条件，または規定について定めたものである．IECの定める定義によると，基本EMC規格は個々の製品とは独立したものであり，すべての製品に適用することができるものであり，これらの規格は規格の型式，または技術報告書の型式を踏襲するものである．

基本EMC規格については，IEC TC 77が作成するIEC 61000 (以前のIEC 1000)シリーズとして発行されており，これらの規格には以下に関連する内容が記述されている．

- 用語および安全などの一般問題
- 電磁環境：現象および厳しさのレベルの記述
- 電磁妨害波の許容値に関する勧告
- イミュニティ試験のガイドラインとしてのレベル
- 妨害波の測定技法
- イミュニティの試験技法
- 設備ガイドライン
- 緩和方法

通常，これらの基本EMC規格については，各製品委員会にかかわる横断的な規格を作成する機能を有するIEC TC 77およびCISPR A小委員会が作成するが，他の技術委員会でも基本EMC規格を作成することができる．

b. 共通EMC規格[1~3]

EMC規格の場合，共通規格は"ある与えられた電磁的環境"を対象とした"単純化した製品規格"であり，当該製品に適用することができるEMC規格が存在しない場合には，それが利用される電磁環境に設置されるすべての製品に適用することを意図して作成されたものである．

したがって，共通EMC規格では"住宅，商業および軽工業環境"および"工業環境"の2種類の電磁環境を対象とした規格が作成されており，さらに，上記の電磁環境を対象として妨害波およびイミュニティに関連する規格が準備されている．

これらの規格には最小限の要求事項についての記述があり，技術および経済的な側面の最適バランスを確保するための測定・試験法を定めている．

c. **製品または製品群 EMC 規格**[1~3]

製品 EMC 規格は，対象となる製品を前提に要求事項および測定・試験方法を規定したものである．製品群規格は同じ規格，同じ要求事項を適用することができる一群の類似製品を対象として作成されたものである．

これらの規格では，
- 基本 EMC 規格のみを遵守する（明確に適用が除外されている場合を除く）．
- 可能な限り，当該製品が設置される電磁環境に関連する共通 EMC 規格と関連付ける．
- TC 77 および CISPR が"横断的な機能を有する委員会"として作成した妨害波規格に定める妨害波許容値を利用する．

8.8.2 EMC 規格で対象とする電磁現象[1]

EMC 規格においては，われわれの生活環境に存在するすべての電磁環境（自然電磁環境，人工電磁環境を含む）を対象として EMC 規格を作成する必要がある．そこで IEC および CISPR では，系統的な EMC 規格の枠組みを構築することができるように，表 8.8.1 に示すような電磁現象を対象として EMC 規格を作成している．この表の中で留意すべき事項は，
- EMC 規格では，電磁現象として 0 Hz から数 GHz 帯域にわたる周波数スペクトルにおけるすべての電磁現象を対象としている．
- 実際問題として，対象となる周波数領域を低周波および高周波に区分するのが適切であると判断することができる．原則として，CISPR の EMC 規格作成の現状に基づいて，これらの電磁現象の周波数上の境を 9

表 8.8.1 基本的な電磁妨害現象の要素

伝導低周波現象
  高調波，インターハーモニクス
  信号化システムによる
  電圧変動
  電源ディップおよび瞬停
  電圧バランス
  電圧周波数変化
  誘導低周波電圧
  交流配電網における直流成分
放射低周波現象
  磁界
    ・連続性
    ・過渡
  電界
伝導高周波現象
  直接結合，または誘導電圧または電流
    ・連続波
    ・変調波
  一方向過渡*
  発振過渡
放射高周波電磁界現象
  磁界
  電磁界
    ・連続波
    ・変調波
    ・過渡
静電気放電（ESD）
高々度核電磁パルス（HEMP）

* 単一または繰り返しパルス（バースト）．

kHz としている.
- CISPR が審議している妨害波規格にあっては，伝導および放射電磁現象が含まれており，イミュニティ規格にあっては，当然のこととして 9 kHz 以下の電磁現象をも対象としている.
- TC 77 の規格作業には，高高度核爆発電磁パルス(HEMP)による電磁的な影響に対する規格が含まれている.

原則として，表 8.8.1 の分類に従って，電気および電子製品(電気通信機器を含む)を保護するため妨害波規格，ならびにわれわれの生活環境に存在する電磁現象をシミュレイトする形でのイミュニティ規格が作成され，基本 EMC 規格，共通 EMC 規格および製品(製品群)EMC 規格として発行されている．参考として，これら基本 EMC 規格，共通 EMC 規格および製品(製品群)EMC 規格の一覧を表 8.8.2 に示してある．これらの表のうち，製品(製品群)EMC 規格の一覧については，多くの製品委員会が EMC 規格を準備中であり，厳密な意味で規格の形態が確定していないもの

表 8.8.2　IEC/CISPR の規格

(a)　基本 EMC 規格 —— 一般

IEC 61000-1-1	国際電気技術用語 EMC 161 節
IEC 61000-1-2	基本的な EMC の定義，用語の適用と解釈

(b)　基本 EMC 規格 —— 両立性レベル

IEC 61000-2-1	公益低電圧システムの電磁環境の記述
IEC 61000-2-2	公益低電圧システムの両立性レベル
IEC 61000-2-3	低周波磁界
IEC 61000-2-4	工業プラントの両立性レベル
IEC 61000-2-5	電磁環境の分類
IEC 61000-2-6	工業プラントの妨害レベルの評価
IEC 61000-2-7	各種の環境における低周波磁界
IEC 61000-2-8	電圧ディップ，瞬停
IEC 61000-2-9	HEMP における放射妨害
IEC 61000-2-10	HEMP における伝導妨害
IEC 61000-2-11	HEMP における環境分類
IEC 61000-2-12	公益中電圧システムの両立性レベル

(c)　基本 EMC 規格 —— 妨害波の許容値

IEC 61000-3-1	規格の発行予定ない
IEC 61000-3-2	高調波電流妨害許容値
IEC 61000-3-3	電圧変動，フリッカの制限，$1 \leq 16$ A
IEC 61000-3-4	高調波電流妨害値，$1 \leq 16$A
IEC 61000-3-5	電圧変動，フリッカの制限，$1 > 16$ A
IEC 61000-3-6	中および高電圧システムの高調波許容値
IEC 61000-3-7	中および高電圧システムの電圧変動，フリッカの制限
IEC 61000-3-8	設備の信号化による妨害レベル，周波数帯域，妨害レベル
CISPR 11	工業，科学および医療用無線周波装置
CISPR 14	家庭用機器，類似機器の妨害波許容値
CISPR 22	情報技術装置の妨害波許容値

8.8 測定・試験規格

(d) 基本 EMC 規格：測定法 —— 妨害測定

IEC 61000-4-7	電源供給システム用高調波，インターハーモニクス測定および測定機器の一般ガイド
IEC 61000-4-15	フリッカメータ：機能および設計仕様
IEC 61000-4-20	TEM セル
IEC 61000-4-21	反射箱
IEC 61000-4-22	電磁現象の測定法ガイド
IEC 61000-4-23	HEMP の放射妨害波用保護機器の試験法
IEC 61000-4-24	HEMP の伝導妨害波用保護機器の試験法
IEC 61000-4-25	装置およびシステムの HEMP 要求事項および試験法
IEC 61000-4-26	電磁界測定用プローブおよび関連機器の校正
CISPR 16-1	無線妨害およびイミュニティの測定器
CISPR 16-2	無線妨害およびイミュニティの測定方法

(e) 基本 EMC 規格：試験方法 —— イミュニティ試験

IEC 61000-4-1	イミュニティ試験の概要
IEC 61000-4-2	静電気放電，イミュニティ試験
IEC 61000-4-3	電磁界，80～1000 MHz，イミュニティ試験
IEC 61000-4-4	高速過渡，5/50 ns，イミュニティ試験
IEC 61000-4-5	サージ，1.25/50 μs，8/20 μs，イミュニティ試験
IEC 61000-4-6	誘導電流，0.15-80(230)MHz，イミュニティ試験
IEC 61000-4-8	電源周波磁界，イミュニティ試験
IEC 61000-4-9	パルス磁界，6.4/16 μs，イミュニティ試験
IEC 61000-4-10	ダンプ発振波形，イミュニティ試験
IEC 61000-4-11	交流の電圧ディップ，瞬停，イミュニティ試験
IEC 61000-4-12	発振波形，イミュニティ試験
IEC 61000-4-13	高調波，インターハーモニクス，イミュニティ試験
IEC 61000-4-14	電圧変動，平衡度および電圧変化，イミュニティ試験
IEC 61000-4-16	直流から 150 kHz の周波数範囲の伝導妨害，イミュニティ試験
IEC 61000-4-17	直流電源供給システム上のリップル，イミュニティ試験
IEC 61000-4-18	規格なし
IEC 61000-4-19	高周波妨害波の選択ガイド，イミュニティ試験

(f) 基本 EMC 規格：設備および緩和ガイドライン

IEC 61000-5-1	一般検討事項
IEC 61000-5-2	接地および配線
IEC 61000-5-3	HEMP に対する保護概念
IEC 61000-5-4	HEMP 放射妨害波用保護機器
IEC 61000-5-5	HEMP 伝導妨害波用保護機器
IEC 61000-5-6	外部への影響（フィルタ，遮へい，サージ保護機器）

(g) 共通 EMC 規格

IEC 61000-6-1	共通 EMC 規格：イミュニティ試験 住宅，商業および軽工業環境
IEC 61000-6-2	共通 EMC 規格：イミュニティ試験 工業環境
IEC 61000-6-3	共通 EMC 規格：妨害波測定 住宅，商業および軽工業環境
IEC 61000-6-4	共通 EMC 規格：妨害波測定 工業環境

(h) 製品 EMC 規格(現在審議中の規格は除く)

IEC 60034-1	TC 2	回転機器
IEC 60687	TC 13	交流積算電力計
IEC 61036	TC 13	交流積算電力計 2 版
IEC 61037	TC 13	負荷制御用電子リップル制御機器
IEC 61038	TC 13	負荷制御用タイム・スイッチ
IEC 60947-4-1	TC 17B	電気機器接点,電気起動装置
IEC 60947-5-2	TC 17B	半導体電気制御機器,起動装置
IEC 60282-1	SC 32A	高電圧フューズ
IEC 60269-1	SC 32B	低電圧フューズ
IEC 60831-2	TC 33	電力用コンデンサ
IEC 61547	TC 34	照明および関連機器
IEC 60870-22-1	TC 57	電力システム制御および関連通信システム
CISPR 14-2	TC 61	家庭用,類似電気装置の安全
IEC 6036-4-3	TC 65A	建物の電気設備
IEC 60364-5-51	TC 65A	建物の電気設備
IEC 60364-4-444	TC 65A	建物の電気設備
IEC 61326-1	SC 65A	測定,制御および試験研究用装置
IEC 60945	TC 80	海上航行および無線通信装置およびシステム
IEC 61097-12	TC 80	海上航行および無線通信装置およびシステム
IEC 61812-1	TC 94	電気継電器
IEC 255-22-1-4	TC 95	測定用継電器および保護装置
CISPR 11	CISPR SC/B	工業,科学および医療用無線周波装置
CISPR 12,21,25	CISPR SC/D	自動車の妨害
CISPR 13	CISPR SC/E	放送用受信機の妨害
CISPR 20	CISPR SC/E	放送用受信機のイミュニティ
CISPR 14	CISPR SC/F	家庭用機器,電動工具,類似機器の妨害
CISPR 14-2	CISPR SC/F	家庭用機器,電動工具,類似機器のイミュニティ
CISPR 15	CISPR SC/F	照明機器の妨害
CISPR 22	CISPR SC/G	情報技術装置の妨害
CISPR 24	CISPR SC/g	情報技術装置のイミュニティ

もあることから,一部の製品委員会が審議している規格については除外してあることに留意しておく必要がある.また,表 8.8.1 にあっては,製品 EMC 規格であることから,該当規格番号の次の欄に製品委員会の番号を記載してある.

8.8.3 CISPR の妨害波許容値の決定方法[4]

CISPR の放射妨害波の準せん頭値検波器による許容値は,その後に審議された多くの許容値の基礎を成すものである.たとえば,平均値検波器による狭帯域雑音の許容値は,準せん頭値検波器による広帯域雑音の許容値を基準として経験的(統計的手法による)に約 12 dB 厳しい値に設定している(許容値を審議する段階で多少の妥協値となることがあるために,12 dB とは違った値が採用されることもある).これは本来狭帯域雑音に比べて広帯域雑音の方が音声信号(許容値を設定する初期の段階では,長波音声放送,中波音声放送,短波音声放送および極超短波音声放送受信の保護を対象としていた)を聞く側にとって苦にならないためである.しかし,最近では情

報伝送形態が大きく進歩し，必ずしも以前の許容値設定概念を適用することが適切であるとはいえないが，改めて妨害波に対する新しい評価方法を導入するには大きな抵抗があるため，現在でも過去の妨害波許容値の決定方法を適用しているのが現状である．しかしながら，1979年の世界無線通信主管庁会議(WARC)の決議63(無線通信業務が十分保護されていることを確保するために，すべての無線周波スペクトル，特に新しく割り当てられた周波数帯域において，工業，科学および医療用装置からの放射妨害波に適用する許容値についての審議を早急に実施すること)による要請に基づいて工業，科学および医療用無線周波装置の許容値を審議する段階において，放送受信機以外の受信設備および無線航行業務を含む無線送信設備の保護についても検討する必要に迫られるに至った．このために，CISPRのB小委員会では工業，科学および医療無線装置の許容値の決定(CISPR 23)と題する規格を1987年に発行し，許容値を決定する際の基本的な概念を明確にしている．さらに，CISPRでは工業，科学および医療用無線周波装置の妨害波に適用する許容値を決定する際に，住宅環境で使用される装置と工業環境で使用される装置に差異を設ける決定を行っている．この区別については情報技術装置の妨害波許容値の決定に際しても引き継がれている．表8.8.3に周波数150 kHzから960 MHzにおける工業，科学および医療用装置の許容値を決定するための各種のパラメータの一覧を示してある．ここで妨害を与える確率許容値とは，以下のような要因から決定された値である．

① 妨害源のメイン・ローブが妨害を受ける装置の方向と一致しない確率
② 受信アンテナの指向特性の最大方向が妨害源の方向と一致しない確率
③ 妨害を受ける受信機が一定位置に存在しない確率
④ 妨害源の周波数が妨害を受ける受信機の動作周波数と一致しない確率
⑤ 妨害源の妨害信号の高調波が許容値以下である確率
⑥ 妨害信号の伝送形態が受信に対して妨害を与えない確率

妨害を与える確率許容値を除いた値は通常"最悪値"と呼ばれており，実際の許容値決定の際には，この確率許容値をどの程度にするかを審議し，妥協案を模索することになる．

8.8.4　IECのイミュニティ許容値の決定方法[5]

原則として，イミュニティ許容値は電磁妨害波によって影響を受ける装置の設置環境に依存するものである．したがって，落雷，静電気放電などのわれわれが制御することのできない電磁現象については，装置の設置環境に合わせて"数段階の厳しさレベル"(たとえば，静電気放電イミュニティ試験の場合には，装置を設置してある部屋の湿度および床の素材により製品規格の試験レベルが異なる)を設定し，各製品委員会ごとにその環境に即した妨害波レベルを適用することになる．一方，妨害波規格によって妨害波レベルが制限されている装置にあっては，影響を受ける装置を妨害波規格に定める電磁環境に設置した場合であっても，装置が正常に動作することが要求されることから妨害波許容値との間には統計的なある関係が存在することになる．図

表 8.8.3　CISPR の許容値を算出するための保護すべき業務と必要なパラメータの一例

周波数範囲 [MHz]	保護すべき業務	保護すべき信号レベル [dB(μV/m)]	保護比 [dB]	受信アンテナ点において許容できる妨害レベル [dB(μV/m)]	妨害源と妨害を受ける装置までの距離 [m]	減衰則 [dB]	妨害源から30mの距離における等価電界強度 [dB(μV/m)]	建物による減衰量 [dB]	妨害を与える確率許容値 [dB]	試験場での30mにおける等価許容値 [dB(μV/m)]
0.49~30	標準放送	56	30	26	45	$d^{-2.7}$	36	10	30	76
	航空ビーコン	37	0	37	300	$d^{-2.7}$	91	10	0	101
4.0~15.0	固定リンク	14	0	14	1000	d^{-2}	75	10	10	95
	航空移動	21	0	21	300	d^{-2}	61	10	10	81
30~41	無線航行	27	10	17	100	d^{-2}	38	14	0	52
	電波天文	-54	20	-72	800	d^{-2}	-15	11	0	-14
100~156	計器着陸装置	62	36	26	300	$d^{-1.5}$	66	5	0	71
	FM放送	60	36	24	45	$d^{-1.5}$	31	10	30	71
156~174	陸上移動	24	10	14	100	d^{-1}	30	11	30	71
174~216	TV放送	54	50	4	45	d^{-1}	8	11	30	49

(注)　上記の値は CISPR の B 小委員会の審議に際して提案されたパラメータであり、参考のために記載したものであることに留意すること。

減衰則は自由空間での伝搬損失を示すものである。

「妨害源と妨害を受ける装置までの距離」とは通常「保護距離」または「調整距離」と呼ばれるもので、平均的な距離関係を示す値である。

「妨害を与える確率許容値」は「最悪値」である。したがって、航行無線業務等の重要通信業務に対する補正値については補正「ゼロ」で計算してある。

8.8.1 に IEC が提案している妨害波の許容値とイミュニティの許容値の関係の一例を図示してある．しかしながら，現実の問題として，妨害波の許容値は製品ごと(CISPR の将来計画では，妨害波の許容値を統一しようとする動きもあるが)に異なるために，図 8.8.1 のような正規分布の形態をとらないことから，この図はイミュニティ許容

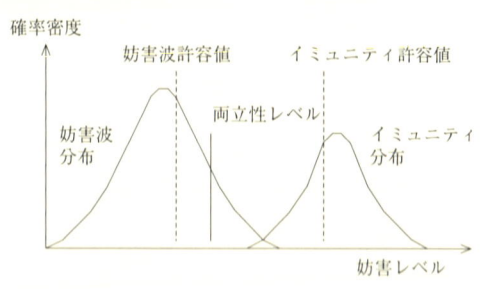

図 8.8.1 妨害レベル分布とイミュニティレベル分布の関係の一例

値を決定するために妨害波との関連性をもたせた概念図であると理解されたい．

8.8.5 妨害波の測定規格

妨害波の測定にあっては，対象となる製品のどこ(ポート)から妨害波が装置の外部に漏れるかを特定したうえで，電界，磁界，電力，電圧または電流のいずれかの単位を用いて妨害波レベルの評価を実施するよう定めている．図 8.8.2 にポートの概念を示してある．

図 8.8.2 妨害波が装置外部に漏えいする個所を示す概念図
ポート：妨害波が外部環境に漏えいする場所
筐体ポート：そこを介して電磁界が放射しまたは侵入する機器の物理的境界

妨害波の測定規格を作成するうえで重要なことは，製品のどこから妨害波エネルギーが外部に漏えいするかを決定し，どのような計測システムを用いて妨害波レベルを評価するかにある．一般的には，

 i) 装置からある距離離れた位置に受信アンテナを設置し，その位置における妨害波電界強度を測定することにより放射妨害波レベルを評価する．
 ii) 装置の電源入力端に擬似電源回路網(米国の規格では電源線インピーダンス安定化回路網とも呼ばれている)を挿入し，電源線を伝送媒体として装置の外部に漏えいする妨害波の電圧を評価する．
 iii) 吸収クランプを電源線に装着し，これにより電源線を流れる妨害波電流を測定することにより装置が発生する妨害波電力を評価する．
 iv) 動作条件については，装置それぞれが異なることから，原則として(装置ごと

に動作条件(負荷条件)を規定し，妨害波レベルを評価する．

v) 広帯域妨害波と狭帯域妨害波では妨害波の検知限界が異なることから，測定規格上では両者の妨害波形態を識別するために，前者の妨害形態にあっては準せん頭値検波器を，後者の妨害形態にあっては平均値検波器を用いて妨害波レベルを評価する．

vi) 間欠的に発生する妨害波にあっては，妨害波の発生頻度により妨害波の検知限界が異なることから，以下のような条件を適用して許容値の緩和をはかったうえで妨害波レベルを評価する．
連続性妨害波の許容値を超える期間が 200 ms 以下で，それに続く妨害波と少なくとも 200 ms 以上離れていることを条件に，規定の期間内に発生する妨害波の生起回数(N)に基づいて，$20 \log(30/N)$ dB の緩和係数を求める．

vii) 工業，科学および医療用装置および情報技術装置にあっては，装置の設置環境が広範囲に及ぶことから，以下のような条件で設置環境の区分を定めている．

1) クラス A 装置： 住宅用および住宅目的用に使用される建物に供給される低電圧配電網に直接接続される以外のすべての環境に適した装置(情報技術装置の定義は多少これとは異なるが，原則的には同じ)．

2) クラス B 装置： 住宅用および住宅目的用に使用される建物に供給される低電圧配電網に直接接続されるすべての環境に適した装置(情報技術装置の定義は多少これとは異なるが，原則的には同じ)．

viii) 工業，科学および医療用装置にあっては，本来の国際電気通信連合の定める定義をさらに細分化する形で，装置を以下のように分類している．

1) グループ 1 の装置： 装置自身の内部機能を行わせるために，無線周波エネルギーを意図的に発生し，または/および配線回路を媒体として伝える状態で利用しているすべての工業，科学および医療用装置．

2) グループ 2 の装置： 材料処理，および放電腐食装置のために電磁エネルギーを電磁放射の形で意図的に発生し，または/および利用しているすべての工業，科学および医療用装置．

ix) 共通規格は他の製品規格とは異なり，装置を使用する環境に基づいて作成された規格であるため，その環境を以下のように記述している．

1) 住宅，商業および軽工業環境の具体的な場所： 野外および屋内とを問わず，住宅，商業および軽工業所在地を示すものである．包括的ではないが，次の表に該当する場所を示してある．
 ・ 住宅地，たとえば，家屋，アパートなど
 ・ 小売店，たとえば，店舗，スーパーマーケットなど
 ・ 商業地，たとえば，事務所，銀行など
 ・ 公共娯楽施設，たとえば，映画館，酒場，ダンスホールなど
 ・ 野外施設，たとえば，ガソリン・スタンド，駐車場，娯楽およびスポー

8.8 測定・試験規格　525

表 8.8.4 (a) 装置ごとの代表的な妨害波許容値の例

対象装置		周波数範囲 [MHz]	許容値 [dBμV, μV/m]	測定条件	該当 EMC 規格	備考
工業, 科学および医療用装置 電源端妨害波電圧	クラス A グループ 1	0.15〜0.5 0.5〜5 5〜30	79(QP), 66(Ave) 73(QP), 60(Ave) 73(QP), 60(Ave)	CISPR 11 参照	CISPR 11, 16-2	8.8.5 項の ii), iv), v), vii), viii) 参照
	クラス A グループ 2	0.15〜0.5 0.5〜5 5〜30	100(QP), 90(Ave) 86(QP), 76(Ave) 90〜70(QP) 80〜60(Ave) 直線的に減少	CISPR 11 参照	CISPR 11, 16-2	8.8.5 項の ii), iv), v), vii), viii) 参照
	クラス B グループ 1 および 2	0.15〜0.5 0.5〜5 5〜30	66〜56(QP 56〜46(Ave) 直線的に減少 56〜46(QP) 60〜50(Ave)	CISPR 11 参照	CISPR 11, 16-2	8.8.5 項の ii), iv), v), vii), viii) 参照
放射妨害波電界強度	クラス A グループ 1	0.15〜30 30〜230 230〜1000	検討中 30(QP) 37(QP)	30 m の距離で	CISPR 11, 16-2	8.8.5 項の i), iv), vii), viii) 参照
	クラス A グループ 2	0.15〜30 30〜230 230〜1000	検討中 30(QP) 37(QP)	10 m の距離で	CISPR 11, 16-2	8.8.5 項の i), iv), vii), viii) 参照
	クラス B グループ 1	0.15〜30 30〜80.872 80.872〜81.848 81.848〜134.786 134.786〜136.414 136.414〜230 230〜1000	検討中 30(QP) 50(QP) 30(QP) 50(QP) 30(QP) 37(QP)	10 m の距離で	CISPR 11, 16-2	8.8.5 項の i), iv), vii), viii) 参照

(表 8.8.4 つづき)

	クラス A グループ 2	0.15〜0.49 0.49〜1.705 1.705〜2.194 2.194〜3.95 3.95〜20 20〜30 30〜47 47〜68 68〜80.872 80.872〜81.848 80.848〜87 87〜134.786 134.786〜136.414 136.414〜156 156〜174 174〜188.7 188.7〜190.979 190.979〜230 230〜400 400〜470 470〜1000	75(QP) 65(QP) 70(QP) 65(QP) 50(QP) 40(QP) 49(QP) 30(QP) 43(QP) 58(QP) 43(QP) 40(QP) 50(QP) 40(QP) 54(QP) 30(QP) 40(QP) 30(QP) 40(QP) 43(QP) 40(QP)	建物の外壁から 10 mP の距離で	CISPR 11	8.8.5 項の i), iv), vii), viii) 参照
情報技術装置 ① 電源端妨害波電圧	クラス A	0.15〜0.5 0.5〜30	79(QP), 66(Ave) 73(QP), 60(Ave)	CISPR 22 参照	CISPR 22, 16-2	8.8.5 項の ii), iv), v), vii) 参照
	クラス B	0.15〜0.5 0.5〜5 5〜30	66〜56(QP) 56〜46(Ave) 直線的に減少 56(QP), 46(Ave) 60(QP), 50(Ave)	CISPR 22 参照	CISPR 22, 16-2	8.8.5 項の ii), iv), v), vii) 参照
② 放射妨害波電界強度	クラス A	30〜230 230〜1000	40(QP) 47(QP)	CISPR 22 参照	CISPR 22, 16-2	8.8.5 項の i), iv), vii) 参照
	クラス B	30〜230 230〜1000	30(QP), 距離 10 m 37(QP), 距離 10 m	CISPR 22 参照	CISPR 22, 16-2	8.8.5 項の i), iv), vii) 参照

8.8 測定・試験規格

		周波数範囲 [MHz]	許容値 [dB μV, μV/m]	基本規格	備考
	家庭用電気機器	家庭用電気 機器および 類似機器	0.15～5.0 0.5～5 5～30	66～56(QP) 直線的に減少 56(QP) 60(QP)	CISPR 14	CISPR 14, 16-2	8.8.5 項の i), iv), vi) 参照
	我計点害液晶 需要	家庭用電気 機器および 類似機器	30～300	45～55(QP) 直線的に減少	CISPR 14	CISPR 14, 16-2	8.8.5 項の ii), iii), iv), vi) 参照

(b) 共通妨害液規格（住宅，商業および軽工業環境）

	周波数範囲 [MHz]	許容値 [dB μV, μV/m]	基本規格	参照注	備考
電源	30～1000	30～10 m の距離で	CISPR 22	注1参照	基本規格による統計的評価を適用
	0～0.02		IEC 61000-3-2	注2参照	基本規格による統計的評価を適用
	0.15～0.5		IEC 61000-3-3		
交流電源	0.5～5 5～30	66～56(QP) 直線的に減少 56～46(Ave)直線的に減少 56(QP), 46(Ave) 60(QP), 50(Ave)	CISPR 22		
	0.15～30		CISPR 14		8.8.5 項の vi) 参照

注1： たとえば，9 kHz を超える周波数で動作するマイクロプロセッサなどの進行処理機器機器を内蔵している機器のみに適用する。
注2： IEC 61000-3-2 および IEC 61000-3-3 の対象となる機器に適用。これらの許容値については現在検討中。

(c) 共通妨害液規格（工業環境）

	周波数範囲 [MHz]	許容値 [dB μV, μV/m]	基本規格	備考
電源	30～230	30(QP), 30 m の距離で CISPR 11 の規定を満足するものであれば，許容値を 10 dB 増加して 10 m の距離で測定も可	CISPR 11	参照注
	230～1000	37(QP), 30 m の距離で		注1参照
交流電源	0.15～0.5 0.5～5 5～5	79(QP), 66(Ave) 73(QP), 60(Ave) 73(QP), 60(Ave)	CISPR 11	注2参照 注3参照

注1 設置場所での測定については，この規格の適用外。
注2 1分あたり5回以下のインパルスノイズ（クリック）は対象外。1分あたり30回以上のインパルスノイズのみ許容値を適用。1分あたり5回から30回までのインパルスノイズにあっては，20 log 30 N (N は1分あたりのクリックの生起回数) の緩和係数を適用する。
注3 交流実効値 1000 V 以下で動作する機器に適用

表 8.8.5(a)　共通イミュニティ規格(住宅, 商業および軽工業環境)

基本規格	現象およびポート	単位	代表的なレベル	試験レベル	動作基準
IEC 61000-4-13	高調波 Thd	%U_n	8	試験なし	—
	5th	%U_n	6	試験なし	—
IEC 61000-4-11	電圧ディップ	△%U_n	10〜95	30|60	B/C
		per	0.5〜150	0.5| 5	
IEC 61000-4-11	AC 電圧瞬停>95%	per	2500	250	C
IEC 61000-4-14	AC 電圧変動	△U_n%	+10, −10	試験なし	
IEC 61000-4-8	磁界電力周波数	A/m	0.5〜5	3	A
IEC 61000-4-6	伝導 HF 妨害 0.15-80 MHz	V 変調		無変調搬送波	
	−AC 電力 cm		1〜10	3	A
	−DC 電力 cm		1〜10	3	A
	−制御/信号 cm		1〜10	3	A
IEC 61000-4-3	RF 電磁界 ≦80 MHz	V/m 変調	3〜5	1kHz, 80%変調 3	A
IEC 61000-4-3 の修正	RF 電磁界 デジタル電話 0.9(1.8)GHz	V/m 変調	3〜10	EU のみ 3	A
IEC 61000-4-5	サージ 1.2/50 (8/20)	kV			
	−AC 電力 L→G		1〜2	±2	B
	−AC 電力 L→L		0.5〜1	±1	B
	−DC 電力 L→G			±0.5	B
	−DC 電力 L→L				B
	−制御/信号L→G		1	±0.5	—
	−制御/信号L→L		0.5		
IEC 61000-4-4	高速過渡	kV			
	−AC 電力	(容量性	1〜2	±1	B
	−DC 電力	クランプ)	0.5〜1	±0.5	B
	−制御/信号			±0.5	B
	−機能接地			±0.5	B
IEC 61000-4-12	発振過渡	kV			
	−0〜1 MHz(AC電力)		1〜4	試験なし	
	−1〜5 MHz(AC制御)			試験なし	
IEC 61000-4-2	静電気放電　気中	kV	4〜8	±8	B
	接触	(充電電圧)		±4	B

(注)　Thd:全高調波, RF:無線周波, cm:不平衡モード, L→G:接地と線間
　　　5 th:5 倍の高調波の例, dm:平衡モード, L→L:線間

　　　　　ツ・センターなど
　　　・軽工業区域, たとえば, 作業場所, 試験研究所, サービスセンターなど
　　2)　工業環境の具体的な場所:　工業環境の場所は, 次の条件の一つ以上が存在する場所として特徴付けられる.
　　　・　工業, 科学および医療用装置が存在する場所
　　　・　大きな誘導性または容量性負荷がしばしば切り替えられる場所

8.8 測定・試験規格

表 8.8.5(b) 共通イミュニティ規格(工業環境)

基本規格	現象およびポート	単位	代表的なレベル	試験レベル	動作基準
IEC 61000-4-13	高調波 Thd	%U_n	10	試験なし	―
	5th	%U_n	8	試験なし	―
IEC 61000-4-11	電圧ディップ	△%U_n	10-95	30|60	B/C
		per	0.5-300	0.5|50	
IEC 61000-4-11	AC 電圧瞬停 > 95 %	per	2500	250	C
	AC 電圧変動	iU_n %	+10, −10	試験なし	
IEC 61000-4-8	磁界電力周波数	A/m	10-30	30	A
IEC 61000-4-6	伝導 HF 妨害	V		無変調搬送波レ	A
	0.15～80MHz	変調		ベル	A
	―AC 電力 cm		1～10	10	A
	―DC 電力 cm		1～10	10	
	―制御/信号 cm		1～10	10	
IEC 61000-4-3	RF 電磁界	V/m	10	10	A
	≦80 MHz	変調			
		1kHz80%			
IEC 61000-4-3 の修正	RF 電磁界				
	デジタル電話	V/m			
	0.9(1.8)GHz	変調		試験なし	
IEC 61000-4-5	サージ 1.5/50	kV			
	(8/20)				
	―AC 電力 L→G		2～4	±4	B
	―AC 電力 L→L		0.5～2	±2	B
	―DC 電力 L→G			±0.5	B
	―DC 電力 L→L				B
	―制御/信号 L→G		1～2	±2	B
	―制御/信号 L→L		0.5～1	±1	B
IEC 61000-4-4	高速過渡	kV			
	―AC 電力	(容量性	2～4	±2	B
	―DC 電力	クランプ)	2～4	±2	B
	―制御/信号		1～2	±1	B
	―機能接地			±1	B
IEC 61000-4-12	発振過渡	kV			
	―0～1MHz(AC電力)		1～4	試験なし	
	―1～5MHz(AC制御)		0.5～2	試験なし	
IEC 61000-4-2	静電気放電 気中	kV	4～8	±8	B
	接触	(充電電圧)		±4	B

(注) Thd: 全高調波, RF: 無線周波, cm: 不平衡モード, L→G: 接地と線間
5 th: 5倍の高調波の例, dm: 平衡モード, L→L: 線間

・電源またはそれに関連する磁界が大きな場所

以上のような測定条件に従って、それぞれの製品 EMC 規格が構成されているが、詳細については、他の章および関連 EMC 規格を参照されたい。

8.8.6 妨害波の許容値および参照項目

妨害波の許容値については、妨害波抑圧技術の困難さ、および経済面から検討した

結果一部は妥協した形で，それぞれ装置ごとに異なった許容値が定められているのが現状である．これらの許容値を製品 EMC 規格ごとに整理したのが表 8.8.4(a) から表 8.8.4(c) である．特に表 8.8.4(b) から表 8.8.4(c) には妨害波共通規格に定める許容値を示してある．

8.8.7 イミュニティの試験規格

イミュニティの試験規格にあっては，妨害波が装置のどこ(ポート)から侵入するかを特定したうえで，妨害波信号が装置にどのような形で結合するかを決定し，直接妨害信号を印加するか，結合回路を介して印加する方法がとられている．これらの条件については，すでにふれた IEC 61000-4 シリーズに妨害波信号の形態，印加方法の記述があるので参照されたい．

さらに，イミュニティ試験にあっては，装置ごとに個別の動作条件および誤動作判定基準を規定する必要があるが，これらについては，すでに本書の他の章にそれらの記述があるので，ここでは重複を避けた．この共通イミュニティ規格に基づく誤動作判定条件は以下のとおりである．

a) 動作基準 A：試験中および試験後にも機器が意図する動作を続けること．
b) 動作基準 B：試験後にも機器が意図する動作を続けること．試験中にあっては，製造業者が規定するある種の動作劣化については，それを容認する．
c) 動作基準 C：試験中および試験後にも一時的な機能損失を容認する．ただし，当該機器が自己復帰をするか，使用者の操作によって再起動できるものであること．

参考のために，表 8.8.5(a) から表 8.8.5(b) に IEC の共通イミュニティ規格に定める許容値および測定条件を示してある． 〔岡村万春夫〕

文　献

1) IEC Electromagnetic Compatibility : The role and contribution of IEC Standards, IEC 中央事務局, 1997.
2) EMC Standards Overview, Corporate Standardization Department, Philips, 1996.
3) IEC Yearbook 1997.
4) Determination of limits for industrial, scientific and medical equipment, CISPR 23, 1987.
5) IEC 61000-1-1, Application and interpretation of fundamental definitions and terms.
6) IEC 61000-6-3, Emission Standard for residential, commercial and light industrial environment : Generic Standard.
7) IEC 61000-6-4, Emission standard for industrial environment : Generic standard.
8) CISPR 24, Information technology equipment-immunity characteristics-Limits and methods of measurements.
9) CISPR 14-2, Requirements for household appliances, electric tools and similar apparatus, Part 2 Immunity-Product Standard.

9. 生体電磁環境

9.1 電磁界と生体

9.1.1 電磁界の定義と単位
a. 電界とは
　電荷を帯びた物体（帯電体）の近くでは他の電荷に力（クーロン力）を働かせる作用があり，このような作用をもつ空間を"電界"という．単位正電荷1C（クーロン）に働く力の大きさを"電界の強さ"または"電界強度"と呼んでいる．単位は[N/C]（ニュートン/クーロン）であるが，電気工学の分野では[V/m]（ボルト/メートル）に換算された単位が使われる．導体内では電界のかわりに"電流密度"が使われる．電流密度とは，単位面積あたりの電流をいい，単位は[A/m^2]（アンペア/平方メートル）である．導体内の電界をE，電流密度をJとすれば，両者の間には

$$J = \sigma E \qquad (9.1.1)$$

という関係式が成り立つ．ここで，σは導体の導電率と呼ばれ，単位は[S/m]（ジーメンス/メートル）である．上式から，同じ電界でもσが大きい導体ほど電流が流れやすいことがわかる．生体も導体の一種であるので，生体が電界にさらされると体内に侵入した電界によって生体内に電流が流れる．

b. 磁界とは
　運動する電荷に対して電気的な力を及ぼす空間を"磁界"という．単位正磁荷1Wb（ウエーバ）に働く力の大きさを"磁界の強さ"または"磁界強度"という．単位は[N/Wb]（ニュートン/ウエーバ）であるが，電気工学の分野では[A/m]（アンペア/メータ）に換算された単位が使われる．磁界強度のかわりに"磁束密度"を使うことも多い．磁束密度とは，単位面積あたりの磁束数（磁荷量）であり，単位は[Wb/m^2]である．この単位はテスラ[T]とも呼ばれ，1万分の1テスラを1ガウス[G]という．なお，磁束密度をB，磁界強度をHとすれば，

$$B = \mu H \qquad (9.1.2)$$

という関係式が成り立つ．ここで，μは媒質の透磁率といい，単位は[H/m]（ヘンリー/メートル）である．真空中（≒空気中）または生体などの常磁性体では$\mu = \mu_0 = 4\pi \times 10^{-7}$[H/m]である．したがって，たとえば空気中や生体内では，$B = 1\mu T = 10mG$

は $H = (10/4\pi)$A/m ≒ 0.8 A/m であり，$H = 1$ A/m は $B = (4\pi/10)\mu$T ≒ 1.26 μT = 12.6 mG に相当する．

9.1.2 電磁波の諸元とバイオエフェクト
a. 電磁波とは

電界と磁界の振動が伝幡する波動を"電磁波"という．この波動は波長 λ[m]，周波数 f[Hz]（ヘルツ），光量子エネルギー E[J]（ジュール），温度 T[K]（ケルビン）の四つのパラメータで特徴づけられ，それらの間には

$$\lambda = c/f, \quad E = hf, \quad T = E/k = hf/k \quad (9.1.3)$$

という関係式が成り立つ．ここに，c は波動速度で真空中では $c ≒ 3 \times 10^8$ m/s，$h = 6.626 \times 10^{-34}$ Js はプランク定数，$k = 1.381 \times 10^{-23}$ J/K はボルツマン定数である．上式から，周波数が高いほど波長が短くなって，光量子エネルギーや温度は増大することがわかる．

電磁波を周波数ごとの成分に分解したものを"スペクトル"というが，これを図 9.1.1 に示す．一般に，周波数が約 3000 THz（テラヘルツ，1 THz = 10^{12} Hz）より高い電磁波は電離放射線，それより低い電磁波は非電離放射線と慣例的に呼ばれている．この周波数は，波長では 100 nm（ナノメートル，1 nm = 10^{-9} m），光量子エネルギーでは 12.4 eV（電子ボルト，1 eV = 1.60×10^{-19} J），温度では 143,666 ℃ にそれぞれ対応する．電波とは周波数が 300 GHz 以下（波長では 1 mm 以上）の電磁波を指し，無線周波とも呼ばれる（わが国の電波法では 3 THz 以下の電磁波を電波と定義している）．光量子エネルギーでは 1.24×10^{-3} eV 以下の電磁波であり，温度では零下

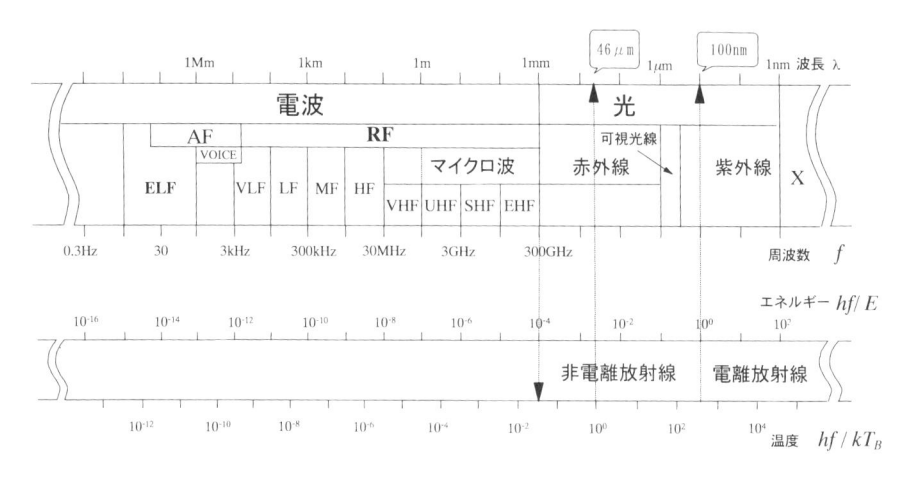

図 9.1.1 電磁波のスペクトルと諸元
プランク定数 $h = 6.626 \times 10^{-34}$ Js，ボルツマン定数 $k = 1.381 \times 10^{-23}$ J·s，イオン化エネルギー $E = 12.4$ eV，体温 $T_B = 310$ K

260℃より低い極超低温の電磁波になる．なお，体温(37℃)と同じぬくもりの電磁波は波長 46 μm の遠赤外線にあたる．

b. バイオエフェクト

人体が電磁波を浴びて体内に誘導された電磁界が引き起こす生物学的反応を"バイオエフェクト(bioeffect)"という．界成分の作用は周波数によって大きく異なる．これらの界成分は体内においてはそれぞれ，① 電離，② 光，③ 電流がバイオエフェクトの支配的な作用因子となる．① は X 線や遠赤外線などの電離放射線において強く現れる作用で，生体組織を構成する分子や原子の破壊をもたらす．② は非電離放射線の紫外線や赤外線の作用で，紫外線では化学作用，可視光線・赤外線では共鳴振動の刺激作用がそれぞれ優勢に働く．紫外線の殺菌効果，視細胞や温受容細胞の興奮による視覚や温覚は ② の作用の結果として生ずる．③ は体内の電磁界による誘導作用をいうが，周波数に応じて発熱か刺激の作用に分かれる．一般には，周波数"100 kHz"以上でジュール損に基づく発熱作用，それ以下の周波数では電流の直接的な刺激作用が優勢に働くとされる[1]．体温の上昇や神経細胞・感覚器の興奮などはいずれも電流作用の結果として生ずる．欧米やわが国における電波の安全基準は ③ に基づいて構築されている．

9.1.3 電波の発熱作用とバイオエフェクトの尺度
a. 電波の強さ

電波の強さは電界または磁界の大きさで表すが，放送アンテナから遠く離れた空間を伝搬する電波の強さに対しては"電力密度"で表す場合が多い．このような電波は"平面波"と呼ばれ，伝搬する電界または磁界を"遠方界"という．さて，電力密度とは，単位面積あたりの電波が運ぶ電磁界の電力をいい，単位は $[W/m^2]$（ワット/平方メートル）である．一般に，平面波の電界の大きさを E，磁界のそれを H，電力密度を S とすれば，これらの間には

$$S = E \cdot H/2 = E^2/2Z = Z \cdot H^2/2 \quad (9.1.4)$$

という関係式が成り立つ．ここで，Z は空間の波動インピーダンスといい，真空中では $Z ≒ 120\pi ≒ 377\,\Omega$ である．たとえば，電力密度 S が $1\,mW/cm^2$ ($= 10\,W/m^2$) の電波とは，電界強度 E が $E = \sqrt{S \times 2Z} ≒ 86.8\,V/m$ （実効値では $61.4\,V/m$），磁界強度 H が $H = \sqrt{2S/Z} ≒ 0.230\,A/m$ （実効値では $0.163\,A/m$）の電波をいう．なお，携帯電話の発する電波はアンテナの近くでは平面波ではなく，上式は成り立たない．この場合の電波の強さは電力密度ではなく電界または磁界の大きさで表す．これらの電磁界は，遠方界に対して"近傍界"と呼ばれる．

b. 発熱作用

電波の発熱作用は体温を上昇させることで熱ストレスによるバイオエフェクトを起こすとされるが，これと電波のパラメータとの関係は単純ではない．人体は電気的には複雑な複合損失誘電体であるため，電波の強さ，周波数や偏波などで体内の発熱分布が大きく変わってしまうからである．バイオエフェクトを引き起こす発熱量のい

値がわかれば，これを超えない電波のパラメータは逆に決定できる．ラットなどの小動物を用いた電波の照射実験によると，全吸収エネルギーの時間率(全吸収電力)を全身にわたって平均した値が体重 1 kg あたり 4～8 W という狭い範囲で可逆的な行動分裂が生じたという[2]．しかも，この値は，電波の周波数や偏波，実験小動物の種に依存しないことが確認されている．米国規格協会(American National Standards Institute：ANSI)やわが国の電波の安全基準は発熱量の上述したいき値がヒトに対しても適用できるものとして構築されている．これらの根拠を科学的に立証することは困難であるが，ほ乳動物の代謝量を発熱量の観点から種別に比較すれば，電波安全基準の考え方が妥当なものであることが理解できる．いろいろな動物の体重あたりの基礎代謝率(basal metabolic rate：BMR)を [W/kg] という単位で表し，これと体重との関係を示すと図 9.1.2 のようになる[3]．ただし，ヒト以外の動物の BMR は安静時の代謝率にかえている．BMR とは生命の維持だけに必要な最低のエネルギー代謝をいうが，体重あたりの BMR と体重との関係は両対数グラフでは種によらずほぼ直線上に並び，体重が重いほど BMR は低くなる．たとえば，0.5 kg 以下の小動物の BMR は 4 W/kg 以上であるのに，乳・幼児から成人を含む 10～70 kg のヒトでは 1～3 W/kg の範囲にある．ヒトの電波による発熱量が BMR の何倍まで許せるかは熱調節機能に強く依存する．しかしながら，少なくとも BMR と同じ程度の発熱量が体内で生ずれば自然の状態になく，バイオエフェクトの発現確率は高まる．

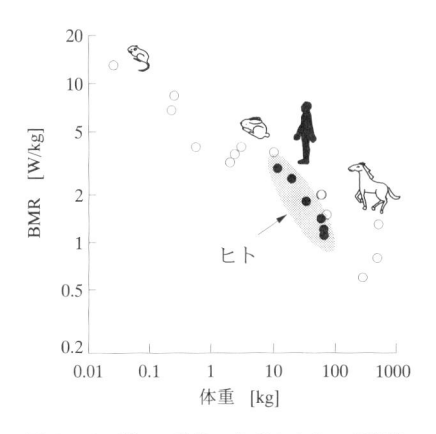

図 9.1.2　種々の動物の体重あたりの基礎代謝量と体重との関係

c. SAR とは

電波による発熱量は生体内への侵入電界で誘起された電流のジュール損で表され，これは電波の吸収電力に相当する．生体内の侵入電界を E，誘起電流密度を J，生体組織の導電率を σ とすれば，単位体積あたりのジュール損は $J^2/2\sigma (=\sigma E^2/2)$ [W/m^3] で与えられ，これを単位体重あたりに換算した物理量が "SAR(absorption rate：比吸収率)" と呼ばれる[4,5]．単位は [W/kg] である．したがって，生体組織の密度を ρ とすれば，SAR は

$$\text{SAR} = J^2/2\sigma\rho = \sigma E^2/2\rho \tag{9.1.5}$$

と表される．体重 M [kg] のヒトの全身平均 SAR については，これを $\langle \text{SAR} \rangle$ と記せば，体重 dm [kg] あたりの電波の吸収電力が SAR$\times dm$ [W] となるので，

$$\langle \text{SAR} \rangle = \frac{1}{M} \int_{\text{Whote-body}} \text{SAR} \times dm \tag{9.1.6}$$

9.1 電磁界と生体

で与えられる．全身平均 SAR は，電波の発熱作用によるバイオエフェクトの評価尺度として用いられる．

d. 安全基準の考え方

電波のバイオエフェクトは全身平均 SAR の一定レベルを超えると現れ，その程度が SAR の全身平均値に並行するとの考えは，電離放射線に対する急性効果（非確率的影響）のそれに類似し，微弱電波の人体に及ぼす晩発効果（確率的影響）はないという仮説に基づく．この仮説は非電離放射線の電波に対しては合理的と認識され，人体に対するバイオエフェクトのいき値としては全身平均 SAR が ANSI では 4〜8 W/kg，米国環境保護庁（United State Environmental Protection Agency：EPA）では 1〜2 W/kg と見積もられ，同いき値の 10 倍または 2.5 倍の安全率を見越した「0.4 W/kg」が世界各国における電波安全基準の指針値として確立されたものとなっている[5,6]．この値を超えない電波の強さが安全基準となるが，SAR は電波源，周波数や偏波，人体のサイズなどによって大きく変わる．それゆえに，平面波を全身に対して浴びたときを最悪ケースとし，この場合の SAR 指針値を超えない電波レベルを基準値としている．

図 9.1.3 は 1 mW/cm^2（= 10 W/m^2）の強さの平面波に対する人体の全身平均 SAR 値[7]が周波数に応じてどのように変わるかを示している．図の実線は人体ブロックモデルの計算値である．電波の強さが同じでも周波数や身長の高低に応じて SAR が著しく変わっているが，いずれもピーク値は 0.4 W/kg を超えていない．一般に，自由空間においては電界と身長方向とが平行で身長の半波長に相当した周波数の電波が最も吸収されやすく，SAR も最大となる．グラウンド面上の人体では身長の 1/4 波長

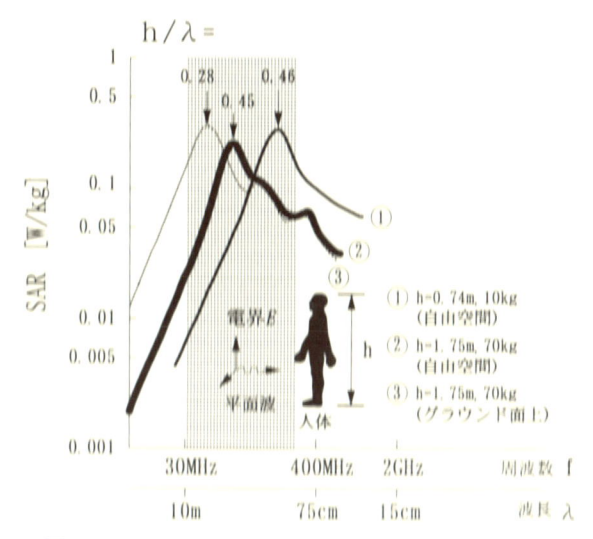

図 9.1.3　1 mW/cm^2 の平面波による人体の全身平均 SAR 値の周波数依存性

の周波数でSARは最大となり，このときの値は自由空間の場合の倍近くにもなる．
結局，乳・幼児から成人までの人体に対しては同じ強さの電波でも周波数30～300
MHzの範囲(図中の網掛け領域)でSARが極大となるので,世界各国の安全基準では
この周波数帯の電波レベルを最も厳しく抑えている．

なお，携帯電話などの低電力電波放射機器に関しては，アンテナ近傍の電磁界レベ
ルが指針値を超えても全身平均SARは上述の「0.4 W/kg」を大幅に下回ることが知
られているので，以前にはその適用を特別措置として除外している場合が多かっ
た[5,6]．しかしながら，移動体通信技術の飛躍的な発達と携帯電話の爆発的な普及で
アンテナ近傍界の人体影響が懸念され，今日では無線周波の電波を利用する小型端末
機に対しては局所的な組織でのSAR指針値が決められている[8,9]．

9.1.4 電波の医療応用

電波のバイオエフェクトは，薬物のそれに類似し，ヒトの健康に対してよい面と悪
い面とをあわせもつ．前者の効果を医療分野に応用した代表例には電波による温熱療
法があり，"ハイパサーミア(hyperthermia)"[10] が有名である．これは，がん細胞が
正常細胞に比べて熱に弱いことを利用する温熱療法の一種で，今世紀前半においてが
んの治療法としてすでに知られていたが，近年の電波利用技術の発達に伴い電波加温
によるハイパサーミアが見直され，それに関する研究が医学・工学の両分野において
さかんに行われるようになった．加温原理は体内誘起電流の発熱作用に基づく．体内
電流は高周波の電界または磁界，電波により誘起でき，人体加温はこれらの誘起法に
応じて誘電加温，誘導加温，電磁界加温に大別される．ハイパサーミアのための電波
加温は，非観血無侵襲であること，がん部位を急速加温できること，温度制御が容易
であること，などの点からきわめて優れた治療技術とされ，表在性のがんについては
臨床ですでに活発に使用されている． (藤原　修)

文　献

1) 斉藤正男：電磁界の生体への影響，テレビジョン学会誌，**42**(9)，945-950，1988．
2) 雨宮好文：高周波電磁界の生体影響と防護基準，信学誌，**78**(5)，466-475，1995．
3) 藤原　修：電磁波のバイオエフェクト，信学誌，**75**(5)，519-522，1992．
4) Chou, C. K. et al.：Radio frequency electromagnetic exposure：tutorial review on experimental dosimetry, Bioelectromagnetics, **17**, 175-208, 1996.
5) Gandihi OM. P.：Biological Effects and Medical Applications of Electromagnetic Energy, Prentice-Hall, pp. 4-8, 10-24, 29-44, 1990.
6) 郵政省電気通信技術審議会答申：諮問第38号「電波利用における人体の防護指針」，1996．
7) 赤尾保男：環境電磁工学の基礎，電子情報通信学会，pp. 145-160，1991．
8) International Commission on Non-Ionizing Radiation Protection：Health issues related to the use of hand-held radiotelephones and base transmitters, Health Physics, **70**(4), 587-593, 1996.
9) 郵政省電気通信技術審議会答申：諮問第89号「電波利用における人体防護の在り方」，1997．
10) 電気学会，高周波電磁界の生体効果に関する計測技術調査専門委員会編：電磁界の生体効果と計測，コロナ社，pp. 214-236，1995．

9.2 直流磁界の生体影響

生物に対する磁場影響についてはこれまでの研究の進展により,ようやく体系的な理解が得られ始めるようになってきた.パルス磁場による脳神経刺激,フィブリン重合過程の磁場配向,走磁性細菌がつくる生物磁石など磁場に対する明瞭な生物現象が呈示された.また光化学反応についての磁場効果の研究が進み,体系的な理解が得られるようになってきた.さらには,磁場による水の二分現象(モーゼ効果)や燃焼とガス流に対する磁場効果も見いだされた.現在,このような基盤のうえに立って,酵素反応や各種生体反応に対する磁場効果の研究が展開されている.しかし,細胞の機能や増殖に及ぼす磁場影響をはじめ,生体に対する磁場の作用については今なお不明な点が多い.ここでは,数T~10Tオーダの強磁場下での生体関連物質および生体の振舞いに関しての研究報告をまとめた.

9.2.1 界特性,作用機序と効果
a. 勾配磁場下でのモーゼ効果

水は生体内における最も重要な物質の一つと考えられ,またその磁気的な性質が反磁性であることなどは知られており,磁化率測定の際の校正に用いられることもある.

図9.2.1に示すような最大8Tの水平方向の磁場を発生する超電導マグネットの中心部において,水を約半分満たした容器を入れ,磁場を1Tから8Tまで変化させた場合,水面の分割が観察される.すなわち,水の水面が分割されて容器の底が大気にさらされる[1,2].

水の反磁性により強い磁場から弱い磁場の方向へ水が並進力を受けることが,この現象の機構の本質であると考えられる.8T,400T/mの磁場における水のような反磁性の流体の振舞いは,弱磁場中での強磁性の磁性流体に匹敵するともいえる.

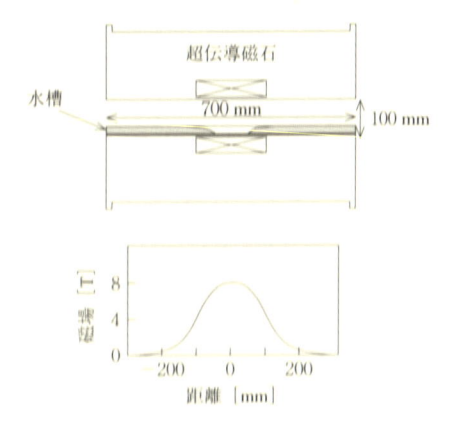

図9.2.1 強磁場(5~8T)におけるモーゼ効果の観察

体積磁化率 χ の反磁性液体の水位は磁場 B のもとで

$$h = \chi B^2 / 2\mu_0 \rho g \tag{9.2.1}$$

だけ減少する.ここで μ_0 は真空透磁率,ρ は密度,g は重力加速度である.図9.2.2に磁束密度 B の2乗と水位変化との関係を示す.

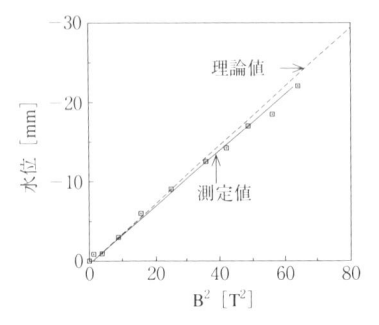

図 9.2.2 1〜8 T 磁場における水位変化

水のモーゼ効果は液体と気体の界面形状が磁場分布に依存して変化する現象である．これに対して，密度差が小さくかつ磁化率の差が大きな2種類の液体同士の界面の場合，永久磁石による1T程度の磁場でも界面形状が変化する．この現象は増強モーゼ効果と呼ばれている[3]．

これらの現象は100〜500 T^2/m オーダの強磁場において生体内の水のような反磁性物質が磁気力の影響を顕著に受けることを示している．たとえば血流，脳脊髄液や細胞内外の水が磁場の作用を受けることが考えられる．その一方で，この磁場効果を積極的に利用することによる新たな医療および工学的応用の可能性も期待できる．

b. 溶存酸素に対する勾配磁場効果

磁場中の溶存酸素の挙動を知ることは生体に対する磁場の影響を考えるうえでも，また，広く新しい磁場応用の可能性を探るうえでも重要であると考えられる．酸素が常磁性であるため磁場の影響を強く受ける可能性があると考えられる．溶存酸素の局所的濃度分布が磁場によって変化を受けるか否かに関しては，1 T，10 T/m の勾配磁場のもとでは溶存酸素の移動は直接的には生じないが，酸素分子が水中に溶解する過程，および水中から大気中へ出ていく過程が磁場によって顕著に変化することが報告された[4]．

また，最大 8 T〜50 T/m の強磁場のもとでの溶存酸素の濃度分布に関し，磁場中における溶存酸素濃度の空間分布変化(図9.2.3，図9.2.4)が報告された．大気中の酸素分圧下での溶存酸素濃度である約 8〜9 mg/l の水を 8 T 磁場に暴露しても濃度

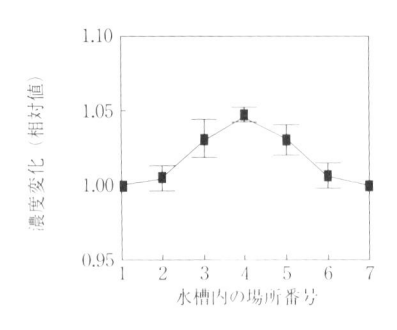

図 9.2.3 溶存酸素の空間分布に及ぼす磁場効果

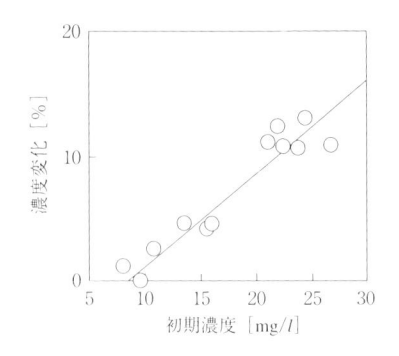

図 9.2.4 8 T 磁場における溶存酸素の濃度変化の溶存酸素濃度依存性

変化はみられなかったが，酸素ガスを水中に導入して溶存酸素濃度を約 12 mg/l 以上にした場合，8 T 磁場において有意な濃度変化がみられた[5,6]．

生体が放射線を浴びた場合に酸素濃度が高い場合には，酸素濃度が低い状態や無酸素の状態で放射線を浴びたときに比べて障害が大きくなる現象がみられ，これは酸素効果と呼ばれる．がんや腫瘍の放射線治療において，この酸素効果をどのように処理または利用するかは重要な課題と考えられる．生体内の溶存酸素や活性酸素種の振舞いを磁場によって制御できれば，がん治療の新しい可能性が期待できるであろう．

c．均一磁場下での生体物質の磁場配向

生物物質の磁場配向として，血液凝固に関するフィブリンの磁場配向が見いだされている．血液凝固第 1 因子フィブリノーゲンは，トロンビンの作用でゲル化してフィブリンを重合するが，この重合過程に磁場をかけておけば，磁場方向に並行にそろったファイバー状のフィブリンが得られる．フィブリンの磁場配向の機構はペプチド基がもつ反磁性磁化率の異方性によるものである（図 9.2.5）[7〜9]．

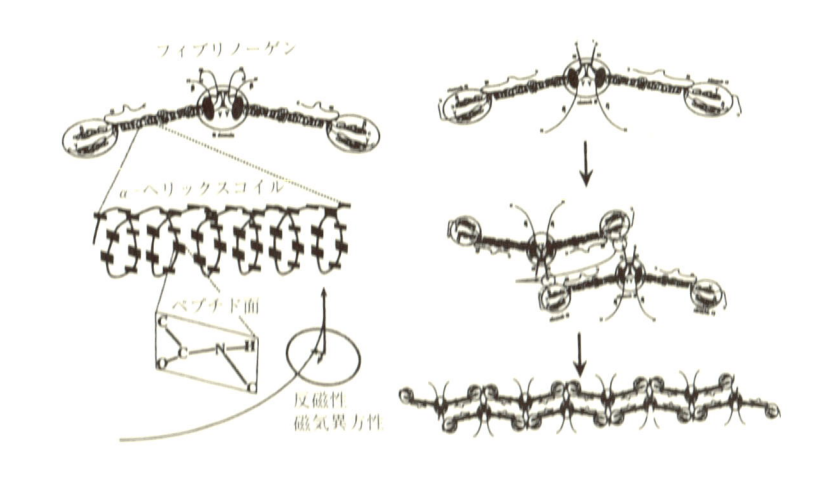

図 9.2.5 フィブリン磁場配向のメカニズム

同様の原理によりコラーゲン[10]や脂質膜[11]も配向することが知られている．コラーゲン重合体の場合，磁場方向に垂直に配向する．各分子単体の磁化率の異方性を $\Delta\chi$ とした場合，N 個の重合体の磁気エネルギーは $-\Delta\chi B/2$ となる．この磁気エネルギーの絶対値が熱エネルギーを上回る場合に磁場配向の観測が容易となる．

蛋白質や DNA のような高分子の磁場配向以外に，赤血球[12]や精子[13]など細胞レベルでの磁場配向も報告されている．赤血球の場合，普通の赤血球は磁場方向に平行に配向するが，グルタルアルデヒドで固定化した赤血球は磁場方向に垂直に配向する．

d. 勾配磁場による磁気分離および磁気泳動効果

勾配磁場下で期待される磁場効果は常磁性あるいは反磁性的磁気力による力学的効果である．ある物質の磁化率 χ と磁場および磁場勾配の積がその物質に作用する磁気力である．したがって，磁場と磁場勾配の積(単位：T^2/m)が磁気力を推定する目安となる．

先に述べた水の場合，単位質量あたりの磁化率 χg が -0.720×10^{-6} であり，400 T/m の勾配磁場において水 100 ml に対して重力の約 3 分の 1 の力が働くと推定される．生体の主要な構成成分はほとんどが水と同じ反磁性物質であり，χg は $10^{-6} \sim 10^{-7}$ であるため，数百〜1000 T^2/m の勾配磁場において，重力と同程度の力学的効果が期待できる．

水の密度と水中の物質の密度の差により浮力が作用するのと同様に，勾配磁場下ではおのおのの物質の磁化率の差による磁気力の差が生じ，"磁気浮力"とでもいうべき磁気泳動効果が観測される．

反磁性物質同士でも，フィブリン重合体のように分子量がある程度大きくなり重合体全体の磁気エネルギーが増加すれば，フィブリンを取り囲む水との磁化率の差による磁気泳動効果が起こりうる．磁気泳動効果は勾配磁場空間で形成されたフィブリンゲルの濃度分布変化として報告されている[14,15]．

磁気泳動効果は，高分子のみならず細胞や微生物にも応用可能であると考えられる．

一方，高勾配磁気分離 (HGMS：high gradient magnetic separation) の手法により，磁性体マトリックス内に微粒子を捕獲することで，排水処理や微粒子分離を行う技術が報告されている[16〜18]．

細胞の磁気分離に関しては，ヘモグロビンの常磁性を利用した赤血球の血液からの分離が報告されている[19]．赤血球の主な役目は酸素を運搬することであり，その運搬はヘモグロビンが行っている．酸素は常磁性である．これは，基底状態の酸素分子が一重項でなく三重項の電子状態になっているからである．三重項状態では 2 個の電子が平行のスピンの対をなしており，電子スピンは $S=1/2+1/2=1$ で常磁性となる．一重項状態では電子は対をなす相手の電子と反平行のスピンをもっており，電子スピンは $S=1/2-1/2=0$ で反磁性となる．赤血球の磁気分離においては，酸素と結合しているヘモグロビンを還元し常磁性のデオキシヘモグロビンにしておかないと磁気分離をうまく行うことができない．

また，血管中の血球の流れの偏位がどの程度の磁場勾配で起こるかという基礎実験が，シアンメトヘモグロビンなどの常磁性血球を用いて行われ，50 T^2/m オーダの磁気力で常磁性血球の偏位が認められている[20]．

また，生体分子の磁気分離に関しては，高勾配磁気分離技術以外に，超伝導マグネット内の数百 T^2/m オーダの勾配磁場空間内に設置されたクロマトグラフィーカラムからの物質溶出パターンへの磁場効果が報告されている (図 9.2.6)[21]．血液などさまざまな生体内物質の分離や制御，生体物質の磁気的性質に着目した新しい生化学的

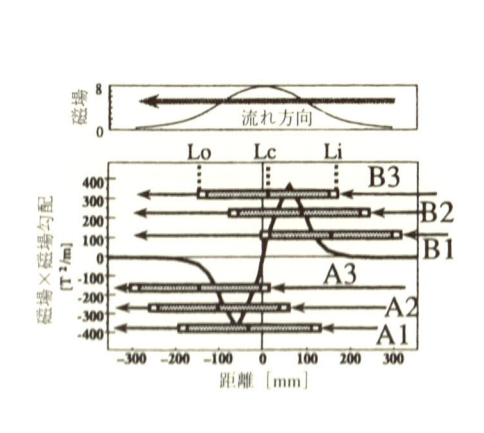

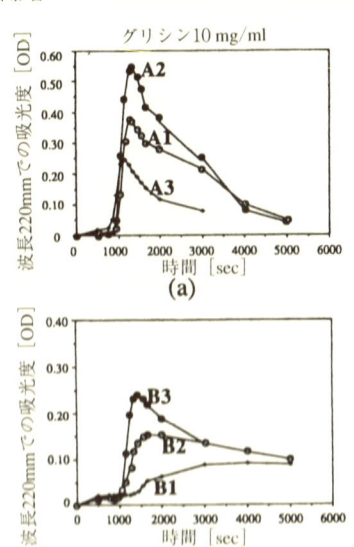

9.2 直流磁界の生体影響

図 9.2.6 グリシンの溶出パターンに対する勾配磁場効果(−8 T)

分析法の開発が期待される。

e. **溶液物性への均一磁場効果**

磁場下において水溶液の物性, たとえば水の構造が変化するか否かには興味がもたれる。水とイオン, 生体高分子との相互作用が磁場で変化するならば, 直流磁界の生体影響の解明に新しい側面が生じると思われる。

これまで, 糖類水溶液[22]やイオン水溶液[23]を磁場に曝露した場合, 拡散係数やゼータ電位などのさまざまな物性値が変化するという報告がなされている。また, 磁場中での近赤外分光測定により, 14 T 磁場中での水分子スペクトルのシフトを観測した例もみられる[24]。

また, 溶液および気相を含めた系に対する磁場効果として, 水の蒸発速度が最大8 T の勾配磁場下で促進される磁場効果も報告されている[25]。

f. **火炎形状およびガス流に対する勾配磁場効果**

代謝と磁場とのかかわりあいに関連して, 空気中の燃焼反応やガスの流れが1−2 T, 50 T/m の磁場で顕著な影響を受けることが報告された。この場合, 常磁性である酸素が重要な働きをする。すなわち, 50−100 T^2/m オーダーの磁場で磁気カーテンを形成することが明らかとなった[26,27]。

たとえば, 磁極の上方より磁極間空隙に向かって炭酸ガスや酸素ガスなどを流せば, 磁気カーテンによりガス流は阻止されはね返されてしまう。磁気カーテンを積極的に利用することにより, 磁気で酸素を遮断し, 燃焼中の炎を消すことができた[28]。

このことは，磁気カーテンで空気の出入りを遮断した空間内に生物を置けば，生物は呼吸困難になることを意味する．狭い不均一磁場空間内での生物実験やMRIの検査においては，磁気カーテンで結果的に閉じた空間を形成するような構造にならないように注意する必要がある．

9.2.2 生体影響
a. 酵素反応と磁場

生体内の化学反応をつかさどっているのは酵素であり，酵素反応が磁場の影響を受けるかどうかについては興味がもたれる．

金属蛋白質の中には常磁性の酵素も多く，また一般的に溶液中に含まれている常磁性物質である酸素も常磁性であるため，これらの物質を含む酵素反応系に磁場を印加して反応速度を調べた例が報告されている．たとえば，活性中心にFe^{3+}をもつカタラーゼ(catalase)の酵素活性が，0.6～6Tの磁場で変化を受けたとの報告がなされているが[29]，他の報告では0.1～1.0Tの均一磁場および0～200 T/mの勾配磁場中，特筆すべき磁場効果は認められていない．スーパーオキサイドアニオン(super oxide anion)を生成するキサンチンオキシダーゼ(xanthine oxidase)に関しても0.1～1.0T，および14Tまでの磁場で変化は認められていない[30～32]．

カタラーゼの酵素反応に関しては，最近またいくつかの研究機関による追実験がなされており[33,34]，いずれもカタラーゼによる過酸化水素の分解速度低下が報告された．

その一例[33]では，最大8Tの磁場を発生する超伝導マグネットのボア内において紫外吸光度測定が可能な磁場中分光システムを用いて，カタラーゼによる過酸化水素分解速度を反応溶液の波長240 nmでの吸光度変化として評価している．8T磁場にてカタラーゼによる過酸化水素の分解反応を行わせた結果，磁場に曝さない対照群に比較して8T磁場曝露群の過酸化水素の分解が抑制された．しかし，反応溶液に窒素ガスを吹き込んだ場合，磁場効果は消滅した．過酸化水素の分解によって発生した酸素が反応溶液中から気相へ出ていくまでの過程が磁場によって抑制されたと考えられる．カタラーゼの活性中心における触媒機構そのものが磁場影響を受けるかどうかはまだ不明であるが，過酸化水素の分解により生成した酸素分子の拡散などの磁場中での物質輸送過程が，カタラーゼによる過酸化水素分解反応の律速段階となる可能性が大であると思われる．

一方では，溶液中の光化学反応に対する磁場効果に関して，ラジカルペアの状態に磁場が作用することで化学反応に影響が起こることが報告されている[35～37]．光化学反応が酵素の反応過程に含まれる場合はラジカルペアの生成により磁場効果が観測されることが期待される．また最近，光が関与せずとも，ethanolamine ammonia lyaseの酵素反応系にてラジカルペアが生成され，0.25Tの磁場にて酵素反応速度定数に変化がみられたという報告がなされた[38]．

構造解析や触媒機構の研究が進んでいたため，かなり以前から磁場中での酵素活性

研究がなされていたのが，蛋白質分解酵素の一種であるセリンプロテアーゼ(serine proteinase)である．蛋白質分解酵素は基質である蛋白質のアミノ酸配列のある特異的な部位に結合して基質を分解するか，あるいはペプチド結合を切断して蛋白質の機能を発現させる働きをもつ．蛋白質分解酵素であるトリプシンの酵素活性への磁場効果についていくつかの報告がみられる[39,40]．

酵素活性測定における常套手段を用いず，酵素蛋白を紫外線や熱で失活させた後か失活過程に磁場を照射し酵素機能変化を測定した報告，すなわち，酵素蛋白の構造変化の過渡状態への磁場効果を研究した例もみられる．セリンプロテアーゼで行われた研究例では，紫外線で失活させたトリプシン(trypsin)の活性が磁場曝露により復活した例[40]があり，また，長時間インキュベーションによるトロンビン(thrombin)およびプラスミンの熱失活過程を約8T磁場に曝露させた場合，失活が促進された報告[41]などもある．

酵素反応レベルでの磁場効果の機構解明が詳細になされれば，生体内化学反応システムの変化から生物個体への磁場影響まで，首尾一貫した説明が可能となるため，その解明には期待がもたれる．

b. 生物発生，遺伝子突然変異と磁場

生物発生学的立場から磁場中のツメガエル胚の初期発生過程が調べられている．生物発生を論じるうえで，受精直後の細胞質の大規模な再配列の過程と，その後の胚の細胞分裂による自己増殖の過程とを区別して考える必要がある．受精直後の卵の第1卵割以前の細胞質成分の再配列が磁場と何らかの関係があるか否かについては興味がもたれる．

アフリカツメガエル *Xenopus laevis* の受精卵に人工受精処理をはどこし，8Tおよび14Tの磁場中で卵を保温し，その後の胚発生を観察した．その結果，受精卵は正常な細胞質の再配列と卵割過程を経てオタマジャクシにふ化し，コントロールとの顕著な差異は認められていない．しかし，磁場による催奇形成の有無は慎重に検討する必要がある[42–44]．

一方，磁場の生体影響の中の遺伝的影響に焦点をあて，強い定常磁場の突然変異誘発能が調べられている[45]．遺伝的指標は，ショウジョウバエの2種類の体細胞突然変異である．一つは，図9.2.7に示すような white 遺伝子座における2.9 kb DNAの繰り返し配列の欠失によって赤い眼色モザイクが生じる復帰突然変異であり，他の一つは，染色体のつなぎかえによって翅毛モザイクが生じる染色体突然変異である．

ショウジョウバエの幼虫(3日齢)を，定常磁場または変動磁場に8時間曝露した結果，8T定常磁場曝露群は，対照群に比べて1.8倍の眼色モザイク突然変異が観察され，図9.2.8に示すように統計的に有意な増加を示した．染色体つなぎかえによる翅毛モザイク突然変異は1.31倍であったが，統計的有意な差は認められていない．

別の研究機関におけるショウジョウバエ体細胞突然変異試験では，翅毛モザイク突然変異について5T磁場で有意な変異頻度上昇が報告されている[46]．しかも，ラジカル消去剤であるビタミンEをショウジョウバエの幼虫に摂取させた場合，磁場効

544   9. 生体電磁環境

眼の体細胞の反転突然異変

X染色体上の白色遺伝子座

2.9 kb
1 2 3 4 5

野性型

X染色体上の白色遺伝子座
における2.9kbの繰り返し

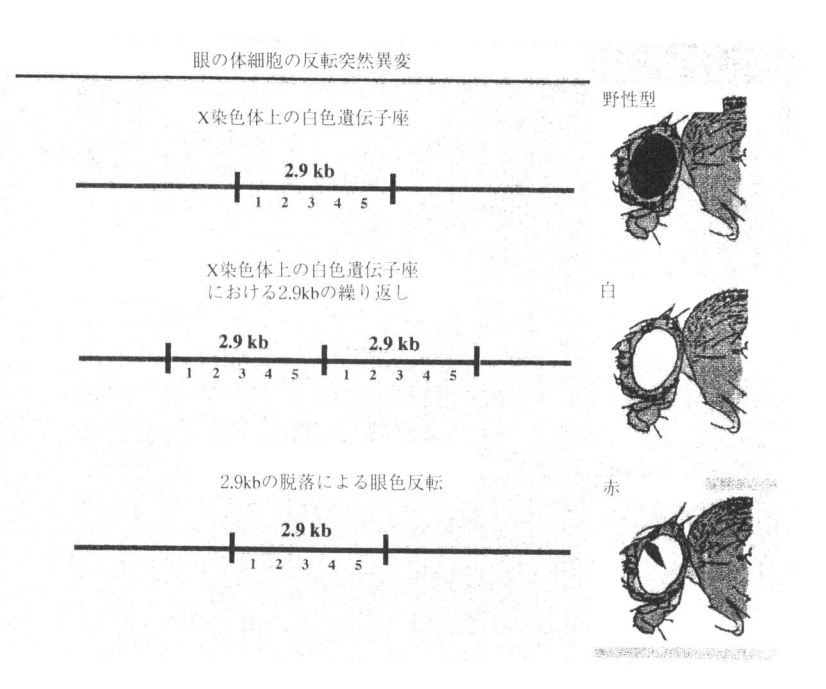

2.9 kb   2.9 kb
1 2 3 4 5   1 2 3 4 5

白

2.9kbの脱落による眼色反転

2.9 kb
1 2 3 4 5

赤

図 9.2.7　ショウジョウバエの複眼の体細胞突然変異

H_0 = 7.27, p < 0.01　　H_0 = 0.28, p = 0.30
H_A = 0.13, p = 0.36　　H_A = 4.64, p = 0.02

ポジティブ　　ネガティブ

突然変異 / サンプル数

8T磁場: 1.15%　(61/5,301)
対照群: 0.64%　(34/5,333)
3.3mT, 20Hz 変動磁場: 0.74%　(36/4,837)

縦軸: 眼色モザイク突然変異率
横軸: 磁束密度

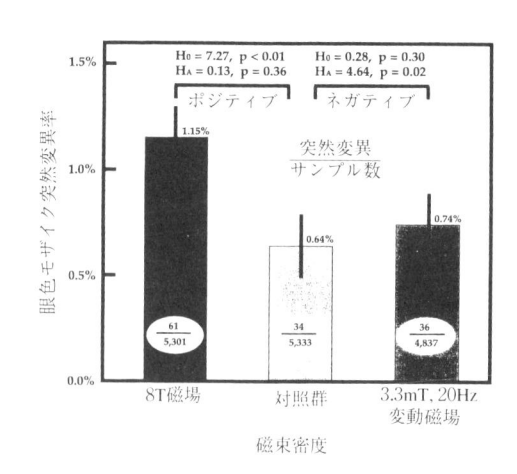

図 9.2.8　ショウジョウバエの眼色モザイク突然変異
　　　　　に対する8T磁場効果

果が消失したことから，生体内に生じたラジカル対への磁場効果が機構に関与していると考えられている．

c. 微小循環系と磁場

微小循環系における血流に及ぼす強磁場影響に関し，in vivo 微小循環を観察できるラット透明窓法を用いた生体顕微鏡ビデオシステムによる微小循環の研究が報告されている[47]．8T 定常磁場に実験動物を曝露し，その前後の微小循環血管径を計測した．その結果，8T 定常磁場曝露前10分間の血管径をコントロール径とした場合，磁場曝露後に10%以上の血管拡張が有意に認められている．

d. 微生物と磁場

地磁気を感じて北や南に向かって泳ぐバクテリアが発見され，体内から生物がつくる磁性粒子(マグネタイト(Fe_3O_4)の単結晶の列)の存在が明らかにされた．このような生物磁石はその後，ミツバチやハト，さらには榊らによりサケやマグロからも抽出された[48]．

また最近，松永らは好気性の磁性バクテリアを用いた研究により，磁性バクテリアの培養技術を確立するとともに，磁性粒子をつくる遺伝子の解明を行っている[49]．

一方，高磁界下における微生物反応に関する報告がなされている．7T 定常磁場および最大 7T の変動磁界下での生物実験が可能な超伝導マグネットバイオシステムを開発し，微生物(大腸菌，枯草菌)に対する磁界影響を調べた結果，微生物の遺伝子組換え体に顕著な変化はみられなかったが，高磁界中の微生物の方が，対照群よりも死滅期の細胞数が増加した[50]．しかも定常磁界よりも変動磁界中の方が生存菌数が増加した．微生物を磁界に曝露する期間(増殖期，定常期，死滅期)を変化させても同様の磁界影響が観測された．

また，大腸菌を用いた変異原性試験(エイムステスト)により 5T の直流磁場下で統計的に有意な変異コロニー数の増加が観測されている[51]．

ここでは定常磁場が生体および生体物質に及ぼす効果の報告例の一部について述べた．物質レベルでは，分子磁性の既存概念に基づいた推論が展開されるとともに，超伝導マグネットの普及により実験的報告も増えてきた．一方，生物個体レベルでは 10T オーダー磁場でもいまだに説得力のある実験結果はまれであるといえよう．今後，数十T オーダー磁場での室温空間での生物実験が容易となれば，生体に対する定常磁場の侵襲性のいき値が示され，かつ，既存概念でない磁場効果機構が得られる可能性も期待できる．

(上野照剛)

文 献

1) Ueno, S. and Iwasaka, M : Properties of diamagnetic fluid in high gradient magnetic fields, J. Appl. Phys., 75(8), 7177, 1994.
2) 上野照剛, 岩坂正和：水系に対する地場影響, 電気学会マグネティックス研究資料, MAG

93-243, 1993.
3) Sugawara, H. et al. : Magnetic field effect on interface profile between immiscible non-magnetic liquids-enhanced moses effect, *J. Appl. Phys.*, **79**(8), 4721-4723, 1996.
4) Ueno S. and Harada, K. : *IEEE Trans. Magn.*, **MAG-18**, 1704-1706, 1982.
5) Ueno, S. et al. : Redistribution of dissolved oxygen concentration undermagnetic fields up to 8 T, *J. Appl. Phys.*, **75**(8), 1994.
6) Ueno, S. et al. : Dynamic behavior of dissolved oxygen under magnetic foelds, *IEEE Trans. on Magn.*, **31**(6), 4259, 1995.
7) Torbet, J. et al. : *Nature*, **289**, 91-93, 1981.
8) Yamagishi, A. et al. : *J. Phys. Soci. Japan*, **58**, 2280, 1989.
9) Ueno, S. et al. : *IEEE Trans. Magn.*, **MAG-29-6**, 3252-3254, 1993.
10) Torbet, J. and Ronziere, M-C. : Magnetic alignment of collagen during self-assembly, *Biochem. J.*, **219**, 1057, 1984.
11) Tenforde, T. S. and Liburdy, R. P. : Magnetic deformation of phospholipid bilayer, *J. Theor. Biol.*, **133**, 385, 1988.
12) Higashi, T. et al. : Effects of static magnetic fields on erythrocyte rheology, *Bioelectrochemistry and Bioenergetics*, **36**, 101, 1995.
13) Ashida, N. : Orientation of bull sperm in the static magnetic field, abstract book of 18 th bioelectromagnetic annual meeting, **P-36 B**, 1996.
14) Iwasaka, M. et al. : Diamagnetic properties of fibrin and fibrinogen, *IEEE Trans. Magn.*, **30**(6), 4695, 1994.
15) 岩坂正和ほか：フィブリンの磁気泳動と反磁性特性，日本応用磁気学会誌，**19**(2), 601, 1995.
16) Friedlaender F. J. et al. : Particle flow and cllection process in single wire HGMS studies, *IEEE Trans. Magn.*, **MAG-14**, 1158, 1978.
17) Watson, J. H. P. et al. : Superconducting high gradient magnetic separator with a current carrying wire matrix, *IEEE Trans. on Magn.*, **MAG-21**(5), 2056, 1985.
18) Ohara, T. : Feasibility of Magnetic, Chromatography for Ultra-Fine Particle Separation, 電気学会論文誌 B, **116**(8), 1996.
19) Melville, D. et al. : *IEEE Trans. Magn.*, **MAG-11**, 1701-1703, 1975.
20) Okazaki, M. : *Eur. Biophys. J.*, **14**, 139-145, 1987.
21) 岩坂正和，上野照剛：生体高分子・アミノ酸の磁気泳動－液体クロマトグラフィー的解析－，日本応用磁気学会誌，**21**(4-2), 1997.
22) Lielmmezs, J. et al. : *Electrochem. Soc.*, **137**(12), 3809-3813, 1990.
23) 押谷 潤，束谷 公：日本生体磁気学会誌，1997.
24) 岩坂正和，上野照剛：水・エタノール系の光学特性に及ぼす地場効果，日本応用磁気学会誌，**21**(4-2), 1997.
25) 中川 準：酸素ガスに対する地場効果Ⅱ（酸素中における水の蒸発への地場効果），電気学会マグネティックス研究会資料，**MAG-96-132**, 9, 1996.
26) Ueno, S. and Harada, K. : Effects of magnetic fields on flames and gas flow, *IEEE Trans. Magn.* **MAG-23**(5), 2752-2754, 1987.
27) Ueno, S. and Iwasaka, M. : Properties of magnetic curtain produced by magnetic fields, *J. Appl. Phys.*, **67**(9), 5901-5903, 1990.
28) Ueno, S. : Quenching of flames by magnetic fields, *J. Appl. Phys.*, **65**(3), 1243-1245, 1989.
29) Haberditzi, W. : *Nature*, **213**, 72, 1967.
30) 上野照剛ほか：生化学反応と磁界，電気学会マグネティックス研究会資料，**MAG-86-13**, 1986.
31) Ueno, S. and Harada, K. : Experimental difficulties in observing the effects magnetic fields on biological and chemical processes, *IEEE Trans. Magn.*, **MAG-22**(5), 868-873, 1986.
32) 岩坂正和，上野照剛：強地場中の酵素反応について－SOD Peroxidase 等を中心に－，電気学会マグネテティックス研究会資料，**MAG-96-132**, 103, 1996.

33) Ueno, S. and Iwasaka, M. : Catalytic activity of catalase under strong magnetic fields of up to 8 T, *J. Appl. Phys.*, **79**(8), 4705-4707, 1996.
34) 山田外史ほか：低周波交流磁界による生体内化学反応への影響,電気学会論文誌 C, **116**(2), 1996.
35) Tanimoto, Y. *et al.* : *Chem. Phys. Lett.*, **41**, 267, 1976.
36) Hata, N. : *Chem. Lett.* 547-550, 1976.
37) Schulten, K. : *Z. Phys. Chem. N. F.*, **101**, S 371, 1976.
38) Harkins, T. T. and Grisson, C. B. : *Science*, **263**, 958, 1994.
39) Rabinovitch, B. *et al.* : *Biophys. J.*, **7**, 319, 1967.
40) Cook, E. S. and Smith, M. J. : Biological Effects of Magnetic Fields, 246 (M. F. Barnothy ed.), Plenum Press, New York, 1964.
41) 岩坂正和ほか：酵素失活過程への強地場影響，日本応用磁気学会誌, **20**(2), 713, 1996.
42) Ueno, S. : The Embryonic development of frogs under strong DC magnetic fields, *IEEE Trans. Magn.*, **MAG-20**, 1663-1665, 1984.
43) Ueno, S. *et al.* : Embryonic development of xenopus laevis under static magnetic fields up to 6.34 T, *J. Appl. Phys.*, **67**(9), 5841-5843, 1990.
44) Ueno, S. *et al.* : Early embryonic development of frogs under intense magnetic fields up to 8 T, *J. Appl. Phys.*, **75**(8), 1994.
45) 吉川 勲ほか：ショウジョウバエ体細胞突然変異検出系への地場影響，日本応用磁気学会誌, **19**(2), 597, 1995.
46) Koana, T. *et al.* : Increase in the mitotic recombination frequency in Drosophila melanogaster by magnetic field exposure, *Mutation Research*, **373**, 55-60, 1997.
47) 市岡 滋ほか：強地場のラット皮膚微小循環血流に及ぼす影響，日本応用磁気学会誌, **20**(2), 717, 1996.
48) 青山亮一ほか：鮭の卵に存在する磁性物質の分析，電気学会マグネティックス研究資料，**MAG-93-84**, 1984.
49) 中村 史ほか：磁性細菌粒子の応用と遺伝子操作，電気学会マグネティックス研究資料，**MAG-93-83**, 1983.
50) Okuno, K. *et al.* : A New cultivation system operated under a super high magneticfield, *J. Ferment. Bioeng.*, **77**, 453-456, 1994.
51) 池端正輝ほか：化学変異原物質の変異原性に及ぼす磁場影響，電気学会マグネティックス研究資料，**MAG-97-230**, 1997.

9.3 直流電界・低周波電界の生体影響

9.3.1 直流電界と生体

時間に対して強度が不変，あるいは非常にゆっくりとした変化を呈する電界を直流電界と称する．変動電界に対して静電界・定常電界などと呼ばれることもある．このような電界が生体に曝露された場合，生体内外の導電率の大きな違い（10^6〜10^8倍）により，生体はほとんど導体に近いものと考えることができる．その結果，電界の直接的作用としては，体表に印加される電界の作用と，体内に誘導される電流の作用が主なものと考えられている．

直流電界内の導体は静電誘導を受け，表面電荷が電界の方向に応じて分布する．また直流電界内の誘電体には，誘電分極により，電界に応じた電気双極子の分布が起こる．したがって体表電界の作用は，主としてこれらの電荷や電気双極子の分布によっ

て引き起こされる．たとえば，直流高電圧機器に近づくと頭髪や体毛が吸引される現象などは，その顕著な例である．このような現象がもととなり，皮膚刺激-ストレス反応など，生体に対する2次的影響が誘因されるとも考えられる．

静電誘導に起因する電荷が移動すると，導体内部に電流が誘導される．したがって交流電界内の生体内には，誘導電流が流れる．直流電界では，原理上，導体が静止しているかぎり電荷は移動せず，導体内部に誘導電流は流れない．直流電界内で生体が動く場合にも，通常の人体の動き程度の速度では，誘導電流はきわめて小さく，その生体作用は無視できるレベルと考えられる．

直流電界の間接的作用としては，生体と他の導電物体との間の微小放電があげられる．たとえば，大地から絶縁された生体は直流電界内で一定電位を有することから，接地された導体に触れた瞬間，指先などから微小放電を生ずる．逆の場合，つまり生体が接地されており，大地から絶縁され直流電界内で一定電位を有する導体に触れた場合にも，同様の微小放電を生ずる．

これらのほかに，直流電界の間接的影響として，イオン流の生体作用が考えられる[1]．直流電界内では，大気中の浮遊帯電微粒子(エアロゾル粒子など)が電気力線に沿って移動し，イオン流を形成する．イオン流が，接地された導体(人体や植物体など)に流入する場合，導体内を通って電流が流れる．また，大地から絶縁された導体(人体など)はイオン流により帯電することから，接地導体に触れた場合，上述のような微小放電を生じ電撃ショックを感じる．

9.3.2　低周波電界と生体

上記のような直流電界に対し，時間とともに一定周期で正負が逆転する電界を交流電界という．その逆転の頻度により，超低周波(ELF：extremely low frequency)電界や低周波電界ともいわれるが，これらの周波数の定義は比較的あいまいに用いられることが多い．たとえばELF電界といっても，3～3000 Hz, 30～3000 Hz, 1～300 Hz, 0～100 Hzなど，利用分野や国により意味する範囲が微妙に異なっている．以下本節では，"低周波電界"として，直流電界を除く300 Hz以下の電界をさすこととする．

この周波数帯域は，脳波や心電図などの生体内電気現象の帯域と重なるため，はやくから生体への影響が考えられてきた．たとえば，雷放電に伴う自然界中の低周波電界の生体影響などが，古くから研究されてきた．しかし，低周波電磁界の生体影響の研究が本格化したのは，1970年代に入り電力周波数(わが国では50 Hz, 60 Hz. 商用周波数ともいう)の電磁界の生体影響が注目されてからである．この周波数の電磁界は，高圧送電線近傍などで公衆が長期間曝露を受けたり，電力関係の作業員が職業上高レベルの曝露を受けることから，大きな問題となった[2]．

1970年代後半から現在まで，米国を中心に疫学，生理学，心理学，電気工学など種々の方向から活発な研究が行われ，多くの結果が報告されてきた．それらの成果に基づき，1984年国連WHO[3]の報告書として安全基準が示され，1990年IRPA

(International Radiation Protection Association)のINIRC(International Non-Ionizing Radiation Committee)からも国際的なガイドラインの暫定案が示された[4]．後者は，1998年本格的なガイドラインとして公表された[5](9.6節参照)．

このように安全基準が示されたわけであるが，これらの基準は，直流電磁界や低周波電磁界の生体影響が解明されたことを意味するものではない．それぞれの基準にも添書されているように，これまでの報告例から考えて当面安全と考えられる基準を示したものである．低周波電磁界の生体影響についてはまだ不明の点が多く，特にその生体作用機序については，現在いくつかの仮説が提案され研究が行われている段階である[6]．

9.3.3 環境中の直流・低周波電界
a. 自 然 電 界
大気中の気体分子(N_2やO_2など)，水滴，塵埃などは，紫外線・放射線・宇宙線・雷放電などによって電離し，電荷をもった空気イオンとなる．この空気イオンが気象現象により上層と下層に分かれ，大気中に電界を発生させる[7]．大気の下層ほど移動度の小さい大イオンが多いため，地表付近の電界は上層に比べ大きい．この発生原因からもわかるように，地表電界は常時一定ではなく，雷雲の通過などにより大きく変化する．測定結果によると，晴天時の地表電界は，地表面に垂直に上方から大地へ向かう方向に強度 80～180 V/m で存在している．このような自然電界は基本的に直流電界に近く，電力周波数付近の成分は 10^{-4} V/m ときわめて小さい．

b. 送電線下の電界
近年の電力需要の急速な増大にともない，送電電圧が年々上昇している．これは，電圧が高いほど送電効率が向上すること，送電用地の節約がはかれることによる．たとえば，765 kV で送電した場合，138 kV の場合に比べ送電用地の確保は 1/7 以下の面積ですむ[2]．このような事情から，わが国でも今後送電電圧の上昇は避けられず，その安全性評価は不可欠なものとなっている．

送電線下の電界は，送電電圧だけではなく，送電方式や送電線の導体配置などにより異なる[8]．わが国の 500 kV 送電線下の地表面電界の強度分布を図 9.3.1 に示す．図にみられるように，送電線直下から離れるにしたがい，ほぼ距離の 2 乗に反比例するように，電界強度は単調に低下する．したがって安全基準値が与えられると，送電線下において許容される接近可能範囲が一義的に定まる．

わが国の生体影響に関する基準としては，傘の柄から頬への微小放電現象に基づき電界強度が規定されている．1976 年に制定された電気設備技術基準(112 条，第 3 項)によれば，静電誘導により人に危険を及ぼすおそれがある場合には，地表上 1 m における電界強度を 3 kV/m 以下に低減しなければならない，とされている．この値は，WHO の基準値 10 kV/m および IRPA のガイドライン 5 kV/m より低いものである．

c. 家庭用電気器具からの電界
われわれの日常生活と電気とのかかわりは深くなる一方で，最近は電気器具に囲ま

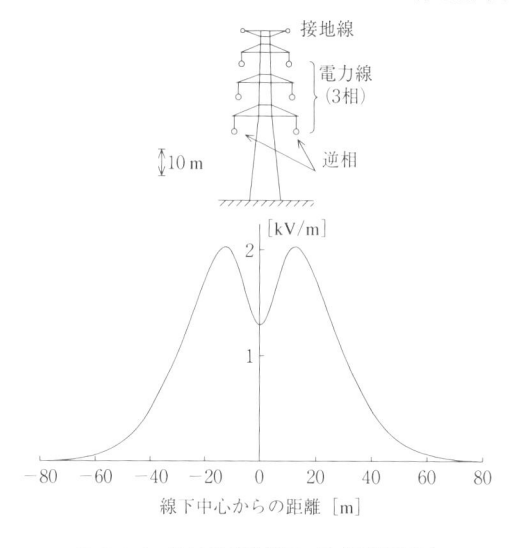

表 9.3.1 電気器具からの電界
(0.3 m 離れた点での測定値)

電気器具	電界強度[V/m]
電気毛布	250
ブロイラー	130
ステレオ	90
アイロン	60
冷蔵庫	60
ハンドミキサー	50
トースター	40
霧吹き器	40
カラーテレビ	30
コーヒーポット	30
掃除機	16
電気時計	15
蛍光灯	10
電子レンジ	4
白熱電球	2

図 9.3.1 500 kV 送電線下の地表面電界分布

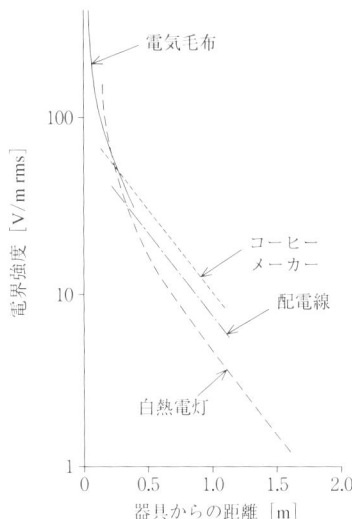

図 9.3.2 家庭用電気器具からの電界の分布

れて生活しているといっても過言ではない．表 9.3.1 に家庭用電気器具からの電界の実測例を示す．電界値は，一般に送電線下の場合より小さい．図 9.3.2 に，器具からの電界の分布を示す．電気器具からの電界は，器具の近傍周辺に局在していることがわかる[9]．また電気毛布のように体に密着させて用いる器具の場合，電界強度が大きくなることに注意しなければならない．

9.3.4 生体近傍および内部の電磁界

無限の広がりを有する2枚の平行平板の間に実現されるような，一方向の均一な電界を平等電界(unperturbed electric field)と呼ぶ．高い鉄塔上に張られた送電線の下の地表面電界は，この平等電界に近い．平等電界に生体が入った場合，その形状に応じ電界分布は変化する．人体周囲および体表面における電界分布の実測例[10,11]を図 9.3.3，9.3.4 に示す．また，9.3.1 項で述べたように，交流電界内の生体には誘電電流が流れる．生体は一般に複雑な形状をしていることから，生体周囲や生体表面の電界は複雑な分布を呈する．送電線下で実測した人体内の誘導電流および電流密度分布を図 9.3.5 に示す．計測法や実験の詳細につ

9.3 直流電界・低周波電界の生体影響

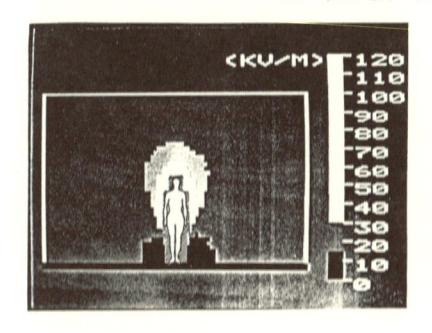

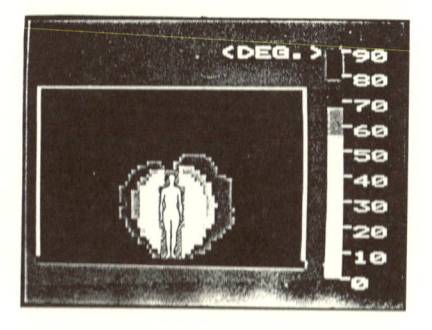

図 9.3.3 垂直方向平等電界中におかれた人体モデル周囲の電界分布（足底を接地した場合）

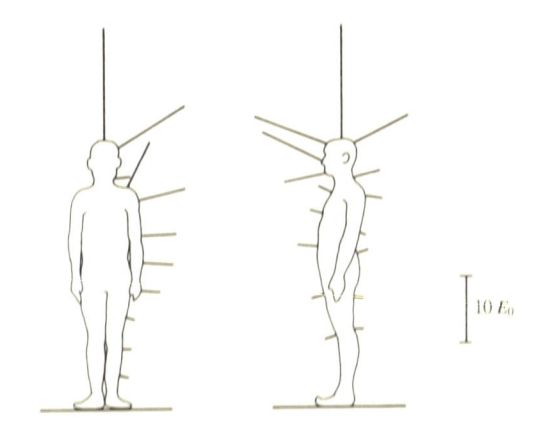

図 9.3.4 送電線下におけるヒト体表電界分布の実測結果

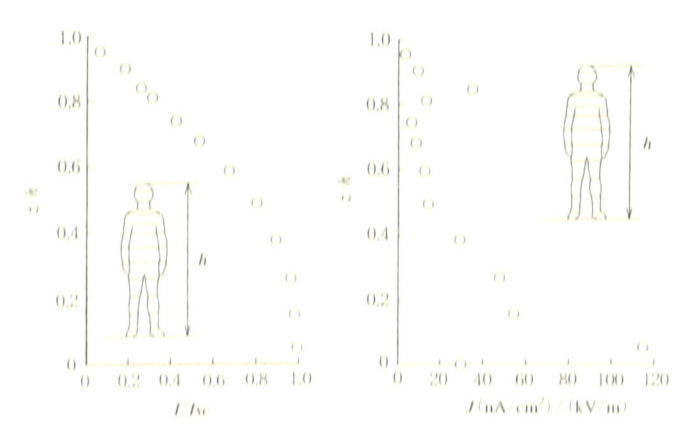

図 9.3.5 送電線下におけるヒト体内の電流および電流密度の実測結果
（I_{SC}：短絡電流，全誘導電流値）

いては，他を参照されたい[11,12]．

代表的な値としては，人体が $1\,\mathrm{kV/m}$, $10^{-6}\,\mathrm{T}$, $60\,\mathrm{Hz}$ の平等電磁界中に直立した場合，体表の電界強度 $0\sim15\,\mathrm{kV/m}$，体内の電界強度 $0.3\sim10\,\mathrm{mV/m}$，誘導電流 $18\,\mu\mathrm{A}$，誘導電流密度 $0.06\sim2\,\mathrm{mA/m^2}$，渦電流密度 $0.01\sim0.04\,\mathrm{mA/m^2}$ と推定されている[2,11,13]．

9.3.5　直流電界の生体影響
a.　細胞における影響

電磁界の生体影響が古くから注目を集め，多くの研究者により研究されてきたにもかかわらず，明確な結論はいまだ得られていない．その原因の一つとして，対象となる生体が，解剖学的にも生理学的にも非常に複雑な系であることがあげられる．この問題を克服する方法として，生体の構成要素である細胞に対する電磁界曝露の影響を調べる研究が活発に行われている[6]．細胞を用いた研究では，対象が単純なだけに，十分にコントロールされた環境での電磁界曝露が可能である．したがって，曝露量の定量的把握も比較的容易であり，曝露量に対する反応量(dose-response)の解析など定量的解析も行われている．

これまで確認された影響としては，細胞膜におけるアセチルコリン受容体の電気泳動的移動や，神経突起の成長における加速度や方向性に対する影響があげられる．これらの影響は，パルス化した電界の曝露でも同様に現れる．パルス電界を時間平均して得た平均強度の dose-response と，直流電界曝露時の電界強度の dose-response とはよく一致することも確かめられている．

これらのほか，バクテリアの成長の抑制，電界曝露による筋原細胞の成長の促進，神経細胞や繊維芽細胞の成長の方向性に対する影響，またそのメカニズムの解析なども報告されている．

このように，細胞における電界影響の研究では，*in vitro* で（試験管のように体外で）実験的に影響を調べるものが多い．その際，細胞に電界を印加する方法はまちまちであり，中には電流の影響を検出していると思われるものも少なくない．したがって，実験結果の解釈には注意が必要であり，影響のメカニズムに関する研究がますます要求されている．

b.　植物における影響

電磁界の生体影響のうち，植物に及ぼす作用の研究は，農産物の収量増加などをめざして，古くから活発に行われてきた．発芽，成長，収量などの調査項目に対し，それぞれ促進-抑制，増加-減少という相反する報告が多数あり，統一的な法則性や原理はみられない[2]．

ただ明らかな現象として，葉先が尖鋭な植物の場合，葉の先端部が損傷を受けることは広く認められている．これは葉先からのコロナ放電により，葉先が乾燥や焼損したり，集塵効果により汚損したりするためと考えられている．

直流電界曝露の実験においては，イオンの影響が介在していることも多く，直流電

界の影響とイオン流の影響を分離することがむずかしいことも注意する必要がある.

c. 動物における影響

直流電界の生体影響の研究は，あとで述べる商用周波電界の生体影響研究に比べ，当初注目されることは少なかった．しかし，直流送電実用化の流れの中で，その安全性評価のための研究が活発となった．したがって，一般に1960年代以前の研究は学問的興味に基づくものが多く，1970年代以降の研究は，直流送電線下の生体への影響を考慮したものが多い．

図9.3.6にそれらのいくつかをまとめて示す．動物に対する直流電界の作用としては，体毛の動きを介しての皮膚刺激(9.3.1項参照)による心理的影響が考えられる．また直流電界に伴う空気イオンの作用として，血管収縮作用を示す物質である血中セロトニンのレベル変化などが確認されてきた．これらのほかにも，図にみられるように種々の影響が報告されてはいるが，一貫した原理を見いだすことはむずかしい．

このように結果が一貫性をもたない原因として，実験動物に対する直流電界曝露の方法が確立されておらず，曝露条件が実験者により大きく異なることがあげられる[14]．たとえば，マウスやラットの電界曝露実験において通常用いられるプラスチックケージ内では，印加電界が1/10程度にも減衰すること[15]などが考慮に入れられていない実験が多い．また，給水装置からの放電により，みかけ上，飲水量が減るなど，実験上のアーティファクトが見過ごされている場合も多い．今後，これらの問

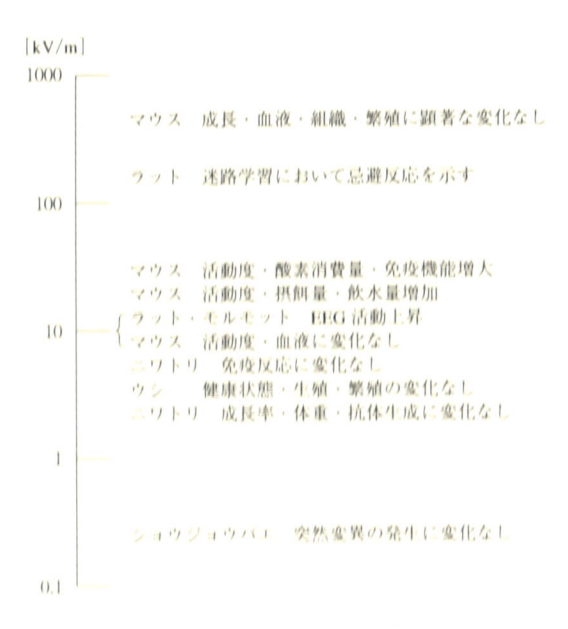

[kV/m]

- 1000 — マウス　成長・血液・組織・繁殖に顕著な変化なし
- 100 — ラット　迷路学習において忌避反応を示す
- 10 — マウス　活動度・酸素消費量・免疫機能増大
  - マウス　活動度・摂餌量・飲水量増加
  - ラット・モルモット　EEG活動上昇
  - マウス　活動度・血液に変化なし
  - ニワトリ　免疫反応に変化なし
  - ウシ　健康状態・生殖・繁殖の変化なし
  - ニワトリ　成長率・体重・抗体生成に変化なし
- 1
- 0.1 — ショウジョウバエ　突然変異の発生に変化なし

図9.3.6　直流電界の動物に対する影響の報告例

題点を注意深く除いた曝露実験により、直流送電の安全性評価も含め、直流電界の生体影響を明らかにしていくことが必要である．

9.3.6 低周波電界の生体影響
a. 細胞における影響

前述のように低周波電界中では，生体の表面に電界が印加されると同時に生体内部に電流が誘導される．ヒトや動物を用いた実験では，電界曝露の影響がどちらに起因しているのか，判断がむずかしい場合が多い．細胞レベルの曝露実験ではこのような問題が少なく，また9.3.5項aで述べたように，対象とする系の単純さから，曝露量などの定量的解析も比較的容易である．これらの理由により，低周波電界の生体影響についても，細胞レベルの研究が精力的に行われている[6]．

それらの中で，一般的に認められている影響として，脳細胞のカルシウム動態が電界曝露により影響を受けるという現象がある[16]．この効果は，放射性同位元素でラベルづけしたカルシウムイオンを用い，鶏（ひよこ）の培養脳細胞からのイオン流出を *in vitro* で検出することにより見いだされた．この現象は，特定の周波数領域（10～100 Hz）および特定の電界強度範囲（5～56 V/m）のみに現れる（window effect，窓効果とも呼ばれる）という興味深い性質をもっている[16]．

このような現象に対し，その機序を解明すべくいくつかの仮説が提案され，活発な研究が行われている[6]．これらの結果を総合すると，詳細な機序は不明だが，電界が細胞膜に作用していることは確かなものと推測されている[16]．ただし通常の曝露条件下でこれらの現象が生じるかどうか，生じたとしてもそれが生体に何らかの影響を及ぼすものかどうかについては不明である．

b. 植物における影響

低周波電界の植物影響については，9.3.5項bで述べたような収量増をめざしたものに加え，最近では送電線下の農作物や樹木に対する影響の存否を明らかにしようとするものが多い．

最近の報告のいくつかを図9.3.7にまとめる．直流電界の場合と同様に，葉先の尖鋭な植物の場合，放電により葉先が損傷を受けることは明らかである．また強電界の長期曝露により，根の成長が抑制されることも確かめられている．その他，具体的な事例については文献8に詳しい．

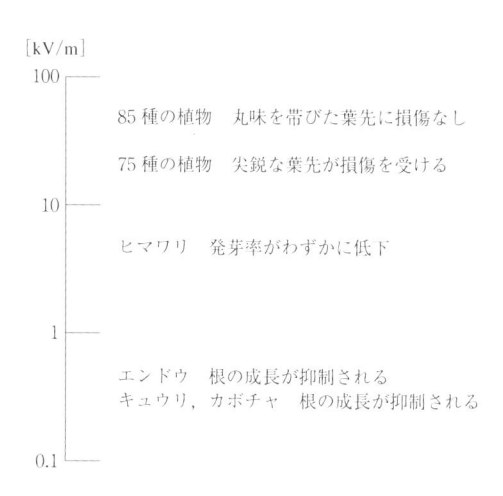

[kV/m]	
100 —	
	85種の植物　丸味を帯びた葉先に損傷なし
	75種の植物　尖鋭な葉先が損傷を受ける
10 —	
	ヒマワリ　発芽率がわずかに低下
1 —	
	エンドウ　根の成長が抑制される
	キュウリ，カボチャ　根の成長が抑制される
0.1 —	

図 9.3.7　ELF電界の植物に対する影響の報告例

c. 動物における影響（非ほ乳類）

鳥類，魚類，昆虫類などほ乳類以外の動物に対する低周波電界の影響は，主として電気現象と生体とのかかわりに関する学術的興味に基づき，古くから研究されてきた．これらの動物それぞれに，ある強度以上の電界は感知するようであるが，以下の例を除き，顕著な悪影響はみられない[8]．

低周波電界のミツバチに及ぼす影響は，数少ない明確な影響の一つである．高圧送電線下におかれた巣箱の中のミツバチは，$4\,\mathrm{kV/m}$ 以上の電界強度で，異常な行動を示す[17]．その結果，蜜の収量の減少，働きバチの死亡率増加，越冬生存率の低下などが起こる．これらの現象は簡単な電界シールドで消失し，またハチは巣外の電界中では異常な行動を示さない．このような実験結果から，この現象の原因は，巣内でハチが互いに電流刺激（電気ショック）を受け合うことによると考えられている．したがってこの影響をそのまま他の動物やヒトの場合に適用することはできない．

d. 動物における影響（ほ乳類）

ほ乳動物に対する低周波電界の影響に関する研究は，高圧送電線の安全問題が提起されてから急速に伸展した．過去30年間にわたり多くの研究が活発に行われてきたが，そのほとんどは，電界強度や周波数において送電線下の電界を考慮したものである[2]．

低周波電界が血液・内分泌・成長・繁殖・神経系や行動に及ぼす影響を調べた実験の結果を，それぞれ図9.3.8～図9.3.12に示す．これは，WHO報告書[3]にまとめられたものにそれ以降の結果を加えて作成したものである．縦軸は平等電界強度，すなわち生体が入る以前の電界強度である．参考までに，高圧送電線下の平等電界強度は，一般に $10\,\mathrm{kV/m}$ 以下と考えられる．

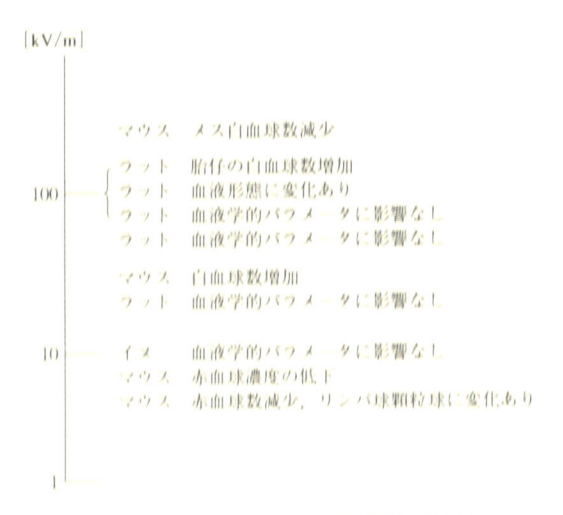

図9.3.8 動物の血液に関する電界影響の報告例

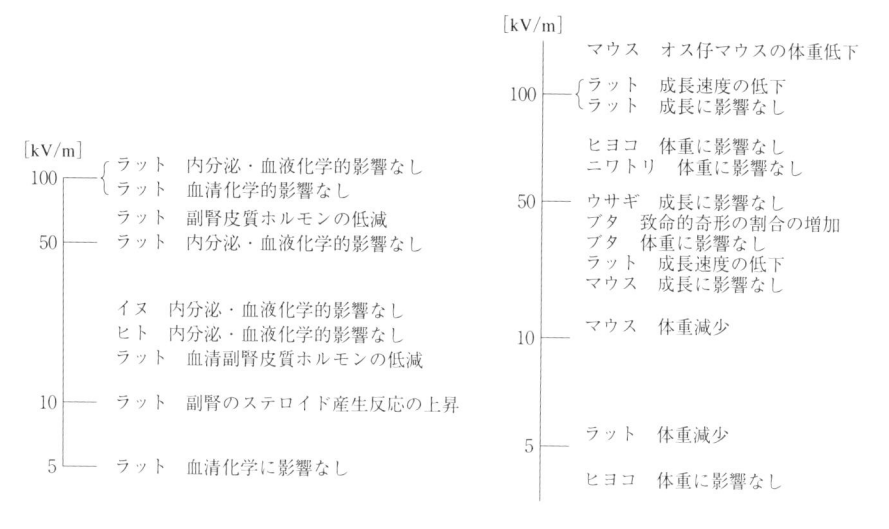

[kV/m]
100 ─┬─ ラット　内分泌・血液化学的影響なし
     └─ ラット　血清化学的影響なし
        ラット　副腎皮質ホルモンの低減
 50 ─── ラット　内分泌・血液化学的影響なし

        イヌ　内分泌・血液化学的影響なし
        ヒト　内分泌・血液化学的影響なし
        ラット　血清副腎皮質ホルモンの低減

 10 ─── ラット　副腎のステロイド産生反応の上昇

  5 ─── ラット　血清化学に影響なし

図 9.3.9 動物の内分泌に対する電界影響の報告例

[kV/m]
        マウス　オス仔マウスの体重低下
100 ─┬─ ラット　成長速度の低下
     └─ ラット　成長に影響なし
        ヒヨコ　体重に影響なし
        ニワトリ　体重に影響なし
 50 ─── ウサギ　成長に影響なし
        ブタ　致命的奇形の割合の増加
        ブタ　体重に影響なし
        ラット　成長速度の低下
        マウス　成長に影響なし
 10 ─── マウス　体重減少

  5 ─── ラット　体重減少

        ヒヨコ　体重に影響なし

図 9.3.10 動物の発育に関する電界影響の報告例

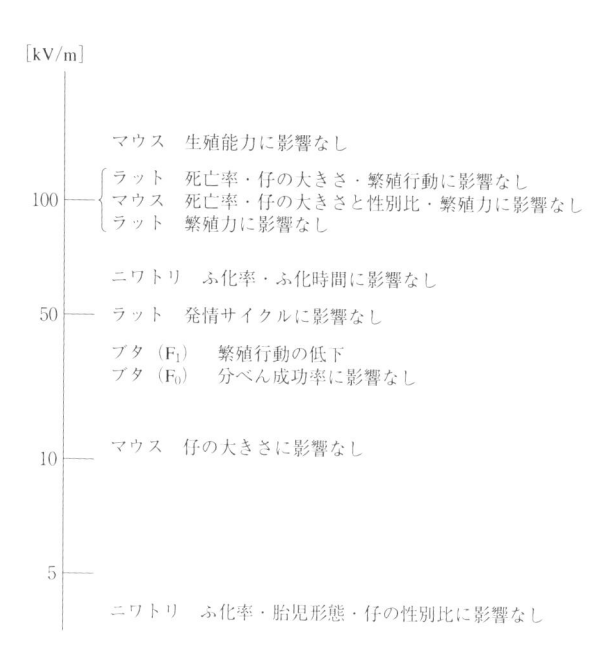

[kV/m]

        マウス　生殖能力に影響なし
     ┌─ ラット　死亡率・仔の大きさ・繁殖行動に影響なし
100 ─┤ マウス　死亡率・仔の大きさと性別比・繁殖力に影響なし
     └─ ラット　繁殖力に影響なし

        ニワトリ　ふ化率・ふ化時間に影響なし
 50 ─── ラット　発情サイクルに影響なし

        ブタ（F_1）　繁殖行動の低下
        ブタ（F_0）　分べん成功率に影響なし

 10 ─── マウス　仔の大きさに影響なし

  5 ───
        ニワトリ　ふ化率・胎児形態・仔の性別比に影響なし

図 9.3.11 動物の繁殖に関する電界影響の報告例

9.3 直流電界・低周波電界の生体影響　　557

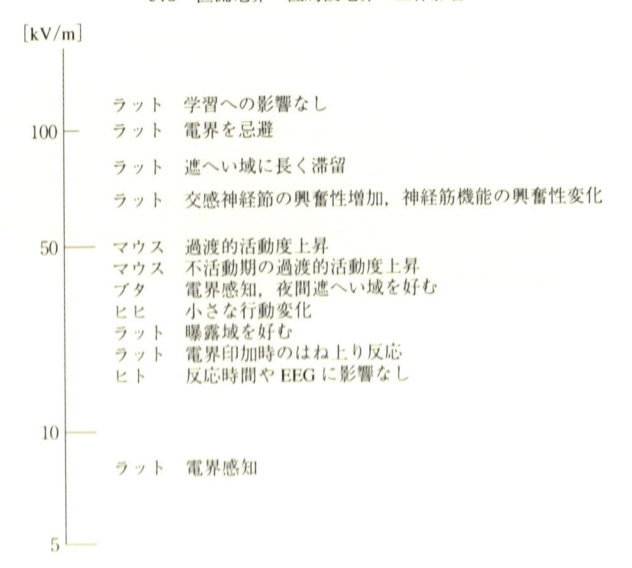

```
[kV/m]
 100 ─  ラット    学習への影響なし
        ラット    電界を忌避
        ラット    遮へい域に長く滞留
        ラット    交感神経節の興奮性増加，神経筋機能の興奮性変化
  50 ─  マウス    過渡的活動度上昇
        マウス    不活動期の過渡的活動度上昇
        ブタ     電界感知，夜間遮へい域を好む
        ヒヒ     小さな行動変化
        ラット    曝露域を好む
        ラット    電界印加時のはね上り反応
        ヒト     反応時間やEEGに影響なし
  10 ─
        ラット    電界感知
   5 ─
```

図 9.3.12　動物の神経系・行動に及ぼす電界影響の報告例

これらの結果を総合的にみると，次のことがいえる．
① 類似した条件の実験においても，影響の有無や影響の方向性に相矛盾する結果が多数ある．奇形の発生，死亡率の増加，ストレスによる生理変化など重大な結果については，互いに独立な複数の研究グループで追試が行われ，再現性のないことが確かめられている．
② 電界曝露の影響とされる変化が，自然界での正常な変動の範囲内であったり，個体差の範囲内であることが多い．
③ 送電線下の電界強度で現れる変化は，生体にとって無害なものがほとんどである．
④ 通常，送電線下で観察される電界強度の1桁以上大きい強度で初めて，明らかな生体影響が現れる．

e. ヒトにおける影響

ヒトにおける電界影響の調査は，安全性評価の究極の目的である．しかし人体実験の危険性から，実験的研究は少なく，疫学的調査がほとんどである．
数少ない実験的研究の中で，ヒトの反応時間を調べた例がある．当初，反応時間が低周波電界曝露により変化すると報告されたが，厳密な追試の結果，再現性のないことがわかった．またボランティアによる人体実験で，ヒトの血圧・心拍・心電図・脳波・反応時間・血液成分などへの影響を調べた結果でも，50 Hz, 20 kV/m までの電界強度では，影響は認められなかった[16]．
このように，送電線下程度の電界強度では，人体に対する急性的な悪影響はほとん

どないことが確かめられた．これに対し，慢性曝露の影響については，よくコントロールされた実験がむずかしく，その判断を疫学的研究に待たねばならない．

疫学調査は，ヒトに対する影響を調べる便利な手段である．特に長期間にわたる慢性的影響を，他の方法で明らかにすることはむずかしい．低周波電界の生体影響研究進展の大きな引金になったのも，電力労働者の健康に関する疫学調査結果の報告であった[19,20]．

疫学調査の結果については文献[6,11,21]を参照されたい．1979年と1988年に，磁界による小児ガンや白血病の増加の可能性を警告する発表があり[22,23]，1990年代の疫学調査は，主として磁界の影響に注目したものとなってきている[21,24]．

これらの結果からも，全体としては，9.3.6項d.と同様の結論に至ることがわかる[24]．つまり疫学調査の結果でも，ヒトに有害と考えられる低周波電磁界の影響は特に認められていない[25]．ただし，低周波電磁界曝露とガンや白血病との関連，また低周波電磁界の2次的効果としての生体影響[26]など，まだ明確な結論に至っていない問題もあり，今後厳密な調査をさらに続けることが必要とされている．

（清水孝一）

文　献

1) 静電気学会：特集；イオン　電界と生体影響，静電気学会誌，**22**，4，1998．
2) Carstensen, E. L.：Biological Effects of Transmission Line Fields, Elsevier, 1987.
3) WHO：Environmental health criteria 35; Extremely Low Frequency (ELF) fields, WHO Report, 1984.
4) INIRC/IRPA：Interim guidelines on limits of exporsure to 50/60 Hz electric and magnetic fields, *Health Physics*, **58**, 113-122, 1990.
5) INITRC/IRPA：*Health Physics*, **74**, 494-522, 1998.
6) National Research Council (U. S.)：Possible health effects of exposure to residential electric and magnetic fields, National Academy Press, 1997.
7) 静電気学会：静電気ハンドブック，オーム社，pp. 315-335, 1983.
8) 大森豊明：電磁気と生体，日刊工業新聞社，1987.
9) Morgan M. G. *et al.*：Power-line fields and human health, *IEEE Spectrum*, **22** (2), 62-68, 1985.
10) Shimizu, K. *et al.*：Visualization of electric fields around a biological body, *IEEE Trans. Biomed. Eng.*, **35**, 296-302, 1988.
11) 清水孝一（分担執筆）：電磁界の生体効果と計測，コロナ社，1995.
12) Shimizu, K. *et al.*：Fundamental study on measurement of ELF electric field at biological body surfaces, *IEEE Trans. Instrum. & Meas.*, **38**, 779-784, 1989.
13) Wilson, B. W. *et al.*：Extremely Low Frequency Electromagnetic Fields, Battelle Press, 1990.
14) Valberg, P. A.：Designing EMF experiments; What is required to characterize exposure?, *Bioelectromagnetics*, **16**, 396-401, 1995.
15) Shigemitsu, T. *et al.*：Temporal variation of the static electric field inside an animal cage, *Bioelectromagnetics*, **2**, 391-402, 1981.
16) Adey, W. R.：Frequency and power windowing in tissue interactions with weak electromagnetic fields, *Proc. IEEE*, **68**, 119-125, 1980.

17) Greenberg, B. : Biological effects of a 765-kV transmission line; exposure and thresholds in honeybee colonies, *Bioelectromagnetics*, 2, 315-328, 1981.
18) Hauf, R. : Influence of 50 Hz alternating electric and magnetic fields on human beings, *Revue Generale de l'Electricite*, special issue, 31-49, 1976.
19) Asanova, T. P. and Rakov, A. N. : The state of health of persons working in electric fields of outdoor 400 and 500 kV switchyards, *Gig. Tr. Prof. Zabol.* (Hygiene of Labor and Professional Diseases, Translated in Special Publ. #10, *IEEE Power Engineering Society*, 1975), 5, 50-52, 1966.
20) Sazanova, T. E. : Physiological and hygienic assessment of labour conditions at 400-500 kV outdoor switchyards, *Proc. Inst. of Labour Protection of the All-Union Central Council of Trade Unions* (Translated in Special Publ. #10, *IEEE Power Engineering Sociery*, 1975), 46, 1967.
21) Perry, T. S. : Today's view of magnetic fields, *IEEE Spectrum*, 31(12), 14-23, 1994.
22) Wertheimer, N. and Leeper, E. : Electrical wiring configurations and childhood cancer, *Am. J. Epidemiology*, 109, 273-284, 1979.
23) Savitz, D. A. *et al.* : Case-control study of childhood cancer and exposure to 60 Hz magnetic fields, *Am. J. Epidemiology*, 128, 21-38, 1988.
24) NIEHS and DOE : Questions and Answers about EMF ; Electric and Magnetic Fields Associated with the Use of Electric Power, 1995.
25) Council of APS : Statement on "Power Line Fields and Public Health", American Physical Society, 1995.
26) Henshaw, D. L. *et al.* : Enhanced deposition of radon daughter nuclei in the vicinity of power frequency electromagnetic fields, *Int. J. Radiat. Biol.*, 69, 25-38, 1996.

9.4 高周波電磁界の生体影響

9.4.1 界特性と生体影響

　一般に, 高周波電磁界の生体に及ぼす影響については, 熱作用とそれに基づかない作用(非熱作用)とに分けて考えられている. 熱作用は明らかに高周波電磁界による加熱作用の結果生じるもので, 生体組織の温度変化やこれに起因するさまざまな生体反応である. 非熱作用は高周波の加熱作用によらず, 電磁界が直接生体に生物学的影響を及ぼすものである. これについても昔から数多くの研究があるというもののいまだに明確ではなく, ほとんどが示唆の域を越えていないといってよい. つまり, 作用させる電磁界が極微弱であると, 特にきわだった生体の温度変化は観測されない. にもかかわらず, 生体影響が現れた場合, 根本的な原因は熱作用に基づくものかそうでないかの判断はきわめて困難なことによる. しかし, 物理的に明白なのは, 生体に電磁界を作用させると必ず加熱作用が生じることである. これを利用して電子レンジにおける食品調理や医学的にはマイクロ波温熱治療またはハイパーサーミア(がん温熱療法)として広く利用されていることはすでに周知のところである.

　一方, 加熱を目的としない電磁界の生体影響については, EMC の観点から, 大変重要な問題である. 人体を対象とした電磁波の吸収については長年の研究がある[1~4]. 特に, 界特性が平面波ないしそれに近似される場合には, 広い波長(λ)範囲にわたる生

表 9.4.1 平面波に対する人体のエネルギー吸収様式

領域	準共振領域	共振領域	ホットスポット領域	表面吸収領域
波長 λ [m]	10	1 0.75		0.15
周波数 f [MHz]	30	300 400		2000
概要	・表面の吸収が大きく深部に入るに従って漸減. ・全体のエネルギー吸収は周波数が高くなるにつれ増加する.	全身 : 部分 　　 : （頭） ・ヒトの身長に共振する周波数でエネルギー吸収が最大となる.	部分（目, 睾丸など） ・局所的にエネルギー吸収が最大となり, ホットスポットを生じる. ・ホットスポットの大きさは数 cm 以下. ・エネルギー吸収は周波数の増加とともに徐々に減少し一定値に近づく.	表面（皮膚） ・吸収による温度上昇があっても, 体表に限られる.

体の電磁波吸収様式が表 9.4.1 のように要約されている[2]. これによれば, 吸収様式は λ に対して四つの領域に分けられる. λ によって吸収様式が異なるということは, 生体の全身および各部のサイズおよび形態, また内部の電磁気学的構造によって吸収量が波長依存性をもつことを意味する. 周波数 30 MHz よりずっと低いところではヒトの全身や各部の寸法に比較すると λ はかなり長いので, 人体との干渉はほとんどない. しかし, 波長が短くなるにつれ, アンテナ理論に従った全身（身長）に対する共振が現れ始める. この領域を準共振領域という.

周波数が 30 MHz 以上になると, 生体との干渉が顕著になる. ヒトの身長が約 λ/2 のところで強い共振が起こり, 人体のエネルギー吸収は最大となる. この場合を全身共振という. FDTD 法とブロックモデルを用いた人体全身の SAR の計算例が数多く報告されている[4]. 身長 175 cm のヒトの全身共振周波数は, 波長短縮も考慮すると 70 MHz 前後ともいわれている. 熱作用から人体全体の安全を考える上では, 300 MHz までのこの周波数帯が最も重要である. 安全基準値もこの範囲が最も低い値に設定されているのはこのためである[5]. さらに λ が短くなると, 全身共振から外れるが, 今度はサイズの小さい人体各部の球形状および円柱状の器官や部位が共振条件に入る. 頭部や首部がこれらにあたる. 以上の領域を, 人体全体あるいは人体の主要部分が共振条件にあることから, 共振領域という.

波長がさらに短くなると, より小さな球状部位に局所的な共振が起こる. 波長が短いので, 器官内部の吸収分布にはスポット状の吸収の強い部分が生じる. これはホットスポット（温点）と呼ばれ, 条件によっても異なるが, 表面の吸収より数倍以上のハイレベルになることがある. 生体内部は, 一般に感覚神経が少なく, 温熱感覚に乏しいので, このような局所的な吸収形態には特に注意すべきである. 該当器官として

は，眼，睾丸などである．これらの内部には血管系が豊富でなく，血流による冷却効果もほとんど期待できない．熱が蓄積しやすく温度上昇が思いのほか大きくなることがあるからである．温度上昇が限界値を超えると，眼では白内障，睾丸では無精子症になることが古くから指摘されている．人体の局所的な共振によって，内部にホットスポットを形成する波長域をホットスポット領域という．ホットスポットはマイクロ波帯に特有な現象である．

携帯電話の使用波長はマイクロ波帯にあり，また，頭部近くでアンテナを使用するため，ホットスポットの問題が懸念される．しかし，上の要約は平面波入射の場合であることから，単純に携帯電話の問題へ適用することはできない．すなわち，アンテナ近傍の界特性は平面波とは大きく異なるからである．あらためて近傍界の解析が必要である．携帯電話使用の安全性の問題から，最近この辺の課題に関して精力的な研究がなされた[6]．それによれば，アンテナ近傍に頭部を置いた場合，平面波入射の場合のようなホットスポットは生じないことが理論的に解析された．また，ファントムによって実験的にも証明されている．頭部がアンテナに近づくに従って，ホットスポットのできる場所は中心部から表面へと移行する．実際の使用条件下では頭部表面が最もエネルギー吸収の大きいところとなる．また，実際の頭部は完全球体ではなく，内部構造も電磁気学的に一様ではない．さらに，損失も大きいなど種々の因子を考慮すれば，携帯電話使用における頭部内部の過大吸収の問題はまずないとされている．

マイクロ波帯でも周波数が数GHz以上になると，吸収は生体表面近くに制限される．その理由はこの周波数帯における生体組織のロスがきわめて大きいことによる．浸透深度（表皮深さ）で評価すると，周波数3GHzにおける高含水組織の表皮深さは約1.6cmであるのに対し，10GHzになると約3mmである．この帯域における高含水組織の表皮深さは自由空間の波長の約1/10となっており，入射電磁エネルギーのほとんどは体表近くで吸収されてしまうことがわかる．この傾向はミリ波，サブミリ波と波長が短くなるにつれ顕著となる．したがって，GHzマイクロ波帯以上の波長範囲は表面吸収領域と呼ばれる．

以上，基本的な界特性を中心に，生体への電磁エネルギーの吸収様式を示したが，これは生体影響や人体への安全性を考えるうえで一番基本となるものである．一般に，生体影響を解析するうえで重要な要素は，入射電磁界の界構造，偏波，電力，変調，生体の形状と寸法，電磁気学的構造（生体内の複素誘電率分布）などがある．おのおのの複雑な組み合わせによる効果はケースバイケースで検討しなければならず，今後の研究を待たねばならない．

9.4.2 作用機序と効果

表9.4.2に，熱作用，非熱作用に関係なく，現在までに研究されてきた生体効果の研究対象を示す．これらのうち，作用機序がわかっているものや，興味がもたれているもの，三つの例について以下に述べる．

高周波電磁界の非熱効果として，昔からよく知られている現象に，パールチェーン

表 9.4.2 生体効果の研究対象

致死, 延命, 発育, 生殖, 遺伝, 染色体, DNA
器官, 眼, 睾丸, 組織, 細胞, 膜, ミトコンドリア
脳波, 心電図, 心拍数, 呼吸数, 血圧
行動, 反射, 条件反射, 運動, 学習
感覚(五感), 免疫, 分泌
神経系, 神経筋, 神経細胞, 神経繊維, 神経膜
血液-脳関門, 血液, カルシウムイオンの流出
パールチェーンの形成
疫学調査, 急性効果, 慢性効果, 過渡変化

の形成作用がある. これは生体に特有な現象ではないが, 作用機序が明確なのでよく引用される. 図 9.4.1[7] に生体細胞の例を示す. この作用の成因は, 電界が微粒子や細胞に対し電界方向に並ばせる力を及ぼすからである. 図 9.4.1 のような状態に対し, 瞬間的に強い電流を流すと細胞の接触している部分の膜が破壊され, 細胞は融合する. この現象を利用して, バイオテクノロジー分野における細胞融合技術の一つとして広く用いられている. 周波数としては 30 MHz 程度までである. パールチェーン効果は周波数が高くなると起こりにくくなり, マイクロ波ともなると電界をかなり強くしなければならず, むしろ熱効果の方が顕著となる. 生体に細胞あるいはそれ以下のレベルでこの作用が生じたとしてもそれが生体全体にどのような影響を及ぼすかについては不明である.

一方, 生体の高度な機能に影響を及ぼす効果として興味がもたれたものにヒヤリング効果がある[4]. ヒトにパルス変調したマイクロ波がバズ音やヒス音として聞こえるという現象である. 昔から電気聴覚という現象が確認されており, 聴覚器官近傍に可聴周波の電流を流すとそれが音として聞こえるものである. マイクロ波もヒトの感覚器官に直接作用して, そのような感覚を生起するのではないかと大変興味がもたれた. しかし, 原因は熱効果の2次的現象であることが示された. つまり, パルス波が頭部組織に吸収され, 熱的変化が組織の熱弾性張力に瞬間的な変化をもたらし, これが熱ショック波として頭部を伝搬し, 聴覚器官に影響を与え, その結果として聴覚感覚が生起するというものである. 聴覚は音響的振動刺激に対してきわめて感度が高く, このような現象が起こっても不思議ではないと解釈されている.

さらに, 高周波の生体影響として注目を集めている現象に, カルシウムイオンの組織外への流出効果がある[3,8]. これはヒナの脳組織やカエル心臓の in vitro (試験管内の)実験で見いだされている. 低周波で変調した VHH および UHF を対象に照射すると, 組織からカルシウムイオンが普通より多く, まわりの溶液中に流出してくるというものである. 照射電力が特定の範囲内で, また変調周波数も特定の範囲内で効果が生じるという "窓" 効果をもつものである. 照射レベ

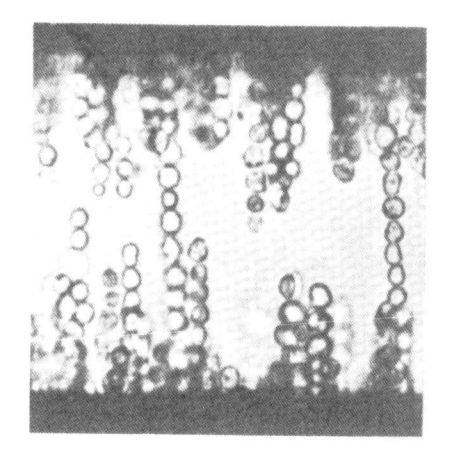

図 9.4.1 パールチェーンの形成作用[7]

9.4 高周波電磁界の生体影響

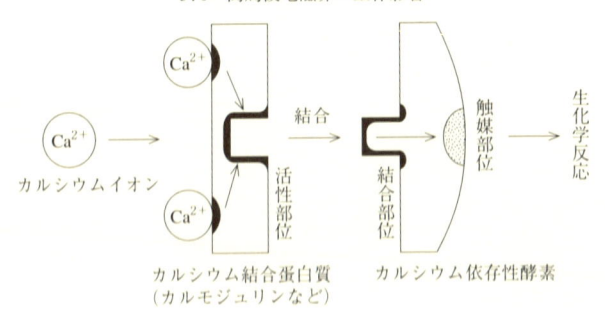

図 9.4.2 カルシウムイオンの働き[8]

ルは 1 mW/cm² 以下と低いこと，また窓効果を有することから熱作用では解釈できないとされている．

　カルシウムイオンは生体において生化学的にきわめて重要な役割を果たしていることから，特に興味がもたれている．すなわち，生物におけるカルシウムイオンの重要な働きの一つに酵素の活性化がある．カルモジュリンなどカルシウム結合蛋白質は，種々のカルシウム依存性酵素と結合してその活性を調整する．この仕組みを図 9.4.2[8] に模式化して示す．カルシウム結合蛋白質にカルシウムイオンが結合するとはじめて，それに活性部位が生じ，カルシウム依存性酵素が結合できる．その結果，酵素の触媒部位が有効に働くようになり，生体における一連の生化学反応が誘起するのである．は乳動物と鳥類では脳と睾丸のカルモジュリンはその部位における全蛋白質含量の 1～2 %にも及ぶといわれている．睾丸カルモジュリンの大半は精子細胞の頭部に局在しているという．もし，カルシウムが欠乏すると，カルシウム結合蛋白質ができず，酵素反応の活性化は不可能となる．結果として，カルシウム依存性酵素を必要とする生化学反応が起こらず，生命活動に重大な支障をきたす．このような観点からカルシウムイオンは生命活動における信号の担い手であるともいわれており，注目をあげるゆえんである．しかしながら，このカルシウムの量はごく微量であればよく，通常欠乏するとは考えられない．電磁波によるイオンの流出が多少あったとしても（前出の研究では 20 %の増加），酵素反応が影響を受けるほどではない．さらに，in vivo（生体内で）実験でも起こるものなのか否かについてはまったくわかっていない．

　以上，高周波の生体影響について，作用機序や効果が既知のもの，また興味がもたれているものについて述べたが，生体効果の大多数は，それらの発現原因についての研究にむずかしさがあり，作用機序の判然としないものが多い．今後，電波利用における人体防護の有り方[9] を考えるうえでは，熱作用に加え，非熱作用についても注意深く試験研究を推進する必要があるとし，研究項目として細胞レベルの研究，遺伝子関連，がん，免疫系，神経系，人体全体，さらに疫学調査などをあげている．21 世紀におけるヒトと電磁環境との共存を考えるうえで，さらなる研究の推進が必要である．

〔山浦逸雄〕

文　献

1) 藤原　修：静電気学会誌, **20**, 198, 1996.
2) 電気学会：電磁界の生体効果と計測, コロナ社, 1995.
3) 大森豊明監修：バイオ電磁工学とその応用, フジ・テクノシステム, 1992.
4) Gandhi, O. P. ed.：Biological Effects and Medical Application of Electro-Magnetic Energy, Prentice-Hall, 1990.
5) 電気通信技術審議会答申：電波防護指針, 無線設備検査検定協会, 1990.
6) Watanabe, S. *et al.*：*IEEE Trans. MTT*, **44**, 1874, 1996.
7) Marino, A. A. ed.：Modern Bioelectricity, Marcel Dekker, 1988.
8) 山浦逸雄：工業材料, **42**(3), 31, 1994.
9) 電気通信技術審議会答申(案)：電波利用における人体防護の在り方, 諮問89号.

9.5 電磁界の測定評価

9.5.1 低周波電磁界の測定法と評価

電磁界の生体影響に関する研究に関連して使われる電磁界の測定技術は通常のものと特に異なる点はないが, センサの大きさ, 感度の点から適用できる測定技術は限られている. ここでは, 主として ELF (extremely low frequency) 電界および磁界の測定技術について重点的に述べる.

a. ELF電界の測定技術

電力設備からの交流電界・磁界の測定法に関する規格は国内にはないが, 米国ではIEEE規格が1979年に制定された. その後, 1987年と1994年に改正されている[1]. ここでは地表面, 空間および生体表面の交流電界の測定技術について解説する. なお, イオン流場を含む直流電界の測定技術については文献[2]を参照されたい.

i) 地表面電界の測定技術　　地表面に置かれた接地平板電極に誘導される電流値から, 換算式を用いて地表面電界強度が求められる. いま, 平板電極に誘導される電荷を Q_1[C/m^2]とすると, この平板に誘導される電流の密度 i[A/m^2]は Q_1 の時間 t[s]による微分値となる. 誘導電荷 Q_1 は真空の誘電率 ε_0, 地表面電界 E_1[V/m]の積で与えられるから, 周波数を f[Hz]とすると, 電流密度 i は次式で表される.

$$i = dQ_1/dt = 2\pi\varepsilon_0 f E_1 \tag{9.5.1}$$

平板電極の面積を 1 m^2, 周波数 60 Hz のとき, 平板電極上の電界 E_1 と誘導電流 I_1 の間には $E_1 = 3 \times 10^8 I_1$ の関係がある.

この方法は送電線下の地表面電界の測定に適用できるが, 注意事項は, ① 電極の端効果を除去するためのガード電極を設ける, ② 電流測定精度を勘案して, その場に応じた電極の大きさを選択する, ③ 測定者は電極プローブからできるだけ遠ざかる, ことなどである. Project UHV では (1×1) m^2 の大きさのプローブが用いられた[3].

ⅱ) **空間における電界の測定技術**　平等電界 E_2[V/m] 内に金属球（半径：a [m]）を置くと、上側の半球上に誘導される電荷 Q_2[C] は次式で与えられる．

$$Q_2 = 2\pi\varepsilon_0 a^2 E_2 \qquad (9.5.2)$$

次に，上，下の半球を絶縁し，電流計でこれらを短絡すると，次のような大きさの電流 I_2[A] が流れる．

$$I_2 = 6\pi^2\varepsilon_0 a^2 f E_2 \qquad (9.5.3)$$

よって，電流測定より外部電界を求めることができる．球形のプローブのほかに，箱形のものも開発されている．

ⅲ) **人体表面の電界の測定技術**　基本的にはⅰ)項で述べた方法が用いられる．すなわち，ガード電極付きプローブが体表面に貼り付けられるが，通常は体表面は湾曲しているので，表面に沿ってうまく貼ることが重要となる[4]．この場合の体表面電界はプローブの面積に相当する面における平均電界となる．

ⅳ) **新しい工夫について**　電界測定時には被測定物体に近付くことができない．この点を克服するために光テレメータ技術が用いられたことがある[5]．また，光ファイバによる光通信技術がよく使われている．最近は電気光学素子による空間の電界測定の例もみられるが，生体表面の電界の測定では精度が上がらない．

ⅴ) **電界計の校正法について**　IEEE 規格は平行平板電極（1.5×1.5 m，間隔 0.75 m）を用いることを推奨している．この電極は壁などの接地物から少なくとも 0.5 m 離す必要がある．電極形状，測定器の近接効果，接地物の近接効果などについては電力中央研究所で詳しく検討されている[6]．

b．ELF 磁界の測定技術

ⅰ) **磁界センサ**　磁気に関する諸現象に基づくと，磁界検出素子は 7 種類に分類される[4]．この中で，生体影響に関連して磁界環境の測定に用いられるものに電流磁気効果を応用したホール素子と電磁誘導作用を利用したサーチコイルがある．ホール素子は一般に感度が低く，この分野の使用実績は少ない．これに対して，サーチコイルは感度を上げることが比較的簡単なためよく使われている．

最近，アモルファスワイヤの応用が考えられている．このワイヤを長さ方向の外部磁界に曝露すると，その円周方向の透磁率が変化する性質が使われる．実験結果によると，磁界が 1 μT 以下ではサーチコイル，ホール素子の測定精度が悪くなるのに対し，アモルファスワイヤを使ったものの測定精度は 3 % 以下になっている[7]．

ⅱ) **高機能磁界測定システム**　交流電力設備からの磁界は一般に 3 次元で，3 直交軸方向の磁界の位相が異なっている．したがって，その合成磁界は回転楕円状になる．3 軸直交配置のサーチコイルの出力を 2 乗したものをそれぞれ加算器に入力し，その出力を平方根回路に導くことによって最大・最小値を測定した例[8]がある．また，3 次元方向の磁界の実効値と位相特性を使って最大磁界の方向をパソコン解析で決定することができる測定システムも開発されている[9]．米国では，⑴ 波形測定および周波数分析（13 次高調波までの成分の大きさと位相），⑵ それらの成分の方向の解析，⑶ 時間変動解析，⑷ 最大 40 台の 3 軸波形測定装置による空間の磁界変動

の解析，⑤ 磁界発生源としての電流の測定，⑥ その他，電界，温度，湿度，風向などのセンサの出力の解析，などを行うことができるマルチウェイブ(Multi-Wave)計測のシステムが開発されている[10]．わが国では，送電線下での電磁環境の計測用として磁界と電界のセンサが球電極内で一体化されたプローブが試作されている[11]．

iii) **校正法** IEEE 規格[1]によると，磁界プローブの校正にはヘルムホルツコイルのほかに，正方形の多巻線単一ループコイルも使われる．後者の例として，一辺が 1 m のコイルを使うと，直径 10 cm 程度のプローブを高精度で校正できる．この場合，コイルに流れる電流から計算された磁界強度を基準としている．わが国では一重，二重および四重正方コイルが発生する磁界の一様性が検討されており[7]，米国では単一正方形および円形のループコイル，正方形および円形のヘルムホルツコイルを使った場合の磁界分布が解析されている[12]．

測定システムは外部の ELF 電界・磁界に対する高いイミュニティをもっていなければならない．特に，送電線周辺での測定の場合にはシステムに静電遮へいを施す必要がある．高周波電磁界に対するイミュニティについては現在，IEC で議論されている．

c. 評 価

送電線下における電界の測定は通常はダイポールタイプのメータが使われるが，測定時には周辺の車両・人体などの導体に注意する必要がある．電界・磁界同時測定装置による電界・磁界の強度・位相特性は計算とほぼ一致することがわかっている．また，わが国の居住地にある送電線下の地上 1 m あたりの電界はおおむね 1 kV/m を超えないように設計されている．

磁界分布の測定例を紹介する．① 電気カーペットの発生磁界を測定した例[3]がある．使用したサーチコイルは直径 4 mm，長さ 4 mm のアクリル円柱にエナメル線を三重に合計 30 回巻いたものである．検出感度を上げるため，ヒータ線には 1 kHz の電流を流している．② 同じ手法を用いて，電気毛布が発生する磁界の分布を明らかにした例[4]がある．③ 187/66 kV 変電所構内における磁界分布の測定の例[15〜17]もある．

磁界の測定時に注意すべきことは磁界は絶えず時間変化していることである．したがって，その特性は確率的な表現で示すのがよいであろう．

世界の 30 カ国を超える国々で ELF 電界・磁界の測定が行われ，低周波電磁環境の定量化が進められてきた．電力設備関連の測定ではセンサの大きさはあまり問題にならないが，家庭電気製品のような小さな磁界発生源を測定対象にする場合にはセンサの空間分解能に留意することが肝要である．また，居住環境での電界は 10 V/m 程度であるが，この程度の低い電界の測定を精度よく行う技術はまだ確立されていない．

今後の大きな研究課題の一つは電磁界曝露量の計測方法の開発である．現在市販されているものは長期の使用には不向きであり，今後の疫学研究に役立つ計測技術の開発が必要である．

〈伊坂勝生・林　則行〉

文　献

1) IEEE Standard, pp. 644-1994, 1995.
2) 電気学会：電界計測法, 電気学会技術報告(II部), 219(219), 1986.
3) Transmission, Line Reference Book, 345 kV and above, ERRI, p. 275, 1975.
4) Shimizu, K. et al. : IEEE Trans. Inst. Meas., 37, 779, 1989.
5) Shimizu, K. and Matsumoto, G. : Proc Japan-U. S. Seminar, Sapporo, p. 302, 1994.
6) 詫間　董ほか：電力中央研究所報告, 183008, 1983.
7) 清水雅仁ほか：平成8年電気全大, pp. 7-160, 1996.
8) Hayashi, N. et al. : 電気学会論文誌 B, 112, 1157, 1992.
9) 山崎健一ほか：電気学会計測研究会資料, IM-95-48, 1995.
10) Dietrich, F. M. and Ferro, W. E. : EPRI Report TR-100061, 1992.
11) Isaka, K. et al. : IEICE Trans. Commun., E-77 B, 699, 1994.
12) Frix, W. M. et al : IEEE Trans. Power Delivery, 9, 100, 1994.
13) 林　則行ほか：電気学会論文誌 A, 109, 91, 1989.
14) Hayashi, N. et al. : IEEE Trans. Power Delivery, 4, 1897, 1989.
15) Hayashi, N. et al. : J. Bioelectromagnetics, 10, 51, 1989.
16) 林　則行ほか：電気学会論文誌 B, 111, 108, 1991.
17) Hayashi, N. et al. : IEEE Trans. Power Delivery, 7, 237, 1992.

9.5.2　高周波電磁界の測定法と評価

一般に電波防護指針の具体的な数値には, 電磁界強度で決められた指針値, SAR(比吸収率)による指針値, 足首電流の指針値, 接触電流の指針値などがある. 指針を満たすかどうかを判断するには, まず最初に電磁界強度の指針値で評価する. これは, 基本的に電磁界強度指針値がワーストケースを想定しているからである. どうしても SAR の指針値で評価する必要があるのは, 携帯電話のようにアンテナが人体にきわめて密接する場合である.

ANSI C 95.1-1992 をはじめとする多くの電波防護指針の電磁界強度指針値は, 入射電磁界に関しての許容値であり, 電磁界曝露を受けている人体のまわりの電磁界についての許容値ではない. 人体のまわりの電磁界を測定・評価することは, 低周波磁界では許されるが, 高周波では無意味であり, 誤った結果を与えることになる.

高周波の電磁環境測定において, 遠方界と近傍界では扱いが大きく異なる. 電磁波源からの距離 r が波長 λ に比べて近く, 電界強度 E や磁界強度 H の距離特性が $1/r^2$ ないしは $1/r^3$ に依存する領域を近傍界といい, 波源から十分離れて, 界の距離特性が $1/r$ に比例する領域を遠方界という.

遠方界では, 反射や散乱が起きていなければ波面が平面状になるので, いわゆる平面波とみなせることが多い. 平面波では電界と磁界の強度比 E/H が一定値になる. これを波動インピーダンス Z と呼ぶ. 自由空間での波動インピーダンスは Z_0 で表され, $Z_0 = 120\pi [\Omega]$ である. この性質を用いると, 電界強度 E, 磁界強度 H と電力密

度 S の三者間で式(9.5.4)のような換算が可能になる．

$$S = E \times H = E^2/Z = ZH^2 \qquad (9.5.4)$$

上記の換算法を平面波以外にも一般化し，等価平面波電力密度という量を用いることがある．すなわち，表面上は電力密度の単位で表されるが，実際は電界強度あるいは磁界強度からの換算値というものである．便宜上のものであるので，注意が必要である．

遠方界で平面波とみなせる場合，電界強度あるいは磁界強度のどちらか一方を測定すればよい．たとえば周波数 30 MHz 以上では，波源から 1～2 m も離れれば電界強度測定のみで十分すませられる場合が多い．しかし，遠方界でもマルチパス，定在波などがある場合は，電界強度，磁界強度の両方を測定する必要が生じる．周波数 30 MHz 未満では近傍界とみなされるケースが多いので，一般に両方とも測定する必要がある．

近傍界の測定においては，問題とする波源の近傍が必然的に高レベル(たとえば電界強度で 1 V/m 以上)の電磁界となるため，他の波源の寄与を無視できる．すなわち，周波数で識別する必要はほとんどない．そのかわり，測定器自身が高レベル電磁界に曝されるため，それに対する厳重なシールドが必要になる．周波数識別をせずに測定する方法を広帯域測定法と呼ぶ．

一方，波源からやや遠方の比較的弱い電磁界(たとえば電界強度で 1 V/m 以下)に対しては，妨害波測定用のダイポールアンテナ，ループアンテナと電界強度測定器あるいはスペクトラムアナライザの組み合わせにより測定できる．ただし，他の波源からの寄与が無視できなくなるため，周波数，偏波，指向性により波源を同定する必要がある．これを狭帯域測定法と呼ぶ．

a. 広帯域測定法(電磁界プローブ)

現在，適合性評価に使われている電磁界プローブの多くは，微小アンテナ(ダイポールまたはループ)とセンサからなる検出部(プローブ)，取っ手とリード線からなる伝送部，電子回路からなる指示部により構成されている(図 9.5.1)．

電磁界プローブの基本原理を説明するために，その代表例としてダイオード型電界プローブの動作原理を簡単に述べる[2-6](図 9.5.2)．

周波数 f の入射電界 E_i によりアンテナ端子両端に高周波電圧 V_i が現れる．このときアンテナの端子間に挿入されているショットキーダイオードにより，入射電界強度 E_i の 2 乗に比例した直流信号 V_{do} がつくられる．これがリード線を通して指示部に

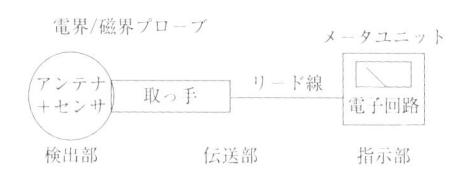

図 9.5.1 電磁界プローブの構成

9.5 電磁界の測定評価

送られ、入射電界強度 E_i^2 として測定される。アンテナには、被測定電界をできるだけ乱さないことや、空間分解能との関係などから、一般に波長より十分小さなものが用いられる。リード線は周囲の電磁界との干渉を抑えるために高抵抗線が使われる。また、リード線の途中から光変調器を用いて光ファイバに置き換えることも行われる[7,8]。なお、ダイオードを用いた電磁界プローブでは、変調波、パルス波（間欠波）、多周波入力に対し誤差を生ずる、といった問題点があり、それに対する補正法が提案されている。

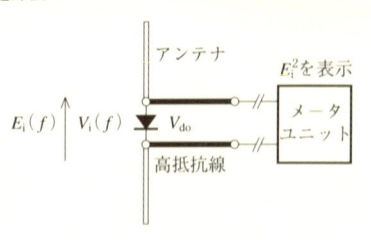

図 9.5.2 電磁界プローブの原理

電界プローブの周波数特性の一例を図 9.5.3 に示す。

アンテナが 1 方向成分だけのもの（1 軸型）は簡易測定用であり、信頼できるデータを得るためには、伝搬方向がわかっている場合に用いる 2 軸型や、より複雑な電磁界にも対処できる 3 軸型（等方性プローブ）を用いるのが主流である。

プローブには、他方の界に応答しないこと、空間分解能が波長より十分小さいこと、したがって検出部の寸法もできるだけ小さいことが要求される。野外での電磁環境測定に用いられる自由空間用の近傍界測定器では、指示部をできるだけコンパクトにまとめ、かつ電池駆動にする必要がある。指示値の単位は原理に沿ったもので表示してある方がよい。

電磁波源近傍は高電界となることが多いので、検出部にはこれに対する耐久性が、伝送部、指示部には耐電磁干渉性がそれぞれ必要である。逆に、被測定電磁界をできるだけ乱さないことも重要となる。

3 軸型プローブの指向性は回転角に対してだけでなく、傾き角に対しても等方的であることが望ましく、偏波の検出ができればなおよい。通常の目的に対しては測定周波数帯域は広ければ広いほどよい。周波数特性は測定帯域内で平坦（±2 dB 以下）に

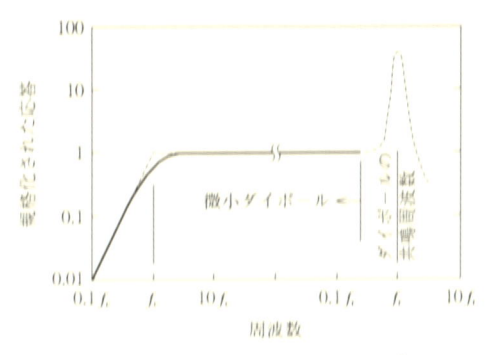

図 9.5.3 電界プローブの周波数特性

しなければ十分な相対精度が得られない．

b. 狭帯域測定法

狭帯域測定法では，被測定電磁界を乱さず，高い空間分解能を得るために，測定周波数の波長より十分小さい短縮ダイポールアンテナ，および微小ループアンテナがセンサとして用いられる．アンテナに誘起した電気信号を(同軸ケーブルを通して)そのまま電界強度測定器あるいはスペクトラムアナライザに送り込み，周波数を識別して測定する．

実際には，短縮ダイポールアンテナ，あるいは微小ループアンテナを3軸直交に配置して各素子を電気的に切り替え，全偏波を迅速に測定する方法がとられる．システムの概観を図 9.5.4 に示す．高電磁界下(たとえば，電界強度で 1 V/m 以上)では，アンテナと測定器の接続に二重シールド線を用いたり，測定器を車内に設置するなどの工夫が必要である．

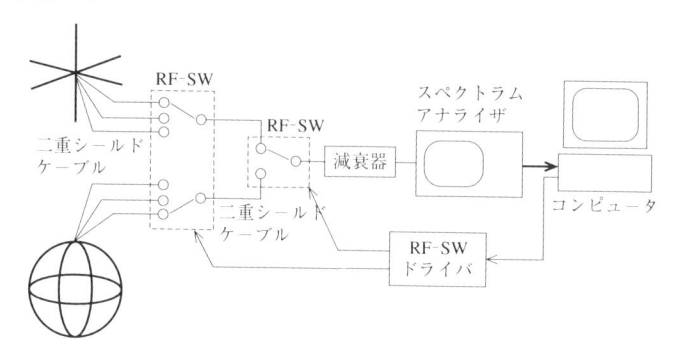

図 9.5.4 狭帯域測定法の例

c. 光学的電磁界センサ

電磁界を光に変換し，光ファイバで信号を送る方式がいくつか試みられている．電気を直接，光に変換する方式には，Masterson ら[9] のポッケルス効果を用いた電界センサ，桑原ら[10] の LiNbO$_3$ 光変調器を用いた電界センサ，林ら[11] の LED およびレーザダイオードを用いた磁気センサなどがある．また，間接的に変換するものには，光学的温度計を用いた電磁界-熱-光変換方式のものが開発されている．

d. 測定上の注意事項

実際の使用上の注意は以下のとおりである．

① 対象が変調波あるいはパルス波(間欠波)である場合，変調，デューティ比による誤差を評価しておく．電磁界プローブにおいて複数の波源から同程度のレベルの電磁波が入射する場合，それが加算的であるか否かを確認する．

② 測定者自身の体の影響を除くため，できるだけ遠隔測定を行う．電気-光変換により光ファイバケーブルを用いて延長するのがよい．

③ 事前に測定システムを校正しておく．電磁界プローブについては，自由空間標

準電磁界法，導波路法，あるいは標準プローブ法などがある．

④ 高電磁界下での測定では，測定者に対する安全の確認と保証を十分に行う．

e. 実態調査と評価

実態調査とその評価の例として2例をとりあげる．

i) **中波放送所**　わが国では，中波放送所近傍の電磁界分布を詳しく測定した例がある[12]．比較的遠方では狭帯域測定法，ごく近傍では電磁界プローブというように使い分けて測定している（図 9.5.5）．いずれにしても，電波防護指針の電磁界強度指針値（一般環境）の電界強度 275 V/m（＝169 dBμV/m），磁界強度 3.15 A/m（換算電界強度≒1188 V/m＝181 dBμV/m）と比べ，十分に低いレベルである．

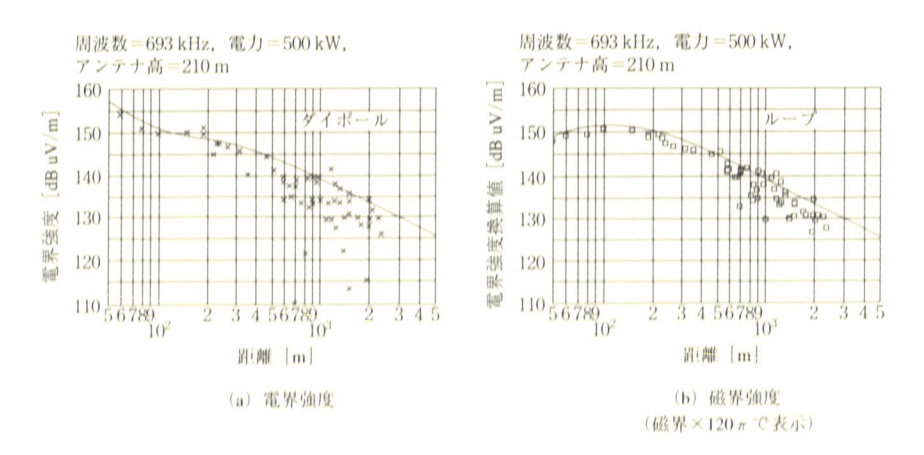

図 9.5.5　中波放送所近傍の電磁界強度の距離特性[12]

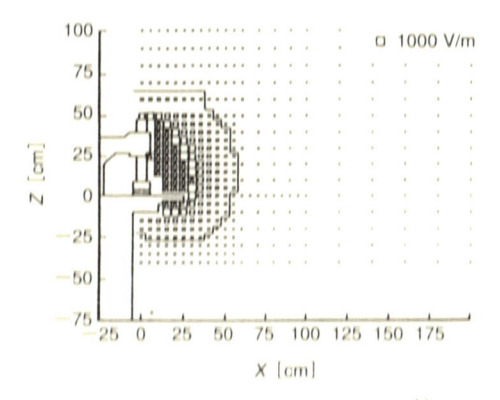

(a) 電界強度

(b) 磁界強度
（磁界×120π で表示）

図 9.5.6　高周波ウェルダーの電界分布[13]
※は 1000 V/m 以上を，実線は 250 V/m の等高線を示す．

ⅱ) **高周波ウェルダー** 　稼働台数が最も多く, また, シールドがなく電極がむきだしであるため操作者に対し最も影響を与えやすいと思われる, 低出力タイプの高周波ウェルダーについての例を示す[13]. 周波数は 40 MHz, 出力電力は 3 kW である. 電磁界測定には電界プローブと磁界プローブを両方用い, 電界については偏波も検出しているが, ここでは電界強度についてのみ示す.

　実際の電磁界はビニールの加熱状態の進行に応じて時間的に変動する. よって電波がでている時間率(デューティ比)を考慮して連続波に換算すると, 平均電磁界強度は上記の値の約 1/4 以下になる. わが国の防護指針と比較してみると, 40 MHz での電磁界強度指針値(管理環境)の電界強度は 61.4 V/m なので, 図 9.5.6 の実線の内側では指針値を超える. しかし, 高周波ウェルダー周辺の電磁界は(波長 7.5 m に比べ)きわめて近傍であるため, 平面波を想定している電磁界強度指針値を超えていても, 近傍界曝露に関する補助指針①を満たせばよい. オペレータが座る空間での平均をとればよいので, 胴体が電極より 50 cm 程度離れれば補助指針①を満たすと推察される.

〔上 村 佳 嗣〕

文　　献

1) Tell, R. A. : Instrumentation of measurement of electromagnetic fields; Equipmemt, calibrations and selected applications (ed. by M. Grandolfo, *et al.*), Biological Effects and Dosimetry of Nonionizing Radiation, Plenum Press, pp. 95-162, 1983.
2) Bassen, H. I. and Smith, G. S. : Electric field probes—A review, *IEEE Trans. Antennas & Propag.*, **AP-31**(5), 710-718, 1983.
3) Grudzinski, E. and Wadowski, W. : Probe for raditation hazard measurements, 1976 EMC Symposium Record, pp. 269-278, 1976.
4) Kanda, M. : Analytical and numerical techniques for analyzing an electrically short dipole with an nonlinear load, *IEEE Trans. Antennas & Propag.*, **AP-28**(1), 71-78, 1980.
5) Ma, M. T., *et al.* : A review of electromagnetic compatibility/interference measurement methodologies, *Proc. IEEE*, **73**(3), 388-411, 1985.
6) Smith, G. S. : Analysisof miniature electric field probes with resistive transmission lines, *IEEE Trans. Microwave Theory & Tech.*, **MTT-29**(11), 1213-1224, 1981.
7) Bassen, H. *et al.* : EM probe with fiber optic telemetry system, *Microwave Journal*, **20**, 35, 38-39, 47, 1977.
8) Bassen, H. I. and Hoss, R. J. : An optically linked telemetry system for use with electromagnetic-field measurement probes, *IEEE Trans. Electromagn. Compat.*, **EMC-20**, 483-488, 1978.
9) Masterson, K. D. *et al.* : Photonic probes for the measurement of electromagnetic fields over broad bandwidths, Sympo. Rec. of 1989 IEEE Int. Sympo. on EMC, 1-9, 1989.
10) Kuwabara, N. *et al.* : Development and analysis of electric field sensor using $LiNbO_3$ optical modulator, *IEEE Trans. Electromagn. Compat.*, **34**(4), 391-396, 1992.
11) 林　健 ほか：レーザダイオードを用いた複素 RF 磁界の測定, 信学技報, **EMCJ** 85-93, 1986.
12) 郵政省：電波利用施設の周辺における電磁環境に関する研究会報告, 1987.
13) 上村佳嗣：高周波ウェルダーの近傍電磁界分布の測定, 信学論, **J 73-B-Ⅱ**(6), 309-312, 1990.

9.5.3 SARの測定法と評価

生体内部で定義されるSAR(specific absorption rate：比吸収率)を生体が実際に曝露されている状態で測定することは，特殊な場合を除きほとんど不可能である．このため，生体の形状や電気的特性を模擬した疑似生体(ファントムと呼ばれる)を用いてSARを推定する方法がSAR測定法として一般に位置づけられる．

生体は，皮膚，筋肉，臓器などさまざまな組織から構成され，それら組織の電気的特性は同一ではない．組織の違いまで模擬したものを不均一ファントムと呼び，またたとえば筋肉組織の電気定数だけで全体を近似したものを均一ファントムと呼ぶ．測定は，通常均一なファントム内の電界強度や温度上昇などを検出することで行い，以下に説明するような各種の測定法が提案されている．

a. 全身平均SARの測定法[1]

生体全身が6分間(360秒)に吸収した電磁エネルギー[J]を質量(体重)[kg]で割り，さらに360で割った値[W/kg]が全身平均SARである．全身の吸収電力を測定できればよいので，実験動物やファントムをTEMセルや空洞共振器内に入れ，入射電力 p_{in} と反射電力 p_{ref} ，および透過電力 p_{tr} とTEMセルまたは共振器の内壁損失 p_{loss} を測定して $p_{in}-(p_{ref}+p_{tr}+p_{loss})$ の計算値から吸収電力を求める．

吸収電力は，実験動物あるいはファントムが吸収した総熱量をデュワー瓶熱量計や2槽式熱量計で測定することでも求められる．この場合，自ら代謝熱を発生する生体を対象とした測定は困難である．

このほか，局所SARを測定して，その結果を全身について合計して求める方法も提案されている[2]．

b. 局所SARの測定

局所SARは生体の各点において，密度 ρ の微小体積要素 dV 内の微小質量 $dm(=\rho dV)$ に吸収される電磁エネルギー dU の時間変化率として定義される．すなわち，

$$\text{SAR[W/kg]} = \frac{\partial}{\partial t}\left(\frac{\partial U}{\partial m}\right) = \frac{1}{\rho}\frac{\partial^2 U}{\partial t \partial V} \quad (9.5.5)$$

である．これは，次の二つの表式に変形できる．

$$\text{SAR[W/kg]} = \frac{\sigma E^2}{\rho} \quad (9.5.6)$$

$$= c\frac{\partial T}{\partial t} \quad (9.5.7)$$

ただし，σ[S/m] および E[V/m] は，それぞれ生体組織の導電率とその点での電界強度実効値であり，c[J・kg^{-1}・K^{-1}] および $\partial T/\partial t$ は，それぞれ生体組織の熱容量と温度上昇率である．また，生体に吸収される電磁エネルギーのすべてが当該部分での温度上昇に変換され，かつ熱拡散が無視できるものと仮定している．これらの式からわかるように，ファントム材料の物理定数を知ったうえで，ファントム内での電界強度分布または温度上昇率の分布を測定すれば局所SARを求めることができる．なお防護指針などでは，局所SARは組織1gもしくは10gあたりの数値で評価される．

i) **電界測定による方法**[3〜6]　測定系の基本構成例を図9.5.7に示す[4]．人体形状（頭部など）の容器に液体ファントムを充てんし，ファントム内を電界プローブで3次元的に掃引して局所SAR分布を測定する．電界プローブは等方性の指向性を有し，長さ数mm以下の微小ダイポールと検波器および高抵抗線などから構成される．電界プローブを掃引するために工業用ロボットなどが利用される．電界プローブの位置制御と測定データ処理のためコンピュータと専用プログラムが必要である．ロボットによる反射波の影響が無視できるような近傍界曝露での測定に用いる．測定範囲は0.05〜数W/kgで高精度な測定ができる．電界測定値とSARとの対応は式(9.5.6)で与えられる．

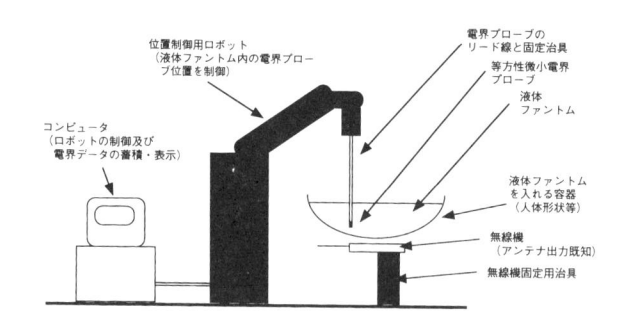

図 9.5.7　電界プローブを用いたSAR測定系の基本構成例（液体ファントムと3次元掃引型電界プローブを用いた測定系の例）

同種の方法として，掃引を1次元のみにしたり，プローブ位置を固定するなどの構成を簡略化した測定系が提案されている[5,6]．携帯電話利用のような曝露条件では局所SARのピーク値は表皮に近い部分に生じる．そこで電界プローブをファントム内の表皮に近い部分に固定して，その測定値から局所SARのピーク値を導出する．近似的測定法だが，構成が単純で測定が容易にできる利点がある．

ii) **温度上昇率測定による方法**[7〜9]　熱電対や蛍光温度計などの温度プローブを用いる方法と，赤外線サーモグラフィを用いる方法がある．前者はプローブを測定部位に接触させて温度を測定するので，通常は測定点の数だけプローブが必要となる．一方後者は，表面温度分布の2次元像を非接触で高精度に測定できる．測定可能な温度上昇を得るために，一般にSAR値としてかなり高い値が必要となる．たとえばアンテナ出力が1W以下といった無線機についてのSAR測定は，出力を数十倍から数百倍に強くして行う．実際の機器の出力に対応するSAR値は，測定で得たSAR値を出力比で割った値として求める．

赤外線サーモグラフィを用いる測定系の基本構成例を図9.5.8に示す．ファントム内のSAR分布を測定するために，分割可能な半固形または固形ファントムが使用

9.5 電磁界の測定評価

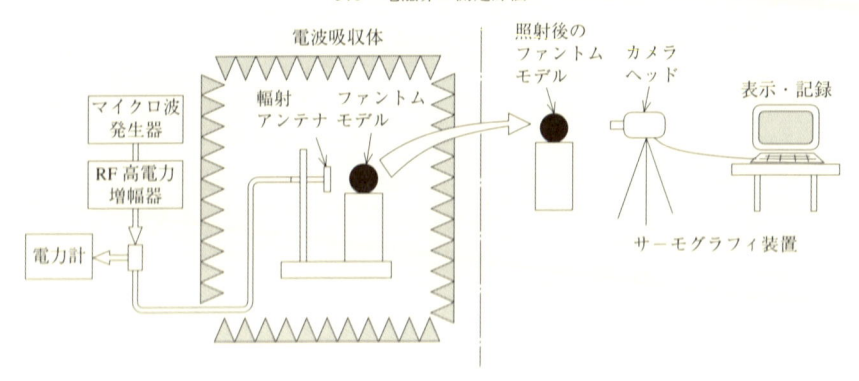

図 9.5.8 サーモグラフィを用いた SAR 測定系の基本構成例

される．薬殺した動物をファントムに用いる場合もある．測定では，電波をファントムに照射した後，速やかにサーモグラフィの測定を行う．得られた温度分布図から温度上昇を読み取り，式 (9.5.7) を用いて SAR 分布を求める．自動車電話や携帯電話の SAR 評価にも適用されている．

iii) 可視化ファントムを用いる方法[10]　非イオン界面活性剤の透明な水溶液で，ある一定の温度になると白濁する現象を示すものがある．白濁する臨界温度は曇点と呼ばれる．曇点を有する材料でファントムを構成して，電磁波の照射時に白濁が生ずる部分を外部から観測することにより，SAR がある値を超える部分を特定できる．ファントムを分割したり，プローブ類をファントム内に挿入せずに SAR を測定できる．

c．ファントム[10, 11]
　液体，半固形（ジェリー）および固形ファントムが SAR 測定に用いられる．模擬する人体筋肉組織の高誘電率と高損失特性の測定には，S パラメータ法（エアライン法）やスロット同軸ライン法などが用いられる．
　液体ファントムは，生理食塩水をベースに砂糖やセルロースなどを加えてつくられる．ジェリーファントムは，液体ファントムに固化剤を加えてつくられる．人体形状などを模擬するために容器が必要であり，容器はグラスファイバ強化樹脂などで製造される．固形ファントムは，高誘電率セラミックスをベースにカーボンファイバや樹脂などを添加して製造される．任意形状に対応でき，半永久的に使用できる．材料成分などの詳細は文献に記述されている．

d．評　　価
　従来 SAR 測定法のほとんどは均一ファントムを使用している．導電率の大きい筋肉組織などを模擬した均一ファントムを用いる場合の局所ピーク SAR 値は，不均一ファントムを用いる場合より一般に高い値となる．また局所ピーク SAR 値の誤差は，測定系の誤差を最小化すれば 20% 以下にできるといわれている[4]．したがって，指

針や規格の適合性評価について均一ファントムを用いる測定法が適用できる．高確度測定のためには，不均一ファントムの使用が望まれるが，薬殺した動物を用いるといった方法以外の実現は容易ではない．

（野島俊雄）

文　献

1) Michaelson, S. M. and Lin, J. C. : Biological Effects and Health Implications of Radiofrequency Radiation, Plenum Press, p. 75, 1987.
2) Study, S. S. et al. : Computer-based scanning system for man in the nearfield of a resonant dipole, Rev. Sci. Instrum., **54**(11), 1547, 1983.
3) Balzano, Q. et al. : Electromagnetic energy exposure of simulated users of portable cellular telephones, IEEE Trans. Vehicular Technology, **44**(3), 390, 1995.
4) Kuster, N. et al. : Dosimetric evaluation of handheld mobile commumnications equipment, with known precision, IEICE Trans. Commun., **E 80-B**, 645, 1997.
5) Cleveland, R. F. and Athey, W. T. : SAR in models of the human head exposed to handheld UHF portable radios, Bioelectromagnetics, **10**(1), 173, 1989.
6) 鈴木　裕ほか：定点測定法によるSARピーク値の検出，電子情報通信学会通信ソサエティ大会, **B-4-32**, 1997.
7) Kuster, N. et al. : Mobile Communications Safety, Chapman & Hall, p. 36, 1997.
8) Guy A. W. and Chou, C. K. : SARs of energy in man models exposed to cellular UHF mobile-antenna fields, IEEE Trans. MTT, **34**(6), 671, 1986.
9) Nojima, T. et al. : An experimental SAR estimation of human-head exposure to UHF fields using dry-phantom models and a thermograph, IEICE Trans. Commun., **E 77-B**, 708, 1994.
10) 電気学会編：電磁界の生体効果と計測，コロナ社，p. 286, 1995.
11) Tamura, H. et al. : A dry phantom material composed of ceramic and graphite powder, IEEE Trans. EMC, **39**(2), 132, 1997.

9.6　電磁界の生体安全性

9.6.1　防護指針の考え方

電磁界の生体安全性に関して，人体への曝露限度値が各国のさまざまな機関によって示されている．これらは，指針(guidelines)，規格(standards)，規制(regulations)などさまざまな名称で呼ばれる．厳密ではないが，強制力のない任意の勧告の場合に指針，技術分野の組織が合意によって遵守するものを規格，法的強制力を伴う場合を規制，として区別する．ここでは，これらを総称して防護指針と呼ぶ．

防護指針を制定する機関は，電気技術の規格制定の立場からこの問題を扱う機関と，保健衛生や放射線防護などの，環境安全の立場から指針の勧告や規制を行う機関，電磁界利用を管轄し，許認可に伴う環境アセスメントや設備の安全性の立場から規制を行う行政機関に大別される．

電磁波の人体影響に関する防護指針といえば，従来は電磁界利用の制約という意識が強く，産業にとってやっかいなものという側面が強調されがちであった．一方，

9.6 電磁界の生体安全性

人々の健康志向が広まるとともに、電磁界が健康の障害になるのではないかという関心が高まっている。このため、新たな電磁界利用施設の建設を行う際に、住民の合意を得ることが困難な状況が生まれている。科学的な根拠に基づく合理的な意思決定の必要性が高まっている。そのためには、電磁界の健康影響に関する科学的な根拠についてのガイドラインが必要であり、防護指針がその役割を果たすことが期待されている。このように防護指針には、電磁界利用を制約する側面と、電磁界利用を円滑にする側面の両面がある。

生体が電磁界に曝されたときに、生体と電磁界が結合して、何らかの生体影響を示す可能性がある。防護指針の曝露許容レベルを示すためには、まず生体影響の有無の考察が必要とされる。電磁界の生体影響の研究報告は数多く、それらが必ずしも一貫した結果を示しているわけではない。そのなかで、再現性のある、定量的な曝露条件の完全な記述がある研究報告だけが許容レベルの根拠とできる。

生体安全性の立場では、健康への障害となるかどうか、すなわちハザードであるかどうかが問題であって、曝露に伴うすべての変化を避ける必要があるわけではない。細胞レベルの研究で電磁界が影響することがわかっても、その影響が個体レベルでも意味があるかどうかは明らかでない。また、何らかの変化がみられても、その変化が健康に悪い影響かどうかということは自明ではない。人体防護を考えるには、まず個体のレベルで健康に障害となる影響であるかどうかの見極めが大切である。

電磁界の健康影響の評価に関しては、低周波電磁界では刺激作用が、高周波電磁界では熱作用がそれぞれ健康に悪影響を与えうると認められている。また、電磁界を感知すること自体は健康への悪影響とはいえないものの、長時間に及ぶとストレスとなる可能性が認められるので、感知を避けることが必要と考えられている。現在の防護指針はこれらの現象を根拠に構成されている。これらの現象はいずれも曝露レベルがあるいき値以下では影響がなく、いき値を超えると確実に影響が現れる現象である。また、その影響が曝露レベルの増加とともに重篤さを増す性質をもつ。このような作用を"決定論的な作用"という。決定論的な作用からの人体防護では、いき値を評価してそのいき値に適切な安全率を設けて対比される作用は"確率的な作用"と呼ばれる。確率的な作用では、影響が確率的に生じ、影響が生じた場合の重篤度は曝露量に依存せずに同等である。影響の生じる確率は曝露量に依存し、曝露が小さいほど小さくなる。しかし、曝露を小さくしても、その確率がゼロとなるいき値はない。このような性質は、X線やγ線のような電離放射線による発がん性にみられる生体影響をモデルとしたものである。確率的な影響ではいき値が存在しないので、いき値方式に基づく防護を採用できない。この場合の防護の方式として、曝露を制限するコストと生体影響の確率を小さくすることの利益のトレードオフを最適化する規範に従う方式が用いられる（最適化方式）。

電磁界の生体影響に関して、決定論的な影響のほかに、電離放射線と類似の確率的な影響が存在するのかどうかは常に争点になってきた。小児白血病と磁界の関連についての疫学データはその存在の可能性を示唆するものとみなされた。しかし一方では

生物学的研究の結果は疫学の示唆に対する生物学的な根拠がないことを示していた．また，高周波電磁界の非熱作用は，健康影響を実証するデータがないにもかかわらず，確率的な影響とみなされてきた．

確率的な影響が存在するということが証明されないにもかかわらず，それが存在しないという証明もできないために，公衆の一部には確率的な影響の存在が事実であるかのような意見もある．この背景には"確率的"という概念と"不確かさ"という概念の混同がある．影響の可能性が否定できないことの"不確かさ"と"確率的な蓋然性"とを混同しないよう注意が必要である．

このような"不確かな"生体影響，すなわち科学的に確かな根拠はないが，影響があるかもしれないという研究報告と否定する研究報告があるような生体影響を，防護指針でどう扱うべきかはまだ結論のでていない問題である．この問題に対して"慎重な回避"（prudent avoidance）という概念の提案がある．科学的に根拠のない不安を理由に曝露を回避することも自由な判断で行われる限りにおいては選択肢の一つである．しかし，この方式を指針や規制のような形で導入することには異論が多く，電磁界に関する規制や指針への導入はあまり支持されていない[1]．

9.6.2 防護指針の構成

電磁界の生体作用が決定論的な作用であるという認識は各国でほぼ合意されており，現在示されている防護指針はいずれもいき値方式による防護方式を用いている．健康影響のいき値は，支配的な生体作用に密接な量を尺度に表される．たとえば，低周波電磁界では神経や筋に対する刺激作用が支配的であり，誘導電流密度が密接な尺度である．高周波電磁界では，熱作用が支配的な作用であり，比吸収率（SAR）が密接な尺度である．このような尺度で表されたいき値に適切な安全率を考慮して定めた制限値を"基本制限値"（basic restriction）という．基本制限値は生体作用と密接であることに着目して選ばれているために，実際の測定・評価に便利であるとは限らない．誘導電流密度やSARは測定機で直接に計測できる量ではない．

このため，基本制限値を実際に測定・評価の可能な量，たとえば空間の電界強度や磁界強度などに換算する必要がある．計測可能な物理量で基本制限値に対応する値を導出したものを"導出制限値"（derived limit）という．人体組織中の誘導電流密度やSARは入射電磁界の性質や人体の姿勢や電磁界との相対的な向きなどさまざまな条件によって異なる．このため，導出制限値を導く際に，最も安全側となる条件を仮定する．このため，導出制限値は多くの場合，過剰に安全側の評価となる．すなわち，導出制限値を満たさない場合でも，実際には基本制限値でいえば非常に低い曝露レベルであることが少なくない．

以上のように，導出制限値は過剰に安全側の判断となる場合が多いため，"制限値"として位置づけるのではなく，"参考レベル"（reference level）と位置づけることがある．参考レベルは，その値を超えた場合に基本制限値に基づくより詳細な安全評価を行う必要があることを示す目安を与える．

電磁界を単に感知するだけでは健康の障害とはいえない．しかしこの場合も，感知が長期にわたればストレスになることから，感知いき値に基づく曝露の制限が必要である．たとえば，高周波パルスによるマイクロ波聴覚効果は，健康障害に直接結びつけられないことから，基本制限でなく参考レベルと位置づけられることがある．

入射電磁界によって金属物体の非接地部分に電位が生じているときに，人体がこの部分に接触して電流が流れることにより，電撃や熱傷を受けることがある．このような作用は電磁界による間接的な生体作用と呼ばれる．接触電流の感知いき値は接触する面積や皮膚の条件，性別や年齢で大きく異なり，また感知するだけでは健康への障害にならないとの理由から，接触電流の制限は基本制限値としてでなく参考レベルとして与えられることがある．

基本制限値と導出制限値のどちらを重視するかという位置づけは防護指針によってそれぞれ異なるものの，現行の防護指針はいずれも以上のような基本制限値と導出制限値（または参考レベル）から構成されている．

安全率の考え方については，職場での曝露と公衆の曝露，あるいは管理された環境と管理されていない環境という曝露の条件によって，2段階の異なる数値が適用される場合が多い．しかし，決定論的な影響で，このような2段階の数値をとることには異論もあり，1段階の指針値が適切であるという主張も根強い[2]．

9.6.3 各国の防護指針

a. 欧州諸国

英国では，英国放射線防護評議会（National Radiological Protection Board；NRPB）が1993年に防護指針を示した[2]．この防護指針は強制力のない"ガイダンス"と呼ばれる任意指針である．英国内ではNRPBの防護指針に基づいた電磁環境の管理が広く実施されている．このため，人体防護を目的とした電磁界評価の実質的な規範として英国内で広く用いられている．

ドイツでは，ドイツ電気技術者協会（Verband Deutscher Elektrotechniker；VDE）とドイツ規格協会（DIN）が連携して組織する，ドイツ電気技術委員会（DKE）が防護規格 DIN/VDE 0848 の一連の文書を刊行している．この規格は五つの部分からなり，第1部が電磁界（0～300 GHz）の測定法，第2部（1991）が30 kHz～300 GHzの防護指針，第3部が10 Hz～30 GHzの周波数の電磁界による可燃性ガスの着火の防護，第4部（1989）が0～30 kHzの防護指針，第5部が10 kHz～1 GHzの電気爆破装置の安全規格である[3]．

ドイツは後述のように，欧州電気標準化会議（CENELEC）に防護指針の欧州規格の検討を提案した．そのため，DIN/VDEの防護指針の内容の多くがCENELECによる防護指針に反映されている．1990年代に入るまでは，ドイツではDIN/VDEによる電気技術分野主導でこの問題を扱ってきた．しかし，ドイツでは近年，電磁界の健康影響問題を保健衛生の問題として扱うように方向を変え，連邦放射線防護研究所（BfS）にこの問題に関する権限を集めた．1997年から，連邦排出物規制法（BmSchG）

の中に電磁界の放射を取り入れ，法的に強制力のある規制を開始した．この規制に用いられる指針は，DIN/VDE 規格や CENELEC による欧州暫定規格のような電気技術規格でなく，保健衛生の立場からの ICNIRP（後述）による指針に基づくものである．

その他の欧州各国でも防護指針がつくられている．しかし，ドイツを含めて欧州全体として国際的に統一した防護指針の制定を目指す方向であるために，国レベルでの防護指針への取り組みは暫定的な性格となっている．

b. 米　国

米国電気電子学会（IEEE）は 3 kHz〜300 GHz の周波数範囲の電波防護指針を 1991 年に IEEE 規格として示した．翌年この指針を米国規格協会（ANSI）が ANSI 規格 ANSI/IEEE C 95.1-1992[4] として承認した．この ANSI 規格は民間の自主規格である．連邦政府関連機関としては，1986 年に米国放射線防護審議会（National Council on Radiation Protection and Measurements：NCRP）がその報告書の中で 300 kHz〜100 GHz を対象とした防護指針案を示した[5]．

連邦通信委員会（FCC）は，放送・通信施設の許認可時に人体への影響を考慮した電磁界影響評価を義務づけている．FCC の規制は法的な強制力がある．その背景には，1969 年に制定された米国環境政策法（NEPA）により，連邦政府機関は意思決定を行う際に，環境影響を評価することが義務づけられていることがあげられる．無線周波の電波が環境因子の一つとみなされているため，無線周波スペクトルを管理する立場から，FCC は通信放送局の許認可には電波による人体曝露の評価が必要と判断した．この評価は 1985 年から行われている．当初は，1982 年制定の ANSI 規格を利用していたが，1997 年に FCC は民間規格である ANSI 規格にかえて，議会に対する助言機関で連邦政府関連機関とみなされる NCRP の指針案を基礎にした防護指針を独自に示し[6]，この指針を判断基準に採用した．NCRP の防護指針は内容的にやや古いために，現在ワーキンググループをつくり，新たな防護指針をつくるための検討が始まっている．

米国では，高周波領域の防護指針については世界に先駆け 1950 年代から取り組んでいる．これに対して，低周波領域に関しては連邦レベルの防護指針は示されていない．IEEE，NCRP のいずれにも低周波領域を担当する部会はある．しかし，低周波領域に関して定量的に指針値や規制値を定めるための科学的な根拠が米国では合意されていない．このため，低周波領域では当分の間，指針値が提示される見通しがたっていない．

c. 日　本

日本では，1990 年に郵政大臣の諮問機関である電気通信技術審議会が諮問第 38 号答申として"電波利用における人体の防護指針"を示した[7]．この答申は，1997 年に諮問第 89 号答申として一部改定された[8]．対象となる周波数範囲は，10 kHz〜300 GHz であり，商用周波数などの超低周波領域は含まれていない．

超低周波領域に関しては，通商産業省令において電気設備技術基準 27 条で，"特

別高圧の架空電線路は，常時静電誘導作用により人による感知のおそれがないよう，地表上 1 m における電界強度が 3 kV/m 以下になるよう施設しなければならない．ただし，田畑，山林その他の人の往来が少ない場所において，人体に危害を及ぼすおそれがないように施設する場合は，この限りでない．"と規定されている[9]．この基準の根拠は健康への悪影響ではなく，静電誘導による電界の感知を避けることである．超低周波の磁界に関しては，わが国の政府関係機関による人体防護のための基準などは定められていない．学会関係では，産業衛生学会が 300 GHz 以下の周波数範囲全体を対象とした防護指針の検討を行っている．

d. 国際組織

防護指針に関係する国際組織として，欧州電気標準化会議（CENELEC），国際非電離放射線防護委員会（ICNIRP）などがある．欧州では，欧州連合全体での規格などの統一をはかる動きがある．電磁界からの人体防護の問題にもこれがあてはまる．

欧州統一規格に向けて，1994 年 11 月に，CENELEC の第 111 技術委員会（TC 111）が 0～30 kHz を対象とした ENV 50166-1 および 30 kHz～300 GHz を対象とした ENV 50166-2 の防護指針を欧州暫定規格として承認した[12]．欧州暫定規格は 3 年間の試用期間の後に，欧州規格として採用されるかどうかの投票が 1997 年 11 月に行われたが，欧州規格としての承認には至らず，試用期間の延長という結果となっている．

ICNIRP は，非電離放射線からの人体防護を推進するために 1992 年に設立された国際委員会である．ICNIRP は世界保健機関（WHO）および国際労働機関（ILO）に対する非電離放射線の分野での正式に承認された非政府機関であり，非電離放射線からの防護の分野に携わるすべての国際組織と密接に連携し，共同作業を行っている．また，国際放射線防護学会およびその構成組織である各国内学会と密接に協力して活動している．ICNIRP のガイドラインの内容については 9.6.5 項で述べる．

9.6.4 各防護指針の比較

現在の主要な各機関による人体曝露に関する防護指針は，基本的な考え方や根拠に用いるデータベースが共通であり，大きな違いはない．しかし，細部には相違点もあり，また制定した機関の性格による違いもいくぶんみられる．表 9.6.1 に，主要な防護指針の比較をまとめた．

表の中で，特に重要な違いは次の点である．

(1) 2 段階構成： ほとんどの防護指針が，職業的曝露と公衆の曝露に対応する二つのカテゴリーに対して，公衆に対してより大きな安全係数を用い，2 段階の数値の指針値を与えている．これに対し，英国 NRPB のガイダンスはこのような区別を行わず，1 段階の数値を用いている．

(2) 基本制限と電磁界強度で表した指針値の位置づけ： 表 9.6.1 からわかるように，欧州を中心とした防護指針では，基本制限を指針の主要部と位置づけ，電磁界強度で表した指針値は，詳細な検討が必要か否かを判断するための参考値と

表 9.6.1 主要な防護指針の比較

	郵政省答申 (日本, 1990, 1998)	ANSI/IEEE 規格 (米国, 1992)	NRPB ガイダンス (英国, 1993)	CENELEC 欧州暫定規格 (欧州, 1994)	ICNIRP 指針 (国際組織, 1998)
防護指針などの呼名, 発行年, 制定電気	電気通信技術審議会, 郵政大臣の諮問機関. 電波産業会(ARIB)が答申の内容を電波利用の安全性規格として承認.	米国電気電子学会(IEEE)が作成, 米国規格協会が米国規格として承認.	英国放射線防護会議(NRPB). 放射線防護法の制定に伴い設置された中立機関.	欧州電気標準化委員会. 電気標準規格の制定機関. EUおよびEFTAの加盟国18カ国が参加.	放射線防護学会を母体とした, 非電離放射の独立防護指針等の勧告を行う中立な指針機関. 各国からの14名の委員で構成. WHOの公式に承認したNGO.
位置づけ	郵政大臣に対する審議会の答申. 現在郵政省内の研究会で規制への利用を検討中. ARIBの採用した規格は任意規格.	民間の任意規格. 米軍でも活用. かつてFCCに利用していた. 現在ベルラボは任意独自の規格を使用.	強制力のないガイダンス. 実質的には影響力が大きい.	電気技術の暫定規格. 欧州規格となれば強い影響力をもつ.	任意の指針. ただし, 各国の電磁界防護を除き, 影響力をもち, 特に欧州への影響が大きい.
周波数範囲	10 kHz~300 GHz	3 kHz~300 GHz	0 Hz~300 GHz	0 Hz~10 kHz, および 10 kHz~300 GHz	0~300 GHz
対象のカテゴリー	管理環境:防護指針による管理が可能な条件, 一般環境:管理環境でない環境	管理環境:電磁波の曝露が意識されている場所, 非管理環境:曝露が意識されていない場所(区別はオペレータの判断)	対象のカテゴリーに区別がない.	職業的曝露と公衆の曝露の2段階	職業的曝露と公衆の曝露の2段階
基本制限	基本指針と呼び, 指針値の根拠を形成するものと位置づけ. 1997年の改訂で, 局所曝露の場合は基本制限に相当する内容での評価も可能になった.	除外事項として, 電磁界強度などで評価できない強度の場合や, 局所曝露の場合は基本制限による評価が必要.	基本制限が指針の主要部と位置づけられる.	基本制限が指針の主要部と位置づけられる.	基本制限が指針の主要部と位置づけられる.
電磁界強度で表した指針値の位置づけ	電磁界強度指針, 補助指針と合わせて管理指針, および, 指針の主要部と位置づけ.	電磁界強度で表した指針値の主要部. MPE値が指針値の主要部.	検査レベルと呼ばれ, これを超えた場合には基本制限による評価を行う必要があるとされる.	参考レベルと呼ばれ, これを超えた場合には基本制限による評価を行う必要があることを示す目安とされる.	参考レベルと呼ばれ, これを超えた場合には基本制限による評価を行う必要があることを示す目安とされる.

している.これに対して,米国のANSIや日本の電気通信技術審議会答申の指針では,主要部分は電磁界強度など,測定可能な量で表した部分であり,測定法の確立していない基本制限は防護指針の根拠として位置づけられ,特別な場合の評価にだけ用いられる.

この表に示していない指針値に,ビデオ端末装置(VDT)からの漏れ電磁界に適用されるスウェーデンのガイドラインがある.この指針は,上記の防護指針値に比べて数桁低い電磁界の数値を勧告している[11].しかし,健康影響についての根拠があるわけではなく,VDTからの漏えい磁界に対してのみ適用される.この指針は,不要な漏れ電磁界を,単に技術的に可能な範囲で低減することを勧告しているにすぎない.わが国でも類似のガイドラインが検討されている[12]が,これも健康影響を根拠にしたものではない.

医療診断に使われる磁気共鳴イメージング(MRI)装置による直流傾斜磁界や高周波磁界についての規格も整備されている[13].この規格はMRI装置にのみ適用されること,医療を目的としたものであるという点で特殊なため,電磁界曝露一般を対象にした防護指針との比較は単純ではないが,比較的強い曝露を許容している.これは,医療目的の電磁界曝露は,健康にとってのプラス面が優先されるべきであり,また曝露の機会も限られているためである.

米国の各州などの地方レベルでは,電磁界(特に商用周波)にさまざまな規制がなされていることが報じられている.これらは,科学的なデータに基づいて導かれたものでなく,現状の電磁界レベルをもとにして,どの程度以上を不要なレベルとみなす

表 9.6.2 静磁界に関するICNIRP指針(1994)

	曝露条件	磁束密度
職業的曝露	労働時間帯(時間加重平均)	200 mT
	天井値(四肢以外)	2 T
	天井値(四肢のみ)	5 T
公衆の曝露	連続曝露	40 mT

a) 注意:心臓ペースメーカーなどの電子機器や強磁性体を体内に埋め込んでいる場合は,上記の限界値で適切に防護できるとは限らない.心臓ペースメーカーの多くは0.5 mT以下の静磁界では誤動作しないと考えられる.強磁性体や電子機器(心臓ペースメーカー以外)の体内埋め込み物をもつ人は数mT以上の静磁界で影響を受ける可能性がある.
b) 磁束密度が3 mT以上の場合,金属物体の飛来による危険に注意する必要がある.
c) アナログ式の時計,クレジットカード,磁気テープ,コンピュータディスクなどは1 mTの曝露でも影響を受けることがあるが,これは人体の健康とは無関係である.
d) 一般公衆が磁束密度が40 mTを超える特別な施設にたまに出入りすることがあっても,職業的な曝露限界値を超えず,適切に管理された条件においては許容される.
 (注) この限界値は一様な静磁界に適用されるものである.不均一な静磁界については,100 cm²の面積での平均値に適用する.

か，という数値を示したものにすぎない．これらの数値を健康影響に関する科学的な根拠に基づく防護指針と同等に考えてはならない．

9.6.5 ICNIRP の防護指針

代表的な防護指針として，ICNIRP による防護指針の概略を述べる．ICNIRP は 1994 年に静磁界に関する防護指針[14]，1998 年に 300 GHz 以下の変動電界・磁界・電磁界に関する防護指針[15] を公表している．なお ICNIRP は，静電界に関しては，健康への影響について確かな根拠がないということで，指針値を示さないという立場をとっている．

a. 静磁界の防護指針

1994 年に ICNIRP が静磁界についての防護指針を公表した当時，数 T を超える強

表 9.6.3 ICNIRP 指針の 10 GHz 以下の周波数における基本制限

曝露特性	周波数範囲	頭部および体幹の電流密度 [mAm^{-2}] [rms]	全身平均 SAR [Wkg^{-1}]	局所 SAR (頭部と体幹) [Wkg^{-1}]	局所 SAR (四肢) [Wkg^{-1}]
職業的曝露	1 Hz まで	40	—	—	—
	1〜4 Hz	40/f	—	—	—
	4 Hz〜1 kHz	10	—	—	—
	1〜100 kHz	f/100	—	—	—
	100 kHz〜10 MHz	f/100	0.4	10	20
	100 MHz〜10 GHz	—	0.4	10	20
公衆の曝露	1 Hz まで	8	—	—	—
	1〜4 Hz	8/f	—	—	—
	4 Hz〜1 kHz	2	—	—	—
	1〜100 kHz	f/500	—	—	—
	100 kHz〜10 MHz	f/500	0.08	2	4
	100 MHz〜10 GHz	—	0.08	2	4

(注)
1) f は Hz を単位とした周波数
2) 人体は電気的に不均一なため，電流密度の値は電流方向に垂直な 1 cm^2 の断面内の平均値とする．
3) 100 kHz までの周波数では，ピーク電流密度の値は，rms 値に $\sqrt{2}$ (〜1.414) を乗じて得ることができる．パルス幅 t_p のパルス波の場合は，基本制限の数値を適用すべき等価な周波数は $f=1/(2\,t_p)$ として計算する．
4) 100 kHz までの周波数のパルス磁界については，パルスによって生じる最大の電流密度を，パルスの立上り/立下り時間および磁束密度の最大変化率から計算できる．この誘導電流密度が基本制限と比較できる．
5) すべての SAR 値は，任意の 6 分間の平均値である．
6) 局所 SAR は，ひとかたまりの同質の組織 10 g の質量で平均した値とする．この値を最大局所 SAR の評価に用いる．
7) パルス幅 t_p のパルス波では，基本制限に適用するための等価周波数を $f=1/(2\,t_p)$ として計算する．また，周波数 0.3〜10 GHz で頭部に局所曝露を与えるパルス波の場合は，熱弾性膨張によって生じる聴覚効果を制限・回避するために，基本制限の追加事項を勧告する．それは，10 g の組織で平均した SA が，職業的曝露で 10 mJkg^{-1} を超えないこと，また，公衆の曝露の場合は 2 mJkg^{-1} を超えないことである．

9.6 電磁界の生体安全性

表 9.6.4 10~300 GHz の周波数についての電力密度に関する基本制限

曝露特性	電力密度[W m^{-2}]
職業的曝露	50
公衆の曝露	10

(注)
1) 電力密度は曝露部分の任意の 20 cm^2 の平均値とする。また周波数が高くなると侵入深さが次第に浅くなることを補正するために，任意の $68/f^{1.05}$ 分間 (f の単位は GHz) の平均値とする。
2) 1 cm^2 ごとで平均した空間の最大電力密度は上記の数値の 20 倍を超えてはならない。

表 9.6.5 時間的に変化する電界および磁界への職業的曝露に関する参考レベル(無擾乱 rms 値)

周波数範囲	電界強度 [Vm^{-1}]	磁界強度 [Am^{-1}]	磁束密度 [μT]	等価平面波電力密度 S_{eq}[Wm^{-2}]
1 Hz まで	—	1.63×10^5	2×10^5	—
1~8 Hz	20000	$1.63\times10^5/f^2$	$2\times10^5/f^2$	—
8~25 Hz	20000	$2\times10^4/f$	$2.5\times10^4/f$	—
0.025~0.82 kHz	$500/f$	$20/f$	$25/f$	—
0.82~65 kHz	610	24.4	30.7	—
0.065~1 MHz	610	$1.6/f$	$2.0/f$	—
1~10 MHz	$610/f$	$1.6/f$	$2.0/f$	—
10~400 MHz	61	0.16	0.2	10
400~2000 MHz	$3f^{1/2}$	$0.008f^{1/2}$	$0.01f^{1/2}$	$f/40$
2 GHz~3000 GHz	137	0.36	0.45	50

(注)
1) f は周波数範囲の欄に示す単位で表す。
2) 基本制限が満たされ，間接的な結合による有害な影響が排除できれば，電磁界強度が表の値を超えてもよい。
3) 周波数が 100 kHz~10 GHz の場合，S_{eq}, E^2, H^2 および B^2 は，任意の 6 分間の平均をとる。
4) 100 kHz までの周波数でのピーク値については，表 9.6.5 の注 3 を参照。
5) 周波数が 100 kHz を超える場合のピーク値については，図 9.6.1 および 9.6.2 を参照。100 kHz~10 MHz のピーク値は，100 kHz で 1.5 倍，10 kHz で 32 倍となるように内挿する。周波数が 10 MHz を超える場合，パルス幅の時間で平均したピーク等価平面波電力密度が表の S_{eq} の値の 1000 倍を超えない，あるいは電界・磁界の強度が表に示したレベルの 32 倍を超えないようにすることを勧める。周波数が 0.3~数 GHz の場合，熱弾性膨張による聴覚効果がこの手順によって制限される。
6) 周波数が 10 GHz 以上の場合，S_{eq}, E^2, H^2 および B^2 は，$68/f^{1.05}$ 分間の平均をとる (f の単位は GHz)。事実上静電界である 1 Hz 未満の周波数については，電界値を示していない。低インピーダンス源による電撃は，その装置の電気安全手順を定めることで防止される。

い静磁界の生体影響については現在に比べて十分な研究がなされていたとはいいがたい。この防護指針はその制約の中で，磁界中を電荷をもつ生体物質が移動する際のローレンツ力，非磁性体を含む物質の磁場配向，常磁性体や強磁性体の勾配磁場中での磁気泳動，ゼーマン効果などの電子スピン状態との相互作用による化学反応への影響などを考慮して定められた。

表 9.6.6 時間的に変化する電界および磁界への公衆の曝露に関する参考レベル(無擾乱 rms 値)

周波数範囲	電界強度 [Vm^{-1}]	磁界強度 [Am^{-1}]	磁束密度 [μT]	等価平面波電力密度 Seq[Wm^{-2}]
1 Hz まで	−	3.2×10^4	4×10^4	−
1〜8 Hz	10,000	$3.2 \times 10^4/f^2$	$4 \times 10^4/f^2$	−
8〜25 Hz	10,000	$4,000/f$	$5,000/f$	−
0.025〜0.8 kHz	$250/f$	$4/f$	$5/f$	−
0.8〜3 kHz	$250/f$	5	6.25	−
3〜150 Hz	87	5	6.25	−
0.15〜1 MHz	87	$0.73/f$	$0.92/f$	−
1〜10 MHz	$87/f^{1/2}$	$0.73/f$	$0.92/f$	−
10〜400 MHz	27.5	0.073	0.092	2
400〜2000 MHz	$1.375f^{1/2}$	$0.0037f^{1/2}$	$0.0046f^{1/2}$	F/200
2 GHz〜300 GHz	61	0.16	0.20	10

(注)
1) f は周波数範囲の欄に示す単位で表される.
2) 基本制限が満たされ,間接的な結合による有害な影響が排除できれば,電磁界強度が表の値を超えてもよい.
3) 周波数が 100 kHz〜10 GHz の場合,S_{eq}, E^2, H^2 および B^2 は,任意の 6 分の平均をとる.
4) 100 kHz までの周波数でのピーク値については,表 9.6.5 の注 3 を参照.
5) 周波数が 100 kHz を超える場合のピーク値については,図 9.6.1 および 9.6.2 を参照.100 kHz〜10 MHz のピーク値は,100 kHz で 1.5 倍,10 MHz で 32 倍となるように内挿する.周波数が 10 MHz を超える場合,パルス幅の時間で平均したピーク等価平面電力密度が表の S_{eq} の値の 1000 倍を超えない,あるいは電界・磁界の強度が表に示したレベルの 32 倍を超えないようにすることを勧める.周波数が 0.3〜数 GHz の場合,熱弾性膨張による聴覚効果がこの手順によって制限される.
6) 周波数が 10 GHz 以上の場合,S_{eq}, E^2, H^2 および B^2 は,$68/f^{1.05}$ 分間の平均をとる(f の単位は GHz).
7) 事実上静電界である 1 Hz 未満の周波数については,電界値を示していない.電界強度が 25 kVm^{-1} 未満だと,表面電荷を感知して不快感を覚えることはほとんどない.ストレスや不快感を招く火花放電は回避しなければならない.

表 9.6.7 導電性の物体からの時間的に変化する接触電流に関する参考レベル

曝露特性	周波数範囲	最大接触電流 [mA]
職業的曝露	1 Hz〜2.5 kHz	1.0
	2.5 kHz〜100 kHz	$0.4f$
	100 kHz〜110 MHz	40
公衆の曝露	1 Hz〜2.5 kHz	0.5
	2.5 kHz〜100 kHz	$0.2f$
	100 kHz〜110 MHz	20

(注) f は周波数,単位 kHz.

生体影響に関しては数 T 程度で変化が認められるものの,短時間の 2 T 以下の静磁界曝露では健康への有害な影響の根拠はないと結論づけている.これに基づき,この数値を職業的な曝露における急性曝露の制限値としている.ただし,手足ではより強い静磁界を許容できるとし,5 T まで許容する.これらは短時間曝露についての天井

値であり，1労働日での時間平均値は200 mT以下に制限している．

一方，公衆の曝露については，ICNIRPは安全率を十分にとり，連続曝露の指針値を40 mT以下としている．なお，静磁界の場合，生体内部での磁界強度は生体の存在に影響されないので，基本制限値と導出制限値という区別の必要性はない．このため，指針値は単に"制限値(limit)"と位置づけられている．静磁界についてのICNIRP指針を表9.6.2に示す．

表9.6.8 10から110 MHzまでの間の周波数で四肢に誘導される電流に関する参考レベル

曝露特性	電流[mA]
職業的曝露	100
公衆の曝露	45

(注)
1) 公衆に対する参考レベルは，職業的曝露に対する参考レベルを$\sqrt{5}$で割ったものに等しい．
2) 局所SARの基本制限が四肢で満たされるような，6分間の誘導電流の平方の時間平均値の平方根が参考レベルの根拠になっている．

b. 変動電磁界についての防護指針

変動電磁界に関するICNIRP指針は，基本制限値(basic restrictions)と参考レベル(reference levels)から構成される．ICNIRP指針の基本制限値を表9.6.3，9.6.4に示す．基本制限値の基本的な考え方は，低周波領域では誘導電流密度による神経や筋への刺激作用，高周波領域では吸収電力による熱作用を防護することである．すなわち，9.6.1，9.6.2で一般論として述べた考え方に従っている．ICNIRPによる防護指針の参考レベルを表9.6.5〜表9.6.8に示す．

（多氣昌生）

文　献

1) Berqvist, U. : Development of Guidelines and Standards and the Principle of ALARA and Prudent Avoidance, Proc. 3rd International Non-Ionizing Radiation Workshop, Non Ionizing Radiation, pp. 359-372, 1996.
2) NRPB : Board Statement on Restrictions on Human Exposure to Static and Time Varying Electromagnetic Fields, *Documents of the NRPB*, 4(5), 1-69, 1993.
3) Hofmann, K. W. and Klaueberg, B. J. eds. : Radiofrequency radiation safety guidelines in Federal Republic of Germany, Radiofrequency Radiation Standards; Biological Effects, Dosimetry, Epidemiology, and Public Health Policy, NATO ASI Series, Series A, Life Sciences, 274, 1995.
4) IEEE Standards Coordinating Committee : IEEE standard for safety levels with respect to human exposure to radio frequency electromagnetic fields, 3 kHz to 300 GHz, IEEE C 95.1-1991, 1992.
5) National Council on Radition Protection and Measurements (NCRP) : Biological Effects and Exposure criteria for Radiofrequency Electromagnetic Fields, NCRP Report 86, 1986.
6) Federal Communication Commission (FCC) : Guidelines for Evaluating the Environmental Effects of Radiofrequency Radiation, Report and Order, ET Docket 93-62, FCC 96-326, adopted August 1, 1996, 61 Federal Register 41006, 1996.
7) 電気通信技術審議会諮申：諮問第38号「電波利用における人体の防護指針」，1990．
8) 電気通信技術審議会諮申：諮問第89号「電波利用における人体防護の在り方」，1997．
9) 電気書院編：電気技術設備基準とその解釈，平成9年改正版，電気書院，1997．

10) CENELEC : European Prestandard, ENV 50166-1, ENV 50166-2, 1995.
11) SWEDAC : Test methods for visual display units, MPR-Ⅱ 1990-12-01, 1990.
12) 日本電子工業振興協会,日本事務機械工業会:情報処理機器用表示装置の低周波電磁界に関するガイドライン, 1993.
13) Particular requirements for the safety of magnetic reaonance equipment for medical diagnosis, Medical electrical equipment Part 2 : **IEC 601-2-33**, 1995.
14) International Commission on Non-Ionizing Radiation Protection, Guidelines on Limits of Exposure to Static Magnetic Fields, *Health Physics*, **66**(1), 100-106, 1994.
15) International Commission on Non-Ionizing Radiation Protection, Guidelines for Limiting Exposure to Time-Varying Electric, Magnetic, and Electromagnetic Fields (up to 300 GHz), *Health Physics*, **74** (4), 1998.

9.7 電磁界の生体防護

9.7.1 完全導体によるSAR低減

完全導体板は,電磁波を完全に反射するだけでなく,その加工・成型が容易な材料である.そこで,反射電磁波の環境影響を考慮しなくてよいときに,電磁波の簡易な防護壁として利用できる.しかし,防護壁の大きさが小さく,波長のオーダーになると,防護壁端面での回折効果のために電磁波が壁の裏側にまわり込み,その防護効果が薄くなる.

図9.7.1(a),(b)に,半無限完全導体平板に平面電磁波が垂直入射したときの,平板背面への回折の様子を電磁エネルギー流(ポインティングベクトルの流線)で示している[1].

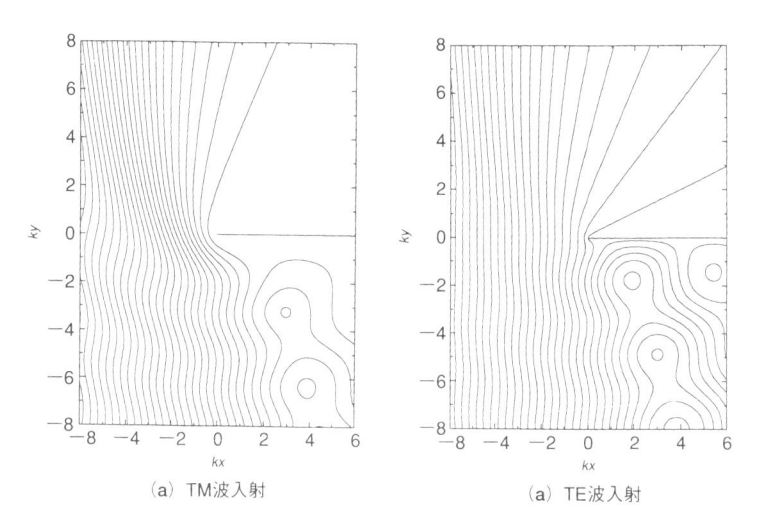

(a) TM波入射　　　　　　　　　(a) TE波入射

図 9.7.1 平面波入射の半無限完全導体平板における電磁波エネルギーの流れ

9.7 電磁界の生体防護

図からわかるように、電磁波の回折効果は波の偏波の状態で異なる。すなわち、入射電界の方向が平板の境界線に直交するとき（境界線に沿う方向でみたとき TE 波）、背面へのまわり込みが強くなる。

防護壁の形状としては、個々の目的に合わせ、平板型、屋根型、台形桶型、円弧桶型などが考えられるが、理論的にも、実用的にも、それらはほとんど調べられていないため、今後の研究に期待される。

以下に、完全導体壁での人体の全面防護を想定した一例として、人体を 2/3 筋肉モデルの均質な 2 次元円柱（半径 11.28 cm）と仮定し、そのモデル表面に円弧状の完全導体防護壁を密着させたときの SAR の計算例[2]を示す。

図 9.7.2 に、人体と、そこに密着した防護壁のモデルを示す。入射波は、0.3 GHz、入射電力 $1\,\mathrm{mW/cm^2}$ で、人体軸を基準とした TM, TE 平面波とし、左から入射する。防護壁は波の入射方向に左右対称に置かれ、その大きさは円弧角 α で与えられている。

このときの平均 SAR を図 9.7.3 に示す。この図から、偏波の違いと防護壁の大きさの効果がよくわかる。TM 波では、人体の 1/4 程度覆うだけで SAR が 70% も低減するが、TM 波では 50% 程度しか低減しない。

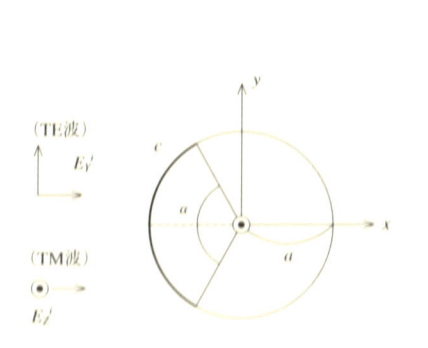

図 9.7.2 人体と密着防護壁の 2 次元モデル（半径 11.28 cm の均質な 2/3 筋肉モデル）

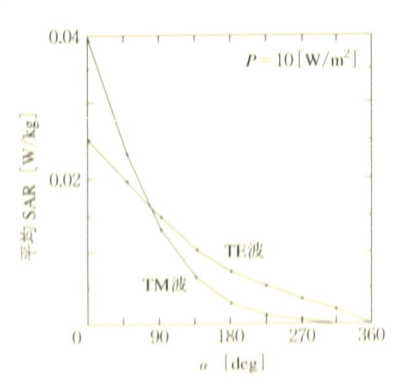

図 9.7.3 防護壁の大きさと人体モデルの平均 SAR（0.3 GHz、入射電力 $10\,\mathrm{W/m^2}$）

図 9.7.4 に、人体の半分を防護壁で覆ったときの局所 SAR の等高線図を示す。局所 SAR は、防護壁を付けないとき（図(a)）と比較して、それなりに低減している（図(b)）。しかし、防護壁の位置を 90° 回転させたときの局所 SAR のピーク値に着目すると、防護壁のない状態とほとんど変わっていない（図(c)）。局所 SAR の意味での防護は、人体が防護壁に完全に覆われて（少なくとも、幾何光学の意味で完全に覆われて）こそ防護といえる。

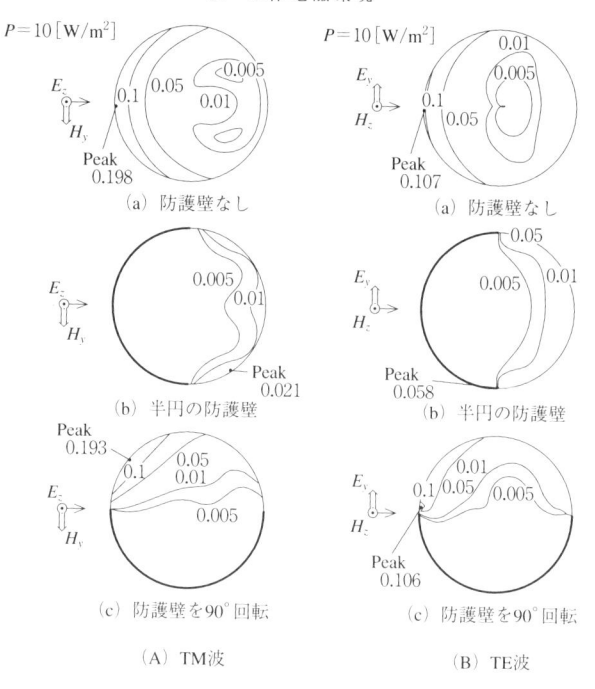

図 9.7.4 防護壁と人体モデルの局所 SAR
(a)防護壁なし,(b)入射方向の±90°を防護壁で覆うとき,
(c)防護壁を入射方向から 90°回転させたとき.

以上,完全導体壁を使った人体防護について,SAR に着目して簡単に述べた.完全導体防護壁の研究はこれからの課題である. (徳丸 仁)

文　献

1) 中川哲志:完全導体半平面における電磁散乱に関する研究,慶應義塾大学理工学部電気工学科,平成 8 年度卒業論文,1996.
2) 中村　隆,徳丸　仁:完全導体シールドによる人体の吸収電力の低減,信学論,**J 78-B-II**(3),200-207,1995.

9.7.2 損失誘電体によるSAR低減[1]

ここでは，平面波に対する損失誘電体を用いたSAR低減について，モーメント法を用いた研究の一端を紹介する．

a. 解析法および解析モデル

解析モデルを図9.7.5に示す．入射波 E_i は z 軸に平行な電界成分をもち，x 軸正方向に進む平面波（TM波）の場合である．人体モデルは z 軸に無限に長い均一な円筒モデルであり，偏平率を b/a，複素誘電率を $\dot{\varepsilon}_{man}$，複素透磁率を μ_0 とする誘電体である．さらにその前面（電磁波到来方向）に複素誘電率 $\dot{\varepsilon}_{shield}$，透磁率 μ_0 である z 軸に無限に長いシールドモデルを，図9.7.5に示すように角度 α の範囲にわたって配置する．また，x 軸，y 軸，両軸上においてシールドと人体モデル間の距離，シールドの厚みがそれぞれ等しくなるようにし，軸上でのそれぞれの長さを d_1, d_2 とし，人体モデル内部，シールド内部の電界をそれぞれ E_{man}, E_{shield} とする．

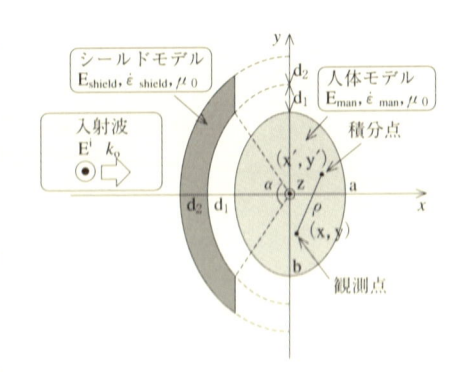

図 9.7.5 解析モデル

このような解析モデルにおいて，人体モデルおよびシールド内部の電界をモーメント法[2-4]を用いて計算する．そのためには一般に自由空間（媒質定数 ε_0, μ_0）に媒質定数が周囲と異なる誘電体領域（ε, μ_0）が存在し，そこに E_i が入射した状態を考える．この場合，誘電体領域内で分極電流密度 $J = j\omega(\dot{\varepsilon} - \varepsilon_0)E$ を仮定すると，この分極電流 J による散乱電界 $E_s(x, y)$ は以下のように表される．

$$E_s(x, y) = \int_s -j\omega\mu_0 J \times G dS' \tag{9.7.1}$$

$$= -\left(\frac{jk_0^2}{4}\right)\iint (\dot{\varepsilon}_r(x, y) - 1)E(x' - y')$$

$$\times H_0^{(2)}(k_0\rho) dx' dy' \tag{9.7.2}$$

ただし，

$$G = \frac{1}{4j} H_0^{(2)}(k_0\rho)$$

$$\rho = \sqrt{(x - x')^2 + (y - y')^2}$$

ここで，座標 (x, y), (x', y') はそれぞれ観測点，積分点．また $\dot{\varepsilon}_r(x, y) = \dot{\varepsilon}(x, y)/\varepsilon_0$ である．

さらに，場全体の電界 E は入射電界 E_i と散乱電界 E_s の和で表されるので $E_i(x, y)$ と $E(x, y)$ の関係式が以下のように導かれ，この式に $E_i(x, y)$, $\dot{\varepsilon}_r(x, y)$ を代入す

れば $E(x, y)$ を解くことができる.

$$E_i(x, y) = E(x, y) + \left(\frac{jk_0^2}{4}\right) \iint (\dot{\varepsilon}_r(x, y) - 1)$$
$$\times E(x', y') H_0^{(2)}(k_0 \rho) dx' dy' \qquad (9.7.3)$$

一例としてここでは, 展開関数および重み関数としてステップ関数およびディラックのデルタ関数を用いたモーメント法を適用することにより, 式(9.7.3)を次の連立一次方程式に変形し, 電界 $E(n)$ を求める.

$$\sum_{n=1}^{N} C(m, n) E(n) = E_i(m)$$
$$\text{with} \quad m = 1, 2, \cdots, N \qquad (9.7.4)$$

ここで

$$C(m, n) = 1 + \left(\frac{j}{2}\right)(\dot{\varepsilon}_r(m) - 1)\{\pi k_0 a(m) H_1^{(2)}$$
$$(k_0 a(m)) - 2j\} \quad (n = m)$$
$$C(m, n) = \left(\frac{j\pi k_0 a(n)}{2}\right)(\dot{\varepsilon}_r(n) - 1) J_1(k_0 a(n)) H_0^{(2)}$$
$$(k_0 \rho(m, n)) \quad (n \neq m)$$
$$\rho(m, n) = \sqrt{(x(m) - x(n))^2 + (y(m) - y(n))^2}$$

なお式(9.7.4)において, m, n および N は人体モデル, シールドモデルのセルの通し番号およびセル数, $a(n)$ はセル n と同面積である円の半径である.

解析では, 入射波として $E_i(m) = E_0 \exp(-jk_0 x)$, 比誘電率として, $\dot{\varepsilon}_r(n) = \dot{\varepsilon}_{\text{man}}(x, y)/\varepsilon_0, \dot{\varepsilon}_{\text{shield}}(x, y)/\varepsilon_0$ を代入し, 人体モデルおよびシールド内部の電界 $E_{\text{man}}(n)$, $E_{\text{shield}}(n)$ を求める. そして, このようにして求めた人体モデル内部の電界 $E_{\text{man}}(n)$ を用いて, 全身平均 SAR, 局所 SAR はそれぞれ以下のように計算することができる.

$$\text{全身平均 SAR} = \sum_{n=1}^{N} (\text{局所 SAR}(n))/S$$
$$\text{局所 SAR}(n) = \frac{\sigma |E_{\text{man}}(n)|^2}{2\delta}$$

ここで, σ, δ, S はそれぞれ人体モデルの導電率, 密度, 断面積である.

この解析に使用した人体モデルの誘電率 $\dot{\varepsilon}_{\text{man}}$, 導電率 σ は, 文献[5]に示されている筋肉の電気定数の2/3のものを使用し, 透磁率は自由空間の透磁率 μ_0 を使用している. 密度 δ は, 身長, 体重を通常の成人の値である 175 cm, 70 kg として計算を行い, 1000.67 kg/m³ と仮定している. なお, 入射平面波の電力密度 P は $P = 1$ mW/cm², 周波数 f は人体の共振周波数領域である $f = 300$ MHz としている. このようなモデルにおいて, 解析に使用する各パラメータを次のように変化させる.

① 人体モデルの形状は半径 11.28 cm の円筒(偏平率 $b/a = 1.0$)から断面積を一定にしたまま, 偏平率 b/a を 1.0, 1.2, 1.4, 1.6 とだ円筒に変化させる. ② 人体モデ

ルとシールドの間隙幅 d_1 は，1 cm, 2 cm, 3 cm の場合を考え，シールドの厚み d_2 は 1 cm から 3 cm まで変化させる．③ シールド範囲 α は，人体モデルの偏平率が 1.0 のときのみ，$\alpha=180°, 120°, 60°$ の 3 種類とし，偏平率が 1.2, 1.4, 1.6 のときは $\alpha=180°$ とする．

さらにシールド材としては，誘電損失が大きく電磁シールド材料として注目されているカーボンチョップトファイバを混入した FRP 材を一例として選択し，その誘電率 ε_{shield} はここでの解析で用いる周波数 $f=300$ [MHz] に対応する値として，$\varepsilon_{shield}=(10-j5)\varepsilon_0, \varepsilon_{shield}=(10-j10)\varepsilon_0$ を用いる．また，より損失の大きい誘電体材料の一例として $\varepsilon_{shield}=(20-j20)\varepsilon_0$ の場合についても計算する．

b. 全身平均 SAR

図 9.7.6, 9.7.7 は偏平率を 1.0 とし，それぞれシールド範囲 α を $180°, 60°$ とした場合のシールドの厚みに対する全身平均 SAR 値を示したものである．それぞれの図中，実線はシールドを配置しなかった場合の SAR 値である．またシンボル □，+，◇ はそれぞれ人体モデルとシールド間の距離 $d_1=3$ cm, 2 cm, 1 cm とした場合の値である．

これをみると，シールド材の比誘電率が $10-j10, 20-j20$ の場合，シールドの厚みを増やせばそれだけシールド効果が得られることがわかる．

また，$\alpha=60°, 180°$ とシールドの範囲を広くすると，シールド効果も良好になるという結果が得られている．しかし，シールド材の比誘電率が $10-j5$ の場合に着目すると，シールドの厚みを増やせば増やすほどシールド効果が悪くなり，シールドをしない場合より SAR 値が大きいという傾向がみられている．また，$10-j10$ の場合にもシールドの厚さが薄ければシールドをしない場合より

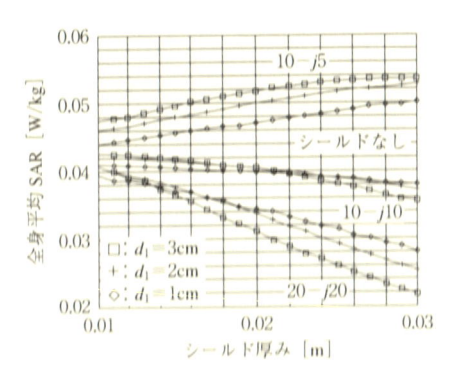

図 9.7.6　シールド厚みに対する全身平均 SAR
($\alpha=180°, b/a=1.0$)

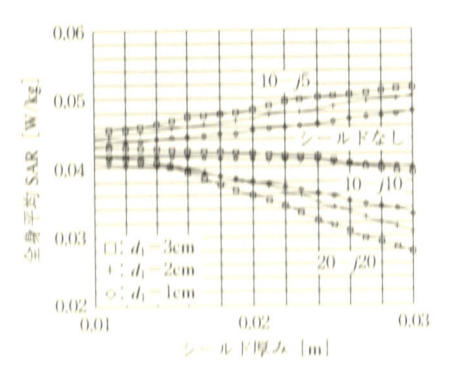

図 9.7.7　シールド厚みに対する全身平均 SAR
($\alpha=60°, b/a=1.0$)

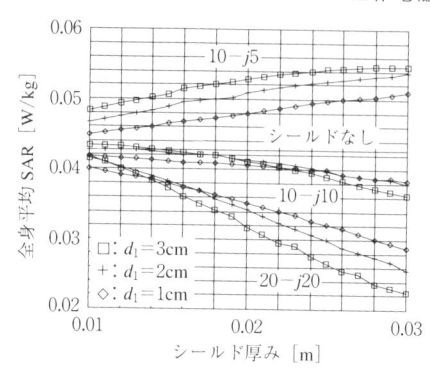

図 **9.7.8** シールド厚みに対する全身平均 SAR ($\alpha=180°$, $b/a=1.2$)

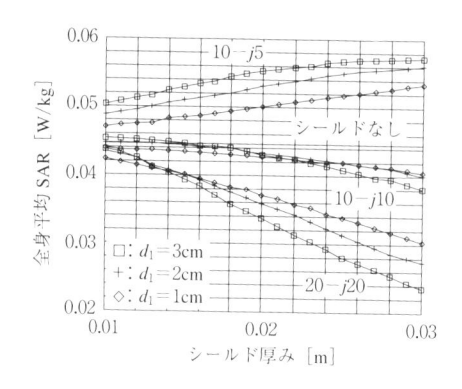

図 **9.7.9** シールド厚みに対する全身平均 SAR ($\alpha=180°$, $b/a=1.6$)

SAR 値が大きくなる場合があることも示されている．これはシールド材と人体モデル間における共振現象によるものと思われ，さらに，共振現象を起こす場合でも，$\alpha=180°$, $60°$ とシールドの範囲が狭まればそれだけ共振は少なくなるという結果も得られている．

つぎに図 9.7.6, 9.7.8, 9.7.9 は，シールドの範囲を $\alpha=180°$ と一定にし，人体モデルの偏平率を 1.0, 1.2, 1.6 と変化させた場合のシールドの厚みに対する全身平均 SAR 値を示している．これらの場合もシールド材の比誘電率が $10-j10$ および $20-j20$ のとき，シールドの厚みを増やせばそれだけシールド効果が得られている．そして，シールド材の比誘電率が $10-j5$ のときと，$10-j10$ の一部で，シールドをしない場合より SAR 値が大きくなる共振現象が同様にみられている．また表 9.7.1 から偏平率が増し人体形状に近づくほど，全体的に SAR 値が増加するが，偏平率の変化はシールド効果，共振現象にはそれほど影響しないことが知られる．

以上これらの全図を通して，同じ複素誘電率のシールド材料であっても，人体モデル形状(すなわち偏平率)，シールドの厚み，シールドと人体モデル間の距離によって SAR 値が大きく変わることや，表 9.7.1 から知られるようにシールドをしない場合の値よりも大きな SAR 値となる共振現象を起こしてしまう可能性もあることが観察されている．

c. 局所 SAR

図 9.7.10, 9.7.11 はそれぞれ偏平率 1.0, 1.6 で，シールドをしない場合の局所 SAR 値の様子を示している．これをみると偏平率 1.0 のときはピーク局所 SAR 値は人体モデル前面の中央部にあるが，楕円形状の場合は人体モデル前面の中央からはずれた場所に現れることが観察されている．そしてこの場合，その値は 0.2 W/kg 以

9.7 電磁界の生体防護

表 9.7.1 シールド材を配置した場合としない場合の全身平均 SAR 値の変化率

偏平率 b/a	シールド効果あり $(20-j20)$	共振現象あり $(10-j5)$
1.0	−47.89%	+27.54%
1.2	−47.82%	+27.86%
1.4	−47.29%	+27.94%
1.6	−47.32%	+27.89%

($d_1=3$ cm, $d_2=3$ cm, $\alpha=180°$)

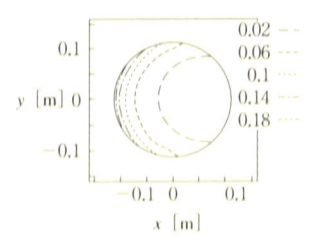

図 9.7.10 局所 SAR の計算結果
 (シールドなし, $b/a=1.0$)

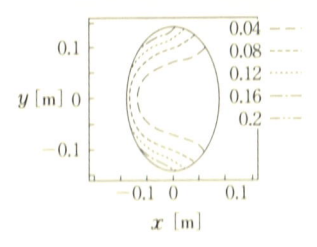

図 9.7.11 局所 SAR の計算結果
 (シールドなし, $b/a=1.6$)

上であり, 人体モデル前面の中央部の SAR 値である 0.1 W/kg と比べて 2 倍以上にもなることが知られる.

次に, 図 9.7.12, 9.7.13 は比誘電率 $10-j5$ および $20-j20$ のシールドを配置した場合の局所 SAR 値の様子を示している. この結果も同様にエネルギーは人体モデル前面に集中し, 誘電率 $10-j5$ の場合, ピーク局所 SAR 値は 0.28 W/kg 以上, 人体モデル前面の中央部の局所 SAR 値も 0.12 W/kg 以上であり, 図 9.7.11 と比べると共振現象を起こしていることが知られる. なお, 比誘電率 $20-j20$ の場合, ピーク局所 SAR 値は 0.12 W/kg 程度, 人体モデル前面の中央部の局所 SAR 値も 0.04

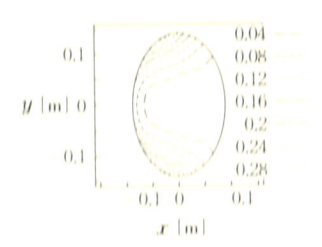

図 9.7.12 局所 SAR の計算結果
 (シールド $[10-j5]$ あり, $b/a=1.6$)

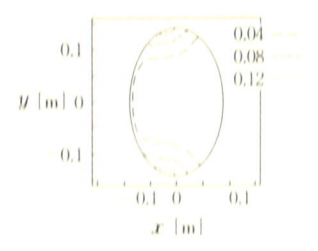

図 9.7.13 局所 SAR の計算結果
 (シールド $[20-j20]$ あり, $b/a=1.6$)

W/kg 程度であり，図 9.7.11 と比べると大きなシールド効果が得られていることが確認できる．

これらの結果をまとめてみると，以下のようになる．
① 人体に損失誘電性シールドを使用する場合，その材料を定数，シールド厚み，シールドと人体間の距離によっては共振現象を起こし，シールド効果が低下することがある．
② 材料定数が $20-j20$ 程度のシールド材料であれば，シールド範囲を広くすればそれだけシールド効果が得られる．
③ 電磁波が人体前面に入射した場合，人体前面の中央部よりはずれた場所に大きなピーク局所 SAR 値をもつことがある．このことから効果的なシールドを行う場合，大きな局所 SAR が現れる領域を考慮したシールド材の形状や配置の検討が必要である．

〔橋本　修〕

文　献

1) 橋本　修，土田　航，西沢振一郎：人体前面におかれたシールド材を用いた SAR 低減に関する基礎的検討，信学論，**J 79 B-Ⅱ** (8), 486-491, 1996.
2) 橋本　修：電磁妨害波対策，静電気学会誌，**20** (4), 211-218, 1996.
3) Harrington, R. F. : Field Computation by Moment Methods, Macmillan, 1968.
4) Richmond, J. H. : Scattering by a dielectric cylinder of arbitrary cross-section shape, *IEEE Trans. Antennas Propagat.*, **AP-13**, 334-341, 1965.
5) Richmond, J. H. : TE-wave scattering by a dielectric cylinder of arbitrary cross-section shape, *IEEE Trans. Antennas Propagat.*, **AP-14**, 460-464, 1966.
6) 鍬野秀三，国分鉄智：多層円柱人体モデルの吸収電力の数値解析，信学技報，**EMCJ 98-91**, 15-20, 1990.
7) TDK(株)：電波吸収体複合材料の調査研究，88-90, 1983.

9.7.3 磁性材料による SAR 低減

情報通信技術の発達に伴って利便性の高い携帯電話機の普及が著しい．その半面，携帯電話機の発する電波の人体影響が懸念されている．ここでは，携帯電話機を対象として，磁性材料（フェライト）を用いた頭部内局所 SAR の低減法について述べる．

図 9.7.14 は，携帯電話機の筐体表面にフェライトシートを装着することで頭部内の局所 SAR の低減化を実現する方法例である．その効果の可視化例を図 9.7.15 に示している．この図は，携帯電話機による頭部内 SAR を FDTD (finite difference time domain) 法で数値解析した結果である．なお，頭部モデル[1] は，日本人男性の頭部解剖図をもとに，7種類の生体組織から構成し，携帯電話機は，実機寸法の金属筐体の上方に設置された4分の1波長モノポールアンテナで模擬している．図から，フェライトシートの装着でアンテナ近傍の頭部内 SAR が低減していることがわかる．表 9.7.2 は，フェライトシート装着携帯電話機による頭部内局所ピーク SAR と頭部

9.7 電磁界の生体防護

平均 SAR の低減効果の計算例[2] を示す．表中の SAR$_{1g}$, SAR$_{10g}$, SAR$_{ave}$ は，それぞれ 1 g 平均ピーク SAR，10 g 平均ピーク SAR と頭部平均 SAR を表している．表によれば，フェライトシートの装着で局所ピーク SAR を十数 % 以上も低減できることがわかる．また，フェライトシートの厚さ δ は，携帯電話機の小型化の要求も強く，むやみには厚くできないが，δ が大きいほど局所 SAR の低減効果も大きいことが計算によって知られる．なお，以上の計算知見は SAR 測定装置 DASY[3] による実験効果でも確認されている．

フェライトシート装着による局所 SAR の低減機構は次のようである．フェライトの複素比透磁率 μ_r $(=\mu_r'-j\mu_r'')$ による磁気損失 $\tan\delta_\mu\left(\dfrac{\mu_r''}{\mu_r'}\right)$ で携帯

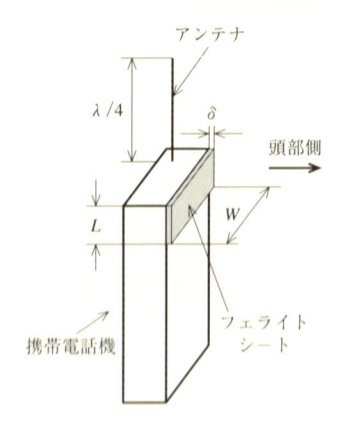

図 9.7.14 携帯電話機の筐体表面にフェライトシートを装着する例

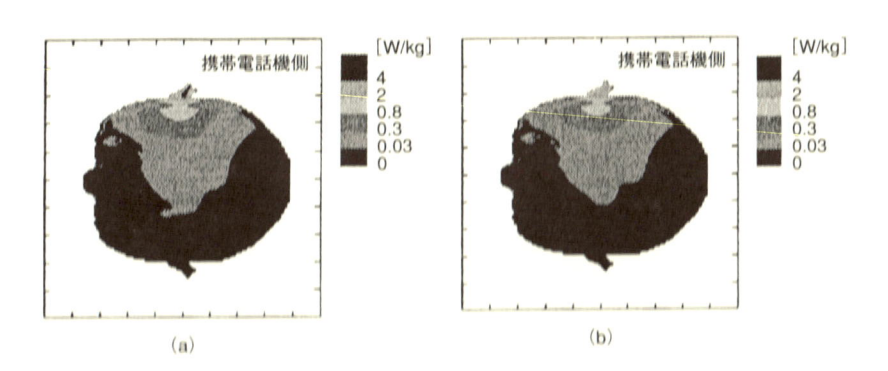

図 9.7.15 眼球を通る頭部水平断面における SAR 分布の FDTD 計算例
（アンテナ入力電力：1 W；周波数：940 MHz）
(a) フェライトシート未装着
(b) フェライトシート装着 ($L=3$ cm, $W=4$ cm, $\delta=2.5$ mm, $\mu_r=2.8-j3.3$)

表 9.7.2 フェライトシートによる SAR 低減効果

	940 GHz ($\mu_r=2.8-j3.3$)		1.5 GHz ($\mu_r=2.0-j3.6$)	
	$\delta=2.5$ mm	$\delta=5$ mm	$\delta=2.5$ mm	$\delta=5$ mm
SAR$_{1g}$	13.6%	15.6%	15.2%	23.2%
SAR$_{10g}$	13.2%	15.1%	14.5%	22.1%
SAR$_{ave}$	9.0%	12.7%	13.3%	19.9%

（フェライトシート：$L=3$ cm, $W=4$ cm）

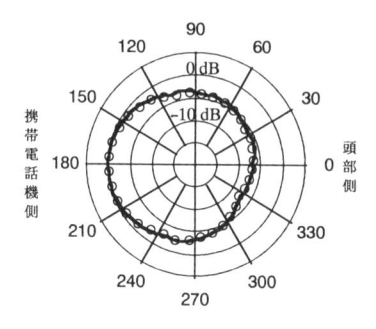

図 9.7.16 水平面におけるアンテナ放射パターンの計算例 (940 MHz)
実線：フェライトシート未装着
○：フェライトシート装着 ($L=3$ cm, $W=4$ cm, $\delta=2.5$ mm, $\dot{\mu}_r=2.8-j3.3$).

電話機のシート装着筐体の表面インピーダンスが増加し，これによって筐体電流が抑えられ，頭部内の局所 SAR が低減するのである．フェライトは，組成やその混合比で材料特性が大きく異なり，それゆえにフェライトシートの tan δ_μ を大きくすることにより，表9.7.2の数値を上回る局所 SAR の低減効果が期待できる．

一方，フェライトシート装着で携帯電話機筐体に流れる電流の一部が抑えられるので，アンテナ放射電力の劣化や放射パターンの変化が心配される．この場合のアンテナ放射パターンを図9.7.16，アンテナ放射効率を表9.7.3にそれぞれ示す．筐体電流の一部がある程度抑えられても，頭部による吸収電力が低減されるため，空間への放射電力はほとんど劣化せず，放射パターンの変化も少ないことがわかる．

表 9.7.3 フェライトシートによるアンテナ放射効率の変化

フェライトシート	940 MHz ($\dot{\mu}_r=2.8-j3.3$)	1.5 GHz ($\dot{\mu}_r=2.0-j3.6$)
未装着	54.9%	61.5%
装着	54.9%	61.3%

（フェライトシート：$L=3$ cm, $W=4$ cm, $\delta=2.5$ mm）

（王　建青）

文　献

1) Fujiwara, O. and Kato, A.：*IEICE Trans. Commun.*, **E 77-B**, 732-737, 1994.
2) Wang, J. and Fujiwara, O.：*IEICE Trans. Commun.*, **E 80-B** 1810-1815, 1997.
3) Schmid. T. *et al.*：*IEEE Trans. MTT*, **44**, 105-113, 1996.

索　引

ア

アイソレーション　162, 227
アキシャルリード型インダクタ　179
アクティブシールド　264
アクティブフィルタ　185, 332, 334
アーク放電　68
アクロスラインコンデンサ　335
アースインピーダンス　259
アスペクト比　267
圧電現象　232
圧電式インバータ　233
圧電素子　228
圧電縦効果　233
圧電トランス　232
圧電横効果　233
アドバンテスト法　513
アドミタンス行列　14
アナログ回路用プリント基板　307
アナログ携帯電話　390
アバランシェフォトダイオード　247
アメリックシート　384
アモルファスワイヤ　565
アルミ電解コンデンサ　28, 194, 205
アンテナ係数　43
アンテナファクタ　479
アンテナ利得　41
アンペアの法則　3

イ

イオナイズドエアブロア　278, 285

イオン流　548
イグニッション系ノイズ　219
位相速度　19
位相定数　18
一重遮へい　231
イミュニティ　264
イミュニティ限度値　457
イミュニティ試験　483
イミュニティ測定　455
イミュニティ許容値　521
医用電気機器　406, 407
医療用テレメータ　406
インサーションロス　210
インダクタ　31
インターセプト点　90
インタフェースケーブル　177
インタフェース信号ケーブル　304
インピーダンス安定化回路網　473
インピーダンス行列　14
インピーダンスマッチング　173, 301
インレットタイプ　225

ウ

ヴィアホール　301
ウィーナー・ヒンチンの定理　55
渦電流　224
鞍点　575

エ

液晶ディスプレイ　232
エキスパートシステム　446
エミッション測定　455
エリアシング　464
エルゴード過程　53

円形ループアンテナ　43
演算増幅器　24, 310
遠端クロストーク　105
遠端ダイオード終端　353
遠方界　533, 567
遠方電界ノイズ　72
エンボス加工　254

オ

大型導波管法　514
オシロスコープ　463
オープンサイト　494
温度補償用コンデンサ　201

カ

開口部　391
開放・短絡法　507
開放法　507
ガウス　531
ガウスの法則　3
ガウス分布　51, 91
カーオーディオ　186
架空送電線　379
確率過程　52
確率的影響　535
確率的な作用　577
確率変数　48
確率密度関数　49
カー効果　247
ガスアレスタ　235
ガスケット　259
ガス相アーク　70
カップリング回路　201
カーボニル鉄　267
カーボンアレスタ　235
雷電流　410
雷放電　59

カラーコード表示 27
換気孔 263
環境電磁工学 1
完全導体板 588
貫通型コンデンサ 214
貫通電流 323

キ

機械振動エネルギー 233
規格 576
帰還雷撃 60
擬似生体 573
擬似通信回路網 474
疑似電源回路網 222,473
基準電位 224
規制 576
寄生インダクタンス 326
基礎代謝率 534
起電力法 44
基本EMC規格 516
基本制限値 578
逆相電圧 315
逆ダイオード 328
ギャップ式サージアブソーバ 235
吸収クランプ 476
球状ダイポールアンテナ 243
急性効果 535
境界要素法 426
共振現象 266
共振コンデンサ 328
共振のQ 269
共振抑制効果 269
共振領域 560
狭帯域測定法 568
狭帯域ノイズ 55,167
許容値 520
共通インピーダンス結合 110
共分散 51
局所的シールド 256
狭帯域ガウス雑音 55
共通EMC規格 516
帰路電流 296
近磁界プローブ 479
金属酸化膜抵抗器 26
金属磁性 221

金属相アーク 70
金属箔テープ 253
金属ハニカム 263
金属被膜抵抗器 26
近端クロストーク 105
近傍界 268,533,567
近傍磁界 396,397
近傍電界 396,397

ク

空間定在波法 514
空電 59
駆動抵抗 297
グラウンディング 113,131
グラウンド電位 296
グラウンドノイズ 360
クラスA装置 524
クラスB装置 524
クランプインダクタ 178
グローコロナ 66
クロストーク 104,359
クロストークノイズ 117,355
クロスノイズ 84
クロック周波数 300
グロー放電 68

ケ

ケイ素鋼板 186
携帯・自動車無線機 389
結合確率密度関数 51
結合/減結合回路 485,489
決定論的な作用 577
ゲート回路 301
ケーブル 319
検光子 249
減衰振動性磁界試験 491
減衰定数 18
建築物 391

コ

航空機 409
航空機搭載機器 410,412
交差率分布 468
公称インピーダンス 122
広帯域測定法 568
広帯域ノイズ 167

高調波 88
高調波低減 330
高調波電流 185
高調波ノイズ 325
高調波ひずみ 89
高誘電率基材 323
高力率コンバータ法 339
交流電界 548
交流電源 342
国際電気標準会議 458
国際無線障害特別委員会 458
誤差関数 52
誤差補関数 52
ゴースト 414
固体電解質 207
コネクタ 319
コネクタノイズ 363
コバルト系アモルファス合金 384
コヒーレント 246
コモンモード 220,227,296
コモンモード結合 111
コモンモードチョーク 81,176,334
コモンモード電圧 313
コモンモード電流 313
コモンモードノイズ 79
コモンモード放射 311,312
コロナ 63
コロナ雑音 377
コロナ放電 65,285
コンデンサ 28,190
コンデンサインプット型整流回路 334
混変調 89
混変調指数 90

サ

サイト減衰量 496
サイドローブ 41
サイリスタ 222
サイリスタ混合ブリッジ法 339
サージアブソーバ 234
サージ試験 485
サセプタビリティ測定 455
サーチコイル 565

索　引　601

雑音温度　57
雑音指数　57
サーモグラフィ　246
酸化亜鉛バリスタ　238
参考レベル　578
三重遮へい　231
三端子コンデンサ　213
サンプリング　463
サンプリング周波数　463
散乱行列　15
残留インダクタンス　210, 212

シ

シェルクノフの式　141
磁界　531
——の遮へい　250
磁界強度　531
磁界結合　13, 101
磁界センサ　245
磁界ノイズ　72
弛緩発振　92
時間領域差分法　431
時間領域法　425
磁気泳動効果　540
磁気カーテン　541
磁気共鳴　222
磁気結合　228
磁気光学効果　245
磁気シールド　264, 265, 380, 384
磁気損失　266
磁気ダイポール　9
磁気浮力　540
磁気ヘッド　186
シグナルグラウンド　132
刺激作用　577, 578
自己インダクタンス　12, 315, 318
指向性　41
指向性利得　41
自己回復　275
自己回復作用　205
自己共振点　215
自己相関関数　53
自己復帰機能　222
指針　576
システム間 EMC　456
システム内 EMC　456

磁性損失材料　149
磁束密度　531
実効インダクタンス　316, 317, 318
実効開口面積　42
実効値　459
実効透磁率　231
実効放射電力　389
磁場配向　539
遮断周波数　121
遮へい障害　416
遮へいシールド　113
シャワリングアーク　71
集積回路　295
縦続行列　14
集電装置　382
周波数領域法　425
受動線路　358
シューマン共振　61
準共振領域　560
瞬時停電　344
準静電界　9
準せん頭値型妨害波測定器　460
準せん頭値検波器　461
準定常状態の界　12
準ピーク値　459
条件付確率密度関数　51
常時インバータ給電方式　339
常時商用給電方式　340
常電導磁気浮上車両　380
情報セキュリティ　419
初透磁率　173, 221
ショートパルス法　514
ジョンソン雑音　56
シリコンサージアブソーバ　236
磁流源　38
シールド　137
シールド効果　263
シールド材料　250
シールド特性測定　510, 513
シールドトランス　228
シールドルーム　392, 498
新幹線雑音　96
進行波　18
心臓ペースメーカ　390
人体帯電電位　284

心電計　405
浸透深度　561
振幅確率分布　468

ス

スイッチング回路　25
スイッチング素子　325, 326, 330
スイッチング損失　325, 327
スイッチング電源　324, 330, 331, 333
スイッチングノイズ　73, 176
スタティックディスチャージャー　410
ストリップ線路　115
ストリップライン　502
ストリーマコロナ　66
スナバ回路　75
スネークの限界　174
スネルの法則　7
スノーノイズ　414
スピネルフェライト　183
スペクトラムアナライザ　371, 465
スペクトル　532
スミス図表　20
スルーホール　301, 322
スロットアンテナ　44

セ

整合終端　353
正ストリーマコロナ　377
静電界　10
静電気　411
静電気対策用靴　283
静電気対策用床　283
静電気耐性　274
静電気帯電　275
静電気破壊　273
静電気放電　238, 272
静電気放電試験　484
静電遮へい（シールド）　11, 253
静電誘導　11, 547
静電誘導係数　11
生物磁石　545
生命維持装置　409
積層チップコンデンサ　199

索 引

絶縁抵抗　194
絶縁トランス　228
絶対利得　41
接地　113, 131
接地抵抗　282
セメント抵抗器　26
セラミックコンデンサ　29, 191, 199, 322
セラミックバリスタ　237
ゼロ電圧スイッチング　329
ゼロ電流スイッチング　327
ゼロ電流ゼロ電圧スイッチング　327
線間距離　310
前後比　41
全身共振　560
せん頭値　459
せん頭値型妨害波測定器　462
せん頭値検波器　463

ソ

相関係数　51
相互インダクタンス　12, 316, 318
相互変調積　90
相互変調ひずみ　90
相互誘導作用　308
双対性　4
相対利得　41
相反定理　5
ソースインピーダンス　218
ソフトスイッチング方式　79, 331, 327
ソフトリカバリー特性　78
ソリッド(炭素体)抵抗器　26
ソレノイドコイル　219

タ

ダイオード終端　354
ダイオードバリスタ　237
対数周期ダイポールアレイアンテナ　478
帯電電位　274
ダイポールアンテナ　40, 477
タイムドメイン法　514
タウンゼント放電　68
多層プリント基板　301, 308

単一開口　393
ターンオフ　327
ターンオン　327
炭素被膜抵抗器　26
タンタル電解コンデンサ　28, 194, 207
短波放送局　388
ダンピング抵抗　352
短絡法　506

チ

チェビシェフ特性　128
チェビシェフ-ワグナー特性　126
地磁気　97, 378
チップ型積層バリスタ　240
チップコンデンサ　321
チップ抵抗器　26
チャージアナライザ　284
中央極限定理　52
中波放送局　387
超音波メス　405
超高速IC　319, 323
超電導コイル　265
超電導磁気浮上式車両　380
直線状ダイポールアンテナ　43
直流電界　547

ツ

つづら折り配線　304

テ

定 K 型フィルタ　122
抵抗器　26
ディジタル基板　300
ディジタル携帯電話　390
定常過程　53
定常電流　11
定電圧制御　339
ディファレンシャルモード　183, 221, 227, 296, 313
ディファレンシャルモード放射　311
デカップリング　303
デカップリング回路　201, 310
デカップリング強化　305
テスラ　531

鉄道車両　380
デュアルTEMセル法　513
テレビ受信障害　414
電圧サージ　74
電圧スナバ　326
電圧定在波比　20
電圧ノイズ　296
電圧反射係数　19
電圧プローブ　475
電界　531
　——の遮へい　251
電界強度　415, 531
電界結合　99, 100
電界効果トランジスタ　302
電界(静電)結合　11
電界センサ　243
電界ベクトル回転法　514
電界変化　60
電荷減衰時間　281
電気双極子　547
電気ダイポール　8
電気抵抗メッシュ　417
電気鉄道　380, 381, 383
電気二重層コンデンサ　198
電気メス　405
電気用品取締法　457
電源過渡電流　320
電源高調波　85, 329
電源ノイズ　361
電磁エネルギー流　588
電磁界エネルギーセンサ　245
電磁界シミュレーション　423
電磁シールド　392
電磁式インバータ　233
電磁波　532
電磁波結合　102
電磁波ノイズ　296
電磁妨害波　455
電磁放射　8
電子レンジ　95
伝送線路法　504
伝導性ノイズ　72, 341
電波暗室　497
電波吸収体　149, 266
電波反射・吸収特性測定　514
電波法　457

索　引

電波無響室　497
電波無反射室　497
伝搬定数　18
テンペスト　418
電離放射線　532
電流サージ　76
電流スナバ　326
電流プローブ　476
電流密度　531
電流ループ　312
電流ループ断面積　309
電力周波数磁界試験　490
電力設備　95
電力線　377, 379
電力密度　533
電力密度スペクトル　53

ト

透過係数　8
等価直列抵抗　193
等価平面波電力密度　568
統計的独立　51
動作利得　41
同軸ケーブル　114
同軸法　512
導出制限値　578
透磁率　250, 504
導体長さ　318
導体幅　318
導電性塗料　252
導電性プラスチック　252
導電損失材料　148
導電布　253
導電率　250, 510, 531
導波路型光変調器　248
透明ガラス　252
特性インピーダンス　6, 18, 115
トランジェント時間　364
トレーサビリティ　279

ナ

ナイキスト周波数　464
仲上ライス分布　56
軟磁性合金　267

ニ

二項分布　481, 483
2端子対行列　14
入出力間分離　224
入力インピーダンス　40

ヌ

抜取り試験　481

ネ

熱雑音　56, 91
熱作用　559, 577, 578

ノ

ノイズカットトランス　230, 344
ノイズフィルタ　220, 331
能動線路　358
能動素子　31
脳波計　405

ハ

バイアホール　316, 323
バイオエフェクト　533
ハイゲンスの原理　4
バイコニカルアンテナ　478
ハイパーサーミア　536, 559
バイパスコンデンサ　320
ハイブリッド行列　14
破壊モード　222
白色雑音　55
波数　6, 22
バス接続　365
バスライン　183
パッケージインダクタンス　298
発光ダイオード　246
パッシェンの法則　68
波動インピーダンス　533, 567
波動方程式　38
ハードスイッチング方式　79
バラン　477
バリスタ電圧　240
パルス間隔分布　468
パルス減衰特性　488
パルス性　491
パルス幅分布　468

パールチェーン　561
反射係数　8, 348
反射障害　414, 416
反射電力法　514
反射ノイズ　346
反射波　18
反射箱　502
半値幅　41
半導体式サージアブソーバ　236
半導体セラミックコンデンサ　201
半導体レーザ　246
晩発効果　535

ヒ

表面吸収領域　561
非確率的影響　535
光変調器　244
比吸収率　534, 567, 573, 578
ピーク値　459
微小ダイポール　39
非心 t 分布　481, 482
ピックアップコンデンサ　372
ピックアップ手段　371
ピックアップループ　371
非電離放射線　532
非熱作用　559
火花放電　377
ヒヤリング効果　562
比誘電率　191
標準偏差　49
表皮の厚さ　7
表皮深さ　561
標本関数　52
表面電流　193

フ

ファーストトランジェント試験　488
ファラデー効果　245
ファラデーの法則　3
ファントム　561, 573
フィルタ　113, 120, 121
フィルムコンデンサ　29, 191
フェライト　596
フェライトコア　173

フェライト磁性 221
フェライトタイル 417
フェライトビーズ 174, 217
フェライト混合モルタル 417
不平衡モード 106
複数開口 399
複素透磁率 174, 268
複素ポインティング定理 5
複素ポインティングベクトル 5
負グローコロナ 377
浮遊インダクタンス 326
浮遊容量 326
ブラシコロナ 66
フリスの伝達公式 42
プリセレクタ 466
ブリッジ 70
ブリュースタ角 8
不良故障解析 275
プリント基板 300, 311
フレームグラウンド 133
分解能帯域幅 467
分極電流密度 591
分散 49
分布定数線路 346, 351, 352
分布定数フィルタ 129
分布定数理論 16

ヘ

平均値型妨害波測定器 462
平均値検波器 462
平衡モード 106
ベイズの確率法則 51
平面波 6, 567
──の遮へい 251
並列共振型 AVR 344
ベクトル実効長 42
ベクトルポテンシャル 12
ベリリウム銅 263
ヘルツベクトル 38
ヘルムホルツコイル 566
偏光子 249
偏波 6

ホ

ホイッスラー空電 61
ポインティングベクトル 4, 588

妨害波許容値 520
妨害波測定 455
妨害波測定器 459
妨害波の許容値 457
防護指針 576
放射界 9
放射界強度 312
放射ノイズ 341
放電現象 273
放電ノイズ 238
飽和クロストーク 358
飽和磁束密度 185, 223, 250
ポッケルス効果 247, 570
ホットスポット 560
ホットスポット領域 561
ホール素子 565
ホーンアンテナ 479
ボンディング 410

マ

マイカコンデンサ 202
マイクロストリップ線路 115, 302, 308
マイクロ波聴覚効果 579
巻線抵抗器 26
マクスウェルの方程式 3, 423
マグネトロン 95
窓効果 554, 562
マルチウェイブ計測 566

ミ

ミアンダ配線 304

ム

無損失スナバ回路 76

メ

メアンダーライン型 181
面抵抗 510

モ

モーゼ効果 538
モノポールアンテナ 313
モーメント法 45, 426, 437

ユ

有機半導体アルミ電解コンデンサ 207
有限要素法 428
誘電吸収電流 193
誘電損失材料 149
誘電体損失 192
誘電分極 547
誘電率 504
誘導 M 型フィルタ 123
誘導結合 13
誘導性結合 101
誘導電磁界 9
誘導電流密度 578
誘導ノイズ 72

ヨ

溶存酸素 538
容量係数 11
容量結合 99, 100
4 探針法 510

ラ

ラインインピーダンス 218
ラインバイパスコンデンサ 335
ラジアルリード型 179
ラージループアンテナ 503

リ

力率改善回路 87
リーク電流 226
リストストラップ 278, 280
リターン電流 296
リップル負荷特性 195
利得 41
リード付きコンデンサ 322
リニアモータ 381
量子化雑音 464
リングバリスタ 239

ル

ループ面積 311, 312

レ

レイリー分布 56

索 引

レーザダイオード 244
連続の式 3

ロ

漏えい磁界 381
漏話 105
六方晶フェライト 183
ローパスフィルタ 331
ローパワーショットキー TTL 型
　ゲート回路 301

ワ

ワグナー-チェビシェフ特性 127
ワグナー特性 125

欧文索引

A

AC アダプタ 234
APD 468

B

BEM 426
BMR 534

C

CISPR 455, 458, 515
CMOS 型ゲート回路 301
CRD 468
CRT ディスプレイ 175

D

DC-DC コンバータ 234

E

EMC 1
EMI 1
ESDS デバイス 288
ESL 195, 200, 210
ESR 195, 206

F

$1/f$ ゆらぎ 265
FDTD 431, 433
FEM 428
Fe-Si-Al 合金ダストコア 188

FET 302
FFT アナライザ 465, 467
FM 放送局 389, 411

G

GTEM セル 501
GTL 368

I

IC 295, 297
　——のパッケージ 298
IC スイッチング時間 297
IC 動作速度 297
IEC/TC77 458
IEC 規格 455
if(原因)then(結果) 447
inter-system EMC 456, 456
in vitro 552, 562
in vivo 545, 563
ISM 機器 93
ISN 474
ISO9000 278

K

KEC 法 513

L

LISN 473
LS TTL 型ゲート回路 301

M

ME 機器 406
MIL-STD-285 510
MoM 426
MOM 437
MRI 265, 406

N

NSA 419

P

PDC 389
PDUR 415
PHS 389
PIN ダイオード 247
PWM 340

R

Rambus 368
RTCA 412
RTCA/DO-160 D 410, 412

S

SAR 534, 567, 573, 578
SG 132
SHF 放送局 418
SMD 型 180
SN 比 57
SQUID 磁束計 265
SSTL 369
S パラメータ 15
S パラメータ法 509, 575

T

TEMPEST 418
TEM セル 499
TEM 伝送波 13
T-LVTTL 368
TTL 型ゲート回路 301

U

UL 規格 259
UPS 338, 343

V

VCCI 473
VVVF インバータ 381, 382

X

X コンデンサ 335

Y

Y コンデンサ 335

Z

ZCS 328
ZVS 328

資　料　編

掲載会社他索引

アクゾ・カシマ株式会社 …………………………………… 1
アステック株式会社 ………………………………………… 2
住友スリーエム株式会社 …………………………………… 3
TDK 株式会社 ………………………………………………… 4
ネミック・ラムダ株式会社 ………………………………… 5
富士通株式会社 ……………………………………………… 6
株式会社村田製作所 ………………………………………… 7
信州大学(電子機械学講座) ………………………………… 8

各国のEMC試験から
対策、申請代行までの
高品質な
総合EMC試験サービスを
ご提供致します。

**アクゾ・カシマは
グローバルな
EMC試験会社です。**

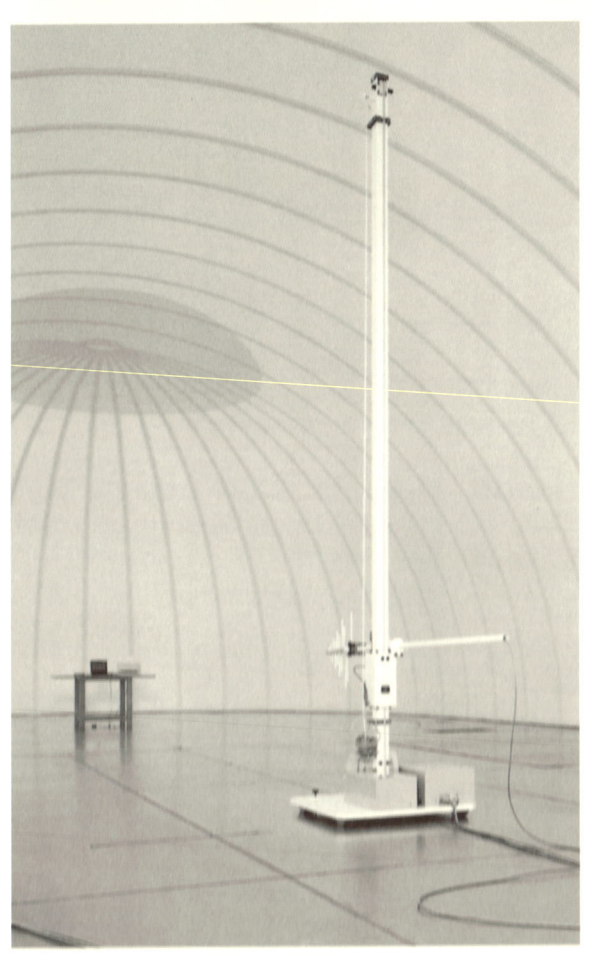

【EMC試験】
民生用から医療・航空機までのほとんどの電子機器についてEMC試験が可能です。また、各国の規制について試験できるよう認定・登録・届出をしております。

【通信端末機器試験】
FAX、モデムなどのアナログ通信機器の試験をEMC試験を含めて実施いたします。

【受託対策】
許容値に対しマージンの不足している機器に対して、当社の経験豊かな技術者がご要望のマージンが確保できるよう対策を致します。

【出張オンサイト試験／測定】
サイトへの搬入が難しい機器については、お客様のご指定の場所にてEMC試験を致します。また、お客様のサイトの各種性能測定及び定期的に必要なサイトアッテネーションも致します。

【申請代行】
米国、韓国、台湾などの申請を代行致します。また、CEマーキングでのTCFレポートの作成サポートも致しております。

AKZO NOBEL

アクゾ・カシマ株式会社
EMC事業部
URL:http://www.akzoemc.co.jp

お問い合わせ先
カスタマーサポートグループ
TEL.03-5210-5411
FAX.03-5216-2860
E-mail:info@akzoemc.co.jp

改正電波法施行規則適合（1999年10月1日施行）

HI-4000シリーズ等方性広帯域電磁界プローブ（10KHz—40GHz）

✖ Holaday

わが国の電波防護指針をはじめ、IEEE/ANSI, FCC, ENV50166等各国の電波防護指針及び規格に適合した等方性電磁界プローブとして、無線設備や高周波利用設備周辺の電磁環境評価に活用されています。

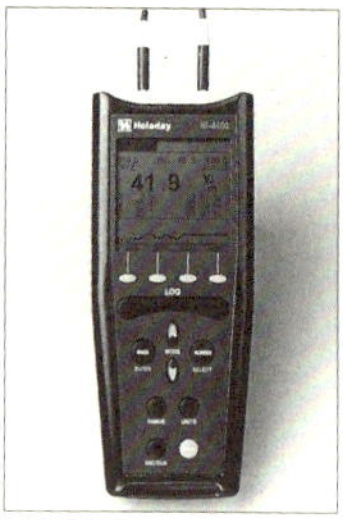

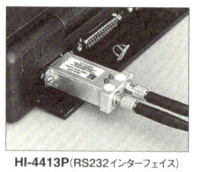

HI-4413P（RS232インターフェイス）　HI-4460（グラフィカル・リードアウトユニット）

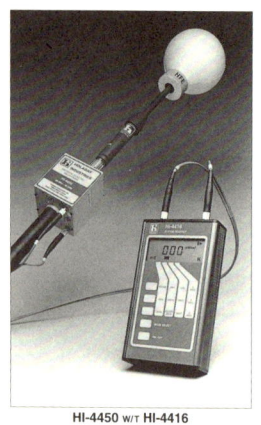

【HI-4000シリーズ プローブ】

モデル	モード	周波数レンジ	測定レンジ
HI-4422	電界	10KHz—1GHz	1—300V/M
HI-4433-HSE		500KHz—1.5GHz	0.3—30V/M
HI-4433-GRE		500KHz—5GHz	3—300V/M
HI-4433-MSE			10—1000V/M
HI-4433-STE			30—3000V/M
HI-4433-LFH	磁界	300KHz—30MHz	0.3—30A/M
HI-4433-CH		5—300MHz	0.1—10A/M
HI-4433-HCH			0.03—3A/M
HI-4457		10MHz—1GHz	0.03—2.3A/M
HI-4450	電界	80MHz—40GHz	1—300V/M
HI-4455		200KHz—40GHz	2—300V/M
HI-4456		300MHz—40GHz	30—1000V/M

HI-4450 W/T HI-4416　　HI-4455/4457

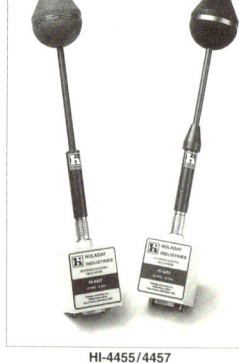

強電磁環境下における作業者の労務安全対策用品（職業人用）

KW-Gard™電磁波防護服

KW-Gardは第三者機関で評価されており、FCC及びOSHAも着用による効果を認めています。

〈特　長〉
- 電界/磁界両モードに対する高いシールド効果（30dB以上）
- 強電磁界により人体に誘起される誘導電流を低減
- 強電磁界による刺激を低減
- 難燃性・耐久性・快適性
- ドライクリーニング可能

携帯型モニター計（曝露計）

労務安全管理のため作業者に携帯させ、強電磁界からの曝露量をモニターし、設定値を越えればアラームにて警告します。

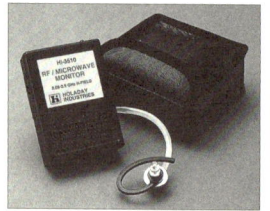

HI-3510

HI-3510：50MHz—2.5GHz
HI-3520：1—18GHz
HI-3550：0—1000Hz

HI-3550

日本総代理店
アステック株式会社

電子応用事業部
本社／〒169-0075　東京都新宿区高田馬場4-39-7　高田馬場21ビル　☎03-3366-0813（代）
大阪／〒531-0074　大阪市北区本庄東1丁目1-10　ライズ88 2階　☎06-6375-5852（代）

柔軟性に富み、凹凸面や粗い表面にもよくなじみます。

3M 難燃導電性布粘着テープ2190FR 新発売

難燃導電性布粘着テープ No.2190FRはアクリル繊維に銅メッキされた導電布の片面に信頼性の高いアクリル系導電性粘着剤を塗布した構造のため、優れた柔軟性と耐屈曲特性と電気的に低い接触抵抗値をそなえた製品です。

■ 特長
- 折り曲げ、引き裂きに強く、軽量
- 作業の安全性向上（金属箔に比較して手を傷つけにくい）
- UL認可 File No.E59505

■ 用途
- ケーブル、ハーネス、コネクタなどのシールド
- 各種グラウンディング
- 屈曲性が要求される可動部分のシールド・グラウンディング
- 凹凸のある筐体、フレーム等のシールド

3M 導電性テープ AL-25BT 新発売

熱に強く、アルミ色なので板金などに目立たなくきれいな貼りこみが可能です。

AL-25BTは基材に25ミクロンのアルミ箔を使用し、粘着剤にはアクリル系粘着剤に金属粒子を分散した高粘着タイプの導電性テープです。

■ 特長／用途
- 導電性高粘着―狭い部分へのシールディング・グラウンディング貼りこみ（HDD,LCD等）
- 熱エージング特性に優れる―OA機器等のスリット部分への半永久シールディング・グラウンディング貼りこみ（一度貼ったらその後一般的な使用条件では剥離する事はありません）（FAX,COPY,PRINTER,TV,DISPLAY等）
- アルミ色なので板金への貼りこみが目立たない
- 凹凸面への貼りこみ可（ナジミが良い）
- UL認可 File No.E59505

住友スリーエム株式会社
電気・電子製品事業部

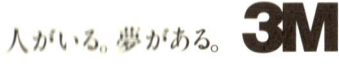

人がいる。夢がある。 3M

ケーブルに**ワンタッチ**取付け。
高周波ノイズを大幅抑制します。

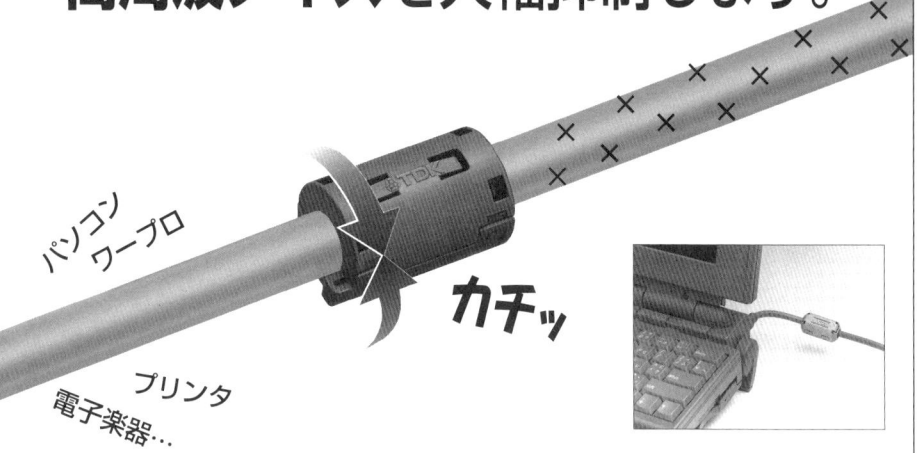

パソコン
ワープロ

カチッ

プリンタ
電子楽器…

EMCクランプフィルタ
ZCATシリーズ

フラットケーブル用も新たに加わりラインナップがさらに充実。

●フラットケーブル用

ケーブルにカチッと留めるだけで、ノイズをカットするTDKのEMCクランプフィルタZCATシリーズ。フェライトのトップメーカーTDKが最適な材質を開発し、豊富なラインナップであらゆるケーブル形状に対応します。形状は、二分割のフェライトコアをプラスチックケースに収めた一体構造で、フェライトの高周波・高インピーダンス特性によりケーブルに流れる高周波ノイズ成分をカット。しかもフェライトのボリュームが大きいので、サージ性ノイズにも飽和しにくく、信号に影響を与えずコモンモードノイズ除去に大きな効果を発揮します。

電気的特性

品名	インピーダンスZ(Ω)/mm 50〜500MHz
ZCAT1518-0730	35
ZCAT2017-0930	35
ZCAT2032-0930	80
ZCAT2132-1130	50
ZCAT3035-1330	100
ZCAT1325-0530A	50
ZCAT1730-0730A	50
ZCAT2035-0930A	80
ZCAT2436-1330A	50

インピーダンス特性例

輻射レベル

フィルタなしの時 / ZCAT2035-0930-M使用時

◈TDK®

◎お問い合わせ、資料の請求は、
本社・電子部品営業本部・宣伝企画グループ ☎(03)3278-3724(直)まで。
〒103-8272 東京都中央区日本橋1-13-1／TDK株式会社

インターネットで製品のプロフィールをご覧いただけます。URL:http://www.tdk.co.jp/

NEMIC-LAMBDA
NOISE FILTER

CEマーキング対応のノイズフィルタ
EN133200取得

ネミック・ラムダは、スイッチング電源のトップメーカとして培ったEMCノイズ対策技術を活かし、高減衰はもとより、配線作業性・安全面を考慮したブロック端子タイプ「ノイズフィルタ」を提案します。

MBシリーズ 単相入力タイプ

①広帯域・高減衰特性:コモンモードチョークコイルの二段構成で150kHz～30MHzのノイズレベルを減衰。
②ブロック端子:入出力端子への配線作業を容易にする、ブロック端子採用。さらに、カバー付で安全性も向上。
③小型、薄型形状:低背型の金属ケースでスペース確保が容易。

型 名	MB1206	MB1210	MB1216	MB1220	MB1236
定格電圧	単相 250V (AC/DC)				
定格電流	6A	10A	16A	20A	36A
安全規格	UL1283認定,CSA C22.2 No.8認定(C-UL),VDE0565 Teil3、Teil3A2認定(VDE)、EN133200認定(VDE)				
サイズ(W×H×Dmm)	100x23.6x47	107x26x47	117x30x47	151x35x52	151x35x67
標準価格	￥2,200	￥2,900	￥3,300	￥4,700	￥6,300

MB13シリーズ 三相三線式入力タイプ

①三相三線式ノイズフィルタ:日本の三相三線式(線間電圧AC200V)と、欧州の三相四線式(線間電圧AC400V)に使用できる、定格電圧:AC250V/AC500V対応品
②ブロック端子:入出力端子への配線作業を容易にする、ブロック端子採用。さらに、カバー付で安全性も向上。
③小型、薄型形状:低背型の金属ケースでスペース確保が容易。

型 名	MB1310	MB1320	MB1330	MB1340	MB1350
定格電圧	三相三線式 250VAC / 500VAC （線間電圧）				
定格電流	10A	20A	30A	40A	50A
安全規格	UL1283認定,CSA C22.2 No.8 認定(C-UL)、EN133200認定(VDE)				
サイズ(W×H×Dmm)	170x55x123			230x60x123	
標準価格	￥7,000	￥8,500	￥10,500	￥17,000	￥20,000

ネミック・ラムダ株式会社　EMC事業部
〒222-0033 神奈川県横浜市港北区新横浜3-18-20 BENEX S1
TEL:045-471-6005　FAX：045-471-6183　担当：宮代、桃井
ネミック・ラムダ株式会社 本社 〒141-0022 東京都品川区東五反田1-11-15

夢をかたちに
信頼と創造の富士通

FUJITSU

高速プリント板の設計トラブルを解決する
富士通の電磁波・ノイズ解析ソリューション

電磁波解析ソフトウェア
ACCUFIELD

設計上流でのEMC評価を実現する高性能電磁波解析ソフトウェア

モーメント法の採用により広範囲な解析が可能
- プリント板+ケーブル+筐体からなる機器全体の電波放射解析
- 静電気放電またはアンテナ照射によるイミュニティ解析
- アンテナ指向性解析

GUIによる容易なデータ作成
- ナビゲーションにより初心者の方でも容易にモデル化が可能
- 3次元CAD、電気系CADとのデータ連携

電波放射現象を分かりやすくビジュアル表示
- 電磁界マップ、電磁界放射スペクトラム、電流分布/ベクトル ほか

並列サーバの利用により実機レベルの大規模解析も可能

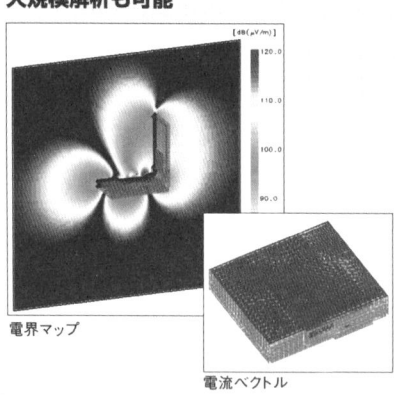

電界マップ
電流ベクトル

ノイズ解析ソフトウェア
Design Theater

100MHzを超える超高速回路設計に最適な全自動ノイズ検証システム

全自動でのノイズ解析と検証を実現
- ノイズとクロックとのタイミングを考慮した自動検証
- 経験の浅い設計者でも容易にノイズ検証が可能

富士通社内での豊富な適用実績と大きな効果
- 大型高速コンピュータ設計で培われた伝送路設計技術
- ハイエンドサーバからパソコンまで幅広く適用
- ノイズレス設計の実現により開発工数の削減と信頼度向上に大きな効果

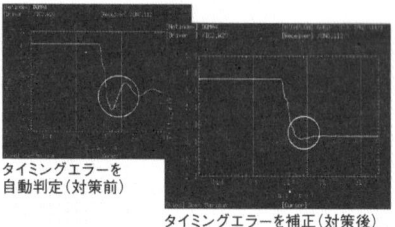

タイミングエラーを自動判定(対策前)
タイミングエラーを補正(対策後)

統合プリント板設計システム
ICAD/PCB

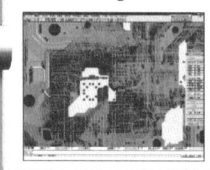

高密度デジ/アナ基板設計対応
統合設計環境の実現を強力に支援

URL ▶ http://www.fujitsu.co.jp/hypertext/Products/ccce
動作環境
- パソコン版 富士通FMV-PROシリーズ、(WindowsNT®4.0以上)
- ワークステーション版 GP400S/300Sファミリー、並列サーバAP3000シリーズ
各製品により動作環境は異なりますので、詳細は各製品担当者までご連絡ください。

● 記載の製品名などは、一般に各社の商標または登録商標です。

資料請求 拡大コピーして、必要事項を明確にご記入のうえ、FAXでお送りください。
FAX(043)299-3021

貴社名　　　　　　　部署・役職名
お名前　　　　　　　TEL.(　　)
所在地 〒

富士通株式会社 EDAシステム部 〒261-8588 千葉県千葉市美浜区中瀬1-9-3(幕張システムラボラトリ) ☎(043)299-3231

あなたのビジョンをかたちに
SOLUTION VISION

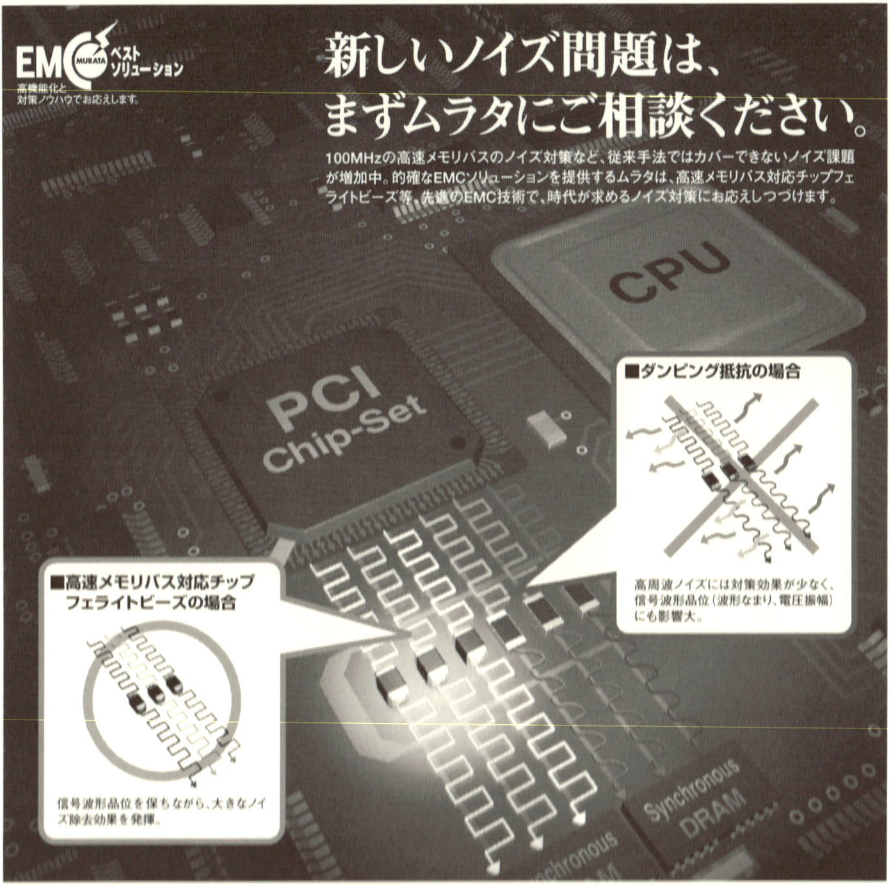

新しいノイズ問題は、まずムラタにご相談ください。

100MHzの高速メモリバスのノイズ対策など、従来手法ではカバーできないノイズ課題が増加中。的確なEMCソリューションを提供するムラタは、高速メモリバス対応チップフェライトビーズ等、先進のEMC技術で、時代が求めるノイズ対策にお応えしつづけます。

EMC ベストソリューション
高機能化と対策ノウハウでお応えします。

■高速メモリバス対応チップフェライトビーズの場合
信号波形品位を保ちながら、大きなノイズ除去効果を発揮。

■ダンピング抵抗の場合
高周波ノイズには対策効果が少なく、信号波形品位(波形なまり、電圧振幅)にも影響大。

高速メモリバス対応チップフェライトビーズ BLM11BシリーズSAタイプ

300MHz以上から立ち上がり、500MHz以上でピークを迎える急峻なインピーダンス特性により、500MHz〜1GHzのノイズ除去に効果を発揮する新時代のチップフェライトビーズ。PC/100対応のメモリバスやクロックラインなど、高速信号ラインのEMI対策に最適。

	インピーダンス (Ω)at100MHz	定格電流 (mA)	直流抵抗 (Ω max.)
BLM11B050SA	5	500	0.20
BLM11B100SA	10	500	0.25
BLM11B220SA	22	500	0.35
BLM11B470SA	47	300	0.55
BLM11B750SA	75	300	0.70
BLM11B121SA	120	200	0.90

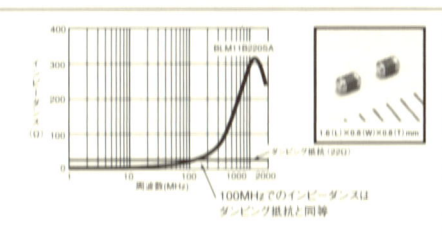

●低周波数域では低インピーダンスにより、低周波側への影響を抑えます。
●ノイズ周波数域での急峻なインピーダンス特性でノイズのみを除去します。

100MHzでのインピーダンスはダンピング抵抗と同等

Innovator in Electronics
muRata 村田製作所

○村田製作所はインターネットを通じて、「製品情報」を提供しています。
http://www.murata.co.jp/products/

── 研究用 ── **樹 木 接 地 抵 抗 計**

- 樹木の接地インピーダンス（以下，接地抵抗とする）測定法を開発しました．
- 樹木は金属導体のような電気の良導体ではありませんが，水分を多く含み電気伝導性を有するので，同じく接地抵抗の存在を考えることができます．
- 従来の3電極による測定法（JIS C 1304）はそのまま樹木へ適用できません．
- 4電極法による抵抗測定法を従来の接地抵抗測定法と組み合わせることによって初めて可能となりました．

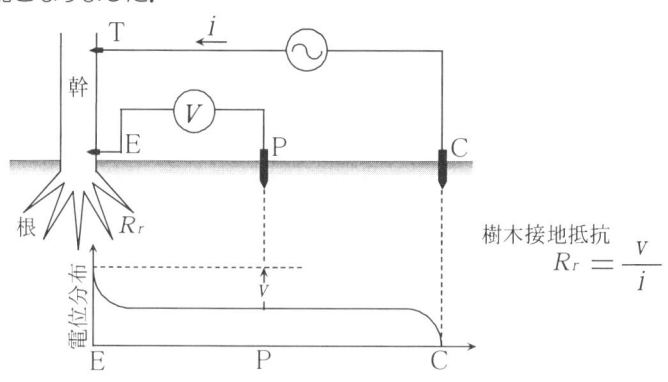

樹木接地抵抗 $R_r = \dfrac{v}{i}$

　植物の生長は根の発達とともにあります．接地抵抗の測定によりその程度をモニタすることができます．また，その値は根や土壌の保水能力および大地比抵抗の値によっても変わります．樹木の根を一種の大地センサとみたてることにより，接地抵抗値の変化から地中の情報が得られます．また，樹木自身の活性や光合成とも関係すると考えられます．
　一方，樹木への落雷時，ヒトの安全を考える上では樹木近傍の電磁界の解析が必要です．この解析には樹木の接地抵抗値は欠かせません．多くの樹木について接地抵抗を測る必要があります．

- 樹木の接地抵抗測定によって何がわかるかについては未だ研究しなければならない部分が多く，これからの研究が期待されています．
- 樹木の接地抵抗測定器は現在製品開発中（特許出願中）です．
- 研究用として，とりあえず従来の接地抵抗計を樹木用に改造しました．下記のインターネットホームページをご覧下さい．

http://mimosa.shinshu-u.ac.jp

信州大学繊維学部機能機械学科
電子機械学講座　　山浦逸雄
〒386-8567 長野県上田市常田 3-15-1　　TEL:0268-21-5434

| 環境電磁ノイズハンドブック（普及版） | 定価はカバーに表示 |

1999年 6 月20日 初 版第 1 刷
2006年 6 月30日 普及版第 1 刷

編 者 仁　田　周　一
　　　　上　　　芳　夫
　　　　佐　藤　由　郎
　　　　杉　浦　　　行
　　　　瀬　戸　信　二
　　　　藤　原　　　修

発行者 朝　倉　邦　造

発行所 株式会社　朝　倉　書　店
　　　東京都新宿区新小川町 6-29
　　　郵 便 番 号 162-8707
　　　電　話 03（3260）0141
　　　Ｆ Ａ Ｘ 03（3260）0180
　　　http://www.asakura.co.jp

〈検印省略〉

© 1999〈無断複写・転載を禁ず〉　　昭和堂印刷所・渡辺製本

ISBN 4-254-22045-6　C3054　　Printed in Japan